Nutrition et alimentation des chevaux

马营养与饲养

（第三版）

〔法〕William Martin-Rosset　编著

孙玉江　主译

科学出版社

北　京

图字：01-2016-8739

内 容 简 介

本书是由法国国家农业研究院（INRA）研究编写的《马营养与饲养》（第三版），它融汇了国际最新研究成果，系统阐述了马营养系统的科学理论基础、各类马营养需求量、营养推荐量、饲料价值、配方制定及专业词汇术语等。作为我国首次引入的马营养标准，本书堪称马营养与饲养方面的百科全书。它内容系统翔实，层次分明，言简意赅，图文并茂，具有世界影响并得到广泛推广使用。

作为国际上马营养领域的经典著作和工具书籍，本书对教学科研机构、马场、马术俱乐部、饲料生产企业管理者、科研工作者、相关专业学生有较高的参考价值。本书的出版发行，填补了我国马属动物营养、饲养、饲料方面的空白。

This book is an updated translation of: Nutrition et alimentation des chevaux, by William Martin-Rosset. ISBN 978-2-7592-1668-0.

图书在版编目（CIP）数据

马营养与饲养 /（法）威廉·马丁 - 罗塞特编著；孙玉江主译. —3 版. —北京：科学出版社，2020.5
书名原文：Nutrition et alimentation des chevaux
ISBN 978-7-03-057142-7

Ⅰ. ①马… Ⅱ. ①威… ②孙… Ⅲ. ①马 - 家畜营养学 ②马 - 饲养管理 Ⅳ. ① S821

中国版本图书馆 CIP 数据核字（2018）第 070627 号

责任编辑：丛 楠 马程迪 / 责任校对：严 娜 樊雅琼
责任印制：吴兆东 / 封面设计：铭轩堂

科学出版社 出版
北京东黄城根北街 16 号
邮政编码：100717
http://www.sciencep.com
天津市新科印刷有限公司印刷
科学出版社发行 各地新华书店经销
*
2020 年 5 月第 三 版 开本：720×1000 1/16
2024 年 8 月第二次印刷 印张：44 1/2
字数：875 000

定价：198.00 元

（如有印装质量问题，我社负责调换）

主 译

孙玉江　　青岛农业大学

翻 译

黄亚宇　　法国图卢兹大学

陈建兴　　赤峰学院

周小玲　　塔里木大学

王利华　张乐宏　　青岛农业大学

刘桂芹　　聊城大学

黄正勇　赵诗雨　任明武　赵赛春　杨志林　　北京泽牧久远生物科技研究院

审 稿

芒　来　　内蒙古农业大学

支 持

北京泽牧久远生物科技研究院技术创新合作项目

山东省农业良种工程重大课题项目（2013lz016 2017LZN022）

山东省现代农业产业技术体系驴产业创新团队（SOAIT-27）

山东省农业重大应用技术创新项目（SD2019×M008）

国家外国专家局教科文卫重点引智项目（20163702085 20173702055）

主要贡献者

Jacques Agabriel
Inra, Centre de Clermont-Fd/Theix, 63122 St Genès Champanelle, France
Donato Andueza
Inra, Centre de Clermont-Fd/Theix, 63122 St Genès Champanelle, France
René Baumont
Inra, Centre de Clermont-Fd/Theix, 63122 St Genès Champanelle, France
Yves Bonnaire
LCH, 15 rue du Paradis, 91370 Verrière-le-Buisson, France
Jacques Cabaret
Inra, Centre de Tours, 37380 Nouzilly, France
Pascal Carrere
Inra, Centre de Clermont-Fd/Theix, 234 avenue du Brézet, 63100 Clermont-Ferrand, France
Pascal Champciaux
Inra, Centre de Clermont-Fd/Theix, 63122 St Genès Champanelle, France
Michel Doreau
Inra, Centre de Clermont-Fd/Theix, 63122 St Genès Champanelle, France
Bertrand Dumont
Inra, Centre de Clermont-Fd/Theix, 63122 St Genès Champanelle, France
Patrick Duncan
Cnrs, Centre d' Etudes Biologiques de Chizé, 79360 Beauvoir sur Niort, France
Nadège Edouard
Inra, Centre de Rennes, 35590 Saint Gilles, France
Anne Farrugia
Inra, Centre de Clermont-Fd/Theix, 63122 St Genès Champanelle, France
Géraldine Fleurance
Ifce, Centre Inra de Clermont-Fd/Theix, 63122 St Genès Champanelle, France
Daniel Guillaume
Inra, Centre de Tours, 37380 Nouzilly, France
Martine Hausberger
Cnrs, Université de Rennes 1, Campus de Beaulieu, 35042 Rennes cedex, France
Severine Henry
Cnrs, Université de Rennes 1, Campus de Beaulieu, 35042 Rennes cedex, France
Michel Jestin
Inra, Centre de Clermont-Fd/Theix, 63122 St Genès Champanelle, France
Léa lansade
Ifce, Centre Inra de Tours, 37380 Nouzilly, France
Daniel Leconte
Inra, Station Expérimentale du Pin, 61310 Le Pin au Haras, France

Thierry Leconte
PNR des Boucles de la Seine Normande, 76940 Notre Dame de Bliquetuit, France
Michèle Magistrini
Inra, Centre de Tours, 37380 Nouzilly, France
Lucile martin
École Nationale Vétérinaire, Agroalimentaire et de l'Alimentation, Nantes-Atlantique, 44307 Nantes cedex 03, France
William Martin-Rosset
Inra, Centre de Clermont-Fd/Theix, 63122 St Genès Champanelle, France
Bernard Morhain
Idele, Actions Régionales Est, 9 rue de la Vologne, 54520 Laxou, France
Eric Pottier
Idele, Station du Mourier, 87800 St Priest Ligoure, France
Luc Tavernier
CEZ, Parc du Château, 78160 Rambouillet, France
Jean-Louis Tisserand
Enesad, BP 87999, 26 boulevard Docteur Petitjean, 21079 Dijon cedex, France
Gilles Tran
AFZ, AgroParisTech, 16 rue Claude Bernard, 75231 Paris cedex 05, France
Catherine Trillaud-Geyl
Ifce, 19231 Arnac Pompadour, France

研究机构

AFZ
Association Française de Zootechnie-French Society of Animal Science
CEZ
Centre d'Enseignement Zootechnique-College for Agriculture and Livestock Technology
CNRS
Centre National de la Recherche Scientifique-National Center for Scientific Research
Enesad
Ecole Nationale d'Enseignement Supérieur Agronomique de Dijon-National School for Agricultural Sciences of Dijon(to date: Institut National Supérieur des Sciences Agronomiques, de l'Alimentation et de l'Environnement-National Institute for Agricultural, Feeding and Environmental Sciences)
ENV Nantes
Ecole Nationale Veterinaire, Agroalimentaire et de l'Alimentation de Nantes-Atlantique-Nantes-Atlantic National College of Veterinary Medicine, Food Science and Engineering

IDELE
Insitut de l'Elevage-French Livestock Institute
Ifce
Institut Française du Cheval et de l'Equitation-French Institute for Horse and Riding
Inra
Institut National de la Recherche Agronomique-National Institute for Agricultural Research
LCH
Laboratoire des Courses Hippiques-Laboratory for horseracing
PNR
Parc Naturel Régional-Regional Natural Parks

序一　新的马饲养标准

1．饲养标准的目标　　饲养体系常囊括一系列动物营养需要和饲养营养价值的数据表，这些表格都是基于相同的饲料评价体系来表示的。这些体系必须能够：精确比较饲料的营养价值；配制比例恰当的饲料，满足生产利用的目的；在已知饲料质量和数量的条件下，预测动物生产性能。

一个高效的饲养体系必须具备良好的科学基础，必须尽可能简明，且需进一步拓展。

2．马营养研究的简明回顾　　19 世纪末至 20 世纪早期，饲料评价和役用马饲养的研究密集开展，这些研究主要是在德国和法国进行的。在这两个国家，重型马和轻型马在耕作和骑兵中应用普遍。

在欧洲，关于能量的淀粉价（starch equivalent，SE）或饲料单位（feed unit，FU），以及关于蛋白质的可消化粗蛋白（digestible crude protein，DCP）等概念已成功地应用于反刍动物中，之后又拓展到马属动物，因为针对马的专门饲养体系还缺乏足够的数据。20 世纪二三十年代，马营养研究在欧洲减缓，然而在北美得以发展。美国的研究者提出了关于能量的总可消化养分（total digestible nutrient，TDN）及关于蛋白质的可消化粗蛋白指标。自 20 世纪 70 年代，马研究再次在欧洲和北美繁荣发展，但面临两个新的挑战：①因为竞赛需要，大多数工业化国家中的新兴马类运动项目和马匹出租业务快速发展，而重型马和骑兵用马数量锐减。②需要制定针对马的新饲养体系。

因而，关于马摄食、消化和代谢方面的知识在不断拓展，这些研究内容都记载于 1968 年美国召开的和 1979 年欧洲举办的国际会议的记录中。目前，相关会议由两个兄弟组织每年或每两年举办一次，在欧洲由前身是欧洲动物生产协会（European Association for Animal Production，EAAP），目前称为欧洲动物科学联盟（European Federation of Animal Science）的下属单位马委员会（Horse Commission）举办；在美国由美国动物科学学会（American Society of Animal Science，ASAS）下属的马科学学会（Equine Science Society）举办。基于这些会议进展报告中的基础科学资料，美国国家科学研究委员会（National Research Council，NRC）提出以消化能和可消化粗蛋白为基础评价马营养需要的概念性框架。1984 年，法国国家农业研究院（National Institute for Agricultural Research，

INRA）基于净能（net energy，NE）、总可利用氨基酸（total available amino acids）和饲料采食量建立了一个新的营养体系。自2010年起，德国基于代谢能（metabolizable energy）和小肠可吸收氨基酸提出了一个新的营养体系。

3．法国的马营养研究　20世纪70年代早期，法国INRA开启了一个由法国政府强力支持的长期研究项目。这一项目主要由一个专门致力于马相关研究的科研单位完成，这一机构位于克莱蒙费朗（Clermont-Ferrand/Theix），得到国家繁育场（也称为Haras Nationaux，后为IFCE-Institut Français du Cheval et de l'Equitation）的大力帮助，也得到National Veterinary Schools of Alfort-Paris（ENVA）、AgroSup Veterinary Campus of Lyon（Lyon）、ONIRIS Veterinary campus（Nantes）及ENESAD（the National Agricultural School of Dijon）的协助。

该科研单位采用消化试验和瘘管马，在消化方面进行了密集研究；采用间接热量装置进行代谢研究，以期制定新的饲料评价体系（第1和12章）。该体系建立在马对净能（NE）和总可利用氨基酸的需要及微生物生态系统所合成的净能和总可利用氨基酸的基础上。研究者试图建立一个综合考虑草料（可食性）的特性和动物采食量评估框架，因为在欧洲，马科家畜的饲养严重依赖于以草料为主的饲料，这些草料主要来自于天然草地、牧场和刈割草料及作物副产物（第1、9、10、11、12和16章）。

INRA采用最先进的方法和设备测定动物维持、妊娠、泌乳和运动的需要，并基于170匹马建立模型（第3～7章）。目前，这些营养需要量模型已在多种草料及日粮的饲养试验中验证过，并结合了营养物摄入和生产性能的结果。在几个马的品种中都开展了相关研究（包括多种法国运动马品种及法国重型马品种），这些研究涉及大量饲养在马厩（单厩）（stall/box）或圈（pen）中的动物。专门用于乘用马或重型马品种的营养需要也已经建立。遗憾的是，这些研究唯独不包括竞技马，但有一些关于竞技马的野外观察资料。这些长期的科学研究是在不同的实验站中开展的，在法国马术和骑术协会（IFCE）实验站，这些研究在具有300匹运动或重型马的实际生产条件下开展；在索米尔（Saumur）的全国骑乘学校（ENE-Ecole Nationale d'Equitation）拥有80匹马（法国运动马品种）；在朗布依埃（Rambouillet）的动物科学教育技术学院的马术中心（CEZ-Centre d'Enseignement Zootechnique）拥有24匹马（法国运动马品种）；并且都是在这些马正常使用的情况下开展实验的。如果要得到所期望的实验结果，一个非常综合的研究计划是必要的。对于综合评价生产和加工方法对饲料营养价值的影响来说，充足的实验时间是必要的（第10和11章）。

将动物的需要与马的正常生产和利用周期整合起来，也是有必要的（第3～8章）。为了解释环境变化对饲喂价值（粗饲料）和动物生产性能的影响，研究也曾持续几年。建立适用于不同马种类［种母马、种公马、生长马和劳役马、轻型马（乘用或竞技马）、重型（或重挽）马］的推荐营养需要量也是通过这些工作得到的。

将马的营养需要外推到矮种马和驴上，肯定是错误的。因此，建立了专门针对矮种马的营养需求和推荐饲喂量（第8章）。本书对ENESAD和CIRAD（法国农业发展研究中心）在制定关于驴营养需要的初步科研资料方面所做出的重要贡献也做了介绍（第8章）。

近年来，相关研究也最大限度地涉及轻型马的不同用途：竞赛、竞技运动（奥林匹克项目）和娱乐。许多相关信息来自于现场观察和调查。这些工作都是由法国National Veterinary Schools of Alfort and Nantes及INRA竞赛马训练中心的工作人员开展的；也囊括来自于科技文献的数据，包括ICEEP（International Conference on Equine Exercise Physiology）的会议进展报告和已公开发表的饲养-训练项目资料（第6章）；此外，还包括饲料工业组织的会议资料，如欧洲马健康与营养学会议（European Equine Health and Nutrition Congress，EEHNC）、欧洲的马营养和培训会议（Equine Nutrition and Training Conferences，ENUTRACO）及美国饲料生产商的KER马营养会议。

针对每类动物的饲喂策略所确定的每日营养推荐量，以及在实践中所遇到的具体情况，参见第3～8章。日推荐量是平均值。这些数据是基于在装有实验设备的实际生产条件下所饲养的大量马的实验数据而取得的，并且尽可能地考虑到个体变异和环境影响。表中所建议的干物质摄入量（dry matter intake，DMI）被公认为能满足马的营养需求且能提供足够的动物福利。

建议的营养推荐量也考虑了马的福利状况：健康和行为。Alfort和Lyon兽医学校的研究者合作，在2000年左右开展了主要关于营养和骨关节健康的早期研究，这有助于建立首个防控特定疾病的风险界限，如生长马的骨软骨病（osteochondrosis）（第5章）。生产过程中圈养马的行为管理技术来自于INRA、CNRS（National Centre of Scientific Research）、IFCE及其他国家开展的行为学研究（第15章）。

营养推荐量优化了马的营养和饲料利用效率，因此减少了废弃物排泄。INRA评定利用效率是为了将马与其他动物对环境影响进行分级（第14章）。近年来，为了确定马在保护生物多样性中的作用，由INRA、CNRS和IFCE联合开展工作，测定马对牧草资源的利用能力及对植物覆盖的影响（第10和14章）。在原来系统性研究工作的基础上，下一步工作将是评定放牧草场在满足不同类型家畜营养需求方面的作用。

营养推荐量也是基于对19世纪后期和20世纪早期所发表的国际上文献资料的广泛审度而制定的，包括NRC（2007）修订版及德国2010年的新营养体系，主要参考文献列于书末。这些文献并非常规地按章节引用，因为INRA饲养标准采用了一种系统性体系，且主要是基于两种方法：①析因法；②在 INRA 开展的关于所有不同类型的马的饲喂量的综合评价是完全一致且可操作的（第 1 章）。

现在制定日粮配方（第 2 章）是一个很容易的过程。选用适宜的饲料（第 9 章），即收割和保存恰当的草料（第 11 章），其营养价值详见第 16 章表格，或者采用实验室分析（第 12 章）来预测，在配方制定过程中先采用一个“手工”步骤（第 13 章），接下来利用适宜的软件便可完成。

4．新版的 INRA 营养需求　1984 年，INRA 在 *Le cheval* 一书中发布了基于科学理论基础的新营养系统和首个营养推荐表。到 1990 年，这一营养推荐表进一步发展，并详细列举了配方计算的特定方法和软件“chevalRation”，也出版了一本名为 *Alimentation des chevaux* 的手册。此书出版于 2012 年（法语版），英语版在 2015 年出版，阐述了 INRA 营养系统的科学理论基础、动物营养需要量，以及基于当前饲喂策略的相应营养推荐量。其附录含有针对终端用户的几个实用工具：《养马实用指南》（仅有法语版，我们正在设法翻译这一指南），其后带有一个教学软件“equIRAtion”，用于学习配方设计；另一个指南是《马体况评分》（INRA-HN-IE，1997，正在译为英语）；最后是一个教学软件“Rami foraging for Equine”，用于马的放牧和饲养管理［由 IDELE（2014）编辑整理，INRA 和 IFCE 也有贡献，也正在译为英语］。同样，这些出版物也是上述研究机构之间漫长且紧密合作的成果。自 1990 年以来，在 IFCE 和 IDELE 所属推广单位的大力支持下，这些营养推荐量也在实践中得以成功检验，这些单位分别致力于马、骑乘及畜牧养殖系统的工作。

这些现代的营养系统和相应的饲养标准会与时俱进，因为它们是按照级进法，采用模型和公式来设计的，以便于更新知识。

本书是 INRA 马营养需求和饲养标准的官方出版物。

William Martin-Rosset
法国国家农业研究院营养标准委员会主席
2018 年 6 月

序　二

马是人类忠实的朋友。在中华五千年的文明发展过程中，马以其独特的挽力、速力和承载力等为人类进步、社会发展做出了重要贡献。作为“六畜之首”，马与人类关系最为密切，甚至影响了人类社会的发展进程。

改革开放后，随着机械化、现代化的不断推进，马在我国的作用和地位也受到削弱，马匹数量迅速下降。2016 年马存栏量为 550.74 万匹，比 40 年前减少了 48.38%。马的教学、科研、生产等都受到削弱，其遗传资源管理、育种与繁殖、营养与饲养、疾病防控、产品开发等发展滞后，甚至出现断档。

进入新时代，我国经济、社会发展步入可持续发展的快车道。教育培训、休闲娱乐、竞技体育、文化旅游等与马相关的活动明显增多。2017 年全国马术俱乐部有 1452 家，会员达 42 万人之多。马的地位开始提升，马匹贸易日趋活跃，马的品种结构不断优化，马的存栏量逐渐企稳，这对于马的饲养管理等也提出了更高的要求。

营养与饲养是马生长发育、功能发挥的基本保障，也是马匹福利的重要内容。发达国家致力于马营养的研究有百年历史，技术相对成熟且自成体系，已经形成具有系统性、科学性和实践性的马营养标准，如美国国家科学研究委员会（National Research Council，NRC）和法国国家农业研究院（National Institute for Agricultural Research，INRA）等制定的马营养标准。法国关于马营养标准的研究开始于 20 世纪 70 年代，并得到了法国政府的持续大力支持。在 1984 年发布了马营养体系的基础和首个推荐饲养标准；2012 年再版，并修订了 INRA 的营养体系科学基础、马营养需要及推荐饲喂标准；2015 年英文版 *Equine Nutrition* 出版。《马营养与饲养》由时任 INRA 法国营养标准委员会主席的 William Martin-Rosset 领衔、10 个国家级科研单位的 29 位顶尖科学家参与研究制定。它融汇了国际最新研究成果，内容系统翔实、层次分明、言简意赅、图文并茂，在同行业具有世界影响并得到广泛推广使用。

学习借鉴发达国家马的营养体系是推进我国马业创新的基础工程。孙玉江教授从事马属动物研究、教学十余年，一直致力于我国马产业技术创新与推广。翻译团队结构合理，专业有素，有深厚的理论基础和丰富的实践经验。浏览该书，既感叹其极高的科学、实用价值，也感佩译者精益求精、无私奉献的科学精神。

作为国际上马营养领域的经典著作和工具书籍，该书对教学科研机构、马场、马术俱乐部、饲料生产企业管理者、科研工作者、相关专业学生有较高的参考价值。该书出版发行，可弥补我国马营养标准的缺失，有效解决科研生产中存在的系列技术问题，推动我国马业健康可持续发展。

译著付梓，深感欣慰，是为序。

吴常信

中国农业大学教授，中国科学院院士

2018年8月

前　言

营养与饲养是动物健康和性能发挥的基本保障。由于交通、运输、军事、农耕、现代赛马、竞技体育、休闲骑乘的特殊需要，马的营养与饲养一直受到人们的高度关注。1600 年前，我国古代先贤就提出“寒温饮饲，适其天性”“食有三刍，饮有三时”等经典理论，并体现在《齐民要术》《司牧安骥集》《元亨疗马集》等古代马书之中。进入现代，马属动物特别是马的营养与饲养向系统化、平衡化、标准化方向发展，诞生了诸如 NRC、INRA、JRA（日本中央赛马会）、英国农业科学研究委员会（ARC）等制定的先进的马营养标准和饲养管理规范，成为指导世界各国马匹饲养管理的行动指南，并在现代竞技用马、博彩赛马等方面发挥越来越重要的作用。

与发达国家相比，我国现代马业刚刚起步。马的选育、繁殖、登记、营养、饲养、调教、疾控等方面还相对落后，缺乏科学合理、行之有效的技术规范指导生产，许多马场、马术俱乐部受饲养成本过高、屡配不孕、比赛成绩不理想等诸多营养性问题困扰。在我国马营养标准缺失的情况下，引入并推广先进的马营养标准就成为必然选择。*Equine Nutrition* 一书就是法国马营养标准的英文版（第三次修订版），其研究历经 40 多年，集众多精英科学家集体智慧之大成，系统阐述了 INRA 营养系统的科学理论基础、动物营养需要量及基于当前饲喂策略的相应营养推荐量。作为专业学者，引进、学习、推广此书，责在当代，利在马业。

此书的引入得到了法国国家农业研究院营养标准委员会原主席、法国马营养标准研究的首席科学家 William Martin-Rosset 先生、法国图卢兹大学黄亚宇博士、青岛农业大学潘庆杰教授的积极配合、协调，并促成法国 Quae 出版社与科学出版社版权转让、出版等具体事宜。

此书的翻译得到了政府机构、专业同行的大力支持。周小玲博士（序一及第1和2 章）、陈建兴博士（第 3～6 章）、黄正勇高级畜牧师团队（第 7～9 章）、黄亚宇博士（第 10～12 章）、刘桂芹博士和张乐宏硕士（第 13和14 章）、王利华教授（第 15和16 章及索引）参加了本书翻译、校对工作。国家外国专家局教科文卫重点引智项目、山东省农业良种工程重大项目、山东省现代农业产业技术体系驴产业创新团队、山东省农业重大应用技术创新项目、北京泽牧久远生物科技研究院技术创新合作项目提供了技术、资金支持。William Martin-Rosset 先生专程来华进行技术指导。芒来教授对翻译初稿进行了审定。

出版此书，得到了中国科学院吴常信院士的垂爱。吴常信院士一直心系马业发展，关心本书翻译出版工作，并为本书作序。科学出版社工作人员一丝不苟的工作态度让我感动和敬佩，帮助我完成了多年夙愿。

本书即将付梓，在此一并致谢。

孙玉江

2018 年 9 月

目 录

简称、缩略语和单位

简称和缩略语

AA　氨基酸
AAFCO　美国饲料监督协会
ADF　酸性洗涤纤维
ADG　日增重
ADL　酸性洗涤木质素
ADP　二磷酸腺苷
AFNOR　法国标准化协会
AFZ　法国畜牧学协会
AIA　酸不溶灰分
AOAC　国际分析化学家协会
ATP　三磷酸腺苷
BCAA　支链氨基酸
BCS　体况评分
BW　体重
Ca　钙
cal　卡路里
CCME　加拿大环境部委员会
CF　粗纤维
CIRAD　法国农业发展研究中心
CK　肌酸激酶
Co　钴
CP　粗蛋白
Cu　铜
CTVM　热带动物医学中心
CV　变异系数
d　消化率
d_a　表观消化率
d_t　真消化率
DCAD　饲料阴阳离子平衡
DCP　可消化粗蛋白
DE　可消化能
DHA　二十二碳六烯酸
DM　干物质
DMI　干物质摄入量
DM/100kg BW　每100kg体重的干物质采食量
DOM　可消化有机物
DP　总蛋白质含量
EAA　必需氨基酸
EAAP　欧洲动物生产协会/欧洲动物科学联盟
EC　能量含量或能值
EC　欧洲共同体
EE　粗脂肪
EEHNC　欧洲马健康和营养学会议
EH　额外产热
ENUTRACO　马营养和培训会议
ESS　马科学协会
EU　欧盟
EWEN　欧洲马营养研讨会
FAD　黄素腺嘌呤二核苷酸
FAO　联合国粮食及农业组织

FDA 食品药品监督管理局
Fe 铁
FE 粪能
FFA 游离脂肪酸
FOS 果寡糖
FSH 促卵泡激素
g 克
GAG 葡糖胺聚糖
GE 总能
GEH 营养生理学会
GH 生长激素
GnRH 促性腺激素释放激素
HCT 临界温度上限
HF 高饲喂水平
HN 国家繁育场
I 碘
IE（或 IDELE） 交通部研究院
IFCE 法国马术和骑术协会
IFHA 国际赛马组织联盟
Ig 免疫球蛋白
IGF-1 胰岛素样生长因子-1
INRA 法国国家农业研究院
IU 国际单位
kcal 千卡
KER 肯塔基马研究中心
K_f 净能中用于育肥的代谢能系数
kg 千克
kg fed 饲喂的饲料千克数
kgf 千克·力
kgm 千克·米
K_l 净能中用于泌乳的代谢能利用率
K_m 净能中用于维持的代谢能利用率
K_{pf} 净能中用于生长的代谢能利用率
K_w 净能中用于做功的代谢能利用率
LC 木质纤维素
LCT 临界温度下限
LF 低饲喂水平
LH 促黄体激素
LVW 活重
MAD 可消化蛋白
MADC 马可消化粗蛋白
Mcal 兆卡
ME 可代谢能
Mg 镁
mg 毫克
Mn 锰
MNBT 活动尼龙袋技术
MRT 平均滞留时间
MSM 二甲基砜 / 甲基磺胺甲烷
MUFA 单不饱和脂肪酸
MVFS 矿物质和维生素添加剂
Na 钠
NAD 烟酰胺腺嘌呤二核苷酸
NADP 烟酰胺腺嘌呤二核苷酸磷酸
NDF 中性洗涤纤维
NDICP 中性洗涤不溶蛋白含量
NDSCP 中性洗涤可溶蛋白含量
NE 净能
NE_m 维持净能
NEFA 游离脂肪酸（非酯化脂肪酸）
NFE 无氮浸出物
NIR 近红外反射
NIRS 近红外反射光谱技术
NRC 美国国家科学研究委员会
NPN 非蛋白氮
OC 骨软骨病
OM 有机物
OMd 有机物消化率
OPG 每克粪中的寄生虫卵数量
P 磷

PDI 真消化蛋白
PDIa 小肠真消化蛋白
PDIm 大肠中用于微生物合成的饲料蛋白
ppm 百万分之一（mg/kg）
PTH 甲状旁腺激素
PUFA 多不饱和脂肪酸
R 日粮
RH 相对湿度
RQ 呼吸熵
ROS 活性氧簇
SAS 统计分析系统
sid CP 小肠可消化粗蛋白
TDAT 总可分离脂肪组织
TDN 总可消化养分
TFC 全收粪法
TNZ（ZNT） 等热区
TP 胸围
UE 尿能
UFC 马饲料单位
V 速度
VFA 挥发性脂肪酸
C_2 乙酸
C_3 丙酸
C_4 丁酸
VO_2 耗氧量
VO_{2max} 最大耗氧量
WH 鬐甲高度
WSC 水溶性碳水化合物
Zn 锌

单位

μg	微克	1μg＝0.001mg
mg	毫克	1mg＝1000μg
		1mg＝0.001g
g	克	1g＝1000mg
		1g＝0.001kg
kg	千克	1kg＝1000g
cal	卡路里	1cal＝4.184J
kcal	千卡路里	1kcal＝1000cal
Mcal	兆卡路里	1Mcal＝1000kcal
J	焦	1J＝0.239cal
kJ	千焦	
MJ	兆焦	

第一章　马的营养原理

法国国家农业研究院（INRA）给出的所有推荐营养需要量都是基于多次重复平行科学的研究。马的生理学和代谢研究、生物学和维持生产（妊娠、泌乳、生长和劳役）研究都利用了现代方法及仪器（如能量计、标记物、瘘管马等）。为了解动物对营养的需要量，这些研究估算了营养需要、消化率和营养代谢。同时，动物饲养试验研究测算了马在生产和劳役状态下的营养需要，这些试验与实际情况接近。这些研究证实了早期观察到的生理代谢现象，同时也验证了在正常变化范围内，不同类型和功能的马的推荐养分摄入量。这一综合研究方法被多个科研团队采纳，在现代生产实践中确立和得以应用，并且全世界科学家的智慧都可整合于这一体系。

1.1　能量和蛋白质的消耗及需要——摄入能力及推荐供给量

1.1.1　定义和方法

在劳役期间，马的大部分时间都处于生产过程中。母马先发育后妊娠、泌乳。公马连续或者不连续发育，直到 2～4 岁配种。劳役期间的成年马在训练、奔跑、竞赛活动或者是在像休闲骑乘这种柔和的运动中，都会有大量活动。

1．定义　　营养需要量和供给量在 INRA 出版物中有明确定义。需要量对应于生理消耗量，且营养物质是在不同生理状况的马（休闲或生产状态）中通过试验测出的；而供给量是指提供给马的经过合适配比后满足其需求的各养分含量，供给量考虑到了饲料营养价值（测定方法参照 INRA 系统）和马的采食量（养分摄入量），也就是指马实际上消耗营养物质的数量。推荐饲喂量是指经过日粮配合后满足马用于生产或其他目的的营养需要。由于特定技术或经济原因，在一个生产周期或者使用周期中的某一特定时间，供给量可能会低于、等于或者高于测定的需要量。

2．评价方法　　营养需要采用经典的析因法测定。测定维持需要是在相对短的时间内测定一定数量的动物（一般是每组 6 匹）的养分消耗。能量利用率采用能量计测定，蛋白质利用率采用平衡试验测定，矿物质利用率采用类推法测定，然后就可以在生产中使用测定的能量和蛋白质的利用率或者矿物质和维生素的消化系数。

例如，在泌乳需要测定中，需要计算产奶量及奶中所含养分的消化率或者利用率。

饲喂量的评定采用饲养试验，即综合法，该法时间长（几个月，一个生产或使用周期），样本多（＞10 头 / 组）。这种方法考虑到了个体差异、品种及马健康和管理情况在内的环境因子。而摄入养分量与动物实际生产性能有关。这种评估专门针对特定的生物学功能，如泌乳、生长等。对于每一种生理功能来讲，这些关系在不同性能下都进行过研究，如在不同类型的饲喂策略下，动物表现出不同水平的产奶量、生长和劳役情况。

为了使在不同情况中计算出的每种生理功能下的营养需要和供给量的关系都能够符合实际情形，科研人员建立了不同的模型。

1.1.2 维持消耗

1．能量　维持需要是指马在保持体重和身体组成不变、不生产不工作情况下的能量需要量。这种需要以马的代谢体重（$BW^{0.75}$）为单位来表达。

基础代谢是指安静的绝食动物在等温环境下的能量消耗。基础代谢由两个相对重要的部分组成：一部分用来维持关键器官活动（神经系统、心脏、肺、肝脏、肾脏），还有一部分用来更新细胞蛋白质、脂肪、离子转运，以维持细胞组织的完整。

基础代谢能量消耗的过程还包括采食和消化食物、排出有毒废物、维持体温恒定、自主生理活动。必须注意到，与人类或者反刍动物相比，马站立不会增加能量消耗，这是因为马具有非常有效的悬韧带系统。马站立睡觉和卧倒睡觉一样舒服。消耗是通过饲养试验间接测定的，饲养试验要求马长时间保持体重稳定。

相关参考文献和 INRA 数据库中阉马的维持需要是 84kcal 净能（NE）/kg $LW^{0.75}$（LW 为活重），或者 0.0373 马饲料单位（UFC）/kg $LW^{0.75}$。成年种公马、运动马、纯血马、快步马的维持需要高些（表 1.1），但是矮马要低 16%。个体差异很大，平均是 8%，这可能和不同的肌肉紧张度、温度相关的自由活动量有关。青年马比老年马高 11%。

表 1.1　不同性别、品种、生理活动和训练状态下的维持需要变化

	性别		品种			
	公马	母马	重型马	运动马	纯血 快步马	矮马
休闲	＋10	0	0	＋5	＋10	－15～－10
训练			＋5～＋10	＋10～＋25	＋30～＋40	＋5～＋10
种马						
不配种时			＋5	＋15	＋20	＋5～＋10
配种时			＋10	＋20	＋25	＋10～＋15

能量消耗量和气温变化有关，尽管马有调节的能力，但在过热的环境温度下能量消耗大于过冷环境下。周围环境温度、传导、对流、辐射和蒸发等因素都可能增加或减少产热量，马可通过散热或者保温的生理过程，使体温恒定在38℃。马的等热区（TNZ）是按照温带地区来定义的。在温带，TNZ在5～25℃；在寒带，TNZ在－15～10℃。对于成年马来说，大约需要3周来适应寒冷或温带气候，对于成年役用马来说需要2周。在寒冷气候下，马对TNZ的适应性更强，因为消化食物会产生大量额外的热量，占摄入能量的20%～40%，这一比例会因干草比例的上升而增加。在TNZ外，能量消耗迅速增加。在气温为－15～－9℃时，每当低于TNZ温度1℃，会增加2.5%的能量消耗，这也会使维持需要升高10%～30%。在温带地区，室内圈养的未剪毛的成年马在夏季（19℃）相比冬季（7℃）能量消耗可能上升8%～10%。与之相比，修剪过毛的马的维持消耗略有降低。

2．*蛋白质*　一匹体重500kg的成年马的蛋白质维持需要为15g/$BW^{0.75}$，会合成蛋白质1600g。马和其他草食动物一样，合成蛋白质的量可能是所摄入氨基酸量的3～5倍。大部分氨基酸来自于机体蛋白质的降解，这和其他动物一样。

在维持状态下，马粪尿中的氮损失及身体的其他组成，如能量和矿物质，都达到完美的平衡状态。内源性的流失来自于机体消化和代谢过程。内源尿氮是指在蛋白质周转过程中降解或者是过量摄入并吸收的氨基酸分解后产物（尿素、氨基酸）。内源粪氮来自于消化过程中的分泌物（酶、尿素、黏膜）及未被再次吸收的脱落上皮细胞。一部分粪氮直接排出，还有一部分合成了微生物蛋白质。对于任意一种动物，氮流失率与干物质采食量及细胞壁（粗纤维）含量相关。采食低蛋白的日粮（其他养分不变），氮流失率低。

维持损失是从两种平衡试验的大量数据得出的，一方面氮流失和摄入量处于平衡状态，另一方面饲喂过程中摄入的蛋白质（及能量）保持体重恒定。维持尿氮为128～165mg/kg $BW^{0.75}$，而粪氮大约为3g/kg DM，皮肤和汗液中的氮分别为35mg/kg $BW^{0.75}$和1g/L。

维持蛋白需要为2.8g MADC/kg $BW^{0.75}$，是指饲喂含5% MADC（马可消化粗蛋白）的饲料。经常有超过这个水平的情况，这些情况在某些状态下是有利的，可能会促进大肠内微生物种群生长，有利于纤维分解。维持蛋白需要与能量不同，其对动物行为影响较小，但是这两者是相关的，这就是我们需要考虑动物饲料中能氮比的原因。Kellner报道给出的研究结果是60～70g MADC/UFC。

赖氨酸是唯一的需要量已知的氨基酸，维持需要为0.054g/kg BW。一匹500kg的马的维持需要为0.054×500＝27g，而蛋白质需要为296g MADC/d。因此，维持所需赖氨酸占蛋白质比例为27/296×100%＝9.1%。不考虑马体重，按

9.1% 蛋白质需要量计，赖氨酸每日需要量：Lys（g/d）=MADC×0.091。

1.1.3 生产消耗

除了维持需要外，还要考虑母马、生长马和役用马的生产消耗。用 UFC 来表示总能量消耗和维持能量消耗间的关系，表示动物生产水平。UFC 在动物处于维持需要状态时界定为 1，其随生产消耗增加而增加（泌乳、增重、劳役）（表 1.2）。

表 1.2 不同类型马的生产水平：总能量消耗与维持能量消耗间的关系（用 UFC 来表示）

UFC 水平	母马	青年马 生长-训练		成年马 劳役			
1.0	维持				休闲		
	妊娠						
1.15	第 7 个月	12 个月					
					娱乐		
1.3	第 11 个月	12 个月					
			竞赛				
1.4		24 个月	18 个月				
1.5	泌乳	36 个月		运动		运动	
1.6	第 6 个月			36 个月			
1.7			18 个月				
1.8							
1.9	第 4 个月						竞赛
				42 个月			
2.0							
2.1	第 1 个月						
			24 个月				
2.2	第 2 个月						
2.3							

1．妊娠　母马一般可在产驹后 1 个月内配种，卵子受精后，胚胎 150d 左右定植于子宫壁。在最初的 6 个月内发育（增重）缓慢，随后进入快速发育期，胎儿在这两个时期的相对体增重分别为 10% 和 90%。胎儿增重伴随胎盘、胎液和胎膜、子宫和乳房等妊娠组织的增重，在这两个时期这部分重量占胎儿体重的 45%～70%。

从妊娠中期到围产期，胎盘和子宫的耗氧量逐渐升高。8～9 月之前能量主要由葡萄糖（85%）和乳糖（15%）供给，妊娠末月的母马，尤其是营养不良的妊娠母马，脂肪动员增加。

母马的妊娠需要与胎儿、胎膜和胎液、子宫壁和乳房组织增重和代谢有关，乳房组织在最后几周迅速发育。在妊娠前 6 个月需要较低，随后蛋白质、脂肪和矿物质的需要迅速增加，因为胎盘富含脂肪和矿物质。该部分需要在数量上低于母马的维持需要（表 1.2）。妊娠第 11 个月，蛋白质和能量需要为维持需要的 1.3 和 1.8 倍，矿物质需要为维持需要的 1.1～2.2 倍。胎儿发育状况和初生活力严重依赖于营养平衡，尤其在矿物质、微量元素和维生素缺乏时。

2．泌乳　每次怀孕后，乳房进入发育和分化周期，该周期分为 3 个阶段：妊娠期间的生长、泌乳期时的分泌及断奶时的退化。这些过程受激素调节，妊娠中起作用的激素为前列腺素和雌激素，在泌乳开始和泌乳过程中为催乳素和催产素。乳房退化是一个经裂解酶和吞噬细胞促进的自发过程，导致乳腺实质逐渐由结缔组织和脂肪组织替代。

分娩前几天乳房已经具备功能，有的时候可以从乳头挤出初乳（通俗地讲，此时母马处于分泌“胶奶”期）。乳房组织从血液中获取合成乳汁的养分：葡萄糖合成乳糖，乙酸、丁酸和长链脂肪酸合成乳脂，氨基酸合成蛋白质。乳房组织还会摄取无机盐，在分泌初乳的阶段还会摄取免疫球蛋白。在泌乳期间，受日粮品种和个体差异的影响，每月奶的成分差异较大。

泌乳需要受泌乳量和乳的化学组成影响。在泌乳的第一个月，母畜的产奶量为 3.2kg/100kg BW，能量需要一般是维持需要的 2.1 倍（表 1.2），氮需要量是维持需要的 3.2 倍。在第二个月，泌乳需要达到最大，之后逐渐降低。即使在由于饲喂方案存在不足导致乳脂很低的情况下，能量消耗也可由葡萄糖来满足，这是因为母马的乳汁中富含乳糖，此外，部分能量由体内脂肪供给。蛋白质的需要量由日粮中的氨基酸供给。矿物质需要量也很高，通常达到维持需要的 1.3～3.4 倍。

3．生长　11 月怀胎，一朝分娩。出生后，马进入最快生长阶段，并可以持续 4～5 年。马的初情期在 15～18 月龄，在这个阶段，马体型开始发生变化。第一年外形呈高长方形，第二年呈方形，随后呈平行四边形（第 5 章）。组织、器官和解剖结构按不同的速度生长，骨骼发育较早，随后是肌肉，脂肪组织发育有延迟，但是脂肪组织一旦开始发育就会增加得非常快（图 1.1）。小马机体组成、体重和日增重随日龄变化，期间蛋白质含量保持相对稳定，脂肪和水分相应增加和降低，矿物质成分增加。

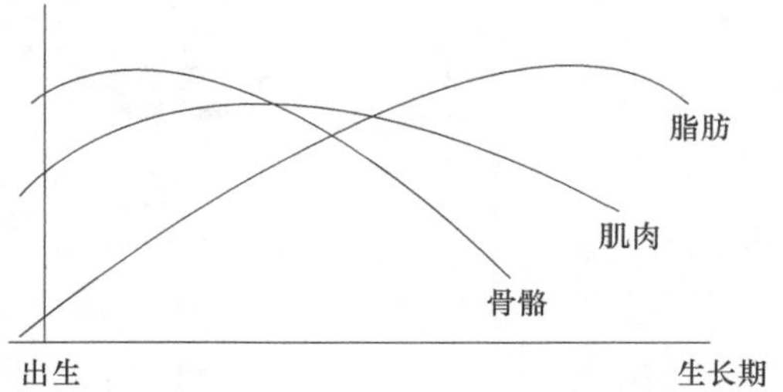

图 1.1　生长期内组织的发育状况

营养需要根据日增重和机体组成（能量、蛋白质和矿物质）来估计，这部分需要和维持需要相比相对较小，对于一岁和三岁的年轻马仅相当于维持能量需要的 1.2 和 1.5 倍，蛋白质需要的 1.2 和 1.9 倍，矿物质需要的 0.6 和 1.7 倍。

4．劳役　马在休闲时除了维持需要，还有很大一部分是自主活动造成的营养需要。马主要依赖乙酸和来源于机体内的长链脂肪酸供能，半小时的步行不会改变能量物质比例，但是严格来讲，活动时段内的能量消耗更多，可能会占到维持能量需要的 1.3～2.2 倍，蛋白质维持需要的 1.4～2.2 倍，矿物质需要的 1.1～4.0 倍，这取决于不同的品种、性别和用途。

在活动情况下，与安静时段相比，马能量消耗增加，这是由于骨骼肌在起作用。此外，还存在心肺系统及其他的器官活动增加，以及其他肌肉活动的增加。

在中等运动强度（300m/min 的快步或 350m/min 的袭步）下，主要是有氧呼吸活动。马靠分解葡萄糖来满足需要，还有部分长链脂肪酸被彻底分解（图 1.2）。因为是有氧代谢，这些能量能被彻底氧化。能量消耗量取决于工作时间，在实际生产中劳役时间持续很短，如工作 1h 内能量消耗是维持需要的 10～20 倍（第 6 章，表 6.8），但是按一天来计，仅相当于维持需要的 1.7～1.9 倍，因为马每天平均劳役仅 1～2h，除非在进行耐力比赛时。在耐力比赛时，能量消耗来自于身体的储备能量（主要是脂肪）。

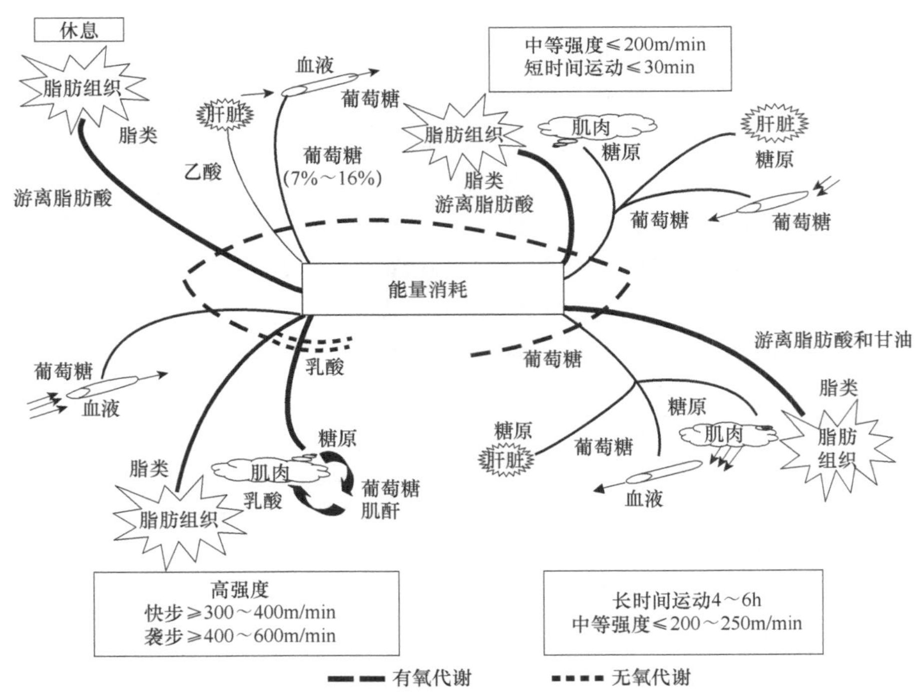

图 1.2　运动期间运动速度与能量代谢类型

在肌肉快速活动的过程中，葡萄糖主要来自于肌糖原（图 1.2）。尽管有氧代谢供能最多，但不能满足快速运动的能量需求，因此磷酸肌苷和葡萄糖要进行无氧代谢，加上有氧代谢产能，才能满足能量需要。葡萄糖在无氧代谢时产生乳酸，血液和肌肉中乳酸的蓄积会导致代谢性酸中毒和疲劳。1h 极高强度运动的瞬时能量消耗相当于维持能量需要的 35～60 倍，这部分能量主要来自于动员机体能源储备，依运动时间不同，平均每天的能量需要相当于维持需要的 2.0～2.5 倍，蛋白质消耗是相当有限的，远低于能量消耗，但是两者具有相关性。

1.1.4　采食量

马和其他动物一样，通过采食来满足能量需要。采食量随能量消耗量而增加，所以采食量的单位为 g DM/kg $BW^{0.75}$。采食量还和消化道容积有关，消化道容积又和动物体型大小有关，所以采食量也可以表示为 kg DM/100kg BW。

幼龄马的采食量随着体重和体尺而变化，消化道尤其是大肠发育一般在 12～18 月龄，也就是从出生开始算第二个生长季。但是在经历过不连续生长的幼龄马中，采食量还可能增加。例如，代偿生长的马，是指马先经历一个限饲阶段，然后又经历一个自由采食阶段。

母马采食量随妊娠和泌乳需要增加而增加。产驹后，随着泌乳进行，营养需要快速增加。用全粗饲料饲喂，自由采食的情况下不会限制奶产量，除非饲喂低质量牧草（≤5% CP/g DM）如秸秆时才会影响奶产量。即便如此，在任何情况下日粮中都应添加精饲料。母马妊娠期间采食量较低，尤其是在妊娠的最后几周，主要是由于胎儿发育压迫消化道造成的。

类似的，役用马的采食量随能耗增加而增加。

采食量受环境因素影响，在寒冷的条件下升高，炎热的条件下降低。在运输或者周围环境改变所导致的应激条件下，也会导致采食量下降。影响采食量的因素还包括营养平衡、水缺乏、蛋白质补充、矿物质缺乏、寄生虫或食物所导致的消化道疾病等。在同品种、相同体重、饲喂同样日粮及同样生产性能下采食量变化很大，可能相差 20%。这些个体差异可能源自消化道容积、消化效率或机体调节及代谢效率的差异。

在营养学中，经常用饲养水平来描述动物采食状况。饲养水平以维持需要为标准，可以表示为每千克代谢体重（$BW^{0.75}$）的可消化有机物（DOM）重量（对于维持需要来说是 32g DOM/kg $BW^{0.75}$），也可以表示为每千克代谢体重（$BW^{0.75}$）的能量摄入量（表示为 UFC）（对于维持需要来说是 0.0373UFC/kg $BW^{0.75}$）。

1.1.5　水的需要

1．粪尿废物排泄相关需要　一匹 400～500kg 的马，在维持条件下每天通过粪便排出水分 7～9L。饲喂高精饲料日粮时，马粪中含水量在 70%～80%，在高粗饲料条件下占 75%～85%。然而，粪便中排出的水分主要来自于未消化成分。这也就是为何粪便中的水分与饲养水平和饲料中的细胞壁类物质数量呈正相关，而与消化率呈负相关。

一匹 400～500kg 的马在维持条件下，每天尿中含水量一般在 4～22L。这与每天产生的代谢废物量有关。泌尿量同样与食物摄入量及消化情况有关，饲料中蛋白质含量超过需要量时，肾脏开始排出尿素并重新吸收钠离子、氯离子、钾离子。这也是在过量采食盐砖、糖浆或者富含钾的蒸馏副产品情况下会导致马多尿的原因。

2．热量损失相关的需要　马和其他动物一样，水的损失主要来自于肺脏和皮肤的蒸发作用，也就是说，水分通过皮肤散失或通过汗液蒸发。马的汗腺非常发达且高效，相比于牛羊和猪来说，在过度炎热或环境温度过高的情况下，更容易保持体温恒定。

根据测定环境的不同（休闲或活动），通过肺脏和皮肤损失的水分为 2～40L/d，在极高活动强度下，通过皮肤损失的量可达到 40L/d。影响水分损失的主要因素首先是肌肉活动产热，其次是食物的摄入量。水分蒸发量和工作量呈线性关系，而在高强度工作时，在能量消耗量保持相同的情况下，水分蒸发量要更大一些。

蒸发量也和外部环境有关，温度增加导致产热增加，因而需要增加水分蒸发以散热。在等热区，一匹体重在 400～500kg 的马，冬季和夏季每天需水量相差 10L。但是对于反刍动物来讲，同样的气温条件下需要更多的水。

3．生产相关的需要　在妊娠后期每天需水量不超过 2L，但是在泌乳初期需水量可能达到 15～30L，在断奶前达到 5～10L。很显然，水分在尿、粪便、（汗液）蒸发和畜产品中的分配差异，受马的生理条件和活动情况影响。可参考 Grandeau 和 Alekan（1904）中的例子来帮助理解这一关系（表 1.3）。

表 1.3　一匹 450kg 马的水平衡（引自 Grandeau and Alekan，1904）

活动状况	水分摄入量（kg）			水分排出量（%）（以占水分摄入量的百分数来表示）		
	饲料	饮水	总量	粪	尿	呼出水分及汗水
休闲	0.9	16.3	17.2	40.1	37.4	22.5
劳役	1.2	23.3	24.5	37.6	27.6	34.8

注：呼出水分及汗水用总水分摄入量减去粪尿水分之差来计算，尚不考虑代谢水。日粮组成为粗饲料 25%～50%，精饲料 50%～75%。需要量受个体因素（变异系数常高于 10%）和日变化情况（受饲料、季节影响，30d 内变异系数在 20%～25%）影响

1.1.6　满足营养需要：饲料采食和体储

1．养分来源　组织和器官的功能和生物合成作用是通过血液循环中的营

养物质来行使的，因此需要营养物质来满足组织和器官的生理需要。血液循环中营养物质要么是内源的，要么是外源的。如果养分直接来自于消化的食物，这就是外源的。这些养分通过消化道吸收和（或）肝脏转化后就可利用了。采食后，血液中营养成分高于需要量。一部分以氨基酸形式保存在肌肉中，另一部分以长链脂肪酸形式保存在脂肪中。在采食的间隔期，血液中营养物质的量低于需要量，这时就利用内源营养物质来满足需要量。氨基酸来自于肌肉蛋白的分解代谢，长链脂肪酸来自于沉积的脂肪组织的动员。

就是这样一个动态的平衡过程，保证了机体满足营养需要并达到一个稳定的内环境，也就是稳态。因而，要么是在饲料采食并吸收后通过一种直接和即时的方式来满足营养的消耗，要么通过一种间接的动用身体储备（体储）的方式来满足营养消耗。

2．推荐饲料采食量　　本书中推荐的采食量包含马在不同生产条件下每日的营养需要量（3～8章）。冬季的饲喂量最容易确定。假设动物健康且日粮平衡，饲喂量要达到满足生产需要的营养量，这些数据已通过一系列饲养实践确定，且考虑了实际性能。摄入量也要覆盖营养需要的各个部分，包括短期需求，以及技术性或经济性目标下的需要。不同的情况下，营养供给量表示为一个时期内的平均营养需要量：每周的营养需要量（劳役：第6和8章），冬季和夏季的营养需要量（生长：第5、6和8章），生产周期的营养需要量（妊娠和泌乳：第3和8章）。

（1）青年马　　营养要满足不同品种、性别和年龄的马的能量需要并维持预期体增重（第5、6和8章）。在实践生产中，可能会低于预期或者高于预期，这主要是个体遗传差异所致，当采用推荐饲喂量时，其代表的是经一系列试验得出的该种群的平均水平，同时，也明确了饲料供给量和生产性能之间的关系。在某些情况下，由于限饲，在冬季青年马可能会经历一个慢速生长期；在夏季可能出现代偿生长，由于采食更加不受限制，会出现一个快速生长期。

（2）泌乳母马　　我们要区分两种繁殖母马：一种是竞技马（赛马和运动马）；另一种是用于娱乐和劳役的母马（第3章）。

泌乳需要在产驹后迅速增加，在第二个月达到最大，采食量也随之迅速增加。泌乳和繁育的母马一般不限饲，即使是在饲喂优质牧草时也不限饲。母马一般在泌乳后第一个月内配种。冬季产驹后的运动或竞技母马要保持体况及机体组成不变，要在放牧的基础上补充冬季料才能满足需要量。与之相比，重型马和娱乐用的品种在冬季需要考虑经济效益，尽量减少成本，饲喂限量的储备草料和精饲料。如果营养缺乏，主要是能量缺乏的话，母马会动员体储来满足需要。在夏季母马会通过放牧重新构建体储。因而母马要在产驹和断奶时期调整体况到最佳，以满足小马生长及随后成功怀孕（第3章，图3.10和图3.11）。

（3）工作马　　运动马在训练过程中最佳体况评分应该在3分，为了使生产性能最佳，要同时保证体型最优（第 2 章，表 2.2）。休闲状态下的马或重型马的体况一般在 3.0～3.5 分。

工作状态下的马，其营养需要随工作强度增加而增加，采食量也随之增加。在饲喂优质粗饲料（运动马）或中等粗饲料（休闲或役用马）的情况下，采食量也不用受到限制。日粮中精饲料比例一般为 10%～60%。有时马的短期需要会非常高，如耐力赛马、三项赛马或竞技马，会动员体储来满足短期（每天的）或中期（几天内）营养需要。该部分体储在随后的过程中可通过饲料得以补偿，即使在工作量有所减少的情况下，竞赛后也会大量供应饲料，以保证有足够的能量来保持最佳体储（第 2 章，表 2.5）。

3．营养需要和营养供给的表示方式　饲料成分经消化道吸收后，在消化过程中转化成营养物质，随后被组织利用或者用于泌乳。不同时期消耗量不同，因为饲料中的营养成分不可能被全部消化。血液中的养分最后被组织所利用，也有一部分生成了废物，因此养分的利用率低于 1。

要考虑到饲料的营养价值和推荐的营养供给量的生理利用率及代谢利用率。

净能是指饲料的总能量减去消化和代谢中的损耗量。为了使用方便，表示为饲料单位（见 1.3 节）。

真可消化氮表示的是饲料氨基酸在小肠中的可吸收量，还有大肠中微生物利用剩余氮合成的氨基酸。生产中，表示为马可消化粗蛋白（MADC），也叫作莫氏可消化粗蛋白（见 1.4 节）。

矿物质需要的推荐量相当高，因为同时要考虑饲料损耗和排出量（见 1.5 节）。

4．体储的作用和重要性　当采食量在短期或中期不足时，能量消耗和采食供能之间不匹配，体储可起到缓冲作用。体储主要以脂肪形式储存在皮下脂肪组织或者肌肉中。

INRA 通过解剖后分离并称重脂肪组织来计算脂肪组织的比例。在体况为 1.0～4.5 分的轻型马中，可分离脂肪组织的系数为 1∶8，这取决于肥育状况，按照第 2 章中 INRA-HN-IE 的方法，体况分为 0～5 分，其脂肪占体重的比例在 2.5%～12.9%（表 1.4）。体内总可分离脂肪组织（TDAT）可以利用体况评分（BCS）来进行准确估算，公式如下：

$$\text{TDAT（kg）}=5.868^{0.563}\text{BCS}\quad R^2=0.990;\ n=20$$

胴体（肌肉＋可分割脂肪）的能值（EC）非常高，体况评分为 1.0～4.5 分，EC 相差 1～3（表 1.4）。可用以下公式进行准确估算：

$$\text{EC（Mcal）}=1.901^{0.373}\text{BCS}\quad R^2=0.993;\ n=20$$

一匹体况评分为 3.0～3.5，体重 500kg 的马，脂肪含量在 6.1%～8.1%。这些脂肪和肌肉组织中净能值在 559～645Mcal。

表 1.4　轻型马的机体组成和能值（引自 Martin-Rosset et al.，2008）

体况评分[1]	体重（kg）	总可分离脂肪组织[2]		肌肉（kg）	能值[3]（Mcal）
		脂肪重量（kg）	脂肪占体重比例（%）		
1.0	404.5	9.39	2.3	185.97	303.90
2.0	443.0	16.68	3.8	194.95	383.87
2.5	476.7	23.34	4.9	209.91	461.67
3.0	516.7	31.84	6.1	232.01	577.52
3.5	547.5	44.41	8.1	250.01	716.30
4.0	573.5	56.36	9.8	259.42	889.33
4.5	557.5	72.14	12.9	238.96	980.41

[1] 体况评分按照 INRA-HN-IE 的评价标准（1997）（第 2 章）。[2] 总可分离脂肪组织（蓄积脂肪）＝皮下脂肪＋腹脂和器官表面脂肪＋肌间脂肪。[3] 总能值：可分离脂肪组织（皮下脂肪＋腹脂和器官表面脂肪＋肌间脂肪）和肌肉（包括肌内脂肪）（经干燥粉碎后用绝热式热量计测量）

推荐采食量的主要目的是根据胴体能量组成，保证马在一个生产周期内体况评分最佳，以便于马生产或利用（第 3～8 章）。在实际制定日粮时，可利用 UFC 来确定净能数量，最终根据情况具体调整（第 2 章）。

1.2　采食量和消化

与其他草食动物一样，马大部分采食来自于自然条件或人工培育的牧草或储备草（如黑麦草），或者采食一部分粮食副产品或秸秆。

自由采食时，马饲草中可以获得的能量主要受以下因素影响。

采食量：动物自发摄入的量。

可消化性：草的比例，尤其是指有机物含量，在肠道中消失的那一部分（第 12 章）。该部分变化较大，见饲料的组成和营养价值表（第 16 章）。

对于需要增加营养的马来说，可添加富含可消化营养物质的饲料，补充粗饲料可达到平衡日粮的目的，这类饲料包括水果、谷物、根茎和农副产品，它们富含蛋白质和其他胞内成分。这类补充饲料对粗饲料消化也有影响。然而，日粮中饲草比例不应低于 20%，以保证圈养马消化道的正常组织形态和适宜生理功能。

1.2.1　饲料采食

马和人类及其他动物一样，主要通过摄入食物和水来满足营养需要，同时涉及一种心理需要，这与感官知觉和饱腹欲有关。并且，饲料的自由采食量随体重和体温变化。对于具有特定需要的动物，采食量也会根据饲料理化性质改变，这些理化性质也影响饲料营养价值和适口性。此外，马的食欲与饲料的感官性质（适口性）有关，也和马的生存状态有关，如生活在舍饲环境中。

为了阐明多种因素之间的相对重要性，首先观察马的采食行为及其差异，然后详细分析影响采食量的动物因素或者饲料因素。

1．采食行为　马的采食行为在牧场上和舍饲条件下存在差异。在放牧条件下，马可以自主选择同伴，饲草随时可以吃到。采食行为主要受草场利用率影响，但也受环境因素影响。在舍饲的环境下，如马被拴在柱子上，摄入的饲料差异很大，采食行为主要受人为因素影响。

（1）放牧　在第10章中全面阐述了家养和野生马在草地上的采食行为，马每天采食时间超过12h，因为它需要大量的时间来咀嚼。夜间觅食时间占采食时间的20%～50%，占总夜间时长的30%。成群放牧时，会形成3～5轮的觅食时间，期间有休牧的时间，放牧时间占白天时间的18%～20%，成年马大部分时间都站立。觅食时间与日出和日落有关，由头马主导。

放牧行为受环境因素（气温、社会等）和草地利用率的影响。在温带地区，秋季放牧时间比夏季略长些，通常白天放牧时间长于晚上，在秋季之后放牧时间逐渐缩短。在秋季，采食时间延长，并且会持续到晚上。在夏季，由于高温和蚊虫骚扰，白天采食减少。在温带地区，觅食时间在气温为18℃时达到最大。增加湿度及间歇性的小雨会延长日间采食时间，相比较，暴雨或刮风会减少采食时间。在有关这些干扰采食的不利因素的研究报道中，其影响程度存在品种间的差异。增加单位草地的放牧压或动物密度可以增加白天的觅食时间，而在相同放牧压下（表示为kg BW/hm^2），马和牛羊一同放牧（数量比例为1∶1或1∶3）并不会增加马的日间觅食时间，但是可能会减少采食次数。

马在草地上的采食行为还受草地植物种类影响（第10章），黑麦草、草地早熟禾、紫羊茅更受欢迎，肯塔基蓝草、鸭茅草、剪股颖、梯牧草、白三叶次之，一般不采食狐尾草、绒毛草和雀麦草。混合草地更受欢迎，尤其是含有白三叶的混合草场。在一些组成复杂的天然草甸中，采食选择取决于地形限制和草的数量。天然条件下的草甸，如果营养价值充足，马会选择高草；在营养不足的情况下，马对高草或低草的采食不加区分，以获得足够能量（高草）和蛋白质（低草）（第10章）。

（2）食槽饲喂　自由采食粗饲料情况下，马咀嚼时间为9～13h，牛羊为14～16h（采食＋反刍）。不同马匹每天的咀嚼时间不同，即使是同一匹马，其采食时长差异也很大，现在还没有采食量与采食时长相关性的确凿数据。马一天要采食11～12次。如果每天只饲喂1次的话，第一次采食量很大；如果每天饲喂2次，那么这2次采食，占总采食量的40%。

夜间采食对马来说很重要，占采食时间的1/3（图1.3），夜间采食主

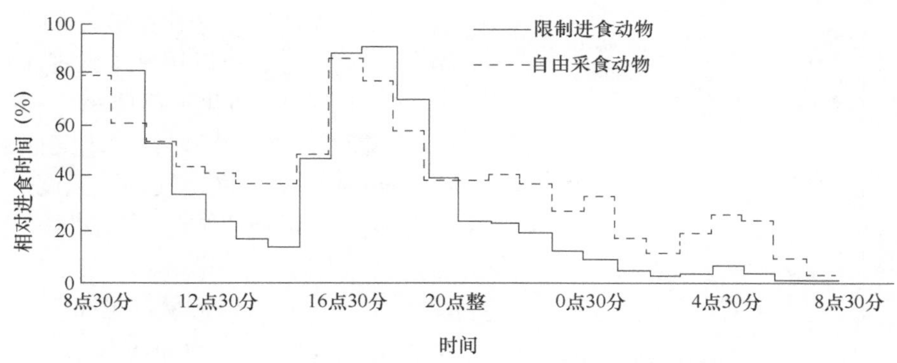

图 1.3 马日间和夜间的进食时间分布图（引自 Doreau，1978）
日粮为干草（自由采食），添加 2kg 燕麦，分为 2 次饲喂

要在前半夜。夜间会有 3～4 个睡眠周期，睡眠间隔采食，占了夜间时间的 32%～40%。

当采食时，延长饲草咀嚼时间会导致唾液分泌增加（采食 1kg 干草平均分泌 4L 唾液），但是也受饲料干物质含量和特性影响。对于干草来说，采食时间单位（采食 1kg 干物质所需的时间）为 40～55min/kg DM。采食 1kg 干草需要咀嚼 3000～3500 下，分为约 80 个食团吞下。

当饲料数量不足时，总采食时长显著降低，采食速度几乎不变。夜间采食时长显著下降（图 1.3）。饲喂时间延长，不利于后续采食，少量多次饲喂时，咀嚼时间占了总采食时间的 2/3。饲喂量不足，不会对马的夜间采食活动产生较大影响，即使添加更多的夜草也是这样，但是加草可能影响马的心理状态。

每千克精饲料或谷物的咀嚼时长仅需 10～20min，咀嚼 800～1200 次，受物理形态影响不大。当自由采食谷物或颗粒料时，马采食时长会延长。小马每天采食 10～20 次，一般在白天多于夜间，总采食时间为 6～8h。在自由采食的情况下，精饲料采食量受生物节律调节控制，可能和饲料的特性关系不大。高精饲料可能会导致一些行为问题，如啃食木头、啃栏杆或者食粪。

同时饲喂给马两种或多种饲料来检测饲料偏好，采食选择在动物进化史上起到了关键作用。因而，当选择长草还是短草时，马会选择其原来习惯的那种干草，对谷物的偏好性也是如此。然而，松软的颗粒料要比坚硬的颗粒料更受欢迎。甜味物质如蔗糖、糖蜜显著增加了饲料适口性。测定马对盐含量、苦味或酸度的偏好性，发现马驹的喜好接近于绵羊。所有这些结果都表明个体差异显著。

2．饲料摄入量　在特定生理状态下的动物，干物质采食量受 3 类因素影响：①在动物方面可以称为采食量，首先是从能量消耗量来定义的，能量消耗与劳役、产奶、生长等有关；也取决于动物的偏好性，偏好性由动物的健康状态

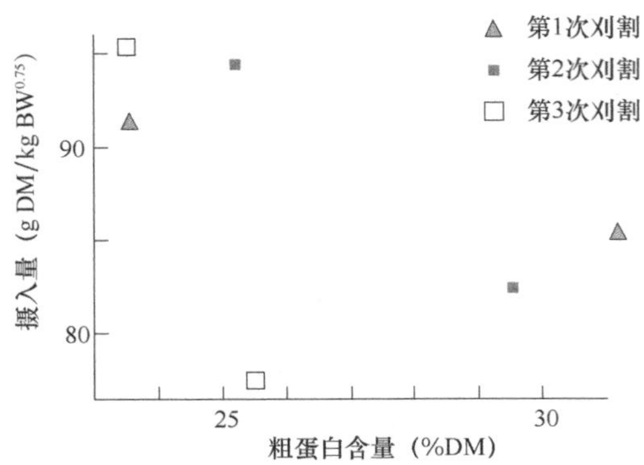

图 1.4 维持需要时，新鲜的天然草地禾草或不同刈割次数牧草的摄入量（引自 Chenost and Martin-Rosset，1985）

和体型决定。②在饲料方面可以称为可食性，可以用嘴（感官性状或适口性）、消化道（体积）和代谢（能量平衡）来评价。③其他因素包括环境条件、气候（温度）、社会性（优势地位）、寄生虫。

（1）饲草采食　对于维持需要来说，粗饲料采食量在75～115g DM/kg $BW^{0.75}$，青草采食量在1.5～2.0kg DM/100kg BW。成熟度和刈割次数不会影响采食（图1.4），这也是采食量与细胞壁成分组成（粗饲纤维或NDF-ADF）没有关系的原因，这可以运用在预测干草或者粗饲料采食量上。

青贮采食量低于新鲜禾草或干草。采食量随干物质含量从40g DM/kg $BW^{0.75}$（0.8g DM/100kg BW，直接刈割青贮草的DM含量为22%）增加到90g DM/kg $BW^{0.75}$（1.8g DM/100kg BW，萎蔫或半干青贮草的DM含量为36%）。半干青贮或湿干草存放在塑料裹包内，此类青贮采食量较高：湿干草为108g DM/kg $BW^{0.75}$（2.3kg DM/100kg BW），它的DM含量高达50%。整株玉米青贮采食量为50～80g DM/kg $BW^{0.75}$（1.0～1.6kg DM/100kg BW），干物质水平在25%～40%。秸秆采食量变化很大，谷物秸秆和饲用植物秸秆采食量在40～95g DM/kg $BW^{0.75}$（0.8～2.0kg DM/100kg BW）。

（2）采食量　采食量与生理状态和牧草类型有关。对青年马而言，干物质采食量随着体重增加而增加，但增长速度较慢。采食量与代谢体重密切相关，与体型大小也有紧密关系（表1.5），无论提供什么饲草，如鲜草青贮、萎蔫（半干）青贮或玉米青贮，其变化规律是一致的。采食量受饲草类型影响是因为不同饲草具有独特的可食性。

表 1.5　饲喂含干草（50%～80%）、秸秆（10%～25%）及精饲料（10%～25%）的日粮时青年轻型马的采食量（引自 Bigot et al.，1987）

年龄（月）	平均体重（kg）	采食量	
		kg DM/100kg BW	g DM/kg $BW^{0.75}$
6～12	190～310	2.3～2.6	97～108
18～24	290～310	2.2～2.3	100～104
30～36	515～525	2.1～2.2	100～105

在妊娠过程中，母马采食量变化很小（74～95g DM/kg $BW^{0.75}$ 或 1.4～1.8kg DM/100kg BW），因为母马腹腔容积因妊娠受限，胎儿生长挤压大肠。产驹后前几周，采食量快速增加，为 125g DM/kg $BW^{0.75}$（2.5kg DM/100kg BW），最大到 160～170g DM/kg $BW^{0.75}$（3.0～3.5kg DM/100kg BW）。

劳役的马通常饲喂少量粗饲料，但耐力赛马在某些特定时期除外，如在竞赛间隔、恢复期、训练开始时。

1.2.2　消化

马是一种草食动物，胃较小，肠道发育良好，主要包括小肠和大肠两部分（图 1.5A）。

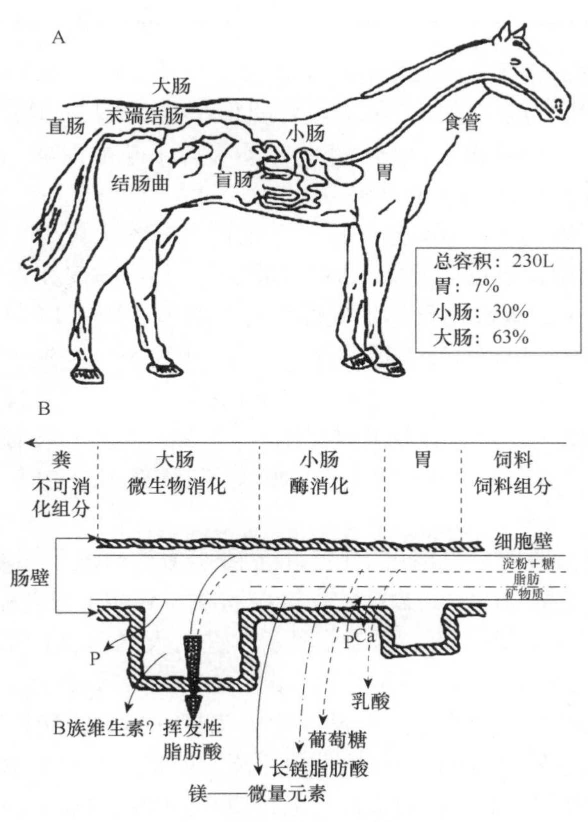

图 1.5　马的消化道和消化过程

A．马的消化道特征示意图；B．马的消化过程

1．肠道通过时间　　通常食物在消化道平均滞留 30h，大部分滞留在大肠（24h）。维持状态下，饲喂水平（自由采食或限饲）对食物通过时间影响不大。

相比之下，在泌乳母马中略短，妊娠母马略长一些，轻型马比重型马通过时间要短一些（表 1.6）。

表 1.6　马消化道中食糜的流通时间：品种、性别和饲养水平的影响
（引自 Miraglia et al.，1992）

品种	性别	饲养水平	平均流通时间（h）
轻型马	阉马	维持（1.1）	25.2
		自由采食（1.5）	25.9
重型马	空怀母马	维持（1.2）	36.5
		自由采食（1.7）	31.5
	妊娠母马	自由采食（1.7）	20.9
	泌乳母马	自由采食（2.5）	22.2

2．不同部位的消化　食物在口中经过咀嚼和唾液（40～50L/d）加湿，这是吞咽和食物在进入肠道前所必需的。胃的相对容积（15～18L）较小，仅相当于肠道容量的 2/3，但是由于食物在下行，胃可以不断被排空。食物经过食管和胃的贲门处，贲门具有防止呕吐的作用。

胃仅消化食物中的一小部分成分，对粗饲料的消化更少。由于胃液（10～30L/d）中存在肽酶，蛋白质开始水解。细胞壁成分如麸皮在胃中开始消化，而其他成分消化很少，碳水化合物生成挥发性脂肪酸（VFA）（仅 0.4g/L，90% 是乙酸）和乳酸，脂肪和矿物质不被消化。胃液 pH 在 4～6，这主要受食物进入胃中的时长影响，因而不能抑制微生物增殖和定殖。

小肠很长（16～24m），食物通过仅用时 1～3h。虽然马没有胆囊，但马的胆汁是持续分泌的（5L/d）。分泌的胰液（7L/d）和肠液（5～7L/d）负责消化所有的食物组分。

糖（葡萄糖、果糖、蔗糖）、乳糖和蛋白质（氨基酸）主要由消化酶类消化，为动物提供能量物质（葡萄糖、长链脂肪酸、乳酸）或者蛋白质（氨基酸）（图 1.5B）。大部分非蛋白氮，尤其是尿素，进入大肠前就已被充分消化吸收，吸收进入血液后与血液中的尿素混合在一起。在饲养水平小于 2 的情况下，粗饲料和精饲料中 70%～95% 的糖，以及谷物中 70%～95% 的淀粉在小肠吸收，带棒玉米除外。经过技术处理后吸收比例会更高，如将大麦和玉米磨碎、压片、膨化、压制处理，但是如果每餐的采食量超过 200g/100kg BW，一部分淀粉可能不被消化。就蛋白质而言，对于难以消化的饲料（富含细胞壁的草料）来说，小肠消化量为 30%，对于种子、谷物及其副产品来说，消化量为 60%～90%。小肠中脂肪和油的消化率高达 80%，而其在总肠道中的真消化率为 90%～95%。

与磷和其他矿物质吸收主要在小肠中不同，钙优先在小肠前部吸收，而锰、钠、钾和其他微量元素在小肠全肠段都可以被吸收。磷一部分在小肠末段吸收，但大部分在结肠吸收（图 1.5B）。

大肠是马消化道中容积最大的肠段（180～220L），大肠经常是满的。它包含饲料经酶消化后的食糜残渣，一般存留 24h。大肠中还有一部分很重要、很活跃的微生物菌群，在发酵的过程中不断将小肠中未消化的食物残渣转变为营养物质。

大肠食糜中细菌种群含量在（5～7）$\times10^9$/g，在不同部位（盲肠或结肠）存在差异。最常见的细菌种类有链球菌属（*Streptococcus*）、拟杆菌属（*Bacteriodes*）、乳酸菌属（*Lactobacillus*），但是原虫数量较少（10^2～10^5/g）。盲肠中的纤维分解菌数量比结肠中多 6 倍，但盲肠和结肠的容积分别为 30L 和 180L。蛋白分解菌数量为（2～8）$\times10^5$/g。理化环境，如 pH 在 6～7，氧化还原电势、无氧状况、温度和食糜混合状况，都宜于使进入大肠的食糜混合物进行发酵。植物细胞壁和纤维降解产生 VFA，在盲肠和结肠平均约产生 3g/L。这些发酵产物含乙酸 70%～75%，丙酸 18%～23%，丁酸 5%～7%，它们在这两个肠段被吸收，能满足 30%～70% 的维持能量需要，但具体的吸收比例取决于饲料组成，尤其是丙酸浓度。食糜中 15%～30% 的氮，以及来自于小肠的内源氮，都进入大肠中。在大肠中这些氮降解为氨基酸和氨，被重新合成微生物蛋白以再次利用，或者以氨的形式吸收后通过尿素循环进行再循环。盲肠和结肠内细菌分别合成蛋白质的量为每小时 2.5mg/g 或 0.8mg/g 干物质可消化成分。饲料和微生物来源的氮在大肠中吸收很少。多余的氨被吸收后，由肝脏合成尿素，产生的尿素量随摄入蛋白质量增加而增加。尿素通过肾脏从尿液中排出，也有部分通过简单扩散被肠壁吸收，以及通过消化道分泌物（唾液）重新进入消化道。在大肠中微生物仅将内源的和食物中的氨基酸水解为氨。因而尿素氮或者直接以尿素形式吸收，或者小部分以氨基酸形式吸收，但大部分微生物蛋白最终被分解为氨。马内源氮中约有 50% 是直接经血液扩散到肠道内的，每天约合 90g 尿素，相当于 250g 蛋白质。大肠中的内源氮的利用率约为 50%。外源尿素有多种形式，如尿素、双缩脲、磷酸二胺，这些物质都可以被马利用，利用率为 25%。

大肠微生物可以合成所有的 B 族维生素，所以不推荐补充 B 族维生素。

1.2.3　采食量调控

1．机制和重要影响因素　采食量调控与能量支出相关，部分受短期调控，也就是受一次或一天采食量的影响，还有一部分受长期调控，长期调控可以调整能量需求和供给之间的空缺。长期采食量调控受神经系统支配，食欲控制中枢位于下丘脑侧面，饱觉中枢位于腹正中部。

从短期来看，饲料的感官性状对马有重要影响，马喜欢甜味，如胡萝卜。对于粗饲料，它们更喜欢长草而不是切短后的草。马喜食的饲草排序从大到小为：

青贮、裹包青贮、成熟度相同的干草，不过这一点并没有得到清楚的解释。

一般情况下，都不会考虑梗阻对采食量的限制作用，胃容积量相对较小，但并不会阻碍马采食。采食导致胃、小肠和盲肠的有效运动，可以及时清除胃肠道任何部位中的食糜。如果结肠中积累食糜太多，会影响马的采食量，这种情况仅发生在采食低质量牧草（如秸秆）的情况下。结肠盆曲的狭窄部位较细，这可能是限制粪便流通速度的因素。

消化终产物可能会导致采食减少甚至停止采食，葡萄糖和某些 VFA（乙酸、丙酸）可能会造成这样的结果，但是研究报道不一致。这些代谢产物的感受器的位置分布还不清楚，与之相比，葡萄糖和脂肪酸的代谢可能会产生一个代谢信号，引发饱食后再次采食。

在较长时期，数周或者数月，马或多或少可以调整采食量来调节其能量需要，能量需要量取决于维持和生产的需要情况。维持状态下调节过程需要较长时间，或多或少受饲料特性影响（图 1.6）。

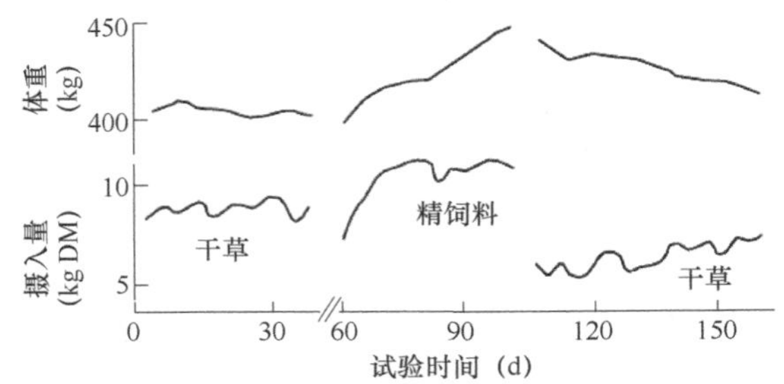

图 1.6　饲料摄入量与饲料特性间的关系（引自 Meyer，1980）

过度肥胖导致干草摄入量明显降低（图 1.6：阶段 3）。相比较，不管是在肥胖还是生长发育阶段，精饲料的摄入量总是高于干草，因此调整精饲料的采食量并不是很有效。

与之相比，马在生产的条件下，采食量的调整更有效（图 1.7）。1～2 岁的青年马，饲喂相同的干草，但精饲料浓度不同，通过调整采食量，两组间能量浓度相差 90%～100%。然而，如果能量摄入不同，那么生长速度也不同。但是，如果这种差异是由饲喂谷物秸秆引起的，青年马不能通过增加干草采食量来补偿能量浓度差异。

2．包含 75% 以上粗饲料的饲料　　粗饲料收割的物候期是影响消化率的主要因素，但是不影响马对其的喜食性，而劣质粗饲料（干物质 CP 含量≤5%）除外。相同牧草经过不同保存处理后（如青贮、打包或者风干）也可能会有不同的适口性，即使这些牧草来自同一物候期。

生产中马的能量摄入量受饲料能量消化率（能量效价）和蛋白质含量（干物

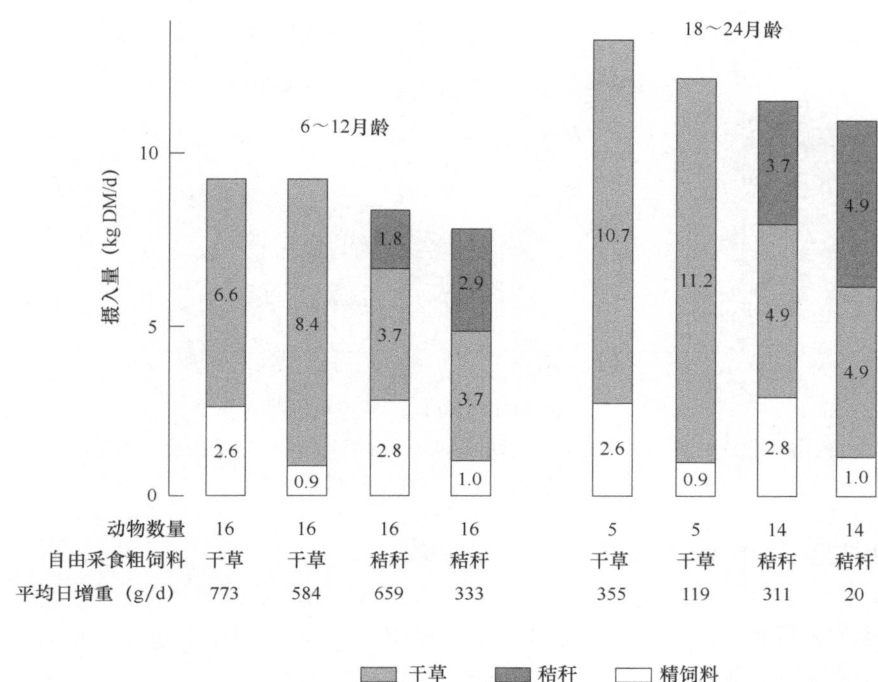

图 1.7　精饲料摄入量和粗饲料类型对重挽马驹干物质摄入量的影响
（引自 Martin-Rosset，1984）

质 DP 含量）的影响。当需要增加时，马可以通过尝试增加采食量来满足营养需要，如泌乳母马会比干奶母马采食更多饲草。泌乳母马在泌乳前几个月采食量也会大于后几个月。母马的生产性能、泌乳或者胎儿的生长都和能量摄入直接相关。

3．粗饲料-精饲料混合饲料：精饲料代替粗饲料　　生产中，马的饲料中经常要补充精饲料，以满足生产的营养需要。对于青年马、泌乳母马和某些役用马来说，饲料中的粗饲料是可以任意采食的。

图 1.8 中标出了精饲料采食增加 $x$kg 干物质情况下，粗饲料采食下降 $y$kg。精饲料替代粗饲料的比例（替换率）用 $y:x$ 表示，表示每采食 1kg 精饲料后粗饲料的减少量。青年马和母马的观测值在 0.3～2.4，与粗饲料的特性（普通青贮、干草、秸秆）和粗饲料质量（营养价值）有关（图 1.8，第 2 章）。

在生长马中发现，青贮或苜蓿干草营养价值高，总干物质采食量增加，因此摄入的营养成分增加，这对于高营养需要的动物是有利的。必须注意到，只有替代较低营养价值牧草（DM＜30% 的玉米青贮）而不是较高营养价值牧草（DM＞30% 的玉米青贮）时，替换率才呈线性关系。比较青贮草（DM＜30%）和干草（DM 为 50%）的结果也得出同样的结论。后一个案例表明，存在一个阈值，

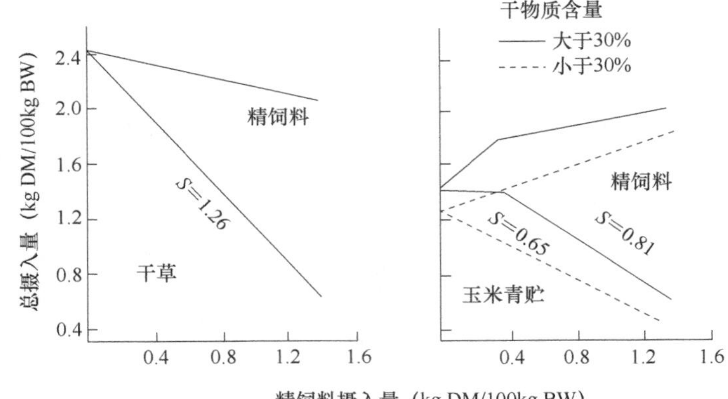

图 1.8　精饲料喂量对 6～12 月龄的青年马粗饲料采食量和总采食量的影响
（引自 Agabriel et al.，1982）
S 为替换率

超过阈值后干物质采食量和营养摄入增加减慢。

干草总干物质采食线性降低（$S>1$），营养物质摄入也降低。

对于泌乳母马，在干草或秸秆基础日粮中，精饲料比例为 20%～50%，粗饲料：精饲料替换率在 1.2～2.4。

1.2.4　饮水

动物通过调整饮水量来满足水的营养需求。机体中水分含量日变化很小。摄入的水主要源自以下两方面。

饲料中的水：干粗饲料和精饲料中的水分含量在 10%～15%，青草中为 85%，饲用甜菜根中接近 90%。此外，分解代谢过程中也会产生代谢水，分解 100g 碳水化合物、脂肪和蛋白质分别产生 55g、107g 和 41g 水。维持状态下的马（分解所有可代谢利用的营养物质）采食 10kg 干草，代谢产生的水为 2～3L。

饮水：饮用水可补充饲料中水分不足，满足总需水量。研究表明，饲喂相同量的苜蓿，鲜草和干草中的水分分别为 30L 和 2L，饮水分别为 18L 和 40L，总摄入水分含量接近。

为了确定马饮水量是否满足需要量，确定其和干物质采食的关系是必要的。两者基本是相关的，因为能量和水需要的线性关系虽然变异较大，但基本是一致的。对维持状态下的动物，水的需要和干物质相关，和体重不相关。然而，劳役状态的马或者泌乳马对水的需要比对干物质需要更多（第 2 章，表 2.7）。

自由饮水的情况下，80% 的饮水发生在采食之后。如果水不是随时都有，如用桶饮马，一定要和饲料同时喂。

1.3 能量营养

1.3.1 引言

直到20世纪70年代末，马的营养需要和饲料能量价值都是沿用在第二次世界大战之前就已经建立的反刍动物体系。在斯堪的纳维亚进行的试验，参照反刍动物确定了相应饲料的营养价值（Fjord and Hanson），实验利用了德国科学家Keller与美国科学家Armsby和Forbes发明的两种能量计，确立了两类用于测定全世界反刍动物能量价值的评价体系：一类是基于育肥的净能体系（NE），另一类采用总可消化养分（TDN）体系。这两类系统都给出了每一种饲料的能量效价，而且这两种系统给出饲料的维持、泌乳、育肥需要，具有相同的相对价值（Breirem，1969）。在经过一系列的代谢、饲养试验和田间观察试验后，这些系统应用在了马上，在欧洲（法国Grandeau，Muntz，1930～1940；德国Kellner，Wolff，Zuntz，1880～1911；斯堪的纳维亚Jesperson，Axelesson，1930～ 1940）和美国（Morrisson，1930～1940）使用着不同的单位。在德国（Kellner and Fingerling，1924）、荷兰（Frens，1949）、英国（Watson，1949）和瑞士（Crasemann and Schurch，1949），净能表述为淀粉价，在丹麦（Jespersen，1949）和斯堪的纳维亚（Axelsson，1949）表述为大麦单位，而在苏联（Popov，1946）表述为燕麦单位。在法国，使用Armsby提出的计算方法，可从饲料代谢能含量来推导饲料净能，以及能量损失与采食、消化和营养代谢有关（Leroy，1954）。饲料的净能表述为饲料单位，在斯堪的纳维亚系统中，指1kg标准大麦的净能含量。同时期，美国Morisson（1937）提出并制定了TDN体系。

20世纪70年代末至80年代初，研究人员通过在马中开展的试验，制定出2个专门用在马上的体系。一个体系基于消化能（NRC，1978），这一体系源自TDN体系。这一体系在1989年和2007年得到进一步发展。在这一体系下，饲料的营养价值仅取决于饲料的化学组成（CP/ADF）。在1989年的版本中提出了两个公式，2007年这两个公式再次被提出。这两个公式基于采用全收粪法的消化试验。一个公式针对干草和粗饲料，草原或牧区植物，或者新鲜饲草；另一个公式针对能量和蛋白质饲料。已经证明，不同种类的饲草在有机物消化率（OMd）上存在巨大差异（Martin-Rosset et al.，1984，1996，2012c）。同样的方法也被用在精饲料上（Martin-Rosset，2012）。当用多个公式来预测主要类别的精饲料（谷物、谷物副产品、油料种子、豆副产品、豆子）时，比用单一公式预测的精饲料OMd要准确得多。针对某种粗饲料或者精饲料的公式计算得出的 OMd 的标准差，比用通用公式得到的值平均要低 3.0 个百分点或者高 6.0 个百分点，且 $R^2>0.9$ 或<0.75（第 12 章）。这种差异主要来自于能量消化率的差异，其在将 DE 换算为 ME 再换算为 NE 后会扩大。已经可以确定的是，普通草地中干草（33% CF，10% CP）的 DE 和 NE 分别是大麦 DE 和 NE 的 67% 和 48%。在 DE 系统中，无论饲料特性如何，维持和泌乳过程中的代谢能是稳定的，据此可以确定马的能量需要。根据该体系，相比精饲料，粗饲料的能量价值是被高估的，因此能量需求也被高估。但是精饲料比例高时，这一方法还是可行的，正如 Martin-Rosset（2001）所指出的，这种饲喂方式在美国很常见，但与 Hintz 和 Cymbaluk（1994）的计算方法相反。这种体系被南美洲、北美洲、澳大利亚、新西兰、日本和一些欧洲国家（德国和英国）所采用。

然而，德国在消化试验中利用 AIA 标记提出了一种新的推测饲料消化能的通用方法（GEP，2003；Zeyner and Kienzle，2002）。已经证明采用 AIA 法得到的消化系数对于所有养分来说都偏高，但是和对照方法即全收粪法相比，结果并不一致（Fuchs et al.，1987；Miraglia et al.，1999）。此外，该方法忽略了各种养分间的消化互作，这与实际情况有所不符。这个模型主要来自 Zeyer 和 Kienzle（2002）的部分公式，都采用了相同的数据资料。不幸的是，有一些证据表明，采用 GEP（2003）的通用模型预测的 DE 和实验得出的 DE 有偏差，模型的变异系数不佳：$R^2=0.39$（Zeyer and Kienzle，2002）。此外，对于 GEP（2003）推荐的通用模型所预测出的 DE，与采用传统方法即通过计算单一饲料 DE 的权重值来计算日粮 DE 含量值之间的差异，还没有比较。到目前为止，相比 NRC 公式，这个模型没有任何优势。

现在德国开始建立马的代谢能体系，这一体系是根据马的肾脏能量损失和甲烷能量损失采用回归预测方法来建立的（Kienzle and Zeyner，2010）。在这一体系中，饲料能量价值仅和化学组成有关（CP、EAA、CF 和 NFE）。如果仅就消化和代谢试验的数据而言，这一体系也认为饲料中各种养分的消化过程之间没有互作，并且只在运动马做了一个测试试验（Schüler，2009）来验证这一体系的有效性。目前使用这一个公式来预测饲料能量价值或者制定合理配方还没什么优势，除非仅在田间状况下用于检验饲料的能量含量。

另外一个体系是基于饲料的维持净能来建立的（Jarrige and Martin-Rosset，1984），因为马与反刍动物或猪一样，甲烷和能量损失及代谢能利用效率受消化终产物和生化代谢通路的影响。在一个世纪以前，Wolff 等（1877）提出马在饲喂 75% 粗饲料的条件下比饲喂 75% 精饲料的条件下，维持 DE 高 15%。并且，德国的 Wolff 等（1887a，b）及法国的 Grandeau 和 Alekan（1904）采用许多饲养试验，都发现干草比谷物的维持和劳役 DE 需要量更高。基于这些结果，确定了劳役状态下马的净能系统：饲料的净能含量采用可消化养分来计算，并用粗蛋白含量来校正，具体为玉米 117，大麦 100，干草 44（Wolff and Kreuzhage，1895）。在 20 世纪 30 年代，Fingerling（Nehring 和 Franke，1954 引用过）报道了马育肥 ME 利用率，采用碳氮平衡法来测定时，在淀粉和花生油（90%）比蔗糖（72%）和纯纤维（58%）高。变化范围如下：谷物 73%～75%，干草 35%～52%，秸秆 32%～38%。之后，上述结论又被 Hoffman 等（1967）、Willard 等（1979）和 Kane 等（1979）证实。

相似的，利用间接能量平衡法测定的维持代谢能在苜蓿中比在含 80% 的大麦饲料中低 20%（Hintz，1968）。基于这些资料，并在进行了一系列消化和代谢试验后，INRA 在 1984 年提出了新的净能体系，并得以广泛地改进，且在不同类型马（母马、青年马和运动马）中用长时期的饲养试验进行了验证（Julliand and Martin-Rosset，2004，2005；Miraglia and Martin-Rosset，2006；Saastamoinen and Martin-Rosset，2008）。这一新体系的框架在 1993 年哥本哈根（丹麦）EAAP 会议，1993 年盖恩斯维尔（佛罗里达，美国）ENPS 会议，2000 年列克星敦（肯塔基，美国）KER 会议和 2004 年第戎（法国）EWEN 会议提出，并与荷兰科学家合作建立。荷兰建立的 NE 体系来自于法国体系，但是适应了一些国家的特殊情况（CVB，1996，2004；Ellis，2004）。一个北欧（挪威、丹麦、冰岛、芬兰和瑞典）的“马的饲料评价和营养推荐”工作组，致力于建立一个共同准则来采纳基于法国的 UFC 体系（Austbo，2004）。采用法国体系的主要限制因素是缺乏不同类型、品种马的饲养试验数据。目前为止，丹麦还在用斯堪的纳维亚饲料单位，然而挪威和芬兰仍采用育肥饲料单位，瑞典在用代谢能体系。所有的体系都是基于牛的消化实验。苏联用能量饲料单位价，也叫作燕麦饲料单位，这是基于 Keller 建立的体系，但是试验是用马做的（Memedekin，1990）。法国体系又被比利时、意大利、葡萄牙和西班牙采用。其他欧洲国家也在开始讨论，如波兰和罗马尼亚。

基于 INRA 给出的最新试验结果及文献中的数据，法国体系在 1990 年被重新精炼，最终在 2012 年完成，饲料中 NE 估算马的需求和配方制定的准确性得以提高。因此，本章节接下来将全面描述 INRA 体系，NE 表述为大麦饲料单位，也称为马饲料单位（UFC）。在 1.2 节中描述了估算真实能量效价的主要组成框架，如 UFC 中的净能。本文中也给出 UFC 中能量需要的主要原则，针对不同类型马的饲料供给量会在后续的章节中给出（第 3～8 章）。

1.3.2 饲料能量的利用率

1．饲料能量利用的不同阶段　动物利用食物是通过机体的多种消化和代谢过程实现的，在每一个阶段都有损失，各个阶段都会降低饲料总能（GE）

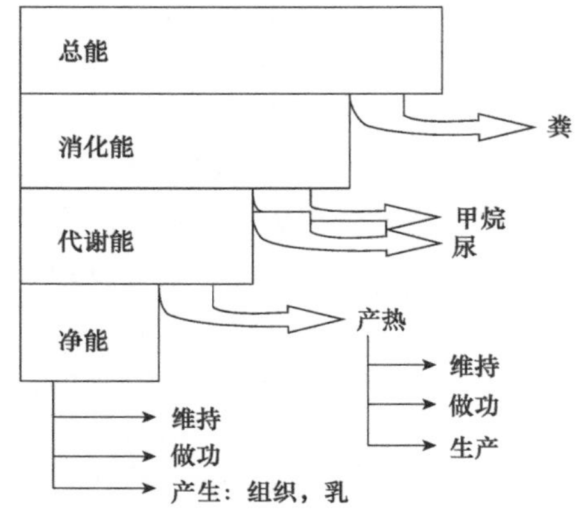

图 1.9　马能量利用的通用示意图

（图 1.9）。饲料的有机成分（第 12 章）不会被全部消化，一部分经粪便排出（FE）。对粗饲料来说，排出的粪能占 30%～65%，富含淀粉精饲料（谷物）的粪能占 10%～30%。可消化能（DE）是总能（GE）和粪能（FE）的差值。可消化能（DE）和总能（GE）之间的关系及消化率（dE）计算公式如下：

$$DE = GE - FE$$

$$dE\ 系数 = DE/GE\ 或\ dE = \frac{GE - FE}{GE}$$

秸秆和玉米的消化率为 30% 和 90%。消化率是决定饲料能量价值的主要因素。饲料随后在大肠中经过微生物发酵，一部分能量以甲烷的形式丢失，这部分占了马总能的 2%；另一部分终产物未能被宿主利用，最终在尿液中以尿素形式排出（UE）。尿能（UE）占了总能的 4%，在蛋白质摄入高的情况下这部分能量会随之升高。

可代谢能（ME）表示的是饲料能量的潜在利用价值：

$$ME = GE - FE - G_{CH_4}E - UE$$

$$或\ ME = DE - G_{CH_4}E - UE$$

代谢能占消化能的比例（ME/DE）随饲料特性改变而改变，油粕类为 78%～80%，粗饲料为 84%～88%，秸秆为 91%，谷物为 90%～95%。与之相比，饲料中的代谢能一般是恒定的，无论这部分能量最终用于什么用途。

食物消化的终产物被组织利用，或满足维持和生产的需求，这部分能量称为净能。然而，有一部分能量以热的形式散发［额外产热（EH）］。这是指组织发挥功能所消耗的能量，是采食和合成过程中的能耗。

因此，额外产热（EH）和净能，部分取决于消化终产物（或经吸收的营养物质）的比例和特性，还有部分取决于营养物质的用途（维持、生长、泌乳、劳役等）。从代谢能到净能之间的转化，存在一个效率系数 K：$K = NE/ME$，这个值始终小于 100%。K 值的变化是由能量的用途和消化终产物决定的，因此最终取决于饲料组成。

2．能量物质的代谢

（1）来源　机体利用的能量物质一部分来自于食物消化，一部分来自于体储（主要是脂肪），后者在饲喂条件较差的时候动员。粗饲料和精饲料所产生的消化终产物能提供的总能的量取决于饲料组成和消化道不同部位的真消化率（表 1.7）。

表 1.7　通过消化终产物来估测可吸收能量的比例（%）及维持时的能量利用率（K_m）
（引自 Vermorel and Martin-Rosset，1997）

	葡萄糖+乳酸	挥发性脂肪酸	长链脂肪酸	氨基酸	K_m[1]
玉米	63	21	8	8	0.800
大麦	58	27	5	10	0.785
燕麦	48	26	15	11	0.778
优质禾草干草	12	71	5	12	0.654[2]
苜蓿干草	13	62	5	21	0.660[2]
劣质禾草干草	9	82	3	6	0.610[2]

[1] K_m=维持状态时，代谢能效能。[2] 校正采食粗饲料的能耗后

粗饲料和精饲料的葡萄糖和乳糖分别提供了总能量的 11% 和 56%，VFA 提供了吸收总能量的 71% 和 25%。这个比例随着主要 VFA 的比例而变化，乙酸为 60%～76%，丙酸为 14%～25%，丁酸为 10%～15%。饲料中长链脂肪酸提供了可消化总能的 3%～10%，如果饲料中脂肪含量较高或者在脂肪动员的情况下，会占到 15%～20%。氨基酸占了 10%～13%。

（2）*机体对能量物质的利用及利用效率*　消化道不同部位产生并吸收多种消化终产物，但只有一部分吸收的能量得到了利用。小肠上皮细胞消耗了一部分能量，供自身合成所用。盲肠上皮代谢一小部分丁酸用于合成酮体。除了在淋巴中运输的长链脂肪酸（$>C_{14}$）外，几乎所有吸收产物都经血液运输通过门静脉进入肝脏。肝脏利用了一部分营养，供自身合成代谢：由葡萄糖合成糖原、由丙酸合成葡萄糖、由氨基酸合成蛋白质、由长链脂肪酸合成甘油三酯。只有小部分的乙酸和丁酸代谢成为酮体（图 1.10）。

在吸收阶段，运输到肝脏的消化终产物远远超过了肝脏的代谢能力，这些物质进入循环系统被外周组织利用。没有被氧化利用的物质转换成了糖原、脂肪和蛋白质。肌肉组织保存部分来自于葡萄糖合成的糖原，同时也增加了蛋白质合成。脂肪组织由脂肪酸、葡萄糖、乙酸和丁酸合成甘油三酯。以甘油三酯形式储存的能量，主要保存在脂肪组织胞液的脂肪中，这部分甘油三酯要比脂肪和肌肉中的糖原重要。该过程受胰岛素的调控，采食可以促进胰岛素分泌。

在维持状态下，能量物质产生的净能可以表示为 ATP，ATP 是在维持状态中由不同物质分解代谢所产生的。很可惜这部分能量不能测定，是以热的形式发散的那一部分，被计算在了代谢能的热量损失中。绝食动物需要的自由能来自于体储，尤其是脂肪。这就是为什么在营养学上一种饲料的维持净能会采用绝食动物代谢过程中动员的体储来表示，以区别于采食后的动物。马的测定结果显示，对于维持来说，代谢能的高低随饲料组成变化而变化，这和反刍动物一样。维持状

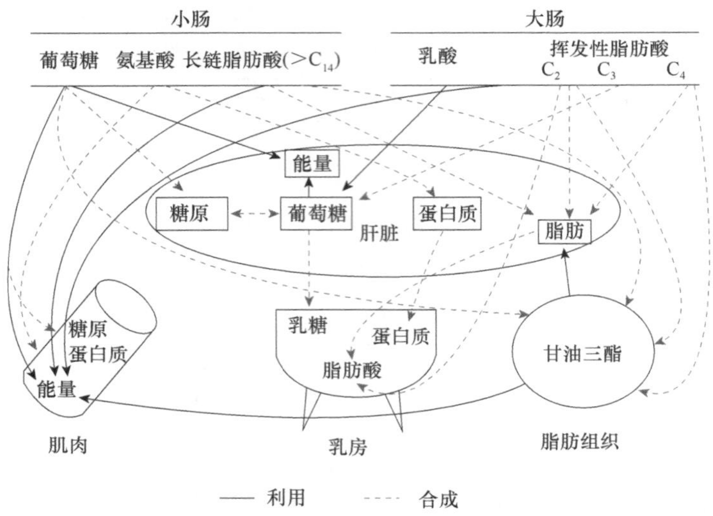

图 1.10 马代谢的简单示意图

态的马利用乙酸和体储的长链脂肪酸（未酯化脂肪酸），还有葡萄糖甚至是氨基酸，作为能量物质来利用，其利用效率分别为 80%、63%、85% 和 70%。饲料能量利用的量或者说比例是受饲料营养物质的消化状况及是否营养平衡所影响。这个值在玉米、干草和秸秆中分别为 80%、60%～62% 和 43%～45%。换言之，这个规律与消化率和代谢能变化规律是一致的，与植物细胞壁比例是相反的（粗纤维含量）。

在做功过程中，相比维持需要，外部机械做功（运动、拉车）消耗的能量仅占一小部分（图 1.11）。首先 ATP 的产生效率是有限的，分别有 30% 和 40% 来自氨基酸和葡萄糖，乙酸介于这两者之间。ATP 用于外部机械运动的效率在 17%～55%，取决于活动强度。最终，约 25% 的能量经骨骼肌收缩利用，产生多种生理学过程（内部做功）。这部分消耗的自由能被算在了代谢能消耗中，如产热占 75% 的代谢能损耗。劳役状态下净效率在 15%～28%。19 世纪末研究发现，在轻度活动中粗饲料的能量利用率要远低于谷物（效价比为 25%）。这些试验发现，在劳役状态时不同饲料的能量利用率不同，这和维持需要的结果一致。这很容易理解，因为不同劳动强度下劳役消耗利用的是不同比例的葡萄糖、脂肪酸和乙酸。

妊娠中孕体（胎儿＋怀孕产物：羊膜、子宫、胎盘）主要利用葡萄糖（第 3 章）。葡萄糖可以用于合成糖原储备、某些非必需氨基酸、甘油和一些脂肪酸。胎儿组织生长和其他妊娠产物的增重过程中，不同养分的增重效率受饲料和饲料化学组成影响，该效率较低（25%）。

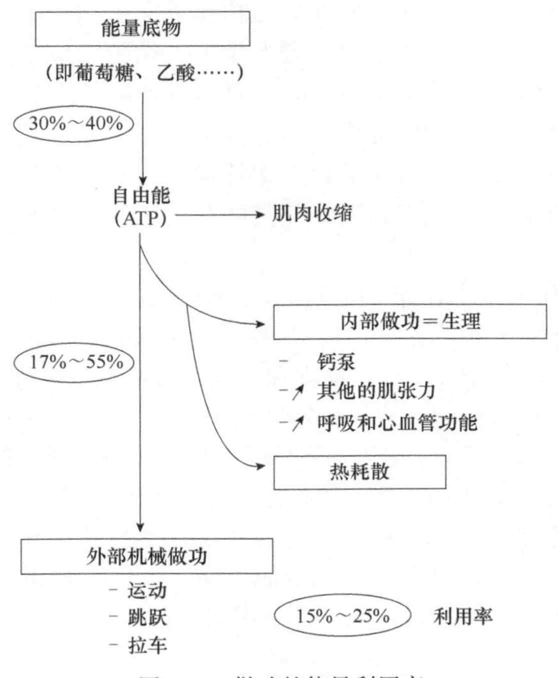

图 1.11　做功的能量利用率

泌乳过程中，乳腺组织从血液中吸收了大量葡萄糖来合成乳糖和其他乳成分，也有部分作为能量来源。乳房组织也会吸收乙酸、β-羟基丁酸和氨基酸，吸收效率为 20%～40%。乙酸提供了 20% 的能量。乙酸也是乳脂合成中的主要前体物质，其他前体物质必须来自血浆脂蛋白。泌乳过程中不同养分的加权利用率也受饲料和饲料组成的影响，但是该值较高，接近维持利用率（65%）。乳糖合成过程中能量利用率高。来自食物消化且未被代谢为脂肪的脂肪酸，在乳脂合成过程中利用率很高。乳蛋白合成过程中的能量利用率也可能很高。

生长期的动物，合成蛋白质量要比成年动物多得多，组织生长和细胞更新的蛋白质合成比成年动物快。蛋白质合成量比组织沉积量大，虽然有个体差异但是变化趋势一致，表现为体重增加。提供的蛋白质和能量的量与增重具有显著正相关关系，且具有加性效应。大量吸收的氨基酸用于合成蛋白质，剩下的被分解合成为葡萄糖来为组织供能。蛋白质合成是个耗能过程，可利用的葡萄糖和乙酸的比例会影响生长或者育肥动物能量利用率。生长和育肥能量利用率及维持需要的变化趋势一致，但是要比维持需要低很多（35%～55%）。能量储备和利用的效率相差很大。

（3）饲料代谢能的利用　粗饲料采食和消化过程中消耗的能量要比精

饲料高，对粗饲料而言，富含木质素的植物比更嫩植物的消耗高。小肠中未消化的植物组分会在大肠中被微生物发酵产生挥发性脂肪酸、微生物群落、甲烷和热量。采食和消化产生的热量及发酵产热和其他额外产热，增加了饲料净能值差异。组织和器官代谢营养物质中的能量损失，也就是可代谢能转变为净能过程中损失的能量，在粗饲料中消化产生挥发性脂肪酸的过程中，要远高于精饲料消化过程，在葡萄糖、脂肪酸和氨基酸利用过程中的能量损耗也要高于精饲料。

饲料代谢能利用效率在维持（54%～76%）、泌乳（65%）过程中高，在生长育肥（35%～55%）和劳役（15%～28%）过程中低。目前可以查询到维持状态下的最新、最全的数据。此外，泌乳和妊娠过程中维持能量消耗分别占到了总能量消耗的 50% 和 90%，生长育肥马占到 60%～90%，役用马占到 70%～80%，这也是采用在维持状态下来估算饲料净能的原因。此外，在维持和劳役状态下，可代谢能量的利用效率都取决于自由能：氧化代谢过程中产生的 ATP。在维持和劳役时，饲料的作用是补充体储，以备后来以 ATP 形式来满足日常消耗和工作过程中的能量需要。不同饲料的营养组成不同，虽然绝对 ATP 产量不同，但在维持和劳役过程中，ATP 的相对变化量是相同的（图 1.12）。在维持状态下（m）饲料能量的利用系数（K）表示为 K_m。

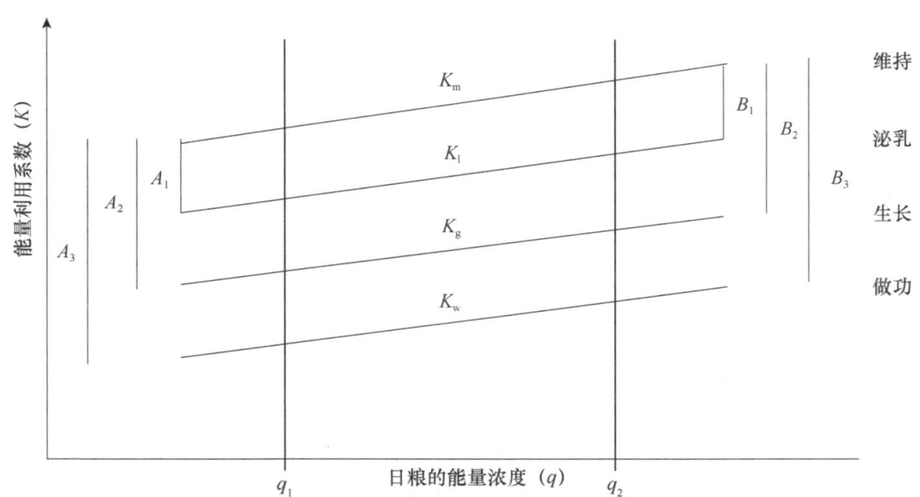

· 在用途相同时，能量利用系数的变化，与维持状态下的能量利用系数的变化有关，当饲料的能量浓度增加时，能量利用系数同样发生变化：
· 泌乳（K_l）/维持（K_m）$A_1=B_1$
· 生长（K_g）/维持（K_m）$A_2=B_2$
· 做功（K_w）/维持（K_m）$A_3=B_3$
· 不同用途下，相对于单一用途，饲料能量浓度从 q_1 增加到 q_2 时，能量利用系数的相对变化与饲料能量浓度的增加相同

图 1.12　不同用途下能量利用系数的相对变化

1.3.3 马饲料单位体系

1．饲料能值的评估　能值是1kg该饲料的净能，该净能用于满足维持和生产的消耗，该值表示为kcal/kg。为了使用方便，便于不同饲料相互替代，采用一种参考饲料，以1kg 87%DM标准大麦的净能定义为马饲料单位（UFC）。

某一饲料的相对能值（UFC）=1kg饲料的净能（kcal）/1kg大麦的净能（kcal）

87%DM大麦的净能值，按以下步骤计算。

总能（GE）：3.85Mcal/kg

可消化能（DE）：

DE=GE×dE　dE=0.80　DE=3.08Mcal/kg

可代谢能（ME）：

ME=DE×ME/DE　ME/DE=0.931　ME=2.87Mcal/kg

净能（NE）：

NE=ME×K_m　K_m=0.785　NE=2.25Mcal/kg

1UFC是维持状态下1kg标准大麦提供的能量：1UFC=2250kcal。不同饲料的净能值采用表1.8的通用方法计算。计算详情，包括中间步骤的公式参见第12章。

表1.8　计算饲料UFC值的基本方法

总能：GE		
可消化能：DE = GE× 能量消化系数（dE）		
可代谢能：ME = DE×ME/DE		
ME/DE（%）= 84.07+0.0165CF−0.0276CP+0.0184CG[1]		
净能：NE=ME×K_{mc}：维持时ME的利用率		
K_m =	+ 粗饲料	4个不同方程的变量：
	+ 谷物−豆类	化学组成
	+ 谷物副产物	± 可消化组分
	+ 饼粕	（见第12章）
	K_m（校正采食粗饲料的能耗后）	
K_{mc}	$K_{mc}=K_m-\Delta K_m$	
	$\Delta K_m = -0.20CF^2 + 2.50$	
	或$\Delta K_m = -0.14(76.4-dE^2)$	
UFC值/kg饲料		

$$UFC=\frac{ME\times K_m(\text{精饲料})\text{或}K_{mc}(\text{粗饲料})}{2250}$$

[1]CG为细胞质内的碳水化合物。[2]单位为%

2．营养需要量和推荐能量供给量的表述　维持、交配、怀孕、泌乳、生长、育肥和劳役的营养需要量和推荐能量供给量表述为 UFC 单位。

3．推荐能量供给量的计算　能量供给是指动物生产加之维持消耗，再加上机体体储组织（第 3 和 8 章），据此计算总能供给量：

总能供给量＝维持供给量＋生产供给量 ±Δ（体储）

营养需要量利用两种方法确定：一是测定生理消耗及能量摄入效率（析因法）；二是饲养试验（综合法）（表 1.9）；维持需要和体尺成正比，也和代谢体重成正比。能量消耗随动物行为、品种、性别（表 1.1）和环境变化很大（1.1.2 节）。

表 1.9　代谢能的代谢利用率及不同生理状况下的营养需要量

维持	
效率（%）	50～80
需要量［UFC/（d · kg $BW^{0.75}$）］	0.0373[a]—0.0392[b]—0.0410[c]
妊娠	
效率（%）	25
需要量［UFC/（d · 100kg BW）］	0.06～0.28
泌乳	
脂肪含量（g/kg）	10～20
效率（%）	65
需要量（UFC/kg 乳）	0.23～0.29
生长	
空腹体增重的脂肪含量（g/kg）	100～180
需要量（UFC/kg 体增重）[d]	1.3～2.4
劳役	
效率（%）	15～25
需要量（UFC/h）	0.2～4.5

[a] 重型马。[b] 轻型马。[c] 纯血马。[d] 时期：6～12 月龄

生产需要量可通过两种方法来确定：一是通过测定沉积产品的成分及代谢能的利用效率，采用析因法得出（妊娠、泌乳）；二是通过计算摄入的 UFC 量与饲养试验期间的生产性能（生长、育肥）间的关系来测定。工作马能量需要量的测定是通过测定工作时的氧气消耗量计算的。在各种情况下，供给量都是通过一系列饲养试验来调查对各种变量的影响而得出的。这些供给量可能与需要量一致，也可能是不一致的，这取决于生产策略（如冬季重型马母马的饲喂），或者短期运动强度（比如耐力赛期间，按周来计的话，饲料的能量供应可满足本周的平均需要，但不能保证每天都能满足）。

4．和其他能量体系比较　UFC体系是预测马饲料NE值的一种经验性模型，这一体系没有给出饲料真实能量价值，但是它提出一种类似于DE或者ME的方法。在其他的物种中已经证实，在维持和育肥过程中，随饲料变化，甲烷和尿能损失及ME的利用率变化很大。在NRC的DE系统中，粗饲料和优质蛋白饲料的能值被高估了，谷物和副产品高估了15%，饼粕类高估了25%～30%，干草高估了30%～35%，但是富含淀粉的饲料被低估了（Martin-Rosset，1997）。

德国提出的ME体系（Kienzle and Zeyner，2010）的目标是要克服之前GEP（2003）体系中预测饲料DE值的不利限制。但是，这种新的评价方法也不能达到这一目标。先前DE模型的不足依然在ME模型中保留。高纤维和低纤维饲料的ME值分别被高估和低估。饲料成分的互作、饲料的组分和饲喂水平未加以考虑，这与实际情况不符。模型预测方程还不能广泛地用于某一种饲料上。此外，在马上，ME模型还没有经足够饲养试验验证。例如，母马、生长育肥马、运动马，它们的饲料种类差异很大，经长期试验后得到的生产性能差异也很大，这些结果应该与在不同生理状态下经析因法计算得到的马需要量相当。当然这是一个良好的开端。

NE体系是基于养分产生ATP的代谢利用状况来评价的，在维持状态时，养分的能量利用率和饲料的ME利用率都是利用间接能量法得到的，这些试验都是由INRA在马中进行的（1980～1997年）。UFC体系的主要限制在于仅仅考虑大量营养物质中可吸收能量的吸收率，这是估算K_m误差的主要来源。例如，以小麦麸皮为例，低估20%的VFA会导致K_m值出现0.4%单位的误差，而K_m的相对误差仅有0.5%。

在不同生理条件下使用K_m预测马的饲料能量价值会产生误差，尤其是在泌乳和生长阶段。然而，在反刍动物中K_m/K_l相对稳定，与饲料种类无关（van Es，1975）。这种情况在马上也类似，且饲料的NE值在维持和泌乳时是接近的（图1.12）。并且，对泌乳马，产奶的能量需要仅占总能需要的50%。维持（K_m）、育肥（K_f）或生长（K_{pf}）的ME利用效率存在差异，但要高于产奶（K_l）（图1.12），特别是在粗饲料中。但是生长需要仅占轻型马总能需要量的10%～20%，占重型马的20%～40%。维持（K_m）和劳役（K_w）状态下，ME利用效率的相对变化是在有氧条件下测定的，在大多数情况下（第6章，图6.10），其值与饲料的化学组成基本一致（如果需要考虑饲料的化学组成）（图1.12）。确实，在维持和劳役状态下，饲料的相对能值（如替代率）很接近，因为在这两种情况下能量主要产生ATP，早在1922年Armsby就注意到这一点。在无氧运动下，短时期内K_w会在极限运动和随后的恢复训练中受到影响。但是从长期来看，运动做功的需要量仅占总能量需要的5%～35%。和其他体系相比，INRA的NE体系经过了大量饲养试验的测试（1972～2006年），包括了母马、生长育肥马和役用马，以及采用了多种不同的饲料（干草、青贮草、青贮玉米、半干青贮、干草和秸秆，并添加不同比例不同种类的精饲料，采用不同饲养水平）。

采用新分析方法来计算饲料和日粮的 NE 值，就可不断引入新的知识并采用一系列步骤来估算能量利用率，而无须大量修改体系结构。例如，INRA 最近修正了采食时的能耗 K_m，粗饲料 NE 值降低了，这样就更便于在这一框架结构中进行修正。饲料的 ME 含量可根据饲料化学成分、能量消化率及 ME/DE 来计算，从而可通过这些指标得到饲料的总能和消化率。饲料 NE 值很易通过实验室的常规分析方法来估算，建议这些分析方法和计算公式可作为马饲料的常规评估方法。饲料成分表给出的是参考性的平均值，比较饲料间的价值，可指出其技术改进方法，并可计算和制定有效和最低成本配方及复合饲料。

饲料的能值以 UFC 表示，因为在欧洲从养殖业或者是从商业角度来看，饲料经常会用到替代价值而不是绝对 NE。但是如果采用 INRA 饲料表（第 16 章）中的饲料原料 NE 值，用绝对 NE 值更加准确。正如 2000 年在美国列克星敦市举行的饲料生产者大会所提到的那样（Martin-Rosset，2001），饲料供给量推荐表很容易转化为 NE（用 Mcal 表示）。

1.4 蛋白质营养

1.4.1 引言

直到 20 世纪 70 年代末，在马上，饲料的氮营养价值和营养需要一直沿用反刍动物的体系，而这一体系早在第二次世界大战之前就已经建立。世界范围内对饲料氮的描述很混乱，急需规范。

饲料氮含量是用凯氏定氮法测定的，测得的为粗蛋白（CP）。粗蛋白是氮含量乘以 6.25 得来的。在 19 世纪末，将饲料氮区分为两种氮：真蛋白氮和可溶性氮（非蛋白氮，NPN），分离的方法是利用重金属盐如氢氧化铜来沉淀。测定这两种氮的方法存在争议。

在反刍动物和单胃动物中，测定整个消化道的表观消化率（d_a）是确定氮消化情况的最常用方法。饲料的含氮量（及氮需要量）用可消化真蛋白（DTP）=［（CP－NPN）］$\times d_a$ 来表示，或者表示为可消化粗蛋白（DCP）=CP$\times d_a$。DCP 在美国得以快速应用（Armsby，1922；Morisson，1937），而由 Kellner（1911）及 Kellner 和 Fingerling（1924）提出的 DTP 在欧洲广泛应用在马的营养上（Hanson，1938；Jespersen，1949；Crasemann，1945；Ehrenberg，1932；Leroy，1954；Larsson et al.，1951）。已经有人指出，反刍动物饲料的真消化率被低估，而反刍动物可以利用 NPN，草料中 NPN 量要高一些。DCP 在欧洲被广泛地应用在反刍动物上，随后也在马营养上采纳（Nitsche，1939；Axelsson，1943；Leroy，1954）。

在欧洲（Wolff et al.，1877～1890；Grandeau and Muntz，1880～1904；Martin-Rosset et al.，1978～1985；Olsson et al.，1949 及其他学者）和美国（Darlington and Hersberger，1968；Fonnesbeck，1968，1969，1981；Fonnesbeck et al.，1967；Hintz et al.，1970～1980；Lathrop and Boshstedt，1938；Lindey et al.，1926 及其他学者），DCP 已经在反刍动物和马上，经消化试验进行了大量的验证。这些试验数据随后被汇编成了马的营养需要和饲料营养价值表：Keller（1911），Lavalard（1912），Morrison（1937），Schneider（1947），NRC（1978，1989，2007）和 INRA（1984，1990，2012）。在反刍动物和马中都发现，氮消化率与饲料氮含量及 DCP 成分有关，而后者又可以从粗蛋白含量的线性关系推断。直到 20 世纪 70 年代末，美国（NRC，1978）才在马的营养中提出 DCP，而 50 年代末欧洲在反刍动物营养上就开始采用 DCP。

马全消化道的 DCP 的表观消化是通过氮含量 ×6.25 计算的。DCP 含量没有准确估算氨基酸的量，氨基酸被吸收后成为真可消化氮，DCP 不能区分氮消化终产物中氨基酸的比例，氨基酸在小肠中消化，饲料中剩余的氮在大肠中产生氨，随后被微生物利用合成微生物氮，多余部分仍然保持氨的形式。然而对于微生物蛋白质合成来说，能氮比并非最优（Santos et al.，2011）；并且大肠中氨基酸几乎不被吸收（Martin-Rosset and Tisserand，2004）。因此，美国（NRC，1989）和法国（INRA，1984）提出了两个新的体系。NRC 采用 CP 来评价和表示饲料的氮含量（和需要量），因为 DCP（测定消化率）和可利用氨基酸（被吸收的量）的数据较少，这一体系在随后的 NRC（2007）体系中继续沿用。在法国，INRA 在 1984 年提出新的体系，2012 年继续沿用。这种体系考虑了小肠真蛋白含量及大肠中微生物氮需求量，且通过尼龙袋法测定各段消化道的消化系数（Macheboeuf et al.，1996；Martin-Rosset et al.，2012a，b）。这一体系称为 MADC，该体系可更好地在马中比较饲料营养价值。

德国提出了一种新的体系（Zeyner et al.，2010），强调饲料氨基酸仅在小肠中吸收，然而微生物蛋白提供的氨基酸不能被大肠利用。这种体系提出了中性洗涤不溶性粗蛋白（NDICP）及可溶性粗蛋白（NDSCP）的概念，区分了细胞壁蛋白（结合氮）和细胞质蛋白。NDICP 不能在前肠被宿主消化道酶消化，但是 NDSCP 可以在小肠内被酶消化。某特定饲料的 NDICP 和 NDSCP 的氨基酸组成是一样的。META（一种分析方法，一般称为综合分析或元分析）分析结果显示，小肠可消化粗蛋白（sid CP）和 NDSCP 摄入量具有显著相关性，表明可用饲料的 NDSCP 间接估测可被酶消化的粗蛋白质。这种体系和 INRA 体系异曲同工，但是这一体系并未关注到微生物的氮需要量（1.4.4 节），因此会低估饲料氮营养价值。

利用INRA的数据（主要是在1995～2000年采用瘘管马，经消化试验得到的）还有其他文献，法国营养体系在1990年修订，最终在2012年完全建立，进一步提高了估算马饲料MADC的准确度，并提高了制定马营养需要和配方的准确度。因此，本章节将会详述MADC系统。在1.1.2节给出估算氮营养价值的主要数据，在1.1.2节中也会给出MADC体系估算氮需要量的主要原则。在MADC体系中，不同类型马的饲料供给量会在随后的章节中给出（第3～8章）。

1.4.2 蛋白质代谢

1．机体蛋白　蛋白质的重量占成年马机体瘦肉组织（不含脂肪）重量的21%～22%，在考虑脂肪的情况下，占17%～19%，具体取决于肥胖程度。一半多的机体蛋白在肌肉（肌纤维蛋白、肌浆等）中，大约30%在结缔组织、骨骼和皮肤及附属组织中，7%～8%在消化道壁和肝脏中，3%在血液中。动物的标准蛋白质总量是：66%细胞性蛋白，30%胶原蛋白，4%角蛋白。没有专门的组织存储多余的蛋白质，这和脂肪组织存储多余的能量不同。酶和激素是功能蛋白，量都很少。

2．机体蛋白的合成和降解　所有的蛋白质都是在不断地降解和替换，但是速度不同。酶、激素、纤维蛋白酶原、血脂蛋白更替周期很短，当完成使命后会很快降解。小肠上皮细胞会在2～3d快速更新，这速度和肝脏蛋白接近。肌纤维蛋白更新速度存在差异，与种类有关，平均是1%～2%/d。成年动物胶原蛋白更新最慢，与含有角蛋白的附属物（头发）的生长和更新速度相差不多。

动物每天产生的蛋白质量是15g/kg $BW^{0.75}$或者每500～800kg BW产生1600～2250g蛋白质。用于合成蛋白质和功能性化合物的氨基酸，来自于动物从消化道吸收的饲料中及动物机体内源蛋白的分解。

在单位代谢体重下，生长动物的蛋白质合成量比成年动物高得多，在出生后第一周是后者的3倍。除了之前机体代谢所需外，还要加上体重增加部分（在氮平衡试验中测定过），体增重这部分比成年动物高得多。蛋白质合成的数量比整合的蛋白质多得多，整合的蛋白质质量与体增重呈显著正相关。体增重与可利用蛋白和能量摄入都相关，两者都具有加性效应，最好的实例就是有关肌肉蛋白的研究结果。肌肉蛋白合成最多的时候，蛋白质合成水平高，但是与之相悖的是，蛋白质降解速度也随之加快。

蛋白质代谢受激素控制，如胰岛素、生长激素、雄激素和雌二醇都具有促进蛋白质合成的作用，但是糖皮质激素具有促进蛋白质分解的作用。

3．氨基酸代谢　一半多的游离氨基酸都在肌肉中，血液中仅占5%，消化道壁和肝脏中含量居中。总氨基酸池经由消化道吸收氨基酸和蛋白质降解成为氨基酸两条途径来补充，这些氨基酸可在原组织中被利用，或者经血液转运到其他组织中被利用。总游离氨基酸的含量很低，约占机体蛋白质的1%。这比每日蛋白质合成用到的氨基酸（是在动物维持状态下总游离氨基酸的10～100倍）少得多。游离氨基酸存在的时间很短且差异大。

血液是氨基酸从小肠上皮到肝脏、肌肉和肾脏中运输和交换的媒介，所有可以影响组织和器官吸收与分配氨基酸的因素，都会影响血浆中游离氨基酸的浓度。血浆中游离氨基酸含量在采食几小时后升高，特别是在采食高蛋白质饲料后。小肠壁和肝脏对氨基酸的摄取也会显著影响这个过程。肌肉组织中氨基酸处于正平衡，但在大约进食10h后，所有器官的蛋白质合成降低，蛋白质降解增加，肝脏仍保持正平衡，但是所有外周组织表现为负平衡。肌肉出现氨基酸的净损耗，尤其是丙氨酸和甘氨酸，这两种氨基酸从肌肉中转运氮和碳到肝脏、消化道壁和肾脏。在摄食间期，血浆氨基酸浓度最低，随后开始快速增加，血浆必需氨基酸浓度反映了蛋白质质量。

没有被利用的氨基酸快速降解，碳骨架直接被肝脏氧化利用合成葡萄糖（糖异生）、脂肪酸或者酮体。氨基酸降解的量随着饲料采食增加而增加，尤其是在采食量超过蛋白质合成量时，这部分氨基酸更易于经肝脏氧化后供能，尿素排出增加。在氨基酸不平衡时分解代谢也会增加，一部分非必需氨基酸，如谷氨酸、天冬氨酸、丙氨酸，以及支链氨基酸，如亮氨酸、异亮氨酸和缬氨酸会在大多数组织中快速氧化降解。支链氨基酸主要在肌肉中氧化。

在运动期间，肌肉和内脏中蛋白质合成降低，分解代谢增加。训练会降低耐力赛马的氨基酸分解代谢。耐力训练中血液尿素、肌酐、尿酸含量增加，且其含量会在训练结束后持续增加几个小时。汗液会分泌尿素，因而在训练过程中尿液中尿素分泌量不会增加。

4．尿素代谢　　肝脏会将来自氨基酸分解（产生能量、糖异生、形成酮体）过程中产生的氨基和经消化道吸收的大多数氨转换为尿素。当蛋白质摄入量增加时，尿素的产生量也增加。尿素很快经肾脏通过尿液排出，或经简单扩散通过肠壁或进入消化道分泌物（唾液）或食糜中。食糜中的尿素或内源性氮会经大肠微生物快速水解为氨。氮可能直接以氨的形式被吸收，也可能被微生物合成氨基酸，或者以微生物蛋白质自噬后降解产生的氨的形式吸收（图1.13）。

肝脏产生的2/3的尿素进入大肠中，约占可重复利用氮量的一半。在正常情况下，肝脏摄取所有吸收的氨，包括肠壁细胞本身经由氨基酸产生的氨，如谷氨酸。肝脏将氨合成尿素，也可以利用氨合成非必需氨基酸（丙氨酸）。在特定的碳骨架存在的情况下，还可以合成某些必需氨基酸。内源尿素的循环使用是一种预留机制，使得动物在氮缺乏的情况下可更好地存留所摄入的氮，也可为大肠微生物提供氮源。

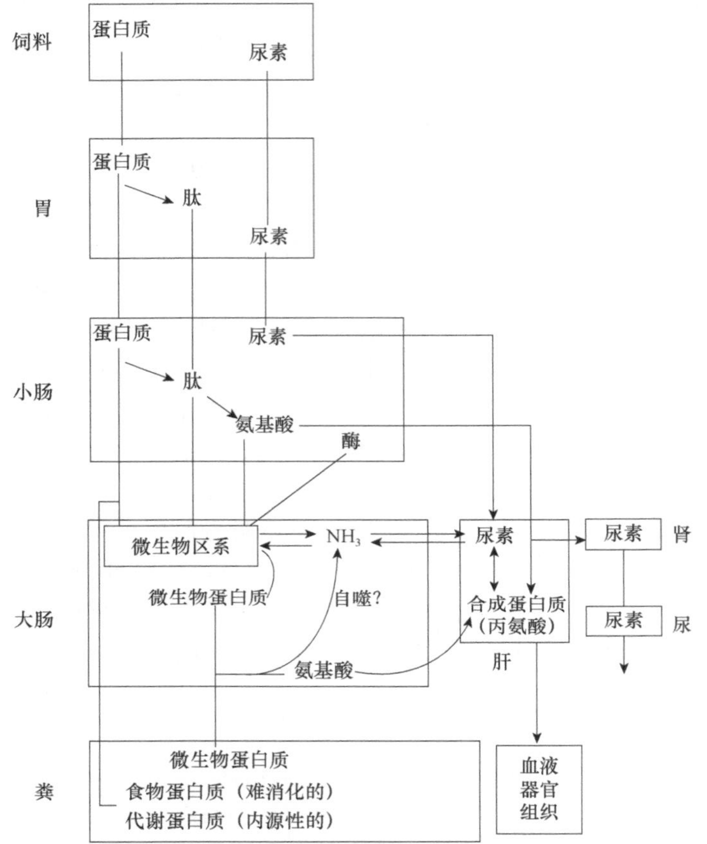

图 1.13 含氮物质的消化和代谢（引自 Robinson and Slade，1974）

5．氮的损失和需要　在维持状态下，动物机体不可避免地会通过粪尿损失氮，即使是蛋白质、能量、矿物质完全平衡的饲料，也是如此。这些损失称为内源损失，来自于机体消化和代谢过程。

内源损失的尿氮是指一部分氨基酸分解代谢的产物（尿素和氨），由进食过量蛋白质及机体蛋白质更新后所产生。内源氮损失与体重有关，随着日龄增大而减少，同时蛋白质周转速率也降低。内源粪氮损失源于消化道分泌物（酶、尿素、黏膜细胞）及脱落上皮细胞。氮损失中，一部分直接排到粪中，大部分以微生物蛋白质形式存在。对于某种动物来说，氮损失随干物质采食量及植物细胞壁纤维含量增加而增加。

在动物采食少氮或者无氮饲料，但其他营养物质的数量恰当时，这些内源损失最低。这类实验尚未在马上进行过。内源氮损失是通过氮排出量和氮摄入量来估算的，内源尿氮损失为 128～165mg/kg $BW^{0.75}$。通过 145 个消化试验研究发现，采食 1kg 干物质，内源粪氮损失约为 3g。

动物皮肤氮损失也是不可避免的，主要来自细胞脱落更新、皮肤分泌物、附属物（毛发、蹄）生长等。因为难以测量，尚未进行直接测定，估计马为 35mg/kg $BW^{0.75}$，或者直接估算为牛的两倍。汗液中氮损失约为 1g/L，如果摄入氮多，则会高一些。这些损失还没能准确测定，但是应该是较多的。有报道指出，粪尿中排出的氮不随劳动强度和饲料量增加而发生变化，但是受采食量及摄入氮量影响。

生长马、妊娠马及泌乳马的蛋白质吸收量会在本书的相关章节中阐述（第 3 和 5 章）。维持消耗和生产消耗加起来是每日氮总消耗，也称为日净氮需要量。肠道吸收氨基酸（及氨）的量必须达到日净氮需要量，该过程受尿中损失（尿素）、粪氮等内源氮损失的共同影响。在可消化蛋白利用率最佳的情况下，该值最小，蛋白质利用率受饲料、饲料中必需氨基酸组成、能量摄入及其他养分是否平衡的影响，也受养分数量或质量是否满足动物需要量的影响。

蛋白质缺乏或者部分必需氨基酸缺乏，一般表现为广泛性机体不适，而非特定的紊乱症状。开始会出现食欲下降，导致能量缺乏。很快成年动物体重降低，生殖发生紊乱，胎儿体重降低和死亡率增加，出生后生长发育受限。

1.4.3 含氮化合物的消化利用

饲料中含氮组分主要分成两类：非蛋白氮和蛋白氮。在青绿饲草中非蛋白氮占总氮的 15%～20%，在茎秆部位高于叶子，在豆科植物中高于禾本科草。在干草和青贮中非蛋白氮含量增加（第 12 章）。饲草蛋白质主要存在于叶绿体中，富含必需氨基酸。蛋白氮含量占总氮的 75%～80%，不过在青贮中含量要低一些。种子和谷物中的蛋白质会在储能组织中以颗粒形式存在，其必需氨基酸的比例没有饲草中高。

1．小肠消化和吸收　小肠对含氮化合物的表观消化率（%）随饲料中氮量的增加而增加，在图 1.14 中已经得以证实，这些数据来自于非常可靠的试验结果。

粗饲料粗蛋白消化率在 15%～30%，精饲料为 50%～80%。去除内源损失后，真消化率要高得多，粗饲料为 40%～60%，精饲料为 60%～90%（第 12 章）。粗饲料（由于非蛋白氮消化率很高，因此高估了真蛋白的消化率）真蛋白的消化率要明显低于精饲料。如果精饲料中的蛋白质在小肠中与消化酶接触时间更长的话，更容易被消化。磨碎和咀嚼的这些物理性作用促进了细胞壁破碎。粗饲料中叶绿体组织或多或少被支持组织和厚厚的表皮细胞包裹，比起叶绿体组织，储存组织的细胞壁更薄，更容易消化，随植物成熟而逐渐减少。

饲料中的蛋白质通过酶消化成氨基酸，氨基酸和尿素通过小肠壁吸收，经肝脏摄取，随后被组织和器官利用或以尿素形式分泌排出（图 1.13）。

总体来说，INRA 已经通过一系列瘘管马或者标记物移动尼龙袋法消化试验，

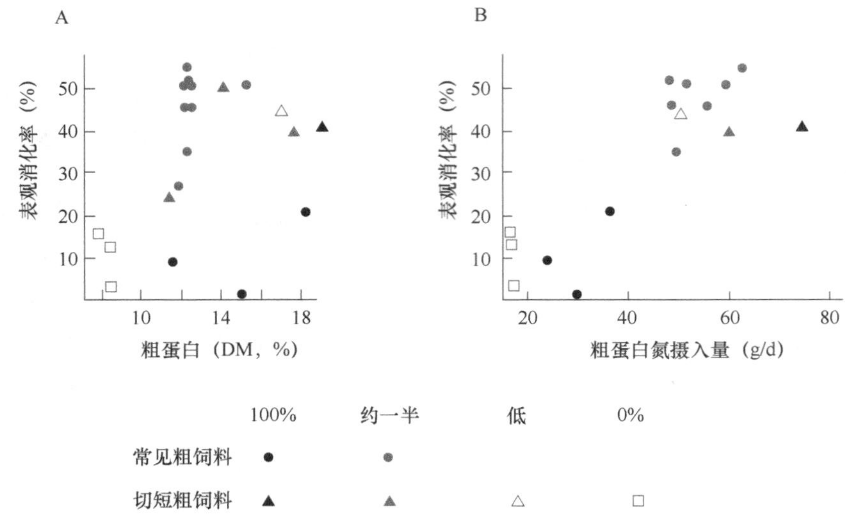

图 1.14 马属动物小肠中的粗蛋白表观消化率

A．日粮的粗蛋白含量（矮马、马和驴）；B．每天摄入的粗蛋白量（矮马）

结果是由 Reinour et al.，1969；Hertel et al.，1970；Hintz et al.，1970；Wolter and Gouy，1976；Klendshoj et al.，1979；Haley et al.，1979；Martin-Rosset et al.，1987；Gibbs et al.，1988 采用标记法得到的

确定了不同饲料蛋白在小肠中的真消化率（第 12 章），这些结果是可靠的，这一系列的工作就是为了确定饲料蛋白的效价。

2．大肠的消化和吸收　饲料的表观粗蛋白消化率在 70%～80%，包括到达小肠的经不同程度消化的食糜饲料，以及消化道分泌的内源组分。真消化率要远高于此，随饲料组成不同而异，为 80%～95%。

微生物来源的氨基酸、肽及其消化降解产生的氨，对微生物蛋白来说是必要的（图 1.13）。菌体会在肠道内降解，尤其是在结肠中，最后大部分都从粪中排出。菌体占了总分泌蛋白的 50%～60%，其余的氮由内源氮（1kg 粪 DM 中含有 3g）、氨氮（5%～8%）和附着在不可消化细胞壁上的蛋白质组成。这些代谢终产物来自于剩余的饲料蛋白和内源氮，马可从大肠吸收氨，也可吸收极少量源自微生物蛋白降解产生的氨基酸。大部分吸收的氨进入肝肠循环，该过程有助于满足微生物的氮需求，尤其是在大肠中缺乏氮的情况下。大肠吸收的氨基酸量占宿主动物需要量的比例极低。

1.4.4 MADC 体系

饲料蛋白质效价取决于：①小肠吸收氨基酸的量或者饲料蛋白质在小肠中的真消化蛋白（PDIa），以满足宿主动物的需求量；②饲料蛋白质剩余量，进入大肠后被微生物降解，用于满足微生物菌群自身蛋白质合成所需。饲料中残留的蛋

白质，在大肠中用于合成微生物蛋白的那一部分，称为微生物 PDI 或者 PDIm。

大肠中被微生物利用的氨基酸和小肠中吸收的氨基酸总量称为真消化蛋白。

MAD（可消化蛋白）是首个饲料可吸收氨基酸的测定标准，然而这是一个不确切的标准，因为它并没有考虑终产物——氨基酸和氨的吸收量。粗饲料和谷物或种子的消化率间存在差异，部分可以用 PDI 或 MADC＝PDIa＋PDIm 描述。

CP 含量相同时，粗饲料的总蛋白含量（DP）明显比精饲料中低，因为更多的微生物蛋白、内源组分及饲料蛋白不被消化就经粪便排出。这种差异解释了在计算 PDI 值时的差异（表 1.10）。然而，谷物和种子的 100g DP 提供的 PDI 不到 100g（图 1.15）。

当校正粗饲料中 CP 含量时，要考虑精粗比差异。我们可以利用 1974 年建立的方法（表 1.10 和图 1.13）及试验测定小肠中真消化率，并假设剩余的氮在大肠中被用于合成微生物蛋白质。但是精饲料的 DP 组成差异也很大（细胞壁或多或少都可以消化一些），如谷物和谷物副产品之间。蛋白质与消化酶的接触情况也存在差异。即使是精饲料，也要像粗饲料一样考虑这些因素，只不过是要换成 INRA 测定的精饲料的真消化率（表 1.10 和第 12 章）。

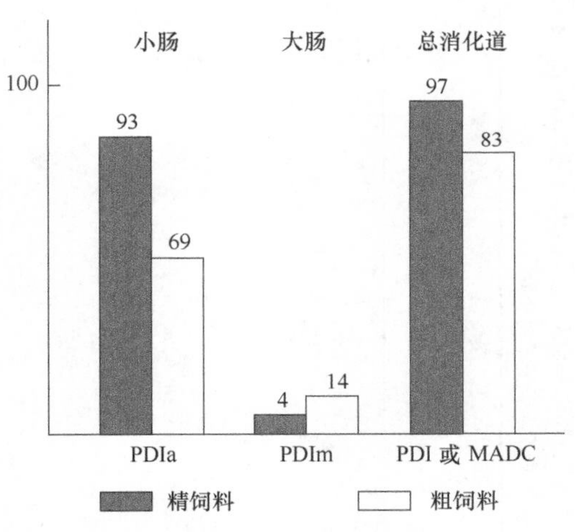

图 1.15　比较粗饲料和精饲料的蛋白质效价，以 100g 可消化蛋白中的 MADC 表示

利用 *K* 因子来估算饲料的 MADC 是基于两组饲草和精饲料的消化试验（Martin-Rosset et al.，2012a，b，未发表）。体内法测定总消化道的消化率用全收粪法（TFC），测定 5 匹轻型马。之后利用活动尼龙袋技术（MNBT），测定 4 匹盲肠瘘管成年马（500kg BW）小肠和大肠的氮消化率。尼龙袋中分别装满 200mg 或 400mg 粗饲料和精饲料，方法参照两个预备试验（Macheboeuf et al.，1995，1996）。如有需要，MNBT 测定的消化率系数可通过尼龙袋滞留时间、颗粒流失率和氮污染量来校正（Macheboeuf et al.，1996；Martin-Rosset et al.，2012a，b）。目前，氮消化率系数也称为氮消失率。体内法测定总消化道氮的真消化率和尼龙袋法测定的氮消失率都是估算的，它们都假定仅来自于饲料的氮会进入粪中，称为 N-NDF。氮真消化率或氮消失率由 Glade（1984）提出公式计算：

$$\text{氮真消化率或氮消失率}=\frac{\text{摄入 N}-\text{剩余 N-NDF}}{\text{摄入 N}\times 100}\times 100\%$$

表 1.10　马可吸收氨基酸量（以 MADC 或 PDI 表示）、小肠真消化蛋白（PDIa）或大肠真消化蛋白（PDIm）的评价原则：粗饲料和精饲料的比较

	粗蛋白		小肠			大肠				总肠道	
	总量（g）	NPN（g）	流入量[1]（g）	真消化率	PDIa（g）	流入量[1]（g）	真消化率	PDIm（%）	PDIm（g）	PDI 或 MADC（g）	DP（g）
精饲料（CF 8%）	180	9	171	0.85	145	26	0.90	10	2	147	148
								30	7	152	
				0.75	128	43		10	4	132	
								30	12	140	
生长期禾草和牧草	180	18	162	0.70	113	49	0.80	10	4	117	128
								30	12	125	
				0.60	97	65		10	5	102	
								30	16	113	
大麦-玉米混合	110	5	105	0.85	89	16	0.90	10	1	90	90
								30	4	93	
				0.75	79	26		10	2	81	
								30	7	86	
禾草干草（抽穗期）	110	11	99	0.50	50	49	0.75	10	4	54	65
								30	11	61	
				0.40	40	59		10	4	44	
								30	13	53	
禾草青贮（抽穗期）	110	28	82	0.50	41	41	0.75	10	3	44	65
								30	9	50	
				0.40	33	49		10	4	37	
								30	11	44	

[1] 数据为饲料中含氮物质（g）

盲肠前的肠段，MNBT 不能用参考方法（回肠流量测定法）直接计算。然而，我们检查发现，每个尼龙袋的平均滞留时间（MRT）和内源标记物测定的结果是一致的，在盲肠中收集到的袋子代表了穿过小肠的全部袋子量。回肠末端消失率的测定方法是，将先前在盲肠前端收集到的食糜装入新的尼龙袋中，置于大肠中进行测定。盲肠前端和回肠末端测得的消失率基本接近于全消化道消失率。此外，剩余饲料氮在大肠中消化，主要的贡献是参与微生物降解饲料剩余氮并合成蛋白质这一过程，也或多或少存在少量的经尿素循环产生的氨（Santos et al.，2012），然而氨基酸的吸收量很少（Martin-Rosset and Tisserand，2004；Santos et al.，2011）。因此，全消化道真蛋白消化率可用 K 因子来校正粗蛋白消化率，干草的粗蛋白消化率采用基于 INRA（2012）饲料表的全收粪法（TFC）在体内测定。这一测定过程包含估算 MADC 值（或者 PDI：表 1.10），在小肠中以氨基酸形式吸收大部分氮，来满足宿主需求（PDIa：表 1.10），饲料中还有少部分剩余的氮经大肠利用（PDIm：表 1.10）满足微生物氮需要，或者通过氮素循环满足大肠中微生物的生长需要（Santos et al.，2011）。

例如，测定 21 种含氮水平各异的干草（禾草、豆科草和天然草地）的消化率，采用 TFC 和 MNBT 法得到的全消化道氮的真消化率和消化系数分别是 85.5% 和 86.2%（表 1.11）。小肠和大肠中氮的真消失率系数分别为 81.7% 和 60.4%（表 1.11），但是个体差异大。总体来看，前后肠的消化率分别为 75.6% 和 23.0%（表 1.11）。利用 K 值（0.85）来校正干草可消化粗蛋白后，全消化道真消化率（85%）会高于基于 INRA 饲料表的 TFC 法体内测定的粗蛋白消化率（第 12 章，表 12.17）。

表 1.11　21 种干草的总可消化氮、盲肠前可消化氮及回肠末端可消化氮

（引自 Martin-Rosset et al.，2012a）

	平均	最小值	最大值	淀粉价
粗饲料化学组成[1]				
N（g/kg DM）	18.8	7.6	30.7	6.5
N-NDF（% N）	50.4	24.6	62.3	10.8
总肠道的消化率（%）[2]				
N 消化				
尼龙袋法：消失率	74.4	60.5	90.2	7.9
体内法：消化率	58.5	42.0	74.5	8.6
N 真消化率				
尼龙袋法：消失率	86.2	71.1	93.7	5.2

续表

	平均	最小值	最大值	淀粉价
体内法：消化率	85.5	69.2	93.2	4.1
盲肠前消失率-尼龙袋[1]				
N 摄入量：表观的（%）	65.2	58.3	81.5	6.8
真值的（%）	81.7	73.7	95.1	4.3
可消化的 N 摄入量[3]（%）	87.6	70.3	103.2	9.1
真可消化的 N 摄入量[3]（%）	75.6	73.9	90.0	4.3
回肠末端消失率-尼龙袋[1]				
N 残留量[4]（%）	60.4	23.0	77.8	13.2
可消化的 N 摄入量[3]（%）	17.3	7. 2	25. 4	5.2
真可消化的 N 摄入量[3]（%）	23. 0	9.2	33.9	6.9

[1]N 为氮；NDF 为中性洗涤纤维。[2] 尼龙袋法为活动尼龙袋技术；体内法为全收粪法。[3] 相对消化率。[4]N 残留量为到达大肠内的饲料氮残留量

因此，通常利用基于 INRA 饲料表的 TFC 法在体内测定后，用 *K* 值来校正各类牧草的全消化道真消化率后，得到粗蛋白的真消化率，包括分别满足前肠道宿主和后肠道微生物的 PDIa 和 PDIm。

MADC 体系通过大量饲料的消化试验，采用盲肠瘘管马（表 1.12），计算得到精饲料 *K* 值（第 12 章，表 12.17）。消化率测定方法同上所述。全消化道真蛋白消失率平均为：谷物和副产品 90%，油粕 92%，豆科种子 95%，脱水甜菜渣 71%，干苜蓿 81% 和大豆皮 61%（表 1.12）。小肠中氮的真消失率非常高，变化很大：谷物和副产品 83%，油粕 87%，豆科种子和干苜蓿 72%，脱水甜菜渣和大豆皮 45%～50%。前肠道氮的真消化率平均为 86%，但是波动很大（72%～99.8%）。大肠氮真消失率也很高，但是在精饲料组间和组内变异很大。菜籽粕、葵花粕、脱水甜菜渣和大豆皮在后肠的真消失率比前肠道更高。与之相比，棉粕和干苜蓿在大肠中氮的真消失率要低于前肠道。后肠真可消化氮占摄入氮的 11%，但是变异很大（0.1%～27.4%），这与精饲料类型和加工方法有关。剩余的氮最后直接或经过尿素循环合成微生物蛋白。

因此，测定各组精饲料粗蛋白在总消化道的真消化率是利用基于 INRA（2012）饲料表的 TFC 法体内测定，根据需要考虑了真 PDIa 和 PDIm 的 *K* 值计算得出，满足宿主动物及其后肠微生物区系的需要量。

这样通过消化率和每种饲料的 *K* 值（表 1.13）来校正，可得出某种饲料的可消化蛋白质的量，各种饲料的 *K* 值由 INRA 经试验测定（第 12 章，表 12.17）。

表 1.12 16 种精饲料的盲肠前可消化氮和回肠末端可消化氮（Martin-Rosset et al.，2012b）

饲料	谷物				谷物副产品		豆类[3]	豆类[4]	饼粕					甜菜渣[5]	苜蓿	大豆皮
	燕麦	玉米	压片[2]玉米	大麦	面粉	玉米粉			花生	油菜籽	棉籽	大豆	葵花			
化学组成（g/kg DM）[1]																
N	16.4	15.4	14.6	20.2	26.5	16.3	37.5	36.5	75.1	57.3	48.7	79.0	43.0	12.7	26.1	17.8
NDF	344	170	105	277	339	3460	104	139	290	317	531	128	470	511	445	666
ADF	158	38	28	87	103	167	42	69	154	188	336	63	347	259	341	509
总肠道消化率-尼龙袋法																
N 真消失率（%）	94.0	79.3	88.5	96.9	93.8	86.5	95.1	95.3	95.6	89.2	85.7	97.2	94.0	71.4	81.2	60.8
盲肠前消化率-尼龙袋法																
N 真消失率（%）	86.0	64.2	88.1	81.4	93.8	83.2	71.3	73.3	93.6	88.5	72.1	91.0	89.8	51.8	70.7	43.8
真可消化物质摄入量（%）	91.5	81.0	99.0	83.8	99.8	96.0	75.0	77.0	97.9	99.2	84.1	93.6	95.5	72.0	87.0	72.2
回肠后消化率-尼龙袋法																
N 真消失率（%）	73.1	85.4	—	87.4	—	73.1	94.1	96.2	91.1	94.2	75.3	92.5	93.4	76.7	65.1	69.5
% 真可消化物质摄入量	8.5	16.3	—	17.5	—	3.2	20.7	21.2	3.4	2.1	11.2	6.2	6.1	26.9	11.1	27.4

[1]N 为氮；NDF 为中性洗涤纤维；ADF 为酸性洗涤纤维。[2] 加压水热法。[3] 鹰嘴豆属。[4] 豌豆属。[5] 脱水的

表 1.13　计算饲料 MADC 值的基本公式

CP

DP＝CP×d_N

　　d_N＝表观可消化氮（N）

MADC＝DP×K

　　K＝饲料的校正系数：

　　K_f：不同种类的粗饲料

　　　　（f_1-f_2-f_3-f_4）

　　K_c：不同种类的精饲料

　　　　（c_1-c_2-c_3-c_4-c_5-c_6）

注：K 值见第 12 章，表 12.17。f 代表粗饲料，c 代表精饲料，下角数字代表不同种类饲料

UFC 体系以 MADC 表示的蛋白质营养价值可以在现有知识基础上很好地比较饲料间的差异及原料替换。在某些需求量高的情况下，饲料中需要考虑必需氨基酸。

1.4.5　MADC 需要量和推荐供给量

在不同的情形下，如维持或生产情况下，蛋白质需要量和推荐量都用 MADC 表示。代表为满足马消耗或支出（包括宿主和微生物），保证马匹健康和生产率时所需的饲料 MADC 量。假定饲料中其他的营养成分是平衡的。

确定营养需要有三种方法：饲养试验（综合法）；氮平衡试验；生理消耗和利用效率测定法，据此在饲料蛋白含量和氨基酸组成最优时，可以转换成 MADC 值（析因法）。否则在饲料不平衡的情况下优先满足能量，然后考虑其他成分。

维持需要与动物体格成正比，体格一般表示为代谢体重（表 1.14），维持状态时，在动物随意活动过程中蛋白质消耗更少，较多用于能量消耗，但是这二者有联系。在表述蛋白质供给量时，需要考虑不同情况下的能量摄入量。

表 1.14　马可消化蛋白的代谢利用率和不同生产类型马的需要量

维持	
需要量	
g MADC/（d · kg $BW^{0.75}$）	2.8
g MADC/UFC	60～70
妊娠	
利用率（%）	55
需要量［g MADC/（d · 100kg BW）］	13～47

续表

泌乳	
蛋白质含量（g/kg）	20～35
利用率（%）	55
需要量（g MADC/kg 乳）	22～44
生长	
蛋白质含量（g/kg EBW[1]）	180～220
需要量（g MADC/kg BW 增重）	440～450
劳役	
需要量（g MADC/UFC）	60～70

[1]EBW 为空腹重

生产需要加上维持需要即总需要：

总需要（g MADC/d）＝维持需要＋生产需要

生产需要由以下方法确定：不同生理状态下（妊娠、泌乳）MADC 的产品构成和代谢利用效率；或者是一系列饲养试验（生长、育肥）测定的与生产性能相关的 MADC 消耗量。劳役条件下，蛋白质消耗和能量利用有关（表 1.14）。

任何情况下，营养供给都要用一系列饲养试验（通用方法）验证，使营养供给量和动物需要量一致。

1.4.6 饲料氨基酸平衡

马不能合成或者不能快速合成的必需氨基酸有 8 种：亮氨酸、异亮氨酸、缬氨酸、甲硫氨酸、苯丙氨酸、苏氨酸、色氨酸和组氨酸（酪氨酸和胱氨酸是半必需氨基酸）。必需氨基酸占肌肉蛋白的 46%～55%，占机体总蛋白的 37%，母马乳中蛋白质含量略超过一半。

必需氨基酸需要量必须要经小肠消化从饲料中获取，因此马机体蛋白质依赖于从小肠吸收的蛋白质的质量。谷物的必需氨基酸不平衡，饲草则不然。马吸收少量来自微生物蛋白降解产生的游离氨基酸，这部分氨基酸是必需氨基酸的优质来源，但含硫氨基酸是最受限的。这就解释了为什么不劳役的成年马在维持状态下对饲料蛋白质量不敏感。此外，马还可以利用非蛋白氮（尿素）。

然而，生产状态下的马对蛋白质量更敏感些，因为需要量更大。泌乳母马所需的蛋白质必须要比维持状态下的蛋白质更平衡，因为乳中含有大量必需氨基酸。在第一年，年幼马会由于饲料蛋白质量升高而生长更快，这种生长状况取决于蛋白质质量，但这种现象随着年龄增加而逐渐消失。当生长能力降低时，饲料中粗饲料的比例也在增加。处于高强度工作状态下的马，需要支链氨基酸。目前仅测定了赖氨酸的需要量，且给出了推荐量。

1.4.7 和其他氮营养体系对比

MADC 体系从 20 世纪 80 年代开始在法国成功应用，这是在实践中可以不断补充且应用简便的一个体系，让我们更容易理解“蛋白质喂养”这种新概念，也很容易为使用者接受。相比 DCP 体系，MADC 体系在饲料配比和饲料价值评定方面有所提升，已经证明了该体系的总体整合性，因为这一体系的主要框架是相互关联的。这种评定动物蛋白需要量的方法同时考虑了小肠和大肠中氮的真消失率，所以推荐的饲料营养价值可同时满足宿主需要量和微生物需要量。MADC 体系也是基于新的消化试验，这些试验来自经瘘管马测定的小肠和大肠中大量饲料（精饲料和粗饲料）的氮消失率（Martin-Rosset et al.，2012a，b，粗饲料见表 1.11；精饲料见表 1.12）。

MADC 能够应对法国的多数养殖现状，有大量的详细饲料数据，但是运动马方面的资料仍有待改善。MADC 饲料价值测定简单，可作为常规实验室的评价标准、分析手段和分析工具（方程），来测定马的大多数类别的粗饲料。饲料营养价值表提供了一个方法，以便于比较饲料的营养价值，以及计算和制定成本最低的商业饲料配方。

最近修订的体系在饲料表中给出了概念框架和饲料 MADC 的值，这些可以灵活地引入更多信息。MADC 体系的进一步发展，目前集中在后肠微生物氮需要量的测定，或多或少地结合能量和蛋白质的利用率（Santos et al.，2011）。在体外条件下，最近发现在能量充足而氮缺乏时，盲肠微生物种群利用 NPN 的效率不如酪蛋白，但是产生的挥发酸和氨更多（Santo et al.，2012）。但在能量不足的条件下，NPN 组微生物生长速率比酪蛋白组更快（Santos et al.，2012），因为反刍动物和马中，微生物优先利用内源氮作为能量来源（Russel and Cook，1995）。因此，微生物选择性利用饲料残余氮或是源自肝肠循环的尿素作为原料来合成微生物蛋白，这两者是相关的。Slade（1973）已经给出了粗略的估算结果，这种方法可用在测定可发酵有机物上，可以通过饲料氮消化率和可利用氨基酸来优化这一过程（Martin-Rosset and Tisserand，2004）。之前有关微生物生长，酶活和代谢对氨氮产生、吸收和利用的影响和微生物氮需要量的研究，促进了 MADC 体系中 PDIm 模型的建立，可大略地通过后肠中测定氮消失率来间接评价（Martin-Rosset and Tisserand，2004）。饲料氮评价体系的最终目标是，估测出氨基酸需要量，以满足宿主和微生物氮的需求量，假使蛋白质或者尿素能被微生物利用。

其他体系的概念框架和参数的相同点和不同点需要重点指出。NRC 体系建议利用饲料 CP 来评价饲料氮，因为马消化率的数据还较少。维持状态下粪中不可消化的氮为 35～50g/kg DM（Martin-Rosset et al.，1984，1987；Slade et al.，1971）。粪中微生物氮和可溶性氮分别占粪中总氮的 57% 和 8%（Meyer et al.，1985； Nicoletti et al.，1980）。内源氮和不可消化氮（ADIN）分别占 22% 和 9%（Meyer et al.，1983a，b；Olasman et al.，2003；Pagan，1998）。还有些证据表明，饲料总氮和总氨没有完全被消化或者进入肝肠循环，以供消化道中微生物合成蛋白质。因此，CP 体系高估了饲料的真氮值。

基于小肠可消化蛋白和氨基酸（sid CP），德国提出的一种新的体系（Zeyner et al.，2010）分为不可溶性氮（也称为中性洗涤不溶蛋白，NDICP）和可溶性氮（也称为中性洗涤可溶蛋白，NDSCP），分别描述细胞壁和细胞质中所含蛋白质。对于某种饲料，假设这两类蛋白质的氨基酸组成是相似的。这个体系和 MADC 体系相似，因为 sid CP 可利用饲料可溶性氮来估计 PDIa，而 MADC 体系估算饲料可溶性氮的真消失率。进一步看，sid CP 体系低估了饲料真氮值，因为它确实忽略了后肠微生物菌群氮需求（PDIm）。

NRC 提出了可利用蛋白质的概念，是用粗蛋白质含量减去 NPN 和 ADIN（酸性洗涤不溶氮），来估算蛋白质的利用率，这来自于MADC 体系，但是忽略了微生物种群的氮需求。CP 体系和 sid CP 体系的另外一个劣势是，除了生长需求外，马的氮需求量都是用析因法得出的，即使是在 2007 版以后也是这样。INRA 体系的需求量是基于析因法，经过大量饲养试验验证。

1.5 矿物质营养

矿物质分成如下两类。

主要元素或常量元素：钙、磷、镁、钠、钾、氯、硫，表示为 g/kg 或者 %。

微量元素：铁、锌、锰、铜、钴、碘、钼、硒，表示为 ppm 或者 mg/kg。

这些元素具有以下功能（表 1.15）：结构性的（如骨骼）、功能性的、生理性的（如细胞渗透压）和代谢性的（如酶活性）。饲料中这些物质的量变化很大（第 9、12 和 16 章），但是经常不足或者不平衡。在饲料中常需添加矿物质，给出的供给量是指耐受限的极大值。

表 1.15 部分常量和微量元素的功能

矿物质	功能	互作
镁	能量代谢 肌肉收缩 酶辅因子 DNA 和蛋白质稳定性 骨骼完整性	磷过量：减少镁吸收 钙拮抗剂

续表

矿物质	功能	互作
钾	神经流入	钠过量：减少钾吸收
	肌肉收缩	
	控制渗透压	
钠	神经流入	与钾互作
	肌肉收缩	
	控制渗透压	
钴	维生素 B_{12} 辅因子	与铁、锌、锰和碘互作
铜	胶原蛋白合成（形成骨骼肌）	拮抗锌、钙和铁的吸收（次发性缺乏）
	铁代谢中的酶辅因子	
	蛋白质合成	
	神经冲动传导	
	SOD 辅因子	
铁	血红蛋白的组分	与铜、锰、锌、镉和钴互作
	运输氧	
碘	合成甲状腺素	与铜、磷、钴、钼、钙和氟互作
锰	酶辅因子（蛋白质和碳水化合物代谢）	与钙、铜、磷、铁、钴、钼、钠和镁的互作
	骺软骨形成	
	骨基质-硫酸软骨素合成	
硒	抗氧化	与铜和锌互作
	维生素 E 的辅因子	
锌	酶辅因子（蛋白质和碳水化合物代谢）	与钙、铜、钼、钠、磷、钾、铁、钴、铬和硒拮抗
	SOD 辅因子	

1.5.1 主要矿物元素

1．作用和吸收

（1）钙和磷　体内 99% 的钙和 80% 的磷存在于骨骼和牙齿中，钙和磷相互结合形成骨骼矿物质——羟基磷灰石。骨骼中钙和磷含量大约为 35% 和 15%。除了形成骨组织外，钙还具有以下功能：细胞膜渗透性、肌肉收缩、神经骨骼肌兴奋、凝血、多种酶的激活。钙的作用如此重要，因而在小肠近端吸收。磷还参与 ADP 与 ATP 之间的能量转移，合成磷脂、磷蛋白和核酸。磷可在小肠也可在大肠吸收，吸收量随着饲料磷含量和饲料特性的变化而变化。日粮中含磷过高会抑制钙吸收，植酸和草酸也对钙吸收起到抑制作用，因为它们和钙合成复合物，使之难以被吸收。

钙吸收是被动扩散（或者易化吸收），也具有主动转运过程，但是这两种途径的相对重要性还不清楚。钙和磷吸收率随着年龄降低，也会随生理状态改变而变化（表 1.16）。

表 1.16　主要矿物元素的平均真消化率（%）

矿物元素	维持	劳役	妊娠	泌乳	生长
钙	50	50	50	50	50
磷	35	35	35	35	45
镁	40	40	40	45	—
钠	90	90	90	90	90
钾	80	50	80	50	50
氯	100	100	100	100	—

通常马的钙磷比平均为 1.5 是合适的，推荐量不高于 3 不低于 1，在实践中可灵活运用。钙磷不平衡与采食量不足（钙磷比过高或过低）有关系，会导致骨骼问题，进而损害马驹生长（第 2 章）。

（2）镁　镁仅占机体总重的 0.05%，主要存在于骨骼（60%）和肌肉（30%）中。镁在肌肉收缩和酶激活中扮演重要角色（表 1.15）。其主要在小肠中被吸收，一般情况下镁吸收较好，但当钙超量的情况下，吸收率降低（表 1.15）。吸收受年龄和生理状况影响不显著。

（3）钾　机体含有 28 000mEq[①]的钾，主要存在于肌肉中（75%），骨骼、血液、消化道中占 5%，其他组织占 10%。钾是一种胞内阳离子，与酸碱平衡及细胞渗透压调节有关。同时在肌肉运动中也有重要作用（表 1.15）。钾吸收率很高，特别是在维持和妊娠时（表 1.16）。采食量增加导致表观消化率增加。

（4）钠　骨骼中富含钠，占体储的 51%，在肌肉和血液中占 11%，皮肤中占 9%，消化道中钠含量稍高，为 12%。一匹 500kg 的马含有 14 000mmol 钠。一个重要的钠源位于小肠末端（在 1 匹 500kg 马中为 200～400g/L），主要来自消化液（尤其是胰液）和消化产物。95% 的钠在后肠重吸收。钠吸收率很高（表 1.16），肾脏和粪中的排出量和摄入量成正比。钠在肌肉收缩和渗透压调节方面有重要作用（表 1.15）。

（5）氯　氯离子是胞外离子，与酸碱平衡、渗透压调节有关，在消化液——盐酸的合成中起到重要作用，盐酸在胃消化中起到重要作用。氯吸收率很高（表 1.16），饲料中氯的数量主要与钠相关，随氯化钠摄入量增加，其吸收比例变化不大。

（6）硫　迄今马饲料中尚未见缺硫的情况，虽然这是机体所有蛋白质（含

① mEq＝mmol×离子价

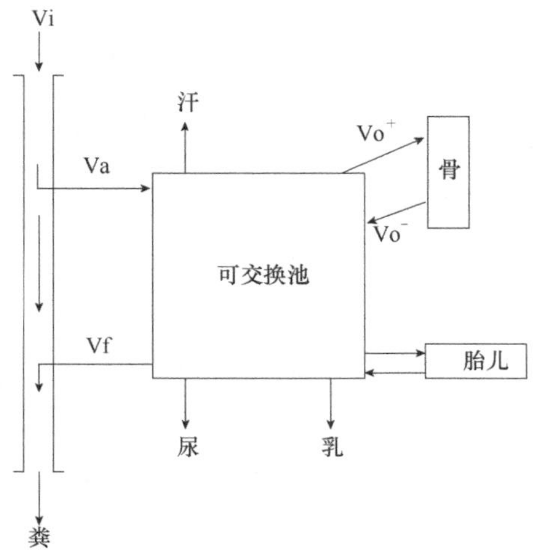

图 1.16 母马钙代谢的主要途径示意图
Vi 为钙摄入量，Va 为肠吸收量，Vf 为粪内源排出量，Vo^+为骨固定量，Vo^-为骨释出量

硫氨基酸：胱氨酸和甲硫氨酸）和酶都含有的一种元素，饲料中 85%～90% 的植物源性的硫元素是以有机形式存在：氨基酸和蛋白质。

2．矿物质代谢的通路原理和调控

尚没有有效的方法来测定矿物质的摄入和分泌量，并以此来确定利用率。以钙为例，钙元素仅能通过消化过程吸收（图 1.16），参与骨骼合成、胎儿矿物质代谢、乳分泌和消化液分泌。一部分吸收的矿物质随汗液和尿液排出。骨中沉积的量是蓄积量（骨中固定的量 Vo^+）和重吸收量（骨中释放的量 Vo^-）的差值。Vo^+值和 Vo^-值及肠道吸收和肾脏分泌都受激素调节。

肠道吸收钙和磷受 1,25-二羟维生素 D_3［1,25-(OH)$_2$$D_3$］调控，其是维生素 D_3 的活性代谢形式，这一过程与各种元素代谢是相互独立的，但其在磷代谢过程中的作用机理还不很清楚。1,25-(OH)$_2$$D_3$ 促进了钙结合蛋白（CaBP）合成，也促进了骨矿物质化（防止佝偻病的过程）和重吸收。1,25-(OH)$_2$$D_3$ 合成具有优先脱去维生素 25-OH-D_3 的 1 号 C 羟基的倾向（羟基化发生在肾小管中），尤其是在血液中钙含量低或者磷含量低时，合成过程更强。此外，新生马驹肝脏中具有 25-羟化酶活性，产生 1αOHD_3［其为具有活性的前体物，羟基化后成为 1,25-(OH)$_2$$D_3$］，进而增加血液钙磷含量。

直到最近才发现，甲状旁腺素的主要功能是促进骨分解代谢，这一代谢过程能够引起某种病理性状况。有一种叫作"米勒驴症"（Millers' donkey disease）的疾病，表现为颧弓增加、下颌骨上升，主要诱因是营养性甲状腺功能亢进，原因是饲喂含有高磷低钙的麸皮饲料。在美国的运动马中也有类似的称为"大头症"（big head disease）的疾病。最近，有学者在马上长时间（长达几周）静脉注射少量的甲状旁腺素后，发现可以明显促进骨骼形成。

降钙素由滤泡旁细胞分泌，抑制骨骼分解代谢。这一生理效应在某些情况下非常重要，如防止母马在妊娠和泌乳期间的骨骼分解代谢，在快速吸收钙磷过程中防止出现高钙或高磷状况。降钙素和甲状旁腺素也在肾脏中起作用，增加尿中磷分泌（通过远端肾小管重吸收），降低血磷含量。马尿中钙和磷的含量较高，分别为 20mg/100ml 和 4～18mg/100ml，主要取决于饲料中的含量。马可以通过尿排出常量矿物质。1 岁马驹，体重为 300kg，饲料含钙为 0.2%，每天分泌6～8L尿，含20～30g钙。钙摄入和尿钙排出变化趋势一样。与其他哺乳动物不一样的是，马肾脏对于维持钙稳态起重要作用，因为如果肾脏功能不全或肾脏切除，则肾脏钙稳态会被打破引发低钙血症，导致维生素D_3代谢活性产物受阻。

和其他动物一样，镁的激素调节机理尚不清楚。有很多内分泌因子非特异性地影响了该过程。血浆钠和钾浓度受醛固酮影响，醛固酮由肾小球皮质层分泌，促进肾小管钠离子的重吸收，促进肠道吸收钠，同时促进分泌钾离子。

通过上述调节途径，马一般可以维持血钙浓度为11～12mg/100ml，血镁1～1.5mg/100ml，血磷2～8mg/100ml，血钠310mg/100ml，血钾1.8mg/100ml。在摄入量充足的情况下，以上指标可以维持正常水平。若血浆值变动大，会导致严重的生理紊乱，应考虑在动物饲料中补充足够量的矿物质。

3．净需要和推荐供给量　马主要矿物质的需要量用析因法计算，计算方法为维持净需要加生产需要除以该元素的真消化率（吸收系数）。生理活动消耗的净需要量与维持、体增重、孕体、奶、汗液的化学成分相关，这些数据由平衡试验测得（图1.16）。

计算营养需要量一般会考虑到饲养试验中的不确定因素，乘以一个保险系数，营养供给量最终表示为g/d（第3～8章）。在第2章中也表示为g/kg DM（表2.1）。

钙的维持需要为0.040g/（kg BW·d），内源损失为20mg/（kg BW·d），消化率为50%（0.50）：

$$\frac{0.020\text{g/（kg BW·d）}}{0.50}=0.040\text{g/（kg BW·d）}$$

磷的维持需要为0.028g/（kg BW·d），内源损失为10mg/（kg BW·d），消化率为35%（0.35）：

$$\frac{0.010\text{g/（kg BW·d）}}{0.35}=0.028\text{g/（kg BW·d）}$$

镁的维持需要为0.015g/（kg BW·d），内源损失为6mg/（kg BW·d），消化率为40%（0.40）：

$$\frac{0.006\text{g/（kg BW·d）}}{0.40}=0.015\text{g/（kg BW·d）}$$

钠的维持需要为0.020g/（kg BW·d），内源损失为18mg/（kg BW·d），消化率为90%（0.90）：

$$\frac{0.018\text{g/（kg BW·d）}}{0.90}=0.020\text{g/（kg BW·d）}$$

钾的维持需要为0.060g/（kg BW·d），内源损失为48mg/（kg BW·d），消化率为80%（0.80）：

$$\frac{0.048\text{g/（kg BW·d）}}{0.80}=0.060\text{g/（kg BW·d）}$$

氯的维持需要为 0.050g/(kg BW·d)，内源损失为 50mg/(kg BW·d)，消化率为 100%（或 1）：

$$\frac{0.050\text{g/（kg BW·d）}}{1}=0.050\text{g/（kg BW·d）}$$

1.5.2 微量元素

活体组织中微量元素含量很少，功能各异，但是是下列多种代谢过程中所必需的：吸收、血液转运、细胞储存、清除或循环利用（表 1.15）。微量元素缺乏会导致多种代谢通路障碍或代谢效率降低。微量元素的吸收系数仍然不清楚。

1．生理和代谢作用

（1）铜　铜影响了多种酶的活性，血红蛋白和肌红蛋白合成过程中，涉及动员锌铁储备的过程。铜也与超氧化脱毒和线粒体保护有关。

（2）钴　钴参与合成维生素 B_{12}，与铜和锌结合，影响造血过程和血细胞形成。

（3）铁　一匹 500kg 的马含有 33g 铁，铁在氧气运输和细胞呼吸中起到重要作用。60% 的铁分布在血红细胞中，20% 在肌红细胞，在多种酶中也存在铁元素。

（4）锰　锰与碳水化合物和脂肪代谢有关，也通过合成硫酸软骨素影响软组织形成。

（5）硒　硒在甲状腺素代谢过程中起到关键作用，硒酶与三碘甲状腺原氨酸（T_3）合成有关，此酶位于甲状腺中。硒也是谷胱甘肽还原酶的辅因子，催化降解超氧化物，超氧化物可能对细胞膜造成伤害。

（6）碘　碘也分布在甲状腺中，是合成 T_3 和四碘甲状腺原氨酸（T_4）的必需元素，在硒摄入不足的情况下，降低谷胱甘肽过氧化物酶活性。

（7）其他微量元素　有关铬、氟、硅需要量的数据及日粮供给量的资料还很少。

2．需要量和推荐供给量　马的需要量还不是很清楚，大多数需要量来自于饲养试验的结果，以每千克饲料 DM 中所含微量元素的毫克值表示，这样的结果只是粗略估算。后面章节已经给出不同类别马（第 3～8 章中的表格）或者饲喂不同精饲料（mg/kg DM）时的微量元素日推荐摄入量（第 2 章，表 2.1），并考虑到了微量元素的真消化率。第 3 和 8 章中给出的不同生理条件下的推荐量是用矿物质浓度乘以干物质摄入量得到的。

微量元素的每日维持需要量，按每千克DM摄入量计为：铜（10mg），锌（50mg），钴（0.2mg），硒（0.2mg），镁（40mg），铁（80mg），碘（0.2mg）。

1.6　维生素营养

维生素种类很多，不同种类动物合成不同种类维生素的能力有所不同，因而对维生素的需求数量和种类也不同。所有已知的维生素并不是马所必须添加的，因为一些维生素可以内源合成，能满足马的需要量。维生素的相对需要量将在后面讲述。根据化学性质，维生素可分为两类：脂溶性维生素（维生素A、D 、E和K），水溶性维生素（B族维生素和维生素C）（表1.17）。

表1.17　维生素：缺乏或过量的临床表现

维生素	缺乏	过量
维生素A	厌食，骨关节问题，生长缓慢，被毛竖立，皮肤角质化，疲劳，眼干燥症，繁殖障碍，胎儿吸收，高血压，增加脑积液压力，共济失调	生长缓慢，厌食，红斑，骨脆
维生素D	佝偻病，软骨病，骨质疏松症	高血钙，钙质沉着，厌食，跛行
维生素E	不育（雄性），皮肤病，免疫缺陷，厌食，肌肉病变	风险低，维生素K拮抗剂?
维生素K	风险低，凝血时间增加，出血	风险低，贫血?
维生素B_1（硫胺素）	厌食，体重减轻，缺乏能量，抽搐	血压低，呼吸不正常，心动过缓
维生素B_2（核黄素）	生长缓慢，共济失调，呕吐，皮肤病，结膜炎，心动过缓，昏迷	毒性低
维生素B_3（烟酸）	厌食，腹泻，生长缓慢，口腔和咽喉溃疡，出血，神经问题	毒性低，吐血，抽搐
维生素B_6（吡哆醇）	厌食，腹泻，生长缓慢，口腔和咽喉溃疡，出血，神经问题	毒性低，厌食，共济失调
泛酸	厌食，低胆固醇血症，低脂血症，心动过速，昏迷，免疫反应降低（抗体）	
叶酸	厌食，体重减轻，血蛋白过少性贫血，延长凝血时间，白细胞减少，舌炎，血浆铁增加，免疫反应降低	
生物素	皮肤角质化	无中毒报道
维生素B_{12}（钴胺素）	贫血，腹泻	反应异常
维生素C	肝合成代谢	
胆碱	脂肪肝（青年马），增加凝血时间，胸腺萎缩，生长缓慢，厌食	

1.6.1 脂溶性维生素

1．维生素 A　植物来源的β-胡萝卜素是哺乳动物维生素 A 的主要来源。这类β-胡萝卜素会在肠道中水解后被吸收，随后的代谢过程受到严格调控。催化水解的酶是双氧化酶（胡萝卜素酶），其在马体内活性很低，所以在马的饲料中需要添加维生素 A。

饲料脂肪含量影响维生素 A 的状态，如果饲料中脂肪摄入量低，维生素 A 摄入会很少且难以吸收。马就会发生维生素 A 缺乏，进而引起食欲降低、骨骼脆性增加、骨质增生、皮肤问题、肝脏问题、胎儿发育畸形（如果发生在妊娠母马中）、肌肉降解和凝血时间延长（表 1.17）。

2．维生素 D　维生素 D 和钙有紧密联系，活性形式为二羟维生素 D，第 25 位点在肝脏中羟基化，第 1 位点在肾中羟基化（二羟维生素 D 或 1,25-DHCC），也称为骨化三醇，是一种类固醇激素。在马饲料中也含有维生素 D_2（麦角钙化醇），在植物中，维生素 D_2 在太阳光紫外线照射下经由 7-脱氢固醇合成。维生素 D_2 和维生素 D_3 可以经过同样的过程合成骨化三醇。

维生素 D 缺乏常与钙缺乏混淆，马主要表现为食欲缺乏，马驹骨骺板增大，骨矿物质流失（在青年马中导致佝偻病，在成年马中为软骨病）（表 1.17）。马很少发生缺乏症，除了一些特殊情况，如马驹饲养在不能接受太阳照射的条件下或者饲料中缺乏维生素 D 时。相反，维生素补充不当很容易导致维生素 D 中毒，在维生素 A 缺乏的情况下危害更严重。维生素 D 中毒表现为食欲降低、生长出现问题、被毛直立、贫血和骨质增生（表 1.17）。

3．维生素 E　维生素 E 也叫作生育酚，包括一类化合物，维生素 E 在机体抗氧化过程中起到重要作用，因为它能防止细胞膜脂肪氧化。

马在得不到新鲜饲草或者精饲料质量很低的情况下，可能发生维生素 E 缺乏，主要的临床症状是繁殖障碍、肌肉萎缩、竞技马成绩降低等。维生素 E 缺乏也可能影响红细胞膜脆性，导致红细胞生命周期降低和血红素升高（表 1.17）。维生素 E 和硒有关，有时候维生素 E 缺乏和硒缺乏不容易区分。不过，硒比维生素 E 更容易缺乏。

4．维生素 K　维生素 K 参与凝血过程，将凝血酶原转化为凝血酶，也参与骨钙蛋白合成，骨钙蛋白与骨矿物质化过程有关。这种维生素由结肠内源微生物合成，随后被吸收，因此马不需要摄入外源维生素 K。然而，在特定情况下，推荐添加治疗剂量的维生素 K。在摄入有害因子（抗凝剂，尤其是香豆素）过多或者抗生素破坏后肠微生物区系（很少发生）或者霉菌过多的情况下，会出现维生素 K 缺乏。在抗凝血剂中毒情况下，主要活性形式是维生素 K_1，在肠道吸收不良的情况下，对维生素 K_3（甲萘醌）具有显著影响。对于高强度运动马来说，摄入维生素 K 对止血没有作用。

1.6.2 水溶性维生素

1．维生素 C　马可以在肝脏中合成抗坏血酸（维生素 C），所以维生素 C 缺乏很少见。马的维生素 C 需要量还没有界定。

2．B 族维生素　B 族维生素是一类酶的辅因子，涉及多种代谢反应（表 1.17）。这类辅因子在体内不能储存，因此需要量只能通过马日常饲料提供或者由内源肠道微生物合成来供应。马的 B 族维生素缺乏发生率很低。

（1）硫胺素——维生素 B_1　硫胺素是活性形式，焦磷酸硫胺素主要参与 α-酮酸和磷酸戊糖途径（氧化和非氧化脱羧，酰基转移）。缺乏症状首先表现为食欲障碍，其他的症状为非特异性的：生长缓慢、体重降低和食粪。后期出现多种神经症状：中枢神经抑郁、共济失调、麻痹、痉挛惊厥、肌肉无力、心血管异常。马肠道可以合成硫胺素，然而也可能发生缺乏症。

（2）核黄素——维生素 B_2　核黄素是酶前体物，涉及氧化降解反应，在细胞中以 FAD 和 FMN 的形式利用，过量的核黄素由尿排出。在多数动物中，核黄素都是由结肠细菌合成的，但合成速度受动物、饲料尤其是碳水化合物摄入量的影响。在马中，核黄素缺乏或者中毒尚没有报道。

（3）烟酰胺——维生素 B_3　烟酰胺是一种辅因子，参与多种生化反应：氧化还原反应、蛋白质转录后修饰、ADP 核糖合成。所有这些反应过程都是细胞必需的。通常动物摄入烟酰胺、烟酸，或者通过色氨酸内源合成一部分来满足需求。色氨酸-烟酰胺间的转换效率为 60∶1，该过程还需要维生素 B_1、B_2 和 B_6 参与。马的烟酰胺需要量尚没有测定。

（4）泛酸——维生素 B_5　泛酸来自于细胞代谢中的乙酰辅酶 A 或酰基蛋白，在所有饲料中都含有。无毒，马的泛酸需要量还不清楚。

（5）吡哆醇——维生素 B_6　维生素 B_6 参与蛋白质合成和分解过程中的转氨过程，与类固醇激素受体相互作用并调节其活性。和其他 B 族维生素一样，马中很少出现缺乏症或中毒。然而，有几个研究报道了该维生素缺乏的临床症状：中枢神经系统变化、皮炎、舌炎和共济失调。

（6）生物素——维生素 B_7　生物素是 4 个重要羧化酶的辅因子，参与脂肪、蛋白质、碳水化合物和能量代谢。和其他 B 族维生素一样，未出现缺乏症的报道。

（7）叶酸——维生素 B_9　叶酸也就是维生素 B_9，在中间代谢反应中扮演分子供体或者受体的角色。叶酸是一组化合物，由植物合成，也由消化道中的微生物合成。慢性叶酸缺乏的特点是贫血症，和钴胺素缺乏的症状很像。因为消化道微生物可以合成较大一部分，维生素 B_9 和维生素 B_{12} 很少缺乏。

（8）钴胺素——维生素 B_{12}　钴胺素是最近发现的维生素，缺乏症在 19 世纪就已经广为所知。这是一种重要的酶辅因子，参与甲硫氨酸和甲酰辅酶 A（脂肪合成）的合成反应。和其他化合物一起，参与 DNA 代谢、血红素合成和儿茶酚胺代谢。肝脏中有储备，也可以由结肠微生物合成，可以补偿饲料中摄入量不稳定的现象。

马后肠合成大量维生素 B_{12}，缺乏症很罕见。合成需要很少量的钴（1μg/kg BW）。然而，有些情况下会出现缺乏：在母马体况差时马驹会出现，或者马在患有慢性疾病（出血、慢性腹泻等）状态时会出现。钴胺素缺乏仅次于消化道感染，需要接受治疗（每周肌注 250μg/kg BW，持续 8 周）。这种治疗（抗生素治疗，胰提取物治疗等）是必要的，如要控制血中钴胺素含量，还需杜绝外源钴胺素摄入。

（9）胆碱　胆碱和脂代谢有关，主要发生在肝脏。缺乏会导致胸腺萎缩及肝脏紊乱，进一步导致蛋白质合成降低，主要表现为肝脏低白蛋白和脂肪炎性渗出（脂蛋白合成增多）。马的需要量还不清楚。

1.6.3 需要量和推荐供给量

除了主要维生素——维生素 A、D、E 外，马对其他维生素的需要量还不清楚。脂溶性维生素表示为国际单位 IU，水溶性维生素表示为 mg。不同类型马的日推荐供给量见第 3～8 章的表格，其浓度（IU 或者 mg/kg DM）见第 2 章表 2.1。

1.6.4 和其他体系比较（常量矿物质、微量矿物质和维生素）

从最新的 INRA（1990 版）来看，关于常量矿物质的研究报道明显增加了，但是微量元素和矿物质的研究还是很少［见美国 KER 2000 年和欧洲马营养研讨会（EWEN）2005 年、2003 年、2008 年、2010 年及 NCR 2007 年召开的一系列会议进展综述］。关于这些养分的功能和调控的报道是最多的（表 1.14，表 1.16）。也有报道缺乏和过量症状的（表 1.15 和表 1.17）。根据相关的报道可以估算需要量的有常量元素（n=111 篇）、微量元素（n=45 篇）、维生素（n=23 篇）。大约一半的报道是研究吸收的，其他的报道描述了这些元素的组织分布（胎儿、奶、骨）及在不同动物或者饲料中，血液或者血浆中的浓度变化。很少有数据描述摄入量与组织摄入和分泌的关系。有的时候会有生产性能的数据，常量矿物质的需要量已经有足够的数据来进行析因法分析。本书使用 NRC（2007）模型，有时候也引入 INRA 消化率模型（表 1.15），区分不同的生理状况和饲料化学组成的影响（第 16 章）。比起早先的版本，这版 INRA 的需要量和 NRC（2007）的结果相近。不过这一新版的 INRA 需要量数据比早前的版本更加准确（Martin-Rosset，1990）。然而，INRA（2012）营养需要量和本章给出的推荐量（1.1.1～1.1.6 节）并不完全相同，因为蛋白质和能量还没有足够的动物饲养试验和平衡试验来证明计算结果。维持、种马、妊娠母马、生长马和运动马的母马的常量矿物质需要表示为体重基础，包括母马乳产量、青年马日增重和运动马出汗导致的体重变化。

本版微量元素和维生素的需要与 INRA（1990）接近，此外，尚没有足够的证据来确定饲料推荐供给量。考虑到饲料成分（第 16 章），并且考虑到配方的中毒风险（第 2 章，表 2.12 和表 2.13），其需要量可以用 kg DM 日均采食量来表示（第 2 章，表 2.1）。

1.7　主要健康问题

在大量或者微量元素缺乏、不平衡、肠道吸收紊乱和激素失调的情况下，可能引发健康问题。某些情况下大多数维生素的需要量问题值得关注（表 1.17）。

1.7.1　骨关节病

这些病变是不容易看到的，诱因是矿物质或者维生素摄入问题（微量矿物质）。

1．骨纤维化　这是一种和钙缺乏相关的严重疾病，通常磷是过量的，可能发生在青年或者成年马上。这是由甲状旁腺机能亢进导致的，开始会导致骨矿物质流失，随后出现纤维组织增生。在某些区域，骨组织出现变化，称为纤维化生，该区域纤维组织不受控地增殖变厚或者骨表面畸形，骨变得易碎。该过程发生在头部，导致面骨变厚，在驴上出现“河马头”（hippopotamus head），在四肢出现症状（骨折、飞节内肿、畸形，这些症状很容易被骑手发现）更常见。当这些畸形发生在关节或者肌腱鞘，会导致严重跛行，该过程可能是永久损害，也可能是短期的。

2．佝偻病　佝偻病是青年马骨生长发育异常，使骨骼畸形所致（骨末端增生）。缺乏微量元素，随后导致和维生素 D 不足有关的骨骼矿化不足和钙磷缺乏。但相比骨纤维化，这种情况更加罕见。

3．软骨病　软骨病和佝偻病的诱因一样，如发生在成骨上，则发生了重构，重新矿物质化，但该过程不会造成严重畸形。

4．骨软骨病　该病常发生在高强度竞技马上，是青年马的急性骨病。流行病调查发现，约有 30% 的运动马患有该疾病。根据发生方式和出现的部位不同，骨软骨病主要表现为软骨骨组织化缺陷，最常见的病症出现在骨质疏松症马的软骨中，即软骨囊肿。

该疾病具有多因子特性，受遗传因素控制，平均 $h^2=0.30$，诱因是软骨外伤和血管化问题。营养也可能影响该疾病，摄入谷物多、淀粉含量高的高能精饲料很多，如果达到饲料的40%及饲料干物质的30%可能会导致软骨病。饲料矿物质不平衡、钙磷比不合适、铜含量低都会增加该疾病的风险。合适的饲养策略、摄入适量且平衡的饲料是非常关键的（第5章）。

5．骨质疏松　　骨质疏松是由骨基质生成及结构异常导致的骨骼病变，导致骨骼因为缺乏矿质而变得多孔。蛋白质缺乏几乎不会导致该问题，锌铜缺乏及钙过量是最主要的诱因。

1.7.2　肌肉疾病

1．马驹白肌病　　微量元素——硒对马发育具有重要影响，缺硒会导致白肌病，在出生后几周或再年长些的马驹中就可以观察到，主要表现为骨骼肌和心肌出现变性区域，发白（因此称为白肌病），可能会导致移动困难或心力不足而死亡。大些的育肥马缺硒，屠宰后常发现有纤维脂肪瘤病灶。

硒不足常与粗饲料中硒含量低有关，而后者和土壤中硒缺乏有关。对于泌乳和妊娠马，应该在饲料中补充硒或者注射硒。硒摄入过多会导致严重中毒，用量须谨慎。维生素E与硒具有互补作用，补充维生素E具有累加效应。

2．成年马地方性肌病　　出现这一问题的原因与土壤中硒缺乏有关。应激条件下，临床症状为红棕色尿，应激可能与环境有关，如寒冷、运输，可能是由慢性硒缺乏导致的。

参 考 文 献

Agabriel, J., W. Martin-Rosset and J. Robelin, 1984. Croissance et besoins du poulain. *In*: Jarrige, R. and W. Martin-Rosset (eds.) Le cheval. INRA Editions, Versailles, France, pp. 370-384.

Andrews, F.M., J.A. Nadeau, L. Saabye and A.M. Saxton, 1997. Measurment of total body water content in horses, using deuterium oxide dilution. Am. J. Vet. Res., 58, 1060-1064.

Armsby, H.P., 1922. The nutrition of farm animals. The MacMillan Co., New York, USA, pp. 743.

Austbø, D., 1996. Energy and protein evaluation systems and nutrien recommendations for horses in the Nordic countries. *In*: 47th EAAP Proceedings, Norway, Horse Commission. Wageningen Pers, Wageningen, the Netherlands, Abstract H 4.4, pp. 293.

Axelsson, J., 1943. Hästarnas utfodring och skötsel. Nordisk Rotogravyr, Stockholm, Sweden.

Axelsson, J., 1949. Standard for nutritional requirement of domestic animals in the Scandinavian Countries. *In*: 5ème Congrès International de Zootechnie: Rapports particuliers. Paris, France, pp. 123-144.

Bigot, G., C. Trillaud-Geyl, M. Jussiaux and W. Martin-Rosset, 1987. Elevage du cheval de selle du sevrage au débourrage. Alimentation hivernale, croissance et développement. INRA Prod.

Anim., 69, 45-53.

Boulot, S., J.P. Brun, M. Doreau and W. Martin-Rosset, 1987. Activités alimentaires et niveau d'ingestion chez la jument gestante et allaitante. Reprod. Nutr. Dev., 27, 205-206.

Breidenbach, A., C. Schlumbohm and J. Harmeyer, 1998. Peculiarities of vitamin D and of the calcium and phosphate homeostatic system in horses. Vet. Res., 29, 173-186.

Breirem, K., 1969. Handbook der Tierernährung 1, pp. 611-691.

Carroll, F.D., H. Goss and C.E. Howell, 1949. The synthesis of B vitamins in the horse. J. Anim. Sci., 8, 290-299.

Chenost, M. and W. Martin-Rosset, 1985. Comparaison entre espèce (mouton, cheval, bovin) de la digestibilité et des quantités ingérées de fourrages verts. Ann. Zootech., 34, 291-312.

Coenen, M., E. Kienzle, F. Vervuert and B. Zeyner, 2011. Recent German developments in the formulation of energy and nutrient requirements in horses and the resulting feeding recommandations. J. Equine Vet. Sci., 31, 219-229.

Coenen, M., H. Meyer and B. Stardermann, 1990. Untersurchungen über die Füllung des Magen/ Darmstraktes Soure Wasser und Elektrolytgchalte der Ingesta in Pferden in Abkaugigkeit von Futterart, Fütterungszeit und Bewegung. Adv. Anim. Physiol. Anim. Nutr., 21, 7-20.

Crasemann, E., 1945. Die wissenchaftlichen grundlagen der pferdfütterung. Landw. Jahrb., 59, 504-532.

Crasemann, E. and A. Schurch, 1949. Theoritische und pratische greindzuge der futter mittelbewestung und der Tierernährung in der Schweiz. *In*: 5ème Congrès International de Zootechnie: Rapports particuliers. Paris, France, pp. 145-165.

CVB, 1996. Documentatierrapport Nr 15: Het definitieve VEP en VRE system. Centraal Veevoederbureau. Product Board Animal Feed, Lelystadt, the Netherlands.

CVB, 2004. Documentatierrrapport Nr 31: The EW-pa en VREP system. Centraal Veevorderbureau. Product Board Animal Feed, Lelystadt, the Netherlands.

Cymbaluck, N.F., 1989. Water balance of horses fed various diets. Equine Pract., 11, 19-24.

Cymbaluck, N.F., 1994. Thermoregulation of horses in cold winter weather: a review. Livest. Prod. Sci., 40, 65-71.

Cymbaluck, N.F. and G.I. Christison, 1990. Environmental effects on thermoregulation and nutrion of horses. Vet. Clin. North. Am. Equine Pract., 6, 355-372.

Davies, M.E., 1971. Production of vitamin B_{12} in horse. Br. Vet. J., 127, 34-36.

Doreau, M., 1978. Comportement alimentaire du cheval à l'écurie. Ann. Zootech., 27(3), 291-302.

Dulphy, J.P., W. Martin-Rosset, H. Dubroeucq and M. Jailler, 1997a. Evaluation of volountary intake of forage trough fed to light horse. Comparison with sheep. Factors of variation and prediction. Livest. Prod. Sci., 52, 97-104.

Dulphy, J.P., W. Martin-Rosset, H. Dubroeucq, J.M. Ballet, A. Detour and M. Jailler, 1997b. Compared feeding patterns in ad libitum intake of dry forages by horses an sheep. Livest. Prod. Sci., 52, 49-56.

Edouard,N., G. Fleurance, W. Martin-Rosset, P. Duncan, J.P. Dulphy, S. Grange, R. Baumont, H. Dubroeucq, F.J. Perez-Barberia and I.J. Gordon, 2008. Voluntary intake and digestibility in horses: effect of forage quality with emphasis on individual variability. Anim., 2, 1526-1533.

Ehrenberg, P., 1932. Arb. deutsch. Gesellsch. Züchtungskunde, Heft, pp. 52.

Ellis, A.D., 2004. The Dutch net energy system. *In*: Julliand, V. and W. Martin-Rosset (eds.) 1st EWEN Proceedings: Nutrition of the performance horse, France. EAAP Publication no. 111. Wageningen Academic Publishers, Wageningen, the Netherlands, pp. 61-77.

EWEN, 2004. Nutrition of the performance horse: which system in Europe for evaluation the nutritional requirements. *In*: Julliand, V. and W. Martin-Rosset (eds.) 1st EWEN Proceedings, France. EAAP Publication no. 111. Wageningen Academic Publishers, Wageningen, the Netherlands, pp. 158.

EWEN, 2005. The growing horse: nutrition and prevention of growth disorders. *In*: Julliand, V. and W. Martin-Rosset (eds.) 2nd EWEN Proceedings, France. EAAP Publication no. 114. Wageningen Academic Publishers, Wageningen, the Netherlands, pp. 320.

EWEN, 2006. Nutrition and feeding the broodmare. *In*: Miraglia, N. and W. Martin-Rosset (eds.) 3rd EWEN Proceedings, Italy. EAAP Publication no. 120. Wageningen Academic Publishers, Wageningen, the Netherlands, pp. 416.

EWEN, 2008. Nutrition of the exercising horse. *In*: Saastamoinen, M. and W. Martin-Rosset (eds.) 4th EWEN Proceedings, Finland. EAAP Publication no. 125. Wageningen Academic Publishers, Wageningen, the Netherlands, pp. 432.

EWEN, 2010. The impact of nutrition on health and welfare in horses. *In*: Longlands, A., D. Ellis, D. Hale and N. Miraglia (eds.) 5th EWEN Proceedings, UK. EAAP Publication no. 132. Wageningen Academic Publishers, Wageningen, the Netherlands, pp. 512.

EWEN, 2012. Forage and Grazing in Horse Nutrition. *In*: Saastamoinen, M., M.J, Fradinho, A.S. Santos and N. Miraglia (eds.) 6th EWEN Proceedings, Portugal. EAAP Publication no. 132. Wageningen Academic Publishers, Wageningen, the Netherlands, pp. 511.

Fielding, C.L., K.G. Magdesian, D.A. Elliott, L.D. Cowgill and G.P. Carlson, 2004. Use of multifrequency bioelectrical impedance analysis for estimation of total body water and extracellular and intracellular fluid volumes in horses. Am. J. Vet. Res., 65, 320-326.

Fonnesbeck, P.V., 1968. Consumption and excretion of water by horses receiving all hay and hay-grain diets. J. Anim. Sci., 27, 1350.

Fonnesbeck, P.V. and D. Symons, 1967. Utilization of the carotene of hay by horses. J. Anim. Sci., 26,

1030-1038.

Forro, M., S. Cieslar, G.L. Ecker, A. Walzak, J. Hahn and I. Lindinger, 2000. Total body water and ECFV measured using bioelectrical impedance analysis and indicator dilution in horses. J. Appl. Physiol., 89, 663-671.

Franke, E.R., 1954. Die Verdaulichkeit verschiedener Futtermittel beim Pferd. In 100 Jahre Möcken; Die Bewertung der Futterstoffe und andere Probleme. Der Tierernährung, Band 2, 441-472.

Frens, A.M., 1949. Sur les bases scientifiques de l'alimentation du bétail. *In*: 5ème Congrès International de Zootechnie: Rapports particuliers. Paris, France, pp. 73-85.

Fuchs, R., H. Militz and M. Hoffmann, 1987. Untersuchungen zur Verdahlischkeit der Rohnährstoffe bei Pferden. Arch. Anim. Nutr., 37, 235-246.

GEP (Gesellschaf für Enhärungs Physiologie), 2003. Prediction of digestible energy (DE) in horse feed. Proc. Soc. Nutr. Physiol., 12, 123-126.

Gibbs, P.G., G.D. Potter, G.T. Schelling, J.L. Kreider and C.L. Boyd, 1988. Digestion of hay protein in different segments of the equine digestive tract. J. Anim. Sci., 66, 400-406.

Glade, M.J., 1984. The influence of dietary fibre digestibility on the nitrogen requirements of mature horses. J. Anim. Sci., 58, 638-645.

Grandeau, L. and A. Alekan, 1904. Vingt années d'expériences sur l'alimentation du cheval de trait. Etudes sur les rations d'entretien, de marche et de travail. Courtier, L. Editions, Paris, France, pp. 20-48.

Groenendyk, S., P.B. English and I. Abetz, 1988. External balance of water and electrolytes in the horse. Equine Vet. J., 20, 189-193.

Haley, R. G., G. D. Potter and R.E. Lichtenvalner, 1979. Digestion of soyabean and cotton-seed protein in the equine small intestine. *In*: 6th ESS Proceedings, USA, pp. 85-98.

Hanson, N., 1938. Hursdjuslära, 2, C.E. Fritzses Förlag, Stockholm. Quoted by Olsson, N. G. and A. Ruudvere, 1955.

Hawkes, J., M. Hedges, P. Daniluk, H.F. Hintz and H.F. Schryver, 1985. Feed preferences of ponies. Equine Vet. J., 17, 20-22.

Hertel, J., H.J. Altman and K. Drepper, 1970. Ernahrungphysiologische Untersuchungen beim Pferd Ⅱ-Rohnarh stoffuntersuchengen im magem-Darm-Trakt von Schlachtpferdenz. Z. Tierphysiol. Tierernähr. Futtermiltelk., 26, 167-170.

Hintz, H.F., 1968. Energy utilization in the horse. Proc. Cornell Nutr. Conf., pp. 47-49.

Hintz, H.F. and N.F. Cymbaluk, 1994. Nutrition of the horse. Annu. Rev. Nutr.,14, 263-267.

Hintz, H. F., D. E. Hogue, E. F. Walker, J. E. Lowe and H. F. Schryver, 1970. Apparent digestion in various segments of the digestive tract of ponies fed diets with varying roughage/grain ratios. J. Anim. Sci., 32, 245-248.

Hoffmann, L., W. Klippel and R. Schiemann, 1967. Untersuchungen über den Energieumsatz beim Pferd unter besonderer Berücksichtigung der Horizontal bewegung. Archiv. Tierern., 17, 441-449.

Houpt, K.A., K. Eggleston, K. Kunkle and T.R. Houpt, 2000. Effect of water restriction on equine behaviour and physiology. Equine Vet. J., 32, 341-344.

INRA, 1984. Le cheval: reproduction, sélection, alimentation, exploitation. INRA Editions, Versailles, France, pp. 689.

INRA, 1990. L'alimentation des chevaux. INRA Editions, Versailles, France, pp. 232.

INRA, 2012. Nutrition et alimentation des chevaux: nouvelles recommandations alimentaires de l'INRA. QUAE Editions, Versailles, France, pp. 624.

INRA-HN-IE, 1997. Notation de l'état corporel des chevaux de selle et de sport. Guide pratique. Institut de l'Elevage, Paris, France, pp. 40.

Jackson, S.A., V.A. Rich, S.L. Ralston and E.W. Anderson, 1985. Feeding behavior and feed efficiency of horses as affected by feeding frequency and physical form of hay. *In*: 9th ENPS Proceedings, USA, pp. 73-83.

Jentsch, L., A. Chudy and M. Beyer, 2003. Rostock feed evaluation system. Plexus Verlag, Miltenberg-Frankfurt, Germany, pp. 392.

Jespersen, J., 1949. Normes pour les besoins des animaux: chevaux, porcs et poules. *In*: 5ème Congrès International de Zootechnie: Rapports particuliers. Paris, France, pp. 33-43.

Kane, E., J.P. Baker and L.S. Bull, 1979. Utilization of a corn oil supplemented diet by the pony. J. Anim. Sci., 48, 1379-1384.

Kellner, O., 1911. Principes fondamentaux de l'alimentation du bétail. 3ème édition. Berger Levrault, Paris, France, pp. 288.

Kellner, O. and G. Fingerling, 1924. Die Ernährung der landwirtschaftlichen Nutziere. Paul Parey, Berlin, Germany.

KER, 2000. Advances in equine nutrition. *In*: Pagan, J. D. (ed.) Proceedings of Nutrition Conferences in Lexington, USA. Nottingahm University Press, Nottingahm, UK.

Kienzle, E. and A. Zeyner, 2010. The development of a metabolisable energy system for horses. J. Anim. Physiol. Anim. Nutr., 94, e231-e240.

Klendshoj, C., G.D. Potter, R.E. Lichtenwalner and D.D. Householder, 1979. Nitrogen digestion in the small intestine of horses fed crimped or micronized sorghum grain or oats. *In*: 6th ESS Proceedings, USA, pp. 91-94.

Larsson, S., N.G. Olsson, F. Jarl and N.E. Olofsson, 1951. Husdjurslära, 2. Fritzses Förlag, Stockholm. Quoted in Olsson and Ruudvere.

Lathrop, A.W. and G. Boshtedt, 1938. Oat mill feed: its usefulness in livestock rations. Wis. Res.

Bull., 135, 16-135.

Laut, J.E., K.A. Houpt, H.F. Hintz and T.R. Houpt, 1985. The effects of caloric dilution on meal patterns and food intake of ponies. Physiol. Behav., 34, 549-554.

Lavalard, E., 1912. L'alimentation du cheval. Librairie Agricole de la Maison Rustique, Paris, France, pp. 160.

Lawrence, L. A., 2004. Trace minerals in equine nutrition: assessing bioavailability. *In*: Proc. Conf. Equine Nutr. Res., USA, pp. 84-91.

Leroy, A.M., 1954. Utilisation de l'énergie des aliments par les animaux. Ann. Zootech., 4, 337-372.

Lindsey, J.B., C. L. Beals and J.C. Archibalds., 1926. The digestibility and energy value for horses. J. Agric. Res., 32, 569-604.

Lynch, G.L., 1996a. Natural occurrence and content of vitamine E in feedstuffs. *In*: Coehlo, M.B. (ed.) Vitamin E. in Animal Nutrition and Management. BASF, Mount Olive, NJ, USA, pp. 51.

Lynch, G.L., 1996b. Vitamine E structure and bioavailability. *In*: Coehlo, M.B. (ed.) Vitamin E in animal nutrition and management. BASF, Mount Olive, NJ, USA, pp. 1.

Macheboeuf, D., C. Poncet, M. Jestin and W. Martin-Rosset, 1996. Use of a mobile nylon bag technique with caecum fistulated horses as an alternative method for estimating pre-caecal and total tract nitrogen digestibilities of feedstuffs. *In*: 47th EAAP Proceedings, Norway, Horse Commission. Wageningen Pers, Wageningen, the Netherlands, Abstract H 4.9, pp. 296.

Macheboeuf, D., M. Marangi, C. Poncet and W. Martin-Rosset, 1995. Study of nitrogen digestion from different hays by the mobile nylon bag technique in horses. Ann. Zootechn., Suppl. 44, 219.

Martin-Rosset, W., 2001. Feeding standards for energy and protein for horses in France. *In*: Pagan, J.D. and R.J. Geor (eds.) Advances in equine nutrition Ⅱ. Nottingham University Press, Nottingham, UK, pp. 245-304.

Martin-Rosset, W. and J.L. Tisserand, 2004. Evaluation and expression of protein allowances and protein value of feeds in the MADC system for the performance horse. *In*: Julliand, V. and W. Martin-Rosset (eds.) 1st EWEN Proceedings: Nutrition of the performance horse. EAAP Publication no. 111. Wageningen Academic Publishers, Wageningen, the Netherlands, pp. 103-140.

Martin-Rosset, W. and M. Doreau, 1984. Consommation des aliments et d'eau par le cheval. *In*: Jarrige, R. and W. Martin-Rosset (eds.) Le cheval. INRA Editions, Versailles, France, pp. 334-354.

Martin-Rosset, W., D. Macheboeuf, C. Poncet and M. Jestin, 2012a. Nitrogen digestion of large range of conentrates by mobile nylon bag technique (MNBT) in horses. Chapitre 12. *In*: Martin-Rosset, W. (ed.) Valeur alimentaire des aliments. In nutrition et alimentation des chevaux.

QUAE Editions, Versailles, France, pp. 437-483.

Martin-Rosset, W., D. Macheboeuf, C. Poncet and M. Jestin, 2012b. Nitrogen digestion of large range of hays by mobile nylon bag technique (MNBT) in horses. *In*: Saastamoinen, M., M.J. Fradinho, S.A. Santos and N. Miraglia (eds.) 6th EWEN Proceedings: Forages and grazing in horses nutrition. EAAP Publications no. 132. Wageningen Academic Publishers, Wageningen, the Netherlands, pp. 109-120.

Martin-Rosset, W., J. Vernet, H. Dubroeucq and M. Vermorel, 2008. Variation of fatness with body condition score in sport horses. *In*: Saastamoinen, M. and W. Martin-Rosset (eds.) 4th EWEN Proceedings: Nutritrion of exercising horses. EAAP Publications no. 125. Wageningen Academic Publishers, Wageningen, the Netherlands, pp. 167-178.

Martin-Rosset, W., J. Andrieu, M. Vermorel and J.P. Dulphy, 1984. Valeur nutritive des aliments pour le cheval. *In*: Jarrige, R. and W. Martin-Rosset (eds.) Le cheval. INRA Editions, Versailles, France, pp. 208-209.

Martin-Rosset, W., M. Doreau and P. Thivend, 1987. Digestion de régimes à base de foin ou d'ensilage de maïs chez le cheval en croissance. Reprod. Nutr. Dev., 27, 291-292.

Martin-Rosset, W., M. Doreau, S. Boulot and N. Miraglia, 1990. Influence of level of feeding and physiological state on diet digestibility in light and heavy breed horses. Livest. Prod. Sci., 25, 257-264.

Martin-Rosset, W., M. Vermorel, M. Doreau, J.L. Tisserand and J. Andrieu, 1994. The French horse feed evaluation systems and recommended allowances for energy and protein. Livest. Prod. Sci.,40, 37-56.

McLean, B.M.L., A. Afzalzadeh, L. Bates, R.W. Mayes and F.D. Hovell, 1995. Voluntary intake, digestibility and rate of passage of hay and silage fed to horses and to cattle. J. Anim. Sci., 60, 555.

Memedekin, V. G., 1990. The energy and nitrogen system used in USSR for horses. *In:* 41st EAAP Proceedings, Toulouse, France, Horse commission, Session H 3.1. Wageningen Pers, Wageningen, the Netherlands, pp. 382.

Meyer, H., 1979. Magnesiumstoffwechsel und Magnesiumbedarf des Pferdes (magnesium metabolism and magnesium requirement in the horse). Über. Tierernähr., 7, 75-92.

Meyer, H., 1980. Ein Beitrag Zur Regulation Der Futteraufnahme bein Pferd. Dtsch. Tierärztl. Wschr, 87, 404-408.

Meyer, H., 1983. Protein metabolism and protein requirements in horses. *In*: Arnal, M., R. Pion and D. Bonin (eds.) Symposium International Metabolisme et Nutrition Azotées, Clermont-Ferrand, France, pp. 343-376.

Meyer, H. and L. Ahlswede, 1977. Untersuchungen zum Mg-Stoffwechsel des Pferdes. Zentrabl.

Veterinar Med., 24, 128-139.

Meyer, H., M. Schmidt, A. Lindner and M. Pferdekamp, 1984. Beitrage zur Verdauungsphysiogie des Pferdes. 9. Einfluss einer marginalen Na-Versorgung auf Na-Bilanz. Na-Gehalt im Schweiss sowie Klinische Symptome. Z. Tierphysiol. Tierernährg Futtermittelk., 51, 182-196.

Meyer, H., S. Vom Stein and M. Schmidt, 1985. Investigations to determine endogenous faecal and renal N losses in horses. *In*: 9th ESS Proceedings, USA, pp. 68-72.

Miraglia, N., C. Poncet and W. Martin-Rosset, 1992. Effect of feeding level, physiological state and breed on the rate of passage of particulate matter through the gastrointestinal tract of the horse. Ann. Zootech., 41, 69.

Miraglia, N., D. Bergero, B. Bassano, M. Tarantola and G. Ladetto, 1999. Studies of apparent digestibility in horses and the use of internal markers. Livest. Prod. Sci., 60, 21-25.

Morgan, K., 1995. Climatic energy demand of horses. Equine Vet. J., Suppl.18, 396-399.

Morgan, K., 1997. Effects of short-tern changes in ambient air temperature or altered insulation in horses. J. Thermal. Biol., 22, 187-194.

Morgan, K., 1998. Thermoneutral zone and critical temperatures of horses. J.Thermal. Biol., 23, 59-61.

Morgan, K., A. Ehrlemark and K. Sällvik, 1997. Dissipation of heat from standing horses exposed to ambient temperatures between −3°C and 37°C. J. Thermal. Biol., 22, 177-186.

Morgan, K., P. Funkquist and G. Nyman, 2002. The effect of coat clipping on thermoregulation during intense exercise in trotters. Equine Vet. J., Suppl. 34, 564-567.

Morisson, F.B., 1937. Feeds and feeding. Handbook for the student and stockman. 20th edition. Morisson Publishing Co., Ithaca, New York, USA.

Mostert, H.J., R.J. Lund, A.J. Guthrie and P.J. Cilliers, 1996. Integrative model for predicting thermal balance in exercising horses. Equine Vet. J., Suppl. 22, 7-15.

Nehring, K. and E.R. Franke, 1954. Untersuchungen über den Stoff und energieumsatz un den Nährwert verschiedener Futtermittel beim Pferde. *In*: Nehring, K. (ed.) Untersuchungen uber die verwertung von reinen Nährstoffen und Futterstoffen mit Hilfe von Respiratiosversuchen. Deutsch Akad, Berlin, Germany, 255-358.

Nicoletti, J.N., J.E. Wohlt and M.J. Glade, 1980. Nitrogen utilization by ponies and steers as affected by dietary forage-grains ratio. J. Anim. Sci., 51, Suppl. 1, 215.

Nielsen, F.H., 1991. Nutritional requirements for boron, silicon, vanadium, nickel and arsenic: current knowledge and speculation. FASEB J., 5, 2661-2667.

Nitsche, H., 1939. Biedermanns Zentrahl. (B). Tierernährung, 11, 214.

NRC, 1978. Nutrient requirements of horses. Animal nutrition series. 4th revised edition. The National Academia, Washington DC, USA, pp. 33.

NRC, 1989. Nutrient requirements of horses. Animal nutrition series. 5th revised edition. The National Academia, Washington DC, USA, pp. 100.

NRC, 2007. Nutrient requirements of horses. Animal nutrition series. 6th revised edition. The National Academia, Washington DC, USA, pp. 341.

Nyman, S. and K. Dahlborn, 2001. Effects of water supply method and flow rate on drinking behaviour and fluid balance in horses. Physiol. Behav., 73, 1-8.

Olsman, A.F.S., W.L. Jansen, M.M. Sloet Van Oldruttenborg-Oosterbaan and A.C. Beynen, 2003. Asssessment of the minimum protein requirement of adult ponies. J. Anim. Physiol. Anim. Nutr., 87, 205-212.

Olsson, N.G., 1949. The relationship between organic nutrients of rations and their digestibility in horses. Ann. R. Agric. Coll. Swed., 16, 644-669.

Olsson, N. and A. Ruudvere, 1955. The nutrition of the horse. Nutr. Abstr. Reviews, 25, 1-18.

Pagan, J.D., 1998. Measuring the digestible energy content of horse feeds. *In*: Pagan, J.D. (ed.) Advances in equine nutrition Ⅰ. Nottingham University Press, Nottingham, UK, pp. 71-76.

Pagan, J.D., E. Kane and D. Nash, 2005. Form and source of tocopherol affects vitamin E status in thoroughbred horses. Pferdeheilkunde, 21, 101-102.

Pearson, P.B. and H. Schmidt, 1958. Panatothenic acid studies with the horse. J. Anim. Sci., 7, 78.

Pearson, P.B., M.K. Sheybani and H. Schmidt, 1943. The metabolism of ascorbic acid in the horse. J. Anim. Sci., 2, 175-180.

Pearson, P.B., M.K. Sheybani and H. Schmidt, 1944a. Riboflavin in the nutrition of the horse. Arch. Biochem., 3, 467-474.

Pearson, P.B., M.K. Sheybani and H. Schmidt, 1944b. The B-vitamin requirements of the horse. J. Anim. Sci., 3, 166-174.

Popov, I.S., 1946. Kormlenie sel'shokozjaistvennyh ziwtnyh. Selhozgiz, Moscow. Quoted by N. G. Olsson and A. Ruudvere, 1955.

Ralston, S.L. and C.A. Baile, 1982a. Gastrointestinal stimuli in the control of feed intake in ponies. J. Anim. Sci., 55, 243-253.

Ralston, S.L. and C.A. Baile, 1982b. Plasma glucose and insulin concentrations and feeding behavior of ponies. J. Anim. Sci., 54, 1132-1137.

Ralston, S.L. and C.A. Baile, 1983. Effects of intragastric loads of xylose, sodium chloride and corn oil on feeding behavior of ponies. J. Anim. Sci., 56, 302-308.

Ralston, S.L., D.E. Freeman and C.A. Baile, 1983. Volatile fatty acids and the role of the large intestine in the control of feed intake in ponies. J. Anim. Sci., 57, 815-825.

Ralston, S.L., F. Van den Brock and C.A. Baile, 1979. Feed intake patterns and associated blood glucolse, free fatty acid and insulin changes in ponies. J. Anim. Sci., 40, 838-845.

Reitnour, C.M., J.P. Baker, G.E. Mitchell, J.R. Little and C.O. Little, 1969. Nitrogen digestion in different segments of the equine digestive tract. J. Anim. Sci., 29, 332-334.

Robinson, D.W. and L.M. Slade, 1974. The current status of knowledge on the nutrition of equines. J. Anim. Sci., 39, 1045-1066.

Roneus, B.O., R.V. Hakkarainen, C.A. Lindholm and J.T. Tyopponen, 1986. Vitamin E requirements of adult stardardbred horses evaluated by tissue depletion and repletion. Equine Vet. J., 18, 50-58.

Rumbaugh, G.E., G.P. Carlson and D. Harrold, 1982. Urinary production in the healthy horse and in horses deprived of feed and water. Am. J. Vet. Res., 43, 735-737.

Russel, J.B. and M. C. Cook, 1995. Energetics of bacterial growth: balance of anabolic and catabolic reactions. Mircrobiol. Rev., 182, 48-62.

Santos, A. S., L.M. Ferreira, W. Martin-Rosset, J.W. Cone, R.J.B. Bessa and M. A. M. Rodrigues, 2013. Effect of nitrogen sources on *in vitro* fermentation and microbial yield equine using caecal contents . Anim. Feed Sci. Technol., 182, 93-93.

Santos, A. S., L.M. Ferreira, W. Martin-Rosset, M. Cotovio, F. Silva, R. N. Bennett, J.W. Cone, R.J.B. Bessa and M. A. M. Rodrigues, 2012. The influence of casein and urea as nitrogen sources on *in vitro* equine caecal fermentation. Anim., 6, 1096-1102.

Santos, A. S., M. A. M. Rodrigues, R.J.B. Bessa, L.M. Ferreira and W. Martin-Rosset, 2011. Understanding the equine cecum-colon ecosystem: current knowledge and future perspectives. Anim., 5, 48-56.

SCAN, 2004. Nordic system for evaluating nutritive value of feedstuffs and requirements of horses. See Austbo, 2004.

Schneider, B. H., 1947. Feeds of the world: their digestibility and composition. Agr. Exp. St., West Virginia University, USA, pp. 296.

Schryver, H.F., H.F. Hintz and J.E. Lowe, 1978. Calcium metabolism body composition and sweat losses of exercised horses. Am. J. Vet. Res., 39, 245-248.

Schryver, H.F., H.F. Hintz, J.E. Lowe, R.I. Hintz, R.B. Harper and J.T. Reid, 1974. Mineral composition of the whole body, liver and bone of young horses. J. Nutr., 104, 126-132.

Schryver, H.F., H.F. Hintz and P.H. Craig, 1971a. Calcium metabolism in ponies fed high phosphorus diet. J. Nutr., 101, 259-264.

Schryver, H.F., H.F. Hintz and P.H. Craig, 1971b. Phosphorus metabolism in ponies fed varying levels of phosphorus. J. Nutr., 101, 1257-1263.

Schryver, H.F., P.H. Craig and H.F. Hintz, 1970. Calcium metabolism in ponies fed varying levels of calcium. J. Nutr., 100, 955-964.

Schüler, C., 2009.Eine feldstudie zu energiebedarf und energieaufnahme von arbeitenden pferden zur überprüfungen eines bewertungssystems auf der stufe der umseztbaren energie. Thesis Frei

Universität Berlin, Berlin, Germany.

Slade, L. M., D.W. Robinson and F. Al-Rabbat, 1973. Ammonia turnover in the large intestine. *In*: 3rd ESS Proceedings, USA, pp. 1-12.

Slade, L.M., R. Bishop, J.G. Morris and D.M. Robinson, 1971. Digestion and absorption of ISN-labelled microbial protein in the large intestine of the horse. Br. Vet. J., 127, 11-13.

SLU, 2004. Utfordring rekimmendationer för häst. Sversiges lantbruks Universitet Publikation, Stjänst, Uppsala, Sweden, pp. 43.

Stillions, M.C., S.M. Teeter and W.E. Nelson, 1971a. Ascorbic acid requirement of mature horses. J. Anim. Sci., 32, 249-251.

Stillions, M.C., S.M. Teeter and W.E. Nelson, 1971b. Utilization of ditetary vitamin B_{12} and colbalt by mature horses. J. Anim. Sci., 32, 252-255.

Suffit, E., K.A. Houpt and M. Sweeting, 1985. Physiological stimuli thirst and drinking patterns in ponies. Equine Vet. J., 17, 12-16.

Sweeting, M.P. and K. Houpt, 1987. Water consumption and time budge of stabled pony geldings. Elsevier, New York, USA.

Tasker, J.B., 1967a. Fluid and electrolyte studies in the horse. Ⅲ . Intake and output of water, sodium and potassium in normal horses. Cornell Vet., 57, 649-657.

Tasker, J.B., 1967b. Fluid and electrolyte studies in the horse. Ⅳ . The effects of fasting and thirsting. Cornell Vet., 57, 658-667.

Todd, L.K., W.C. Sauter, R.J. Christopherson, R.J. Coleman and W.R. Caine, 1995. The effect of feeding different forms of alfalfa on nutritient digestibility and voluntary intake in horses. J. Anim. Physiol. Anim. Nutr., 73, 1-8.

Van Es, A. J. H., 1975. Feed evaluation for dairy cows. Livest. Prod. Sci., 2, 95-107.

Van Weyenberg, S., J. Sales and G. Janssens, 2006. Passage rate of digesta through the equine gastrointestinal tract: a review. Livest. Sci., 99, 3-12.

Vander Noot, G. W., L.D. Symons, R.K. Lydman and P.V. Fonnesbeck, 1967. Rate of passage of various feedstuffs through the digestive tract of horses. J. Anim. Sci., 26, 1309-1311.

Vermorel, M. and J. Vernet, 1991. Energy utilization of digestion end-products for maintenance in ponies. *In*: Wenk, C. and M. Boessinger (eds.) Energy metabolism of farm animals. EAAP Publications no. 58. Intitut for Nutzierwessenschaften. ETH Zentrum, Zentrum, Switzerland, pp. 433-436.

Vermorel, M. and W. Martin-Rosset, 1997. Concepts, scientific bases, structure and validation of the French horse net energy system (UFC). Livest. Prod. Sci., 47, 261-275.

Vermorel, M., J. Vernet and W. Martin-Rosset, 1997. Energy utilization of twelve forages or mixed diets for maintenance by sport horses. Livest. Prod. Sci., 47, 157-167.

Vernet, J., M. Vermorel and W. Martin-Rosset, 1995. Energy cost of eating long hay, straw and pelleted food in sport horses. Anim. Sci., 61, 581-588.

Wagner, E.L., G.D. Potter, E.M. Eller, P.G. Gibbs and D.M. Hood, 2005. Absorption and retention of trace minerals in adult horses. Prof. Anim. Scientist., 21, 207-211.

Watson, S.J., 1949. The feeding of farm livestock. *In*: 5ème Congrès International de Zootechnie: Rapports particuliers. Paris, France, pp. 107-121.

Willard, J.C., S.A. Wolfram, J.P. Baker and L.S. Bull, 1979. Determination of the energy reguirement for work. *In*: 6th ESS Proceedings, USA, pp. 33-34.

Wolff, E. and C. Kreuzhage, 1895. Pferde Fütterungsversuche über Verdauuung und Arbeitsäquivalent des Futters. Landw. Jahrb., 24, 125-271.

Wolff, E., C. Kreuzhage and C. Riess, 1887a. Versuche über den Einfluss einer verschiedenen Art der Arbeitsleitung auf die Varedaaung des Futters, sowie über das Verhalten des Rauhfutters gegenüber dem Kraftfutter zur Leistung fähigkeit des Pferdes. Landw. Jahrb., 16, Suppl. 3, 49-131.

Wolff, E., C. Kreuzhage and T.H. Mehlis, 1887b. Versuche über die Leieistungsähigkeit des Pferdes bei stickstoffärmeren Futter, sowie über den Kreislauf der Mineralstoffe im Körper dieses Thieres. Landw. Jahrb., 16, Suppl. 3, 1-48.

Wolff, E., W. Funke, C. Kreuzhage and O. Kellner, 1877. Pferde Futterungsversuche. Landwirtsch. Versuchs. Stn., 20, 125-168.

Wolter, R. and D. Gouy, 1976. Etude experimentale de la digestion chez les équidés par analyse du contenu intestinal après abattage. Rev. Med. Vet., 127, 1723-1736.

Zeyner, A. and E. Kienzle, 2002. A method to estimate digestible energy in horse feed. J. Nutr., 132, 1771S-1773S.

Zeyner, A., S. Kircho, A. Susenbeth, K.H. Südekum and E. Kienzle, 2010. Protein evaluation of horse feed a novel concept. *In*: Ellis, A.D., A. C. Longland, M. Coenen and N. Miraglia (eds.) The impact of nutrtion on the health and welfare of horses. EAAP Publication no. 128. Wageningen Academic Publishers, Wageningen, the Netherlands, pp. 40-42.

第二章　饲料配方

制作饲料配方包括选择原料和计算动物体的各种营养需要量，因此要求饲料配方的组成必须满足动物的维持需要和生产需要（如产奶、生长、劳役等），并且使动物机体保持一种健康的状态。

设计配方，有必要了解如下知识：①动物的营养需要或者推荐的营养摄入量，包括能量、蛋白质、矿物质、微量元素和维生素等，在第3～8章已列出。②影响饲料利用的条件，如可食性或者饲料的品质（饲料的品质影响采食量），在自由采食时是否会引起马消化不良和健康问题（第9和12章）。③饲料的营养价值主要由饲料中所含的能量、蛋白质、矿物质和微量元素决定，参见第12和16章的内容及附件。④关于饲料的价格，算出其UFC和每100g MADC的单价，以便于精确比较它们的营养价值。

2.1　营养需要量和推荐营养供给量

推荐营养供给量来自于正常管理条件下INRA和IFCE饲养实验所得出的数据。

2.1.1　营养需要量和推荐营养供给量的不同点

通常，饲料中营养物质的数量，必须满足动物的营养需要量。然而，如要做到每一天都精确地满足动物的营养需求，有时可能难以实现（由于生理因素）或者不可取（由于经济因素）。在大多数的生产实践中，营养摄入量通常远远高于营养需要量，所以要把环境条件和个体差异甚至健康状况考虑在内。在饲料原料选择很少或其营养价值有浮动的情况下，也可能出现饲料不平衡的情况。

在某些情况下，马的养分摄入量比营养需要量要少，如在重型母马冬季饲养时期（妊娠晚期和泌乳初期），或在饲养成本昂贵时。在高强度做功期间，或有消化紊乱问题时，如疝痛、代谢障碍、肌红蛋白尿症等，营养摄入量可能不能满足健康马的营养需要。通常我们假设在短时期内，母马是可以耐受这种营养不良的，但是能量不足在役用母马中是广泛存在的（在冬季的几个月），在竞技马中也可能存在短期能量限制和短缺的现象（几天）。暂时的体重下降，是动用了体脂储备来满足能量需要，母马是在放牧时沉积体脂的，而竞技马是在休闲期间及低强度训练期间沉积的。出于种种原因，本章在讨论每日营养推荐供给量时，仅仅考虑生理性和经济的原因。

2.1.2 推荐营养供给量表

推荐营养供给量表中给出了饲料的每日营养供给量，便于计算每日的饲料供给量。不同的表格分别针对轻型马、重型马和矮马。基于马（成年的阉马和母马）的体重，不同类型马的饲养标准采用不同的制式：轻型马 450-500-550-600kg；重型马 700-800kg；矮马 200-300-400kg。在不同情况下，母马、种马、阉马和生长马（轻型马、重型马、矮马）或育肥期（重型马）都分别列出。根据它们不同的生理状态也可分为：维持、妊娠期或泌乳期、繁殖期或间情期、生长期或育肥期（重型马）、休闲或劳役。冬季饲养实用配方，经饲养实验结果得以改进，目前在同类研究中，这也是绝无仅有的。这些表格放在对应的章节内容里［母马（第 3 章）、种马（第 4 章）、生长马（第 5 章）、运动马（第 6 章）、肉用马（第 7 章）、矮马的相关内容（第 8 章）］。

1．能量、蛋白质、常量元素　表格中给出了不同营养成分的日摄入量，包括能量（用 UFC 表示），蛋白质（用 g MADC 表示），常量矿物元素［如钙（Ca）、磷（P）、镁（Mg）、钾（K）、钠（Na）和氯（Cl），它们都以 g 为单位表示］，微量矿物元素［如铜（Cu）、锌（Zn）、钴（Co）、硒（Se）、铁（Fe）、锰（Mn）和碘（I），它们都以 mg 为单位表示］，维生素 A、D、E［以国际单位（IU）表示］。以上所有营养物质都与以下情况有关：①马或矮马的维持需要；②母马的妊娠和泌乳需要（维持＋妊娠或泌乳）；③种马在繁殖期或非繁殖期（维持＋繁殖需要＋运动）；④生长期的马或矮马（维持＋生长需要）；⑤马或矮马的劳役需要（维持＋劳役）；⑥育肥期的重型马（维持＋育肥需要）。

马的推荐营养供给量在 1984 年首次发布在 *Le Cheval* 上（INRA，1984），第 2 版发布在 *L'alimentation des chevaux* 上（INRA，1990），第 3 版发布于 2012 年（INRA，2012）。

维持营养需要的推荐量是指马在没有任何生产活动情况下的饲养标准，尤其是没有几周的劳役，以区别于比赛间歇期时竞技马的营养需求，虽然此时它们仍处于轻度做功状态（第 6 章）。

例 2.1

体重 500kg 的轻型马的推荐每日维持营养需要量如下（第 6 章，表 6.14）。

UFC	MADC	钙	磷	钠
4.1	267g	20g	14g	10g

例 2.2

体重 700kg 的成年重型马的推荐每日维持营养需要量如下（第 6 章，表 6.18）。

UFC	MADC	钙	磷	钠
5.1	357g	28g	20g	14g

（1）妊娠马或泌乳的维持需要推荐供给量　妊娠或泌乳母马的推荐营养需要量可能高于、少于或等于实际的营养需要量，取决于品种（重型马或轻型马）或生理状态（妊娠或泌乳月份）（第 3 章）。由于缺乏资料，矮马的饲养供给量用营养需要量来估测（第 8 章）。

例 2.3

体重 500kg 的轻型母马泌乳首月的推荐每日营养需要量如下（第 3 章，表 3.7）。

UFC	MADC	钙	磷	钠
8.5	956g	56g	49g	13g

（2）种马的推荐供给量　种马的推荐供给量分为繁殖期和非繁殖期，包括休闲时的需要和日常配种时的需要（第 4 章）。

例 2.4

体重 500kg 的轻型种公马在繁殖期的推荐每日营养需要量如下（第 4 章，表 4.2）。

UFC	MADC	钙	磷	钠
7.6	547g	35g	21g	19g

生长期马的营养供给量根据年龄进行分类。体重及生长速率是指一个生长期或育肥期内的平均值（第 5～7 章）。生长期轻型马的营养供给量还应考虑与体力活动有关的营养消耗，1.5～2.5 岁龄的主要运动类型是径赛和竞技运动。

例 2.5

8～12 月龄（出生后第一个冬天到断奶），预期成年体重为 500kg，采用圈养，预期日增重 750g 的生长期轻型马的推荐每日营养需要量如下（第 5 章，表 5.8）。

UFC	MADC	钙	磷	钠
5.1	567g	37g	25g	7g

（3）工作的推荐营养供给量　在不同工作强度，如休闲、竞技运动、竞赛和拉车状况下，列出相应的推荐营养需要量（第 6 章）。

例 2.6

体重 500kg 的运动用马在日常工作负荷下（每天 2h）的推荐每日营养需要量如下（第 6 章，表 6.14）。

UFC	MADC	钙	磷	钠
7.8	562g	35g	21g	18g

为使计算的营养供给量满足特定工作状态下的营养需要，必须加上工作负荷下的营养供给量及维持供给量（第 6 章，表 6.12～表 6.15）。每小时劳役的推荐供给量，轻型马（休闲、运动和竞技）见第 6 章的图 6.11 和第 6 章 6.2.2 节中的 3.。矮马的数据见第 8 章及表 8.1、表 8.4 和表 8.7，其是针对当前典型生产实际情况而制定的。

例 2.7

体重 500kg 的成年运动用马在日常工作负荷下（每天 2h，其中分成 1h 的轻度工作和 1h 的重度工作情况下）的推荐每日营养需要量如下。

UFC	MADC	钙	磷	钠
7.1	497g	38g	25g	28g

2．矿物质、微量元素和维生素　矿物质、微量元素和维生素的每日推荐摄入量见第 3～8 章的表中。然而，它们也可以采用表 2.1 中的资料来计算，表 2.1 中的数据是以每千克干物质饲料来表示的（第 13 章，“计算方法”一节）。

表 2.1 马饲料中的营养物质含量（每千克干物质摄入量）

	成年马			母马		青年马[3]		
	休闲和少量运动	劳役及适度配种	劳役及高强度配种	妊娠晚期[1]	妊娠早期[2]	6～12月	18～24月	32～36月
能量								
UFC	0.45～0.65	0.50～0.65	0.55～0.75	0.50～0.60	0.55～0.65	0.60～0.95	0.60～0.80	0.50～0.65
氮								
MADC（g）	30～50	40～50	50～55	35～60	60～65	60～100	35～55	25～35
赖氨酸（g）	3.0～4.0	4.0～4.5	4.5～5.0	4.5～5.5	5.5～6.0	5.0～10.0	3.5～5.5	3.0～3.5
矿物质（g）								
Ca	2.0～3.0	2.5～3.5	3.5～4.0	3.5～4.5	3.5～4.0	4.0～6.5	3.5～5.0	3.5～4.5
P	1.7～2.2	1.8～2.5	2.4～2.8	2.6～3.8	2.8～3.2	2.8～4.0	2.7～3.5	2.6～2.8
Mg	0.9～1.1	1.0～1.4	1.3～1.8	0.8～0.9	0.7～0.8	0.8～0.9	0.7～0.8	0.7～0.8
Na	1.1～2.0	1.5～2.5	2.3～4.0	1.0～1.5	0.8～1.0	1.0～1.2	0.9～1.1	1.1～1.2
Cl	4.5～5.5	4.5～6.0	6.0～8.0	4.0～5.0	3.0～3.5	3.0～4.0	3.5～4.5	3.5～4.5
K	2.5～4.0	3.0～4.0	3.0～4.5	3.5～4.0	5.0～5.5	2.5～3.5	3.0～3.5	3.0～3.5
微量元素（mg）								
Cu	10	10	10	10	10	10	10	10
Zn	50	50	50	50	50	50	50	50
Co	0.2	0.2	0.2	0.2	0.2	0.2	0.2	0.2
Se	0.2	0.2	0.2	0.2	0.2	0.2	0.2	0.2
Mn	40	40	40	40	40	40	40	40
Fe	50～80	80	80	80	80	50	50	50
I	0.2	0.2	0.2	0.2	0.2	0.2	0.2	0.2
维生素（IU）								
A	3250	3750	3750	4200	3800	3450	3500	3500
D	400	600	600	600	600	600	500	500
E	50	80	80	80	50	80	60	60

[1] 妊娠后 3 个月。[2] 泌乳头 3 个月。[3] 生长期，没有训练

2.2 体重和体况

体重的变化与日采食量变化有关。体况变化表明了饲料配方的优劣程度。

2.2.1 体重

动物种类主要通过动物的遗传组成、性别和年龄来划分，而体重是判断不同种类和个体类别最简便、可靠的方法。马的体重与推荐供给量有很高的相关性（达 50%～90%，取决于马的种类），把体重作为首要考虑因素来制定配方是非常合理的。

在大多数情况下，因为没有合适的秤，只能估计马的体重。用“目测”的方法来估计马的体重，其精度很低。可通过一些简单的方法来提高体重的测量准确度，如让马自然水平站立（图 2.1），测量胸围和体高，可用下列公式来计算成年马体重。

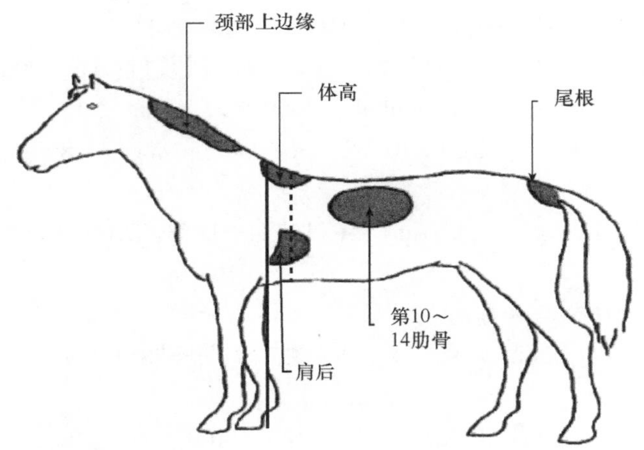

图 2.1 体重估算-体况评价（INRA-HN-IE，1997）

体重（kg）$=a\times$ 胸围（HG，单位：cm）$+b\times$ 体高（WH，单位：cm）$+c$

对于矮壮紧凑型马来说，体重的首要决定因素是胸围，而在轻型马中，“身高”（体高）可以提高体重的估算准确度。

对于生长期的马来说（6 月龄到 3 岁），可以用法国国家种马场（Haras

Nationaux，目前为 IFCE）的称量设备直接测量体重。一方面，处在生长期的马，其体重和胸围的变化往往呈一定比例。另一方面，体高的增长有些不同，无助于提高测量的准确性。以上的这些变化规律已由 INRA 在 Theix 中心和 IFCE 位于利木赞（Limousin）和勒潘（Le Pin）的实验站中得以研究，发现误差非常显著（Martin-Rosset，1990）。

1．轻型马

（1）种母马

体重（kg）（±25kg）＝5.2×HG＋2.6×WH－855

例 2.8

胸围 192cm，体高 157cm 的成年乘用母马的体重计算如下：

体重（kg）（±25kg）＝5.2×192＋2.6×157－855＝552±25

（2）生长马（6 月龄到 4 岁）

• 运动用马：体重（kg）（±26kg）＝4.5×HG－370。

已经建立 2 周岁前的青年赛马体重的关系模型，但对超过这个年龄段（*A*）的马的体重估算有待进一步研究（Paragon et al.，2000）。

• 纯血马：体重（kg）（±15.0kg）＝0.237×*A*＋1.472×WH＋1.899×HG－284.4。

• 标准竞赛用马：体重（kg）（±15.0kg）＝0.213×*A*＋1.783×WH＋2.09×HG－328.7。

（3）役用马（去势、种公马和母马）

体重（kg）（±26kg）＝4.3×HG＋3.0×WH－785

2．重型马（种母马、种公马、生长或育肥马）

体重（kg）（±26kg）＝7.3×HG－800

3．矮马

INRA 研究者（Tours 研究中心）（Guchamp and Barrey）利用成年马的体重方程，推导出矮马的体重计算公式：

体重（kg）（±21.3kg）＝3.56×WH＋3.65×HG－714.66

2.2.2 体况

体况是一个描述动物“肥胖度”的宽泛概念。因为体况是反映饲料配方质量和体储的最好指标，所以对体况的评估显得尤为重要。同时体况对重型母马特别重要，因为在冬天，推荐营养需要量略低于实际需要量。对役用马来说，体况评价也很重要，其采食量仅仅只满足其某时间段内的总平均营养需要量，而在此期间其日工作量及营养需要量往往具有显著的变化。

仅凭外观来评价体况需要丰富的实践经验。也可以通过触摸法来评价体况，尤其是触摸鞍部区域（鞍部 1/4 处）或第 10～14 肋骨的部位来评价（图 2.1）。根据评分专家意见，体况可以为 0～5 分，分数可以按 0.25 或 0.5 分递增（表 2.2）。由于存在评价偏差，要多次重复进行评分：①根据工作的强度，每 1～2 个月评价一次；②母马、生长马和育肥马等生产动物，在冬季早期、中期和晚期各评价一次。

表 2.2 马体况的评价细则表（引自 INRA-HN-IE，1997）

评分	体况	观测指标
0.0	消瘦	
1.0	极瘦	
1.5	瘦	
2.0	中等偏瘦	
2.5	最佳（取决于马的类型）	2.5 妊娠晚期和泌乳早期的母马（重型马，娱乐用马）；赛季末的竞赛马
3.0		3.0 赛季初，处于赛事预备期的竞赛马；不配种的种公马；产驹前 2 个月及产驹后 1 个月的母马（竞赛，运动）
3.5		3.5 干奶期的母马；配种前肥育的周岁种公马（重型品种）
4.0	胖	
4.5	过胖	
5.0	极胖	

在实践中，通过手触摸马的不同部位（图 2.1），尤其是鞍部区域即第 10～14 肋骨的部位来评价体况。评分由以下几部分组成：①通过触摸评价皮下脂肪组织沉积面积；②通过按压判断脂肪组织厚度；③通过在按压部位画圈来评价脂肪沉积的一致性。畜牧研究所（位于法国巴黎，www.idele.fr）出版的小册子中有评分方法的详细说明。通过与体况评分为 1～4.5 分的乘用马的屠宰研究结果进行比较，体况评价的技术得到了进一步发展。通过对马机体的全面剖析，人们建立了屠宰后机体组分与屠宰前体况评分的相关关系，这个相关关系可以通过体况评分来实现对机体组分的预测（图 2.2）。在实践中，根据这些相关关系，可以依据机体组分来对饲料配方进行相应的调整（表 2.3）。

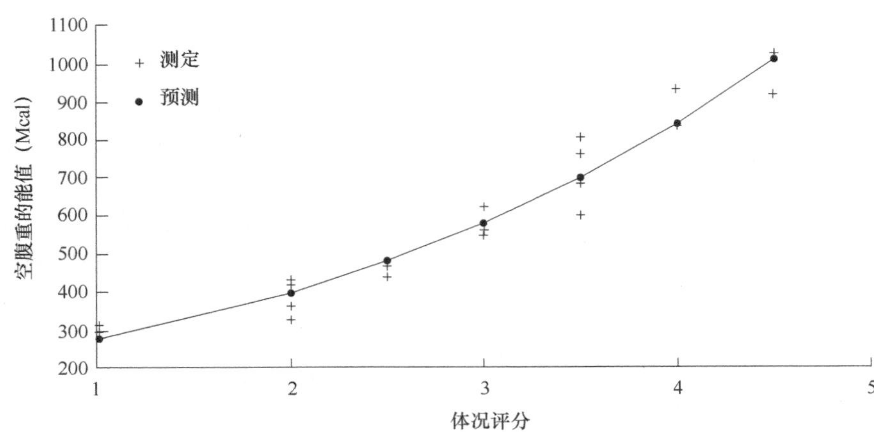

图 2.2　500kg 马空腹重的能值变化（引自 Martin-Rosset et al.，2008）

表 2.3　根据体况评分预测 500kg 空腹重马的总能量
（引自 Martin-Rosset et al.，2008）

EBW[1]（kg）＝301.527＋48.181×BCS	R^2 ＝ 0.747
TEC（Mcal）/EBW＝190.1Exp. 0.373×BCS	R^2 ＝ 0.993

[1] 空腹重（EBW）＝体重－肠道内容物重量。一匹 400～600kg 活重马的肠道内容物重量为活重的 12.1%

如果马体况评分在 3 分时为最佳，那么可据此确定是否应该增重或减重（表 2.4）。

表 2.4　马体况评分与 1kg 体重间的能量含量关系
（引自 Martin-Rosset et al.，2008）

BCS	变化区间		机体能量含量的变化	
	BCS	BW（体重变幅占体重的百分比）/%	UFC/ kg BW	NE（Mcal/kg BW）
4.0	＋1.0	11	＋2.8	＋6.3
3.5	＋0.5	5	＋2.7	＋6.1
3.0	0	0	0	0
2.5	−0.5	6	−2.1	−4.7
2.0	−1.0	11	−1.9	−4.3

1kg 体增重所需的能量需要量非常高（第 1 章的表 1.4 和第 5 章的图 5.5）。短时间（几天）内摄入的能量并不能像期望的那样快速改变体况，如果要调整能量摄入量，必须进行周密规划，并且随时观察体况变化，并依据现实情况充分利

用饲养指南，持续实行数周，才能取得良好效果（表 2.5）。

表 2.5 维持时根据体况变化调整能量摄入量

体重变化[1]	BCS[2] 变化	维持需要增加量[3]		
		30d	60d	90d
1	−0.25	130	115	—
2	−0.25			
3	−0.25			
4	−0.50			
5	−0.50	160	130	115
6	−0.50			
7	−0.75		145	122
8	−0.75			
9	−0.75			
10	−1.0		160	130

[1]400～600kg 体重且体况为 3 以上的马，体重变化的百分比。[2]BCS 为体况评分。[3] 以维持需要（设为 100）的百分比来表示

2.3 采 食 量

饲料摄入量与饲料特性及动物本身有关。马的采食量需与营养标准推荐表中一致，以达到预期的生产目标，这个目标不仅能满足生理需要，也能满足心理需要，不会出现消化问题。马摄入饲料的量与饲料特性有关。在自由采食的条件下，一匹 500kg 的乘用马可以采食 60～80kg 的鲜嫩青草（含水率 85%），而相同条件下仅能采食 12kg 的干禾草（含水率 15%）。这就是为什么在比较采食量时，需要统一换算成干物质含量。饲料的干物质含量见“化学成分和营养组成”表（第 16 章）。

即使基于干物质含量标准，不同饲料的摄入量仍有很大差异。一匹体重 325kg 的 1 岁龄轻型马，平均可以采食 7kg 的干禾草，却只能采食 5kg 的干青贮玉米。因此给出每种饲料的摄入量，是指在单独饲喂和自由采食的情况下，某一动物所采食的饲料数量。摄入量通常用 kg DM/100kg BW 来表示。在第 12 章的表 12.25 中，列出了不同粗饲料种类的研究数据。

豆类干草的采食量略高于禾本科干草。收割时期和刈割次数对禾本科青草和干草采食量没有显著影响（第 1 章表 1.4 和第 12 章表 12.8）。脱水、萎蔫和青贮对采食量有影响但机制尚不清楚。然而，同样的饲草，裹包青贮比干草更容易采

食。青贮饲料的采食量变化很大，随干物质含量增加而增加。

例 2.9

处于育肥期的周岁马，饲喂含有 20% 精饲料的日粮，采食量范围如下：①直接刈割的禾草青贮为 0.8kg DM/100kg BW，收获时干物质含量不低于 22%，没有添加防腐剂；干物质含量高于 36% 的半干青贮为 1.8kg DM/100kg BW；干物质含量 50% 的裹包青贮为 2.0kg DM/100kg BW。②干物质含量 25%～40% 的玉米青贮料为 1.0～1.6kg DM/100kg BW。

除此之外，同种饲料的采食量也随体重、生产力（产奶、增重和劳动强度等）和妊娠阶段或泌乳时期而变化。不同类型马的采食量范围列在“推荐采食量”表中（第 3～8 章）。这个表中没有标出马的最大采食量，而是指能满足马营养需要的采食量。表中的数据与第 12 章表 12.25 中粗饲料采食量的数据一致，因为都是采用相同粗饲料进行饲养试验得出的结果。例如，在母马、劳役马和大于两岁的生长马中，表中上限值表明在粗饲料比例高时的采食量，精饲料比例少可减少成本。下限值则体现了在保证消化机能正常和不影响动物情绪情况下，粗饲料比例低而精饲料比例高时的采食量。这个配方专门针对那些处于竞技状况下，能量浓度需要量高的马，同时也需要摄入充足的粗饲料（每 100kg 体重需 0.5～1.0kg 粗饲料）。如果上述马没有得到足够的高质量粗饲料，它便可能会啃食垫草［一匹体重 550kg 的马一天可以啃食垫草的上限值是 6kg，这可防止结肠阻塞（大肠梗阻）及预防绞痛］。

饲料喂量必须称重，然后以千克为单位做好记录。在知道每捆草密度的情况下，可以估算粗饲料的采食量（干草和秸秆）（表 2.6）。如果有秤的话，可以一次称量 10 捆草的重量，然后再计算平均值作为每捆的重量。然而，越来越多的马场主开始使用 180～400kg 的圆形或矩形草捆。同时，对于圈养马，十分有必要使用洁净和均一的干草。

表 2.6 干草捆的重量（kg）随密度变化情况

粗饲料[1]	密度[2]		
	低	平均	高
禾草、苜蓿	12～15	15～18	18～20
秸秆		12～14	15～20

[1] 干物质含量为 82%～85%。[2] 80cm 长的草捆

饲喂精饲料，应该使用有刻度的容器，以便精确地计算和平衡每日的饲喂量。饲料必须用重量来计量，因为1L的大麦比1L的燕麦含的能量要多36%，而1kg的大麦比1kg的燕麦含的能量只多12%（第9章，表9.2）。

2.4 水摄入量

需水量与饲料的含水量成反比。水也是饲料的成分，鲜草、甜菜等含有大量的水分，饮水是为了补充饲料中水分的不足。相比较而言，对含水率低的饲料（干草、精饲料等），考虑到日常和个体采食量的差异，需要提供饮水来满足马的日常水需要，以保证马的健康。

理想的供水装置应该是一个自动饮水机，不需要压力盘就可维持水量不变，从而可以让马自己调节饮水量。马每天对水的消耗量为20～80L，消耗量取决于马的种类、生理状态、妊娠时期、泌乳阶段、工作强度、生理阶段（如妊娠的早期或后期）及饲料特性。需水量见表2.7。以每采食1kg干物质或者每100kg体重的需水量来表示。在饲喂前，尤其是精饲料饲喂前，必须提供充足的水，以减少出现消化问题的概率（见2.5节）。

表2.7　马的饮水量（气温15℃）

饲料特性	生理状态	kg水/kg摄入干物质量	kg水/（d·100kg BW）
混合日粮（粗饲料+精饲料）[1]	成年，维持马，生长期	3.0～3.5	5.0～6.0
粗饲料为基础的日粮	母马，妊娠早期	3.5～4.0	6.0～7.0
混合日粮（粗饲料+精饲料）[1]	母马，妊娠早期	4.5	10.0～11.0
粗饲料为基础的日粮	母马，妊娠晚期	4.0	9.0～10.0
混合日粮（粗饲料+精饲料）[1]	马，轻度劳役[2]	3.0～4.0	6.0～7.0
	马，中度劳役[2]	4.0	8.0～9.0
	马，重度劳役[2]	4.5～5.0	9.5～10.5

[1] 至少含有15%～20%精饲料的饲料。[2] 见第6章：饲养劳役马

水必须是干净和温热的（表2.8）。水中含有潜在毒性元素的上限值见表2.9。

表2.8　饮用水的特性（引自荷兰动物研究和饲养委员，1973；Löwe and Meyer，1979）

指标	安全	毒性	污染源
pH	6.0～7.5	＜2或＞11	工业污染
硫酸氢盐	如为阴性反应	如为阳性反应	细菌反应，有机质降解
铵盐	＜2mg/L	＞3mg/L	细菌反应，有机质降解

续表

指标	安全	毒性	污染源
硝酸盐	—[1]	＞30mg/L	有机物污染
亚硝酸盐	—	＞0.5mg/L	
铁	＜0.2mg/L	＞3mg/L	
盐（NaCl）	＜2g/L	＞8g/L	地表水污染
硫酸盐	—	＞250mg/L	
粪中细菌（大肠杆菌，链球菌，沙门氏菌）	仅有阴性反应		废弃物污染

[1] 无有效数据

表 2.9　饮水中可能对马有毒的矿物质上限浓度（引自加拿大环境部委员，2002）

有毒矿物质	上限浓度（mg/L）	有毒矿物质	上限浓度（mg/L）
铝	5	铅	0.1
砷	0.025	汞	0.03
硼	5	钼	0.5
镉	0.08	镍	1
铬	0.05	硒	0.05
钴	1	钒	0.1
铜[1]	0.5～5	锌	50
氟	1～2		

[1] 对绵羊和牛来说为下限值，对猪和禽来说是上限值

2.5　矿物质和维生素添加量

2.5.1　常量和微量矿物元素

矿物质添加量需与饲料的构成及马的需要相适应。提供的矿物质中的钙磷比例必须为 1.5，以便预防骨骼发育问题。除此之外，饲料中的钙含量过高也会减少其他元素的吸收，如镁和其他微量元素（锌、锰、铜和铁）。重要的是，在添加锌和铜时也需确保 Zn：Cu 为 4：6。

一方面，传统的马饲料中钙（豆科饲草除外）、钠和镁的含量很低。另一方面，其中的钾含量往往又过高。许多精饲料中的钙含量相当低，尤其是谷物的钙磷比很低，为 0.2～0.5。成熟粗饲料中的磷含量十分有限，如甜菜粕（Ca：P 为 13：1）和玉米青贮（第 16 章的“化学成分表”和第 12 章的“饲料营养价值表”）。

马的矿物质消化系数很高（第 1 章，表 1.14），其主要取决于添加剂的特性。需要注意的是，谷类外壳（麸）中的植酸磷含量很高，但很难被马消化（第 12 章）。

为了满足不同类型马（第3～6章的表格）的采食量需求，矿物质的补充必须与马的饲料组成和需要相适应。虽然矿物质添加剂是饲料必不可少的组成，但是除了盐（氯化钠）以外，在可以自由采食的条件下马并不擅于摄入矿物质。另外，马对钙和磷这些最常见的廉价资源的利用效率很高（第16章，附录16.3）。

2.5.2 维生素

马不能高效地利用植物类胡萝卜素，而类胡萝卜素是维生素A的天然前体物质。优选添加方式是使用包被的维生素A。要避免因使用鱼肝油而导致维生素A过量，过量可能导致维生素E缺乏。

添加的有效性取决于机体肝、肾和甲状腺的功能状态。应该避免过量摄入维生素D，因为维生素D的过量会导致骨骼组织损伤。维生素A应是维生素D量的5～10倍，同时应保证钙和磷充足。马对干酵母的耐受性很强，因此干酵母是补充维生素B的最好添加剂。

2.6 主要饲养问题和预防措施

大部分饲养问题的产生，都是由于饲料配方的错误。饲养带来的问题通常较多，且难以诊断（表2.10）。

表2.10 营养性病理学或配料误差

错误类型或营养不均衡		常见原因	临床症状
营养不足饲料的特性（不符合要求的饲料组成）	体积过大（纤维素）	采食过多秸秆或劣质粗饲料	疝痛[1]，消化道阻塞
	纤维不足	粗饲料不足，使用不可食用垫草，混合饲料选择不正确	疝痛[1]，腹泻或便秘
	蛋白质过量	混合饲料选择不正确，优质苜蓿草过多	疝痛[1]，蹄叶炎[2]，生产性能降低
	钙缺乏或磷过量	谷物过多，钙不平衡或粗饲料质量低劣	骨病导致跛行，飞节内肿
	硒和维生素E缺乏	土壤中缺乏硒，导致粗饲料中硒不足	驹白肌病，引发成年马肌红蛋白症
	维生素A缺乏	传统日粮（干草和燕麦）营养不平衡	生长缓慢，骨骼生长问题
日粮中含有毒矿物质[3]	有毒植物中毒	摄入放牧地外的植物	见第9章，表9.8
	霉菌中毒	霉菌改变了秸秆或谷物（霉菌污染不易发现）	每种霉菌毒素的特异性症状（第9章，9.3.2节）
	日粮中的饲料添加剂对马有毒（莫能菌素、甲基盐霉素、拉沙里菌素）	精饲料生产中的失误，给马饲喂肉牛精饲料	有致命危险（第9章，9.2.5节）

续表

错误类型或营养不均衡		常见原因	临床症状
日粮中含有毒矿物质[3]	杀虫剂	不小心喷涂到作物上，意外污染	每种产品的特异性症状
饲料过敏	灰尘、霉菌、不同过敏源（花粉等）	尘土多或发霉粗饲料或精饲料	肺气肿，荨麻疹，机体发生水疱
配料误差	不劳役期间喂过多饲料	休闲一段时间后突然做功且精饲料喂料没有减少	瘫痪性的肌红蛋白尿症，呈现出突然的明显无力
	快速消耗过多谷物	配料有误或误食饲料	腹泻，急性胃胀，引起严重疝痛，剧吐，蹄叶炎[2]
	长期喂量过多	富含蛋白质的草地，驹过重	蹄叶炎[2]
	进食不规律	忘记饲喂，不遵守日程表	疝痛[1]
	精饲料食入过快	马饥饿或饲喂颗粒料	食管梗阻
饮水不当/异常水分的特性	饮水不规律或不足	非自动饮水器；饮水器堵塞	疝痛[1]
	快速饮用大量冷水	做功后干渴的马	疝痛[1]或蹄叶炎[2]
	污染沙土的水		疝痛[1]

[1]疝痛：临床症状是马出现剧烈腹痛，由肠道痉挛或异常胃胀引起。可能出现梗阻，导致快速死亡。并非所有疝痛都是源自肠道的。[2]蹄叶炎：严重症状是由蹄骨与蹄壁间的薄板组织瘀血引起的。急性蹄叶炎引起非常严重的足痛，妨碍马运动。慢性发作时，第3指骨发生移位且蹄部脱落。[3]有关毒性问题的更多资料参见法国兽医毒理信息中心［里昂的法国兽医学院（目前为VetSgroSup）］，地址为Veterinary Campus of Lyon，69 Marcy l'Etoile，Lyon-France

2.6.1 饲养管理与疾病

1．消化系统健康

（1）日粮改变　消化系统是一个内环境，结构（微生物组成）和功能（消化道细胞和微生物分泌的酶）应与外部环境条件保持均衡，主要是指所摄入饲料的性质和数量。任何环境条件的突然变化，无论是量的还是质的干扰，都会导致许多问题：肠道定殖微生物的组成和数量，微生物的酶活性、急性病中病原微生物的增殖（沙门氏菌、梭状芽孢杆菌和大肠杆菌），超出了消化道黏膜消化吸收营养物质的能力。这些紊乱造成的问题表现为腹泻、疝痛或蹄叶炎、肝脏超负荷或者其他更严重的例子，如肠毒血症、肠败血症。如果需要改变饲料种类、饲料组成、精粗比例或饲喂量等，需要小心谨慎和循序渐进地改变。胃的相对容积较小，摄入食物在胃和小肠中停留的时间与在大肠中的时间相比较很短，这就是为什么改变饲料需要极其谨慎。

例如，当饲料中的干草换成青贮或者加入了含谷物较高的组分，或者饲料的组成发生变化（即精粗比）时，这些调整都需要逐步进行。在成年马中，增加精饲料的量和替代基础草料，至少需要花费一周来逐步调整。当把干草换成青贮时，调整时间需要 2～3 周甚至更长。对生长马来说，粗饲料种类变化很大，饲料调整需要花费 2～3 周甚至更长的时间。马驹添加精饲料时，需在断奶前一个月开始调整，一直持续到断奶后一个月，此时可以开始加入干草或青贮料（第 3～8 章）。

（2）饲料中精饲料过多　　饲料中谷物过多会造成大肠中乳酸中毒，同时伴随着毒性胺的释放。这种变化可能会引起腹泻或便秘绞痛。

（3）青贮饲料为基础饲料　　应该饲喂给马遵循收割—贮存—饲喂原则生产的饲料（第 9～11 章）。按要求饲喂 30%～35% DM 的萎蔫青贮或者裹包青贮（干物质含量可达到 50%），通常不会有什么问题。相反的是，饲喂低于 30% DM 直接刈割的青贮，往往会出现问题。采食量受限或变化时，要么粪便是湿的[青贮料含水量过高和（或）难以保存]，要么粪便太干（如果青贮料含太多的淀粉）。这些都会导致后肠微生物区系紊乱，可能会产生各种后果。青贮料中过量的氨，会导致大肠内容物的碱性化，反过来有利于腐败性微生物菌群碱性增殖，引起胺增多，胺来自于微生物对饲料中氨基酸的脱羧反应。这些胺（组胺、酪胺和色胺）有很强的药学动力学特性，这也可以解释为何出现不同的病理反应：肠阻塞、产生致病微生物、假性过敏反应造成的肌肉或蹄部疾病等（即组胺样反应）。氨中毒也能增加微生物内毒素的产生，它会刺激致病微生物的增长。目前为止，在青贮料中的氨含量不能超过总氮含量的 10%，而可溶性氮不能超过总氮的 50%（第 11 章，表 11.1）。过量的乳酸可能会发生腹泻、郁积性疝痛及肠黏膜的病变，这可能最终导致吸收细菌内毒素。也正是出于这样的原因，青贮料中乳酸含量需适当（小于 5g/kg DM，第 11 章，表 1.11）。

（4）秸秆含量高的饲料　　马可以饲喂一定量的秸秆，在提供 6～7kg 的精饲料和 1.5kg 干草的情况下，圈养在人造垫草的畜舍中时，最多可喂到 3kg 而不会有问题。然而，如果让马自由采食的话，可能导致肠道堵塞，引起疝痛。

（5）甜菜渣　　脱水甜菜渣是常用的饲料原料，通常混在复合添加剂中饲喂，以减少单独饲喂后饮水和过量分泌唾液导致胃阻塞和胃胀气的可能性。由于甜菜渣很硬，也可以将其压碎后单独饲喂，或者在自由饮水条件下（自动饮水器）每日少量饲喂 3 次以上。

2．食物引起的寄生虫病　　饲料在寄生虫病中扮演的角色很矛盾。寄生虫主要来自于饲料。优质饲料可以使马形成防御性免疫反应，从而抵御寄生虫的感染。

（1）寄生位置　　表 2.11 列举了寄生虫的种类，其中的信息汇编了许多作者的研究工作。这些寄生虫是常见的。消化道是寄生虫的主要寄生位点。鉴定出的寄生虫疾病，有助于理解饲料和寄生虫病间的可能联系。

表 2.11 马的主要体内寄生虫

（引自 Gawor，1995；Kilani et al.，2003；Rehbien et al.，2002；Soulsby，1987）

器官	寄生虫类型	属
消化道	吸虫（trematode）	腹盘属（*Gastrodiscus* sp.）
	绦虫（cestode）	裸头绦虫属（*Anoplocephala* sp.）
	线虫（nematode）	副蛔虫属（*Parascaris*）
		德拉希线虫属（*Draschia*）
		类圆线虫属（*Strongyloides*）
		小型圆线虫属［small *Strongylus*（*Cyathostomes*）］
		大型圆线虫属（large *Strongylus*）
		尖尾线虫属（*Oxyuris*）
	节肢动物（arthropod）	胃蝇属［*Gasterophilus*（larvae）］
	原生动物（protozoan）	贾第虫属（*Giardia*）
		艾美耳球虫（*Eimeria*）
		隐孢子虫属（*Cryptosporidium*）
肝	吸虫（trematode）	腔吸收属（*Dicrocoelium*）
		片吸虫属（*Fasciola*）
	绦虫（cestoda）	细颈囊尾蚴（*Cysticercus tenuicollis*）
		包虫病
心血管系统	线虫（nematode）	圆线虫属（*Strongylus*）
	原生动物（protozoan）	巴倍虫属（*Babesia*）
		锥虫属（*Trypanosoma*）
呼吸系统	线虫（nematode）	*Dyctiocaulus*
	绦虫（cestoda）	细粒棘球绦虫（*Echinococcus granulosus*）
肌肉和肌腱	线虫（nematode）	盘尾丝虫属（*Onchocerca*）
		旋毛虫属（*Trichinella*）
	原生动物（protozoan）	肉孢子虫属（*Sarcocystis*）
眼	线虫（nematode）	吸吮线虫属（*Thelazia*）
		腹腔丝虫属（*Setaria*）

（2）寄生虫和食源性疾病　最常见的感染源如下。

1）摄入母马乳导致的寄生虫（韦氏类圆线虫）。在马驹的小肠中发现了这类线虫。一旦感染，马驹可能从 10 日龄开始腹泻。通常通过检测含有寄生虫卵的粪便来诊断。通过母马乳的传播是最常见的传播方式，在母马产驹前后对母马进行治疗是有效的防治方法，如在产驹后 24h 施用伊维菌素或奥苯达唑来驱虫。

2）放牧导致的寄生虫传播。

绦虫：如果感染严重，马驹被毛粗糙，有贫血症状。叶状裸头绦虫黏附的黏膜组织会频繁地出现溃疡。这种寄生虫的感染会引起肠穿孔、腹膜炎和疝痛。预防线虫的驱虫药对叶状裸头绦虫也起作用（按 13.2mg/kg BM，使用双倍剂量的双羟萘酸噻嘧啶）。

线虫：①盅口线虫幼虫。这种寄生虫是在急性体重下降症状中发现的，伴随着严重腹泻，尤其是在冬末和初春季节 5 岁以下的马中高发。感染马中出现嗜中性白细胞增多症和低白蛋白血症。症状包括盲肠炎、充血性结肠炎、溃疡和黏膜坏死。粪便虫卵检测不能作为诊断的症状，因为在幼虫阶段才会造成宿主损伤。②圆线虫。复杂的循环性迁徙是这类线虫的典型特征，迁徙时间甚至长达数月（第 10 章，放牧管理）。虫体迁徙给寄主带来的损伤很严重，并且其取决于圆线虫感染的种类。普通圆线虫是一种动脉性的圆形线虫，因为其主要利用动脉进行迁徙；无齿线虫主要在肝腹膜迁徙；马蹄足线虫在肝脏-胰腺中迁徙。成年线虫（吸血的）同样对马有病理学的影响，如造成马贫血、腹泻和瘦弱等。③毛圆线虫。这类小线虫也能感染反刍动物。这类小寄生虫可以造成慢性鼻黏膜炎，引起胃炎伴随着黏膜增厚的结节性病变和荚膜堵塞，造成体重下降。

3）啃食垫草、秸秆或干草会造成寄生虫传播。在草场和马棚中可能会存在周期性感染。

蛔虫：马驹出生后逐渐被感染，在 4～5 月龄时就携带有成年蛔虫。可以通过粪便镜检来诊断。在严重的感染马中，迁移的幼虫会使马产生呼吸性症状（夏季感冒）。成年的蛔虫会引起马驹被毛粗糙，偶尔会由于肠道堵塞和穿孔而产生疝痛。

蛲虫：蛲虫（尖尾线虫）常导致会阴搔痒。这种搔痒会使马摩擦肛门，马用力过大会导致这些区域掉毛。

4）采食含动物性原料的饲料引起的寄生虫感染。在某些情况下，寄生在马上的旋毛形线虫会感染人类。在马上是否感染还没有被证实，但是很有可能是由于偶然食用被感染的肉制品所致。

5）非食源性寄生虫感染。胃蝇（肤蝇）是产生慢性胃炎的原因。感染表层后，胃蝇幼虫迁移，有时会造成口腔炎。相应的诊断非常困难，因为诊断主要通过鉴定胃中是否存在幼体来判别，但是有时幼体会出现在粪便中。

柔线虫的重度感染会造成卡他性胃炎。德拉西线虫可能会引起直径达 10cm 的肿瘤。在患有红球菌属脓肿的马驹肺里发现了这两类线虫的幼体。临床症状可见肉芽肿破裂。虫卵太小，因此很难通过粪便来诊断。

（3）饲养与寄生虫抵抗力　饲料质量对反刍动物的影响已经得以研究（尤其在绵羊上）。优质的饲料及适宜的饲喂量在抵御寄生虫感染上发挥了很大的作用。在马上没有相关的研究。与疝痛有关的一个研究，间接表明饲料和寄生虫有某种联系。导致寄生虫（圆形绦虫属和裸头绦虫属）出现的关键因素在于马厩饲养时间的变化和个体差异（如有些马易患复发性疝痛）。通常情况下，饲养管理不佳是导致寄生虫感染的重要原因。在抵御圆形线虫感染时，个体之间的抵抗力存在差异。首要原则是，饲喂优质的饲料会减少疾病发生（疝痛）和寄生虫感染的可能性，尤其在那些易感马中更是如此。

3．骨骼健康　骨骼-关节疾病通常是不易被发现的。病因有可能是矿物质或者维生素的误用及能量过剩。

（1）骨纤维变性　骨纤维变性是最常见且最严重的问题，与钙磷比例失衡有关。发病率在青年马（周岁或稍大一点）中高于成年马。骨纤维变性通常发生在钙不足而磷过剩的情况下。富含谷物的饲料通常会造成这种状况，主要是由于麦麸在饲料中的过度使用，或饲喂品质一般而缺少豆科饲草的草料，或选择矿物质添加剂不当等造成的。补充维生素 D 而没有同时补充钙，也会造成这种情况。需要注意的是，在补充矿物质时不仅要按照饲养标准（第 3～8 章）补充钙量，以抵偿过量磷所致的问题，更要注意合适的钙磷比例，一般为 1.5：1。

（2）佝偻病　佝偻病是由钙、磷不足，且维生素 D 缺乏造成的。事实上，与骨纤维变性相比，佝偻病发生率要小很多。然而，在摄入低劣粗饲料或饲料的磷含量低（如脱水甜菜渣）时，都很有必要密切注意磷摄入量，尤其是在生长马中。软骨病的发生原因与佝偻病类似，但是影响的是矿物质缺乏的成熟骨骼组织。在同样的情况下也可能发生明显的骨骼变形。

（3）软骨病　软骨病发生在一岁前的马驹上，为了获得最快的生长，这个阶段的饲料通常能量含量很高。目标生长速率不应该超过第 5 章表中的推荐量。即使在这种情况下，谷物在日粮中的含量也不能超过 40%。饲料中钙磷比和铜锌比需分别保持在 1.5：1 和（4～6）：1 为宜。

4．肌肉健康

（1）白肌病　硒不足是由于饲草中缺乏硒，这也反映出土壤也缺硒。缺硒可以通过提供含硒的矿物质添加剂来弥补，或给怀孕和泌乳的母马注入含硒的化合物来改善。应该小心控制硒的摄入量，因为摄入过量很容易造成硒中毒。在补充硒的同时添加维生素 E 会产生累加效应。在缺硒的土壤中添加富含硒酸盐的化肥，所生产的干草和大麦能提高马的硒摄入量。

（2）运动性横纹肌溶解　这个问题是由高强度活动（如疾跑）造成肌肉组织中乳酸积累过度导致的，尤其是在以高含量谷物为饲料的马中。这类饲料造成马肌肉中储存的糖原过量代谢，继而导致酸中毒，从而引发肌肉代谢功能紊乱，进而形成蛋白尿。为了预防这种状况发生，需要严格控制饲料中谷物的含量，同时马的工作量也需适当调整。

5．其他疾病

（1）蹄叶炎　蹄叶炎通常是由多种因素共同引起的：富含谷物的日粮，可能由于蛋白质过量和饲养管理突然改变而造成进一步恶化。因此，限制日粮中的能量和蛋白质含量，小心谨慎地改变日粮并根据工作强度调节采食量，这些措施都非常重要。

（2）改变食欲：增加易疲劳感　日粮中缺乏氯化钠会导致食欲变化、被毛粗糙和工作中容易过早疲劳。通常氯化钠过量很少见。

2.6.2　与饲料相关的疾病

饲料中不能含有有毒的原料、霉菌和细菌毒素及不恰当的防腐剂等（第9章）。这些风险可以通过适时收割、适当的保存技术（第11章）和正确的加工及存贮方法等手段来规避（第9章）。

2.6.3　矿物质、微量元素和维生素添加剂

以饲草为基础日粮时，有必要补充添加剂来确保饲料营养均衡，并避免营养不足的缺陷。但是在添加时不能过量以防止带来新的健康问题（第1章）和不良反应，这些问题有时候可能是致命的。日粮中矿物质、微量元素和维生素的供给量见表2.12和表2.13。

表2.12　常量和微量矿物质元素的日摄入限量（改编自NRC，1989，2005，2007）

矿物质元素	每摄入1kg干物质	NRC
钙	2%（且P充足，Ca/P≤2）	2005；2007
磷	1%（Ca充足，Ca/P≤2）	2005；2007
镁	0.8%	2005；2007
钾	1%（但自由饮水）	2005；2007
氯化钠	6%（但自由饮水）	2005；2007
硫	0.5%	2005
铜	250mg（且Zn/Cu为4：6）	2005；2007
锌	500mg（且Zn/Cu为4：6）	2005；2007
钴	25mg	2005；2007
硒	0.5mg	2007
铁	500mg	2005；2007
碘	5mg	2005；2007
锰	500mg/d	2007
铬	3000mg（氧化形式）或100mg（三价形式）	2005
氟	40mg	2005
硅[1]	?	2007

[1]?表示尚未有观测值

表 2.13　维生素的每日摄入限量（引自 NRC，1989，2005，2007）

维生素	每公斤摄入量	NRC
维生素 A	16 000IU/kg DMI	1989；2007
β 胡萝卜素[1,2]	?	2007
维生素 D	44IU/kg BW	1989；2007
维生素 E	1000IU/kg DMI	1989；2007
维生素 K	需要量 ×1000	2007
硫胺素[2]	?	1989；2007
核黄素[2]	?	2007
烟酸[2]	?	2007
生物素[2]	?	2007
叶酸[2]	?	2007
维生素 C[2]	?	2007

[1] 1mg β 胡萝卜素＝400IU 维生素 A。[2] ？表示尚未有观测值

2.7　特殊摄食行为

2.7.1　食粪癖

食粪癖在马驹中是很自然和常见的。这种行为通常在 1 月龄时消失，此时马驹的后肠道微生物的活性已充分形成。但是也可能持续数月，但食粪次数减少。因此食粪癖会对寄生虫的检测结果造成影响：污染寄生虫的成年马粪便被马驹采食，会导致马驹排泄物中也同样检测出寄生虫卵。马驹及其母马粪便的检测结果需要认真地论证研究。

食粪癖在成年马中很少见，常被认为是由于厌食、食欲不振或饲料中精饲料太多造成的行为问题。

2.7.2　啃咬木头

圈养的马可能会经常啃咬食槽。高精饲料的饲料通常会造成这种异常行为。以秸秆作为垫草通常可以减少这种行为的发生次数。

参 考 文 献

Bailey, S.R., A. Rycroft and J. Elliott, 2002. Production of amines in equine cecal contents in an *in vivo* model of carbohydrate overload. J. Anim. Sci., 80, 2656-2662.

Bailey, S.R., C.M. Marr and J. Elliott, 2004. Current research and theories on the pathogenesis of acute laminitis in the horse. Vet. J., 167, 129-142.

Bila, C.G., C.L. Perreira and E. Gruys, 2001. Accidental monensin toxicosis in horses in Mozambique. J. S. Afr. Vet. Assoc., 72, 163-164.

Cabaret, J., 2011. Gestion durable des strongyloses chez le cheval à l'herbe: réduire le niveau d'infestation tout en limitant le risque de résistance aux anthelminthiques. Fourrages, 207, 215-220.

CCME (Canadian Council of Ministers of the Environment), 2002. Canadian Environmental Quality Guidelines. Canadian Water Quality Guidelines for the Production of Agricultural Water Uses. Chapter 5 (update).

Clifford, A.J., R.L. Prior, H.F. Hintz, P.R. Brown and W.J. Visek, 1972. Ammonia intoxication and intermediary metabolism. Proc. Soc. Exp. Biol. Med., 140, 1147-1450.

Cohen, N.D., P.G. Gibbs and A.M. Woods, 1999. Dietary and other management factors associated with colic in horses. J. Am. Vet. Med. Assoc., 215, 53-60.

Cymbaluck, N.F., 1989. Water balance of horses fed various diets. Equine Pract., 11, 19-24.

De La Corte, F.D., S.J. Valberg, J.M. MacLeay, S.E. Williamson and J.R. Mickelsen, 1999. Glucose uptake in horses with polysaccharide storage myopathy. Am. J. Vet. Res., 60, 458-462.

Dionne, R.M., A. Vrins, M.Y. Doucet and J. Pare, 2003. Gastric ulcers in standardbred racehorses: prevalence, lesion description and risk factors. J. Vet. Intern. Med., 17, 218-222.

Ecker, P., D.R. Hodgson and R.J. Rose, 1998. Induced diarrhoea in horses. Part Ⅰ. Fluid and electrolyte balance. Vet. J., 155, 149-159.

Equinration™, 2018. A pedagogic software for formulating rations for equines. *In*: L. Tavernier and W. Martin-Rosset (eds). ™CEZ and INRA.

Fan, A.M. and V.E. Steinberg, 1996. Health implications of nitrate and nitrite in drinking water: an update on methemoglobinemia occurrence and reproductive and developmental toxicity. Eegul. Toxicol. Pharmacol., 23, 35-43.

Fonnesbeck, P.V., 1968. Consumption and excretion of water by horses receiving all hay and hay-grain diets. J. Anim. Sci., 27, 1350.

Freeman, D.A., N.F. Cymbaluk, H.C. Schott, K. Hinchcliff, S.M. McDonnel and B. Kyle, 1999. Clinical, biochemical and hygiene assessment of stabled horses provided continuous or intermittent access to drinking water. Am. J. Vet. Res., 60, 1445-1450.

Garner, H.E., D.P. Hutcheson, J.R. Coffman and A.W. Hahn, 1977. Lactic acidosis: a factor associated with equine laminitis. J. Anim. Sci., 45, 1037-1041.

Gawor, J.J., 1995. The prevelence and abundance of internal parasites in working horses autopsied in Poland. Vet. Parasitol., 58, 99-108.

Goncalves, S., V. Julliand and A. Leblond, 2002. Risk factors associated with colic in horses. Vet.

Res., 33, 641-652.

Goodson, J., W.J. Tyznik, J.H. Cline and B.A. Dehority, 1988. Effects of an abrupt diet change from hay to concentrate on microbial numbers and physical environment in the cecum of the pony. Appl. Environ. Microbiol., 54, 1946-1950.

Hanson, L.J., H.G. Eisenbeis and S.V. Givens, 1981. Toxic effects of lasalocid in horses. Am. J. Vet. Res., 42, 456-461.

Hintz, H.F., J.E. Lowe, A.J. Clifford and W.J. Visek, 1970. Ammonia in intoxication resulting from urea ingestion by ponies. J. Am. Vet. Med. Assoc., 157, 963-966.

INRA-HN-IE, 1997. Notation de l'état corporel des chevaux de selle et de sport. Guide pratique. Institut de l'Elevage, Paris, France, pp. 40.

Jeffcott, L.B. and C.J. Savage, 1996. Nutrition and the development of osteochondrosis. Pferdeheilkunde, 12, 338-342.

Kilani, M., J. Guillot, B. Polack and R. Chermette, 2003. Helminthoses digestives. *In*: Lefre, P.C., J. Blacou and R. Chermette (eds.) Principales maladies infectieuses et parasitaires du bétail Europe et Régions Chaudes. Tome 2. Maladies bactériennes, mycoses, maladies parasitaires. Lavoisier éditions, Paris, France, pp. 1309-1410.

Korna, S., J. Cabaret, M. Skalska and B. Nowosad, 2010. Horse infection with intestinal helminths in relation to age, sex, access to grass and farm system. Vet. Parasitol., 174, 285-291.

Kronfeld, D.S., 1993. Starvation and malnutrition of horses: recognition and treatment. J. Equine Vet. Sci., 13, 298-303.

Larsen, J., 1997. Acute colitis in adult horses: a review with emphasis on aetiology and pathogenesis. Vet. Quart., 19, 72-80.

Löwe, H. and H. Meyer, 1979. Pfedezucht und pferdefütterung, Kapitel Ernärhung des Pferdes. Ulmer, Stuttgart, Germany, pp. 315-317.

Martin-Rosset, W., J. Vernet, H. Dubroeucq and M. Vermorel, 2008. Variation of fatness with body condition score in sport horses. *In*: Saastamoinen, M. and W. Martin-Rosset (eds.) 4th EWEN Proceedings: Nutritrion of exercising horses. EAAP Publications no. 125. Wageningen Academic Publishers, Wageningen, the Netherlands, pp. 167-178.

Matsuoka, T., 1976. Evaluation of momensin toxicity in the horse. J. Am. Vet. Med. Assoc., 169, 1098-1100.

McDonnell, S.M., D.A. Freeman, N.F. Cymbaluk, H.C. Schott, K. Hinchcliff and B. Kyle, 1999. Behavior of stabled horses provided continuous or intermittent access to drinking water. Am. J. Vet. Res., 60, 1451-1456.

McIlwraith, C.W., 2001. Developmental orthopaedic diseases (DOD) in horses. A multifactorial process. *In*: 17th ESS Proceedings, USA, pp. 2-23.

McKenzie, E.C., S.J. Valberg, S.M. Godden, J.D. Pagan, J.M. McLeay, R.J. Geor and G.P. Carlson, 2003. Effect of dietary starch, fat, and bicarbonate content on exercise responses and serum creatine kinase activity in equine recurrent exertional rhabdomyolysys. J. Vet. Intern. Med., 17, 693-701.

McLeay, J.M., S.J. Valberg, J.D. Pagan, F. De La Corte, J. Roberts, J. Billstrom, J. McGinnity and H. Kaese, 1999. Effect of diet on thoroughbred horses with recurrent exertional rhabdomyolysis performing a stardardised exercise test. Equine Vet. J., Suppl. 30, 458-462.

Métayer, N., M. Lhŏte, A. Barh, N. D. Cohen, I. Kim, A. J. Roussel and V. Julliand, 2004. Meal size and starch content affect gastric emptying in horses. Equine Vet. J., 36, 436-440.

Nicol, C.J., H.P.B. Davidson, P.A. Harris, A.J. Waters and A.D. Wilson, 2002. Study of crib-biting and gastric inflammation and ulceration in young horses. Vet. Rec., 151, 658-662.

NRC, 1989. Nutrient requirements of horses. Animal nutrition series. 5th revised edition. The National Academia, Washington DC, USA, pp. 100.

NRC, 2005. Mineral tolerance of animals. Animal nutrition series. 2nd revised edition. The National Academia, Washington DC, USA.

NRC, 2007. Nutrient requirements of horses. Animal nutrition series. 6th revised edition. The National Academia, Washington DC, USA, pp. 341.

Rehbien, S., M. Visser and R. Winter, 2002. Examination of faecal samples of horses from Germany and Austria. Pferdeheilkunde, 18, 439.

Rowe, J.B., M.J. Lees and D.W. Pethick, 1994. Prevention of acidosis and laminitis associated with grain feeding in horses. J. Nutr., 124, Suppl. 12, 2742S-2744S.

Rusoff, L.L., R.B. Lank, T.E. Spillman and N.B. Elliot, 1965. Non-toxicity of urea feeding to horses. Vet. Med., 60, 1123-1126.

Soulsby, E.J.L., 1987. Parasitologia y enfermedades parasitarias en los animales domesticos. *In*: 7th Edicion Nueva Editorial Inter-Americana, Mexico, Mexique, pp. 823.

Sweeting, M.P. and K. Houpt, 1987. Water consumption and time budget of stabled pony geldings. Elsevier, New York, USA.

Valberg, S.J., J.M. MacLeay, J.A. Billstrom, M.A. Hower-Moritz and J.R. Mickelsen, 1999. Skeletal muscle metabolic response to exercise in horses with "tying-up" due to polysaccharide storage myopathy. Equine Vet. J., 31, 43-47.

Yoder, M.J., E. Miller, J. Rook, J.E. Shelle and D.E. Ullrey, 1997. Fiber level and form: effects on digestibility, digesta flow and incidence of gastrointestinal disorders. *In*: 15th ESS Proceedings, USA, pp. 24-30.

第三章　母　马

在温带和寒带地区，大多数母马产驹是在冬季或者早春（2～5月），至少哺育幼驹6个月。冬季，一般重型休闲马品种在户外，竞赛等体育用马品种在室内，到春季来临时转到牧场饲养。幼驹于秋季断奶，断奶体重和发育状况主要取决于年龄和出生日期。

母马的生物效率较其他农场饲养动物低。目前，重型和休闲品种以最低成本饲喂。当饲料稀缺时，它们必须动员体储来满足身体需要。因此，在母马恢复体重和体况过程中，草场是最重要的营养物质来源。此外，母马的最大产奶量（这一时期母马-幼驹体系对营养物质的需要最大）出现在放牧饲养时期，母马为下次产驹而交配也发生在此阶段。相比之下，竞赛和体育用品种每个生殖周期过程中的饲喂总是能够满足它们的需要，等到马驹断奶时，马驹体重已经较大且发育完好，完全能够接受集约化或半集约化饲养管理和竞赛等体育用途的训练了。

3.1　每年的繁殖周期

3.1.1　妊娠-泌乳周期

母马通常在3岁开始繁殖过程，纯血马和快步马通常稍晚一些，有时一些重型马品种在2岁时就可以进行繁殖。此时，用于繁殖的母马应该尚未完全体成熟（第5章）。除了赛马品种产驹在晚冬，其余大多数产驹都发生在春天（与牧场可以利用的时候相近）。产后配种在分娩后一个月或者下一个发情期进行，配种时繁殖机能已完全恢复。

因品种而异，母马一般哺育幼驹5～7个月。母马泌乳期的结束和幼驹断奶有关，一般发生在夏末或者秋天。

3.1.2　繁殖生理的几个要素

1．季节性　由于母马卵巢活动具有季节性，自然状况下的产驹主要发生在春季和初夏。从管理角度考虑，赛马协会从元月1日登记马的年龄和竞赛类别。同一繁殖季节怀上的幼驹，就具有相同的管理年龄，但它们的真实年龄可能会由于妊娠的具体日期而相差几个月。当马进入竞技比赛，如成长 2 年的赛马或者商业挽用马驹断奶时的活重，都可能成为对马的成绩有影响的有利或者不利因素。

卵巢活动周期集中在春-夏，即这一年中白昼最长的时期。卵巢活性的启动和维持与光照或光周期的增强相一致。人工光照可以用于促进同纬度下卵巢活动或排卵的启动。在温带地区，临近 12 月末有必要开始 14.5h 的光照与 9.5h 的黑暗交替的光照程序。

在春季，繁殖季节开始的时期由母马的生理状态和体况决定。3～4 岁的年轻母马或者体况不佳的母马（得分<3，第 2 章，表 2.2），还有那些上一年哺育过幼驹的母马，冬季通常都会有一个卵巢静止（无活性）阶段。相反，体况佳且上一年未哺育幼驹的成年母马，绝大部分卵巢会出现连续活动的现象。归根结底，冬季卵巢活性停止是母马身体能量趋于平衡的结果。在春季，集中添补精饲料的母马比未添补的母马排卵要早。这一效应产生的主要原因是能量和蛋白质的供应，当然也跟供应蛋白质的品质有关。

养分摄入量（尤其是秋季）影响卵巢活动的启动，精心饲喂的母马与营养受限母马（190d 营养不良的母马）做比较，这一差异时间能达到 40d（图 3.1）。

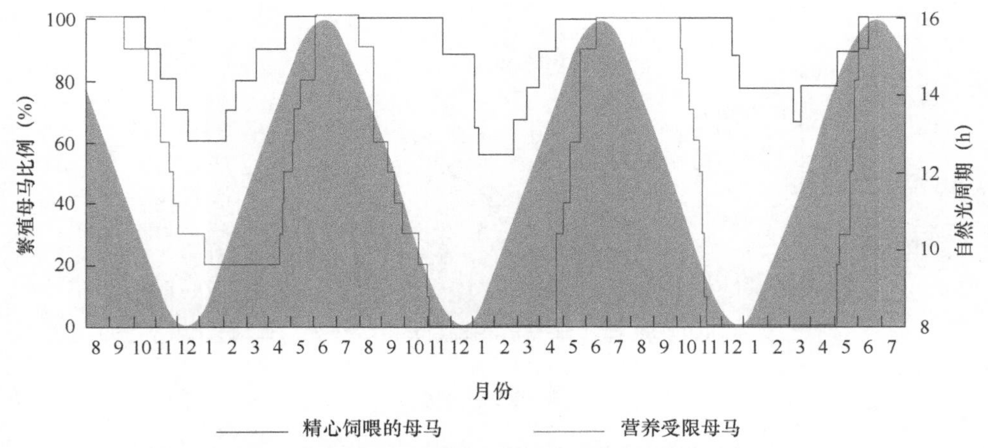

图 3.1 营养素摄入水平对母马繁殖周期的影响（引自 Salazar-Ortiz et al.，2011）

营养补充和加长一年中开始时期的光周期对生殖活动的影响效应都已得到证实。也就是说，对一匹瘦马来说，如果不同时进行营养素摄入的补充，只是进行 14.5h 的经典光照刺激并不能使第一次排卵提前。

2．*发情周期* 发情周期持续 20～30d，可以分为卵泡期和黄体期两个时期，这两个时期是以血浆中孕酮浓度是接近于 0 还是较高来划分的（图 3.2）。卵泡一直生长，在黄体期末期，在促卵泡激素（FSH）的刺激下发生排卵。在卵泡生长期间，生长的卵泡分泌的雌激素诱导母马出现发情行为（母马接受公马的爬跨），发情行为平均开始于排卵 6d 前，终止于排卵后。排卵后血浆孕酮浓度线性增加，到排卵后第 5 天进入平台期。该浓度一直维持直到出现妊娠，如果妊娠不成功，则开始下降（图 3.2）。

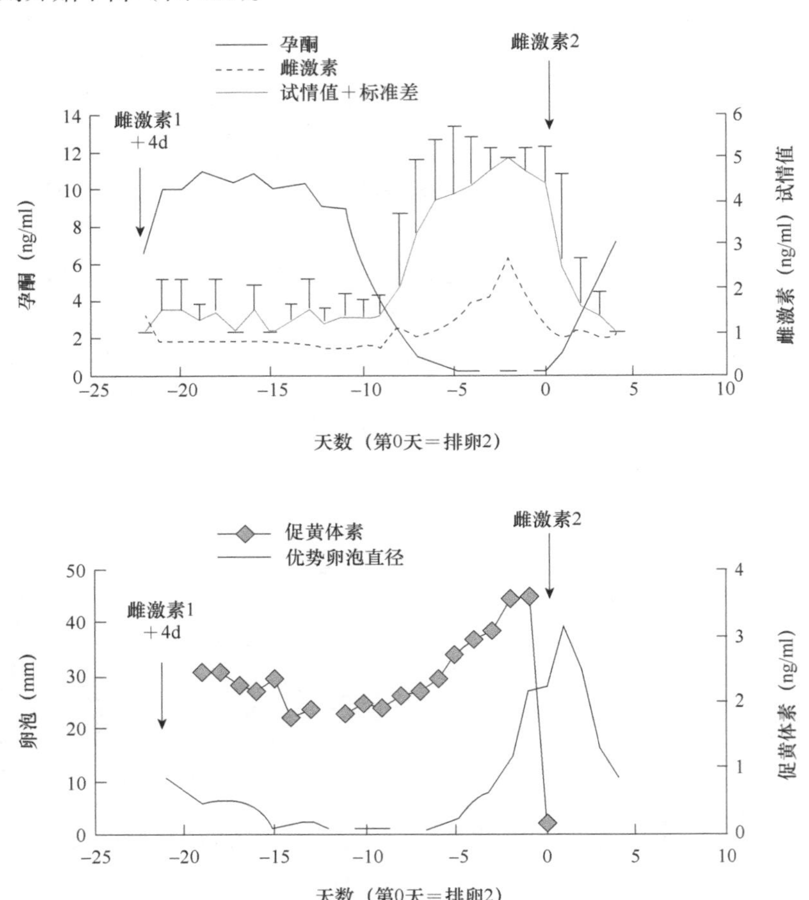

图 3.2 母马卵巢周期和有关的主要激素特征（引自 Briant et al.，2006）

一个典型的卵巢周期为 10 匹母马出现典型性兴奋的平均值

母马的营养状况会影响卵泡的生长。良好体况（评分>3）母马较瘦母马（评分<3）卵泡生长更活跃。良好体况母马较瘦母马性周期短。这一营养效应主要受 GH-IGFI 系统的调控。因此，如果母马在刚开始体况不佳时成功妊娠，在 4～6 周通过改善营养回到一个适当的体况评分也是有可能的。

3．初情期 年轻母马的第一次排卵一般出现在 15 月龄，这一时期一般也被认为是初情期开始时。然而，在年轻母马中这一时期可以为 9 个月到 3 年，这些年轻母马有养得好的，也有营养受限的，也与环境条件有关，在营养与季节共同影响时这一现象尤其明显。

4．妊娠　平均来看，妊娠持续 340d。持续时间的变化主要与出生重量的变异有关。妊娠的维持在怀孕早期主要是靠母体分泌产生的孕酮，但第 5 个月后主要依赖于胎盘分泌的孕酮来进行。

妊娠期间胎儿体重的增加与母马生理状态的变化相一致。妊娠期间，胎儿体重增加是母马生理状态好的结果。从怀孕到妊娠 5～6 个月，细胞增殖很剧烈，但重量增加不太大（图 3.3）。经过这一时期后，胎儿重量快速增加。同时相关组织，如包裹胎儿的胎盘和绒毛膜组织及子宫和乳腺等母体组织，也为确保胎儿在体内及出生后的营养需求而经历明显的发育。

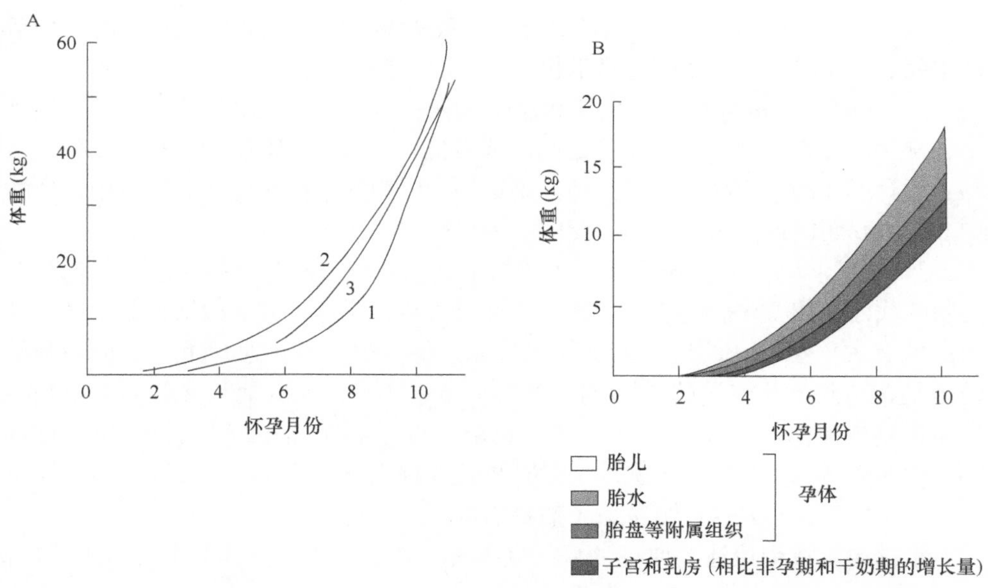

图 3.3　孕期胎儿重量的变化（A）及孕期母马相关组织、子宫和乳房重量的变化（B）
［A 中 1 引自 Dusek，1966；2 引自 Engelsen，1966；3 引自 Meyer 和 Ahlswede，1976］

3.1.3　实际后果

卵巢静止的调控是至关重要的，一方面在繁殖季节可增加可用周期数以使母马妊娠，另一方面使马驹出生在特定时期以使马驹长大到适当年龄开始使用（赛马）或者断奶时达到最佳体重用来销售（重型马）。在妊娠-泌乳周期内，母马消耗适宜水平和品质的饲料将使其达到最佳的体况（3.0～3.5）。

妊娠是妊娠-泌乳周期两个阶段中的一个，胎儿组织进行发育就是在妊娠期间。母马的饲料摄入必须保证让胎儿发育正常和马驹出生后保持健康（第5章）。

3.2 营养需要

第一章采用统计析因的方法建立了营养需要。维持妊娠和泌乳两个生理状态的营养需要加在一起就可以得到繁殖生产的总营养需要量。

3.2.1 维持需要

蛋白质需要固定在2.8g MADC/kg $BW^{0.75}$。

维持状态的能量需要严格设定在0.0373UFC/kg $BW^{0.75}$。根据品种（第1章，表1.1），这一数据可以调高或者调低。根据以下三个因素，这一基础需要会增加。

1．*体力活动* 运动和活动对母马是很重要的，因此要增大母马的可用活动空间。冬季时母马在室外能量消耗增加10%～25%。

2．*气候* 重型马通常生活在温带的热中性（－10～25℃，第1章）环境中，常年居住在户外。比该温度区间高或者低1℃，能量消耗就会增加2.5%。赛马、体育或休闲乘用马的能量消耗并不增加，因为它们被安置在温度适中的环境中，很少在超出这一温度范围环境中生活。

3．*生理状态* 妊娠后期，尤其是泌乳期开始，维持成本会增加，这与母马新陈代谢整体变得旺盛相关。其他物种的资料表明这一成本的增加与生产水平的高低有关，但母马的这一重要量化指标并没有被记录。通常重型马母马开始繁殖是在达到成年体重的75%时，年龄大概是2岁，而其他品种开始繁殖是在体重达到成年的85%时，即3岁时。妊娠后的一年时间内，母马持续每天增重200～300g。从第5章可以看到，增长的成本相当于每天捕获750kcal的净能量和50g蛋白质，但是这只是考虑了估算的每日总需要。

根据第1章中论述的原理，每千克体重矿物质需要量计算如下：0.040g钙，0.025g磷，0.015g镁，0.020g钠，0.060g钾。

消耗每千克基础干物质微量营养素的维持需要量：10mg铜，50mg锌，40mg锰，40mg铁，0.2mg钴，0.2mg硒，0.2mg碘。

消耗每千克干物质维生素的基本需要量：3250IU维生素A，400IU维生素D，60IU维生素E。

3.2.2 妊娠需要

在母马的生殖周期中，妊娠是一个关键的时期，因为必须根据所考虑的品种在一年的正确时间产下一匹健康的马驹。当母马要在产驹后的一个月内进行繁

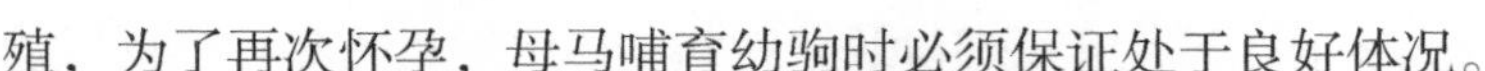

殖，为了再次怀孕，母马哺育幼驹时必须保证处于良好体况。

1．孕体的生长：生殖周期中的胎儿和母体组织　在妊娠的前5个月，胎儿体重只有较小的增加。在妊娠后的180d（第6～11个月），这一情况改变了，体重增加升高了，在后4个月呈线性增长（图3.3A）。

Meyer和Ahlswede的曲线（1976）主要用于建立轻型马品种妊娠后6个月（第6～11个月）胎儿体重与年龄的关系。Meyer和Ahlswede（1976）设计了几个模型计算胎儿的体重。对于特定的生物学状态（流产马驹；死驹；体重与年龄在时间系列上不符的数据），相关数据会被废弃，最终建立了3种从妊娠天数预测胎儿体重的模型。指数、幂和多项式3种模型计算的R^2分别为0.941、0.947和0.981。用3种模型进行的后续矫正比较和矫正值与残余值之间的残余分析表明，多项式模型是其中最准确的一个。

$$胎儿\ BW\,(kg) = 17.38 - 0.2885Age + 0.001197Age^2 \quad n = 16 \quad R^2 = 0.981$$

式中，BW是体重，Age是妊娠天数。

当使用这个模型时，估计马驹出生时体重是55.6kg，占母马体重的10.1%，这对于观察的轻型品种可以与原始数据和常规数据保持高度一致。

当使用这个模型去预测妊娠期每个月胎儿的重量时，可以估计占母马重量的百分比。

这个方法也可用于预测重型品种在妊娠各个月时小马驹的体重（Martin-Rosset and Doreau，1984a；Martin-Rosset et al.，2006a）。另外，针对重型母马提出了另一个多项式模型，因为这些品种体尺的范围远远大于轻型品种（650～900kg BW），并且在出生时小马驹的平均体重也是非常不同的（67kg BW）。该模型是根据在INRA收集的怀孕最后5个月胎儿的数据提出的（Martin-Rosset，未发表的数据）。

$$Y = -1.99 + 13.67X - 37.87X^2 + 45.41X^3 - 18.34X^4 \quad n = 21 \quad R^2 = 0.892$$

式中，Y=［妊娠最后5个月胎儿重 / 胎儿初生重（67kg）］×100；X=［怀孕天数 / 平均妊娠周期（340d）］×100。

妊娠期间产生的胎盘和胎膜（怀孕产物）、子宫和乳腺（母体组织）及羊水，平均增长速度较胎儿大（图3.3B）。在妊娠中期它们占孕体的70%，分娩时只占45%。妊娠期间，乳腺的重量加倍，子宫的重量增加20倍。

根据孕体重量的变化可计算营养需要，孕体重量的变化就是指胎儿和胎膜的重量加上母体组织重量的改变。

2．妊娠子宫中包含的营养素的量　包含在孕体（如胎儿+胎膜）的营养物质的量可以从其重量的增加和其化学成分等方面来计算。在妊娠第6～11个月，胎儿脂肪的量从1.9%变至2.6%，蛋白质的量从10.3%变至17.1%，钙的变化从60g/kg胎儿DM到67g/kg胎儿DM，磷的变化从35g/kg胎儿DM至36g/kg胎儿DM。其他矿物质的变化很小。胎膜和母体组织的化学组成被认为与妊娠相同时期的胎儿相似。在这些条件下，已经可以从胎膜和母体组织重量和化学构成的改变的文献数据进行估计，养分积累在这些组织中，分别平均代表胎儿的营养物质增加 20% 和 10%。

因此，考虑胎膜和母体组织的需要，妊娠期的营养需要可通过胎儿体重的增加和化学成分的改变（表 3.1）乘以 1.3 来进行计算。

表 3.1 胎儿体重增加及化学成分（引自 Meyer and Ahlswede，1976）

月数	出生体重增加量（%）	能量值（kcal/kg LW）	蛋白质（%）	矿物质（g/kg DM）				
				Ca	P	Mg	Na	K
6～7	14	850	10.5	60	35	1	11	10
8～9	19	1050	12.5	65	35	1	9	8
10	23	1180	15.3	67	36	1	8	8
11	25	1280	17.1	67	36	1	7	7

储存在孕体和母体组织中总能量的变化为 35～156kcal/100kg BW，并且能量需求的计算是通过将这些储存的能量除以能量利用效率 25% 得到的。使用更新的大麦参考值 2250kcal/kg（第 1 章 1.3.2 节），能量需求为 138～627kcal/100kg BW 或 0.06～0.28UFC/100kg BW。

相似地，蛋白质沉积在胎体和母体组织的量为 7～26g/100kg BW。因此，考虑可消化蛋白质利用效率为 55% 的话，计算的蛋白质的需要为 13～47g MADC/100kg BW。

妊娠期矿物质的需要从胎儿的化学成分和认定的能量和蛋白质的需要及胎膜和母体组织生长的相关重量来计算。第 1 章表 1.14 已列出矿物质的消化率。妊娠期每 100kg 体重的矿物质需要为钙 0.9～4.3g，磷 0.8～3.5g，镁 0.03～0.08g，钠 0.10～0.25g，钾 0.12～2.7g。

以摄入每千克干物质来表示痕量元素的需要量。这些物质的浓度参见第 2 章表 2.1。维生素的需要量也以摄入每千克干物质来表示（第 2 章，表 2.1）。

3．妊娠母马的总需要　总需要是维持（X_1）和妊娠（X_2）的总和（表 3.6～表 3.11）。Y 为总的干物质摄入量（TDMI）。

能量（UFC/d）＝$X_1$①（UFC/100kg BW）× 体重（kg）＋X_2（UFC/100kg BW）× 体重（kg）

蛋白质（g MADC/d）＝X_1（g MADC/100kg BW）× 体重（kg）＋X_2（g MADC/100kg BW）× 体重（kg）

矿物质（g/d）＝X_1（g/kg BW）× 体重（kg）＋X_2（g/kg BW）× 体重（kg）

微量元素（mg/d）＝饲料中微量元素含量（mg/kg DM）×Y（kg）

维生素（IU/d）＝饲料中维生素含量（IU/kg DM）×Y（kg）

① 轻型马种分别上升 5%～10%

3.2.3 泌乳

泌乳期是母马生殖周期的第二个主要时期。母马必须充分滋养它们产的马驹，以使这些马驹在断奶时达到成年重量的45%。同样重要的是，母马产驹后的第一个月再次妊娠，这样就能使两次产驹的间隔保持在12个月。在运动型马当中这是尤其重要的，但是在所有品种中产驹日期与特定品种的生产目的相吻合，这一点也是重要的。

1．生理　母马的乳房位于腹股沟的位置。它有4个不同的腺体，中线的每一侧都有两个。每一对腺体有一个乳头，每个乳头连接着两个中空的乳导管和两个乳池。乳腺组织或软细胞组织由两种组织类型构成：分泌组织和排出组织。分泌组织由一些围绕腺泡的细胞构成，这些细胞分泌乳汁到腺泡里。腺泡由肌上皮细胞围绕，收缩时乳汁被排入乳导管的网络中，被送到位于每个乳头的基底部的乳池里。乳房平均最多能容纳2L奶，其中75%～85%都存储在腺泡中。

在生殖周期中，乳房经历一个生长和分化的周期，该周期有3个阶段：妊娠期乳房的生长、泌乳期乳汁的分泌和断奶期的消退。所有这些变化都是受激素控制的。妊娠期间，在升高浓度的黄体酮和雌激素的作用下，腺泡组织以牺牲脂肪组织为代价进行发育，但高浓度孕酮抑制产奶。

妊娠末期孕酮浓度降低伴随催乳素增加是泌乳启动的控制因素。孕激素阻断泌乳这一机制并不是绝对的，有些母马会于分娩前一周过早泌乳。“蜡样化”是指分泌的乳汁在母马乳头末梢凝固的过程。产驹后通常不会出现泌乳期乏情，其卵泡增长，紧接着在产后第一周开始排卵。

催乳素在乳生成和泌乳启动过程中起主要作用。在临近产驹时日，血浆催乳素浓度增加，并在分娩时达到最大值。在泌乳期前3个月，它仍然保持较高。奶驹行为和血浆催乳素浓度呈正相关。

乳房排乳由催产素启动，催产素从脑垂体后叶分泌，其释放是由马驹的泌乳行为刺激而引起的。

在泌乳期的第3～4个月，马驹对哺乳的需要减少了，而母马的乳房开始持续性地消退。奶的积累造成乳腺内和腺泡压力的增加，再加上可能是奶中存在抑制因子，导致乳分泌停止。消退导致乳腺实质组织由脂肪和结缔组织替代。断奶过程中，对于预防由于乳腺的扩张而引起的乳腺炎和乳房炎症是很重要的。

2．产奶量　产奶量变化为2.0～3.5kg/100kg BW，相当于500kg的轻型母马每日生产10～17kg奶，体重700kg的重型母马泌乳期的前3个月生产14～25kg奶。奶驹的母马比挤奶的母马产奶量更高。

泌乳高峰发生在产后第2～3个月，奶驹的母马在整个泌乳期泌乳持续较高

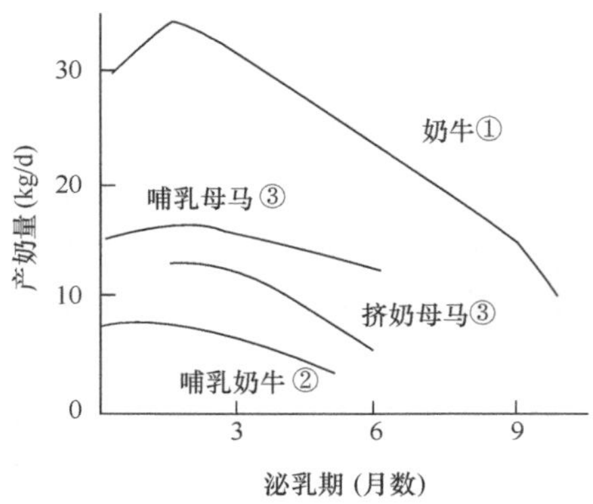

图 3.4　哺乳或挤奶母马和奶牛的产乳曲线（引自 Doreau 和 Martuzzi，2006a）

数据来自：① Faverdin 等（1987）；② Le Neindre 等（1976）；③通过使用 Wood（1967）的模型计算参考数据

（图 3.4）。当产量以每 100kg 体重作为基础来表示时，轻型品种母马和重型品种母马之间在产奶量上没有区别。相反，小于 450kg 的小型品种，马产奶量较高（第 8 章）。然而，由于对这一标准没有进行过选择，所有品种的个体差异都较高。差异也可能是由马驹的生长潜力导致的。

第一个和第二个泌乳期，产奶量是相似的。然而，产奶量确实随着年龄的增长而增高，一直到 10～15 岁。产奶量取决于母马的采食和身体状况。如果母马体况评分低于 3，增加能量摄入，尤其是在指定的期间内增加诸如以粮草作为饲料基础自由采食，不管是什么成分的食物（50%～95% 的干草和 5%～50% 的浓缩料），都会对产奶量产生积极作用。如果身体条件更差（评分小于 2.5），增加能量摄入的影响更大，因为这样的母马无法调动足够的体储来满足需要。与此相反，如果身体状况良好（评分＞3），能量摄入水平影响不大。产奶量随饮食蛋白质含量的增高而增加，最高可达 14%。

3．乳成分　马乳的干物质含量较低，为 100～120g/kg，乳脂为 10～20g/kg，乳中总蛋白为 20～35g/kg，但乳糖含量较高，为 55～65g/kg。总能量为 479～598kcal/kg（图 3.5）。马乳只含有 5g/kg 矿物质（表 3.2），但维生素 C 含量很丰富。

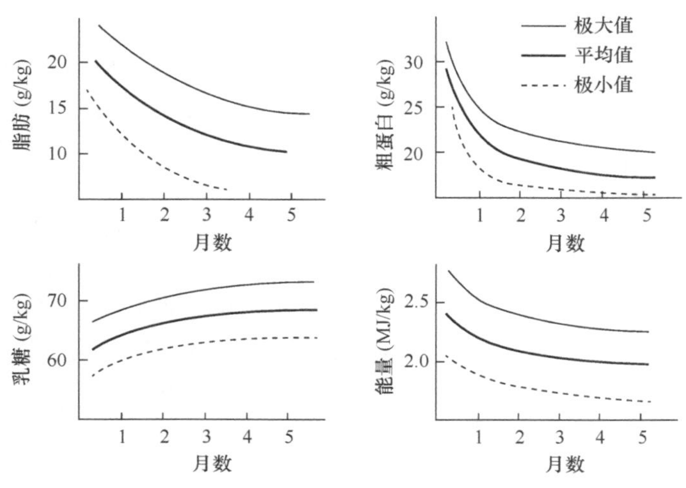

图 3.5　不同泌乳时期马乳成分的变化（引自 Doreau and Martin-Rosset，2002）

表 3.2 母马乳的矿物质及微量元素成分（引自 Doreau and Martin-Rosset，2002）

矿物质	含量（g/kg）	（主要的）微量元素	含量（mg/kg）
钙	0.5～1.3	铜	0.2～1.0
磷	0.2～1.2	锌	0.9～6.4
镁	0.04～0.11	锰	0.01～0.05
钠	0.07～0.20	铁	0.22～1.46
钾	0.3～0.8	碘	0.004～0.042
氯化物	0.2～0.6	钼	0.02
硫	0.22		

马乳中的脂肪占总能量的50%。脂肪包裹在直径为2～3μm的小球中。它们主要由甘油三酯（80%）构成，也含有脂肪酸（9%～10%）和磷脂（5%～19%）。脂肪酸是典型的单胃草食动物消耗草料在小肠中消化吸收脂肪得来的（表3.3）。乳脂不仅富含多不饱和脂肪酸、亚油酸和α-亚麻酸，而且主要是短中链酸（45%），尤其是棕榈酸。然而，硬脂酸含量较低。

表 3.3 马乳脂的脂肪酸构成（引自 Doreau and Martuzzi，2006）

	脂肪酸	比例（百分比平均值，%）
C4:0	丁酸	0.6
C6:0	已酸	0.7
C8:0	辛酸	3.1
C10:0	癸酸	7.2
C12:0	月桂酸	7.6
C14:0	肉豆蔻酸	7.5
C14:1*n*-5	十四碳烯酸	0.7
C15:0	十五碳烷酸	0.4
C15:1	十五碳烯酸	0.4
C16:0	棕榈酸	20.8
C16:1*n*-7	棕榈烯酸	5.6
C17:0	十七烷酸	0.4
C17:1	十七碳烯酸	0.4
C18:0	硬脂酸	1.2
C18:1*n*-9	十八烯酸	19.8
C18:2*n*-6	亚油酸	11.3
C18:3*n*-3	亚麻酸	11.9

总乳蛋白富含酪蛋白和乳清蛋白，但非蛋白氮含量有限（表 3.4）。非蛋白氮由 50% 尿素和 50% 氨基酸和多肽构成。酪蛋白有三种类型：α、β 和 κ。乳清蛋白含有来自乳腺的乳白蛋白（61% α、β）、来自血液的一个血清白蛋白（4.4%）和免疫球蛋白（19.8%），还有蛋白胨类、溶菌酶（6.6%）、转铁蛋白和乳铁蛋白（8.2%）。

表 3.4　母马乳蛋白的主要成分（引自 Malacarrne et al.，2002）

总蛋白		乳清蛋白		酪蛋白		NPN[1]×6.38	
g/kg	%	g/kg	%	g/kg	%	g/kg	%
21.4	100	8.3	38.8	10.7	50.0	2.4	11.2

[1]NPN 为非蛋白氮

乳成分随着泌乳阶段变化（图 3.5）。脂肪（特别是长链脂肪酸）和蛋白质（尤其是免疫球蛋白）的含量，在持续 12～24h 的初乳期变化非常大。脂肪含量从 15～25g/kg 下降到 5～15g/kg，蛋白质含量从 25～30g/kg 下降到 5～10g/kg；但乳糖含量在接近泌乳第 3 个月时会由 55～60g/kg 增加到平台期的 65g/kg。乳的生产水平和脂肪含量之间不存在负相关。

品种对乳脂肪成分影响不大，而对脂肪含量的影响尚不清楚。然而，轻型马乳蛋白含量可能要比重型马高。总蛋白中酪蛋白的比例，似乎乘用马品种要较哈福林格马高。

马乳浓度和成分，特别是脂肪和蛋白质，可以受母马饮食方案的影响。当食物中浓缩饲料的比例增加时，乳脂含量和短链、中链脂肪酸会大大减少。然而，母马在夏季牧场比在室内喂混合饲料的乳脂含量高，而且亚油酸含量增加了 5 倍。如果给母马补充脂类（玉米、大豆或葵花油），亚油酸含量也会增加。如果能量摄入超标，脂肪和脂肪酸含量也会增加，但短链和中链脂肪酸会减少。这是由于增加了产奶量，引起了稀释效应的结果。补饲蛋白质对乳蛋白含量有反作用的机理尚不清楚。然而，用大豆作食物补饲会增加乳蛋白含量。母马饲喂干草基础食物较混合方案饲喂，马乳乳糖含量会下降。乳中铜、锌、铁的含量不能通过补饲来调整。

4．主要乳成分的代谢　主要乳成分有两个来源：采食的食物中的成分和体储（第 1 章，图 1.10），乳糖来自小肠吸收的葡萄糖。

脂肪有部分来源于小肠吸收的脂肪酸，有部分来自于乳腺的从头合成。吸收的脂肪酸不发生异构化或氢化，这一点和反刍动物不同。因此，乳脂肪的组成与饮食中的长链脂肪酸相似。从头合成的前体有一定的挥发性脂肪酸、乙酸和 3-羟基丁酸，这来自于牧草细胞壁后肠的消化。丙酸，也来自后肠消化而不是脂肪酸前体。棕榈酸来自从头合成和小肠的吸收。C_{18} 不饱和脂肪酸主要来自饮食和（或）体储。

当饮食中蛋白质摄入量低于要求时，以蛋白质和非蛋白氮表示的总乳蛋白含量降低。相反，当饮食中蛋白质增加时后肠中更多的蛋白质降解产生更多的氨，这些氨通过内源尿素循环再生，使马乳中尿素含量升高。

5．需要　因相似体格大小的母马个体间产奶量变异很大，不同体格大小的母马间差异更大，对泌乳期需要量就依产生的每千克马乳来进行评估。在泌乳期的不同月份马产奶量的参考值基本上是来自 INRA 的数据，这些从文献中得到的数据以每 100kg 体重来表示（表 3.5）。能量的参考值、总蛋白和矿物质也同样是由 INRA 从文献资料中获得的数据。

表 3.5　马乳成品及成分的参考值

月份	产品[1]［kg/（d·100kg BW）］	马乳成分		矿物质			
		能量[1]（kcal/kg）	蛋白[1]（g/kg）	钙[2]（g/kg）	磷[2]（g/kg）	镁[2]（g/kg）	钠[2]（g/kg）
第 1 个月	3.0	545	24	1.20	0.80	0.10	0.16
第 2 个月	3.3	512	21	0.90	0.60	0.07	0.14
第 3 个月	3.2	468	20	0.90	0.60	0.07	0.14
第 4 个月	2.9	455	16	0.70	0.50	0.05	0.11
第 5 个月	2.2	431	12	0.70	0.50	0.05	0.11
第 6 个月	2.0	431	12	0.70	0.50	0.05	0.11

[1] 引自 Doreau 等（1990，1992，1993）；由 Doreau 和 Martin-Rosset 于 2002 年所做的一篇文献研究。[2] 引自 Doreau 等于 1990 年，Schryver 等于 1986 年，Smolders 于 1990 年所做的文献研究

能量需要是从马乳的总能量计算出的，如表 3.5 所示，此处使用的能量利用效率为 65%。因此，每千克马乳能量的需要，在泌乳期的第 1～6 个月，从 0.29UFC/kg 变化到 0.23UFC/kg。

每千克马乳的蛋白质需要的计算，依据表 3.5 中给出的总蛋白含量，蛋白质的利用效率为 55%。在相同的区间，每千克马乳蛋白的需求从 44g MADC 降到 22g MADC。

从表 3.5 列出马乳中各种矿物质的含量，以及第 1 章表 1.14 提供的各种元素的消化率来评估矿物质的需要。因此，泌乳期每千克马乳的矿物质的需要，钙为 1.4～2.4g，磷为 1.4～2.3g，镁为 0.11～0.22g，钠为 0.12～0.18g，钾为 6.8～9.6g。微量元素的需要以每千克摄入干物质来表示。浓度和第 2 章表 2.1 所给出的妊娠期的相同。维生素的需要也以每千克干物质摄入量来表示，在第 2 章表 2.1 中给出。

3.2.4　泌乳母马的总需要

总需要是维持（X_1）和泌乳（X_2）需要的总和（表 3.6～表 3.11）。Y 为总的干物质摄入量（TDMI）。

能量（UFC/d）$=X_1$（UFC[①]/100kg BW）× 体重（kg/d）$+X_2$（UFC/kg 马乳）× 马乳产量（kg/d）

蛋白质（g MADC/d）$=X_1$（g MADC/100kg BW）× 体重（kg/d）$+X_2$（g MADC/kg 乳）× 泌乳量（kg/d）

矿物质（g/d）$=X_1$（g 矿物质 /kg BW）× 体重（kg/d）$+X_2$（g 矿物质 /kg 乳）× 泌乳量（kg/d）

微量元素（mg/d）= 饲料中微量元素含量（mg/kg DM）× Y（kg TDMI[②]）

维生素（IU/d）= 饲料中维生素含量（IU/kg DM）× Y（kg TDMI）

3.2.5 采食量

母马能够以基础饮食的主要饲料满足身体需求。由于食物的适口性和母马的生理状况差异，母马每日干物质消耗量有所不同（图 3.6）。

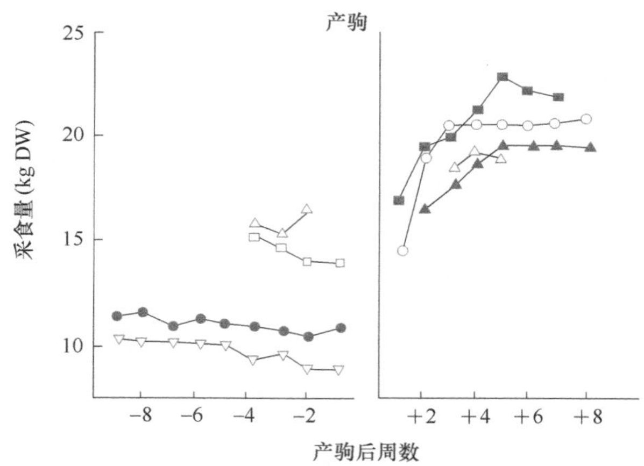

图 3.6 重型品种母马在妊娠结束开始泌乳时消耗不同粗饲料饲粮的变化情况
（引自 Martin-Rosset and Doreau，1984b；Martin-Rosset et al.，2006b）

① 轻型马品种分别上升 5%～10%

② TDMI 为总干物质摄入量

消耗草料的量因品质不同差别较大，妊娠期让马自由采食优质干草与采食秸秆时，每 100kg 体重摄入的干物质分别为 2.0kg 和 1.4kg，在泌乳期分别为 3.1kg 和 2.6kg，这是因为二者粗纤维含量为 28%～32% 和 35%～38%。

在怀孕后期，由于孕体增长对腹部容量的负面影响，采食量下降 10%～30%。当停留食物减少 30% 时（第 1 章，表 1.6），有机物的消化率下降了 5%。在评估推荐饲料摄入量时已考虑这些结果。在产驹后第一个月的泌乳期摄食量增加 25%～50%，在接下来的几个月的泌乳期处于这一高平台状态。食物消化率不受这种大的变化的影响，即使饲料存留可能会略有减少（第 1 章，表 1.6）。

消耗量也随母马的体格大小有所变化：当以每 100kg 体重为基础来表示时，小体格母马比大体格母马消耗量稍大，平均高 10% 左右。根据牧草的性质，个体在妊娠期和泌乳期消耗量增加 5%～15%。当饮食补充更高比例的浓缩饲料时，变化甚至更大。自由采食时，当食物中的浓缩料比例增加时，饲料消耗量会下降。食物中每添加 1kg 浓缩料，平均替换 1.2kg 的干草（第 1 章，1.2.3 节中的 3.）。

初产和经产母马之间的消耗（以 kg DM/10kg BW 来表示）差异并不显著。相反，消耗量与产驹母马的身体状况密切相关。瘦母马消耗的量要大得多，尤其是在泌乳期，这是为了弥补起初能量的亏欠（图 3.7）。完全自由放养的母马的消耗，平均而言，比圈养的母马多 20%，主要是因为气候条件，尤其是在冬天，还因为体力活动（运动、相互影响）。

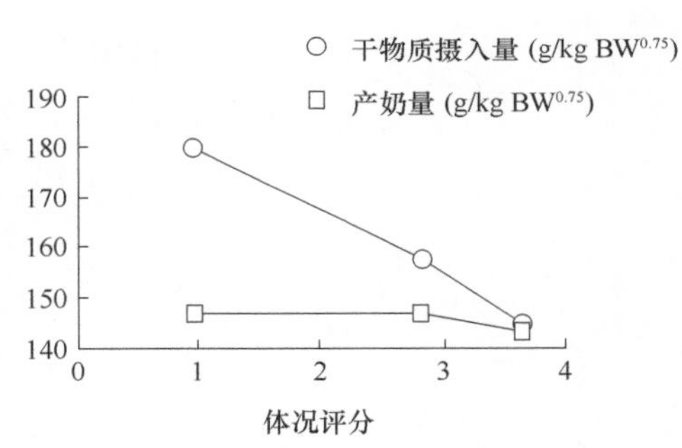

图 3.7 体况对自由采食消耗量和哺乳期第一个月产奶量的影响（改编自 Doreau et al.，1991a，1993）

3.3 推 荐 量

推荐量由 INRA 根据第 1 章列出的原理进行饲养试验而得出。

3.3.1 体重的变化

在正常的管理条件下，每年繁殖过程中母马的体重变化为 15%～20%（图 3.8）。

在产驹前和产驹后，体重分别达到最高和最低。在妊娠期的后几个月，饲养条件良好的母马增重可以达体重的 2%～15%，但如果母马的饲养稍有欠缺，如在山区的挽用马或牧区的休闲母马，这个变化不会太大。根据食物的不

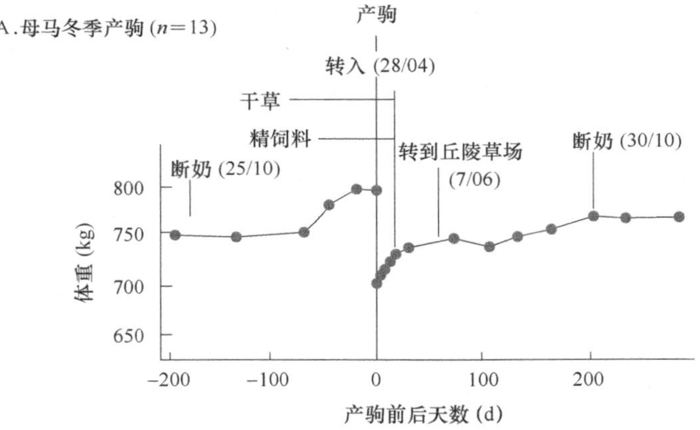

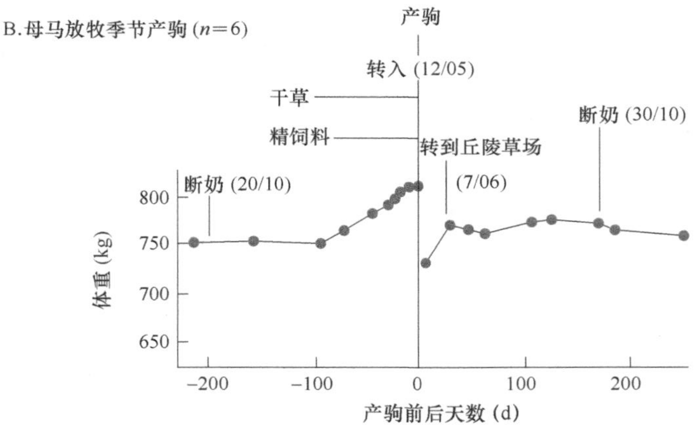

图 3.8 整个繁殖周期母马体重的变化（改编自 Martin-Rosset et al.，1986a，1986b）

A. 马厩中；B. 牧场上；*n* 为样本数；括号内数字表示日期（日/月）

同，产驹体重损失可达 12%～15%。这一损失中，妊娠产物和消化道内容物分别占 85%～90% 和 10%～15%（图 3.9）。产驹后，正常饲喂条件下，母马将恢复 5%～6% 的体重，体况评分可达到 3.0～3.5。产驹后体重恢复的差异主要是由于采食量增加、消化道内容物相应增加，食物构成有差别也会引起该差异（图 3.9）。如果饲喂得很充足，如在牧场条件下（图 3.8B），母马体重恢复会很明显，否则体况将不够理想（评分<3）。

3.3.2 身体的储备作用

根据体况不同（2.5～4.0），脂肪组织在母马胴体所占的比例可为 8%～14%；这代表在体重为 500kg 母马体内有 20～70kg 的储备（第 1 章）。储备的重要性主要与摄食水平有关。

在所有情况下，目标都是产下一匹体重和活力都正常的幼驹，然后由于充足的或许是最大的马产奶量，幼驹会有一个最适增长速率。在赛马和运动马品种中，这种情况是特别理想的。因为经济原因，重型母马和休闲活动用马往往在冬季受到限制。

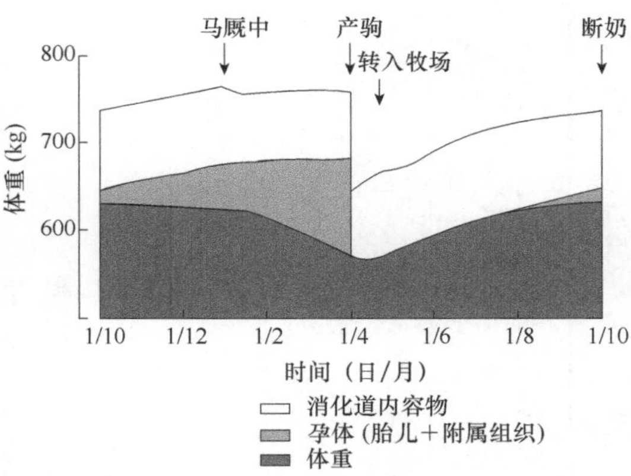

图 3.9 繁殖周期中母马体重构成的变化

本图简要表示室内和牧场上精心饲喂的母马（产前 2 个月除外）的体重、孕体和消化道内容物的估计值的改变

当在 10 月底和冬季开始（孕 6～7 个月）干奶时，如果母马体况评分能分别为 3.5 和 3.0，妊娠末期适度的能量限制（20%）则会导致产驹时体况评分为 2.5，此种情况对幼驹的体重或活力不会有负面影响。然而，为确保马驹有令人满意的增长速率，产驹后母马的摄食必须充足以使其在泌乳期的第一个月末能迅速恢复体况评分为 3～3.5。事实上，母马产驹时只要身体状况评分≥2.5，就有能力从体储中释放能量和使用食物提供的能量，以保证正常的胎儿生长和维持一个最低身体状况。

类似的，如果产驹时母马体况适当（评分≥3）或不足（评分<3），则会使母马受精所需的发情次数和母马的受孕率分别出现更高或更少的情况。

较低分数（≥2.5）的母马在产驹后泌乳期的第一个月如果采食量高可以获得类似的效果。

3.3.3 饲料和营养摄入量

总采食量随母马的生理状态变化：干奶期、非妊娠母马（维持）和（或）在妊娠早期（0～5 个月），怀孕或泌乳期的母马，那些正在成长的年轻母马及 3～4 岁的初产母马。总采食量随母马的这些生理状态而变化，另外，重型或者轻型母马也有差别。

推荐的饲料摄入量如下。

先前已建立赛马和运动马品种的精确营养需求，见 3.2.3 节和 3.2.5 节。这其中不包括一些特定的休闲品种，这些品种可能因为经济原因像重型母马一样管理。

对于重型品种暂时低于需要：是采用有限的采食量还是正常采食量，这取决于母马在干奶期（或马驹断奶）的身体状况，只要满足母马身体组织的代谢需要而对身体无伤害即可。

推荐的饲料摄入量在单独的表中呈现，轻型品种（赛马，竞技体育和娱乐）在一个部分，重型品种在另一部分。轻型品种根据体格为 450～600kg（表 3.6～表 3.9），重型品种最常见的体格为 700～800kg（表 3.10 和表 3.11）。

表 3.6 450kg[1] 成年轻型母马营养需要和日粮摄入量推荐表

生理状态		每日营养素推荐值																		干物质摄入量[2]（kg）
		UFC	MADC（g）	赖氨酸（g）	Ca（g）	P（g）	Mg（g）	Na（g）	Cl（g）	K（g）	Cu（mg）	Zn（mg）	Co（mg）	Se（mg）	Mn（mg）	Fe（mg）	I（mg）	维生素A（IU）	维生素D（IU）	维生素E（IU）	
母马，未产奶或泌乳早期		3.8	274	25	18	13	7	9	36	27	75	375	1.5	1.5	300	600	1.5	24 400	3000	450	6.5～8.5
母马，妊娠期[3,4]																					
第 0～5 个月		3.8	274	25	18	13	7	9	36	27	75	375	1.5	1.5	300	600	1.5	24 400	3000	450	6.5～8.5
第 6 个月		4.1	330	30	22	17	7	9	36	27	78	390	1.6	1.6	310	620	1.6	32 800	4700	620	6.5～9.0
第 7 个月		4.3	333	30	24	18	7	9	36	27	78	390	1.6	1.6	310	620	1.6	32 800	4700	620	6.5～9.0
第 8 个月		4.5	351	32	26	19	7	10	36	28	78	390	1.6	1.6	310	620	1.6	32 800	4700	620	6.5～9.0
第 9 个月		4.7	382	35	30	23	7	10	36	28	83	415	1.7	1.7	330	660	1.7	34 900	5000	660	7.0～9.5
第 10 个月		5.0	453	41	34	26	7	10	36	29	88	440	1.8	1.8	350	700	1.8	37 000	5300	700	7.0～10.5
第 11 个月		5.1	485	44	37	29	7	10	36	29	93	465	1.9	1.9	370	740	1.9	39 100	5600	740	7.5～11.0
母马，泌乳期[3]																					
	产乳（kg/d）																				
第 1 个月	13.5	7.8	868	70	50	44	10	12	43	70	120	600	2.4	2.4	480	960	2.4	45 600	7200	600	10.5～13.5
第 2 个月	14.9	7.9	838	74	45	38	9	12	43	70	130	650	2.6	2.6	520	1040	2.6	49 400	7800	650	11.5～14.5
第 3 个月	14.4	7.4	792	73	44	37	9	12	43	68	130	650	2.6	2.6	520	1040	2.6	49 400	7800	650	11.5～14.5
第 4 个月	13.1	7.0	653	68	36	31	8	11	42	59	120	600	2.4	2.4	480	960	2.4	45 600	7200	600	10.5～13.5

续表

生理状态		每日营养素推荐值																			干物质摄入量[2](kg)
		UFC	MADC(g)	赖氨酸(g)	Ca(g)	P(g)	Mg(g)	Na(g)	Cl(g)	K(g)	Cu(mg)	Zn(mg)	Co(mg)	Se(mg)	Mn(mg)	Fe(mg)	I(mg)	维生素A(IU)	维生素D(IU)	维生素E(IU)	
第5个月	9.9	6.1	492	58	32	27	8	10	41	58	105	525	2.1	2.1	420	840	2.1	39 900	6300	525	9.5～11.5
第6个月	9.0	5.9	472	55	31	26	8	10	41	57	85	425	1.7	1.7	340	680	1.7	32 300	5100	425	7.5～9.5

[1] 正常产驹后24h内的体重。[2] 精饲料比例高的饲料中干物质的最低值，最大值对应牧草的最大消耗量。[3] 对于3岁大的小母驹，推荐摄入额外的0.5UFC和25g MADC。[4] 对于娱乐用马，如果其妊娠期的第6个月身体状况评分在3或更高水平，则可按照其能量需要值的90%进行饲喂

表 3.7　500kg[1] 成年轻型母马营养需要和日粮摄入量推荐表

生理状态	每日营养素推荐值																			干物质摄入量[2](kg)
	UFC	MADC(g)	赖氨酸(g)	Ca(g)	P(g)	Mg(g)	Na(g)	Cl(g)	K(g)	Cu(mg)	Zn(mg)	Co(mg)	Se(mg)	Mn(mg)	Fe(mg)	I(mg)	维生素A(IU)	维生素D(IU)	维生素E(IU)	
母马，未产奶或泌乳早期	4.1	296	27	20	14	8	10	40	30	80	400	1.6	1.6	320	640	1.6	26 000	3200	480	7.0～9.0
母马，妊娠期[3,4]																				
第0～5个月	4.1	296	27	20	14	8	10	40	30	80	400	1.6	1.6	320	640	1.6	26 000	3200	480	7.0～9.0
第6个月	4.4	359	33	25	18	8	10	40	30	83	413	1.7	1.7	330	660	1.7	34 700	5000	660	7.0～9.5
第7个月	4.7	361	33	27	20	8	10	40	30	83	413	1.7	1.7	330	660	1.7	34 700	5000	660	7.0～9.5
第8个月	4.9	381	35	29	21	8	11	40	31	83	413	1.7	1.7	330	660	1.7	34 700	5000	660	7.0～9.5
第9个月	5.1	416	38	34	25	8	11	40	31	88	438	1.8	1.8	350	700	1.8	36 800	5300	700	7.5～10.0

续表

生理状态		每日营养素推荐值																			干物质摄入量[2]（kg）
		UFC	MADC（g）	赖氨酸（g）	Ca（g）	P（g）	Mg（g）	Na（g）	Cl（g）	K（g）	Cu（mg）	Zn（mg）	Co（mg）	Se（mg）	Mn（mg）	Fe（mg）	I（mg）	维生素A（IU）	维生素D（IU）	维生素E（IU）	
第10个月		5.4	495	45	38	28	8	11	40	32	93	463	1.9	1.9	370	740	1.9	38 900	5600	740	7.5～11.0
第11个月		5.5	530	48	41	32	8	11	40	32	98	488	2.0	2.0	390	780	2.0	41 000	5900	780	8.0～11.5
母马，泌乳期[3]																					
	产乳（kg/d）																				
第1个月	15.0	8.5	956	77	56	49	11	13	47	78	133	663	2.7	2.7	530	1060	2.7	50 350	8000	660	11. 5～15.0
第2个月	16.5	8.7	923	82	50	42	10	13	47	78	143	713	2.9	2.9	570	1140	2.9	54 950	8550	710	12.5～16.0
第3个月	16.0	8.2	872	80	49	41	10	13	47	76	143	713	2.9	2.9	570	1140	2.9	54 150	8550	710	12.5～16.0
第4个月	14.5	7.7	717	75	41	35	9	12	46	66	133	663	2.7	2.7	530	1060	2.7	50 350	8000	660	11.5～15.0
第5个月	11.0	6.7	538	63	36	30	9	11	45	65	118	588	2.4	2.4	470	940	2.4	44 650	7050	600	10.5～13.0
第6个月	10.0	6.5	516	60	34	28	9	11	45	64	98	488	2.0	2.0	390	780	2.0	37 050	5850	490	8.5～11.0

[1] 正常产驹后24h内的体重。[2] 精饲料比例高的饲料中干物质的最低值，最大值对应牧草的最大消耗量。[3] 对于3岁大的小母驹，推荐摄入额外的0.6UFC和30g MADC。[4] 对于娱乐用马，如果其妊娠期的第6个月身体状况评分在3或更高水平，则可按照其能量需要值的90%进行饲喂

表 3.8 550kg[1] 成年轻型母马营养需要和日粮供应量推荐表

生理状态	产乳 (kg /d)	UFC	MADC (g)	赖氨酸 (g)	Ca (g)	P (g)	Mg (g)	Na (g)	Cl (g)	K (g)	Cu (mg)	Zn (mg)	Co (mg)	Se (mg)	Mn (mg)	Fe (mg)	I (mg)	维生素A (IU)	维生素D (IU)	维生素E (IU)	干物质摄入量[2] (kg)
		每日营养素推荐值																			
母马，未产奶或泌乳早期		4.4	318	29	22	16	8	11	44	33	85	425	1.7	1.7	340	680	1.7	27 700	3400	510	7.5～9.5
母马，妊娠期[3, 4]																					
第 0～5 个月		4.4	318	29	22	16	9	11	44	33	85	425	1.7	1.7	340	680	1.7	27 700	3400	510	7.5～9.5
第 6 个月		4.8	387	35	28	20	9	11	44	33	85	425	1.7	1.7	340	680	1.7	35 700	5100	680	7.5～10.0
第 7 个月		5.1	390	35	30	22	9	11	44	33	85	425	1.7	1.7	340	680	1.7	35 700	5100	680	7.5～10.0
第 8 个月		5.3	412	37	32	24	9	12	44	34	85	425	1.7	1.7	340	680	1.7	35 700	5100	680	7.5～10.0
第 9 个月		5.5	450	40	37	28	9	12	44	34	93	463	1.9	1.9	370	740	1.9	38 900	5600	740	8.0～10.5
第 10 个月		5.8	537	49	42	31	9	13	44	35	98	488	2.0	2.0	390	780	2.0	41 000	5900	780	8.0～11.5
第 11 个月		6.0	576	51	46	35	9	13	44	35	103	513	2.1	2.1	410	820	2.1	43 100	6200	820	8.0～12.0
母马，泌乳期[3]																					
第 1 个月	16.5	9.3	1044	84	61	54	12	14	52	86	145	725	2.9	2.9	580	1160	2.9	55 100	8700	725	12.5～16.5
第 2 个月	18.2	9.5	1008	89	55	47	11	14	52	83	158	788	3.2	3.2	630	1260	3.2	59 850	9450	790	14.0～17.5
第 3 个月	17.6	8.9	952	87	54	46	11	14	52	81	158	788	3.2	3.2	630	1260	3.2	59 850	9450	790	14.0～17.5
第 4 个月	16.0	8.4	781	82	44	38	10	13	51	73	145	725	29	2.9	580	1160	2.9	55 100	8700	725	12.5～16.5

续表

生理状态		每日营养素推荐值																			干物质摄入量[2]（kg）
		UFC	MADC（g）	赖氨酸（g）	Ca（g）	P（g）	Mg（g）	Na（g）	Cl（g）	K（g）	Cu（mg）	Zn（mg）	Co（mg）	Se（mg）	Mn（mg）	Fe（mg）	I（mg）	维生素A（IU）	维生素D（IU）	维生素E（IU）	
第5个月	12.1	7.4	544	69	40	33	10	13	51	72	128	638	2.6	2.6	510	1020	2.6	48 450	7650	640	11.5～14.0
第6个月	11.0	7.1	560	65	38	31	10	12	50	71	108	538	2.2	2.2	430	860	2.2	40 850	6450	540	9.5～12.0

[1] 正常产驹后24h内的体重。[2] 精饲料比例高的饲料中干物质的最低值，最大值对应牧草的最大消耗量。[3] 对于3岁大的小母驹，推荐摄入额外的0.6UFC和30g MADC。[4] 对于娱乐用马，如果其妊娠期的第6个月身体状况评分在3或更高水平，则可按照其能量需要值的90%进行饲喂

表 3.9　600kg[1] 成年轻型母马营养需要和日粮供应量推荐表

生理状态	每日营养素推荐值																			干物质摄入量[2]（kg）
	UFC	MADC（g）	赖氨酸（g）	Ca（g）	P（g）	Mg（g）	Na（g）	Cl（g）	K（g）	Cu（mg）	Zn（mg）	Co（mg）	Se（mg）	Mn（mg）	Fe（mg）	I（mg）	维生素A（IU）	维生素D（IU）	维生素E（IU）	
母马，未产奶或泌乳早期	4.8	339	31	24	17	9	12	48	36	90	450	1.8	1.8	360	720	1.8	29 300	3600	540	8.0～10.0
母马，妊娠期[3,4]																				
第0～5个月	4.8	339	31	24	17	9	12	48	36	90	450	1.8	1.8	360	720	1.8	29 300	3600	540	8.0～10.0
第6个月	5.2	414	38	30	22	9	12	48	36	93	463	1.9	1.9	370	740	1.9	38 900	5600	740	8.0～10.5
第7个月	5.5	417	38	33	24	9	12	48	36	93	463	1.9	1.9	370	740	1.9	38 900	5600	740	8.0～10.5
第8个月	5.7	441	40	35	26	9	13	48	37	93	463	1.9	1.9	370	740	1.9	38 900	5600	740	8.5～10.5
第9个月	6.0	482	44	40	30	9	13	48	37	100	500	2.0	2.0	400	800	2.0	42 000	6000	800	9.0～11.0
第10个月	6.3	578	53	46	34	9	14	48	38	105	525	2.1	2.1	420	840	2.1	44 100	6300	840	9.0～12.0
第11个月	6.5	620	56	50	38	10	14	48	38	110	550	2.2	2.2	440	880	2.2	46 200	6600	880	9.5～12.5

续表

生理状态		每日营养素推荐值																			干物质摄入量[2]（kg）
		UFC	MADC（g）	赖氨酸（g）	Ca（g）	P（g）	Mg（g）	Na（g）	Cl（g）	K（g）	Cu（mg）	Zn（mg）	Co（mg）	Se（mg）	Mn（mg）	Fe（mg）	I（mg）	维生素A（IU）	维生素D（IU）	维生素E（IU）	
母马，泌乳期[3]																					
	产乳（kg/d）																				
第1个月	18.0	10.1	1131	90	67	58	13	15	56	94	153	763	3.1	3.1	610	1220	3.1	59 850	9450	760	13.5～18.0
第2个月	19.8	10.3	1091	96	60	51	12	15	56	94	163	813	3.3	3.3	650	1300	3.3	64 600	10 200	810	15.0～19.0
第3个月	19.2	9.6	1030	94	59	50	12	15	56	91	163	813	3.3	3.3	650	1300	3.3	64 600	10 200	810	15.0～19.0
第4个月	17.4	9.1	844	88	48	41	11	14	55	79	153	763	3.1	3.1	610	1220	3.1	59 850	9450	760	13.5～18.0
第5个月	13.2	7.9	629	75	43	36	11	14	55	78	138	688	2.8	2.8	550	1100	2.8	51 300	8100	690	12.5～15.0
第6个月	12.0	7.6	603	71	41	34	10	13	54	77	118	588	2.4	2.4	470	940	2.4	44 650	7050	590	10.5～13.0

[1] 正常产驹后 24h 内的体重。[2] 精饲料比例高的饲料中干物质的最低值，最大值对应牧草的最大消耗量。[3] 对于 3 岁大的小母驹，推荐摄入额外的 0.7UFC 和 35g MADC。[4] 对于娱乐用马，如果其妊娠期的第 6 个月身体状况评分在 3 或更高水平，则可按照其能量需要值的 90% 进行饲喂

表 3.10　700kg[1] 成年重挽母马营养需要和日粮供应量推荐表

生理状态	每日营养素推荐值																				干物质摄入量[4]（kg）
	UFC		MADC（g）	赖氨酸（g）	Ca（g）	P（g）	Mg（g）	Na（g）	Cl（g）	K（g）	Cu（mg）	Zn（mg）	Co（mg）	Se（mg）	Mn（mg）	Fe（mg）	I（mg）	维生素A（IU）	维生素D（IU）	维生素E（IU）	
	受限 80%[2]	正常 100%[3]																			
母马，未产奶或泌乳早期	4.1	5.1	381	35	28	20	11	14	56	42	100	500	2.0	2.0	400	800	2.0	32 500	4000	600	9.0～11.0
母马，妊娠期[5]																					
第 0～5 个月	4.1	5.1	381	35	28	20	11	14	56	42	100	500	2.0	2.0	400	800	2.0	32 500	4000	600	9.0～11.0
第 6 个月	4.4	5.5	469	43	34	26	11	15	56	43	103	513	2.1	2.1	410	820	2.1	42 000	6200	820	9.0～11.5
第 7 个月	4.7	5.9	472	43	38	28	11	15	56	43	103	513	2.1	2.1	410	820	2.1	42 000	6200	820	9.0～11.5
第 8 个月	4.9	6.2	500	46	41	30	11	15	56	43	105	525	2.1	2.1	420	840	2.1	43 100	6300	840	9.5～11.5
第 9 个月	5.2	6.5	548	50	47	36	11	15	56	44	110	550	2.2	2.2	440	880	2.2	45 100	6600	880	10.0～12.0
第 10 个月	5.5	6.9	660	60	54	40	11	16	56	44	115	575	2.3	2.3	460	920	2.3	47 200	6900	920	10.0～13.0
第 11 个月	5.7	7.1	709	65	58	45	11	16	56	44	120	600	2.4	2.4	480	960	2.4	49 200	7200	960	10.5～13.5
母马，泌乳期[5]																					
产乳（kg/d）																					
第 1 个月　21.0	11.3	13.6	1305	104	78	68	15	18	66	109	185	925	3.7	3.7	740	1480	3.7	71 250	11 250	925	16.0～21.0
第 2 个月　23.1	11.5	13.8	1259	111	70	59	14	18	66	109	195	975	3.9	3.9	780	1560	3.9	74 100	11 700	975	17.0～22.0
第 3 个月　22.4	10.7	12.8	1187	109	68	58	14	18	66	106	185	925	3.7	3.7	740	1480	3.7	71 250	11 250	925	16.0～21.0
第 4 个月　20.3	10.1	12.1	970	92	56	48	13	16	64	92	173	863	3.5	3.5	690	1380	3.5	65 550	10 350	865	14.5～20.0

续表

生理状态		每日营养素推荐值																				
		UFC		MADC（g）	赖氨酸（g）	Ca（g）	P（g）	Mg（g）	Na（g）	Cl（g）	K（g）	Cu（mg）	Zn（mg）	Co（mg）	Se（mg）	Mn（mg）	Fe（mg）	I（mg）	维生素A（IU）	维生素D（IU）	维生素E（IU）	干物质摄入量[4]（kg）
		受限 80%[2]	正常 100%[3]																			
第5个月	15.4	8.7	10.4	720	86	50	42	12	16	64	91	153	763	3.1	3.1	610	1220	3.1	57 950	9150	765	13.5～17.0
第6个月	14.0	8.3	10.0	689	81	48	40	12	16	64	90	153	663	27	2.7	530	1060	2.7	50 350	7950	685	11.5～15.0

[1] 正常产驹后24h内的体重。[2] 冬季来临时，身体状况评分为3.5。[3] 冬季来临时，身体状况评分为3.0。[4] 精饲料比例高的饲料中干物质的最低值，最大值对应牧草的最大消耗量。[5] 对于3岁大的小母驹，推荐摄入额外的0.7UFC和35g MADC

表 3.11　800kg[1] 成年重挽母马营养需要和日粮供应量推荐表

生理状态	每日营养素推荐值																				
	UFC		MADC（g）	赖氨酸（g）	Ca（g）	P（g）	Mg（g）	Na（g）	Cl（g）	K（g）	Cu（mg）	Zn（mg）	Co（mg）	Se（mg）	Mn（mg）	Fe（mg）	I（mg）	维生素A（IU）	维生素D（IU）	维生素E（IU）	干物质摄入量[4]（kg）
	受限 80%[2]	正常 100%[3]																			
母马，未产奶或泌乳早期	4.5	5.6	421	38	32	22	12	16	64	48	105	525	2.1	2.1	420	840	2.1	34 100	4200	630	9.5～11.5
母马，妊娠期[5]																					
第0～5个月	4.5	5.6	421	38	32	23	12	16	64	48	105	525	2.1	2.1	420	840	2.1	34 100	4200	630	9.5～11.5
第6个月	4.9	6.1	521	47	39	29	12	17	64	49	108	538	2.2	2.2	430	860	2.2	45 200	6500	860	9.5～12.0
第7个月	5.2	6.5	525	48	43	32	12	17	64	49	108	538	2.2	2.2	430	860	2.2	45 200	6500	860	9.5～12.0
第8个月	5.4	6.8	557	51	47	34	12	17	64	49	110	550	2.2	2.2	440	880	2.2	46 200	6600	880	10.0～12.0
第9个月	5.8	7.2	612	56	54	41	13	17	64	50	115	575	2.3	2.3	460	920	2.3	48 300	6900	920	10.5～12.5

续表

生理状态	产乳（kg/d）	每日营养素推荐值																			干物质摄入量[4]（kg）
		UFC		MADC（g）	赖氨酸（g）	Ca（g）	P（g）	Mg（g）	Na（g）	Cl（g）	K（g）	Cu（mg）	Zn（mg）	Co（mg）	Se（mg）	Mn（mg）	Fe（mg）	I（mg）	维生素A（IU）	维生素D（IU）	维生素E（IU）	
		受限 80%[2]	正常 100%[3]																			
第10个月		6.1	7.6	739	67	61	46	13	18	64	50	120	600	2.4	2.4	480	960	2.4	50 400	7200	960	10.5～13.5
第11个月		6.3	7.8	780	72	66	51	13	18	64	50	125	625	2.5	2.5	500	1000	2.5	52 500	7500	1000	11.0～14.0
母马，泌乳期[5]																						
第1个月	24.0	12.6	13.9	1477	117	90	78	17	20	75	125	205	1025	4.1	4.1	820	1640	4.1	77 900	12 300	1025	17.0～24.0
第2个月	26.4	12.9	14.2	1424	125	80	68	16	20	75	125	215	1075	4.3	4.3	860	1720	4.3	81 700	12 900	1075	18.0～25.0
第3个月	25.6	12.2	13.4	1343	123	78	67	16	20	75	122	205	1025	4.1	4.1	820	1640	4.1	77 900	12 300	1025	17.0～24.0
第4个月	23.2	11.3	12.4	1094	115	65	56	15	19	74	106	193	963	3.9	3.9	770	1540	3.9	73 150	11 550	965	15.5～23.0
第5个月	17.6	9.7	10.6	808	96	57	48	14	18	73	104	173	863	3.5	3.5	690	1380	3.5	65 550	10 350	865	14.5～20.0
第6个月	16.0	9.3	10.2	773	91	54	45	14	18	73	102	148	738	3.0	3.0	590	1180	3.0	56 050	8850	770	12.5～17.0

[1] 正常产驹后 24h 内的体重。[2] 冬季来临时，身体状况评分为 3.5。[3] 冬季来临时，身体状况评分为 3.0。[4] 精饲料比例高的饲料中干物质的最低值，最大值对应牧草的最大消耗量。[5] 对于 3 岁大的小母驹，推荐摄入额外的 0.7UFC 和 35g MADC

在表 3.6～表 3.11 中列出的干物质消耗值并不代表母马消耗的最大干物质的量，而是这些干物质的数量将满足它们的需要。此外，这个数量取决于食物的营养价值（草料类型，浓缩比例）。这些是每个生理状况的最小和最大消耗值的原因，最大值代表草料为基础日粮，最小值是高浓缩饲料为日粮。所有中间值都是可以接受的。

考虑到每个表脚注中特殊情况引起的变化：体况差、初产、娱乐用母马，可能需要增加摄入量。对于那些可能完全在户外饲养管理的母马，由于气候条件，最终可能需要增加消耗，参见 1.2.1 节。

3.4 实 际 饲 喂

3.4.1 根据母马用途类型确定饲喂策略

母马每年的繁殖周期和饲养管理因各自的生产目标（赛马、竞技体育、娱乐和挽拉）而异。

1．*竞赛*　因为竞技马品种 2 岁时繁殖，所以在冬季产驹。这些马妊娠结束（产驹）时在冬天，并且泌乳期开始于冬季末和初春，这个阶段营养需要是最大的（图 3.10）。马驹在 5～6 月龄断奶。饲养目标是让母马在整个周期一直保持良好的身体条件：身体状况评分为 3.5。为了达到这一目标，冬季和夏季的喂养是很重要的。在夏天最热时，母马和马驹通常会被带进室内，母马可以轻易地给

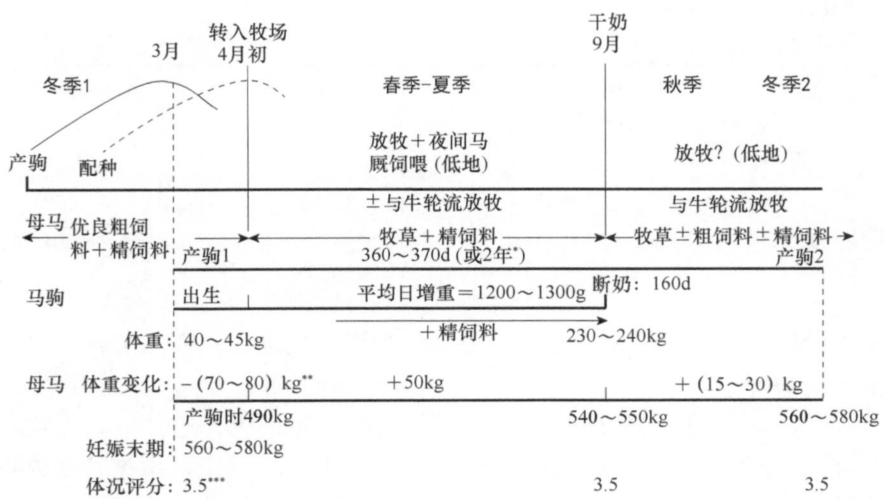

图 3.10　赛马品种母马每年的管理周期（体重：500kg）

* 依赖于成功配种并于 9 月初使驹断奶，接着训练 15 个月。** 体重损失相当于胎儿体重＋消化道内容物。

*** 用于估算体况（0～5）的方法，INRA-HN-IE（1997）

予补饲。两次产驹间隔一般为 1 年或 2 年，这是出于第一次或第二次卵巢周期内母马可以成功受孕，而使小马驹早日出生。

一个实际的措施就是，要永远很好地喂养母马，即使代价很高（表 3.6 和表 3.7），因为这样将降低业主的风险。在冬季，饲喂给母马高品质干草（第 16 章），辅以浓缩饲料补饲：在妊娠结束和泌乳期早期补充剂量为 1.5～3kg，根据身体状况，绝不应该过度（最佳评分为 3.5）。

2．竞技体育　　产驹发生在冬季末或初春时，年轻的马在 4 岁时开始比赛（图 3.11）。马驹在 6 月龄时断奶。由于妊娠结束在冬季末，泌乳期几乎全部在牧场上完成。在周期中身体状况可能会稍有变化（评分为 3～3.5 分），但这依赖于冬末和整个夏季的饲养水平，而这正是产驹间隔期。在冬季母马喂食优质草料（第 16 章），在妊娠结束时，浓缩饲料补充剂量为 1.0～2.0kg。

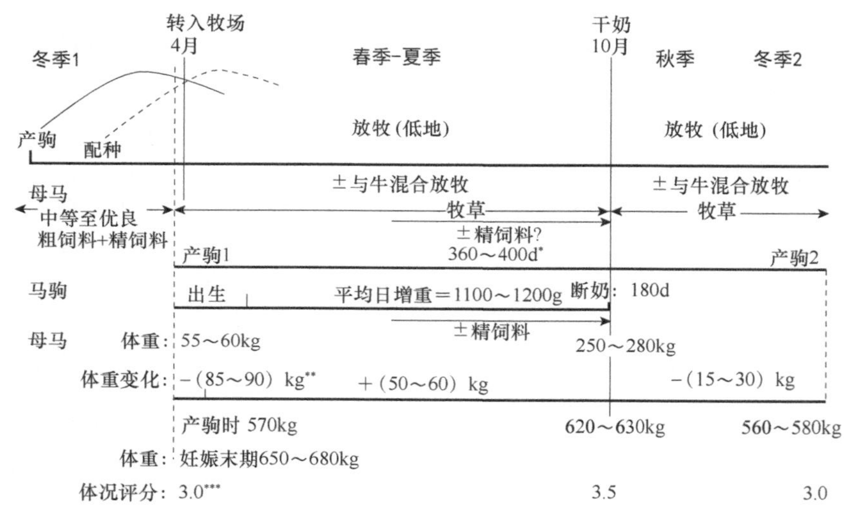

图 3.11　竞技体育用母马每年的管理周期（体重：550kg）

* 依赖于成功配种并于 10 月初使驹断奶，接着训练 15 个月。** 体重损失相当于胎儿体重＋消化道内容物。

*** 用于估算体况（0～5）的方法，INRA-HN-IE（1997）

设计营养摄入的推荐量是为了满足母马为生产运动马而所需的营养摄入量（表 3.6～表 3.9）。

3．娱乐　　由于一般 3～4 岁的年轻马很晚开始训练，通常母马去牧场之后会产驹（图 3.12）。妊娠和泌乳分别发生在冬季和在草场上。根据秋季放牧条件，马驹在 6～7 月龄断奶。妊娠期母马身体状况可以有很大的变化，评分为 2.5～3.5。因其饲养条件在冬天很受限制，而在夏天的泌乳期则相对丰富。然而，为了维持 12 个月的产驹间隔，一定要在秋天获得最佳的身体状态（3.5 分）。

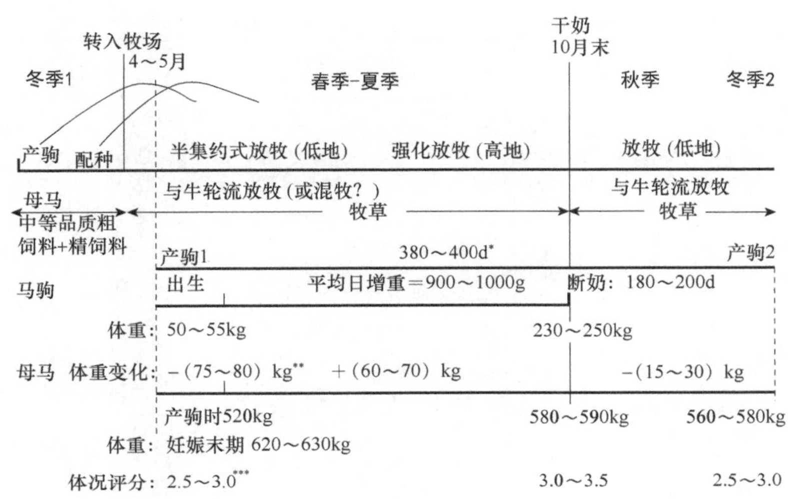

图 3.12 娱乐区母马每年的管理周期（体重：500kg）

* 依赖于成功配种并于 10 月末使驹断奶，接着训练 15 个月。** 体重损失相当于胎儿体重＋消化道内容物。

*** 用于估算体况（0～5）的方法，INRA-HN-IE（1997）

在冬季妊娠期阶段，推荐的营养水平和饲料的摄入量可能限制在能量需求的 90%，体储的动员保持在适度状态：产驹时最低得分为 2.5～2.75。在牧场上获得的饲料摄入量的实际水平通常必须高于正常的营养要求（表 3.6～表 3.8），以迅速在泌乳期第一个月末达到评分为 3 的身体状况，以及在干奶期评分为 3.5。

在实际情况下，冬季用普通质量的干草（第 16 章），辅以最少量浓缩饲料喂养母马：在妊娠结束时和泌乳早期，母马的精饲料饲喂量分别为 1kg 和 2kg，这取决于马的身体条件和产驹后的放牧情况。

4．*重挽母马生产育肥断奶马驹*　母马去农场上的草地放牧仅数周后产驹，然后艰难跋涉到高地牧场，通常在山上饲养管理（图 3.13）。马驹在 7～8 月龄断奶，根据在农场的放牧条件，体重在 330～350kg。由于母马在冬天营养不良（与肉牛类似），身体状况差异显著，得分为 2～3.5。在春夏季节，马体储得以恢复，尤其是在早春，刚放入农场上的草场后不久，这时的牧草既新鲜又充足。母马产驹后不久即配种，这样可以保持 12 个月的产驹间隔。

在冬季妊娠期间推荐的营养水平与饲料摄取量可以被限制到能量需要的 80%，从而使产驹时体况评分为 2.5。为了母马在泌乳期结束时可以获得 3.5 分的体况，产驹时摄食水平必须要高于正常的营养需要（表 3.10 和表 3.11）。在母马动身去高地牧场前，如果农场提供高质量的放牧条件，在高地牧场身体状况可能从泌乳期第一个月的 3.0 提高到泌乳期结束时的 3.5。

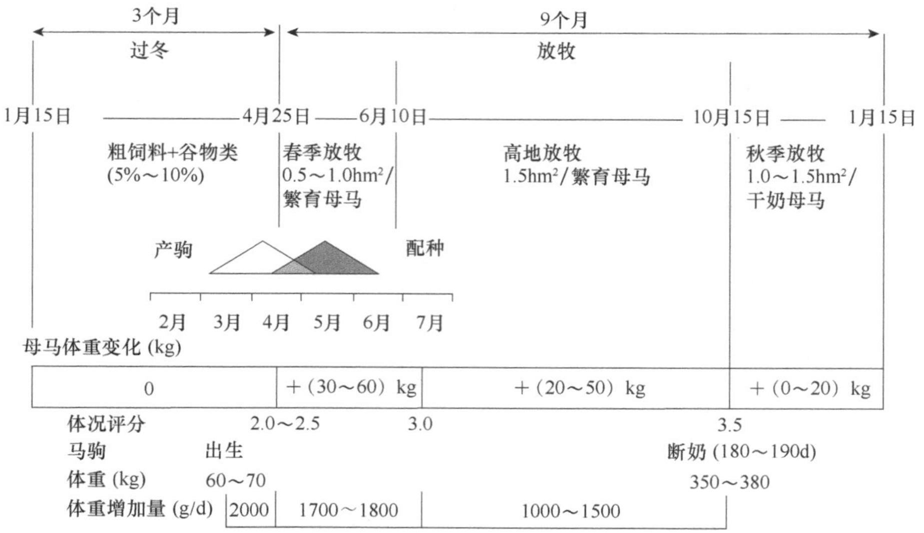

图 3.13　重型繁殖母马每年的管理计划（体重：700kg）

重型母马通常完全在室外饲养管理，在这样的条件下，必须保持高饲养水平（表 3.10 和表 3.11）。并且，如果冬季温度低于－10℃，能量摄入要增加 20%。通常这种能量摄入的增加可以通过增加可食饲料的量来完成。

现实条件下，冬季饲养母马一般喂养中等到普通品质的干草（第 16 章）。然而，有必要提供最小量的补充浓缩饲料。如果产驹很早并且根据母马的身体状况和产驹时牧场的条件，建议补饲量在妊娠期结束时大约为 1kg，到泌乳初期增加到 2kg。

3.4.2　蛋白质、矿物质、微量元素和维生素的摄入

无论什么生产类型，营养需要总是决定推荐摄入量（表 3.6～表 3.11）。缺乏这些营养素的影响尚不清楚。矿物质和微量元素的摄入量必须按照第 2 章表 2.1 给出的量和第 13 章中给出的计算方法进行检查。

3.4.3　繁殖效率

营养效应有助于更好地控制繁殖的三个方面：卵巢的季节性活动、卵巢活性和排卵和产后卵巢活性和生育力。

1. *卵巢的季节性活动*　　当卵巢静止期的持续时间缩短时，在冬季卵巢活动就提前了。这种情况发生在秋季和初冬或当母马处于良好的体况时（评分为 3～3.5）。

为使母马有良好的身体条件（评分≥3），对其进行补饲，并通过在初冬使用

人工照明来延长光周期，这样产生的累加效应可促进初冬卵巢的活动。补饲影响能量供应和供应蛋白质的品质。

2．卵巢活性和排卵　在冬季对母马进行补饲，有助于排卵日期的提前，甚至如果母马身体状况不理想（评分<3），还会对其有所改善。给母马提供丰富的高品质牧草并由此引起增重，也有助于第一次排卵日期的提前。

3．产后卵巢活性和生育力　在泌乳期的母马，妊娠期和泌乳早期如果能量不足，身体条件不佳（评分<2.5），会导致怀孕周期数的增加，生育率下降和胚胎死亡率增加。

由于妊娠期适度的能量限制，对体况评分为 2.5 的泌乳期母马的饲喂如果满足泌乳的需要，并不会延迟它的第一次发情周期。然而，如果营养摄入量不足以使其快速恢复到评分为 3 的身体状况，该第一个周期的生育率可能会受到影响。

4．恢复身体状况　额外的饲料量，尤其是能量饲料，以及在产后恢复到最小评分为 3.0 的身体状况的饲喂时间，取决于初始身体条件和可用的时间。为使母马恢复身体状况的 0.25～0.75 分（第 2 章，表 2.2 和表 2.5），根据所需的时间间隔，需要 30～90d 和 115%～160% 的维持摄入量。

3.4.4　初产小母马

在法国，5 月出生的小母马，当摄食量和相应的生长速率都最大化时，平均青春期的年龄是 12 个月（第 5 章，表 5.8～表 5.10、表 5.16 和表 5.17）。相似时间出生的小母马以中等增长速率方式适中喂养时，这个时间则为 23 个月。

由于用于比赛、竞技体育、娱乐和挽曳的年轻母马进入繁殖的推荐年龄是 3 岁，从实用的角度来看，青春期出现在 12 月龄没有什么意义。

3 岁时开始繁殖的年轻母马，推荐的饲料摄入量如下：①表 3.6～表 3.9 用于轻型马品种，使用正常水平的能量和蛋白质的摄入量，添加补充饲料，以确保最终完成增长，这在表的脚注说明了。②表 3.10 和表 3.11 用于重型品种，为确保最终增长的完成，添加了补饲，这在表的脚注说明了。

从动物管理和经济角度来看，2 岁的重型品种的母马进行繁殖是危险的。因为其繁殖困难，难以获得足够的增长而达到正常成年体重，并且 4 岁时较高的更新率也反对过早进行繁殖。

3.4.5　母马集群管理

重型品种的母马往往整年在冬季露天的饲养区成群进行管理。如果群体管理造成不便，最小的马厩系统可以允许母马被单独喂精饲料。然而，草料饲喂，90% 的食物将以群体为基础进行。

两个子时期是建立在身体状况良好（得分＝3）的母马和马驹上。放牧前两个月饲喂与整个马群平均生理状态相一致的平均食物；从进入越冬地区直到产驹的上半段时期，饮食应该与母马在第 11 个月妊娠期和泌乳期的第 1 个月的建议摄入量的算术平均值相一致（限制水平，表 3.10 和表 3.11）。

例 3.1

700kg 体况良好的母马，每匹马的平均摄食量为多少？
建议能量和蛋白质摄取量：
妊娠期第 11 个月（限制水平）＝5.7UFC 709g MADC
泌乳期第 1 个月（限制水平）＝11.3UFC 1305g MADC
因此（5.7＋11.3）/2＝8.5UFC （709＋1305）/2＝1007g MADC

从这个时间开始直到去牧场，饮食应该对应于推荐的泌乳期第 1 月的摄入量（表 3.10 和表 3.11）。

例 3.2

700kg 体况良好的母马，对应泌乳期第 1 个月的 UFC 和 MADC 分别为：13.6UFC 和 1305g MADC

3.5 放　　牧

母马的生产效率及将小马驹成功哺育到适当体重，需要满足该母马的营养需要，这取决于母马摄取足够牧场草料的能力，同样也取决于它对饲料槽里所预备的冬季草料的摄取能力。图 3.14 对母马冬季喂养行为进行了观测，首次刈割的 3 种不同绿色的干牧草代表 3 个阶段，它们能够很容易满足母马的能量需求。当处于饲草开花阶段时，除了母马正在泌乳和怀孕稍晚之外，其生理状态不会影响放牧（图 3.14）。

3.5.1 放牧来满足营养需求

竞技体育品种母马通常生活在潮湿的地区，该地区产草量很高，此时，也正值泌乳期的第二阶段。如果青草数量足够，可以在很大程度上满足母马的营养需要。由于这些母马通常在傍晚到早晨在马厩中（图 3.15A），因此也可添加饲草并在饲料槽中补充一定量的浓缩料（最多 2kg/d）以满足母马营养需要。在该饲养管理系统中，母马将很容易保持身体状况（图 3.10）。

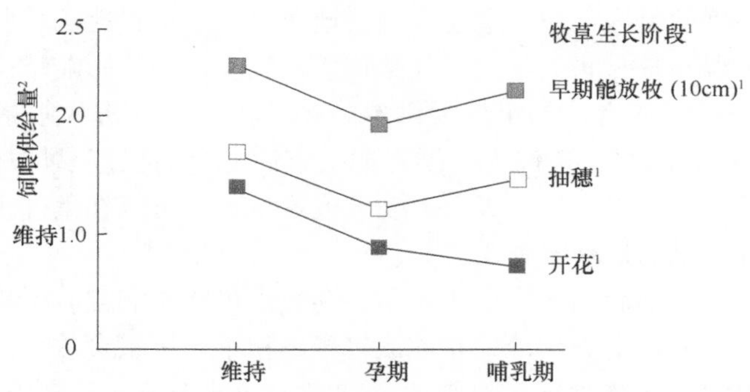

图 3.14 在草场牧草首个生长周期中，由牧场粗饲料的生长阶段决定的母马的能量平衡（改编自 Theriez et al.，1994）

[1] 收割草于槽中饲喂。[2] 饲喂供给量以维持需要的倍数表示

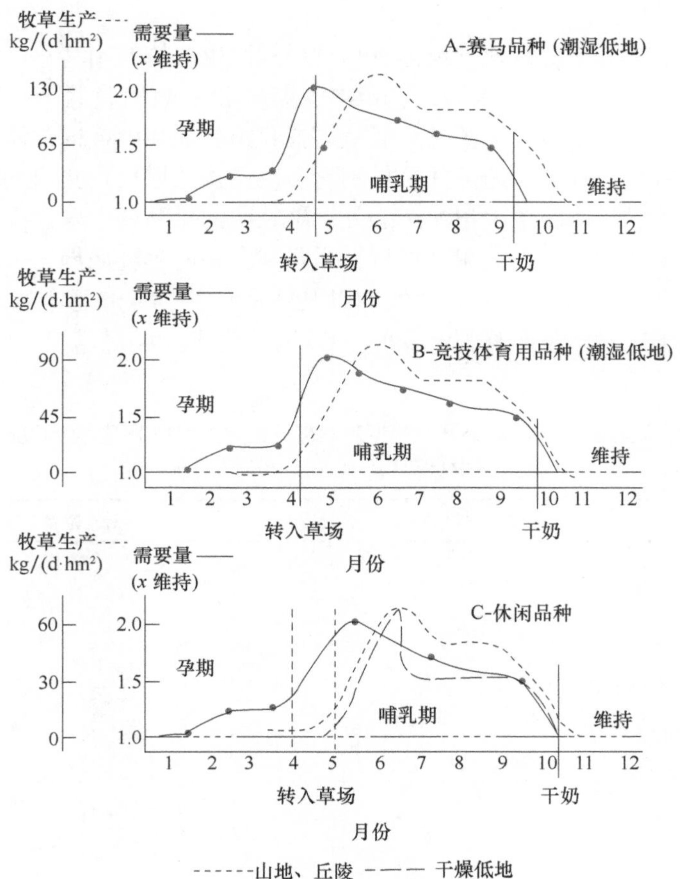

图 3.15 母马营养需要量的变化和全年的粗饲料生产

竞技体育品种的母马生活在适度潮湿的地区，通常草料能满足营养需要。然而，如果草生长遇到长时间的冬季天气及草生长较晚，则会影响草产量，而这时可能泌乳期刚开始，或者，如果春天雨水较多，也会延迟进入牧场地区的时间（图 3.15B）。在良好的放牧条件下，泌乳期结束后的母马很容易增加体重和获得令人满意的体况，这可以发生在春天、夏天或者秋天，可以在条件不利的早春之后，甚至在中等干旱的夏季（图 3.11）。

为使母马在泌乳期后和产后尽快受孕，在夏季可能湿润或者干旱的丘陵和多山地区的休闲用和挽用马类型母马非常依赖于春秋季节可采食牧草的品质，以获得最佳体况。至少在干燥地区，饲料质量在春天和秋天通常是高于母马的需要，而夏天恰好相反（图 3.15C）。在放牧时必须给母马提供丰富优质牧草场地以确保秋天时母马身体系统的可持续性。体储管理是非常重要的（图 3.12，图 3.13）。

3.5.2 母马补饲

在实践中，牧场上养育比赛或体育品种母马以生产体育用马，也常以复合饲料或农场浓缩料进行补饲。INRA 和 IFCE 最近获得的数据表明，肥沃的草原牧场上自由采食的泌乳期母马为了满足能量需要，不需要集中补饲。体重和身体状况的变化在非补饲组和补饲组之间差异不显著。马驹的增长在两组之间是相似的（表 3.12）。这些结果支持了 INRA 先前关于泌乳期的母马自由采食中等到优质干草基础日粮不需集中补饲的结果，以草料为基础食物的泌乳期母马可以通过调整采食量来满足能量需要。然而，放牧的母马不进行补饲，当每天牧草摄入量低于 66g DM/kg BW，即每匹马每天 39kg DM 时，将不能满足需要（Collas et al., 2014b）。

表 3.12 施肥牧场内，能量补充对轻型泌乳母马自由采食行为及身体状况的影响
（引自 Collas et al.，2014）

	已补充能量的母马（n=8）	未补充能量的母马（n=8）
泌乳期	第 1.5～4 个月	第 1.5～4 个月
持续时间（d）	90	90
牧草干物质摄入量（kg DM/d）	13.5	15. 5
大麦干物质摄入量（kg DM/d[1, 2]）	2.5	0.3
总干物质摄入量（kg DM/d）	16.0	15.8
净能摄入量（Mcal/d）	26.4	24.4
母马体重（kg）		
最初	590	595
最终	607	616

续表

	已补充能量的母马（$n=8$）	未补充能量的母马（$n=8$）
身体状况评分		
最初	2.9	3.3
最终	3.6	3.6
马驹体重（kg）		
最初	106	89
最终	199	180

[1] 包括矿物质的补充。[2] 包含标记物，以便检测干物质摄入量（在牧场内采食牧草时使用塑料球，以便与粪便分离）

无论是何品种，还是在什么类型的牧场，放牧的母马都需要补充含有矿物质和微量元素的矿物质添加剂。牧场的矿物质和微量元素，尤其是钙和磷、铜和锌都不能满足营养需要（第 16 章）。根据营养原则（第 1 章）和食物配方规律（第 13 章），这些矿物质也没有以正常的比例呈现。由于赛马和竞技体育品种母马晚上在马厩里，给它们的补充就以混合饲料在饲喂桶中进行。挽用马和娱乐用马的营养补充通过在牧场放置矿化盐砖来进行。然而，应该对消耗水平进行监测。

3.6　预防营养问题

3.6.1　营养平衡

为了预防母马的主要问题，需要遵循维持平衡的营养原则，这是比较好理解的（第 1 和 2 章）。包括下列要点：kg DM/100kg BW；g MADC/UFC；Ca：P；Zn：Cu；维生素 A：维生素 D。

3.6.2　矿物质代谢问题

低钙血症（产后瘫痪）在奶牛中较流行，但在母马较罕见。相比之下，有报道泌乳母马出现低钙血症可能是继发于低镁血症。

妊娠或者泌乳期母马因为肠道在某一时期快速吸收相应元素而导致低钙血症和（或）高磷血症的状况的出现是不常见的。骨分解代谢是由甲状旁腺细胞分泌降钙素阻止骨骼的过度去矿化作用来进行非常好的调控的。

参 考 文 献

Banach, M.A. and J.W. Evans, 1981. Effects of inadequate energy during gestation and lactation on the oestrous cycle and conception rates of mares and on their foal weights. *In*: 7th ENPS Proceedings, USA, pp. 97-100.

Bowman, H. and W. Van der Schee, 1978. Composition and production of milk from dutch warmblooded saddle horse mares. Z. Tierphysiol. Tierenärhg. Futtermittelk, 40, 39-53.

Briant, C., M. Ottogalli, D. Guillaume, C. Fabre-Nys, P. Ecot and A. Margat, 2006. Le passage à la barre pour la detection des chaleurs: quelques precisions pour faciliter son interpretation. Haras Nationaux, Equ'Idée, 57, 59-63.

Cavinder, C.A., M.M. Vogelsang, D.W. Forrest, P.G. Gibbs and T.L. Blanchard, 2005. Reproductive parameters of fat vs moderately conditioned mares following parturition. *In*: 19th ENPS Procedings, USA, pp. 65-70.

Collas, C., B. Dumont, R. Delagarde, W. Martin-Rosset and G. Fleurance, 2015. Energy supplementation and herbage allowances effects on daily intake in lactating mares. J. Anim. Sci., 93, 2520-2529.

Collas, C., G. Fleurance, J. Cabaret, W. Martin-Rosset, L. Wimel, J. Cortet, B. Dumont and G. Fleurance, 2014. How does the suppression of energy supplementation affect herbage intake, performance and parasitism in lactating saddle mares? Anim., 8, 1290-1297.

Cymbaluck, N.F., M.E. Smatrt, F. Bristol and V.A. Ponteaux, 1993. Importance of milk replacer intake and composition in rearing orphaned foals. Can. Vet. J., 34, 479-486.

Den Engelsen, H., 1966. Het gewicht van de landbouwhuisdieren. Veteelt Ziuvelber, 9, 293-310.

Doreau, M. and F. Martuzzi, 2006a. Fat content and composition of mare's milk. *In*: Miraglia, N. and W. Martin-Rosset (eds.) Nutrition and feeding of the broadmares. EAAP Publication no. 120. Wageningen Academic Publishers, Wageningen, the Netherlands, pp. 77-88.

Doreau, M. and F. Martuzzi, 2006b. Milk yield of nursing and dairy mares. *In*: Miraglia, N. and W. Martin-Rosset (eds.) Nutrition and feeding of the broadmares. EAAP Publication no. 120. Wageningen Academic Publishers, Wageningen, the Netherlands, pp. 57-64.

Doreau, M. and G. Dussap, 1980. Estimation de la production laitière de la jument allaitante par marquage de l'eau corporelle du poulain. Reprod. Nutr. Dev., 20, 1883-1892.

Doreau, M. and S. Boulot, 1989a. Methodes of measurement of milk yield and composition in nursing mares: a review. Le lait, 69, 159-171.

Doreau, M. and S. Boulot, 1989b. Recent knowledge on mare milk production: a review. Livest. Prod. Sci., 22, 213-235.

Doreau, M. and W. Martin-Rosset, 2002. Dairy animals. Horse. *In* : Roginski, H., J.W. Frequay and P.F. Fox (eds.) Encyclopedia of dairy sciences. Academic Press, London, UK, pp. 630-637.

Doreau, M., J.P. Bruhat and W. Martin-Rosset, 1988. Effets du niveau des apports azotés chez la jument en début de lactation. Ann. Zootech., 37(1), 21-30.

Doreau, M., S. Boulot, D. Bauchart, J.P. Barlet and W. Martin-Rosset, 1992. Volountary intake, milk production and plasma metabolites in nursing mares fed two different diets. J. Nutr. 122, 992-999.

Doreau, M., S. Boulot, J.P. Barlet and P. Patureau-Mirand, 1990. Yield and composition of milk from lactating mares: effect of lactation stage and individual differences. J. Dairy Res., 57, 449-454.

Doreau, M., S. Boulot and W. Martin-Rosset, 1986a. Relation between nutrient intake, growth and body composition of nursing foal. Reprod. Nutr. Dev., 26(B), 686-690.

Doreau, M., S. Boulot, W. Martin-Rosset and H. Dubroeucq, 1986b. Milking lactating mares using oxytocin: milk volume and composition. Reprod. Nutr. Dev., 26, 1-11.

Doreau, M., S. Boulot, W. Martin-Rosset and J. Robelin, 1986c. Relationship between nutrient intake, growth and body composition of the nursing foal. Reprod. Nutr. Dev., 26(2B), 683-690.

Doreau, M., S. Boulot and W. Martin-Rosset, 1991. Effect of parity and physiological stage on intake, milk production and blood parameters in lctating mares differing in body size. Anim. Prod., 53, 113-118.

Doreau, M., S. Boulot and Y. Chilliard, 1993. Yield and composition of milk from lactating mares: effect of body condition at foaling. J. Dairy Sci., 60, 457-466.

Doreau, M., W. Martin-Rosset and J.P. Barlet, 1981a. Variations au cours de la journée des teneurs en certains constituents plasmatiques chez la jument. Reprod. Nutr. Dev., 21, 1-17.

Doreau, M., W. Martin-Rosset and J.P. Barlet, 1981b. Variations de quelques constituents plasmatiques chez la jument allaitante en fin de gestation et en début de lactation. Ann. Rech. Vét., 12, 219-225.

Douglas, R.H. and O.J. Ginther, 1975. Development of the equine foetus and placental. J. Reprod. Fert., Suppl. 23, 503-505.

Drogoul, C., F. Clément, M. Ventorp and M. Orlandi, 2006. Equine colostrum production: basic and applied aspects. *In*: Miraglia, N. and W. Martin-Rosset (eds.) Nutrition and feeding the broodmares. EAAP Publication no. 114. Wageningen Academic Publishers, Wageningen, the Netherlands, pp. 203-219.

Dusek, J., 1966. Notes sur le développement prenatal des chevaux (in Czech language). Ved. Pr. Vysk. San. Chov. Keni., Slatinany, 2, 1-25.

Ellis, A.D., M. Bockhoff, L. Bailoni and R. Mantovani, 2006. Nutrition and equine fertility. *In*: Miraglia, N. and W. Martin-Rosset (eds.) Nutrition and feeding of the broadmares. EAAP Publication no. 120. Wageningen Academic Publishers, Wageningen, the Netherlands, pp. 341-366.

Faverdin, P., A. Hoden and J.B. Coulon, 1987. Recommendations alimentaires pour les vaches laitières. INRA Prod. Anim., 70, 133-152.

Fowden, A.L., A.J. Forehead, K. White and P.M. Taylor, 2000a. Equine uteroplacental metabolism at mid and late gestation. Exp. Physiol., 85, 539-545.

Fowden, A.L., P. M. Taylor, K.L. White and A.J. Forehead, 2000b. Ontogenic and nutritionally induced changes in fetal metabolism in the horse. J. Physiol., 528, 209-219.

Gallagher, R. and N.P. McMeniman, 1988. The nutritional status of pregnant and non-pregnant mares grazing South East Queensland pastures. Equine Vet. J., 20, 414-416.

Gentry, L.R., D.L. Thompson, G.T. Gentry, K.A. Davis Jr., R.A. Godke and A. Cartmill, 2002. The relationship between body condition, leptin and reproductive and hormonal characteristics of mares during the seasonal anovulatory period. J. Anim. Sci., 80, 2695-2703.

Gibbs, P.G., G.D. Potter, R.W. Blake and W.C McMullan, 1982. Milk production of quarter horse mares during 150 days of lactation. J. Anim. Sci., 54, 496-499.

Ginther, O.J., 1992. Characteristics of the redulatory season. *In*: Reproductive biology of the mare-basic and applied concepts. 2nd edition. Cross Plains, Wisconsin, USA, pp. 173-232.

Giussani, D.A., A.J. Forehead and A.L. Fowden, 2005. Development of cardiovascular function in the horse foetus. J. Physiol., 565, 1019-1030.

Godbee, R.G., L.M. Slade and L.M. Lawrence, 1979. Use of protein blocks containing urea for minimally managed broodmares. J. Anim. Sci., 48, 459-463.

Guillaume, D., J. Salazar-Ortiz and W. Martin-Rosset, 2006. Effects of nutrition level in mare's ovarian activity and in equine's puberty. *In*: Miraglia N. and W. Martin-Rosset (eds.) Nutrition and feeding the broadmares. EAAP Publication no. 120. Wageningen Academic Publishers. Wageningen, the Netherlands, pp. 315-340.

Gutte, J.O., 1972. Energiebedarf laktierender Stuten. *In*: Lenkeit, W. K. Breirem and E. Crasemann (eds.) Hdb. Tierernährg. Verlag Paul Parey, Berlin, Germany, pp. 393-398.

Henneke, D.R., G.D. Potter and J.L. Kreider, 1981. Rebreeding efficiency in mares fed different levels of energy during late gestation. *In*: 7th ENPS Proceedings, USA, pp. 101-104.

Henneke, D.R., G.D. Potter and J.L. Kreider, 1984. Body condition during pregnancy and lactation and reproductive efficiency rates of mares. Theriogenology, 21, 897-909.

Henneke, D.R., G.D. Potter, J.L. Kreider and B.F. Yeates, 1983. Relationship between condition score physical measurements and body fat percentage in mares. Equine Vet. J., 15, 371-372.

Hines, K.K., S.L. Hodge, J.L. Kreider, G.D. Potter and P.G. Harms, 1987. Relationship between body condition and levels of serum luteinizing hormone in postpartum mares. Theriogenology, 28, 815-825.

Hoffman, R.M., D.S. Kronefeld, H.S. Herblein, W.S. Swecker, W.L. Cooper and P.A. Harris, 1998. Dietary carbohydrates and fat influence milk composition and fatty acid profile of mare's milk. J. Nutr., 128, 2708S-2771S.

Hoffman, R.M., K.L. Morgan, M.P. Lynch, S.A. Zinn, C. Faustman and P.A. Harris, 1999. Dietary vitamin E supplemented in the periparturient period influences immunoglobulins in equine colostrum and passive transfer in foals. *In*: 17th ENPS Proceedings, USA, pp. 96-97.

INRA-HN-IE, 1997. Notation de l'état corporel des chevaux de selle et de sport. Guide pratique. Institut de l'Elevage, Paris, France, pp. 40.

Knight, D. and W. Tyznik, 1985. Effect of artificial rearing on the growth of foals. J. Anim. Sci., 60, 1-5.

Kubiak, J.R., B.H. Crawford, E.L. Squires, R.H. Wrigley and G.M. Ward, 1987. The influence of energy intake and percentage of body fat on the reproductive performance of nonpregnant mares. Theriogenology, 28, 587-598.

Lawrence, L., J. Di Pietro, K. Ewert, D. Parrett, L. Moser and D. Powell, 1992. Changes in body weight and condition in gestating mares. J. Equine Vet. Sci., 12, 355.

Le Neindre, P., M. Petit and A. Muller, 1976. Production laitière des vaches normandes à la traite ou à l'allaitement. Ann. Zootech., 25, 533-542.

Malacarne, M., F. Martuzzi, A. Summer and P. Mariani, 2002. Protein and fat's composition of mare's milk some nutritional remarks with reference to human and cow milk. Int. Dairy J.,12, 869-877.

Martin, R.G., N.P. McMeniman and K.F. Dowsett, 1991. Effects of protein deficient diet and supplementation on lactating mares. J. Reprod. Fert., Suppl. 44, 543-550.

Martin, R.G., N.P. McMeniman and K.F. Dowsett, 1992. Milk and water intakes of foals sucking grazing mares. Equine Vet. J., 24, 295-299.

Martin-Rosset, W. and M. Doreau, 1980. Effect of variations in level of feeding of heavy mares during late pregnancy. *In*: 31st Animal Meeting EAAP, Munich, Germany, Horse commission. Wageningen Pers, Wageningen, the Netherlands, Abstract.

Martin-Rosset, W. and M. Doreau, 1984a. Consommation des aliments et d'eau par le cheval. *In*: Jarrige, R. and W. Martin-Rosset (eds.) Le cheval. INRA Editions, Versailles, France, pp. 334-354.

Martin-Rosset, W. and M. Doreau, 1984b. Besoins et alimentation de la jument. *In*: Jarrige, R. and W. Martin-Rosset (eds.) Le cheval. INRA Editions, Versailles, France, pp. 355-370.

Martin-Rosset, W., M. Doreau and C. Espinasse, 1986a. Alimentation de la jument lourde allaitante. Evolution du poids vif des juments et croissance des poulains. Ann. Zootech., 35, 21-36.

Martin-Rosset, W., M. Doreau and C. Espinasse, 1986b. Variations simultanées du poids vif et les quantités ingérées chez la jument. Ann. Zootech., 5, 341-350.

Martin-Rosset, W., D. Austbo and M. Coenen, 2006a. Energy and protein requirements and recommended allowances in lactating mares. *In*: Miraglia, N. and W. Martin-Rosset (eds.) 3rd EWEN Proceedings: Nutrition and feeding of the broodmare. EAAP Publication no. 120. Wageningen Academic Publisers, Wageningen, the Netherlands, pp. 89-116.

Martin-Rosset, W., I. Vervuert and D. Austbo, 2006b. Energy and protein requirements and recommended allowances in pregnant mares. *In*: Miraglia, N. and W. Martin-Rosset (eds.) 3rd EWEN Proceedings: Nutrition and feeding the broodmares. EAAP Publication no. 120. Wageningen Academic Publishers, Wageningen, the Netherlands, pp. 15-40.

Meyer, H. and L. Ahlswede, 1976. Über das intrauterine wachstum und die Körperzusammensetzung won Fohlen sowie den Hährstoffbedarf tragender stuten ubers. Tierernähr., 4, 263-292.

Miraglia, N., M. Saastamoinen and W. Martin-Rosset, 2006. Role of pasture in mares and foals management in Europe. *In*: Miraglia, N. and W. Martin-Rosset (eds.) Nutrition and feeding the broodmares. EAAP Publication no. 120. Wageningen Academic Publishers, Wageningen, the Netherlands, pp. 279-288.

Morris, R.P., G.A. Rich, S.L. Ralston, E.L. Squires and B.W. Pickett, 1987. Follicular activity in transitional mares as affected by body condition and dietary energy. *In*: 10th ENPS Proceedings, USA, pp. 93-97.

Neseni, R., E. Flade, G. Heiddler and H. Steger, 1958. Milchleistung und Milchzusammensetzung von Stuten in Verlaufe der Laktation. Arch. Tierzucht., 1, 91-129.

Neuhaus, U., 1959. Milch un Milchgewinnung von Pferdestuten. Z. Tierz. Zuechtungsbiol, 73, 370.

Oftedal, O.T., H.F. Hintz and H.F. Schryver, 1983. Lactation in the horse: milk composition and intake by foals. J. Nutr., 113, 2196-2206.

Ott, E.A. and R.L. Asquith, 1994. Trace mineral supplementation of broodmares. J. Equine Vet. Sci., 14, 93-101.

Pagan, J.D. and H.F. Hintz, 1986. Composition of milk from pony mres fed various levels of digestible energy. Cornell Vet., 76, 139-148.

Pagan, J.D., C.G. Brown-Douglas and S. Caddel, 2006. Body weight and condition of Kentucky Thoroughbred mares and their foals as influenced by month of foaling, season and gender. *In*: Miraglia, N. and W. Martin-Rosset (eds.) Nutrition and feeding the broodmares.EAAP Publications no. 120. Wageningen Academic Publishers, Wageningen, the Netherlands, pp. 245-252.

Pagan, J.D., H.F. Hintz and T.R. Rounsaville, 1984. The digestible energy requirements of lactating pony mares. J. Anim. Sci., 58, 1382-1387.

Platt, H., 1978. Growth and maturity in the equine foetus. Journal of the Royal Society of Medicine, 71, 658-661.

Platt, H., 1984. Growth of the equine foetus. Equine Vet. J., 16, 247-252.

Salazar-Ortiz, J., S. Camous, C. Briant, L. Lardic, D. Chesneau and D. Guillaume, 2011. Effects of nutritional cues on the duration of winter anovulatory phase and on associated hormone levels in adult female welsh pony horses (*Equus caballus*). Reprod. Biol. Endocrinol., 9, 130.

Santos, A.S., B.C. Sousa, L.C. Leitao and V.C. Alves, 2006. Yield and composition of milk from Lusitano lactating mares. Pferdeheikunde, Suppl. 21, 115-116.

Särkijarvi, S., T. Reelas, M. Saastamoinen, K. Elo, S. Jaakkola and T. Kokkonen, 2012. Effects of cultivated or semi-natural pastures on chages of leiveweight, body condiition score, body measurements and fat thicknss in grazing finnhorse mares. *In*: Saastamonien, M., M.J. Fradibho, S.A. Santos and N. Miraglia (eds.) Forages and grazing in horse nutrition. EAAP Publication no. 132. Wageningen Academic Publishers, Wageningen, the Netherlands, pp. 231-236.

Schryver, H. F., O.T. Oftedal, J. Williams, L.V. Solderholm and H.F. Hintz, 1986. Lactation in the horse: the cmineral composition of mare's milk. J. Nutr., 116, 2141-2146.

Smolders, E. A. A., N. G. Van der Ven and A. Polanen, 1990. Composition of horse milk during the suckling period. Livest. Prod. Sci., 25, 163-171.

Tauson, A.H., P. Harris and M. Coenen, 2006. Intrauterine nutrition. Effet on subsequent health. *In*: Miraglia, N. and W. Martin-Rosset (eds.) Nutrition and feeding of the broadmares. EAAP Publication no. 120. Wageningen Academic Publishers, Wageningen, the Netherlands, pp. 367-388.

Theriez, M., M. Petit and W. Martin-Rosset, 1994. Caractéristiques de la conduit des troupeaux allaitants en zones difficels. Ann. Zootech., 43, 33-47.

Trillaud-Geyl, C., J. Brohier, L. De Baynast, N. Baudoin and E. Rossier, 1990. Bilan de productivité sur 10 ans d'un troupeau de juments de selle conduites en plein air intégral. Croissance des produits de 0 à 6 mois. World Rev. Anim. Prod., 25, 3, 65-70.

Wood, P.D.P., 1967. Algebraic model of the lactation curve in cattle. Nature, 216, 164-165.

第四章　种　公　马

法国用于繁育的种公马有6000多匹［1145匹矮种马除外（第8章）］，其中7%为纯血马，8%为标准马，46%为运动和娱乐马，39%为挽用马。纯血马种公马专用于人工辅助交配（99.5%为种马爬跨配种），而88.1%的标准马在采精后直接人工授精。运动和娱乐种公马则通过就地使用冷藏精子或调运冷冻精子而用于人工授精（75.7%用于交配）。挽用马中43.2%的母马是牧场繁殖，但分别有33.5%和22.8%的母马是人工辅助交配或用冷藏精子进行人工授精。

根据实际观测得到种马的真实比例，依法登记的种公马对外配种的年龄是4岁，由于它已完成90%以上的生长发育过程，因此它基本上是成年动物。

4.1　生殖周期的特征

4.1.1　种马生殖的主要特征

精子产生或精子形成开始于约18月龄的年轻种马睾丸实质中。然而，种马睾丸实质产生精子的能力直到3岁一直在提高，并且在4～5岁才能完全成熟。这个观察结果与激素浓度［促性腺激素，如促卵泡激素（FSH）和促黄体激素（LH）；类固醇激素，如睾酮和雌激素］有关，各值在约5岁时达到成年种马的值（Amann，1993）。

激素浓度和精子生成质量之间存在非常重要的关系，因此影响激素水平的因子将对精子的产量和质量产生影响。此外，当通过雄性生殖道时，精子将与附睾和附属腺的各种分泌物接触，精子的这种活动也取决于激素浓度。

4.1.2　影响种马生殖功能变化的因素

有两种类型的因素可以影响种马的生殖功能：内在（内部）因素和外在（外部）因素。

1．内在（内部）因素

（1）年龄　　精子的产量从初情期（18～24个月）到成年（5岁）持续增加

（Dowsett and Knott，1996）。对于大多数种马，最高的精子产量和质量约在 5 岁，并在 15 岁后降低（Clement et al.，1991）。

（2）品种　　各种研究表明，精液参数因品种而异。在法国，来自重型品种和轻型品种的数据显示在精子浓度、射精量和精子活力方面有显著差异（IFCE，2014）。与轻型品种相比，重型品种的射精量大得多，但精子浓度和活力有所下降。在美国对各品种（夸特马、阿帕洛萨马、花马等）进行的研究也同样显示出精液特征（射精量、精子浓度和精子活力）的显著差异（Dowsett and Knott，1996；Pickett，1993）。

2．外在（外部）因素

（1）季节　　有许多研究已经对一年中精液特征的变化情况进行了报道（Johnson et al.，1991；Pickett et al.，1975，1989）。这种分析是非常重要的，因为能更有效地确定种马的生殖功能。种马与母马恰好相反，种马的生殖功能受季节的影响较小。然而，在 INRA 的全年研究中观察到一些变化。这项研究表明，冬季（相对于春季和夏季）会导致性行为减少、射精量较低、精子浓度更高及精子活力下降。类似的，激素水平随季节变化，在春季和夏季，涉及生殖功能的各种激素浓度增加（Magistrini et al.，1987）。

（2）光周期和季节　　很少有研究关注光刺激对种马生殖功能的作用。与预期相反，使用光刺激并不促进精子产生（Thompson et al.，1977），尽管循环水平的 LH 和睾酮的量及睾丸大小增加了。

（3）饮食　　很少有研究对种马的生殖功能进行报道（Ellis et al.，2006），特别是关于精液定量和定性特征的研究。INRA 和 IFCE 开展的工作表明，处于青春期的种马受采食、生长和发育水平的影响（Guillaume et al.，2006）。据对 0.5ng/ml 的血浆睾酮浓度（这对应于在冬季产生正常射精的成年种马的阈值浓度）的评估显示，当出生后的摄食量分别相当于 INRA 建议的 150% 和 100% 时，乘用品种种马的青春期的年龄分别为 17 月龄和 25 月龄。与相应成年阶段所观察到的青春期获得的体重和体尺似乎是以上评估的关键要素。良好喂养或限制喂养的年轻种马的重量分别为成熟时的 79% 和 63%，而体高分别为成熟的 95% 和 90%。

目前，还没有关于成年种马的研究来评价日粮能量和蛋白质水平对精子生产影响的报道。对于其他物种，如公牛、公羊、公猪，限制摄入能暂时影响精液质量（Brown，1994）。在公牛中，年轻公牛断奶后，中等能量摄入比高等能量摄入在性器官的发育和精液特征（精子活力和异常精细胞百分比）方面更有利。年轻公牛比成年公牛更易受影响。根据 IFCE 和 INRA 进行的研究（Trillaud-Geyl and Magistrini，未发表的数据），在年轻种马的补饲饮食中添加远远高于要求水平的赖氨酸和甲硫氨酸（40%～80%），对精液中的定量参数（射精量、精子浓度、精子数量）或定性参数（异常精子数）没有显著影响，这与公羊和公牛的结果相反。

必须注意对种马进行锌的补给，因为在其他农场动物中发现缺乏锌可能扰乱精子发生和性器官发育。锌是金属酶的组成部分，这些酶参与代谢相关的酶反应，与性腺发育有重要的利害关系（Smith and Akibamijo，2000）。已有给种马补充多不饱和脂肪酸（PUFA）的研究，因为PUFA可以对精子质膜的构成产生特定影响。以含有维生素E的米油形式来补充PUFA，可以提高精液的抗氧化能力、精子质膜的质量及它们的活性（Arlas et al.，2008）。

据说维生素E和硒两种微量营养素对脂肪酸具有抗氧化作用，在公猪中缺乏维生素E会降低精子活力并增加异常精子数。在种马的饮食中提供维生素E，精子在4℃下保存48h后，活力有所提高。然而，在保存24h或冷冻和解冻后没有观察到效果（Gee et al.，2008）。维生素A参与精子发生。已经表明，和在公牛中一样，在种马中，缺乏维生素A会减弱精子的活性并增加畸形精子数。相反，种马维生素A的摄入量高于推荐量不会有有益的效果（Ralston et al.，1986）。到目前为止，没有发现补充维生素C对种马的生育力有相一致的影响（Ralston et al.，1988）。

4.1.3 结论

当使用精子影像评估种马精液的数量和质量时，考虑先天因素（年龄、品种）及外部因素，如进行观察的季节，以及摄食量水平和营养平衡非常重要。此外，比较种马与同一品种群体中的个体在同一季节测量的正常生育力的精液参数也很重要。对这些数据的分析将能够为进行合理喂养计划的种马选择适当的配种对象。

4.1.4 每年的繁殖周期

种马每年都有一个繁殖周期，或者说是，配种期和性静止期交替出现，每个时期持续约6个月，与母马的生殖周期类似。

1．性周期的配种期和静止期　在温带地区，种马的性静止期为8月至翌年1月，活跃交配期为2～7月。种马活动的性周期对应于母马的卵巢活动。运动马和快步马种马，在性活动期间会在特定冷却/冷冻中心收集用于人工授精的精液。种马平均每周收集3次，在此期间仔细监测精液质量。

2．育种系统

（1）人工辅助交配　纯血马进行独特的人工辅助交配（公马爬跨母马，二者都在配种人员的控制下）。快步种马收集精液用于人工授精，可以在收集之后立即进行或保存供以后使用。大部分（85%）运动种马的精液被收集用于母马的人工授精。

（2）本交　重型马种马一般专门用于山区或丘陵区这样的繁殖区牧场的就地配种，所配母马群体大小不同（5～20匹）。人工辅助交配，有或没有延续的人工授精，主要由小规模马主实施。在这种情况下，将收集的精液冷藏，然后运送到农场进行人工授精。

3．运动　赛马和运动马种马被安置在马厩中，尤其是对于那些热爱体育事业的人，这些马在围场排成长队或骑行，有或多或少的日常锻炼。重型马种马最常被安置在围场。

4.2　营养需要和在种马每年的繁殖周期中推荐的营养供给量

4.2.1　营养需要

性活动和相应需要根据马的季节性繁殖周期而变化。

1．性静止期　种马的维持需要与成年骟马及5%的重型马需要之和相同，也分别与成年骟马及15%～20%的运动马和赛马的需要之和相同（第1章，表1.1）。如果将一匹种马安置在马厩中，则它的总需要等于维持需要和轻便工作的总和，如短暂的输出，用练马绳训练步态或骑行（第6章的表6.12～表6.16与第8章的表8.1、表8.4和表8.7）。

如果种马被安置在围场中或是自由地在围栏中漫步，特别是那些挽用马品种，先前确定的维持需要分别增加10%或20%。根据情况，运动量连续增加，需要可以是累加的。

例 4.1

正常情况下，一匹挽用马被安置在一个开阔的围栏里，维持需要是100%＋5%＋15%＝120%的基本要求，其中：

5.6UFC ＋0.3UFC＋0.9UFC＝6.8UFC（表4.5）

2．配种期　相对于性静止期必须添加：性活动和精子生产相应的体力消耗的需要。根据配种的类型，这些需要如前戏活动（公马的挑逗）、爬跨前的阴茎充血肿胀持续时间和射精量变化很大。

在牧场繁育中，和成功交配相比，种马运动种类及其运动半径的相关支出比种马进行人工辅助交配更重要。种马在集合它的马群、分辨出发情和怀孕母马方面花费了很多精力。对于已经习惯这种育种类型的种马，每个有效交配有 3或4 次爬跨，而繁殖季节结束和开始时分别有 2～15 的极限值。

一般来说，与成年种马繁殖相关的支出必须由推荐的营养素供给量满足，相关工作的强度，取决于种马的使用和每日的交配数量。最后，在繁殖季节结束时，种马的体况评分应不低于 2.5（第 2 章，表 2.2）。

3．年轻种马，一种特殊情况　4 岁的种马比老种马需要消耗更多，因为它们还在成长，要确保生长较慢的品种完成增长。4 岁的种马也缺乏繁殖经验。相对于成熟的种马，对 4 岁种马配较少的母马，来对其增多的需要进行部分补偿。相比之下，3 岁挽用马品种种马进行繁殖的需要，特别是自由交配，必须要增加。因此，维持需要增加 10%。

4.2.2　建议供给量

关于 4 类种马性静止期（维持＋运动）和配种期（维持＋配种，以及马厩中的种马的配种时的运动）的能量、蛋白质、矿物质、微量矿物质和维生素的推荐总养分需要量（维持＋生产）列于表 4.1～表 4.6。关于矮马的信息出现在第 8 章的表 8.1、表 8.4 和表 8.7 中。

这些供给量包括以前所述的增加额，但 3 岁的重型种马除外，因此需每日补充 0.3～0.5UFC 至推荐值中，以满足生长所需。轻型马和挽用马品种以它们的活重为特征。在表 4.1～表 4.6 中，突出显示了 4 个活重，即轻型马 450kg、500kg、550kg 和 600kg，以及挽用马品种的两个活重，即 800kg、900kg。

每日交配次数、配种类型及收集用于人工授精的精液影响 3 种配种强度如下。①轻度：每 2 天配种一次；对成熟或 3～4 岁种马人工辅助交配或为人工授精收集精液。②中度：每天配种 1 次；对成熟或 4 岁的种马人工辅助交配或为人工授精收集精液。③高度：每天配种 2 次或更多，用成熟的种马人工辅助交配或牧场繁育。

平均来看，这些营养素供给量使种马在繁殖季节保持其活重和身体状况处于得分为 3 的稳定状态（第 2 章，表 2.2）。差异是完全有可能的，因为种马品种、气质和繁殖的类型不同。

繁殖季节结束时，较瘦的种马在繁殖季节期间恢复到良好的身体条件：①如果体况评分等于或低于 2～2.5，则提供 2 个月与中等服役强度或轻度服役相应的总营养物供给量，这对应于在繁殖季节期间体重损失 5%～10%。②或者，更准确地说，使用第 2 章表 2.5 中提出的营养素供给量的调整结果。

表 4.1　450kg 成年轻型种公马营养需要和日粮摄取量推荐表

使用状态	每日营养素推荐值																		干物质摄入量[3]（kg）
	UFC	MADC（g）	赖氨酸（g）	Ca（g）	P（g）	Mg（g）	Na（g）	Cl（g）	K（g）	Cu（mg）	Zn（mg）	Co（mg）	Se（mg）	Mn（mg）	Fe（mg）	I（mg）	维生素 A（IU）	维生素 D（IU）	维生素 E（IU）	
非繁育期[1]	5.3	382	35	27	17	9	13	43	27	105	525	2.1	2.1	420	840	2.1	34 100	4200	525	9.5～11.5
繁殖期：劳役[2]																				
轻	6.3	454	41	27	17	9	13	43	27	105	525	2.1	2.1	420	840	2.1	34 100	4200	525	9.5～11.5
中	6.9	497	45	32	19	10	17	50	31	115	575	2.3	2.3	460	920	2.3	43 100	6900	920	10.5～12.5
重	7.7	554	51	36	26	14	23	60	36	115	575	2.3	2.3	460	920	2.3	43 100	6900	920	10.5～12.5

[1] 包含每日对舍饲管理种公马进行 1h 的轻度锻炼。[2] 数据适合自然交配条件下的舍饲种公马。[3] 精饲料含量高的饲料配方中适用最小值；最大值是牧草的最大摄入量。对于满足营养需要来讲，该干物质摄入量很有必要（单圈饲喂种公马时，它可能啃食秸秆垫料）

表 4.2　500kg 成年轻型种公马营养需要和日粮摄取量推荐表

使用状态	每日营养素推荐值																		干物质摄入量[3]（kg）
	UFC	MADC（g）	赖氨酸（g）	Ca（g）	P（g）	Mg（g）	Na（g）	Cl（g）	K（g）	Cu（mg）	Zn（mg）	Co（mg）	Se（mg）	Mn（mg）	Fe（mg）	I（mg）	维生素 A（IU）	维生素 D（IU）	维生素 E（IU）	
非繁育期[1]	5.8	418	38	30	19	10	15	48	29	113	490	2.3	2.3	450	900	2.3	36 600	4500	560	10.0～12.5
繁殖期：劳役[2]																				
轻	6.7	482	44	30	19	10	15	48	29	113	490	2.3	2.3	450	900	2.3	36 600	4500	560	10.0～12.5
中	7.6	547	50	35	21	12	18	56	33	123	510	2.6	2.6	510	1020	2.6	47 800	7700	1020	11.0～13.5
重	8.5	612	56	40	29	15	26	67	39	123	510	2.6	2.6	510	1020	2.6	47 800	7700	1020	11.0～13.5

[1] 包含每日对舍饲管理种公马进行 1h 的轻度锻炼。[2] 数据适合自然交配条件下的舍饲种公马。[3] 精饲料含量高的饲料配方中适用最小值；最大值是牧草的最大摄入量。对于满足营养需要来讲，该干物质摄入量很有必要（单圈饲喂种公马时，它可能啃食秸秆垫料）

表 4.3　550kg 成年轻型种公马营养需要和日粮摄取量推荐表

使用状态	每日营养素推荐值																			干物质摄入量[3]（kg）
	UFC	MADC（g）	赖氨酸（g）	Ca（g）	P（g）	Mg（g）	Na（g）	Cl（g）	K（g）	Cu（mg）	Zn（mg）	Co（mg）	Se（mg）	Mn（mg）	Fe（mg）	I（mg）	维生素 A（IU）	维生素 D（IU）	维生素 E（IU）	
非繁育期[1]	6.3	454	41	33	21	11	16	53	33	120	600	2.4	2.4	480	960	2.4	39 000	4800	600	10.5～13.5
繁殖期：劳役[2]																				
轻	7.3	526	48	33	21	11	16	53	33	120	600	2.4	2.4	480	960	2.4	39 000	4800	600	10.5～13.5
中	8.2	590	54	39	23	13	21	62	37	135	638	2.6	2.6	510	1020	2.6	47 800	7650	1020	11.5～14.5
重	9.3	670	61	44	32	17	28	73	43	128	638	2.6	2.6	510	1020	2.6	47 800	7650	1020	11.5～14.5

[1] 包含每日对舍饲管理种公马进行 1h 的轻度锻炼。[2] 数据适合自然交配条件下的舍饲种公马。[3] 精饲料含量高的饲料配方中适用最小值；最大值是牧草的最大摄入量。对于满足营养需要来讲，该干物质摄入量很有必要（单圈饲喂种公马时，它可能啃食秸秆垫料）

表 4.4　600kg 成年轻型种公马营养需要和日粮摄取量推荐表

使用状态	每日营养素推荐值																			干物质摄入量[3]（kg）
	UFC	MADC（g）	赖氨酸（g）	Ca（g）	P（g）	Mg（g）	Na（g）	Cl（g）	K（g）	Cu（mg）	Zn（mg）	Co（mg）	Se（mg）	Mn（mg）	Fe（mg）	I（mg）	维生素 A（IU）	维生素 D（IU）	维生素 E（IU）	
非繁育期[1]	6.8	490	45	36	23	11	18	58	35	128	638	2.6	2.6	510	1020	2.6	41 100	5100	638	11.0～14.5
繁殖期：劳役[2]																				
轻	7.9	569	52	36	23	11	18	58	35	128	638	2.6	2.6	510	1020	2.6	41 100	5100	638	11.0～14.5
中	8.9	641	58	42	25	14	23	67	40	138	688	2.8	2.8	550	1100	2.8	51 600	8300	1100	12.0～15.5
重	10.0	720	66	48	35	18	31	80	47	138	688	2.8	2.8	550	1100	2.8	51 600	8300	1100	12.0～15.5

[1] 包含每日对舍饲管理种公马进行 1h 的轻度锻炼。[2] 数据适合自然交配条件下的舍饲种公马。[3] 精饲料含量高的饲料配方中适用最小值；最大值是牧草的最大摄入量。对于满足营养需要来讲，该干物质摄入量很有必要（单圈饲喂种公马时，它可能啃食秸秆垫料）

表 4.5 800kg 成年重挽种公马营养需要和日粮摄取量推荐表

使用状态	每日营养素推荐值																		干物质摄入量[4]（kg）
	UFC	MADC（g）	赖氨酸（g）	Ca（g）	P（g）	Mg（g）	Na（g）	Cl（g）	K（g）	Cu（mg）	Zn（mg）	Co（mg）	Se（mg）	Mn（mg）	Fe（mg）	I（mg）	维生素A（IU）	维生素D（IU）	维生素E（IU）	
非繁育期[1]	5.9[2] 6.8[3]	413[2] 476[3]	38[2] 43[3]	35	25	13	19	76	44	130	650	2.6	2.6	520	1040	2.6	42 300	5200	650	11.5～14.5
繁殖期：劳役																				
轻	6.4[2] 7.6[3]	448[2] 532[3]	41[2] 48[3]	36	30	15	19	76	51	130	650	2.6	2.6	520	1040	2.6	42 300	5200	650	11.5～14.5
中	6.9[2] 8.4[3]	483[2] 588[3]	44[2] 54[3]	43	34	18	30	90	58	143	713	2.9	2.9	570	1140	2.9	53 400	8600	1140	12.5～16.0
重	7.9[2] 10.0[3]	553[2] 700[3]	50[2] 64[3]	50	36	24	41	106	69	143	713	2.9	2.9	570	1140	2.9	53 400	8600	1140	12.5～16.0

[1] 包含每日对舍饲管理种公马进行 1h 的轻度锻炼。[2] 数据适合自然交配条件下的舍饲种公马。[3] 数据适合户外天然牧场交配的种公马。[4] 精饲料含量高的饲料配方中适用最小值；最大值是牧草的最大摄入量。对于满足营养需要来讲，该干物质摄入量很有必要（单圈饲喂种公马时，它可能啃食秸秆垫料）

表 4.6 900kg 成年重挽种公马营养需要和日粮摄取量推荐表

使用状态	每日营养素推荐值																		干物质摄入量[4]（kg）
	UFC	MADC（g）	赖氨酸（g）	Ca（g）	P（g）	Mg（g）	Na（g）	Cl（g）	K（g）	Cu（mg）	Zn（mg）	Co（mg）	Se（mg）	Mn（mg）	Fe（mg）	I（mg）	维生素A（IU）	维生素D（IU）	维生素E（IU）	
非繁育期[1]	6.4[2] 7.4[3]	448[2] 518[3]	41[2] 47[3]	40	28	15	26	86	50	138	688	2.8	2.8	560	1100	2.8	44 700	5500	688	12.5～15.0
繁殖期：劳役																				
轻	6.9[2] 8.4[3]	483[2] 588[3]	44[2] 54[3]	40	34	17	26	86	58	138	688	2.8	2.8	560	1100	2.8	44 700	5500	688	12.5～15.0
中	7.4[2] 9.4[3]	518[2] 658[3]	47[2] 60[3]	47	38	21	35	100	66	150	750	3.0	3.0	600	1200	3.0	56 300	9000	1200	13.5～16.5
重	8.4[2] 10.4[3]	588[2] 728[3]	54[2] 66[3]	53	40	27	46	120	75	150	750	3.0	3.0	600	1200	3.0	56 300	9000	1200	13.5～16.5

[1] 包含每日对舍饲管理种公马进行 1h 的轻度锻炼。[2] 数据适合自然交配条件下的舍饲种公马。[3] 数据适合户外天然牧场交配的种公马。[4] 精饲料含量高的饲料配方中适用最小值；最大值是牧草的最大摄入量。对于满足营养需要来讲，该干物质摄入量很有必要（单圈饲喂种公马时，它可能啃食秸秆垫料）

4.3 实 际 饲 喂

饮食必须满足种马的营养需要，而不是过量。无论是评估之前的年轻种马还是成熟种马，过量饲喂可能对种马的生殖功能和心血管及运动结构有害。

有必要从 1 月初开始逐渐增加种马采食量为即将到来的繁殖季节做准备，至少在开始繁殖之前 15 天，推荐增加营养物供给量。

对于体育马和快步马种马，可以收集其精液用于冷冻，在 2～7 月（传统配种期）之外使用，必须采用适合其育种活动的饲喂计划。

4.3.1 圈养在马厩或围场中的种马

这是大多数种马的情况，除了在牧场育种计划中的挽用马种马，其他种马通常在繁殖期间被安置在宽松的马厩或牧场上。可以喂养给种马基于干草料的饲料：干草或青贮饲料或半干青贮饲料，同时补充谷物和 7-12 型维生素-矿物质饲料添加剂（7% P 和 12% Ca），其组成如第 13 章表 13.3，50g 列中所示。也可以配合浓缩饲料喂养，这与为母马提供的相类似，具有包含 VMFS（维生素和矿物质饲料）的优点。根据身体状况和基础饲料的营养物质含量及所需的服务水平，从不进行繁殖到剧烈消耗，饲料中的浓缩饲料为 10%～30%。

对于用于竞赛的种马，还必须考虑与工作有关的营养需要（第 6 章，特别是图 6.11，在育种和为人工授精的精液采集的情况下，增加营养需要）。

4.3.2 在冬季围场或草地管理的种马

这种情况仅（或差不多）涉及在山地或丘陵地区的挽用马种马牧场配种。在繁殖季节和进入牧场之前，种马的饲料是基于草甸干草（量与相似体格大小的泌乳母马相同）和 3～5kg 的由 50% 燕麦和 50% 商业补饲料组成的混合饲料。该补饲料应该具有与为母马提供的类似的组成，或混合谷物类似于饲喂马厩中的或者拴在桩上的公马，加上 50g 的 VMFS，其组成接近于第 13 章表 13.3，50g 列所示。

在繁殖季节和转到牧场后，提供的食物主要是丰富、新鲜、高质量的春天牧草。种马还需要补饲 2～3kg 的由 50% 燕麦和 50% 复合补饲料（母马饲料）组成的饲料。这种补饲是必要的，因为种马花费于吃牧草的时间将会少于母马。

在非繁殖期，如果牧草的量是丰富的，并且整个夏天至少保持在普通品质，草将能满足种马的需要。在牧场中必需使用的微量矿化盐块，以提供所需的矿物质和微量元素从而使代谢平衡。如果草的数量不足和（或）种马的身体状况较差，则有必要每天提供 2～3kg 的优质干草（出头时第一次刈割收获的）和 2kg 的大麦或玉米。

4.4 预防营养问题

4.4.1 营养平衡

种马与所有其他马匹一样，应根据推荐的指南喂养，因为指南的设计就是为了满足它们的要求，其将提供基于营养需要评价确定的基本营养平衡。在正常情况下，不需要如本章开头所示的那种特定的补饲。

4.4.2 身体状况和肥胖

种马应该在年度繁殖周期中具有如下的体况评分。

运动马和赛马：在每年的繁殖周期中，人工辅助控制下的自然交配或精子收集，都应达到并维持 3 的最佳分数。对于那些较难维持的种马，得分为 3.5 是更好的选择。

挽用马品种：应在繁殖季节监测身体状况评分。从季节开始时为 3.5，期间不低于 2.5。如果身体状况变差了，必须在非繁殖季节以一定的管理方式将种马得分恢复到 3.5。

肥胖状态被认为是 4 分或更多的分数。这种状态有个缺点：易有肌肉疾病，骨关节和消化可能有问题（第 2 章）。

推荐使用第 2 章中描述的方法来估计身体状况。如果可以的话，身体状况应该每月评估，并进行活体称重（清晨喂食前空腹），以根据连续、客观的标准精确调整饲料配给。应使用最准确的技术进行摄食量调整：第 2 章中列出的图及表 2.5。

参 考 文 献

Amann, R.P., 1993. Physiology and endocrinology. *In*: McKinnon A.O. and J.L. Voss (eds.) Equine reproduction. Chapter 77. Lea & Febiger, Philidelphia, PA, USA, pp. 658-685p.

Arlas, T.R., C.D. Pederzolli, P.B. Terraciano, C.R.Trein, J.C. Bustamante-Filho, F.S. Castro and R.C. Mattos, 2008. Sperm quality is improved feeding stallions with rice oil supplement. Anim. Reprod. Sci., 107, 306.

Brown, B.W., 1994. A review of nutritional influence on reproduction in boars, bulls and rams. Reprod. Nutr. Dev., 34, 89-114.

Clément, F., M. Magistrini, M.T. Hochereau de Reviers and M. Vidament, 1991. L'infertilité chez l'étalon: quelques explications. *In*: 17ème Journée Recherche Equine Proceedings. Haras Nationaux Editions, Paris, France, pp. 12-22.

Dowsett, K.F. and L.M. Knott, 1996. The influence of age and breed on stallion semen. Theriogenology, 46, 397-412.

Elhordoy, D.M., N. Cazales, N. Costa, G. Costa and J. Estevez, 2008. Effect of dietary supplementation with DHA on the quality of fresh, cooled and frozen stallion semen. Anim. Reprod. Sci., 107, 319.

Ellis, A.D., M. Boekhoff, L. Bailoni and R. Mantovani, 2006. Nutrition and equine fertility. *In*: Miraglia, N. and W. Martin-Rosset (eds.) Nutrition and feeding of the broodmares. EAAP Publication no. 120. Wageningen Academic Publishers, wageningen, the Netherlands, pp. 341-366.

Gee, E.K., J.E. Bruemmer, P.D. Siciliano, P.M. McCue and E.L. Squires, 2008. Effects of dietary vitamin E supplementation on spermatozoal quality in stallions with suboptimal post-thaw motility. Anim. Reprod. Sci., 107, 324-325.

Guillaume, D., G. Fleurance, M. Donabedian, C. Robert, G. Arnaud, M. Leveau, D. Chesneau, M. Ottogalli, L. Schneider and W. Martin-Rosset, 2006. Effets de deux modèles nutritionnels depuis la naissance sur l'âge d'apparition de la puberté chez le cheval de sport. *In*: 32ème Journée Recherche Equine Proceedings. Haras Nationaux Editions, Paris, France, pp. 105-116.

IFCE, 2014. Insémination artificielle équine. Chapitre 3.23. 5ème édition. IFCE Editions, Paris, France, pp. 260.

Johnson, L.D., D.D. Varner and D.L. Thompson Jr., 1991. Effect of age and season on the establishment of spermatogenesis in the horse. J. Reprod. Fertil., Suppl. 44, 87-97.

Magistrini, M., P. Chanteloube and E. Palmer, 1987. Influence of season and frequency of ejaculation on production of stallion semen for freezing. J. Reprod. Fert., Suppl. 35, 127-133.

Pickett, B.W., 1993. Reproductive evaluation of the stallion. *In*: McKinnon, A. O. and J. L. Voss (eds.) Equine reproduction. Lea & Febiger, Philidelphia, PA, USA, pp. 755-768.

Pickett, B.W., L.C. Faulkner and J. L. Voss, 1975. Effect of season on some characteristics of stallion semen. J. Reprod. Fert., Suppl. 23, 25-28.

Pickett, B.W., R.P. Amann, A.O. McKinnon, E.L. Squires and J. L. Voss, 1989. Management of the stallions for maximum reproductive efficiency Ⅱ. *In*: Amann, R.P., A.O. McKinnon, E.L. Squires, J. L. Voss and B.W. Picketts (eds.) Animal reproduction and biotechnology laboratory. Chapter 3: Season. Colorado State University Publishers, Fort Collins, CO, USA, pp. 39-58.

Ralston, S. L., G.A. Rich, S. Jackson and E.L. Squires, 1986. The effect of vitamin supplementation on seminal characteristics and vitamin A absorption in stallion. J. Equine Vet. Sci., 6, 203-207.

Ralston, S. L., S. Barbacini, E.L. Squires and C.F. Nockle, 1988. Ascorbic acid supplementation in stallion. J. Equine Vet. Sci., 8, 290-293.

Smith, O.B. and O.O. Akinbaminjo, 2000. Micronutrients and reproduction in farm animals. Anim. Reprod. Sci., 60-61, 549-560.

Stradaioli, G., L. Sylla, R. Zelli, P. Chiodi and M. Monaci, 2004. Effect of L-carnitine administration on the seminal characteristics of oligoasthenospermic stallions. Therionology, 62, 761-777.

Thompson Jr., D.L., B.W. Pickett, W.E. Berndtson, J.L. Voss and T.M. Nett, 1977. Reproductive physiology of the stallion. Ⅷ. Artificial photoperiod, collection interval and seminal characteristics, sexual behaviour and concentrations of LH and testosterone in serum. J. Anim. Sci., 44, 656-664.

第五章　成长中的马

法国是欧洲赛马、体育和娱乐用马的主要生产国。据记载，法国每年有16 000～17 000 匹赛马出生（其中快步马和纯血马分别占 68% 和 32%），有19 000～20 000 匹马用于体育竞技和娱乐，有 16 000～17 000 匹挽用马马驹出生。

马的生长期一般为 3～5 年，它的生产寿命 40%～70% 取决于它的遗传性（纯血马、快步马、塞拉·法兰西马、安格鲁·阿拉伯马及阿拉伯马）和它的用途（赛马、体育竞技马或娱乐用马），对于马的生产者及使用者来说，这些都是影响马的最终表现、寿命及其盈利能力的庞大的管理及财务投资。生长阶段也是一个危险期，必须满足马对于营养的需要和平衡，以防止疾病，尤其是骨关节病的发生。

5.1　生长和发育

5.1.1　现象和测量

生长是马从出生到成年，随着时间的推移，体重及体尺不断增加的过程。发育是一系列诱导受精卵形成成年马的现象。孕期胚胎经过一系列不同阶段形成胎儿，最终分娩产驹。这个过程在成年马中持续发生，产生形态上的、解剖上的和化学上的改变最终使其心理及性成熟。发育的检测是在某年龄阶段通过与参考值比较某一区域或组织的重量、尺寸、解剖结构及化学成分来进行的。考虑整个有机体，此参考值可以是成年马某一特定组织或区域的相关数值（体重、尺寸、组成）或是相同年龄阶段的一些相应值。

5.1.2　体重的增加

出生时马驹的活重为其母亲体重的 8%～12%，矮种马为 15～35kg（第 8 章），轻型马为 45～55kg，挽用马为 65～80kg。在刚出生的第一个月，马驹的体重会增长为其出生体重的两倍。在断奶期，也就是出生后的 6～7 个月，马驹的体重会是出生时的 5 倍。此时，轻型马将达到 220～260kg，而挽用马为 300～400kg（约为成年马体重的 45%）；体高将达到成年马的 80%。马龄一年的马驹，其体重能达到成年马体重的 65%，体高约为成年马体高的 88%。一年内的小马驹，其重量已经能达到其成熟时体重的 50%～60%，其体高也已达到最终体高的 70%。出生两年的马驹的体重能达到其成年活重的 75%，而最终达到成年体重不同的品种所需的时间为 3 年半至 5 年（图 5.1）。

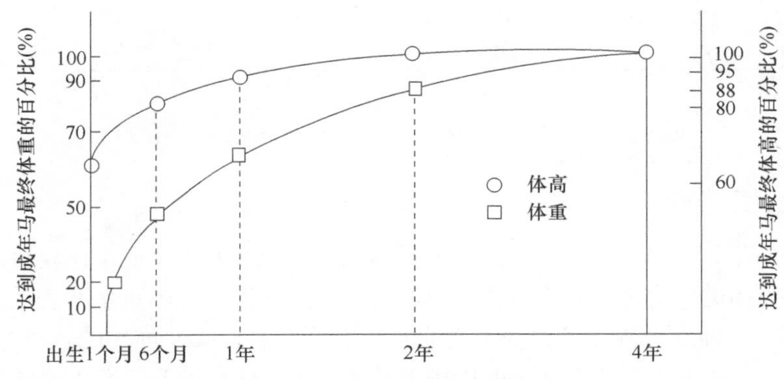

图 5.1 轻型马活重及体高与年龄的函数关系

生长率是通过测量活重的增加得到的，以克 / 天（g/d）表示。出生后第一个月的增长值非常快：从 1500g/d（轻型马品种）增长到 2000g/d（挽用马品种）。这不仅取决于马驹的遗传潜力，而且依赖于母马一直到 3 个月时的产奶量，这时马驹开始用大量的其他食物（牧草、精饲料、干草）来补饲。从出生到断奶的轻型马马驹的平均日增重为 900～1000g，挽用马马驹平均日增重为 1300～1600g。从断奶到一岁，马驹每天体重的增加为 600～1600g，取决于基因组成（轻型马和挽用马比较）。增长值会随着年龄增长而放缓，同时取决于管理实践。一年后，马驹的生长会遵循一个较慢的模式：平均为 150～300g/d，直到赛马 3～4 岁、运动和休闲马种 4～5 岁达到成年体尺时为止。

5.1.3 生长模式

虽然马驹出生时其高度大约达到了成年时体高的 60%，但其体重却只有成年马的 10%。骨骼也比肌肉或脂肪组织发达。轻型马从出生到断奶，体高每个月平均增长 5cm，从断奶到一岁，体高每个月平均约增长 2cm。

在出生后的第一年，马驹的体型可以概括为一个直立的矩形，因为体高已达成年体高的 88%，小马驹高且紧凑（图 5.2）。在体型大小上，马驹完成了近 70% 的增长。在 1～2 岁，马驹的腰围和胸宽增加 65%，而体长增加的程度较小。一岁时可能比较像一个正方形。从 2 岁到成年，马驹的体长会增加 60%，此时马的整个轮廓像一个横卧的矩形（图 5.2）。马的增长模式与其活重紧密相关，而活重可以根据某些统计参数准确地预测（第 2 章）。

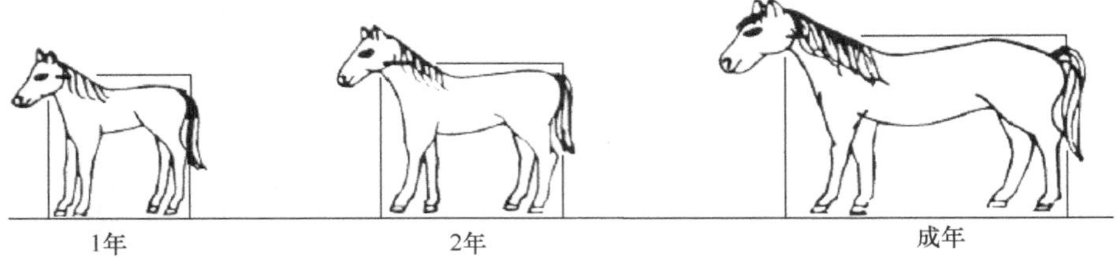

图 5.2 出生后的生长模式（引自 Martin-Rosset，1983）

5.1.4 组织发育

马身体组织（骨头、肌肉、脂肪）重量的改变是由 INRA 使用比较屠宰法来描述的。马身体的发育随时间而变化，以所解剖组分不同组织的重量所表示的相对变化为特征。这种发育规律是根据经典的异速生长方程 $Y=ax^b$ 描述的。该方程中，b 是异速生长系数；Y 是相对于 x 的组织的重量；x 即空腹体重（指体重减去消化道的重量，是一个变异量很大的值）。如果 b 等于 1，则所讨论的组织（Y）的发育速度与空腹体重（x）相同，或者它们具有相同的相对生长速率。如果 b 大于 1，则所讨论的组织的发育速度比空腹体重发育更快，反之则慢于空腹体重发育（图 5.3）。

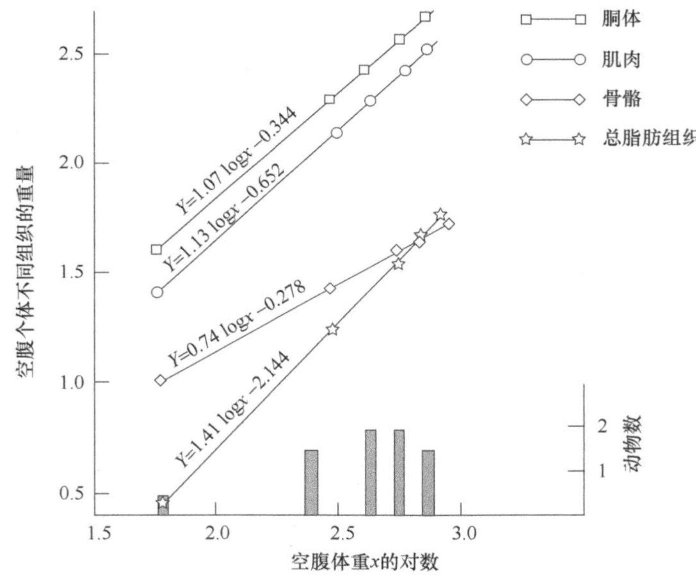

图 5.3 从出生到 30 个月组织生长（y 以 kg 表示）与空腹体重（x 以 kg 表示）的对数关系（引自 Martin-Rosset et al.，1983）

出生至 30 个月的马驹胴体（即组织集合：骨＋肌肉＋脂肪或脂肪堆积区）的异速生长系数为 1，这表明胴体与整个身体（胴体＋器官，消化道，皮肤等）以相同的速率发育。相比之下，整个骨骼组织（总骨架）的相对生长较低：

b=0.74。然而肌肉组织和脂肪组织的相对生长分别为高和非常高：b=1.13 和 b=1.41。因此，胴体内脂肪组织和肌肉组织的百分比分别从 6% 增加到 12%，从 59% 增加到 69%，而骨骼的百分比从 32% 显著减少到 14%。

与其他组织相比，骨骼组织的发育非常早，因为它的异速生长系数远小于 1。而脂肪组织发育较晚，因为异速生长系数远大于 1。肌肉组织速率中等，但它的异速生长系数也大于 1（图 5.3）。在评估随年龄增长，马驹对营养的需要时这几项是需着重考虑的。当与全身中的相同组织比较时，不同解剖区域中的该组织可能不以相同的速率发育。

在四肢中骨骼的早期发育阶段，相对骨骼发育的梯度非常清晰。尤其在发育缓慢的腹侧和脊柱部位，管骨的发育非常快。中级骨骼的发育速度与整个骨骼发育速度的均值接近。图 5.4 即对骨骼不同区域存在的相对生长现象

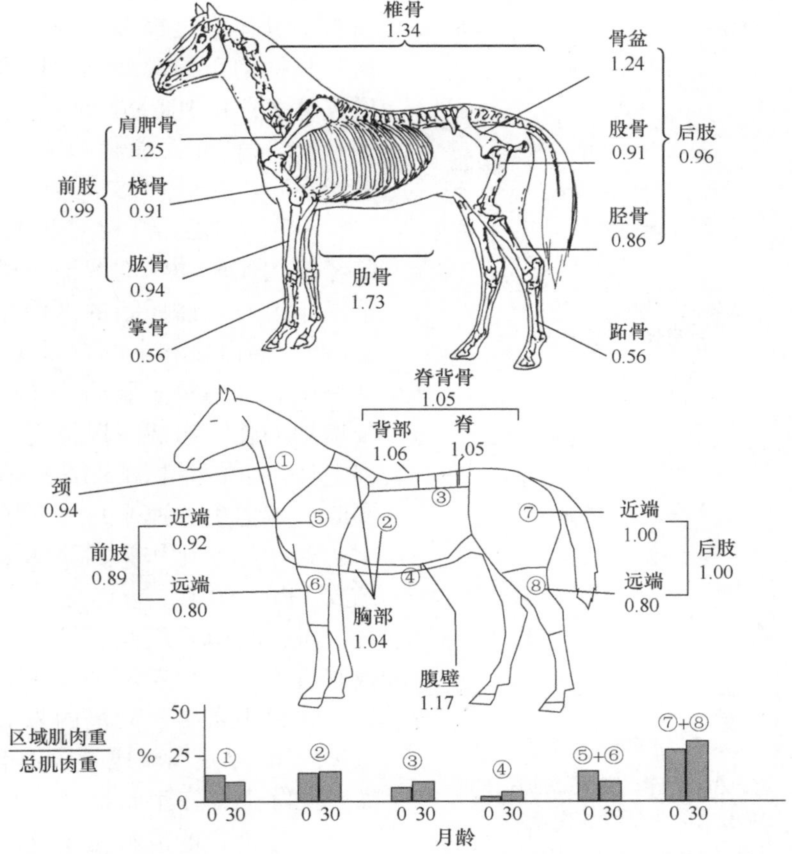

图 5.4　从出生至 30 个月不同区域骨骼（y 以 kg 表示）相对生长与全体骨骼（x 以 kg 表示）的关系（引自 Marytin-Rosset et al.，1983）

所做的概括说明。

出生至 30 个月，与总脂肪相比，不同脂肪组织贮存库的相对生长速度差异非常大。它从肌肉间储存脂肪的 0.95 变化到胸腔内部或腹部脂肪的 1.58，而皮下脂肪的相对速率为 1.14。为了通过处理方法估计身体状况，这些考虑都是很重要的（第 2 章）。

肌肉组织的相对生长也有些不同，它从四肢的 0.80 变化到背部和胸部的 1.04。

5.1.5 身体组成变化与体重对于确定营养需要的影响

在生长期间，每日增重中肌肉的比例比较稳定，骨骼的比例会减少，因为肌肉的异速生长系数接近于 1，而骨骼的异速生长系数小于 1。相比之下，因为脂肪组织的相对生长速度较大，所以在整个身体中是最多变的因素。这也是生长期增重组成变化的原因：马驹增重越多，其中脂肪组织的比例越大，相应的，增重的能值越高，脂肪含量越多。

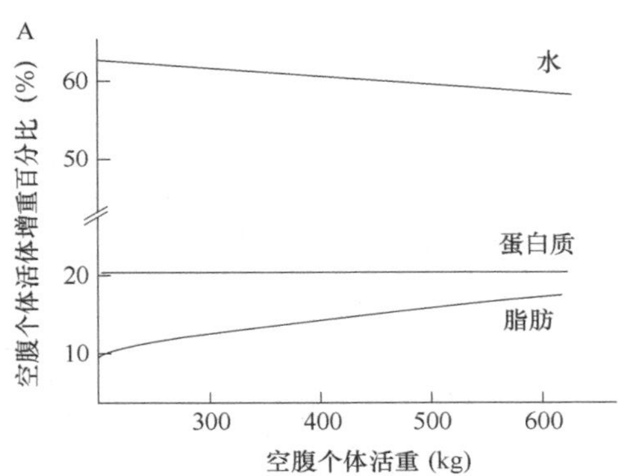

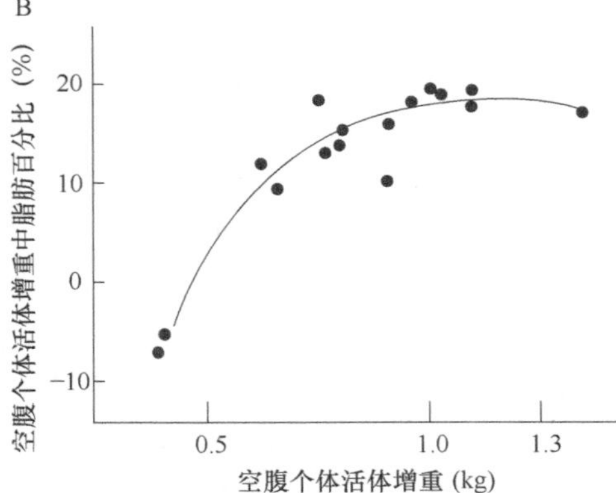

图 5.5 6～30 月龄空腹个体活体增重（EBLG）化学组成变化（引自 Agabriel et al.，1984）

A．构成变化是活体增长的函数；B．脂肪含量变化是空腹体增重的函数（样本是 6～12 月龄的）

为了描述组织相对生长，INRA 已经根据实验动物的解剖组成确定了不同年龄时身体质量的平均化学组成（脂肪、蛋白质和水的含量）。从实验结果中已经估量了脂肪、蛋白质及水分增加的化学组成，以便建立生长过程中马的净需要（图 5.5A）。在评估需要时，考虑生长速率，建立了增加的脂肪含量的变化作为马驹体重增加的函数（图 5.5B）。

而骨骼由骨组织、结合软骨、骺板软骨（在生长期间）和关节软骨组成。骨组织是生长阶段的骨成型（模型建立），以及马驹成年后骨重塑的位点（实际上，在生长期间成型和重塑共存，但是骨的成型更重要。这就是为什么马和其他物种一样，骨的形成是在幼年，而骨的重塑发生在成年之后）。骨组织在成型阶段形成。重塑使得骨骼发挥其作为矿物元素（特别是钙）储备的角色，同时允许重建使骨骼的机械性能增强。

骨组织由结缔组织、有机基质和矿物质组成。

结缔组织由细胞和具有在有机基质上矿物沉积钙化特性的细胞间质组成。

有机基质由Ⅰ型胶原纤维组成，其构成脱脂干骨骨架的90%。剩余的10%由各种不同的组分组成：糖蛋白（主要是骨黏连蛋白和唾液蛋白），磷酸蛋白，磷脂，含有γ-羧基-谷氨酰胺（骨钙素：骨钙蛋白和基质gla蛋白）和蛋白聚糖的蛋白质。

骨组织的矿物组分由结晶的磷酸钙组成，其以羟基磷灰石形式存在于沿着胶原纤维并且有时在纤维内的界面间隙中。矿物质占骨鲜重的50%和干骨重的70%（成年马的骨骼分别包含机体钙和磷的99%和90%）。

随着年龄的变化，马的骨骼有一种特殊的质地和构架。马驹的骨组织由非层状、未成熟的纤维性骨组成，其特征在于蛋白质骨架的胶原原纤维的无序和无组织的排列。相比之下，成年马的骨骼特征在于具有机械强度的层状（有组织的）结构。

椎板的生长和形成决定骨是致密的还是松质的。我们一般认为一块骨（其将在稍后调查机械性能时用作参考）由3个部分组成：轴，是通过填充骨髓的髓质腔来加宽中心的致密骨；骨骺，末端由关节软骨覆盖的松质骨；干骺端，位于生长板下面负责骨骼伸长的软骨内骨化的部位。

马的骨化分为3个阶段（图5.6）。骨化以纤维骨的软骨模型发育为主。在马驹成长阶段，其发生在骨干和骨骺的发育期间的生长板上。二次骨化导致非层状纤维性骨组织被层状组织替换。骨长度的增加通过生长板（或骺板）的软骨增加而发生，其中最终的软骨区域在生长停止之前保持活跃。生长由软骨细胞的增殖决定，软骨细胞产生增殖细胞群或软骨团（图5.6）。这些细胞产生软骨基质，然后通过软骨内骨化过程被骨组织代替。

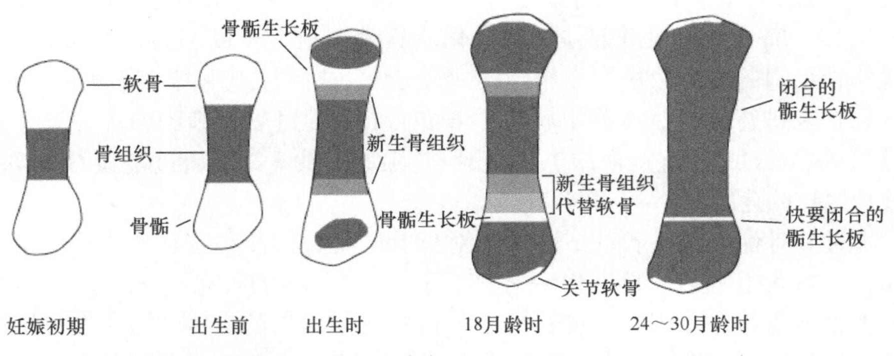

图5.6　长骨的生长（改编自Rossdale and Ricketts，1978）

长骨模型的转化包含胚胎阶段的软骨基质和板状骨组织发育成完全骨两个阶段，在初情期后24～30个月实现。骨组织的产生随着年龄增加而减少，已通过血浆骨钙素证明（图5.7），这种物质的浓度在公马体内总是高于母马。

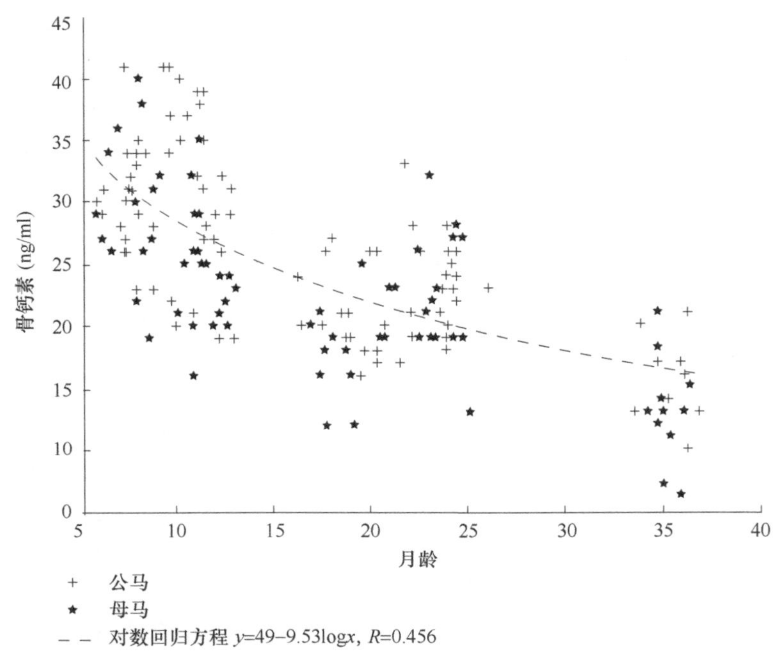

图5.7 血浆骨钙素浓度随年龄的变化（引自Martin-Rosset，2005）

在生长期（塑型）和重塑期间，骨组织是由内分泌控制的。直到骨成熟，生长软骨部分依赖于垂体分泌的生长激素（GH）的作用。脑垂体源性分泌的GH受生长激素释放因子、下丘脑神经肽和GH的作用，并部分受IGF-1的刺激产生，而IGF-1在GH及成骨细胞旁分泌的作用下部分由肝分泌。GH刺激骨的延长生长：部分直接促进前体细胞分化成软骨细胞生长板，部分由IGF-1间接促进软骨细胞的增殖。这些作用直接通过GH，或间接地由GH通过IGF-1，由甲状腺素来进行促进。三碘甲状腺原氨酸（T_3）促进软骨细胞的成熟及生长板软骨的成熟（GH的直接作用）。四碘甲状腺原氨酸（T_4）通过增强GH效应刺激长骨生长的速度。

长骨和骨骼异速生长的成骨作用对长骨的机械性能具有重要影响。标准长骨和管骨的理-化特性，已经由INRA进行了特别详尽的研究。自出生至40个月内，管骨的重量、体积和厚度是出生时这些测量结果的2倍，而密度仅增加了20%。矿物含量不随年龄或体重而显著变化。图5.8A显示了断裂前每单位面积的断裂应力（S）或最大力（F_{max}）：$S=F_{max}$ / 年龄。弹性绝对值（E）或骨轴硬度：$E=S$，随重量和年龄呈指数增加（图 5.8B）。

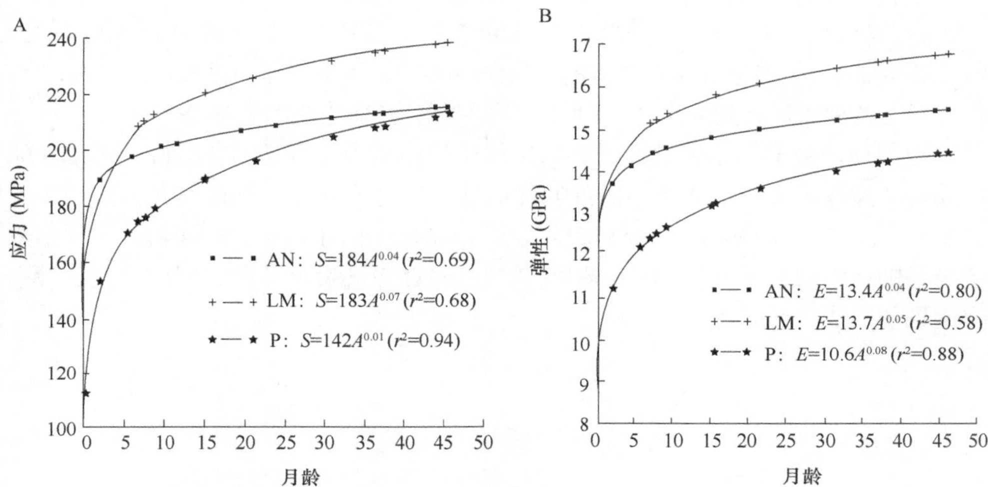

图 5.8　头部（AN）、外侧和内侧（LM）及尾部（P）管骨生物力学属性随月龄（A）的变化（引自 Bigot et al.，1996）

A．断裂应力；B．弹性系数

当管骨受到断裂力时，在断裂之前确定的反向极限形变，随着年龄和活重增加而迅速减小（图 5.9）。

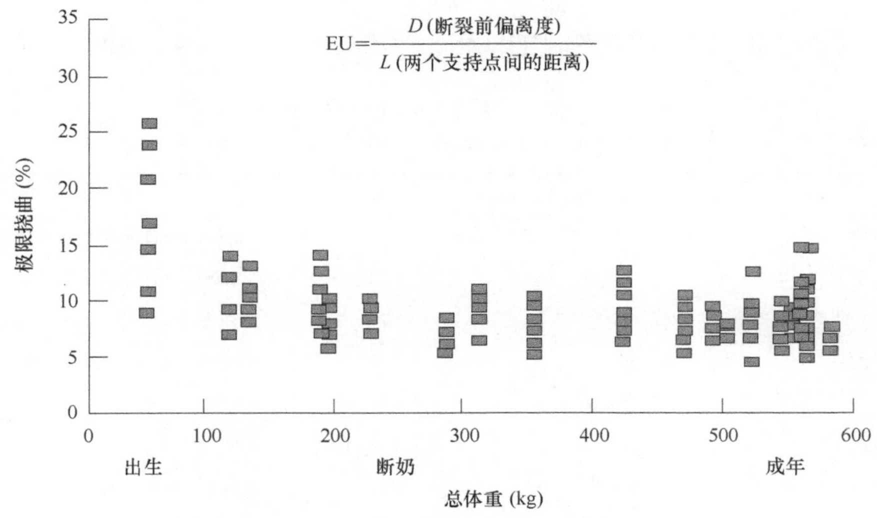

图 5.9　极限形变（EU）的发展（引自 Bigot et al.，1996）

5.1.6 生长和发育中的可变因素

生长和发育由遗传潜力决定，并受环境因素的影响调节。

1．遗传效应 在矮马种马（第 8 章）和挽用马中，其体重和成年体尺的评分范围为 1～5。遗传效应对个体的体尺影响很大，因为遗传力系数（h^2）为 0.35，但是对于各种体尺参数（体高、胸围、管围等），其变化范围为 0.12～0.63。

挽用马比轻型马品种发育慢。阿拉伯品种比英国纯血马发育缓慢。运动和休闲品种（塞拉·法兰西马或安格鲁阿拉伯马）比赛马品种（纯血马和标准马）发育得慢（图 5.10）。但是，这种遗传效应被母体大小的一定效应缓和了，严格来说公马的影响只是母马的 70%。这些效应已经在极端大小品种之间的交互实验中得到证明（表 5.1）。

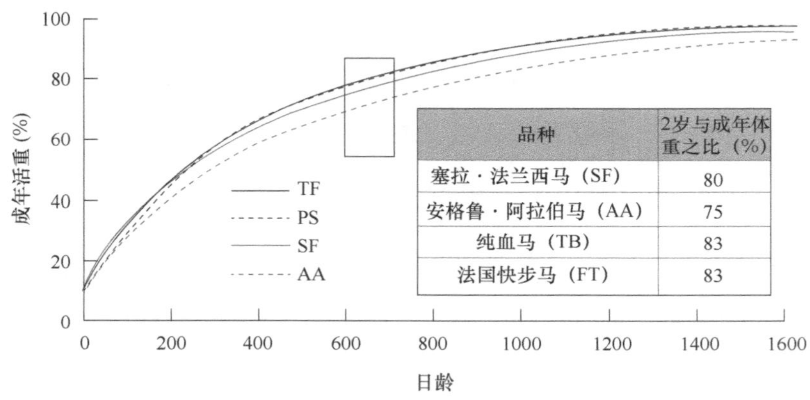

图 5.10 轻型马品种不同日龄活重比例（引自 Heugebaert et al.，2010）

表 5.1 母体大小对马驹出生时活重的影响

（引自 Walton and Hammond，1938；Flade，1965）

母马	种公马	出生体重 /kg	参考文献
设得兰	夏尔	17	Walton and Hammond，1938
夏尔	设得兰	53	Walton and Hammond，1938
设得兰	设得兰	17	Walton and Hammond，1938
夏尔	夏尔	70	Walton and Hammond，1938
设得兰	梅克伦堡	27	Flade，1965
夏尔	设得兰	48	Flade，1965
设得兰	设得兰	21	Flade，1965
梅克伦堡	梅克伦堡	60	Flade，1965

马品种对其体重和日增重的影响非常大。日增重总是与该品种的成年体格大小有关。例如，6～12月龄的矮马、轻型马和挽用马对应的成年体重分别为250kg、450kg和900kg，其日增重分别为0.25kg、1.0kg、1.3kg。品种内的变异小得多，且可能遗传，为15%～20%，但是没有像在其他物种那样评估过。相比之下，温血马品种的体重遗传力为0.17～0.27。

在INRA和IFCE进行的研究中，各挽用马品种的马（12～30月龄）育肥后在相同年龄屠宰的胴体重，非常高大的挽用马品种［贝尔修伦马（佩尔什马）：407kg］比较小的挽用马品种（阿尔登马、布洛奈斯、布列塔尼、孔图瓦马：339～363kg）重很多。孔图瓦马和阿尔登马的胴体比其余品种（8.6%～10.8%的脂肪组织和70.8%～71.9%的肌肉）含有更多的脂肪（11.9%和14.2%的脂肪组织）和更少的肌肉（69.2%和68.2%），因为其组织的相对生长非常不同（表5.2）。当在空腹时以相同百分比的脂肪组织进行比较时，不同品种的育肥能力的差异同样是真实的。不同的遗传类型在明显不同的重量下：孔图瓦马为471kg；布列塔尼和阿尔登马为486kg和508kg；布洛奈斯马和贝尔修伦马为519kg和580kg，达到相同量的育肥。至少对于肌肉来说，轻型马品种之间的差异更为有限（表5.3）。

表5.2　12～30月龄的重挽马体内组织相对生长的差异（引自Martin-Rosset et al.，1983）

马种（数量）		平均异速生长系数				
		阿尔登马（n=13）	布洛奈斯马（n=15）	布莱顿马（n=13）	孔图瓦马（n=17）	佩尔什马（n=15）
体重的影响因素						
胴体	356.1kg	0.993	1.0003	1.000	1.001	1.003
肌肉	250.5kg	0.985a	1.022a	1.006ab	0.970acd	1.019b
脂肪组织	38.4kg	1.106a	0.784b	0.998ab	1.320ac	0.864ab
骨骼	54.6kg	0.968a	1.064b	1.04ad	0.915bc	1.057bd
体重356kg时，胴体的构成（%）						
肌肉		69.2	71.9	70.8	68.2	71.7
脂肪组织		11.9	8.6	10.8	14.2	9.3
骨骼		14.8	16.3	15.3	14.0	16.2

注：同列不同小写字母表示在统计学意义上具有差异性

表5.3　与活重（X）相比，乘用马与纯血马主要肌肉区域的相对生长（Y）
（引自Gunn，1975）

主要肌肉群中的肌肉	异速生长系数	
	轻型马	纯血马
前躯		
远端	1.04	1.02
近端	1.01	1.05

续表

主要肌肉群中的肌肉	异速生长系数	
	轻型马	纯血马
后端	0.99	1.04
后躯		
远端	0.97	1.11
近端	1.05	1.15

2．性别影响　无论什么品种，母马发育早于公马，但差异取决于身体区域。在12月龄，胸宽、身高、后肢长和躯干长在母马中更大。相反的，公马的前肢发育得更大。在18月龄的轻型马品种中，公马管骨更大，但挽用马只在30月龄时如此。成年马中公马活重较母马高出10%，该差异分别在18月龄和30月龄的种马和骟马中差异显著。

根据INRA进行的测量（表5.4），在挽用马品种中，30月龄的公马的胴体和空腹重较12月龄的公马高出10%。在相同的空腹重下，母马的脂肪组织和肌肉组织的比例分别升高31%和降低10%。脂肪组织的相对生长与空腹重相比是同性质的，而在母马中肌肉组织比例大一些但不显著。

表5.4　性别对重挽马相对生长和身体构成的影响（引自Martin-Rosset，1983）

部位	雄性（n=39）	雌性（n=34）
空腹体重下的异速生长系数		
胴体	1.04	1.04
肌肉	0.91a	1.04b
脂肪组织	2.13	2.13
骨骼	0.71	0.71
体重356kg时，胴体的构成（%）		
肌肉	70.7	70.0
脂肪组织	9.4	12.3
骨骼	15.7	14.9

注：同列不同小写字母表示在统计学意义上具有差异性

公马比母马更容易出现骨关节病变，如骨关节炎，因为它们被给予非常高的日粮以实现其生长的最大遗传潜力（图5.11）。

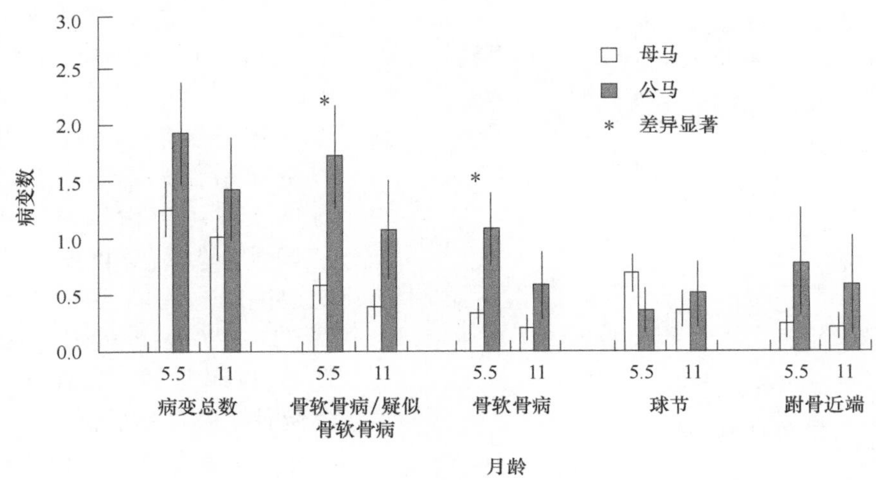

图 5.11　非常高采食量对 5.5 月龄和 11 月龄青年公马及母马骨软骨病变出现的影响（引自 Donabédian et al.，2006）

3．营养效应

（1）饲料摄入水平　　轻型马品种（或挽用马）的活重和身体状况随采食水平的增加而增加，但效果随年龄而降低（图 5.12）。

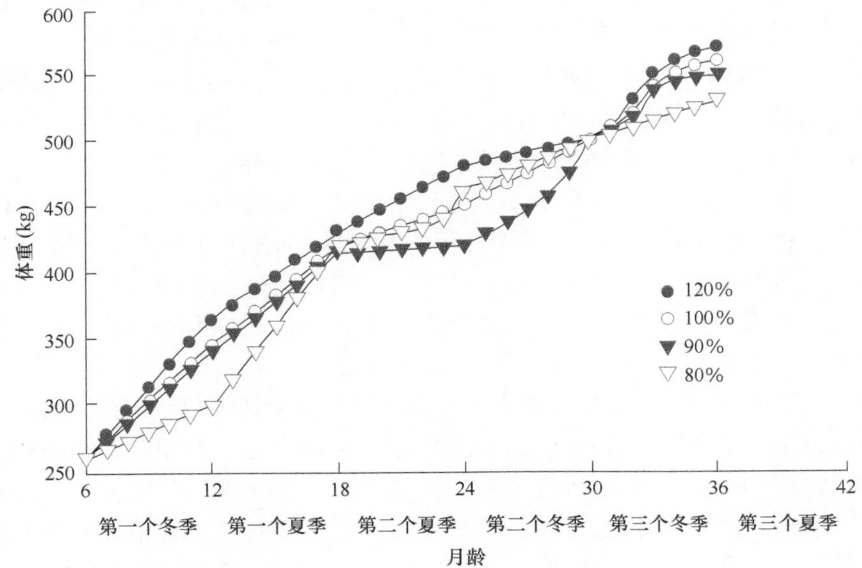

图 5.12　冬季饲料摄入量水平对轻型马品种活重的影响（改编自 Bigot et al.，1987）

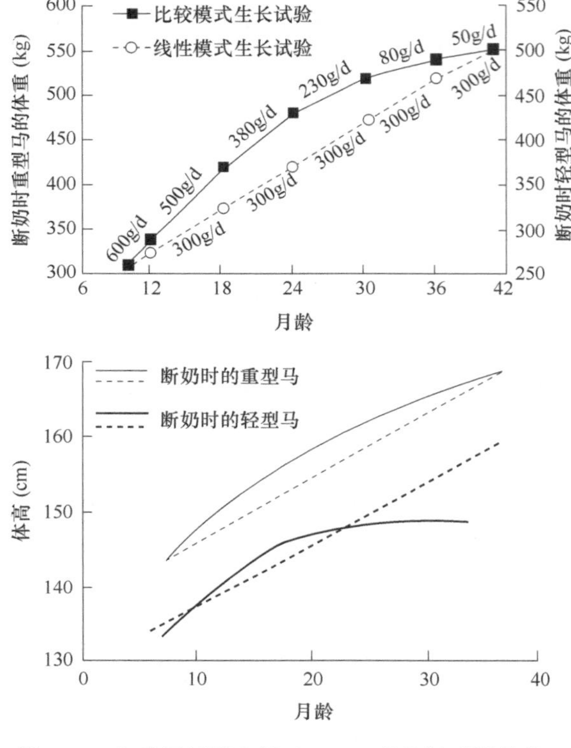

图 5.13 冬季饲料摄入量对 6～42 月龄轻型马品种体尺的影响（引自 Trillaud-Geyl et al.，1992）

因为这些原因（第 5.2.1 节中的 1.），从 1984 年开始，INRA 已经建立了营养模型来评估每个年龄组的年轻马的能量和蛋白质需要。活重和身体状况可以由饲料摄入水平调整，但对身体状况的影响取决于马驹断奶时的活重。图 5.13 是对轻型马驹进行的为期 6～12 个月的比较曲线与线性两种生长模型的试验，发现断奶时活重的大小，由先前的饲养管理和喂养条件决定。无论何种模型，断奶时重的马驹在体尺（高度）和活重的变化是相似的，并且在 36 月龄具有相同的活重和体尺。而无论何种模型，断奶时较轻的马驹在 36 月龄具有基本相同的活重，但是它们的形式总是减少（线性模型）或减少得非常严重（曲线模型），在所有情况下比断奶时重的马驹少得多。从 2 岁开始，特别是断奶时较轻的马驹的体尺根据曲线模型增长并达到最高值。因此，断奶时马驹的活重是体型的决定因素，而且喂养模式也需根据这个结果进行调整。

（2）代偿性生长　从断奶期至 42 月龄的 3 个连续冬季，中度采食量的年轻马与高采食量的年轻马相比，甚至在牧场上，同一年龄的马驹都能够达到相同的体重，因为如果牧草的数量和质量足够，它们将经历代偿性生长（图 5.14）。代偿与增长有关，因此也与冬季及之前的冬季期间的限制状态的采食水平有关（第 10 章）。代偿性生长能力随着年龄增长而减弱。

（3）采食水平对组织发育的影响　骨组织发育及其生物力学属性和病变的出现受进食量水平和体重增加结果的影响。在一项研究中，两组运动用马从出生到 12 月龄接受 INRA 推荐的每日饲料分配的 100% 或 150%，分别实现中度或最大生长，活重、体尺和骨化，由管骨的直径和矿物质密度进行评估，在高饲料摄入组均增加了。高摄入组的管骨中的横隔片数量减少了，而横隔片之间的空间增加了。尤其是公马，损伤频率增加了（图 5.15）。高采食量导致一定程度的风险，因此必须遵守相关建议以实现最佳生长。

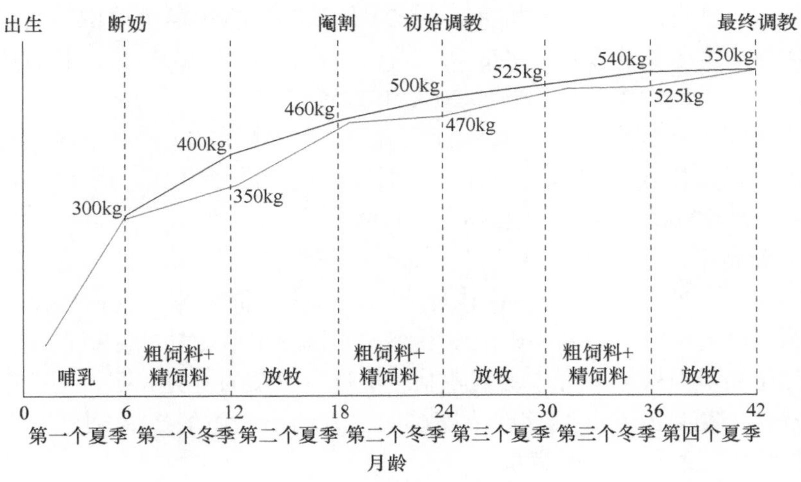

图 5.14 轻型马冬季生长和夏季补偿性生长（改编自 Bigot et al.，1987；Trillaud-Geyl et al.，1990）

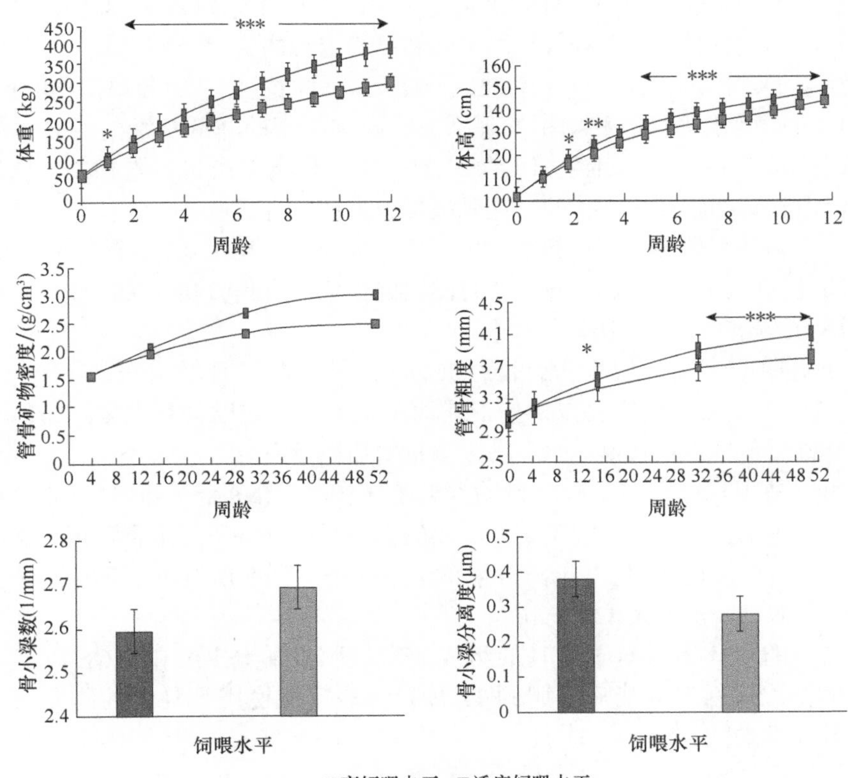

图 5.15 饲料摄入对轻型马骨组织特征的影响（改编自 Donabédian et al.，2006）

在 INRA 进行的另一项研究中，6～24 月龄的两组年轻运动用马实现了两个有限制的或适度生长速度：350g/d 和 450g/d。在快速生长的组中，管骨皮质的厚度和机械特性（惯性矩）分别增加 20% 和 37%。

脂肪组织也受到食物摄取水平的影响，与 INRA 和 IFCE 对于挽用马育肥的研究类似。在多摄入 30% 能量的组中，12 月龄进行屠宰时马驹胴体中脂肪的比例比对照组高 22%，而肌肉的比例减少了 4%。

（4）营养平衡对骨组织质量的影响　与蛋白质摄入相比，过量能量摄入（＋30%）会增加骨关节病变（骨软骨病）的数量，而相反，蛋白质摄入过量却无此影响。过多的能量使胰岛素浓度升高从而诱导甲状腺功能减退，会导致软骨细胞的分化和蛋白聚糖的合成受到限制。最近 INRA 的研究表明，饲喂摄入量增加，但营养平衡良好，并且淀粉浓度小于摄入的干物质的 30% 时，会产生次生长，骨软骨病变的出现概率变小。

如果 Ca/P 为 1.5～2.0，则钙或磷的不平衡将不会对骨骼病变损害的发展产生直接影响，除非它与别的不平衡相关，特别是与过量的能量相关。

相比之下，铜缺乏增加了骨钙化病变的数量，因为连接胶原交联缺陷和基质重塑变化的钙化软骨和主要的骨松质之间的结缔组织的脆性增加了。

维生素 D：1, 25-OH_2（D_3）的缺乏会阻碍软骨内骨化进而导致损伤的增加。这种缺陷可归因于钙和磷利用率的降低，钙磷利用率的降低与维生素 D 的缺失相关，维生素 D 的缺失与维生素 D（24,25-OH_2）代谢物产量有限相关，该代谢物则会经由软骨细胞和骺软骨的分化刺激蛋白聚糖的合成。

（5）饮食类型的影响　根据 INRA 建立的模型（见第 5.2.1 节中的 2.），在泌乳期的马驹中，活重增加与直到 2 月龄时的摄取母乳量直接相关。此后，日增重随着马驹开始吃草料而下降。

在断奶期的马驹，从 4 月龄起提供 2kg 的精饲料，日增重较高（＋18%）。当包含 22% 粗蛋白的精饲料以奶粉形式而不是大豆，或以含有大量乳糖的乳清超滤液形式而不是谷物来提供时，马驹重量增加得更高。

断奶后马驹日增重与基础草料的类型密切相关。INRA 和 IFCE 在体育用马中证明，在冬季，给从断奶起到出生 3 年的年轻马喂养基于玉米青贮饲料和部分枯萎饲料（有包装的），比基于随意采食干草并补饲到在所有方面都达到平衡的日粮中，马的日增重更大（图 5.16）。

年轻马的身体组成对于饮食的组成非常敏感，如 INRA 和 IFCE 以基于干草或玉米青贮饲料对断奶后育肥到 12 月龄时屠宰的挽用马马驹的研究所显示的，饲喂玉米青贮饲料的马驹具有更大的活重（＋5%），并且胴体中脂肪组织含量更高（＋22%）。

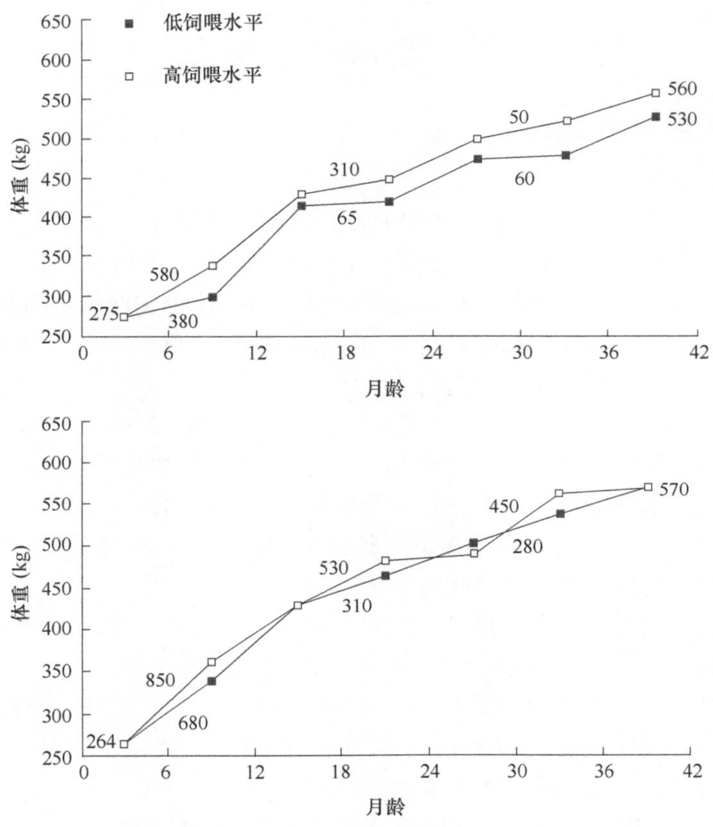

图 5.16　粗饲料类型对冬季体育用马生长的影响
（引自 Trillaud-Geyl and Martin-Rosset，2005）

4．*运动效应*　　中度运动刺激骨的大规模生成，而活动的减少有利于骨重塑。这个过程是可逆的，应该有一个类似于在人类中已经确立的，对马的工作强度和最佳效率的最佳阈值的响应曲线，但是这在马中仍需确定。

随着马的训练和运动，管骨壁（皮质）的厚度及密度会增加，在管骨中的胶原纤维方向相同，而胶原纤维之间的连接增加并有利于矿化的调节。管骨的机械性能可通过训练达到最佳状态，但这仍需进一步确定，这取决于运动的速度和持续时间及训练期间的重复。

当年轻马开始工作时肌肉重量增加。这种肌肉增加是由生长所致。参与工作的肌肉的量从未得到测量。可能是年轻马消耗了增加的脂肪组织量从而使肌肉组织的量得到增加。在任何情况下，后者，即脂肪组织的重量不增加。

5.2 营养需要

5.2.1 能量蛋白质需要

1．断奶后

（1）方法　需要已经通过饲养试验的通用方法确定，包括测量运动马种（塞拉·法兰西马或安格鲁·阿拉伯马）或挽用马（阿尔登马、布列塔尼、布莱顿马、孔图瓦马、佩尔什马）消耗的能量或蛋白质、体重和增重之间的关系。在1970～2000年，每年使用100～400匹马，在尚伯雷（科雷兹省）的IFCE和克莱蒙-费朗/泰镇的INRA实验站进行了大量的饲养试验。

这些试验的目的是研究基于干草、青贮饲料（草和玉米）和枯萎草料（带包装的）的各种饲料或各类饮食的利用。在冬季，试验的持续时间平均为150d。马被安置在可自由活动的马厩，草料随意饲喂，补饲精饲料，并且每天测量采食量，每14d称重一次。使用在第1章中提到的INRA技术和在第12章中报道的工具，从饲料的化学组成确定其能量和蛋白值。

以21d的周期对饲料摄取量进行分组。对于每个时期，通过回归拟合的生长曲线计算马的平均体重和增重，以限制与消化食物相关的波动。

然后，可以从饲养试验的整个阶段每日获得3组数据：活重（LW）、日增重（G）和能量（UFC）或蛋白质（g MADC）摄取的信息。

收集得到的信息可以获得下面的方程式：

$$\text{摄入的能量或蛋白质/d} = a\mathrm{LW}^{0.75} + b\mathrm{LW}^{0.75}G^{1.4}$$

该方程的形式允许将摄入的能量或蛋白质分成两个部分：一个与代谢重量（$\mathrm{LW}^{0.75}$）成比例，这类似于维持成本；另一个表示生长的热值，其为强度（G）和动物的活重（$\mathrm{LW}^{0.75}$）的函数。通过INRA测量，指数$d=1.4$对应于马的整个身体中的脂肪组织的相对生长，它被用于估计能量需要。对于蛋白质需要，指数为1，因为肌肉的相对生长仅为1.1，整个身体的蛋白质含量和增重非常相似。指数0.75与用于维持需要（第1章）的指数相同。这允许在不同重量下更好地比较摄入量（在UFC或g MADC/kg$^{0.75}$）。对于每日能量需要，初始方程可以在数学上被简化：

$$\text{能量摄入量}\left[\mathrm{UFC}/(\mathrm{kg\ LW}^{0.75}\cdot \mathrm{d})\right] = a + bG^{1.4}$$

而每日蛋白质需要的方程是：

$$\text{蛋白质摄取量}(\mathrm{g\ MADC/d}) = c\,\mathrm{LW}^{0.75} + dG$$

（2）结果：能量需要　对于不同品种和活重、日增重及增加的热值的能量需要变化的估计是非常准确的。

对于轻型马来说：对于相同1kg的日增重，在250kg活重下总能量需要为

4.9UFC，在 350kg 活重下为 6.4UFC。这增加了相关的维持需要＋1.1UFC（250kg 为 3.8UFC，350kg 为 4.9UFC）和每千克增重的能量成本＋0.4UFC（250kg 为 1.1UFC，350kg 为 1.5UFC）。

在相同的活重为 300kg 时，维持需要为 4.3UFC，当生长从 0.5kg（0.5UFC/d）变化到 1.0kg（1.3UFC/d）时，1kg 增重的能量成本为＋0.8UFC。

可以对挽用马品种进行相同的说明，但是由于能量要求不同，因此值将不同。

相同的重量和日增重下，轻型马品种的能量需要高于挽用马品种。它们的维持需要更高：约为＋25%，因为常量（a）是增加的（表 5.5），在 12 月龄时为 0.0578UFC/（kg $LW^{0.75}$·d），而不是 0.0476UFC/（kg $LW^{0.75}$·d）。1kg 收益的能量成本似乎较低：b=0.0183 而不是 b=0.0254，可能是因为同等重量下轻型马品种的生长能力低于挽用马品种。然而，最严格的应该是在有相同比例的成年马体重量之间比较。例如，在 1kg 的挽用马驹（6.4UFC）的总能量需要比轻型马驹（5.7UFC）高 12%。这种更高的需要与更高的生长（＋69%）和增长中更高的脂肪含量相关，同时维持需要减少（－5%）。但由于轻型马品种的马驹在总需要中维持需要的比例较高（＋13%），因此品种之间的差异减小了。

表 5.5 摄取的能量（UFC/d）、活重（LW，kg）和体重增加量（G，kg）之间的关系，Y［UFC /（kg $LW^{0.75}$·d）］$=a+bG^{1.4}$

分类	常数	
	a	b
轻型马种		
6～12 月龄	0.0602	0.0183
18～24 月龄	0.0594	0.0252
30～36 月龄	0.0594	0.0252
	c	d
挽用马品种		
6～12 月龄	0.0476	0.0254
18～24 月龄	0.0476	0.0254
30～36 月龄	0.0476	0.0254

注：a，c 为维持需要量；b，d 为日体重增加量（G）计算系数；1.4 为脂肪组织的异速生长系数

（3）结果：蛋白质的需要　准确确定每个品种与活重和体重增加相关的蛋白质需要量的变化。

对于相同的 1kg 日生长，总蛋白质需要在 250kg 活重下为 670g MADC，在 350kg 活重下为 733g MADC，增加了 63g MADC。这只包括对维持的需要。

对于相同的300kg活重，维持需要是252g MADC，而当从0.5kg（225g MADC/d）变化至1.0kg（450g MADC/d）时，蛋白质需要从225g MADC开始增加。

对挽用马品种也可以做同样的观察，但由于需要不同，数值会有所不同。

轻型马种和挽用马品种的蛋白质需要之间存在较小的差异，如在相同的重量和每日生长速率上。例如，*d*的值显示（表5.6）450，而在12月龄时*d*为440。这并不奇怪，因为肌肉中蛋白质的含量被认为是恒定的和相同的（20%～22%蛋白质）。例如，在12月龄时相同比例的活重的比较也证实了这一观察结果。挽用马马驹的总需要基本上只高10%，因为维持需要高28%，而生长的需要非常接近（2%），该总需要量分别为挽用马和轻型马的总需要的57%和64%。

表5.6 蛋白质摄入量（g MADC /d）、活重（$LW^{0.75}$）与体重增加量（G，kg）的关系，Y（g MADC/d）$= c\,LW^{0.75} + dG$

分类	常数	
	c	d
轻型马		
6～12月龄	3.5	450
18～24月龄	2.8	270
30～36月龄	2.8	270
挽用马		
6～12月龄	3.5	440
18～24月龄	2.8	370
30～36月龄	2.8	370

幼马还对某些氨基酸有特定需要。实际上唯一明确的需要是赖氨酸。3～6月龄和6～12月龄及12月龄以上，对蛋白质需要（MADC）增加到0.054%、0.087%和0.105%。

2．断奶之前　　马驹在0～2月龄的需要可以通过试验方法和使用由INRA试验确定的生产-生长关系来估计，这期间马驹生长完全依赖于母马的产奶量。

$$活重增加（g/d）= a_1 或 a_2X$$

式中，X为产奶量，以kg计；a_1为第一个月的斜率；a_2为第二个月的斜率。

在泌乳的第一个月和第二个月期间，马驹每千克体重增加需要10.6～13.7kg的马奶。

5.2.2 矿物质需要量

矿物质需要可以使用已建立的统计析因法来求得，就像能量和蛋白质的情况，由于没有可用的饲养实验结果而成为唯一可用的方式。它包括估计净需要或损失，如果已知的话，要考虑矿物质真正的消化率（第 1 章，表 1.16）。考虑到这一期间进行的工作和 EAAP（Julliand and Martin-Rosset，2005）在欧洲编写的资料，以及 KER（2001）饲料制造商会议和美国的 NRC（2007），INRA 对其提出的需要（Martin-Rosset，1990）做了修改。

1．钙　幼马的维持消耗为 36mg/（kg · d），而体重增加的支出为 16g/（kg · d）。维持时的真实消化率为 50%。另外，需要更好地考虑真实的生长消化率：0～12 月龄为 70%；到 18 月龄为 50%；在 24 月龄和不工作的最后两个年龄阶段为 30%。NRC（2007）提出的一般方程可用于计算需要，为考虑真实消化率随年龄的降低和使用的食物组成的影响（饲料中钙的消化率为 40%～70%），修改使其适应年龄类别。

0～12 月龄：　Ca（g/d）=（0.036g/0.50×LW kg）+（16g/0.70×*G* kg）

或　Ca（g/d）=（0.072g×LW kg）+（23g×*G* kg）

12～24 月龄：　Ca（g/d）=（0.036g/0.50×LW kg）+（16g/0.50×*G* kg）

或　Ca（g/d）=（0.072g×LW kg）+（32g×*G* kg）

24～36 月龄：　Ca（g/d）=（0.036g/0.50×LW kg）+（16g /0.30×*G* kg）

或　Ca（g/d）=（0.072g×LW kg）+（53g×*G* kg）

2．磷　维持成本为 18mg/（kg LW · d），而增重成本为 8g/（kg · d）。维持时的真实消化率为 35%。为了与钙的真实消化率的变化协调，随年龄增长，磷的消化率的变化如下：12～24 月龄为 55%；24～36 月龄和在后两个年龄阶段不工作时为 35%。可以计算该需要：

0～12 月龄：　P（g/d）=（0.018g/0.35×LW kg）+（8g/0.55×*G* kg）

或　P（g/d）=（0.051g×LW kg）+（15g×*G* kg）

12～24 月龄：　P（g/d）=（0.018g/0.35×LW kg）+（8g/0.45×*G* kg）

或　P（g/d）=（0.051g×LW kg）+（18g×*G* kg）

24～36 月龄：　P（g/d）=（0.018g/0.35×LW kg）+（8g/0.35×*G* kg）

或　P（g/d）=（0.051g×LW kg）+（23g×*G* kg）

3．镁　维持需要为 6mg/（kg · d），消化率为 40%。生长过程中，真实消化率的变化随着年龄变化：0～12 月龄为 70%；12～24 月龄为 60%；24～36 月龄为 50%，而增加的成本为 1.0g / kg。可以计算需要：

0～12 月龄：　Mg（g/d）=（0.006g/0.40×LW kg）+（1g/0.70×*G* kg）

或　Mg（g/d）=（0.015g×LW kg）+（1.43g×*G* kg）

12～24 月龄： Mg（g/d）=（0.006g/0.40×LW kg）+（1g/0.60×*G* kg）

或 Mg（g/d）=（0.015g×LW kg）+（1.67g×*G* kg）

24～36 月龄： Mg（g/d）=（0.006g/0.40×LW kg）+（1g/0.50×*G* kg）

或 Mg（g/d）=（0.015g×LW kg）+（2.00g×*G* kg）

4．钾 维持和生长的成本分别为 50mg /（kg LW · d）和 1.5mg/（kg LW · d）。维持时的真实消化率为 80%，生长的消化率为 50%。幼马不同年龄段的需要计算为

K（g/d）=（0.05g/0.80×LW kg）+（1.5g/0.50×*G* kg）

或 K（g/d）=（0.063g×LW kg）+（3.0g×*G* kg）

5．钠 维持状况下，钠的消耗量为 18mg /（kg LW · d），体重增加 1kg 时为 0.85g。维持状况，钠的真实消化率为 90%，在生长期间为 80%。因此，需要计算为

Na（g/d）=（0.018g/0.90×LWkg）+（0.85g/0.80×*G* kg）

或 Na（g/d）=（0.02g×LW kg）+（1.1g×*G* kg）

6．氯化物 INRA 表示通过提供盐（氯化钠）满足需要（INRA，1990）。此后，为维持酸碱平衡，维持的特定需要被重新评估为 80mg/（kg LW · d），增长的需要为 2.5～13mg/kg 增重。用于维持和生长的真实消化率被认为是 100%。因此需要计算为

0～6 月龄： Cl（g/d）=（0.08g Cl×LW kg）+（0.013g Cl×*G* kg）

6～12 月龄： Cl（g/d）=（0.08g Cl×LW kg）+（0.005g Cl×*G* kg）

12～24 月龄： Cl（g/d）=（0.08g Cl×LW kg）+（0.0025g Cl×*G* kg）

5.2.3 微量元素

INRA（1990）提出微量元素需要以 mg/kg 干物质摄入量（DMI）来表示，在没有新的令人信服的结果的情况下没有被修改，除了铁元素已经降低至 50mg/kg DMI（第 2 章，表 2.1）。在第 2 章表 2.1 中，报道了 6～12 月龄、18～24 月龄和 32～36 月龄的幼马的相关数据。在现有文献中没有证明对铬、氟或硅的需要。

5.2.4 维生素

根据 INRA 所提出的营养需要（Martin-Rosset，1990），6～12 月龄的幼马，维生素 E 已经增加至 80IU/kg DMI，之后增加至 60IU/kg DMI，并且对维生素 A 进行了微调。对 6～12 月龄、18～24 月龄和 32～36 月龄的幼马，在第 2 章表 2.1 中将它们的需要以 IU/kg 干物质摄入量来表示。

5.3 推荐供给量

5.3.1 断奶前

INRA 已经对幼驹的需要量进行了评估：

0～2 月龄：0.039UFC/kg LW 和 0.044UFC/kg LW（或 0.139UFC/kg $LW^{0.75}$ 和 0.0119UFC/$kg^{0.75}$）；4.0～4.5g MADC/kg LW（或 12.2g MADC/kg $LW^{0.75}$ 和 14.3g MADC/kg $LW^{0.75}$），生长速率分别为 1200g/d 和 1500g/d。

3～6 月龄：0.023UFC/kg LW 和 0.024UFC/kg LW（或 0.088UFC/kg $LW^{0.75}$ 和 0.093UFC/kg $LW^{0.75}$）；2.4g MADC/kg LW 和 2.6g MADC/kg LW（或 8.8g MADC/kg $LW^{0.75}$ 和 10.2g MADC/kg $LW^{0.75}$），生长速率分别为 750g/d 和 1100g/d。

赖氨酸的日常需要将是 MADC 要求的 0.054%。

5.3.2 断奶后

1．数据的来源 1970～2000 年，在正常管理条件下，由 INRA 在克莱蒙费朗的多姆山省（Puy de Dôme）站和在科雷兹省尚伯雷（Correze Chamberet）的国家种马中心进行的饲养试验中测量了营养需要。动物分成组，分别为冬季被安置在独立的带围栏的畜栏中的 2 岁马，在夏季轮换牧场中的 1 岁马。对不同年龄的几种类型的马（从轻型马至挽用马），根据最大化或中度生长的不同目标，采用各种不同的喂养方案进行饲养试验。所提供的饮食很符合现实情况，因此可以根据生产目标：运动马、休闲马、挽用马或育肥屠宰，来提供实用的建议。

推荐了用于运动或休闲马或挽用马品种的饲料摄入量。一直到 18 月龄，用于竞赛的运动马的饲料用量可应用于赛马（即从最严格的意义来看，在饲喂期间，选择适应最终目标的生长速率）。接下来包括运动赛马或场地赛马的特定培训时期，有单独的表格为其提供相应配额。

2．表格 根据成年活重级别（450～800kg）和每个级别春季出生的马驹的年龄作为函数，来估算饲料摄入量。对于每个年龄段，根据生产策略提出两个生长速率。轻型马种和挽用马之间的差异是从 600kg 成年活重开始形成的。

推荐的每日营养素和供给量表（表 5.7～表 5.17）给出了总维持需要和生长所需的能量、蛋白质、矿物质（Ca、P、Mg、Na、Cl 和 K）和微量元素（Cu、Zn、Co、Se、Mn、Fe 和 I）的饲料摄入量。

表 5.7　成年活重 450kg 轻型马生长期日营养需要和摄取量推荐表

年龄（个月）	体重[1]（kg）	体重增长		每日营养素推荐值																			干物质摄入量[4]（kg）
		增长率水平	增重（g/d）	UFC	MADC（g）	赖氨酸（g）	Ca（g）	P（g）	Mg（g）	Na（g）	Cl（g）	K（g）	Cu（mg）	Zn（mg）	Co（mg）	Se（mg）	Mn（mg）	Fe（mg）	I（mg）	维生素A（IU）	维生素D（IU）	维生素E（IU）	
3～6[2]	187	最优	700～900	4.5	486	26	32	22	4	5	15	14	55	275	1.1	1.1	220	275	1.1	18 900	3300	440	4.5～6.5
3～6[3]	155	中等	550～650	3.6	372	20	25	17	3	4	12	11	50	250	1.0	1.0	200	250	1.0	17 300	3000	400	4.0～6.0
6～12[2]	270	最优	550～600	4.6	501	44	33	22	5	6	22	18	70	350	1.4	1.4	280	350	1.4	24 200	4200	560	6.0～8.0
6～12[3]	234	中等	350～400	3.9	378	33	26	18	4	5	19	16	65	325	1.3	1.3	260	325	1.3	22 400	3900	520	5.5～7.5
18～24[2]	405	最优	150～200	5.6	300	32	33	24	6	8	32	26	90	450	1.8	1.8	360	450	1.8	31 500	4500	540	8.0～10.0
18～24[3]	369	中等	250～300	5.3	310	33	35	24	6	8	30	24	85	425	1.7	1.7	340	425	1.7	29 800	4300	510	7.5～9.5
24～30[2]	437	最优	100～150	5.8	301	32	38	25	7	9	35	28	100	500	2.0	2.0	400	500	2.0	34 500	5000	600	9.0～11.0
30～36[3]	430	中等	50～100	5.7	288	30	35	24	7	9	34	27	90	450	1.8	1.8	360	450	1.8	31 500	4500	540	8.0～10.0
36～42[3]	444	中等	50～100	5.8	292	31	36	24	7	9	36	28	100	500	2.0	2.0	400	500	2.0	34 500	5000	600	9.0～11.0

[1] 该年龄段内平均体重。[2] 比赛用马种（非训练期）。[3] 运动用马种。[4] 精饲料含量高的饲料配方中适用最小值；最大值是牧草的最大摄入量

表 5.8　成年活重 500kg 轻型马生长期日营养需要和摄取量推荐表

年龄（个月）	体重[1]（kg）	体重增长		每日营养素推荐值																			干物质摄入量[4]（kg）
		增长率水平	增重（g/d）	UFC	MADC（g）	赖氨酸（g）	Ca（g）	P（g）	Mg（g）	Na（g）	Cl（g）	K（g）	Cu（mg）	Zn（mg）	Co（mg）	Se（mg）	Mn（mg）	Fe（mg）	I（mg）	维生素A（IU）	维生素D（IU）	维生素E（IU）	
3～6[2]	208	最优	800～1000	5.0	541	29	36	24	4	5	17	15	60	300	1.2	1.2	240	300	1.2	20 700	3600	480	5.0～7.0
3～6[3]	173	中等	650～750	4.0	415	22	29	19	4	5	14	13	55	275	1.1	1.1	220	275	1.1	19 000	3300	440	4.5～6.5
6～12[2]	300	最优	600～700	5.1	567	49	37	25	5	7	24	21	75	375	1.5	1.5	300	375	1.5	25 900	4500	600	6.5～8.5
6～12[3]	260	中等	400～500	4.3	425	37	29	20	5	6	21	18	70	350	1.4	1.4	280	350	1.4	24 200	4200	580	6.0～8.0
18～24[2]	448	最优	200～250	6.1	331	35	38	27	7	9	36	29	98	488	2.0	2.0	390	488	2.0	34 100	4900	585	8.5～11.0
18～24[3]	410	中等	300～350	5.9	344	36	40	27	7	9	33	27	93	463	1.9	1.9	370	463	1.9	32 400	4600	555	8.0～10. 5
24～30[2]	485	最优	150～200	6.4	335	35	44	29	8	10	39	31	108	538	2.2	2.2	430	538	2.2	37 600	5400	645	9.5～12.0
30～36[3]	478	中等	50～100	6.2	308	32	39	26	7	10	38	30	98	488	2.0	2.0	390	488	2.0	34 100	4900	585	8.5～11.0
36～42[3]	493	中等	50～100	6.3	315	33	40	27	8	10	39	31	108	538	2.2	2.2	430	538	2.2	37 600	5400	645	9.5～12.0

[1] 该年龄段内平均体重。[2] 比赛用马种（非训练期）。[3] 运动用马种。[4] 精饲料含量高的饲料配方中适用最小值；最大值是牧草的最大摄入量

表 5.9　成年活重 550kg 轻型马生长期日营养需要和摄取量推荐表

年龄（个月）	体重[1]（kg）	体重增长		每日营养素推荐值																			干物质摄入量[4]（kg）
		增长率水平	增重（g/d）	UFC	MADC（g）	赖氨酸（g）	Ca（g）	P（g）	Mg（g）	Na（g）	Cl（g）	K（g）	Cu（mg）	Zn（mg）	Co（mg）	Se（mg）	Mn（mg）	Fe（mg）	I（mg）	维生素A（IU）	维生素D（IU）	维生素E（IU）	
3～6[2]	229	最优	900～1100	5.5	595	32	40	27	5	6	18	17	65	325	1.3	1.3	260	325	1.3	22 400	3900	520	5.5～7.5
3～6[3]	190	中等	700～800	4.4	456	25	31	21	4	5	15	14	60	300	1.2	1.2	240	300	1.2	20 700	3600	480	5.0～7.0
6～12[2]	328	最优	650～770	5.5	591	53	39	27	6	7	26	23	83	413	1.7	1.7	330	413	1.7	28 900	4100	495	7.0～9.0
6～12[3]	286	中等	400～500	4.4	461	40	32	22	5	6	23	19	98	488	2.0	2.0	390	488	2.0	34 100	4900	585	6.5～8.5
18～24[2]	495	最优	250～300	6.6	360	38	44	30	8	10	40	32	103	513	2.1	2.1	410	513	2.1	35 900	5100	615	9.0～11.5
18～24[3]	451	中等	350～400	6.4	369	38	45	30	7	9	36	29	98	488	2.0	2.0	390	488	2.0	34 100	4900	585	8.5～11.0
24～30[2]	534	最优	200～250	7.0	371	39	51	32	9	11	43	34	123	613	2.5	2.5	490	613	2.5	42 900	6100	735	11.0～13.5
30～36[3]	525	中等	50～100	6.6	329	33	42	29	8	11	42	33	108	538	2.2	2.2	430	538	2.2	36 000	5400	645	9.5～12.0
36～42[3]	542	中等	50～100	6.5	337	34	43	29	8	11	43	34	123	613	2.5	2.5	490	613	2.5	42 900	6100	735	11.0～13.5

[1] 该年龄段内平均体重。[2] 比赛用马种（非训练期）。[3] 运动用马种。[4] 精饲料含量高的饲料配方中适用最小值；最大值是牧草的最大摄入量

表 5.10 成年活重 600kg 轻型马生长期日营养需要和摄取量推荐表

年龄（个月）	体重[1]（kg）	体重增长		每日营养素推荐值																			干物质摄入量[4]（kg）
		增长率水平	增重（g/d）	UFC	MADC（g）	赖氨酸（g）	Ca（g）	P（g）	Mg（g）	Na（g）	Cl（g）	K（g）	Cu（mg）	Zn（mg）	Co（mg）	Se（mg）	Mn（mg）	Fe（mg）	I（mg）	维生素A（IU）	维生素D（IU）	维生素E（IU）	
3～6[2]	249	最优	1000～1200	6.0	647	35	44	29	5	6	20	19	70	350	1.4	1.4	280	350	1.4	24 200	4200	560	6.0～8.0
3～6[3]	207	中等	800～900	4.8	497	27	35	23	3	5	17	15	65	325	1.3	1.3	260	325	1.3	22 400	3900	520	5.5～7.5
6～12[2]	360	最优	700～800	6.0	661	58	43	30	7	8	29	25	90	450	1.8	1.8	360	450	1.8	31 100	5400	720	8.0～10.0
6～12[3]	312	中等	500～550	5.0	496	43	35	24	6	7	25	21	85	425	1.7	1.7	340	425	1.7	29 300	5100	680	7.5～9.5
18～24[2]	540	最优	260～300	7.1	388	41	48	33	9	11	43	35	113	563	2.3	2.3	450	563	2.3	39 400	5600	675	10.0～12.5
18～24[3]	492	中等	350～400	6.9	394	41	47	32	8	10	39	32	108	538	2.2	2.2	430	538	2.2	37 600	5400	645	9.5～12.0
24～30[2]	582	最优	250～300	7.5	406	43	57	36	9	11	47	38	133	663	2.7	2.7	530	663	2.7	46 400	6600	795	12.0～14.5
30～36[3]	573	中等	50～100	7.0	350	37	45	31	9	11	46	36	113	563	2.3	2.3	450	563	2.3	39 400	5600	675	10.0～12.5
36～42[3]	591	中等	50～100	7.2	358	35	47	32	9	11	47	37	133	663	2.7	2.7	530	663	2.7	46 400	6600	795	12.0～14.5

[1] 该年龄段内平均体重。[2] 比赛用马种（非训练期）。[3] 运动用马种。[4] 精饲料含量高的饲料配方中适用最小值；最大值是牧草的最大摄入量

表 5.11　成年活重 450kg 轻型马调教期日营养需要和摄取量推荐表

年龄-体重-马种+生长期+工作	每日营养素推荐值																		干物质摄入量[2]（kg）
	UFC	MADC（g）	赖氨酸（g）	Ca（g）	P（g）	Mg（g）	Na（g）	Cl（g）	K（g）	Cu（mg）	Zn（mg）	Co（mg）	Se（mg）	Mn（mg）	Fe（mg）	I（mg）	维生素A（IU）	维生素D（IU）	维生素E（IU）	
18 个月-比赛-405kg[1]-生长最佳[1]																				
轻度	6.2	343	36	35	24	6	12	38	29	90	450	1.8	1.8	360	720	1.8	31 500	4500	540	8.0～10.0
中度	6.7	379	39	35	24	6	16	45	33	90	450	1.8	1.8	360	720	1.8	31 500	4500	540	8.0～10.0
24 个月-比赛-437kg[1]-生长最佳[1]																				
轻度	6.4	343	36	41	25	7	13	42	32	100	500	2.0	2.0	400	800	2.0	35 000	5000	600	9.0～11.0
中度	7.0	386	40	41	25	7	17	49	36	100	500	2.0	2.0	400	800	2.0	35 000	5000	600	9.0～11.0
重度	7.6	430	44	41	25	7	23	58	40	100	500	2.0	2.0	400	800	2.0	35 000	5000	600	9.0～11.0
非常重	8.1	466	47	41	25	7	37	81	52	100	500	2.0	2.0	400	800	2.0	35 000	5000	600	9.0～11.0
36 个月-运动-430kg[1]-中度生长[1]																				
轻度	6.3	331	34	35	24	7	13	41	31	95	475	1.9	1.9	380	760	1.9	33 300	4800	570	8.5～10.5
中度	6.8	367	37	35	24	7	17	48	34	95	475	1.9	1.9	380	760	1.9	33 300	4800	570	8.5～10.5
42 个月-运动-444kg[1]-中度生长[1]																				
轻度	6.4	335	35	36	24	7	13	43	32	100	500	2.0	2.0	400	500	2.0	35 000	5000	600	9.0～11.0
中度	7.0	378	39	36	24	7	17	50	34	100	500	2.0	2.0	400	500	2.0	35 000	5000	600	9.0～11.0
重度	7.6	422	43	36	24	7	23	60	40	100	500	2.0	2.0	400	500	2.0	35 000	5000	600	9.0～11.0

[1] 见表 5.15，生长管理期。[2] 精饲料含量高的饲料配方中适用最小值；最大值是牧草的最大摄入量

表 5.12 成年活重 500kg 轻型马调教期日营养需要和摄取量推荐表

年龄-体重-马种＋生长期＋工作	每日营养素推荐值																		干物质摄入量[2]（kg）
	UFC	MADC（g）	赖氨酸（g）	Ca（g）	P（g）	Mg（g）	Na（g）	Cl（g）	K（g）	Cu（mg）	Zn（mg）	Co（mg）	Se（mg）	Mn（mg）	Fe（mg）	I（mg）	维生素A（IU）	维生素D（IU）	维生素E（IU）	
18 个月-比赛-448kg[1]-生长最佳[1]																				
轻度	6.7	373	39	38	27	7	13	43	33	98	488	2.0	2.0	390	780	2.0	34 100	4900	585	8.5～11.0
中度	7.3	415	43	38	27	7	17	50	37	98	488	2.0	2.0	390	780	2.0	34 100	4900	585	8.5～11.0
24 个月-比赛-485kg[1]-生长最佳[1]																				
轻度	7.1	384	40	44	29	8	15	47	35	108	538	2.2	2.2	430	860	2.2	37 600	5400	645	9.5～12.0
中度	7.4	405	41	44	29	8	19	54	39	108	538	2.2	2.2	430	860	2.2	37 600	5400	645	9.5～12.0
重度	8.4	475	48	44	29	8	25	65	45	108	538	2.2	2.2	430	860	2.2	37 600	5400	645	9.5～12.0
非常重	9.0	517	52	44	29	8	40	90	59	108	538	2.2	2.2	430	860	2.2	37 600	5400	645	9.5～12.0
36 个月-运动-478kg[1]-中度生长[1]																				
轻度	6.8	351	39	39	26	7	15	46	34	103	513	2.1	2.1	410	820	2.1	35 900	5100	615	9.0～11.5
中度	7.3	394	40	39	26	7	19	53	38	103	513	2.1	2.1	410	820	2.1	35 900	5100	615	9.0～11.5
42 个月-运动-493kg[1]-中度生长[1]																				
轻度	7.0	387	40	40	27	8	15	47	35	108	538	2.2	2.2	430	860	2.2	37 600	5400	645	9.5～12.0
中度	7.6	409	42	40	27	8	19	55	39	108	538	2.2	2.2	430	860	2.2	37 600	5400	645	9.5～12.0
重度	8.3	459	46	40	27	8	25	65	45	108	538	2.2	2.2	430	860	2.2	37 600	5400	645	9.5～12.0

[1] 见表 5.15，生长管理期。[2] 精饲料含量高的饲料配方中适用最小值；最大值是牧草的最大摄入量

表 5.13　成年活重 550kg 轻型马调教期日营养需要和摄取量推荐表

年龄-体重-马种+生长期+工作	每日营养素推荐值																		干物质摄入量[2]（kg）
	UFC	MADC（g）	赖氨酸（g）	Ca（g）	P（g）	Mg（g）	Na（g）	Cl（g）	K（g）	Cu（mg）	Zn（mg）	Co（mg）	Se（mg）	Mn（mg）	Fe（mg）	I（mg）	维生素A（IU）	维生素D（IU）	维生素E（IU）	
18 个月-比赛-495kg[1]-生长最佳[1]																				
轻度	7.3	410	43	44	30	8	15	48	36	103	513	2.1	2.1	410	820	2.1	35 900	5100	615	9.0～11.5
中度	7.9	454	47	44	30	8	20	56	40	103	513	2.1	2.1	410	820	2.1	35 900	5100	615	9.0～11.5
24 个月-比赛-534kg[1]-生长最佳[1]																				
轻度	7.8	429	44	51	32	9	16	51	39	123	613	2.5	2.5	490	980	2.5	42 900	6100	735	11.0～13.5
中度	8.4	470	48	51	32	9	21	60	43	123	613	2.5	2.5	490	980	2.5	42 900	6100	735	11.0～13.5
重度	9.2	527	53	51	32	9	28	71	49	123	613	2.5	2.5	490	980	2.5	42 900	6100	735	11.0～13.5
非常重	9.8	572	57	51	32	9	45	100	64	123	613	2.5	2.5	490	980	2.5	42 900	6100	735	11.0～13.5
36 个月-运动-525kg[1]-中度生长[1]																				
轻度	7.4	387	38	42	29	8	16	50	37	115	575	2.3	2.3	460	920	2.3	40 300	5800	690	10.5～12.5
中度	8.0	432	42	44	29	8	21	58	42	115	575	2.3	2.3	460	920	2.3	40 300	5800	690	10.5～12.5
42 个月-运动-542kg[1]-中度生长[1]																				
轻度	7.4	395	39	43	29	8	16	52	39	123	613	2.5	2.5	490	980	2.5	42 900	6100	735	11.0～13.5
中度	8.0	445	44	43	29	8	21	59	44	123	613	2.5	2.5	490	980	2.5	42 900	6100	735	11.0～13.5
重度	8.7	495	48	43	29	8	28	71	49	123	613	2.5	2.5	490	980	2.5	42 900	6100	735	11.0～13.5

[1] 见表 5.15，生长管理期。[2] 精饲料含量高的饲料配方中适用最小值；最大值是牧草的最大摄入量

表 5.14　成年活重 600kg 轻型马调教期日营养需要和摄取量推荐表

年龄-体重-马种＋生长期＋工作	每日营养素推荐值																		干物质摄入量[2]（kg）
	UFC	MADC（g）	赖氨酸（g）	Ca（g）	P（g）	Mg（g）	Na（g）	Cl（g）	K（g）	Cu（mg）	Zn（mg）	Co（mg）	Se（mg）	Mn（mg）	Fe（mg）	I（mg）	维生素A（IU）	维生素D（IU）	维生素E（IU）	
18 个月-比赛-540kg[1]-生长最佳[1]																				
轻度	7.8	441	46	48	33	9	16	52	40	113	563	2.3	2.3	450	900	2.3	39 400	5600	675	10.0～12.5
中度	8.5	490	50	48	33	9	21	61	44	113	563	2.3	2.3	450	900	2.3	39 400	5600	675	10.0～12.5
24 个月-比赛-582kg[1]-生长最佳[1]																				
轻度	8.3	463	48	57	36	9	16	56	43	133	663	2.7	2.7	530	1060	2.7	46 400	6600	795	12.0～14.5
中度	9.0	516	53	57	36	9	22	66	48	133	663	2.7	2.7	530	1060	2.7	46 400	6600	795	12.0～14.5
重度	9.9	579	59	57	36	9	29	78	54	133	663	2.7	2.7	530	1060	2.7	46 400	6600	795	12.0～14.5
非常重	10.6	629	63	57	36	9	47	109	70	133	663	2.7	2.7	530	1060	2.7	46 400	6600	795	12.0～14.5
36 个月-运动-573kg[1]-中度生长[1]																				
轻度	7.8	406	42	45	31	9	16	55	41	123	613	2.5	2.5	490	980	2.5	42 900	6100	735	11.5～13.5
中度	8.5	458	47	45	31	9	22	62	46	123	613	2.5	2.5	490	980	2.5	42 900	6100	735	11.5～13.5
42 个月-运动-591kg[1]-中度生长[1]																				
轻度	8.0	414	41	47	32	9	17	56	42	133	663	2.7	2.7	530	1060	2.7	46 400	6000	795	12.0～14.5
中度	8.8	473	46	47	32	9	22	65	47	133	663	2.7	2.7	530	1060	2.7	46 400	6000	795	12.0～14.5
重度	9.6	530	51	47	32	9	29	88	54	133	663	2.7	2.7	530	1060	2.7	46 400	6600	795	12.0～14.5

[1] 见表 5.15，生长管理期。[2] 精饲料含量高的饲料配方中适用最小值；最大值是牧草的最大摄入量

表 5.15 特定时期内，轻型马[1]活重在成年活重中所占的百分比

成年马体重等级（kg）	年龄（个月）	体重占成年马体重的百分比（%）	
		最佳生长[2]	中度生长
	6	48	44
450	12	72	60
500	18	86	76
550	24	94	88
600	30	100	94
	36	100	97
	42	100	100

[1] 成年的年轻马个体体重可以用公马和母马体重的均值来估计；如果该法行不通，则可用母马的体重来估计。[2] 最佳生长适合于比赛用马品种（纯血马和快步马）

3．活重　成年马活重对应于法国主要的赛马、休闲用马和挽用马品种。对于赛马（纯血马和快步马）和运动马（塞拉·法兰西马、安格鲁·阿拉伯马），马的成年活重，是根据在法国（INRA，IFCE，ENVA）记录的不同品种 3～4 岁马的体重数据制订的特定活重增长曲线和数学模型计算而来的（图 5.10）。纯血马和快步马的平均成年活重分别为 540kg 和 560kg。塞拉·法兰西马和安格鲁·阿拉伯马的平均活重为 590kg。挽用马品种的平均成年活重数据来自于 15 年内尚伯雷的 IFCE 和泰镇的 INRA 两个中心对标准马所进行的研究（表 5.16 和表 5.17）。计算特定年龄的典型活重，以作为生长模型和考虑骨关节炎风险因素的营养摄入量的选择的基准（表 5.15）。

4．生长率的选择　表 5.7～表 5.10 提出了对赛马和体育用马的两个级别的营养摄入，而这两个级别的营养摄入作为生产目标的函数表示在图 5.10 和图 5.14 中。

（1）最佳生长　通过幼马的遗传潜力可以获得显著的生长，同时避免与育肥相关的超重。这种生长速率可以使幼马在 12 月龄达到成年活重的 70%，同时可以避免由营养来源造成的骨关节病变的风险，如骨软骨病。

（2）适度生长　如果幼马在随后的一段时间内（如夏季的高质量牧场）自由采食，那么幼马可能经历短期更有限的生长而不降低其达到正常最终体重的潜力。这将使得幼马会稍微延迟些补偿性生长，并且达到连续的营养良好的马那样正常的最终活重和身体大小。

适度的生长速度更常见于挽用马品种，因为这适合于以技术-经济为目标的家畜管理。然而，20～40 月龄的小母马，在 2 岁龄时需要更高的生长速率来进行繁殖。在这种情况下，应遵循表 5.16 和表 5.17 中建议的营养摄入量。

表 5.16 成年活重 700kg 重挽马生长期日营养需要和摄取量推荐表

年龄（个月）	年龄段内平均体重[1]（kg）	体重增长		每日营养素推荐值																			干物质摄入量[2]（kg）
		增长率水平	增重（g/d）	UFC	MADC（g）	赖氨酸（g）	Ca（g）	P（g）	Mg（g）	Na（g）	Cl（g）	K（g）	Cu（mg）	Zn（mg）	Co（mg）	Se（mg）	Mn（mg）	Fe（mg）	I（mg）	维生素A（IU）	维生素D（IU）	维生素E（IU）	
6～12	410	中等	650	5.6	590	51	45	31	7	9	33	27	80	400	1.6	1.6	320	400	1.6	27 600	4800	480	7.5～8.5
18～24	600	最优	550	7.0	570	60	61	35	10	13	48	39	115	575	2.3	2.3	460	575	2.3	40 300	5800	690	10.5～12.5
18～24	560	中等	250	6.0	440	46	48	33	9	12	45	36	110	550	2.2	2.2	440	550	2.2	38 500	5500	660	10.5～11.5
30～36	640	中等	50	6.1	380	40	49	34	10	13	51	40	120	600	2.4	2.4	480	600	2.4	42 000	6000	720	11.5～12.5

[1] 该年龄段内平均体重。[2] 精饲料含量高的饲料配方中适用最小值，最大值是牧草的最大摄入量

表 5.17 成年活重 800kg 重挽马生长期日营养需要和摄取量推荐表

年龄（个月）	年龄段内平均体重[1]（kg）	体重增长		每日营养素推荐值																			干物质摄入量[2]（kg）
		增长率水平	增重（g/d）	UFC	MADC（g）	赖氨酸（g）	Ca（g）	P（g）	Mg（g）	Na（g）	Cl（g）	K（g）	Cu（mg）	Zn（mg）	Co（mg）	Se（mg）	Mn（mg）	Fe（mg）	I（mg）	维生素A（IU）	维生素D（IU）	维生素E（IU）	
6～12	460	中等	750	6.5	600	52	50	35	8	10	37	31	90	540	1.8	1.8	360	540	1.8	31 100	5400	720	8.5～9.5
18～24	680	最优	630	7.7	600	63	69	46	11	14	54	44	125	625	2.5	2.5	500	625	2.5	43 800	6300	750	11.5～13.5
18～24	640	中等	350	6.7	490	52	57	39	10	13	51	41	120	600	2.4	2.4	480	600	2.4	42 000	6300	720	11.5～12.5
30～36	730	中等	50	6.8	410	43	55	38	11	15	58	46	130	650	2.6	2.6	520	650	2.6	45 500	6500	780	12.5～13.5

[1] 该年龄段内平均体重。[2] 精饲料含量高的饲料配方中适用最小值，最大值是牧草的最大摄入量

在任何情况下，让一个活重低于预期成年马活重 40%（它的母马和公马的平均体重）的小马驹在断奶期增长达到最优生长都是一个错误的目标，原因在于断奶前马驹的生长有限，而非出于遗传缘故。在 18～24 月龄（青春期），特别是公驹（图 5.13），其发育（结构）很有可能显著地缓慢下来。最好在夏季选择如冬季那样的适度但连续的生长速率（即线性）生长。

5. 训练年轻马　关于这种情况的研究较少，因此相关知识非常有限。在断奶后的胴体中肌肉的百分比几乎没有变化，而在该生长期脂肪组织的百分比增加，因为除了自发活动之外没有其他运动，因此蛋白质的量保持相对恒定。事实也确实如此，随着年龄增大：2 岁龄和 12～18 月龄大的马驹相比，能量摄入和体重增加的水平也增高。随着体重或年龄增加，肌肉和脂肪两种组织的量在绝对值上增加，能量和蛋白质需要也增加。这些需要已经被测量和配合作为未经训练的马的推荐摄入量（表 5.11～表 5.14）。蛋白质 / 能量关系较为特殊，因为蛋白质合成消耗的是能量，并且能量和蛋白质的摄取具有加性效应。

年轻马的训练过程中有发展肌肉质量、结构（纤维类型）和化学组成的特定目标，来消耗脂肪组织，以获得最佳的身体组成和体重。按照年龄、水平和训练计划，这些方面已经精确确立。

如果饮食中的营养素浓度高，加上持续生长和训练的影响可能导致 18～24 月龄日增重平均为 250～350g，24～36 月龄平均增长 150～200g。在训练中的年轻马中已经证明，如果蛋白质日粮随着工作增加，保留的量就会增加。实际的情况就是，当干物质的消耗随着年龄和工作而增加，运动促进蛋白质的保留。这似乎是合理并可行的，建议以后用于竞赛或竞技体育的正在训练中的年轻马，补充能量摄入与适当强度相一致。类似于生产阶段，可能需要补充与饮食中的能量、适当的年龄和运动效应相关的蛋白质的摄入。此外，INRA 和 IFCE 进行的研究与 ENVA 的观察结果一起确定了以年龄为参数的最佳活重模型，以使幼马快速生长但发生骨软骨病的风险较低。幼马在 12 月龄内不得超过成年马体重的 72%（表 5.15）。

6. 采食量：消耗　饲料摄入表还提供推荐的干物质摄入值。这些值表示一匹幼马应该消耗以满足其需要或采食量的饲料量（第 1 章）。这取决于马自身的特点：年龄、活重、生长速度、身体状况、过去的营养、提供的饲料类型和提供的精饲料的数量。

一般来说，随着马驹生长，满足其要求变得更容易，因为其摄食能力增强，而生长能力减弱。每种类型的动物和每个生长率时都有两个建议摄入量：具有高能量浓度的最低摄入量，即高比例的浓缩饲料或（和）使用具有非常高能量含量的饲料（如超过 30% DM 的玉米青贮或 60% DM 的枯草青贮）；最高的摄入量，即当动物被给予平均质量饲料含量高（80% 或更高）的摄入水平。

在大多数情况下，不考虑动物的年龄，可随意提供饲料。饲料的摄入能力在 1 岁、2 岁和 3 岁分别为每 100kg 活重平均 2.5～2.7kg、2.3～2.5kg 和 2.0～2.3kg。

饲料的组成随所提供的饲料的性质和所提供的浓缩饲料的量及推测的替代率而变化（表 5.7 和表 5.17）。饮食的营养浓度随着年龄和生长要求而改变。这在第 1 章和表 2.1 中已说明。

5.4　实 际 饲 喂

5.4.1　断奶前

1．*总体方案*　　大多数情况下，运动型马、休闲用马和挽用马产驹时，正好在牧场可用之前或之后，通常是 4 月的前两个星期，而比赛马早些，因为其在 2 岁时就要参加竞赛（第 3 章，图 3.10）。

运动型马和休闲用马马驹大多与它们的母亲一起在牧场待 6～7 个月，大约在 10 月初断奶（第 3 章，图 3.11 和图 3.12）。它们在出生后的第一个 3 个月和第二个 3 个月分别具有 1200g/d 和 850g/d 的生长速率，从出生到断奶生长速率的平均值为 900～1000g/d。只要正确喂养母马并且母马身体状况良好，那么出生日期对马驹生长没有明显影响（第 3 章）。马驹在断奶时，即 6 月龄时，体重为 225～275kg。马驹的生长取决于母马的产奶量和放牧及从 1 月龄到断奶前对马驹特别是竞技用马的补料的质量。

挽用马驹在 10 月断奶，即 6～7 月龄时。小公马驹会被卖掉用于育肥，还有不留于后备繁殖群中的母马驹也会被卖掉。

2．*产奶量*

（1）*正常产奶量*　　在最初，必须让小马驹获得初乳（如果可以哺乳），以获得免疫保护和经受住热休克。初乳富含 IgG1 和 IgG2 及占 40% 乳蛋白的 IgM 和 IgA，还含有丰富的乳糖和脂肪（第 3 章）。在每次产驹时，母马能产生约 100g 的 IgG。基于由 Colotest 方法［它是一个折光仪，可以测量初乳中的糖浓度，并标准化为 IgG 含量（colotest；Haras-Nationaux）］测量的 IgG 含量，初乳被评价为良好、一般或差。如果 IgG 的含量大于 60g/L，则初乳被认为是良好；如果为 40～60g/L，则认为乳质一般；如果小于 40g/L 则较差。母马约产生 2.5L 初乳，马驹在出生后应尽快饮用，因为产驹后初乳中 IgG 的浓度会迅速下降（图 5.17），并且肠内抗体的吸收在产后 12h 停止。

马驹血清中的 Ig（实际上是 IgG）含量是评估被动免疫转移的良好标准。如果出生后 24h，马驹血清中免疫球蛋白的浓度为 8g/L，则其可受到良好保护，如果低于 4g/L，则必须考虑补救治疗（图 5.17）。低 Ig 的原因是多重的：

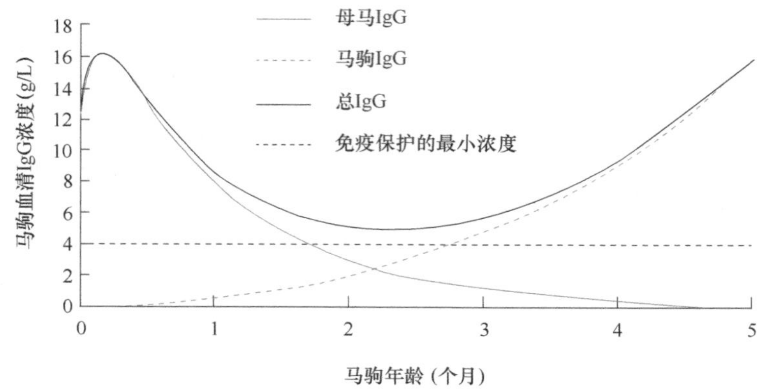

图 5.17 出生后第一个月及随后几个月内血清 IgG 浓度的变化（改编自 Crawford and perryman，1990；Genin，1990）

早产和乳房浓缩免疫球蛋白的时间不足、在生产前初乳从乳房过早泄漏、摄取不到足量的初乳、小马驹肠黏膜成熟度不足、妨碍正常吸收、初乳质量差（免疫球蛋白含量低）。简单的测试可以评估初乳的质量，因为 IgG 的浓度和相对密度之间存在密切的关系。可以使用初乳比重计或密度计或在法国很流行的 Colotest 方法来检测。

初乳中免疫球蛋白的水平可以通过在妊娠的最后一个月不隔离母马而使其暴露于环境抗原中来自然刺激，或通过在相同的时间间隔接种疫苗来人工刺激。

确定马驹的出生日期是控制其获得免疫力的好方法。取自母马的 1ml 初乳并稀释在 5ml 去离子水中，测量其中钙的浓度可以确定母马的生产日期是否临近（Merckoquant® strips；Merck，Darmstadt，德国）。

如果马驹在最初的 12h 内不能喝足够量的初乳，则必须从冷冻或冻干（低温）的初乳库中获得初乳。给马驹输母马的血清效果是有限的。牛初乳不能使用，因为牛免疫球蛋白很难被马驹吸收而且会迅速发生分解代谢。相比之下，最近研究表明，较差质量的马初乳与良好的牛初乳清一起喂马驹可能是被动免疫传递限制问题的解决方案。马驹出生 8h 后使用“Foal”检测，可以通过测量马驹全血清蛋白来检测免疫传递质量，因为这与 IgG 含量密切相关（IDEXX 实验室欧洲 B.V.，Hoofdorp，荷兰；IDEXX 实验室，Westbrook，ME，美国）。

一般第一周每小时哺乳 2～4 次，在 6 个月时减少到每 2h 哺乳一次（图 5.18）。

在头两个月，马驹的生长主要是由母马的产奶量决定的，在产后 2 个月产量达到峰值，并且乳成分良好（第 3 章）（图 5.18）。INRA 已经确定，分别在 1 月

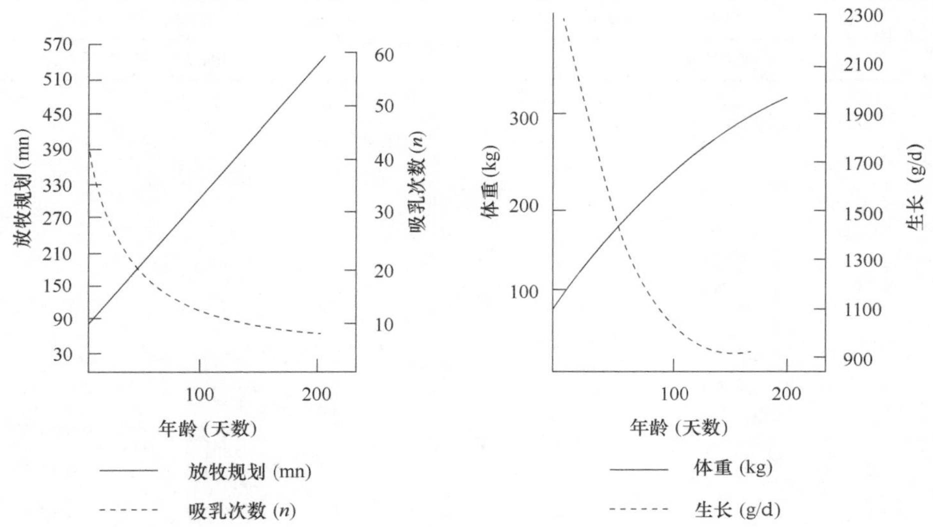

图 5.18　年龄、放牧时间、活重与吸乳次数变化对哺育数的影响
（引自 Martin-Rosset et al.，1978）

龄和 2 月龄时，平均日增重 1kg 需要 10.6kg 和 13.7kg 的马奶。超过 2 月龄的马驹，放牧时间增加，哺乳频率迅速下降。在诺曼底和利木赞的典型的天然肥沃牧场条件下，放牧载荷为每公顷 0.5～0.7 匹母马和马驹，运动和休闲品种的马驹生长随着不同的放牧周期而变化，从第一个周期的 1700～1800g/d 到第 4 个周期的 1100～1200g/d。

（2）代乳品　　如果马驹在出生时成为孤儿，为了确保有足够的免疫力，必须在 12h 内给其饲喂保存在冷冻状态下或由刚刚生产的另一母马提供的初乳。如果这样都不行的话，则需要在小马驹皮下注射从其他母马取得的血清。接下来，可以尝试代养或喂代乳品。在法国，目前有一个组织（SOS foals）为成为孤儿的小马驹提供泌乳期的母马（信息见法国农民联盟或国家种马组织，IFCE 网站：www.ifce.fr）。

第二个选择是小马驹可以用瓶子喂养几天，然后用桶盛有由奶粉“Special Foal”（一种代乳品）复原的乳制品来喂养。替代物是由牛奶或犊牛代乳品制成的。以下述方式调整也可以喂养。

制备干物质含量为 10% 的牛奶：将 3/4L 牛奶与 1/4L 水混合，或者 100g 犊牛代乳品稀释在 1L 水中，然后，向这两种配方中加入 30g 葡萄糖，并且，根据牛奶配方添加维生素矿物质补充剂，调整维生素、钙和磷的浓度及比例。

使用代乳品一定要注意卫生，并且遵守表 5.18 中的饲喂指南。

表 5.18　轻型幼马及重挽幼马代乳品的饲喂指南[1]

年龄（d）	日喂乳量［L/（马驹·d）］		进食次数 /d	精饲料采食量（kg DM/d）	
	轻型幼马	重挽幼马		轻型幼马	重挽幼马
1[2]	3.0	3.0	12		
2[2]	3.5	3.5	10		
3	4.0	4.0	10		
4	4.5	5.0	10		
5	5.0	6.0	10		
6	5.5	7.0	10		
7	6.0	8.0	9		
10	8.5	11.0	8	0.5～1.0	0.6～1.3
20	10.0	13.0	7	0.5～1.0	0.6～1.3
30	11.0	14.0	6	0.5～1.0	0.6～1.3
45	12.0	15.0	4	1.0～2.0	1.3～2.5
60	12.0	16.0	4	1.0～2.0	1.3～2.5
75	10.0	13.0	3	2.0～3.0	2.5～4.0
90	10.0	13.0	3	2.0～3.0	2.5～4.0
105	5.0	6.5	2	3.0～4.5	4.0～6.0
120	0	0	2	3.0～4.5	4.0～6.0

[1] 自然饲喂推荐量：使用为小羊设计的带有橡胶奶头的瓶子，每次饲喂（3～4d）结束后都对该装备进行灭菌（在容器内进行煮沸消毒），每次饲喂都用热水清洗设备；将牛奶温度提升至约 30℃；第一周或第二周饲喂结束时，试着用桶进行饲喂。[2] 在最初的第 1～2d：饲喂 3 次母马初乳，每次 400ml，或给幼马进行 3 次母马血清皮下注射，每次 100ml

（3）断奶　断奶通常发生在马驹出生后的第 5～7 个月，这一过程很突然。在马驹断奶后，进一步提供有限数量的干草、谷物和大豆，以及其他小马驹或是一只同一年龄的小马驹的存在都会减小小马驹与母亲分开的压力，并且从动物行为的观点来看，这样做为小马驹提供了最佳的福利条件（第 15 章）。

在断奶后最初 2 个月提供富含乳清或奶粉的浓缩饲料，作为对优质干草（最少 12% 的粗蛋白）的补充，特别是如果之前已经开始补充，将有助于过渡并减少可能由于断奶应激导致的生长减缓。

3．断奶期马驹的补饲

（1）竞技和运动马种　赛马品种及较少的运动品种的马驹从几个月龄开始补饲，因为母马的产奶量和马驹的饲料量不足以维持其非常高的生长速率（表 5.19）。

表 5.19　2～6 月龄内，补饲或不补饲情况下，幼马的每日增长量
（引自 Donabédian et al.，2006）

年龄（个月）	体重增加量（g/d）		马肩隆高度（mm/d）	
	不补饲	补饲	不补饲	补饲
3～6	747	1085	0.13	0.15
0～6	876	1254	1.58	1.90

浓缩饲料的组成和蛋白质水平是至关重要的。与富含植物饲料的饲料相比，基于乳制品或奶粉及具有高蛋白质含量的浓缩饲料更能满足马驹的生长需要（表 5.20）。

表 5.20　蛋白质来源及含量对补饲 4～11 周的马驹生长的影响（引自 Borton et al.，1973）

精饲料	粗蛋白（%）	每日体重增加量（g/d）
大豆粉	14	600
大豆粉	22	650
奶粉	14	760
奶粉	22	950

在 4.5 月龄早期断奶，通过浓缩饲料补饲通常是方便的甚至是必要的。在 7 月龄时马驹正常断奶的活重通常只减少 4%。这期间小马驹的体高没有什么不同，但早期断奶的小马驹的骨化减少（管围、矿物质密度），此差异在 7 月龄时就会消除。

马驹可以在断奶之前或之后用基于最小 18% 粗蛋白质含量、0.6% 赖氨酸、0.5% 苏氨酸、0.7% 钙、0.4% 磷和 0.08% 镁的乳制品（奶粉或乳清超滤液）的浓缩饲料来补饲。除了乳制品外，饲料还应包含多种不同的能量来源，限量的谷物（＜30%）可抵消脂肪的掺入，以限制马驹在关键生长期发生骨软骨病的风险。饲料在以改进的喂牛饲料分送器或夜间在马厩中提供。

（2）重型马品种　　哺乳的小马驹很少补饲，因为它们最终以瘦的断奶马驹出售用于育肥（第 7 章）。类似的，对于生来就会被卖掉的小母马，由于经济原因也不补饲。

5.4.2　断奶后

1．品种和类型的生产策略

（1）竞技、体育和休闲用马　　根据生产目标设想了两种类型的管理。考虑为了赛马早期发育用于生产，马驹将补充 1～2kg 饲料。然而，这一快速生

长期的一个主要的危险因素是骨软骨病变可能会出现。因此，断奶时小马驹的活重以不超过成年活重的 50% 为好。母马和种马的平均重量为马驹成年活重的估计提供依据（表 5.15），这样的估计还将为指导年轻马的成长提供客观基础。为控制风险，在 2 月龄和 6 月龄时小马驹的高度分别不应高于成年的 72% 和 84%。

运动型马尽管注定要用于竞技，但是，以休闲为目的的马，如果牧场的放牧质量足够好，没有理由喂养大量的精饲料。相反，如果牧场草料矿物质和微量元素不太平衡，则必须补充矿物质（第 12 和第 16 章）。

（2）饲养作后备用的重型马　为了给繁殖群（3 岁可繁殖的母马）生产后备母马和将来用于育种的公马，被认可的策略是从动物生产和经济学的角度产生最佳生长。冬季限制饲养，以便在夏季最大限度地利用牧场草料，并利用代偿性生长的能力。

然而，2 岁龄的小母马必须给予相当于表 5.16 和表 5.17 中提出的大量最佳水平的饲料。设计这些饲料是为了使小母马在配种前达到成年体重的 85%。广泛使用放牧资源进行饲养管理的重挽马的后备母马，还应补充矿物质和微量元素。

2. 喂养程序

（1）竞技、运动和休闲用马　年轻的轻型马可以使用由 IFCE 和 INRA 测试的极其多样的喂养程序饲喂（表 5.21～表 5.23）。当为了早期竞赛生产轻型马品种，建议使用非常优质的干草（0.060～0.65UFC/kg 和 50～60g MADC/kg）供自由采食或 50%～60% 干物质含量的裹包青贮。还应该补充谷物和豆粕，同时考虑马驹的年龄和草料的营养价值。

表 5.21　在第一个冬季里对生长期的轻型马进行饲喂：6～12 月龄（500kg 成年马体重）。该生长期内，活重 280kg（引自 Bigot et al.，1987；Trillaud-Geyl and Martin-Rosset，2005）

饲料配方	半干禾本科牧草青贮		玉米青贮		干草	
饲料构成（%）						
牧草	60～70	75～85	65～75	80～85	65～75	85～90
精饲料	35～40	20～25	25～35	15～20	25～35	15～20
摄入量（kg/DM）						
总量	6.5～7.0	6.5～7.0	6.0～6.5	5.5～6.0	7.0～8.0	7.0～7.5
增长量（g/d）						
最优生长	500～700		700～800		400～500	
中度生长		400～500		500～600		250～300
日粮能量密度（UFC/kg DM）	0.81	0.67	0.88	0.78	0.73	0.62

表 5.22 在第二个冬季里对生长期的轻型马进行饲喂：18～24 月龄（500kg 成年马体重）。该生长期内，活重 429kg（引自 Bigot et al.，1987；Trillaud-Geyl and Martin-Rosset，2005）

饲料配方	半干禾本科牧草青贮		玉米青贮		干草	
饲料构成（%）						
牧草	75～80	85～90	80～85	85～90	70～75	80～85
精饲料	20～25	10～15	15～20	10～15	25～30	10～15
摄入量（kg/DM）						
总量	10.0～11.0	9.5～10.5	8.0～9.0	7.5～8.5	9.5～10.5	9.0～10.0
增长量（g/d）						
最优生长	400～500		500～700		250～350	
中度生长		200～300		300～400		100～200
日粮能量密度（UFC/kg DM）	0.65	0.60	0.80	0.75	0.68	0.63

表 5.23 在第三个冬季里对生长期的轻型马进行饲喂：30～36 月龄（500kg 成年马体重）。该生长期内，活重 484kg（引自 Bigot et al.，1987；Trillaud-Geyl and Martin-Rosset，2005）

饲料配方	半干禾本科牧草青贮		玉米青贮		干草	
饲料构成（%）						
牧草	80～85	85～90	80～85	85～90	75～80	85～90
精饲料	15～20	10～15	15～20	10～15	20～25	10～15
摄入量（kg/DM）						
总量	11.0～12.0	10.5～11.5	9.0～10.5	8.5～10.0	11.0～12.0	10.5～12.5
增长量（g/d）						
最优生长	200～300		300～400		50～100	
中度生长		100～200		200～300		0～50
日粮能量密度（UFC/kg DM）	0.57	0.50	0.65	0.60	0.57	0.50

对于发育滞后的轻型马生产，允许年轻马在冬季饲养方式不同：可以是基于营养价值有限的饲料（0.50～0.55UFC 和 40～50g MADC/kg），干物质含量为 30% 的草或玉米青贮饲料（延迟收获的，本地干草或秸秆和干草混合），供其自由采食，或是具有高营养价值但数量有限的草料（早期刈割干草，前两茬苜蓿干草），干物质含量至少为 35% 的新鲜青贮或 60% 干物质的枯萎青贮，可以秸秆为基础日粮供其自由采食。

在任何情况下，在饮食上应补充能量（谷物）和蛋白质（大豆或花生）或豆类种子（甜羽扇豆，蚕豆）。提供矿物质、微量元素和维生素也必须与饲料或放牧的草料成分相互补。

（2）重型马　冬季喂养取决于饲料和动物的年龄，可以基于干草（有或没有稻草）或青贮饲料（草、半干或全株玉米），补饲限制为每天 0.5kg 或 3kg，组成成分为谷物（大麦、玉米）、向日葵、油菜籽（或豆类或羽扇豆）和必要的矿物质和维生素。日粮是针对中度生长的建议指导（表 5.16 和表 5.17）。

3．关于喂养的一些常规建议　在断奶应激下，马驹已经获得了可口和充足的饮食。可以以自由、中度或限制的方式饲养马驹。

饮食中的任何数量或质量上的变化必须逐步进行，如用秸秆代替干草，用青贮饲料代替干草，增加精饲料的数量或从青草到调制饲料。对于饲喂青贮饲料的马驹，这种转变是非常重要的。在放牧期后，建议提供 2～3 周的干草，然后在 2～3 周的过程中逐渐转变为青贮饲料。

动物处于应激时（断奶、阉割、区域的变化、与同伴隔离、受伤、遭受意外或疾病等），饲料应当从定性和定量观点进行调整，使生长中出现的问题影响最小化。马驹也应定期驱虫（第 2 章）。

4．放牧　一年中的很大一部分时间，幼马吃的都是牧场中的牧草：根据地理区位，一般为 4～10 月。年轻的马可以单独或成群或与牛群轮流在天然草地上放牧，如第 10 章所述管理。年轻的马能够像年老时一样，提高草原的价值。由于消化道的发育，幼马牧草的摄入量在 12～18 月龄大大增加（20%～25%），尤其在 24～30 月龄，会有大量的饲料（10%～15%）在大肠消化，也就是这个阶段马真正发育成为草食动物。

（1）满足需要　赛马品种的幼马在湿润平原地区的牧场上饲养。这使马驹实现了持续的高增长率，以准备好 2 岁龄时参加比赛。幼马仅白天在牧场放养，在晚上为了安全原因和接受补饲被安置在马厩中。马驹在牧场放养中实现的活体增重仅占断奶到 2 岁龄之间总活体增重的 50%。

对于运动马和休闲马品种的幼马，同时饲养在牧场的湿润和干燥地区。对于具有能进行高水平竞技潜力的年轻马，要类似于赛马品种进行管理。牧场放养中活体增重约占其断奶到 4 岁龄之间总活体增重的 60%。其他运动马和预定参与休闲活动的马则按照不连续增长的模式进行管理，其放牧期间活体增重，占其断奶到 4 岁龄之间总活体增重的 65%。幼马经历夏季代偿性生长，至少等于或优于冬季的中度生长，这取决于年龄和放牧条件。夏季生长水平（Y）和冬季生长（X）之间存在一种关系，但随年龄会发生变化。

对于 12～18 月龄的动物：$Y=785.65-0.302X \quad R^2=0.627$

对于 24～30 月龄的动物：$Y=439.28-0.404X \quad R^2=0.629$

对于 36～42 月龄的动物：$Y=658.9-0.603X \quad R^2=0.756$

挽用马的小母马以不连续生长模式进行饲养管理。在牧场放养时，其活体增重部分依赖于春天和夏天在山区或丘陵高地上饲养马驹时的环境条件，其活体增重占断奶至 3 岁龄之间的总活体增重的 65%～70%。

（2）补饲物　当前对将来预定运动用马管理实践中，晚上在马厩中饲喂精饲料以补充干草。根据马驹的年龄和放牧条件，提供的量不应超过 1～3kg，以便不超过 5.1.6 节中的 3. 和 5.4.2 节中的 1. 中讨论的骨关节病变发展的风险阈值。

因为没有牧草饲料能够满足所有的需要，特别是矿物质（第 12～16 章），无论是什么类型的马，牧场补饲矿物质（矿物和微量元素）是必要的。对于其他类型的年轻的运动用马，使用富含矿物质和微量元素的舔砖进行补充，可使马能够当场自由舔舐，并且监测消耗水平［根据标签上的说明，50～100g /（d · 马）］。

参 考 文 献

Agabriel, J., W. Martin-Rosset and J. Robelin, 1984. Croissance et besoins du poulain. *In*: Jarrige, R. and W. Martin-Rosset (eds.) Le cheval. INRA Editions, Versailles, France, pp. 371-384.

Barneveld, A. and P.R. Van Weeren, 1999. Conclusions regarding the influence of exercise on the development of the equine musculoskeletal system with special reference to osteochondrosis. Equine Vet. J., Suppl. 31, 112-119.

Bell, R.A., B.D. Neilsen, K. Waite, D. Rosenstein and M. Orth, 2001. Daily access to pasture turnout prevents loss of mineral in the third metacarpus of Arabian weanlings. J. Anim. Sci., 79, 1142-1150.

Benedit, Y., M.J. Davicco, R. Roux, V. Coxam, H. Dubroeucq, G. Bigot, W. Martin-Rosset and P. Barlet, 1990. Régulations endocriniennes de la formation et de la croissance osseuse: concentrations plasmatiques d'hormones somatotropes, de somatomedine G et d'ostéocalcine chez le poulain. *In*: 16ème Journée Recherche Equine Proceedings. Haras Nationaux Editions, Paris, France, pp. 54-63.

Bigot, G., A. Bouzidi, R. Rumelhart, R. Roux, Y. Vantome, C. Collobert-Laugier and W. Martin-Rosset, 1990. Evolution au cours de la croissance des propriétés biomécaniques de l'os canon du cheval. *In*: 16ème Journée Recherche Equine Proceedings. Haras Nationaux Editons, Paris, France, pp. 64-76.

Bigot, G., A. Bouzidi, R. Rumelhart and W. Martin-Rosset, 1996. Evolution during growth of the mechanical properties of the cortical bone in equine cannon-bones. Med. Eng. Physiol., 1, 79-87.

Bigot, G., C. Trillaud-Geyl, M. Jussiaux and W. Martin-Rosset, 1987. Elevage du cheval de selle du sevrage au débourrage. Alimentation hivernale, croissance et développement. INRA Prod.

Anim., 69, 45-53.

Bigot, G., W. Martin-Rosset and H. Dubroeucq, 1988. Evolution du format du cheval de selle de la naissance à 18 mois: critères et mode d'appréciation. *In*: 14ème Journée Recherche Equine Proceedings. Haras Nationaux Editors, France, Paris, pp. 87-101.

Boren, S.R., D.R. Topliff, C.W. Freeman, R.J. Bahr, D.G. Wagner and C.V. Maxwell, 1987. Growth of weanling quarter horses fed varying energy and protein levels. *In*: 10th ESS Proceedings, USA, pp. 43-48.

Borton, A., D.L. Anderson and S. Lyford, 1973. Studies of protein quality and quantity in the early weaned foal. *In*: 3rd ESS Proceedings, USA, pp. 19-22.

Chavatte-Palmer, P., F. Clément, R. Cash and J.F. Grongent, 1998. Field determination of colostrums quality by using a novel practical method. Am. Assoc. Eq. Pract. Proc., 44, 206-208.

Coleman, R.J., G.W. Mathison and L. Burwash, 1999. Growth and condition at weaning of extensively managed creep-fed foals. J. Equine Vet. Sci., 19, 45-49.

Coleman, R.J., G.W. Mathison, L. Burwash and J.D Milligan, 1997. The effect of protein supplementation of alfalfa cubes diets on the growth of weanling horses. *In*: 15th ESS Proceedings, USA, pp. 59-64.

Crawford, T. B. and I.E. Perryman, 1980. Diagnosis and treatment of failure of passive transfer in foals. Equine Pract., 1, 17-23.

Cymbaluck, N.F., 1990. Cold housing effects on growth and nutrient demand of young horses. J. Anim. Sci., 68, 3152-3162.

Cymbaluck, N.F. and G.I. Christison, 1989a. Effects of diet and climate on growing horses. J. Anim. Sci., 67, 48-59.

Cymbaluck, N.F. and G.I. Christison, 1989b. Effects of dietary energy and phosphorus content on blood chemistry and development of growing horses. J. Anim. Sci., 67, 951-958.

Cymbaluck, N.F., G.I. Christison and D.H. Leach, 1989a. Energy uptake and utilization by limit and at libitum fed growing horses. J. Anim. Sci., 67, 403-413.

Cymbaluck, N.F., G.I. Christison and D.H. Leach, 1989b. Nutrient utilization by limit and ad libitum fed growing horses. J. Anim. Sci., 67, 414-425.

Donabédian, M., G. Fleurance, G. Perona, C. Robert, O. Lepage, C. Trillaud-Geyl, S. Leger, A. Ricard, D. Bergero and W. Martin-Rosset, 2006. Effect of fast vs. moderate growth rate related to nutrient intake on developmental orthopaedic disease in the horse. Anim. Res., 55, 471-486.

Donabédian, M., G. Perona, G. Fleurance, S. Leger, D. Bergero and W. Martin-Rosset, 2005. Fast growth and hormonal status associated to high feeding level model in the foal. *In*: 19th ESS Proceedings, USA, pp. 23-24.

Donabédian, M., R. Van Weeren, G. Perona, G. Fleurance, C. Robert, S. Léger, D. Bergero, O. Lepage, and W. Martin-Rosset, 2008. Early changes in biomarkers of skeletal metabolism and their association to the occurence of osteochondrose (OC) in the horse. Equine Vet. J., 40, 253-259.

El Shorafa, W.M., J.P. Feaster and E.A. Ott, 1979. Horse metacarpal bone: age, ash content, cortical area, and failure-stress interrelationships. J. Anim. Sci., 49, 979-982.

EWEN, 2005. The growing horse: nutrition and prevention of growth disorders. *In*: Julliand, V. and W. Martin-Rosset (eds.) 2nd EWEN Proceedings, France. EAAP Publication no. 114. Wageningen Academic Publishers, Wageningen, the Netherlands, pp. 320.

Firth, E.C., P.R. Van Weeren, D.U. Pfeiffer, J. Delahunt and A. Barneveld, 1999. Effect of age, exercise and growth rate on bone mineral density (BMD) in third carpal bone and distal radius of duch warmblood foals with osteochondrosis. Equine Vet. J., Suppl. 31, 74-78.

Flade, J.E., 1965. Résultats de croisements réciproques et leurs conséquences. Arch. Tierz., 8, 73-86.

Genin, C., 1990. Le transfert de l'immunité passive chez le poulain nouveau-né. Thèse vétérinaire, ENV Toulouse, France.

Gibbs, P.G. and N.D. Cohen, 2001. Early management of race-bred weanlings and yearlings on farms. J. Equine Vet. Sci., 21, 279-283.

Glade, M.J. and T.H. Belling, 1984. Growth plate cartilage metabolism, morphology and biochemical composition in over- and underfed horses. Growth, 48, 473-482.

Godbee, R.G. and L.M. Slade, 1981. The effect of urea or soybean meal on the growth and protein status of young horses. J. Anim. Sci., 53, 670-676.

Graham, P.M., E.A. Ott, J.H. Brendemulh and S. Tenbroeck, 1994. Effect of supplemental lysine and threonine on growth and development of yearling horses. J.Anim. Sci., 72, 380-386.

Green, D.A., 1969. A review of studies on the growth rate of horses. Br. Vet. J., 117, 181-191.

Guillaume, D., G. Fleurance, M. Donabedian, C. Robert, G. Arnaud, M. Levau, D. Chesneau, M. Ottogalli, J. Schneider and W. Martin-Rosset, 2006. Effets de deux modèles nutritionnels depuis la naissance sur l'âge de l'apparition de la puberté chez le cheval de sport. *In*: 32ème Journée Recherche Equine Proceedings. Haras Nationaux Editors, Paris, France, pp. 105-116.

Gunn, H. M., 1975. Adpatation of skeletal muscles that favour athletic ability. N.Z. Vet. J., 23, 249-254.

Harris, P., W. Staniar and A.D. Ellis, 2005. Effect of exercise and diet on the incidence of DOD. *In*: Julliand, V. and W. Martin-Rosset (eds.) The growing horse: nutrition and prevention of growth discorders. EAAP Publication, no. 114. Wageningen Academic Publishers, Wageningen, the Netherlands, pp. 273-290.

Heugebaert, S., C. Trillaud-Geyl, H. Dubroeucq, G. Arnaud, J.P. Valette, J. Agabriel and W. Martin-Rosset, 2010. Modélisation de la croissance des poulains: première étape vers les nouvelles recommandations alimentaires. *In*: 36ème Journée Recherche Equine Proceedings. Haras

Nationaux Editions, Paris, France, pp. 61-70.

Hiney, K.M., B.D. Nielsen and D. Rosenstein, 2004. Short duration exercise and confinement alters bone mineral content and shape in weanling horses. J. Anim. Sci., 82, 2313-2320.

Hintz, H.F., H.F. Schryver and J.E. Lowe, 1971. Comparison of a blend of milk products and linseedmeal as protein suplemements for growing horses. J. Anim. Sci., 33, 1274-1277.

Hintz, H.F., R.L. Hintz and L.D. Van Vleck, 1979. Growth rate of thoroughbreds, effect of age of dam, year and month of birth, and sex of foal. J. Anim. Sci., 48, 480-487.

Hoekstra, K.E., B.D. Nielsen, M.W. Orth, D.S. Rosenstein, H.C. Schott and J.E. Shelle, 1999. Comparison of bone mineral content and bone metabolism in stall-versus, pasture-reared horses. Equine Vet. J., Suppl. 30, 601-604.

Hoffman, R.M., L.A. Lawrence, D.S. Kronfeld, W.L. Cooper, D.J. Sklan, J.J. Dascanio and P.A. Harris, 1999. Dietary carbohydrates and fat in influence radiographic bone mineral content of growing foals. J. Anim. Sci., 77, 3330-3338.

Hurtig, M., S.L. Green, H. Dobson, Y. Mikum-Takagski and J. Choi, 1993. Correlative study of defective cartilage and bone growth in foals fed a low-copper diet. Equine Vet. J., 16, 66-73.

Jeffcott, L.B. and C.J. Savage, 1996. Nutrition and the development of osteochondrosis. Pferdeheilkunde, 12, 338-342.

Jelan, Z., L. Jeffcott, N. Lundeheim and M. Osborne, 1996. Growth rates in thoroughbred foals. Pferdeheilkunde, 12, 291-295.

Jimenez-Lopz, J.E., J.M. Betsch, N. Spindler, S. Desherces, E. Schmidt, J.L. Maubois, J. Fauquant and S. Loral, 2011. Etude de l'éfficacité de sérocolostrums bovins sur le transfert de l'immunité passive du poulain. *In*: 37ème Journée Recherche Equine Proceedings. Haras Nationaux Editions, Paris, France, pp. 11-20.

Jones, L. and T. Hollands, 2005. Estimation of growth rates in UK thoroughbreds. Pferdeheilkunde, 21, 121-123.

Kavazis, A.N. and E.D. Ott, 2003. Growth rates in thoroughbred horses raised in Florida. J. Equine Vet. Sci., 23, 353-357.

KER, 2000. Advances in equine nutrition. *In*: Pagan, J.D. (ed.) Proceedings of Nutrition Conferences in Lexington, USA. Nottingham University Press, Nottingahm, UK.

Mäenpää P.E., A. Pirskanen and E. Koskinen, 1988. Biochemical indicators of bone formation in foals after transfer from pasture to stables for the winter months. Am. J. Vet. Res., 49,1990.

Mansell, B.J., L.A. Baker, J.L. Pipkin, M.A. Buchholz, G.O. Veneklasen, D.R. Topliff and R.C. Bachman, 1999. The effects of inactivity and subsequent aerobic training and mineral supplementation on bone remodeling in varying ages of horses.*In*: 16th ESS Proceedings, USA, pp. 46-51.

Marcq, J., J. Lahaye and E. Cordiez, 1956. Considérations générales sur la croissance. *In*: Jarrige, R. and W. Martin-Rosset (eds.) Le Cheval. Tome 2. Lib Agricole La Maison Rustique, Paris, France, pp. 667-679.

Martin-Rosset, W., 1983. Particularités de la croissance et du développement du cheval. Ann. Zootech., 32, 109-130.

Martin-Rosset, W., 2005. Growth development in the equine. *In*: Julliand, V. and W. Martin-Rosset (eds.) The growing horse: nutrition and prevention of growth desorders. EAAP Publications no. 114. Wageningen Academic Publishers, Wageningen, the Netherlands, pp. 15-50.

Martin-Rosset, W. and A.D. Ellis, 2005a. Evaluation of energy and protein requirements and recommended allowances in growing horses. *In*: Julliand, V. and W. Martin-Rosset (eds.) The growing horse: nutrition and prevention of growth disorders, France. EAAP Publication no. 114. Wageningen Academic Publishers, Wageningen, the Netherlands, pp. 103-136.

Martin-Rosset, W. and B. Younge, 2005b. Energy and protein requirements and feeding the suckling foal. *In*: Julliand, V. and W. Martin-Rosset (eds.) The growing horse: nutrition and prevention of growth desorders, France. EAAP Publications no. 114. Wageningen Academic Publishers, Wageningen, the Netherlands, pp.221-244.

Martin-Rosset, W., M. Doreau and J. Cloix. 1978. Etudes des activités d'un troupeau de poulinières de trait et de leurs poulains au pâturage. Ann. Zootech., 27, 33-45.

Martin-Rosset, W., R. Boccard, M. Jussiaux, J. Robelin and C. Trillaud-Geyl, 1983. Croissance relative des différents tissus, organes et régions corporelles entre 12 et 30 mois chez le cheval de boucherie de différentes races lourdes. Ann. Zootech., 32, 153-174.

McCarthy, R.N. and L.B. Jeffcott, 1992. Effects of treadmill exercise on cortical bone in the third metacarpus of young horse. Res. Vet. Sci., 52, 28.

Milligan, J.D., R.J. Coleman and L. Burwash, 1985. Relationship of energy intake weight gain in yearling horses. *In*: 9th ESS Proceedings, USA, pp. 8-13.

Nogueira, G.P., R.C. Barnabe and I.T.N. Verreschi., 1997. Puberty and growth rate in throughbred fillies. Theriogenology, 48, 518-588.

NRC, 2007. Nutrient requirements of horses. Animal nutrition series. 6th revised edition. The National Academia, Washington DC, USA, pp. 341.

Ott, E.A. and E.L. Johnson, 2001. Effect of trace mineral proteinates on growth and skeletal and hoof development in yearling horses. J. Equine Vet. Sci., 21, 287-292.

Ott, E.A. and J. Kivipelto, 2002. Growth and development of yearling horses fed either alfalfa or coastal bermudagrass: hay and a concentrate formulated for bermudagrass hay. J. Equine Vet. Sci., 22, 311-322.

Ott, E.A. and J. Kivipelto, 2003. Influence of concentrate: hay ratio on growth and development of weanling horses. *In*: 18th ESS Proceedings, USA, pp. 146-147.

Ott, E.A. and R.L. Asquith, 1995. Trace mineral supplementation of yearling horses. J. Anim. Sci., 73, 466-471.

Ott, E.A. and R.L. Asquith, 1986. Influence of level of feeding and nutrient content of the concentrate on growth and development of yearling horses. J. Anim. Sci., 62, 290-299.

Ott, E.A., R.L. Asquith, J.P. Feaster and F.G. Martin, 1979. Influence of protein level and quality on the growth and development of yearling foals. J. Anim. Sci., 49, 620-628.

Ott, E.A., R.L. Asquith and J.P. Feaster, 1981. Lysine supplementation of diets for yearling horses. J. Anim. Sci., 53, 1496-1503.

Ott, E.A., M.P. Brown, G.D. Roberts and J. Kivipelto, 2005. Influence of starch intake on growth and skeletal development of weanling horses. J. Anim. Sci., 83, 1033-1043.

Pagan, J., 2003. The relationship between glycemic response and the incidence of OCD in thoroughbred weanlings: a field study. *In*: Pagan, J.D. (ed.) Kentucky Equine Res. Nutr. Conf. KER Editions, Versailles, USA, pp. 119-124.

Pagan, J.D., 1996. A survey of growth rates of thoroughbreds in Kentucky. Pferdeheilkunde, 12, 285-289.

Pagan, J.D., S.G, Jackson and S. Caddel. 1996. A summary of growth rates of thoroughbred horses in Kentucky. Pferdeheilkunde, 123, 285-289.

Paragon, B.M., G. Blanchard, J.P. Valette, A. Medjaoui and R. Wolter, 2000. Suivi zootechnique de 439 poulains en région Basse-Normandie: croissance pondérale, staturale et estimation du poids. *In*: 26ème Journée Recherche Equine Proceedings. Haras Nationaux Editions, Paris, France, pp. 3-13.

Paragon, B.M., J.P. Valette, G. Blanchard and R. Wolter, 2001. Alimentation et statut ostéo-articulaire du cheval en croissance : résultats du suivi : 76 yearlings issus de 14 élevages en Région Basse-Normandie. *In*: 27ème Journée Recherche Equine Proceedings. Haras Nationaux Editions, Paris, France, pp. 125-132.

Paragon, B.M., J.P. Valette, G. Blanchard and J.M. Denoix, 2003. Nutrition and developmental orthopedic disease in horse: results of a survey on 76 yearlings from 14 breeding farms in Basse-Normandie (France). European Zoo. Nutr. Centre, Antwerp, Belgium, Abstract.

Peterson, C.J., L. Lawrence, R. Coleman, D. Powell, L. White, A. Reinowski, S. Hayes and L. Harbour, 2003. Effect of diet quality on growth during weaning. *In*: 18th ESS Proceedings, USA, pp. 326-327.

Potter, G.D.and J.D. Huchton, 1975. Growth of yearling horses fed different sources of protein with supplemental lysine.*In*: 4th ESS Proceedings, USA, pp. 19.

Reed, K.R. and N.K. Dunn, 1977. Growth and development of the Arabian horse. *In*: 5th ENPS

Proceedings, USA, pp. 76-90.

Richards, J.F., 1959. A flexible growth function for empirical use. J. Exp. Bot., 10, 290-300.

Robelin, J., R. Boccard, W. Martin-Rosset, M. Jussiaux and C. Trillaud-Geyl, 1984. Caracteristiques des carcasses et qualités de la viande de cheval. *In*: Jarrige R. and W. Martin-Rosset (eds.) Le cheval. INRA Editions, Versailles, France, pp. 602-610.

Rossdale, P. D. and S. W. Ricketts, 1978. Le poulain. Elevage et soins veterinaires. Maloine Editions, Paris, France, pp. 429.

Saastamoinen, M.T. and E. Koskinen, 1993. Influence of quality dietary protein supplement and anabolic steroïds on muscular and skeletal growth of foals. Anim. Prod., 56(1), 135-144.

Saastamoinen, M.T., S. Hyppa and K. Huovinen, 1993. Effect of dietary fat supplementation and energy to protein ratio on growth and blood metabolites of weanling foals. J. Anim. Physiol. Anim. Nutr., 71, 179-188.

Savage, C.J., R.N. McCarthy and L.B. Jeffcott, 1993a. Effects of dietary energy and protein on induction of dyschondroplasia in foals. Equine Vet. J., Suppl. 16, 74-79.

Savage, C.J., R.N. McCarthy and L.B. Jeffcott, 1993b. Effect of dietary phosphorus and calcium on induction of dyschondroplasia in foals. Equine Vet. J., Suppl. 16, 80-83.

Scott, B.D., G.D. Potter, J.W. Evans, J.C. Reagor, W. Webb and S.P. Webb, 1987. Growth and feed utilization by yearling horses fed added dietary fat.*In*: 10th ESS Proceedings, USA, pp. 101-106.

Sondergaard, E., 2003. Activity, feed intake and physical development of young Danish Warmblood horses in relation to the social environment. Ph.D. Thesis. Danish Instiute of Agricultural Sciences, Tjele, pp. 55-75.

Sponner, H.S., G.D. Potter, E.M. Michael, P.G. Gibbs, B.D. Scott, J.J. Smith and M. Walker, 2005. Influence of protein intake on bone density in immature horses. *In*: Equine Sci. Soc. Proc., Tucson, USA, pp. 11-16.

Staniar, W.B., D.S. Kronefeld, J.A. Wilson, L.A. Lawrence, W.L. Cooper and P.A. Harris, 2001. Growth of thoroughbreds fed a low-protein supplement fortified with lysine and threonine. J. Anim. Sci., 79, 2143-2151.

Staniar, W.B., D.S. Kronefeld, K.H. Treiber, R.K. Splan and P.A. Harris, 2004. Growth rate consists of baseline and systematic deviation components in thoroughbreds. J. Anim. Sci., 82, 1007-1015.

Staniar, W. B., J.A. Wilson, L.H. Lawrence, W.L. Cooper, D.S. Kronfeld and P.A. Harris, 1999. Growth of thoroughbreds fed different levels of protein and supplemented with lysine and threonine. *In*: 16th ESS Proceedings, USA, pp. 88-89.

Staun, H., F. Linneman, L. Erikson, K. Mielsen, H.V. Sonnicksen, J. Valk-Ronne, P. Schamleye, P. Henkel and E. Fraehr, 1989. The influence of feeding intensity on the development of the young growing horse until three years of age. Beretning fra Statens Husdrybrugsforsog, no. 657.

Thompson, K.N., 1995. Skeletal growth rates of weanling and yearling thoroughbred horses. J. Anim. Sci., 73, 2513-2517.

Thompson, K.N., S.G. Jackson and J.P. Baker, 1988a. The influence of high planes of nutrition on skeletal growth and development of weanling horses. J. Anim. Sci., 66, 2459-2467.

Thompson, K.N., S.G. Jackson and J.R. Rooney, 1988b. The effect of above average weight gains on the incidence of radiographic bone aberrations and epiphysitis in growing horses. J. Equine Vet. Sci., 8, 383-385.

Trillaud-Geyl, C. and W. Martin-Rosset, 1990. Exploitation du pâturage par le cheval de selle en croissance. *In*: 16ème Journée Recherche Equine Proceedings. Haras Nationaux Editions, Paris, France, pp. 30-45.

Trillaud-Geyl, C. and W. Martin-Rosset, 2005. Feeding the young horse managed with moderate growth. *In*: Julliand, V. and W. Martin-Rosset (eds.) The growing horse: nutrition and prevention of growth disorders. EAAP Publication, no. 114. Wageningen Academic Publishers, Wageningen, the Netherlands, pp. 147-158.

Trillaud-Geyl, C., G. Bigot, V. Jurquet, M. Bayle, G. Arnaud, H. Dubroeucq, M. Jussiaux and W. Martin-Rosset, 1992. Influence du niveau de croissance pondérale sur le développement squelettique du cheval de selle. *In*: 18ème Journée Recherche Equine Proceedings. Haras Nationaux Editions, Paris, France, pp. 162-168.

Van Weeren, P.R., M.M.S. Van Oldruitenborgh-Oosterbaan and A. Barneveld, 1999. The influence of birth weight, rate of weight grain and final achieved height and sex on the development of osteochondrotic lesions in a population of genetically predisposed warmblood foals. Equine Vet. J., Suppl. 31, 26-30.

Walton, A. and J. Hammond, 1938. The maternal effects on growth and conformation in Shire horse, Shetland pony crosses. Prod. Roy. Soc. B., 125, 311-335.

Warren, L.K., L.M. Lawrence, A.S. Griffin, A.L. Parker, T. Barnes and D. Wright, 1998. The effect of weaning age on foal growth and bone density. *In*: Pagan, J.D. (ed.) Advances in equine nutrition. Nottingham University Press, Nottingham, UK, pp. 457-459.

Winsor, C.P., 1932. The Gompertz curve as a growth curve. Proc. Nat. Acad. Sci. USA, 18, 1-8.

第六章 运 动 马

在法国有 12 万～15 万匹工作的马。大约 15% 是在赛道上比赛的赛马，85% 被用于体育和休闲，只有很小的一部分用于农业和林业。我们认为这些数字在大多数工业化国家都或多或少的相似。

营养需要，特别是能量类型是非同寻常且非常重要的，这是因为不同马的力量类型、强度、持续时间和重复差别很大。在不同环境条件下工作及工作时间上或多或少的改变都会影响到营养需要。

这些马的终端用户对马的使用都有着截然不同的目标。用于竞赛的马，挑战就是要使生物体和生物学效率最大化，如在其余因素都处理得很好的条件下，运动医学和营养代谢都要使马达到理想的性能。这些马主要由专业人士骑乘，专业职员（兽医等）进行管理。用于休闲的马，如用于骑术学校教学，或者业余爱好者骑乘等，目的则不同。对于学校，应该优化马营养供给量以使马以最低成本用于常规教学安排。对于业余爱好用马（通常是个人资产），营养供应给量应该简单、低成本，确保马生活得舒适即可。而且，用于业余爱好的马，其骑乘者的骑乘水平也参差不齐。

为更好地理解营养需要和推荐饲喂量，本章主要描述运动的生理基础和新陈代谢。

6.1 运动对生理和代谢的影响

运动影响生物力学、身体的生理和代谢及器官和组织。

6.1.1 主要的生理现象

1．心率和呼吸频率　静止时（耗氧量是最大氧耗量的 3%），呼吸频率为 5～15 次 /min，心率为 35 次 /min。工作中呼吸频率和心率随步法和速率的增加而升高，慢步走（VO_2 14% 或速率为 40～100m/min）时，分别可达 60～65 次 /min 和 70～75 次 /min，一般袭步时分别可达 100 次 /min 和 150 次 /min，最大速度袭步（VO_2 为 100% 或 VO_{2max} 速率为 800m/min）时，分别可达 120 次 /min 和 240 次 /min。在恢复期频率保持相对较高，直到获得休息时的水平（VO_2 为 20% VO_{2max}）5min 以后，呼吸频率和心率分别为 90～110 次 /min 和 80～90 次 /min。呼吸频率和心率随着运动速率的增加呈线性增加的趋势，其最高值分别为 150 次 /min 和 240 次 /min（图 6.1A）。

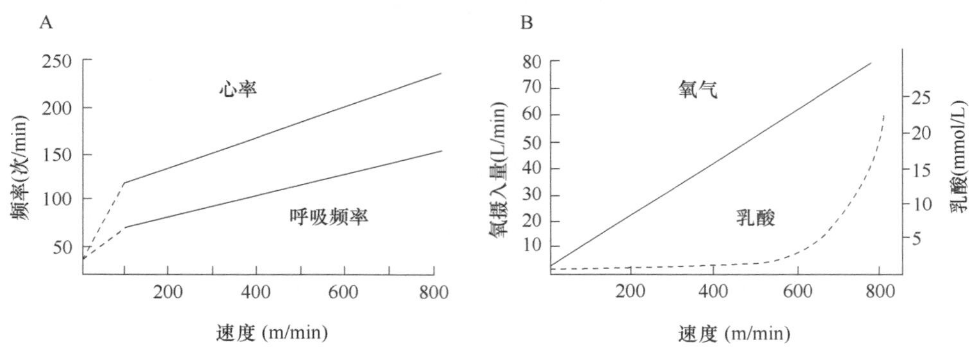

图 6.1 速度对呼吸和心率（A）及氧摄入量和血乳酸浓度的影响（B）
图 A 改编自 Wilson et al., 1983；图 B 改编自 Hornicke et al., 1983

通常，马从休息状态到最大袭步速度，其吸入空气的体积为 3～70L/s。在恢复期，空气体积仍有 20～25L/s。包括恢复期内，这些频率和体积，都随着运动强度、运动持续时间、马的个体能力、训练和环境状况有所不同。在这些方面有广泛的研究成果。

2．氧气摄入　从吸入的空气中利用氧气是必要的，因为这才能够为机体工作提供相应的能量支出。从静止状态到 600m/min 的袭步，运动早期的氧气摄入与运动速率呈线性增加趋势（图 6.1B），这是因为马一直处于有氧代谢状态（VO_{2max} 60%）。超出这一速率，氧气摄入的上升为曲线型，因为无氧代谢增加了（极限运动为 800m/min，VO_{2max}100%）。氧气摄入能够从休息时的 3ml/（min · kg BW）上升到超大强度运动（700m/min）的 125ml/（min · kg BW）。氧气摄入也随着马的负荷（骑乘者体重、逆风等）、路线的坡度和运动强度及持续时间等因素变化。

不考虑运动负荷，VO_{2max} 是能达到的最大氧气摄入量。该值在纯血马以 800m/min 最高速度袭步时进行了测定。很可能因为无氧代谢的作用，在运动最高强度时速度可以增加。在马的运动方面，认为 VO_{2max} 和运动表现无关。

在以下两种状况下，需要氧化能量底物来满足身体需要的氧气摄入会出现不足。在运动开始时，马的能量消耗是可以预见的，但氧气摄入短时间无法满足这一需要，因此这也称为暂时不足。等到超过最大限度的运动，能量消耗需要持续一段时间，但氧气摄入无法满足身体的高度要求，这称为氧债（图 6.2）。这一累积的差额可达到 30～128ml/kg BW。这期间马的代谢为无氧代谢。这一累积的差额与 VO_{2max} 不相关，也尚未证明这与马的表现有关。

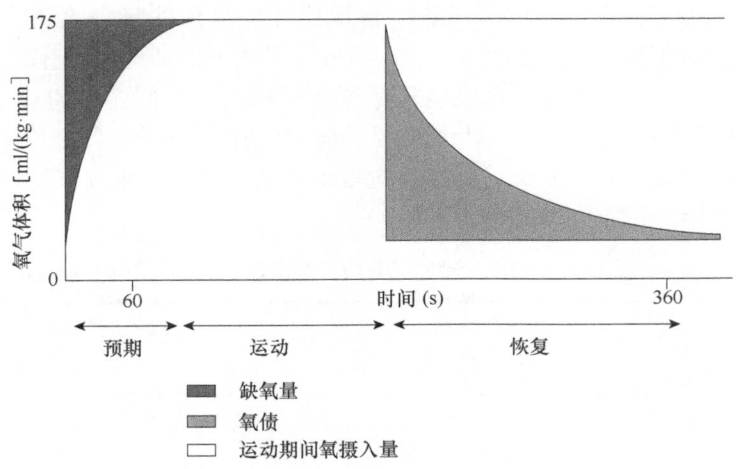

图 6.2 运动期间的氧摄入动力学（改编自 Eaton，1994）

6.1.2 能量物质代谢

1．在肌肉组织　运动由骨骼肌来完成，骨骼肌占马体重的 45%～55%。骨骼肌是纤维状的组织，它的收缩和代谢特征因运动类型而异（表 6.1）。肌肉的绷紧能力依赖于肌纤维中肌球蛋白及肌球蛋白 ATP 合成酶的类型。此外，由于肌纤维能够利用氧气或氧化能力下降，其能够实现更快地收缩。在非常快型ⅡB 肌纤维中，糖原含量高，而脂肪含量低，并且毛细血管密度也较低。相反，Ⅰ型肌纤维收缩慢，利用氧气能力强。它们的脂肪含量和毛细血管密度都较高。ⅡA 型肌纤维是中间类型。

表 6.1 马体内不同类型肌纤维的特性（引自 Snow，1983）

特性	肌纤维类型		
	Ⅰ[1]	ⅡA[2]	ⅡB[3]
收缩速度	慢	快	快
肌球蛋白 ATP 酶的活性	低	高	高
线粒体数量	+++	++	+
氧化能力	高	中到高	低到中
脂肪含量	高	中	低
糖酵解能力	低	高	高
糖原含量	中	高	高
易疲劳性	低	中	中到高

[1] Ⅰ或 ST：慢抽搐。[2] ⅡA 或 FTH：快抽搐，高氧化性。[3] ⅡB 或 FT：快抽搐

耐力马肌肉中脂肪（甘油三酯）含量比纯血马或快步马高得多，这是因为它们在延长的运动中主要通过Ⅰ型和ⅡA型肌纤维的脂肪氧化代谢来提供能量（表6.2）。相反，纯血马和快步马糖原含量较高，它们主要通过Ⅰ型和ⅡA型肌纤维葡萄糖的有氧或无氧代谢来提供能量。在运动量增大（长冲刺）过程中，脂肪也会被代谢（表6.2）。跳跃的马主要动员ⅡB型肌纤维通过葡萄糖和糖原的无氧代谢途径来供能。

表6.2　不同马种臀肌内纤维组成、糖原及甘油三酯含量（引自Essen-Gustavsson，2008）

马种	肌纤维类型			能量储备	
	Ⅰ（%）	ⅡA（%）	ⅡB（%）	糖原[1]（mmol/kg）	甘油三酯[1]（mmol/kg）
纯血马（n=10）	15 ± 5	56 ± 11	29 ± 10	570 ± 39	15 ± 9
快步马（n=23）	26 ± 5	54 ± 9	20 ± 9	685 ± 122	30 ± 18
耐力马（n=21）	16 ± 7	41 ± 7	43 ± 8	519 ± 86	58 ± 37

[1] 干重

肌纤维，尤其是肌纤维中含有大量线粒体，其数量或多或少取决于纤维的类型，是自由能产生ATP的场所，这些ATP来自于肌纤维在血液中积累或提取的能量底物。在轻度和中度运动过程中，Ⅰ型和ⅡA型肌纤维被激活。能量来自长链脂肪酸的代谢和葡萄糖及糖原的循环利用（第1章，图1.2）。

当马运动速度增加时，ⅡB型肌纤维被动员加入Ⅰ型和ⅡA型的作用中来。因为无氧代谢发挥越来越大的作用（图6.1B），能量通过葡萄糖转化为乳酸（糖酵解）来产生。在最高速度时，葡萄糖和磷酸肌酸的无氧代谢加入有氧代谢中来，因为这时速度如此之高，有氧代谢无法满足能量消耗提高的需要。在一些极端情况下，主要以丙酮酸和丙氨酸通过无氧代谢来产生能量，较少程度下通过亮氨酸和异亮氨酸等支链氨基酸代谢来供能。鉴于此，通过丙酮酸转氨作用的补充，体内的谷氨酸量降低而丙氨酸量增加。因此，在最高强度的运动中，可能会发生一些蛋白质的代谢。

根据运动的类型和持续的时间，线粒体里同时或多或少有3种代谢系统处于活跃状态。在所有情况下，根据反应机制是有氧还是无氧，肌细胞的线粒体中发生一系列不同的生化反应产生自由能ATP来提供所需（图6.3）。

持续不同时间的中等强度的运动过程中，有氧系统处于活跃状态。葡萄糖和糖原无氧代谢产生的丙酮酸通过三羧酸循环和氧化磷酸化被转化成ATP。甘油三酯通过脂解作用产生的脂肪酸被β氧化并进入三羧酸循环转化成了自由能（ATP）。有氧代谢虽然慢，但非常高效，因为一分子葡萄糖可产生38分子ATP，而1mol脂肪酸，如硬脂酸，可产生147mol ATP。换言之，消耗1mol氧气，每

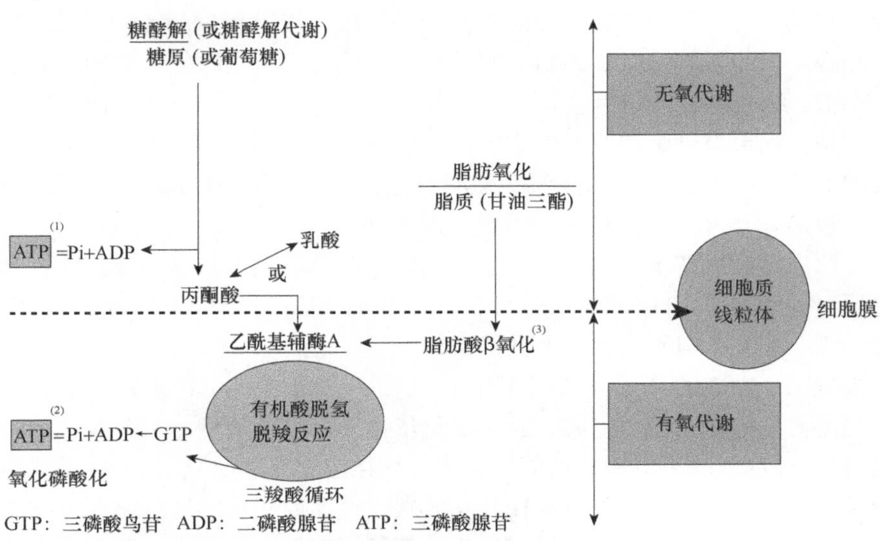

图 6.3 通过细胞内的有氧或无氧通路：糖酵解、脂肪酸氧化和三羧酸循环产生 ATP 形式自由能的简图

摩尔葡萄糖可产生 6.32mol ATP，每摩尔脂肪酸可产生 5.65mol ATP。但脂肪的利用依赖于碳水化合物的可利用性（图 6.3 和第 1 章图 1.2）。在极端情况下，蛋白质降解产生的氨基酸经过脱氨基作用可被用作生成葡萄糖，这称为糖异生作用。

无氧系统主要发生在短时间剧烈运动过程中，或者在长时间耐力竞赛的结尾。因此，自由能 ATP 的传递是在无氧环境下进行的，只是从葡萄糖和糖原通过称为糖酵解的机制进行了转移。1mol 葡萄糖只产生 2mol ATP，而 1mol 糖原只提供 3mol ATP。这一系统高效快速，时间很短暂（几分钟）。副产物乳酸的累积会导致肌肉酸中毒。

磷酸肌酸系统出现在任何运动的刚开始时期（10～15s）。当磷酸肌酸这一能量储备消耗殆尽时，这个系统就终止了。该无氧机制产生 ATP。

2．在机体内

（1）静止　马不同器官和组织的能量消耗，如细胞和组织结构的增加，尤其蛋白质和离子的转运等，都一直在持续进行。为满足这一消耗，马会利用长链脂肪酸、葡萄糖、乙酸酯，有时候还会利用氨基酸和酮体（第 1 章，图 1.2）。在进食吸收时期，这些能量底物能够立即被利用。在进食间期，马可以利用脂类和糖原储备。

脂类是目前生物体内最重要的能量储备（第 2 章）。拿一匹体重 500kg 的马来说，当其平均体况得分为3分时，其脂肪组织可以占体重的6%～8%，相当于30～40kg。当能量不足时，脂肪组织的甘油三酯被动员水解成甘油和非必需脂肪酸（NEFA），这些物质进入血液供身体利用。这些NEFA如果被肌肉捕获，会被直接利用，如果被肝脏捕获会以脂蛋白形式释放进入循环系统供以后利用。白天和夜间血浆NEFA浓度显示能量平衡的变化：采食和吸收时降低，绝食时升高。血浆乙酸酯和β-羟基丁酸浓度的情况与此相同。

在肌肉和肝脏的糖原储备，分别占500kg马体重的50%和1%。休息时肌肉中糖原含量占马肌肉重量的1.5%～2.5%。糖原储备可能有4.5～5.5kg。糖原含量随训练会上升，但不如人类上升得明显。

饱餐后90～120min，血糖会达到最大值，经过5～6h又恢复到进食前的浓度。胰岛素与此变化模式相同，这一变化依赖于食物的类型（干草或干草中添加浓缩料）、谷物粒的类型和给食的方法（干草在浓缩料之前或之后）。循环中的葡萄糖能够很快地用于满足能量消耗或者分别以糖原或脂肪的形式储存于肝脏、肌肉组织和（或）脂肪组织中。根据吸收的葡萄糖的量和身体必须即刻达到的能量需要，脂肪可以以脂肪酸的形式或者甘油三酯的形式 储存于体内。根据食物的类型和给食方法，进食后2～5h氨基酸浓度达到最大值。

食物中的脂类（甘油三酯）也会被吸收，它们在血液中以乳糜微粒的形式运输到可以被代谢或者储存的位置。在大肠中产生和吸收的挥发性脂肪酸用于满足身体的能量需要，或者在肝脏中用于合成葡萄糖（糖原生成）或脂类（脂肪生成）（第1章，图1.10）。

胰岛素在这些营养素的调控和利用上发挥主要的作用：代谢，被组织捕获，或者被吸收用于合成储备物质来维持血糖稳定。

两次进食间隔期间血糖降低。葡萄糖是中枢神经系统、红细胞、白细胞、肾上腺和视网膜的基础能量底物，而肌肉、肝脏等需要能量可由NEFA来满足。为满足必需的葡萄糖消耗和维持血糖水平，肝脏水解储备糖原和从肌肉蛋白代谢获得的氨基酸（丙氨酸和谷氨酸），以及从甘油三酯水解的甘油中和肌肉中葡萄糖代谢的碳底物（乳酸和丙酮酸）来合成葡萄糖，如此可确保真正的再循环（第1章，图1.10）。

（2）*轻度到中度运动*　当马以中等强度运动（如快步200m/min）较短时间（30min），每日能量消耗由血浆中NEFA的氧化来满足。脂肪酸由循环血浆和肌内甘油三酯来提供（第1章，图1.2）。

当运动强度升高时（如快步300m/min或VO_{2max}30%～35%），能量消耗的增加由血液中的葡萄糖、肌糖原和长链脂肪酸的加速代谢来满足，所有这些底物都被彻底氧化。血糖的氧化可以为能量消耗提供6%～12%的能量。脂类的贡献增大，由呼吸熵（$RQ=CO_2/O_2$）的下降就可看出，该值由0.95下降到0.88。在去甲肾上腺素的作用下，肌肉吸收 NEFA，使血浆中起始 NEFA 浓度降低，而当体脂被动员时血浆中 NEFA 浓度升高，其变动率可达 50%。血浆中葡萄糖浓度降低，但甘油浓度升高，而乳酸浓度不变。

在骑乘 200～300m/min、40～160km 的中等运动强度情况下，代谢基本上是有氧的。体脂的贡献升高了 10 倍，肝脏和肌肉储备的糖原量逐渐降低了。根据比赛或骑乘的困难程度，血糖参考值较赛前下降 25%～65%，但马匹之间的个体差异很大。血浆中 NEFA 浓度增加了 6～15 倍，甘油的量也显著增加了。乳酸、β-羟基丁酸和乙酰乙酸浓度稍有增加，因为葡萄糖和 NEFA 被完全氧化，酮体只是最低程度地参与其中。能量底物的动员是由于胰岛素分泌的下降和儿茶酚胺类、皮质醇和胰高血糖素的升高，后两者刺激糖异生作用。

需要强调的一点就是，即使在 30%～60% VO_{2max} 的中等强度运动期间，由呼吸熵的变化规律揭示，无论运动持续多久，虽然能量供应以 NEFA 为主，但仍需要葡萄糖来满足能量消耗（图 6.3）。

（3）*剧烈运动*　当运动强度增加（VO_{2max}＞80%）时，肌糖原的作用快速增加并成为主导。根据运动持续的时间，肌糖原的动员为 30%～100%。在运动早期，葡萄糖由肝糖原分解来提供。当运动延长时，如果甘油、乳酸和丙氨酸这些前体物质可用，葡萄糖可由糖异生作用来提供。在最终阶段，肝脏不能再提供葡萄糖，血糖降低，马就开始疲劳了。肌肉和血液中积累的乳酸会导致代谢性酸毒症，加快疲劳。

血乳酸浓度是表明参与无氧代谢很重要的指标。在快步马，如果速度不超过 300～400m/min 的临界值，相当于 150～160 次 /min 的心跳和 VO_{2max} 50%～60%，乳酸浓度就保持较低。在赛马这个临界值似乎较高。并且，在马袭步或者快步时，乳酸浓度随速度以指数方式增长（图 6.1B）。同样的速度，在未训练过的马，血乳酸浓度要高得多。

运动期间，蛋白质在满足需要和代谢方面的重要性饱受争议。在极端运动情况下，蛋白质能提供 5%～15% 的可用能量。中等强度运动期间血浆丙氨酸浓度升高，而耐力运动期间血浆尿素浓度升高。

在 1000～2400m 的速度赛结束时，血液的缓冲作用很明显。乳酸积累到约 25mmol/L，在碱储备的作用下，pH 由 7.49 下降到 7.00。血糖升高 60%～90%，甘油浓度提高了 40～50 倍，这些是由肝糖原和脂肪组织中脂肪的水解受到促进造成的。这些缓冲值要比快步赛结束时检测到的结果大很多。在此强度下，运动只能持续几分钟。

以高于 16～18km/h 的速度进行长距离耐力赛（80～160km），导致血浆 NEFA 浓度的极大提升，可达 1689mmol/L，这表明进行了非常重要的体脂动员。只有马的最初体况评分较理想（评分≥3），才能完成这样大的提升过程，否则，能很好完成的概率是很低的。另外，像第一阶段那样高的速度进行第二阶段的比赛会引起肌纤维以无氧代谢方式参与运动，尤其需要马被训练得很好。这个过程中，血乳酸值显著升高。

总的来说，体脂是工作马的必需能源，在速度达 400m/min 的快步赛马（颠马赛）和速度为 500～600m/min 的平地赛马，Ⅰ型和ⅡA 型肌纤维氧化体脂供能。无氧代谢的临界值相当于 50%～60% VO_{2max}，超出这一值，葡萄糖代谢逐渐升高（图 6.3）。但是，在无氧代谢临界值的两边，这两种能量的利用不符合全或无的定律。根据持续时间和强度，碳水化合物总是用于各种量的运动过程中，这是因为它们在脂肪代谢生成 ATP 的过程中是必需的。我们常说："脂肪在碳水化合物的火焰中燃烧。"

（4）恢复　运动结束后，代谢持续较高，氧气摄入增加了。这一时期分成两个阶段：第一个阶段是一个基本的较慢的过程，称为"乳酸期"，因为要氧化累积的乳酸。第二个阶段是一个快速的过程，称为"非乳酸期"，这个过程主要包括高能磷酸键的再生。慢速阶段持续时间较快速阶段长 10～20 倍。恢复期也包含肌酸和二磷酸腺苷（ADP）的再次磷酸化，这对代谢是必需的。

（5）训练和饲喂的影响　训练马在短距离赛的目的是提高马的加速能力和与肌肉中乳酸积累有关的疲劳阈值。通过促进肌纤维的增生和提高无氧阈值来完成训练。提高无氧阈值也同时使血乳酸降低。这一适应的获得是通过提高肌肉的氧气供应（血管网），增加肌肉中参与运动供能的 NEFA 的供应，以及可利用糖原和 NEFA 的增加，最终与糖酵解和有氧代谢有关的一些酶的活性也增加了。

训练耐力骑乘的目的首先是增加马对疲劳的抗性，其次是增加速度。训练应该增加 NEFA 的利用而节省糖原，提高无氧阈值阻碍乳酸积累以延迟疲劳的出现。

经历了紧张的训练，为了以有限体积满足马的能量消耗并提供葡萄糖的前体物质，马的食物应该包含谷类粮食和其他补充在饲草中的浓缩料。假定数量上满足了马的能量需要，是否有其他更适合并能提高马的表现的能量来源?

由于养马人对饲喂玉米很谨慎，他们喂给赛马的主要谷类粮食是燕麦。事实上，给马饲喂能量（UFC/kg DM）相同的玉米或燕麦，马的表现并无明显差异。专业人员发现的有害效应很可能是由于食物配方错误造成的。同体积的玉米提供的能量（UFC）比燕麦多 50% 以上，反过来，因为玉米和燕麦密度不同，1kg 鲜玉米大致相当于 1.3kg 燕麦（第 9 章）。

马能够像人那样通过赛前几天采食高碳水化合物食物增加糖原储备吗？马的肌糖原含量与饮食配方中淀粉含量的变化相一致，但相比人的情况来说程度更有限。相比无淀粉饮食，马的这一改变量为 1.9%～2.5%，传统的包含 50% 燕麦的食物可以变成含有 35% 玉米淀粉的富含碳水化合物的食物。

在先前的耗尽期，给马饲喂低碳水化合物的食物，并进行疲劳运动以耗尽糖原储备，然后紧跟着在饱和期给马喂高碳水化合物的食物，进行的大多数这样的试验都没有像在人类那样出现糖原储备的过度补偿效应。

由于在人类食物中的应用成果良好，也有将脂肪应用在马的食物中的。平均来看，脂肪每千克 DM 的净能量比谷物粮食高 2.5 倍。早期研究表明，含油 7%～10% 的富油食物（玉米、大豆等）促进肌糖原的节约利用，因为运动后血糖较高而呼吸熵也降低了（图 6.4）。然而，最近的许多研究并没有证实这些结论。补充脂肪不会增加肌肉甘油三酯。亚极量运动后，补充脂肪的马比补充碳水化合物的马，肌肉的糖原含量和高血糖都降低了。驱动这些现象的机制还有待发现。

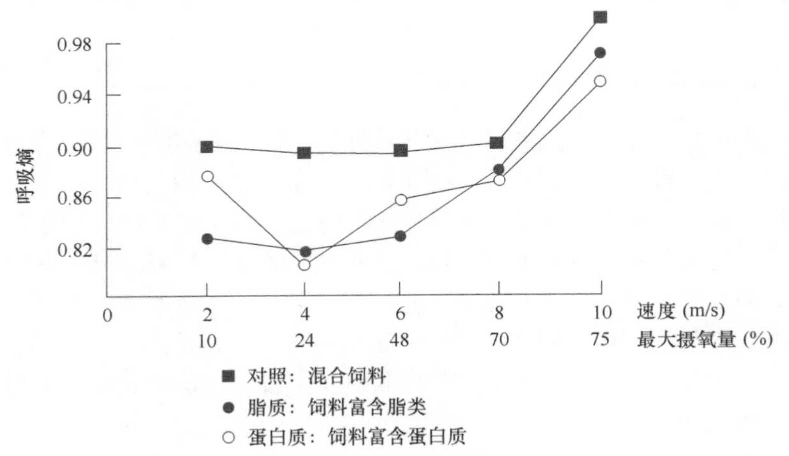

图 6.4 通过呼吸商（RQ）检测饲喂对能量代谢利用的影响（改编自 Pagan et al.，1987）

一般饲喂给赛马相对它们需要来说包含更多粗蛋白的食物，应给予粗蛋白含量高的食物配方，如优质谷物粮食和饲料。对 171 匹马 563 项表现进行的调查发现，因为马的有氧呼吸频率和出汗都增加了，当给马提供比推荐摄入量多 1000g 粗蛋白（×2.5）的食物时，马在跑 1200m 和 1700m 时，时间分别缩短了 1～3s。此外，如果蛋白质代替一部分碳水化合物，运动前肌肉中的糖原的浓度降低了，并且在运动中减少得更多。

6.1.3 矿物质和电解质代谢

根据运动强度，运动期间产热比静止期高出 10～60 倍，这表示生物体平均产生了 75% 的热量（第 1 章，图 1.11）。如果这个多余的热量不被消除，运动表现就会受到限制，这在长时间运动中尤为明显。出汗是摒弃产生多余热量的主要途径。根据步态、速度、距离和运动的持续时间及环境条件（温度和湿度），马的出汗量为 2～15L/h。这会导致总共损失 20～50L，即 4%～10% 的体重（表 6.3）。在极端情况下，这一损失可以相当于总血容量大小。

表 6.3　不同类型的训练期内出汗导致的马体重下降值（引自 Valle and Bergero，2008）

训练类型	体重下降值（kg）	作者
纯血马，袭步	4.5～7.3	Lewis，1995
快步马（比赛，1600m）	5.5～15.0	Lewis，1995
狩猎（3h）	11～45	Lewis，1995
三日赛：快速运动及耐力赛阶段	10～21	White，1998
耐力赛		
80km	30～50	Lewis，1995
32km（高温且潮湿）	15～25	Bergeron et al.，2001

出汗导致矿物质损失（Ca-P-Mg）和电解质（K-Cl）的硬性损失。汗水中含有它们，是因为它们以离子形式存在，正（阳）离子或负（阴）离子，存在于细胞内液或外液，以及溶解在血液中。血浆和汗水的离子浓度有很大的不同（表 6.4），它们各自的浓度都是由不同机制调控的。在运动过程中，矿物质和电解质的丢失是硬性的，并且由于身体中没有储备，它们无法被预支。这些损失对马的表现有一定的影响，因为它们促进疲劳的发生。运动后损失应该迅速恢复，以防止一些疾病的发生，这是因为这些离子参与许多机制：局部空间的渗透压，神经肌肉传导，酸碱平衡和 pH。

表 6.4　马体血浆与汗液的电解质浓度（g/L）（引自 Lewis，1995）

部位	氯	钠	钾	钙	镁
血浆	3.5	3.2	0.16	0.12	0.024
汗液	5.9～6.2	3.0～3.7	1.2～2.0	0.08～0.24	0.024～0.2

钠是细胞内部空间的主要阳离子。钠在被 Na, K-ATP 酶泵运送到细胞外时协助渗透压梯度的形成，产生了所需的能量，促进身体的水流通。钠也参与神经冲动的传递。

氯是呼吸所必需的一种阴离子。它的作用是与钾一起，通过组织的碳酸盐在氧合血红蛋白中对氧和二氧化碳进行交换。钾是一种细胞内阳离子，主要分布于骨骼肌。钾通过 Na, K-ATP 酶泵对不同酶的活性和肌肉收缩产生作用。钾缺失会造成肌肉疲劳。

耐力赛比短跑冲刺过程的电解质浓度变化更频繁和更持久。它们随疲劳状态而变化（表 6.5）。在高温和潮湿的气候条件下进行长时间的运动，它们可以非常高：4200mmol/L 的 Cl、1500mmol/L 的 K 和 3500mmol/L 的 Na。

表 6.5 疲劳状态下，电解质浓度（马蒸发汗液的 mmol/L）（引自 Frape，2004）

状态	氯	钠	钾
疲劳状态	3060	2120	780
健康状态	1180	880	270

一部分身体里的钙和镁以离子形式存在。这种形式的钙参与肌肉收缩和神经肌肉传导，镁只有第二个功能。鉴于钙和镁的这种存在形式，将二者称为电解质。这部分离子形式的钙以自由离子的形式存在于血浆中（50%～60% 的血浆钙），结合到蛋白质上或包含在有机或无机酸复合物中。这部分自由的离子钙，在肌肉收缩过程中通过钙泵发挥其主要的生理功能（第 1 章，图 1.11）。肌肉失调（抽筋、手足抽搐等）出现时，钙血浆浓度达到 1.5mmol/L。这部分离子镁存在于细胞中（99%）。运动过程中细胞外液的变化受增强的能量代谢信号产生的儿茶酚胺的影响。疾病出现在神经肌肉兴奋过度且出汗的时候。

细胞内和细胞外液中的酸碱必须保持平衡以促进性能。这种平衡，或称为阴阳离子平衡，是参考 DCAB（dietary cation anion balance，饮食阴阳离子平衡），通过使用 Rion（2001）建立的标准模型，是由阳离子和阴离子之间的差异计算而来的。

$$DCAB（mEq/kg\ DM\ 日粮）=(Na^{+}+K^{+}+Ca^{2+}+Mg^{2+})-(Cl^{-}+H_2PO_4^{-}+SO_4^{2-})$$

血液和尿液 pH 的变化与正常量阴阳离子平衡波动密切相关（表 6.6）。

表 6.6 日粮中阴阳离子平衡时，尿液与血液 pH 的变化（引自 Frape，2004）

平衡	低	均值	高
阴阳离子水平（mEq/kg DM）	22	202	357
尿液 pH	5.38	7.69	8.34
血液 pH	7.37	7.40	7.40

阴阳离子平衡，从固定的离子含量估计，正常马的日粮中为 200～300mEq/kg DM。这种类型的日粮减少了钙和磷的尿损失，因为它保持 pH 接近中性。表 6.6 中也包含了其他平行状态下骨骼的钙元素需要量。

6.2 营 养 消 耗

6.2.1 能量消耗

1．静止：维持　维持是指处于马厩中且无运动的马对应的能量消耗，即彻底休息的马的能量消耗。能量消耗的平均值为 0.0373UFC/kg $BW^{0.75}$，即马体重 500kg 和 700kg，其能量消耗分别为 3.9UFC 和 5.1UFC，这个最小值随品种而异（表 6.7 和第 1 章）。在工作期间，由于工作的原因，总体的新陈代谢增加了，马厩中马的维持消耗也变高了。根据工作类型的不同，这个能耗评估差异很大（表 6.7）。

表 6.7 劳役期间，舍饲马维护费用的估计（%）[1]

马种	挽用	乘用	赛马
休息	0	5	10
工作	5～10	10～25	30～40

[1] 矮种马维护能耗的估计在第 8 章中显示

2．做功　相比休息，运动增加了马的消耗，这主要是骨骼肌工作的结果。做功增加了心血管呼吸系统和其他器官的活动，并且肌肉张力也升高了。氧气摄入量增加（约 1L，吸入空气 25L）是最好的判定标准。先在跑步机上，然后在轨道上使用越来越复杂的移动设备都对马的这一数据进行了实验测量。

（1）消耗动力学　运动前，能量消耗是可以预期的，但氧气摄入的增加没有发生（图 6.2）。这一亏空只持续 1～2min，它相当于 30～128ml/kg BW 的氧气。身体的这一需要通过无氧消耗体内储备来满足（第 1 章，图 1.2）。在一段运动结束时，因为氧气摄入缓慢下降（图 6.2），能量消耗仍然高于完全休息时所观察到的。这一氧气摄入与运动过程中产生的氧债相关。氧气摄入量是评价能量消耗的最佳标准。在休息时，氧气摄入量平均为 3ml/kg BW，运动期间，速度到 550～600m/min 的任何活动（赛跑、马术运动或拉车），氧气摄入量增加（图 6.5）。氧气摄入量可以通过 Hornicke 等（1983）设计的模型预测；采用 Meixner 等（1981）跟踪同一组骑乘的马得到实验数据。

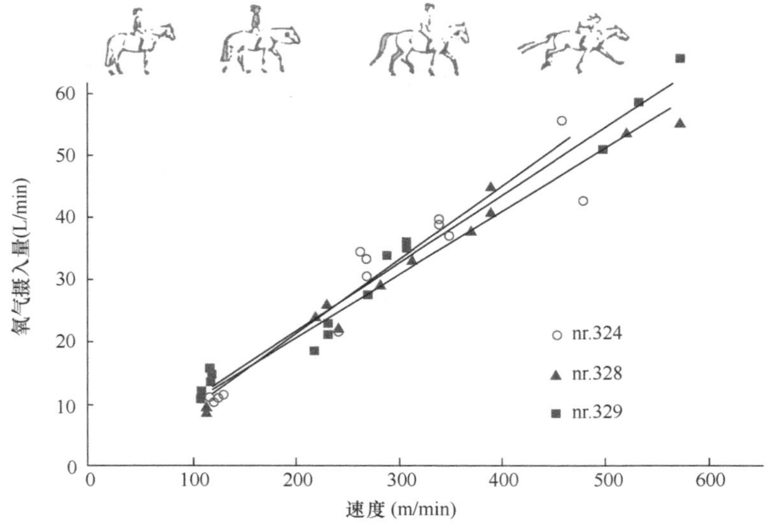

图 6.5　运动测试期间氧气摄入量和速度之间的关系（改编自 Meixner et al.，1981）
nr. 为马的编号

氧气摄入量（L/min）=3.78+0.097 速度（m/min）

根据在跑道上的研究结果显示，一直在跟踪研究的最高速度为600～700m/min，氧气摄入量为100ml/kg BW。当马以最大速度800m/min行驶在跑步机上时，氧气摄入量达到125ml/kg BW。在训练马匹，最大氧气摄入量为140～185ml/kg BW。在最大强度，代谢主要是无氧的。相反，在至少100km的耐力赛，氧气摄入量为40～80ml/kg BW，代谢是有氧的。

应该强调的是，氧气摄入量和速度是无关的，只有当表示与距离的关系时，如休息时，氧气摄入量为0.21ml/（kg BW · m）；在快步或袭步时（氧债不包括在后者中）为0.19ml/（kg BW · m）。此外，根据步态，最佳的氧气摄入量为0.12～0.20ml/（kg BW · m）。

（2）能量代谢的评估和变化

运动期间的能量消耗通过氧气摄入量乘以每次测量的呼吸熵（RQ）对应的热当量（kcal/O_2）来计算。由于能量效率降低，能量消耗随速度呈指数上升（图6.6）。

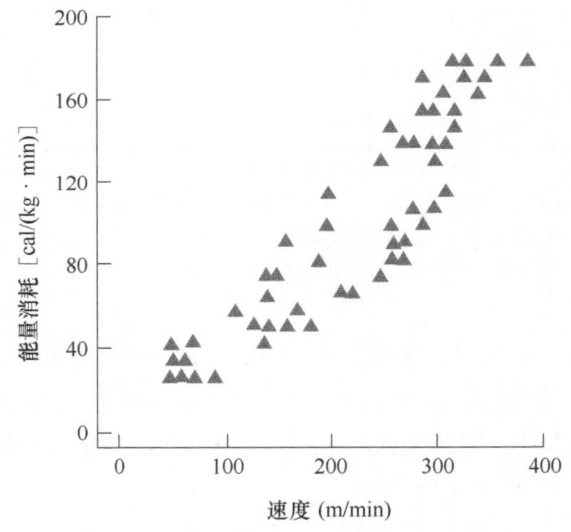

图6.6　体育用马能量消耗（E）和速度（v）之间的关系（改编自Pagan and Hintz，1986a，b）

安静休息时马的能量消耗是11.5kcal/min，慢步走、快步、袭步和最大速度飞奔时马的运动能量消耗则分别要乘以4、10～15、20～40和60左右。表6.8提供了体育运动、休闲和赛马能量需要计算的基础。

一匹马的能量消耗随着马自身重或者马+风向+骑手重的比例上升，因为氧气摄入量在这两种情况下是稳定的，分别为53ml/（kg · min）和55ml/（kg · min）。不管步态如何，能量消耗随工作时间的变化而变化。例如，在12～24km的距离情况下以80～100m/min步行时，能量消耗自18%上升至36%（7%/h），但这种效应受工作强度和疲劳的影响。

表6.8　速度变化时，能量消耗的变化；日粮主要成分由法国农业科学研究院设计，以建立工作状态下运动与休闲马，以及纯血赛马的能量需要量（引自Vermorel et al., 1984）

状态	速度（m/min）	能量消耗[1]	
		kcal/min	维持状态倍数
等待	0	11.5	1.1
与骑手一起站立	0	12	1.2
慢步	110	50	2.5

续表

状态	速度（m/min）	能量消耗[1]	
		kcal/min	维持状态倍数
轻度快步	200	110	10.0
正常快步	300	160	15.0
快速快步[2]	500	350	35.0
正常袭步[2]	350	210	20.0
跑步	500	330	29.0
急速跑步[3]	800	493	45.0
最大速度[3]		600	55.0

[1] 能量消耗由氧气消耗（氧债）计算得到，氧债为体重平均 560kg BW，载重 100kg（骑手＋食物＋装备）的马，由 Meixner（1981）等测得，但就散步时的马而言，我们采用了 1943 年 Brody 和 Kibler 测的数据；Hoffmann 等，1967；Nadal'jack，1961；Vogelsang 等，1981；Zuntz 和 Hagemann，1898。[2] 由作者根据氧债估测到的最大氧气摄入量下的计算值。[3] 比赛用马

能量消耗随坡度的增加而迅速上升。当坡度上升 5%～10%，氧气摄入量增加的范围，在快步（240m/min）时为 30%～50%，袭步（580m/min）时为 50%～220%。相似情况下，当马跳 1m 障碍［7kcal /（kg BW · m）］时，能量消耗增大 15 倍。

挽力的支出必须加到维持消耗中。对这样的工作描述为力（kg）× 距离（m），并以千克米（kgm）表示。能量消耗随挽力能量效率的变化而变化。对于挽用马，这方面要特别详细说明。必要的拉力和进行的工作随着速度的变化而变化。500kg 的马完成 75kgm/s 的工作，相当于 68.2kg 的挽力以 1.1m/s 或 4km/h 进行工作，这就是马力的定义。这种能量消耗比静止时高 8 倍，它随功率和工作时间直线上升（图 6.7A），这种关系是用不同时期马在跑步机上运动和增加挽用马的荷载来证明的（图 6.7B）。

（3）限制：用于做功能量利用效率　做功能量利用效率是主要的限制因素之一。效率被认为是所做工作和相应的能量消耗之间的比例，所做工作与相应能量消耗都以卡路里（cal）来表示。外部的工作以 kgm 乘以热当量表示（1kgm＝2.35cal）。能量消耗是在运动中测得的氧气量（包括氧债）与热当量的乘积：相应强度测得的相关呼吸熵（RQ）中 4.75～5.05kcal 氧气量。对挽用马进行的基础研究已经展开，以期进一步加深对工作能量效率的了解。

用于工作的能量利用有净效率或绝对效率。净效率是进行的工作的能量和用

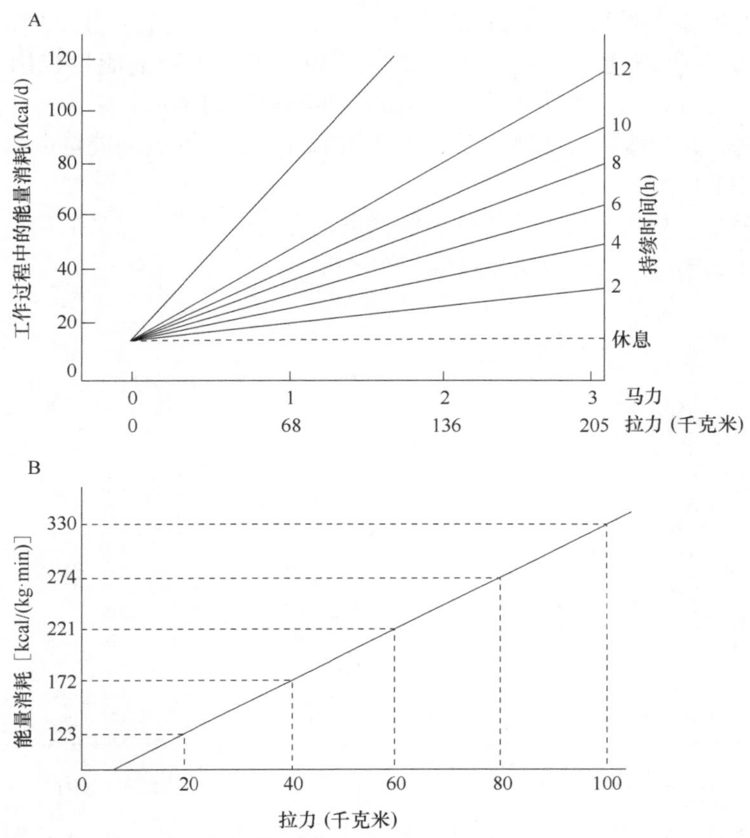

图 6.7 用力拉挽过程中能量消耗的变化

A．重型马（改编自 Brody，1945）；B．快步马（改编自 Gottlieb-Vedi et al.，1991）

于运动的能量之间的比例，运动＋拉力，也就是说，在工作中的总能量消耗和休息时的能量消耗之间的差异。

净效率＝进行的工作（kcal）/［总能量消耗（kcal）－能量消耗休息（kcal）］

绝对效率是指进行工作的能量和只进行拉负荷时所消耗的能量之间的比例，也就是说，工作时总能量消耗（kcal）和无负荷运动时消耗的能量（kcal）之间的差异。

绝对效率＝进行的工作（kcal）/［总能量消耗（kcal）
－能量消耗运动无负荷（kcal）］

用于运动和拉负荷的净效率随速度增加，而顶峰在 28%（图 6.8），而仅用于牵引负荷的绝对效率从 45% 降低到 30%（图 6.8）。原因很简单：随着速度增加，无氧代谢逐渐占主导地位，ATP 的产生减少（通过无氧途径产生 2ATP，而不是 38ATP）。肌肉收缩的能量效率从 55% 降低到 17%。可用的能量也用于其他方面：呼吸，血液流动，那些直接参与运动的骨骼肌张力增加。事实上，只有 35% 的能量消耗，超过维持可用于外部工作的运动或拉力。剩余的能量以热损失（第 1 章，图 1.11）。

其结果是，总效率所做工作和总能量消耗之间的比例，随马的功率呈指数上升至 18%～23%，而功率取决于速度（图 6.9）。

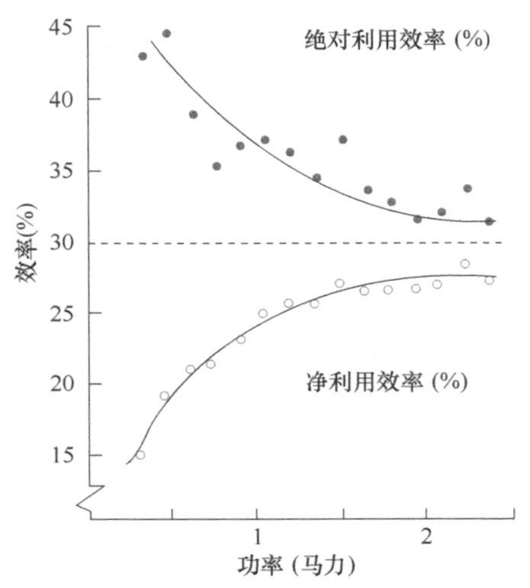

图 6.8　用能量工作时能量的净利用效率或绝对利用效率的变化（改编自 Brody，1945）

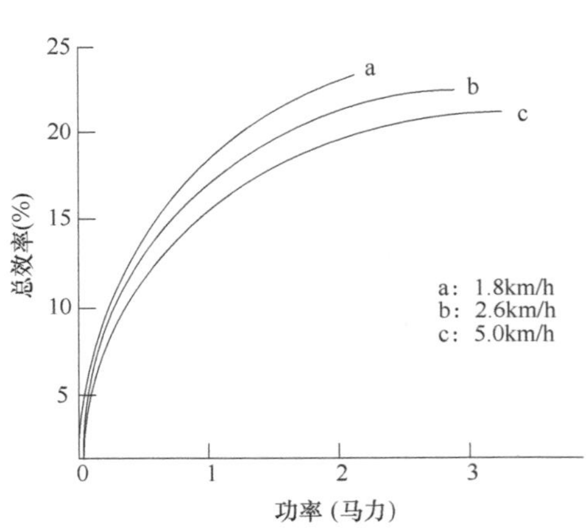

图 6.9　用能量工作时能量的总效率和速度的变化（改编自 Brody，1945）

总效率＝进行的工作（kcal）/ 消耗在工作的总能量（kcal）

总之，运动过程中马速度的增加导致氧气摄入量增加，即最大氧气摄入量的 50%～60%，根据步态，马速度从 300m/min 上升至 500m/min，因为越来越多的有氧代谢被无氧代谢所替代，能量消耗更加迅速。尽管糖原是主要的能量来源，能量效率还是下降了，乳酸产生指数式上升，疲劳也发生了。

根据运动和活动的类型，由有氧和无氧代谢所提供的能量的比例有所变化（图 6.10）。大多数活动中有 80%～95% 的能量是由有氧代谢途径提供的，因此，除了夸特马的赛马和非常短的短途赛，无氧代谢途径在评价能量消耗的作用是很有局限的。

（4）运动后能量消耗：氧债　　根据运动强度和持续时间，运动结束后，在有限的时间（从 2～3min 到 20～30min），瞬时能量支出仍然较高。氧气摄

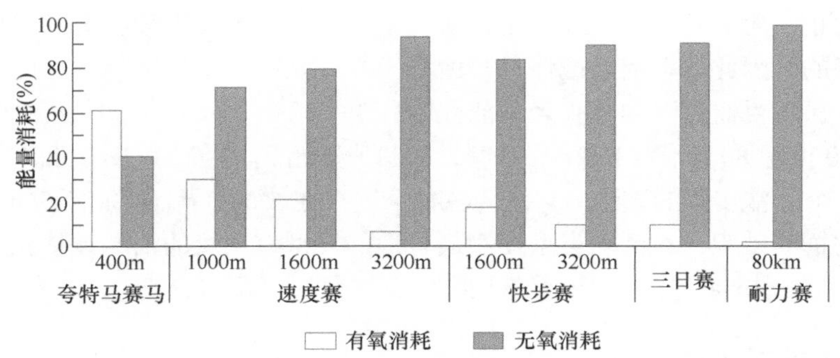

图 6.10 不同活动期间无氧和有氧代谢提供的能量比例（改编自 Eaton，1994）

入量能占到无氧代谢阈值（50% 最大摄氧量）的 3～5 倍。在恢复期间，肌肉或血浆乳酸浓度和氧的摄入是不相关的。在 INRA，氧债已被列入计算与速度有关的能量消耗中（表 6.8）。

（5）运动强度评估　运动强度评估是一个关键的项目，有几个方法被采纳。19 世纪末和 20 世纪初，在欧洲（法国 Grandeau 和德国 Kellner）以完成工作的数量评价拉力强度，并以千米来表示。实验原理就是给挽用马套上测力雪橇。饲料摄入量也在不同的强度下进行了测量。在巴黎，科研工作者花费数年时间现场使用“Compagnie des omnibus”进行运动强度评估（Grandeau and Leclerc，1888）。根据这些研究，针对不同强度的工作提出了能量供给量。这种方法的科学依据是 20 世纪 30 年代，美国的 Brody 使用的氧的消耗和马在跑步机上的工作来建立的。在 40 年代晚期建立了挽用马在农业的不同强度工作上的推荐定量。这些定量的特点是工作类型和相应采食量，在欧洲北部进行了许多年的实测（Axelsson，1949）。不同强度工作的推荐定量在各国都有提出（Olsson and Ruudvere，1955）。

在 20 世纪 80 年代，NRC 提出通过在维持基础上任意增加额外的能量供给：20%～50% 和 100%（NRC，1989），后来改为 20%、40%、60% 和 90%（NRC，2007），依此划分从轻到非常重的工作，来评估工作强度和相应的能量需要。

在 20 世纪八九十年代，运动过程中的能量消耗采用氧消耗量和速度之间的关系来进行评估（Eaton，1994；Gottlieb-Vedi et al.，1991；Hornicke et al.，1983；Meixner et al.，1981；Pagan and Hintz，1986b）。从 20 世纪 90 年代中期到 21 世纪，强度采用心率和氧消耗间的关系来进行评估。有几个模型被用来确定有氧阶段不同速度的能量消耗（Eaton，1994；Eaton et al.，1995a，b；Coenen，2008）。在运动过程中使用速度和心率检测，为工作强度提出了更全面的估计。

到目前为止，无氧阶段的贡献还正在研究中。然而，由于生理状况和马周围环境是不稳定的，因此运动前后或休息时的心率并非是一个很好的指标。此外，这种有趣的方法需要通过喂养试验来验证。

从 20 世纪 80 年代（INRA，1984，1990）开始到现在（INRA，2012），INRA 提出了一个非常实用的方法。它结合各种情况，在牧场进行 1h 标准工作，以及采取适当的饲养试验，对活动类型使用最合适的模型，从氧的消耗评估相应的能量消耗，并验证估计的强度。应将该法视为参考方法（第 6.2.2 节）。

6.2.2 能量需要：评定

1．体育-休闲　　工作时的能量支出，包含了马在休息时的维持状态的能量消耗，马每天的总能量消耗由 4 个部分构成。①工作的持续时间，是唯一容易衡量的：在骑术学校和培训中心，它或多或少是标准化的。②工作强度：1h 运动的能量消耗是高度可变的（可与 1kg 奶的产量，甚至 1kg 的日增重相比）。③工作的副作用：当一匹马配上马鞍，工作前它的消耗是可预期的，但运动后的恢复期直到休息后，能量消耗还在继续（氧债等）。④一般的新陈代谢的加强，可能是在一个强化的工作期间（如训练以参加比赛等），从而导致即使在休息时维持消耗也会增加。

在实际应用中，马在普通场地进行 1h 标准工作的能量消耗的范围（UFC）是可以估量的（图 6.11）。因此，可以利用两种方法：一种是解析法，另一种是全局法。

运用解析法，进行实地调查测量，将每小时的工作根据不同类型的运动（慢步、快步、跳越障碍等）分解成不同的阶段，并记录各阶段的持续时间。每个阶段的持续时间乘以先前建立的特定类型的运动的能量成本（表 6.8），通过一步一步将各种实际情况下不同强度运动的能量消耗累加起来，来评估 1h 标准工作的能量消耗（图 6.11）。1h 工作的强度来自于本小时进行的不同类型的运动的能量消耗。即使组件 a 和 b 被准确地评估，其他两个组件 c 和 d 的影响也可能保持近似或未知。不同时期之间最终的相互作用，以及不同的活动代谢能量的效率仍存在一些疑问。

必须指出的是，使用全局方法评估成年马的能量摄入时，需要保持恒定的体重，并且体况评分是在经历不同的活动后测量的（第 1 章）。此方法是最贴切的，因为它是基于生理，源于实践。它考虑到所有 4 个组成部分。然而，这种方法应该在非常精确的情况下实施，必须详细描述。工作、采食量、体重和马的体况评分应在一段时间里精确测量。在已发表的饲养实验报道中，很少能达到这样的精度。

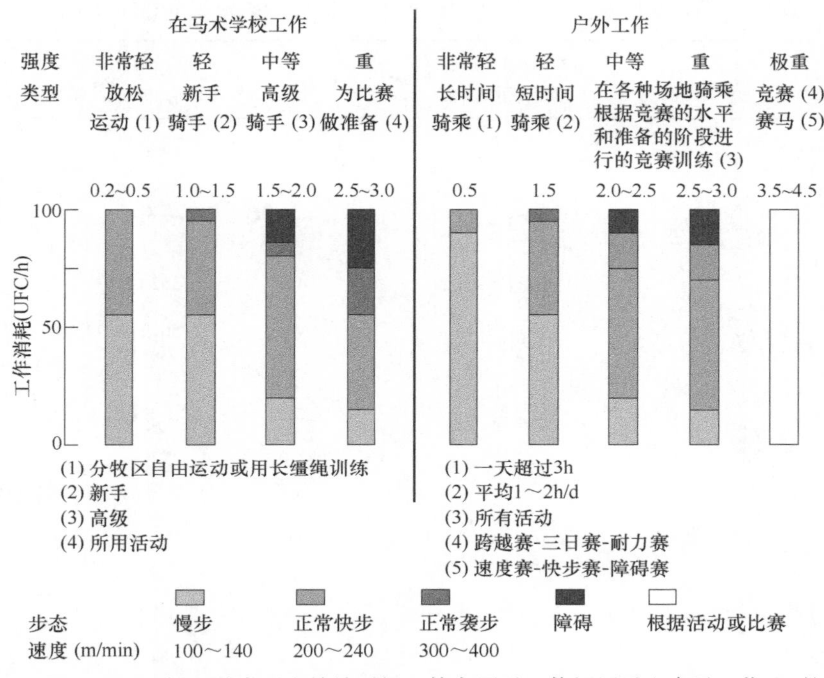

图 6.11 根据运动类型和持续时间，体育用马、休闲用马和赛马工作 1h 的能量成本变化

目前这两种方法以逐步推进的方式用于在法国索米尔国际公认的国家骑术学校（ENE）和在 Rambouillet 的动物科学教育中心（CEZ），这两大专业机构建立了体育休闲马的营养需要和推荐的供给量。第一步，使用解析的方法，根据先前的描述，对两个设施的骑乘马匹 1h 工作的能量消耗进行评价。这些 1h 消耗增加了 10%～20%，包括副作用（c）和代谢的普遍升高（d）。根据品种和活动的影响，维持需要也增加了（表 6.7）。这些额外的消耗在当前的知识背景下，仍然不是很清楚。在 ENE 有 80 匹体育用马，CEZ 有 18 匹休闲用马参与，分别参与了 10 个月和 4 个月。在 ENE，每周进行 5d 的培训，培训师每天骑马 2h，每月根据训练参加一次或两次竞赛：跨越障碍比赛或者综合全能马术比赛（国家级）。在 CEZ，马每周有 6d 参与晚初学者或合格骑手教育。合格骑手每月骑马参加一次跨越障碍比赛（区域级）。马个体能量需要（UFC）的评估是根据它们的体重和体况评分及它们完成的工作的特点来进行的。第二步，所有马在两次饲养试验前比较每天测量的个体的能量摄入（UFC：间接测热法测定饲料净能）来计算所有马的个体能量平衡，包括体能储备的任何变化（第 1 章）。能量摄入和能量需要具有可比性（表 6.9）。

表 6.9 马术学校内，马的能量平衡（引自 Martin-Rosset et al.，2008b）

	A 组 （初级骑手骑乘的马）	B 组 （合格骑手骑乘的马）
马的数量	8	10
持续时间（天数）[1]	68	97
体重（kg）		
最初	562.8 ± 51.8	562.1 ± 36.4
最终	564.2 ± 54.0	561.5 ± 42.8
体况评分[2]		
最初	2.63 ± 0.23	2.95 ± 0.48
最终	2.81 ± 0.25	2.98 ± 0.59
摄取量[3]（kg DM/d）		
麦秸	7.00 ± 0.36	2.72 ± 0.00
草原干草	—[6]	1.10 ± 0.00
复合饲料	7.13 ± 0.37	6.46 ± 0.43
总量 /d	14.13 ± 0.73	10.28 ± 0.43
总量 /kg BW	2.51	1.83
工作[4]		
持续时间（min/d）	120 ± 16	50 ± 0
强度	中等	高
能量平衡［UFC/（d · 匹马）］		
摄入量	8.70 ± 0.45	7.39 ± 0.39
消耗量[5]	9.05 ± 0.63	7.33 ± 0.43
差异	−0.35 ± 0.35	+ 0.06 ± 0.28

[1] 试验时间开始之前，让马适应一个半月。[2] 方法参考 INRA-HN-IE，1997；Martin-Rosset 等，2008a（第 1 章，表 1.4）。[3]DM 为干物质。[4] 使用精密计时表测算不同步法的训练时间，计数测得跳跃障碍的数量。[5] 见 6.2.1 中的 1. 和 6.2.1 中的 2.。[6] 无有效数据

在实际应用中，在主要情况下，运动和休闲马一个标准化的工作时间的能量消耗范围也与总能量需要是相关的（图 6.11）。这些材料被用来评估需要和推荐使用量（表 6.13～表 6.16）。

2．赛马比赛　用 Gottlieb Vedi（1991）提出的模型，在跑步机上运动来估

计快步马的能量消耗，这比以前的运动用马更具体。

$$O_2\text{摄入量}(L/min)=5.85+9.84(L/m)\times\text{速率}(m/min)$$

对于快步马，其需要消耗通常是以训练有素的体重 560kg 的马以不同速度拉一辆单座二轮马车＋驾驶人＝ 80kg 重量来计算。直接与运动有关的氧债亦被估计，然后加入运动的消耗中（表 6.10）。

表 6.10 快步马不同速度下的能量消耗变化

	速度（m/min）	能量消耗	
		kcal/min	维持状态倍数
等待	—[2]	13	1.3
慢步	110	37	3.4
正常快步	300	135	12.3
快速快步[1]	500	310	28.2
非常快的快步[1]	700	440	40.0
最快快步[1]	850	530	48.1

[1] 包括氧债。[2] 无数据

在赛马（纯血马），估计能量消耗使用 Hornicke 等（1983）的模型，增加氧债（表 6.8）。从一匹训练有素的马的消耗计算需要，540kg 体重，骑师＋风向＝60kg。根据类似的程序，比较这一估算与同一匹马在跑步机上测得的数据，发现这个估计值略高。

3．挽曳 运动的消耗被添加到拉动负载上。挽曳工作的结果来自施加的力的大小（kg）乘以距离（m），以千克米（kgm）表示。拉力是车辆重量乘以运动系数的结果，这个系数取决于车辆的特性（车轮直径、摩擦等）和道路，系数范围一般在 1%～4%，这来自 19 世纪末 Morinde、de Gasparin、Lavalard 和 Grandeau 的相关数据（Gouin，1932）。

马在一段工作过程中，使出的平均力量随速度加快而下降，从慢步走的 70kg 下降到快速小跑时的 25kg（表 6.11）。同样，每天产生的工作量也减少了。参照美国和法国在 20 世纪早期获得的数据，当马以平均拉力（体重的 1/10～1/8）拉一个负荷慢步走（3.3～4km/h）时，这个工作量达到最大，这相当于一个马力（75kgm/s）。一匹好的挽用马，管理得当，可以一天工作约 10h，工作负载为（2.3～2.5）$\times10^6$kgm（表 6.11）。在走路时，拉力可以很高，至少为 35% 的体重，但时间较短。可以在几秒钟达到 80%～100% 体重的峰值（经常没有呼吸），这对于一个非常沉重的荷负的起步阶段是必要的。

表 6.11 特定速度下体重 500kg 的重挽马工作量的变化（引自 Gouin，1932）

步法	速度（km/h）	力度（kg）	持续时间	距离（km）	工作量（kgm）
慢步（运输）	4.3	70	8h 00min	34.4	2 439 000
慢快步	15.0	38	1h 45min	16.0	608 000
正常快步	18.0	27	1h 30min	17.0	458 000
快快步	20.0	26	1h 20min	16.0	415 000

参考休息值，马每天的工作时间为 6～10h，其氧气摄入量升高了 3～8 倍。峰值为 20 倍。当氧债包含在内，能源消耗急剧增加至 100 倍。

工作的能量需要，加上维持的需要，可以从测量的消耗和饲喂以满足需要的能量的效率系数来计算。然而，最可靠的方法是全局法，即测量工作时的能量摄入，需要一段时间的同一时期保持恒定的体重和体况评分。

以前的研究和观察或多或少基于这种方法（Olsson and Ruudvere，1955）。当时所建议量与每天进行的工作量有关，并分为轻、中、重和非常重。Jespersen（1949）提出如下以 Scandinavian FU（feed unit 饲料单位：FUsc/h）表示的需要：①非常轻（0.2）；②轻（0.3）；③中（0.5）；④重（0.7）；⑤非常重（1.0）。

这些数据很容易使用，因为集中喂养来满足工作的能量需要，UFC 值非常接近 FUsc。

6.2.3 氮消耗和需要

1．休息时：维持　消耗固定在 2.8g MADC/kg $BW^{0.75}$。与能量消耗的有关比例是 65～70g MADC/UFC。

2．工作　1909 年，Kellner 在德国进行的研究，确立了当日粮不能满足能量消耗时，氮支出会随运动强度上升。最近，有研究表明，运动时肌肉和消化壁蛋白的合成减弱，分解代谢增强。当运动非常激烈和酶的供应限制时，通过碳骨架的氧化，一些氨基酸被用作能源。氨基被输送到肝脏，用于合成非必需氨基酸或作为尿素排出体外。运输形式是丙氨酸发生转氨作用，且必然以丙酮酸的形式参与糖异生作用。在中度和耐力运动中，血浆丙氨酸和尿酸浓度增加。氮分解代谢，如能量，运动结束后仍在继续。运动过程中，尿素主要由汗液排出，因为肾排泄是恒定不变的（第 1 章，表 1.3），但如人类代谢记载，氧化支链氨基酸（亮氨酸、异亮氨酸和缬氨酸）来供应能量在马尚未有报道。

训练期间氮存留增加，存留量比氮摄入量快，这就是为什么马在亚极量运动训练期间肌肉量增加。

汗液氮损失上升，而尿氮损失变化不大。在一个 80km 耐力赛中，骑速 18km/h，汗氮损失为 2～3mg/（kg $BW^{0.75}$·h）。这些损失会随着日粮中氮含量增加而增加。在剧烈运动时氮的损失估计为 25～37g。

一般认为，相对于运动强度和运动持续时间增加上升的能量消耗，氮消耗量上升得慢得多。然而，当身体蛋白质参与补偿能量供应或能量储备短缺时，它可能会升高。在正常情况下，当饲料摄入量增加时，这些氮支出总是能够得到满足，因为常规饲喂运动马的牧草和谷物（或复合饲料）都含氮。因此，相对于静止的马，运动马没有必要增加氮浓度（MADC）。体重保持恒定的成年马，氮支出固定在 65～70g MADC /UFC。

训练的目标，主要是在比赛之前提高肌肉总量（或瘦肉总量）和酶及血红蛋白浓度。成年马在训练期间，以恒定的氮 / 能量饲喂更大量的日粮，在到达平台期前氮潴留增加比摄食量的提高更快，这可以解释肌肉生长。与氮收支相关的成年马的肌肉质量的增加将由一个 N/E＝65～70g/ 额外 UFC 的增加日粮摄入量来满足。

大多数的马 2 或 4 岁参加比赛。年轻的马比成年马蛋白质合成高 2～3 倍。合成蛋白质的量随蛋白质固定量而改变，也随日增重而变。然而，由于其加性效应，它依赖于蛋白质和能量的摄入量。在这些情况下，对 2 岁和 3～4 岁的马，额外供给量的 N/E 为 50～60g MADC/ 额外 UFC（第 5 章）。

INRA 进行相同的饲养试验评估能量需要，确定了这些营养要求。

6.2.4 矿物质和电解质消耗和需要

1．*矿物质* 通过饲养试验建立了矿物质消耗和需要。钙和磷是维持马匹骨骼完整性的主要参与者。钙也参与肌肉收缩。运动刺激骨形成和钙沉积。因此，这也增加了一个要求满足的钙需要。

在成年马，总需要（休息＋工作）取决于运动强度。使用下列模型计算需要。

休息时：Ca（g/d）＝0.04g Ca×BW kg

轻强度运动：Ca（g/d）＝0.06g Ca×BW kg

中强度运动：Ca（g/d）＝0.07g Ca×BW kg

高强度运动：Ca（g/d）＝0.08g Ca×BW kg

在年轻马，需要使用第 5 章所列的模型计算。

Ca（g/d）＝（0.072g Ca×BW kg）＋（32.0g Ca× 增重 kg）

在成年和年轻马，磷的存留不受锻炼的影响。可使用以下模型计算成年马总需要（休息＋工作）。

休息时：P（g/d）＝0.028g P×BW kg

轻强度运动：P（g/d）＝0.038g P×BW kg

中强度运动：P（g/d）=0.042g P×BW kg

高强度运动：P（g/d）=0.058g P×BW kg

在年轻马，需要使用下列模型计算。

P（g/d）=（0.04g P×BW kg）+（17.8g P× 增重 kg）

本模型与设计的生长模型相一致（第 5 章）。工作要求也得到满足，因为超出计算需要的额外量的磷不增加磷潴留。

在成年马的运动中，镁的需要和存留都增加了。可使用以下模型来计算成年马总需要（休息+工作）。

休息时：Mg（g/d）=0.015g Mg×BW kg

轻强度运动：Mg（g/d）=0.019g Mg×BW kg

中强度运动： Mg（g/d）=0.023g Mg×BW kg

高强度运动：Mg（g/d）=0.030g Mg×BW kg

在年轻马，生长和工作的需要使用第 5 章所列的模型计算。

Mg（g/d）=（0.015g Mg×BW kg）+（1.25g Mg× 增重 kg）

2．电解质　根据最近的研究报道，日常运动期间，出汗相关的体重损失（ΔBW kg）是：0.3%（强度轻）~0.5%（强度中等）、1%（强度高）~2%（强度非常高）。然而，体重损失在耐力赛或综合全能马术比赛等非常高水平的比赛中为 4%~8%。

在维持状况下，与尿和粪便相关的钠损失估计为 0.02g/kg BW。运动损失是 2.8g Na/L 汗水，对应于 3.1g 摄入量的钠与 90% 的消化率。使用以下模型计算总需要（休息 +工作）。

休息时：Na（g/d）=0.02g Na×BW kg

轻强度运动：Na（g/d）=（0.02g Na×BW kg）+（3.1g Na×ΔBW kg）

ΔBW kg=0.003×BW

中强度运动：Na（g/d）=（0.02g Na×BW kg）+（3.1g Na×ΔBW kg）

ΔBW kg=0.006×BW

高强度运动：Na（g/d）=（0.02g Na×BW kg）+（3.1g Na×ΔBW kg）

ΔBW kg=0.01×BW

非常高强度运动：Na（g/d）=（0.02g Na×BW kg）+（3.1g Na×ΔBW kg）

ΔBW kg=0.02×BW

比赛（国内一国际）：Na（g/d）=（0.02g Na×BW kg）+（3.1g Na×ΔBW kg）

ΔBW kg=（0.04~0.08）×BW

在维持状态，氯的损失达 0.08g/kg BW，包括尿、粪便和皮肤内源性损失及出汗相关损失。在运动中与出汗相关的损失表示为：5.3g/L 汗水或 5.3g/kg 体重。氯的消化率为 100%。使用以下模型计算总需要（休息+工作）。

休息时：Cl（g/d）＝0.08g Cl×BW kg

轻强度运动：Cl（g/d）＝（0.08g Cl×BW kg）＋（5.3g Cl×ΔBW kg）

ΔBW kg＝0.003×BW

中强度运动：Cl（g/d）＝（0.08g Cl×BW kg）＋（5.3g Cl×ΔBW kg）

ΔBW kg＝0.006×BW

高强度运动：Cl（g/d）＝（0.08g Cl×BW kg）＋（5.3g Cl×ΔBW kg）

ΔBW kg＝0.01×BW

非常高强度运动：Cl（g/d）＝（0.08g Cl×BW kg）＋（5.3g Cl×ΔBW kg）

ΔBW kg＝0.02×BW

比赛（国内－国际）：Cl（g/d）＝（0.08g Cl×BW kg）＋（5.3g Cl×ΔBW kg）

ΔBW kg＝（0.04～0.08）×BW

满足氯需求，应考虑钠，因为这两种电解质构成氯化钠（NaCl）。血氯浓度是其状态的一个很好的指标，其为94～104mmol/L。

在维持状态，钾与尿和粪便相关的损失估计为0.05g/kg BW。运动损失是1.4g/L汗水，需要为2.8g/L，钾的消化率为50%。使用下列模型计算总需要。

休息时：K（g/d）＝0.05g K×BW kg

轻强度运动：K（g/d）＝（0.05g K×BW kg）＋（2.8g K×ΔBW kg）

ΔBW kg＝0.003×BW

中强度运动：K（g/d）＝（0.05g K×BW kg）＋（2.8g K×ΔBW kg）

ΔBW kg＝0.006×BW

高强度运动：K（g/d）＝（0.05g K×BW kg）＋（2.8g K×ΔBW kg）

ΔBW kg＝0.01×BW

非常高强度运动：K（g/d）＝（0.05g K×BW kg）＋（2.8g K×ΔBW kg）

ΔBW kg＝0.02×BW

比赛（国内－国际）：K（g/d）＝（0.05g K×BW kg）＋（2.8g K×ΔBW kg）

ΔBW kg＝（0.04～0.08）×BW

饲料中的钾含量在草料和油料为1%～2%，谷物类为0.3%～0.4%（第12章）。配制满足营养需要的日粮和维持酸碱平衡时应考虑钾的问题。血钾浓度为2.4～5.6mEq/L。

6.2.5 微量元素消耗和需要

马的微量元素损失尚不太清楚。因此，建议需要要有一个安全上下限。微量元素的需要量在推荐的每千克摄入干物质中需考虑到饲料微量元素含量的较大变化。这些提供见第2章，表2.1。这些需要考虑到元素的耐受阈值列于第2章，表2.12。

6.2.6 维生素需要

维生素的需要不是很清楚，因为在过去的20年中研究得较少。每千克摄入干物质的需要量列在第2章，表2.1。这些数据与INRA发表的非常接近（Rosset，1990）。然而，维生素E的需要已更新。烟酸（维生素B_3）、泛酸（维生素B_5）、吡哆醇（维生素B_6）及生物素和维生素B_{12}的需要不再列出，因为没有新的研究证实补充这些成分的必要性。维生素C的推荐量也没有提出，因为内源性合成是足够的。

6.2.7 水消耗和需要

损失依赖于环境条件（温度和湿度）和适应期的持续时间，运动的强度和持续时间，以及马的适应能力。一个体重500kg的马，在热中性区，休息状态时，水的摄入量为5～6L/100kg BW，或者3～4L/kg DM摄入量，这取决于食物的类型，即25～30L/d。

对于运动马，水的摄入量可从运动后体重损失估计（其主要部分是液体损失），比休息时增加2～3倍。实验观测到总的水损失在越野赛为20.4L，但在160km耐力赛身体总水损失可以上升到28.2L，即为比赛前体重的4%～7%。水损失途径为出汗（70%～92%）和呼吸（18%～30%）。运动的前半个小时，出汗迅速上升，然后处于上升后的平台状态。如果温度从20℃上升到35℃，湿度从50%增加到85%，运动中的马的总水量损失可以增大到2～4倍。但训练过的马比未驯过的马，在相似运动状态下，汗水损失可减少70%～80%。这一训练的时间跨度为3周。

水损失变化的主要因素是与马的肌肉能量消耗有关的热量产生，其次是摄食。被蒸发的水的量与相似类型的工作完成量呈线性增加。但若能量消耗相同（如长距离中等强度运动与短距离的剧烈运动相比），运动更加剧烈时，这一损失较高，因为以往研究中用测力计检测马拉负荷转圈时证明了这一点。

在20世纪初和21世纪，法国和德国（第1和2章），以及美国和加拿大（表6.12）最近的一些研究对需水量进行了估计。

表6.12 需水量计算（最新数据）[1]

状态	环境温度（℃）	工作持续时间	DMI[2]（kg/100kg BW）	总水量			日粮
				kg/kg DMI	kg/100kg BW	kg/d	
休息	20	—[3]	1.5～1.6	3.0～3.5	5.0～6.0	24～32	干草
	30	—	1.5～1.6	6.0～6.5	9.0～10.0	45～50	干草
中等工作量	20	1h	2.0～2.2	3.7～4.0	8.0～8.5	40～45	干草＋精饲料
	30	1h	2.0～2.2	7.0～8.0	16.0～17.0	80～85	干草＋精饲料

[1] 其他数据：亦参照第1和2章。[2]DMI为干物质摄入量。[3] 无数据

6.3 推 荐 量

6.3.1 维持的营养需要和推荐供给量

对于一匹马厩中休息的马来说，维持的推荐供给量（表 6.13～表 6.19）是一个平均值，考虑到了先前提到过的变异（见能量和氮支出部分）。然而，马仍会在休息时轻微地活动（能够在围场中猛冲、踢蹶或放松等）以保持状态。另外，已经确定训练期间马的维持需要比一匹相似的彻底休息（没有任何训练）的马高出 10%～40%，这与马在训练和竞赛中的强度有关。在这个方面，该推荐供给量考虑了这些因素，对于短暂休息或者轻微运动的轻型马列于表 6.13～表 6.17，赛马列于表 6.18，挽用马（重型马）列于表 6.19。马在题为“强制休息的马”和“马体重减轻后身体状况的恢复”等暂时休息状态下的推荐供应量在本书的部分章节中已经给出。

6.3.2 做功评价

一匹马的用途当然是由其所从事的工作类型来定义的：竞赛、运动、休闲、曳挽。这些工作类型是由马在日常的每种活动类型中的速度（行进的步态）定义的（慢步、快步和袭步）。

工作量是由持续时间和强度来定义的。当马匹被业余爱好者管理时，基本上应该每天评估饲料需要，然后一个星期后消除每天之间的变异。使用计时器测量持续时间是很容易的。工作强度的评估也许会更难。在我们所处的条件下，1 小时标准训练时间内，按照给定的以不同速度、步态，跳跃完成（或者不跳）不同设置（障碍数量和高度）的障碍所占时间的比例来评估强度。可以每天或者是在更长的时间间隔里，根据马匹活动的类型反复使用计时器检测速度。例如，在为竞赛做准备的日常训练过程中，甚至是在竞赛当中，速度通常是受到严格控制的。速度在耐力赛或综合全能马术比赛训练及竞赛中受到越来越严格的控制。在骑术学校甚至是参与运动的业余爱好者，使用定时间隔可以容易地实现速度的检测。建议提供的这样不同商业化运作的技术是可行的。

作为结果，INRA 的建议实际上是基于现场测量的每个不同强度的具体活动的平均强度。对竞赛、运动、娱乐和挽曳分别定义了强度度量表。INRN 所提出的建议值是平均值，足以用于例行骑乘、训练、竞赛和比赛。对于那些想要逐个改进强度等级评估的人来说，记录心率这一工具可以使用，但是，必须牢记这一方法的范围（6.2.1 节中的 2.）。这种技术只提供某一匹马给定时间内一次工作的相对强度，这种技术从生理学的观点来看，也许在检测运动方面很有价值。即使为了这个目的，记录的数据应当以最大心率的百分比来表示，因为氧利用与该参考值的关系比和瞬时心率更加密切。重要的是，要知道，这个工具不能够提供在一小时的工作中的真实能量支出，这是因为总的能量成本应该包括其他运动的影响，使用该指标无法将其考虑进去（6.2.2 节中的 1.）。

6.3.3 体育用马和娱乐用马的需要和建议供给量

1．工作的特殊性　马的使用类型对应于在实践中所实施的活动：不同技能骑手的骑术，在不同的外部条件下，如在开放设施或乡村中跳跃障碍物等，由全国马术联合会的标准级别（在法国，$n=7$）定义。每个步态的速度是由法国马术联合会官方定义的，并且我们在现场已经进行了测量。在职业骑术学校中会遇到障碍物的难度（主要是高度）和要跨越的数量的问题。工作强度已经由 INRA 按每小时每种使用类型的运动量给出了定义，也就是说，其是在不同步态和相应速度下进行的一系列训练的总和（图 6.11）。这种评价是近似的，因为它随马的年龄、马的技能和性情、骑手的技能和骑行环境的因素而变化。但是已经根据不同的活动（教学、跨越障碍等）进行的测量，给标准化工作时数的评估和分布提供了参考范围。这些测量值还要经过更多的细化。

对于一匹在室内或室外工作的马来说，有 4 种工作强度类型：非常轻、轻、适中、强烈。当马在活动场所或者是露天设施和田地里工作时，这些强度类型是不同的（图 6.11）。

在实践中，马的工作量应当每天记录（标准强度小时数：图 6.11），然后每周记录（根据强度水平将不同强度下运动的小时数分组）。在一周结束时，在接下来的一周里每天给马喂食的能量供给量可根据一个程序逐步计算得出（表 6.13）。在一个确定的标准强度下完成的每个组的工作时数的能量支出总和，是通过乘以相应的推荐能量支出而得出的（图 6.11）。然后计算出在整周时间里，不同强度下完成的工作能量支出的总和。该总和除以 7d，以评估一个小时工作的加权能量消耗值来代表本周进行的工作的强度。这个能量成本可用于计算马匹完成日常工作所需的饲料量（表 6.13）。

表 6.13　马术学校内工作状态下，休闲娱乐用马[1]平均每日所需能量需要量的计算：实际状态下的计算案例

每周日期	周一	周二	周三	周四	周五	周六	周日	均值
持续时间（h）	0.5	1.5	4.0	2.0	2.0	4.0	1.0	每天：15h/7d=2.2h/d
使用类型[2]	（1）[3]A	（1）C	（2）B	（1）B	（1）C	（2）B	（1）D	C
			（2）C	（1）C	（1）D	（2）C		

续表

每周日期	周一	周二	周三	周四	周五	周六	周日	均值
工作能量消耗（总UFC/d）	0.2	1.9	6.0	4.0	4.5	6.0	3.0	每小时：25.6UFC/15h＝1.7UFC/h
每日能量消耗（UFC/h×小时数 /d）	每日能量消耗＝ 1.7UFC/h× 2.2h/d＝ 3.8UFC/d（一周内的每日需求都得到满足）							

[1] 体重不变（500kg）身体状况评分（3.25）。[2] 工作强度，A～D 为“非常轻”至“强烈”，见图 6.11。[3] 小时数。

这是一个容易操作且实用的方法，因为在骑术学校马专门从事它们的活动。骑手根据技术来使用马匹。作为结果，它们的工作被标准化了。根据体育用马的活动形式（障碍赛、三日赛、耐力赛等），这些马也可以专门化。在训练和竞赛时间里，以及一年中的很长一段时间里，它们从事标准化工作。这样一个实用的方法是调查而来的，在 1980～2008 年，作者已经在具有国内和国际竞赛水平的骑手所在的骑术学校或职业机构中实施过了。这种方法克服了一些严重的困难（表 6.9，参见举例）。

2．推荐供给量　　马的需要为日常工作需要加上休息时的需要（表 6.14～表 6.17）。在主要设施，即在骑术学校和体育活动中，根据每个活动的强度和持续时间，马标准化工作 1h 的能量成本已经从测量的马的能量支出中评估出来（图 6.11）。此评估包括预期和恢复的消耗。

需要的评估是通过使用娱乐用马和运动用马在现场测量能量摄入的量和工作的量得出的，规定用于检测的马要保持恒定的体重和体况。结果是，年龄、性情和马的训练水平、骑手的技术及周边环境（单匹马或者一群马，运输和气候等）都对这个验证有一定的影响，验证结果给马的每项工作的强度和使用类型提供了建议性能量供给量。

已经公认的是，当提供的饲料的数量增加到能够满足马的能量需要时，马的蛋白质需要就被满足了。结果，用于工作的日粮中的蛋白质浓度接近于维持值（65～70g MADC/UFC）。为了满足后续生长和与训练有关的肌肉的发育需要，在年轻马可增加蛋白质的供给量（第 5 章，表 5.11～表 5.14）。成年马（表 6.14～表 6.17）和年轻马（第 5 章，表 5.11～表 5.14）的矿物质和维生素的供给量也同样列了出来。

表 6.14　成年活重 450kg 的骑乘用成年马[1]营养需要和日粮摄入量推荐表

使用状态	每日营养素推荐值																			干物质摄入量[7]（kg）
	UFC	MADC（g）	赖氨酸（g）	Ca（g）	P（g）	Mg（g）	Na（g）	Cl（g）	K（g）	Cu（mg）	Zn（mg）	Co（mg）	Se（mg）	Mn（mg）	Fe（mg）	I（mg）	维生素A（IU）	维生素D（IU）	维生素E（IU）	
维持																				
休息[2]	3.8	247	23	18	13	7	9	36	23	78	388	1.6	1.6	310	388	1.6	25 200	3100	390	7.0～8.5
工作																				
临时休息[3]	4.4	315	29	19	14	7	10	38	24	85	425	1.7	1.7	340	425	1.7	27 600	3400	425	7.5～9.0
极轻[4,5]	5.0	360	33	27	17	9	13	43	27	90	450	1.8	1.8	360	720	1.8	29 300	3600	450	8.5～9.5
轻度[4,5]	6.6	475	43	27	17	9	13	43	27	105	525	2.1	2.1	420	840	2.1	34 100	4200	525	9.5～11.5
中度[4,5]	7.2	518	47	32	19	10	17	50	31	115	575	2.3	2.3	460	920	2.3	43 100	6900	920	10.5～12.5
重度[6]	6.8	492	45	36	26	14	23	60	36	108	538	2.2	2.2	430	860	2.2	40 300	6450	860	10.0～11.5
极重[6]	7.6	547	50	41	28	17	37	84	48	108	538	2.2	2.2	430	860	2.2	40 300	6450	860	10.0～11.0

[1] 见第 5 章，训练期的年轻马。[2] 没有特殊工作，阉马和母马可参照这些摄入量；对于种公马，需要额外添加 0.4UFC 和 25g MADC。[3] 每周休息日：对于马术学校的马，使用临时休息状态时的参考量（4.4UFC），增加日粮中牧草的比例；对于运动型的马，使用非常轻状态时的参考量（5.0UFC），增加日粮中牧草的比例。[4] 马术学校内的马，每日工作 2h（由在校内的观察得出均值）。[5] 乘用马：短途骑乘，强度非常轻的骑乘，1h；轻度工作，2h；长途骑乘，轻度工作，2～4h；中度工作，4h 以上。[6] 运动用马，认定为每日工作 1h（由在校内的观察得出均值）。[7] 精饲料含量高的饲料配方中适用最小值；最大值是牧草的最大摄入量

表 6.15 成年活重 500kg 的骑乘用成年马[1]营养需要和日粮摄入量推荐表

使用状态	每日营养素推荐值																		干物质摄入量[7]（kg）
	UFC	MADC（g）	赖氨酸（g）	Ca（g）	P（g）	Mg（g）	Na（g）	Cl（g）	K（g）	Cu（mg）	Zn（mg）	Co（mg）	Se（mg）	Mn（mg）	Fe（mg）	I（mg）	维生素A（IU）	维生素D（IU）	维生素E（IU）	
维持																				
休息[2]	4.1	267	24	20	14	8	10	40	25	85	425	1.7	1.7	340	425	1.7	27 600	3400	425	7.5～9.5
工作																				
临时休息[3]	4.7	340	31	21	15	8	11	42	26	93	465	1.9	1.9	372	465	1.9	30 200	3700	465	8.0～10.0
极轻[4,5]	5.3	382	35	30	19	10	15	48	29	98	488	1.9	1.9	390	780	1.9	31 700	3900	490	9.0～10.5
轻度[4,5]	7.1	511	47	30	19	10	15	48	29	113	490	2.3	2.3	450	900	2.3	36 600	4500	560	10.0～12.5
中度[4,5]	7.8	562	51	35	21	12	18	56	33	123	510	2.6	2.6	510	1020	2.6	47 800	7700	1020	11.0～13.5
重度[6]	7.3	526	48	40	29	15	26	67	39	113	470	2.3	2.3	450	900	2.3	44 100	6800	900	10.0～12.5
极重[6]	8.3	594	54	45	31	19	41	93	53	113	470	2.3	2.3	450	900	2.3	44 100	6800	900	10.0～12.5

[1]见第 5 章，训练期的年轻马。[2]没有特殊工作，阉马和母马可参照这些摄入量；对于种公马，需要额外添加 0.4UFC 和 25g MADC。[3]每周休息日：对于马术学校的马，使用临时休息状态时的参考量（4.7UFC），增加日粮中牧草的比例；对于运动型的马，使用非常轻状态时的参考量（5.3UFC），增加日粮中牧草的比例。[4]马术学校内的马，每日工作 2h（由在校内的观察得出均值）。[5]乘用马：短途骑乘，强度非常轻的骑乘，1h；轻度工作，2h；长途骑乘，轻度工作，2～4h；中度工作，4h 以上。[6]运动用马，认定为每日工作 1h（由在校内的观察得出均值）。[7]精饲料含量高的饲料配方中适用最小值；最大值是牧草的最大摄入量

表 6.16 成年活重 550kg 的骑乘用成年马[1]营养需要和日粮摄入量推荐表

使用状态	每日营养素推荐值																		干物质摄入量[7]（kg）
	UFC	MADC（g）	赖氨酸（g）	Ca（g）	P（g）	Mg（g）	Na（g）	Cl（g）	K（g）	Cu（mg）	Zn（mg）	Co（mg）	Se（mg）	Mn（mg）	Fe（mg）	I（mg）	维生素A（IU）	维生素D（IU）	维生素E（IU）	
维持																				
休息[2]	4.5	293	27	22	16	8	11	44	28	95	475	1.9	1.9	380	475	1.9	30 900	3800	475	8.5～10.5
工作																				
临时休息[3]	5.2	373	34	23	17	9	12	46	29	100	500	2.0	2.0	400	500	2.0	32 300	4000	500	9.0～11.0
极轻[4,5]	5.9	424	39	33	21	11	16	53	33	105	525	2.1	2.1	420	840	2.1	34 100	4200	525	9.5～11.5
轻度[4,5]	7.8	565	51	33	21	11	16	53	33	120	600	2.4	2.4	480	960	2.4	39 000	4800	600	10.5～13.5
中度[4,5]	8.6	620	56	39	23	13	21	62	37	135	675	2.7	2.7	540	1080	2.7	50 100	8100	1080	11.5～15.5
重度[6]	8.1	580	53	44	32	17	28	73	43	123	613	2.5	2.5	490	980	2.5	45 900	7500	980	11.0～13.5
极重[6]	9.1	656	60	50	34	20	46	102	59	123	613	2.5	2.5	490	980	2.5	45 900	7500	980	11.0～13.5

[1] 见第 5 章，训练期的年轻马。[2] 没有特殊工作，阉马和母马可参照这些摄入量；对于种公马，需要额外添加 0.4UFC 和 25g MADC。[3] 每周休息日：对于马术学校的马，使用临时休息状态时的参考量（5.2UFC），增加日粮中牧草的比例；对于运动型的马，使用非常轻状态时的参考量（5.9UFC），增加日粮中牧草的比例。[4] 马术学校内的马，每日工作 2h（由在校内的观察得出均值）。[5] 乘用马：短途骑乘，强度非常轻的骑乘，1h；轻度工作，2h；长途骑乘，轻度工作，2～4h；中度工作，4h 以上。[6] 运动用马，认定为每日工作 1h（由在校内的观察得出均值）。[7] 精饲料含量高的饲料配方中适用最小值；最大值是牧草的最大摄入量

表 6.17 成年活重 600kg 的骑乘用成年马[1]营养需要和日粮摄入量推荐表

使用状态	每日营养素推荐值																		干物质摄入量[7]（kg）
	UFC	MADC（g）	赖氨酸（g）	Ca（g）	P（g）	Mg（g）	Na（g）	Cl（g）	K（g）	Cu（mg）	Zn（mg）	Co（mg）	Se（mg）	Mn（mg）	Fe（mg）	I（mg）	维生素A（IU）	维生素D（IU）	维生素E（IU）	
维持																				
休息[2]	4.8	312	38	24	17	9	12	48	30	103	513	2.1	2.1	410	513	2.1	33 300	4100	510	9.0～11.5
工作																				
临时休息[3]	5.5	397	36	25	19	10	13	50	31	110	550	2.2	2.2	440	550	2.2	35 800	4400	550	9.5～12.0
极轻[4,5]	6.3	450	41	36	23	11	18	58	35	115	575	2.3	2.3	460	920	2.3	37 400	4600	580	10.5～12.5
轻度[4,5]	8.4	603	55	36	23	11	18	58	35	130	650	2.7	2.7	530	1060	2.7	42 300	5200	650	11.5～14.5
中度[4,5]	9.2	664	60	42	25	14	23	67	40	145	725	2.9	2.9	580	1160	2.9	54 400	8700	1160	13.0～16.0
重度[6]	8.6	621	57	48	35	18	31	80	47	130	650	2.7	2.7	530	1040	2.7	48 700	7800	1040	11.5～14.5
极重[6]	9.8	703	64	54	37	22	49	112	64	130	650	2.7	2.7	530	1040	2.7	48 700	7800	1040	11.5～14.5

[1] 见第 5 章，训练期的年轻马。[2] 没有特殊工作，阉马和母马可参照这些摄入量；对于种公马，需要额外添加 0.4UFC 和 25g MADC。[3] 每周休息日：对于马术学校的马，使用临时休息状态时的参考量（5.2UFC），增加日粮中牧草的比例；对于运动型的马，使用非常轻状态时的参考量（5.9UFC），增加日粮中牧草的比例。[4] 马术学校内的马，每日工作 2h（由在校内的观察得出均值）。[5] 乘用马：短途骑乘，强度非常轻的骑乘，1h；轻度工作，2h；长途骑乘，轻度工作，2～4h；中度工作，4h 以上。[6] 运动用马，认定为每日工作 1 小时（由在校内的观察得出均值）。[7] 精饲料含量高的饲料配方中适用最小值；最大值是牧草的最大摄入量

（1）娱乐和休闲用马　对于日常情况而言（骑马缓行、娱乐和低水平及平均水平的运动），总的推荐供给量（维持＋工作）在表 6.14～表 6.17 中列出。对于长距离的骑马缓行，马也许会在持续的几天里以一种适中到紧张的水平工作超过 2h。为正确管理马的体储和饲料转换，马在缓行前后几天应喂食相应于中等强度运动的饲料量，这是最实用和最安全的方式。

经验丰富的终端用户总是牢记先前的经验，将每小时工作能量的供给量加到马在休息时的需要上（图 6.11）。例如，当日常供给量超过 10UFC 时一定要谨慎对待。因此，日粮应当以周为基础制订以限制任何严重和有害的变动。如果马的状况良好，其体储将会消除每日支出的变动。

这类马的总体目标是保持体况评分在 3.0～3.5。

（2）用于竞技的体育用马　饲料供给量也应该通过使用两个简单的技术参考点：体重和体况评分（第 2 章），来计划与竞赛目标有关的固定的工作日程表。相对于骑术学校的娱乐用马，体重和体况评分可以在限度内变化，因为瞬时需要非常高，并且它们暂时高于马采食消化和代谢大量的日粮所拥有的生理和代谢能力。因此，喂养供给量必须每周一次甚至几周内进行评估和实施，以便于精细管理马的体重和身体状况。关于适可度，需记住的一点是，目的是使体重和体况评分逐渐在正确的时间达到理想值。在比赛期间，体重和体况评分的变化分别不应超过 5% 和 0.5 分，并且，最低体况评分应该总是 3.0（第 2 章）。体况评分超过 3.5 是有害的。

（3）耐力赛　为了完成比赛和有机会在长距离竞赛（80～160km）中获胜，耐力赛的马体况评分的最小值（且可能是最优值）已经确定为 3.0。如果体况评分低于 3.0，如 2.5，即体重减轻 25kg 对应－0.5 体况评分，如果这匹马每天喂食额外的 2.1UFC（65～70g MADC/UFC），并且工作量保持不变，在大约一个月时间里体况评分会恢复到 3.0（能量补充来自以下计算：25kg 体重损失 / 30d×2.5UFC kg 体重＝ 62.5UFC/30d＝ 2.1UFC/d；第 1 和 2 章）。如果时间短的话，日常补饲量应该增加。在比赛前一个月的训练、比赛和赛后的恢复期，马应该每天饲喂 3.0～4.0UFC（65～70g MADC / 额外的 UFC）。矿物质和维生素的供给量在表 6.14～表 6.17 已经给出。这里无须增加日常电解质的供给量，除非在紧张的工作之日（在比赛和训练期间）和仅在工作之后，因为没有能力像比赛前存储能量那样去存储电解质。

在一段长时间的训练期间，直到比赛时，用于工作的供给量逐步从每小时运动的 1.0UFC 增加到 3.0UFC，因为直到比赛那天运动强度由轻上升到非常紧张（图 6.11）。总的训练模式可以按照 Ridgway（1994）进行总结。一个星期的 3～5d，马是以一系列逐渐增长距离（8～48km）的快步（10～15km/h）来运动的。然后开始一连串快步（20km/h）或慢步跑，并通过一系列慢步走隔开。运动强度与比赛项目接近。饲料供给量应允许体况评分在比赛日为3.0～3.5。这样一个条件水平应当允许马去完成并快速恢复应有的分数，这个分数在比赛之后不能低于3.0。

在训练期间，饮食构成通常分别为70%和30%的饲草和精饲料，在比赛期间则分别为60%和40%。然而，总的日常饲料供给量理应不超过9.0UFC，尤其是630g MADC，成年马在任何时期都对蛋白质有一定的耐受性。

（4）三日赛　参与这项赛事的马在随后的2～3d里会在新手、中级和国际水平上进行三次不同的测试。第一天是投身于盛装舞步测验，使用三个步态来骑乘，每个步态的速度在官方的赛事中都有规定。第二天的测验是由22～32个围栏组成的越野跑，围栏的高度在1.0～1.2m，马以520～570m/min的速度沿着2500～6840m的路线跑。在最后一天，测试的项目是场地障碍赛，在比赛中用到的围栏高度为1.15～1.30m，并且跳跃的次数在10～15次。能量支出也许会很高或者会非常高，这取决于竞赛的水平。用于竞赛的方法和用于耐力赛相似。在竞赛前一个月、竞赛进行时及恢复期，饲料供给量的变化为每小时运动2.5～3.5UFC（65～70g MADC/额外的UFC）。当马的体况评分下降到3.0以下时，应使用与在耐力赛部分描述的一样的方法进行恢复（第1和2章）。矿物质和维生素的供给量还是在表6.14～表6.17中给出。这里无须增加日常电解质的供给量，除非在紧张的工作之日（在比赛和训练期间）和仅在工作之后，因为马没有能力像比赛前存储能量那样去存储电解质。一直持续到赛前一个月的长时间的训练，已经有很详尽的报道了（Dyson，1994；Galloux，1990）。马在露天设施中快步和袭步及跳跃低的围栏的过程中，身体上交替经历着花式骑术训练，肌肉与骨骼的发育，心肺系统能力的提升，结果促进了生理和代谢的适应性。在这样一个非常重要的时期，马每天大约运动1h。饲料供给量的变动范围应当为每小时运动2.0～3.0UFC（65～70g MADC/额外的UFC），目的是促进运动强度从适中到紧张过渡（图6.11），达到最佳体重和对马来说一个得分为3.0的体况。

然而，总的日常饲料供给量理应不超过9.0UFC，尤其是630g MADC，成年马在任何时期对蛋白质都有一定的耐受性。

（5）场地障碍赛　如今的国际性场地障碍赛是由15个障碍组成（包含复合式的），障碍的高度在1.5～1.7m。在一局比赛中，平均速度为350～400m/min，但是这个速度随着时间因素在急速跳跃中也许会达到400m/min。在热身过程中，心率的平均值为100次/min。在比赛过程中，心率从90次/min上升，在障碍前时达到峰值200次/min。心率和障碍高度之间的相关性很好。在热身和一局比赛过程中，以此速度，运动强度是适中的。在这两种情况下，有氧代谢占据优势。

但是在起跳和落地过程中克服机体的惯性会耗费大量能量。在跳跃阶段，代谢形式是无氧的。跳跃是一种很费力的过程，因为血浆皮质醇浓度比休息时升高两倍多。当心率超过 150～160 次 /min 时，疲劳很快就会出现。能量消耗相当于以 600m/min 的速度奔跑相同的距离。运动持续时间平均为 1h，包括热身-运动-短期恢复。当体况评分为最佳值 3.00～3.25 时，饲料供给量为 2.0～3.0UFC/h 运动（65～70g MADC / 额外 UFC）。若超出这个最佳体况评分，会对运动表现和健康（关节）不利。我们应该提醒的是，一个 0.25 的变化分值相当于 13kg 体重的变化，而这种体重的变化对应的是校正 1.0～1.4UFC/kg BW 的变化（第 2 章，表 2.4）。需强调的是，要执行所有饲料供给量建议。在比赛之前增加电解质的供给是没有用的，因为马没有能力去储存多余的供给量，所以供给应当是在比赛之后进行。

参与场地障碍赛的马会在一整年经历一个长期规划，其中包括取决于马的经历的或多或少的长时间训练，还有一段主要在冬季早期的休息。马随后在平地，跨越栅栏进行训练，并在比赛之前进行状况调整（Clayton，1994）。在平地训练中，受训练的跳跃障碍马会很轻松地横向移动，并根据骑手的辅助调整它们的步幅。运动强度适中，饲料供给量平均为 2.0UFC/h。然后对跳跃障碍比赛的马进行跳跃栅栏训练以适当加强肌肉群的力量和提高专业跳跃技能。为了提高协调能力，在不同距离处放置栏杆，以不同步态进行体操跳跃。这种运动强度也是适中的，饲料供给量平均为 2.0UFC/h。在比赛之前的一段时间里，训练跳跃障碍比赛马以促进有氧能力（心血管调节或间歇训练），增强肌肉的爆发力（力量训练和无氧能力），以及最大化运动能力（追加锻炼）。当马在慢步跑并跨越栅栏时，在这种调整状态训练下，马的运动强度是高的。算上热身运动和短的恢复期，马的这一连续活动持续时间不能够超过 1h。饲料供给量为 2.0～2.5UFC/h。根据马的年龄、经验、竞技水平、上次比赛和下一次比赛之间的时间间隔，在参与跳跃障碍比赛的马中达到的饲喂目标是保持最佳体况评分在 3.25～3.50 这一狭窄范围内。因此，体况评分和体重应该分别每两周和每周监测一次。建议消除饲料供给量和饲料组成（草料 / 精饲料比例）的变化。饲料供给量应该每周进行估算和安排（参见给出的娱乐用马的例子：表 6.13）。应使用适当的矿物质补充剂满足矿物质供给量，并应当平衡以防止或治疗骨骼疾病。

（6）日粮配合　在 UFC，能量摄入量的估计是根据优秀障碍赛用马（Martin et al.，2008）进行的两次调查中获得的数据，并且，最近在优秀三项赛马（Martin，数据未发表）证实了这些建议值。然而，关于饮食的化学成分（相关的草料 / 精饲料比率分别为 55/45 和 60/40），MADC 的摄入量超过 INRA 建议的 1.4 倍和 1.6 倍，1.4 倍和 1.6 倍正是优秀三项赛马和优秀障碍赛用马各自的期望值。矿物质、电解质、微量元素和维生素的饮食供给量远超过大多数的建议，并且它们在这些运动员（马）体内的比例经常是不平衡的。

日粮配合应该以每一匹马为基础。目的是使由饲料评估和营养供给量建议表（表 6.14～表 6.17）选择出来的饲料所提供的营养供给量达到平衡。第 2 章和第 13 章提供了实施普通程序的技术。有时候，计算的日粮蛋白质的供给量可以超过建议水平，主要是因为当用谷物或复合饲料补充基于日粮的干草（或青贮饲料）时，补充物的蛋白质含量太接近优质干草。在这种情况下，马可耐受的最大值是过量 50%，对健康（没有潜在的肾脏问题）和表现没有任何明显的不利影响。但是出于经济方面的原因，最好是可以重新去变更供给量情况，用一些秸秆替代饮食中的草料，并选择具有较低蛋白质含量的复合饲料：90g MADC/kg DM。实际上，矿物质、微量元素和维生素的补充不应超过建议供给量，为避免任何骨骼和肌肉疾病，它们应该处于较好的平衡状态。同样，日粮配合和饲养应当每日规划，但是这是基于每周的计划。

（7）饲料分配方式　每天日粮应当定时进行饲喂，一般一天采食 3 次：早上、中午和晚上。使用这个时间表，草料和精饲料的分配可以按照马的工作活动和健康幸福进行配置（行为和健康：第 15 章）。当安排马在进食后不久（至少 2h）进行工作时，只需喂食精饲料。精饲料的采食会非常迅速（1kg 燕麦需要 10～15min，而 1kg 干草需 40min），并且容易消化（即在小肠中平均在 2h 内；到目前为止，与预期相比，运动期间释放的能量很少受到胰岛素的限制作用）。因此，在运动前胃容量不太大。相比之下，通常在工作后的晚上，当马长时间（超过 3h）静止不动时，采食草料是有一定的好处的。饲料分配后，马在较长时间里消耗主餐（几个小时），然后再在差不多平均的时间间隔里消耗其余的几餐（第 1 章）。如果在稻草垫草上对马进行饲养管理，那么喂养行为可能或多或少地持续一昼夜，对于性子急的马建议进行这样的饲养管理。以周为基础，每日定额应尽可能保持恒定，特别是对马术学校的娱乐用马或者是业余设施中的骑乘用马。例如，当一匹马以适中的强度每天有规律地工作 2h，并且一整周保持不变（休息天除外），日粮评估可以以 2h 的工作来进行。如果马每天以轻至中等强度工作 1～5h，那么可以评估并喂养适中强度工作 3h 的日粮。当然日粮在休息日里应该减少。

该方法具有防止饮食组成（草料 / 精饲料比例）和精饲料量剧烈变化的优点。一般来说，这种方法防止犯下日粮配方和有关工作评价方面的严重错误。此外，它能够更好地促进对日粮的利用及有助于马的良好身体状况的保持。

6.3.4 赛马的需要和建议供给量

1．工作特殊性　训练马的目的是培养其耐力、抵抗力，以及最终在最佳状态时用于比赛的力量和速度。在训练中心，进行了多种多样的培训项目。这部分内容是指发表在科学期刊或书籍上以评估需要并提出推荐饲料供给量的项目。成年马区别于年轻马的是，不仅要考虑后期生长的需要，还要考虑到工作负荷。

2．快步马-标准马-对侧步马　受 American Training Chart（美国训练图）（Dancer，1968）的启发，Lovell（1994）公布的规划很好地描述了训练计划。这个规划分成 3 个阶段：预训练，基础训练，比赛。在预训练阶段，马以正常的快步速度慢跑，距离逐渐地从 5000m 增加到 13 000m。在基础训练阶段，马在为期 4 周的 10 000m 中交替进行着正常速度快步和以 90% 最大速度（如最大心率）的慢跑。最后是一个短暂的有两周时间的比赛阶段，马以正常快步速度慢跑 10 000m 和以逐渐增加的速度进行的各种距离的分组预赛交替进行。步行间隔当然包括在这个程序的不同阶段。

在这些基础上估计需要为的是更接近现场条件。到目前为止，INRA 没有机会与这些运动员（马）进行喂养试验。为了检查统计析因计算，在开放训练中心或私人训练中心进行了一些调查。表 6.18 中的建议给出了一个可接受的范围。

3．纯血马　就快步马的情况而言，对需要的评估非常重实效。Evans（1994）公布的培训计划分为 3 个阶段：耐力（4 周），有氧 / 无氧结合，无氧（2 周），但预先训练阶段（12～20 周）通常也应该正常进行。在预先训练阶段，马以 300～500m/min 的速度快步或袭步运动 3000～5000m。在耐力阶段，马以快步或奔跑（慢跑），运动 5000～10 000m。在有氧 / 无氧结合阶段，马以快步和跑步交替运动，小跑超过 2000～4000m，袭步时速度增加到 500～800m/min，距离为 1200～3200m。在最后阶段，无氧能力是以提高 600～1200m 距离的速度和加速能力来进行检测的，这种检测从慢跑和淘汰赛里引进。

当然，以定时间隔的方式，引入了步行检测，使用该信息（包括步行检测间隔时期）进行总需要的估计。统计析因计算与调查数据进行比较。这个估计值和在成年马中的观察结果是一致的，但在年轻马中一些差异的变异性较大。提供给成年马的推荐饲料供给量见表 6.14～表 6.17。对于年轻马，在第 5 章中给出了有关生长的建议（表 5.11～表 5.14），但是通过划分完成的工作水平由轻微到紧张，运动消耗应当相应加入生长需要上（图 6.11）。对于参加障碍赛马者来说，类似的建议尚未证实。

4．日粮配合　由于饲养行为、消化类型和营养需要的特异性，饲养的一般指导原则应对赛马具有一些适应性。日粮和营养素的类型平衡应该适合与特定运动（短跑、中距离、长距离）相关的肌肉工作的定性要求。遗传类型和

表 6.18 成年比赛用马营养需要和日粮摄入量推荐表

使用状态	每日营养素推荐值																		干物质摄入量[6]（kg）
	UFC	MADC（g）	赖氨酸（g）	Ca（g）	P（g）	Mg（g）	Na（g）	Cl（g）	K（g）	Cu（mg）	Zn（mg）	Co（mg）	Se（mg）	Mn（mg）	Fe（mg）	I（mg）	维生素A（IU）	维生素D（IU）	维生素E（IU）	
快步马 560kg																				
完全休息[1]	4.7	306	28	22	16	8	11	45	28	95	475	1.9	1.9	380	475	1.9	30 900	3800	475	8.5～10.5
临时休息[2]	6.2	403	37	28	20	11	14	56	35	110	550	2.2	2.2	440	880	2.2	35 800	4400	550	10.5～11.5
适应阶段[3,5]	8.5	553	50	45	31	17	28	75	44	130	650	2.6	2.6	520	1040	2.6	48 800	7800	1040	
基础训练[3]	9.5	618	56	50	34	21	46	104	59	150	750	3.0	3.0	600	1200	3.0	56 200	9000	1200	12.0～15.0
速度[3]	8.5	553	50	45	31	17	28	75	44	130	650	3.0	3.0	520	1040	3.0	48 800	7800	1040	
纯血马 540kg																				
完全休息[1]	4.6	300	27	22	15	8	11	43	27	95	475	1.9	1.9	380	475	1.9	30 900	3800	475	8.5～10.5
临时休息[2]	6.1	394	36	27	19	10	14	54	34	110	550	2.2	2.2	440	880	2.2	35 800	4400	550	10.5～11.5
阶段 1 适应期[4,5]	8.5	553	50	43	31	16	28	72	42	130	650	2.6	2.6	520	1040	2.6	48 800	7800	1040	
阶段 2 耐力期[4]	9.5	618	56	50	34	20	45	100	57	150	750	3.0	3.0	600	1200	3.0	56 200	9000	1200	12.0～15.0
阶段 3 有氧期 / 无氧期[4]	9.0	585	53	50	34	20	45	100	57	150	750	3.0	3.0	600	1200	3.0	56 200	9000	1200	
阶段 4 无氧期[4]	9.0	585	53	50	34	20	45	100	57	150	750	3.0	3.0	600	1200	3.0	56 200	9000	1200	

[1] 训练期（休息）之外，维持消耗量狭义上加上 10%。[2] 训练期（休息日）以外，维持消耗量狭义上加上 45%。[3] 载重量为双轮单座马车＋驾驶者＝80kg 时，快步马的能量消耗计算。[4] 载重量为骑师＋马车＝60kg 时，纯血马的能量消耗计算。[5] 该阶段内，为了肌肉发展，可增加 20%～30% 的蛋白质摄入量。[6] 精饲料含量高的饲料配方中适用最小值；最大值是牧草的最大摄入量

训练方法也应该被考虑。

能量来源是个主要关注的问题。当以高于500m/min的速度冲刺时，糖原是肌肉的主要能量来源，但是该能量储备轻微地受到饲喂的影响。乳酸由肌肉产生，可导致肌肉酸中毒，肌肉酸中毒也许会导致僵直症。做好以下3点，这些问题可以被防止：①使用能量供给量和需要之间的连续平衡来防止肌糖原过量；②限制饲喂富含淀粉的饲料（谷物等）；③在竞赛之前禁食一些能够快速吸收的碳水化合物，如蔗糖。实际上，这些碳水化合物引起的继发性低血糖对马的表现不利。

喂给赛马的能量来源是饲料中的纤维素和谷物中储存的碳水化合物。纤维素在大肠中被微生物群消化，微生物群经常提供挥发性脂肪酸，这是一种非常重要的能量来源（依照饮食中的饲料比例，占需求的30%～60%，第1章）。纤维素对于消化健康也很重要（第2章）。小肠是淀粉的主要消化场所，淀粉以葡萄糖的形式被吸收。在实践中，谷物的比例通常随着工作量的增加而增加。这种增加经常很高、很多变。实际喂养可以不同的方式提高。

每天喂养的谷物的量应当受到限制，并且当喂养运动马时为了防止消化和代谢紊乱，饲料分配应当至少分成3次采食。例如，20世纪初期，巴黎公交总公司（Compagnie des Omnibus）拉公交车的马每天工作8h，每天饲喂6次。如果饲喂的水平高，加工谷物如研磨、碾压、刨片、膨化或挤压可促进消化。但这不应该导致谷物在饮食中的比例增加。平衡饲料中的谷物比例将有助于预防肌肉代谢紊乱，如劳损性横纹肌瘤及在年轻马中发生的骨关节病。谷物通常喂给专用于中长距离赛跑的马，但是对于耐力运动马，它们的量应当减少。

最近在瑞典（瑞典农业大学）对标准马进行的研究数据表明，以高能饲料为基础的食物可以替代传统的富含淀粉的食物。没有观察到性能受到限制，并且其健康得到改善（Jansson and Lindberg，2008）。喂养的饲料应是非常容易消化的（第16章）。在这些研究中，饲喂草饲料如梯牧草和羊茅草，并最终补充苜蓿以满足蛋白质需要（这可能是年轻马必需的）。饮食也应该平衡矿物质和维生素的摄入。乳酸阈值高于在高精饲料饮食中发现的值。血液pH高于高精饲料饮食，这对抵消高强度运动所引起的酸中毒有优势。肌糖原含量略有降低（−10%），这种小幅度的削减对运动性能影响的研究仍在进行中。最大随意采食量为2.0～2.5kg DM/100kg BW。由于饲料的消化率高并且马只接受1%体重的饲料，因此采食量不会变得很大。与高淀粉的饮食相比，高饲料饮食中微生物群落的组成更稳定。

5．日粮平衡　运动马的饮食在最理想的营养浓度和关键营养素的比例上应该平衡，对于使用类型和运动强度及特殊饮食也是特异的。

饮食中纤维素的含量应当平均为 15% 以保证消化系统的良好和健康。蛋白质的需要伴随工作量的增加应该略微增加。当能量摄入满足需要时，组织蛋白的能量消耗不超过 4%。蛋白质和能量供给量在成年马中应按固定比例，为 65～70g MADC/UFC。对于在训练中的年轻马来说，蛋白质供给量将增加 20%（如总日粮中，蛋白质供给量为 78g MADC/UFC），使用优质蛋白如苜蓿草粉和大豆粉。赛马的日粮中粗蛋白含量应平均为 12%～13%。对易遭受压力的短距离和长距离赛跑的马来说，还有一个建议就是饮食应该富含脂肪。

肌肉的工作强烈影响矿物质的需要。赛马日粮中的钙和镁的推荐供给量也应该有实质性的增加。钙和镁的消化率存在着一定的危机，通常是由赛马的日常饮食中总磷含量过量引起的。谷物的比例，尤其是燕麦，随着工作负荷的增加而增加，以草料为代价。饮食中最佳 Ca/P 为 1.5，因此，由谷物来供给会造成 Ca/P 失衡，Ca/P 只有 0.2～0.3。应该使用 Ca/P 高于 1.5 的补充剂来加强钙的补充。在高强度工作期间，日粮中钙和磷含量的最小值应该分别为 0.36%～0.40% 和 0.24%～0.30%。镁含量建议至少 0.15%。

汗水中氯化钠的损失很高，其损失随着工作负荷、持续时间、训练水平和气候条件而增加。饮食中钠的浓度应该至少为 0.30%（3g/kg DM）。微量元素的供给量在干物质摄入的基础上得以补充。当能量供给量增加时，摄入量也增加了（第 2 章，表 2.1）。

维生素 A、维生素 D、维生素 E 的供给量也基于干物质的摄入量，而该值由能量供给量决定（第 2 章，表 2.1）。如果日粮中不饱和脂肪酸的含量高，那么维生素 E 的供给量可以增加。大量摄入维生素并不十分有效，并且可能是有害的，尤其是维生素 D。到目前为止，还没有关于运动马维生素 B 或维生素 C 额外供给的有利信息。

6.3.5 挽用马的需要和推荐供给量

推荐供给量的建立来源于在 20 世纪早期的喂养试验且由 Jespersen（1949）报道（表 6.19 和表 6.20）。每小时不同强度的工作推荐供给量如下。①非常轻：0.2UFC。②轻：0.3UFC。③适中：0.5UFC。④重：0.7UFC。⑤非常重：1.0UFC。

蛋白质的供给量通过使用日粮 65～70g MADC/UFC 计算得出。这个额外的供给量被加到了维持需要上。如果每日的工作量不同，这个供给量应以每周为基础来执行以消除日粮的日变化。

表 6.19　700kg 成年重挽马品种营养需要和日粮摄入量推荐表

使用状态	每日营养素推荐值																			干物质摄入量[6]（kg）
	UFC	MADC（g）	赖氨酸（g）	Ca（g）	P（g）	Mg（g）	Na（g）	Cl（g）	K（g）	Cu（mg）	Zn（mg）	Co（mg）	Se（mg）	Mn（mg）	Fe（mg）	I（mg）	维生素A（IU）	维生素D（IU）	维生素E（IU）	
维持																				
休息[1]	5.1	357	33	28	20	11	14	56	35	100	500	2.0	2.0	400	500	2.0	32 500	4000	500	9.5～10.5
工作																				
临时休息[2]	5.6	392	36	31	22	12	15	62	39	105	525	2.1	2.1	420	525	2.1	34 100	4200	525	10.0～11.0
轻度[3]	7.7	539	49	42	27	13	25	73	45	128	638	2.6	2.6	510	1020	2.6	41 400	5100	638	12.0～13.5
中度[4]	8.6	602	55	49	29	16	36	84	51	143	713	2.9	2.9	570	1140	2.9	53 400	8600	1140	13.0～15.5
重度[5]	10.0	700	64	56	41	21	57	99	59	153	763	3.1	3.1	610	1220	3.1	57 200	9200	1220	14.0～16.5

[1] 没有特定工作时，阉马和母马适用这些推荐量；对于种公马，需要添加 0.6UFC 和 40g MADC。[2] 每周休息日，轻度工作期间，适用临时休息（5.6UFC），并增加日粮中牧草的比例；在中度和重度工作期间，适用轻度工作（7.7UFC），并增加日粮中牧草的比例。[3] 轻度：把农作物耙成行。[4] 中度：耕作软土、除草、耙所有类型的土。[5] 重度：耕作黏重土。[6] 精饲料含量高的饲料配方中适用最小值；最大值是牧草的最大摄入量

表 6.20　800kg 成年重挽马营养需要和日粮摄入量推荐表

使用状态	每日营养素推荐值																			干物质摄入量[6]（kg）
	UFC	MADC（g）	赖氨酸（g）	Ca（g）	P（g）	Mg（g）	Na（g）	Cl（g）	K（g）	Cu（mg）	Zn（mg）	Co（mg）	Se（mg）	Mn（mg）	Fe（mg）	I（mg）	维生素A（IU）	维生素（IU）	维生素E（IU）	
维持																				
休息[1]	5.6	392	36	32	22	12	16	64	40	110	550	2.2	2.2	440	550	2.2	35 800	4400	550	10.5～11.5
工作																				
临时休息[2]	6.2	434	40	35	24	13	18	70	44	115	575	2.3	2.3	460	575	2.3	37 400	4600	575	11.0～12.0
轻度[3]	7.8	546	50	48	30	15	28	83	51	143	713	2.5	2.5	570	1140	2.5	46 300	5700	715	13.0～14.5
中度[4]	8.8	616	56	56	34	18	41	96	58	153	763	3.1	3.1	610	1220	3.1	57 200	9200	1220	14.0～16.5
重度[5]	10.5	735	67	64	46	24	66	118	66	163	813	3.3	3.3	650	1300	3.3	60 900	9800	1300	15.0～17.5

[1] 没有特定工作时，阉马和母马适用这些推荐量；对于种公马，需要添加 0.7UFC 和 45g MADC。[2] 每周休息日：轻度工作期间，适用临时休息（6.2UFC），并增加日粮中牧草的比例；在中度和重度工作期间，适用轻度工作（7.8UFC），并增加日粮中牧草的比例。[3] 轻度：把农作物耙成行。[4] 中度：耕作软土、除草、耙所有类型的土地。[5] 重度：耕作黏重土。[6] 精饲料含量高的饲料配方中适用最小值；最大值是牧草的最大摄入量

6.4 运动的供给动力学

为强调正确的和可能有害的做法，在此对运动前后和运动期间的饲料供给量进行讨论。

6.4.1 比赛前

最后一次喂食富含淀粉饲料不应晚于比赛项目之前4～5h，目的是防止一系列有害的生理和代谢紊乱：胰岛素升高，深度低血糖及相关的肌肉中可用葡萄糖的明确限制，脂解作用下降造成作为能量来源的可用长链脂肪酸减少，最后，在运动时肌糖原耗尽并最终导致疲劳发生。每日淀粉供给量建议不应高于1.1g/kg BW，特别是当淀粉已经受到一个高效的热处理或者是在比赛前最后一餐谷物或淀粉含量高的加工复合型饲料达到体重的0.3%。

众所周知，大肠是饲料中摄入的水和电解质的存储场所。对于参加耐力赛或三日赛（综合全能马术赛）的体育用马，建议饲喂饲料（2%～3%体重）一直到比赛前最后1h。赛前摄入饲料在后期消化时产生的额外的热量会加到体热产生中，从而导致体热的超额。在大肠消化饲料过程中，微生物发酵产生的热量仅占总能量摄入的0.5%～1%。在比赛之前的最后训练期间，饲料消耗的量在赛马中不应该低于体重的1.2%，而在耐力赛和三日赛的马中不应低于体重的1.8%～2.0%。

对于进行长距离运动的马来说，在比赛之前应该立即补充水和电解质，这对促进心肺和体热调节功能是必要的。在比赛之前的4h，喂食80mg/kg BW钠、166mg/kg BW氯和16mg/kg BW钾（混合以提高饲料适口性或做成糊剂灌服），会刺激水的消耗和改善比赛期间水和电解质的平衡。

6.4.2 比赛期间

与人类运动员相比，马很少有可用的数据，因此我们不应该由人推测到马。在耐力赛中的马，中间休息时，摄入由草粉加上50%葡萄糖组成的0.6kg浓缩料，在没有胰岛素的削弱作用和血浆脂肪酸浓度变化时会增加血糖的值。或选择供应1g葡萄糖/kg BW。不应提供果糖。

6.4.3 比赛后

在恢复期运动过程中，肌糖原和肝糖原储备的恢复是一个需要主要关注的问题。在这里，我们可以由人类推测马的情况。淀粉或脂肪餐对肌糖原储备的相关性尚未得到证实。建议在比赛后立即提供自由选择的饲料，2～4h后提供占体重

0.3% 的由热处理过的谷物制作的富含淀粉的食物。

可以进行电解质的补充。如果给马供应水且也的确消耗了，那么一定要控制量。由 76mg 钠 /kg BW、218mg 氯 /kg BW 和 108mg 钾 /kg BW 组成的糊剂可经口灌注，或者供应的电解质与草粉或甜菜粕混合饲喂。即使马凉爽了，在给马供应这些电解质时也要继续用桶控制水的摄入量。

6.5　其他特殊情况

6.5.1　马在干热或湿热气候条件下

马无论在何种环境条件下都应该维持体温在 38℃。马可以忍受平均 2℃的体温升高。但对于训练有素的马匹在炎热（＞25℃）和干燥或潮湿（＞80% 相对湿度）条件下，需要 2 或 3 周的生理和代谢适应，在这些条件下最好给马剪毛。体温源于热散失和食物消化代谢所产生热量之间的平衡、基础代谢和与工作相关的肌肉代谢（第 1 章）。对于运动强度大的马来说，高温是很难忍受的，尤其是如果相对湿度很大，并且该马喂食基础性饲料或者是没有脂肪的混合型饲料（表 6.21）。这是因为马吃这些食物的能量需要是 105%～119%，这个值超过了饲喂干草并补充脂肪饲料所提供的参考值。因此，建议在 30d 的适应期内用脂类物质（上升到 10% 的比例）代替一定比例的谷物颗粒。该饮食的优点是制衡了在热湿条件下经常发生的食欲减少。

表 6.21　奥林匹克级别三日赛中耐力赛阶段，温度调节测试所允许的最高环境温度的测定
（引自 Kronfeld，1996）

日粮成分	产热（Mcal/d）	最高温度（℃）
干草＋脂肪（骟马）	21	19
干草＋谷物＋脂肪	21	12
干草＋谷物	22	11
干草	26	7

当氨基酸平衡（赖氨酸和甲硫氨酸）时，蛋白质的供给量应该维持在最小值，因为汗液中氮的浓度是恒定的，但是蛋白质 / 尿素的值在减少。

在炎热和潮湿的条件下，水的需要可高于 200%～300%，这是因为在耐力比赛中马的体重可下降 40～50kg。汗液的产量可占体液的 15%。因此最好用水桶喂水，以便掌握饮水量，这样饮水量或许可增加 30%。电解质的供给量和供给应该根据 6.4 节中提到的内容进行估计。应当引导马在训练期间饮用淡盐水。马应保持安静，来限制由运动产生的儿茶酚胺对马的紧张性刺激导致急速出汗，而引起水分散失。

6.5.2 运输

当运输设备准备妥当，运输程序组织完善时，运输的影响是有限的。在运输过程中根据持续的时间和环境情况，维持能量消耗增加 10%～15%。在运输途中应该将马固定，甚至就固定在站立位置上，这样的位置花费的成本肯定不会超过一个躺下的位置，因为那样还需要肢体的锁定系统。在每小时的运输过程中，马的体重下降 0.3%～0.5%。体重的下降与日常饲养管理的调整有关，马分配和（或）摄入的饲料量及饮水量的下降是由消化内容物的变化导致的。到达目的地之后的 24～72h 或再晚点，在湿热条件下，马减少的体重会恢复。应当注意的问题是，因为这些变化可导致疝痛的发生，这与消化内容物中水分的下降（积滞引发的绞痛）或者与微生物发酵异常（异常发酵造成绞痛）有关。偶然情况下，这些紊乱可能会持续 2～3 周。肌肉紊乱似乎很有限。

在运输前 3 天，马饮食中的精饲料（谷物颗粒或复合饲料）已开始逐渐限制，在运输过程中，食物中的精饲料部分应取消。运输过程很短暂并且运输车通风良好，在运输过程中如果干草没有灰尘的话可以供给（日粮的 50%）。通过飞机运输马，由于空调可能通过空间携带灰尘或微生物，因此干草经常被取消。包装青贮必须检验合格才可以代替干草。马应该每 5h 饮水一次。应当分配好恢复时间，这个时间应与运输持续的时间一样长。

6.5.3 强制休息的马

一匹马可能由于肌肉或肌腱疾病、感染、糟糕的身体状况（极度体重减轻）、淘汰等被迫休息。这些问题的来源是多种多样的，我们不计划都讨论。

在大多数情况下，马不能够完全休息，维持需要高于之前提到过的严格意义上来说的维持标准（第 1 章，表 1.1）。实际上，除了一匹因患严重疾病的马完全不动外，马为了保留以前训练所带来的优势仍进行轻微锻炼（通过猛冲、长距离骑马缓行等进行放松）。为了满足暂时休息或者轻微活动的建议供给量（表 6.14～表 6.20），与重活相对应的饲料供给量应当逐渐地减少（超过 3～5d）。当马在休息时或者回归到正常工作状态时，为阻止消化紊乱和过量喂食带来的不良后果（疝痛、蹄叶炎和僵直症等），当要减少或者增加供给量及饮食组成改变时（尤其是浓缩饲料的数量），饲养方式的转变应在几天内推行。

6.5.4 极度消瘦马的体况恢复

当一匹马由于工作超额，体重下降 5%～10% 时，为了身体状态的恢复，维持状态的日采食量应以其正常体重来评估。由于体况评分（BCS）的变化（第

2章，表2.4和表2.5），额外的供给量也应该被计算。例如，对于一匹体重为500kg的马来说，BCS已经下降了1.0（即55kg BW），根据在运动计划中可用的时间来看，如果在两个月时间里，额外的每日能量摄入应当为2.6UFC和80g MADC/额外的UFC；而如果在三个月的时间里，则为1.7UFC和80g MADC/额外的UFC。换言之，这意味着各自的正常维持需要的160%和140%（总的每日供给量为4.1UFC×160%＝6.6UFC，或者总的每日供给量为4.1UFC×140%＝5.7UFC），这还不包括需要加上的工作成本，需记住总的每日供给量不能够高于9.0UFC。为了给恢复留时间，工作也需要进行调整。

6.6 特殊营养补充料

当前欧盟饲料法规对“营养性补充料”还没有新的定义。然而，在大多数欧盟成员国，营养补充料被视为“补充饲料”，因为它们并不能满足一匹马的日常营养需要。营养补充料作为浓缩饲料，主要包括碳水化合物、氨基酸、高度可消化的纤维或脂肪、电解质、微量元素、维生素、pH调节剂及各种混合物。它们不代表日粮的组成部分，只是短期饲喂。假定这些内源性的可用的物质数量有限，营养补充剂预计将提高马的表现，但大多数尚未通过实验证实。

6.6.1 营养增补剂

“ergogenic”（机能亢进的）一词来自希腊语“ergon”和“genic”，意思分别是工作和生产。换句话说，它是指任何能够提高产量，如工作量或者表现（速度、力量、耐力）的物质。这些物质根据潜在影响分为5个领域：生理-营养-力学、生物力学、化学、药物学及心理学等，在此只考虑营养物质。它们的最终效应在涉及能量和氮代谢时已有讨论。

1．能量代谢

（1）L-肉碱　L-肉碱是一个辅助因子，参与长链脂肪酸通过线粒体内膜的转运，在线粒体里长链脂肪酸被氧化为细胞供能。在人体中，肉碱可以在肝脏和肾脏由赖氨酸和甲硫氨酸合成。然而，尚未确定补充肉碱能够提高性能。对于马，所有试验显示，既不会增加肌肉肉碱浓度，也不会对运动指标（血中乳酸、氨、肌酸激酶或天冬氨酸转氨酶的浓度）有积极的调整作用。到目前为止，对马进行肉碱补充尚无证据支持。同样，补充肌苷的益处也没得到确认。

（2）肌酸　肌酸来自氨基酸（乙酸甲胍）。在马这样的草食动物中，就跟素食的人一样，肌酸可能可以合成，而在食性广泛的人中则至少部分由肉类提供。肌酸通常有60%发生磷酸化以磷酸肌酸（Pcr）的形式储存在骨骼肌中。短暂而剧烈的运动后，Pcr作为磷酸的来源参与ATP的再生。它也可能在缓冲ADP

积累，并在正常生理 pH 环境下提高肌肉缓冲低 H^+ 能力方面发挥作用。不幸的是，对马进行肌酸补充后在跑步机上运动发现，既不会增加肌肉或血浆肌酸浓度，也不会提高运动表现。有报道其在人身上补充产生的作用仍有争议，且存在健康风险。

此外，在欧洲法规中肌酸禁止作为添加剂使用（见 EC，2003；法规 1831/2003 附录 3～4，添加剂附件列表，修订版本 27）。

（3）辅酶 Q 或 Q10　辅酶 Q 参与线粒体电子传递。没有实验证明其对组织功能和马的表现有作用。

（4）肌肽　肌肽通常约占肌肉纤维Ⅱ理化缓冲系统的 30%，参与调节细胞内酸碱平衡，但肌肽合成和代谢的机制尚不清楚。甚至，补充组氨酸和（或）β-丙氨酸也可能不会显著提高肌肉中肌肽的浓度。与人类相比，在马中应用肌肽未显示出明显的作用。此外，在人类已观察到一些有害的影响，如感觉错乱。

（5）碳酸氢钠　碳酸氢钠有时用于抵消运动期间乳酸产生和随后 H^+ 的释放造成的细胞内 pH 降低的影响，而乳酸和 H^+ 的释放会促进肌肉疲劳的发生。在实验室或现场条件下，尚未发现碳酸氢钠对赛马表现有显著影响。在人类，结果是相矛盾的，补充碳酸氢钠这种做法在一些国家甚至被禁止。

（6）核糖　在马做几次非常重的运动之后，由于腺嘌呤核苷酸的损失，肌肉 ATP 浓度下降，马的肌肉收缩能力就很有限了，只有 30% 核苷酸可以在 5h 内恢复。因此，暂时缺乏核苷酸（嘌呤）会引起从五碳糖和核糖形成磷酸核糖焦磷酸酯受到限制。在人类，核糖的功效尚未被证实。在马方面，尚未见诸报道。

2．氮代谢　有两种情况可能会补充氨基酸：治疗肌肉组织损伤或者延缓疲劳。为防止能量亏欠和确保肌肉发育，其他情况可以通过平衡的和适宜的饲料供给量结合良好训练来解决。

关于补充支链氨基酸（亮氨酸、异亮氨酸和缬氨酸），尚未证明有任何机能亢进的效应或修复损伤组织的作用。天冬氨酸或谷氨酸会刺激 ATP 产生，但这些氨基酸的影响也未被证实。

6.6.2 抗氧化剂

随着人们对减少氧化应激的影响的研究，在运动马方面的有关马饲料中添加抗氧化剂，以获得对 ROS（reactive oxygen species）等物质的抗性的研究越来越多，这些活性氧又称为 ROS，它们参与反复性的气道阻塞和一些骨关节疾病。

氧化剂的氧或氧自由基（NO、O_2^-、OH）活性远大于空气，因为这些分子的外层轨道含有一个电子，可以增加与其他分子的反应性。通过运动（外源性氧化剂）或通过线粒体代谢的过度调控（内源性氧化剂），氧化剂产生在呼吸道的炎症过程中。前氧化酶，如 NADPH 氧化酶（烟酰胺腺嘌呤二核苷酸磷酸氧化酶）

或髓过氧化物酶在金属离子（铜或铁）支持下产生大量氧化剂，过氧化了微生物细胞膜的脂肪（ROOH）来攻击生物体，而且氧化了生物体自身的蛋白质充当受体。在早期，氧化剂因为破坏微生物，是生物体的保护者。最后，氧化剂和抗氧化剂的不平衡导致氧化应激。

生物体内，氧化应激通常由离子依赖的酶如谷胱甘肽过氧化物酶（硒）、超氧化物歧化酶（铜、锌、锰）、过氧化氢酶（铁）和离子依赖的抗氧化剂如血浆铜蓝蛋白（铜）和铁蛋白（铁）对抗。外源性抗氧化剂如维生素 E（生育酚）、维生素 A（β-胡萝卜素）、维生素 C（抗坏血酸）、叶黄素、番茄红素、蛋白聚糖和辅酶 Q 也参与其中。

有时会出现两个问题：什么时候氧化剂与抗氧化剂比例的不平衡会导致疾病发生？平衡的可靠标记是什么（考虑到可能会有马的品种、性别、年龄、饲喂时间等因素），这只能由专家解释吗？由于慢性炎症不利于机体稳态的维持，进而放松马气道中存在的环境病原因子的具体防御，补充剂应该减少慢性炎症现象。当提供一些元素时，必须确认其毒性耐受范围（第 2 章）。

6.6.3 维生素

维生素供给量已被列在推荐供给量表中，包括目前已知的马运动量很大时的特殊情况（6.3.4 节“日粮平衡”）。过量补充会引起二次伤害。

6.6.4 其他添加剂

目前正在使用中的添加剂，如二甲基甘氨酸，是潘氨酸的活性成分；二甲基砜、二十八醇，是小麦胚芽油的一种醇；超氧化物歧化酶，可能在消化过程中被破坏。迄今为止，以上添加剂在马身上没证实有营养价值。

γ-谷维素是从米糠中提取的阿魏酸酯、甾醇和三萜烯醇的混合物，未在任何动物上显示出对合成代谢有影响。此外，在欧洲法规中，其作为添加剂使用（EC，2003；法规 1831/2003 附录 3 和 4，添加剂附件列表，修订版本 27）。马对于植物产品的兴趣正在增加，这跟人类对其在食物（饲料）增香方面的作用和对健康带来的益处的期望是一致的（第 9 章有讨论），或有时作为机能亢进辅助物。到目前为止，在马身上未获得证实。

6.7 饲料污染物和违禁物

饲喂受污染饲料和加添加剂饲料是两件完全不同的事情（Bonnaire et al., 2008）。不幸的是，全世界有大量的“阳性案例”由赛马或者马术专家正式报道。这些都是因为无意中在马的饲料中发现了违禁物质，这在第 9 章中有提及。为更好地了解饲料污染问题，有必要参考法规和禁用物质的定义。物质在任何时候能够对下列一个或多个哺乳动物身体系统产生作用：①神经系统；②心血管系统；③呼吸系统；④消化系统；⑤泌尿系统；⑥生殖系统；⑦肌肉骨骼系统；⑧血液系统；⑨免疫系统（除了获得许可的针对传染性病原体的疫苗）；⑩内分泌系统，如内分泌物及其衍生物、掩蔽剂。

物质本身或物质的代谢产物或物质的异构体或物质代谢产物的异构体，可能是一种违禁物质。发现任何给予或其他接触违禁物质的科学指标，也都相当于发现该物质。因此，作用于哺乳动物身体任意一个系统的任何药物都必须视为任何浓度的违禁物质。

赛马和马术体育兴奋剂管理的官方章程分别显示在网站 http://www.horseracingfed.com 和 http://www.fei.org。

举两个例子来说明这个问题。早在 1990 年，从饲喂可可颗粒或其副产品（壳）污染饲料的马的尿液样本中，检测到了可可碱。吗啡阳性复合体案例中发现，马饲喂了商业化的脱水苜蓿基础复合饲料，该产品原料受到不同物种的野罂粟污染。污染过程受到了调查。药学实验室调查发现，是由于苜蓿和罂粟两批材料未经过任何脱污染步骤，在同一个空间内脱水引起。

当然也可以检测到许多其他药物（在第 9 章表 9.7 中列出）。这个列表还应该包含蟾毒色胺、二甲色胺（DMT）、可待因、大麦芽碱、羽扇豆碱，这些物质都存在于马的环境中。除了蟾毒色胺和 DMT，这些物质被归类在灰色地带。众所周知，最后这两种物质具有药理作用，为赛马当局或马术运动联合会禁用。这个问题正成为一个国际性问题，因为马会跨境旅行，饲料生产销售也是全球化的。

避免这些无意的阳性案例唯一有效的方法是控制用于配制复合饲料的饲料原料。饲料生产商要对这些控制要素负责，可以在内部或外部实验室进行检验。在两种情况下，实验室应该对官方检验范围全盘掌握并能融会贯通。控制要素检验可以由一个认可的实验室进行，如 Laboratoire des Courses Hippiques（LCH，Verrière 1e Buisson，法国）。

国际参考实验室经常对污染物阈值进行讨论，包括 LCH，具有赛马监管（欧洲赛马科学联合委员会）和马术运动（AFLD，FEI）权威。

同样，尿液和血液中禁用物质或其代谢物的检测阈值也应该被限定为采纳和统一饲料污染物的最大级别，这将对已经到位的饲料生产厂商的质量控制提供参考价值。

参考文献

Armsby, H.P., 1922. The nutrition of farm animals. The MacMillan Co., New York, USA, pp. 743.

Bergero, D., A. Assenza and G. Caola, 2005. Contribution to our knowledge of the physiology and metabolism of endurance horses. Livest. Sci., 92, 167-176.

Bonnaire, Y., P. Maciejewski, M.A. Popot and S. Pottin, 2008. Feed contaminants and anti doping tests. *In*: Saastamoinen, M. and W. Martin-Rosset (eds.) Nutrition of exercising horse. EAAP Publication no.125. Wageningen Academic Publishers, Wageningen, the Netherlands, pp. 399-414.

Brody, S., 1945. Bioenergetics and growth. Hafner Pub. Co., New York, USA, pp. 102.

Brody, S. and H.H. Kibler, 1943. Univ. Mo. Agric. Exp. Sta. Res. Sta, pp.368.

Bullimore, S.R., J.D. Pagan, P.A. Harris, K.E. Hoeskstra, K.A. Roose, S. C. Gardner and R.J. Geor, 2000. Carbohydrate supplementation of horses during endurance exercise: comparison of fructose and glucose. J. Nutr., 130, 1760-1765.

Clayton, H.M., 1994. Training the show jumpers. *In*: Hodgson, D.R. and R.J. Rose (eds.) The athletic horse. W. B. Saunders, London, UK, pp. 429-438.

Coenen, M., 2008. The suitability of heart rate in the prediction of oxygen consumption, energy expenditure and energy requirement for exercising horse. *In*: Saastamonen, M. and W. Martin-Rosset (eds.) Nutrition of the exercising horse. EAAP Publication no. 125. Wageningen Academic Publishers, Wageningen, the Netherlands, pp. 139-156.

Connyson, M., S. Muhonen and J.E. Lindberg, 2006. Effects of exercise response fluid and acid-base balance of protein intakae from forage-only dietsin standardbred horses. Equine Vet. J., Suppl. 36, 648-653.

Cooper, S.R., D.R. Topliff, D.W. Freeman, J.E. Breazile and R.D. Geisert, 2000. Effect of dietary cation-anion difference on mineral balance serum osteocalcin concentration and growth in weanling horses. J. Equine Vet. Sci., 20, 39-44.

Cooper, S.R., K.H.Kline, J.H.Foreman, H.A. Brady and L.P. Frey, 1998. Effects of dietary cation-anion balance on pH, electrolytes and lactate in standardbred horses. J. Equine Vet. Sci., 18, 662-666.

Costill, D.L., 1985. Carbohydrate nutrition before, during and after exercise. Fed. Proc., 44, 364.

Costill, D.L. and M. Hargreaves, 1992. Carbohydrate nutrition and fatigue. Sports Med., 13(2), 86.

Costill, D.L., F. Verstappen and H. Kuipers, 1984. Acid-base balance during repeated bouts of exercise: influence of HCO_3. Int. J. Sports Med., 5(5), 228.

Courroucé, A., O. Geffroy, E. Barrey, B. Auvinet and R.J. Rose, 1999. Comparison of exercise tests in French trotters under training track, racetrack and treadmill conditions. Equine Vet. J., Suppl. 30, 528-532.

Crandell, K., 2002. Trends in feeding the american endurance horse. *In*: Pagan, J.D. (ed.) Proc. Equine Nutr. Conf. Kentucky Equine Research Inc., Versailles, USA, pp. 135-138.

Crandell, K.G., J.D. Pagan, P. Harris and S.E. Duren, 2001. A comparison of grain, vegetable oil and beet pulp as energy sources for the exercised horse. *In*: Pagan, J.D. and R.J. Geor (eds.) Advances on equine nutrition Ⅱ. Nottingham Press University, Nottingham, UK, pp. 487-488.

Crandell, K.G., J.D. Pagan and S.E. Duren, 1999. A comparison of grain oil and beet pulp as energy sources for the exercised horse. Equine Vet. J., Suppl. 30, 485-489.

Custalow, B., 1991. Protein requirements during exercise in the horse. J.Equine Vet. Sci., 11, 265-266.

Dancer, S.F., 1968. Training and conditioning. *In*: Harrison, J.C. (ed.) Care and training the Totter and Pacer. Columbus, OH, USA, pp.186.

Danielsen, K., L.M. Lawrence, P. Siciliano, D. Powell and K. Thompson, 1995. Effect of diet on weight and plasma variables in endurance exercised horses. Equine Vet. J., Suppl. 18, 372-377.

Davie, A., D.L. Evans and D.R. Hodgson, 1995. Effects of intravenous dextrose infusion on muscle glycogen resynthesis after intense exercise. Equine Vet. J., 18S, 195-198.

Davie, A., D.L. Evans, D.R. Hodgson and R.J. Rose, 1996. Effects of glycogen depletion on high intensity exercise performance and glycogen utilisation. Pferdeheilkunde, 12, 482-484.

De Moffarts, B., N. Kirshvink, T. Art, J. Pincemail, C. Michaux, K. Cayeux and J.O. Defraigne, 2004. Impact of training and exercise intensity on blood antioxidant markers in healthy stardardbred horses. Equine Comp. Ex. Physiol., 1, 211-220.

De Moffarts, B., N. Kirschvink, T. Art, J. Pincemail and P.M. Lekeux, 2005. Effect of oral antioxidant supplementation on blood antioxidant status in trained thoroughbred horses. Vet. J., 169, 65-74.

Dunn, E.L., H.F. Hintz and H.F. Schryver, 1991. Magnitude and duration of the elevation in oxygen consumption after exercise. *In*: 12th ESS Proceedings, Canada, pp. 267-268.

Dunnett, C.E., D.J. Marlin and R.C. Harris, 2002. Effect of dietary lipid on response to exercise: relationship to metabolic adaptation. Equine Vet. J., Suppl. 34, 75-80.

Duren, S.E. 1998. Feeding the endurance horse. *In*: Pagan, J.D. (ed.) Advances in equine nutrition. Nottingham University Press, Nottingham, UK, pp. 351-364.

Dyson, S.J., 1994. Training the event horse. *In*: Hodgson, D.R. and R.J. Rose (eds.) The athletic horse. W.B. Saunders, London, UK, pp. 419-428.

Eaton, M.D., 1994. Energetics and Performance. *In*: Hodgson, D.R. and R.J. Rose (eds.) The athletic horse. W.B. Saunders, London, UK, pp. 49-61.

Eaton, M.D., D.L. Evans, D.R. Hodgson and R.J. Rose, 1995a. Maximum accumulated oxygen deficit in thoroughbred horses. J. Appl. Physiol., 78, 1564-1568.

Eaton, M.D., D.L. Evans, D.R. Hodgson and R.J. Rose, 1995b. Effect of treadmill incline and speed on metabolic rate during exercise in thoroughbred horses. J. Appl. Physiol., 79, 951-957.

Eaton, M.D., D.R. Hodgson, D.L. Evans and R.J. Rose, 1999. Effect of low and moderate intensity training on metabolic responses to exercise in thoroughbreds. Equine Vet. J., Suppl. 30, 521-527.

Ecker, G.L. and M.I. Lindinger, 1995. Water and ion losses during the cross-country phase of eventing. Equine Vet. J., Suppl. 20, 111-119.

Engelhardt, W.V., H. Hornicke, H.I. Ehrlein and E. Schmidt, 1973. Lactat, Pyruvat, Glucose and Wasserstoffionen im venösen Blut bei Reitpferden in unterschiedlichem Trainingszustamd. Zentrabl. Veterinar. Med., 20, 173-187.

Essen-Gustavsson, B., 2008. Trygliceride storage in skeletal muscle. *In*: Saastamoinen, M. and W. Martin-Rosset (eds.) Nutrition of the exercising horse. EAAP Publication no. 125. Wageningen Academic Publishers, Wageningen, the Netherlands, pp. 31-42.

Essen-Gustavsson, B., M. Connysson and A. Jansson, 2010. Effects of protein intake from forage-only diets on muscle amino acids and glycogen levels in horses in training. Equine Vet. J., 42, Suppl. 38, 341-346.

Evans, D.L., 1994. Training thoroughbred horses. *In*: Hodgson, D.R. and R.J. Rose (eds.) The athletic horse. W.B. Saunders, London, UK, pp. 393-396.

Evans, D.L. and R.J. Rose, 1987. Maximal oxygen uptake in race horses: changes with training state and prediction from cardiorespiratory measurents. Equine Exerc. Physiol., 3, 52.

EWEN, 2008. Nutrition of the exercising horse. *In*: Sastamoinen, M. T. and W. Martin-Rosset (eds.) 4th EWEN Proceedings, Finland. EAAP Publication no. 125. Wageningen Academic Publishers, Wageningen, the Netherlands, pp. 432.

Farris, J.W., K.W. Hinchcliff, K.H. McKeever and D.R. Lamb, 1995. Glucose infusion increases maximal duration of prolonged treadmill exercise in standardbred horses. Equine Vet. J., Suppl. 18, 357-361.

Frape, D., 2004. Equine nutrition and feeding. 3rd edition. Wiley-Blackwell Publishing Ltd., Oxford, UK, pp. 650.

Frape, D., 2010. Equine nutrition and feeding. 4th edition. Wiley-Blackwell Publishing Ltd., Oxford, UK, pp. 512.

Freeman, D.W., G.D. Potter, G.T. Schelling and J.L. Kreider, 1985a. Nitrogen metabolism in the balance in the mature physically conditioned horse. Ⅰ. Response to conditioning. *In*: 9th ESS Proceedings, USA, pp. 230-235.

Freeman, D.W., G.D. Potter, G.T. Schelling and J.L. Kreider, 1985b. Nitrogen metabolism in the mature physically conditioned horse. Ⅱ. Response to varying nitrogen intake. *In*: 9th ESS Proceedings, USA, pp. 236-241.

Freeman, D.W., G.D. Potter, G.T. Schelling and J.L. Kreider, 1988. Nitrogen metabolism in mature horses at varying levels of work. J. Anim. Sci., 66, 407-412.

Gallagher, K., J. Leech and H. Stowe, 1992b. Protein, energy and dry matter consumption by racing standardbreeds: a field survey. J. Equine Vet. Sci., 12, 382-388.

Gallagher, K., J. Leech and H. Stowe, 1992a. Protein, energy and dry matter consumption by racing thoroughbreds: a field survey. J. Equine Vet. Sci., 12, 43-48.

Galloux, P. 1990. Concours complet d'équitation. Maloine Editions, Paris, France, pp. 233.

Garlinghouse, S.E. and M.J. Burrill, 1999. Relationship of body condition score to completion rate during 160 km endurance races. Equine Vet. J., Suppl. 30, 591-595.

Geor, R. and L.J. McCutcheon, 1998. Hydration effects on physiological strain of horses during exercise-heat stress. J. Appl. Physiol., 84, 2042-2051.

Geor, R., L.J. McCutcheon, G.L. Ecker and M.I. Lindinger, 2000. Heat storage in horses during submaximal exercise before and after humid heat acclimation. J. Appl. Physiol., 89, 2283-2293.

Geor, R., L.J. McCutcheon and M.I. Lindinger, 1996. Adaptations to daily exercise in hot and humid ambient conditions in trained thoroughbred horses. Equine Vet. J., Suppl. 22, 63-68.

Glade, M., 1989. Effects of specific amino acids supplementation on lactic acid production by horses esercised on a treadmill. *In*: 11th ESS Proceedings, USA, pp. 244-248.

Gollnick, P.D., 1985. Metabolism of substrates: energy substrate metabolism during exercise and as modified by training. Fed. Proc., 44, 353.

Gollnick, P.D. and B. Saltin, 1988. Fuel for muscular exercise: role of fat. *In*: Horton, E.S. and R.L. Terjung (eds.) Exercise, nutrition and energy metabolism. Macmillan, New York, USA, pp. 72.

Gottlieb-Vedy, M., B. Essen-Gustavasson and S.G.B. Persson, 1991. Draught load and speed compared by submaximal tests on a treadmill. *In*: Persson, S.G.B., A. Lindholm and L.B. Jeffcott (eds.) 3rd ICEEP Proceedings, Uppsala, Sweden, pp. 92-96.

Gouin, R., 1932. Alimentation des animaux domestiques. Ballière, Paris, France, pp. 432.

Graham-Thiers, P.M. and L.K. Bowen, 2011. The effect of time of feeding on plasma amino acids during exercise and recovery. J. Equine Vet. Sci., 31, 281-282.

Graham-Thiers, P.M., D.S.S. Kronfeld and D.J. Sklan, 2001. Dietary protein restriction and fat supplementation diminish the acidogenic effect of exercise during repeated sprints in horses. J. Nutr., 131, 1959-1964.

Graham-Thiers, P.M., D.S.S. Kronfeld and K.A. Kline, 1999. Dietary protein moderates acid-base responses to repeated sprints. Equine Vet. J., Suppl. 30, 463-467.

Graham-Thiers, P.M., D.S.S. Kronfeld, K.A. Kline, D.J. Sklan and P.A. Harris, 2000. Protein status of exercising Arabian horses fed diets, containing 14 percent or 7.5 percent protein fortified with lysine and threonine. J. Equine Vet. Sci., 20, 516-521.

Grandeau, L. and A. Alekan, 1904. Vingt années d'expériences sur l'alimentation du cheval de trait. Etudes sur les rations d'entretien, de marche et de travail. Courtier, L. Editiens, Paris, France, pp. 20-48.

Grandeau, L. and A. Leclerc, 1888. Etudes expérimentales sur l'alimentation du cheval de trait:

expériences de l'alimentation à l'avoine entière: 4ème Partie. Ann. Sci. Agric., 2, 211-369.

Grandeau, L., A. Leclerc and H. Ballacey, 1892. Etudes expérimentales sur l'alimentation du cheval de trait: expériences d'alimentation avec le maïs: 5ème Partie. Ann. Sci. Agric., 1,173.

Grosskopf, J.F.W. and J.J. Van Rensburg, 1983. Some observations on the haematology and blood chemistry of horses compteing in 80 km endurance rides. *In*: Snow, D.H., S.G.B. Persson and R.J. Rose (eds.) 1st ICEEP Proceedings. Granta Editions, Cambridge, UK, pp. 425-431.

Guy, P.S. and D.H. Snow, 1977. The effect of training and detraining on muscle composition in the horse. J. Physiol., 269, 33-51.

Hargreaves, B.J., D.S. Kronfeld, J.N. Waldron, M.A. Lopes, L.S. Gay, K.E. Saker, W.L. Cooper, D.J. Skan and P.A. Harris, 2002a. Antioxidant status and muscle cell leakage during endurance exercise. Equine Vet. J., Suppl. 34, 116-121.

Hargreaves, B.J., D.S. Kronfeld, J.N. Waldron, M.A. Lopes, L. S. Gay, K.E. Saker, W.L. Cooper, D.J. Sklan and P.A. Harris, 2002b. Antioxidant status of horses during two 80 km endurance races. J. Nutr., 132, 1781S-1783S.

Harkins, J.D., G.S. Morris, R.T. Tulley, A.G. Nelson and S.G. Kamerling., 1992. Effect of added dietary fat on racing performance in thoroughbred horses. J. Equine Vet. Sci., 12, 123-129.

Harris, P.A. and P.M. Graham-Thiers, 1999. To evaluate the influence that "feeding" state may exert on metabolic and physiological responses to exercise. Equine Vet. J., Suppl. 30, 633-636.

Hess, T.M., D.S. Kronfeld, C.A. Williams, J.N. Waldron, P.M. Graham-Thiers, K. Greiwe-Crandell, M.A. Lopez and P.A. Harris, 2005. Effects of oral potassium supplementation on acid-base status and plasma ion concentrations of horses during endurance exercice. Am. J. Vet. Res., 66, 466-473.

Hintz, H.F., 1983. Nutritional requirements of the exercising horse. A review. *In*: Snow, D.H., S.G.B. Persson and R. Rose (eds.) 1st ICEEP Proceedings. Granta Edition, Cambridge, UK, pp. 275-290.

Hintz, H.F., K.K. White, C.E. Short, J.E. Lowe and M. Ross, 1980. Effects of protein levels on endurance horses. J. Anim. Sci., Suppl. 51, 202-203.

Hintz, H.F., S.J. Roberts, S.W. Sabin and H.F. Schryver, 1971. Energy requirements of light horses for various activities. J. Anim. Sci., 32, 100-102.

Hodgson, D.R. and R.J. Rose, 1994. The athletic horse. W.B. Saunders, London, UK, pp. 497.

Hodgson, D.R., L.J. McCutcheon, S.K. Byrd, W.S. Brown, W.M. Bayly, G.L. Brengelmann and P.D. Gollnick, 1993. Dissipation of metabolic heat in the horse during exercise. J. Appl. Physiol., 74, 1161-1170.

Hoffmann, L., W. Klippel and R. Schiemann, 1967. Untersuchungen über den Energieumsatz beim Pferd unter besonderer Berücksichtigung der Horizontal bewegung. Archiv. Tierern., 17, 441-449.

Hornicke, H., R. Meixner and R. Pullman, 1983. Respiration in exercising horse. *In*: Snow, D. H., S.G.B. Persson and R.J. Rose (eds.) 1st ICEEP Proceedings. Granta Editions, Cambridge, UK, pp. 7-16.

Hoyt, D.F. and C.R. Taylor, 1981. Gait and the energetic locomotion in horses. Nature, 292, 239-240.

Hughes, S.J., G.D. Potter, L.W. Greene, T.W. Odom and M. Murray-Gerzik, 1995. Adaptation of thoroughbred horses in training to a fat supplemented diet. Equine Vet. J., 18, 349-352.

INRA, 1984. Le cheval: reproduction, sélection, alimentation, exploitation. INRA Editions, Versailles, France, pp. 689.

INRA, 2012. Nutrition et alimentation des chevaux: nouvelles recommandations alimentaires de l'INRA. QUAE Editions, Versailles, France, pp. 624.

INRA-HN-IE, 1997. Notation de l'état corporel des chevaux de selle et de sport. Guide pratique. Institut de l'Elevage, Paris, France, pp. 40.

Jansson, A. and J.E. Linberg, 2008. Effect of a forage only diet on body weight and response to interval-training on track. *In*: Saastamoinen, M. and W. Martin-Rosset (eds.) 4th EWEN Proceedings: Nutrition of exercising horse. EAAP Publications no. 125. Wageningen Academic Publishers, Wageningen, the Netherlands, pp. 345-351.

Jansson, A. and K. Dahlborn, 1999. Effects of feeding frequency and voluntary salt intake on fluid and electrolyte regulation in athletic horses. J. Appl. Physiol., 86, 1610-1616.

Jansson, A., A. Lindholm, J.E. Lindberg and K. Dahlborn, 1999. Effects of potassium intake on potassium, sodium and fluid balances in exercising horses. Equine Vet. J., Suppl. 30, 412-417.

Jansson, A., S. Nyman, K. Morgan, C. Palmgren-Karlsson, A. Lindholm and K. Dahlborn, 1995. The effect of ambient temperature and saline loading on changes in plasma and urine electrolytes (Na^+ and K^+) following exercise. Equine Vet. J., Suppl. 20, 147-152.

Jespersen, J., 1949. Normes pour les besoins des animaux: chevaux, porcs et poules. *In*: 5ème Congrès International de Zootechnie: Rapports particuliers. Paris, France, pp. 33-43.

Jones, D.L., G.D. Potter, L.W. Greene and T.W. Odom, 1991. Muscle glycogen concentrations in exercised miniature horses at various body conditions and fed a control or fat-supplemented diet. *In*: 12th ESS Proceedings, Canada, pp. 109.

Jones, J.H. and G.P. Carlson, 1995. Estimation of metabolic energy cost and heat production during a 3-day event. Equine Vet. J., Suppl. 20, 23-30.

Jose-Cunilleras, E., K.W. Hinchcliff, R.A. Sams, S.T. Devor and J.K. Linderman, 2002. Glycemic index of a meal fed before exercise alters substrate use and glucose flux in exercising horses. J. Appl. Physiol., 92, 117-128.

Jose-Cunilleras, E., K.W. Hinchcliff and V.A., Lacombe. 2006. Ingestion of starch-rich meals after exercise increases glucose kinetics but fails to enhance muscle glycogen replenishement in horses. Vet. J., 171, 468-477.

Kearns, C.F., K.H. McKeever, H. John-Alder, T. Abe and W.F. Brechue, 2002. Relationship between body composition, blood volume and maximal oxygen uptake. Equine Vet. J., Suppl. 34, 485-490.

Kellner, O., 1909. Principes fondamentaux de l'alimentation du bétail. 3ème édition. Berger Levrault, Paris, France, pp. 288.

Kingston, J., R.J. Geor and L.J. McCutcheon, 1997. Use of dew-point hygrometry, direct sweat collection and measurements of body water losses to determine sweating rates in exercising horses. Am. J. Vet. Res., 58, 175-181.

Kline, K.H. and W.W. Albert, 1981. Investigation of a glycogen loading programm for standarbred horses. *In*: 7th ESS Proceedings, USA, pp. 186-194.

Kossila, V., R. Virtanen and J. Maukonen, 1972. A diet of hay and oat as a source of energy digestible crude protein, minerals and trace elements for saddle horses. J. Sci. Agric. Soc., 44, 217-227.

Kronfeld, D.S. 1996. Dietary fat affects heat production and other variables of equine performance under hot and humid conditions. Equine Vet. J., 22, 24-34.

Kronfeld, D.S., 2001. Body fluids and exercise: replacement strategies. J. Equine Vet. Sci., 21, 368-375.

Kronfeld, D.S., S.E. Custalow, P.L. Ferrante, L.E. Taylor, J.A. Wilson and W. Tiegs, 1998. Acid-base responses of fat-adapted horses: relevance to hard work in the heat. Appl. Anim. Behav. Sci., 59, 61-72.

Lacombe, V.A. and K.W. Hinchcliff, 2004. Effects of feeding meals with various soluble-carbohydrate content on muscl glycogen synthesis after exercise in horses. Am. J. Vet. Rs., 65, 916-923.

Lacombe, V.A., K.W. Hinchcliff, R.J. Geor and M.A. Lauderdale, 1999. Exercise that induces substantial muscle glycogen depletion impairs subsequent aerobic capacity. Equine Vet. J., Suppl. 30, 293-297.

Lawrence, L., S. Jackson, K. Kline, L. Moser, D. Powell and M. Biel, 1991. Observations on body weight and condition of horses competing in a 150 miles endurance ride. *In*: 12th ESS Proceedings, Canada, pp. 167-168.

Lawrence, L., S. Jackson, K. Kline, L. Moser, D. Powell and M. Biel, 1992. Observations on body weight and condition of horses in a 150 miles endurance ride. J. Equine Vet. Sci., 12, 320-324.

Lawrence, L.M., J. Williams, L.V. Soderholm, A.M. Roberts and H.F. Hintz, 1995. Effect of feeding state on the response of horses to repeated bouts of intense exercise. Equine Vet. J., 27(1), 27-30.

Lawrence, W., 1998. Protein requirements of equine athletes. *In*: Pagan, J.D. (ed.) Advances in equine nutrition. Nottingham University Press, Nattingham, UK, pp. 161-166.

Lewis, L.D., 1995. Eguine clinical nutrition: feeding and care of the horse. Blackwell Publishing,

Ames, Iowa, USA, pp. 587.

Lindholm, A. and K. Piehl, 1974. Fibre composition, enzyme activity and concentrtions of metabolites and electrolytes in muscles of Standardbred horses. Acta. Vet. Scand., 15, 287-309.

Lovell, D.K., 1994. Training stardardbred trotters and pacers. *In*: Hodgson, D.R. and R.J. Rose (eds.) The athletic horse. W.B. Saunders, London, UK, pp. 399-408.

Lucke, J.N. and G.M. Hall, 1980. Long distance exercise in the horse: golden Horseshoe Ride, 1978. Vet. Rec., 106, 405-407.

Marlin, D., 2008a. Horse transport. *In*: Saastamoinen, M. and W. Martin-Rosset (eds.) 4th EWEN Proceedings: the horse at rest and during exercise. EAAP Publication no. 125. Wageningen Academic Publishers, Wageningen, the Netherlands, pp. 83-92.

Marlin, D., 2008b. Thermoregulation. *In*: Saastamoinen, M. and W. Martin-Rosset (eds.) 4th EWEN Proceedings: the horse at rest and during exercise. EAAP Publications no. 125. Wageningen Academic Publishers, Wageningen, the Netherlands, pp. 71-92.

Marlin, D.J., C.M. Scott, R.C. Schroter, R.C. Harris, P.A. Harris, C.A. Roberts and P.C. Mills, 1999. Physiological responses of horses to a treadmill simulated speed and endurance test in high heat and humidity before and after humid heat acclimation. Equine Vet. J., 31, 31-42.

Marlin, D.J., P.A. Harris, R.C. Schroter, R.C. Harris, C.A. Roberts and C.M. Scott, 1995. Physiological, metabolic and biochemical responses of horses competing in the speed and endurance phase of a CCI 3-day-event. Equine Vet. J., Suppl. 20, 37-46.

Marlin, D.J., R.C. Shroter, S.L. White, P. Maykuth, G. Matthesen, P.C. Mills, N. Waran and P. Harris, 2001. Recovery from transport and acclimatisation of competition horses in a hot humid environment. Equine Vet. J., 33, 371-379.

Martin, L., O. Geoffroy, A. Bonneau, C. Barré, P. Nguyen and H. Dumon, 2008. Nutrien intake in show jumping horses in France. *In*: Saastamoinen, M. and W. Martin-Rosset (eds.) 4th EWEN Proceedings: nutrition of exercising horses. EAAP Publications no. 125. Wageningen Academic Publishers, Wageningen, the Netherlands, pp. 333-340.

Martin-Rosset, W., 2008. Energy requirements and allowances of exercising horses. *In*: Saastamoinen, M. and W. Martin-Rosset (eds.) 4th EWEN Proceedings: nutrition of exercising horses. EAAP Publications no. 125. Wageningen Academic Publishers, Wageningen, the Netherlands, pp. 103-138.

Martin-Rosset, W., J. Vernet, H. Dubroeucq and M. Vermorel, 2008a. Variation of fatness with body condition score in sport horses. *In*: Saastamoinen, M. and W. Martin-Rosset (eds.) 4th EWEN Proceedings: nutritrion of exercising horses. EAAP Publications no. 125. Wageningen Academic Publishers, Wageningen, the Netherlands, pp. 167-178.

Martin-Rosset, W., J. Vernet, L. Tavernier and M. Vermorel, 2008b. Energy balance of sport horses working in riding school at two intensities. *In*: Saastamoinen, M. and W. Martin-Rosset (eds.) 4th EWEN Proceedings: nutrition of exercising horses. EAAP Publications no. 125. Wageningen Academic Publishers, Wageningen, the Netherlands, pp. 341-344.

Mathiason-Kochan, K.J., G.D.Potter, S. Caggiano and E.M. Michael, 2001. Ration digestibility, water balance and physiologie responses in horses fed varying diets and exercised in hot weather. *In*: 17th ESS Proceedings, USA, pp. 262-268.

Matsui, A., H. Ohmura and Y. Asai, 2006. Effect of amino acid and glucose administration follwing exercise on the turn over of muscle protein in the hind limb femoral region of thoroughbred. Equine Vet. J., Suppl. 36, 611-616.

McConaghy, F., 1994. Thermoregulation. *In*: Hodgson, R. and R.J. Rose (eds.) The athlelic horse. W.B. Saunders, London, UK, pp. 1-204.

McCutcheon, L.J. and R.J. Geor, 1996. Sweat fluid and ion losses in horses during training and competition in cool vs. hot ambient conditions: implications for ion supplementation. Equine Vet. J., Suppl. 22, 54-62.

McCutcheon, L.J. and R.J. Geor, 2000. Influence of training on sweating responses during submaximal exercise in horses. J. Appl. Physiol., 89, 2463-2471.

McCutcheon, L.J., R.J. Geor, G.L. Ecker and M.I. Lindinger, 1999. Equine sweating responses to submaximal exercise during 21 days of heat acclimation. J. Appl. Physiol., 87, 1843-1851.

McCutcheon, L.J., R.J. Geor, M.J. Hare, G.L. Ecker and M.I. Lindinger, 1995. Sweating rate and sweat composition during exercise and recovery in ambient heat and humidity. Equine Vet. J., Suppl. 20, 153-157.

Meixner, R., H. Hörnicke and H.J. Ehrlein, 1981. Oxygen consumption, pulmonary ventilation and heart rate of riding-horses during walk, trot and gallop. *In*: Sansen, W. (ed) Biotelemetry Ⅵ, Leuven, Belgium, pp. 125-128.

Miller, P.A. and L.A. Lawrence, 1988. The effect of dietary protein level on exercising horses. J.Anim. Sci., 66, 2185-2192.

Nadal'Jack, E.A., 1961a.Effect of state training on gaseous exchange and energy expenditure in horses of heavy draught breeds (in Russian). Trudy Vses. Inst. Konevodtsva, 23, 262-274.

Nadal'Jack, E.A., 1961b. Gaseous exchange and energy expenditure at rest and during different tasks by breeding stallions of heavy draught breeds (in Russian). Trudy Vses. Inst. Konevodtsva, 23, 246-261.

Nadal'Jack, E.A., 1961c. Gaseous exchange in horses in transport work at the walk and trot with differents loads and rates of movements. Gaseous exchange and energy expenditure at rest and during different tasks by breeding stallions of heavy draught breeds. Effect of state of training on gaseous exchange and energy expendure in horses of heavy draught breeds (in Russian). Nutr.

Abstr. Reviews, 32, no. 2230-2231-2232, 463-464.

NRC, 2007. Nutrient requirements of horses. Animal nutrition series. 6th revised edition. The National Academia, Washington DC, USA, pp. 341.

O'Connor, C.I., L.M. Lawrence, A.C. St. Lawrence, K.M. Janicki, L.K. Warren and S. Hayes, 2004. The effect of dietary fish oil supplementation on exercising horses. J. Anim. Sci., 82, 2978-2984.

Ohta, Y., T. Yoshida and T Ishibaqhi, 2007. Estimation of dietary lysine requirement using plasma amino acids concentration in mature thoroughbreds. Anim. Sci. J., 78, 41-46.

Oldham, S.L., G.D. Potter, J.W. Ewans, S.B. Smith, T.S. Taylor and W.S. Barnes, 1990. Storage and mobilization of muscle glycogen in exercising horses fed a fat supplemented diet. J. Equine Vet. Sci., 10, 353-359.

Olsson, N. and A. Ruudvere, 1955. The nutrition of the horse. Nutr. Abstr. Reviews, 25, 1-18.

Ott, E.D., 2005. Influence of temperature stress on the energy and protein metabolism and requirements of the working horse. Livest. Prod. Sci., 92, 123-130.

Pagan, J.D. and H.F. Hintz, 1986a. Equine energetics. Ⅰ. Relationship between body weight and energy requirements in horses. J. Anim. Sci., 63, 815-822.

Pagan, J.D. and H.F. Hintz, 1986b. Equine energetics. Ⅱ. Energy expenditure in horses during submaximal exercise. J. Anim. Sci., 63, 822-830.

Pagan, J.D. and P.A. Harris, 1999. The effects of timing and amount of forage and grain on exercise response in thoroughbred horses. Equine Vet. J., 30, 451-458.

Pagan, J.D., B. Essen-Gustavsson, M. Lindholm and J. Thornton, 1987. The effect of dietary energy source on exercise performance in standard breed horses. *In*: Gillepsie J.R. and N.E. Robinson (eds.) 2nd ICEEP Proceedings, Davis, CA, USA, pp. 686-799.

Pagan, J., G. Cowley, D. Nash, A. Fttzgerald, L. White and M.Mohr, 2005. The efficiency of utilization of digestible energy during submaximal exercise. *In*: 19th ESS Proceedings, USA, pp. 199-204.

Pagan, J.D., I. Burger and S.G. Jackson, 1995. The long term effects of feeding fat to 2-year-old thoroughbred in training. Equine Vet. J., Suppl. 18, 343-348.

Pagan, J.D., P. Harris, T. Brewster-Barnes, S.E. Duren and S.G. Jackson, 1998. Exercise affects digestibility and rate of passage of all forage and mixed diets in thoroughbred horses. J. Nutr., 128, 2704S-2708S.

Pagan, J.D., R. Geor and P.A. Harris, 2002. Effects of fat adaptation on glucose kinetics and susbtrate oxidation during low intensity exercise. Equine Vet. J., Suppl. 34, 33-38.

Pagan, J.D., W. Tiegs, S.G. Jackson and H.O.W. Murphy, 1993. The effect of different fat sources on exercise performance in thoroughbred race horses. *In*: 13th ESS Proceedings, USA, pp. 125-129.

Palmgreen-Karlsson, C., A. Jansson, B. Essen-Gustavsson and J.E. Lindberg, 2002. Effect of molassed sugar beet pulp on nutrient utilisation and metabolic parameters during exercise. Equine Vet. J., Suppl. 34, 44-49.

Peterson, K.H., H.F. Hintz, H.F. Schryver and J.G.F. Combs, 1991. The effect of vitamin E on membrane integrity during submaximal exercise. *In*: Persson, G.B., A. Lindholm and L.B. Jeffcott (eds.) 3rd ICEEP Proceedings, Uppsala, Sweden, pp. 315-322.

Porr, C.A., D.S. Kronfeld, L.A. Lawrence, R.S. Pleasant and P.A. Harris, 1998. Deconditioning reduces mineral content of the third metacarpal bone in horses. J. Anim. Sci., 76, 1875-1879.

Potter, G.D., S.P. Webb, J.W. Evans and G.W. Webb, 1989. Digestible energy requirements for work and maintenance of horses fed conventional and fat-supplemented diets. *In*: 11th ESS Proceedings, USA, pp. 145-150.

Rice, O., R. Geor and P.A. Harris, 2001. Effects of restricted hay intake on body weight and metabolic responses to hgih-intensity exercise in Thoroughbred. 17th ESS Preceedings, USA, pp. 273-279.

Ridgway, K.J., 1994. Training endurance horses. *In*: Hodgson, D.R. and R.J. Rose (eds.) The atletic horse. W.B. Saunders, London, UK, pp. 409-418.

Rion, J.L., 2001. Animal nutrition and acid-base balance.Eur. J. Nutr., 40, 245-254.

Schott, H.C., K.S. McGalde, H.A. Molander, A.J. Leroux and M.T. Hines, 1997. Body weight, fluid, electrolyte and hormonal changes in horses competing in 50- and 100-mile endurance rides. Am. J. Vet. Res., 58, 303-309.

Schott, H.C., S.M. Axiak, K.A. Woody and S.W. Eberhard, 2002. Effect of oral administration of electrolyte pastes on rehydration of horses. Am. J. Vet. Res., 63, 19-27.

Schroter, R. and D.J. Marlin, 2002. Modelling the cost of transport in competitions over ground of different slope. Equine Vet. J., Suppl. 34, 397-401.

Scott, B.D., G.D. Potter, L.W. Greene, P.S. Hargis and J.G. Anderson, 1992. Efficacy of a fat-supplemented diet on muscle glycogen concentrations in exercising thoroughbred horses maintained in varying body conditions. J. Equine Vet. Sci., 12, 105-109.

Slade, L.M., L.D. Lewis, C.R. Quinn and M.L. Chandler, 1975. Nutritional adaptations of horses for endurance performance. Proc. Equine Nutr. Soc., 114-128.

Sloet Van Oldruitenborgh-Oosterbaan, M.M., M.P. Annee, E.J.M.M. Verdegaal, A.G. Lemens and A.C. Beynen, 2002. Exercise and metabolism-associated blood variables in standarbreds fed either a low or a high-fat diet. Equine Vet. J., Suppl. 34, 29-32.

Snow, D.H., 1983. Skeletal muscle adaptations. A review. *In*: Snow, D.H., S.G.B. Persson and R.J. Rose (eds.) 1st ICEEP Proceedings. Granta Editions, Cambridge, UK, pp. 160-183.

Snow, D.H., R.C. Harris, J.C. Harman and D.J. Marlin, 1987. Glycogen repletion patterns following different diets. *In*: Gillepsie, J.R. and N.E. Robinson (eds.) 2nd ICEEP Proceedings. Davis, CA, USA, pp. 701-710.

Southwood, L.L., D.L. Evans, W.L. Bryden and R.J. Rose, 1993. Nutrient intake of horses in thoroughbred and standardbred stables. Austral. Vet. J., 70, 164-168.

Stefanon, B., C. Bettini and P. Guggia, 2000. Administration of branched-chain amino acids to standardbred horses in training. J. Equine Vet. Sci., 20, 115-119.

Stull, C. and A.V. Rokiek, 1995. Effects of post prandial interval and feed type on substrate availability during exercise. Equine Vet. J., Suppl. 18, 362-366.

Taylor, L.E., P.L. Ferrante, D.S. Kronfeld and T.N. Meacham, 1995. Acid-base variables during incremental exercise in sprint-trained horses fed a high-fat diet. J. Anim. Sci., 73, 2009-2018.

Thorton, J., J.D. Pagan and S.G.B. Persson, 1987. The oxygen cost of weight loading and incline treadmill exercise in the horse. *In*: 2nd ICEEP Proceedings. Davis, CA, USA, pp. 206-215.

Topliff, D.R., G.D. Potter, J.L. Kreider and C.R. Cragor, 1981. Thiamin supplementation of exercising horses. *In*: 7th ESS Proceedings, USA, pp. 167-172.

Topliff, D.R., G.D. Potter, J.L.Kreider, T.R. Dutson and G.T. Jessup, 1985. Diet manipulation and muscle glycogen metabolism and anaerobic work performance in the equine. *In*: 9th ESS Proceedings, USA, pp. 224-229.

Treiber, K.H., R. Geor and R.C. Boston, 2008. Dietary energy source affects glucose kinetics in trained Arabian geldings at rest and during endurance exercise. J. Nutr., 138, 964-970.

Tripton, K.D. and R.R. Wolfe, 2001. Exercise, protein metabolism and muscle growth. Int. J. Sport Nutr. Exerc. Metab., 11, 109-132.

Trottier, N.L., B.D. Nielson, K.J. Lang, P.K. Ku and H.C. Schott, 2002. Equine endurance exercise alters serum branched-chain amino acid and alanine concentrations. Equine Vet. J., Suppl. 34, 168-172.

Valle, E. and D. Bergero, 2008. Electrolyte requirements and supplementation. *In*: Saastamoinen, M. and W. Martin-Rosset (eds.) 4th EWEN Proceedings: nutrition of exercising horses. EAAP Publications no. 125. Wageningen Academic Publishers, Wageningen, the Netherlands, pp. 219-232.

Vervuert, I., M. Coenen and E. Watermulder, 2005. Metabolic response to oral tryptophan supplementation before exercise in horses. J. Anim. Physiol. Anim. Nutr., 89, 145-149.

Vervuert, I., M. Coenen and M. Bichman, 2004. Comparison of the effect of fructose and glucose supplementation on metabolic responses in resting and exerising horses. J. Vet. Med. A., 51, 171-177.

Vogelsang, M.M., G.D. Potter, J.L. Kreider, G.T. Jessup and J. G. Anderson, 1981. Determining oxygen consumption in the exercising horse. *In*: 7th ESS Proceedings, USA, pp. 195-196.

Webb, S.P., G.D. Potter and J.W. Evans, 1992. Influence of body fat content on digestible energy requirements of exercising horses in temperate and hot environments. J. Equine Vet. Sci., 10,

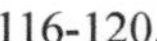

116-120.

White, S.L., 1998. Fluid, electrolyte, and acid-base balances in three-day, combined-training horses. Vet. Clin. North. Am. Equine Pract., 14, 137-145.

Wickens, C.L., J. Moore, J. Shelle, C. Skelly, H.M. Clayton and N.L. Trottier, 2003. Effect of exercise on dietary protein requirement of the Arabian horse. *In*: 18th ESS Proceedings, USA, pp. 129-130.

Willard, J.C., S.A. Wolfram, J.P. Baker and L.S. Bull, 1979. Determination of the energy for work. *In*: 6th ESS Proceedings, USA, pp. 33-34.

Wilson, R.G., R.B. Isler and J.R. Thornton, 1983. Heart rate, lactic acid production and speed during a standardized exercise in standardbred horses. *In*: Snow, D.H., S.G.B. Persson and R.J. Rose (eds.) 1st ICEEP Proceedings. Granta Editions, Cambridge, UK, pp. 487-496.

Winter, L.D. and H.F. Hintz, 1981. A survey of feeding practices at two thoroughbred race tracks. *In*: 7th ESS Proceedings, USA, pp. 136-140.

Zeyner, A., J. Bessert and J.M. Gropp, 2002. Effect of feeding exercised horses on high starch or high fat diets for 390 days. Equine Vet. J., Suppl. 34, 50-57.

Zuntz, N. and O. Hagemann, 1898. Untersuchungen über den stoffwechsel des pferdes bei ruhe und arbeit. Landw. Jahrb., 27, Suppl. 3, 1-8.

第七章　肉用马育肥

欧洲有一些吃马肉的国家，主要是比利时、法国、意大利、斯洛文尼亚、西班牙、德国和瑞士的边界。在法国，每个居民平均每年的马肉消费量为 0.3kg，总共 1.8 万吨（ECUS，2013），其中大部分是以屠宰后的胴体甚至是以无骨的肉进口来的，主要来源于北美、阿根廷和一些不吃马肉的欧洲国家。这些进口的马肉基本上来自轻型马品种的淘汰个体。在法国，这些进口马肉每年大约需要花费 8700 万欧元，还有 8 万匹挽用马（如马数量的 8%）（ECUS，2013）放牧在牧养反刍动物的丘陵或山地（第 3 和 10 章）。这些挽用马仅仅只有其中的一小部分用来干活。

在法国，科学家已进行马肉生产系统的研究。他们主要用法国重型马品种（阿尔登马、布列塔尼、布莱顿马、孔图瓦马、佩尔什马）的马驹来进行实验，让它们在秋天 6～7 月龄时断奶。在牧场或养殖场，不同类型的幼马能够在断奶期或更大年龄时期进行育肥。科学家用不同的生长曲线设计了几个生产系统，它们的生物学基础已在第 5 章进行了阐述。

7.1　不同的生产系统

根据马的屠宰年龄，科学家已研究出了不同的生产系统（表 7.1）。

表 7.1　主要的生产系统

（引自 Martin-Rosset and Trillaud-Geyl，2015；Martin-Rosset et al.，1985）

动物的屠宰年龄（个月）	饲喂方式	系统	生产区域
6～7[1]	马乳＋牧草＋精饲料（断奶前 60～80d）	断奶肉驹	饲料生产
10～15[2]	高品质牧草（自由采食）＋精饲料（日粮的 35%～60%）	集约化	饲料与谷物生产 饲养场生产
12～18[1]	饲喂优良牧草＋谷物夏季末（两个月内）	适度集约化	饲料生产
18～24[3]	牧草：粗饲料（自由采食），高质量（限量）＋精饲料（日粮的 10%～20 %）	适度集约化	饲料生产

续表

动物的屠宰年龄（个月）	饲喂方式	系统	生产区域
6～30[1]	牧草：高质量（第一个冬季）＋中等品质（第二个冬季）自由采食或牧草副产品及谷物生产：自由采食牧草最小值（第二个冬季）＋精饲料（日粮的 15%，第一个冬季；日粮的 5%，第二个冬季），采食中等品质牧草	适度集约化	饲料生产 边远区域生产

[1] 在牧场完成。[2] 在养殖场育肥。[3] 在养殖场完成

7.1.1　重型马驹

一年中出生早的或者出自于大体型母马的马驹，从尚在哺乳期的 4 月龄开始用精饲料进行补饲，并且在夏末牧场草地再生时进行放牧。马驹屠宰时的活的体重（LBW）为 380～420kg（图 7.1），并且产生的胴体重为 220～240kg。宰后热胴体重（HCW）与其空腹时体重（EBW）的比例称为实际屠宰率，其高达 67%～69%，并且体内脂肪较好（胸腔内脂肪重 3～4kg）。

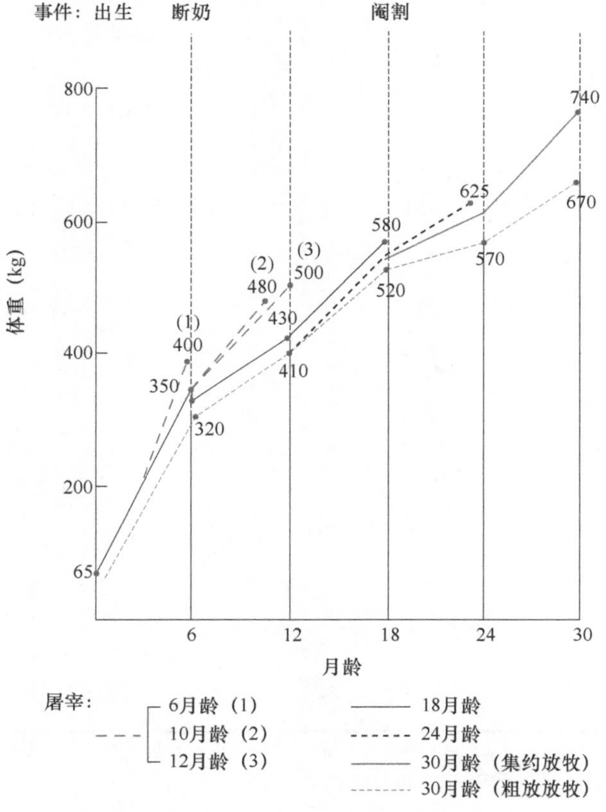

图 7.1　主要生产系统中青年马体重变化

7.1.2 断奶马驹：10～12 月龄

马驹在体重平均为 350kg 时断奶。这些幼马在养殖场专门进行育肥。平均日增重在 1～1.4kg，非常接近这些品种的遗传学潜力。这些幼马屠宰时体重为 450～500kg（图 7.1），产生的胴体重（CW）为 270～300kg。实际屠宰率高达 70%～71%，并且体内脂肪非常好（表 7.2），肉仍然是浅粉色且足够嫩（表 7.2）。

年幼的母马（不包括那些在马群中作为后备的母马）用于育肥。但是日粮中精饲料的比例应该限制在 50% 的干草饲料和 30% 的玉米青贮饲料，来防止它们过度肥胖。

表 7.2 12～30 月龄的幼马的屠宰特性

（引自 Martin-Rosset and Trillaud-Geyl，2015；Robelin et al.，1984）

		体重（kg）	空腹体重[1]（kg）	热胴体重（kg）	真实屠宰率[2]（%）	体脂重：马板油[3]（kg）	胴体的结构成分			
							肌肉（%）	脂肪（%）	骨骼（%）	肌肉/骨骼
年龄[4]（月数）	12	483.2	439.6	313.4	71.2	3.86	70.1	10.9	15.6	4.48
	18	572.7	474.0	328.9	69.3	2.97	71.8	9.4	16.1	4.46
	24	626.8	539.6	382.7	70.9	5.94	69.8	12.9	14.9	4.69
	30	735.3	622.0	440.8	70.9	9.86	69.0	14.2	14.5	4.81
性别	公	628.6	535.5	377.2	70.4	5.46	70.7	11.0	15.6	4.56
	母	558.3	485.0	343.6	70.8	5.28	69.7	12.5	15.1	4.63
马种	阿尔登马	599.8	516.9	362.6	70.1	6.97	69.6	12.9	14.9	4.69
	布列塔尼	583.1	498.5	352.3	70.6	3.99	71.6	9.2	16.4	4.38
	布莱顿马	568.9	480.9	338.9	70.5	4.19	70.9	10.9	15.5	4.57
	孔图瓦马	570.3	492.3	347.0	70.4	7.15	68.5	14.3	14.3	4.80
	佩尔什马	658.9	572.0	407.1	71.7	4.37	70.9	10.8	15.7	4.52

[1] 空腹体重＝活重－消化道重量。[2] 真实屠宰率（%）＝热胴体重 / 空腹活重 ×100。[3] 板油＝位于腹腔内表面和膈下的体内脂肪。[4] 所有合并的年龄（12～30 月龄）

7.1.3　一年生的马：18 或 24 月龄

断奶后，在冬季由于这些一年生的马被限量喂养而生长适中，但在夏季放牧补偿性生长会较高（图 7.1）。这些马从断奶时最轻 330kg 体重的马驹喂养到 18 月龄大。在冬季，平均日增重仅为 600～800g，但是当夏季到优质的草地放牧，就可提升到 900～1100g。这些一年生的马在 12 月龄时不会进行阉割。放牧的最后两个月，用谷物补饲来进行肥育。体重 550～580kg 时进行屠宰（图 7.1），并且生产出的胴体重为 330～350kg。实际屠宰率比 12 月龄大的马低，并且体内脂肪有限（表 7.2），这些肉正在变成红色并还稍微有点嫩（图 7.2）。

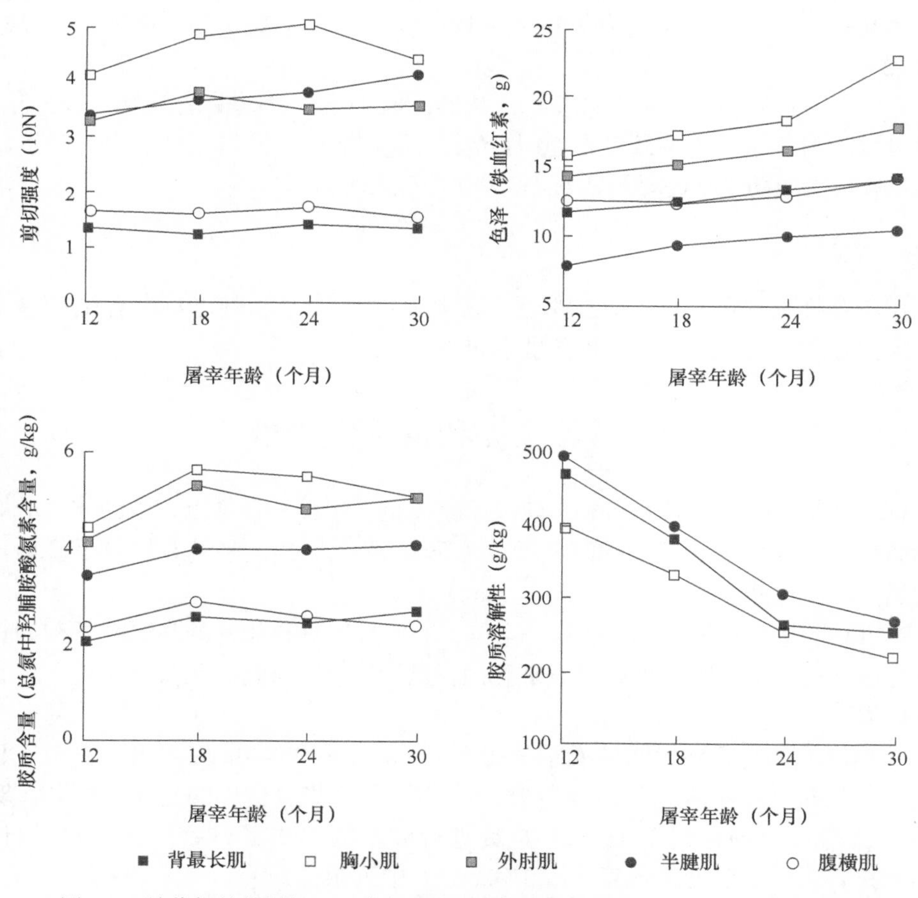

图 7.2　随着年龄的增长，马肉物理化学特性的变化（引自 Boccard et al.，1976）

较长时期的一年生的马被喂养到22～24月龄，这些马来源于在断奶期体重低于330kg的马驹，或者在放牧期间生长慢的马。经历第二个冬天时，在18～22月龄或24月龄进行育肥。屠宰时体重在600～650kg（图7.1），并且产生的胴体重为360～390kg。实际屠宰率和体内脂肪含量都比18月龄的马高（表7.2），这些肉更红并且更嫩一点（表7.2）。

7.1.4 年轻马：30月龄

断奶后，这些马的日增重常在第一个和第二个冬季受到限制（第一个冬季平均日增重为500～700g；第二个冬季为200～400g）。结果在第一个和第二个夏季补偿性生长非常高（图7.2）（第一个夏季为700～800g；第二个夏季为600～700g）。它们在18月龄时被阉割。这些马屠宰时体重为670～740kg，产生的胴体重为400～430kg。实际屠宰率高，并且体内脂肪很好（表7.2）。

一些24月龄的母马虽已纳入后备马群，但由于2岁时受孕未成功被去除，它们可以参与这个生产系统，在30月龄大时进行屠宰。同样，在3岁时产下马驹但没有再次成功受孕的母马，可以在40月龄大时育肥屠宰。

7.1.5 品种

在主要挽用马品种之间，这些生产系统的生长速率和胴体重没有统计学差异。相比之下，屠宰时体内脂肪含量不同（表7.2）。

7.2 营养需要和推荐供给量

育肥这些年轻马的营养需要量取决于其体重、年龄和日增重，因为体重增加时脂肪所占的比例随着这些检测值增加（第5章）。同样的平均日增重下，母马的能量需要比那些公马高。

在IFCE进行了众多不同年龄、体重、平均日增重和品种的马饲喂各种饲料的饲养试验后，营养需要被确定下来。推荐供给量符合维持、生长和（或）育肥的总体需要。

推荐供给量的表格以两种成年马的大小（700kg和800kg）给出（表7.3和表7.4）。只有那些在养殖场专门育肥的马才给予这些表格中的高能量饲料。对于冬季那些在牧场育肥于18～30月龄进行屠宰的马或者作为后备的母马群，它们的推荐供给量已在第5章表5.5和表5.6中列出。

根据使用第2章表2.1和第13章描述的计算方法进行日粮评估，能够核实推荐饲喂量。

表 7.3 育肥期内，700kg 成年体重的年轻重挽马营养需要和日粮摄取量推荐表

年龄[1]（个月）	体重[2]（kg）	体重增长（g/d）	每日营养素推荐值																		干物质摄入量[3]（kg）
			UFC	MADC（g）	赖氨酸（g）	Ca（g）	P（g）	Mg（g）	Na（g）	Cl（g）	K（g）	Cu（mg）	Zn（mg）	Co（mg）	Se（mg）	Mn（mg）	Fe（mg）	I（mg）	维生素A（IU）	维生素D（IU）	维生素E（IU）	
7～10	420	1200～1300	8.2	910	79	59	40	8	10	34	30	90	450	1.8	1.8	360	450	1.8	31 100	5400	720	8.0～10.0
7～10	500	1400～1600	9.2	1080	94	71	48	10	12	40	35	98	488	2.0	2.0	390	488	2.0	33 700	5900	780	9.0～10.5
7～12	450	900～1000	6.9	750	73	54	37	8	10	36	31	90	450	1.8	1.8	360	450	1.8	31 100	5400	720	8.0～10.0
18～24	620	500～600	7.3	600	63	62	42	10	13	50	41	115	575	2.3	2.3	460	575	2.3	40 300	5800	690	10.5～12.5

[1] 屠宰年龄。[2] 年龄段内的平均体重。[3] 精饲料含量高的饲料配方中适用最小值；最大值是牧草的最大摄入量

表 7.4 育肥期内，800kg 成年体重的年轻重挽马营养需要和日粮摄取量推荐表

年龄[1]（个月）	体重[2]（kg）	体重增长（g/d）	每日营养素推荐值																		干物质摄入量[3]（kg）
			UFC	MADC（g）	赖氨酸（g）	Ca（g）	P（g）	Mg（g）	Na（g）	Cl（g）	K（g）	Cu（mg）	Zn（mg）	Co（mg）	Se（mg）	Mn（mg）	Fe（mg）	I（mg）	维生素A（IU）	维生素D（IU）	维生素E（IU）	
7～10	470	1300～1400	9.2	980	85	65	44	9	11	38	33	100	500	2.0	2.0	400	500	2.0	34 500	6000	800	9.0～11.0
7～10	550	1500～1700	10.0	1150	100	76	52	11	13	44	39	108	538	2.2	2.2	430	538	2.2	37 100	6500	645	10.0～11.5
7～12	500	1000～1100	7.8	820	71	60	41	9	11	40	34	100	500	2.2	2.2	400	500	2.2	34 500	6000	800	9.0～11.0
18～24	680	600～650	8.0	670	58	69	46	11	14	54	44	125	625	2.5	2.5	500	625	2.5	43 800	6300	750	11.5～13.5

[1] 屠宰年龄。[2] 年龄段内的平均体重。[3] 精饲料含量高的饲料配方中适用最小值；最大值是牧草的最大摄入量

7.3 日粮配合与评价

7.3.1 冬季饲养：饲料选择

刚断奶的马在10或12月龄时进行屠宰，用一种能量非常高的饲料育肥，自由采食有高营养价值的草料（最少35%干物质时的玉米青贮饲料或早期收割的干草：早抽穗第1次刈割），并且分别根据马龄和提供的玉米青贮饲料或干草料以35%～60%的精饲料进行补饲。也可以饲喂最少50%干物质包装的牧草青贮饲料。

一年生的马，在18月龄时进行屠宰，6～12月龄过冬时自由采食质量较好至普通营养价值的草料：最少30%干物质时的玉米青贮饲料，在35%干物质时的半干草青贮，或者是适时收割的成熟青草（齐穗期第一次刈割）晒制的干草。根据饲喂草料的质量，以5%～20%的精饲料进行补饲（表7.5）。

较长时期的一年生的马，在24月龄进行屠宰，在冬季养殖场育肥期间，自由采食好品质的草料，并以25%的精饲料进行补饲（表7.5）。

表7.5 冬季饲喂方法、牧养及生长收益细则（引自Martin-Rosset et al.，1985）[1]

屠宰年龄	饲喂方法			日均增重（g/d）
	基础日粮[2]	精饲料		
		种类	重量（kg）	
6～7月龄	母马乳＋牧草	谷物（玉米，大麦）＋大豆粉	2～3	1600～1800（出生至断奶）
10月龄	早期收获的干草或玉米青贮（≥30% DM）[3]	谷物（玉米，大麦）＋大豆粉	5～5.5	1100～1400
12月龄	早期收获的干草或玉米青贮（≥30% DM）	谷物（玉米，大麦）＋大豆粉	3	1000～1300
	牧草青贮：			
	凋萎的青贮料（≥28% DM）		3.5～4	900～1100
	凋萎的青贮料（≥35% DM）		3	900～1200
18月龄	冬季			
	晚收干草	谷物（玉米，大麦）或花生粕	1～2	500～700
	玉米青贮（≥25% DM）		1	
	牧草青贮：凋萎的青贮料（≥28% DM）		1～2	
	夏季			
	牧草＋80氮单位/hm^2	地面玉米	3（持续放牧60d）	800～1000
	轮牧-电围栏			
	2.5匹马/hm^{2}与或不与牛一起混牧			

续表

屠宰年龄	饲喂方法			日均增重（g/d）
	基础日粮[2]	精饲料		
		种类	重量（kg）	
24 月龄	第一个冬季	见 18 个月，但是夏季不饲喂精饲料		600～800
	第一个夏季见 18 个月			
	第二个冬季			
	玉米青贮（≥ 25% DM）	谷物（玉米，大麦）＋大豆粉或花生粕	3.0	800～900
	玉米青贮（≥35% DM）		2.0～2.5	
30 月龄	第一个冬季	见 18 个月，但是夏季不饲喂精饲料		500～700
	第一个夏季见 18 个月			800～1000
	第二个冬季			
	晚收干草	谷物（玉米，大麦）＋大豆粉或花生粕	0.5～1	200～300
	晚收干草（50% of DMI）[4]＋秸秆（35% 的 DMI）[4]		1～1.5	
	玉米青贮（≥25% DM）		0.5～1	
	玉米青贮（≥28% DM）		1～1.5	
	第二个夏季			
	见 18 个月	无精饲料		600～700

[1] 试验阶段，按照育肥日粮饲喂。[2] 自由采食。[3] DM 为干物质。[4] DMI 为干物质摄入量

最后，在 30 月龄屠宰的年轻马，在 3 个连续的冬季，自由采食普通品质的草料（后期收割的青干草，抽穗时第 1 次刈割）和秸秆并且根据年龄和提供草料的类型，以 5%～10% 的精饲料进行补饲（表 7.5）。

在所有系统里，用来补饲的精饲料，对于 10 或者 12 月龄进行屠宰的幼马，可能是由不同比例的谷物（大麦或玉米）、油脂或者豆科植物种子粉，最好是大豆粉；对于其他更大年龄时屠宰的马，则是花生、羽扇豆或蚕豆粉。

7.3.2 放牧管理要点

在两次施肥 60～80 氮单位 /hm^2 的低地天然草场，根据年份这些动物可以放牧 140～190d（第 10 章）。根据草原生产力是高还是中等，这些年轻的马能够分别被单独管理或和 1 或 2 岁的阉割肉牛或后备繁殖母牛以 1：1 或 1：3 的比例一起被管理。

这些在 18 月龄屠宰的幼马，在放牧季节的最后两个月，必须每日平均补饲 2kg 磨碎的玉米供自由采食，来达到一个最低限度的身体状况（表 7.1）。

30 月龄进行屠宰的年轻马，从断奶期开始生长好的情况下，在放牧季节不需要任何的补充，因为体内脂肪含量随着体重增加（表 7.2）。但是，雄性幼马应该被阉割。使用这个系统的后备繁殖母马可能会增重，因为它们更容易变肥（表 7.2）。

7.4 饲养管理的实用建议

7.4.1 挑选动物

除了前面第一段提到的体重标准，应该购买一般身体状况、腿健全（没有任何关节炎体征）的动物。它们应该是健康的，要避免挑选那些咳嗽或者流鼻涕、下颌腺体肿大的动物。这些动物应该没有体外寄生虫（虱子、癣等），或者表现出任何体内寄生虫（副蛔虫属、圆线虫、胃蝇属）的迹象，如或多或少的腹泻（“细的喷流”）、腹部肿胀和尾巴毛竖起（形成摩擦）或者尾根周围部分脱毛。

7.4.2 运输

最好进行短途运输，露天集市上购买的动物不要进行运输。在运输前后或者长途运输过程中应该给动物供水。运输期间，气流是造成呼吸疾病的原因。马的运输也应该服从动物运输的官方规定。

7.4.3 适应期

这个时期持续 3 周。这个时期的任务是减少断奶应激、适应环境的变化和解决健康问题（主要是驱虫）。动物应该通过年龄、体重、身体健康状况和社会行为来分配到最多 6～7 个情况相近个体组成的群体（第 15 章）。

动物应该安置到铺有秸秆的宽松畜舍里。6～12 月龄的每个动物最小的面积应该是 5～6m^2，而 18～24 月龄的是 7～8m^2。对于这两个年龄段的动物，每个动物接近饲槽的必要宽度应该分别是 0.60～0.80cm。

在此期间，这些动物应该饲喂优质干草（第 1 次刈割，抽穗），每个动物每天补饲 2kg 精饲料。应该实施预防性治疗（驱虫和疫苗接种）。

根据动物的年龄、草料的类型（青贮饲料和干草）和最后预期的精饲料量，动物应该日益适应它们的育肥饲料，如在 1～3 周用青贮饲料代替干草。

7.4.4 育肥期

饲料的种类和构成应该尽可能稳定。因此，要做好足够的饲料供应计划。每天应该在固定的时间饲喂。饲料应该在动物聚集之前提供，以防止贪吃的动物吃过多的精饲料。每日饲料供应量应该与生长目标和前两天的消耗量一致。建议中冬季节再驱一次虫，这样做效果较好。

7.4.5 体况

在肥育期内，应当用第2章阐述的INRA-HN-IE（1997）和Martin-Rosset等（2008）的方法来监控身体状况，从而调整饲养，并且根据屠宰年龄，使其符合预期的体况评分和胴体内相对脂肪含量比例（表7.2）。

屠宰时，评估脂肪状况可以用包肾脂肪（板油）重，如体内位于腹腔内表面和胸腔下的脂肪（表7.2），或者对表面和脂肪沉积厚度使用视觉评估。

在小型和一般体型的品种中，脂肪含量明显更高（表7.2）。在同样的空腹体重（不含消化道重量）时，阿尔登马、布莱顿马和孔图瓦马品种的胴体脂肪含量高2%～4%，在实际屠宰率上没有造成任何差异（表7.6）。因此，这些品种比大型品种（布列塔尼马和佩尔什马）成熟更早，因为它们在一个更低的体重（－98～－11kg）下达到相同的胴体脂肪百分比（表7.7）。尽管屠宰率没有差异，但胴体重要更低。

表7.6 比较在同样的空腹时的体重（504.8kg）时，不同品种马的胴体重和组成
（引自Martin-Rosset et al.，1980）

马种	热胴体体重（kg）	真实屠宰率[1]（%）	胴体中脂肪重量（kg）	胴体中脂肪比例（%）	胴体中肌肉重量（kg）	胴体中肌肉比例（%）
阿尔登马	353.6	70.0	42.5	12.0	246.7	69.8
布列塔尼马	357.1	70.7	30.5	8.5	256.0	71.7
布莱顿马	356.0	70.5	38.3	10.8	252.0	70.2
孔图瓦马	356.5	70.6	50.7	14.2	255.3	68.2
佩尔什马	357.2	70.7	33.2	9.3	255.3	71.5

[1] 热胴体体重/空腹体重

表7.7 比较在同样的总脂肪量（空腹时的体重的10.4%）时，不同品种马的胴体重和组成
（引自Martin-Rosset et al.，1980）

马种	空腹体重[1]（kg）	热胴体体重（kg）	真实屠宰率[2]（%）	胴体中肌肉重量（kg）	胴体中肌肉比例（%）
阿尔登马	507.8	355.2	69.8	247.9	70.4
布列塔尼马	518.7	368.6	71.0	261.7	69.9
布莱顿马	486.0	343.1	70.6	242.2	70.5
孔图瓦马	471.3	330.1	70.0	231.1	70.2
佩尔什马	579.5	413.3	71.3	294.7	70.3

[1] 空腹时的体重＝活体重－消化道重。[2] 热胴体体重/空腹体重

参考文献

Agabriel, J. and G. Liénard, 1984. Facteurs techniques et économiques influençant la production de poulains de boucherie. *In*: Jarrige, R. and W. Martin-Rosset (eds.) INRA Publications, Versailles, France, pp. 571-581.

Agabriel, J., C. Trillaud-Geyl, W. Martin-Rosset and M. Jussiaux, 1982. Utilisation de l'ensilage de maïs par le poulain de boucherie. INRA Prod. Anim., 49, 5-13.

Agabriel, J., W. Martin-Rosset and J. Robelin, 1984. Croissance et besoins du poulain. Chapitre 22. *In*: Jarrige, R. and W. Martin-Rosset (eds.) Le cheval. INRA Editions, Versailles, France, pp. 371-384.

Bauchart, D., F. Chantelot, A. Thomas and L. Wimel, 2008. Caractéristiques nutritionnelles des viandes de cheval de réforme et de poulain de trait. *In*: Valeurs nutritionnelles des viandes. Centre d'Information des Viandes, Paris, France.

Boccard, R., 1975. La viande de cheval. INRA Prod. Anim., 21, 53-57.

Boccard, R., 1976. Evolution de la composition corporelle et des principaux caractères qualitatifs de la viande de cheval. *In*: 3ème Journée Recherche Equine Proceedings. Haras Nationaux Editons, Paris, France, pp. 54-68.

Bouree, P., J.B. Bouvier, J. Passeron, P. Galanaud and J. Dormont, 1979. Outbreak of trichinosis near. Paris British Medical Journal, 1, 1047-1049.

Bussieras, J., 1976. L'épidémiologie de la trichinose. Rec. Méd. Vét., 1.52(4), 229-234.

Catalano, A.L. and A. Quarantelli, 1979. Carcass characteristics and chemical composition of the meat from milk-fed foals. La Clinica Veterinaria, 102, 6-7.

Cattaneo, P., A. Aadaelli and C. Cantoni, 1979. Solubilité des fractions azotées du muscle de cheval. Archivio Veterinario Italiano, 30(1-2), 47-48.

CIV (Centre Interprofessionnel des Viandes), France. www.civ-viande.org.

Dufey, P.A., 2001. Propriétés sensorielles et physico-chimiques de la viande de cheval issues de différentes catégories d'âge. *In*: 27ème Journée Recherche Equine Proceedings. Haras Nationaux Editions, Paris, France, pp. 47-54.

INRA-HN-IE, 1997. Notation de l'état corporel des chevaux de selle et de sport. Guide pratique. Institut de l'Elevage, Paris, France, pp. 40.

Ivanov, P. and W. Popow, 1966. L'elevage du cheval pour la production de viande. World Rev. Anim. Produc., 1, 67-73.

Martin-Rosset, W. and C. Trillaud-Geyl, 2011. Pâturage associé des chevaux et des bovins sur des prairies permanentes: premiers résultats expérimentaux. Fourrages, 207, 211-214.

Martin-Rosset, W. and C. Trillaud-Geyl, 2015. Horse meat production and characteristics: a review. *In*: Evans, R. and C. Vial (eds.) The new equine economy in the 21st century. Wageningen

Academic Publishers, Wageningen, the Netherlands, pp. 197-225.

Martin-Rosset, W. and M. Jussiaux, 1977. Production de poulains de boucherie. INRA Prod. Anim., 29, 13-22.

Martin-Rosset, W., J. Vernet, H. Dubroeucq, A. Picard and M. Vermorel, 2008. Variation and prediction of fatness from body condition score in sport horses. *In*: Saastamoinen, M. and W. Martin-Rosset (eds.) 4th EWEN Proceedings: nutrition of exercising horse. EAAP Publications no. 125. Wageningen Academic Publishers, Wageningen, the Netherlands, pp. 167-176.

Martin-Rosset, W., M. Jussiaux, C. Trillaud-Geyl and J. Agabriel, 1985. La production de viande chevaline en France. Systèmes d'élevage et de production. INRA Prod. Anim., 60, 31-41.

Martin-Rosset, W., R. Boccard, M. Jussiaux, J. Robelin and C. Trillaud-Geyl, 1980. Rendement et composition des carcasses du poulain de boucherie. INRA Prod. Anim., 41, 57-64.

Martin-Rosset, W., R. Boccard, M. Jussiaux, J. Robelin and C. Trillaud-Geyl, 1983. Croissance relative des différents tissus, organes et régions corporelles entre 12 et 30 mois chez le cheval de boucherie de différentes races lourdes. Ann. Zootech., 32, 153-174.

Martin-Rosset, W., R. Boccard, M. Jussiaux, J. Robelin and C. Trillaud-Geyl, 1985. Estimation de la composition des carcasses de poulains de boucherie à partir de la composition de l'épaule ou d'un morceau moocostal prélevé au niveau de la 14e côte. Ann. Zootech., 34(1), 77-84.

Micol, D., W. Martin-Rosset and C. Trillaud-Geyl, 1997. Systèmes d'élevage et d'alimentation à base de fourrages pour les chevaux. INRA Prod. Anim., 10(5), 363-374.

Miraglia, N., D. Burger, M. Kapron, J. Flanagan, B. Langlois and W. Martin-Rosset, 2006. Local animal ressources and products in sustainable development: rôle and potential of equids. *In*: Products quality based on local resources leasing to improved sustainability. Livestock Farming Systems Symposium, Italy. EAAP Publication no. 118. Wageningen Academic Publishers, Wageningen, the Netherlands, pp. 217-233.

Robelin, J., R. Boccard, W. Martin-Rosset, M. Jussiaux and C. Trillaud-Gel, 1984. Caractéristiques des carcasses et qualités de la viande de cheval. *In*: Jarrige, R. and W. Martin-Rosset (eds.) Le cheval. INRA Editions, Versailles, France, pp. 601-610.

Roy, G. and B.L. Dumont, 1976. Système de description de la valeur hippophagique des équidés, animaux vivants et carcasses. Revue Méd. Vét., 127(10), 1347-1368.

Saastamoinen, M., 2015. Promoting slaughtering of horses and consumption of horse meat-ethical horse keeping and meat production. *In*: Evans, R. and C. Vial (eds.) The New Equine Economy in the 21st century. Wageningen Academic Publishers, Wageningen, the Netherlands, pp. 189-197.

Trillaud-Geyl, C. and W. Martin-Rosset, 2011. Pasture practices for horse breeding. Synthesis of experimental results and recommendations. Fourrages, 207, 225-230.

Tuleuov, E. and A. Billalova, 1972. Utilisation rationnelle de la viande de cheval. Mjasnaja Industrija USSR (Moskva), 1, 30-31.

第八章　矮种马、驴和其他

矮种马、驴和其他马科动物都有其应用价值。由于有关知识信息量还不够丰富，因此不能独立成章。然而，在生产中不断有关于这些动物的问题被提出，相关内容集中到本章来介绍。

8.1　矮种马的饲养

8.1.1　引言

随着骑马娱乐活动的兴起，矮种马的数量成倍增加。设得兰群岛小马常被马术学校用来启蒙儿童骑马，体型稍大的矮种马则用于青少年的竞赛。由于马术学校对矮种马的利用较多，促进了矮种马数量的增加。然而，矮种马的饲养主要还是凭经验或参照普通马的标准饲养。普通马饲养标准实际上并不完全适合矮种马，本章提供了制定矮种马饲养标准的新内容。

8.1.2　矮种马的营养

由于矮种马的体型较小、养殖成本低，它们常被用作普通马的替代模型来进行一些生理和代谢的研究。但矮种马本身在不同生理时期（如妊娠期、训练期等）的营养需要量却没有被特别研究过。矮种马与普通马虽然相似但也有区别：它们的总体生理和代谢规律相似，但在制定饲养标准时还是要考虑到它们的不同之处。

1．采食和消化　同普通马一样，矮种马对草料（Cuddeford，1992；Drogoul，2000a，b；2001；Hale and Moore-Colyer，2001；Hyslop and Calder，2001；Hyslop et al.，1998；Moor-Colyer and Longland，2000；Morrow et al.，1999）和谷物（Hintz et al.，1971；McLean et al.，1998，1999）的采食和消化都受饲料类型、饲喂方式和饲料精粗比的影响。

采食速度以 g 或 kg DM/min 计算。饲喂相同日粮时矮种马的采食速率比普通马慢：饲喂优质或劣质干草时矮种马的采食速率分别低 20% 和 40%。这导致矮种马对饲料的利用率提高，对粗饲料消化率平均高 2%，对干草消化率高

4%～5%，但同时咀嚼能量消耗也比普通马高 50%（Vermorel et al.，1997）。矮种马和普通马采食干草时，消化所消耗能量分别占矮种马和普通马代谢能摄入量的 15% 和 10%（Vermorel and Mormed，1991）。

2．代谢　法国国家农业研究院（INRA）测定出矮种马在休息状态下的能量消耗只有 73kcal 净能 /$BW^{0.75}$，较同样状态下的普通马（83kcal 净能 /$BW^{0.75}$）要低 16%。蛋白质的消耗与能量消耗相关，矮种马的蛋白质消耗也相对较低。INRA 通过试验测出矮种马在维持状态下的蛋白质消耗量较低，主要是因为蛋白质沉积率比普通马要高出 10%。

3．营养物质需要量的确定　与普通马相比，矮种马在维持、妊娠、泌乳、生长和活动各状态下试验数据都不多（Hintz et al.，1970～1986；Jordan，1972～1983；Pagan et al.，1981～1986；Vermorel et al.，1991～1995；Olsman et al.，2003）。尽管如此，基于有限的矮种马试验结果和已知的普通马与矮种马的差别，我们在通过总体生物规律验证后确定了矮种马营养物质需要量。维持需要量被确定为 0.0333UFC/kg $BW^{0.75}$。尽管矮种马蛋白质沉积率相对高一些，在维持和工作状态下的蛋白质 / 能量的值仍然适用普通马的标准（65g MADC/UFC）。另外，矮种马活动状态下的营养物质需要量及采食量的确定是由普通马的测定数据按体重比例换算得出的。妊娠、泌乳和生长发育的营养物质需要量是由矮种马试验直接测定得出。

8.1.3　营养物质推荐量

以体型大小将矮种马分为两组。①小型矮种马：成年体重 200kg。②中、大型矮种马：成年体重 300kg 或 400kg。

成年体重可运用第 2 章（见 2.2.1 节中的 3.）介绍的简单模型来估算。

营养物质推荐量的确定方法与普通马一样（第 1 章和第 3～6 章）。营养物质推荐量的表格形式与前几章相同。然而由于代谢差别的存在，即使考虑了体重因素，不同类型动物数据之间不可替换。例如，取小型矮种马和普通马维持需要量的中间值应用到中、大型矮种马时就会出现高估这个需要量的情况。

活动需要量却是个特例。矮种马的需要量是由体重 500kg 的普通马（同时考虑马具和骑马人体重）每小时运动量转换得出的。

常量元素需要量是由不同生理阶段的普通马模型计算得出的（第 3～6 章）。由于目前并没有足够的矮种马对矿物元素的消化和吸收测定数据，因此也不能确定它们与普通马之间的具体差别。矮种马微量元素和维生素的需要量按采食量干物质的浓度表示，这里给出小型矮种马（表 8.1～表 8.3）和中、大型矮种马（表 8.4～表 8.9）的采食量。

表 8.1　成年体重为 200kg 的矮种马每日营养物质推荐量及采食量

适用情况	每日营养物质推荐量																			干物质采食量*（kg）
	UFC	MADC（g）	赖氨酸（g）	Ca（g）	P（g）	Mg（g）	Na（g）	Cl（g）	K（g）	Cu（mg）	Zn（mg）	Co（mg）	Se（mg）	Mn（mg）	Fe（mg）	I（mg）	维生素A（IU）	维生素D（IU）	维生素E（IU）	
维持																				
休息状态[1]	1.7	122	11	8	6	3	4	16	10	34	170	0.6	0.6	136	170	0.6	11 100	1400	170	3.0～3.8
活动状态																				
间歇休息	1.8	129	12	9	7	4	5	18	11	37	185	0.7	0.7	148	185	0.7	12 000	1500	185	3.4～4.0
极低强度[2,3]	2.1	148	13	12	8	4	6	19	12	39	195	0.8	0.8	156	312	0.8	12 700	1600	195	3.6～4.2
低强度[2,3]	2.8	199	18	12	8	4	6	19	12	45	225	0.9	0.9	180	360	0.9	14 600	1800	225	4.0～5.0
中等强度[2,3]	3.0	219	20	14	9	5	8	22	14	51	255	1.2	1.2	204	408	1.2	19 100	3100	408	4.4～5.7
高强度[4]	2.8	205	19	16	12	6	10	27	16	45	225	0.9	0.9	180	360	0.9	16 900	2700	360	4.0～5.0
种马																				
非配种期[5]	2.3	166	15	12	8	4	6	19	12	45	225	0.9	0.9	180	360	0.9	14 600	1800	225	4.0～5.0
配种期																				
低强度	2.8	202	18	12	8	4	8	19	12	45	225	0.9	0.9	180	360	0.9	14 600	1800	225	4.0～5.0
中等强度	3.1	223	20	14	9	5	8	22	14	51	255	1.2	1.2	204	408	1.2	19 100	3100	408	4.4～5.7
高强度	3.5	252	23	16	12	6	8	27	16	45	255	1.2	1.2	204	408	1.2	19 100	3100	408	4.4～5.7

* 最低值为高精饲料日粮采食量，最高值则为粗饲料含量最高时的采食量。[1] 包括非活动状态下的阉马和母马。种马增加 0.2UFC 和 15g MADC。[2] 矮种马在马术学校的平均活动时长为每日 2h（马场数据）。[3] 骑马散步：1～2h 短时骑马。[4] 每日平均活动时长 1h（马场数据）。[5] 包括每天低强度活动 1h 的圈养种马

表 8.2　成年体重为 200kg 的矮种母马每日营养物质推荐量及采食量[1]

生理状态		每日营养物质推荐量																			干物质采食量*（kg）
		UFC	MADC（g）	赖氨酸（g）	Ca（g）	P（g）	Mg（g）	Na（g）	Cl（g）	K（g）	Cu（mg）	Zn（mg）	Co（mg）	Se（mg）	Mn（mg）	Fe（mg）	I（mg）	维生素A（IU）	维生素D（IU）	维生素E（IU）	
干乳期		1.7	122	11	8	6	3	4	16	10	37	185	0.7	0.7	148	296	0.7	12 000	1500	200	3.2～4.2
妊娠期																					
0～5 个月		1.7	122	11	8	6	3	4	16	12	37	185	0.7	0.7	148	296	0.7	12 000	1500	200	3.2～4.2
第 6 个月		1.8	147	13	10	8	3	4	16	12	39	195	0.8	0.8	156	312	0.8	16 400	2300	310	3.2～4.5
第 7 个月		1.9	148	13	11	8	3	4	16	12	39	195	0.8	0.8	156	312	0.8	16 400	2300	310	3.2～4.5
第 8 个月		2.0	156	14	12	9	3	4	16	12	39	195	0.8	0.8	156	312	0.8	16 400	2300	310	3.2～4.5
第 9 个月		2.1	170	16	14	10	3	4	16	12	42	210	0.8	0.8	168	336	0.8	17 700	2500	340	3.5～4.8
第 10 个月		2.2	202	18	15	12	3	5	16	13	43	213	0.9	0.9	170	340	0.9	17 900	2600	340	3.5～5.0
第 11 个月		2.3	216	20	17	13	3	5	16	13	45	225	0.9	0.9	180	360	0.9	18 900	2700	360	3.8～5.2
泌乳期	产乳（kg/d）																				
第 1 个月	6.0	3.5	386	31	22	20	4	5	19	31	58	290	1.2	1.2	230	460	1.2	20 300	4900	290	5.0～6.6
第 2 个月	6.6	3.6	373	33	20	17	4	5	19	31	61	305	1.2	1.2	240	490	1.2	21 400	5200	305	5.3～6.9
第 3 个月	6.9	3.3	352	32	20	17	4	5	19	30	61	305	1.2	1.2	240	490	1.2	21 400	5200	305	5.3～6.9
第 4 个月	5.8	3.1	290	30	16	14	3	4	18	26	58	290	1.2	1.2	230	460	1.2	20 300	4900	290	5.0～6.6
第 5 个月	4.4	2.7	219	26	14	12	3	4	18	26	53	265	1.1	1.1	210	420	1.1	18 900	4500	265	4.5～6.0
第 6 个月	4.0	2.6	210	24	14	12	3	4	18	26	44	220	0.9	0.9	176	350	0.9	15 400	3700	220	3.8～5.0

* 最低值为高精饲料日粮采食量，最高值则为粗饲料含量最高时的采食量。[1] 顺利产驹 24h 后体重

表 8.3　成年体重为 200kg 的矮种马生长期每日营养物质推荐量及采食量

月龄	平均体重[1]（kg）	日增重（g/d）	每日营养物质推荐量																		干物质采食量*（kg）
			UFC	MADC（g）	赖氨酸（g）	Ca（g）	P（g）	Mg（g）	Na（g）	Cl（g）	K（g）	Cu（mg）	Zn（mg）	Co（mg）	Se（mg）	Mn（mg）	Fe（mg）	I（mg）	维生素A（IU）	维生素D（IU）	维生素E（IU）	
生长阶段																						
6～12	109	220	1.9	217	19	13	9	2	2	9	8	30	150	0.6	0.6	120	150	0.6	10 400	1800	240	2.5～3.5
18～24	164	100	2.3	133	14	15	10	3	3	13	11	40	200	0.8	0.8	160	200	0.8	13 100	2000	240	3.5～4.0
30～36	186	50	2.5	125	13	16	11	3	4	15	12	45	225	0.9	0.9	180	225	0.9	15 800	2300	270	4.0～5.0

* 最低值为高精饲料日粮采食量，最高值则为粗饲料含量最高时的采食量。[1] 该阶段体重变化中间值

表 8.4　成年体重为 300kg 的矮种马每日营养物质推荐量及采食量

适用情况	每日营养物质推荐量																		干物质采食量*（kg）
	UFC	MADC（g）	赖氨酸（g）	Ca（g）	P（g）	Mg（g）	Na（g）	Cl（g）	K（g）	Cu（mg）	Zn（mg）	Co（mg）	Se（mg）	Mn（mg）	Fe（mg）	I（mg）	维生素A（IU）	维生素D（IU）	维生素E（IU）	
维持																				
休息状态[1]	2.4	173	16	12	8	5	6	24	15	51	255	1.0	1.0	204	255	1.0	16 600	2000	255	4.5～5.7
活动状态																				
间歇休息	2.6	190	17	13	9	6	7	27	17	55	275	1.1	1.1	220	275	1.1	17 900	2200	275	5.0～6.0
极低强度[2, 3]	3.0	216	20	18	11	6	9	29	18	59	295	1.2	1.2	236	472	1.2	19 200	2400	295	5.4～6.3
低强度[2, 3]	4.0	286	26	18	11	6	9	29	18	68	340	1.4	1.4	272	544	1.4	22 100	2700	340	6.0～7.5
中等强度[2, 3]	4.5	324	30	21	13	7	12	34	20	74	370	1.5	1.5	296	592	1.5	27 800	4400	592	6.6～8.1
高强度[4]	4.2	302	28	24	17	9	15	42	24	68	340	1.4	1.4	272	544	1.4	25 500	4100	544	6.0～7.5
极高强度[4]	4.7	338	31	27	19	11	25	56	32	68	340	1.4	1.4	272	544	1.4	25 500	4100	544	6.0～7.5
种马																				
非配种期[5]	3.5	250	23	18	11	6	9	29	18	68	340	1.4	1.4	272	544	1.4	22 100	2700	340	6.0～7.5
配种期																				
低强度	4.2	302	28	18	11	6	12	29	18	68	340	1.4	1.4	272	544	1.4	22 100	2700	340	6.0～7.5
中等强度	4.5	324	30	21	13	7	12	34	20	74	370	1.5	1.5	296	592	1.5	27 800	4400	592	6.6～8.1
高强度	5.1	367	33	24	17	9	12	42	24	74	370	1.5	1.5	296	592	1.5	27 800	4400	592	6.6～8.1

* 最低值为高精饲料日粮采食量，最高值则为粗饲料含量最高时的采食量。[1] 包括非活动状态下的阉马和母马。种马增加 0.3UFC 和 15g MADC。[2] 矮种马在马术学校的平均活动时长为每日 2h（马场数据）。[3] 骑马散步：1～2h 短时骑马。[4] 每日平均活动时长 1h（马场数据）。[5] 包括每天低强度活动 1h 的圈养种马

表 8.5 成年体重为 300kg 的矮种母马每日营养物质推荐量及采食量[1]

生理状态	产乳（kg/d）	UFC	MADC（g）	赖氨酸（g）	Ca（g）	P（g）	Mg（g）	Na（g）	Cl（g）	K（g）	Cu（mg）	Zn（mg）	Co（mg）	Se（mg）	Mn（mg）	Fe（mg）	I（mg）	维生素A（IU）	维生素D（IU）	维生素E（IU）	干物质采食量*（kg）
干乳期		2.4	173	16	12	8	5	6	24	15	56	280	1.1	1.1	224	450	1.1	18 200	2200	340	4.8～6.3
妊娠期																					
0～5 个月		2.4	173	16	12	8	5	6	24	18	56	280	1.1	1.1	224	450	1.1	18 200	2200	340	4.8～6.3
第 6 个月		2.6	211	19	15	12	5	6	24	18	58	290	1.2	1.2	232	464	1.2	24 400	3500	460	5.1～6.5
第 7 个月		2.7	212	19	16	12	5	6	24	18	58	290	1.2	1.2	232	464	1.2	24 400	3500	460	5.1～6.5
第 8 个月		2.9	224	20	18	12	5	6	24	18	58	290	1.2	1.2	232	464	1.2	24 400	3500	460	5.1～6.5
第 9 个月		3.0	245	22	20	15	5	7	24	19	61	305	1.2	1.2	244	488	1.2	25 600	3700	490	5.4～6.8
第 10 个月		3.2	292	27	22	17	5	7	24	19	64	320	1.3	1.3	256	512	1.3	26 900	3800	510	5.4～7.3
第 11 个月		3.3	313	29	25	19	5	7	24	19	68	340	1.4	1.4	272	544	1.4	28 600	4100	540	5.7～7.8
泌乳期																					
第 1 个月	9.0	5.0	497	46	34	29	7	8	28	47	84	420	1.7	1.7	340	670	1.7	32 000	5000	420	7.2～9.6
第 2 个月	9.9	5.1	549	49	30	25	6	8	28	47	87	435	1.7	1.7	350	700	1.7	33 100	5200	435	7.5～9.9
第 3 个月	9.6	4.8	519	48	29	24	6	8	28	46	87	435	1.7	1.7	350	700	1.7	33 100	5200	435	7.5～9.9
第 4 个月	8.7	4.5	425	45	24	20	6	7	27	40	81	405	1.6	1.6	320	650	1.6	31 000	4900	405	7.2～8.9
第 5 个月	6.6	3.9	318	38	21	17	5	7	27	39	73	365	1.5	1.5	290	580	1.5	27 700	4400	365	6.7～7.9
第 6 个月	6.0	3.8	305	36	20	16	5	7	27	38	65	325	1.3	1.3	260	520	1.3	24 700	3900	325	5.7～7.2

注：UFC 至维生素E 各列为每日营养物质推荐量。

* 最低值为高精饲料日粮采食量，最高值则为粗饲料含量最高时的采食量。[1] 顺利产驹 24h 后体重

表 8.6　成年体重为 300kg 的矮种马生长期每日营养物质推荐量及采食量

月龄	平均体重[1]（kg）	日增重（g/d）	每日营养物质推荐量																		干物质采食量*（kg）
			UFC	MADC（g）	赖氨酸（g）	Ca（g）	P（g）	Mg（g）	Na（g）	Cl（g）	K（g）	Cu（mg）	Zn（mg）	Co（mg）	Se（mg）	Mn（mg）	Fe（mg）	I（mg）	维生素A（IU）	维生素D（IU）	维生素E（IU）	
6～12	164	320	2.7	304	27	19	13	3	4	13	11	45	225	0.9	0.9	180	225	0.9	15 500	2700	360	4.0～5.0
18～24	246	130	3.4	203	21	22	15	4	5	20	16	55	275	1.1	1.1	220	275	1.1	19 300	2800	330	5.0～6.0
30～36	279	70	3.7	192	20	24	16	4	6	22	18	60	300	1.2	1.2	240	300	1.2	21 000	3000	360	5.5～6.5

* 最低值为高精饲料日粮采食量，最高值则为粗饲料含量最高时的采食量。[1] 该阶段体重变化中间值

表 8.7　成年体重为 400kg 的矮种马每日营养物质推荐量及采食量

适用情况	每日营养物质推荐量																		干物质采食量*（kg）
	UFC	MADC（g）	赖氨酸（g）	Ca（g）	P（g）	Mg（g）	Na（g）	Cl（g）	K（g）	Cu（mg）	Zn（mg）	Co（mg）	Se（mg）	Mn（mg）	Fe（mg）	I（mg）	维生素A（IU）	维生素D（IU）	维生素E（IU）	
维持																				
休息状态[1]	2.3	230	21	16	11	6	8	32	20	69	345	1.4	1.4	276	345	1.4	22 400	2800	345	6.0～7.6
活动状态																				
间歇休息	3.5	252	23	18	12	7	9	35	22	72	360	1.4	1.4	288	360	1.4	23 400	2900	360	6.5～7.8
极低强度[2,3]	4.0	288	26	24	15	8	12	35	24	78	390	1.6	1.6	312	624	1.6	25 300	3100	390	7.2～8.4
低强度[2,3]	5.4	389	35	24	15	8	12	35	24	90	450	1.8	1.8	360	720	1.8	29 300	3600	450	8.0～10.0
中等强度[2,3]	6.0	432	39	28	17	9	16	44	27	98	490	2.0	2.0	392	784	2.0	36 800	5900	784	8.8～10.8
高强度[4]	5.6	403	37	32	23	12	20	53	31	90	450	1.8	1.8	360	720	1.8	33 800	5400	720	8.0～10.0
极高强度[4]	6.3	455	41	36	25	15	33	74	42	90	450	1.8	1.8	360	720	1.8	33 800	5400	720	8.0～10.0
种马																				

续表

适用情况	每日营养物质推荐量																		干物质采食量*（kg）
	UFC	MADC（g）	赖氨酸（g）	Ca（g）	P（g）	Mg（g）	Na（g）	Cl（g）	K（g）	Cu（mg）	Zn（mg）	Co（mg）	Se（mg）	Mn（mg）	Fe（mg）	I（mg）	维生素A（IU）	维生素D（IU）	维生素E（IU）	
非配种期[5]	4.6	334	30	24	15	8	12	35	24	90	450	1.8	1.8	360	720	1.8	29 300	3600	450	8.0～10.0
配种期																				
低强度	5.6	403	37	24	15	8	15	35	24	90	450	1.8	1.8	360	720	1.8	29 300	3600	450	8.0～10.0
中等强度	5.8	418	38	28	17	9	15	44	27	98	490	2.0	2.0	392	784	2.0	36 800	5900	784	8.8～10.8
高强度	6.7	484	44	32	23	12	15	53	32	98	490	2.0	2.0	392	784	2.0	36 800	5900	784	8.8～10.8

* 最低值为高精饲料日粮采食量，最高值则为粗饲料含量最高时的采食量。[1] 包括非活动状态下的阉马和母马。种马增加 0.3UFC 和 20g MADC。[2] 矮种马在马术学校的平均活动时长为每日 2h（马场数据）。[3] 骑马散步：1～2h 短时骑马。[4] 每日平均活动时长 1h（马场数据）。[5] 包括每天低强度活动 1h 的圈养种马

表 8.8　成年体重为 400kg 的矮种母马每日营养物质推荐量及采食量[1]

生理状态	每日营养物质推荐量																		干物质采食量*（kg）
	UFC	MADC（g）	赖氨酸（g）	Ca（g）	P（g）	Mg（g）	Na（g）	Cl（g）	K（g）	Cu（mg）	Zn（mg）	Co（mg）	Se（mg）	Mn（mg）	Fe（mg）	I（mg）	维生素A（IU）	维生素D（IU）	维生素E（IU）	
干乳期	3.2	230	21	16	11	6	8	32	20	70	350	1.4	1.4	280	560	1.4	22 800	2800	420	6.0～8.0
妊娠期																				
0～5 个月	3.2	230	21	16	11	6	8	32	24	70	350	1.4	1.4	280	560	1.4	22 800	2800	420	6.0～8.0
第 6 个月	3.4	280	26	20	14	6	8	32	25	73	365	1.5	1.5	290	580	1.5	30 500	4400	580	6.0～8.5
第 7 个月	3.6	282	26	22	16	6	9	32	25	73	365	1.5	1.5	290	580	1.5	30 500	4400	580	6.0～8.5
第 8 个月	3.8	298	27	23	17	6	9	32	25	73	365	1.5	1.5	290	580	1.5	30 500	4400	580	6.0～8.5
第 9 个月	4.0	326	30	27	20	6	9	32	26	78	390	1.6	1.6	310	620	1.6	32 600	4700	620	6.5～9.0
第 10 个月	4.2	389	35	31	22	6	9	32	26	83	410	1.7	1.7	330	660	1.7	34 700	5000	660	7.0～9.5
第 11 个月	4.3	417	38	33	25	6	9	32	26	88	440	1.8	1.8	350	700	1.8	36 700	5300	700	7.5～10.0

续表

生理状态		每日营养物质推荐量																			干物质采食量*（kg）
		UFC	MADC（g）	赖氨酸（g）	Ca（g）	P（g）	Mg（g）	Na（g）	Cl（g）	K（g）	Cu（mg）	Zn（mg）	Co（mg）	Se（mg）	Mn（mg）	Fe（mg）	I（mg）	维生素A（IU）	维生素D（IU）	维生素E（IU）	
泌乳期	产乳（kg/d）																				
第1个月	12.0	6.7	758	61	45	39	9	10	38	62	110	550	2.2	2.2	440	880	2.2	41 800	6600	550	9.5～12.5
第2个月	13.2	6.8	732	65	40	33	8	10	38	62	120	600	2.4	2.4	480	960	2.4	45 600	7200	600	10.5～13.5
第3个月	12.8	6.4	691	63	39	33	8	10	38	61	120	600	2.4	2.4	480	960	2.4	45 600	7200	600	10.5～13.5
第4个月	11.6	6.0	566	59	32	27	7	9	37	53	110	550	2.2	2.2	440	880	2.2	41 800	6600	550	9.5～12.5
第5个月	8.8	5.2	424	50	28	23	7	9	37	52	93	460	1.9	1.9	370	740	1.9	35 150	5550	460	8.0～10.5
第6个月	8.0	5.1	406	47	27	22	7	9	37	51	80	400	1.6	1.6	320	640	1.6	30 400	4800	400	7.0～9.0

* 最低值为高精饲料日粮采食量，最高值则为粗饲料含量最高时的采食量。[1] 顺利产驹 24h 后体重

表 8.9　成年体重为 400kg 的矮种马生长期每日营养物质推荐量及采食量

月龄	平均体重[1]（kg）	日增重（g/d）	每日营养物质推荐量																		干物质采食量*（kg）
			UFC	MADC（g）	赖氨酸（g）	Ca（g）	P（g）	Mg（g）	Na（g）	Cl（g）	K（g）	Cu（mg）	Zn（mg）	Co（mg）	Se（mg）	Mn（mg）	Fe（mg）	I（mg）	维生素A（IU）	维生素D（IU）	维生素E（IU）	
6～12	218	420	3.6	388	34	25	18	4	5	17	15	58	288	1.2	1.2	230	288	1.2	19 800	3500	460	5.0～6.5
18～24	328	180	4.5	265	28	29	20	5	7	26	21	70	350	1.4	1.4	280	350	1.4	24 500	3500	420	6.5～7.5
30～36	372	90	4.9	255	27	32	21	6	8	30	24	75	375	1.5	1.5	300	375	1.5	26 300	3800	450	7.0～8.0

* 最低值为高精饲料日粮采食量，最高值则为粗饲料含量最高时的采食量。[1] 该阶段体重变化中间值

1．体重 200kg 的矮种马　严格的休息状态下，矮种马维持能量需要比普通马低 16%。根据不同条件，维持能量需要有所增加：① 繁殖期种马，草场自然配种增加 20%，其他时期增加 10%。② 活动状态下，增加 5%（活动强度一般较低）。

由于维持蛋白质需要量与能量相关（65g MADC/UFC），不同条件下需要量也有类似变化，具体需要量见表 8.1～表 8.3。

2．体重 300～400kg 的矮种马　严格休息状态下，维持能量需要比普通马低 10%。根据不同条件，维持能量需要量有所增加：① 繁殖期种马，人工辅助配种增加 25%，其他时期增加 15%。② 活动状态下，增加 10%（活动强度比小型矮种马高）。

维持蛋白质需要量与能量相关（65g MADC/UFC），具体需要量见表 8.4～表 8.9。

8.2　室外饲养的马匹

天气变化会影响室外饲养马匹的能量消耗。尽管相关研究不多，针对天气条件制定饲养标准可减少其影响。

8.2.1　临界温度

1．定义　等热区是动物体温和周围环境温度可以达到平衡的温度范围。动物可以在不消耗额外能量的情况下持续保持体温在 38℃。临界温度下限（LCT）和临界温度上限（HCT）是适温区范围的极值，超过（或低于）这个温度，马匹在没有外部援助下无法维持体温恒定。

2．温度范围　适应温带气候的成年马在维持状态下的适温区为 5～25℃。适应寒冷气候的成年马，增加 50% 维持能量需要量时，适温区可降至 −15～10℃。也就是说，根据马匹对气候适应性情况，临界温度下限变化范围为 −15～5℃，临界温度上限变化范围为 10～25℃。由于马单位体重的体表面积相对较小，它的适温区范围也相对较广。适应炎热气候的成年马适温区有待于有了充足试验数据之后再制定。

适应寒冷气候且饲喂合理的青年马匹（>6 月龄）适温范围是 −10～16℃。新生马驹在出生 9 日内对气温变化较敏感，临界温度下限为 20℃，临界温度上限为 36～40℃。在马棚内提供充足垫草的情况下，新生马驹的临界温度下限可以再降低一些。

低温的影响随天气情况（如刮风、下雨等）而变化。在没有遮蔽设施的情况下，临界温度下限会有所改变。在高温情况下，动物靠增加出汗来调节体温。这个生理过程消耗能量，因此高温对能量消耗的影响会增加。INRA 的试验测出马在夏天（25～30℃）的能量需要比冬天（−5～5℃）高出 9%。高温高湿（HR > 60%）的天气会降低出汗对体温调节的效率，所以夏季放牧时，需要设置遮阳或通风设施。

3．影响因素　据 INRA 测热和饲养试验可知，温带地区（饲喂 60% 干草＋40% 大麦为基础的精饲料）乘用马（2～3 岁）在夏季的能量需要量比冬季高出 11%。乘用马和纯血马的临界温度下限没有差别，由于矮种马单位体重的体表面积大，因此不能承受相同的临界温度下限。

比赛期间，马的临界温度下限比非活动状态期间要有所提高，这是因为马的所有能量和生理机能都调动起来配合运动机能，临界温度下限要调高 1.5～2℃。

一般来说，有完整冬毛的马匹最耐寒，剃了毛的马匹尤其在维持状态下最不耐寒。马匹剃毛后临界温度下限提升 4～5℃。

8.2.2 适应

1．适应时长　马对炎热或寒冷气候的适应期通常需要 2～3 周。当昼夜温差在连续多日维持在较小幅度时，适应期可适当缩短。

2．能量代谢　在低温条件下（−20～−15℃），马的维持能量消耗比在适温区内（即需要量参照值）高出 3～4 倍。超出临界温度下限后，维持能量消耗呈线性增长（每降低 1℃，消耗量比参照值提高 2.5%）。低温时的能耗增加是由消化和代谢产热来调节的（第 1 章）。饲喂以草料为主的日粮时，额外产热比混合日粮高出 10%～20%。额外产热量也随饲喂量的增加而增加，INRA 试验测出：饲喂水平为维持状态 1.3 倍时，额外产热提高 39%。另外，INRA 用直接测热试验得出，饲喂混合日粮（60% 干草＋40% 大麦为基础的精饲料）的成年马在夏季的能量需要量比冬季低 9%。

3．应对措施　无论何种季节都可以将马饲养在室外，只需在超出适温区温度范围时采取保护措施。要保证马匹有良好体况（体况评分 BCS ≥3），且安排充足的适应期。冬季室外饲养的马匹能量消耗比室内圈养和夏季放牧时要高，因此需要提高能量供给：至少增加 0.5UFC 和 20g MADC（第 6 章，图 6.11）。

（1）冬季应对措施　冬季全天将马饲养在室外时，需要添设遮蔽设施以降低刮风、下雨或下雪的影响。夜晚在棚内的马匹白天在室外活动时需要覆盖毛毯。根据不同天气条件，这些措施可降低 9%～26% 的能量消耗。气温降低时还要增加饲喂量和日粮中草料比例。气温低于−10～−5℃时，马的维持能量需要增加（每降低 1℃需要量增加 2.5%，即每降低 1℃，相当于 500kg 成年马需要量增加 0.06～0.1UFC）。

例 8.1

500kg 成年马，气温－5℃。

维持需要量（休息状态）：4.1UFC（第 6 章，图 6.13）。

活动需要量：0.5UFC。

低温需要量：0.3UFC（0.06×5＝0.3UFC）。

总需要量＝4.9UFC。

日粮中草料含量提高到 90%，饲喂总量也随之提高。

为满足营养物质需要量，干物质采食量为 9～10kg（9×0.90 或 10×0.90＝8.1～9.0kg 干物质干草）。

最后，由于日粮中草料含量高，要保证自由饮水。

（2）夏季应对措施　一旦气温超过 25℃，能量消耗就会增高，这时需要天然（如树木等）或人工遮蔽物。高温时要特别照顾马驹。一些马场在中午将马驹赶回马棚庇荫。至于在室外活动的成年马，特别是高活动量的马，可以通过提高日粮能量浓度来降低额外产热。例如，在日粮中添加 5% 的脂肪可降低 10%～14% 的额外产热。另外，在这一时期还要控制日粮中的蛋白质含量。由于钠、钾、氯的消耗增加，要注意保证充足的饮水量和矿物盐舔砖供应。

8.3 老年马匹

如今马的寿命越来越长。一方面是因为低强度的娱乐型骑马活动越来越多，如在法国，80% 的人是出于爱好参加骑马活动；约 150 万人经常骑马，至少有 200 万人只是偶尔骑马，从而导致 80% 的马的年龄都比较大。另一方面是由于伦理道德的原因，人们愿意尽量长久供养年老的马匹。

8.3.1 老年马的定义

年龄多大的马可以算是老年马呢？以人类来做参照的话，20 岁的马相当于 60 岁的人（1∶3 的比例）。这个计算比例适用于 3 周岁以上的马。然而，这还不是唯一影响衰老程度的因素，还需要考虑马的用途，马的使用情况不同会造成非常大的个体差异。

马的衰老可通过其外部体征表现出来。随着年龄的增长，生理和代谢功能降低。尽管有一些疾病是衰老所致（属于老年医学范畴），但不是所有的病都会影响生理和代谢功能。

8.3.2 老年马的营养状态

随着年龄的增长，一些衰老的标志渐渐出现：外貌、行为、组织和器官功能的变化。外貌变化包括眼睛和鼻孔周围、甚至全身出现灰毛；可能出现摇摆背；肩部和臀部消瘦；肩骨和脊柱凸显。老年马匹的采食行为在不知不觉中出现变化：采食偏好、胃口、摄食频率发生变化，不规律饮水甚至饮水不足出现脱水。老年马对周围环境（人、其他马匹等）的刺激不敏感，因此饲养员和马主需要注意观察照顾这些马，并避免它们无人照管。年龄增长也会导致体况变差：体脂含量降低、体况评分降至 2.5 分左右；肌肉缩小，出现骨质疏松的征兆。另外，出现外伤时还容易引起感染。

老年马的消化能力也会降低（约 5% 的干物质消化率）。软粪或类似腹泻的情况偶有发生，没有规律。成年马每天排出 15～30kg 粪便（平均干物质含量为 20%），老年马会可出现消化停滞或者消化阻梗的情况。由于消化和吸收功能的降低，营养物质的供应往往不能满足其需要。

最后，由于老年马肝功能和肾功能的降低，它们对消化和代谢废物的排出能力也受到影响。随之出现尿液颜色深浅不一、气味难闻的情况。所有这些征兆说明调节这些器官和组织代谢及免疫系统的激素（性激素、生长激素和胰岛素等）分泌减少、活性降低。

8.3.3 老年马的营养物质需要量

和人类一样，马的维持能量需要随着年龄的增长而降低（降 10%～20%）。这主要是由活动量和肌肉总量减少造成的。老年马的维持蛋白质需要量也降低（降 20%～35%），这是由于蛋白质分解代谢和合成代谢失衡造成的。另外，消化试验结果表明，老年马的矿物元素消化率降低（降 4%～11%），因此矿物质需要量会有所增加。

8.3.4 老年马的饲养

制定老年马的饲养方案是为了降低年龄增长带来的影响，使其生理和代谢功能保持在最佳状态。然而，老年马的试验数据并不多。

除了单纯的饲喂，还需要通过其他一些措施（如在草场放牧或安排开放型马棚等）来刺激马的物理活动，并进行短时但有规律的训练以维持肌肉数量和骨骼强度。活动可以促进骨量增长。另外，兽医要定期检查牙齿健康状况。

日粮应能维持理想的体重和体况（体况评分 BCS 大于 2.5，最好维持在 3.0，见第 1 和 2 章介绍），因为体重、体况一旦降低就很难恢复。尽管活动量不大，日粮中还是要包含草料和精饲料。粗纤维含量不能少于日粮干物质的 20%。日粮组分和特点取决于马的喂养经历、维持体况的能力及其活动量的大小。可采用第6章闲适或低活动量马的饲喂标准和第2章中维持体况的措施。

可以用不同饲料来刺激马的食欲和消化。裹包青贮牧草的干物质含量高（60%～70%），适口性更好且含灰尘少（第9和11章），与干草相比更适合饲喂老年马。抽穗初期收割的牧草中简单碳水化合物（糖）和蛋白质含量较高，消化率也更高一些（第12和16章）。如果出现咀嚼困难的情况，可以将干草切碎。对于精饲料来说，要限制谷物籽粒的含量以避免出现消化紊乱及对复杂碳水化合物（淀粉）的不耐受（从而依靠胰岛素调节低血糖）。可用脂肪来代替一部分谷物饲料来提供能量。另外，小麦麸和亚麻籽粕中半纤维素和黏多糖含量较高，可添加到日粮中促进消化道活动。如果马的牙齿出现问题，可考虑用软质颗粒或挤压膨化精饲料来代替普通硬质精饲料，也可以用胡萝卜、甜菜或苹果等来增进马的食欲。但要注意限量，因为这些饲料有通便作用。

日粮粗蛋白含量应占日粮干物质的10%～12%（第2和6章）。应选用优质蛋白饲料，如豆粕、苜蓿，或乳制品副产品（赖氨酸和苏氨酸含量较高）。富含必需脂肪酸的饲料，如植物油（大豆油、亚麻油和油菜籽油等）或鱼油（添加抗氧化物以防止酸败）也可以添加。

经兽医诊断出马已出现代谢或消化紊乱，可以在短期限内使用一些功能性饲料（第9章）。

牧草抽穗初期至中期品质优良时，可以让马到草场放牧（第10章）。推荐采用轮牧管理方式以保障牧草的连续供应及控制寄生虫（第1、2和10章）。由于高温导致能耗增加，在炎热季节要提供遮阳设施，并提供矿物质舔砖（第2、13章）。

8.4　驴

8.4.1　综述

驴（*Equus asinus*）与马都是马科马属（*Equus*）家畜，但不同种（*asinus*）。在温带，驴的数量已经不如从前，所幸有些专门选育项目的实施使得许多毛驴品种得以保存。过去10年间，越来越多的人把驴作为宠物养殖，一些地方开始兴起把驴作为徒步旅行的驮畜。在热带地区，对役用驴的需求一直存在。驴通常在草场放牧，在围栏过冬，饲喂贮存牧草和补充料。在意大利等国家，一些母驴用于产奶以生产婴儿配方奶粉，用于对普通奶过敏的新生婴儿。在南部有专门化的母驴牧场，由机械榨乳，这促进了产奶母驴的研究。一般可以饲喂母驴干草和谷物饲料，以及一些补充料。

在气候炎热的地区（包括干旱或潮湿的地区），特别是农业占主要地位的发展中国家，驴主要是役用（包括与农业有关的劳作和驮畜）。根据世界粮食及农业组织的数据，全世界有5800万头驴用于役用：亚洲2300万头，非洲1700万头，南美洲900万头，其他地区900万头。根据CIRAD（法国农业发展研究中心）的数据，在非洲的半干旱和亚热带地区（海拔400～800m，年降雨800～2000mm），人们用驴来耕地。在这些农业地区，驴比牛更受青睐，这是因为以单位体重计，驴的功率（116W/100kg BW）比牛（80W/100kg BW）更大。而且，养驴也更容易一些。

8.4.2 驴的营养

采食量以每千克体重的干物质摄入量计，无论采食何种草料（中等的或劣质的，未切短的或制粒的，补充能量或未补充的，添加能量蛋白质补充料或未添加的），驴的采食量与矮种马相近或更高。与矮种马相比，驴的采食量受草料品质变化的影响较小（表8.10）。

表 8.10 驴和矮种马采食量（g 干物质 /kg $BW^{0.75}$）

（参考自 Tisserand et al.，1991； Suhartanto and Tisserand，1996）

动物种类	秸秆						干草（鸭茅＋苜蓿）	
	未处理	加糖蜜	压缩颗粒	添加精饲料				
				谷物	谷物＋大豆粕	谷物＋尿素	长条	压缩
驴	58～62	57	50	59	64	61	88	59
矮种马	41～53	53	48	37	41	42	101	57

一般情况下，驴对草料的消化率比矮种马高一些，它们对细胞壁有很好的消化能力。但是粗饲料中补充了能量或能量蛋白饲料后，这个优势就不明显了（表8.11）。另外，驴对劣质草料中易消化部分挑选能力更强（尤其在自由采食的条件下），而且饲料在驴消化道内存留时间也较长，这些均决定了驴对粗饲料有很好的消化能力。

表 8.11 驴和矮种马对粗饲料日粮或精粗混合日粮的消化率

（参考自 Tisserand et al.，1991； Suhartanto et al., 1992）

物种	秸秆						干草	
	全粗饲料饲喂			结合精饲料				
	未切	加糖蜜	压缩颗粒	谷物	谷物＋大豆粕	谷物＋ 尿素	未切	压缩颗粒
	有机物							
驴	34～40	52	48	52	46	54	55	57
矮种马	35～39	46	42	53	50	59	52	52
	胞壁成分：粗纤维或NDF							
驴	（38）[1]～41	（46）	47	38	31	41	42	48

续表

物种	秸秆						干草	
	全粗饲料饲喂			结合精饲料				
	未切	加糖蜜	压缩颗粒	谷物	谷物＋大豆粕	谷物＋ 尿素	未切	压缩颗粒
矮种马	（38）～40	（41）	39	34	29	41	41	47
	粗蛋白							
驴	—[2]	54	—	50	65	67	69	—
矮种马	—	44	—	49	64	68	65	—

[1]括号表示劣质粗饲料。[2]无有效数据

无论是驴还是矮种马对优质草料（如干草）的消化率均高于劣质草料（如秸秆，表 8.11）。在粗饲料中添加谷物或蛋白质饲料时，粗饲料中有机物的消化率会提高。驴对蛋白质的消化率比矮种马高。

驴对细胞壁的消化率也高于矮种马，因为饲喂鸭茅、苜蓿或小麦秸秆时，驴消化道中分解纤维素细菌的活性较高（高 17%）。同样饲喂小麦秸秆（添加或不添加谷物或蛋白质饲料）时，驴的大肠中挥发性脂肪酸产量比矮种马高 28%～40%。饲喂干草或小麦秸秆补充谷物时，驴和矮种马对蛋白质消化率很相近。但如果只饲喂品质较差的粗饲料，驴对蛋白质的消化率高一些。这是因为在蛋白质供应量较低时，驴对内源尿素的回收利用率高达 75%，而矮种马只有 50%。

8.4.3　产奶

在意大利，驴奶有医疗用途，挤奶已经机械化。由此带动相关研究，增进了我们对驴泌乳的认识。母驴日均产奶 0.8～2.0L，泌乳期为 200～300d。意大利当地品种（Martina Franca Ragusano、Romagnolo、Grigio Siciliano）的产奶能力为 0.5～1.3L/100kg BW。母驴产奶量与产驹日期和放牧天数相关。和母马一样，母驴的产奶量随着泌乳期的推进逐渐降低。

驴奶中干物质、脂肪、蛋白质和矿物元素的含量较低，但乳糖的含量很高（表 8.12）。驴奶脂肪中短链脂肪酸、中等链长脂肪酸及多不饱和脂肪酸 C18:（2*n*-6）和 C18:（*n*-3）的含量较高。

表 8.12　母驴和其他哺乳动物乳成分（g/L）比较（参考自 Doreau and Martin-Rosset，2002；Doreau et al.，2002；Martuzzi and Doreau，2003；Polidori et al.，1994；Salimei and Chiofalo，2006）

	母驴	母马	人	母牛
干物质	80～180	100～120	110～122	120～130
脂肪	3～6	10～20	35～40	35～42

续表

	母驴	母马	人	母牛
蛋白质	14～19	15～28	9～17	31～38
乳糖	65～69	55～65	65～70	45～50
矿物质	3～4	3～5	18～22	7～8

驴奶中粗蛋白组成主要是酪蛋白，以及少量乳清蛋白和非蛋白氮。乳蛋白和脂肪含量随着泌乳期的推进逐渐降低，而乳糖含量增长到一个峰值后稳定下来（尽管奶中的能量含量开始降低）。

8.4.4 代谢和营养需要量

1．能量消耗　驴的能量消耗一般是根据休息状态下驴的耗氧量或在饲养试验中对驴的实际观察估算出的。用单位代谢体重表示，驴的能量消耗比马低20%～25%。因此，不可以用马测定的数据来推出驴的维持需要。驴的能量需要为0.0300～0.0320kcal NE/kg $BW^{0.75}$，比矮种马稍微低一些。由于没有其他更准确的数据，目前认为驴的维持能量需要与矮种马相同：0.0333kcal NE/kg $BW^{0.75}$。

工作状态下驴的能量消耗表示成与马在维持状态下的相对值相似，但是当驴站立负重时，比马低（表8.13）。驴和矮种马拉双轮轻便马车时或耙地行走10km距离时，其能量消耗分别是维持的1.57～1.91倍与1.56～1.85倍。工作状态下的矮种马的单位代谢体重能量需要估测值可用于驴。

表8.13　驴和马在不同状态下的能耗（参考自Guerouali et al.，2003）

物种	休息（kcal/kg $BW^{0.75}$）	不同状态维持能耗		
		负重休息	行走	负重行走
驴	12.6	×1.2	×1.8*	2.1
马	15.2	×1.4	×1.7	2.0

* Dijkman（1992）认为是1.7

2．蛋白质消耗　驴的蛋白质消耗量还没有准确测定，但可以推断与马的消耗量相似，也同能量消耗量相关。然而，驴的蛋白质需要量还是应该比马低一些，因为驴对饲料蛋白质的消化率和内源尿素的重利用率更高。因此，驴可以采用矮种马的蛋白质需要量。

3．需水量　根据活动量、气候条件和饲料的不同，驴的需水量为35～75g/kg BW。驴可以耐受不饮水直至体重减少30%。恢复供水后，驴可以在短时间补足缺失的水分。在断水36～48h后，驴对草料的采食量还可以达到平时的80%～82%，而矮种马只能达到70%～75%。

8.4.5 饲喂标准

1．营养物质推荐量　　除了役用驴（Pearson，2005；Pearson and Vall，1998；Ram et al.，2004），目前还没有像马那样经过长期饲养试验确立起的饲养标准。

2．饲料和水的供应

（1）温带气候　　在温带气候条件下，可以按照矮种马的标准来饲喂驴，要保障至少80%的牧草是在抽穗末期或盛花期之前收割的。此外还要考虑到驴的体重较轻：100～200kg。

（2）炎热气候　　在温带地区，驴的饲料主要是当地收割的富含细胞壁的粗饲料（或者放牧）、谷物副产品（小米、大米、高粱和玉米秸秆）、棉花及食品工业副产品（坚果壳、坚果粕、棉籽粕、啤酒酵母和麸皮）。

关于驴的粗饲料和精饲料饲喂量（及供水）的试验数据不多（表8.14～表8.16）。随着劳作强度的增加，精饲料的给量也随之增加。不能用精饲料替换粗饲料，以劣质的粗饲料为基础的日粮，可补充20%～35%精饲料，因此粗饲料饲喂量保持不变，劳作状态下只是精饲料的饲喂量比休息状态或轻度劳作时有所增加。饮水量可以由体重大小（估测长期非活动状态下体重）和气候条件来计算（将温度和湿度整合为温度-湿度指数，即ITH）。

表8.14　休息状态和泌乳期驴的日粮（kg DM/100 kg BW）（参考自Pearson，2005）

	粗饲料[1]	精饲料	总计
维持状态	2.2～2.5	0.0～0.25	2.5
泌乳（0～3个月）	0.6～0.8	1.2～1.4	2.0

[1] 取决于粗饲料品质

表8.15　撒哈拉以南热带地区（喀麦隆）试验日粮示例（kg DM/100kg BW）
（参考自Vall et al.，2003a）

工作时长	拉力							
	休息		占体重					
			10 %		14 %		18 %	
	F[1]	C[2]	F	C	F	C	F	C
0h	1.8	0.34	—[3]	—	—	—	—	—
1h			1.9	0.52	1.9	0.59	1.9	0.64
2h	—	—	2.0	0.69	2.0	0.84	1.9	0.92
3h	—	—	2.1	0.87	2.0	1.08	—	—
4h	—	—	2.1	1.04	—	—	—	—

[1] 玉米秸秆。[2] 精饲料：32%棉籽＋32%麦麸＋32%酿酒酵母＋4%矿物元素及维生素。[3] 无有效数据

表 8.16 撒哈拉以南热带地区（喀麦隆）役用驴试验相应饮水量（L/100 kg BW）
（参考自 Vall et al.，2003a）

工作时长	拉力			
	休息	体重占比（%）		
		10%	14%	18%
0h	7.7～10.0	—[1]	—	—
2h	—	10.4～11.0	8.3～11.1	10.6～11.2
3h	—	11.9～14.9	11.8～14.6	—

[1] 无有效数据

驴劳作时的饮水量为休息状态的 1.1～1.5 倍（表 8.16）。个体间差异约为 5%，但日间差异可达到 13%。炎热季节的饮水量比寒冷季节可高出 20%～25%。可将劳作时长（D_w）、气候条件指数（ITH）和工作强度（I_w）代入 Vall 等（2003a）提出的公式计算饮水量：

$$\mathrm{WI}\ (\mathrm{L/d}) = 0.79D_w + 0.51\,\mathrm{ITH} + 0.09\,I_w - 32.34 \qquad R^2 = 0.87$$

需要快速估测时，可以简化计算：工作每增加 1h 饮水增加 0.8L，ITH 每增加一个单位饮水增加 0.5L。

3．体重估测和体况评分　同马一样，驴的日粮配合也要依据体重和体况评分。基于对大量摩洛哥驴群体的研究，Pearson 和 Ouassat（1996）建立了预测驴体重的方法。不同年龄阶段用不同的模型。

成年驴（74～353kg，≥3 岁）：

$$体重（\pm 20）= \frac{\mathrm{TP}^{2.12} \times L^{0.688}}{3.801}$$

$$n = 500 \quad R^2 = 0.84$$

式中，体重单位为 kg；TP 为胸围（单位：cm，测量方法见第 2 章）；L 为体长（单位：cm，肩部中点至臀骨中点间长度）。

青年驴（52～158kg，3 岁以下）：

$$体重（\pm 11）= \frac{\mathrm{OP}^{1.40} \times L^{1.09}}{1000}$$

$$n = 16 \quad R^2 = 0.87$$

式中，体重单位为 kg；OP 为腰围（单位：cm），脐部腰围长度；L 为体长（单位：cm，测量方法同成年驴）。

CIRAD（法国农业发展研究中心）依据对喀麦隆 5 种类型驴的研究，开发了一套直观的驴体况测量方法。这套方法已经在驴饲养试验和生产实践中得到验证，具体见图 8.1。

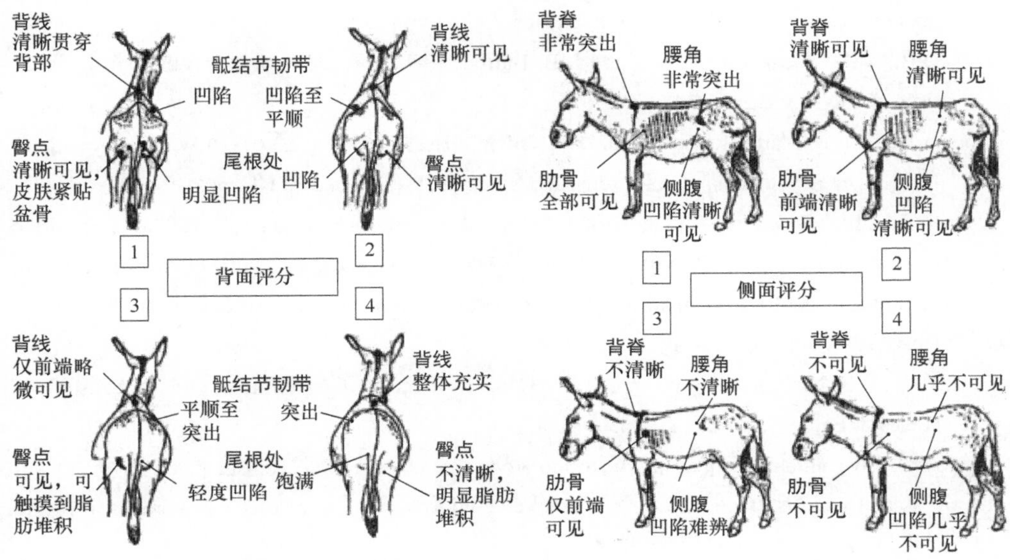

图 8.1　驴的体况评分视觉评估方法中的图示法（引自 Vall et al., 2003 b）

参考文献

Aganga, A. A., M. Letso and A.O. Aganga, 2000. Feeding donkeys. Livest. Res. Rural. Dev., 12(2), 1-8.

Barth, K.M., J.W. Williams and D.G. Brown, 1977. Digestible energy requirements of working and non-working ponies. J. Anim. Sci., 44, 585-589.

Brosnahan, M.M. and R.M Paradis, 2003. Demographic and clinical characteristics of geriatric horses: 467 cases (1989-1999). J. Am. Vet. Med. Assoc., 223, 93-98.

Carretero-Roque, L., B. Colunga and D.G. Smith, 2005. Digestible energy requirements of Mexican donkeys fed oat straw and maize stover. Trop. Anim. Health Prod., 37, 123-142.

Chiofalo, B., C. Drogoul and E. Salimei, 2006. Other utilisation of mare's milk and ass's milk. *In*: Miraglia N. and W. Martin-Rosset (eds.) Nutrition and feeding the broodmare. EAAP Publications no. 120. Wageningen Academic Publishers. Wageningen, the Netherlands, pp. 123-147.

Cuddeford, D., R.A. Pearson, R.F. Archibald and R.H. Murihead, 1995. Digestibility and gastro-intestinal transit time of diets containing different proportions of alfalfa and oat-straw given to thoroughbreds, Shetland ponies, Highland ponies and donkeys. Anim. Sci., 61, 407-417.

Cymbaluk, N. and D.A. Christiensen, 1986. Nutrient utilization of pelleted and unpelleted forages by ponies. Can. J. Anim. Sci., 66, 237-244.

Dijkman, J.T., 1992. A note on the influence of negative gradients on the energy expenditure of donkeys walking, carrying and pulling loads. Anim. Prod., 54, 153-156.

Dill, D.B., M.K. Youssef, C.R. Cox and R.B. Barton, 1980. Hunger vs. thirst in the burro (*Equus asinus*). Physiol. Behav., 24, 975-978.

Doreau, M. and W. Martin-Rosset, 2002. Dairy animals. Horse. *In* : Roginski, H., J.W. Frequay and P.F. Fox (eds.) Encyclopedia of dairy sciences. Academic Press, London, UK, pp.630-637.

Doreau, M., J.L. Gaillard, J.M. Chobert, J. Léonil, A.S. Egito and T. Haertlé, 2002. Composition of mare and donkey milk fatty acids and proteins and consequences on milk utilisation. *In*: Miraglia, N. (ed.) 4th Annual Meeting Proceedings: New findings in equine practice, Italy. University Campobasso, Italy, pp. 51-71.

Elsinga, L., B.D. Nielsen and H.C. Shottet, 2011. Effect of age on digestibility of various feedstuffs in horses. J. Equine Vet. Sci., 31, 268-269.

FAOSTAT. Live animals (data) http: //www.fao.org/faostat/en/#data/QA accessed 25.06/2017.

Faurie, F. and J.L. Tisserand, 1994. Comparative cellulolytic activity of caecum microbes in ponies and donkeys. Ann. Zootech., 49, 281.

Graham-Thiers, P.M. and D.S.S. Kronfeld, 2005. Dietary protein influences acid-base balance in sedentary horse. J. Equine Vet. Sci., 25, 434-438.

Graham-Thiers, P.M., D.S.S. Kronfeld, C. Hatsell, K. Stevens and K. McCreight, 2005. Amino acid supplementation improves muscle mass in aged and young horses. J. Anim. Sci., 83, 2783-2788.

Guerouali, A., H. Bouayard and M. Taouil, 2003. Estimation of energy expenditures in horses and donkeys at rest and when carrying a load. *In*: Pearson, R.A., P. Lhoste, M. Saastamoinen and W. Martin-Rosset (eds.) Working animals in agriculture and transport. A collection of some current research and development observations. EAAP Technical Series no. 6. Wageningen Academic Publishers, Wageningen, the Netherlands, pp. 75-78.

Hale, C. and M.J.S. Moore-Colyer, 2001. Voluntary feed intakes and apparent digestibilities of hay, big bale grass silage and red clover silage by ponies. *In*: 17th ESS Proceedings, USA, pp. 468-469.

Hintz, H.F. and H.F. Schryver, 1972. Nitrogen utilization in ponies. J. Anim. Sci., 34, 592-595.

Hintz, H.F. and H.F. Schryver, 1973. Magnesium, calcium and phosphorus metabolism in ponies fed varying levels of magnesium. J. Anim. Sci., 37, 927-930.

Hintz, H.F. and H.F. Schryver, 1976. Potasium metabolism in ponies. J. Anim. Sci., 42, 637-643.

Hintz, H.F., D.E. Hogue, E.F. Walker, J.E. Lowe and H.F. Schryver, 1971. Apparent digestion in various segments of the digestive tract of ponies fed diets with varying roughage-grain ratios. J. Anim. Sci., 32, 245-248.

Hintz, H.F., R.A. Argenzio and H.F. Schryver, 1970. Digestion coefficients, blood glucose levels, and molar percentage of volatile fatty acids in intestinal fluid of ponies fed diets with varying roughage-grain ratios. J. Anim. Sci., 32, 992-995.

Horohov, D.W., A. Dimock and P. Guirmalda, 1999. Effect of exercise on the immune resposne of young and old horse. Am. J. Vet. Res., 60, 643-647.

Izraely, H., I. Chosniak, C.E. Stevens and A. Shkolnik., 1989. Energy digestion and nitrogen economy of the domesticated donkey (*Equus asinus*) in relation to food quality. J. Arid Environ., 17, 97-101.

Izraely, H., I. Choshniak, C.E. Stevens, M.W. Demment and A. Shkolnik, 1989. Factors determining the digestive efficiency of the domesticated donkey (*Equus asinus*). Q. J. Exp. Physiol., 74(1), 1-6.

Jordan, R.M., 1977. Growth pattern of ponies. *In*: 5th ESS Proceedings, USA, pp. 101-112.

Jordan, R.M., 1979a. A note on energy requirements for lactation of pony mares. *In*: 6th ESS Proceedings, USA, pp. 27-30.

Jordan, R.M., 1979b. Effect of thiamin and vitamin A and D supplementation on growth of weanling ponies. *In*: 6th ESS Proceedings, USA, pp. 67-69.

Jordan, R.M., 1985. Effect of energy and crude protein intake on lactating pony mares. *In*: 8th ESS Proceedings, USA, pp. 90-94.

Jordan, R.M. and V.S. Myers, 1972. Effect of protein levels on the growth of wean eanling and yearling ponies. J. Anim. Sci., 34, 578-581.

Jordan, R.M., V.S. Meyers, B. Yoho and F.A. Spurrell, 1975. Effect of calcium and phosphorus levels on growth, reproduction and bone development of ponies. J. Anim. Sci., 40, 78-85.

Keever, K.H. and K. Malinovsky, 1997. Exercise capacity in young and old mare. Am. J. Vet. Res., 58, 1468-1472.

Keever, K.H., T. Eaton and S. Geiser, 2010. Age-related decreases in thermoregulation and caridovascular function in horses. Equine Vet. J., 42, Suppl. 38, 220-227.

Malinowski, K., R.A. Christensen, A. Konopka, C.G. Scanes and H.D. Hafs, 1997. Feed intake, body weight, body condition score, musculation and immunocompetence in aged mares given equine somatotropin. J. Anim. Sci., 75, 755-760.

Martin-Rosset, W., 2018. Donkey nutrition and feeding: nutrient requirements and recommended allowances-A review and prospect. J. Equine Vet. Sci., 65, 75-85.

Martuzzi, F. and M. Doreau, 2003. Mare milk composition: recent findings about protein fractions and mineral content. *In*: Miraglia, N. and W. Martin-Rosset (eds.) Nutrition of the broodmare. EAAP Publications no. 120. Wageningen Academic Publisers, Wageningen, the Netherlands, pp. 65-76.

McCann, J.S., T.N. Meacham and J.P. Fontenot, 1987. Energy utilization and blood traits of ponies fed fat-supplemented diets. J. Anim. Sci., 65, 1019-1026.

McLean, B.M.L., J.J. Hyslop, A.C. Longland and D. Cuddeford, 1998. Effect of physical processing on *in situ* degradation of barley in the cecum of ponies. Br. Soc. Anim. Sci. Proc., pp. 127.

McLean, B.M.L., J.J. Hyslop, A.C. Longland, D. Cuddeford and T. Hollands, 1999. Apparent digestibility in ponies given rolled, micronised or extruded barley. Br. Soc. Anim. Sci. Proc., pp. 133.

Miraglia, N., M. Polidori and E. Salimei, 2003. A review of feeding strategies, feeds and management of equines in Central-Southern Italy. *In*: Pearson, R.A., P. Lhoste, M. Saastamoinen and W. Martin-Rosset (eds.) Working animals in agriculture and transport. A collection of some current research and development observations. EAAP Technical Series no.6. Wageningen Academic Publishers, Wageningen, the Netherlands, pp. 103-112.

Mueller, P.J. and K. A. Houpt, 1991. A comparison of the responses of donkeys (*Equus asinus*) and ponies (*Equus caballus*) to 36 hrs water deprivation. *In*: Fielding, D. and R. A. Pearson (eds.) Donkey, mules and horses in tropical agricultural development. University of Edinburgh Press, Edinburgh, UK, pp. 86-95.

Mueller, P.J., H.F. Hintz, R.A. Pearson, P. Lawrence and P.J. Van Soest, 1994a. Voluntary intake of roughage diets by donkeys. *In*: Bakkoury, M. and A. Prentis (eds.) Working equines. Actes Editions, Rabat, Morocco, pp. 137-148.

Mueller, P.J., M.T. Jones, R.E. Rawson, P.J. Van Soest and H.F. Hintz, 1994b. Effect of increasing work rate on metabolic responses of the donkey (*Equus asinus*). J. Appl. Physiol., 77, 1431-1438.

Mueller, P.J., P. Protos, K.A. Houpt and P. J. Van Soest, 1998. Chewing behaviour in the domestic donkey (*Equus asinus*) fed fibrous forage. Appl. Anim. Behav. Sci., 60, 241-251.

Nengomasha, E.M., R.A. Pearson and T. Smith, 1999.The donkey as a draught power resource in smallholder farming in semi-arid western Zimbabwe. Ⅰ. Live weight and food water requirements. J. Anim. Sci., 69, 297-304.

NRC, 2007. Nutrient requirements of horses. Animal nutrition series. 6th revised edition. The National Academia, Washington DC, USA.

Olsman, A.F.S., W.L. Jansen, M.M. Sloet Van Oldruttenborg-Oosterbaan and A.C. Beynen, 2003. Asssessment of the minimum protein requirement of adult ponies. J. Anim. Physiol. Anim. Nutr., 87, 205-212.

Ouedraogo, T. and J.L. Tisserand, 1996. Etude comparative de la valorisation des fourrages pauvres chez l'âne et le mouton. Ingestibilité et digestibilité. Ann. Zootech., 45, 437-444.

Pagan, J.D. and H.F. Hintz, 1986. Composition of milk from pony mares fed various levels of digestible energy. Cornell Vet., 76, 139-148.

Pagan, J.D, H.F. Hintz and T.R. Rounsaville, 1984. The digestible energy requirements of lactating pony mare. J. Anim. Sci., 58, 1382-1387.

Pearson, R.A., 2005. Nutrition and feeding of donkeys in veterinary care of donkeys. *In*: Mathews, N.S.

and T.S. Taylor (eds.) International veterinary information service, Ithaca, New York, USA.

Pearson, R.A. and J.B. Merritt, 1991. Intake, digestion and gastrointestinal transit time in resting donkeys and ponies and exercised donkeys given ad libitum hay and straw diets. Equine Vet. J., 23, 339-343.

Pearson, R.A. and M. Ouassat, 1996. Estimation of the liveweight and a body condition scoring system for working dondeys in Moroco. Vet. Rec., 138, 229-233.

Pearson, R.A., E. Nengomasha and R.C. Krecek, 1995. The challenges in using donkeys for work in Africa. Paper presented at ATNESA Workshop "Meeting the challenges of animal traction" 4-8 December. Ngong Hills, Kenya.

Pearson, R.A., J.T. Dijkman, R.C. Krecek and P. Wright, 1998. Effect of density and weight of load on the energy cost of carrying loads by donkeys and ponies. Trop. Anim. Health Prod., 30(1), 67-78.

Pearson, R.A., M. Alemayehu, A. Tesfaye, D.G. Smith, G. Kebede and M. Asfaw, 2003. Management, health and reproduction of donkeys used for work in peri-urban areas of West and East Shewa, Ethiopia, a survey. *In*: Pearson, R.A., P. Lhoste, M. Saastamoinen and W. Martin-Rosset (eds.) Working animals in agriculture and transport. A collection of some current research and development observations. EAAP Technical Series no. 6. Wageningen Academic Publishers, Wageningen, the Netherlands, pp. 123-144.

Pearson, R.A., R.F. Archibald and R.H. Muirhead, 2001. The effect of forage quality and level of feeding on digestibility and gastrointestinal transit time of oat straw and alfalfa given to ponies and donkeys. Br. J. Nutr., 85, 599-606.

Prior, R.L., H.F. Hintz, J.E. Lowe and W.J. Visek, 1974. Urea recycling and metabolism of ponies. J. Anim. Sci., 8, 565-571.

Ralston, S.L. and L.H. Breuer, 1996. Field evaluation of a feed formulated for geriatric horses. J. Equine Vet. Sci., 16, 334-338.

Ralston, S.L., C.F. Nockels and E.L. Squires, 1988. Differences in diagnostic-tests results and hermatologie data between aged and young horse. Am. J. Vet. Res., 49, 1387-1392.

Ralston, S.L., E.L. Squires and C.F. Nockels, 1989. Digestion in the aged horse. J. Equine Vet. Sci., 9, 203-205.

Ralston, S.L., K.M. Malinowski and R. Christensen, 2001a. Digestion in the aged horse-revisited. J. Eq. Vet. Sci., 21(7), 310-311.

Ralston, S.L., K.M. Malinowski and R. Christensen, 2001b. Nutrition of the geriatric horse. *In*: Bertone, J. (ed.) Equine geriatric medicine and surgery. Elsevier Publishing, St Louis, MO, USA, pp. 169-171.

Ram, J.J., R.D. Padalkar, B. Anuraja, C. Hallikeri, J.B. Deshmanya, G. Neelkanthayya and V. Sagar,

2004. Nutritional requirements of adulte donkeys (*Equus asinus*) during work and rest. Trop. Anim. Health Prod., 36, 407-412.

Salimei, E. and B. Chiofalo, 2006. Asses: milk yield and composition. *In*: Miraglia, N. and W. Martin-Rosset (eds.) Nutrition of the broodmare, Italy. EAAP Publications no. 120. Wageningen Academic Publisers, Wageningen, the Netherland, pp. 117-132.

Schmidt, O., E. Deegen, H. Fuhrmann, R. Duhlmeier and H.P. Sallmann, 2001. Effects of fat feeding and energy level on plasma metabolites and hormones in Shetland ponies. J. Vet. Med. A., 48, 39-49.

Schryver, H.F, H.F. Hintz and P.H. Craig, 1971a. Calcium metabolism in ponies fed high phosphorus diet. J. Nutr., 101, 259-264.

Schryver, H.F, H.F. Hintz and P.H. Craig, 1971b. Phosphorus metabolism in ponies fed varying levels of phosphorus. J. Nutr., 101, 1257-1263.

Schryver, H.F, P.H. Craig and H.F. Hintz, 1970. Calcium metabolism in ponies fed varying levels of calcium. J. Nutr., 100, 955-964.

Slade, L.M. and H.F. Hintz, 1969. Comparison if digestion in horses, ponies, rabbits and guinea pigs. J. Anim. Sci., 28, 842-843.

Starkey, P. and M. Starkey, 2004. Regional world trends in donkey populations. *In*: Starkey, P. and D. Fielding (eds.) Donkeys, people and development. Animal Traction Network for Eastern and Southern Africa (ATNESA). CTA, Wageningen, the Netherlands.

Suhartanto, B. and J.L. Tisserand, 1996. A comparison of the utilization of hay and straw by ponies and donkeys. *In*: Van Arendonk, J. A. M. (ed.) Book of Abstracts of the 47th Annual Meeting of the European Association for Animal Production. EAAP Book of Abstracts Series no. 2. Wageningen Pers, Wageningen, the Netherlands, pp. 298.

Suhartanto, B., V. Julliand, F. Faurie and J.L. Tisserand, 1992. Comparison of digestion in donkey and ponies. *In*: 1st European Conference on Equine Nutrition Proceedings. Pferdeheilkunde Sondergabe, pp. 158-161.

Tisserand, J.L. and R.A. Pearson, 2003. Nutritional requirements, feed intake and digestion in working donkeys: a comparison with other work animals. *In*: Pearson R.A., P. Lhoste, M. Sasstamoinen and W. Martin-Rosset (eds.) Working animals in agriculture and transport. A collection of some current research and development observations. EAAP Technical Series no.6. Wageningen Academic Publishers, Wageningen, the Netherlands. pp. 63-73.

Tisserand, J. L., F. Faurie and M. Toure, 1991. Comparative study of donkey and pony digestive physiology. *In*: Pearson, A.A. and D. Fielding (eds.) Colloquium donkeys, mules and horses. University of Edinburgh Press, Edinburgh, UK, pp. 67-72.

Vall, E., A.L. Ebangi and O. Abakar, 2003a. A method of estimating body condition score (BCS) in donkeys. *In*: Pearson, R.A., P. Lhoste, M. Saastamoinen and W. Martin-Rosset (eds.) Working animals in agriculture and transport. A collection of some current research and development observations. EAAP Technical Series no.6. Wageningen Academic Publishers, Wageningen, the Netherlands, pp. 93-102.

Vall, E., O. Abakar and P. Lhoste, 2003b. Adjusting the feed supply of draught donkeys to the intensity of their work. *In*: Pearon, R.A., P. Lhoste, M. Saastamoinen and W. Martin-Rosset (eds.) Working animals in agriculture and transport. Collection of some current research and development observations. EAAP Technical Series no.6. Wageningen Academic Publishers, Wageningen, the Netherlands, pp. 79-91.

Vermorel, M. and P. Mormed, 1991. Energy cost of eating in ponies. *In*: Wenk, C. and M. Biessugern (eds.) Energy metabolism of farm animals. EAAP Publication no. 8. Switzerland.

Vermorel, M., J. Vernet and W. Martin-Rosset, 1997. Digestive and energy utilization of two diets by ponies and horses. Livest. Prod. Sci., 51, 13-19.

Wood, S. J., 2010. Some factors affecting the digestible energy requirements and dry matter intake of mature donkeys and a comparison with normal husbandry practices. University of Edinburgh Press, Edinburgh, UK.

Wu, C., 2017. Status of Chinese donkey industry. *In*: Zeng, S. and L. Losinno (eds.) Proceedings of the 1st International Symposium on Donkey Science, Shandong, China. Edited by Shandong Ejiao-E-Jiao Ltd, National Engineering Research Centre for Gelatine-Based Traditional Chinese Medicine, Shandong, China, pp. 1-3.

第九章　饲料、添加剂和污染物

只有充分了解了饲料的营养价值并掌握适宜加工处理方法后才能制定出营养平衡的日粮配方。可用于喂马的饲料的选择很多（第 16 章）。饲料的营养价值（能量、蛋白质、矿物元素等）取决于其化学组成（第 12 章）。根据饲料属性（种类、植物组织和部位等）、植物周期及刈割、贮存和加工条件（碾磨、加热处理等）的不同，其营养价值也不一样。

动物饲料工业推荐使用饲料添加剂来改善饲料品质，提高动物生产性能和健康状况，因此要了解和掌握这些饲料添加剂的功效。

植物性饲料（饲料原料）及由植物性饲料加工而成的精饲料产品都可能含有污染物。其中有一些对赛马来说属于兴奋剂，因此需要了解含有这些成分的饲料，避免在日粮中使用。

总体上，可以将饲料分为三类。①粗饲料：包括植物的茎、叶、花和根。每千克干物质的能量为 0.3～0.8UFC，蛋白质含量为 0～170g MADC。②精饲料：谷物（大麦、燕麦等）和其他作物（豌豆、蚕豆、大豆等）籽实及谷物和油料作物加工副产品。这类饲料的能量和蛋白质含量都很高：每千克干物质含 0.6～1.33UFC，蛋白质含量为 61～452g MADC。许多精饲料中淀粉（谷物）、脂肪和蛋白质（亚麻籽、葵花籽、大豆等）含量都比较高。③配合精饲料：饲料厂把不同比例的饲料原料混合起来加工成配合饲料，每千克干物质的能量为 0.8～1.1UFC，蛋白质含量 90～180g MADC。

9.1　粗　饲　料

9.1.1　草料

草料由不同生长阶段的人工或自然生长的植物地上部分（茎、叶、穗等），包括成熟或未成熟籽粒组成。

根据干物质含量和贮存方法可以分为：①青绿饲料，干物质含量为 12%～30%；②贮存粗饲料，包含青贮饲料（干物质含量 30%～60%）和干草或脱水牧草（干物质含量 84%～92%）。

1. 青绿饲料　放牧草场的青绿饲料几乎可以作为马的全价日粮。马特别偏好英国黑麦草、草地羊茅和紫羊茅等牧草；其次是草地早熟禾、鸭茅、蓟股颖、梯牧草和白花三叶草，最后是绒毛草和无芒雀麦。相对于单一种类草场，禾本科牧草——三叶草混合牧草优于单一牧草。

牧草的生长阶段在 16 章中有详细的介绍。它可以用来预测不同生长阶段的营养价值（第 16 章）。随着牧草的成熟，牧草的叶片比例降低，茎、穗（禾本科）或花（豆科）的比例增加（这个现象在第一个植物周期更明显）；牧草含水量随之降低（从 85% 降至 75%），营养价值也显著降低（图 9.1）。

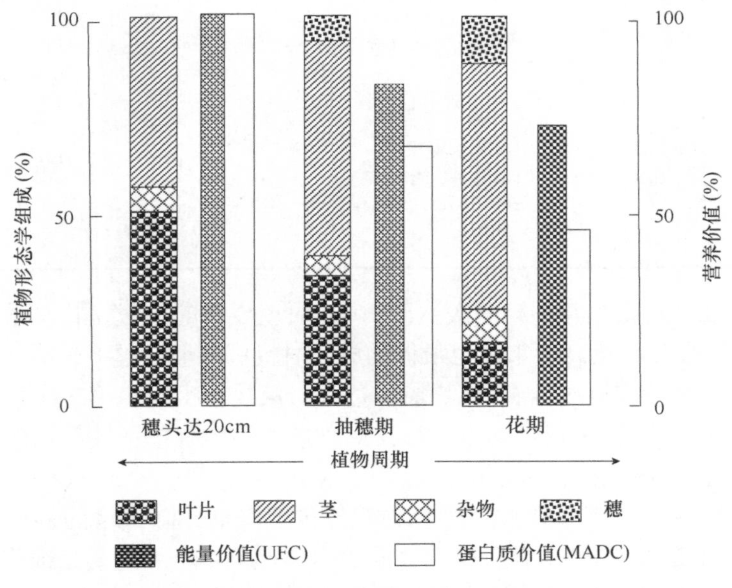

图 9.1　青绿饲料成熟期形态构成和营养价值变化

第一茬牧草的营养价值最高。再生牧草的营养价值取决于再生天数（距离上次放牧采食后天数）和放牧轮次（同一草场当年放牧次数）（表 9.1）。

在同一周期内，牧草（特别是再生草）的能量价值受草种的影响大于生长阶段的影响（表 9.2）。

施氮肥（特别是在生长阶段的早期）可增加青牧草粗蛋白的含量，但不一定增加其真蛋白价值，有时只是增加了牧草中的可溶性氮。马对可溶性氮的利用率较低（第 1 和 12 章），但无论如何都要根据牧草品质和当年放牧轮次来制定相应措施以改善牧草生长。

表 9.1 不同生长周期内，天然草地牧草营养价值的差异（诺曼底，法国）

	马饲料单位（UFC/kg DM）	可消化粗蛋白（g MADC/kg DM）
第一周期：极早时期	0.76	107
第二周期：多叶，5 周	0.72	146
第二周期：多叶，7 周	0.69	95
第三周期：6 周	0.70	134

表 9.2 三种牧草的营养价值比较

	马饲料单位（UFC/kg DM）	可消化粗蛋白（g MADC/kg DM）
第一周期，10cm 时，放牧阶段		
鸭茅	0.73	138
高羊茅	0.65	101
黑麦草	0.79	92
第二周期，多叶，5 周		
鸭茅	0.62	106
高羊茅	0.64	98
黑麦草	0.75	112

因此，牧草高度在春季第一次达到 20cm 时就要及时放牧，让马采食。可根据牧草再生天数和牧草高度来确定最佳的放牧时机。一般情况下，第 2 茬（当年第 2 次放牧）的适宜草高度在 4～5 周后达到，第 3 茬（当年第 3 次放牧）的适宜草高度在 5～7 周后达到。然而，对牧草产量和品质有指示性作用的草高度却不是一个容易测量的指标（第 10 章）。

2. *贮存牧草* 青草在贮存过程中营养价值降低，降低量的多少取决于贮存方式（第 11 章）。另外，各种营养物质的损失比例不一（主要是细胞组分中的糖、粗蛋白），这也是造成各种牧草营养价值差别的原因之一。贮存牧草的加工方法要尽量避免营养物质的损失，使贮存牧草营养价值尽可能贴近青草。

（1）干草 干草可通过阳光晾晒或通风干燥获得。干草的营养价值总是比青绿状态时低，尤其是割草、收获和贮存条件不佳时，干草营养价值就更低。

禾本科牧草最好在抽穗期（50% 植株抽穗）刈割。豆科牧草要等到现蕾期（50% 植株开花）刈割。这两种牧草都可以在第一茬刈割 5～6 周后进行第 2 茬再生刈割。

禾本科牧草多数来自天然草场。施氮肥量相同时，同样生长时期在平原地区收割牧草的蛋白质价值（40～100g MADC/kg DM）比山地收割牧草较低（平均低 10%），但能量价值基本相当甚至偏高。

豆科牧草（特别是苜蓿）比同样条件下收割的禾本科牧草更有价值。它们的粗蛋白（平均高20%～25%）和钙含量（平均高60%）高，能量稍低（平均低10%）。如果没有灌溉设施，豆科牧草的第一茬收割总是混杂一些禾本科牧草，这是因为禾本科牧草在早春生长快。

这里需要提到法国的优质干草"德克鲁"（De Crau）。这是在法国南部罗纳河口省灌溉草场出产的干草。在养马和驯马产业，"德克鲁"干草被统一定价。根据收割茬数的不同，牧草中禾本科牧草占30%～50%，豆科牧草占25%～35%，其他牧草占25%～35%。"德克鲁"干草的能量和蛋白质价值都很高，在同样收割条件下，它的品质总是比其他地区普通干草要高。它的矿物元素含量也很高，这主要是由其中豆科牧草含量较高所致。"德克鲁"干草之所以优质是因为当地的生长和收割条件都很好。

（2）外观评价　　天然草场的草种数量较多，轮作草场通常为单一禾本科草种或一种禾本科和一种豆科牧草混合，而人工草场一般为单一豆科牧草。可以通过观察花序来确定收割植物生长阶段。①没有花序或花序很少：收割较早或再生草。②花序很小，数量不多但已成形：抽穗初期收割。③花序较大，数量多且开放：抽穗中期收割。④出现损坏花序：收割太迟。

收割时牧草茎部细，叶片丰富。叶片所占的比例越大，牧草可消化物（细胞质碳水化合物、粗蛋白、矿物元素等）的含量越高（第12章）。

收割和贮存条件较好的干草应该是绿色、气味清香、粉尘较少且不含杂物（如枯枝、泥土和石块等）的。颜色偏黄，没有清香味的干草要么是收割时天气较差，要么是贮存时间太长。要注意出现发白和霉味的干草，通常是由于收割时太潮湿并已经发酵，这样的干草可导致马的消化紊乱（第11章）。这些外观评价可以用来预测干草的饲料价值（第16章饲料价值表）。

（3）化学分析　　化学分析结果可用来补充外观评价，得出更精确的饲料价值：UFC、MADC、钙和磷的含量（第12和16章）。这是制定精确饲料配方所必需的。此外在购买粗饲料时也最好通过化学分析了解真实饲料价值。法国从业者可以在跨行业分析研究管理局（www.bipea.org）查询提供饲料化学分析的实验室名单。

（4）青贮饲料　　青绿牧草刈割以后可以立即存入青贮窖中发酵（第11章）。刈割后立即发酵的普通青贮饲料干物质含量较少，基本和青绿牧草没有差别（16%～20%干物质）。刈割后牧草也可以在草场就地晾干一段时间，干物质含量（晾干青贮）为20%～25%或30%～35%（轻度翻晒青贮）。它们的能量和蛋白质含量分别是0.5～0.64UFC/kg DM和45～95g MADC/kg DM。我们也可以刈割牧草翻晒至50%～60%的干物质（翻晒青贮）并用塑料膜密封成250～300kg的裹包。"裹包青贮"这个名称由此得来。裹包青贮的能量和蛋白质含量要高一些：分别为 0.53～0.70UFC/kg DM，50～110g MADC/kg DM。裹包青贮开包以后要尽快使用，特别是气温高于 15℃时，最好在一周内用完。一些厂家也出产 60kg 的裹包以方便马术学校马棚的使用。北欧国家也出产 20～30kg 的小型裹包。原则上，所有牧草都可以用裹包青贮的形式储存。但是喂马用的青贮要避免豆科牧草，首先马不爱吃，其次它们可能导致马大肠中发酵异常。此外，玉米全株的青贮较容易，营养价值也不错（0.80～0.87UFC/kg DM 和 29～33g MADC/kg DM），对马来说是很好的粗饲料。

保障青贮饲料优质的条件已经很明确（第 11 章）。INRA 在不同类型马匹（第 5 章 5.4.2 节中的 2.）的长期饲养试验结果表明，无论是青贮牧草还是青贮全株玉米都要保证干物质含量不低于 30%。这也就排除了刈割后直接青贮的饲料（干物质含量太低），就算添加了防腐剂也无济于事（目前防腐剂对马的影响还不清楚）。

与反刍动物相比，马对劣质青贮饲料更敏感。打开每个青贮窖时都应该取样检测（第 11 章，表 11.1）。生产实际可见，优质青贮饲料应该是浅绿色，没有发黑（腐败）、发白或发红（霉变）的区域。

青贮饲料在窖中发酵一个月以后可以用来喂马。要注意安排 2～3 周的过渡期，并在其中添加精饲料以补充能量、蛋白质和矿物元素（第 2 和 13 章）。

（5）脱水粗饲料　鉴于脱水粗饲料加工过程中能量消耗较大，只有豆科牧草（苜蓿）或全株玉米值得加工制成脱水饲料喂马。脱水牧草的营养价值比青绿饲料低一些。如果脱水操作不当（第 11 章），会造成氮素含量急剧下降。脱水苜蓿既可作为补充料添加到日粮中也可以直接加到配合饲料中。

9.1.2 块根、块茎及其副产品

块根、块茎的适口性较好。马在活动过程中采食草料受限制，可以用此类饲料替代。它们的能值高（0.80～1.10UFC/kg DM），蛋白质（30～80g MADC/kg DM）和矿物质含量略低。

胡萝卜、制糖甜菜或饲用甜菜（1.10～1.13UFC/kg DM 和 44～52g MADC/kg DM）的饲喂量需要控制在每天 1.2～2.0kg、3.0～4.0kg；或以体重计算，每 100kg 体重 1.5～2kg 此类饲料。要注意，生土豆有通便作用，土豆最好熟制饲喂。每 100kg 体重每天可以饲喂 1～2kg 熟土豆。洋姜和香蕉也可以用来喂马，只是要注意切碎后再饲喂以避免食道阻塞。

制糖工业产生的甜菜渣（0.85UFC/kg DM 和 32g MADC/kg DM）可以用来喂马，每 100kg 体重每天可以饲喂 4～5kg。青贮甜菜渣喂马的效果不佳，容易造成消化不良。脱水甜菜饲喂方便，吸水粉碎片后饲喂效果更好。制粒后因为硬度大，饲喂效果不理想（除非事先破碎）。由于其吸水性很好，单独大量饲喂时

（特别是停水的情况下）可造成胃消化不良，因此颗粒型脱水甜菜常常与其他饲料混合制成配合料。

甜菜糖蜜或甘蔗糖蜜（1.19UFC/kg DM，11～26g MADC/kg DM）也是制糖业的副产品，含糖量很高（干物质含量的65%）。由于其中钾和硝酸盐含量较高，大量饲喂时（日粮的10%，即每100kg体重0.2～0.3kg）有通便和利尿的作用。甜菜糖蜜和甘蔗糖蜜的成分很接近，只是甜菜糖蜜含钾量稍微高一些。糖蜜常被用于配合饲料中以提高适口性和饲料均匀性。

9.1.3　农作物副产品

与燕麦和黑麦相比，小麦和大麦秸秆的使用越来越多。此外，禾本科或豆科牧草种子产业也产生一些秸秆。秸秆主要组分是成熟的茎部，能值很低（0.32～0.39UFC/kg DM）。燕麦和大麦秸秆的能值比小麦和黑麦高10%～15%。豌豆秸秆的能值和燕麦相当。谷物秸秆的蛋白质价值为0，禾本科牧草秸秆蛋白质价值很低（15～20g MADC/kg DM），豆科牧草秸秆蛋白质价值稍高一些（20～40g MADC/kg DM）。秸秆几乎不含钙和磷、微量元素和维生素A，只有豌豆秸秆含少量钙和磷，因此饲喂秸秆时需要添加补充料来满足马的营养需要。

马对秸秆（每100kg体重1.0～1.8kg）的采食量比干草低（每100kg体重1.5～3.0kg）。这是因为秸秆消化率很低，在大肠中滞留时间较长。这也是为什么大量采食秸秆后容易造成绞痛（或疝痛）和便秘（第2章）。限制采食量是预防出现以上问题的好办法。此外，与在田间长时间搁置并受阳光和雨水侵蚀的秸秆相比，新收割的秸秆适口性好一些。与大麦和小麦秸秆相比，燕麦秸秆更容易被采食。

可用氢氧化钠或氨化处理过的秸秆来喂马。根据季节不同，处理后的秸秆可以保存1～3个月。氢氧化钠或氨处理可提高秸秆的能值（根据秸秆种类、处理前品质和处理工序可增加15%～25%能值）。氨处理的优点是不改变秸秆的矿物元素组成，粗蛋白含量增加至原来的2～3倍。然而，饲喂处理后的秸秆需要添加能量和蛋白质饲料（马对氨化后的氮利用率不高，见第12章介绍）及矿物元素和维生素。处理过的秸秆也可避免出现绞痛（或疝痛）。

玉米秸的能值较高（0.50UFC/kg DM），和普通品质的禾本科干草相近。收割后的玉米秸秆要尽快饲喂，其营养价值会随着晾干（附带叶片脱落）的过程不断降低。

甜菜秸秆的能值（0.60～0.70UFC/kg DM）和蛋白质价值（130～150g MADC/kg DM）都很高。要注意不要饲喂过量，最好控制在每100kg体重1～2kg。主要因为其中钾的含量高，有通便作用。此外，甜菜叶中草酸的含量也很高，在消化道内被吸收以后容易形成草酸盐结晶，大量饲喂时可能导致泌尿系统疾病。

9.2 精 饲 料

9.2.1 单一精饲料或饲料原料

饲料原料可经各种加工处理后单独饲喂或与其他饲料制成混合饲料饲喂。

1. 谷物　谷物的能量很高（主要以淀粉的形式储存，占干物质的 40%～75%），但蛋白质含量低（66～116g MADC/kg DM），特别是赖氨酸含量非常低。谷物中矿物质含量不均衡：钙含量很低，磷的含量虽高但吸收率很低（主要以植酸的形式存在）。钙磷比在 0.10～0.25，远低于 1.5 最佳钙磷比（第 2 章），因此要特别注意谷物含量高的日粮矿物质平衡（农副产品也存在同样问题）。

（1）燕麦　燕麦是最传统的马饲料。它的能值（0.99UFC/kg DM）比其他谷物略低（等重情况下低 15%～30%，图 9.2），但蛋白质含量较高（78g MADC/kg DM），其中氨基酸含量最平衡。

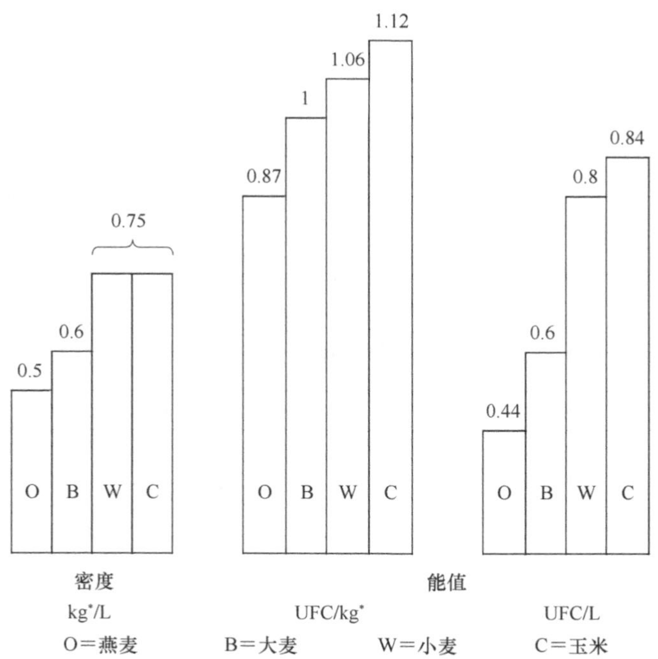

图 9.2　主要谷物的容重（kg/L）和能值（UFC/kg 或 UFC/L）比较

* kg：每千克谷物

白色、黑色或灰色燕麦的营养价值没有明显的差别。然而，优质燕麦的容重较大（完整籽粒应 50kg/100L，压碎燕麦 19～22kg/100L）。

（2）玉米　玉米是能量值最高的谷物（1.30UFC/kg DM，比燕麦高 30%），但是蛋白质含量是最低的（66g MADC/kg DM），且氨基酸不平衡（缺乏赖氨酸和色氨酸）。它的营养值比较稳定，可以添加蛋白质和矿物元素后配成日粮使用。

（3）大麦　大麦是一个“折中型”谷物（图 9.2）。它的能量和蛋白质含量（1.14UFC/kg DM, 82g MADC/kg DM）都居中。大麦通常以谷粒的形式饲喂。对于劳累过度或康复期的马也可以饲喂发芽大麦，因为发芽大麦对消化道有润滑作用。大麦的营养价值变化较大：六棱大麦的粗纤维含量较高，能值较低；二棱大麦的粗纤维含量较低，能值较高。

（4）小麦　小麦是比较理想的谷物饲料，其能值与玉米接近（1.23UFC/kg DM），蛋白质价值和燕麦接近（85g MADC/kg DM）。但是小麦的缺点是易产热，且易造成绞痛、蹄叶炎和肌红蛋白尿（第 2 章）。为了谨慎起见，要控制小麦的饲喂量（每 100kg 体重 0.5kg），以少量多次的方法供应以避免小麦中含量较高的麸质在消化道中形成面团。法国马术和骑术协会（IFCE）的试验表明，在控制好饲喂次数和饲喂方式的情况下，青年马的小麦饲喂量可以提高到每 100kg 体重 1～1.5kg。

（5）黑麦、高粱和大米　它们的淀粉含量较高，介于大麦和玉米之间。高粱的蛋白质含量与小麦相似，大米的蛋白质含量与玉米相似（第 16 章）。黑麦、高粱和大米在 20 世纪初期曾被用于喂马。现在在美国还有一些地区用高粱和大米喂马。在新的研究结果出现之前，我们无法确定这些谷物的使用方法。

（6）小黑麦　小黑麦是硬质小麦、软质小麦和黑麦杂交得出的，与大麦或燕麦相似。

（7）谷物籽粒的直观评价方法　这个评价包括对外观的直接观察和密度测量（预测籽实的大小）。优质谷物籽粒外表光滑、颜色明亮、无异味且几乎不含异物（包括其他谷物籽粒、糠秕或秸秆碎片、灰土等）。常出现的有毒籽粒包括毒麦和麦仙翁（表 9.8），合格谷物含毒麦和麦仙翁的量不超过 2%，含灭活种子不超过 3%。

谷物的容重是由锥形料斗测定的。容重对燕麦营养价值评定非常有用。容重太低通常代表营养物质丰富的胚乳发育不足。另外，也可以分离种皮和胚乳分别称重来评价胚乳发育程度。优质燕麦的胚乳应占籽粒总重的 70%。然而，如果容重远超过（如每百升 60kg）正常范围（45～55kg），意味着湿度过大。

籽粒污染导致其营养价值降低，甚至导致动物拒食，这可能是由严重病变引起的。要注意寄生虫和真菌引起的品质变化。此外，玉米中出现镰刀菌霉会导致霉菌毒素中毒病（表 9.8）。

异常的气味会导致马拒食，其中包括霉味、燥味（除虫或干燥谷物饲料操作不当导致）、杀虫剂和老鼠的气味。

（8）谷物处理　　籽粒较硬的大麦和玉米等需要碾碎或粉碎以后才能饲喂，完整籽粒饲喂效果很差，尤其是普通乘用马。当然燕麦也可以碾压以后饲喂，虽然不能直接提高消化率，但对馋嘴或消化不良的马还是有益处的。

也可以采用其他加工方法处理谷物（表 9.4），如干热或湿热处理，干法或湿法膨化等。这些处理全价料消化率的提高并不明显，但可在一定程度上提高淀粉在小肠的消化率，这意味着提高能值。加工方法对饲料能值的影响见饲料价值表（第 12 和 16 章）。

谷物可以制成传统糊状饲料（mash），即将亚麻籽、盐、碳酸盐混合，也可添加糠麸后用水煮并浸泡几个小时制得，并在饲喂前准备好（一般在晚间饲喂前）。这个糊状饲料有通便的作用，通常作为营养补充料在休息日前一天饲喂。当麦麸含量较多或饲喂量较多时可能导致一定程度的脱盐。

发芽谷物籽粒和水泡粗饲料可以饲喂给消化紊乱、便秘或胃口差的马。比赛用马还可以添加甜食。在这里要注意，发芽也会导致营养素的损失，嫩芽的光合作用不能完全补偿发芽损失，不能满足日粮需要。因此，这个做法很不经济，不推荐在养殖场和骑马中心使用。

2．谷物副产品　　谷物被大量加工成面粉（小麦、黑麦）、淀粉（玉米）或啤酒（大麦）作为人类食品。这一加工过程中产生一系列副产品，其营养价值和使用条件都和加工工艺密切相关。

磨面厂出产的小麦粉、次粉、糠麸或细麸等是比较常见的谷物副产品。这些副产品的蛋白质价值（平均为 126g MADC/kg DM）、磷和镁含量都不低。小麦粉中淀粉含量很高（30%～70%），是很好的能量饲料。小麦粉粗磨后可以作为配合饲料的主要成分。次粉小麦加工副产品含有粗粒面粉。由于含淀粉量低（30%～50%）和粗纤维含量略高（10%），次粉的能值比小麦粉略低。英国产的白色超细粉（次粉二次分离）、英国和美国产的次粉，粗纤维含量分别为 6%、10%。糠麸的能值比前文中的副产品都低，因为其粗纤维含量较高（10%～12%），淀粉含量较低。粉碎的糠麸消化率比粗糠麸高一些。这类副产品的饲喂量不能超过日粮的 20%～30% 以避免影响钙磷平衡。

玉米淀粉是很好的能量饲料（1.49UFC/kg DM），可以制成配合饲料饲喂比赛用马。

甜玉米废弃物是人为加工利用后，产生的玉米棒、玉米穗、叶等副产品，其包含 47% 的叶、31% 的玉米棒和 22% 的其他组分。由于其中含可溶性糖较高，唯一的贮存方法是制作青贮。它的能值为 0.7UFC/kg DM，蛋白质价值为

35～40g MADC/kg DM。用作日粮需要添加矿物质和维生素。可以在2～3周的适应期后用于饲喂需要量较低的马。由于干物质含量较低（20%～22%），其采食水平较低，一般为每100kg体重1kg干物质。

酒糟的蛋白质含量较高（250g MADC/kg DM），能量价值也不错（0.79UFC/kg DM）。但是由于难以保存，用鲜酒糟喂马的难度较大。

3．豆科籽粒　和谷物一起饲喂时，富含蛋白质籽实（蚕豆、豌豆和羽扇豆等）可未经加工直接饲喂。蚕豆用来喂马的历史较长。白羽扇豆也可以用于喂马，饲喂量约为每天每100kg体重0.5kg干物质。白羽扇豆蛋白质价值高（128～316g MADC/kg DM），其中必需氨基酸较平衡（含硫氨基酸除外）。另外，羽扇豆的赖氨酸和色氨酸含量也不高，钙和磷的含量也很低，锰含量较高。尤其对于劳作强度较大的马，蚕豆饲喂效果很好。蚕豆收成较差时通常用豌豆替代，豌豆荚的蛋白质、磷和钙含量都不低，可以用来喂马。但要注意野豌豆是有毒的，避免混入饲料中。

4．油料作物副产品　饼粕是炼油工业的副产品，是油浸提后得到的。它们的蛋白质含量高（90～450g MADC/kg DM），除含硫氨基酸以外，其他必需氨基酸平衡。油料作物副产品的能值（0.59～1.02UFC/kg DM）、镁和磷的含量都很高。它们常被添加到商品配合日粮中补充蛋白质或单独出售与谷物日粮混合补充蛋白质。

亚麻籽粕（267～274g MADC/kg DM）在马上应用较多，用来饲喂劳役过度的马效果较好。此外，饲喂亚麻籽粕可使马的毛色光亮。饲喂前要用热水浸泡或水煮以去除有毒性的氢氰酸（表9.8）。饲喂量应低于每天每100kg体重0.3kg干物质。

大豆粕和花生粕也常用作马饲料。它们的蛋白质含量更高（420～450g MADC/kg DM），除了含硫氨基酸外，其他必需氨基酸平衡，非常适合马驹和哺乳期母马的需要。由于这两种饲料的价格不断增长，葵花籽粕被用来替代大豆和花生粕。葵花籽粕的蛋白质含量略低（223～273g MADC/kg DM），赖氨酸含量不足。脱壳的葵花籽粕能值较高。根据不同收获和加工方式，葵花籽粕的营养价值差异较大。菜籽粕由于含有硫苷且适口性差，不能用来喂马。现在出现了不含硫苷的新油菜品种，其蛋白质含量较高（283g MADC/kg DM）。椰肉和棕榈粕的应用主要是为了方便在配合饲料中添加糖蜜。

5．工业蛋白源　尿素作为非蛋白氮对马的毒性比反刍动物低（约低4倍）。但是铵盐的毒性较高，正是由于这个原因，氨化处理秸秆时无水氨的用量不能超过3%。

6．水果及其副产品　角豆树果实含糖较高（淀粉和糖），占干物质的45%。其能值为0.74UFC/kg DM。然而蛋白质（17g MADC/kg DM）和矿物元素含量很低。角豆树果实的适口性很好，马的采食量可高达每天每 100kg 体重 1.2kg 干物质。但其籽粒的消化率很低，所以在配合饲料中的添加比例较低（3%～10%）。角豆树果实有时也被加工成干果渣来饲喂。

制酒工业的苹果、梨（甚至葡萄）果渣（干物质含量分别为 15%～20%、30%～35%）可以用来喂马。它们通常和糠麸、粉碎粗饲料和糖蜜混合后饲喂。配合饲料中可含有少量脱水果渣。它们的适口性很好，其中糖和粗纤维的含量都很高。葡萄果渣的木质素含量很高，消化率低，因此应用不广泛。此类饲料的营养价值总体较低。由于乙醇含量可能较高（100g/kg DM），饲喂量应限制在每天每 100kg 体重 0.5kg 干物质。

生产果汁或甜露酒剩余的新鲜果渣可以用于喂马。它们的氮含量较低但能量值较高。马采食新鲜果渣不会引起消化问题。脱水果渣可以作为原料添加到配合饲料中。

7．动物副产品　脱脂奶粉曾被用来饲喂马驹。奶粉已经替代了脱脂奶粉加入代乳品中满足马的特殊需要。紧急情况下也可以根据马乳成分将犊牛或仔猪代乳品调配好适宜的矿物质和碳水化合物含量后用来喂马（第 3 章）。

由乳清粉超滤所得的乳糖可加到精饲料中饲喂断奶前、后的马驹（直至 12 月龄）。因为加工问题，配合精饲料中乳糖含量不能超过 40%。乳糖可促进生长阶段的马匹生长，获得较高的日增重。

动物或植物脂肪可作为马的饲料，尤其是用于饲喂耐力运动的马。脂肪的能值很高（动物脂肪为 2.90UFC/kg DM，植物脂肪为 2.96UFC/kg DM）。脂肪（尤其是植物油）的消化率很高，马喜食含 10%～15% 脂肪的配合饲料。

油菜籽、大豆和葵花籽油中 C18:2ω6 和 C18:2ω3 脂肪酸含量很高（第 16 章，附录 16.6），其适口性也比动物脂肪好。脂肪或油脂易氧化酸败，尤其是富含不饱和脂肪酸的植物油比动物脂肪更易氧化酸败，所以生产厂家常在富含油脂的配合饲料中添加抗氧化剂来防止氧化。

9.2.2　配合饲料

饲料工业生产两类马用的配合饲料。①全价配合料：满足所有营养物质需要量，可以完全替代传统日粮。②精饲料补充料：常用来替代传统精饲料（如燕麦等），和粗饲料一起混合饲喂。

1．配合饲料组成　主要原料如下：①能量饲料，主要包括谷物（燕麦、大麦等）及其副产品（糠麸、古斯米次粉和麦芽），还有角豆、果渣和糖蜜；②蛋白质饲料，包括豆粕、亚麻籽粕、葵花籽粕、油菜籽粕、红花粕、芝麻粕和豆类饼粕；③粗饲料，包括苜蓿粉、禾本科干草、秸秆、谷物颖壳。

所有配方中都要添加预混料，提供常用饲料原料中缺乏的必需维生素（第 1

章），平衡饲料矿物含量（第12和13章）。

2．全价配合饲料的特点　全价配合饲料中包含11%～14%的蛋白质、15%～20%的粗纤维和10%～12%的矿物质（粗灰分）。比赛用马的配合饲料中粗纤维含量较低（12%～13%），能值为0.80～0.90UFC/kg DM。每千克配合饲料中含3500～8000IU维生素A、1000～3000IU维生素D_3。

配合饲料的矿物元素和维生素含量均衡。饲喂配合饲料对动物健康和体况更有保障，避免出现饲喂劣质粗饲料时造成消化道阻塞。配合饲料要严格按照不同动物类型、营养需要类型和需要量（如泌乳、发育、劳作等）的不同标准来配制。

3．精饲料补充料的特点　不同于全价配合饲料，精饲料补充料中的粗纤维含量较低（7%～17%），粗蛋白含量较高（13%～20%），饲料矿物质含量为8%～15%，能值为0.90～1.10UFC/kg DM。维生素含量为每千克饲料10 000～16 000IU维生素A和2000～6000IU维生素D_3。

矿物质和维生素可配成预混料加入日粮中或加入精饲料补充料中平衡日粮矿物质和维生素。

4．饲料标签相关法规　和其他所有动物饲料一样，马饲料的标签要遵守相关法规。饲料标签需要标注的内容有：①饲料类型，如全价饲料、补充饲料、矿物质饲料、糖蜜饲料、全价代乳料、代乳补充料及液态补充饲料；②饲喂动物类型；③原料配方清单（不用标注各原料比例）；④含水量、粗纤维、矿物元素、蛋白质和脂肪含量（饲喂基础）分析保证值（表9.3）；⑤所用饲料添加剂尤其是添加的维生素及用量；⑥饲料使用方法生产厂家名称及地址；⑦生产日期；⑧保质期（表示成“在×年×月×日前使用最好”），主要考虑贮存期最短的添加剂（如维生素）；⑨所用化学添加剂，如防腐剂、抗氧化剂和色素；⑩益生菌、益生元、酵母等类型添加剂的标注是非强制的，据欧盟法规规定，饲料生产厂家不能做这些添加剂的检测（官方分析法或科学认定的分析方法）。

表9.3　配合饲料中一些分析成分的数量清单

分析成分	配合饲料	补充饲料		
		通用	特殊	
			糖浆	矿物质
水分	+[1]	+	+	–[2]
粗蛋白	+	+	–	–
粗纤维	+	+	+	–
粗灰分	+	+	+	–

续表

分析成分		配合饲料	补充饲料		
			通用	特殊	
				糖浆	矿物质
钙					
	≥5%	－	＋	－	＋
	＜5%	－	－	－	＋
磷					
	≥2%	－	＋	－	＋
	＜2%	－	－	－	＋
钠		－	－	－	＋

[1] 必选，最高最低范围的平均值。[2] 可选

由此可看出，饲料标签给出了饲料使用的重要技术信息，不足之处是这些化学分析保证值只给出平均值没有给出最高、最低范围。

5．关于饲料配方　生产配合饲料有两种配方方法。第一种方法，厂家用线性规划出最低饲料成本配方，这也是大多数厂家采用的方法。这种情况下，饲料原料种类和比例都可能变化，而成品饲料的营养物质含量是稳定的。第二种方法是维持固定的配方（原料组成和比例都不变），保障成品饲料的稳定性。目前，很多厂家采用第二种方法来生产马饲料。

9.2.3　单一精饲料和复合精饲料的生产技术

1．谷物　谷物颖壳阻碍消化，可用简单处理方法（磨、碾、压、浸润等）来增加它们和消化酶的接触。此外，还有一些处理方法不但可以降解颖壳，还可降解淀粉等其他组分（表 9.4）。

这些处理方法都是为了提高谷物淀粉的整体消化率，破坏淀粉的理化结构使得直链淀粉链和支链淀粉更容易被小肠中的消化酶水解以生成葡萄糖等组分，或者被大肠中细菌产生的酶分解为丙酸，谷物能值的改变在表中有所体现（第 12 章）。

加工处理效果可通过淀粉结构的复杂程度，快速分解淀粉、慢速分解淀粉和抗性淀粉的比例体现出来（表 9.5）。谷物籽粒结构越复杂，处理效果就越好（如玉米籽粒）。高温处理（膨化）可引起淀粉糊化，提高快速消化淀粉的比例（表 9.5）。

表 9.4 谷物主要加工方式的特点（引自 Mercier，1969）

处理	碾磨	压力烹饪	短蒸，然后揉捻	长蒸，然后揉捻	无蒸汽挤压，然后密封	挤压，然后密封	超微粉碎	真空，去蒸汽	微粒化
经过处理的谷物	玉米，高粱		玉米，高粱，大麦，燕麦，小麦	玉米，高粱，大麦，小麦	玉米	玉米，高粱	高粱，小麦，大麦	高粱，大麦	
处理前水分含量（%）	10～12		8～12	8～12	13		12～14	12～14	
处理：颗粒状态；温度；处理持续时间；水分含量（%）	用锤式粉碎机碾磨	谷物气蒸力：5.6kg/cm²，1.5h；在滚动波纹圆筒之间进行平整	谷物气蒸：大气压，3～5min；在滚动波纹圆筒之间进行平整	谷物气蒸：大气压，25～30min；100～120℃，在滚动波纹圆筒之间进行平整	谷物通道：在“绞肉机”的压力环境下，93℃	气蒸谷物：压力，21kg/cm²	谷物加工：红外电磁短波，20s，在滚动波纹圆筒之间进行平整	谷物加工：真空压力条件下，无蒸汽，250～300℃	形成微粒小球：在含有高浓度糖浆的制粒设备中
处理后水分含量（%）	10～12			小麦：16；玉米：18；高粱：20	12.5		2	10～12	

表 9.5 高温或低温膨化条件下，谷物和整个土豆中不同淀粉比例（引自 Murray et al.，2001）

原料	处理条件	RDS[1]（%）	SDS[2]（%）	RS[3]（%）	TS[4]（%）
大麦	整体	23.2	11.4	17.0	51.6
	LT[5]	30.3	13.5	4.8	48.6
	HT[6]	47.8	4.4	6.0	58.2
玉米	整体	34.6	14.6	23.6	72.8
	LT	54.2	13.1	6.4	73.7
	HT	65.0	7.8	1.4	74.2
小麦	整体	15.5	33.6	13.0	62.1
	LT	54.6	6.0	6.1	66.7
	HT	65.5	5.2	0.6	71.3
高粱	整体	27.3	13.0	33.8	74.1
	LT	49.1	10.9	15.4	75.4
	HT	70.0	5.4	2.1	77.5
马铃薯淀粉	未加工	24.4	2.6	60.0	86.9
	LT	65.4	27.0	2.2	94.6
	HT	—	—	—	—

[1]RDS 为快速消化淀粉。[2]SDS 为慢性消化淀粉。[3]RS 为抗性淀粉。[4]TS 为全淀粉＝ RDS ＋ SDS ＋ RS。[5]LT 为 83℃<T<94℃。[6]HT 为 135℃< T < 145℃

最适宜的饲料加工方法是什么？这问题被反复提出，但是要回答它却需要非常谨慎。因为淀粉在小肠的消化率取决于谷物的植物类型、加工方法及谷物的采食量（第 12 章）。

燕麦可以不经加工或压片后饲喂，大麦可压片或粉碎，但玉米最好是高温处理。若将玉米制粒饲喂时可能会降低可消化淀粉在小肠中的比例。

2. 谷物副产品　谷物副产品主要来自面粉、淀粉、粗粒粉生产及发酵工业。经过不同的机械加工产生的小麦副产品，包括消化率很低的颖壳及富含粗蛋白的内种皮。粗纤维含量由低至高分别是小麦粉（小麦 4%）、次粉（超细粉、小麦 5% 的次粉、小麦 3% 的次粉）、细麦麸和粗麦麸（分别含小麦 5% 和 7%）。

由于玉米淀粉生产工序复杂，玉米的副产品种类丰富（图 9.3）。马的饲喂涉及的玉米副产品包括以下 4 种：①玉米糠，由表皮和冠层组成的糠麸，其中包括

一些淀粉颗粒、糊粉层、很少一部分胚芽和水，粗蛋白和粗纤维含量分别为干物质的 13% 和 15%，细胞壁轻度木质化、易降解。②玉米喷浆蛋白，由玉米加湿后分离出淀粉，再分离出胚芽和种皮后的玉米浆加工而成，平均粗蛋白和粗纤维含量为干物质的 22% 和 9%（马消化能力有限）。商品常微粒化后干燥。③玉米蛋白粉，玉米分离白蛋白、粗蛋白含量非常高（干物质 68%）。④玉米淀粉和葡萄糖。

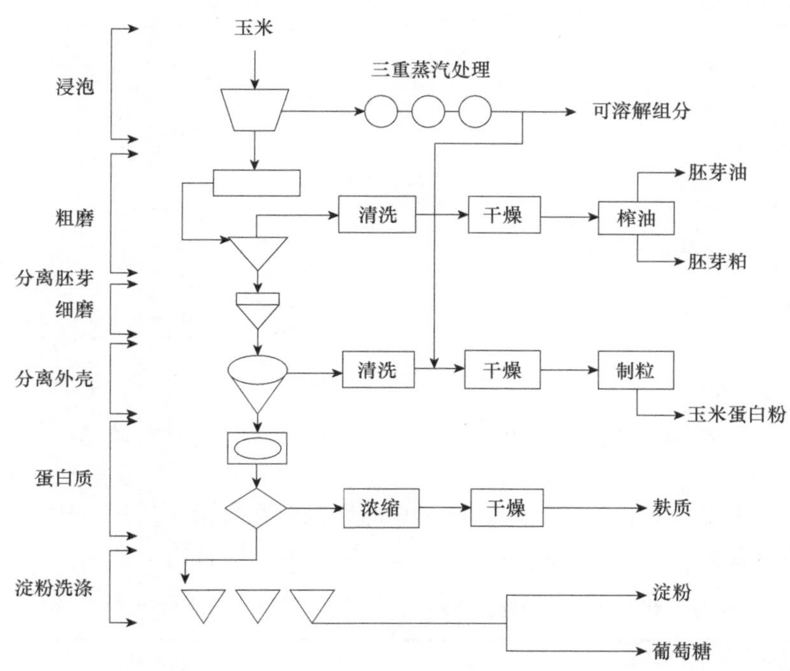

图 9.3　湿法玉米淀粉提取工艺（参考自 INRA，1988）

用于喂马的大麦副产品是大麦根，蛋白质含量较高（干物质的 14%）。

3. 油料作物饼粕　　饼粕来自油料籽粒或果实炼油后的副产品（图 9.4）。从加工技术上我们将其分为两类：①通过压力榨油后叫作饼，其中含 5%～10% 的脂肪；②通过溶剂浸提后叫作脱油粕，脂肪含量低于 4%。

首先是去皮，除去含纤维素高的外皮得到蛋白质含量很高的籽粒（如去壳葵花籽）。根据加工方式不同，同一类饼粕的营养价值可能有很大差别，所以饼粕的名称常常注明加工方式（如压榨、脱油、去壳等）。

9.2.4　功能性饲料和营养性补充料

1. 功能性饲料　　根据组成、营养特性和生产方式不同，功能性饲料作用各不相同，其可预防消化紊乱或由临时营养问题引起的代谢紊乱（表 9.6）。功能性

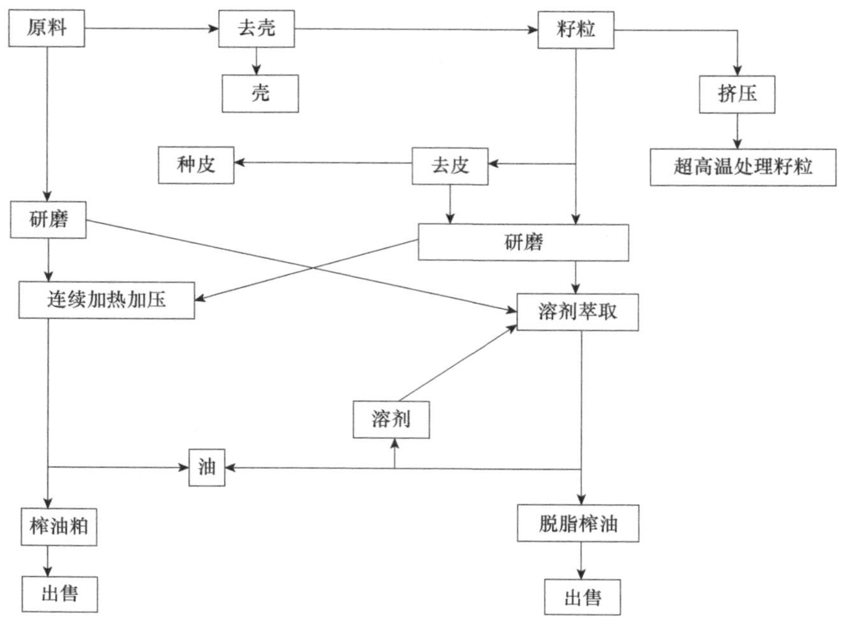

图 9.4 用于榨油糟粕生产过程示意图（参考自 INRA，1988）

饲料不是用来平衡日粮营养物质。虽然功能性饲料在日粮中的所占比例较大，但营养物质需要量应该由适宜的中短期日粮（同正常马匹日粮）提供。

表 9.6 特定目标及获准使用的功能性饲料列表（欧洲指令的附录 2008/38：EC，2008a）

小肠慢性功能不全的补偿方法
大肠慢性消化功能紊乱的补偿方法
渐弱应激反应
如果大量排汗，要补偿电解液消耗
营养恢复，逐渐康复
如果出现慢性肝功能不全，需要支持肝功能
如果出现慢性肾功能不全，需要支持肾功能

因此，功能性与普通饲料和药用饲料（欧盟条例 90/167/ECC 规定）有明显区别。功能性饲料只能在出现特殊营养症状时用于满足特定的营养需要时使用。

功能性饲料不包括药物动力学的、抗感染或抗寄生虫性质的化学添加剂。功能性饲料的营养特征要按照欧盟条例 2008/38 的规定列出。功能性饲料的使用不需要兽医处方，但由于它与预防疾病相关，最好在使用时征求兽医意见。

2．营养性补充料　营养性补充料与普通精饲料复合饲料、功能性饲料和饲料添加剂等的分类有交叉。其地位还不完全确定。营养性补充料是包含糖类、氨基酸、高消化率纤维、脂肪、电解质、微量元素、维生素、pH 调节剂等的混合物。营养性补充料占日粮的比例很小，且短期饲喂。

营养性补充料的饲喂量很小，可以喷洒在日粮表面也可以加入饮水中以满足特殊营养需要：包括繁殖、断奶、快速生长、养殖条件变化等引起的营养状况剧烈变化、劳动强度加大或饲料改变等。另外一些情况下也可以短期使用营养性补充料：天气变化、严酷运输条件、驱虫处理康复期、疫苗注射、亚临床感染、强烈药物处理及疾病康复期。然而营养性补充料的效果、对动物福利的影响和残留情况还不完全清楚。

欧盟法规没有给出明确的营养性补充料的定义，但因为它们还是用来满足日常营养需要所用，在大多数欧盟国家都被认为是补充料。

9.2.5 饲料添加剂

饲料添加剂是添加到饲料或水中的微生物和饲料原料、预混料之外的物质，用于：①改善饲料特性；②改善动物产品特性；③满足动物营养需要；④改善养殖环境条件的影响；⑤改善动物生产性能和动物福利（如肠胃微生物、饲料消化率等）。

马的添加剂有四类：技术性、感官性、营养性和生产性饲料添加剂。上述各类型饲料添加剂还可以细分。所有合法饲料添加剂都登记在欧盟饲料添加剂名录中（EC1831/2003）。这个名录非常完整，可通过网络查询（EC，2008b）。所有饲料添加剂都需要欧盟委员会的批准才能销售。饲料添加剂厂家需要提交新的产品生产申请材料，由欧洲食品安全局（EFSA）评估其安全性。关于法规的各种信息可在网上查询（http://eur.lex.europa.eu/index.htm）。

关于健康影响的信息可在欧洲委员会欧盟卫生和消费者保护总司（DG SANCO）网站上查询（http://ec.europa.eu/food/index_eu.htm）。

1．技术性饲料添加剂　饲料工业用技术性饲料添加剂来保持饲料稳定性、营养价值、适口性和减轻贮存期间的变质。其中非营养性的饲料添加剂主要用于加强饲料产品的物理特性。

饲料原料中添加黏合剂和抗结块成分可以在不增加硬度的情况下加强饲料产品内聚力。饲料厂家可以使用抗氧化剂和防腐剂防止脂肪和维生素的氧化。用着色剂和香味剂来增强饲料的颜色和气味；有些添加剂可以用来减少粉尘；用乳化剂来保持一些成分（如脂肪或油）和含水饲料混合均匀，用螯合剂来减轻饲料游离金属的氧化并加强产品的稳定性。

2．提高生产性能和改善健康的添加剂　一些营养性或非营养性的制剂会被添加到日粮中改善马的健康状况。然而，关于这些添加剂的定义和效果一直存在争议。对于人类而言，还没有关于这类产品的明确定义，其被称为“保健品”或“功能性食品”。在马上，还是统称为饲料添加剂。在欧盟委员会批准的清单中，马用的这类产品非常少。

（1）酶制剂　饲料工业生产外源酶制剂，它们只有在饲料加工或消化过程中不受影响的情况下才能发挥效用。酶可改善消化、预防消化紊乱并减轻植酸对矿物元素吸收的影响。在欧洲目前还没有马用酶类添加剂。

（2）益生菌　益生菌是浓缩干燥后的活菌。由于它们不能在肠道中生长，需要持续添加到饲料中。最常见的益生菌包括乳酸菌双歧杆菌（*Lactobacillus bifidobacteria*）、粪链球菌（*Streptococcus faecium*）和枯草杆菌（*Bacillus subtilis*）。这些细菌不但要经受得住消化道分泌物的影响，还要经受得住宿主消化道中微生物菌群的影响。益生菌利用消化道中的消化产物，并产生氨类和胺类物质，有时也产生内源毒素。益生菌可以抑制消化道中的病原菌（如沙门氏菌）。此外，益生菌还可以产生维生素、挥发性脂肪酸和促进大肠消化的酶。

（3）酵母　这里指含有活酵母的产品。最常见的是 *Saccharomyces* spp.，尤其是 *Saccharomyces cerevisiae* 和 *Aspergillus oryzae*。酵母产品通常以干燥、浓缩产品（细胞数 10^9）形式添加到饲料中。马饲料中淀粉含量很高时饲喂酵母的效果很好，它们降低大肠中的乳酸产量并改善蛋白质消化率。但是在生产性能上的效果还需验证。另外，酵母可缩短小肠结肠炎的发病期，减轻症状。酵母在持续添加时效果最佳。目前欧洲马用酵母产品有两种。

（4）益生元　益生元主要是指寡糖，在哺乳动物小肠中寡糖不被消化酶消化，在大肠中可被微生物快速发酵。它们属于聚糖，包括低聚果糖、甘露糖或葡甘露聚糖。益生元可促进大肠细菌群的生长，并抑制致病菌在肠壁的定植。果糖或半乳糖促进有益细菌，如乳酸杆菌属或双歧杆菌的生长，并抑制有害菌如梭状芽孢杆菌的生长。益生元的作用主要是在人类上的研究，对马的作用还需验证。欧盟将益生元视为饲料原料（同简单精饲料一样），因此不需要作为饲料添加剂申请欧盟委员会的批准。

（5）有机矿物质　有机微量元素主要是配位化合物，无机微量元素是氧化物、硫酸盐、氯化物或碳酸盐（第 1～12 章和 16 章的附录 16.3）。主要配位体是氨基酸、多糖或不同大小的蛋白质螯合物。无机金属离子利用率差异很大，如硫酸盐利用率高、氧化物的利用率低。有机微量元素的利用率超过或至少等于无机源性的。目前为止还没有研究表明两种来源的微量元素对马的生物利用和生产性能有影响。

（6）葡萄糖胺、软骨素和二甲基砜　葡萄糖胺是氨基单糖。硫酸软骨素糖链由交替的葡萄糖醛酸和 *N*-乙酰半乳糖胺组成的二糖单位组成。这些成分被认为对关节软骨和骨关节炎损伤修复具有保护性能。然而，目前还没有明确的实证可以确定其效果且保障使用安全。二甲基砜是有机硫，对软骨有保护作用。葡萄糖胺、软骨素和二甲基砜被认为是饲料原料，但也可能被列入饲料添加剂或药品名单中。

（7）脂肪酸　亚油酸（C18: 2，*n*-6）和α-亚麻酸（C18: 3，*n*-3）是必需脂肪酸，马的需要量还不清楚。在C-6（亚油酸）和C-3（亚麻酸）位的双键具有抗炎性，但在马上的应用效果还有待验证。

（8）抗氧化剂　抗氧化剂具有减轻氧化应激和经常性呼吸道阻塞的作用，它们对马的作用正在研究中。矿物依赖酶、非酶类矿物依赖抗氧化物和其他物质（维生素A、维生素E、β-胡萝卜素、叶黄素和番茄红素）的活性可能涉及复杂机理，其效果还有待进一步研究。

（9）强化剂　强化剂不是必需营养素。强化剂被认为可以缓解内源营养素不足导致对肌肉活动效率的影响，它的效果既没有在人体得到验证也没有在马体内得到验证。此外，肌酸和γ-谷维素是不允许使用的（EC，2008b）。

（10）生长促进剂　一些抗生素和离子载体被认为具有促进牛生长的作用，如添加到牛饲料中的莫能菌素和禽类饲料中的抗球虫药物。但相同剂量的这些添加剂喂马后出现致死情况。配合饲料生产失误导致在法国出现了甲基盐霉素集体中毒的情况。

（11）中草药添加剂　日粮中添加中草药不提供营养物质，而是用来预防或治疗疾病，它们的效果及安全性还有待验证，从其他动物的应用效果推断在马上应用还存在一定危险。这些中草药的急性或慢性毒性研究还需深入。并且，这些添加剂之间或它们与其他兽药之间的交互作用也有待研究。

（12）药物饲料　药物饲料是某种饲料和药物预混料的混合物（欧盟条例90/167，EC，1990），只有合法的药物预混料可以应用。只有授权的加工企业才可以生产药物饲料，购买时也需要兽医处方。

9.2.6　兴奋剂物质污染

用于饲喂竞赛马的饲料可能本身就存在兴奋剂物质或在加工、运输或贮存过程中被一些含有禁用物质或植物污染（第6章）。

欧洲最常见的植物污染物清单已经完成（表9.7）。这个清单并不完整，因为大麦芽碱和羽扇豆碱有时也可能造成污染。马饲料不应该有这些植物。要控制马的饲料原料或成品饲料中这些植物的数量，因为在一定数量内可通过抗兴奋剂检测（Respondek et al.，2006）。

此后，国际官方兴奋剂检查实验室正在制定标准确定赛马尿液和血液中这些污染物的检测极值。一旦检测极值被确定，黏液和血液中的最高含量就

表 9.7　含有污染物的植物或饲料（改编自 Bonnaire et al., 2008）

物质	植物	饲料
咖啡因	可可豆，茶叶，咖啡，巴拉圭茶叶，瓜拉那，可乐树	含有这些植物或污染物的所有饲料
可可碱	可可豆	巧克力或含有这些植物（如开胃饲料）或污染物的饲料
茶碱	茶叶，可可粉	饲料或补充剂
阿托品	曼陀罗属植物，曼陀罗草	油料种子残渣
莨菪碱	曼陀罗属植物，曼陀罗草	油料种子残渣
吗啡，可待因	罂粟属植物	经由这种植物污染的苜蓿

可以确定。分析实验室也可以以此建立检测极限值。同时，用户要非常谨慎地检查饲料组分和饲料添加剂组分，要求厂家出示污染物检测结果。生产厂家应该找官方反兴奋剂专属实验室（法国赛马实验室，LCH）做饲料检测。

9.2.7　相关法规

动物饲料工业生产的产品都受到相关法规的约束。欧盟法律认定马为生产性动物，绝大多数都进入人类食品加工链中，尽管大多数马并不用于生产食品。这一规定不仅包括标签信息，还包括所有相关文件和材料，网上销售产品也同样适用于这些法规。相关法规在 2008 年进行了修订（欧盟议会和理事会关于饲料销售的规定提案），可在网上查阅：http: //ec.europa.eu/food/food/animalnutrition/index_en.htm。

该法规定义如下。

饲料原料：源自植物或动物，在其原始状态或经过储存，含有或不含添加剂、有机或无机物质，直接或加工处理后（加工饲料或复合饲料配料）用于喂马的饲料。

欧盟委员会发布了一个不完全清单，包含了主要的饲料原料（欧盟条例 68/2013. EC，2013）和禁用原料清单（2004/217；EC2084）。主要饲料原料的介绍见本章相关段落。药用植物也被视为饲料原料，其使用条件见本章相关段落介绍。

配合饲料或补充饲料：可含有或不含饲料添加剂，禁止声称具有治疗效果，名称为普通配合饲料。配合饲料包括、全价配合饲料、补充饲料、糖蜜、矿物质饲料、代乳饲料、功能性饲料。

包含在配合饲料中的饲料添加剂（包括抗氧化剂、防腐剂、色素、铜、维生素 A、维生素 D、维生素 E、酶和微生物）必须在标签中注明（欧盟条例 70/254，第 16 条；EC1970）。其他维生素或微量元素的标注不强制。饲料添加剂全部收录在欧盟饲料添加剂名录中（EC1831/2003.EC 2003，2008b）。这个清单非常完整，按动物种类分类。清单可以在网上查询：http://ec.europa.eu/food/food/animalnutrition/feedadditives/com_register_feed_additives_1-03.pdf。

只有一些无害添加剂被授权，如营养物质（微量元素、维生素）、保护佐剂（抗真菌物质如山梨酸酯和丙酸酯）、加工助剂（黏合剂、防结块/乳化剂等）才可作为饲料添加剂。另外要注意，维生素D（D_2或D_3）必须限制在4000IU/kg的每日定量。EFSA负责审批超量添加剂的风险评估：http://www.efsa.europa.eu/EFSA/efsa_locale-1178620753812_home.htm。

要特别注意不要将其他动物种类的饲料添加剂和马用混淆，这可能导致严重后果。此外，还有其他动物种类的抗生素也不能随意用于马，如用于禽类的离子载体抗生素（拉沙里菌素钠）和用于反刍动物的抗生素（拉沙里菌素或莫能菌素），以及用于抑制革兰氏阳性细菌的四环素、林可霉素等。马可以使用益生菌，对大肠内的发酵调节很有益处。

欧盟相关法律列表网址：http: //ec.europa.eu/food/food/animalnutrition/legis/_en.htm。

9.3　有毒饲料和食物中毒

马在偶然采食有毒植物（表9.8）、污染饲料、霉菌毒素或细菌毒素污染的饲料后可出现食物中毒。食物中毒的现象也可以在饲料掺杂或过量饲喂一些饲料时出现。

表9.8　致马中毒的主要植物

（改编自Garnier et al.，1961；Jean-Blain and Grisvard，1973；Lewis，1994）

常用名	毒素及存在部位	主要的临床影响
Ⅰ.树木，矮树丛和灌木		
刺槐（*Robinia pseudoacacia*）	刺槐毒蛋白；树皮	消化系统和心脏疾病；致死剂量：150g树皮
黄杨（*Buxus sempervirens*）	生物碱类；植物的所有部位	消化系统症状，急性毒性；致死剂量：750g树叶
金链花（*Laburnum anagyroides or vulgare*）	生物碱类，镏金省花素；所有部位	抽搐及呼吸混乱，肠绞痛，流涎症；种子致死剂量：200～400g
槲寄生（*Viscum album*）	槲寄生毒素，多肽；整个植物	消化系统紊乱，呼吸困难，共济失调；致死
紫杉（*Taxus* spp.）	生物碱类（毒素）；除果实之外的所有部位	非常频繁，神经病学症状；致死剂量：100～500g树叶

续表

常用名	毒素及存在部位	主要的临床影响
野黑樱桃（*Prunus laurocerasus*）	氰酸	呼吸障碍；致死
杜鹃花（*Rhododendron* spp.）	马醉木毒素	眩晕，共济失调，呼吸困难，消化系统紊乱；主要是观赏物种中毒
山月桂（*Kalmia latifolia*）	未知；小枝及果实	胃肠炎
女贞（*Ligustrum vulgare*）		
Ⅱ.野草		
烟斗藤（*Aristolochia* spp.）	马兜铃酸（羧酸）；整个植物	瘫痪，昏迷状态，严重多尿症（每日高达100L尿液）；通常不致死
秋水仙（*Colchicum autumnale*）	生物碱类，秋水仙碱；整个植物	春季、秋季叶片和种子致毒，花朵中毒导致后肢痉挛，发汗，腹泻，肠绞痛，肾炎；致死剂量：几千克新鲜植物
毛地黄（*Digitalis purpurea*）	强心苷；所有部位	稀有。消化系统与泌尿系统症状；致死剂量：140g叶片
欧洲蕨（*Pteridium aquilinum*）	硫胺素酶（抗维生素B_1）	运动紊乱（用维生素B_1进行治疗）
连钱草（*Glechoma hederacea*）	未知；整个植物	核心温度上升时，出现心脏和呼吸系统症状，急性；常致死
圣约翰草（*Hypericum perforatum*）	海棠素，色素，有光敏性；整个植物	光照性皮炎，红疹，瘙痒，皮肤表皮脱落，眼盖肿胀；只有动物暴露在阳光下时发生
木贼类（*Equisetum* spp.）	生物碱，硫胺素酶（抗维生素B_1）；所有部位	与受污染的干草一起食用，慢性中毒，体重减轻
藜芦属（*Veratrum* spp.）	生物碱；整个植物	与受污染的干草一起食用，消化系统症状，肌震颤，过度排汗；致死剂量：1kg干叶
Ⅲ.栽培植物		
苏丹草（*Sorhum sudanense*）	生氰糖苷	急性，氰化物中毒致死
约翰逊草（*Sorghum halepense*）	年轻植物中	苷类，且有肝脑炎症状，后肢瘫痪，流产
瑞典三叶草（*Trifolium hybridum*）	未知	光敏性皮炎
杂三叶（*Trifolium incarnatum*）		继发性光敏化肝综合症（肝脑炎）
Ⅳ.种子中毒		
曼陀罗草（*Datura* spp.）	生物碱	与受污染的玉米一起食用，腹泻，厌食；中毒剂量：饲料的0.5%

续表

常用名	毒素及存在部位	主要的临床影响
广布野豌豆（*Vicia cracca*）	神经毒性氨基酸	瘫痪，严重呼吸障碍（咆哮）
毒麦（*Lolium temulentum*）	生物碱：毒麦碱含量不一	残渣有毒，神经症状，乙醇中毒，运动共济失调；致死剂量：3～5kg
黄花羽扇豆（*Lupinus luteus*）	未知	黄疸，血尿
麦仙翁（*Agrostemma githago*）	皂草苷	慢性消化系统障碍，体重减轻；毒性不大
野豌豆（*Vicia sepium*）	神经毒性氨基酸	肝脑炎，神经病学症状，消化系统症状，黄疸
	肝毒素物质	光敏作用
Ⅴ.杂果		
橡子（*Quercus mongolica*）	单宁酸	足够频繁；慢性中毒；严重；经常致死；马体主要的泌尿症状；尿黑且浓；死亡时，伴有肾炎
亚麻（*Linum* spp.）	生氰糖苷	急性中毒，带有呼吸症状；谷物中生氰糖苷的含量少于350mg/kg
蓖麻（*Ricinus communis*）	蓖麻毒素，只存在于种子中	严重发抖，发汗，消化系统紊乱；由谷物、饲料或饼粕中豆类导致意外中毒；致死剂量：25～50g

9.3.1　有毒植物

植物中毒一般有三种来源：含有毒物质的天然野生植物；含有抗营养因子（对马有毒）的栽培植物；种植观赏植物，尤其是树木或灌木。从有毒植物的数量上来看，理论上中毒的危险很大。然而，无论是实地观察还是里昂兽医学院国家兽医毒理学信息中心统计数据均显示，频繁引起的中毒主要来自数量不多的几种植物，其他植物引起中毒的案例基本不存在。因此，的确要注意所有有毒植物，但更要重点关注中毒危险较大的十几种有毒植物。

实际临床中毒发病率和理论之间的明显差异与以下因素有关：有些植物的毒性较低，数量少，动物采食后出现食物中毒的概率也很低；一些有毒植物的分布有限；对于许多有毒植物，动物自觉不采食，但草场牧草量不足时，马对食物的选择性降低或消失。

一些有毒植物（如曼陀罗属的植物）在草场不被马采食，但在收割以后由于异味消失，或难以被挑拣时也可能被马食入。

植物毒素可分布在植物的所有部位或集中在特定部位（蓖麻毒素只存在于籽粒中）。有毒成分的浓度可以随季节或土壤特性而变化（红豆杉在冬季末期比夏季的毒性高很多）。

有些牧草中的毒素在收割后的储存过程中自行消失，因为有的毒素具有挥发性（如毒芹），有的是因为有毒物质的化学成分发生改变（如毛茛二聚内酯）。

目前，中毒现象主要发生在外出活动中（如骑马散步）或饲料短缺时。这时马容易采食周围的有毒杂草：红豆杉、黄杨、女贞、刺槐、槲寄生、金链花。在草场放牧时，马也可能采食有毒植物：橡子、马兜铃、圣约翰草。

储存粗饲料被污染以后可能有毒性：干草被木贼类和藜芦污染，青贮饲料可被曼陀罗污染。一些种植作物大量被采食时（深红色三叶草或混合三叶草）也可引起中毒。高粱未成熟时不能用来喂马，因为其中含有有毒成分（氰苷）。一些豆科植物种子，如鹰嘴豆、箭筈豌豆和苦羽扇豆对马也有危害。

主要植物毒素和中毒症状已经在表 9.8 中列出。里昂兽医学院的国家兽医毒理学信息中心可提供更详细的资料。

9.3.2 霉菌毒素

理论上，很多霉菌毒素都可能引起马的中毒。最近几年，在法国只诊断出来两例马的霉菌毒素中毒：不当储存的秸秆出现葡萄状穗霉中毒，这个霉菌分泌单端孢霉素引起口腔炎、鼻炎与流鼻涕、结膜炎和嘴角与鼻孔开裂；玉米生霉出现串珠镰刀菌，引起马的脑白质软化，最后由大脑半球病变致死。

干草污染了曲霉菌和链格孢菌可引起肺过敏现象和肺气肿。

不当保存的青贮中也可能出现霉菌（第 11 章）。常见的霉菌包括：圆弧青霉，只在青贮窖底部出现，其产生的青霉酸和棒曲霉素具有神经毒害；绿色木霉，可在青贮窖中部出现，其产生的木霉素可引起肠胃中毒；梨孢镰孢菌，也可引起肠胃中毒；串珠镰刀菌，也可在玉米青贮中出现，中毒症状与前面提到的玉米霉变引起的中毒症状相似。

黄曲霉毒素中毒的情况很少见。黄曲霉毒素在变质花生粕或不当贮存的玉米中出现，引起胃口降低、黄疸或行为精神失调等引起的总体健康损害。法律规定完整饲料中不能出现超过 0.01mg/kg 的黄曲霉毒素。此外，还有脑毒性霉菌毒素可引起马青草病。

9.3.3 细菌毒素

粗饲料或谷物被小动物尸体（啮齿动物、猫、鸟等）污染后发生中毒，主要由肉毒梭菌产生的肉毒毒素引起的。此中毒症状非常严重，首先出现后腿、咽和舌头麻痹症状，12～80h 就可以致死。

9.3.4 饲料添加剂和防腐剂引起的中毒

一些抗生素和离子载体被认为具有促进牛生长的作用，如添加到牛饲料中的莫能菌素和禽类饲料中的抗球虫药物，但相同剂量的这些添加剂喂马后可出现致死情况。配合饲料生产失误导致出现甲基盐霉素，在法国出现了集体中毒的情况。

有用地址：

跨行业分析检测办公室（BIPEA）

64 avenue Louis Roche

92230 Gennevilliers

里昂兽医学院国家兽医毒理学信息中心

电话：04.78 87.10.40

赛马实验室（LCH）

15 rue du Paradis

91370 Verrières-le-Buisson

http: //www.fncf.fr/index.php?id＝17

参 考 文 献

Agabriel, J., C. Trillaud-Geyl, W. Martin-Rosset and M. Jussiaux, 1982. Utilisation de l'ensilage de maïs par le poulain de boucherie. INRA Prod. Anim., 49, 5-13.

Aiken, G.E, G.D. Potter, B.E. Conrad and J.W. Evans, 1989. Voluntary intake and digestion of coastal bermuda grass hay by yearling and mature horses. J. Equine Vet. Sci., 9, 262-264.

Almeida, M.I.V, W.M. Ferrreira, F.Q. Almeida, C.A.S.Just, L.C. Goncalves and A.S.C. Rezende, 1999. Nutritive value of elephant grass (*Pennisetum purpureum* Schum) alfalfa hay (*Medicago sativa*) and coast-grass cross hay (*Cynodon dactylon* L.) for horses. Rev. Bras. Zootech., 28, 743-752.

Arruda, A. M.V., L.B. Ribeiro and E.S. Pereira, 2009. Evaluation of alternative feeds for adult Creole horses. Rev. Bras. Zootech., 38 (1), 61-68.

Bergero, D., P.G. Peiretti and E. Cola, 2002. Intake and apparent digestibility of perennial ryegrass haylages fed to ponies either at maintenance or at work. Livest. Prod. Sci., 77, 325-329.

Bigot, G., C. Trillaud-Geyl, M. Jussiaux and W. Martin-Rosset, 1987. Elevage du cheval de selle du sevrage au débourrage. Alimentation hivernale, croissance et développement. INRA Prod. Anim., 69, 45-53.

Blackman, M. and M.J.S. Moore-Colyer, 1998. Hay for horses: the effects of three different wetting treatments on dust and nutrient content. Anim. Sci., 66, 745-750.

Bonnaire, Y., P. Maciejewski,M.A. Popot and S. Pottin, 2008. Feed contaminants and anti doping tests. *In*: Saastamoinen, M. and W. Martin-Rosset (eds.) Nutrition of exercising horse. EAAP Publication no. 125. Wageningen Academic Publishers, Wageningen, the Netherlands, pp.

399-414.

Booth, J.A., P.A. Miller-Auwerda and M.A. Rasmussen, 2001. The effect of a microbial supplement (horse-bac) containing lactobacillus acidophilus on the microbial and chemical composition of the cecum in the sedentary horse. *In*: 17th ESS Proceedings, USA, pp. 183-185.

Boothe, D.M., 1997. Nutraceuticals in veterinary medicine. Part 1. Definitions and regulations. Comp. Cont. Educ. Pract. Vet., 19, 1248-1255.

Boothe, D.M., 1998. Nutraceuticals in veterinary medicine. Part 2. Safety and efficacy. Comp. Cont. Educ. Pract. Vet., 20, 15-21.

Bowman, V.A., J.P. Fontenot, T.N. Meacham and K.E. Webb, 1979. Acceptability and digestibility of animal vegetable and blended fats by equine. *In*: 6th ESS Proceedings, USA, pp. 74-75.

Burton, J.H., G. Pollack and T. De La Rochen, 1987. Palatability and digestibility studies with high moisture forage. *In*: 10th ESS Proceedings, USA, pp. 599-604.

Bush, J.A., D.E. Freeman, K.H. Kline, N.R. Merchen and G.C. Fahey Jr., 2001. Dietary fat supplementation effects on *in vitro* nutrient disappearance and *in vivo* nutrient intake and total tract digestibility by horses. J. Anim. Sci., 79, 232-239.

Cairns, M.C., J.J. Cooper and H.P.B. Davidson, 2002. Association in horses of orosensory charcteristics of foods with their post ingestive consequences.Anim. Sci., 75, 257-265.

Chenost, M. and W. Martin-Rosset, 1985. Comparaison entre espèces (mouton, cheval, bovin) de ladigestibilté et des quantités ingéres de fourrages verts. Ann. Zootech., 34, 291-312.

Cluttter, S.H. and A.V. Rodiek, 1991. Feeding value of diets containing almond hulls. *In*: 12th ESS Proceedings, Canada, pp. 37-42.

Coenen, M., G. Muller and H. Enbergs, 2003. Grass silages vs hay in feeding horses. *In*: 18th ESS Proceedings,USA, pp. 104-141.

Combie, J.D., T.E. Nugent and T. Tobin, 1983. Pharmacokinetics and protein binding of morphine in horses. Am. J. Vet. Res., 44, 870-874.

Corrot, G. and J. Delacroix, 1992. Balles Rondes Enrubannées, contamination en spores butyriques et qualité de conservation du fourrage. Institut de l'Elevage, Paris, France.

Coverdale, J.A., J.A. Moore, H.D. Tyler and P. A. Miller-Auwerda, 2004. Soybean hulls as and alternative feed for horses. J. Anim. Sci., 82, 1663-1668.

Cuddeford, D., N. Khan and R. Muirhead, 1992. Naked oats: an alternative energy source for performance horses. *In*: 4th International Oat Conference Proceedings, Adelaïde, Australia, pp. 42-50.

Cymbaluk, N. F., 1990. Using canola meal in growing draft horse diets. Eq. Pract., 12, 13-19.

D'Mello, J.P.F. and A.M.C. McDonald, 1997. Mycotoxins. Anim. Feed Sci. Technol., 69, 155-166.

Dale, N., 1996. Variation in feed ingredient quality: oilseed meals. Anim. Feed Sci. Technol., 59,

129-135.

De Moffarts, B., N. Kirshvink, T. Art, J. Pincemail and P.M. Lekeux, 2005. Effect of oral antioxidant supplementation on blood antioxidant status in trained thoroughbred horses. Vet. J., 169, 65-75.

Dechant, J.E., G.M. Baxter, D.D. Frisbie, G.W. Trotter and C.W. McIlraith, 2005. Effects of glucosamine hydrochloride and chondroitin sulphate, alone or in combination, on normal and interleukin-1 conditioned equine articular cartilage explant metabolism. Equine Vet. J., 37, 227-231.

Deinum, B., A.J.H. Van Es and P.J. Van Soest, 1968. Climate, nitrogen and grass. Ⅱ. The influence of light intensity, temperature and nitrogen on *in vivo* digestibility of grass and the prediction of these effects from some chemical procedures. Neth. J. Agr. Sci., 16, 217-223.

Delbeke, F. and M. Debackere, 1991. Urinary excretion of theobromine in horses given contamined pelleted food. Vet. Res. Commun., 15, 107-116.

Doreau, M., C. Moretti and W. Martin-Rosset, 1990. Effect of quality of hay given to mares around foaling on their voluntary intake and foal growth. Ann. Zootech., 39, 125-131.

Dulphy, J.P., W. Martin-Rosset, H. Dubroeucq and M. Jailler, 1997. Evaluation of volountary intake of forage trough fed to light horse. Comparison with sheep. Factors of variation and prediction. Livest. Prod. Sci., 52, 97-104.

Foster, C.V., R.C. Harris and D.H. Snow, 1988. The effect of oral L-carnitine supplementation on the muscle and plasma concentration in the thoroughbred horse. Comp. Bioch. Physiol. A., 91, 827-835.

Garnier, G., L. Bezenger-Beauquesne and G. De Breux, 1961. Ressources médicinales de la flore Française. Vol. 2. Vigots Frères, Paris.

Glade, M.J., 1991a. Dietary yeast culture supplementation of mare during late gestation and early lactation: effects on dietary nutrient digestibilities and fecal nitrogen partitioning. J. Equine Vet. Sci., 11, 10-16.

Glade, M.J., 1991b. Dietary yeast culture supplementation of mares during late gestation and early lactation: effects on milk production, milk compostion, weight gain and linear growth of nursing foals. J. Equine Vet. Sci., 11, 89-95.

Glade, M.J., 1991c. Effects of dietary yeast culture supplementation of lactating mares on the digestibility and retention of the nutrients delivered to nursing foals via milk. J. Equine Vet. Sci., 11, 323-329.

Glade, M.J. and L.M. Biesik, 1986. Enhanced nitrogen retention in yearling horses supplemented with yeast culture. J. Anim. Sci., 62, 1635-1640.

Glade, M.J. and M.D. Sist, 1988. Dietary yeast culture supplementation enhances urea recycling in the equine large intestine. Nutr. Rep. Int., 37, 11-17.

Glade, M.J. and M.D. Sist, 1990. Supplemental yeast culture alters the plasma amino acid profiles of nursing and weanling horses. J. Equine Vet. Sci., 10, 369-379.

Goodwin, D., H.P.B. Davidson and P.A. Harris, 2004.Flavour preferences in concentrate diets for stabled horses. *In*: 38th Congress. Intern. Soc. Anim. Etholol., Finland, pp. 47-48.

Goodwin, D., H.P.B. Davidson and P.A. Harris, 2005. Sensory varieties in concentrate diets: effect on behaviour and selection. Appl. Anim. Behav. Sci., 90, 337-349.

Haenlein, G.F., R.D. Holdren and Y.M. Yoon, 1966. Comparative responses of horses and sheep to different physical forms of alfalfa. J. Anim. Sci., 25, 740-743.

Hainze, M.T.M., R.B. Muntifering and C.A. McCall, 2003. Fiber digestion in horses fed typical diets with and without exogenous fibrolytic enzymes. J. Equine Vet. Sci., 23, 111-115.

Hale, C. and M.J.S. Moore-Colyer, 2001. Voluntary feed intakes and apparent digestibilities of hay, big bale grass silage and red clover silage by ponies. *In*: 17th ESS Proceedings, USA, pp. 468-469.

Haley, R.G., G.D. Potter and R.E. Lichtenwalner, 1979. Digestion of soybean and cotton-seed protein in the equine small intestine. *In*: 6th ESS Proceedings, USA, pp. 85-98.

Hall, M.M. and P.A. Miller-Auwerda, 2005. Effect of saccharomyces cerevisiae pelleted product on cecal pH in the equine hindgut. *In*: 19th ESS Proceedings, USA, pp. 45-46.

Hall, R.P., S.G. Jackson, J.P. Baker and S.R. Lowry, 1990. Influences of yeast culture supplementation on ration digestion by horses. J. Equine Vet. Sci., 10, 130-134.

Hansen, D.K., G.W. Webb and S.P. Webb, 1992. Digestibility of wheat straw or ammoniated wheat straw in equine diets. J. Equine Vet. Sci., 12, 223-226.

Harris, D.M. and A.V. Rodiek, 1993. Dry matter digestibility of diets containing beet pulp fed to horses. *In*: 13th ESS Proceedings, USA, pp. 100-101.

Harris, P.A. and R.C. Harris, 2005. Ergogenic potential of nutritional startegies and susbstances in the horse. Livest. Prod. Sci., 92(2), 147-165.

Harris, R.C., C.V. Foster and D.H. Snow, 1995. Plasma carnitine concentration and uptake into musclewith oral and intravnous administration. Equine Vet. J., Suppl. 18, 382-387.

Hawkes, J., M. Hedges, P. Daniluk, H.F. Hintz and H.F. Schryver, 1985. Feed preferences of ponies. Equine Vet. J., 17, 20-22.

Haywood, P.E., P. Teale and M.S. Moss, 1990. The excretion of theobromine in thoroughbred race horses after feeding compounded cubes containing cocoa husk—establishment of a threshold value in horse urine. Equine Vet. J., 22, 244-246.

Hill, J., 2002. Effect of the inclusion and method of presentation of a single distillery by product on the processes of ingestion of concentrate feeds by horses. Livest. Prod. Sci., 75, 209-218.

Hill, J., 2007. Impact of nutritional technology on feeds offered to horses: a review of effects of processing on volountary intke, digesta characteristics and feed utilization. Anim. Feed Sci. Technol., 138, 92-117.

Hintz, H.F. and F.F. Schryver, 1989. Digestibility of various sources of fat by horses. *In*: Cornell Nutr. Conf. for Feed Manuf., USA, pp. 44-48.

Hintz, H.F. and R.G. Loy, 1966. Effects of pelleting on the nutritive value of horse rations. J. Anim. Sci., 25, 1059-1062.

Hintz, H.F., J. Scott, L.V. Soderholm and J. Williams, 1985. Extruded feeds for horses. *In*: 9th ESS Proceedings, USA, pp. 174-176.

Hynes, M.J. and M.P. Kelly, 1995. Metal ions, chelates and proteinates. Alltech. Symposium, St. Paul, USA, pp. 233-248.

INRA, 1987. Les fourrages secs, récolte, traitement, conservation. INRA Editions, Versailles, France, pp. 689.

INRA and AFZ. 2004. Tables of composition and nutritional value of feed materials. *In*: Sauvant, D., J.M. Perez and G. Tran (eds.) INRA, AFZ and Wageningen Academic Publishers, Wageningen, the Netherlands, pp. 304.

Jarrige, R., 1981. Les constituants glucidiques des fourrages: variations, digestibilité et dosage. *In*: Demarquilly, C. (ed.) Prevision de valeur nutritive des aliments des ruminants. INRA Editions, Versailles, France, pp. 13-40.

Jean-Blain,C. and M. Grisvard, 1973. Plantes vénéneuses. La Maison Rustique, Paris, France, pp. 139.

Julliand, V., A. De Fombelle and M. Varloud, 2006. Starch digestion in horses: the impact of feed processing. Livest. Sci., 100, 44-52.

Kane, E.J., J.P. Baker and L.S. Bull, 1979. Utilization of a corn oil supplemented diet by the pony. J. Anim. Sci., 48, 1349-1383.

Kollias-Baker, C. and R.A. Sams, 2002. Detection of morphine in blood and urine sample from horses administered poppy seeds and morphine sulphate orally. J. Anal. Toxicol., 26, 81-86.

Lattimer, J.M., S.R. Cooper, D.W. Freeman and D.A. Lalman, 2005. Effects of saccharomyces cerevisiae on *in vitro* fermentation of a high concentrate or high fiber diet in horses. *In*: 19th ESS Proceedings, USA, pp. 168-173.

Lewis, L.D., 2005. Feeding and care of the horse. 2nd edition. Blackwell Publishing. Ames, Iowa, USA, pp. 446.

Lieb, S., E.A. Ott and E.C. French, 1993. Digestible nutrients and voluntary intakes of rhizonal peanut, alfalfa, bermudagrass and bahiagrass hays in equine. *In*: 13th ESS Proceedings, USA, pp. 98-99.

McDaniel, A.L., S.A. Martin, J.S. McCann and A.H. Parks, 1993. Effects of *Aspergillus oryzae* fermentation extract on *in vitro* equine cecal fermentation. J. Anim. Sci., 71, 2164-2172.

McIlwraith, C.W., 2004. Licensed medications, "generic" medications, compounding and nutraceuticals—What has been scientifically validated, where do we encounter scientific mistruth and where are we legally? *In*: 50th Am. Assoc. Equine Pract. Proceedings, USA, pp. 459-475.

McLean, B.M., L.R.S. Lowman, M.K. Theodorou and D. Cuddeford, 1997. The effects of Yea-Sacc 1026 on the degradation of two fiber sources by caecal incola *in vitro*, measured using the pressure transducer technique. *In*: 15th ESS Proceedings, USA, pp. 45-46.

McLean, B.M.L., J.J. Hyslop, A.C. Longland, D. Cuddeford and T. Hollands, 2000. Physical processing of barley and its effects on intra-caecal fermentation parameters in ponies. Anim. Feed Sci. Technol., 85, 79-87.

McMeniman, N.P., T.A. Porter and K. Hutton, 1990. The digestibility of polished rice, rice pollard and lupin grains in horses. *In*: 15th Annual Conference Nutrition Society of Australia Proceedings. Adelaïde, Australia, pp. 44-47.

Medina, B., I.D. Girard and E. Jacotot, 2002. Effect of a preparation of Saccharomyces cerevisiae on microbial profiles and fermentation patterns in the large intestine of horses fed a high fiber or a high starch diet. J. Anim. Sci., 80, 2600-2609.

Mercier, C., 1969. Les divers procédés et leur action au niveau de l'amidon du grain. Ind. Alim. Anim., 211, 27-36.

Moore-Colyer, M.J.S. and A.C. Longland, 2000. Intakes and *in vivo* apparent digestibilities of four types of conserved grass forage by ponies. Anim. Sci., 71, 527-534.

Murray, S. M., E. A. Flickinger, A.R. Patil, M.R. Merchen, J.L. Brent and G. Fahey, 2001. *In vitro* fermentations characteristics of native and processed grains and potatoe starch using ileal chime of from dogs, J. Anim. Sci., 79, 435-444.

Nunes, G., P.C. Françoso, N. Centini, T.N. Rordriguez, J. Gandra and A.A.O. Gobesso, 2012. Effect of ricinoleic acid from castor oil (*Ricinus communis*) inclusion in equine diet on apparent total digestibility. *In*: Saastamoinen, M., M.J. Fradinho, S.A. Santos and N. Miraglia (eds.) Proceedings, forage and grazing in horse nutrition. EAAP Publication no. 132. Wageningen Academic Publishers, Wageningen, the Netherlands, pp. 377-380.

Ojima, K. and T. Isawa, 1968. The variation of carbohydrate in various species of grasses and legumes. Can. J. Bot., 46, 1507-1511.

Orakowski-burk, A.L. and R.W. Quin, 2006. Voluntary intake and digestibility of red canary grass and timothy hay fed to horses. J. Anim. Sci., 84, 3104-3109.

Orth, M.W., T.L. Peters and J.N. Hawkins, 2002. Inhibition of articular cartilage degradations by glucosamine-HCl and chondroïtin sulphate. Equine Vet. J., Suppl. 34, 224-229.

Ott, E.A., J.P. Feaster and S. Lieb, 1979. Acceptability and digestibility of dried citrus pulp by horses. J. Anim. Sci., 49, 983-987.

Pagan, J.D. and S.G. Jackson, 1991. Distillers dried grains as feed ingredient for horse rations: a palatability and digestibility study. *In*: 12th Eq. Nutr., Symp. Univ., Alberta, Canada, pp. 49-54.

Pickard, J.A. and Z. Stevenson, 2008. Benefits of yeast culture supplementation in diets for horses. *In*: Saastamoinen, M. and W. Martin-Rosset (eds.) Nutrition of exercising horse. Wageningen Academic Publishers, Wageningen, the Netherlands, pp. 355-360.

Pion, R., 1981. Les proteins des graines et des tourteaux. *In*: Demarquilly, C. (ed.) Prevision de valeur nutritive des aliments des ruminants. INRA Editions, Versailles, France, pp. 238-254.

Pipkin, J.L., L.J. Yoss, C.R. Richardson, C.F. Triplitt, D.E. Parr and J. V. Pipkin, 1991. Total mixed ration for horses. *In*: 12th ESS Proceedings, Canada, pp. 55-56.

Poppenga, R.H., 2001. Risks associated with the use of herbs and other dietary supplements. Vet. Clin. North. Am. Equine Pract., 17, 455-477.

Ragnarsson, S. and J.E. Lindberg, 2008. Nutritional value of mixed grass haylage in icelandic horses. Livest. Sci., 131, 83-87.

Ragnarsson, S. and J.E. Lindberg, 2010. Nutritional value of thimothy haylage in icelandic horses. Livest. Sci., 113, 202-208.

Raguse, C.A. and D. Smith, 1965. Carbohydrate content in alfalfa herbage as influenced by methods of drying. J. Agric. Feed. Chem., 13, 306-309.

Raina, R.N. and G.V. Raghavan, 1985. Processing of complete feeds and availability of nutrients to horses. Indian J. Anim. Sci., 55, 282-287.

Ramey, D.W., N. Eddington and E. Thonar, 2002. An analysis of glucosamine and chondroïtin sulphate content in oral joint supplement products. J. Equine Vet. Sci., 22, 125-127.

Randall, R.P., W.A. Schurg and D.C. Church, 1978. Response of horses to sweet, salty, sour and bitter solutions. J. Anim. Sci., 47, 51-55.

Raymond, S.L., T.K. Smith and H.V. Swamy, 2003. Effects of feeding of grains naturally contaminated with fusarium mycotoxins on feed intake, serum chemistry and hematology of horses and the efficacy of a polymeric glucomannan mycotoxin adsorbent. J. Anim. Sci., 81, 2123-2130.

Raymond, S.L., T.K. Smith and H.V. Swamy, 2005. Effects of feeding a blend of grains naturally contaminated with fusarium mycotoxins on feed intake, metabolism and indices of athletic performance of exercised horses. J. Anim. Sci., 83, 1267-1273.

Redgate, S. E., S. Hall and J.J. Cooper, 2007. Dietary experience changes feeding preferences in domestic horse. 20th ESS Proceedings, USA, pp. 120-121.

Reinowski, A.R. and R.J. Coleman, 2003. Voluntary intake of big bluestem, eastem gamagrass, indiangrass and timothy grass hays by mature horses. *In*: 18th ESS Proceedings, USA, pp. 3-4.

Respondek, F., A. Lallemand, V. Julliand and Y. Bonnaire, 2006. Urinary excretion of dietary contaminants in horses. Equine Vet. J., Suppl. 36, 664-667.

Rezende, A.S.C., G.P. Freitas, M.L.L. Costa and M.G. Fonseca, 2012. Nutrtional composition of white oat (*Avena sativa* L.) with different levels of dry matter for use in the diets of horses. *In*: Saastamoinen, M., M.J. Fradinho, S.A. Santos and N. Miraglia (eds.) Proceedings, forage and grazing in horse nutrition. EAAP publication no. 132. Wageningen Academic Publishers, Wageningen, the Netherlands, pp. 275-278.

Santos, C.P., C.E. Furtado and C.C. Jobim, 2002. Avaliação da silagem de grão úmido de milho na alimentação de eqüinos em crescimento: valor nutricional e desempenho. Rev. Bras. Zootech., 31,1214-1222.

Schneider, B.H., 1947. Feeds of the world. The digestibility and composition. West Virginia University, Agr. Exp. St., USA, pp. 297.

Schubert, B., P. Kallings, M. Johannsson, A. Ryttman and U. Bondesson, 1988. Hordenine-N, N-Dimethyltyramine-Studies of occurrence in animal feeds, disposition and effects on cardiorespiratory and blood lactate responses to exercise in the horse. *In*: Tobin, T., J. Blake, M. Potter and T. Wood (eds.) 7th Inter. Conf. of Racing Analysts and Veterinarians, Louisville, USA, pp. 51-63.

Schurg, W.A., D.L. Frei, P.R. Cheeke and D. Holtan, 1977. Utilization of whole corn plant pellets by horses and rabbits. J. Anim. Sci., 45, 1317-1321.

Schurg, W.A., R.E. Pulse, D.W. Holtan and J.E. Oldfield, 1978. Use of various quantities and forms of ryegrass straw in horse diets. J. Anim. Sci., 47, 1287-1291.

Scudamore, K.A. and C.T. Livesey, 1998. Occurences and significance of mycotoxins in forage crops and silage: a review. J. Sci. Food Agric., 77, 1-17.

Short, C.R., R.A. Sams, L.R. Soma and T. Tobin, 1998. The regulation of drugs and medicines in horse racing in the United States. The Association of Racing Commissions International Uniform Classification of Foreign Substances Guidelines. J. Vet. Pharmacol. Ther., 21, 144-153.

Summer, S.S. and J.D. Eifert, 2002. Risks and benefits of food additives. *In*: Branen, A.L., R.M. Davidson, S. Salminen and J.H. Thorngate (eds.) In food additives. 2nd edition. Marcel Dekker Inc., New York, USA, pp. 27-42.

Switzer, S.T., L.A. Baker, J.L. Pipkin, R.C. Bachman and J.C. Haliburton, 2003. The effect of yeast culture supplementation on nutrient digestibility in aged horses. *In*:18th ESS Proceedings, USA, pp. 12-17.

Tedeschi, L.O., A.N. Pell, D.G. Fox and C.R. Llames, 2001. The amino acid profiles of the whole plant and of four plant residues from temperate and tropical forages. J. Anim. Sci., 79, 525-532.

Thivend, P., 1981. Les constituants glucidiques des aliments concentrés et des sous-produits. *In*: Demarquilly, C. (ed.) Prevision de valeur nutritive des aliments des ruminants. INRA Editions, Versailles, France, pp. 219-236.

Todd, L.K., W.C. Sauer, R.J. Christopherson, R.J. Coleman and W.J. Caine, 1995. The effect of level of feeding different forms of alfalfa nutrient digestibility and voluntary intake in horses. J. Anim. Physiol. Anim. Nutr., 73, 1-8.

Todi, F., M. Mendonca, M. Ryan and P. Herskovits, 1999. The confirmation and control of metabolic caffeine in standardbred horses after administration of theophylline. J. Vet. Pharmacol. Ther., 22, 333-342.

Trillaud-Geyl, C. and W. Martin-Rosset, 2005. Feeding the young horse managed with moderate growth. *In*: Julliand, V. and W. Martin-Rosset (eds.) EAAP Publication no. 114. Wageningen Academic Publishers, Wageningen, the Netherlands, pp. 147-158.

Vervuert, I., M. Coenen and C. Bothe, 2003. Effect of oat processing on the glycaemic and insulin responses in horses. J. Anim. Physiol. Anim. Nutr., 87, 96-104.

Vervuert, I., M. Coenen and C. Bothe, 2004. Effects of corn processing on the glycaemic and insulinaemic responses in horses. J. Anim. Physiol. Anim. Nutr., 88, 348-355.

Vervuert, I., M. Coenen and C. Bothe, 2005. Glycaemic and insulinaemic indexes of different mechanical and thermal processes grains for horses. *In*: 19th ESS Proceedings, USA, pp. 154-155.

Vorting, M. and H. Staun, 1985. The digestibility of untreated and chemical treated straw by horses. Beret. Stat. Husd. no. 594, pp. 121.

Webb, G.W., S.P. Webb and D.K. Hansen, 1991. Digestibility of wheat straw or ammoniated wheat straw in equine diets. *In*: 12th ESS Proceedings, Canada, pp. 261-262.

Weese, J.S., 2002a. Microbial evaluation of commercial probiotics. J. Am. Vet. Med. Assoc., 220, 794-797.

Weese, J.S., 2002b. Probiotics, prebiotics and synbiotics. J. Equine Vet. Sci., 22, 357-380.

Whitaker, H.M.A. and R.L. Carvalho, 1997. Substituição do milho pelo sorgo em rações para eqüinos. Rev. Bras. Zootech., 26,139-143.

Whitlow, L.W. and W.M. Hagler, 2002. Mycotoxins in feeds. Feedstuffs, 74(28), 66-74.

Williams, C.A. and E.D. Lamprecht, 2008. Some commonly fed herbs and other functional foods in equine nutrition. Vet. J., 178, 21-31.

Williams, C.A., R.M. Hoffman, D.S. Kronfeld, T.M. Hess, K.E. Saker and P.A. Harris, 2002. Lipoic acid as an antioxidant in mature thoroughbred geldings: a preliminary study. J. Nutr., 132, 1628S-1631S.

第十章　放　　牧

马是草食动物，牧草在日粮中比例很大。根据马的类型（母马、一岁龄马等）、品种（赛马、乘用马或挽用马）和气候条件，全年放牧期为6～10个月。牧草提供马匹全年营养物质需要量的40%～90%。欧洲北方、中西部和东部地区，永久草原占农业用地面积的比例很高，如法国为30%（Agrest，2013）。永久草原在平原、丘陵和山区均有分布。除了专门用于饲养奶牛（营养需要量高的动物）的集约利用草场，马和其他反刍动物经常轮牧甚至混合放牧。在全欧洲，包括南欧国家，马的放牧活动也参与维护和保护一些生态敏感地区。马适应放牧的条件较宽。

本章介绍草场的生态管理、马匹对草场的利用、饲养体系（包括草场饲喂和预防寄生虫措施）及草场管理推荐。

10.1　放牧草场生态系统

在温带地区，有规律的割草和放牧可以维持一个开放的自然空间，并防止木本植物的侵入，与草场中草本植物群的维系紧密相关。因此，草场的维系和畜牧生产是不可分割的。草场的生态系统是动植物多样性的保护屏障，同时带来一系列环境益处，如防止水土流失和碳固存等。在一个不确定的全球环境下，草场对外部压力（气候变化、病虫害）的承受能力，以及对温室气体平衡的调节成为热点话题。对畜牧生产来说，饲草供应量的保障和结合多样化的草场类型（如关于永久草场与人工种植草场、单一草种与多草种并存的讨论）成为热点话题。

在这样的背景下，为了优化利用草场，就要对其中对草场生态有重要影响的生物媒介（植物、草食动物、土壤微生物等）有深入的了解。这里向大家介绍草场管理、植物种群变化和放牧密度间的关系。

10.1.1　草原生态系统和草场管理

草原生态系统是一个复杂的生物系统，整合了空气、土壤（包含其中的微生物分解者）、植物种群和草食动物。系统中各组分间能量和物质的交换可通过相关生化循环（水、碳、氮、磷等）来分析。草原植物通过固碳并吸收土壤营养带来初级草原生产力（primary grassland production，PP），其中 40%～50% 是植物根部的生长。草食动物采食植物的地上部分（占固碳量的 70% 左右）以攫取自身所需的营养。剩余部分通过排尿和排粪回归土壤，这些排泄物也包含氮摄入总量的 20%～25%，由此土壤便获得了易矿化且富含营养的动物排泄物。这样看来，草食动物在营养物质（特别是氮）循环中扮演了重要的角色。没有被采食的植物地上部分和地下部分老化废弃，其中一部分碳、氮和磷又回归土壤，另一部分被分解者利用生成 CO_2 和一些可被植物利用的营养物质，循环由此形成。

不同的土壤和气候条件，以及草场管理方式可以造就反差巨大的草原系统。草原系统间的差别可以通过产出能力和植物种类成分的不同体现出来。种植方式的累积效应和植物-土壤间复合结构的表现，共同造成了这些差别。在给定的土壤和气候条件下，两个主要因素起决定作用：矿物元素的丰富程度和外部干扰程度（图 10.1）。这些因素决定了植物种类成分（植物种类数量和相对比例）及其生产表现（产量、牧草品质、可利用性）。INRA 的研究显示，草场管理方式、草原生产表现和植物种类成分间存在紧密联系。粗放型放牧管理（低施肥量、低频收割、低密度放牧）可以维持较高的物种多样性（每块草场 40～70 种），而集约型放牧则可导致物种的退化和多样性的降低。

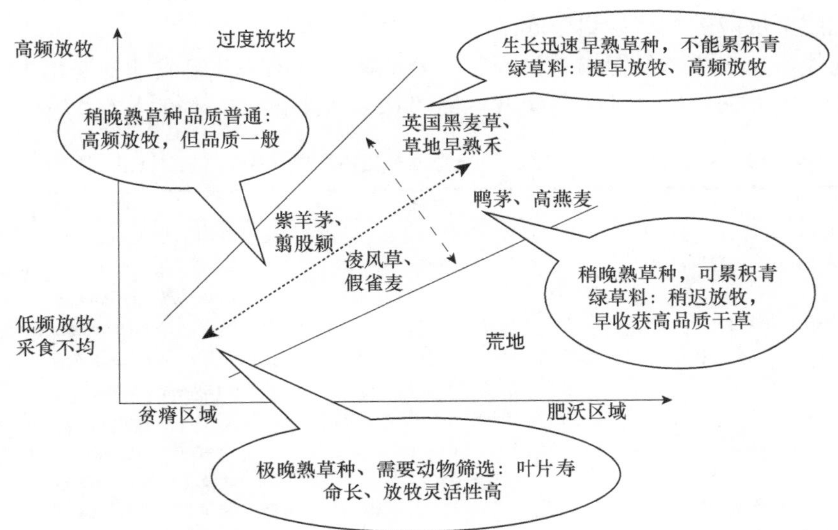

图 10.1 不同草种生长策略及放牧利用模式（参考自 Cruz et al.，2002）

放牧草场的植被组成取决于可用养分（土壤肥度）和外部干扰程度（采食或收割频率）。图中实线代表植被可持续开发、可接受的限度，长虚线箭头（--）指示不同放牧或收割强度的演变，短虚线箭头（····）主要显示土壤养分变化带来的影响。图中草种只作为例子给出

10.1.2 草原体系变化和生产表现预测

研究发现，在法国中央高原永久草地的生产表现取决于优势植物种类。由本特草、红羊茅和白花三叶草占主导地位的草场，每公顷的年产量是3.0～4.5t干物质。由梯牧草、肯塔基蓝草、黄三毛草和白花三叶草占主导地位的草场，每公顷的年产量可达4.5～6.5t干物质。由鸭茅、黑麦草和粗茎早熟禾占主导地位的草场，每公顷的年产量可达6.5～9.0t干物质。当土壤和气候条件（温度、降雨量、昼长、矿物元素和营养素）满足时，草场产量大部分（70%～80%）由第一生长周期达到。当其中一项或多项因素受限时，草场产量会降低，植物种类结构也会改变。不同植物种类在外界压力下的生长表现差异体现出各种植物获得养分的方式差异，因此就需要了解优势植物种类，以找到控制植物种群变化的策略。

对于人工草场，我们已经掌握一定的规律。例如，多年生黑麦草的产量根据氮肥施肥量的多少，每公顷每年干物质产量在2.5～13t。然而，对其他许多草种来说，种植管理方式对产量和牧草营养价值的影响还不够清楚。INRA比较了天然草场的13个草种的产量和牧草营养价值，发现绒毛草、燕麦草和梯牧草全年出产的能量和蛋白质总量超过了对照组的种植黑麦草。这项研究还显示出，草场可消化能量与蛋白质的产量和牧草叶片外观特征（如叶片大小、干物质含量和成熟叶片比例等）相关。功能法就是要了解草种的生长特性、植物形态、物候特性及其组织化学成分，按照它们对各种管理因素（脱叶）和生长条件（矿物元素、水和光照）反应的相似性组合起来。

功能群这个概念的提出就是为了有效地考虑草场草种组成动态变化。表10.1给出几个主要禾本科草种的功能群，根据其早熟性和生长速度分为5组。

表10.1 牧草利用价值介绍、种植管理及相关种类（引自Cruz et al.，2010）

类型	描述	特征	牧草种类
A	肥沃环境草种，个体小。早熟，叶片持续时间短	提早且高频放牧	英国黑麦草（*Lolium perenne*）、狐尾草（*Alopecurus pratensis*）、绒毛草（*Holcus lanatus*）
B	肥沃环境草种，个体大。较早熟，叶片持续时间长于A类	提早刈割可保证牧草优质。生物量累积能力强（叶片持续时间长）。可推迟收割以获得更多干物质	鸭茅（*Dactylis glomerata*）、高羊茅（*Festuca arundicea*）、燕麦草（*Arrhenantherum elatius*）
b	喜中等肥沃的环境，但与之前的两类不同。较晚熟	用于制作晚收干草或夏季放牧用	三毛草（*Trisetum flavescens*）、霞糠穗草（*Agrostis capillaris*）、梯牧草（*Phleum pretense*）
a	典型稀疏牧场的短草种，提供优质的草料。较早熟	不适宜刈割，自然生长地的产量很低	紫羊茅（*Festuca rubra*）、洋狗尾草（*Cynosorus cristatus*）、凌风草（*Briza media*）
D	中等至大型草种。晚熟且叶片持续时间长。可在贫瘠土壤生长	典型低产量草种，饲料价值也很低	羽状短柄草（*Brachypodium pinnatum*）、发草（*Deschampsia cespitosas*）、停泊草（*Molinie caeroulea*）

基于草种功能的分类分析，可以明白为什么充足的营养素可促进牧草冠层生长，加剧牧草对光照的竞争，从而促进草种垂直生长，最后导致功能单位个体增大而数量降低。所有草场管理措施带来的改变都可以导致草种功能群间的竞争，造成草种多样性的丢失。适应不充分生长的草种呈现收敛的外形特征：叶片不易消化、组织含水率变低、单位干物质面积降低。这些牧草趋向于将土壤凋落物层降解速度很慢的营养素贮存起来。只有通过这个分析方法才能理解：一方面，植物多样性是如何影响碳氮循环、土壤肥力的持久性或土壤碳贮存动态的；另一方面，草食动物和牧草间的相互作用对整个体系的影响。草场中功能不同但可以共存的草种已分组：第一组是生长竞争力和对动物采食承受力强的草种；第二组是持久性强、生长慢且可避免被采食的草种；第三组是所有体型大、持久性强的草种。前两组可以在放牧密集的地块共同生长，第三组是不被采食的草种。这表明由动物采食产生的结构差异导致具有互补功能的植物种类数量的增加，最后增强牧草群落的稳定性和对草场覆盖量降低的耐性（同时施展相应功能）。

10.1.3 碳氮循环是整个放牧草场生态系统的动态引擎

草原生态系统中的营养素循环与管理方式密切相关。载畜量决定被采食的牧草量及富含矿物元素的肥料比例（相对较贫乏的直接腐败的牧草组织）。施肥管理可改变土壤中营养素的含量，增加牧草产量并促进土壤有机物的矿化。因此，管理方式可修饰组分的平衡关系，特别是放牧密度及碳和氮的净矿化作用。此外，在永久草场，由于没有作物耕种，土壤有机物得以累积。

永久草场中，多样化的草种可以节省氮肥的使用。这是因为永久草场中几乎一直都有豆科草种，后者以根瘤固定大气中的氮素，为土壤氮肥的主要来源。没有缺水限制时，草场中有15%～20%的白花三叶草，每年的固氮量可达到200kg/hm^2。此外，由于蛋白质价值高，在草场的持续性也更好，豆科牧草比禾本科牧草更有价值（第12和16章）。土壤中氮肥和磷肥的含量影响豆科牧草的生长，对氮和磷的高回收利用能力是豆科牧草的优点之一。然而，动物对牧草的采食又对草场中豆科牧草的生长动态产生影响。这个影响主要是通过动物排粪对土壤施肥实现的。此外，动物对不同种类牧草的偏好也会影响牧草间的生长竞争。动物采食会推迟牧草的生长，要特别留意在早期放牧时，豆科草种更易受损。草场中草种间的相互竞争对碳和氮循环的调节施加影响。豆科草种固定的氮素以矿化的形式提供给其他草种，其中竞争力较强的草种（如黑麦草）利用高浓度的氮素，竞争力较弱的草种（如细羊茅草）可以利用较低浓度的氮素，这些互补的特性结合起来就保障了营养素在整个生态系统中的贮存。而系统中的氮素含量也决定着草种间的竞争程度，并进一步决定草场的草种组成。

马在草场的行为方式会加剧牧草分布差异：采食频繁区块，磷肥和钾肥缺乏加重，在没有被采食的区块排粪导致肥料过量。在有机物含量过量的区块，高强度割草或放牧也是有一定益处的，其可以疏通土壤有机物降解链并改善氮素矿化。尽管如此，由于叶片面积的减少和可利用钾肥量的降低，高强度放牧区块植被的生长潜力会因此大大降低。这些结果都是在法国中西部的温带地区（普瓦特万沼泽）试验观测得出的。

10.1.4 动物在草原功能中的角色

尽管不同牧场间存在差异，但放牧饲喂仍是最直接和最经济的资源利用方式。对牧草的选择性采食、对牧草踩踏伤害和排粪分布不均等由动物造成的影响都使得草场空间结构持续改变。这就造就了多样化的生态栖息地，使得许多适应不同生态位的物种能够共同生存，提高物种多样性。在整个放牧季，牧草生长混杂，会持续改变。当放牧密度较低时，动物集中在特定区块采食就会造成宏观差异：同时出现高轻度采食区块（量少、品质高的牧草）和被摈弃区块（量大，品质低的牧草）。动物的采食选择取决于植被覆盖的差异性，并通过对牧草特定组织（高营养价值部位）的选择加重这个差异性。这个空间结构的差异也受其他因素的影响，如供水点和躺卧区域的位置。这些结构的稳定性取决于研究范围（区域性研究对照大范围研究）、放牧强度和当地植被组成等因素。马可以采食普通品质甚至较低品质的植物（见本章 10.2 介绍），可以将采食压力集中到特定区域。采食和消化的低关联性使得马在微观和宏观范围对植被结构施加很大的影响。

草原上的动物行为决定特定区块牧草落叶的强度和频率，也在一定程度上影响牧草的再生能力。动物再次采食前不久刚采食过的区块，可以使牧草保持较大比例的鲜嫩（也是高消化率的）茎叶，这也就减少了成熟茎叶的比例，增加土壤可利用氮素的含量。放牧和牧草品质之间的这种积极反馈使得动物频繁采食相同区块。然而，该区块牧草产量的降低比预期要少，这是因为植物调动了补偿机制来适应高频率的采食。这个补偿机制包括外部因素（降低自身器官相互遮光）、生理因素（提高光合作用效率、向宽敞空间生长）和形态发生因素（备用芽的激活、分蘖和细胞复制）。这个补偿机制的强度与采食频率和恢复时间呈正相关关系。绵羊行为学研究发现它们对优先区块的采食频率并不高但采食强度却很高。

在区块层面来看，放牧采食通过降低牧草间的竞争来影响植物多样性，也通过选择性采食造成偏好草种不对称的竞争力。在草场层面来看，植物多样性也受一些不规律机制的影响：动物对空间的利用、排粪分布和粪便中草种分布都是不规律的。如果把焦点集中到马的放牧采食，就需要考虑两个层面的问题：草场层面和区块层面。在草场层面，马的采食行为导致宏观差异，高频采食区域和未采食区域交错结合，另外也通过排粪带来是非差异。因此在给定区域，不同草种的生长机制在马的双重作用下形成差别化的动态变化（图 10.2）。在区块层面，高强度采食的区块草高度很低，生物量很少但质量很高（嫩叶片）。因此，在这些区块内，一些保留下来的牧草会得到恢复，根系由于营养补充不足而发育欠缺，这是因为营养都集中供应到了新生叶片。所有这些因素造成了对小个体（易躲避动物采食的匍匐茎草种或莲座状草种）的筛选。在被动物弃置的区域，牧草生物量会不断增加，其品质却不断降低（胞壁组织含量很高的起支撑作用的器官增多）。我们在该区域观测到了营养物质的累积，随之促进了牧草生物质的增长，当然也加重了牧草间对光的竞争。因此，大个体或高营养型的草种被筛选了出来。这些草种都是杂草性质的，也就是机会主义生长机制。 这使得它们可以在营养物质丰富的土壤中迅速生长，通过对空间的占据（大型莲座、大且展开的叶片）迅速成为主导草种，并在条件允许时迅速生产种子甚至快速发芽生长。这使得我们得出一个假说：放牧导致的结构性差异可改变草种间的功能性，并给物种分布带来持续的差异性。

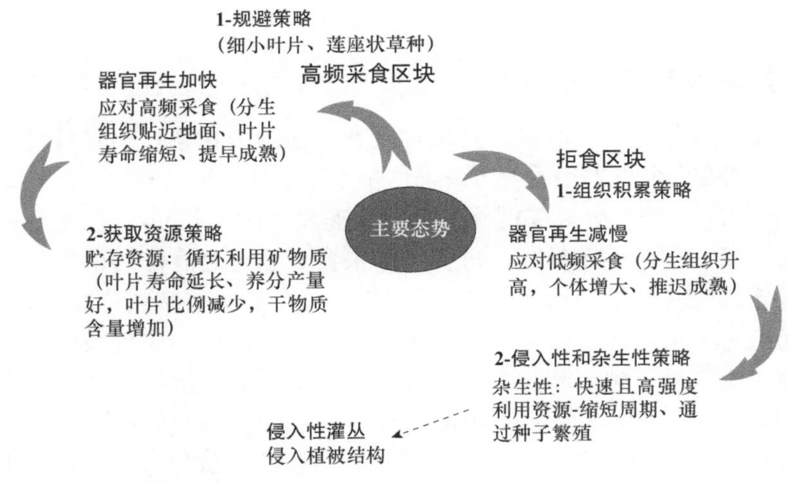

图 10.2 马高频采食区块和拒食区块植物种类演变动态
（参考自 Carrère，2007）

10.1.5 小结

放牧管理要以控制牧草生长情况和生产表现为目的。管理人员可以利用放牧起始日期、放牧方式和放牧时长、放牧密度、混合动物放牧、收割放牧交叉管理、刈割未被采食牧草及合理施肥等措施达到上述目的。这些措施的效率取决于它们的实施方式及草场具体情况。所有这些措施都会“扰乱”草场现状，要么使其恢复初始状态，要么使得牧草生长情况和生产表现发生转变。要想全力应用这些管理措施，就有必要确切了解草场对每一项措施的应答。

另外，在一些半天然区域，牧马也是一个很有效的管理方式：马对不同牧草的差别性采食可创造多样的生态栖息地，对敏感地区保持生物多样化创造有利条件。在农耕地区，马的放牧采食可以促进牧草品质较低的草甸区块恢复生长。只是需要注意（特别是土壤营养丰富区域），不要使采食差异造成太大的反差，以致频繁采食区块无法恢复而未采食区块营养富集。

10.2 马对牧草的利用

草食动物根据不同时间和空间条件做出一系列采食决定（从少量挑拣采食到长时间连续采食），这些决定取决于草场覆盖程度、牧草特质（包括草高度、营养价值等）和动物特质（包括外形、生理、认知和社会性特质）。采食决定又直接影响采食牧草的营养价值和采食量，同时也影响牧草的生长表现和草场覆盖程度。在放牧管理中识别影响采食决定的因素，并将它们按等级划分是非常必要的。

10.2.1 影响牧草采食的因素

动物所获营养素的量取决于其采食量和日粮的消化率。相对日粮消化率来说，采食量的变异性更大，后者可由采食频率和采食时长来确定。

1．采食速度和日均饲喂时长　采食速度（IR，g/min）取决于每口摄入量和频次。当牧草量不充足时，每一口的采食量也随之降低。由于马同时拥有上、下门牙，与其他大型动物相比（如牛），马在采食较矮牧草时受影响较小。当口量降低时，采食频次会增加，但不能一直保持同样的采食频率。对大部分草食动物来说，采食频率和牧草充足程度间的关系曲线呈渐进式。这个结果已经由不同体型大小的马（250kg 的矮种马、600kg 的乘用马和 950kg 的挽用马）证实（图 10.3），这些马被禁食几个小时后在人工草场放牧采食（草场生物量为 82～513g DM/m^2，草高度为 3～63cm，NDF 含量为 53%～68%）。和反刍动物一样，采食入口和咀嚼所需的时间和每次采食入口的量成正比，这个结果不随马类型而变化。牧草的纤维含量对采食时长没有显著影响，马科动物对牧草纤维含量变化的接受度较高。而反刍动物就不一样，尖刺牧草或植物茎部会阻碍采食过程，导致每一口采食量的降低和采食时长的增加，最终导致采食频率的降低。

马科动物用在采食的时间较长（平均每天 15h，反刍动物平均每天 8h）。马

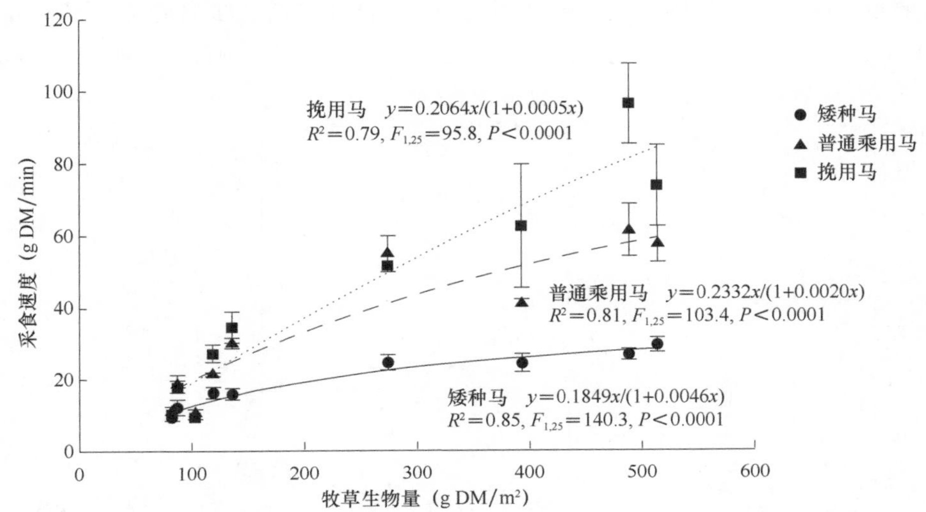

图 10.3　矮种马、乘用马和挽用马采食速度与牧草生物量间关系
（引自 Fleurance et al.，2009）

每天集中采食 3～5 次，每次持续数小时。和反刍动物一样，马的两次主要集中在黎明和黄昏时。晚间采食时间占总采食时间的 20%～50%。马因为没有瘤胃，受饲料颗粒大小的限制较小，所以消化道的通过率较高。由 INRA、IFCE 和 CNRS 完成的研究发现，当牧草可利用量降低时，马可以通过增加采食时长来补偿采食速度的降低。在轮牧管理条件下，处于生长阶段的马驹在草高 3.5cm 的草场放牧时，马驹的日均采食时长可增加到 19h。该补偿机制可以维持马的干物质采食量，但还是会增加能量消耗，对其生长发育造成一定影响。

2．每日采食量　草食动物的每日采食量根据放牧条件不同差别很大。对于反刍动物来说，影响采食量的因素已经比较清楚。牛的每日干物质采食量为 14～32g/kg BW。由于测量数据足够丰富，已经得出了根据牧草丰富程度和放牧管理方式预测采食量的数学模型。然而，针对马的放牧采食量及其影响因素的研究很少。如前文所述，马采食量受饲料颗粒大小的限制较小，因此它们的采食量可比反刍动物大（特别是饲喂粗饲料时）。在普瓦特万沼泽地的草原上放牧马驹的干物质采食量（29g/kg BW）就高于青年牛（19g/kg BW）。如果计算可消化干物质的采食量，马驹（16g/kg BW）也高于青年牛（11g/kg BW）。以上结果验证了 Duncan 等（1990）在棚内饲喂的测量结果，通过饲喂不同品质的粗饲料（NDF 含量为 40%～70%），马的可消化干物质采食量比牛高出 40%。目前，只在棚内饲喂条件下比较了马和牛的营养物质需要量满足程度。饲喂相同粗饲料时，不同生理阶段的挽用母马（甚至在饲喂品质较差粗饲料时）总是能满足能量需要量，而母牛和母绵羊在妊娠和泌乳期却不能满足其能量需要量（图 10.4）（第 1 章）。

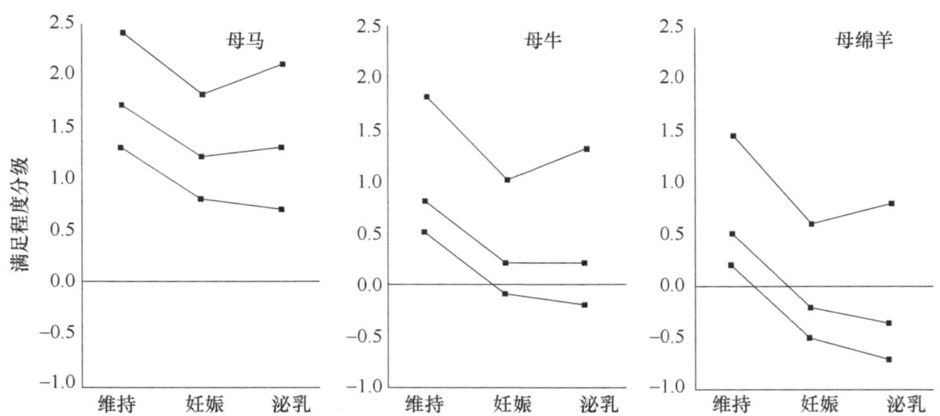

图 10.4 不同生理阶段的母马、母牛和母绵羊采食各生长阶段牧草时能量需要满足情况（引自 Thériez et al.，1994）

图中牧草生长阶段包括天然草场放牧初期（顶部曲线）、抽穗期（中部曲线）和盛花期（底部曲线）

已经测量得出的马在放牧自由采食时的采食水平数据并不多（表 10.2）。在普瓦特万沼泽地草原上处于维持状态的母马和普氏野马（Przewalski horses）每日干物质采食量分别为 34g/kg BW 和 35g/kg BW。这个采食水平远高于棚内饲喂青绿粗饲料或干草的维持状态阉马（日均干物质采食量为 19～23g/kg BW）。泌乳期的卡玛格（Camargue）母马在湿地草场的采食水平很高（干物质采食量为 38g/kg BW），比棚内饲喂时的采食水平要高（干物质采食量为 31～34g/kg BW）。对于生长阶段的马驹来说，挽用马种的采食水平总是比乘用马种高。和棚内饲喂结果一致，在放牧采食时将马的体重纳入考虑以后，年龄对采食量的影响很小。马的个体特质（体型大小、生理状态等）对棚内饲喂马采食的影响已经很清楚（第 1、3、5 和 7 章），但对于放牧马来说，这方面的影响还有待研究。

表 10.2 马放牧采食量（参考自 Edouard et al.，2009；Collas et al.，2014）

	体重（kg）	采食量［g DM/（kg BW・d）］	放牧模式	草场
成年维持状态				
-挽用马	674	34	连续放牧	天然草场和湿地（普瓦特万，法国）
-普氏马	279	35	连续放牧	天然草场和芦苇（奥地利）
泌乳期母马				
-乘用马	560	24	连续放牧	草场（新西兰）

续表

	体重（kg）	采食量［g DM/（kg BW·d）］	放牧模式	草场
- 乘用马	600	26	轮牧	施肥草场（科雷兹，法国）
- 卡玛格马	372	38	连续放牧	天然草场和湿地（卡玛格，法国）
生长期马				
- 乘用马（1 岁）	350	20	轮牧	草场（新西兰）
- 乘用马（1 岁）	266～355	12～16	连续放牧	施肥天然草场（澳大利亚）
- 乘用马（1～2 岁）	340～480	19～23	轮牧	施肥草场（科雷兹和诺曼底，法国）
- 乘用马（2 岁）	477～514	21～24	轮牧	施肥草场（科雷兹，法国）
- 挽用马（2～3 岁）	719～742	19～33	轮牧	天然草场和湿地（普瓦特万沼泽，法国）
- 挽用马（2～7 岁）	410～850	26～32	连续放牧	天然草场和湿地（普瓦特万沼泽，法国）

对于相同类型马在不同类型草场采食水平差异的研究还不够完善。泌乳期的卡玛格（Camargue）母马在湿地草场连续放牧时的采食水平为 38g DM/kg BW，而同为泌乳期的新西兰母马在黑麦草和三叶草混合草场的采食水平为 24g DM/kg BW。这个差异比棚内饲喂泌乳期母马的采食水平差异（28g/kg BW 和 32g/kg BW）更大一些。然而，INRA、IFCE 和 CNRS 最近的研究发现生长阶段的马在草场生物量和覆盖率在一定程度内变化时的采食水平相对稳定。草场生物量从每平方米 350g 干物质降低到 230g 时（对应草高度从 9.4cm 降低到 6.6cm），马驹采食水平并没有显著变化（平均为 20g DM/kg BW），在以上范围内小马驹的生长水平不受影响。青年马在草高度从 17cm（每平方米 200g 干物质）降至 6cm（每平方米 71g 干物质）的优质草场（NDF 含量 49%，粗蛋白含量 18%）也维持了稳定的采食水平（21g DM/kg BW），生长情况未受影响。由于采食低矮牧草的能力有限且持续采食时间较短，它们的采食水平在类似条件下受影响较大。当牧草长高成熟以后（80cm，每平方米 830g 干物质，NDF 含量为 62%，粗蛋白含量为 7%），在草高度 7cm、13cm 或 80cm 的条件下马的采食水平仍然稳定（24g DM/kg BW 或 13g 可消化干物质 /kg BW）。

因此，尽管大致规律已经显现，在试验条件下的比较研究数量还不足以解释清楚导致采食水平变化的机理，并了解马在不同放牧条件下通过调整采食水平满足其营养需要量的能力。

10.2.2 采食选择的决定因素

1．草地植物特质的影响　马科动物和反刍动物不同，没有对双子叶植物的清毒机制（且偏好禾本科植物）。尽管如此，马科动物还是可以扩展采食粗饲料的类型，特别是在牧草量不足时。几种禾本科牧草的适口性已通过选择测试确定：紫羊茅和高羊茅受欢迎程度高，而黑麦草、狗尾草和猫尾草受欢迎程度次之。另外，马科动物也比较偏好杂交黑麦草。植物的另一项防御机制是增长胞壁组织从而分散其有用组分，降低消化率（第12章）。众所周知，放牧时，马青睐低矮牧草，而对高草丛则避讳（马喜欢在高草丛排粪）。这个采食行为在早期被认为是为了避免寄生虫，最新的研究认为这样的采食行为主要是为了最大化可消化营养物质的摄食。因此，在给予两种选择的条件下，处于生长期的乘用马选择了低矮但高品质的区块（NDF含量55.5%，粗蛋白含量13.5%）而放弃了高丛而品质较低的区块（NDF含量62%，粗蛋白含量7%）。它们70%的时间在低矮区块采食，可消化蛋白质的量似乎是决定采食的关键因素（图10.5）。

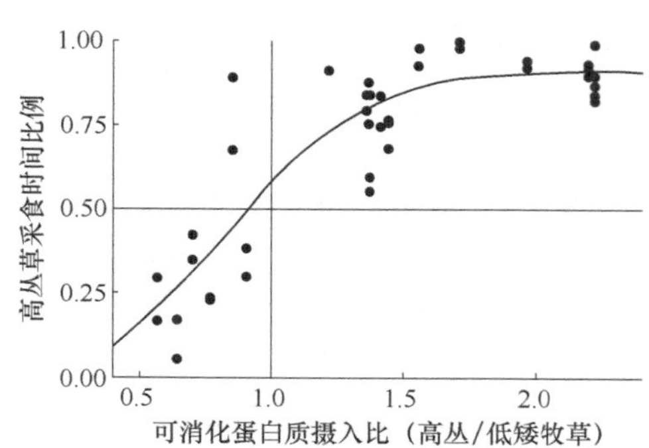

图10.5　比较饲喂试验条件下，马根据可消化蛋白摄入量表达采食偏好（引自Edouard et al.，2010）

2．*动物特质的影响*　关于马的动物特质对采食选择影响的研究很少。有研究发现，泌乳期母驴和雌性矮种马与干乳期同类相比更偏好采食低矮牧草，这再次证明可消化蛋白的量似乎是决定马科动物采食的关键因素。针对动物社会环境的研究相对多一些，成年马有这个学习能力。有研究甚至发现，可以通过用氯化锂引起厌恶反应从而避免马采食绢毛棘豆这样的有毒植物。然而到目前为止，还没有任何研究发现马驹的采食选择受其母马或一起放牧同伴的影响。群组内的争斗行为也影响个体的采食行为，弱势的个体得不到采食偏爱牧草的机会。在卡玛格（Camargue）草原放牧的母马在大群体中比在小群体中出现更多的争斗行为，常常打断采食过程。整个群体的行动一般都是由少数几个个体引起的。有观察指出，公马常常通过驱赶母马和紧跟母马的马驹从而引起整个群体的转换采食点。这个驱赶行为似乎是马特有的，然而除此之外没有研究发现马的社交策略与大体型反刍动物有什么区别。

10.2.3　小结

和反刍动物相比，马在草场放牧时的摄食调整和采食决定方面的研究还不够清楚。马可以根据牧草覆盖程度和牧草品质调整自己的采食行为（采食时长、摄食速度、采食区块）。以上介绍的一些采食行为调整和相同体型的反刍动物相似：偏好相对较高的优质牧草，以最大程度采食，在粗饲料有限时可以最大化地摄入蛋白质。马的消化道功能限制很小，因为消化道的通过率较大（第 1 章），所以受饲料品质的影响不大。马对低价值粗饲料的利用可以对开放空间做出贡献，况且它们在低价值区块采食时完全能满足自身营养需要。由于马有两排门牙，其对低矮牧草的采食量较强，能保障在这些区块牧草的高品质。在未来的研究中，应着重研究马的体型和营养物质需要程度对放牧采食选择的影响。

10.3 畜牧生产和粗饲料生产模式

马场所有类型的马都可以利用草场牧草。因此，有必要确定放牧饲喂的条件，了解放牧饲喂可以满足的生产表现及放牧在粗饲料生产模式中的地位。

10.3.1 畜牧生产模式和放牧饲养

畜牧生产模式根据马品种和放牧类型各有不同。

1．*带驹母马*　　产驹 1～2 个月后的比赛或运动型品种带驹母马可以在 4 月开始放牧草饲（第 3 章，图 3.10 和图 3.11）。而普通马和挽用马可以在产犊前几天就开始放牧（第 3 章，图 3.12 和图 3.13）。放牧季一般为 180～240d，普通马和挽用马的放牧季可以延长到初冬。夏季平均载畜量为 1～2 匹母马 /hm^2。

放牧管理恰当且降雨量充沛时，放牧饲喂母马可以满足其营养物质需要。如果遇到夏季干旱，可能短时饲喂不足（第 3 章，图 3.12 和图 3.15）。放牧饲喂时，比赛或运动型品种母马可以维持体况，普通马和挽用马可以恢复体况。运动型母马、普通马和挽用马分别可以在放牧期恢复 65%、85% 和 95% 的其在产驹至断奶期间的体重损失。马驹一般在夏末或初秋断奶。放牧条件良好时（提早放牧且无夏季干旱），都不需要补饲（比赛型品种除外），只需要提供矿物元素和微量元素饲料即可。

2．*青年马*　　青年马（12～24 月龄或 36 月龄）也可以从 4 月起开始放牧饲喂（第 5 章）。比赛型马和普通马的放牧期分别为 180d 和 240d。平均放牧密度为 2.6 匹马 /hm^2（根据降雨不同可以为 1.5～3.5 匹马 /hm^2），轮牧管理的草场放牧密度也根据牧草产量有一定变化（图 10.6）。

正常条件下，在轮牧管理草场，青年马可连续或间断增重，并达到正常的体重和发育水平（第 5 章，图 5.17）。

在诺曼底和利木赞地区，比赛用和普通类型青年马在断奶到 42 月龄期间，放牧饲喂分别完成约 60% 和 80% 的增重。

正常条件下，青年马在放牧期间不需要补充饲喂，只需要提供矿物元素和微量元素饲料即可。

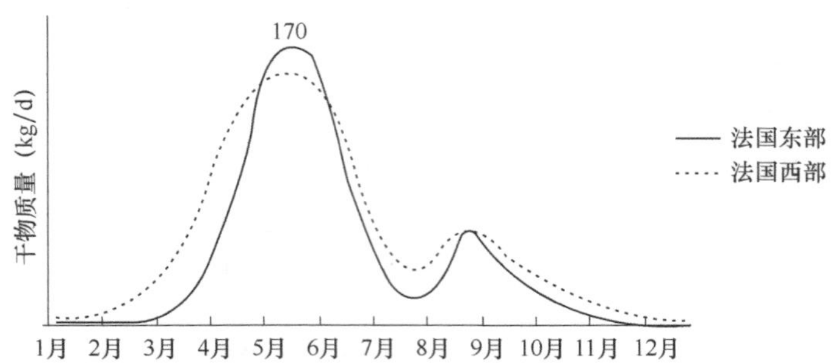

图 10.6 法国两个地区全年不同时期的牧草日产量（引自 Mohrain et al.，2007）

10.3.2 放牧饲喂和粗饲料养殖系统

1．原则 粗饲料可以满足所有类型马养殖周期的主要营养物质需要。放牧饲喂是最重要也是最经济的粗饲料饲喂模式。但是牧草产量在全年不同时段的差异特别大。因此，需要实施有效管理，在春季通过提早收割利用好多产的牧草，在夏季干旱时调整饲喂草场面积。

以单位面积干物质产量计算的粗饲料产量在不同季节的差异很大（图 10.6），这取决于气温、降雨、土壤营养和草场牧草生长阶段。养殖者可以根据气候条件、土壤肥力、放牧模式、收割模式及频率来选择适宜的草种。饲喂反刍动物的永久草场的年产量为 5～8t DM/hm^2。

牧草的饲料价值在不同季节的差异也很大（第 12 章）。一般来说，草场植物的营养价值随着植物器官的成熟而逐渐降低。若在同一成熟阶段刈割，第一茬刈割牧草饲料价值高于再生草，但是再生草营养价值显著低于第一茬生长牧草，而收割和贮存过程会导致一定程度的干物质损失（第 11 章）。

为了最大化地利用粗饲料，首先要为需要量高的马提供优质牧草。因此，就要同时考虑牧草再生速度的不规律及牧草营养价值随草龄增长而降低这两个因素。根据马的类型、土壤和气候条件不同，养殖者可以选择“储备”青绿牧草或收割贮存。青绿牧草储备并不是以前一轮放牧或刈割所剩草量，而是第一茬利用之后的再生草。自 20 世纪 80 年代中期以后，法国养殖场合作组织和畜牧研究院（在国家层面上）、地方农业商会根据各地条件和生产集约程度提出了牛放牧管理模式及粗饲料生产模式推荐方案。对每一特定条件都推荐了平衡放牧饲喂和收割储备的方案，其中包括放牧面积、收割面积、推荐刈割日期和施肥日期。虽然还需要调整放牧密度标准并通过生产验证，但同样的工作模式是可以应用到马的饲喂上来的。

放牧管理要同时满足多项生产指标：在夏季牧草长势趋缓时避免出现短缺；建立过冬用优质牧草储备；保障动物随时拥有足够放牧草量；最大化延长放牧天

数；保障较高的牧草饲料价值。表 10.3 和表 10.4（以法国东部带犊母牛放牧饲喂为例）给出了同时满足上述指标的参考示例。

表 10.3 温带地区（法国）随放牧密度变化的草场管理指标：以放牧牛为例
（参考自法国畜牧业研究院和农业局畜牧工作组，1999）

	载畜率（LU[1]/hm^2）					
	1.0	1.1	1.2	1.3	1.4	1.5
自主状态（牧草存量/总需要量，%）	115	110	105	100	90	90
年度施氮水平（氮单位/hm^2）	0	0～40	70	90	90	90
春季载畜率（公亩[2]/LU）	40～45	40	35	30	30	30
春季刈割/草地总面积（%）	＞50	＞50	＞50	＞50	＞50	＞50
早期刈割/总面积（%）	0	0	25	25	30	33
刈割日期			5 月 20～25 日	5 月 15～20 日	5 月 15～20 日	5 月 15～20 日
使用的产草量（t DM/hm^2）	5	5.5	6	6.5	6.5	6.5

[1]LU 为家畜单位。[2]1 公亩＝100m^2

表 10.4 温带地区（以法国为例）不同放牧时长及不同放牧密度所需草场面积：以放牧牛为例（参考自法国畜牧业研究院和农业局畜牧工作组，1999）

放牧密度（LU/hm^2）	放牧期所需草场面积（公亩/LU）									
	4 月 15 日	5 月 1 日	5 月 15 日	6 月 1 日	6 月 15 日	7 月 1 日	7 月 15 日	8 月 1 日	8 月 15 日	9 月 1 日
1.0	45						60			80
1.1	40					55			75	
1.2	35					50		70		
1.3	30				45		65			
1.4	30				45		65			
1.5	30				45		65			

放牧密度一般为 1.0～1.5LU/hm^2。直到放牧密度为 1.3LU/hm^2 时，放牧草场可以满足全年牲畜饲料生产，超过这个密度时就需要别的粗饲料补充（一般是生产玉米青贮），最粗放型畜牧模式放牧密度在 1LU/hm^2 左右。春季多产的粗饲料一般在 6 月制成干草贮存。由于收割较晚，再生草长速较慢，再生草要到 7 月 10 日以后才能用于再次放牧，因此春季要预留足够的放牧面积（0.45hm^2/LU）。夏季放牧面积应增加，至少 0.8hm^2/LU。在这种条件下，5 月牧草的长势很难控制，会导致一定程度的拒食草浪费。另外，用于制作干草的再生草量也不丰富。这个模式可以达到自给自足，但 5 月末至 7 月中旬牧草品质不高，影响动物生产表现（尤其影响 9 月龄断奶犊牛的生长）。可以通过提早放牧来改善干草品质，具体操作是在预计要刈割的草场提早放牧（一般在 4 月初）。这个安排可以使得在同一时期收割

干草的品质更高，也不影响放牧用草场。

还可以通过缩小春季放牧草场面积来改善牧草品质。中等氮肥水平（每公顷70单位氮肥）的草场可以缩小至每个生成单位0.35hm^2。这样就必须从6月20日起就开始在再生地块放牧以避免牧草短缺（因为之前确定的草场面积不能满足整个畜群的需要量）。此外，1/4的制作干草用草场要提早刈割（最迟5月25日）。为了确保刈割贮存牧草的品质，最好选择普通青贮或裹包青贮方式。这样，放牧采食的牧草品质较高，拒食牧草的浪费较少，提早收割的牧草品质也很高。这个安排直接导致动物生产表现的改善（断奶牛增重提高20%），只是需要一定程度的施肥，另外提早收割会导致粗饲料成本升高。整体放牧密度为1.2hm^2/LU草场，草场粗饲料生产可以满足全年需要。进一步集约化生产也是可能的，只是会再度提高生产成本，只有草场面积不足时才应该考虑。

无论如何，在冬天没有放牧利用的草场都要靠提早放牧和机械刈割（至少一半面积）来延长放牧天数。INRA和IFCE测试了一些马的放牧管理模式：根据当年天气条件，在诺曼底和利木赞地区机械刈割了15%～46%的草场（表10.5）。马的放牧管理模式和带犊母牛存在一些差别：一方面，马冬季放牧的频率和强度都相对较高，导致春季牧草长势较慢，生长期延长。为了避免草场衰退，要尽量避免冬季放牧过度。另一方面，在一定时期需要采用定量放牧的方法来限制营养需要量较小的动物在高品质草场的采食，以避免出现健康问题（第2章）。

表10.5 法国西北（诺曼底的勒潘）、中部或西部（利木赞的尚贝乐）地区，不同年龄赛马放牧时长、放牧密度及草料收割量（引自Trillaud-Geyl and Martin-Rosset，1990，2011）

	1岁（12～18月）		2岁（24～30月）	3岁（36～42月）
	勒潘	尚贝乐	尚贝乐	勒潘
放牧时长（d）	163	169	162	138
草场面积（hm^2）	11.5	18.5	13.2	11.5
轮牧次数	5	5	4	4
起始体重（kg）	328	328	440	496
增重（g/d）	596	666	326	540
整个放牧季放牧密度（动物个数/hm^2）	1.9	1.6	1.8	1.9
牧草各轮次差异	1.2～3.0	1.2～3.0	1.3～3.9	1.4～2.3
收割草料（t DM/hm^2）	4.2	4.2	4.3	4.1

2．*放牧和农场精准管理* INRA、IDELE、IQSLEA和IFCE设计了一款名为“RANI Equine farming 2015”的计算模型。该模型根据饲料生产、饲用价值（如农场草地和收获牧草等）及夏冬时节不同类型马推荐饲喂量（第3～8、10、12和16章）。

该软件可评定利用饲料与农场中各品种马、种马饲喂需要之间的平衡。该计算模型也能根据多元回归分析，优化放牧、收获等农场种马的管理。通过这种方式，终端用户可在专家指导下，逐步增加教育，获取技能，实现应用程序如工具的升级（www.idele.fr 或者 www.ifce.fr）。

10.3.3 放牧密度评价：家畜单位标准

1．原则 INRA 和法国畜牧业研究院在 20 世纪 90 年代建立了马放牧密度评价体系。这个体系确定的家畜单位标准在 1990～2010 年通过试验测试。INRA 和法国畜牧业研究院由这些试验结果评价了饲料价值（第 12 章）和采食量，建立了家畜单位标准（表 10.6）。

表 10.6 INRA-IFCE 马的家畜单位计算（参考自 Martin-Rosset et al.，1990，2012）

类型	重挽品种[1，2]（750kg）	轻型马[2]（550kg）	矮种马[2]（300kg）
母马（干乳期，妊娠 5 个月以内）	0.87（365d）	0.71（365d）	0.38（365d）
7 月龄断奶马驹	0.75（每匹马）[3]	0.49（每匹马）	0.26（每匹马）
母马加 6 月龄断奶马驹	1.62	1.20	0.64
生长期马（包括公马和母马）			
7～12 月龄	0.78（365d）[3，4]	0.56（365d）[5]	0.27（365d）[6]
13～24 月龄	1.00（365d）[7]	0.89（365d）	0.49（365d）
25～36 月龄	1.04（365d）[8]	0.94（365d）	0.56（365d）
>36 月龄	0.98（365d）[9]	0.78（365d）	0.41（365d）
种马			
>36 月龄	1.10	1.00	0.53

[1] 重挽马只用单独母马数据。[2] 成年母马体重。[3] 无补充饲喂的放牧马驹。[4]7～12 月龄，每匹马 0.39。[5]7～12 月龄，每匹马 0.28。[6]7～12 月龄，每匹马 0.14。[7] 补充饲喂的放牧母驹，0.92。[8] 补充饲喂的放牧母驹，0.95。[9] 补充饲喂的放牧母驹，0.79

这个体系主要基于两个指标：粗饲料的采食量和放牧时长。采食量取决于不同类型马的营养需要量（第 3、4、5、7 和 8 章）及牧草营养价值（第 1、12 和 16 章）。干物质采食量取决于动物采食量（第 1 章）。放牧时长为正常养殖周期中马在草场放牧的天数（不同类型马各有不同，第 3、4、5、7 和 8 章）。

这个体系是基于带犊母牛体系改进得出的。家畜单位（LU）也是基于种类生理特点差别由带犊母牛的相对值（1LU＝1 头 650kg 重的夏洛来母牛＋48kg 重犊牛）换算得出。这个步骤使得同时养殖马和牛的养殖者可以使用统一单位来计算。

2．动物类型 普通马被分为三大类。①带驹母马：母马＋马驹（0～8 月龄）。②成年种马。③青年马：青年公马或母马（8～48 月龄）。

重挽马的平均体重为 750kg，乘用马为 550kg。三种类型马的营养需要量以

2011 年标准为准（第 3、4、5 和 7 章）。这个工作后来也纳入了矮种马（第 8 章）。矮种马平均体重为 300kg，营养需要量以 2011 年标准为准。

3．参照粗饲料　每千克干物质能量均值为 0.57UFC，代表第一茬生长抽穗中期和繁花期的两种天然永久青绿饲料（见第 1 和 16 章，营养价值表代码 FV0040 和 FV0050）。

4．干物质采食量　这里的采食量特指各种类型马对参照粗饲料的干物质采食量。一些类型动物的粗饲料采食量由总采食量减去补充精饲料采食量得出。相比 1990 年建立的采食量体系，2011 年版本增加了两个新的概念（第 1 和 12 章）。

2011 年体系中，粗饲料采食引起的能量消耗被纳入计算，导致粗饲料的能量价值有所降低（第 12 章）：参照粗饲料能量值降低了 8%。因此，粗饲料采食水平也随之升高。尽管植被化学成分在不断变化，但在放牧密度适宜的马采食水平被认为是稳定的（以每千克体重采食量为单位）。

5．家畜单位标准　新的家畜单位标准替代了 1990 年以来提出的试验性标准。新标准虽然由牛的家畜单位为基础建立（牛马混合放牧时便于换算），但还是考虑了马的生理特性表（表 10.6）。

10.3.4 小结

将动物高营养需要量阶段和牧草快速生长季节结合起来，而在牧草不足或品质不佳时适度限制饲喂就可以达到最大化利用放牧资源喂马的目标。要避免出现严重的放牧管理失误，只需要少量补充精饲料就可以保障动物生产表现，这样就能大大降低饲料成本花费。

然而在一些地区，尤其是遇到干旱年份时，会出现牧草短缺的情况（一般在夏季出现）。为了不影响母马及其马驹的生长情况，养马人通常采取提早产驹的措施，尽管这意味着要在泌乳初期饲喂优质牧草和补充精饲料。和牛的放牧模式相比，马的放牧管理中春季需要收割的草场面积较小。这样就可能在春季末期增加放牧拒食草的量，且导致夏初再生草长势不佳。牛的放牧研究已经证明，这样的放牧安排会影响年幼动物的生长且降低母畜的体况评分。另外，马的冬季放牧比较频繁。如果冬季放牧时长太长会导致春季再生草生长缓慢，且降低草场的长期生产力。

马和牛在施肥量相同的草场上放牧时，马对牧草的利用情况显著低于牛。以带驹母马为例（第 3 章，图 3.11），以单位面积草场计算每公顷草场被利用牧草干物质量为 4.5～6t；以每匹马所需草场面积计算为每匹母马 0.5～0.7hm^2 草场。牛在相同氮肥量（每公顷 180 氮素单位）的草场放牧时，每公顷草场被利用牧草干物质量至少为 7t。法国畜牧业研究院用运动型马来建立技术标准的试验里，施肥量较低的草场每匹马所需草场面积为 1hm^2。导致马和牛对草场利用效率差别的一部分原因是马对牧草的消化率较低。马的放牧采食行为也导致出现拒食区块

（较多的拒食草）和高频采食区块（影响牧草再生）。放牧管理采取预留较多未刈割牧草的措施和在牧草短缺时期过度采食也一并导致较低的牧草利用效率。

因此在马的饲喂中，粗饲料生产和放牧饲喂的进步空间还很大。这需要利用 INRA 和法国畜牧业研究院建立的放牧密度评价体系和其他有效管理措施。在将来，还需要建立更创新的管理措施和草场利用方法以使得马场不但能满足生产目标，还要尊重各种环境保护要求（如气候变化、生物多样性降低等）（第 14 章）。

10.4 放牧管理

10.4.1 从畜牧的角度考虑：放牧模式的选择

马场可以选择两个类型的放牧模式：轮牧或连续放牧（图 10.7）。

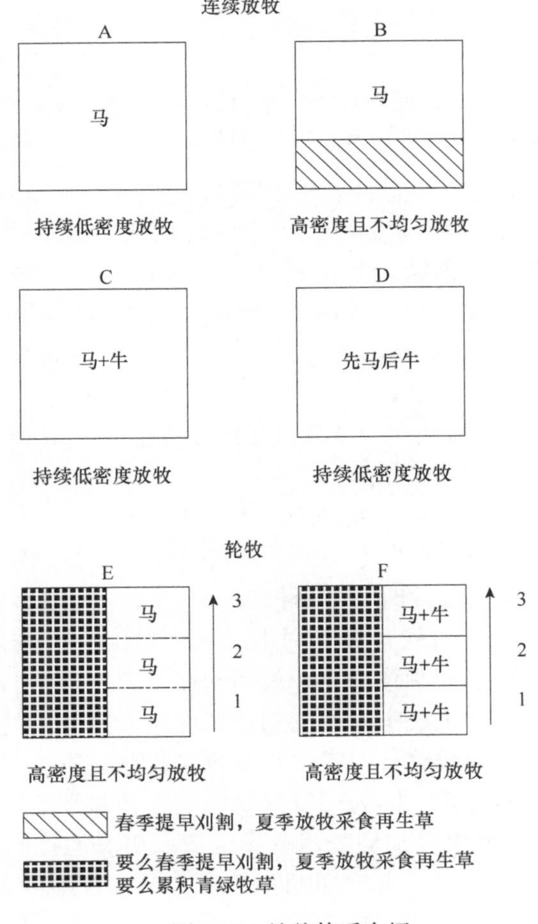

图 10.7　放牧体系介绍

1．轮牧模式　经典的轮牧是将草场分割为多个小区块：中等产量的草场至少要分为三个区块，集约程度高的草场可以划分得更小（图 10.7）。马群或马牛混合放牧时按顺序采食不同区块，以达到在牧草生长阶段最适宜的时候采食（图 10.8 和图 10.9）。为了达到以上目的，就要调整适宜的放牧密度和每个区块的采食时长。

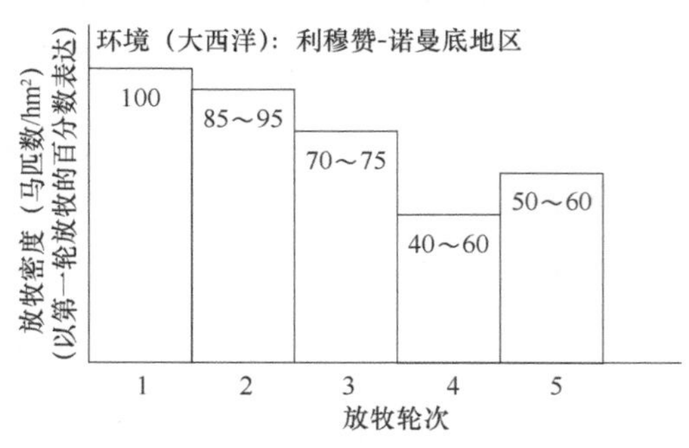

图 10.8　轮牧管理体系下不同时期放牧密度变化（引自 Trillaud-Geyl et al.，1990）

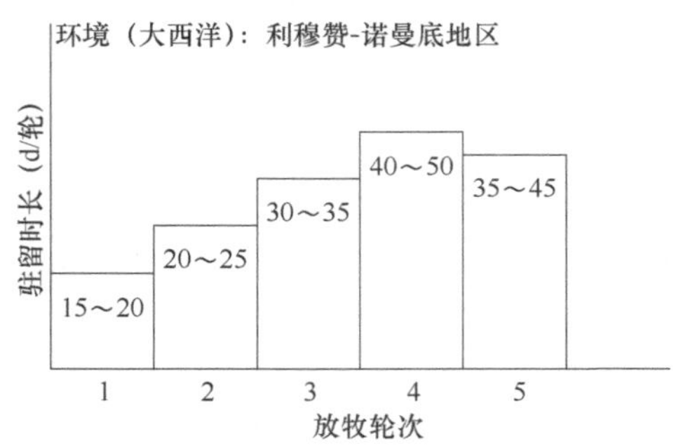

图 10.9　轮牧管理体系下不同轮次在草场驻留时长变化（引自 Trillaud-Geyl et al.，1990）

关于放牧密度有三个概念：春季牧草旺盛时的“临时”放牧密度要高（5 匹马 /hm^2 以上），然后再逐渐降低；在放牧周期中的平均放牧密度随着放牧季节的进程逐渐降低，前两轮放牧约为 2 匹马 /hm^2，第 3 轮降低至第 1 轮的 70%，最后几轮降低至第 1 轮的 50%（图 10.8）；总体放牧密度，在优质草场约为 2 匹马 /hm^2，其他情况下可以为 1～2.5 匹马 /hm^2（取决于降雨量和草场情况）。

每个区块的驻留时长取决于牧草品质和放牧密度。驻留时长随着放牧季节的进程逐渐延长，而放牧密度却逐渐降低。

生产实践上，第一轮放牧可持续到抽穗（10cm）后 1～2 周，再生草根据放牧轮次可以为 20～50d。在春季 20～25d 快速轮牧能控制牧草的抽穗，穗被采食以后牧草叶片较多时放牧时长可延长为 30～50d（图 10.9）。这样一来，由于第一轮放牧时牧草长势过快，只能利用 50%～75% 的草场面积。而在夏季，牧草长势大大减慢，春季刈割草场也开放用于放牧。这当中的难点还是要按照当年天气条件和牧草长势来决定春季刈割草场面积。另外，就是要确定好刈割日期，因为这会直接影响放牧日程安排和放牧时牧草品质。裹包青贮大概是春季刈割牧草的最佳收获方式，因为可以提早刈割（若制作干草就受天气条件限制）。在不同年份要交替放牧和刈割用草场区块以更好地控制植被组成及拒食草量。在第 2 轮放牧结束时，要立即刈割拒食牧草，否则后者就会趁机生长。这个放牧模式最适宜在海洋性气候的平原地区应用，因为可以更好地控制马的特殊放牧采食行为带来的影响，使草场的生产力达到最高水平（以单位面积草场的施肥量和动物增重量计算）。

2．连续放牧模式 连续放牧是指将马群散放在一个固定面积的草场，放牧密度较低且持续稳定（图 10.7A）。在这种放牧模式下，马的个体生产表现不错，但是草场利用效率低。对拒食草的控制和干旱时期的管理都变得困难，因为马会集中采食产量高的区块。可以通过在春季刈割一部分区块，并在夏季拓宽放牧面积来提高草场利用效率（图 10.7B）。

3．马牛混合放牧 为了最大化牧草利用量（通过利用两种动物采食行为的互补性）和提高牧草品质，可以在同一区块混合放牧马群和牛群，也可以在同一片草场不同区块分栏相继放牧。混合放牧可以是轮牧也可以是连续放牧模式（图 10.7C、D、F）。

以 INRA 和 IFCE 在法国诺曼底地区试验举例来说，1～2 岁的青年马可以和 1～2 岁的阉牛在轮牧草场混合放牧。以活重衡量的马牛比例来计算的话，应由 30%～35% 的马和 65%～70% 的牛来组成混合群体在平原施肥草场放牧（表 10.7）。天气条件良好且放牧密度适宜时（但不改变马牛各自所占比例），整个放牧季出产的牧草可全部被采食利用。

表 10.7 2 岁马和 1～2 岁肉牛混合放牧时天然草原生产力比较

（参考自 Martin-Rosset et al.，1984；Martin-Rosset and Trillaud-Geyl，2011）

	诺曼底地区（大西洋气候影响）	
	10 匹马＋10 头牛	5 匹马＋15 头牛
放牧季-放牧时长	4 月 5 日至 10 月 3 日——181d	
草场总面积[1]（hm^2）	10.1	10.1
马匹占所有动物体重比例（%）	59.9	31.4
平均放牧密度（头或匹 /hm^2）		
马	1.52	0.77
牛[2]	1.46	2.20
日增重（g/d）		
马	579	791
牛	793	1009
每公顷草场增重（kg）		
马	155	113
牛	242	360
总计	397	473
收获牧草	无	无

[1]150 单位氮肥（分 3 次施肥）。[2]1～2 岁，肉用品种牛

另一种情况是在同一片草场不同区块分栏相继放牧马群和牛群（也可以用绵羊放牧）。在养殖比赛用马的马场，可在马放牧采食过的草场区块放入牛或绵羊利用马拒食的牧草。我们目前还没有客观的试验数据来评价这个放牧管理的效益，但是夏季末甚至冬季用挽用马在牛采食过的草场利用拒食草的放牧管理方式其实很常见。有时也可以用挽用马在春季放牧季来临前来“清洗”预备放牛的草场。放牧密度和放牧时长都合理配置时，这个措施可以在避免机械刈割的情况下提高草场生产力。

4．马匹管理的重点　要提早放牧起始日期。在温带地区一般是4或5月，但还是取决于当年天气情况和土壤条件。马踩踏对草坪的压强较大（1.7kg/cm^2），且活动距离比牛大（每天3～10km），这会对土壤（土壤疏松性）、植被覆盖和牧草产量造成负面影响。根据地区和马匹类型不同，放牧季为160～240d。根据地形条件是山区、丘陵还是平原，每个放牧季可以放牧3～5轮。在温带海洋性气候地区，要避免将放牧延长到11月以后，因为马会破坏禾本科牧草分蘖，且促进可利用率很低的莲座叶丛型植物的生长。

无论何种放牧模式和管理模式，最重要的是要根据天气条件和施肥情况调整放牧密度。在放入动物前用牧草测量器测量牧草高度可提供可靠的牧草可用量信息。此外还可以通过测定动物个体生长计算草场生产力（表达为每公顷草场动物体增重）来调整载畜量，这是因为二者之间存在相关性（图10.10）。达到最佳放牧状态前，动物个体的增重很快，因为它们可以无限量采食牧草，但这时的草场生产力就有限。达到最佳状态时，放牧密度增加，草场生产力和动物的增重速度也保持较高水平，但对管理的要求很高，且需要较高的施氮肥量。

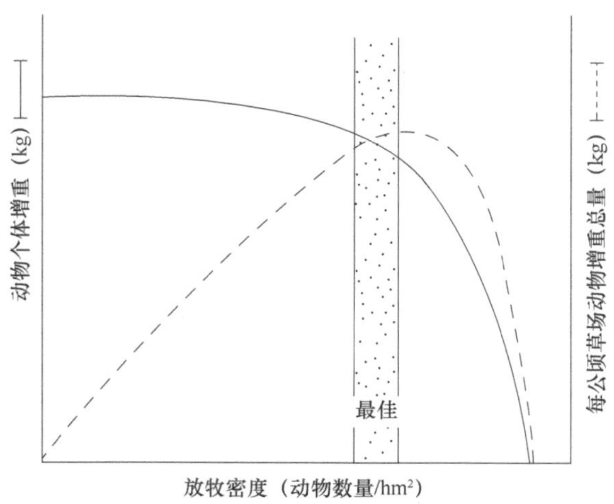

图10.10　放牧密度对动物个体增重和每公顷草场动物增重总量的影响
（引自Mott，1960）

详细的实用放牧管理措施请参考 INRA-IFCE 在 2012 年出版的书籍《马的饲养》。

10.4.2 从种植的角度考虑

1. 持续存在的问题　放牧马的草场总是存在一些区块过度采食而另一些区块被拒食的现象。过度采食的区块被莲座状草种占据，而被拒食的区块却长满个头较大的植物（表 10.8）。分析结果显示，拒食区块的土壤中氮素和有机物含量很高，且由于马的集中排粪和排尿导致矿物元素含量也很高（表 10.9）（第 14 章）。

表 10.8 采食和未采食区块草种丰富量对比（%）（引自 Leconte，2004）

6月测量	采食区块	未采食区块	6月测量	采食区块	未采食区块
糠穗草	11.64	2.66	蔓属禾草	1.03	2.57
洋狗尾草	2.55	0.80	蓟草	0.08	1.77
鸭茅草	0.00	2.50	莎草	6.44	9.65
高羊茅	0.79	1.69	荨麻	0.00	0.81
绒毛草	11.41	24.95	匍枝毛茛	0.16	1.85
草场狐草	5.44	8.95	禾叶繁缕	0.00	2.50
威丝顿草甸	0.00	2.41	禾本科总计	53.6	63.5
百脉根	0.08	4.10	豆科总计	37.8	14.9
白三叶草	35.22	5.96	其他草总计	8.5	21.6
西洋蓍草	0.80	2.42			

表 10.9 未采食和采食区块矿物质含量（%）[1]（引自 Laissus，1985）

	pH	P_2O_5	K_2O	MgO	CaO
未采食区块	6.28	0.57	0.37	0.26	4.08
采食区块	6.48	0.30	0.10	0.20	4.08

[1] 过去 3 年施肥量：132 单位 /hm^2 的 P_2O_2、78 单位 /hm^2 的 K_2O 和 1t 石灰 /hm^2

比较研究马和牛放牧草场演变情况的文献很少。在法国诺曼底的 Merlerault 地区，马放牧采食的草场中禾本科和其他草种较多，豆科草种较少（表 10.10）。由于放牧密度、施肥量和种植模式的集约化程度较低，且各年份间的变化不大，这些草场演变得很慢。然而，放牧马群管理不当或草场管理不当时，草场可出现快速且严重的退化。禾本科草种的比例将退缩到 42%，而其他草种达到 50%，其中有 20% 的有毒草种（表 10.10）。

表 10.10　法国西北和东北地区放牧草场的草种组成比较
（相对百分比）（引自 Leconte，2012）

类型	诺曼底地区[1]			勒梅尔勒罗[1]		东北地区[2]
	放牧草场	刈割草场	平均	国家马场[3]	私人马场[4]	私人马场[5]
年份	2002～2010	2002～2010	2002～2010	2010	2008	2004
区块数	341	65	406	11	20	20
英国黑麦草	9.83	7.27	9.42	8.40	7.47	8.99
糠穗草	9.47	8.08	9.25	9.17	8.44	6.79
绒毛草	7.97	6.46	7.73	7.34	8.96	2.02
梯牧草	8.72	7.49	8.53	10.08	10.38	4.72
湿地禾本科	6.84	7.37	6.93	14.84	15.56	1.86
其他禾本科	6.19	8.98	6.64	5.75	2.57	7.08
旱地禾本科	5.81	6.99	6.00	2.96	2.46	11.10
豆科	12.17	11.51	12.06	9.98	6.66	8.98
芳香类草种	15.93	22.02	16.91	20.55	17.13	28.82
有毒或无用杂草	17.07	13.83	16.55	10.93	20.36	19.65
禾本科总计	54.83	52.64	54.48	58.54	55.84	42.56
豆科总计	12.17	11.51	12.06	9.98	6.66	8.98
其他总计	33.00	35.84	33.45	31.48	37.49	48.47

[1] 法国西北部。[2] 法国东北部。[3] 马牛混合放牧，连续放牧模式；放牧密度为 0.6～1.1LU/hm^2，施肥量为 0N-35P-45K；拒食草刈割次数为每年 1 次。[4] 马放牧草场，连续放牧模式；放牧密度为 0.8LU/hm^2；施肥量为放牧区块 0N-30-50P-50-80K，刈割区块多施 90K；拒食草刈割次数为每年 1 次。[5] 马放牧草场，连续放牧模式；放牧密度为 0.3～3.0LU/hm^2 及以上；零施肥；拒食草不刈割

2．优化草场管理的重点　草场的沟渠和排水设施的设置要经过初步的研究且要定期维护。

在研究了不同区块土壤条件之后，可以适当调整草场规划。很多分析实验室都可以根据土壤分析结果制定出数年内的施肥计划。牧草营养价值分析也可以用来补充土壤分析结果。营养诊断结果可显示出土壤可以提供的饲料价值，后者还取决于很多因素，如气候、植物种类组成、种植模式等。在永久草场可以直接分析评价，临时草场要种植两年以后分析才能得出可靠结果（牧草根系稳定）。若是禾本科与白花三叶草混播草场，春季白花三叶草超过 25% 时就不能进行分析评价。需要施氮肥的量由草场干物质目标产量所需氮肥量减去土壤所含肥料、豆科牧草固氮贡献及动物排粪排尿贡献后得出（第 14 章）。

施用化肥（N、P、K）对牧草矿物元素含量的影响是清楚的，尽管土壤对矿物元素的保留能力对此有一定影响。氮肥的施用直接增加牧草氮素含量，同时也

增加其他元素，如钙、镁、钾、钠和一些微量元素。磷肥的施用提高了磷、镁和钼的含量。施钾肥增加牧草钾、钙和镁元素含量，但会降低钠元素含量。土壤养分不均衡的情况可通过在过度采食的区块施用粪肥和化肥来改善（图 10.11）。

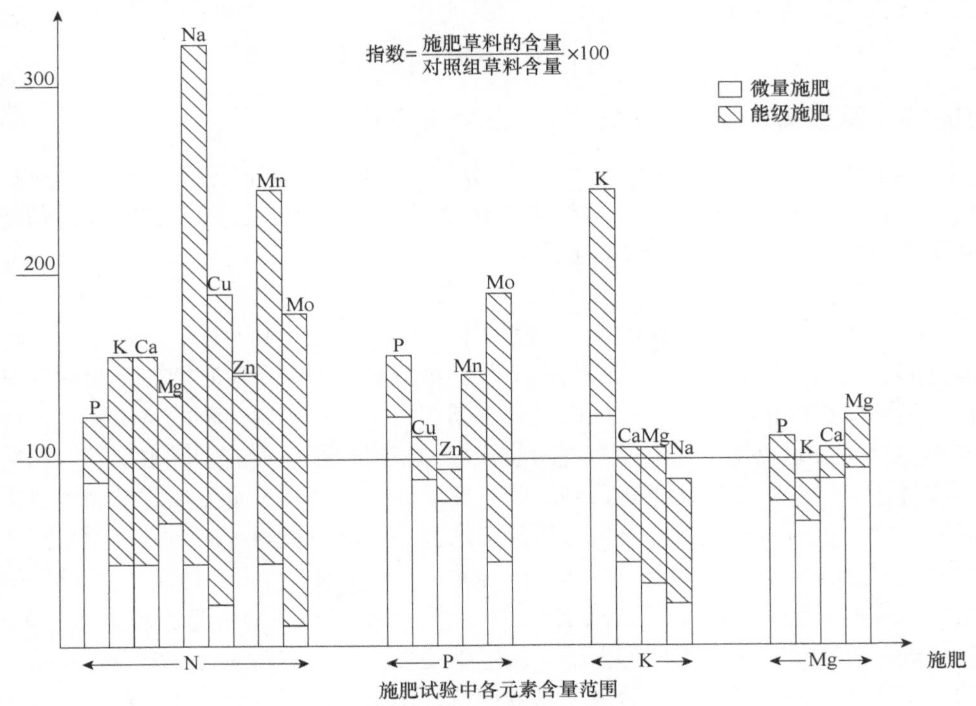

图 10.11 施肥量对牧草矿物元素含量的影响（参考自 Périgault，1975）

牧草生长不均衡的情况可通过机械刈割拒食草（甚至直接去除拒食草）的方法来减轻。另外，也可以在不同年份交替安排收割和放牧区块。

对草场松土可以整平土壤、去除坏死植物。但对于长青苔区块和放牧密度不适宜草场的效果不大。另外，松土操作对土壤有机物的矿化没有益处。

放牧管理适度时，杂草可以得到很好的控制。首先要确定杂草出现的原因，以此制定除杂草的对策（可用 Leconte 于 1991 年发表并由 GNIS、畜牧研究院和作物研究院推广的草场诊断方法）。杂草出现较多的主要原因包括夏季放牧过度、冬季放牧时降水较多、施肥时夹带杂草种子、没有机械刈割拒食草或刈割太迟。

除杂草可以在针对地块采用化学方法（除草剂），也可以调整草场管理操作来除草（如在最佳时期刈割以使得杂草根部衰竭、防止杂草种子成熟，或在草场更新时连根拔除杂草）。

可以在拒食草区域重新播种白花三叶草，也可以在过度采食或土壤暴露区域播种黑麦草。如果无用或有毒杂草超过 20% 时就应该重新播种。最好选用英国黑麦草、羊茅、梯牧草、草地早熟禾和白花三叶草［见《马的饲喂》(2012）一书］。

只要简单遵守这些要点就可以避免出现大量杂草。然而，对草种的选用不能仅仅基于动物生产表现目标，还要考虑气候条件，所以在制定草场生产策略时需要咨询当地的农业机构。这部分内容的实用生产建议已经发表在《马的饲喂》(2012）一书中。

10.4.3 从健康的角度考虑：防止寄生虫感染

马的体内寄生虫种类很多，包括圆线虫、绦虫、吸虫昆虫幼虫和一些原虫。放牧时容易感染的寄生虫包括圆线虫和绦虫（针对马驹）。在欧洲，73%的马肠道中都有圆线虫，10%有裸头绦虫。

1．寄生虫生活周期

（1）线虫　线虫自生时期，随粪便排出的卵孵化为蚴并迁移到牧草上。在温度和湿度适宜时这个时期为5～8d。大型和小型圆线虫寄生时期各不相同。三种大型圆线虫最常见且侵入马体内。普通圆线虫被马吞食后在盲肠及结肠进入肠壁小动脉并在此蜕化。幼虫逆血流向前移行并积集在肠系膜前动脉根部管壁然后再次蜕化。这个时期，幼虫转移到大肠并在肠壁引起结瘤。童虫离开结瘤到达大肠肠道中，最后再次成熟并繁殖，从感染幼虫到产卵时长约为6个月。无齿圆线虫的迁移过程相似，不同点是可通过门静脉进入肝脏之后再回到盲肠，从感染幼虫到产卵时长为9～10个月。马圆线虫的迁移也很复杂。幼虫经腹膜进入肝脏，然后到胰脏寄生，最后再回到大肠，从感染幼虫到产卵时长约为9个月。牧草上的小型圆线虫进入马的肠道后只在肠壁移行，幼虫在两周以后蜕变为童虫，从感染幼虫到产卵时长为2～3个月。还有一种圆虫是艾氏毛圆线虫，可感染所有草食动物，当然也包括马，其感染周期很短，约为1个月。

（2）裸头绦虫　裸头绦虫需要一个中间宿主（草场上的甲螨）才能完成生活史。感染期的生长需要约4个月。马采食牧草时甲螨也随着进入消化道，从感染幼虫到成熟并产卵时长为1～2个月。

2．寄生虫诊断

（1）在实验室做粪便检测　实验室粪便检测可以计算其中寄生虫卵的数量。圆线虫的虫卵和裸头绦虫有明显区别。但大型和小型圆线虫的虫卵在显微镜下不易区别。因此需要进行大便培养，约10d以后再做检测才能将二者区别开来。检测时要采集新鲜粪便，样品要在4℃下保存以免幼虫孵化。样品要尽快送到实验室检测（最好在周一、周二送样检测），运输过程要保持低温。

（2）假性寄生虫感染　很多幼马（85%）都有食粪癖，一些个体持续食粪行为直到6月龄。它们摄入包含虫卵的成年马粪便后又从自己的粪便中排出体外，这就是所谓的假性寄生虫感染。因此，对幼马做粪便检测有时不能确切判断出真实的圆线虫感染情况。

（3）草场区块的污染　草场上的感染源可以被测定，但是这个检测费用很高，具备检测资质的实验室数量很少。虽然它可以帮助决定各区块污染程度，但是在生产实际中基本没有人采用。

3．治疗方法

（1）现存寄生虫药物　有专利的寄生虫药物和非专利药同时存在，建议最好不要在网上自行购买非专利药（表 10.11）。

表 10.11　马用药物（参考自 Dictionary of veterinary drugs and animal health products sold in France，2005；CD-Rom Edition Le Point Veterinaire and Marchiondo，2006）

针对寄生虫	主要活性物质	每千克体重用量
线虫（大型和小型）	噻苯哒唑	50～100mg
	非班太尔	6mg
	芬苯达唑	7.5mg
	甲苯哒唑	5～10mg
	奥苯达唑	10mg
	噻嘧啶	6.6mg
	哌嗪	15mg
线虫和胃蝇	非班太尔和敌百虫	6mg 和 30mg
	甲苯哒唑和敌百虫	5mg 和 30mg
	伊维菌素	200μg
	莫西菌素	400μg
绦虫	吡喹酮	1mg
	噻嘧啶	13.2mg

（2）把握驱虫关键时机　在法国，虽然所有驱虫药物都必须要兽医处方才可以合法购得，但养殖者还是可以自行决定驱虫。兽医学术期刊已经发表了推荐的药物驱虫时间表：3 或 4 月（线虫和绦虫），6 月（线虫），11 月（线虫、绦虫和胃蝇属昆虫）。这样重复药物处理安排不能长期进行，马圆线虫可产生耐药性。因此需要合理安排药物驱虫，配合适宜的草场管理。

（3）以体重计算用药量　马驱虫药用药量过低的情况频发，甚至是比赛用马也出现了这样的情况。因此至少要用第 2 章介绍的评估方法预测马的体重，这样可以避免出现用药量不足的低级错误。

（4）药物处理及其对昆虫生态的影响　大环内酯类药物和灭昆虫药物对昆

虫群体的影响最大。它们在粪便中降解缓慢，易造成累积。因此要避免全部选用此类药物，也可使用苯并咪唑类、苯并咪唑类前体和四氢嘧啶药物驱虫。

4．通过草场管理策略降低寄生虫感染　这里大多数方法适用所有草食动物。

（1）混合放牧　将马与牛或小型反刍动物混合放牧有助于降低寄生虫感染，这是因为马的寄生虫与这些反刍动物并不交叉感染。艾氏毛圆线虫是唯一一个可感染所有草食动物的寄生虫，在法国仅有15%的马感染了该寄生虫。

（2）减少冬季放牧　冬季来临可减弱寄生虫卵的发展，但不能完全灭活。并且草场上的幼虫可以存活数个月。冬季放牧可能成为新的感染源。

（3）新播种草场　播种前的准备工作可去除感染性幼虫。新播种的草场没有寄生虫感染的风险。同样的，春季收割制作青贮、裹包青贮和干草的草场地块再生草放牧时也没有寄生虫感染的风险。

（4）降低放牧密度　高密度放牧马群会提高感染寄生虫的风险，这个风险受马放牧采食行为的影响（见本章相关段落介绍）。

（5）为敏感幼马预留草场　幼马对寄生虫感染更为敏感，特别是和母马分开时，最好为幼马预留感染的风险较低的草场区域。

5．草场化学处理　草场的机械操作（如松土等操作），可驱赶牧草上的圆线虫幼虫，降低感染风险。然而，这一操作的实际效果还有待科学实验验证。普通氮磷钾肥、过磷酸盐、尿素和硝酸铵都对圆线虫毫无作用。喷洒氰氨化钙对圆线虫也没有作用，对需要中间宿主的寄生虫（一些绦虫）有一定作用。

6．预防出现抗药性

（1）感染马匹的管理　对外购入新的马匹时，安排一个观察隔离期是非常有用的。新马匹入群似乎是一个引起感染的重要来源，尤其是抗药寄生虫感染。新马一旦到达就需要做粪便检查，并采用两种以上药品来驱虫，并在10～15d后检查驱虫效果。

（2）交替使用药剂　驱虫药剂的作用机理差别很大，因此一定要交替使用不同药剂。

（3）降低药剂使用次数　药剂使用次数越多，寄生虫的抗药性就越强。驱虫处理后的粪便检查可以验证处理效果，可基于处理效果决定是否需要再次药物处理。

（4）保持未经处理的圆线虫　这个安排可以降低抗药性的蔓延。一旦确定出现抗药性，就要避免把刚用药物处理过的马放入未感染的草场，因为这样会导致有抗药性的寄生虫主导整个草场并散播抗药性。感染和未感染圆线虫的马匹要区别安排放牧。如果是容易去除的寄生虫，要驱虫处理后立即转场；而对于具备抗药性的寄生虫，要先转场再驱虫。

参考文献

Archer, M., 1973. The species preference of grazing horses. J. Br. Grassland Soc., 28, 123-128.

Archer, M., 1978a. Further studies on palatability of grasses to horses. J. Br. Grassland Soc., 33, 239-243.

Archer, M., 1978b. Studies on producing and maintaining balanced pastures for stufds. Equine Vet. J., 10, 54-59.

Bigot, G., A. Celié, S. Deminguet, E. Perret, J. Pavie and N. Turpin, 2011. Exploitation des prairies dans des élevages de chevaux de sports en Basse-Normandie. Fourrages, 207, 231-240.

Carrere, P., 2007. Fonctionnement de l'écosystème planté. *In*: 35ème Journée Recherche Equine Proceedings. Haras Nationaux Editions, Paris, France, pp. 215-230.

Celaya, A., L.M.M. Ferreira, U. Garcia and R. Rosa-Garcia, 2012.Heavy grazing by horses on heathlands of different botanical composition. *In*: Saastamoinen, M., M.J. Fradinho, S.A. Santos and N. Miraglia (eds.) Proceedings, forage and grazing in horse nutrition. EAAP Publication no. 132. Wageningen Academic Publishers, Wageningen, the Netherlands, pp. 219-226.

Chenost, M. and W. Martin-Rosset, 1985. Comparaison entre espèces (mouton, cheval, bovin) de ladigestibilté et des quantités ingéres de fourrages verts. Ann. Zootech., 34, 291-312.

Collas, C., G. Fleurance, J. Cabaret, W. Martin-Rosset, L. Wimel, J. Cortet and B. Dumont, 2014. How does the suppression of energy supplementation affect herbage intake, performance and parasitism in lactating saddle mares? Anim., 8, 1290-1297.

Cruz, P., J.P. Theau, E. Lecloux, C. Jouany and M. Duru, 2010. Typologie fonctionnelle des graminées fourragères pérennes: une classification multitraits. Fourrages, 201, 11-17.

Cruz, P., M. Duru, O. Therond, J.P. Theau, C. Ducourtieux, C. Jouany, R. Al Haj Khaled and P. Ansquer, 2002. Une nouvelle approche pour caractériser les prairies naturelles et leur valeur d'usage. Fourrages, 172, 335-354.

Dictionary of veterinary drugs and animal health products sold in France, 2005. CD-Rom. Les éditions du point vétérinaire, Courbevoie Cedex, France.

Doreau, M., W. Martin-Rosset and D. Petit, 1980. Nocturnal feeding activities of horses at pasture. Ann. Zootech., 29, 299-304.

Duncan, P., 1985. Time-budgets of Camargue horses. Ⅲ. Environmental influences. Behaviour, 92, 188-208.

Duncan, P., T.J. Foose, I.J. Gordon, C.G. Gakahu and M. Lloyd, 1990. Comparative nutrient extraction from forages by grazing bovids and equids:a test of the nutritional model of equid/ bovid competition and coexistence. Oecologia, 84, 411-418.

Edouard, N., G. Fleurance, P. Duncan, R. Baumont and B. Dumont, 2009. Déterminants de l'utilisation de la ressource pâturée par le cheval. INRA Prod. Anim., 22 (5), 363-374.

Edouard, N., P. Duncan, B. Dumont, R. Baumont and G. Fleurance, 2010. Foraging in a heterogeneous environment—An experimental study of the trade-off between intake rate and diet quality. Appl. Anim. Behav. Sci., 126, 27-36.

Eysker, M., J. Jansen and M.H. Mirck, 1986. Control of strongylosis in horses by alternate grazing of horses and sheep and some other aspects of the epidemiology of strongylidae infections. Vet. Parasitol., 19, 103-115.

Ferreira, L.M.M., A. Celaya, U. Garcia, A.S. Santos, G. Rosa, R. Rodriguez and M.A.M. Osoro, 2012. Foraging behaviour of equines grazing on partially improved heathlands. *In*: Saastamoinen, M., M.J. Fradinho, S.A. Santos and N. Miraglia (eds.) Proceedings, forage and grazing in horse nutrition. EAAP Publication no. 132. Wageningen Academic Publishers, Wageningen, the Netherlands, pp. 227-230.

Fleurance, G., H. Fritz, P. Duncan, I.J. Gordon, N. Edouard and C. Vial, 2009. Instantaneous intake rate in horses of different body sizes:influence of sward biomass and fibrousness. Appl. Anim. Behav. Sci., 117, 84-92.

Fleurance, G., N. Edouard, C. Collas, P. Duncan, A. Farruggia, R. Baumont, T. Lecomte and B. Dumont, 2012. How do horses graze pastures and affect the diversity of grassland ecosystems. *In*: Saastamoinen, M., M.J. Fradinho, S.A. Santos and N. Miraglia (eds.) Proceedings, forage and grazing in horse nutrition. EAAP Publication no. 132. Wageningen Academic Publishers, Wageningen, the Netherlands, pp. 147-161.

Fleurance, G., P. Duncan, A. Farruggia, B. Dumont and T. Lecomte, 2011. Impact du pâturage équin sur la diversité floristiques et faunistique des milieux pâturés. Fourrages, 207, 189-200.

Fleurance, G., P. Duncan and B. Mallevaud, 2001. Daily intake and the selection of feeding sites by horses in heterogeneous wet grasslands. Anim. Res., 50, 149-156.

Fleurance, G., P. Duncan, H. Fritz, J. Cabaret and I.J. Gordon, 2005. Importance of nutritional and anti-parasite strategies in the foraging decisions of horses at pasture: an experimental test. Oikos, 110 (3), 602-612.

Fleurance, G., P. Duncan, H. Fritz, J. Cabaret, J.Cortet and I.J. Gordon, 2007. Selection of feeding sites by horses at pasture:testing the anti-parasite theory. Appl. Anim. Behav. Sci., 108, 288-301.

Fleurance, G., P. Duncan, H. Fritz, I.J. Gordon and M.F. Grenier-Loustalot, 2010. Influence of sward structure on daily intake and foraging behaviour by horses. Anim., 4, 480-485.

Friend, M.A., D. Nash and A. Avery, 2004. Intake of improved and unimproved pastures in two seasons by grazing weanling horses. Proc. Austr. Anim. Prod., pp. 61-64.

Grace, N.D., E.K. Gee, E.C. Firth and H.L. Shaw, 2002a. Digestible energy intake, dry matter digestibility and mineral status of grazing New Zealand thoroughbred yearlings. N. Z. Vet. J., 50, 63-69.

Grace, N.D., H.L. Shaw, E.K. Gee and E.C. Firth, 2002b. Determination of the digestible energy intake and apparent absorption of macroelements in pasture-fed lactating thouroughbred mares. N. Z. Vet. J., 50, 182-185.

Gudmundsson, O. and O.R. Drymundsson, 1994. Horse grazing under cold and wet conditions:a review. Livest. Prod. Sci., 40, 57-63.

Hoffman, R.M., J.A. Wilson, D.S. Kronfeld, W.L. Cooper, L.A. Lawrence, D. Sklan and P.A. Harris, 2001. Hydrolyzable carbohydrates in pasture, hay and horse feeds: direct assay ad seasonal variation. J. Anim. Sci., 79, 500-506.

Hopkins, A., J. Gilbey, C. Dibb, P.J. Bowling and P.J. Murray, 1990. Response of permanent and reseeded grassland to fertiliser nitrogen. 1. Herbage production and herbage quality. Grass Forage Sci., 45, 43-55.

Hoskin, S.O. and E.K. Gee, 2004. Feeding value of pastures for horses. N. Z. Vet. J., 52, 332-341.

Hughes, T.P. and J.R. Gallagher, 1993. Influence of sward height on the mechanics of grazing and intake by racehorses. *In*: 17th Inter. Grassland Congress Proceedings, New Zealand, pp. 1325-1326.

Hutchings, M.R., I. Kyriasakis, I. J. Gordon and F. Jackson, 1999. Trade-offs between nutrient intake and facal avoidance in herbivore foraging decisions:the effects of animal parasiticstatus, levels of feeding motivations and sward nitrogen content. J. Anim. Ecol., 68, 310-323.

Janis, C., 1976. The evolutionary strategy of the equidae and the origin of rumen and caecal digestion. Evolution, 30, 757-774.

Laissus, R., 1985. Production d'herbe et amélioration des herbages pour les chevaux. *In*: 6ème Journée Recherche Equine Proceedings. Haras Nationaux Editions, Paris, France, pp. 33-43.

Lamoot, I., J. Callebaut, T. Degezelle, E. Demeulenaere, J. Laquiere, C. Vandenberghe and M. Hoffmann, 2004. Eliminative behaviour of freeranging horses:do they show latrine behaviour or do they defecate where they graze? Appl. Anim. Behav. Sci., 86, 105-121.

Leconte, D., 1991. Diagnostic et rénovation d'une prairie. Fourrages, 125, 35-39.

Leconte, D., 2012. Synthèse des observations réalisées sur les prairies du Haras National du Pin, Normandie. *In*: INRA. Nutrition et alimentation des chevaux: nouvelles recommandations alimentaires de l'INRA. Chapter 10. QUAE Editions, Versailles, France, pp. 398.

Leconte, D., P. Luxen and J.F. Bourcier, 1998. Raisonner l'entretien et le choix des techniques de rénovation. Fourrages, 153, 15-29.

Loiseau, P. and W. Martin-Rosset, 1988. Evolution à long terme d'une lande de montagne pâturée par des bovins ou des chevaux. Ⅰ. Conditions expérimentales et évolution botanique. Agronomie, 8, 873-880.

Loiseau, P. and W. Martin-Rosset, 1989. Evolution à long terme d'une lande de montagne pâturée par des bovins ou des chevaux. Ⅱ. Production fourragère. Agronomie, 9, 161-169.

Longland, A.C., A.J. Cairns, P.I. Thomas and M.O. Humphreys, 1999. Seasonal and diurnal changes in fructan concentration in Lolium Perenne:implications for the grazing management of equines predisposed to laminitis. *In*: 16th ESS Proceedings, USA, pp. 258-259.

Loucougaray, G., A. Bonis and J.B. Bouzille, 2004. Effects of grazing by horses and/or cattle on the diversity of coastal grasslands in western France. Biol. Cons., 116, 59-71.

Marchiondo, A., G. White, L. Smith, C. Reinemeyer, J. Dasciano, E. Johnson and J. Shugart, 2006. Clinical field efficacy and safety of pyrantel pamoate paste (19.13% *w/w* pyrantel base) against *Anoplocephala* spp. in naturally infected horses. Vet. Parasitol., 137, 94-102.

Martin-Rosset, W. and C. Trillaud-Geyl, 2011. Pâturage associé des chevaux et des bovins sur des prairies permanents:premiers résultats expérimentaux. Fourrages, 207, 211-214.

Martin-Rosset, W., M. Doreau and J. Cloix, 1978. Etude des activités d'un troupeau de poulinières de trait et de leurs poulains au paturage. Ann. Zooetech., 27, 33-45.

McCann, J.S. and C.S. Hoveland, 1991. Equine grazing preferences among winter annual grasses and clovers adapted to south-eastern United States.J. Equine Vet. Sci., 11, 275-277.

McKenna, F., S. Kavanagh, M. O'Donoavan and B. Younge, 2012. Grasslland management practie on Irish Thoroughbred stud farms. *In*: Saastamoinen, M., M.J. Fradinho, S.A. Santos and N. Miraglia (eds.) Proceedings, forage and grazing in horse nutrition. EAAP Publication no. 132. Wageningen Academic Publishers, Wageningen, the Netherlands, pp. 213-218.

Menard, C., P. Duncan, G. Fleurance, J.Y. Georges and M. Lila, 2002. Comparative foraging nutrition of horses and cattle in European wetlands. J. Appl. Ecol., 39, 120-133.

Mesochina, P., D. Micol, J.L. Peyraud, P. Duncan and C. Trillaud-Geyl, 2000. Ingestion d'herbe au pâturage par le cheval de selle en croissance: effet de la biomasse d'herbe et de l'âge des poulains. Ann. Zootech., 49, 405-515.

Mesochina, P., W. Martin-Rosset, J.L. Peyraud, P. Duncan, D. Micol and S. Boulot, 1998. Prediction of digestibility of the diet of horses:evaluation of faecal indices. Grass Forage Sci., 53, 159-196.

Mott, G.O., 1960. Grazing pressure and the measurement of pasture production. *In*: Proc. of the 8th Intern. Grassld. Congr., pp. 606-611.

Nash, D., 2001. Estimation of intake in pastured horses. *In*: 17th ESS Proceedings, USA, pp. 161-167.

Nash, D. and B. Thompson, 2001. Grazing behaviour of thoroughbred weanlings on temperate pastures. *In*: 17th ESS Proceedings, USA, pp. 326-327.

Naujeck, A., J. Hill and M.J. Gibb, 2005. Influence of sward height on diet selection by horses. Appl.

Anim. Behav. Sci., 90, 49-63.

Odberg, F.O. and K. Francis-Smith, 1977. Studies on the formation of ungrazed eliminative areas in fields used by horses. Appl. Anim. Ethol., 3, 27-34.

Osoro, K., L.M.M. Ferreira, U. Garcia, R. Rosa-Garcia, A. Martinez and A. Celaya, 2012. Grazing systems and the roles of horses in heathland areas. *In*: Saastamoinen, M., M.J. Fradinho, S.A. Santos and N. Miraglia (eds.) Proceedings, forage and grazing in horse nutrition. EAAP Publication no. 132. Wageningen Academic Publishers, Wageningen, the Netherlands, pp. 137-146.

Perigault, S., 1975. Influence de la fertilisation sur la composition minérale des fourrages. Conséquences Zootechniques. Fourrages, 63, 107-125.

Pontes, L. S., P. Carrère, D. Andueza, F. Louault and F. Soussana, 2007. Seasonal productivity and nutritive value of temperate grasses Found in semi-natural pastures in Europe:responses to cutting frequency and N supply. Grass and Forage Sci., 62, 485-496.

Putman, R.J., A.D. Fowler and S. Tout, 1991. Patterns of use of ancient grassland by cattle and horses and effects on vegetational composition and structure. Biol. Cons., 56, 329-347.

Rogalski, M., 1977. Behaviour of animals on pasture (in Polish) . Roczniki Akademii Rolniczej Poznaniu, Rozprawny Naukowe, 78, 1-41.

Rogalski, M., 1982. Testing the palatability of pasture sward for horses based on the comparative grazing intensity unit. Herbage Abstracts, 1984, 054-00602.

Rogalski, M., 1984a. Effect of carbohydrates or lignin on preferences for grasses and intakes of pasture plants by mares (in Polish). Roczniki Akademii Rolniczej Pozmaniu, 27, 183-193.

Rogalski, M., 1984b. Preferences for some types of grasses and intake of pasture by English thoroughbred mares. Herbage Abstracts, 1986, 056-07146.

Säkijärvi, S., O. Niemeläinen, R. Sormunen-Cristian and M. Saastamoinen, 2010. Suitability of grass species on equine pasture: water soluble carbohydrates and grass preferences by horses. Grassland Science in Europe, 15, 1000-1002.

Säkijärvi, S., R. Sormunen-Cristian, T. Heikkilä, M. Rinne and M. Saastamoinen, 2012. Effects of grass species and cutting time on *in vivo* digestibility of silage by horses and sheep. Livest. Sci., 144, 230-239.

Theriez, M., M. Petit and W. Martin-Rosset, 1994. Caractéristiques de la conduit des troupeaux allaitants en zones difficles. Ann. Zootech., 43, 33-47.

Trillaud-Geyl, C. and W. Martin-Rosset, 2011.Pâturage du cheval de selle en croissance: synthèse de résultats expérimentaux et recommandations. Fourrages, 207, 225-230.

Virkajärvi, P., K. Saarijärvi, M.Rinne and S. Saastamoinen, 2012. Grass physiology and its relation to nutritive value in feeding horses. *In*: Saastamoinen, M., M.J. Fradinho, S.A. Santos and N.

Miraglia (eds.) Forages and grazing in horses nutrition. EAAP Publications no. 132. Wageningen Academic Publishers, the Netherlands, pp. 17-44.

Waite, R. and J. Boyd, 1953a. The water-soluble carbohydrates in grasses. Ⅰ. Changes occurring during the normal life cycle. J. Sci. Food Agric., 4, 197-204.

Waite, R. and J. Boyd, 1953b. The water-soluble carbohydrates of grasses. Ⅱ. Grasses cut at grazing height several times in the grazing season. J. Sci. Food Agric., 4, 257-261.

第十一章　粗饲料的收割和储存

马是草食动物，粗饲料是其日粮的基础。在全年的饲养周期中有6个月的时间需要用储存牧草来喂马（挽用马要全年饲喂储存牧草）。根据马的类型、体况、生理阶段、品种及饲养目标的不同（第3、4、5、7和8章），牧草占日粮成分的30%～90%。根据牧草类型不同，储存牧草可满足马能量需要量的25%～85%，氮需要量的20%～95%。因此有必要确切掌握牧草的收割和储存方法，以及了解其对牧草饲料价值和卫生程度的影响。

11.1　技术方法

对于草食动物养殖行业来说，粗饲料的收割是一个特别重要的环节。无论是什么样的饲喂体系，都要收割粗饲料（大部分为春季收割）作为冬季日粮的基础或在放牧季青绿牧草不足时用于补饲。20世纪90年代末开始出现的不同程度的干旱情况凸显出了对管理粗饲料生产和构建粗饲料储备的重要性。粗饲料的收割是一个较大的投入，首先表现在工作量上，其次表现在资金成本上。法国旺代省（Vendée）农业机械共享中心在2002年计算得出每收割1hm^{2}普通牧草青贮、裹包牧草青贮或干草的成本（除去劳动力成本）分别为140欧元、240欧元和130欧元。粗饲料产量的变动对收割成本的影响很小，而收割、储存和饲喂过程中造成的粗饲料损失对粗饲料单位价格成本的影响很大。粗饲料特质（如营养价值、是否含有害物质等）的好坏也会造成一定的经济影响（这至少表现在日粮配方时补充粗饲料不足时带来的花销）。因此，对粗饲料收割和储存方法的熟练掌握有重要的经济意义。本章第1部分总体介绍各种粗饲料收割方法、不同方法的优缺点及其中需要特别注意的重点环节。这里着重关注草原牧草的收割和储存，因为它是马科动物最常用的粗饲料。

11.1.1　粗饲料储存方式

可将粗饲料储存方式大致分为三类。干草是其中最常用于喂马的。青贮饲料所受的关注越来越多。牧草可以青贮保存，但最常用于制作青贮饲料的还是玉米和高粱全株植物。近年来，也出现一些“秸秆型”谷物被制作成青贮饲料。此外，裹包青贮饲料（介于干草和普通青贮饲料之间，所以也称作半干青贮）近15年来在法国得到强劲的增长。每种粗饲料储存方式都需要配套的加工技术才能保证生产出高品质（这里重点以消化率和健康为标准）的粗饲料。

1．干草　干草是将新鲜牧草水分降低到25%以下，以防止微生物（主要是霉菌）的繁殖和生长，使储存牧草保持较高品质。干草制作的主要难点也是将粗饲料（主要是草场牧草）70%～80%的含水量降低直至干物质含量达到85%。干燥过程在最理想的条件下需要2～3d，有时也能延长至1周以上。干燥过程的长短主要取决于天气条件、粗饲料特质（种类、含水量、生物量等）、使用的器械及器械的利用模式。干草一般需要4～5d才能达到足够的干物质含量。特别是收割季节提早时，干燥期间有遇到糟糕天气的风险。此外，干草制作过程中还需要人工翻晒以促进通风和加速干燥。当草场上晾晒的牧草量较大时，人工翻晒就显得更加重要。

2．青贮饲料　青贮也就是所谓的湿法贮存。干物质含量为15%～35%（玉米干物质含量可能更高一些）的粗饲料被收割并直接储存。在含水量如此高的情况下储存粗饲料的关键是为乳酸菌的生长提供无氧条件，并形成酸性环境。乳酸菌主要是将粗饲料中的可溶性糖分转化为乳酸。为了降低损耗，这个产酸的过程要越快越好。根据INRA设定的标准（表11.1），要同时达到多项标准才能得到优质青贮。对于干物质含量低于35%的粗饲料，pH应该小于或等于4，氨氮（N-NH_3）的含量不能高于总氮的5%～7%，乙酸含量要低于25g/kg DM，几乎没有丙酸和丁酸。因此，青贮的成功取决于两个条件：首先是可发酵糖类的充足情况，其次是对氧的消耗情况（利于乳酸菌的生长）。发酵糖类的充足情况取决于粗饲料本身的可溶性糖含量，这又取决于植物种类和生长阶段。黑麦草的可溶性糖含量比较充足（125～150g/kg DM），天然草原牧草的可溶性糖含量较低（60～100g/kg DM），鸭茅草（30～70g/kg DM）和苜蓿（40～80g/kg DM）可溶性糖含量更低。随着植物的成熟，可溶性糖含量也逐渐降低。可溶性糖不仅要含量充足，还要能快速被细菌利用，因此要将粗饲料尽量切细。在收割过程中尽量排出氧气。填充发酵池时要尽快，填充完成后要立即密闭。压紧排气的过程也很重要，当粗饲料干物质含量高于30%时（如玉米秸、半干禾本科或豆科牧草）要特别注意紧实排气。

表11.1　青贮草品质：INRA理化特性描述（引自Dulphy and Demarquilly，1981）

A：品质评分

等级	挥发性脂肪酸（mmol/kg DM）	乙酸（g/kg DM）	丁酸（g/kg DM）	氨氮占总氮百分比（%）			可溶性氮占总氮比例（%）
				玉米	苜蓿	其他草	
优	＜330	＜20	0	＜5	＜8	＜7	＜50
良	330～660	20～40	＜5	5～10	8～12	7～10	50～60

续表

等级	挥发性脂肪酸（mmol/kg DM）	乙酸（g/kg DM）	丁酸（g/kg DM）	氨氮占总氮百分比（%）			可溶性氮占总氮比例（%）
				玉米	苜蓿	其他草	
中	660～1000	40～55	＞5	10～15	12～15	10～15	60～70
差	1000～1330	55～75	＞5	15～20	16～20	15～20	＞65
极差	＞1330	＞75	＞5	＞20	＞20	＞20	＞75

B：评价指标和修正措施

	干物质比例（%）	pH	氨氮占总氮比例（%）	可溶性氮（%）	乳酸（g/kg DM）	挥发性脂肪酸（g/kg DM）	乙醇（g/kg DM）
干物质率修正			X：NH_3		X	X	X
保障品质		X	X			X：丁酸	
氮值			X	X			
采食量	X		X	X		X：乙酸	

注：贮存品质需分植物种类评价，禾本科牧草根据乙酸和挥发性脂肪酸含量（尤其是黑麦草）；豆科牧草根据氨氮和挥发性脂肪酸含量（如苜蓿）；X 为被评价指标的具体数值

3．裹包青贮　裹包青贮技术比较新，早期在气候条件不适合制作干草的北欧国家得到发展。我们知道青贮牧草切细以后可促进产酸，裹包青贮不具备这个特点，其中几乎是完整的牧草。这导致包裹中粗饲料密度降低、排气不完全和可发酵糖类不充足，因此只有足够干的粗饲料才能保证稳定的品质。pH 不再是恰当的评定标准，干物质含量成为裹包青贮品质的评定标准（表 11.2）。最佳的干物质含量为 50%～60%。法国畜牧业研究院的研究表明，天气条件较好时，上述干物质含量可以在刈割后两天内达到要求（第一天早上刈割，第二天下午收回）。裹包青贮的一个优点是可以使用与收割干草相同的机械。但塑料膜的使用会导致成本的增加，并且需要安排专门操作地点和多余的劳动力。最好在打捆后立即裹包，也可以安排（在几个小时内）统一裹包，但间隔不能超过 24h（且避免糟糕天气）。一般的收获速度，每天可以收获 3～4hm^2 草场。

表 11.2　收获时干物质含量对丁酸污染的影响（引自 Corrot et al.，1998）

干物质含量（%）	可溶性氮（%）	氨氮（%）	乙酸（g/kg DM）	丙酸和丁酸（g/kg DM）	每克含孢子数
＜30		12.9	13.5	30.7	69 180
30～40	63.4	10.9	10.1	16.2	24 550
40～50	47.4	6.9	7.6	6.2	2270

续表

干物质含量（%）	可溶性氮（%）	氨氮（%）	乙酸（g/kg DM）	丙酸和丁酸（g/kg DM）	每克含孢子数
50～60	37.8	6.1	6.2	3.3	470
＞60	31.2	3.6	5.3	2.2	90
标准推荐	＜50	＜7	＜20	＜0.5	100～1000

11.1.2 粗饲料收割和储存过程中的问题

1．收割和储存过程中的损失　粗饲料刈割以后有各种因素导致其干物质的损失。从草场刈割直到贮存，其中任何步骤都可能出现损失。

（1）呼吸作用导致的损失　首先是刈割以后植物组织的呼吸作用导致的损失。这个损失量的大小取决于植物种类、干燥速度和收割模式（干法或湿法）。对于干草来说，呼吸作用导致的损失（日均损失刈割干物质的 1%～1.5%）会持续到其干物质含量达到 75% 时。气温较高且湿度较低时干燥快，上述损失量会有所降低。总损失量为刈割干物质的 3%～10%。湿法收割粗饲料在这个过程中的损失量较少（图 11.1）。对于普通青贮或裹包青贮来说，呼吸作用在收获以后还会发生。之后的无氧发酵（达到贮存条件的必要过程）还会导致干物质的损失。裹包青贮的发酵程度较低，由此造成的损失也较小。

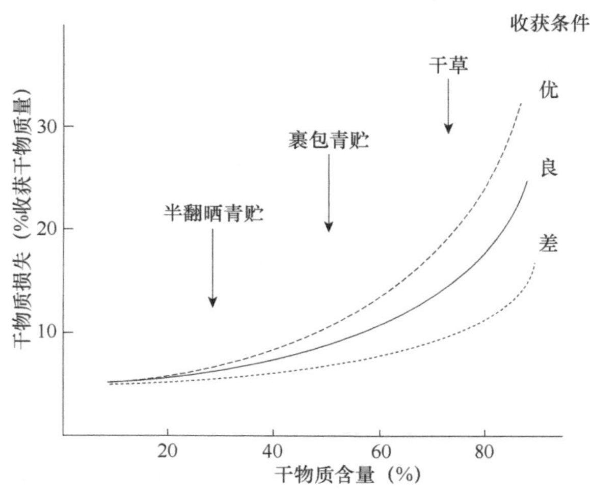

图 11.1　不同收获条件下干物质损失量变化

（2）机械损失　收割过程的不同步骤中由于使用机械导致的损失会不断累积。首先是刈割，主要取决于刈割高度、刈割机的类型和牧草覆盖情况（特别是有无出现倒伏的情况）。对于禾本科牧草来说，在推荐刈割高度（6～7cm）上下 1cm 内浮动可导致 100～200kg DM/hm^2 的增减。在干燥或回收过程中的每个操作也会导致损失。粗饲料本身的干物质含量多少和机械的使用模式都会影响损失量的大小。回收过程中也会遗漏一部分粗饲料在草场表面。

（3）雨露淋溶导致的损失　这里是指在晾晒过程中淋雨导致的损失，主要针对的是干草的制作。除了淋溶造成的直接损失外，还有由此导致的晾晒期延长造成的损失，期间还要增加翻晒通风的操作。牧草在淋雨前的晾干程度越大及雨量越大时，造成的损失也就越大。雨水会冲洗牧草的可溶性组分，改变其化学组分，降低营养价值。天然草原抽穗初期刈割的牧草淋雨后可导致能量和蛋白质价值分别降低 0.04UFC/kg DM 和 3g MADC/kg DM，相当于 5% 的损失。如果刈割牧草长时间滞留，损失量会超过 5%。

（4）贮存期间导致的损失　传统意义上的干草（干物质量高于 85%），良好时的贮存损失量微乎其微。裹包青贮和普通青贮的损失量为 1%～4%。干物质含量越低，损失量越大。导致损失的因素首先是粗饲料发热，其次是青贮饲料出水损失。损失量和粗饲料收获时的干物质含量几乎呈比例关系。总的来看，从收割到贮存导致的损失总量不可忽视（表 11.3）。我们估测损失量最低时约为 10%，最高可达 30%（排除不可饲喂的部分）。干草形式的豆科牧草（25%）的损失量大于禾本科牧草（10%～20%）。收割条件优良时，普通青贮牧草的总损失量和干草相当，裹包青贮的损失量略小。

表 11.3　不同收割模式的牧草干物质含量损失量（引自 Dulphy，1987）

	良好天气干草	裹包青贮 干物质 50%	切细普通青贮 干物质 25%
田间损失	12～18	4～7	2～3
贮存期间损失	1～2	7～7	10～15
饲喂前损失	0	0～3	3～7
饲喂期间损失	2～4	1～2	0～2
总损失	15～24	9～19	15～27

2．复杂的微生物菌群　收割时牧草中存在大量微生物，包括细菌、酵母菌和霉菌。要成功贮存粗饲料就要控制这些微生物的生长：要么阻止一切微生物繁殖（如干草干物质含量高达 85% 以上），要么促进有利于贮存的微生物的生长，同时抑制其他可能致病微生物的生长（即湿法贮存）。

（1）丰富多样的微生物菌群　粗饲料的微生物菌群非常多样化，其中包括收割前存在的田间微生物菌群，收割过程中和贮存期间出现的微生物菌群。贮存粗饲料中每种菌的数量取决于各种有利或不利因素。可以将微生物大致分为三类：乳酸菌、其他细菌和霉菌。乳酸菌是严格厌氧菌，具有酸化能力。它们需要利用可发酵糖类来产生乳酸以快速降低pH。第二类由好氧、兼性好氧菌和厌氧菌（主要是丁酸菌）组成，它们主要在土壤中以孢子形式存在（需要出芽才能繁殖）。另外，霉菌是好氧菌，酵母菌可以同时在有氧或无氧状态下存在。

（2）*微生物菌群发展的后果* 微生物菌群生长会消耗粗饲料中的糖类和氨基酸，降低粗饲料的能量和蛋白质价值，伴随着干物质的损失。霉菌和酵母菌的生长会使得一部分粗饲料废弃（适口性降低或甚至产生有毒物质，见第9章），由此降低粗饲料的利用率。更严重的问题是一部分微生物，特别是丁酸菌会分泌有毒物质。饲喂受产单核细胞李斯特菌污染严重的粗饲料可导致动物（特别是小反刍动物）脑炎和流产。收割与最后一次施用有机肥料间隔太短时制成的青贮粗饲料可能含有较多肠道菌，消化道细菌将牧草中的一部分硝酸盐转化为亚硝酸盐和一氧化氮甚至氨，可导致奶牛代谢紊乱（碱中毒）或繁殖紊乱。马科动物还没有出现类似问题，可能是因为青贮牧草饲喂的量还不多。快速产酸使pH低于4可降低上述细菌的生长。

青贮牧草收割过程中混入泥土时可能带入芽孢梭菌。酪丁酸梭菌将乳酸转化为丁酸和氢，它们的出现会降低粗饲料的适口性和采食量，降低可消化能值，有时也会大量产生氨（可能超过肝对氨的脱毒能力）而降低蛋白质含量。虽然肉毒杆菌在青贮饲料中出现的情况很少发生，但它对马的致病性非常强，由于毒素可直接由小肠吸收（反刍动物瘤胃有脱毒功能）从而造成肉毒杆菌中毒。预防措施包括增加刈割高度、提前晾晒、防治鼹鼠和田鼠、入冬前施有机肥、严格防止泥土混入。还没有研究过喂马用青贮防腐剂的使用。虽然还没有马的肉毒杆菌中毒事件发生，但还是要保障尽快产酸至pH低于4以下，确保较高的干物质含量（裹包青贮须含干物质50%以上）和无氧条件（防止李斯特菌污染）。

霉变主要发生在干物质含量低于50%的裹包青贮和pH高于5～6的普通青贮。霉菌的生长取决于以下条件：氧的存在、湿度过高、水活性过高（A_W）、温度过高、存在霉菌生长所需底物。对于马来说，发霉青贮中4种毒素可引起较大影响：有神经毒性的青霉酸；有肠胃毒性的木霉素和草匍菌素；可引起脑白质软化症的伏马菌素。

马感染这些毒素的机会不大，因为大部分的毒素在合格青贮粗饲料中并不稳定存在。但是，由于粗饲料发热产生的霉菌如烟曲霉等可引起霉菌病。

对于马科动物来说，由使用干草引起的呼吸道过敏要特别注意，人类患这种病的可能也不可忽视，引起疾病的原因包括霉菌（*Alternaria*，*Mucor*，*Aspergillus*，*Penicillium*）和细菌。

（3）*不同条件下的微生物种类* 不同的霉菌种类需要的生长条件不同，它们对pH和渗透压的要求很敏感。渗透压取决于植物细胞液的浓度，也就是干物质的含量。丁酸菌对酸度很敏感（pH 低于 4），对高渗透压也比乳酸菌敏感。提高粗饲料在收割时的干物质含量可以改善贮存条件，限制有害微生物的生长（图 11.2）。对收割长茎粗饲料（裹包青贮）来说，这个条件是必不可少的。至于李斯特菌，INRA 在 1990～1992 年通过对 350 个样本的分析发现不到 8% 的样本中存在李斯特菌，且裹包青贮粗饲料并不比干草中的含量多。

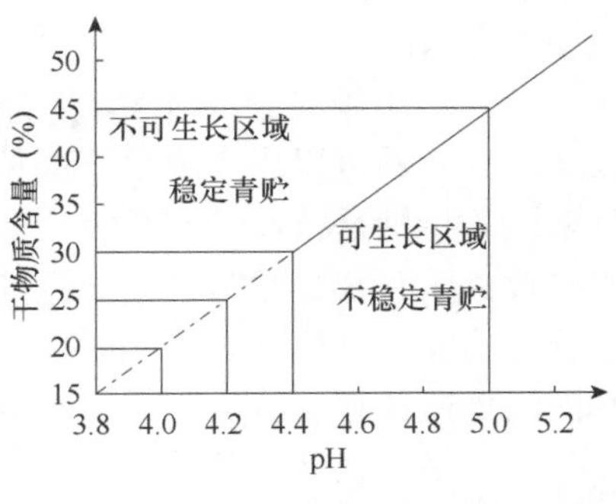

图 11.2　不同干物质含量对丁酸菌的抑制作用

3．适应天气条件　　除了谷物全株青贮饲料以外，其他的大多数粗饲料包括半干青贮、裹包青贮和干草，都需要在较好天气条件下（无雨且晴天）在田间干燥数天。期间最大的困难就是在整个过程中需要好天气。如果提早收割（夏季来到之前收割），这个困难就更大。因此，裹包青贮是一个很好的解决方式，可以允许春季提早收割或秋季的晚收割。

11.1.3　收获至储存期间要注意的问题

在这里不介绍可影响收割和储存的所有因素，只介绍可以通过各种技术掌控的因素。

1．确保粗饲料快速干燥　　无论是何种粗饲料，都要尽量缩短在田间晾晒的时间以降低遇到糟糕天气的概率，保障较高的粗饲料品质。在棚内干燥可以避免天气变化的影响，它的成本较高，只有干草产量较大的农场可以考虑。然而，由于棚内干燥技术基于通风干燥避免光线照射，可以保障较高的能量、蛋白质和维生素含量，因此也可降低精饲料的用量。储存方式得当时，出现细菌和霉菌的概率很小。

（1）避免刈割高度太低　　首先，要避免刈割高度太低。刈割高度会影响干燥速度：刈割高度越低粗饲料的量就越大，需要的晾晒时间就越长。另外，保持一定的刈割高度可利于空气流通加速干燥。刈割高度在 6～7cm（也就是手掌的宽度）是比较适宜的选择，既能有较高的收获量又可保障较好的干草品质。刈割前要确认粗饲料干燥无雨水。然而豆科牧草（苜蓿或三叶草）要避免在晴天刈割。

（2）刈割后立即翻晒　　刈割后数小时内的干燥速度很快，之后就慢慢减速。为了达到高效干燥的目的，最好是刈割之后立即翻晒（这在生产实践中往往被忽略）。这个翻晒过程可以使刈割粗饲料深度通风。趁粗饲料还是青绿时翻晒也可以降低干物质损失。对于豆科牧草来说这个过程特别重要，它们的叶片比茎干燥得更快。

（3）使用多功能割草机　使用多功能割草机可大大加速刈割粗饲料的干燥。这个工具可以压碎牧草茎部从而加速干燥过程，对于茎部特别坚韧的豆科牧草来说（特别是苜蓿）非常有用。另外，使用多功能割草机还可以减少翻晒操作的次数，同时减少呼吸作用导致的损失或机械损失。当然若是制作牧草青贮就用不着多功能割草机了。刈割时要避免打卷，同时刈割后牧草要避免堆积，最好是在田间平摊开来。

（4）早晨操作或傍晚操作　根据厚度和植物器官的差别，刈割后牧草的干燥过程并不均匀。叶片比茎部更容易干燥，较低叶片又比较高叶片干燥得更快。翻晒时一部分（表层）粗饲料已经干燥，会引起叶片的干物质损失，影响干草的最终价值。这个问题在收割豆科牧草时特别重要。因此在主要是禾本科牧草的草场应避免出现豆科牧草，以免使得干草过于干燥。最后，翻晒操作要越早越好，露水消失后就可以开始。

2．控制污染和降低损失　导致牧草污染的一部分原因是在刈割和翻晒过程中混入了泥土。对于永久草场来说，这个问题更加严重。首先要在刈割前确定草场上没有鼹鼠堆积的土丘。可用各种齿耙将地面整平，然后再进行灭鼠。

（1）避免刈割高度太低　特别是制作普通青贮或裹包青贮时，要特别避免刈割高度太低。在6～7cm或以上刈割可以减少污染危险。刈割高度过低时，翻晒机的高度也要调得更低，这会不可避免地将泥土混入粗饲料中。当草场中有拖拉机压痕或田埂等不平整区块时，混入泥土的概率就更高。

（2）在适当的时间翻晒　为了减少机械原因导致的损失，要避免在中午前后翻晒。最好是早晨露水消失后或傍晚大气湿度稍高时进行翻晒操作。这是因为中午前后翻晒会导致叶片的掉落，不但降低收成还降低干草的营养价值。这个问题主要针对大型豆科牧草，禾本科牧草也要注意，特别是和三叶草混种的禾本科牧草。翻晒过程是导致干物质损失最多的操作，不可匆匆了事。最好使用角度倾斜的翻晒机，慢慢操作。

（3）保持操作场地的洁净　粗饲料回收操作过程也可能引入污染物，这主要涉及普通青贮（裹包青贮受影响略小），因此要在整个过程中尽力避免土壤混入贮存粗饲料。然而在制作普通青贮时，很难完全避免土壤混入。青贮窖最好用水泥地面。

（4）在适宜的时间收回　收回粗饲料时要尽量达到不同类型收割技术所对应的最佳干物质含量。干草需要越干越好，而普通青贮和裹包青贮的干物质含量有相应的确切标准。牧草普通青贮要达到至少25%的干物质含量，玉米全株普通青贮则要达到35%的干物质含量。若是裹包青贮，干物质含量的要求相对宽松一些。最佳干物质含量为50%～60%，稍微超出这个含量范围不会显著影响粗饲料的饲料价值。最大问题是丁酸菌的生长，其影响最大的是对奶牛的饲喂。

3．保障最佳贮存条件　无论是何种类型的粗饲料都要保证最佳的贮存条件，特别是收获条件不理想时，贮存条件就显得更加重要。这个过程中不但要降低损失（不可用于饲喂的粗饲料量），还要避免致病微生物的生长。青贮粗饲料制作的成功很大程度上取决于贮存条件。要保障在青贮开窖以后停止发酵进程，这就意味着开窖以后要尽快利用青贮，建议每天推进 10～20cm。因此，在设计青贮窖时就要考虑饲养场的日均饲料消耗量。

裹包青贮和普通青贮一样要遵守一系列标准：圆柱形裹包制作过程中要确保裹包的匀称和较高的密度；使用优质裹包用塑料膜，最好选用较宽的膜；裹包过程中确保塑料膜之间有足够的重叠面积（50%）和至少 4 层膜包裹（较干且含茎部多的粗饲料需要裹得更厚以避免破口）；要使裹包的平面竖立在平坦地面，避免堆积；贮存过程中要检查是否出现破口（由鸟、猫等引起）且注意灭鼠。

开包会导致二次发酵。为了降低影响，要尽快使用粗饲料。冬季最好在 5～6d 用完一个裹包。为了更好地保存青贮粗饲料或干草，有时也可以使用防腐剂。可选用的防腐剂种类很多（包括甲酸、丙酸、酸盐、乳酸发酵剂等），效应也各不相同（改变 pH、消灭或抑制致病菌的生长）。有的防腐剂效果显著，但在使用上的限制较多。关于用添加防腐剂的青贮饲料来喂马的研究还未见报道。无论如何，使用防腐剂并不代表可以忽略其他措施。不管是什么类型的粗饲料（特别是湿法贮存粗饲料），完美贮存条件是不存在的。青贮窖的边角或裹包周围总是会出现一些变质的情况，一定要设法排除。若裹包饲料变质部分较多时，最好舍弃整个裹包。

11.1.4 脱水粗饲料

脱水粗饲料制作消耗能量较高，只有豆科牧草（特别是苜蓿）和玉米全株被制成脱水粗饲料作为日粮的补充饲料。脱水过程中要遵守时长和温度的控制以避免美拉德反应导致糖类和蛋白质的结合，降低氮的消化率。

11.1.5 谷物和豆科植物秸秆

小籽粒谷物的秸秆广泛用于马棚的垫草，同时也作为马的饲料。其收获工具和干草一样。收割时一般是在夏季，干燥程度已经较高，一般不会引起特别的问题。然而还是要在收获谷物以后尽快回收秸秆，以避免可能的降雨，防止霉菌的污染。秸秆的饲料价值较低，必须要添加补充料才能作为日粮使用（第 9、12 和 16 章）。

可以使用氢氧化钠或无水氨来处理谷物秸秆以改善营养价值。无水氨的优点更多，因为不但可以提高消化率还可以补充氮含量（第 9 和 16 章）。

可以将无水氨直接喷洒在捆扎好的秸秆表面（50g/kg）并盖上塑料膜处理1～2个月；通过空心齿叉喷入秸秆捆的中心（30g/kg）并用聚乙烯护套封闭；加入可加热容器，将秸秆加热处理15h后加氨（30g/kg）处理24h。

处理后的秸秆在1～3个月后就可以用于饲喂。秸秆的营养价值虽然已改善，但还是要添加矿物元素、维生素、能量和氮，这是因为马对氨处理后添加的氮吸收量很低。用于生产种子的禾本科和豆科牧草秸秆不需要处理，它们的营养价值比普通秸秆高一些（第9和16章），但也要确保较好的收割和贮存条件。这些秸秆在用于饲喂时，也需要补充饲料。

11.2 对饲料价值的影响

11.2.1 对化学成分和营养价值的影响

1. 普通青贮　用于饲喂马的青贮饲料只有禾本科牧草、全株玉米和天然草场牧草。青贮粗饲料的干物质含量在25%～35%（取决于收回前是否晾晒）。然而我们推荐只用半干青贮来喂马。除去干燥期间丢失的挥发性物质，青贮粗饲料的矿物质、粗蛋白、粗纤维含量以干物质基础表达时和青绿粗饲料差别不大。因此可以用青绿粗饲料来预测青贮粗饲料的化学成分（表11.4），这对计算青贮粗饲料的能量和蛋白质价值非常重要。

表11.4　由青绿牧草化学成分（*X*）计算贮存牧草相应化学成分（*Y*）（引自INRA，2007）

	贮存方式	灰分（g/kg DM）[1]	粗蛋白（g/kg DM）[1]	粗纤维（g/kg DM）[1]
天然草场牧草	青贮			
	萎蔫青贮	$Y=0.882X+21.0$	$Y=0.859X+26.3$	$Y=0.935X+31.0$
	半干青贮[2]	$Y=0.479X+43.4$	$Y=0.926X+11.2$	$Y=0.757X+95.0$
	干草			
	风干	$Y=0.587X+35.0$	$Y=0.963X-1.0$	$Y=0.927X+42.5$
	良好天气翻晒	$Y=0.796X+14.7$	$Y=0.963X-1.0$	$Y=0.927X+42.5$
	翻晒期＜10d	$Y=0.839X+18.7$	$Y=0.963X-6.0$	$Y=0.852X+96.8$
苜蓿	干草			
	风干	$Y=0.809X+14.4$	$Y=0.472X+87.4$	$Y=0.670X+127$
	良好天气翻晒	$Y=0.809X+2.4$	$Y=0.472X+83.4$	$Y=0.670X+150$
	翻晒期淋雨	$Y=0.809X+0.4$	$Y=0.472X+78.4$	$Y=0.670X+193$
红花三叶草	干草			
	风干	$Y=X-12$	$Y=X-16$	$Y=X+38$
	翻晒	$Y=X-3$	$Y=X-13$	$Y=X+48$
玉米	青贮[3]	$Y=X$	$Y=0.98X$	$Y=1.05X$

[1]DM＝青贮前青绿牧草干物质含量（%）。[2]即裹包青贮。[3]玉米青贮干物质含量（%）＝0.865 青绿牧草干物质含量＋5.96

青贮牧草的可溶性蛋白相对粗蛋白含量（45%～85%）比青绿牧草（15%～25%）高出很多。这个可溶性氮对青贮牧草真实氮价值（以 MADC 表达）的计算有影响。正是这个原因，INRA 饲料蛋白质价值评价体系中青贮饲料的可消化蛋白计算公式引入了一个校正系数（第 12 章）来平衡可消化蛋白的吸收率差别（青贮牧草为 0.7，青绿牧草为 0.9）。

青贮牧草和玉米的有机物含量只比相同生长阶段青绿植物略低 1%～2%。因此，可以用收割时青绿粗饲料来预测制成后青贮粗饲料的有机物消化率。由抽穗初期第一茬收割的天然草场牧草制备青贮的能值只比青贮前略低 10%（也就是 0.07UFC）。

然而，虽然粗蛋白消化率相似，青贮牧草的真蛋白价值却比青贮前降低较多（低 13%，也就是低 10g MADC/kg DM）。造成这个差别的主要原因是马对青贮粗饲料中可溶性氮的利用效率不高。

第一茬生长抽穗初期刈割的牧草适度晾晒后制作青贮的能量和蛋白质价值最高（如天然草场牧草青贮含 0.62UFC/kg DM 和 66g MADC/kg DM，详见第 16 章）。

2．裹包青贮　裹包青贮的干物质含量为 50%～65%。与青贮前青绿牧草相比，其矿物元素含量降低，粗纤维含量升高，粗蛋白含量变化不大。

裹包青贮的有机物消化率和半干青贮相似，在青贮之后略降低 1%～2%。因此，裹包青贮的能量价值和普通青贮相差不大。

关于裹包青贮粗饲料中可溶性氮的含量还没有确切的数据，其值大概介于同时期收割的青绿牧草（15%～25%）和干草（小于 40%）含量之间，比普通青贮含量（40%～85%）少很多。对于抽穗初期第一茬刈割的天然草场牧草，每千克裹包青贮的 MADC 含量为 71g，青绿牧草和干草含量分别为 73g 和 68g，而半干青贮的含量只有 59g。

第一茬生长抽穗初期刈割的牧草适度晾晒后制作裹包青贮时能量和蛋白质价值最高（如平原天然草场牧草裹包青贮含 0.60UFC/kg DM 和 80g MADC/kg DM，详见第 16 章）。

3．干草　与相应青绿牧草相比，干草的矿物质含量和粗蛋白含量相对降低而粗纤维含量相对增高。干草可溶性氮占总氮的比例（30%～45%）高于青绿牧草（15%～25%）。相对于天气良好条件下翻晒或室内风干干草来说，潮湿天气翻晒收获的干草化学成分改变更大。与禾本科牧草相比，豆科牧草制成干草后化学成分改变更大，这是因为它们的叶片更容易脱落。

干草的有机物消化率比青绿牧草低 4%～6%（图 11.3）。因此，翻晒导致约降低 10% 的能量含量，抽穗期刈割的天然草场牧草制成干草后能量值降低 0.07UFC/kg DM。

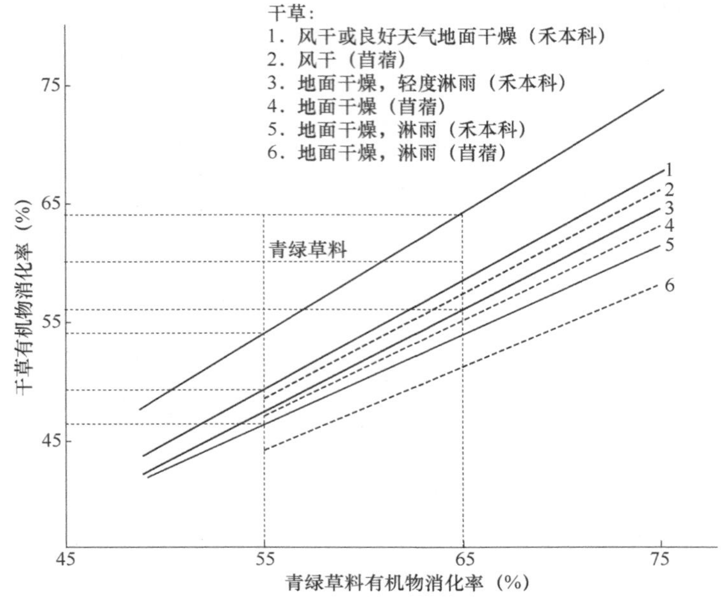

图 11.3 不同干燥方式干草有机物消化率变化
此图为 Demarquilly 和 Andrieu 于 1988 年所获牛试验数据应用至马消化率

干草的粗蛋白消化率降低 4%～6%，其可消化蛋白含量降低 5%～10%。这是因为干草的可溶性氮含量比青绿牧草高一些，且一部分来自细胞壁组分的粗蛋白消化率较低。马对这两部分的氮利用率都很低。

抽穗期第一茬刈割的天然草场牧草在天气情况良好时翻晒收获可达到最佳能量和蛋白质含量（平原天然草场干草的能量值为 0.55UFC/kg DM，蛋白质含量为 52g MADC/kg DM）。

4．脱水粗饲料　如果操作得当，脱水过程不会导致化学成分的改变，也不会引起能量和蛋白质价值的改变。但如果干燥过度（时间太长或温度过高）就会导致蛋白质价值降低（由美拉德反应导致糖类和蛋白质的结合导致），豆科牧草尤其容易出现这个问题。

粗蛋白含量 18%～19% 的脱水苜蓿的能量价值为 0.62UFC/kg DM，蛋白质价值为 110g MADC/kg DM。粗蛋白含量为 22%～25% 的脱水苜蓿如今已经商品化了（第 16 章），其价值高一些（能量价值为 0.70UFC/kg DM，蛋白质价值为 146g MADC/kg DM）。

5．谷物或豆科作物秸秆　秸秆主要由作物茎部和一些外壳组成。含木质素较高的植物胞壁组分占干物质含量的 80%。秸秆的粗蛋白（每千克干物质含 25～50g）、可溶性糖（每千克干物质含量小于 10g）、矿物元素和维生素含量都很低，因此其消化率也很低（谷物秸秆的有机物消化率为35%，豌豆秸秆为42%）。

根据类型（谷物或豆科作物）、植物种类（燕麦、小麦等）、处理工艺、日粮补充料的不同，使用碱或无水氨处理后秸秆消化率有不同程度的提高（3%～12%）。氨处理后秸秆粗蛋白含量提高至50～100g/kg DM。然而，蛋白质价值的提高并不多，因为很大一部分（25%～30%）由氨处理带来的氮通过粪便排出。与碱处理秸秆相比，氨处理秸秆的接受度更高一些。

未处理秸秆的能量价值在0.29～0.36UFC/kg DM，蛋白质价值为0～30g MADC/kg DM。氨处理后的谷物秸秆能量价值为0.37～0.39UFC/kg DM。蛋白质价值的提高量并不高（第16章）。

6．总体影响　粗饲料的收割模式可改变矿物元素、微量元素和一些维生素的含量，储存方式导致的变化略小。翻晒过程中的呼吸作用会导致矿物元素损失，直至干物质含量提高到65%时才停止。根据干燥速度不同，损失量的大小也不相同（表11.5）。由于天气条件不理想导致的收割粗饲料滞留会引起胡萝卜素（维生素A的前体）的氧化（图11.4）。粗饲料滞留还会导致叶片脱落损失量的增加。尤其是豆科牧草的翻晒操作太大力或长时间滞留时，叶片脱落的问题就特别严重。

表11.5　收割造成的矿物质含量变化（与青绿牧草比较）（%）（引自INRA，1981）

	矿物质	风干	田间翻晒	
			天气良好	潮湿天气
禾本科	Ca P Mg	0	0	−10
	Na K	0	0	−30
豆科	Ca P Mg	−5	−10	−20
	Na K	0	0	−30

青贮过程中粗饲料的矿物元素总体降低：首先是有机物损失（由呼吸作用和发酵引起）导致矿物元素含量相对升高10%，但可溶性元素随着雨露流失导致5%～35%的矿物元素损失（表11.6）。刈割高度过低或田间存在鼹鼠窝都会提高青贮粗饲料矿物元素和微量元素的含量。然而青贮粗饲料可以留住足够的胡萝卜素。脱水操作不影响主要矿物元素的含量，且对胡萝卜素含量影响也很低。

表11.6　青贮造成的矿物质含量变化（与青绿相比）（%）（引自INRA，1981）

青贮时干物质（%）	Ca、P、Mg	Na、K
青贮浸出液中无干物质	＋10	＋10
20～23	0	−5
18	−5	−10
13	−20	−35

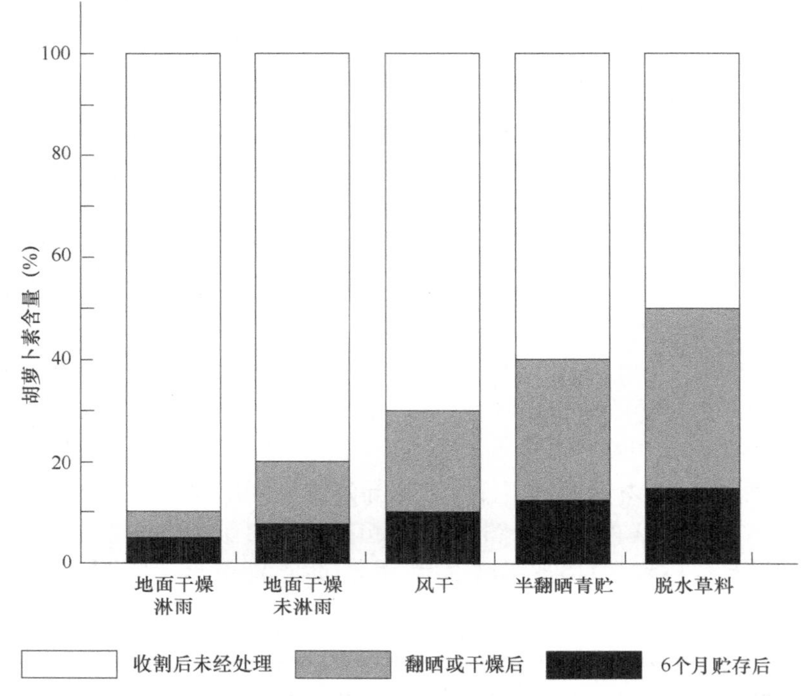

图 11.4 粗饲料不同收割及贮存模式对胡萝卜素含量影响
（与青绿粗饲料比较）（引自 INRA，1988）

11.2.2 储存粗饲料的最佳刈割期

1．天然草场　粗饲料的营养价值随着生长周期进程不断降低，而干物质含量随着草龄增高而不断增高。综合这两个因素，为达到较高的单位面积草场产出能值要在抽穗期刈割（图 11.5）。单位面积草场产出能值在抽穗初期达到最高值，这时收割的粗饲料可用来饲喂需要量较高的马（母马和 1 岁的马驹）。抽穗初期刈割以后再生草的量很大，生长也更快。如果收割粗饲料是用于饲喂需要量相对低的马（2～3 岁的青年马），可以等到抽穗末期单位面积产出干物质量更高而能量值也不至于太低时刈割。但再生草的量就少一些，生长也更慢。收割再生草时，最好在 6（茎部较多）～8 周（叶片较多）后刈割。

2．全株玉米　全株玉米的消化率比较稳定，因为消化率较高的玉米籽粒的增加可以弥补植株其他部分消化率的降低（表 11.7）。最佳的收获阶段处于开花 2 个月之后籽粒蜡熟期（30%～35% 干物质）。这时的能量值和单位面积干物质产出达到最高，干物质含量也达到最佳青贮玉米的标准。

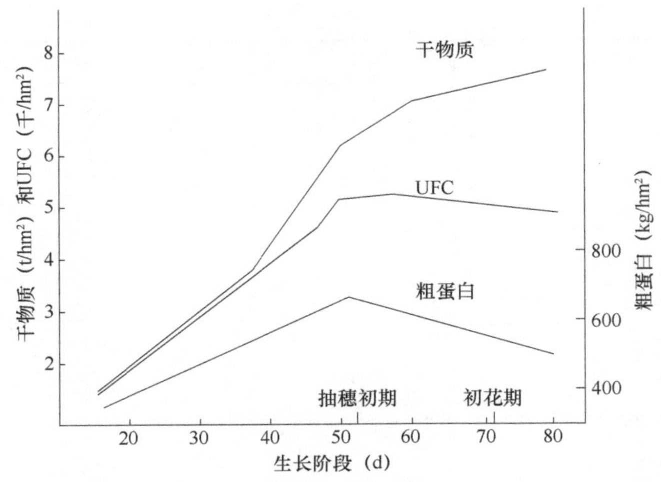

图 11.5　意大利黑麦草第一茬生长各阶段干物质、能量（UFC）和粗蛋白含量（参考自 Demarquilly and Andrieu，1988）

表 11.7　玉米全株从花期至蜡熟期平均植物器官比例（引自 INRA，1981）

植物阶段	初花期	乳熟期	蜡熟初期	蜡熟期
植株干物质含量（%）	14～16	21～24	25～29	32～35
植株各部分干物质含量（%）				
叶片	20～25	15～18	12～15	10～12
茎部＋鞘	50～55	35～40	25～30	20～25
全穗轴	20～25	45～50	55～60	60～70
籽粒	0	18～23	35～50	45～55

11.2.3　粗饲料储存对采食量的影响

天然草原牧草或禾本科种植牧草制成干草储存后的饲喂采食量和青绿牧草没有差别，每 100kg 体重采食量为 1.7～2.3kg 干物质（表 11.8）。天然草原牧草半干青贮的饲喂采食量略低于青绿牧草（每 100kg 体重采食量为 1.2～1.8kg），特别是干物质含量较低时（25% 对比 35%）。而裹包青贮的饲喂采食量较高，采食水平随着干物质含量的增加而增加（每千克体重采食量为 2.2～2.6kg 干物质）。

表 11.8　马的粗饲料采食量[1]

粗饲料种类	干物质采食量[2]（kg DM/100kg BW）
天然草场牧草	1.8～2.1
天然草场牧草干草	1.7～2.1

续表

粗饲料种类	干物质采食量[2]（kg DM/100kg BW）
豆科干草	2.1～2.3
谷物秸秆	1.2～1.5
优质玉米青贮	
25% 干物质	0.9～1.2
30% 干物质	1.2～2.0
优质牧草青贮（天然草场）	
25% 干物质	1.2～1.5
35% 干物质	1.5～1.8
裹包牧草青贮（天然草场）	
45% 干物质	2.2～2.4
60% 干物质	2.4～2.6

[1] 单一粗饲料不限量饲喂时马的采食量。[2] 动物个体因素和牧草品质因素导致差异

玉米全株青贮的饲喂采食量也随着干物质含量的增加而增加：干物质含量从 25% 增长至 35% 时每 100kg 体重采食量为 0.9～2.0kg 干物质。

脱水粗饲料通常是限量饲喂的。脱水操作正常时采食量不受影响。

秸秆的采食量不高，每 100kg 体重采食量为 1.2～1.5kg 干物质。如果秸秆在田间滞留、淋雨或污损，饲喂采食量会相应降低。

参 考 文 献

Agabriel, J., C. Trillaud-Geyl, W. Martin-Rosset and M. Jussiaux, 1982. Utilisation de l'ensilage de maïs par le poulain de boucherie. INRA Prod. Anim., 49, 5-13.

Belyea, L., F.A. Martz and S. Bell, 1985. Storage and feeding losses of large round bales. J. Dairy Sci., 68, 3371-3375.

Bigot, G., C. Trillaud-Geyl, M. Jussiaux and W. Martin-Rosset, 1987. Elevage du cheval de selle du sevrage au débourrage. Alimentation hivernale, croissance et développement. INRA Prod. Anim., 69, 45-53.

Blackman, M. and M.J.S. Moore-Colyer, 1998. Hay for horses: the effects of three different wetting treatments on dust and nutrient content. Anim. Sci., 66, 745-750.

Coblentz, W.K., J.O. Fritz, K.K. Bolsen, C.W. King and R.C. Cochran, 1998. The effects of moisture concentration, moisture type and bale density on quality characteristics of alfalfa hay in a model system. Anim. Feed Sci. Technol., 72, 53-69.

Coblentz, W.K., J.O. Fritz, K.K. Bolsen and R.C. Cochran, 1996. Quality changes in alfalfa hay during storage in bales. J. Dairy Sci., 79, 873-885.

Collins, M., 1990. Composition of alfalfa forage, field-cured hay and pressed forage. Agron. J., 82, 91-95.

Collins, M. and Y.N. Owens, 2003. Preservation of forage as hay and silage. *In*: Barnes, R.F., C.J. Nelson, M. Collins and K.J. Moore (eds.) The science of grassland agriculture. In disorders in forages. Iowa State University Press, Ames, USA, 443-447.

Corrot, G. and J. Delacroix, 1992. Balles Rondes Enrubannées, contamination en spores butyriques et qualité de conservation du fourrage. Institut de l'Elevage, Paris, France.

Corrot, G., M. Champouillon and E. Clamen, 1998. Qualité bactériologique des balles rondes enrubannées. Maitrise des contaminations. Fourrages, 156, 421-429.

Czerkawski, J. W., 1967. The effects of storage on fatty acides of dried grass. Br. J. Nutr., 21, 599-608.

D'Mello, J.P.F. and A.M.C. McDonald, 1997. Mycotoxins. Anim. Feed Sci. Technol., 69, 155-166.

Demarquilly, C., 1985. La fenaison: évolution de la plante au champ entre la fauche et la récolte, Perte d'eau, métabolisme, modifications de la composition morphologique et chimique. *In*: Demarquilly, C. (ed.) Les fourrages secs, récolte, traitement, conservation. INRA Editions, Versailles, France, pp. 23-46.

Dulphy, J.P., 1987. Fenaison:pertes en cours de récolte et conservation. *In*: Demarquilly, C. (ed.) Les fourrages secs, récolte, traitement et utilisation. INRA Editions, Versailles, France, pp. 103-124.

Dulphy, J.P. and C. Demarquilly, 1981. Problèmes particuliers aux ensilages. *In*: Demarquilly, C. (ed.) Prévision de la valeur nutritive des aliments des ruminants. INRA Publications, Paris, France.

Escoula, L., 1977. Moisissures des ensilages et consequences toxicologiques. Fourrages, 69, 97-114.

Hunter, J.M., B.W. Rohrbach, F.M. Andrews and R.H. Whitlock, 2002. Round bale grass hay a risk factor for botulism in horses. Comp. Cont. Educ. Prac. Vet., 24, 166-169.

INRA, 1981a. Barème de qualité des ensilages. *In*: Demarquilly, C. (ed.) Problèmes particuliers aux ensilages. Prévision de la valeur nutritive des ruminants. INRA Editions, Versailles, France, pp. 81-104.

INRA, 1981b. Prévision de la valeur nutritive des aliments des ruminants. INRA Editions, Versailles, France, pp. 583.

INRA, 1987. Les fourrages secs, récolte, traitement, conservation. INRA Editions, Versailles, France, pp. 580.

Johnson, P.J., S.W. Casteel and N.T. Messer, 1997. Effect of feeding deoxynivalenol contaminated barley to horses. J. Vet. Diagn. Invest., 9, 219-221.

Le Bars, J., 1976. Mycoflore des fourrages secs:croissance et developpement des espèces selon les conditions hydrothermiques de conservation. Rev. Mycol., 40, 347-360.

Le Bars, J. and P. Le Bars, 1996. Recent acute and subacute mycotoxicoses recognized in France. Vet. Res., 27, 383-394.

Moore-Colyer, M.J.S., 1996. Effects of soaking hay fodder for horses on dust and mineral content. Anim. Sci., 63, 337-342.

Müller, C.E., 2012. Impact of harvest, preservation and storage condition of forage quality. *In*: Saastamoinen, M., M.J. Fradinho, S.A. Santos and N. Miraglia (eds.) Proceedings, forage and grazing in horse nutrition. EAAP Publication no. 132. Wageningen Academic Publishers, Wageningen, the Netherlands, pp. 237-253.

Pelhate, J., 1985. La microbiologie des foins. *In*: Demarquilly, C. (ed.) Les fourrages secs, récolte, traitement, conservation. INRA Editions, Versailles, France, pp. 63-82.

Raguse, C.A. and D. Smith, 1965. Carbohydrate content in alfalfa herbage as influenced by methods of drying. J. Agric. Feed. Chem., 13, 306-309.

Rezende, A.S.C., M.L. Costa, V.P. Ferraz, G.R. Moreira, R. Silva de Moura, V.P. Silva and A.M.Q. Lan, 2012. Effect of storage period on the chemical composition and beta-carotene concentration in estilosantes hays varieties fr feeding equine. *In*: Saastamoinen, M., M.J. Fradinho, S.A. Santos and N. Miraglia (eds.) Proceedings, forage and grazing in horse nutrition. EAAP Publication no. 132. Wageningen Academic Publishers, Wageningen, the Netherlands, pp. 279-288.

Ross, P.F., L.G. Rice, J.C. Reagor, G.D. Osweiler, T.M. Wilson, H.A. Nelson, D.L. Owens, R.D. Plattner, K.A. Harlin and J.L. Richard, 1991. Fumonisin B1 concentrations in feeds from 45 confirmed equine leukoencephalomalacia cases. J. Vet. Diagn. Invest., 3, 238-241.

Schukking, S. and J. Overvest, 1979. Direct and indirect losses causes by wilting. *In*: Thomas, C. (ed.) Forage conservation in the 80th, pp. 210-213.

Scudamore, K.A. and C.T. Livesey, 1998. Occurences and significance of mycotoxins in forage crops and silage:a review. J. Sci. Food Agric., 77, 1-17.

Vandenput, S., L. Istasse and B. Nicks, 1997. Airborne dust and aeroallergen concentration in a horse stable under two different management systems. Vet. Quart., 19, 154-158.

Vesonder, R., J. Haliburton, R. Stubblefield, W. Gilmore and S. Peterson, 1991. Aspergillus flavus and aflatoxins B1, B2 and M1 in corn associated with equine death. Arch. Environ. Contam. Tox., 20, 151-153.

Whitlow, L.W. and W.M. Hagler, 2002. Mycotoxins in feeds. Feedstuffs, 74 (28) , 66-74.

Willkinson, J.M., 1998. Evolution des modes de récoltes des fourrages en Europe. Fourrages, 155, 287-292.

Wilson, T.M., P.E. Nelson, W.F.O. Marasas, P.G. Thiel, G.S. Shephard, E.W. Sydenham, H.A. Nelson and P.F. Ross, 1990. A mycological evaluation and *in vivo* toxicity evaluation of feed from 41 farms with equine leukoencephalomalacia. J. Vet. Diagn. Invest., 2, 352-354.

Yiannikouris, A. and J.P. Jouany, 2002. Mycotoxins in feed and their fat in animals:a review. Anim. Res., 51, 81-99.

第十二章　饲 料 价 值

12.1　能量和蛋白质价值

饲料价值包含两个基础概念：饲料的营养价值和摄入能力。营养价值包括能量、氨基酸、矿物元素和微量元素的含量；摄入能力代表动物能采食该饲料的量的多少。

12.1.1　主要有机组分

用于喂马的饲料都是源自植物。饲料组分首先可分为水和干物质。干物质又可分为矿物元素（或灰分）和有机物。糖类、脂肪和蛋白质是有机物的主要组分，它们分布在植物细胞壁或细胞质中（图 12.1）。

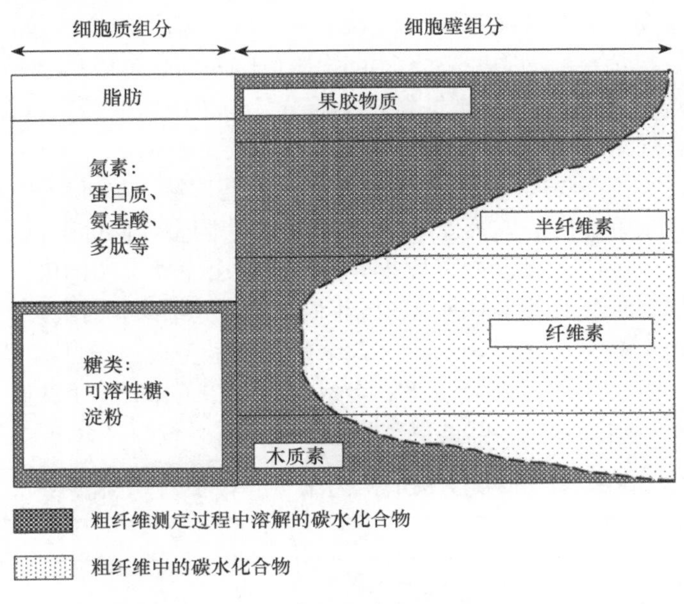

图 12.1　标准分析法测定的饲料有机物组分指标

1．细胞质组分　所有饲料中都含有可溶性糖类，但其含量差异性很大，占干物质的 2%～60%（第 16 章，附录 16.4）。淀粉主要存在于籽粒及其副产品和块茎饲料中，其含量在1%～85%（见第16章营养价值表）。粗脂肪主要存在于油料籽粒及其副产品中（占干物质的1%～46%，见第16章营养价值表）。其余饲料的脂肪含量都低于干物质的5%（第16章，附录16.5）。饲料中的脂肪成分主要是不饱和脂肪酸，一些油料植物的亚油酸（C18:2）和亚麻酸（C18:3）含量很高（第16章，附录16.6）。

饲料氮含量变化区间为干物质的5%～60%。氮主要是蛋白氮，也有非蛋白氮。非蛋白氮主要存在于粗饲料的植物器官和根部，籽粒中的含量很少。青绿饲草中非蛋白氮占氮含量的15%～20%。茎部的氮含量比叶片中高，豆科牧草比禾本科牧草高。它们主要是酰胺、游离氨基酸、低分子肽和胺。制成干草后非蛋白氮含量增高，青贮粗饲料的含量更高，这是由于蛋白氮在翻晒过程中植物蛋白酶和微生物被分解产生非蛋白氮。

青绿饲料的粗蛋白含量占氮总含量的75%～80%。青贮粗饲料的这一比例降低，发酵强度越大，蛋白质占总氮含量的比例就越低。

谷物和籽粒饲料中的氮含量基本上都是蛋白氮，包括胚中的细胞质蛋白（与植物器官蛋白质相似）和胚乳或子叶中的贮存蛋白质微粒。谷物饲料的蛋白质中必需氨基酸含量低，油料或豆料籽实及其副产品的蛋白质中必需氨基酸含量较高。

2．细胞壁组分　细胞壁组分占干物质成分的15%～90%。秸秆和糠麸中的细胞壁组分含量尤其高（干物质的60%～90%），精饲料含量较低（干物质的15%～45%）。粗饲料的细胞壁组分含量居中（干物质的30%～80%）。

3．饲料化学分析　分析饲料化学成分是为了快速计算其营养价值，以便计算出满足马营养需要的平衡日粮配方。

饲料分析实验室要采用基于科学文献且被欧盟、法国标准化协会、反舞弊管理部门（消费竞争和反舞弊管理总局、INRA和法国畜牧协会）认定的检测方法（表12.1）。其他一些方法也被跨行业分析研究办公室认证（BIPEA）。BIPEA组织这些实验室定期对相同样本进行分析并相互比较其结果。

（1）含水量和干物质量测定　含水量是实验室收到分析样品后最先需要测定的指标（表12.1）。一般情况下，含水量对应在（103±1）℃的干燥箱内干燥4h失去的水分。有两种饲料需要特别处理，包括青贮饲料和含糖较高的饲料。

表12.1　饲料化学组分测定方法介绍（引自INRA，1981；INRA-AFZ，2002）

组分	方法
水分	基于干燥测定（法国标准AFNOR NF V18-109）
灰分	灼烧（法国标准AFNOR V18-101）
粗蛋白	凯氏定氮法（法国标准AFNOR NF V18-100，1977）或杜马斯法（法国标准AFNOR NF V18-120，1997），粗蛋白含量由全氮乘以6.25得出

续表

组分	方法
氨基酸	酸水解（HCl，6mol/L）后色谱分析
	各方法所需时长（24～48h）
	温度（110～145℃）差异较大
	甲硫氨酸和胱氨酸由过甲酸氧化后测定；色氨酸由碱性水解后测定
粗纤维	由 Weende 法测定，先酸性水解再碱性水解（AFNOR V03-040，1977c）
	欧盟方法，欧盟条例 92/89（粗饲料）及 AFNOR NF V03-40，1993（精饲料原料）
范式测定法或粗饲料 Fibersac 法	按照范式顺序法测定（AFNOR NFV18-122，1997）
	-NDF（中性洗涤纤维）：细胞壁组分，中性洗涤剂提取出总纤维素或中性洗涤纤维
	-ADF（酸性洗涤纤维）：然后在酸性洗涤剂（H_2SO_4-N）提取出剩余残渣为酸性洗涤纤维
	-ADL（酸性洗涤木质素）：最后用高锰酸盐提取出木质素
淀粉	Ewers 旋光计法（欧盟条例 72/199），1980 年修订。有时用酶分解法。不含淀粉的饲料淀粉值为零
可溶性糖	精饲料原料：由卢-斯科尔法测定，也可用酶分解法
	粗饲料：通过测定盐酸（HCl 0.2mol/L）水解 30min 后的还原能力
	苜蓿和热带地区牧草需在提取水溶性糖后由酶解法处理
粗脂肪	饲料脂肪成分由乙醚回流提取。在法国，大多数饲料的参照方法是 AFNOR NF V18-117（1997b）。有的饲料需要盐酸水解预处理
脂肪酸	采用氯仿 / 甲醇，甲基化和甲酯萃取，然后进行色谱分析
矿物元素	由光谱法测定，如钙的含量测定标准为 AFNOR V18-108，磷的测定标准为 AFNOR NF V18-106
植酸磷	有机植物磷结合植酸。植酸磷约占植酸的 28.2%
	可用铁复合物的沉淀方法或用高效液相色谱法来测定其含量

青贮饲料中含有可挥发性有机物（氨、挥发性脂肪酸、醇类和乳酸）（表 12.2），这些物质在干燥过程中会丢失，会导致低估干物质的含量（2%～5%）。最终干物质含量需要分析了青贮饲料的发酵程度以后校正得出（表 12.2）。

表 12.2 青贮饲料干物质含量校正（引自 INRA，1981）

A：青贮饲料挥发性物质测定方法

挥发性物质	测定方法
氨	康威氏测定法（Crosby，Lockwood-London，1957）
可溶性氮	凯氏定氮法或杜马斯定氮法
乳酸	Noll 测定法（1974）：参考 *Methods of Enzymatic Analysis*，vol. 3，145. Ed. Bergmeyer H.U. Academic Press，London and New York
挥发性脂肪酸和乙醇	气相色谱分析法（Jouany et al.，1982）

B：发酵产物分析完成后的校正计算

这里需要知晓以下信息：粗饲料植物种类；青贮 pH；NH_3、VFA（挥发性脂肪酸）、乙醇、乳酸含量；干燥条件；未校正的干物质含量（DM_c）。

校正计算：

校正后干物质＝校正前干物质 × 校正因子

校正因子＝1000＋烘干损失 /1000（损失量以 g 为单位）

烘干损失计算：

损失量＝挥发性物质 × 挥发系数

挥发性物质单位为 g/kg 校正前干物质，挥发性物质包括 NH_3、VFA（乙酸、丙酸、丁酸等）、乙醇、乳酸。

由于甲酸没有营养价值且在青贮饲料中含量也很低，在此可忽略。

1．在 80℃干燥

小体积烘箱——48h。

大体积烘箱——24h 且通风。

不同青贮饲料的挥发系数（×100）

青贮	产物	青贮 pH						
		3.8	4.0	4.2	4.4	4.6	4.8	5.0
禾本科	NH_3	43	52	62	71	81	90	100
	VFA	92	87	83	78	73	69	64
	乙醇	100	100	100	100	100	100	100
	乳酸	14	14	14	14	14	14	14

青贮	产物	乙酸含量（g/kg 校正前干物质）		
		10	20	30
玉米	NH_3	38	38	38
	VFA	68	80	92
	乙醇	100	100	100
	乳酸	11	11	11

计算步骤示例：pH＝4.2 的禾本科牧草青贮

损失量＝NH_3×0.62＋VFA×0.83＋乙醇＋乳酸 ×0.14

产物	计算	损失
NH_3	2×0.62	1.24
VFA	30×0.83	24.90
乙醇	15×1	15.00
乳酸	60×0.14	8.40
		49.54≈50

$$校正因子=\frac{1000+50}{1000}=1.050$$

若干燥测定干物质含量为 18.0%，真实干物质含量则为 18×1.050=18.90%。若粗蛋白含量（由青绿牧草测定得出）和粗纤维含量分别为校正前干物质的 12% 和 28%，真实含量应为 12/1.05=11.4% 和 28/1.05=26.7%。

示例：乙酸含量为 18g/kg 干物质的玉米青贮：

$$损失量=NH_3\times0.38+VFA\times0.78+乙醇+乳酸\times0.11$$

这些公式中 NH_3、AGV、乙醇和乳酸含量单位均为 g/kg 校正前干物质。

2．100℃干燥

这种情况下的挥发系数未知。乳酸挥发取决于烘干时长。目前使用以下挥发系数。

青贮	产物	挥发系数
禾本科牧草和玉米	乳酸	
24h		20
48h		40
青贮	乙醇	总是 100
禾本科牧草	NH_3	
贮存条件优		75
贮存条件差		100
玉米		60
青贮	VFA	100

C：青贮饲料挥发物质预测

青贮	产物	含量（g/kg DM）
禾本科牧草	乳酸	75～90
玉米（30%～40%DM）	乳酸	50
禾本科牧草	乙醇	15～30
玉米（30%～40%DM）[1]	乙醇	20～25
禾本科牧草（贮存条件优）	NH_3	1～2
玉米（贮存条件优）	NH_3	1

[1] 干物质含量越高乙醇含量越低；预测值分别以 30% 和 40% 干物质给出

例如，刺槐豆和谷物水解产品等含糖量超过 4% 的饲料，由加入脱水剂或通热风和不完全真空条件下 80～85℃干燥，无论如何要使用官方认证的分析方法。

（2）灰分（或矿物元素）和有机物含量　灰分由 6h 的（550±10）℃灼烧得出（表 12.1）。灰分含量对马的营养需要没有直接意义，因为矿物元素需要量需要确切的相关矿物质（P-Ca-Mg）含量，这个测定主要是为了计算有机物的含量。

$$有机物=干物质-灰分$$

此外，测定灰分还可以检测粗饲料中的泥土污染情况。

（3）粗蛋白　粗蛋白的标准测定方法是凯氏定氮法（表 12.1）。这个方法是用硫酸将有机氮无机化，生成铵态氮（硫酸铵），再用氢氧化钠将铵盐转化，最后用滴定法测定。这个方法的缺点是很慢。有的实验室用自动分析仪对氨进行比色测定。粗蛋白的含量由测定氮含量乘以 6.5 得出，这是因为该方法假设分析的蛋白质氮含量为 16%。

杜马斯燃烧定氮法使得氮的测定实现了半自动化。样品在有氧条件下在高温燃烧管（950℃）灼烧，形成的化合物（CO_2、H_2O、NO_2 和 SO_2）由载气（氦气）驱动通过耐热玻璃毛滤过灰烬和尘土。水在冷凝器中被除去，然后气体在一个镇流器均化。均质气体被收集并驱动到不同管道：

- 热铜（750℃），氮氧化物还原为 N_2，并“俘获”硫化合物和氧气：

$$2Cu + O_2 \longrightarrow 2CuO$$

$$2Cu + NO_2 \longrightarrow 2CuO + 1/2N_2$$

- 含 NaOH 和高氯酸镁的管道去除 CO_2 和剩余水分。

最后只剩下 N_2 通过热导检测器测定，这个方法的检测速度很快，杜马斯燃烧定氮法得出的结果平均比标准方法高出 4%。

这两种方法得到的结果非常吻合，因为 Aufrere 和 Dudilieu（INRA）比较两个方法并建立了预测模型：

$$Y=0.9755-0.511 \quad R^2=0.999 \quad N=49$$（包括粗饲料和精饲料样品）

（4）可溶性糖含量测定　饲料中可溶性糖含量可通过测定盐酸（HCl 0.2mol/L）（表 12.1）水解 30min 后的还原能力得出，另外也可以利用 Somogy（1952）提出的方法测定。在不用特别测定的情况下可以利用分析报告的结果估计细胞质糖类含量。实际上它们在粗饲料中的变异性很大。

可溶性糖＝干物质－（灰分＋粗蛋白＋粗纤维）

如果没有分析报告，也可以查询第 16 章（附录 16.4）中的价值表了解大概含量。精饲料中可溶于水或乙醇的糖类可通过常规方法如还原力测定法、总糖类测定、葡萄糖或蔗糖的酶测定等。

（5）淀粉含量测定　有些热带地区粗饲料含有淀粉，可在去除可溶性糖后用 Thivend 等（1965）提出的酶解法测定。这个方法可以测定所有淀粉类物质，甚至包括其他糖类（果聚糖、α-半乳糖苷、蔗糖等）。该方法首先使用淀粉葡萄糖苷酶分解，由此得出的葡萄糖由葡萄糖-氧化酶分光光度计测定。

（6）粗纤维含量测定　粗纤维由 Weende 法测量。在酸性溶液（1.25% H_2SO_4）和稀碱溶液（NaOH 或 1.25% KOH）中进行连续双水解（表 12.1）。粗纤维是纤维素（70%～90%）、木质素（5%～10%）、半纤维素（5%～10%）和氮（1%～3%）组成的纤维素残留物。这个方法的测定时间长，而且只能手动测定。并且无论从生物化学还是营养学角度上来讲都不够严谨，这就是为什么它逐渐被范氏（van Soest）分析法取代。

（7）细胞壁组分（NDF、ADF 和 ADL）含量测定　范氏分析方案由连续洗涤纤维素组分得出：中性洗涤剂获得总纤维素或中性洗涤纤维 NDF；然后在酸性洗涤剂（H_2SO_4-N）得到剩余残渣为酸性洗涤纤维 ADF；最后用高锰酸盐得出木质素 ADL（表 12.1）。

这个测定可以用直接测定法也可以用顺序法测定。这两种方法的测定结果存在良好的相关性，只是顺序法测定结果比直接法测定结果略低。范氏分析法和 Weende 法一样只能完全靠手动测定。但它已经在技术上改进，以便可以同时处理更多的样本。这得益于两次实验程序的改进，即 1975 年的 Fibertec 和 1996 年的 Fibersac。

（8）NDF、ADF 和粗纤维含量间的关系　通过对范氏分析法和 Weende 法测定得出的大量青绿粗饲料 NDF、ADF 和粗纤维含量数据的分析，INRA 建立了它们之间的关系式。这些公式也可以在增加校正项后（贮存模式的影响）应用于贮存粗饲料（表 12.3）。此外，青绿饲料的 NDF 和 ADF 含量也可以由近红外线分析法（基于标准样本校准）来预测（表 12.4）。

表 12.3　青绿牧草 NDF（g/kg DM）、ADF（g/kg DM）和粗纤维（CF，g/kg DM）间关系式[1]（引自 INRA，2007）

公式	R^2	残差
天然草场（n＝28）		
NDF＝0.90CF＋306	0.96	9.9
ADF＝0.83CF＋76	0.99	4.0
CB＝1.19ADF－88	0.99	4.8
禾本科牧草（n＝147）		
NDF＝1.14CF＋260	0.88	17.1
ADF＝0.95CF＋40	0.93	10.8
CB＝0.98ADF－19	0.93	11.0
豆科牧草（苜蓿，红花三叶草）（n＝34）		
NDF＝0.575CF＋320	0.92	9.3
ADF＝0.579CF＋147	0.91	9.6
CB＝1.572ADF－209	0.91	15.8
玉米全株青贮（n＝254）		
NDF＝1.30CF＋201	0.73	18.1
ADF＝1.06CF＋8.2	0.92	7.1
CB＝0.87ADF＋9.5	0.92	6.4

续表

公式	R^2	残差
其他谷物全株青贮（n=29）		
NDF＝1.24CF＋228	0.98	9.6
ADF＝0.97CF＋55	0.98	7.1
CB＝1.01ADF－50	0.98	7.3

[1] ADF 和 CF 间关系式可应用于各种贮存模式。翻晒或半翻晒青贮关系式中 NDF 和 CF 间斜率需降低 0.05；干草 NDF 和 CF 间斜率需增加 0.07

表 12.4　近红外法测定青绿牧草胞壁组分 NDF 和 ADF 含量[1, 2]（g/kg DM）

	N	Mean	SD	Min	Max	Sec	R^2	SEcv	r^2
NDF	220	540	75	350	714	10.7	0.98	14.1	0.97
ADF	220	292	48	174	428	9.1	0.96	11.7	0.94

[1] 校准模型与校准样品测定仪器相适应（见本章 12.1.2.4 和表 12.11）。[2] 缩写：N 为测定数量；SD 为标准偏差；Min、Max 为最大和最小值；Sec 为标准校准误差；R^2 为校准决定系数；SEcv 为交叉验证标准误差；r^2 为交叉验证决定系数

（9）粗脂肪（醚提取物）含量测定　饲料脂肪成分用索氏提取器由乙醚回流提取。这种方法不能浸提出所有脂肪（表 12.1），醚提取物中含有非脂成分，尤其是粗饲料中的色素可占到提取物的 50%。这个提取物高估了饲料的实际脂肪含量，因此在营养学上的意义不大。因此，该指标没有被用来计算粗饲料的能量值。为了实验安全和提高提取物纯度，沸点为 55～60℃的已烷或石油醚代替了沸点为 35℃的乙醚。

（10）无氮浸出物　无氮浸出物包含细胞质糖类（可溶糖和淀粉）及超过一半的细胞壁组分（图 12.1）。其计算公式为

无氮浸出物＝100－（粗蛋白含量＋粗纤维含量＋脂肪含量＋矿物元素含量）

无氮浸出物并没有实际的营养学意义，它累加了其他测定方法的不确定性。

（11）矿物质和微量元素　矿物元素（Ca、P、Mg、Na）和微量元素（Cu、Zn、Mn、Se、Co）含量由相应的光谱法测定（表 12.1）。

（12）饲料的分析标准　饲料的分析采用经典分析方法，包括测定水、矿物质（或灰分）、氮、糖类（纤维素和无氮浸出物）和脂肪。所用的测定方法是官方认证的测定程序，清楚且详细（表 12.1）。同一实验室对统一样品连续测定两次，结果重复性是有保障的。在 BIPEA 组织下，不同实验室对同一样品的测定结果也得到比较。

（13）饲料样品采样　饲料样品采样必须要具有代表性。建议采用以下采样方案：①采用与贮存容器（储存罐、裹包、袋子）相适宜的方法（手、螺旋推

运器、槽出口等）多次取样。②将多次采样混合组成新的样本再送到实验室分析。粗饲料约需 1kg，精饲料约需 200g。③样本准备和寄送，寄送过程越快越好。“干”饲料（干草或精饲料）可以用箱子装起来寄送；“湿”饲料（普通青贮、裹包青贮）要先用塑料袋装好再放入箱子。如果运输过程超过 48h 需要在箱子中加入冰块等降温器材。④样品保存。无论是何种情况都不能在常温下保存样品超过 48h，青贮饲料要放在冰箱保存。

实验室将收到的样品粉碎后再取样（0.5～1g）分析。粉碎过程要特别注意避免样品丢失水分、粉尘或挥发性物质。如果样品含水量超过 12%～15%，需要预先在 60～70℃干燥处理。样品的粉碎细度为 0.8～1mm。

（14）实验室分析的时机　所有饲料分析都是有成本的。如果拥有较完整的饲料信息，可以降低饲料分析成本。

粗饲料的来源（永久草场或种植草场）、种植草的草种（如黑麦草、羊茅等）、收割茬数或收割日期等，拥有这些信息就可以在第 16 章的饲料价值表上查到较为准确的饲料价值。

对于饲料价值表上的精饲料来说，基于相关公司及 INRA 提供的分析结果，法国畜牧协会建立了不同指标的平均值（INRA-AFZ 饲料价值表，2004）。

12.1.2　消化率：计算能量和蛋白质价值的关键指标

1．消化率概念　饲料消化率取决于其各化学组分的消化率。植物组织细胞质的理论消化率为 1。可溶性糖可以被完全消化，大部分淀粉也能被消化（70%～90%），氮的消化率也在 82%（粗饲料）～95%（精饲料）。脂肪的消化率也很高，但粗饲料中脂肪含量很低。

因为内源有机物（酶，肠上皮等的黏液）和微生物（氮素）通过粪便排泄，细胞质及其成分的表观消化率远低于 100%。细胞质及组分的含量从 20% 增加至 50% 时，其表观消化率变异程度为 10%～40%（图 12.2）。尤其是氮消化率，氮含量从干物质的 5% 增加至 25% 时其表观消化率从 30% 增加到 75%。

细胞壁组分在大肠中降解，其降解取决于具体植物组分、物种、成熟度等。马对细胞壁组分的消化率低于反刍动物的原因主要是没有反刍行为、消化时间较短（大肠 24～30h，对比瘤胃中 48～72h）。

从营养学的角度上看（图 12.3），这些细胞壁组分：一部分是可被消化的，包括组织薄壁和多糖，可被细菌降解（不被木质素或角质保护）。另一部分是完全不被消化的厚壁组织，其中的多糖被木质素或角质保护而不被细菌降解。

粗饲料中不可被马（和反刍动物一样）消化的细胞壁组分含量较高，它们随

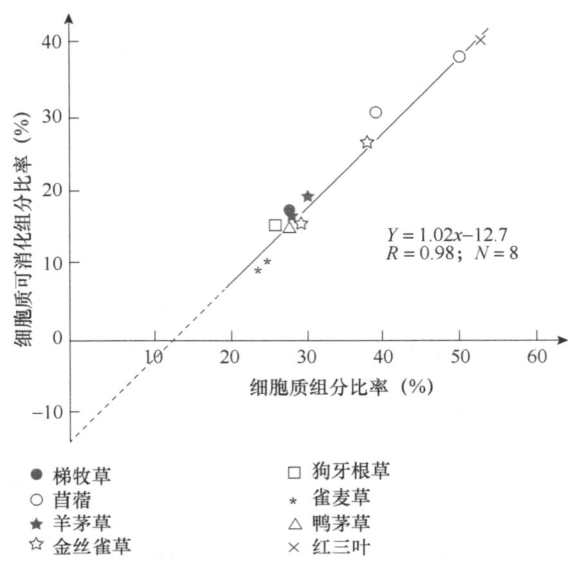

图 12.2 细胞质含量和细胞质组分消化率的关系（引自 Fonnesbeck，1969）

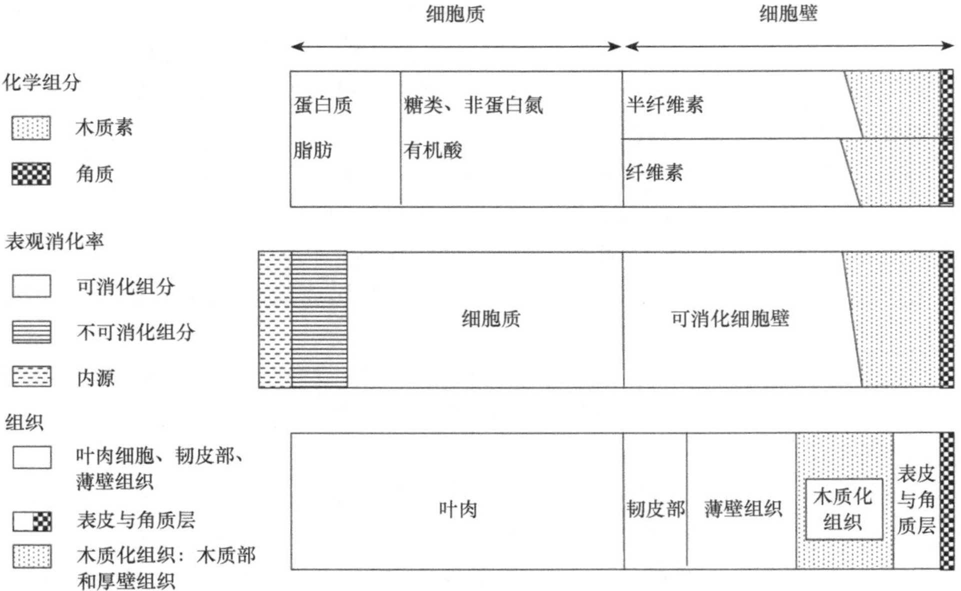

图 12.3 粗饲料植物组织及其化学组分示意图（参考自 Jarrige，1981）

着草龄的增长不断增高，茎部的含量比叶片中高；木质素含量等量的禾本科牧草比豆科牧草含量高。

然而，精饲料中不被马消化的细胞壁组分含量很少，尽管不同精饲料间的差异较大，尤其是谷物、油料作物和蛋白质作物中的含量很低。在副产品的含量中略高，但取决于谷物碾磨过程和油籽榨油前的脱壳程度。它们在块根块茎及相应副产品（如甜菜和甜菜渣）中的含量很低。

饲料消化率和不可消化细胞壁组分的含量密切相关，尤其是木质素的含量。粗纤维是最常用来预测饲料细胞壁组分含量的指标，因为它可以预测消化率：粗纤维含量越高，消化率越低（图 12.4）。但由于其测定所需时间长，我们提出了新的指标，也就是 NDF、ADF 和木质素。有机物的消化率和这三个指标相关。

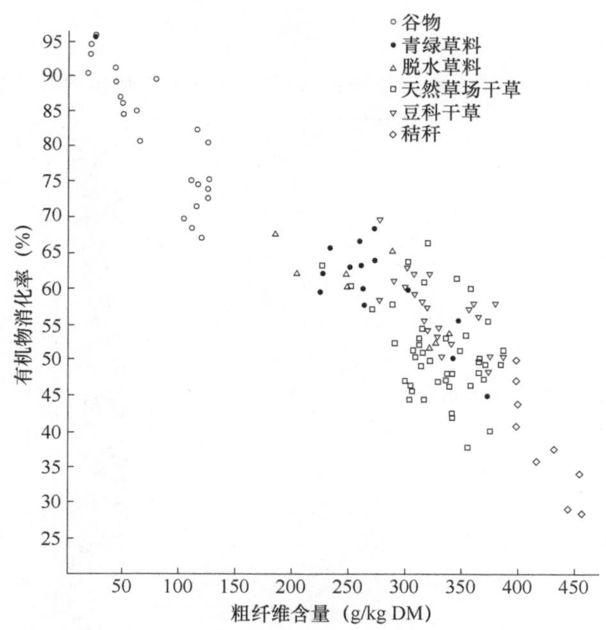

图 12.4 马对几个主要饲料的有机物消化率与粗纤维含量的关系（参考自 Martin-Rosset et al.，1984）

2．有机物消化率

（1）粗饲料有机物消化率 粗饲料的有机物消化率随草龄增长而降低，这是由植物形态演变导致的化学组成变化造成的。随着茎部比例增高和叶片比例降低，细胞壁组分的消化率也越来越低（图 12.5 和图 12.6）。

贮存粗饲料的消化率与贮存前青绿粗饲料的消化率直接相关，当然贮存条件

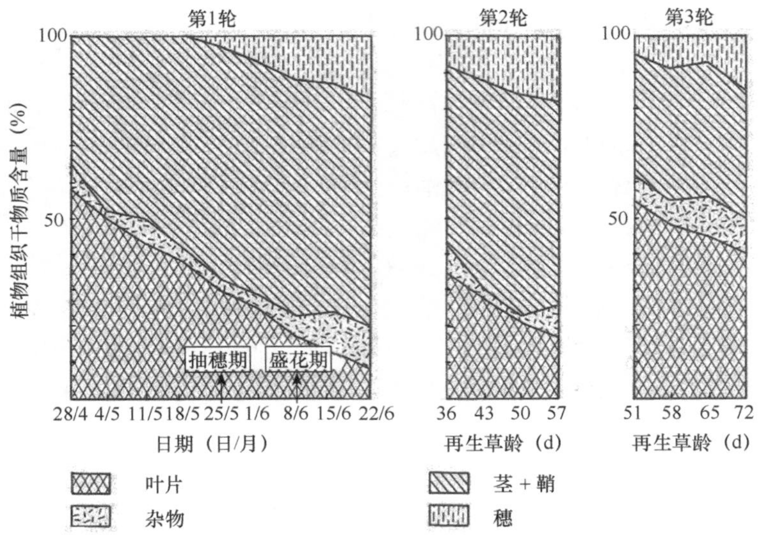

图 12.5　不同生长茬数意大利黑麦草各植物器官占干物质比例随草龄的变化（参考自 Demarquilly and Andrieu，1988）

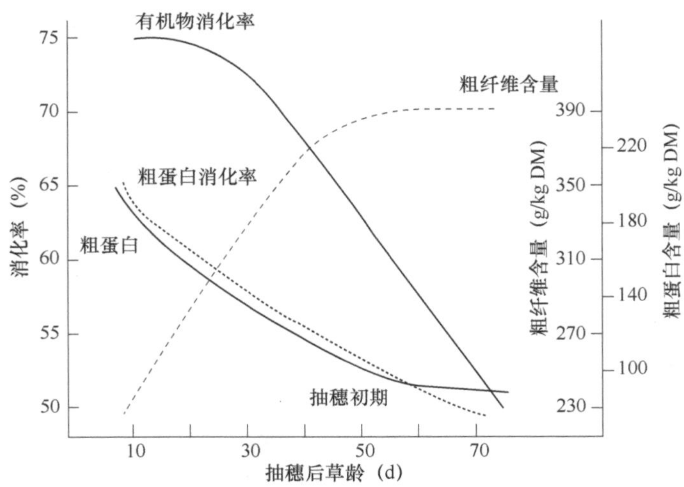

图 12.6　有机物消化率、粗蛋白和粗纤维含量（g/kg DM）

也有一定影响。INRA 由标准方法测定的结果中，干草有机物消化率与化学成分间的关系已经建立起来。试验数据是通过 6 匹马不限量饲喂 3 周（2 周适应期和 1 周测定期全收粪）饲养试验得出的。有机物消化率与化学成分间的最终关系式由 72 个观测数据建立（表 12.5）。禾本科牧草和豆科牧草的关系式各不相同。青绿牧草也存在同样的关系式，但由于观测数量不够（n=14），其预测还不够精确。

表 12.5 干草有机物消化率 dOM（%）和粗纤维间关系式（CF g/kg DM）

（引自 Martin-Rosset et al.，1984）

植物种类	样本数	CF 范围	公式[1]	SE_y[2]	R
天然草场[3]	28	230～375	OMd＝87.89－0.1180CF	±4.1	0.711
种植禾本科牧草	19	295～390	OMd＝81.51－0.0792CF	±6.3	0.422
种植豆科牧草	25	285～395	OMd＝90.52－0.0995CF	±3.7	0.666
所有干草	72	230～395	OMd＝78.33－0.0746CF	±6.0	0.414

[1] 加入粗蛋白含量并不提高公式精确度。[2] SE_y＝标准误。[3] 实践中，该公式用于苜蓿青贮和半干青贮（包括部分青贮玉米）

再生草的消化率总是比第一茬生长牧草低，再生叶片的消化率降低程度还是低于茎部（图 12.7）。

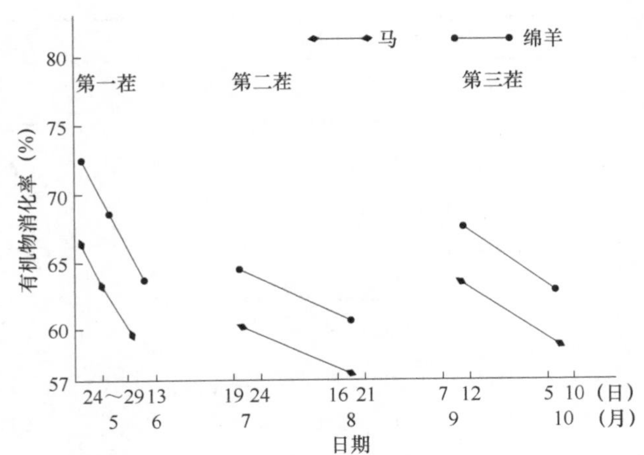

图 12.7 马和绵羊对不同生长茬数天然草场牧草的有机物消化率

（引自 Chenost and Martin-Rosset，1985）

对于第一茬生长牧草来说，特定生长阶段牧草的消化率差异范围不大，它受环境影响较小（包括地域、年份和氮肥用量）。

青贮牧草或玉米的消化率在青贮前后只有 1%～2% 的差异，这是因为在适宜条件下收割并青贮的粗饲料化学成分变化不大（第 11 章）。干草与对应青绿牧草相比，消化率降低 4%～6%，这是因为干燥过程导致叶片损失，细胞壁组分比例随之增加，而脱水饲料的加工过程如果得当就可以保证消化率变化不大。

喂马用的干草一般都以长的粗饲料直接饲喂。然而为了方便贮存和操作，干草也可以压缩成颗粒状。这些加工过程对消化率有一定影响，但还没有足够数据可以量化这一因素的影响。因为消化率还受饲喂方式的影响（如限量饲喂对比不限量饲喂），因此这一因素目前仍被忽略。

几十年来，我们一直致力于用碱处理提高粗饲料尤其是秸秆的营养价值（第 11 章）。碱处理可以使半纤维素和木质素之间的连接断裂，提高细胞壁组分的消化率。除此之外，碱处理还能分解纤维素的晶体结构，提高消化率。

在第一次世界大战以后，碱处理秸秆喂马就开始被研究。和饲喂反刍动物一样，饲喂马的秸秆碱处理后的消化率可提高 10%～14%。

氨处理后的秸秆消化率改善程度和碱处理相当，但马对它的接受度比碱处理要高一些（第 11 章）。

（2）精饲料有机物消化率　精饲料（无论是谷物还是其他作物籽粒）的有机物消化率也和粗纤维含量相关，尤其是副产品（饼粕等）（表 12.6）。

表 12.6　精饲料有机物消化率（%）和化学组分间关系式

（引自 Martin-Rosset and Tran 2004）

饲料	公式[1]	残差	R^2
所有饲料（*n*=42）	OMd=89.0－1.010CF	±7.1	0.674
	OMd=85.7－0.959CF+0.117CP	±7.1	0.692
	OMd=69.2－0.538CF+0.352CP+0.214CC	±6.5	0.745
谷物（*n*=10）	OMd=93.2－1.680CF	±1.3	0.987
	OMd=99.3－1.670CF－0.553CP	±1.4	0.992
	OMd=47.0－0.223CF+0.345CP+0.530CC	±0.2	0.969
谷物副产品（*n*=17）	OMd=89.8－1.900CF	±3.3	0.890
	OMd=100.0－1.970CF－0.594CP	±2.9	0.936
	OMd=70.7－1.170CF+0.220CP+0.235CC	±3.0	0.953
豆科籽粒（*n*=10）	OMd=58.9+0.193CF+0.480CP+0.254CC	±2.6	0.904
饼粕（*n*=14）	OMd=92.7－1.260CF	±4.6	0.676
	OMd=63.2－0.263CF+0.442CP	±2.4	0.928
	OMd=64.7－0.477CF+0.697CP－1.423CC	±1.9	0.961

[1]OMd 为有机物消化率；OM 为有机物；CF 为粗纤维；CP 为粗蛋白；CC 为细胞质碳水化合物（可溶糖+淀粉）（以干物质百分数表达）

有多种谷物的加工处理方式可提高消化率（第 9 章，表 9.4）。燕麦是个特例，它可以直接饲喂。营养价值表中的饲料价值对应的也是处理后谷物的饲料价值。而消化率的预测公式都是基于处理精饲料饲养试验的结果分析建立的。但是处理方式对精饲料的消化率影响似乎并不很大，因为消化率指标太过笼统。主要的效果是提高了淀粉在小肠的消化率，因此提高了饲料的净能价值。

3. 蛋白质消化率

（1）粗饲料蛋白质消化率　随着草龄增长，叶片的比例降低，粗蛋白消化率也跟着降低（图 12.5 和图 12.6）。然而，每茬再生草初期的粗蛋白消化率都比第一茬生长高，这是因为粗蛋白的含量高（表 12.7）。

表 12.7　粗饲料非消化粗蛋白平均含量（NDCP g/kg DM）及可消化粗蛋白（DCP g/kg DM）与粗蛋白（CP g/kg DM）和粗纤维（CF g/kg DM）含量间关系式（引自 Martin-Rosset et al.，1984）

饲料	n	NDCP	公式[1]	残差	R^2
青绿牧草[2, 3]					
天然草场和种植草场	14	48	DCP＝－27.33＋0.8614CP	± 7.7	0.967
			DCP＝－74.52＋0.9568CP＋0.1167CF	±6.3	0.980
干草[2]					
天然草场和种植草场	47	43	DCP＝－25.96＋0.8357CP	± 7.1	0.968
豆科牧草	25	50	DCP＝－29.95＋0.8673CP	± 9.2	0.933
所有干草	72	46	DCP＝－27.57＋0.8441CP	± 8.6	0.964

[1] 粗纤维含量并不提高公式精确度。[2] 在生产实际中，该公式可应用于预翻晒青贮牧草。[3] 在生产实际中，该公式可应用于预翻晒青贮牧草（甚至可用于玉米青贮）

测定粗蛋白消化率可以得出可消化蛋白的含量，因此可消化蛋白的含量在再生草初生阶段总是最高。

植物蛋白的氨基酸组分的差异程度受植物器官、植物种类、品种或年龄的影响很小，并且其中的必需氨基酸含量很平衡。

粗饲料的不同贮存模式会降低其蛋白质消化率。萎蔫青贮牧草、干草和半干青贮牧草的 MADC 与青绿牧草相比分别降低 5%、14% 和 18%。这是因为一部分氮在翻晒过程中损失，一部分在青贮过程中转化为可溶性氮不能被马利用（第 11 章）。

正常情况下，脱水饲料的加工过程不会改变饲料化学成分。脱水操作得当的话不会引起美拉德反应（引起豆科牧草中蛋白质和糖类的结合），因此脱水加工前后的消化率没有显著变化。

关于粗饲料加工（压实、压紧、制粒）处理对消化率的影响还存在争议，这取决于饲喂方式到底是限量饲喂还是不限制饲喂。由于没有足够的试验数据，这一因素目前仍被忽略。

秸秆氨处理后的氮含量大增，但可消化蛋白含量没有明显增高，这是因为秸秆中的氨被转化为尿素后不能被马直接利用（第 11 章）。

（2）精饲料蛋白质消化率　谷物的蛋白质消化率或谷物的可消化蛋白含量和粗蛋白含量呈正相关。精饲料可消化蛋白含量高于相同粗蛋白含量的粗饲料。但精饲料的加工工艺对蛋白质消化率也有影响：加热过量会导致蛋白质消化率的下降（美拉德反应）。若分析几个试验结果可得出粗蛋白（g/kg DM）含量和可消化蛋白（g/kg DM）含量的线性关系（表 12.8）。若在公式中加入粗纤维含量，关系式的精确度并未提高。

表 12.8　可消化粗蛋白和粗蛋白间关系式[1]（引自 Martin-Rosset，2004；Martin-Rosset et al，2006）

饲料	公式	残差	R^2
所有饲料（n=42）	DCP=10.70+0.911CP−0.121CF	±8.6	0.959
谷物（n=23）	DCP=−2.68+0.833CP	±5.4	0.969
谷物副产品（n=17）	DCP=−17.60+0.865CP+0.051CF	±6.7	0.945
油料及豆科籽粒（n=10）	DCP=2.59+0.844CP−0.103CF	±4.6	0.996
饼粕（n=14）	DCP=−43.60+0.989CP−0.127CF	±6.3	0.998

[1]CF 为粗纤维；CP 为粗蛋白；DCP 可消化粗蛋白（g/kg DM）

谷物或糟粕副产品的氮消化率受细胞壁组分含量的影响，尤其是不可消化的部分（ADF）。例如，小麦次粉氮消化率比麦麸高 5%；去壳葵花籽粕氮消化率比未去壳葵花籽粕高 4%。

豆科和油料作物籽实中的粗蛋白含量很高（200～550g/kg DM），因此其蛋白质消化率很高。但它也受细胞壁组分含量的影响，尤其是不可消化的部分（ADF），如羽扇豆、葵花籽。

4．消化率的预测方法

（1）粗饲料　青绿粗饲料和贮存粗饲料的有机物消化率和蛋白质消化率，也就是它们的能量和氮价值，可用两种方法预测。

第一种方法：由植物特征预测。粗饲料消化率主要取决于收割时的特征（植物种类、生长茬数、草龄）和收割条件。因此，可以在上述条件已知的情况下通过查询饲料营养价值表（第 16 章）直接预测粗饲料营养价值。

第二种方法：由化学分析结果预测。这个方法利用化学成分指标和消化率的关系式来预测，如有机物消化率和细胞壁组分间的关系式（表 12.9）、可消化蛋白含量和粗蛋白含量间的关系式（表 12.7），这需要在实验室进行化学成分分析。由于粗饲料粗蛋白含量受环境影响较大，因此最好是利用化学分析结果来预测其蛋白质消化率。

表 12.9 基于化学成分预测青绿牧草或贮存牧草有机物消化率（OMd，%）
（引自 Martin-Rosset et al.，1996b；2012a）

含量范围			公式 $n=52$	残差	R^2
CF[1]	NDF[1]	ADL[1]			
239～424	477～737	27～97	OMd＝67.78＋0.07088CP －0.000045NDF－0.12180ADL	±2.5	0.878

[1]ADL 为酸性洗涤木质素；NDF 为中性洗涤纤维；CP 为粗蛋白（g/kg DM）；CF 为粗纤维

（2）预测粗饲料有机物消化率　粗饲料有机物消化率可根据粗纤维（表 12.6）或细胞壁组分 NDF 和 ADL（表 12.9）含量来预测。这些公式都是 INRA 由动物饲养试验结果分析得出的。由细胞壁组分 NDF 和 ADL 预测有机物消化率比粗纤维预测精确度高（剩余残差分别为 ±2.5 和 ±6.0）。

粗饲料中粗纤维、NDF 和 ADL 的测定所需时间很长。因此，INRA 提出了一个酶解法来模拟粗饲料的消化。该方法包括三个步骤。①前处理：在 40℃ 盐酸中用胃蛋白酶（Merck No7190：1/1000）处理 24h（0.1mol/L 盐酸，0.2% 的胃蛋白酶）。②在 80℃水解淀粉 30min。③在 80℃用真菌纤维素酶（Onozuka R10，从绿色木霉中提取，Yakault Honsha Co Ltd，Japon）处理 24h 后过滤并冲洗。

在实验室测定的青绿粗饲料或贮存粗饲料的干物质降解率和动物消化率测定试验联系起来（表 12.10）。该公式对有机物消化率的预测精确度很高（±1.9），与化学成分分析法所得结果不相上下。不仅如此，酶解法还考虑了不同植物种类（禾本科相对豆科牧草）、贮存方式（青绿草相对干草）的影响。在预测青贮粗饲料消化率时可以在青绿粗饲料公式基础上加校正项。

表 12.10 由干物质消化率（dCell DM，%，由胃蛋白酶-纤维素酶法测定得出）预测青绿牧草或贮存牧草的有机物消化率（OMd，%）（引自 Martin-Rosset et al.，1996c；2012a）

含量范围			公式 $n=52$	残差	R^2
CF[1]	NDF[1]	ADL[1]			
239～424	477～737	27～97	OMd＝－29.38＋Δ＋2.30315 dCell DM －0.013 84 dCell DM^2 青绿牧草（或青贮牧草）Δ＝＋4.12 禾本科或天然草场干草 Δ＝0 豆科干草 Δ＝－2.61	±1.90	0.927

[1] ADL 为酸性洗涤木质素；CF 为粗纤维；NDF 为中性洗涤纤维（g/kg DM）

这个有机物消化率的快速预测方法非常有用，因为可消化有机物含量（可消化有机物含量＝有机物含量 × 有机物消化率）是预测粗饲料能量价值 UFC 的主要指标（见本章 12.1.3.1）。

近红外反射光谱法在实验室的应用越来越广泛。INRA 参照 Norris 等（1976）中描述的方法用近红外线仪测定了 52 个样本的吸光度值（log1/*R*），用来预测有机物消化率。使用单色分光光度计（NIRSystems 6500）测定了波长 1100～2500nm 的两个反射光谱。所有样品在测定光谱前都被粉碎（0.8mm）且烘干（在 40℃ 整夜烘干）。近红外线分析法是一个有效的马消化率预测方法。其有机物消化率预测结果（表 12.11）精确度和酶解法测定结果不相上下（表 12.10），都高于根据化学成分预测的结果（表 12.9）（使用同组数据的残差值分别为 ±1.8、±1.9 和 ±2.5）。当然，近红外线分析法应用到实验室分析时也有它的不足之处。它需要至少 40 个来自不同粗饲料的样品来建立校准刻度，校准样本必须要对预测样本具有代表性，这也解释了在使用禾本科和天然草场样品建立模型对豆科干草预测结果与参照值的差别（Martin-Rosset et al.，2012a）。最后，近红外线分析法还受限于特定的测定仪器。然而，这个缺陷已经通过对不同仪器测量结果的标准化处理得到解决（Shenk and Wasterhaus，1994）。因此，我们推荐在建立校准样本初期就采用标准化处理（D.Andueza，INRA，Clermont-Ferrand，France）。

表 12.11 粗饲料有机物消化率（OMd）近红外法测定校准：化学组分（样品数，范围）和统计学指标（*n*，Sec，R^2，SEcv，r^2）[1,2]（引自 Martin-Rosset et al.，2012a）

	n	含量范围[3]（g/kg DM）			有机物消化率范围（%）	模型	统计学指标[3]			
		CF	NDF	ADF			Sec	R^2	SEcv	r^2
吸光度值（derived functions：Di）	52	235～424	477～737	272～452	40.8～65.9	Stepwise	1.82	0.931	2.00	0.920

[1]青绿牧草、干草、天然草场牧草和豆科牧草（苜蓿）。[2]校准模型与校准样品测定仪器相适应。[3]缩写词：DM 为干物质；CF 为粗纤维；NDF 为中性洗涤纤维；ADF 为酸性洗涤纤维；Sec 为标准校准误差；R^2 为校准决定系数；SEcv 为交叉验证标准误差；r^2 为交叉验证决定系数

（3）预测粗饲料可消化蛋白（MAD） 青绿饲料或贮存粗饲料的可消化蛋白含量由根据粗蛋白含量的预测公式计算得出（表 12.7）。一般公式就可以用来预测萎蔫青贮，而半翻晒青贮由青绿饲料的预测公式计算。

（4）放牧饲喂粗饲料特例 马多数情况下在天然草场放牧，但也可以在种植草场（纯种植黑麦草、羊茅或黑麦草、羊茅、鸭茅和三叶草混种草场）放牧。表 12.8～表 12.10 中的有机物消化率计算公式是多用的，里面可以加入粗饲料类

型校正项（如青绿牧草、青贮或干草，禾本科或豆科牧草）。

放牧时的牧草消化率随着放牧季的推进不断变化。马对放牧粗饲料的消化率测定数量不如反刍动物测量得多，尤其是在不同植物生长阶段的测量。正因如此，在 INRA 建立的反刍动物放牧粗饲料有机物消化率预测公式基础上，通过两种动物比较研究校正后，可以用来预测马对放牧粗饲料有机物消化率（表 12.12）。所以，可以用两种方法来预测马对放牧粗饲料有机物消化率：利用表 12.8～表 12.10 中的多用公式；利用反刍动物-马关系式。

表 12.12　由反刍动物粗饲料有机物消化率（OMd_R, %）预测马的有机物消化率（OMd_H，%）（引自 Martin-Rosset et al.，1984）

植物种类	有机物消化率差异范围	公式	残差	R^2
天然草场及禾本科牧草（*n*＝18）	$36<OMd_R<76$	$OMd_H=-14.91+1.1544\ OMd_R$	±2.3	0.960
豆科牧草（*n*＝15）	$55<OMd_R<66$	$OMd_H=-9.94+1.1262\ OMd_R$	±2.6	0.712

然而，无论是马还是反刍动物对蛋白质的消化率受利用方式（青绿牧草或干草）的影响都很小。两种动物的可消化蛋白和粗蛋白间关系式非常相近：可以认为马和绵羊对同样粗蛋白含量青绿粗饲料的蛋白质消化率非常接近（表 12.13）。所以，可以用三种方法来预测马对放牧粗饲料蛋白质消化率：直接查询营养价值表（第 16 章）；利用表 12.7 中的预测公式；直接代用反刍动物饲料价值表中的可消化蛋白质含量（INRA，2007），尤其是预测种植草场和不同植物阶段牧草可消化蛋白含量。

表 12.13　青绿牧草和贮存牧草可消化蛋白含量（MAD g/kg DM）预测公式（由同时饲喂马和反刍动物试验测定）（引自 Martin-Rosset et al.，1984）

	n	公式[1]	残差	R^2
马	12	DCP＝－44.32＋0.9645CP	±7.2	0.978
绵羊	12	DCP＝－43.89＋0.9438CP	±4.4	0.990

[1] DCP 为可消化粗蛋白；CP 为粗蛋白（g/kg DM）

5．精饲料消化率预测方法　　有两种方法可以预测有机物消化率和可消化蛋白含量。

第一种方法：直接由植物特征和加工处理特征预测。若使用饲料价值表（第 16 章）中已经给定的加工处理方法，可以直接查表得出有机物消化率和可消化蛋白含量。

第二种方法：由化学分析结果预测。如果使用了饲料价值表（第 16 章）中没有对应的加工处理方法（第 9 和 15 章），就需要进行化学分析。这个方法用已经建立的有机物消化率和化学组成间关系式（表 12.6）和可消化蛋白和粗蛋白间关系式（表 12.7）。

（1）预测简单精饲料有机物消化率　简单精饲料可消化有机物含量（可消化有机物含量＝有机物含量 × 有机物消化率）是用来预测能量价值的主要指标（表 12.7）。

有机物消化率可以由粗纤维含量直接计算，或由粗纤维含量及粗蛋白含量和细胞质糖类含量来计算（表 12.6）。目前还没有足够的试验数据来建立由范氏分析法结果来预测有机物消化率的公式（粗饲料有机物消化率可以由范氏分析法结果来预测）。

和粗饲料一样，精饲料有机物消化率也可以用酶解法分析结果预测。该方法与前文所述粗饲料有机物消化率预测方法相似，得出的公式却不相同。相关结果是由 INRA、意大利都灵大学和莫利泽大学的动物消化率测定试验得出的（表 12.14）。这里的公式只能应用于加工处理过的精饲料。对于简单处理的精饲料，预测公式的精确度还算满意（2%～3%），而对于复杂加工的精饲料，预测公式的精确度就要差一些（±4%～5%）。实际操作中，除了燕麦以外的谷物都是经过加工再喂马的。对于燕麦来说，未经处理或碾压处理后的消化率都可以通过查表得出（第 16 章）。至于其他加热处理的谷物，由于加工处理方式对淀粉消化速率影响差异性很大（第 9 章），不难理解其有机物消化率预测精确度的差异。预测脱水甜菜渣有机物消化率可以用以下关系式：

有机物消化率（%）＝细胞有机物消化率（%）＋17.6

总预测公式在考虑更多饲料种类，尤其是加工处理方式后可进一步改进。

表 12.14　由酶解法测定结果（dCell OM，%）预测有机物消化率（OMd，%）（*n*＝17 feeds）（引自 Martin-Rosset，Bergero and Miraglia，未发表数据）

粗纤维差异范围（g/kg DM）	公式	残差	R^2
23～195	OMd＝0.6837dCell OM＋19.447	±5.6	0.560

（2）预测简单精饲料可消化蛋白含量　简单精饲料可消化蛋白含量需要由化学成分带入表 12.8 中公式计算得出。

6．日粮因素的影响　采食量适中时（低于维持所需采食量的 2.5 倍），添加 0～90% 精饲料的粗饲料消化率变化不显著。因此我们设定采食量从 1 倍维持增加至 2 倍时，无论精饲料比例多少都不存在影响饲料消化率的消化交互作用。然而，采食量超过 2 倍维持需要时，高精饲料含量日粮（采食 3.5～4g 精饲料 /kg BW）中可出现消化互作的负面影响，尤其是高温处理精饲料。但这样的情况只有在极个别情况下才会发生，如赛马高强度活动期。因此这个粗饲料和精饲料间的消化交互作用一般被忽略。对于赛马来说，消化交互作用对粗饲料消化率的负面影响占日粮的比例非常有限（30%），可通过提高饲料供应量来解决。

7．动物因素的影响　饲喂以干草为基础且含精饲料较少（≤ 20%）的日粮时，普通乘用马和挽用马间的消化率差异并不显著。但普通乘用马对饲料有机物的消化率比矮马低 2%。饲喂低营养价值粗饲料时，普通乘用马对饲料有机物的消化率与驴相比差异更大（低 5 个百分点）。

同样为不限量饲喂的泌乳母马饲喂水平增加到干乳期 2.5 倍时，以干草为基础日粮（20% 精饲料），轻型马和重型马间消化率并无变化。然而，妊娠 8～11 个月的母马对日粮的消化率比其非妊娠期的消化率低 5%（10%）。这是因为胎儿所占空间限制了消化道尤其是大肠的填充程度，导致饲料在消化道停留时间缩短（第 1 章）。

关于活动对消化率的影响目前还存在争议，相关试验结果存在矛盾。尽管如此，还是可以根据可信度较高的试验结果认为，轻度至中等程度活动对饲喂 60% 精饲料（饲喂水平为维持所需的 2 倍，即每 100kg 体重 2.0～2.2kg 饲料）马的日粮消化率没有显著影响。因此，不需要校正粗饲料消化率，也不需要改变日粮饲喂量。

8．影响因素的总结　第 16 章饲料营养价值表中由维持状态马测定得出的饲料（尤其是粗饲料）消化率可以不经校正（无论是日粮成分因素或马的生理因素）直接应用。至于妊娠的特殊情况，已经通过第 3 章提出的（建立在 INRA 完成的众多饲养试验结果基础上的）调整饲喂标准的方法解决，这就避免了在计算配方时对这个因素的校正。

12.1.3 饲料净能

饲料的净能（NE）含量由总能（GE）、总能消化率（dE）、可代谢能与可消化能比例（ME/DE）和维持代谢能利用率（K_m）计算：

$$NE = GE \times dE \times (ME/DE) \times K_m$$

根据不同精确度要求及使用者水平，有两种测定能量值的方法可供选择。

1．粗饲料和简单精饲料分析方法　即 INRA 用来确定饲料价值表中数据的参照方法。这需要基本掌握第 1 章中介绍的 UFC 体系（图 1.9），将饲料化学成分带入公式一步一步地计算能值。

（1）总能（GE）　总能是在实验室用量热计测定的，由千卡每千克干物质表示（kcal/kg DM），可根据饲料类型由化学组分带入公式计算。

- 粗饲料：可由粗蛋白含量带入公式计算总能（表 12.15）。
- 简单精饲料：由 INRA-AFZ 建立的公式计算总能（表 12.15 和表 12.16）。

表 12.15　基于化学组分（g/kg OM）计算饲料总能（GE）的公式[1]

（引自 INRA-AFZ，2004；INRA，2007）

饲料种类	*n*	公式	残差	R^2
青绿牧草或干草			±38	0.89
禾本科、天然草场、豆科、未成熟谷物	166	GEø ＝4531＋1.735CPø＋Δ （不带 ø 时，能量单位为 kcal/kg 干物质；带 ø 时，能量单位为 kcal/kg 有机物） 青绿牧草 Δ＝－71 红三叶草、红豆草、高山草、种植干草、未成熟谷物全株 Δ＝－11 苜蓿草、平原牧草的青绿牧草及干草 Δ＝＋82		
青绿牧草				
高粱	8	GEø＝4478＋1.265CPø	±37	0.81
玉米[2]	59	GEø＝4487＋2.019CPø	±25	0.33
青贮牧草				
半翻晒		GEø＝1.03×GEø $_{青绿牧草}$		
翻晒		GEø＝GEø $_{青绿牧草}$		
玉米青贮		若 DM＜30% GEø＝1.02×GEø $_{青绿牧草}$ 若 DM＞30% GE＝GE $_{青绿牧草}$＋25		
脱水苜蓿	27	GEø＝4618＋2.051CPø	±64	0.41
精饲料原料[3, 4]	＞2000	GE＝4134＋1.473CP＋5.239EE＋0.925CF－4.46 ASH＋Δ		
复合精饲料	83	GE＝5.7CP＋9.57CF＋4.24（OM－CP－CF）	±67	0.83

[1] 粗饲料为 GE kcal/kg OM, e.g. GEø；精饲料原料为 GE kcal/kg DM；复合精饲料为 GE kcal/kg OM，e.g. GEø。[2] 公式可应用于脱水玉米全株饲料。[3] 这个公式中以 g/kg DM 为单位，其差值 Δ（kcal/kg MS）参见表 12.16。[4] ASH 为灰分；EE 为粗脂肪；CF 为粗纤维；CP 为粗蛋白（g/kg DM）

表 12.16　用于计算精饲料原料总能的系数 Δ（cal）（引自 INRA-AFZ，2004）

饲料组	Δ
玉米蛋白粉	308
苜蓿蛋白精饲料	248
小麦酒糟、小麦麸质饲料、玉米麸、米糠	138
全脂油菜籽、全脂亚麻籽粕、全脂棉粕	116
燕麦、小麦副产品，玉米蛋白饲料及其他玉米淀粉副产品、玉米饲料粉、高粱	75
脱水牧草、秸秆	46

续表

饲料组	Δ
大麦	36
大麦芽根	−43
亚麻籽粉、棕榈仁粕、全脂豆粕、葵花粕、葵花籽	−46
木薯	−55
蚕豆、扁豆、豌豆	−87
甜菜浆、糖蜜、马铃薯浆渣	−103
乳清	−177
大豆壳	−231
除了淀粉和啤酒糟外的饲料原料	0

（2）可消化能（DE） 可消化能由总能和试验测定的饲料能量消化率计算：

$$DE=GE\times dE$$

式中，DE 的单位为 kcal/kg DM；GE 的单位为 kcal/kg DM；dE 为百分数。

有机物消化率已知时，能量消化率可由有机物消化率（OMd）计算得出：

$$dE=0.0340+\Delta+0.9477\ OMd$$

式中，dE 和 OMd 为百分数；精饲料 Δ 为＋1.1，粗饲料 Δ 为－1.1。

例 12.1

当粗饲料 OMd＝60% 时，dE＝55.8%。

在实验室分析时，有机物消化率由分析结果带入 INRA 建立的预测公式中计算：由粗饲料（表 12.5 和表 12.9）和精饲料（表 12.6）的化学成分带入公式计算；由胃蛋白酶-纤维素酶解法结果计算干物质或有机物消化率。

对粗饲料来说（表 12.10）：

$$OMd=-29.38+\Delta+2.30315dCell\ DM-0.01384dCell\ DM^2$$

$$RSD=\pm1.90;\ R^2=0.927;\ n=52$$

式中，OMd 为有机物消化率（%）；dCell DM 为干物质中纤维素消化率（%）；Δ＝＋4.12（青绿和青贮饲料），Δ＝0（干草），Δ＝－2.61（苜蓿干草）。

例 12.2

天然草场青绿牧草当 dCell DM＝60% 时，OMd＝63.1%。

对于精饲料来说（表 12.14）：

$$OMd = 0.6837dCell\ OM + 19.447$$

$$RSD = \pm 5.6;\ n = 17$$

式中，OMd 为有机物消化率（%）；dCell OM 为有机物纤维素消化率（%）。

例 12.3

玉米粉 dCell OM＝93.9% 时，OMd＝83.7%。

（3）可代谢能（ME）　可代谢能是饲料的潜能，由可消化能（DE）和可代谢能与可消化能比例（ME/DE）计算：

$$ME = DE \times (ME/DE)$$

式中，ME 和 DE 的单位为 kcal/kg DM；ME/DE 为计算尿液和甲烷排放损失的能量。

所有饲料（高蛋白饲料和甜菜渣除外）中，

$$ME/DE = 84.07 + 0.0165CF - 0.0276CP + 0.0184CG$$

$$RSD = 1.37;\ R^2 = 0.45;\ n = 79$$

式中，ME/DE 表达为百分数（%）；CF 为粗纤维（g/kg DM）；CP 为粗蛋白（g/kg DM）；CG 为细胞质糖类（g/kg DM）。

例 12.4

天然草场或种植禾本科牧草干草，当每千克干物质含 CF＝295g、CP＝127g 和 CG＝60g 时，ME＝86.6%。

高蛋白饲料：

$$ME/DE(\%) = 94.36 - 0.0110CF - 0.0275CP$$

甜菜渣：　$ME/DE = 89\%$

根据饲料类别不同，ME/DE 有一定差异：油料籽粒糟粕为 78%～80%；粗饲料为 84%～88%；秸秆为 90%～91%；谷物为 90%～95%。

牧草青贮是个特例，其 ME 需要校正。这是因为一部分（15%）可消化氮以非蛋白氮的形式存在，不能作为能量被利用。

$$校正后\ ME = ME - (CP \times 4.2 \times 0.15)$$

式中，ME 单位为 kcal/kg DM；CP 单位为 g/kg DM；系数 4.2 的单位为 kcal/g 可消化蛋白，对应每克可消化蛋白中可被代谢的能量。

（4）净能（NE）　净能由代谢能及能量利用率（K_m）计算得出。

$$NE = ME \times K_m\ 或\ K_{mc}$$

式中，K_m 为精饲料能量利用率；K_{mc} 为校正后粗饲料能量利用率（颗粒状脱水粗饲料除外）。

能量利用率可由不同类型饲料相应公式计算（表 12.17），但粗饲料能量利用率需要由摄入粗纤维含量校正。

$$\Delta K_m = -0.20CF + 2.50$$

式中，CF 以干物质百分数表示。

ΔK_m 校正就可以应用到 K_m 公式中：

$$K_{mc} = K_m - \Delta K_m$$

表 12.17　由化学组分预测能量利用率（引自 Vermorel and Martin-Rosset，1997）

公式[1]	残差	R^2
粗饲料（n=47）		
$100K_m = 71.64 - 0.0289CF + 0.0148CP$	±0.94	0.878
$100K_m = 65.21 - 0.0178CF + 0.0181CP + 0.0452CC$	±0.53	0.963
$100K_m = 57.56 - 0.0110CF + 0.0105CP + 0.0270CC + 0.0150DOM$	±0.40	0.980
谷物、豆科籽粒（n=22）		
$100K_m = 82.27 - 0.0248CF - 0.0160CP$	±0.66	0.962
$100K_m = 72.34 + 0.0119CF - 0.0081CP + 0.0112CC$	±0.35	0.990
$100K_m = 93.18 - 0.0490CF - 0.0101CP - 0.0127DOM$	±0.59	0.971
$100K_m = 77.45 - 0.0060CP + 0.0106CC - 0.0054DOM$	±0.32	0.992
谷物副产品（n=18）		
$100K_m = 100.32 - 0.0194OM - 0.0120CP - 0.0530CF$	±0.76	0.887
$100K_m = 94.41 - 0.0237OM - 0.0022CP + 0.0121CC$	±0.45	0.961
饼粕（n=8）		
$100K_m = 67.13 + 0.00278CF + 0.00528CP$	±0.44	0.700
$100K_m = 67.03 + 0.00426CP + 0.01566CC$	±0.29	0.900

[1]CC 为细胞质碳水化合物（g/kg DM）；CF 为粗纤维（g/kg DM）；CP 为粗蛋白（g/kg DM）；OM 为有机物（g/kg DM）；DOM 为可消化有机物（g/kg DM）

（5）马饲料单位（UFC）　UFC 由饲料净能（单位为 kcal/kg DM）和参照

大麦（干物质含量 87%）净能计算得出：

$$UFC=饲料净能/大麦净能（2250kcal/kg\ DM）$$

例 12.5

诺曼底地区收割天然草场干草能量值：

第一茬收割，抽穗初期，5 月 25 日（营养价值表代号 FF0060）

$$GE=4418kcal/kg\ DM$$

$$DE=GE\times dE$$

$$OMd=62\%$$

$$dE（\%）=0.0340+\varDelta+0.9477OMd \quad \varDelta=-1.1$$

$$dE=57.7\%$$

$$DE=4418\times 0.577 \qquad DE=2549kcal/kg\ DM$$

$$ME=DE\times ME/DE$$

$$ME/DE（\%）=84.07+0.0165CF-0.0276CP+0.0184CC$$

$$CF=295g/kg\ DM \qquad CP=127g/kg\ DM \qquad CC=60g/kg\ DM$$

$$ME/DE=86.5\%$$

$$ME=2549\times 0.865 \qquad ME=2205kcal/kg\ DM$$

$$K_m=57.56-0.0110CF+0.0105CP+0.0270CC+0.0150DOM$$

$$DOM=OM\times OMd$$

$$OM=910g/kg$$

$$DOM=910\times 0.62 \qquad DOM=564g/kg\ DM$$

$$K_m=65.7$$

$$\Delta K_m=-0.20CF（\%）+2.50 \quad CF=29.5\%$$

$$\Delta K_m=-3.4$$

$$K_{mc}=K_m+\Delta K_m$$

$$K_{mc}=65.7-3.4=62.3$$

$$NE=ME\times K_{mc}$$

$$NE=2205\times 0.623 \qquad NE=1374kcal/kg\ DM$$

$$UFC=\frac{粗饲料净能}{大麦净能}=\frac{1374kcal/kg\ DM}{2250kcal/kg\ DM}=0.61$$

$$UFC=0.61$$

其他饲料的 UFC 值也要按照相同步骤计算。

2．直接方法　粗饲料和精饲料的能量值 UFC 可以直接将化学成分带入 INRA 建立的公式计算（表 12.18）。直接方法预测结果和之前计算方法的结果相似但精确度略低：每千克干物质 $\Delta = \pm 0.01 \sim 0.02$UFC。

表 12.18 直接预测粗饲料和精饲料净能值（UFC/kg DM）的公式

（引自 Martin-Rosset et al.，1994）

饲料	n	公式[1]	残差	R^2
粗饲料	47	UFC＝0.825－0.0011CF＋0.0006CP	±0.043	0.832
		UFC＝0.568－0.0007CF＋0.0007CP＋0.0018CC	±0.031	0.922
		UFC＝－0.124＋0.0003CC＋0.0013DOM	±0.012	0.988
		UFC＝－0.0557＋0.0006CC＋0.2589DE	±0.007	0.996
精饲料	51	UFC＝0.815－0.0009CF＋0.0003CP＋0.0006CC	±0.060	0.931
		UFC＝0.131－0.0006CF－0.0003CP＋0.00134DOM	±0.041	0.967
		UFC＝－0.730－0.0007CP＋0.00057OM＋0.3944DE	±0.033	0.979
		UFC＝－0.134＋0.0003CF－0.0004CP＋0.0003CC＋0.3160DE	±0.017	0.995

[1]CC 为细胞质碳水化合物（g/kg DM），CF 为粗纤维（g/kg DM），CP 为粗蛋白（g/kg DM），OM 为有机物（g/kg DM），DOM 为可消化有机物（g/kg DM），DE 为可消化能（kcal/kg DM）

3．加工处理精饲料特例　饲料价值表中的精饲料都是处理过后。最新的饲料价值考虑了饲料工业的进步，并给出加工处理方法的思路。若以玉米籽粒为例，其中 24% 的淀粉难以在小肠内被消化（第 9 章，表 9.5），而大麦和小麦分别为 13% 和 17%。小肠消化淀粉产生葡萄糖用于供能，20% 的差异只导致 3% 的净能差异：（0.04UFC÷1.30UFC）/kg DM。若以小麦为例也是如此，小肠消化淀粉产生的葡萄糖减少 20% 只导致 1.1%～2.4% 的净能差异：粗小麦麸和细小麦麸分别为（0.01UFC÷0.817UFC）/kg DM 和（0.02UFC÷0.817UFC）/kg DM。

当饲喂水平从 1 倍维持需要增加至 2 倍，精饲料含量从 0 增加至 60%，且精饲料在粗饲料后饲喂时（也就是大多数条件下的饲喂情况），饲料能值变化很小。淀粉饲喂量不超过 3.5～4.0g/kg BW 时（即小肠淀粉消化能力临界值），能值受影响的程度较小，谷物的利用率较高。

4．配合饲料　饲料厂家可以提供配合饲料的饲料原料大致范围及化学成分时，能值可以直接由化学成分代入 INRA 公式计算（表 12.19）。由于配合饲料的配方是保密的，这些公式可以在配方未知的情况下预测能量值。虽然配合饲料配方中各饲料原料的处理工序和比例都是保密的，但厂家还是要提供最基本的信息，包括化学成分和能量值（第 9 章）。

表 12.19 直接预测复合精饲料净能值（UFCø/kg DM）的公式

（引自 Martin-Rosset et al.，1994）

公式[1, 2]	残差	R^2
UFCø＝1.326－1.937 CFø－0.135 CPø	±0.06	0.956
UFCø＝1.333－1.684 ADFø－0.096 CPø	±0.06	0.958
UFCø＝1.173－1.605 CFø＋0.051 CPø＋0.215 STAø	±0.04	0.976
UFCø＝1.181－1.397 ADFø＋0.082 CPø＋0.214 STAø	±0.04	0.978
UFCø＝1.219－0.852 ADFø－0.287 NDFø－0.857 Liø＋0.034 CPø＋0.207 STAø	±0.03	0.988

[1]ADF 为酸性洗涤纤维（g/kg OM）；CF 为粗纤维（g/kg OM）；CP 为粗蛋白（g/kg OM）；Li 为木质素（g/kg OM）；NDF 为中性洗涤纤维（g/kg OM）；STA 为淀粉（g/kg OM）；UFCø 为马饲料单位（horse feed unit）/ kg OM。[2] 粗脂肪含量超过有机物的 3.5% 时每增加一个百分点增加 0.02UFC

12.1.4 饲料蛋白价值的测定

饲料蛋白价值由可消化蛋白来表达，它是在粗蛋白的基础上减去不提供氨基酸的氮得出的。在马的饲喂上，我们将它称为马可消化蛋白（MADC）。MADC 是在可消化蛋白的基础上乘以校正系数 *k* 得出的，系数 *k* 根据饲料类型的不同而有所差异（表 12.20）：

$$MADC＝可消化蛋白 \times k$$

表 12.20 用于计算马可消化蛋白的可消化蛋白校正系数 *k*

（引自 Macheboeuf et al.，1995，1996；Martin-Rosset et al.，2012b；Martin-Rosset et al.，未发表结果）

粗饲料	
k＝0.90	青绿牧草、裹包青贮、青贮玉米
k＝0.85	干草，脱水粗饲料
k＝0.70	贮存良好半翻晒青贮牧草
k＝0.60	秸秆和高木质素含量饲料
精饲料原料	
k＝0.87	谷物籽粒
k＝0.92	处理后谷物及副产品
k＝0.94	豆科籽粒及饼粕
k＝0.85	脱水苜蓿
k＝0.70	脱水甜菜
k＝0.60	大豆壳、高木质素含量副产品

1．粗饲料和精饲料蛋白价值　粗饲料和精饲料蛋白价值可由化学成分（主要是粗蛋白含量）直接计算。系数 *k* 的值是由 INRA 的饲养试验结果确定，根据饲料类型的不同而有所差异（表 12.20）。

（1）*分析方法*

1）粗饲料蛋白质价值。粗饲料粗蛋白消化率（dN）已知的情况下，蛋白质价值可由粗蛋白含量（CP）和粗蛋白消化率代入公式计算：

$$DCP（g/kg\ DM）＝CP（g/kg\ DM）\times dN$$

或者，也可以用表 12.7 中的公式计算。

MADC 的含量用表 12.20 中的系数 *k* 计算。

$$MADC（g/kg\ DM）＝MAD（g/kg\ DM）\times k$$

例 12.6

诺曼底地区收割天然草场干草蛋白质价值：
第一茬收割，抽穗初期，5 月 25 日（营养价值表代号 FF0060）。
CP＝127g/kg DM
DCP＝－25.96＋0.8357CP
DCP＝80g/kg DM
MADC＝可消化蛋白 ×*k*　　　*k*＝0.85
MADC＝80×0.85
MADC＝68g/kg DM

2）精饲料蛋白价值。精饲料粗蛋白消化率（dN）已知的情况下，蛋白质价值可由粗蛋白含量（CP）和粗蛋白消化率代入公式计算：

DCP（g/kg DM）＝CP（g/kg DM）×dN

或者，也可以用表 12.8 中的公式计算。MADC 由可消化蛋白乘以校正系数 *k* 得出（表 12.20）：

MADC（g/kg DM）＝DCP（g/kg DM）×*k*

例 12.7

计算精饲料大麦的蛋白质价值（饲料价值表中代码为 CC0010）。
CP＝116g/kg DM
DCP＝－2.68＋0.833CP
DCP＝116×0.81　　　DCP＝94g/kg DM
MADC＝DCP×*k*　　　*k*＝0.87
MADC＝94×0.87
MADC＝82g/kg DM

（2）直接法　粗饲料（表 12.21）和精饲料（表 12.22）蛋白质价值（以 MADC 为单位）都可以直接由饲料化学成分代入 INRA 公式计算。这样计算的结果与前文所述方法相比差别不大，只是精确度略低。

表 12.21 直接预测粗饲料蛋白质价值（MADC，g/kg DM）的公式
（引自 Martin-Rosset，2012）

公式[1]	残差	R^2
青绿粗饲料（天然草场牧草及禾本科牧草）		
MADC＝－67.1＋0.861CP＋0.105CF	±5.4	0.962
半翻晒青贮（天然草场牧草）		
MADC＝－23.0＋0.816CP－0.058CF	±7.2	0.894
裹包青贮（天然草场牧草）		
MADC＝－52.0＋0.683CP＋0.132CB	±6.1	0.845
干草		
MADC＝－35.3＋0.748CP＋0.0316CF	±7.7	0.897

[1]CF 为粗纤维（g/kg DM）；CP 为粗蛋白（g/kg DM）；MADC 为马可消化粗蛋白（g/kg DM）

表 12.22 直接预测精饲料原料蛋白质价值（MADC，g/kg DM）的公式
（引自 Martin-Rosset，2012）

公式[1]	残差	R^2
精饲料：谷物（n=10）		
MADC＝－4.50＋0.738CP	±5.4	0.951
谷物副产品（n=19）		
MADC＝－8.52＋0.859CP－0.227CF	±6.4	0.955
豆科及油料作物籽粒（n=10）		
MADC＝－2.32＋0.804CP－0.0719CF	±4.3	0.976
豆科及油料作物饼粕（n=13）		
MADC＝－27.3＋0.894CP－0.145CF	±3.9	0.978
脱水牧草和苜蓿（n=8）		
MADC＝－23.3＋0.725CP	±4.7	0.993

[1]CF 为粗纤维（g/kg DM）；CP 为粗蛋白（g/kg DM）；MADC 为马可消化粗蛋白（g/kg DM）

2．配合饲料蛋白价值

（1）*叠加法*　按前文所述方法将每种饲料组分的可消化蛋白和 MADC 含量计算出来。然后，再以每样饲料组分所占比例计算配合饲料的 MADC 含量。这个方法只有制定配合饲料配方的人可以使用，因为必须要了解配方才能计算。

（2）*直接方法*　饲料加工厂以保密形式提供了一系列饲料配方（包括原

料和相应含量），INRA 在此基础上建立了利用配合饲料的总的化学成分直接预测蛋白质价值的公式。因此，在了解配合饲料的总的化学成分时也可以带入相应 INRA 公式计算（表 12.23）。

表 12.23 直接预测复合精饲料蛋白价值（MADC，g/kg DM）的公式
（引自 Martin-Rosset，2012）

公式[1]	残差	R^2
MADCø＝－28.8＋0.850 CPø	±9.1	0.967
MADCø＝－12.9＋0.847 CPø－0.109 CFø	±7.2	0.984
MADCø＝－9.7＋0.844 CPø－0.012 NDFø－0.103 ADFø＋0.092 ADLø	±3.4	0.985

[1]ADF 为酸性洗涤纤维（g/kg OM）；CF 为粗纤维（g/kg OM）；CP 为粗蛋白（g/kg OM）；NDF 为中性洗涤纤维（g/kg OM）

12.2 矿物元素含量的计算

12.2.1 主要矿物元素

INRA 在 2007 年修订了前一版（INRA，1990）饲料营养价值表中主要矿物元素的含量。由于考虑了近 20 年来生产模式和产量的转变，粗饲料的主要矿物质含量降低。在汇总了由法国畜牧协会和 INRA 完成的数百个化学分析结果后，精饲料矿物元素含量也有一定变化（第 16 章）。

1．钙　钙在豆科、十字花科植物和甜菜渣中的含量丰富，但在谷物、玉米青贮中的含量很少。禾本科植物的钙含量低于豆科植物。在牧草第一茬生长过程中钙的含量逐渐降低，但在接下来的生长茬数中增加。翻晒和青贮过程会导致钙含量的降低（表 12.24）。

表 12.24 饲料钙和磷的含量（g/kg DM）（引自 INRA，2007；INRA-AFZ，2004）

A：粗饲料

	平均值	标准差	最小值	最大值
磷				
禾本科	3.0	0.6	2.0	5.1
豆科	2.7	0.4	2.0	3.7
天然草场	3.0	0.9	1.2	4.1
玉米青贮	1.8	0.3	0.5	4.9

续表

	平均值	标准差	最小值	最大值
钙				
禾本科	4.7	1.0	2.4	7.1
豆科	14.0	2.7	8.8	18.5
天然草场	6.0	1.6	3.5	11.8
玉米青贮	2.0	0.5	1.0	5.0

B：精饲料

	平均值	标准差	最小值	最大值
磷				
谷物	6.0	3.5	3.7	17.0
谷物副产品	9.0	4.2	1.0	15.0
饼粕	15.0	5.0	7.0	24.0
其他副产品	15.0	14.0	3.0	52.0
钙				
谷物	0.2	0.2	0.01	0.6
谷物副产品	1.7	3.9	0.1	18.0
饼粕	0.6	0.8	0.01	2.8
其他副产品	3.1	8.3	0.1	14.7

钙的消化率在55%～75%，其消化率随着日粮钙含量的增加而增加。豆科牧草的钙消化率也比禾本科牧草高。豆科牧草的钙/草酸盐高于0.5时，钙的消化率不受其影响。此外，钙的消化率也不受土壤类型的影响。但是，如果植酸磷的含量很高，就会形成钙与磷的结合，降低钙的吸收。

2．磷　磷含量在谷物尤其是饼粕和谷物副产品中很丰富，在甜菜渣、青贮玉米和迟收干草中的含量很低。但总的来说，其含量差异还是很大（表12.24）。在牧草第一茬生长过程中磷的含量逐渐降低，但在接下来的生长茬数中增加。翻晒和青贮过程也会导致磷含量的降低。

植酸磷的含量很低时，磷的消化率在35%～55%。植酸磷主要是以六磷酸肌醇形式存在。植酸磷含量高时，磷的消化率会降低近一半。谷物及副产品中植酸磷含量很高，豆科种子及饼粕中的含量也较高。因此，需要补充高品质磷（柠檬酸提取率高于85%）。磷和钠的含量增加时，磷的消化率也增加。但钙的含量增加时，磷的消化率会降低，尤其是钙磷比高于3～4时。磷的消化率似乎不受镁的含量影响。

3．镁　豆科植物的镁含量也高于禾本科。在牧草第一茬生长过程中镁的含量逐渐降低，但在接下来的生长茬数中增加。然而，牧草收割过程不会影响镁含量。谷物的镁含量较低，但在饼粕中的含量很高。副产品中的镁含量适中。镁的含量在总体上差异很大（表 12.25）。

表 12.25 饲料中镁的含量（g/kg DM）（引自 INRA，2007；INRA-AFZ，2004）

A：青绿粗饲料

	平均值	标准差	最小值	最大值
禾本科	1.6	0.2	1.2	2.0
豆科	2.6	0.7	1.5	3.5
天然草场	2.3	0.3	1.9	3.1
玉米青贮	1.2	0.3	0.1	5.0

B：简单精饲料

	平均值	标准差	最小值	最大值
谷物	1.3	0.2	1.0	1.6
谷物副产品	2.5	1.2	0.4	4.8
饼粕	4.3	1.6	0.7	6.6
其他副产品	1.6	1.0	0.5	4.5

镁的消化率在 35%～55%。它主要与饲料或日粮中镁存在形式有关。与精饲料相比，粗饲料的消化率较高，尤其是豆科牧草。植物中无机镁的消化率高于有机磷，但不同无机磷间没有细化率差异。草酸钙的含量也不影响镁的消化率，但如果日粮中的钾和磷含量较高时，镁的消化率会降低。

4．钠　大多数饲料中钠的含量都很低，并且差异性很大（表 12.26 和表 12.27）。在牧草第一茬生长过程中钠的含量逐渐降低。牧草翻晒过程不会影响钠含量，但青贮牧草会导致 15% 的降低。钠的消化率为 75%～94%。

表 12.26 主要粗饲料的钾、钠和氯含量（g/kg DM）（引自 INRA，2007）

	平均值	标准差	最小值	最大值
钾				
禾本科	25	5	15	35
豆科	24	6	15	35
天然草场	19	4	11	25
玉米青贮	9	3	3	25
钠				
禾本科	0.5	0.3	0.2	1.6
豆科	0.4	0.1	0.3	0.6
天然草场	1.8	1.3	0.5	3.2
玉米青贮	0.2	0.2	0.01	1.4

续表

	平均值	标准差	最小值	最大值
氯				
禾本科	8.3	1.3	6.0	12.0
豆科	4.8	0.6	4.0	6.0
天然草场	6.4	1.7	4.2	8.4
玉米青贮	2.9	1.2	0.4	11.0

表 12.27　主要精饲料的钾、钠和氯含量（g/kg DM）（引自 INRA，2004）

	平均值	标准差	最小值	最大值
钾				
谷物	6.0	3.5	3.7	17.0
谷物副产品	9.0	4.2	1.0	15.0
饼粕	15.0	5.0	7.0	24.0
其他副产品	15.0	14.0	3.0	52.0
钠				
谷物	0.2	0.2	0.01	0.6
谷物副产品	1.7	3.9	0.1	18.0
饼粕	0.6	0.8	0.01	2.8
其他副产品	3.1	8.3	0.1	14.7
氯				
谷物	0.9	0.1	0.1	1.5
谷物副产品	1.7	1.9	0.3	6.8
饼粕	1.2	1.5	0.4	6.8
其他副产品	5.2	8.3	0.3	30.9

5．钾和氯　　粗饲料中的钾含量很高，但氯含量很低（表 12.26）。精饲料的钾含量较高，但氯的含量较低（表 12.27）。但无论何种类型的饲料，这两种矿物元素的含量差异性都很大。钾的消化率为 61%～65%，氯的消化率可达 100%。

6．小结　　粗饲料中的矿物元素含量：一方面随植物种类、生长情况（生长阶段、生长茬数、种植年数、种植日期等）及叶片比例变化；另一方面受环境因素，如气候、土壤和施肥情况等因素影响。饲料价值表中的矿物元素含量为平均值，以及考虑了吸收率差异（第 1、3、5、6、7、8、13 章）。

无论以何种粗饲料为日粮基础都需要添加矿物饲料来平衡日粮满足动物需要

（第1～8和13章），但建议不要超过矿物元素推荐量上限（第2章，表2.1和表2.12）且注意矿物元素平衡。

12.2.2 微量元素

关于微量元素含量的信息不多，且参差不齐。关于粗饲料微量元素的研究比较老旧（第16章，附录16.1），简单精饲料的微量元素含量信息相对多一些。超过200种精饲料原料的微量元素含量都发表在INRA-AFZ（2004）的饲料价值表上。饲料价值表中的微量元素含量只是指标性的值，因为它受地理和天气条件及加工方式的影响很大。

1．铜　饲料中（尤其是谷物中）的铜含量很低（低于10mg/kg DM），而谷物副产品（15～20mg/kg DM）、豆科籽粒（10～15mg/kg DM）尤其是饼粕（19～70mg/kg DM）中的含量高一些。玉米青贮料的含量很低，但甘蔗糖蜜的含量很高。铜的消化率在24%～48%。关于有机铜和无机铜的消化率差别还存在争议。

2．钴　豆科籽粒（0.08～0.39mg/kg DM）尤其是饼粕（0.11～0.49mg/kg DM）的钴含量高于大多数的粗饲料，而脱水苜蓿除外（0.08～0.30mg/kg DM）。粗饲料收割时生长阶段和贮存模式对钴含量的影响还不清楚。

3．锌　谷物、禾本科和豆科粗饲料中的锌含量有限（20～50mg/kg DM），而饼粕和谷物副产品中的含量较高（53～103mg/kg DM）。玉米青贮中的含量也有限（20mg/kg DM）。锌的消化率约为20%。关于有机和无机形式锌的消化率差别还存在争议。

4．锰　饲料锰的含量差异性很大，粗饲料（25～150mg/kg DM）中含量比精饲料（10～50mg/kg DM）多一些。禾本科牧草含量比豆科高一些。谷物副产品（100～130mg/kg DM）中的含量比籽粒甚至比饼粕（9～54mg/kg DM）高，其消化率为10%～28%。锰的来源对消化率没有影响。

5．铁　粗饲料中铁的含量情况不够清楚。谷物（37～182mg/kg DM）及副产品（137～164mg/kg DM）中和饼粕（200～370mg/kg DM）中的含量很高，豆科籽粒中的含量相对较低（27～69mg/kg DM）。铜、钴、锌和锰的含量高于推荐量时，铁的利用程度不高。

6．硒　硒在粗饲料中的含量特别低，一般低于0.1mg/kg DM。豆科牧草的含量略高于禾本科。硒的含量受土壤含量和土壤pH的影响。硒在植物体中以有机硒的形式存在，如硒代半胱氨酸、硒代甲硫氨酸。可以通过适宜施肥的方式增加粗饲料硒含量。谷物副产品和饼粕（0.24～0.82mg/kg DM）中的含量高于谷物和豆科籽粒（0.10～0.20mg/kg DM）。

7．碘　粗饲料中的碘含量为0.1～0.3mg/kg DM。禾本科牧草和豆科牧草间的含量差异很小。玉米青贮的含量很小（0.1mg/kg DM），它受敏感土壤的影响较大。收割模式的影响还不清楚。谷物及副产品中的含量很少（低于 0.2mg/kg DM）。饼粕（0.2～1.2mg/kg DM）中的含量略高，但差异范围很大。甜菜渣和糖蜜中的含量很高（1～2mg/kg DM）。

8．小结　和主要矿物元素一样，粗饲料的微量元素含量受植物、环境及收割方式等因素的影响。鉴于这些影响因素，营养价值表中的微量元素含量只是指标性数值（第 16 章）。在特定的地区，了解粗饲料常见的微量元素（铜、钴、锌等）大致含量还是有用的。

日粮需要添加大部分微量元素以满足动物需要量（第 1、3～8 和 13 章）。同时注意不要超过推荐上限，并且注意微量元素间的平衡（第 2 章，表 2.1 和表 2.12）。

12.3 维 生 素

12.3.1 维生素 A

维生素 A 属于维甲酸，包含反式视黄醇的所有生物活性。自然状态下的饲料不含视黄醇，后者主要源自类胡萝卜素的转化。一个国际单位（IU）的维生素 A 相当于 0.300μg 的反式视黄醇。β-胡萝卜素是维生素 A 的主要来源，它在肠道中被转化为视黄醇棕榈酸酯或视黄醇硬脂酸再被储存到肝中。这个转化量的大小取决于 β-胡萝卜素的摄入量。目前认为 1mg β-胡萝卜素相当于 400IU 维生素 A。粗饲料的胡萝卜素含量丰富，它是维生素 A 的前体（第 16 章，附录 16.2）。收割粗饲料的胡萝卜素含量略低（第 11 章，图 11.4）。操作适宜的工业脱水（如脱水苜蓿）可保护主要的胡萝卜素含量。青贮对胡萝卜素含量的保存也比较好。

然而，翻晒操作尤其是天气条件较差时会大大降低胡萝卜素含量（造成长时间光照氧化）。谷物（黄色玉米籽粒除外）、其副产品和秸秆的胡萝卜素含量都很低（第 16 章，附录 16.2）。玉米青贮、块根块茎饲料的胡萝卜素含量也不高。将 β-胡萝卜素添加到饲料中被利用并转化为维生素 A 的效率并不清楚。比较常用的维生素 A 补充形式是视黄酯和棕榈酸酯。它们的稳定性比视黄醇高。一般认为 1IU 维生素 A 相当于 0.344μg 乙酸视黄醇。

12.3.2 维生素 D

维生素 D 在植物体中以麦角钙化醇和维生素 D_2 的形式存在，而在动物体中以胆钙化醇和维生素 D_3 的形式存在。饲料中的维生素 D 含量一般都很低，但在透过皮肤的紫外线作用下可以使 7-脱氢胆固醇转化为维生素 D。

一些干草的维生素 D 含量丰富，但差异性很大。青绿粗饲料、青贮和精饲料中的维生素 D 含量很低（第 16 章，附录 16.2）。一般以维生素 D_3 的形式添加到饲料中。

12.3.3　维生素 E

维生素 E 主要来自 8 种衍生物：4 种生育酚（α，β，γ，δ）和 4 种生育三烯酚（α，β，γ，δ）。它们都是苯并二氢吡喃的衍生物，在 C-16 上有侧链。生育酚的侧链饱和，生育三烯酚的侧链不饱和。这些不同衍生物的生物活性主要取决于甲基基团的数量和位置。总共有 8 种异构体。天然异构体的生物活性最强（1.49IU/mg）。

青绿粗饲料和早收粗饲料的维生素 E 含量丰富但差异性很大（10～150IU/kg DM）。精饲料中含量很低（30～50IU/kg DM）。

12.3.4　维生素 K

维生素 K 在植物体中以叶绿醌（2-甲基-3-叶绿基-1,4-萘醌）的形式存在。粗饲料的维生素 K 含量丰富（3～22mg/kg DM），而精饲料含量低（0.2～0.4mg/kg DM）。肠道细菌可以分泌维生素 K（甲基萘醌），但能满足多少需要还不清楚。饲料中以叶绿醌的形式补充维生素 K。过量饲喂叶绿醌的后果还不清楚。

12.3.5　维生素 B

饲料中一般含有维生素 B。肠道微生物也可以合成维生素 B。

精饲料中硫胺素（又称维生素 B_1）含量还算丰富（谷物含量为 3～6mg/kg DM，谷物副产品含量为 8～23mg/kg DM，饼粕含量为 6～12mg/kg DM）。一般以盐酸硫胺或硝酸硫胺形式添加到饲料中。

与禾本科干草（7～10mg/kg DM）相比，豆科植物的核黄素（又称维生素 B_2）含量丰富（13～17mg/kg DM）。精饲料的含量很低（<2mg/kg DM）。核黄素的天然存在形式是黄素腺嘌呤二核苷酸（FAD）和黄素单核苷酸（FMN）。有些大肠细菌可以合成核黄素。

饲料中的烟酸（又称维生素 B_3）主要以烟酸和烟酰胺（或 NAD 和 NADP）的形式存在。谷物中含有烟酸（16～94mg/kg DM），但 90% 都不被消化，因此在饲料配方时被忽略。粗饲料中的烟酸含量为 24～42mg/kg DM，但存在形式未知。油料作物籽粒同样含有烟酸，但只有 40% 可消化。饼粕的烟酸含量约为 30mg/kg DM，但能利用多少还不清楚。

生物素（又称维生素 B_7）有 8 种异构体，但只有 D-生物素具有生物活性。植物体中的生物素和蛋白质结合在一起（如生物胞素：ε-*N*-生物素-L-赖氨酸）。生物素能否被吸收主要取决于与其结合的蛋白质。青绿苜蓿的生物素含量丰富（0.49mg/kg DM），但制成干草后含量急剧下降（0.20mg/kg DM）。谷物的含量为0.11～0.50mg/kg DM。玉米中的含量很低（0.06～0.10mg/kg DM）。

饲料中含有叶酸（又称维生素 B_9）。苜蓿和梯牧草干草的含量为2.3～4.1mg/kg DM。一般认为精饲料中的叶酸含量很低（＜0.6mg/kg DM）。青绿牧草的叶酸含量会更高。大肠中微生物可以合成叶酸。以饲料添加剂形式添加的叶酸的利用率不高。

12.3.6 维生素 C

饲料中维生素 C 的含量并不清楚。它主要以两种形式存在：L-抗坏血酸和L-脱氢抗坏血酸。这两种形式的生物活性相当。一般认为最有效的饲料添加形式是抗坏血酸棕榈酸酯。

12.4 饲料采食量

马的采食量既取决于饲料因素也取决于马自身因素。

关于饲料因素。一般来说粗饲料是日粮基础，所占的比例最大。精饲料主要作为补充料添加，所占比例较小。

粗饲料性质导致了采食量差异最大。从春季青饲料到6、7月收割干草，干物质含量差异为15%～85%，而精饲料干物质含量差异只有10%～20%。正是如此，采食量要以干物质为单位计算（差异范围较小）。即使如此，粗饲料的采食量差异还是受植物特征、化学成分、收割和贮存条件、加工处理模式等因素的影响。因此，我们给每种饲料设定了“摄入量”指标（作为唯一饲料饲喂且不限量条件下，给定动物对该饲料的采食量），摄入量以每100kg体重平均干物质采食量为单位，各大类粗饲料的摄入量都已经被测定（表12.28）。

表 12.28 主要粗饲料的采食量（引自 Martin-Rosset and Doreau，1984；Trillaud-Geyl and Martin-Rosset，2005）

饲料	采食量[1,2]（kg DM/100kg BW）
天然草场牧草	1.8～2.1
天然草场和禾本科干草	1.7～2.1
豆科干草	2.1～2.3
秸秆	1.2～1.5

续表

饲料	采食量[1,2]（kg DM/100kg BW）
玉米青贮	
−25%DM	0.9～1.2
−30%DM	1.2～2.0
半翻晒牧草青贮（天然草场牧草）	
−25%DM	1.2～1.5
−35%DM	1.5～1.8
裹包青贮（天然草场及禾本科牧草）	
−45%DM	2.2～2.4
−60%DM	2.4～2.6

[1] 不限量饲喂时的最大采食量。[2] 差异范围为动物个体差异

粗饲料的摄入量为每 100kg 体重 0.9～2.6kg DM。干物质比例低的青贮料摄入量较低，因此最好在青贮前适当翻晒。秸秆的摄入量也很低，这是因为粗纤维含量太高。豆科牧草的摄入量一般高于禾本科牧草（10%～15%）。

与反刍动物不同，粗纤维含量对马的采食量影响相对较小（秸秆是一个特例）（图 12.8）。但是，马对饲料的感官特征很敏感，尤其是青贮饲料或裹包青贮，只有品质极优青贮饲料的挥发性脂肪酸和氨含量才不会影响采食量（第 11 章）。因此，在马的饲喂上没有像反刍动物一样设定采食量预测体系（粗饲料对消化道的充盈程度）。

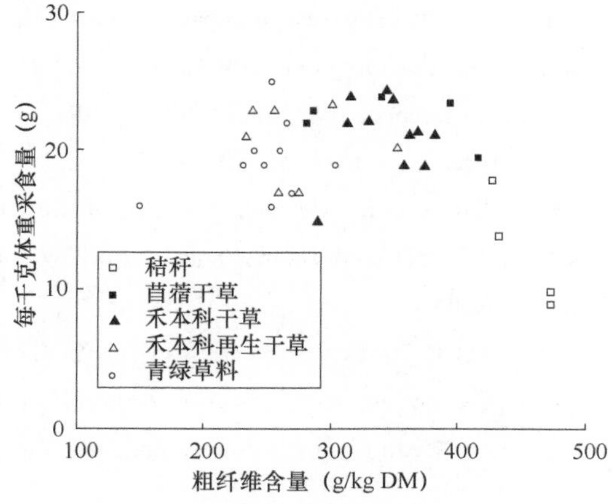

图 12.8 粗饲料摄取能力和粗纤维含量间关系（引自 Dulphy et al.，1997b）

然而，精饲料添加量增加时，粗饲料的采食量还是会降低。这里有一个替代效应。马对饲料采食的替代效应已经测定出来，在饲料配方时需要纳入考虑（第2和13章）。

影响采食的动物因素和饲料因素交互影响。这在第1章中已经介绍，在制定饲料配方时需要考虑。这也是我们以100kg体重的采食量为单位来衡量采食量的原因。这个衡量标准适用于所有生理阶段和所有饲料类型（粗饲料或精饲料），以便同时考虑不同类型动物（如带驹母马，第3和5章）和替代效应的影响。

因此，马对饲料的采食量总是以100kg体重的采食量为单位表达以便同时考虑动物因素、饲料因素及二者的交互作用。营养价值表中，针对每种类型马的采食量都给出一个采食量范围，这些采食量都是由饲喂试验测定得出的。

参 考 文 献

Almeida, M.I.V, W.M. Ferrreira, F.Q. Almeida, C.A.S.Just, L.C. Goncalves and A.S.C. Rezende, 1999. Nutritive value of elephant grass (*Pennisetum purpureum* Schum) alfalfa hay (*Medicago sativa*) and coast-grass cross hay (*Cynodon dactylon* L.) for horses. Rev. Bras. Zootech., 28, 743-752.

Andrieu, J. and W. Martin-Rosset, 1995. Chemical, biological and physical (NIRS) methods for predicting organic matter digestibility of forages in horse. *In*:14th ESS Proceedings, USA, pp. 76-77.

Aufrere, J., 1982. Etude de la prévision de la digestibilité des fourrages par une méthode enzymatique. Ann. Zootech., 31, 111-130.

Bergero, D., P.G. Peiretti and E. Cola, 2002. Intake and apparent digestibility of perennial ryegrass haylages fed to ponies either at maintenance or at work. Livest. Prod. Sci., 77, 325-329.

Burton, J.H., G. Pollack and T. De La Rochen, 1987. Palatability and digestibility studies with high moisture forage. *In*:10th ESS Proceedings, USA, pp. 599-604.

Bush, J.A., D.E. Freeman, K.H. Kline, N.R. Merchen and G.C. Fahey Jr., 2001. Dietary fat supplementation effects on *in vitro* nutrient disappearance and *in vivo* nutrient intake and total tract digestibility by horses. J. Anim. Sci., 79, 232-239.

Chenot, M. and W. Martin-Rosset, 1985. Comparaison entre espèces (mouton, cheval, bovin) de la digestibilté et des quantités ingéres de fourrages verts. Ann. Zootech., 34, 291-312.

Cluttter, S.H. and A.V. Rodiek, 1991. Feeding value of diets containing almond hulls. *In*:12th ESS Proceedings, Canada, pp. 37-42.

Coleman, R.J., J.D. Milligan and R.J. Christopherson, 1985. Energy and dry matter digestibility of processed grain for horses. *In*: 9th ESS Proceedings, USA, pp. 162-167.

Collins, M., 1988. Composition and fiber digestion in morphological components of an alfalfa/timothy hay. Anim. Feed Sci. Technol., 19, 135-143.

Conway, E.J., 1957. Microdiffusion analysis and volumetric error. 4th edition. Crosby, Lockwood and Son Ltd., London, UK, pp. 483.

Crozier, J. A., V. G. Allen, J. N. Jack, E. P. M. A. Fontenot and M. A. Cochran, 1997. Digestibility, apparent mineral absorption, and voluntary intake by horses fed alfalfa, tall fescue, and caucasian bluestem. J. Anim. Sci., 75, 1651-1658.

Cymbaluk, N.F., 1990. Comparison of forage digestion by cattle and horses. Can. J. Anim. Sci., 70, 601-610.

Darlington, J.M. and T.V. Hersheberger, 1968. Effect of forage maturity on digestibility, intake and nutritive value of alfalfa, orchardgrass by equine. J. Anim. Sci., 27, 1572-1576.

De Marco, M., N. Miraglia, P.G. Peirett and D. Bergero, 2012. Apparent digestibility of wheat bran and extruded flax in horses determined by total collection of feces and acid-insoluble ash as internal marker. Anim., 6, 227-231.

Deinum, B., A.J.H. Van Es and P.J. Van Soest, 1968. Climate, nitrogen and grass. Ⅱ. The influence of light intensity, temperature and nitrogen on *in vivo* digestibility of grass and the prediction of these effects from some chemical procedures. Neth. J. Agr. Sci., 16, 217-223.

Demarquilly, C. and J. Andrieu, 1988. Les fourrages. *In*: Jarrige, R. (ed.) Alimentation des bovins, ovins et caprins. INRA Editions, Versailles, France, pp. 315-335.

Dorléans, M., 1998. Comparaison des méthodes Fibertec et Fibersac pour doser les constituants pariétaux des aliments selon la méthode de Van Soest. Prod. Anim., 40, 45-56.

Drogoul, C., C. Poncet and J.L. Tisserand, 2000a. Feeding ground and pelleted hay rather than chopped hay to ponies: 1. Consequences for *in vivo* digestibility and rate of passage of digesta. Anim. Feed Sci. Technol., 87, 117-130.

Drogoul, C., J.L. Tisserand and C. Poncet, 2000b. Feeding ground and pelleted hay than chopped hay to ponies: 2. Consequences on fiber degradation in the cecum and colon. Anim. Feed Sci. Technol., 87, 131-145.

Dulphy, J.P., W. Martin-Rosset, H. Dubroeucq and M. Jailler, 1997. Evaluation of voluntary intake of forage trough fed to light horse. Comparison with sheep. Factors of variation and prediction. Livest. Prod. Sci., 52, 97-104.

Eckert, J. V., R. O. Myer, L. K. Warren and J. H. Brendemuhl, 2010. Digestibility and nutrient retention of perennial peanut and bermudagrass hays for mature horses. J. Anim. Sci., 88: 2055-2061.

Englist, H.N., S.M. Kingman, G.J. Hudson and J.H. Cummings, 1996. Measurement of resistant starch *in vitro* and *in vivo*. Br. J. Nutr., 75, 749-755.

Fonnesbeck, P.V., 1968. Digestion of soluble and fibrous carbohydrate of forage by horses. J. Anim. Sci., 27, 1336-1344.

Fonnesbeck, P.V., 1969. Partitioning the nutrients of forage for horses. J. Anim. Sci., 28, 624-633.

Fonnesbeck, P.V., 1981. Estimating digestible energy and TDN for horses with chemical analysis of feeds. J. Anim. Sci., Suppl. 53, 241.

Fonnesbeck, P.V., R.K. Lydman, G.W. Vander Noot and L.D. Symons, 1967. Digestibility of the proximates nutrients of forages by horses. J. Anim. Sci., 26, 1039-1045.

Haenlein, G.F.W., R.D. Holdren and Y.M. Yoon, 1966. Comparative of horses and sheep to different physical forms of alfalfa hay.J. Anim. Sci., 25, 740-743.

Hintz, H.F. and F.F. Schryver, 1989. Digestibility of various sources of fat by horses. *In*: Cornell Nutr. Conf. for Feed Manuf., USA, pp. 44-48.

Hintz, H.F. and R.G. Loy, 1966. Effects of pelleting on the nutritive value of horse rations. J. Anim. Sci., 25, 1059-1062.

INRA, 1981. Prevision de la valeur nutritive des aliments des ruminants. INRA Editions, Versailles, France, pp. 583.

INRA, 2007. Alimentation des bovins, ovins et caprins. *In*: Agabriel, J. (ed.) Guide pratique. QUAE Editions Versailles, France, pp. 307.

INRA, 2012. Valeur alimentaire des aliments. *In*: Martin-Rosset, W. (ed.) Nutrition et Alimentation des chevaux. QUAE Editions, Versailles, France, pp. 437-486.

INRA and AFZ, 2004. Tables of composition and nutritional value of feed materials. *In*: Sauvant, D., J.M. Perez and G. Tran (eds.) INRA, AFZ and Wageningen Academic Publishers, Wageningen, the Netherlands, pp. 304.

Jansen, W.L., J. Van der Kuilen, S.N.J. Geelen and A.C. Beynen, 2000. The effect of replacing non-structural carbohydrates with soybean oil on the digestibility of fibre in trotting horses. Equine Vet. J., 32, 27-30.

Jansen, W.L., J. Van der Kuilen, S.N.J. Neelen and A.C. Beynen, 2001. The apparent digestibility of fiber in trotters when dietary soybean oil is substituted for an isoenergetic amount of glucose. Arch. Anim. Nutr., 54, 297-304.

Jansen, W.L., M.M. Van Oldentruitenborg-Oosterbaan and J.W. Cone, 2007. High fat intake by ponies reduces both apparent digestibility of dietary cellulose and cellulose fermentation by faeces and isolated caecal and colonic contents. Anim. Feed Sci. Technol., 133, 298-308.

Jansen, W.L., S.N.J. Geelen, J. Van der Kuilen and A.C. Beynen, 2002. Dietary soybean oil depressed the apparent digestibility of fibre in trotters when substituted for an iso-energetic amount of corn starch or glucose. Equine Vet. J., 34, 302-305.

Jarrige, R., 1981. Les constituants glucidiques des fourrages:variations, digestibilité et dosage. *In*:

Demarquilly, C. (ed.) Prevision de valeur nutritive des aliments des ruminants. INRA Editions, Versailles, France, pp. 13-40.

Jouany, J.P., 1982. Volatile fatty acid and alcohol determination in digestive contents silage juices, bacterial cultures and anaerobic fermentor contents. Sciences Aliments, 2, 131-144.

Julliand, V., A. De Fombelle and M. Varloud, 2006. Starch digestion in horses: the impact of feed processing. Livest. Sci., 100, 44-52.

Karlsson, C.P., J.E. Lindberg and M. Rundgren, 2000. Associative effects on total tract digestibility in horses fed different ratios of grass hay and whole oats. Livest. Prod. Sci., 65, 143-153.

Longland, A.C., 2001. Plant carbohydrates:analytical methods and nutritional implications for equines. *In*:17th ESS Proceedings, USA, pp. 173-175.

Longland, A.C., R. Pilgrim and I.J. Jones, 1995. Comparison of oven drying vs. freeze drying on the analysis of non-starch polysaccharides in gramminaceous and leguminous forages. Br. Soc. Anim. Sci. Proc., pp. 60.

Macheboeuf, D., C. Poncet, M. Jestin and W. Martin-Rosset, 1996. Use of a mobile nylon bag technique with caecum fistulated horses as an alternative method for estimating pre-caecal and total tract nitrogen digestibilities of feedstuffs. *In*: 47th EAAP Proceedings, Norway, Horse Commission. Wageningen Pers, Wageningen, the Netherlands, Abstract H 4.9, pp. 296.

Macheboeuf, D., M. Jestin, J. Andrieu and W. Martin-Rosset, 1997. Prediction of organic matter digestibility of forages in horses by the gas test method. *In*: Intern. Symp. *In vitro* techniques for measuring nutrient supply to ruminants. BSAS, Penicuik, UK, pp. 36.

Macheboeuf, D., M. Marangi, C. Poncet and W. Martin-Rosset, 1995. Study of nitrogen digestion from different hays by the mobile nylon bag technique in horses. Ann. Zootech., Suppl. 44, 219.

Maertens, H. and T. Naest, 1987. Near infrared technology in the agriculture and food industries *In*: Williams, P. and K. Norries (eds.) American Association of Cereal Chem., St Paul, Minnesota, USA, pp. 57-84.

Martin-Rosset, W., 2004.Nutritional value for horses. *In*: Sauvant, D., J.M. Perez and G. Tran (eds.) Tables of composition and nutritional value of feed materials. INRA, AFZ and Wageningen Academic Publishers, Wageningen, the Netherlands, pp. 57-65.

Martin-Rosset, W., 2012. Valeur des alimentaire des aliments. *In*: Martin-Rosset, W. (ed.) Nutrition et alimentation des chevaux. QUAE Editions, Versailles, France, pp. 437-487.

Martin-Rosset, W. and J.P. Dulphy, 1987. Digestibility interactions between forages and concentrates in horses: influence of feeding level—Comparison with sheep. Livest. Prod. Sci., 17, 263-276.

Martin-Rosset, W. and M. Doreau, 1984. Consommation des aliments et d'eau par le cheval. *In*: Jarrige, R. and W. Martin-Rosset (eds.) Le cheval. INRA Editions, Versailles, France, pp. 334-354.

Martin-Rosset, W., D. Macheboeuf, C. Poncet and M. Jestin, 2012a. Nitrogen digestion of large range of hays by mobile nylon bag technique (MNBT) in horses. *In*: Saastamoinen, M., M.J. Fradinho, S.A. Santos and N. Miraglia (eds.) Forages and grazing in horses nutrition. EAAP Publications no. 132. Wageningen Academic Publishers, Wageningen, the Netherlands, pp. 109-120.

Martin-Rosset, W., J. Andrieu, M. Jestin and D. Andueza, 2012b. Prediction of organic matter digestibility using different chemical, biological and physical methods. *In*: Saastamoinen, M., M.J. Fradinho, S.A. Santos and N. Miraglia (eds.) Forages and grazing in horse nutrition. EAAP Publications no. 132. Wageningen Academic Publishers, Wageningen, the Netherlands, pp. 83-96.

Martin-Rosset, W., J. Andrieu, M. Vermorel and J.P. Dulphy, 1984. Valeur nutritive des aliments pour le cheval. *In*: Jarrige, R. and W. Martin-Rosset (eds.) Le cheval. INRA Editions, Versailles, France, pp. 208-209.

Martin-Rosset, W., J. Andrieu, M. Vermorel and M. Jestin, 2006. Routine methods for predicting the net energy and protein values of concentrates for horses in the UFC and MADC systems. Livest. Prod. Sci., 100, 53-69.

Martin-Rosset, W., M. Doreau, S. Boulot and N. Miraglia, 1990. Influence of level of feeding and physiological state on diet digestibility in light and heavy breed horses. Livest. Prod. Sci., 25, 257-264.

Martin-Rosset, W., M. Vermorel, M. Doreau, J.L. Tisserand and J. Andrieu, 1994. The French horse feed evaluation systems and recommended allowances for energy and protein. Livest. Prod. Sci., 40, 37-56.

McLean, B.M.L., J.J. Hyslop, A.C. Longland, D. Cuddeford and T. Hollands, 1999. *In vivo* apparent digestibility in ponies given rolled, micronised or extruded barley. Br. Soc. Anim. Sci. Proc., pp. 133.

Miraglia, N. and J.L. Tisserand, 1985. Prévision de la digestibilité des fourrages destinés aux chevaux par dégradation enzymatique. Ann. Zootech., 34, 229-236.

Miraglia, N., C. Poncet and W. Martin-Rosset, 1992. Effect of feeding level, physiological state and breed on the rate of passage of particulate matter through the gastrointestinal tract of the horse. Ann. Zootech., 41, 69.

Miraglia, N., C. Poncet and W. Martin-Rosset, 2003. Effect of feeding level, physiological status and breed on the digesta passage of forage based-diet in the horse. *In*: 18th ESS Proceedings, USA, pp. 275-280.

Miraglia, N., D. Bergero, B. Bassano, M. Tarantola and G. Ladetto, 1999. Studies of apparent digestibility in horses and the use of internal markers. Livest. Prod. Sci., 60, 21-25.

Miraglia, N., W. Martin-Rosset and J.L. Tisserand, 1988. Mesure de la digestibilité des fourrages destinés aux chevaux par la technique des sacs de nylon. Ann. Zototech., 37, 13-20.

Miyaji, M., K. Ueda, H. Hata and S. Kondo, 2011. Effects of quality and physical form of hay on mean retention time of digesta and total tract digestibility in horses. Anim. Feed Sci. Technol., 165, 61-67.

Moore-Colyer, M.J.S. and A.C. Longland, 2000. Intakes and *in vivo* apparent digestibilities of four types of conserved grass forage by ponies. Anim. Sci., 71, 527-534.

Noll, F., 1974. L (+) lactate determination with LDH, GPT and NAD. *In*: Bergmeyer, H.V.(ed.) Mehods of enzymatic analysis. Vol. 3. Academic Press, London and New York, pp. 145.

Norris, K.H., R.F. Barnes, J.E. Moore and J.S. Shenk, 1976. Prediction forage quality by infrared reflectance spectroscopy. J. Anim. Sci., 43, 889-897.

Ojima, K. and T. Isawa, 1968. The variation of carbohydrate in various species of grasses and legumes. Can. J. Bot., 46, 1507-1511.

Olsson, N., G. Kihlen and W. Cagell, 1949. Kgl. Lantbrukshögsk, Husdjursfögsk, Husdjursföksant. Medd., pp. 36.

Ordakowski-Burk, A. L., R. W. Quinn, T. A. Shellem and L.R. Vough, 2014. Voluntary intake and digestibility of reed canarygrass and timothy hay fed to horses. J. Anim. Sci., 84, 3104-3109.

Pagan, J.D., 1998. Measuring the digestible energy content of horse feeds. *In*: Pagan, J.D. (ed.) Advances in equine nutrition Ⅰ. Nottingham University Press, Nottingham, UK, pp. 71-76.

Pagan, J.D. and S.G.Jackson, 1991. Digestibility of pelleted versus long stem alfalfa hay in horses. *In*:12th ESS Proceedings, Canada, pp. 29-32.

Palmgreen-Karlsson, C., J.E. Lindberg and M. Rundgren, 2000. Associative effects on total tract digestibility in horses fed different ratios of grass hay and while oats. Livest. Prod. Sci., 65, 143-153.

Peretti, P.G., G. Meineri, N. Miraglia, M. Mucciarelli and D. Bergero, 2006. Intake and apparent digestibility of hay or hay plus concentrate diets determine in horses by total collection of faeces and n-alkanes as internal markers. Livest. Sci., 100, 189-194.

Pion, R., 1981. Les proteins des graines et des tourteaux. *In*: Demarquilly, C. (ed.) Prevision de valeur nutritive des aliments des ruminants. INRA Editions, Versailles, France, pp. 238-254.

Ragnarsson, S. and J.E. Lindberg, 2008. Nutritional value of mixed grass haylage in icelandic horses. Livest. Sci., 131, 83-87.

Ragnarsson, S. and J.E. Lindberg, 2010a. Impact of feeding level on digestibility of a haylage-only diet in Icelandic horses. J. Anim. Physiol. Anim. Nutr., 94, 623-627.

Ragnarsson, S. and J.E. Lindberg, 2010b. Nutritional value of thimothy haylage in icelandic horses. Livest. Sci., 113, 202-208.

Rebolé, A., J. Treviño, R. Caballero and C. Alzueta, 2001. Effect of maturity on the amino acid profiles of total and nitrogen fractions in common vetch forage. J. Sci. Food Agric., 81, 455-461.

Säkijärvi, S., R. Sormunen-Cristian, T. Heikkilä, M. Rinne and M. Saastamoinen, 2012. Effects of grass species and cutting time on *in vivo* digestibility of silage by horses and sheep. Livest. Sci., 144, 230-239.

Schneider, B.H. 1947. Feeds of the world. The digestibility and composition. West Virginia University, Agr. Exp. St., USA, pp. 297.

Shenk, J.S. and M.O. Westerhaus, 1994. The application of near infrared reflectance spectroscopy (NIRS) to forage analysis. *In*: Fahey, G.C., M. Collins, D.R. Mertens and L.E. Moser (eds.) Forage quality, evaluation, and utilization. American Society of Agronomy Inc., Madison, WI, USA, pp. 406-449.

Smolders, E.A.A., A. Steg and V.A. Hindle, 1990. Organic matter digestibility in horses and its prediction. Neth. J. Agr. Sci., 38, 435-447.

Somogyi, M., 1952. Notes on sugar determination. J.Biol. Chem., 195, 19-23.

Tedeschi, L.O., A.N. Pell, D.G. Fox and C.R. Llames, 2001. The amino acid profiles of the whole plant and of four plant residues from temperate and tropical forages. J. Anim. Sci., 79, 525-532.

Thivend, P., 1981. Les constituants glucidiques des aliments concentrés et des sous-produits. *In*: Demarquilly, C. (ed.) Prevision de valeur nutritive des aliments des ruminants. INRA Editions, Versailles, France, pp. 219-236.

Thivend, P., C. Mercier and A. Guilbot, 1965. Dosage de l'amidon dans les milieux complexes. Ann. Biol. Bioch. Biophys., 5, 513-526.

Todd, L.K., W.C. Sauer, R.J. Christopherson, R.J. Coleman and W.J. Caine, 1995. The effect of level of feed intake on nutrient and energy digestibilities and rate of feed passages in horses? J. Anim. Physiol. Anim. Nutr., 73, 140-148.

Uden, P. and P.J. Van Soest, 1984. Investigation of the *in situ* bag technique and a comparison in heifers, sheep, ponies and rabbits. J. Anim. Sci., 58, 213-221.

Van Keulen, J. and B.A. Young, 1977. Evaluation of acid-insoluble ash as natural marker in ruminant digestibility studies. J. Anim. Sci., 44, 282-287.

Van Soest, P.J., 1963. Use of detergent in the analysis of fibrous feeds. Ⅱ. A rapid method for the determination of fibre and lignin. J. Assoc. Off. Anal. Chem., 46, 829-835.

Van Soest, P.J., 1965. Use of detergents in analysis of fibrous feeds study of effects of heating and drying on yield of fiber and lignin in ages. J. AOAC Int., 48, 785-790.

Van Soest, P.J. and R.H. Wine, 1967. Use of detergent in the analysis of fibrous feeds. Ⅳ. Determination of plant Cell-Wall Constituents. J. Assoc. Off. Anal. Chem., 50, 50-55.

Van Soest, P.J. and V.C. Mason, 1991. The influence of the Maillard action upon the nutritive value of fibrous feeds. Anim. Feed Sci. Technol., 32, 45-53.

Van Soest, P.J., J.B. Robertson and B.A. Lewis, 1991. Methods for dietary fiber, neutral detergent fiber and nonstarch polysaccharides in relation to animal nutrition. J. Dairy Sci., 74, 3583-3597.

Vander Noot, G.W. and E.B. Gilbreath, 1970. Comparative digestibility of components of forages by geldings and steers. J. Anim. Sci., 31, 351-355.

Vermorel, M. and W. Martin-Rosset, 1997. Concepts, scientific bases, structure and validation of the French horse net energy system (UFC) . Livest. Prod. Sci., 47, 261-275.

Virkajärvi, P., K. Saarijärvi, M.Rinne and S. Saastamoinen, 2012. Grass physiology and its relation to nutritive value in feeding horses. *In*: Saastamoinen, M., M.J. Fradinho, S.A. Santos and N. Miraglia (eds.) Forages and grazing in horses nutrition. EAAP Publications no. 132. Wageningen Academic Publishers, Wageningen, the Netherlands, pp. 17-44.

Vorting, M. and H. Staun, 1985. The digestibility of untreated and chemical treated straw by horses. Beret. Stat. Husd. no. 594, pp. 121.

Webb, G.W., S.P. Webb and D.K. Hansen, 1991. Digestibility of wheat straw or ammoniated wheat straw in equine diets. *In*: 12th ESS Proceedings, Canada, pp. 261-262.

第十三章　日 粮 配 合

有不同的方法可以制定第 3～8 章中推荐每种动物日粮组成和采食量，以满足动物能量及蛋白质需要量。

在此，提出以下两种方法并加以解释：图释法、信息法。

在本章最后，对计算矿物质和维生素供给量的程序进行陈述。

13.1　日粮计算方法

13.1.1　不同的方法和它们的共同基础

通过基本的图释法进行描述的方法：与列在表中的饲料的化学成分和营养价值相比（16 章），使得常用来喂马的饲料更直观；根据最佳的日粮组成，对饲料进行选择定量并加以改善，且将其列入食物日粮之中。

13.1.2　可利用饲料的图释法

表格中列的饲料都含有它们的能值和蛋白质价，用 UFC 及 g MADC/kg DM 表示，用图表示出来（图 13.1）。

能值（UFC/kg DM）最高的点对应的饲料，以及蛋白质价（g MADC/kg DM）最高的点对应的饲料很容易在水平方向和垂直方向上找到。最常见的饲料在表中的数据（16 章）均可用图表示（图 13.1）。

例 13.1

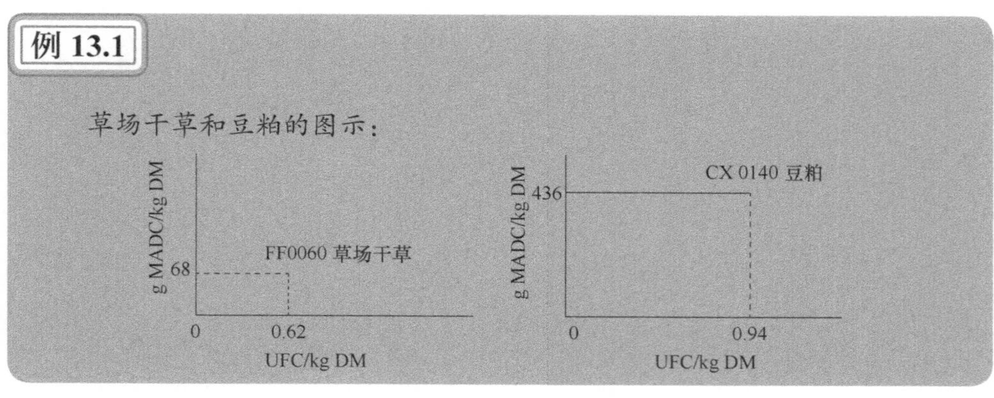

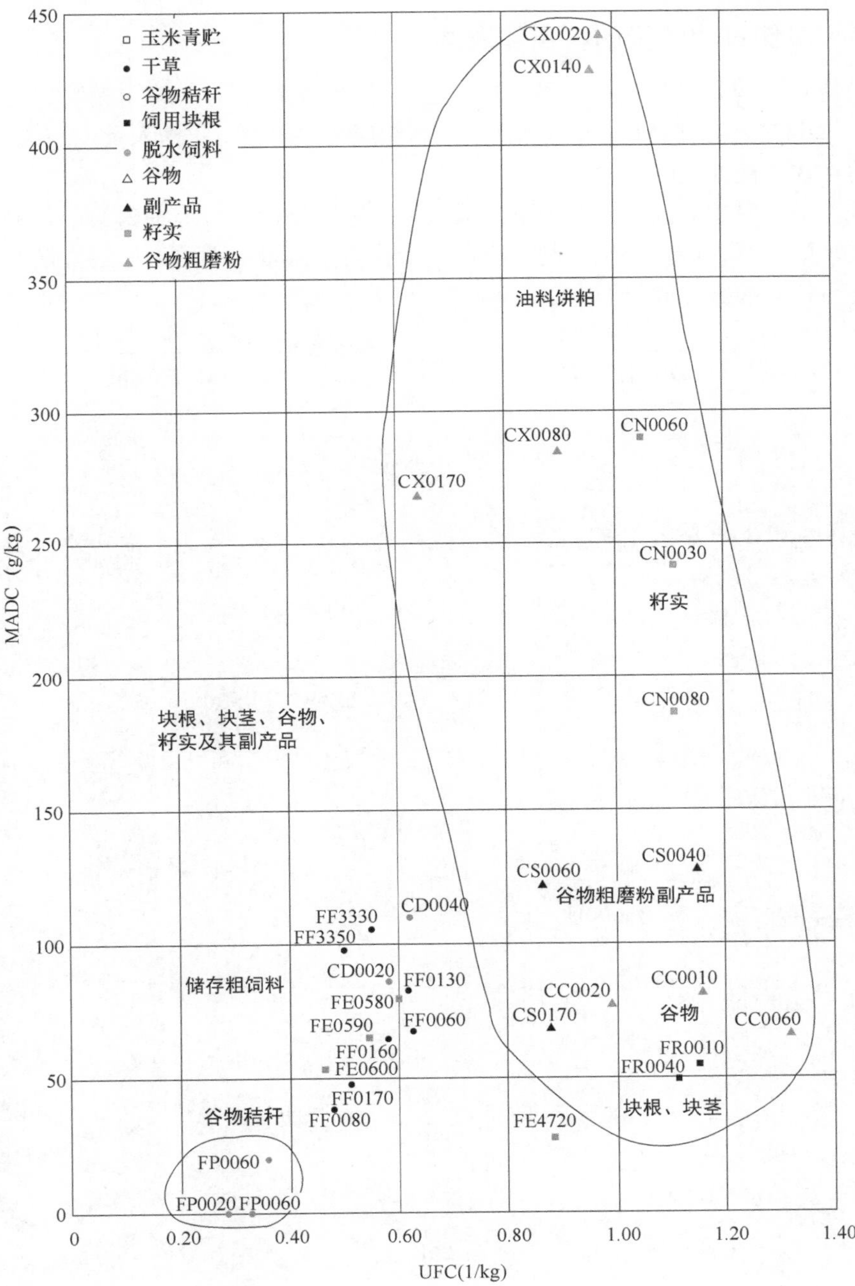

图 13.1 最常用饲料的图像表示

13.1.3 最佳日粮计算的特点和表达

最佳日粮与每日推荐量一致，能够为（第3～8章中的）动物提供需要的能量（X，UFC）和蛋白质（Y，MADC），用相应表中“干物质摄入量（kg）”那列给出的干物质摄入范围。

饲养动物时，最高的草料干物质摄入量即干物质摄入量范围内的最高限。与此相反，如果草料摄入受到限制，应选择干物质摄入量范围的最低限。最佳日粮中1kg干物质的营养成分如下。

能量：$\dfrac{X,\ \text{UFC}}{\text{DM 摄入量}}$　　　　蛋白质：$\dfrac{Y,\ \text{g MADC}}{\text{DM 摄入量}}$

例 13.2

轻型母马饲养至体重500kg时，身体状态良好，泌乳期的第一个月，单独圈养在小麦秸秆垫料上。

推荐饲料供给量（第3章，表3.7）

能量	蛋白质	干物质摄入量
8.5UFC	956g MADC	11.5～15.0kg DM

因此，对于此母马来说，该日粮中1kg干物质中能量和蛋白质含量如下。

如果饲喂了大量的干草：

$\dfrac{8.5}{15.0}=0.57\text{UFC/kg DM}$　　　　$\dfrac{956}{15.0}=64\text{g MADC/kg DM}$

如果干草的饲喂量受到限制：

$\dfrac{8.5}{11.5}=0.74\text{UFC/kg DM}$　　　　$\dfrac{956}{11.5}=83\text{g MADC/kg DM}$

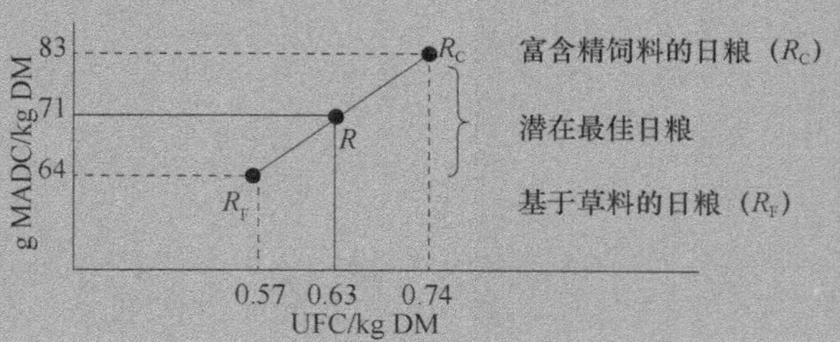

按先前计算出来的饲料特点（成分），最佳日粮（点R）能够在同一个图中表示出来。

依据选定的饲料摄入量，在两个极限值R_F和R_C之间，仍有大量潜在的日粮。因此，在 11.5kg 和 15.0kg 之间，还存在中间干物质摄入量，如 13.5kg DM。最佳日粮的特点如下。

$$能量含量（UFC/kg\ DM）=\frac{8.5}{13.5}=0.63$$

$$蛋白质含量（g\ MADC/kg\ DM）=\frac{956}{13.5}=71$$

干物质摄入量中草料的比例比日粮 R_C 高，却比日粮 R_F 要低，而精饲料的比例却恰恰相反。

13.1.4　图释法计算日常日粮

1．实例 A　　由一种或两种饲料构成的最佳日粮组成。

依据附录中特殊格式，选用一张单独页面并在这个单独页面上进行复制，得到图 13.1。图的格式应能清楚地使图释法奏效。这种格式使得计算更加简便且更加精确。本章剩余章节中均已经使用这种格式的表计算出并以图形的形式显示数值。建议通过下面给出的地址 http://www.ifce.fr，将该格式化的表进行影印或下载下来。

R 点位于同一图中作为饲料，如果其与可利用的饲料（比如草场干草）状况一致，则只需要选择这种饲料，然后供给图（参考第 3～8 章，表格列中干物质的摄入量）中对应的干物质量。在这种情况下，只需根据设计好的干物质摄入量来平衡日粮以满足 UFC 和 MADC 的需要。当然，必须用矿物质及维生素膳食补充剂（MVFS）来对日粮进行日常的平衡（见 13.2 部分）。

与日粮中的 UFC/kg DM 和 MADC/kg DM 成分相比，如果一种饲料中 UFC/kg DM 和 MADC/kg DM 成分不高出 0.05 的 UFC 和 5% 的 MADC，则可将该饲料日粮视为配给总量。在营养需要量非常有限的情况下：马匹休息、3 岁马的生长末期，则恰好会出现这种情况。

例 13.3

妊娠期母马，体重 550kg，在妊娠期内第 6 个月时。

推荐饲料供给量（第 3 章，表 3.8）：

能量	蛋白质	干物质摄入量
4.8UFC	387g MADC	7.5～10kg DM

最佳日粮中成分的范围应在

$$\frac{4.8}{10.0}=0.48UFC/kg\ DM 和 \frac{4.8}{7.5}=0.64UFC/kg\ DM 之间$$

$$\frac{387}{10.0}=39g\ MADC/kg\ DM 和 \frac{387}{7.5}=52g\ MADC/kg\ DM 之间$$

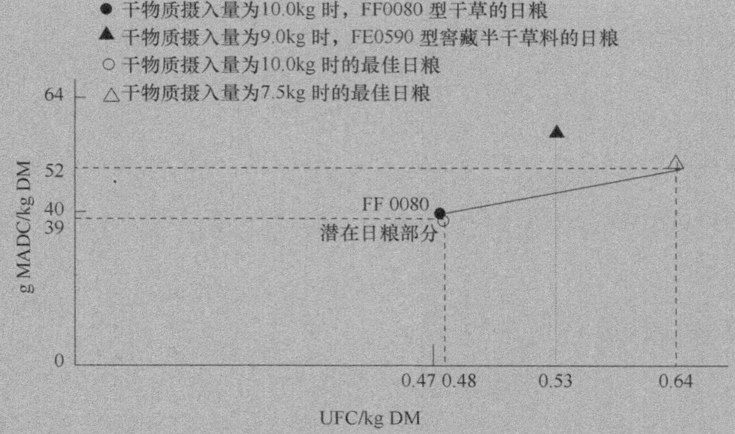

FF0080 型干草的营养值接近最佳日粮中的营养值。饲喂 10kg 干物质的这种干草能够满足 MADC 和 UFC 的需要量。因此，10kg 的日粮提供 10.0×0.47＝4.7UFC 和 10.0×40＝400g MADC。在 0.16UFC 和 13g MADC 偏差的情况下，这种日粮能够保持很好的平衡。

FE0590 型草场包装好的青贮饲料（如窖藏半干草料）可能是合适的（0.53UFC 和 64g MADC/kg DM）。在这个实例中：需要 4.8/0.53＝9.0kg 的草料干物质才能满足能量需要，因此日粮将提供 9.0×64＝576g MADC，那么，将会多出 576g−387g＝189g。多出的 MADC 日粮是可以事先预测的，因为饲料供给量设定在潜在日粮 *R* 水平以上。

这个实例仅仅描述了计算的一个原则，但是如果不将配方的其他方面考虑在内，这种实例则不具有实用性。在这个案例中，既没有考虑到矿物质、微量矿物质及维生素的需要量，也没有考虑到提供的蛋白质的质量，这些物质都包含在最终的计算中以平衡日粮。

在大多数的实例中，主要在繁育马中，日粮应将两种饲料 *F*（草料）和 *C*（精饲料：补充饲料）计算在内。日粮中饲料 *F* 和 *C* 及它们比例可以通过使用上文提到的图确定。原则便是选择草料（*F*）及补充饲料（*C*）的特征。

例 13.4

轻型母马，体重 500kg，身体状况普通，妊娠期的第 11 个月。

推荐饲料供给量（第 3 章，表 3.7）：

能量	蛋白质	干物质摄入量
5.5UFC	530g MADC	8.0～11.5kg DM

最佳日粮中的成分应该为

$$\frac{5.5}{10.0}=0.55\text{UFC} \qquad \frac{530}{10.0}=53\text{g MADC/kg DM}$$

假设供给草料且干物质摄入量固定在10.0kg。

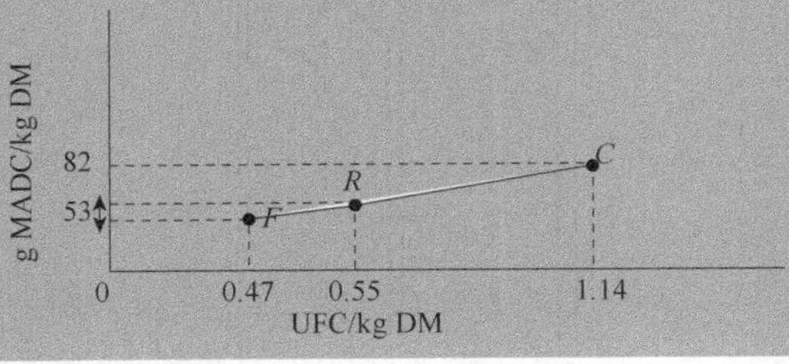

*R*应该明显位于*F*与*C*之间的区域以便设计一个包含两种饲料的日粮。日粮中百分比最高的是饲料*F*，*R*点分别最接近*F*的比例或离*C*的比例最远。

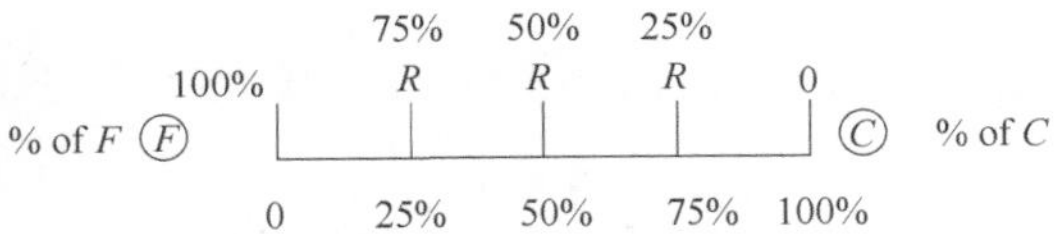

在实际操作过程中，应该用一把尺子测量出*FR*与*CR*两端距离，以毫米计。事实上，应将*CR*测量出来，然后测量*FC*。

*F*和*C*：长（*FC*）或d*FC*；

*C*和*R*：长（*CR*）或d*CR*。

日粮中*F*的百分比可以用下面的关系式计算出来：

$$F\text{的百分比}=\frac{(CR)\text{长}}{(FC)\text{长}}$$

日粮中草料的量由干物质摄入量与日粮中*F*的百分比相乘而得出。精饲料*C*的量是总干物质摄入量与草料摄入量之间的差值。

例13.5

轻型母马，体重500kg，身体状况普通，妊娠期内第11个月（见上例）。

d*FC*＝10.3mm　　　　d*CR*＝8.9　　　　%of *F*＝0.864或86.4%

因此，最佳日粮由86.4%的FF0060型窖藏半干草料组成。假设干物质摄入量为10.0kg，那么，窖藏半干草料为10.0×0.864＝8.64kg DM，大麦摄入10.0－8.64＝1.36kg DM。

验证：

日粮	供给量	每日推荐摄入量
窖藏半干草料中 8.64kg DM×0.47UFC/kg DM	4.06UFC	
大麦中 1.36kg DM×1.14UFC/kg DM	1.55UFC	
总计	每天 5.61UFC	5.50UFC
因此，+0.11 的 UFC 差值在接收范围内。		
窖藏半干草料中 8.64kg DM×53g MADC/kg DM	458g MADC	
大麦中 1.36kg DM×82g MADC/kg DM	112g MADC	
总计	570g MADC	530g MADC
因此，+40g 的 MADC 偏差在接受范围内。		

在图中计算出来的草料和精饲料的百分比能够使用下面的一元方程进行检验：

$$0.47F+1.14C=0.55\times 100 \quad (1)$$

式中，F 为日粮中草料的百分比；C 为日粮中精饲料的百分比；0.47 为窖藏半干草料（编号 FE0600）的能值（UFC）；0.14 为大麦（编号 CC0010）的能值（UFC）；0.55 为经过设计的最佳日粮的能值（UFC）。

日粮中精饲料的百分比为

$$C=100（\text{总日粮}）-F \quad (2)$$

将由公式（2）中得到的 C 代入公式（1）中：

$$0.47F+1.14（100-F）=0.55\times 100$$

$$0.47F+1.14-1.14F=55$$

$$F（0.47-1.14）=55-114$$

$$-0.67F=-59$$

$$F=\frac{59}{0.67}=88.1$$

$$C=（100-88）\%=12\%$$

这种简单的代数计算可以检验之前仅使用图计算的结果，用 1.7% 校正，得出 F=88.1%，而不是 86.4%。证实使用图和（或）一种简单的代数计算能够快速地计算出日粮中的最佳组成。

2．实例 B　　由 3 种饲料构成的最佳日粮的组成。

最佳日粮并非总是位于两种可用饲料之间的部分。由 3 种饲料构成的日粮可通过上述的原则和过程得出。

主要的饲料（P）是饲养员在日粮（如用于冬季饲喂而收获的草料、种植的谷物，农业或饲料工业的副产品）中要优先考虑的一种。这种饲料设为点 P，在图中用 UFC/kg DM 和 g MADC/kg DM 含量表示。

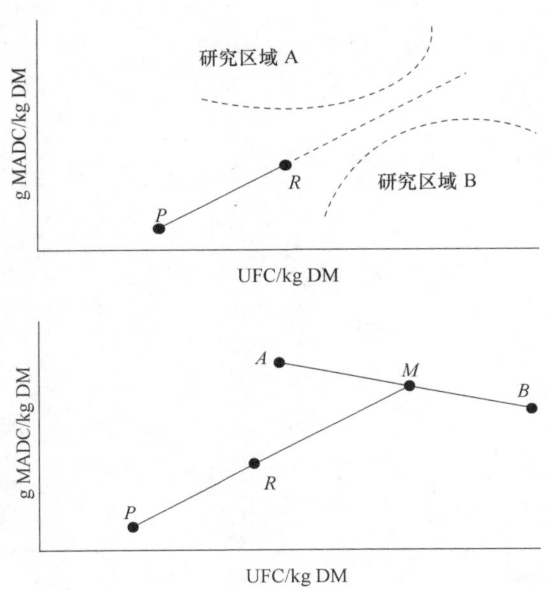

饲料 P 与日粮中另外两种饲料 A 和 B 的混合物 M 有关。A 和 B 的混合物 M 与 P 对应，位于直线 PR 上，与 P 一起组成日粮：$P+M=R$。饲料 A 和 B 应位于直线的两端，以便混合物 M 能够位于直线 PR 上。

这里说的日粮是在使用尺子测量 MR 和 PM 的长度之后，依据下面提到且经过计算的百分比，由日粮（R）中引入的饲料 P 和混合物 M 来进行设计得来的。

$$P\text{在}R\text{中的百分比}=\frac{MR\text{长}}{PM\text{长}} \tag{1}$$

因此，P 在 R 中的量可以通过与先前（1）推荐摄入量表格中所给总干物质摄入量范围相乘而得出。日粮中 M 的量也由该计算得出。

饲料 A 和 B 一经确定，饲料的百分比更靠近 M。A 则可借鉴上述的实例，使用尺子测量 BM 和 AB 的长度来进行计算。

$$A\text{在}M\text{中的百分比}=\frac{BM\text{长}}{AB\text{长}} \tag{2}$$

将所求百分比与预先计算好的混合物的量相乘，就可以得出 A 的量，B 的量则通过差值计算得出。

例 13.6

轻型母马，体重 500kg，身体状况极好，泌乳期第 1 个月，单独圈养，以小麦秸秆作为垫料。

推荐饲喂量（第 3 章，表 3.7）：

能量	蛋白质	干物质摄入量
8.5UFC	956g MADC	11.5～15.0kg DM

假设想得到一个中间能量浓度的日粮，可以选择 13.0kg 的干物质摄入量。最佳日粮应该能够提供

$$\frac{8.5}{13.0}=0.65\text{UFC/kg DM} \qquad \frac{956}{13.0}=74\text{g MADC/kg DM}$$

饲料 P 可以是一种草场窖藏半干草料：0.47UFC 和 53g MADC/kg DM（第 16 章表格中编号 FE0600）。饲料 A 可以是大麦（编号 CC0010）。饲料 B 可以是豆粕 48（编号 CX0140）来平衡日粮中的粗蛋白。

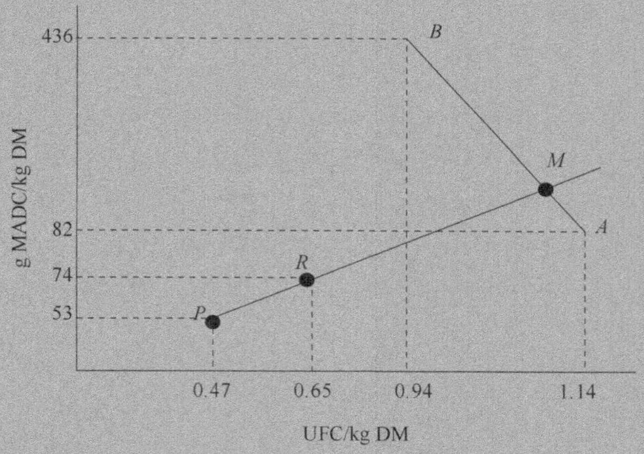

测量到的长度如下：

MR＝72mm　　　　PM＝100mm

BM＝93mm　　　　AB＝106mm

由此，我们可以计算：

$$P\text{ 在 }R\text{ 中的百分比}=\frac{72}{100}=0.72\text{ 或 }72\% \qquad (1)$$

• 从而可得，P 的量为 0.72×13.0kg DM＝9.36kg DM

• 因此，M 的量为 13.0—9.36＝3.64kg DM

$$A\text{ 在 }M\text{ 中的百分比}=\frac{93}{106}=0.876\text{ 或 }87.6\% \tag{2}$$

A（或大麦）在 M 中的百分比＝0.876，A 用量为 0.876×3.64=3.19kg，因此 M 中 B 的量（或豆粕 48）为 3.64—3.19＝0.45kg DM 豆粕。

验证表：

日粮	供给量	每日推荐摄入量
窖藏半干草料中 9.36kg DM×0.47UFC/kg DM	4.40UFC	
大麦中 3.19kg DM×1.14UFC/kg DM	3.64UFC	
豆粕中 0.45kg DM×0.94UFC/kg DM	0.42UFC	
总计	每天 8.46UFC	8.5UFC
窖藏半干草料中 9.36kg DM×53g MADC/kg DM	496g MADC	
大麦中 3.19kg DMS×82g MADC/kg DM	262g MADC	
豆粕中 0.45kg DM 豆粕 ×436g MADC/kg MS	196g MADC	
总计	每天 954g MADC	956g MADC

代数解法能够再次验证案例 13.5 中的计算是正确的。

3．实例 C　　由 3 种以上的饲料构成的最佳日粮的含量。

一般的计算过程通常与之前描述的过程一致。画出直线 PR 是出于选择一种主要饲料的考虑。用户可以决定饲喂饲料 A 和 B 的混合物。就 A 和 B 各自的百分比而言，M_1 点位于 AB 段上。然后在 DR 线（相对 M_1 点）的另一边选择补充饲料 C。假设补充饲料为 C，M_1C 段与直线 PR 相交于 M_2。混合物 M_1 和 M_2 由 A、B、C 三种饲料构成，是饲料 P 的补充饲料。随后，应该将每种混合物及其对应的图形上的点视为我们参考这个过程而得到的任何一种饲料。

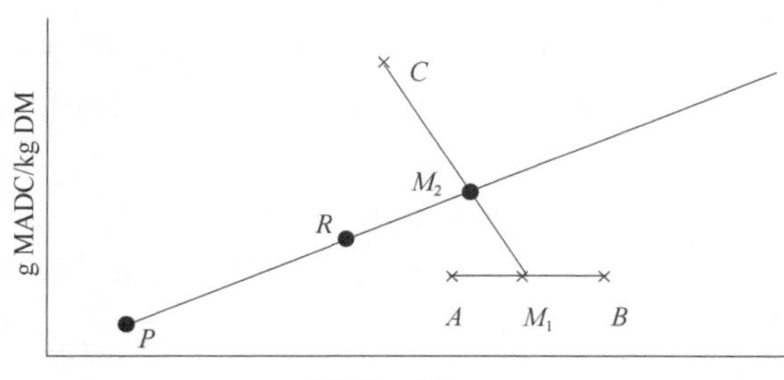

测得 PM_2 的长，测得 DM_2 的长，以及 DR 段或 DM_2 段中较长的那一段。这样，P 或 M_2 的百分比依据所测得的长度得到确定。因此，通过百分比，可以分别计算出 P 和 M_2 的量。经过同一种步进式过程，可以计算出 M_2 中 C、M_1 的量及 M_1 中 A、B 的量。

4．实例 D　事先确定草料（F）及精饲料（C）百分比的日粮。

草料（F）的营养价值是事先已知或选定的。可画出直线 FR。C 点的位置根据精饲料 C 在 R 中固定的百分比将图中测得的 FR 的长度进行划分而确定。

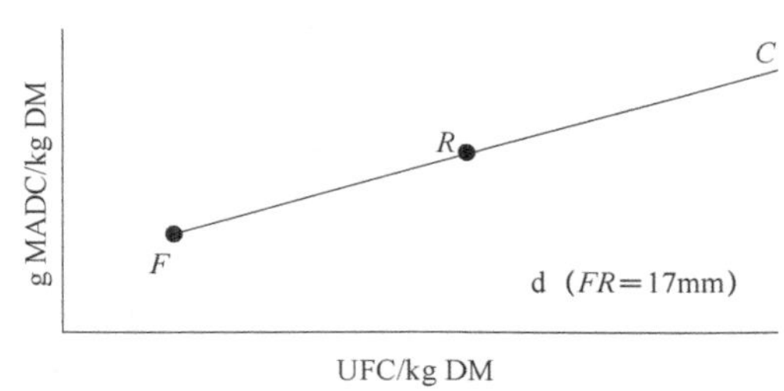

$$FC=\frac{FR}{C\text{的百分比}}$$

例 13.7

由 60% 的草料（F）和 40% 的精饲料（C）构成的日粮。

$$dFR=17\text{mm}$$

$$C\text{在}R\text{中的百分比}=0.40\text{（或 40\%）}$$

$$dFC=\frac{17}{0.40}=43\text{mm}$$

C 点位于经过 R 点的直线 FC 上距离 F 点 43mm 处。

如果没有单纯的精饲料与 C 相近，应构成一种合适、简单的精饲料，正像在实例 B 和 C 中所描述的那样。

5．实例 E　事先确定两种草料（F_1 和 F_2）百分比的基础日粮。

提前选定草料 F_1 和 F_2 及它们在草料混合物中的百分比。画出 F_1-F_2 段，计算得到 F 的位置：

$$F_2F\text{的长}=F_1F_2\text{的长}\times F_1\text{的百分比}$$

画出直线 FR，然后分别确定所提供的精饲料类型并计算所占比例，依据之前所描述的过程来平衡日粮。

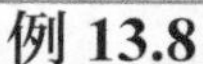

由 $x\%$ 的草料（F）和 $y\%$ 的精饲料构成的日粮。

此日粮以两种草料为基础。F_1 是干草，然而 F_2 是秸秆，事先分别将它们各自的比例确定为40%和60%（或0.4和0.6）。

$$F_1F_2\text{ 的长}=10\text{mm}$$

$$F_2F\text{ 的长}=10\text{mm}\times0.6=6\text{mm}$$

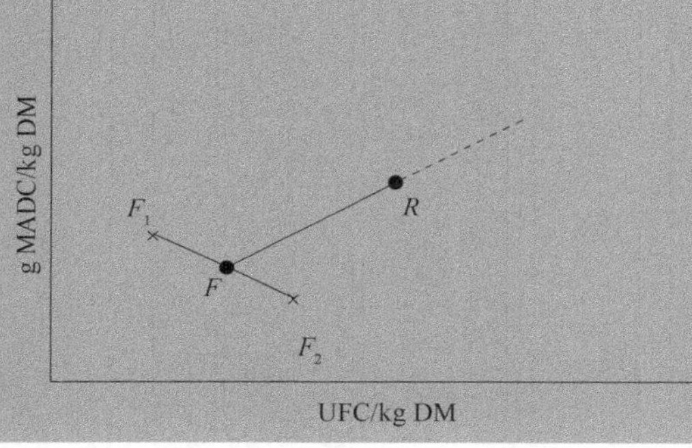

13.1.5 用计算机计算日粮

第3～8章给出的营养物质需要量已由法国INRA克莱蒙研究中心的INRA集团设计的方程组得出。本书的第2版（INRA，1990）将这些方程编入类似Chevalration© 一样商业化的计算机模型中。然而，由于马生物学构造复杂，终端用户的知识有限且差异较大，目前还无法设计出一套可以完全避免错误理解的复杂软件。在理解要用到的输入和生成的结果方面，确实有太多的变量掺杂进来，这一切都应该有准确的解释。至少在法国，私人公司已经设计出商业的软件程序。这些软件程序不是建立在INRA集团所提供方程的基础上，且INRA集团没有对这些方程的精确性做出声明，这就把责任推给了私人公司和终端用户身上。

迄今为止，一种新的方法已经采用，这种方法由本章的两位作者在委员会（由顾问和终端用户组成）的帮助下，利用ms Excel表格设计而成。在2015年，人们将这种教学工具称为“Equinration”。在培训初期阶段，终端用户可由顾问专家在法国朗布依埃的动物科学教育学院中或法国的其他网站上进行指导，然后通过http://www.ifce.fr. 寻求在线帮助。通过这样的方法，终端用户不断接受教育，学到操作，掌握该工具的应用，与专家顾问建立联系。

13.1.6 所需饲料物质给料量的计算

在赛马场，饲料的给量以新鲜材料的千克数表示。因此，对这些量的计算如下：

$$饲料量（饲喂公斤量）=\frac{a}{b}$$

式中，a 为以干物质千克数表示的饲料量；b 为第 16 章表格中列出的饲料干物质的百分比。

例 13.9

轻型母马，体重 500kg，身体状况极好，泌乳期第一个月。

关于之前进行的计算：本章中例 13.6 中，以干物质量千克数表示的日粮成分为：

饲料种类	DM 总量	DM 成分比例
草场窖藏半干草料（编号 0060）	9.36kg DM	55% 或 0.55
大麦（编号 CC0010）	3.19kg DM	87% 或 0.87
豆粕 48（编号 CX0140）	0.45kg DM	88% 或 0.88

$$所需草料给料量=\frac{9.36}{0.55}=17.0kg$$

$$所需大麦给料量=\frac{3.19}{0.87}=3.66kg$$

$$所需豆粕给料量=\frac{0.45}{0.86}=0.51kg$$

因此，以饲喂千克数表示的所需日粮由 17.0kg 草场草料、3.66kg 大麦和 0.51kg 豆粕 48 构成。

13.1.7 计算数值的校验——配方列表

将计算日粮所需主要元素及得出的数据输入配方列表（表 13.1）。这个表格能够检查：日粮组成是否正确；日粮中的总营养需要量是否与推荐的能量（±0.05UFC）和蛋白质（±5% 最大值）需要量相等；钙、磷等矿物元素的量是否不同于（通常是低于）推荐量，用矿物质添加剂补足；对于微量元素，应该对日粮中的铜、锌含量进行平衡，即参照“铜 / 锌”的值；至于维生素，应当对日粮中的维生素 A、D 和 E 进行平衡（第 1 和 2 章）；此外，使用配方列表（表 13.6：从附表中可利用的饲料得来的一种现成格式）得到的日粮组成，与表 13.2 给出常用日粮组成相比较，证实日粮是可以接受的。

13.2 矿物质及维生素日粮的计算

就矿物质、微量元素和维生素而言，日粮常不能满足马匹需要。因此，需要借助矿物质和维生素（矿物及维生素饲料添加剂——MVFS）对日粮进行平衡。需要将矿物质及维生素添加剂加入基础日粮中一起提供给用户，或将其加入补充料或全价日粮中使日粮平衡。

13.2.1 磷和钙

每种动物的每日推荐量在表格（第3～8章）中给出。借助这些推荐量与由基本的最佳日粮供给量之间的差异说明能满足能量和蛋白质的需要量（表13.1），磷和钙不足时需要添加矿物质和维生素添加剂来补充或调整磷和钙的摄入。计算的“钙/磷”不足可选择一种与该比例相等或稍高于比例的MVFS来弥补钙、磷不足（表13.2）。

表13.1 配方列表——以轻型母马，体重500kg，泌乳期第一个月为例

饲料种类	每千克干物质（DM）的营养值					数量（kg DM）	日常营养素及摄入量				
	UFC	MADC（g）	Ca（g）	P（g）	Mg（g）		UFC	MADC（g）	Ca（g）	P（g）	Mg（g）
FF0600[1]型打包的草场青贮饲料	0.47	53	5.2	3.1	2.4	9.36	4.4	496	48.7	29	22.5
CC0010[1]型大麦	1.14	82	0.8	4	1.3	3.19	3.6	262	2.6	12.8	4.1
CX 0140[1]型豆粕	0.94	436	3.9	7	3.3	0.45	0.4	196	1.8	3.2	1.5
（1）得出的每日总需要量						13[2]	8.5	954	53.1	45	28.1
（2）每日推荐摄入量（第3章，表3.7）						11～15[2]	8.5	956	56	49	11
（3）差值=（1）－（2）						1	0	−2	−2.9	−4	17.1
逼近误差（%）=（3）/（2）							0	0	−5%	−8%	155%

所需日粮的构成

饲料种类	干物质重量（kg）（1）	干物质含量（2）	饲喂量（kg）（3）=（1）/（2）	费用（€[3]/kg）（4）	费用（€/d）（3）×（4）
FF0600[1]型打包的草场青贮饲料	9.36	0.55	17.02	0.24	4.08
CC0010[1]型大麦	3.19	0.87	3.66	0.22	0.81
CX0140[1]型豆粕	0.45	0.88	0.51	0.34	0.17
					总计5.06

[1] 第16章表格中饲料的编号。[2] 计算得到的干物质需要量在推荐值范围内见第3章表3.7。[3] €为欧元（欧洲货币）

表 13.2 日粮配方导引表

动物类型	生理状态	目标	百分比		注释[2, 3]
			草料[1]	精饲料	
母马	妊娠期		50～95	5～50	草料 G↑～VG //
	泌乳期		50～95	5～50	草料 M↑～VG //
种公马	休息期		85～95	5～15	秸秆 //＋草料 A～VG //
	配种期		60～70	30～40	秸秆 //＋草料 A～VG //
	1 岁	最佳	40～65	35～60	草料 G～VG↑或 E //
		适中	65～75	25～35	草料 A～G↑
年轻轻型马	2 岁	最佳	75～80	20～25	草料 G～VG↑或 E //
		适中	80～85	15～20	草料 A↑或 G //
	3 岁	最佳	80～85	15～20	草料 G //
		适中	85～90	10～15	秸秆↑＋干草 G //
年轻挽用马	1 或 2 岁	最佳	40～60	40～60	草料 G↑～VG //
成长阶段	1 或 2 岁	适中	85～90	10～15	秸秆↑＋干草 G //
肥育阶段	10 月龄	非常快速	30～50	50～70	草料 VG～E↑
	12 月龄	非常快速	40～70	30～60	草料 VG～E↑
役用马					
轻型马	高强度工作后休息		35～95	5～65	干草 G～VG //＋秸秆 //
挽用马			55～95	5～45	干草 A～G //＋秸秆 //

[1] 秸秆包含在提到的粗饲料的百分比中。[2]A 为将秸秆与草料分开是为了涉及分类的特定程序。[3] 平均质量的草料；G 为优质的草料；VG 为质量良好的草料；E 为优良品质的草料；↑为自由采食的草料；// 为饲喂限量的草料

商品矿物质及维生素添加剂（预混料）根据它们中磷和钙的含量进行命名，磷和钙的含量是必须列在营养成分表中的。因此，一种补充剂能包含 5%～12% 的磷和 8%～25% 的钙。每千克“7-12”型矿物质及维生素补充饲料可提供 70g 的磷和 120g 的钙（含量分别为 7% 和 12%）。

1．营养缺失的情况下　每日饲喂，可以用基础日粮中每日缺少的磷与 FMVS 中磷的百分含量之比计算出 MVFS 的饲喂量。

$$\text{MVFS 的饲喂量（g/d）}=\frac{\text{磷的缺少量（g/d）}}{\text{MVFS 中磷的百分含量}}$$

例 13.10

矿物质及维生素添加剂添加量的计算

每日缺少 10g 磷，且磷、钙的含量为 7%和12% 时，MVFS 的饲喂量：

$$\frac{10\text{g}}{7\%}=143\text{g/d}$$

如果基础日粮中的磷和钙并不缺少或只有轻微的不足（低于推荐值的10%），则应向动物补充钠和微量元素含量合适的MVFS或富含微量矿物质的舔砖以确保营养平衡。在最后一种情况下，需要监测摄入量以确保马摄入的营养物质足够。马通常不会调整采食量来满足它们的这种需要量。

例 13.11

对于一匹体重500kg、处于泌乳期第一个月的母马，磷、钙的推荐摄入量分别为49g/d、56g/d（第3章，表3.7）。

例13.6中得出的日粮能提供53g的钙和45g的磷（表13.1）。钙和磷缺失的百分比分别为5%（2.9g）和8%（4.0g）。应该提供一种MVFS以满足矿物质的需要。MVFS中“钙/磷”的值应该与钙、磷缺失量中它们的百分比相同，即3/4（2.9/4.0），因此大约为0.8。

2．营养过量的情况下　如果日粮过量，如钙（如一种脱水苜蓿含量高的日粮）、磷（和维生素D）都包含在内，钙过量15%是可以接受的。马能耐受钙的过量，微量元素吸收都在极限范围内。计算磷、钙的需要量，同时也应考虑维生素D的需求。

13.2.2　钠

需要对MVFS进行检测，以确认其是否能提供足够的钠满足日粮的要求。然而，在MVFS的饲喂量少的情况下，应该提供盐砖让动物自由采食，而不是给动物找一种钠含量丰富的MVFS。

13.2.3　镁和微量矿物质

镁和微量矿物质的推荐量可用第2章表2.1中日粮最佳浓度乘以采食量计算出，表示成“每千克DM”的量（见第3～8章的表）。这些推荐摄入量的表格能够计算出需要量（见第3～8章）。

推荐摄入量＝浓度（见第2章表2.1）
×采食量（kg DM）　（1）

将商品MVFS或之前用来平衡日粮的含有MVFS的配合料中镁和微量矿物质的含量降至表13.3中给出的范围，以满足推荐摄入量的要求。

按照下面的方程对MVFS或配合料中实际含有的维生素及矿物质量进行计算：

实际的摄入量＝MVFS或配合料中矿物质的含量（见表13.4、表13.5）
×MVFS或配合料的饲喂量（kg DM）　（2）

表 13.3 针对下面列举的所有类型的马（见论述钙、磷补充剂量与相应每种类型的马的相关章节），矿物质及维生素添加剂中镁、钠、微量元素及维生素的理论范围

成分含量	每日摄入量分布		
	50g	100g	150g
镁（%）	6～8	3～4	2～3
钠（%）	10～14	5～12	3～10
铜（mg/kg）[1]	800～2000	400～1000	250～700
钴（mg/kg）[1]	30～50	15～25	9～16
锌（mg/kg）[1]	3500～10 000	1750～5000	1250～3300
锰（mg/kg）[2]	0～4000	0～2000	0～1300
维生素 A（UI/kg）[3]	600 000～1 100 000	300 000～550 000	200 000～350 000
维生素 D（UI/kg）[3]	75 000～150 000	37 000～80 000	25 000～50 000

[1] 除了正在育肥的马以外，其他所有马的铜、钴及锌的需要量都高：优先使用接近 MVFS 中的摄入量范围的最高值。[2] 仅仅饲喂玉米的育肥马对锰的需要量高：针对此类型的马，优先使用接近 MVFS 中的摄入量范围的最高值。[3] 母马、种公马及役马对维生素的需要量要高：针对此类型的马，优先使用接近 MVFS 中的摄入量范围的最高值

表 13.4 配方列表：以年轻马为例，处于生长期 6～12 月龄（成年体重 500kg），用作饲料补充的复合饲料中由草料组成的日粮

饲料种类	每千克 DM 的营养价值							干物质量（kg DM）	日常营养素及供给量							
	UFC	MADC（g）	Ca（g）	P（g）	Mg（g）	Cu（mg）	Zn（mg）		UFC	MADC（g）	Ca（g）	P（g）	Mg（g）	Cu（mg）	Zn（mg）	Cu/Zn
编号 FF0600[1] 的草场青贮饲料	0.47	53	5.2	3.1	2.4	5.6	36	5	2.35	265	26	15.5	12	30	180	
复合饲料	0.9	110	6	3	1.3	19	80	3.1	2.79	341	18.6	9.3	4	58.9	248	
（1）得出的每日总摄入量								8.1[2]	5.14	606	44.6	24.8	16	88.9	428.9	0.21
（2）每日推荐摄入量（第 5 章，表 5.8）								6.5～8[2]	5.1	567	37	25	5	75	375	0.2
（3）差值=（1）－（2）								1	0.04	39	7.6	−0.2	11	13.9	53	
逼近误差（%）=（3）/（2）								1	1	7	21	−1	220	19	14	

饲料种类	干物质重量（kg）（1）	干物质含量（2）	饲喂量（kg）（3）=（1）/（2）	费用（€[3]/kg）（4）	费用（€/d）（3）×（4）
编号 FF0600[1] 的草场青贮饲料	5	0.55	9.09	0.24	2.18
复合饲料	3.1	0.88	3.52	0.42	1.48
					总计 3.66

[1] 第 16 章表格中的饲料编号。[2] 计算所得干物质需要量（DM）在推荐摄入量范围内：第 5 章，表 5.8。[3] €为欧元（欧洲货币）

表 13.5　配方列表：以年轻马为例，处于生长期 6～12 个月（成年体重 500kg），农场制定的日粮

饲料种类	每 kg 干物质（DM）的营养值							干物质量	日常营养素及供给量							
	UFC	MADC	Ca（g）	P（g）	Mg（g）	Cu（mg）	Zn（mg）	（kg DM）	UFC	MADC（g）	Ca（g）	P（g）	Mg（g）	Cu（mg）	Zn（mg）	
代码 FF0600[1] 的打包草场青贮饲料	0.47	53	5.2	3.1	2.4	6	36	5.00	2.75	265	26.0	15.5	12.0	30.0	180.0	
代码 CC0010[1] 的大麦	1.14	82	0.8	4.0	1.3	10	35	2.00	2.28	164	1.6	8.0	2.6	20.0	70.0	
代码 CX0140[1] 的豆粕	0.94	427	3.9	7.1	3.3	19	54	0.15	0.14	64	0.6	1.1	0.5	2.9	8.1	
代号 CD0020[1] 的脱水苜蓿	0.57	86	20.0	2.6	1.6	6	21	0.80	0.46	69	16.0	2.1	1.3	4.8	16.8	
																Cu/Zn
（1）计算所得总供给量								8.0[2]	5.23	562	44.5	26.6	16.4	57.7	271.9	0.21
（2）每日推荐摄入量（第 5 章，表 5.8）								8.0[2]	5.10	567	37	25	5	75	375	0.20
（3）差值=（1）－（2）								1	0.13	−5	7.5	1.6	11.4	−17.3	−100.1	
逼近误差（%）=（3）/（2）									3	−1	20	6	228	−28	−27	
									每日 MVFS 供应量							Cu/Zn
（4）MVFS			80	80	0.0	800	4000	0.025	0.0	0.0	2.0	2.0	0.0	20.0	100.0	0.21
（5）饲料供给量＋MVFS=（1）＋（4）											46.5	28.6	16.4	77.7	374.9	

续表

饲料种类	每 kg 干物质（DM）的营养值							干物质量（kg DM）	日常营养素及供给量						
	UFC	MADC	Ca（g）	P（g）	Mg（g）	Cu（mg）	Zn（mg）		UFC	MADC（g）	Ca（g）	P（g）	Mg（g）	Cu（mg）	Zn（mg）
（6）差值=（5）－（2）											9.5	4.1	11.4	0	0
（7）需要量满足率（%）=（5）/（2）											125	114	228	104	100
										Ca/P 最终量	1.6				
										Ca/P 需要量	1.5				

饲料种类	干物质重量（kg）	干物质含量	饲喂量（kg）	费用（€[3]/kg）	费用（€/d）
	（1）	（2）	（3）=（1）/（2）	（4）	（3）×（4）
代码 FF0600[1] 的打包草场青贮饲料	5.00	0.55	9.09	0.24	2.18
代码 CC0010[1] 的大麦	2.00	0.87	2.29	0.22	0.51
代码 CX0140[1] 的豆粕	0.15	0.88	0.17	0.34	0.06
代号 CD0020[1] 的脱水苜蓿	0.80	0.92	0.87	1.34	1.17
					总计 2.75

[1] 第 16 章表格中的饲料编号。[2] 计算所得干物质供给量（DM）在推荐摄入量的范围内：第 5 章，表 5.8。[3] €为欧元（欧洲货币）

将得到的摄入量（方程2）与推荐摄入量（方程1）进行对比，估测需求的满足率。该百分率应在80%～140%。

例 13.12

一匹幼马，成年体重500kg，发育期在第一个冬季（6～12月龄），生长状态最佳。

用5.0kg DM草场窖藏半干草料和3.1kg配合料组成的日粮饲喂这匹马，配合料的特点在表13.4中已经列出。第5章表5.8中列出了推荐摄入量（应达到的）。表13.4中第3行日粮的营养平衡显示，推荐摄入量满足配方列表中列出的营养物质需求量，或过量但没有风险。因此，没必要使用MVFS。

例 13.13

一匹幼马，成年体重500kg，发育期在第一个冬季（6～12月龄），生长状态最佳。

日粮由5.0kg捆扎好的草场青贮饲料DM、2.0kg的大麦DM、0.15kg的豆粕DM及0.8kg的脱水苜蓿（18% CP）构成，共有8.0kg DM。第5章中，表5.8列出了（需要达到的）推荐摄入量。配方列表（表13.5，第3行）显示，日粮中铜和锌不足。因此，需要补充MVFS。应如何确定MVFS呢？

MVFS的确定如下：

满足动物的营养需要是必需的，然而，维持营养的均衡，尤其是钙/磷及铜/锌的值，是确定其他MVFS的关键。这些日粮都是通过对相应的推荐摄入量进行分解得到的。将MVFS的需要饲喂量确定下来，随之，用表13.3对MVFS用来补足营养不足的成分之间的兼容性进行评估。例13.3（表13.5）中，日粮中钙、磷的含量足够，但是镁的含量过量（第6行）。

在经过MVFS修正之前，“钙/磷”是7.5/1.6，即4.7。MVFS能够提供很少的钙和磷。应当选取适度的MVFS供给量（如25g）以及低“钙/磷”，以防钙和磷二次过量。大多数的MVFS的“钙/磷”为1～3。此时，应该选择比例为1的那种MVFS。每100g“钙/磷”为8/8的MVFS产品能够提供8g的钙和8g的磷，且其中不含镁（或含极少的镁），这是可以接受的。

铜缺少17.3mg，锌缺少100.1mg。假设用25g的MVFS可提供17mg的铜和100mg的锌，MVFS中需要含有17/25×1000mg/kg，即680mg的铜，100/25×

1000mg/kg，即 4000mg 的锌。观察表 13.3 中饲喂量为 50g 那列，有必要确定铜和锌的范围，因为饲喂量是 25g，所以铜是 400～1000g，锌为 1750～5000mg。因此，由 MVFS 提供的铜和锌的量在上述的范围内。

需要注意的是，虽然原料中的矿物质含量足够稳定，但是草料中的矿物质随着其生长区域而变化。当地“农业规划愿景扩展办公室”熟悉地域环境，可以给出草料中矿物质含量。

配方列表中第 4 行显示了 MVFS 提供的矿物质含量，第 5 行给出了总允许摄入量。第 6 行列出了推荐摄入量与所得摄入量之间的平衡，然而，第 7 行给出了需要量的满足率。在这个例子中，需要量得到了满足。过量的镁是没有害的。最终报告得出，“钙 / 磷”为 1.6，与需要量非常接近；最终的“铜 / 锌”为 0.2，与需要量也非常接近。

13.2.4 维生素

每种维生素（就维生素而言，以国际单位 IU 或 mg 计）的摄入量的理论推荐值可以借助计算矿物质的同一过程进行计算：

推荐摄入量＝浓度（第 2 章，表 2.1）× 摄入 kg DM（第 3～8 章的表）（1）

摄入量通常通过摄入所提供的 MVF 或含有 MVFS 的配合饲料获得，其计算过程如下。

实际得出的摄入量＝MVFS 或配合饲料中维生素的含量（见产品标注）
×MVFS 或配合饲料的饲喂量（kg DM）（2）

MVFS 或含有一种 MVFS 的复合饲料中维生素的含量应该在表 13.3、表 13.4 中给出的数值范围，以满足推荐摄入量。

只需将所得摄入量与推荐摄入量进行对比，评估需要量满足率。需要量满足率需要低于或者等于 150%。应该摄入过量的维生素 A，以防维生素 E 的二次缺失及骨脆性的增加（第 1、2 和 5 章）。维生素 A/ 维生素 D 应该为 5～10，然而，必须摄入足够的钙和磷。

例 13.14

一匹年轻马，成年体重 500kg，发育期在第一个冬季（6～12 个月），生长状态最佳。

此马的日粮含有 3.0kg 草原窖藏半干草料的 DM、2.0kg 大麦的 DM、0.15kg 豆粕的 DM 和 0.8kg 脱水苜蓿的 DM（18%CP），日粮为 8.0kg DM。第 5 章的表 5.8 给出了推荐摄入量为每只动物每天 25 900IU 的维生素 A。为保险起见，通常忽略草料中的维生素供给量，因为维生素的货架期仅为 5~6 个月。如果

25g 先前的 FMVS 维生素 A 可以提供 25 900IU，则维生素 A 的需要量就可得到满足。MVFS 中维生素 A 的含量为 25900/25×1000＝1036000IU/kg。该值与表 13.3 列中 50g 除以 2 相一致，因为 MVFS 的提供量为 25g。并不总是那么容易找到与之前含量那样精确的 MVFS，重要的一点是摄入量需要满足需要量，且过量的部分应该落在允许范围内。

13.3　完整配方格式

在之前例子中用到的表格是简化的，描述计算日粮的基本原则。现在给出一种更具综合性的表格。综合性的表格（表 13.6）分为四部分对日粮中的所有主要营养物质计算。

第一部分：日粮的构成（选择饲料及饲料的供给量）。

第二部分：饲料的完整营养价值（以及饲料所提供的日常的营养物质供给量）。

第三部分：矿物质及营养物质检证之前，日粮的计算（日粮矿物元素及维生素配平之前的饲料配方计算）。

第四部分：平衡日粮中矿物质及维生素的 MVFS 配方。

表 13.6 中第二、三及四部分列举了需要计算且需要维持的主要营养比例。

参 考 文 献

正文中所引用的参考文献仅供参考，因为还有其他支撑着这个章节的参考文献，详情请见“扩展阅读”。

Equinration™, 2018. A pedagogic software for rationing horses. *In*: L. Tavernier and W. Martin-Rosset (eds.).™ CEZ and INRA.

INRA and AFZ, 2004. Tables of composition and nutritional value of feed materials. *In*: Sauvant, D., J.M. Perez and G. Tran (eds.) INRA, AFZ and Wageningen Academic Publishers, Wageningen, the Netherlands, pp. 304.

表 13.6　完整标准型配方列表

第一部分：日粮的构成

饲料种类[1]	干物质重量（kg） （2）=（3）×（1）	干物质含量 （1）	饲喂量（kg） （3）=（2）/（1）	费用（€/kg）	费用（€/d）

第二部分：每千克干物质的营养价值

饲料种类[1]	UFC	MADC（g）	P（g）	Ca（g）	Mg（g）	Cu（mg）	Zn（mg）	干物质重量（kg）	日常营养素及摄入量											草料百分比（%）		
									UFC	MADC（g）	P（g）	Ca（g）	Mg（g）	Cu（mg）	Zn（mg）	维生素A（IU）	维生素D（IU）	维生素E（IU）			
																			获得的MADC/UFC	获得的Ca/P	获得的Cu/Zn
（1）计算所得每日总供给量																					

第三部分：矿物质及维生素校验前的营养平衡状况

	选项		UFC	MADC（g）	P（g）	Ca（g）	Mg（g）	Cu（mg）	Zn（mg）	维生素A（IU）	维生素D（IU）	维生素E（IU）	MADC/UFC理论值	Ca/P理论值	Cu/Zn理论值	维生素A/维生素D理论值
	低	高														
（2）每日推荐摄入量[2]																
消耗干物质量（kg DM）																
能量浓度（UFC/kg DM）																
蛋白质浓度（g MADC/kg DM）																
			UFC	MADC（g）	P（g）	Ca（g）	Mg（g）	Cu（mg）	Zn（mg）	维生素A（IU）	维生素D（IU）	维生素E（IU）	MADC/UFC差异			
（3）差值=（1）－（2）																
（4）逼近误差（%）=（3）/（2）																

第四部分：使用MVFS校验后的矿物质及维生素最终平衡状况

P（g/kg）	Ca（g/kg）	Mg（g/kg）	Cu（mg/kg）	Zn（mg/kg）	维生素A（IU/kg）	维生素D（IU/kg）	维生素E（IU/kg）	需要量（kg）		P（g）	Ca（g）	Mg（g）	Cu（mg）	Zn（mg）	维生素A（IU）	维生素D（IU）	维生素E（IU）	使用MVFS时，Ca/P的最终值	使用MVFS时，Cu/Zn的最终值	使用MVFS时，维生素A/维生素D的最终值
									（4）MVFS供应量											
									（4）计算所得每日总供给量											
									最终平衡											
									每日推荐摄入量的百分比（%）											

[1] 见第16章中的表格。[2] 每日推荐摄入量可在第3～7章的表格中找到

第十四章　马对环境的影响

自从 1992 年里约热内卢峰会召开后，环境保护已经成为全世界政治和科学界共同关注的问题。1997 年的京都和 2009 年的哥本哈根峰会在遭遇重重困难之后已经获得共识并采取相关治理措施。2015 年巴黎会议上通过一个关于应对紧急情况的长期战略新计划。农业和环境保护是直接相关的，因为动物生产的排放，还有动物对蔬菜、农村景观的影响也同样重要。本章的目的是在探寻问题背景下，研究马及其他农场动物对控制生物多样性和管理排放两方面的影响，并提出可能的解决方案。

14.1　马的放牧对放牧环境中植物和动物多样性的影响

在法国，动物识别的最新进展为马属动物（马、驴、骡）数量的大量增加提供了证据。调查显示，2006 年以来，马属动物以每年约 20 000 匹的数量增加，截止到 2008 年末，马属动物已达到 900 000 匹（ECUS，2010）。尽管这个数量小于牛的数量（19 199 000 头）（Institut de l’Elevage，2010），但马属动物在牧场区域维护方面发挥着越来越重要的作用。而且，它们正越来越多地被用于保护生态价值高的区域（如自然保护区）的生物多样性，在那里单独放牧或与反刍动物一起放牧。在这种情况下，就出现了它们的采食对区域动态影响的新问题，尤其是讨论有关耕作制度发展对环境的重要影响（参看高自然价值农业；欧洲自然保护和田园主义论坛；www.cfncp.org）。在欧洲（比利时、法国、冰岛、意大利、波兰、葡萄牙、西班牙、瑞士和荷兰）和南北美洲（美国、阿根廷），围绕马属动物进行了大量的研究项目，但相对来说仍然不足（Fleurance et al.，2012；Osoro et al.，2012）。这些试验结果表明，马属动物对草场的影响与其他大型草食动物遵循同样的原则。尽管如此，它们特殊的消化生理赋予它们强大的摄食能力，并且它们的双排门齿允许它们比相同大小的反刍动物更接近地面吃草。这些特征会加剧牧场植物结构的变化。本部分的目的是总结现有的马在放牧条件下对牧场环境中的生物多样性影响的研究结果。

14.1.1 马采食对植物群落的影响

1．大型草食动物对牧草环境中植物多样性的作用机制 放牧是对草地和环境的一种直接有效的经济利用，但效果往往是多层面的。动物对植被的选择和采食，以及它们排泄物的散布和对植被的践踏更改了植被的空间结构。在大的栖息地范围内，这个结果促进了共存物种适应不同的生态环境，促进了植物的多样性。涉及的机制通常分为两种主要类型：通过消融或组织损伤直接影响植物，以及通过间接效应影响造成的结果，两种效应常常不同。

大型草食动物对植物的直接影响与选择性采食和践踏密切相关。动物采食植物体通常会导致植物根系水平和地上（空中）部分的生物量都减少。大型草食动物对植物生殖器官的采食也会影响植物的开花和种子的生产。食用掉植物的其他部分，由于可利用资源的减少，导致植物开花、种子的数量和大小的减少。动物的践踏，也显著影响植被组织，往往导致植物的死亡或者在损害区域上方植物部分死亡。粪便和尿液的沉积可导致植物体损伤或者局部毒性反应，但它的主要影响是间接地通过营养物质循环和种子传播来完成的。

大型草食动物对植物的间接影响中，排泄物所提供的营养物质对植被产生的影响最为重要。这些排泄物主要通过加速氮循环支持初级生产，影响生物地球化学循环。具体来说，伴随着草地区域的衰退和粗糙环境增多，马特定的排泄行为（采食与排粪地的区分）导致草场肥沃程度的转移（第 10 章，10.1 节）。大型草食动物通过皮毛或粪便携带种子，增加了种子的分布区域。最后，它们能造成植被缺口，可以增加初期幼苗的生长，这些都有利于保护萌发的幼苗免受与成熟植物的竞争。这些缺口可能是通过动物践踏或由于草食动物粪便造成植物死亡而形成的。

在放牧系统中，特定的植物品种取决于大空间范围内可用物种的定植过程和当地范围物种的灭绝，这些都是竞争机制导致的。植物之间的竞争可以定义为生物个体为争夺有限可利用资源相互作用的结果，从而导致了生长、繁育和（或）个体生存的演替（第 10 章，10.1、10.2 和 10.3 节）。整个植物群落定植和灭绝的过程中，大型草食动物对环境中植物的多样性起到了决定性作用（第 10 章，10.1.4 节）。虽然草食动物减少可以改变植物之间的相互竞争作用，但它们的存在更有利于物种的共存和增加物种的多样性。然而，放牧又往往会增加优势物种的主导地位，或在其强化下，长期放牧的地方，物种具有耐放牧性，植物的多样性下降。这支持“中等压力”假说（Grime’s，1973），表明植物物种最大的丰富度主要发生在生物量的中级水平（如相应适度的放牧压力）。

草食动物对草地环境多样性的影响高度依赖于不同动物的选择性。草食动物体型的大小、消化生理、嘴和牙齿的形态决定了对不同食物的选择，因此潜在地影响草地植物的多样性。本工作的结果阐明了马和反刍动物对草地植物多样性有不同影响。

动物年龄和性别通常与动物体型的大小有关。同样，品种的影响，有时难以脱离它们以前被喂养的经验，这对成年动物的选择产生深远的影响。在几种草食动物放牧的情况下，对植被的影响与单一食草物种啃食植被形成的特征不同。不同食草物种具有一定的补偿作用，它们的采食习惯不同，从而导致增加了覆盖植物的利用效率。

2．马单独放牧或马-牛混合群牧的影响　大多数的研究旨在分析马放牧对来自于湿润地区植物的影响。进行的研究主要是在20世纪90年代，设计时，都高度敏感地考虑到了环境保护。这些研究大多数利用了排除法，对比禁牧区与放牧区的发展。在卡玛格（法国东南部区域，地中海沿岸）禁止马的放牧，因此几年后，导致沼泽中某些多年生植物物种［芦苇（芦苇属）］的发展，而鸭茅（鸭茅属）、匍匐冰草（冰草属）和一年生植物几乎完全丧失（图14.1）。动物放牧和践踏形成的开放环境促进较矮物种和（或）土壤养分竞争物种替代光竞争物种，这会允许更多的物种共存。在荷兰的沙丘环境中，马限制了竞争性的草［如沙子莎草（薹草属）、普通拂子茅属］的发展，与非放牧沙丘地区相比提高了物种的多样性水平（lamoot et al.，2005）。在荷兰湿地地区，马、牛混合放牧的条件下，动物的采食、践踏限制了普通芦苇和蓟属植物的生长，促进了矮小植物（如早熟禾属）的发展，从而提高了植物种群的饲用价值。草食动物的活动对它们周围草地优势资源数量的减少尤其重要。在卡玛格和普瓦特万湿地（法国中西部区域：接近大西洋沿岸），禁止马、牛混合放牧，快速导致特定植物丰度的下降和特定光滑带状草物种（如卡玛格獐茅）（Mesleard et al.，1999）、普瓦特万湿地芽草（匍匐披碱草）的数量的增加（Loucourgaray et al.，2004）。在美国蒙大拿州和怀俄明州平原的草场，马和野生动物（羊、鹿）的放牧对保持无竞争力的物种，如毛发状羽毛草（针茅属植物）和早熟禾属（偏生早熟禾）是非常必要的（Fahnestock and Derling，1999）。最后，在法国中央山脉广泛的农业区域，在潮湿山区，马匹的反复放牧和在排便过程中对木质物种的践踏，导致了木质物种，如欧洲越橘（笃斯越橘）、毛绿草（金雀花）、普通帚石楠，以及高沼地草，如羊茅（羊茅属）、卷发草（曲芒发草）、沼泽草（甘松茅）的退化，有利于饲草红狐茅和普通翦股颖（Loiseau and Martin-Rosset，1988）的生长。

然而，马的放牧对植物群落影响的大小依赖于非生物因素，如土壤肥力和降水量。因此，在内华达州的沙漠里，禁牧区物种的种类比放牧区物种的种类多3倍（Beever and Brussard，1990）。与之前引用的研究相比，这种差异是由完全不同的环境条件造成的。特别是，马放牧对其他植物种群定植能力的积极影响可通过减少当地植物的生产、植被有限的恢复性加以限制。在这种环境中，光合竞争

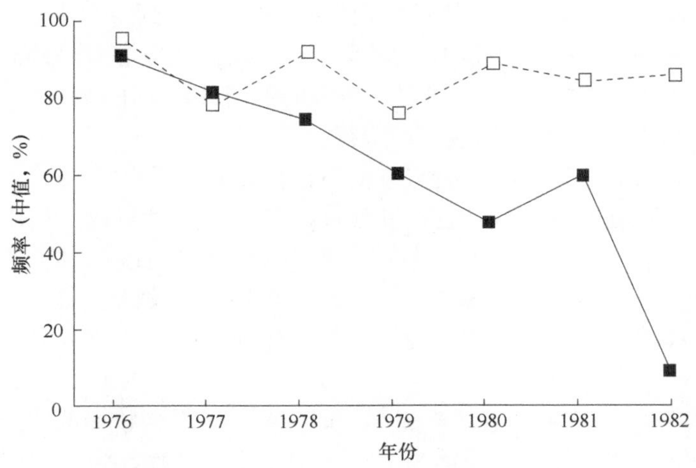

图 14.1 一年生植物雏菊（*Bellis annua*）在禁牧区（实线）与放牧区（虚线）的情况对比（引自 Duncan，1992）

的益处是不存在的。此外，沙漠环境中的优势物种，通过限制蒸腾作用（如刺）保留水分和次要成分以适应环境，通常不被草食动物喜食。那么，马可以优先选择罕见的物种，导致这些物种的减少或灭绝。除了这种类型的环境中常见的非生物因素外，可能是马放牧对生物多样性的负面影响的结果，导致产生于欧亚大陆的马在这里作为一个引入物种出现。

3．载畜量对马放牧的影响　很少有研究分析马的不同放牧方式对植被多样性的影响。连续放牧下载畜量的影响是一些研究的唯一目标。冰岛的科学家，在 8 年时间里，分析了三种载畜量（190kg BW/hm^2，330kg BW/hm^2，406kg BW/hm^2）对马的夏季放牧的影响（Magnusson and Magnusson，1990）。载畜量最高时，植物株高、均匀性下降（平均高度＜5cm），同时裸露土壤比例增加，从而导致苔藓植物新物种的生长。这些物种，适应北方地区特定的气候条件，有助于增加环境物种的丰富度，但是对动物的生产意义不大。优先被马啃食的物种［黑莎草和普通翦股颖（翦股颖属）］分布量的下降对耐放牧物种、更适应干扰和矿物依赖栖息地的物种更加有利。

在利木赞（法国中西部，海拔 430m）的沃土，INRA 和 IFCE 从 5 月中旬到 7 月底和 9 月初至 11 月中旬定量分析了 5 组和 3 组马不断放牧对 2.7hm^2 土地的影响（Fleurance et al.，2010）。这两种载畜量（1000kg BW/hm^2 和 600kg BW/hm^2）使得豆科植物发生了不同的演替，高载畜量 4 年后，放牧区域豆科种类由 4% 增加到 16%，而在较轻载畜量下，一直保持在 8%。另外，4 年后，物种丰富度（平均单位面积 28 个植物物种）并不受载畜量的影响。多年的处理后，在普瓦特万湿地（法国中西部，靠近大西洋沿岸）的自然湿润草原，得到一个类似的结论，植物物种的种类（单位面积平均 44 种）不受 300～900kg BW/hm^2 马的载畜量的影响（Amiaud，1998）。这两个结果可以由研究的不同载畜量下马的放牧区内植被存在混杂结构（即高矮草地块镶嵌）来解释。

家养草食动物中，马的特点决定它们可以用于特定放牧区域。由于它们具有双排门齿，它们能够啃食散在它们粪便周围的一些高草组成，利用该放牧区（第 10 章，2.2.1 节）。有些研究人员在矮草和高草交错的这种对植被功能性差异有益的区域，观察到某种年际稳定性。在普瓦特万湿地的自然草原中，研究表明，在马放牧的条件下，植物结构的多样性比纯粹的牛放牧区或非放牧区域更丰富。

4．*与牛的互补性可能会增加混合放牧的价值*　马在牧场的喂养模式与牛的很相似。尽管如此，马比反刍动物更少食用双子叶植物，因为它们不能除去这些植物的次生代谢物的毒性，因此它们是选择草的专家（第 10 章，2.2.1 节）。一些研究人员为草食动物（牛、羊、马）对永久性草地物种丰度和双子叶植物的丰富度的重要影响提供了证据（Stewart and Pullin，2008）。即使绝对数量有限，在牧马场双子叶植物的丰富度更大。另外，在较低载畜量的情况下，马似乎比牛更缺少控制木本植物扩张的能力。在荷兰，牧马的自然湿地草原中黑色接骨木（欧洲接骨木）能够快速入侵，而这个现象在相同载畜量的牛的放牧区域则显著地减少（Vulink et al.，2000）。在比利时，有些研究人员观察到牛能有效利用匍匐柳（柳属），而马却不能阻止草地中该物种的入侵。INRA 在潮湿的低山区（法国中央高原）的研究显示，马的践踏对蓝莓的某些低生根枝的增长有重要作用（LoiSeau and Martin-Rosset，1988）。

由于其消化生理的特点，马对食物颗粒大小的要求比反刍动物的小。这种情况下，马的采食量不受植被质量的限制。相比于牛，马的摄食量较高，尤其是粗饲草（第 10 章，2.1.2 节），从而在相似载畜量下能更加有效地控制植被。在韦尼耶湿地（法国中西部，大西洋沿岸），相对普通灯心草（灯心草属）消耗量小的牛，马可以有效限制它的数量（Lecomte and Le Neveu，1992）。在温带山区（法国的中央山脉），同牛的放牧相比，马强大的采食能力同样会使饲料价值较低的饲草，如甘松草、曲芒发草（发草属）发生显著的退化，而改进饲草价值较高的草，如红狐茅（羊茅属）、剪股颖（剪股颖属）的生长（图 14.2）。

因此，相比牛的放牧，马的放牧提高了牧场植被的饲料价值，增加了物种的丰度。在牛和马混合放牧后的牧场，再放牧马，会减少这些积极效应，而牧马后再进行马、牛混合放牧，会产生有益的影响（Loiseau and Martin-Rosset，1988）。与羊的放牧截然相反，马的放牧限制了甘松的传播，并改善了草场草料的价值（Martin-Rosset et al.，1981）。

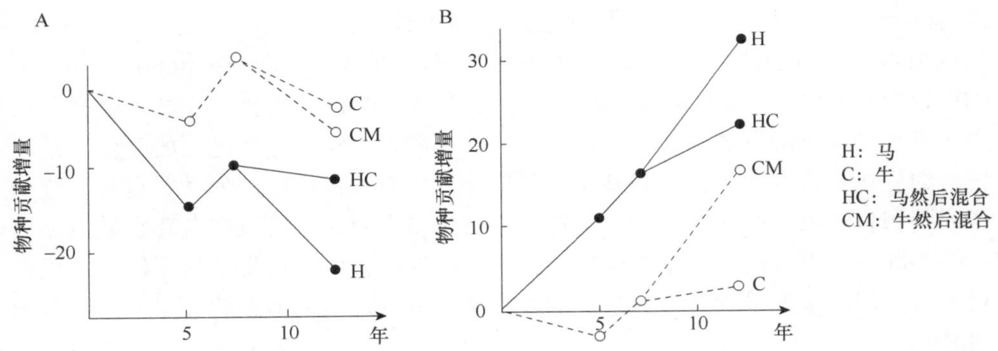

图 14.2　超过 12 年单物种或混合放牧对牧草的低（A）或高（B）粗饲料价值的物种贡献（SC）差异（引自 Loiseau and Martin-Rosset，1988）

混合放牧是基于动物采食选择的互补性，以达到对多元化的资源的最佳利用。在普瓦特万湿地，马、牛的混合放牧对植物的多样性是最有利的，并改善了马很少利用的高草区的构成。实际上，牛不能啃食接近地面的草，不得不在高草区放牧，从而限制了这些区域喜氮植物的发展（Loucourgaray et al.，2004）。在普通山区，INRA 也通过试验得出结论，相对于单纯放牧牛，马、牛的混合放牧对控制木质植物：桦树（桦木属）、山杨（山杨属）、银柳（银柳属）、普通榛树（榛属）的早期生长具有重要意义（Carrere et al.，1999）。尽管如此，在这些物种上大量放牧，未能控制已经建立起来的苏格兰金雀花（金雀花属）的发展。为了解释以上讨论的明显矛盾的结果，成年植物和幼苗的采食及践踏的相对影响更值得去分析。

14.1.2　马的放牧对动物群落的影响

1．*大型草食动物对草原动物多样性的作用方式*　　大型草食动物对维持草原上动物的多样性具有重要的意义。和植物的多样性一样，一个适度的放牧强度产生的不均匀性可以增加栖息地的丰度，改善动物物种的多样性。然而，如果为了达到保护生物种群的目标而进行放牧，必须优先考虑放牧强度，使动物的生物周期机能合理化（van Wieren，1998）。

鸟类被广泛地应用于研究其对大型草食动物放牧的应答。通过放牧形成的个别物种生存的不同的高度，对几种生命机能具有重要的作用。许多物种应用高茎牧草区域筑巢，因此对放牧强度的增加尤其敏感。另外，大型草食动物啃食优势物种，小型食草禽类也需要高质量的满足其营养需要的矮草。在苇丛河床，大型草食动物可以增加可用的水面区域，这些区域可供动物休憩、觅食（如鸭、白骨顶鸡）或者筑巢（如鹇鹇）。大多数草原的小型哺乳动物更喜欢高茎植物的覆盖以逃避捕食者。对无脊椎动物而言，大型草食动物放牧的主要负面影响是某些群落内开花植物数目减少、废弃物数量和植物的覆盖高度下降、小气候更极端。根据放牧后植被结构的变化，昆虫种群迅速重新调整（Dumont et al.，1999）。INRA 的研究发现，与高载畜量相比，在低载畜量时，直翅目（蚱蜢、蟋蟀）和鳞翅目（蝴蝶）的种类和数量快速增长。在高载畜量时，这些昆虫的变化与开花植物的变化接近。然而，高载畜量对其他物种具有积极作用，如某些食粪金龟子科或鞘翅目昆虫需要矮草区域。某些直翅目昆虫需要矮草区域或者在它们生命周期的不同时期需要高且密集的植物覆盖。总的来说，由于栖息地的多样性，载畜量的减少促进了大量物种的共存，这验证了已有的理论模型并验证了大量试验的研究结果。

2．牧马与草原动物的多样性

（1）鸟类　主要在湿润地区实施的几个试验，阐明了马单独放牧或马与牛混合放牧对禽类是有利的。在卡玛格，马-牛的混合放牧增加了草食动物和食籽实水禽类动物，如赤膀鸭（鸭属）和野鸭（鸭属）（Duncan and D'Herbes，1982）。通过限制植物地上部分的生长，如海岸生芦苇（莞草属）和普通芦苇（芦苇属），家养草食动物可以增加鸟类消耗的海藻和藻类的可用光线。同样的，在荷兰，通过马和牛控制普通芦苇（芦苇属），有增加几种需要开阔栖息地猛禽［如琵鹭（琵鹭属）］的趋势（Vulink，2001）。在法国中西部自然湿润草原湿地的研究表明，食草鸭科（鹅、鸭）吃草的一个重要特点是饲草的高度，并且这一点的吸引力随家养草食动物类型（马或牛）而变化。同样，马刚啃食过的区域（草高＜4cm）因早期高质量牧草的生长，有利于欧亚野鸭（鸭属）的生存（Durant et al.，2002）。另外，灰雁（雁属）需要更丰富的草，它们偏爱牛啃食过的较高（约 10cm）、较整齐的植被。马啃食过的短植被也对食虫鸟，如麦翁禽和鹡鸰（鹡鸰属）有利，在刚放牧过的区域更容易发现捕食对象（Arlt et al.，2008；Hoste-Danylowe et al.，2010）。有时可以观察到级联效应：在北卡罗来纳州（美国）的一个岛上，马的引入减少了优势植物种类（绳草）的恢复，从而为笑鸥（鸥属）和燕鸥（燕鸥属）提供了筑巢区。马放牧区域内具有侵略行为特征鸟类的衰退，使物种丰度是非放牧区域的两倍（20 vs 10 个物种）（Levin et al.，2002）。在放牧区的鸟类中，17 个物种优先食用底栖无脊椎动物，这是由于马踏开了堤岸，提高了这些食物的可及性。

阿根廷进行的一项研究，证明了不同的放牧压力对鸟类的影响（Zalba and Cozzani，2004）。据观察某些鸟类，如南方麦鸡（麦鸡属），专门出现在高载畜量（30 匹马 /km²）的区域，而其他的鸟类，如鹨（鹨属），更喜爱低载畜量区域（6～17 匹马 /km²）。通常，相对于高载畜量的地区，马密度适中或无马放牧的地区，拥有较高的物种丰度和数量很大的鸟类。高载畜量放牧区缺乏多样的栖息地，蛋的捕食压力升高了 5 倍。

（2）*小型哺乳类动物* 一些研究分析了马的放牧对小型哺乳动物数量的影响。在卡玛格，田鼠移居到马未放牧的鸭茅属地区，可能是由这里覆盖植被高度的增加和土壤疏松所致（Duncan，1992）。在新森林，远离马、牛、鹿的混合放牧区域物种多样性和小型哺乳动物（小鼠、田鼠和鼩鼱）的数量规模较大（Hill，1985）。然而，研究证明了大型哺乳动物放牧的促进效应：兔子适应大型哺乳动物包括马的啃食区域，不适应它自身啃食的区域（Oostervelt，1983）。

（3）*无脊椎动物* 在喀斯梅让镇（法国南部中心干旱高原）的干旱草甸区域，分析了马的放牧对直翅目数量的影响（Tatin et al.，2000）。除高草区外，与非放牧区相比，马放牧区域（根据植被情况，载畜率为 1.9～5.4 匹马 /hm^2）高草的数量大幅度减少。直翅目在放牧区有 19 种，非放牧区有 16 种，有 14 种在两个区域共同出现。5 个物种只出现在以开放栖息地为特征的放牧区草地上。然而，放牧没有显著地影响直翅目物种的丰度。INRA 和 IFCE 研究表明，肥沃草地的两种不同载畜量（1000kg BW/hm^2 和 600kg BW/hm^2）下，4 年之后，在低载畜量下，由于草比较高（>10cm），丰富了甲壳虫和蚱蜢的种类（Fleurance et al.，2010）。然而，甲壳虫和蚱蜢的物种丰度不受载畜量的影响。在瑞典的半天然草场，绵羊对开花植物的定向选择限制了花蜜的可得性，结果影响了蝴蝶种类的丰度。相反，马放牧的区域有较高数量的蝴蝶种类，与放牧牛的区域或者未放牧区统计的相同（图 14.3）。在韦尔涅湿地，与密集使用区域或未放牧区相比，马和牛广泛放牧区域食蚜蝇科（食花昆虫）的物种丰度增加了。

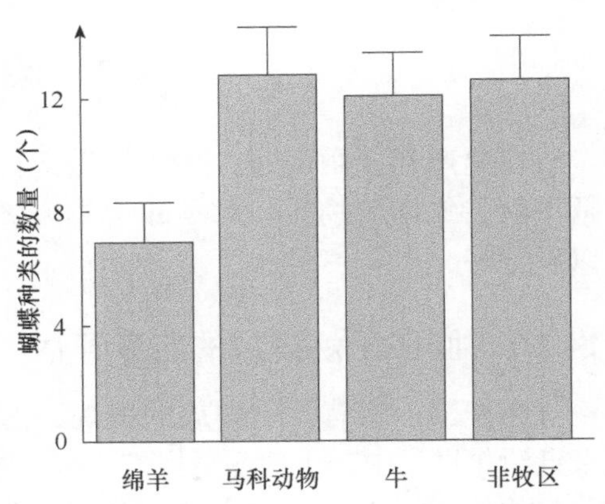

图 14.3 放牧对半天然草场蝴蝶物种丰度的影响（引自 Ockinger et al.，2006）

在草地上，蚯蚓是脊椎动物的食物，并刺激土壤种子库的垂直迁移，因此在生物多样性的维护方面起到了决定性的作用。在罗纳河谷（法国）进行的研究表明，几年没放牧的地方蚯蚓生物量也相对较低，经过 3 年的广泛牧马，蚯蚓生物量可以增加 10 倍。一项瑞士的关于放牧草食动物（马、牛、羊）对永久高地草原陆地蜗牛的影响的研究表明，物种丰度及蜗牛的丰度与草食动物类型无关。然而，随着放牧强度的升高，物种丰度确实下降了（Bochi and Baur，2007）。

14.1.3 结论

在欧洲国家，随着马匹数量的增加，牧草作为食物资源使得它们在牧场生态系统管理中发挥重要的作用。马也作为保护自然空间的工具。然而，关于牧马对草原生物多样性的影响的参考文献仍然有限。由于这一事实，在本章中，我们详尽地阐述了所有法国和国际上在该方面的工作。大多数可用的结果都是在特定的环境中，主要是湿地获得的。马有许多优点，在保护或提高草地生物多样性方面可以和反刍家畜互补。特别是马的特点为具有采食劣质牧草的能力，该能力可以用来控制有竞争优势的草和保持开放的环境。它们的可变放牧方式（即它们能将以高草为基础的放牧区域维持得很好），至少在一段时间内促进大量的动植物共存。它们采食阔叶植物不如反刍动物广泛，但后续的研究需要确定这种行为对增强开花植物多样性和传粉昆虫有利。马的践踏也可能限制木本植物的生长。相关的机制似乎是已知的，但大多数环境和保护计划的核心物种群缺少量化的结果。现有的研究也往往因为时间太短，不能评估马放牧的长期影响。在未来，为提高永久草原多样性，马管理技术必须随着其动物生产而发展，这涉及生产环境和周边的环境范围。

14.2 废　弃　物

在生产和使用期间，马匹消化饲料满足营养需要，产生废物。这些废物包括甲烷、氮和矿物质。对马和（或）矮马进行消化和代谢研究时，这些废物可以确定。

14.2.1 肠道甲烷排放的定量评估

在法国，所有动物排放的甲烷，占农业上产生甲烷的97%。排放物一方面来自消化过程中产生的肠道甲烷，另一方面来自动物排泄物。在法国，肠道甲烷总排放的45%是草食动物产生的：主要是反刍动物，马占的比例较小，因为反刍动物，如牛、绵羊、山羊的数量为3200万，马为100万。甲烷引起全球变暖的潜力比二氧化碳（CO_2）大21～23倍，但其在大气中的半衰期较短（12～20年）。因此，甲烷减排可以在几十年内对温室效应产生影响。

对马的甲烷排放量进行的评估分为三个阶段：马的影响评估，由一类马匹甲烷排放量建立预测模型预测甲烷排放量。

马的数量的估计来自发表在IFCE（有5年计划）完成的2007版ECUS年鉴上的统计数据，有不同的品种：重型、轻型（赛马、运动、休闲）、矮马、驴。为了说明每个类别的营养需要和特殊的营养供给，每个种类（种马、母马、马驹和其他马匹）的口粮类型都有规定（表14.1）。

表 14.1　法国马的排放值及甲烷排放量（引自 Vermorel et al.，2008）

	年度值（×1000）	排放量［kg/（匹·年）］	甲烷排放总量（t/年）	马科动物（%）
役用品种母马，泌乳期	51	29.4	1489	7.4
役用品种母马，未孕	38	19.4	734	3.6
役用品种幼驹，8 个月大时屠宰	27	3.7	101	0.5
役用品种幼驹，12 个月大时屠宰	7	13.5	92	0.5
后备役用品种幼驹与母驹（0～36 个月）	27	21.6	594	2.9
役用品种种马	3	22.3	60	0.3
乘用母马（赛马，运动和休闲），泌乳期	90	25.1	2273	11.2
乘用母马（赛马，运动和休闲），未孕	23	17.5	402	2.0
其他用途的马，运动与休闲	381	20.4	7784	38.5
幼驹，赛马，运动和休闲（0～36 个月）	110	19.9	2187	10.8
种马，赛马，运动和休闲	9	23.5	211	1.0
比赛用马	16	30.2	488	2.4
比赛用马，马驹（0～24 个月）	60	17.9	1071	5.3
比赛用马，母驹和公驹（24～48 个月）	60	30.2	1812	9.0
马总量	900	21.4	19 298	95.5
马驹和驴，泌乳期	13	14.6	188	0.9
马驹和驴，未孕母畜	25	10.0	252	1.2
种马，马驹和驴	2	11.5	22	0.1
马驹和驴（0～3 年）	35	12.7	442	2.2
马驹和驴总量	75	12.1	904	4.5
马科动物总量	975	20.7	20 202	100

肠道的甲烷排放量已由 1990 年 INRA 建立的以 UFC 表示的不同类别的马的能量需要进行了估计（INRA，1990）。采用 UFC 系统预测方程，将需要转换成可消化能（DE）（第 1 和 12 章）。然后用摄入消化能和由 INRA 对马进行的测量验证（Vermorel et al.，1997），估计甲烷的排放量（ECH_4，%DE）。

$$ECH_4\ (\%DE) = 7.57 - (0.12\% \times 28.4CF\%) - (0.01 \times CP\%) - (0.05 \times SC\%)$$

式中，CF 为粗纤维；CP 为粗蛋白；SC 为可溶性糖。

甲烷排放量的计算按表 14.1 中列出的马的种类进行，同时考虑马匹的状态、生理阶段（仅维持、怀孕、泌乳、生长、工作）和饲料类型，以及在马厩还是牧场中。在实践中，使用 UFC 形式的推荐配额来计算每日甲烷排放量（INRA，

1900）和在法国摄入口粮的平均组成，按 Rosset 等（2012）报道的 step-wise 过程进行。

计算得出共 975 000 只马属动物每年肠道甲烷释放量为 20 202t，这样每个动物每年的排放量为 20.7kg。哺乳期母马的数字更高一些，为 29.7kg，是奶牛计算值的 34%（Vermorel et al.，2008）。总的来说，所有的农场动物中马科动物的肠道甲烷总排放量占 1.5%，而反刍动物为 90%。

14.2.2 氮和矿物质废物的定量评估

1．粪便损失　通过收集整理在 INRA 进行的消化试验，编制化学成分和营养价值表，维持状态的体重 500kg 的成年马每日自由采食鲜草，平均产生（3.95±0.47）kg DM 粪便（变异系数＝ 11.8%）。换种方式表示，即平均每匹马摄入（9.40±0.68）kg DM（变异系数＝ 7.2%）或 19g DM/kg BW，产生的粪便量为 8g DM/kg BW。

在同一生长周期，随着收获的新鲜牧草干物质含量的增加，粪便的量从 15% 增加到 35%。放牧季节，动物产生的粪便量的个体差异，平均为 9%。该值在第一个牧草生长周期增加，在随后的周期稳定下来。

如果马补充干物质摄入量 30% 的精饲料，粪便量平均减少 12%，因为这样会减少草料的摄入量，以精饲料取代草料。舍饲喂养，精饲料摄入量每增加 1kg，草料摄入量减少 1.2kg（第 1 章，1.2.3 节中的 3．）。

（1）粪便氮的排泄　500kg 维持状态的马，自由采食天然草地牧草（每年刈割三次以上），产生的粪氮量平均为（132±24）g 粪便 CP /kg DM 或（1.02±0.11）g 粪便 CP/kg BW（表 14.2），草的刈割和收获阶段相互作用的变异系数为 10.8%。刈割之间的平均差异不大，但在春天和夏天的前 2 次刈割通常分别减少 26% 和 15%（图 14.4）。动物粪便 CP 含量的个体差异有 10.5%～13.6% 来自刈割之间，11.9%～12.7% 来自刈割内。

表 14.2　舍饲并在天然牧草绿地上自由采食的轻型马的排便量

（引自 Chenost and Martin-Rosset，1985；Martin-Rosset，未发表数据）

	摄入的化学成分（%）			摄入量（kg BW）	排量（kg BW）			季节
	DM	CP/DM	Ash/DM	g DM	g MS	g CP/DM	g Ash/DM	
第一次刈割								
阶段 1	15.0	17.9	10.4	19.0	7.0	1.21	0.11	
阶段 2	16.6	15.1	10.1	19.3	7.5	1.01	0.11	春季
阶段 3	18.4	13.6	9.2	18.6	7.8	0.90	0.12	

续表

	摄入的化学成分（%）			摄入量（kg BW）	排量（kg BW）			季节
	DM	CP/DM	Ash/DM	g DM	g MS	g CP/DM	g Ash/DM	
第二次刈割								
阶段 1	19.8	12.7	11.0	20.3	8.9	1.11	0.16	夏季
阶段 2	26.6	11.7	12.8	17.5	8.6	0.94	0.18	
第三次刈割								
阶段 1	23.3	20.5	13.8	16.3	7.4	0.97	0.10	秋季
阶段 2	26.3	15.4	20.8[a]	19.6	8.6	0.98	0.19	
平均值				18.7	7.8	1.02	0.14	
标准差				±1.3	±0.9	0.11	0.04	
变异系数（%）				7.0	11.5	10.8	28.6	

[a] 受到土壤的污染

注：DM 为干物质。CP 为粗蛋白。BW 为马的体重。Ash 为灰分

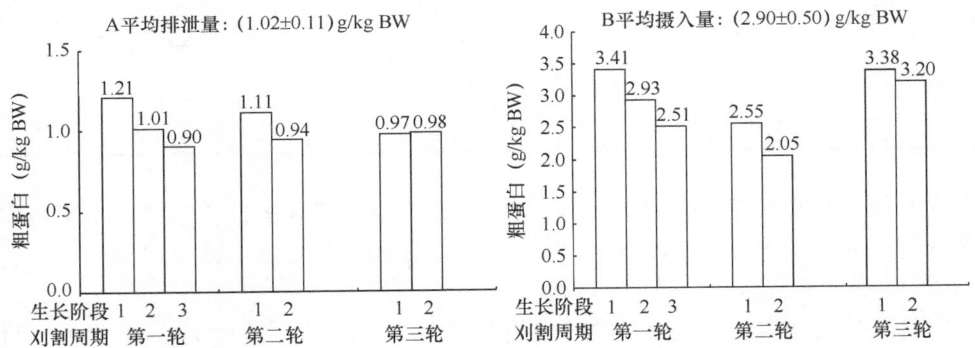

图 14.4　整个放牧季节成年轻型马自由采食消耗新鲜天然草地粗饲料摄入和排泄粪便氮的情况（改编自 Chenost and Martin-Rosset，1985；Martin-Rosset，未发表数据）

对于整个放牧季节（4～10 月：210d），500kg 的马排泄氮平均为（514±52）g CP /d，即总共 108kg 粗蛋白（或 17kg 的氮：108/6.25）。每天氮的排泄可以用成年马采食新鲜的天然草地牧草的方程辅助估计。这个方程与 INRA 建立的马采食干草的方程（表 14.3）是完全一致的（相同的参数）。然而，由于获得的数据观测值比新鲜草料的多，干草料建立的方程有一定优势。一方面，如果草料的刈割和收获阶段是已知的（第 16 章），通过阅读饲料配方表，或通过化学分析草料，可以确定牧草 CP 的含量。另一方面，为了计算每千克（估计或测量的）体重 CP 摄入量，根据表 14.4 的主要生理状态来估计干物质摄取量（第 2 章）。然而，如果马补充精饲料占总摄入 DM 的 10%～30%（1～3kg DM），粪便排泄

量降低 5%～15%，则非消化 CP（g/kg DM 粪便）＝58－0.285*C*（%）（Martin-Rosset and Dulphy，1987）。

表 14.3 依据马从天然草地牧草中粗蛋白及 AS 摄入量，估算粗蛋白总量（g CP 粪便）和总灰分（g AS 粪便）（引自 Martin-Rosset and Fleurance，未发表数据）[1]

方程	R^2	残差	CV（%）[2]
g CP[1] 粪便 /kg BW＝0.331＋0.256（g CP[1] 摄入量 /kg BW）	0.866	0.11	11.2
g AS[3] 粪便 /kg BW＝0.370＋0.358（g AS 摄入量 /kg BW）	0.548	0.16	16.3

[1] 粗蛋白＝N×6.25。[2]CV 为变异系数。[3]AS 为灰分

表 14.4 每日干物质消耗量：所列数值以 g/（kg · d）计

成年马体重	轻型马种	役用马种
	500kg	700kg
生理状态		
成年马	20～21	23～34
母马		
妊娠期	18～20	20～22
泌乳期	20～28	23～31
年轻马（1～3 年）	19～23	21～26

粪便氮排泄由 85%～95% 的蛋白质构成，其中 57% 来自微生物，43% 是内源性蛋白（黏液和消化酶，第 1 章）和植物细胞壁不能消化的蛋白质（第 1 和 12 章）。粪便中只有 5%～8% 的氨氮。

每天的粪便数量随饲喂动物的种类及其生理状态而变化。作为一个指征，目前在牧场上的哺乳期母马所产生的粪便量比相同重量维持状态成年马多 35%～40%。母马的摄入量很高，在 90～160g DM /kg $BW^{0.75}$，而维持状态的马的摄入量为 75～115g DM /kg $BW^{0.75}$（第 1 章）。当采食相似的基础日粮，重型马比轻型马每千克体重平均多产生 15%，因为重型马以每千克体重表示的摄入水平也较高（Martin Rosset et al.，1990）。

在提供相似草料且自由采食情况下，以每千克体重表示的生长期马的粪便重量接近维持状态的成年马，因为所采食量相似：年轻马和维持状态的成年马分别为 97～108g DM 和 75～115g DM /kg $BW^{0.75}$（第 1 章，表 1.5）。

在实践中，应确定采食新鲜草料，表示成每千克体重摄入草料的干物质中氮含量来使方程生效。如果草料的刈割和营养阶段是已知的，可以从饲料成分表（第 6 章）中读取饲料中的氮量，或可通过实验室分析提供相应信息。表 14.4 提供采食的干物质量。

（2）*矿物质的粪便排泄*　　在同一研究中（表 14.2），如之前所揭示的那样，马粪的平均总矿物含量（或灰分）为（175±27）g/kg DM 或（1.40±0.40）g/kg BW，但具有非常高的变异系数（28.6%）。实际上矿物质含量随刈割次数的变化而变化，但即便是同次刈割，变化范围也为 14%～92%，毫无疑问，在秋天最后一次刈割的情况下，有尘土污染了草（图 14.5）。

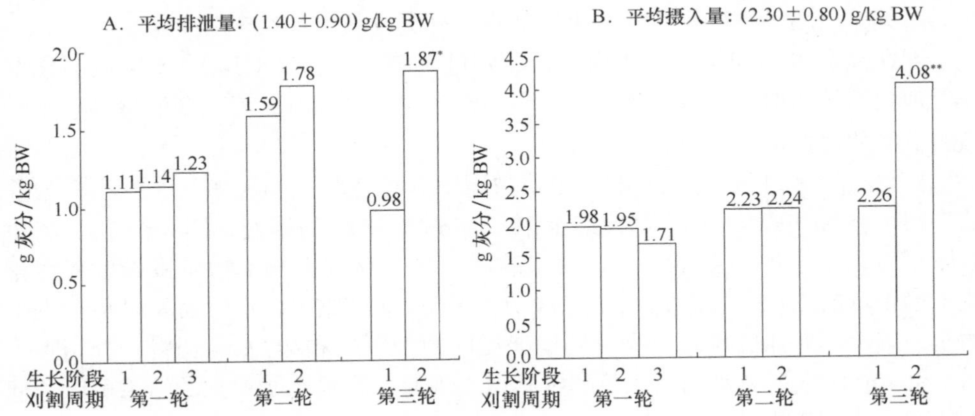

图 14.5　轻型（舍饲）马的总矿物质（灰分）摄入与排泄的总量
（引自 Chenost and Martin-Rosset，1985；Martin-Rosset，未发表数据）

整个放牧季节（210d），马矿物质排出量为（701±177）g/d，这个总输出量为 147kg。成年马只采食新鲜牧草，每天总的矿物质的排出量可以用一个中等精度的方程来估计（表 14.3）。没有评估补饲精饲料的效果，但是从舍饲观察来看，可以合理地认为，它不会有太大的影响，因为精饲料的矿物质含量相对接近牧草。

粪便中每日总矿物质排泄量与动物的种类和生理状态的氮的变化类似。马粪中钙、磷含量高，镁、钠、钾含量低（表 14.5）。

表 14.5　马粪便和尿液中的矿物质含量（mg/kg BW）（引自 Hintz and Schryver，1972，1973；Meyer，1979，1980；Schryver et al.，1970，1971a，b；van Doorn，2003）

矿物质	粪便	尿液	矿物质	粪便	尿液
钙	90～100	40～50	钠	8～30	10～30
磷	75～85	20～25	钾	15～25	125～150
镁	15～20	5～15			

500kg 的马在整个放牧季节总排泄约 10kg、8kg、2kg 和 2kg 的钙、磷、镁

和钾。这些平均的排泄量随牧草的矿物含量变化，非常多变（第 12 和 16 章）。矿物质本身在消化上的相互影响也可以起一定作用。

随着摄入量的增加，粪便中钙的排泄量增加，在一定程度上也随着磷的摄入量而增加。只有 Ca/P 不大于 2.5～3.0 的情况下，随着磷和钙的摄入量的增加，磷的排泄量增加。镁、磷和钙的摄入量增加时，则镁排泄量增加。随着钾的摄入增加，粪便钠排泄量减少。

每天排出的各种矿物质量取决于动物的种类及其生理状态。

钾在哺乳母马和年轻马体内含量非常低（第 1 章，表 1.14），矿物质消化率与生理状态是相似的。考虑到这一特点，在计算钾平衡时，泌乳期的母马和年轻马的粪便的钾含量增加 20%～30%。

2．*排尿*　根据 INRA 试验测得马厩饲养维持状态的轻型马，以草料为基础日粮（45%～90%）时，每天产生 12～25ml/kg BW 的尿液，即 6～13L。产生的尿量肯定与水的消耗量有关，而水的消耗量又反过来与干物质摄入量密切相关（第 1 章的 1.1.5 节和第 2 章的 2.3 节）。正是这个原因，水的需要以每千克干物质来表示。有研究发现，马分别饲喂相同的含 30L 和 2L 水的饲料，分别喝了 18L 和 40L 的水。总水的摄入量非常相似。因此，马厩马匹得到的结果可以合理推断那些牧场放牧马匹的情况。

（1）*尿氮的排泄*　在 INRA 进行的粪便氮排泄研究的同一个研究中，对马厩中饲喂基础草料的相同成年的轻型马进行了尿氮排泄量测量（Martin-Rosset et al.，1984，1990；Vermorel et al.，1997）。饲喂基础草料，根据 INRA 进行的平衡研究，补充或不补充精饲料，当氮的摄入量从 0.7g N/kg $BW^{0.75}$ 增加到 1.7g N/kg $BW^{0.75}$，成年的 500kg 马尿液中氮的含量为 0.5～1.2g N/kg $BW^{0.75}$。

尿氮排泄量可以使用表 14.6 提供的两个方程之一进行预测。

表 14.6　进食牧草及精饲料的条件下，从氮的消化量（g N 摄入量 /kg $BW^{0.75}$）中预测日常尿氮的排量（引自 Vermorel et al.，未发表的数据）[1]

方程	R^2	残差	CV[2]（%）
mg N 尿液/kg $BW^{0.75}$ ＝548.13g N 摄入量 ×$BW^{0.75}$＋47.17	0.716	93.8	13.7
mg N 尿液/kg $BW^{0.75}$＝6.04g DMI[1]×$BW^{0.75}$＋94.91CP（% DM）－753.09	0.824	74.4	10.9

[1] DMI 为干物质摄入量。[2] CV 为变异系数

500kg 马每天氮排泄量为 53～80g/d 或 331～500g CP/d。经过一个 210d 的放牧季节，马将总共排泄 70～105kg 粗蛋白（N×6.25×210），相当于 11～17 单位氮肥［（70～105）/6.25］。

（2）*尿中矿物质的排泄*　马尿含各种矿物质，钾含量丰富，钙含量大，

磷和钠含量有限，镁含量低（表 14.5）。一个完整的放牧季节，一匹成熟的 500kg 马将分别排泄约 5.0kg、2.5kg、1kg、1.5kg 和 14kg 的钙、磷、镁、钠和钾。这些值看似很确定，但牧草的矿物质含量在植物物种之间和整个放牧季节过程中都会变化（第 12 和 16 章）。矿物质之间也相互作用，会有一定影响。

尿液中各种矿物质的排泄量一般随摄入水平的增加而增加。与此相反，钙摄入水平增加时，排泄减少，这就是饮食中 Ca/P 的比例应保持在 1.5～2.0 的原因（第 2 章）。钙的摄入量增加，镁排泄增加，但随磷摄入量增加而下降。钾摄入量增加时钠排泄减少。

尿中不同矿物质的排泄量随消化率的变化而变化，跟粪便中钾的排泄情况一致（第 1 章，表 1.14）。

14.2.3 粪肥

1．产量　所有马匹都产生粪便，但在法国饲养或使用的百万匹马中，约有 60% 产生的粪便经过处理和处置。这些粪便主要来自赛马、运动、休闲马和许多矮马。在冬季，母马和它们的马驹饲养在马厩或宽松的马房里，而工作的马几乎一整年都被安置在马厩中，除了一小部分休闲马和矮马。越来越多的工作马集中在城郊地区：培训场所，聚集着数百匹赛马。在这些地区也有大量（7500 个）马术中心。若一匹平均重达 500kg 的马每年产生约 20t 粪肥（粪便＋尿＋垫草＝粪肥），则马群产生的粪肥总量是以数百万吨为单位的，这种近似值也可能随垫草（秸秆、亚麻、大麻、木屑或短碎木纤维）的性质而变化。

如今重视环境，有效地利用这一资源的技术有三个主要的选择：蘑菇生产、堆肥和能源生产。所有这些过程和其可能性在农业部、环境和健康（通过 DASS 机构）等官方的管理文件和可用的出版物中都有详细描述，强烈建议咨询。FIVAL（法国比赛及休闲用马跨行业联合会）在 2006 年编辑了一个题为“更好地管理马粪”的实用指南（www.fival.info）。IFCE（www.ifce-haras-nationaux.fr）编辑的题为“马粪堆肥场”实用指南，以及马竞争力群组（www.cheval-fumier.com）编辑的“甲烷化”或“燃烧”也是有用的信息来源。

2．粪肥的主要理化特征　粪肥的特性随秸秆（或其他垫草）含量的不同而不同，储存的时间和质量也如此（表 14.7）。粪肥和高的秸秆 / 粪便（秸秆和粪便混合，秸秆比例较高）相比，干物质含量、总氮和 C/N 之间都有很大的不同，如表 14.7 中“秸秆列”和“储存”列（比例低、腐熟好）。粪肥有机质含量高，总氮含量高，氨氮含量低，是磷、钾的主要来源。

表 14.7 粪肥和堆肥的化学构成（引自 FIVAL，2006；IFCE，2007）

成分（kg）	粪肥				堆肥			
	‘稻草基质肥’（kg 原料）	‘储存粪肥’[1]（kg 原料）	标准含量		最低含量（kg 原料）	最高含量（kg 原料）	平均含量	
			kg 原料	kg 干基质			kg 原料	kg 干物质
干物质	66.4	42.1	54.0	—[2]	38.0	45.0	41.0	—
有机物	54.6	18.4	41.0	89.1	11.0	17.0	14.0	23.7
pH	7.6	8.0	—	—	7.7	8.0	7.7	—
总氮	8.7	6.2	8.2	17.8	4.1	6.2	5.2	8.8
碳 / 氮	37.2	17.7	—	—	14.0	18.0	16.0	16.0
氨基氮	—	—	2.1	4.6	—	—	—	—
P_2O_5	3.7	3.1	3.2	7.0	2.9	4.6	3.7	6.3
K_2O	17.0	12.2	9.0	19.6	5.4	10.3	7.9	13.4
MgO	—	—	2.0	4.3	—	—	—	—
CaO	—	—	—	—	7.7	16.4	12.1	20.5

[1] 储存两个月。[2] 无有效数据

3．增值技术

（1）蘑菇生产基质　从 1996 年开始，每年利用 1 260 000t 粪便生产白蘑菇（Champignon de Paris），主要用于出口。现今这个行业，已经历了重大的结构调整，仅使用约 500 000t 粪便（FIVAL，2006）。

（2）堆肥　由于肥料元素含量低，鲜粪很少在农业上应用。鲜粪在土壤中微生物作用下释放大量的氨氮，不能被农作物所利用。鲜肥可能会污染土壤和种子，而且鲜肥中可能会有动物病原体，因此事先堆肥是最好的。

堆肥过程包括初始产物的转化，起堆成行，在微生物作用下经过 10～12 周，温度升高至 50℃，间隔 4～6 周进行 2 次翻堆（IFCE，2007）。这个过程的一个主要目标是 C/N＜30，产生农业过程中有用的成分（表 14.8）。

表 14.8 堆肥的农业价值（引自 IFCE，2007）

	N	P	K	Ca	Mg
农业单位	5.2	3.7	7.9	12.1	1.6

在农业企业，生产和运输堆肥成本低于购买和运输化肥的成本：62 €/hm^2 vs 89 €/hm^2（IFCE，2007）。

（3）能源生产　无论是直接通过燃烧还是通过间接生产甲烷，粪便可以有效地用于能源生产。

1）燃烧。目的是在设备中通过燃烧生物质产生热。粪中含有稻草或木屑，所以这种方法是可行的。残留物只含有灰分（矿物质），占初始体积的10%～15%。其经济上的可行性已进行了讨论（FIVAL，2006）。

2）热电联产。这是燃烧和甲烷生产之间的中间过程。它由附在热交换器上的焚烧炉中焚烧粪便构成，将热能转化成蒸汽或电的形式。在马饲养密度比较高的地区，这个过程具有特别的意义，可以为邻近的热电联产机组提供材料（FIVAL，2006；Equine Competitiveness Cluster，2000：www.pole.filiere-equine.com）。这个过程可以改善焚化炉的环境影响。

3）沼气生产。这个过程的目的是生产可再生能源：甲烷和有价值的沼渣。它是指在厌氧情况下，生物质被微生物降解的生物学过程。厌氧分解产生沼气，主要产物是甲烷和沼渣，占初始产品的80%～90%，含N、P、K。甲烷用来产生热或电，而沼渣的价值是用作一种有机的土壤添加剂。这个过程使用以秸秆为基础的有机肥，而以木屑为基础的肥料的产甲烷潜力小得多（FIVAL，2006；Equine Competitiveness Cluster，2000）。

14.2.4　结论

马产生少量甲烷。与反刍动物相比，马对温室效应气体的贡献不大。马在放牧季节，每年贡献20～40单位的氮，其中60%来自尿液。这些贡献不均匀分布在放牧区，所以粪肥分布应该进行适当的校正（第10章）。粪便和尿液中的矿物质的贡献是重要的。在放牧区，这些在数量和质量上也不是均匀地分布，这就要求特别是对氮进行矫正（第10章）。可通过粪便和尿液的简单和常见的指标，调整放牧强度以控制马匹排泄物的总氮和矿物质的分布。不幸的是，各种矿物质的排泄不能准确地预测，所以预测方程尚无法提供。可以通过使用本章参考的文献中报道的粪便和（或）尿中矿物质含量及本章提供的粪便和尿液的量，评估各种矿物质的排泄量。

舍饲的马匹，氮和矿物质的排出主要在粪中。随着产生的马粪越来越多，亟须高效利用马粪的方法，并付之于实施，特别是在马匹数量不断增加的城郊马术训练中心。

参考文献

Archer, M., 1973. The species preference of grazing horses. J. Br. Grassland Soc., 28, 123-128.

Boschi, C. and B. Baur, 2007. The effect of horse, cattle and sheep grazing on the diversity and abundance of land snails in nutrient-poor calcareous grasslands. Basic and Applied Ecology, 8, 55-65.

Carrère, P., D. Orth, R. Kuiper and N. Poulin, 1999. Development of shrub and young trees under extensive grazing. *In*: Proceedings of the International Occasional Symposium of the European Grassland Federation, Thessaloniki, Greece, pp. 39-43.

CCME (Canadian Council of Ministers of the Environment), 2002. Canadian Environmental Quality Guidelines. Canadian Water Quality Guidelines for the Protection of Agricultural Water Uses. Chapter 5 (update).

Celaya, A., L.M.M. Garcia, U. Rosa-Garcia, R. Martinez and K. Osoro, 2012. Heavy grazing by horses on heathlands of different botanical composition. *In*: Saastamoinen, M., M.J. Fradinho, S.A. Santos and N. Miraglia (eds.) Proceedings, forage and grazing in horse nutrition, Portugal. EAAP Publication no. 132. Wageningen Academic Publishers, Wageningen, the Netherlands, pp. 219-226.

CITEPA, 2007. Emissions dans l'air: données nationales sur le méthane. http://www.citepa.org/emissions/nationale/Ges/ges_ch4.htm.

Dumont, B., A. Farruggia, J.P. Garel, P. Bachelard, E. Boitier and M. Frain, 1999. How does grazing intensity influence the diversity of plants and insects in a species-rich upland grassland on basal soils. Grass Forage Sci., 64, 92-105.

Duncan, P., 1992. Horses and grasses: the nutritionnal ecology of equids and their impact on the camargue. *In*: Billings, W.D., F. Golley, O.L. Lange, J.S. Olson and H. Remmert (eds.) Springer-Verlag, New York, USA, pp. 287.

Duncan, P. and J.M. D'Herbes, 1982. The use of domestic herbivores in the management of wetlands for waterbirds in the Camargue, France. *In*: Managing wetlands and their birds. International Waterfowl Research Bureau, Slimbridge, UK.

Durant, D., G. Loucougaray, H. Fritz and P. Duncan, 2004. Feeding patch selection by herbivorous Anadidae: the influenc of body size and of plant quantity and quality. J. Avian. Biol., 35, 144-152.

Durant, D., G.H. Fritz, M. Briand and P. Duncan, 2002. Principles underlying the use of wet grasslands for wintering herbivorous ducks and geese, and their management implications. *In*: Durand, J.L., J.C. Emile, C. Hugghe and G. Lemaire (eds.) Multi-function grasslands. Grassland Science in Europe,7, pp. 916-917.

Edwards, P.J. and Hollis S., 1982. The distribution of excreta on new forest grassland used by cattle, ponies and deer. J. Appl. Ecol., 19, 953-964.

FAO, 2006. Livestock's long shadow, environmental issues and options. Report, pp. 408.

Ferreira, L.M.M., A. Celaya, U. Garcia, A.S. Santos, R. Rosa-Garcia, M.A.M. Rodriguez, K. Osoro, 2012. Foraging behaviour of equines grazing on partially improved heathlands. *In*: Saastamoinen, M., M.J. Fradinho, S.A. Santos and N. Miraglia (eds.) Proceedings, forage and grazing in horse nutrition. EAAP Publication no. 132. Wageningen Academic Publishers,

Wageningen, the Netherlands, pp. 227-230.

FIVAL, 2006. Pour mieux géer un fumier de cheval. Haras Nationaux Editions, Paris, France, pp. 40.

Fleurance, G., N. Edouard, C. Collas, P. Duncan, A. Farruggia, R. Baumont, F. Lecomte and B. Dumont, 2012. How do horse graze pastures and affect the diversity of grassland ecosystems? *In*: Saastamonien, M., M.J. Fradibho, S.A. Santos and N. Miraglia (eds.) Forages and grazing in horse nutrition. EAAP Publication no. 132. Wageningen Academic Publishers, Wageningen, the Netherlands, pp. 147-162.

Hill, S.D., 1985. Influences of large herbivores on small rodents in the New Forest, Hampshire. PhD Thesis, University of Southampton, UK.

Hintz, H.F. and H.F. Schryver, 1972.Nitrogen utilization in ponies. J. Anim. Sci., 34, 592-595.

Hintz, H.F. and H.F. Schryver, 1973. Magnesium, calcium and phosphorus metabolism in ponies fed varying levels of magnesium. J. Anim. Sci., 37, 927-930.

Hintz, H.F. and H.F. Schryver, 1976. Potasium ùetabolism in ponies. J. Anim. Sci., 42, 637-643.

Hintz, H.F., D.E. Hogue, E.F. Walker, J.E. Lowe and H.F. Schryver, 1971. Apparent digestion in various segments of the digestive tract of ponies fed diets with varying roughage-grain ratios. J. Anim. Sci., 32, 245-248.

IFCE, 2007. Le compostage du fumier de cheval en élevage. Guide pratique. Haras Nationaux Editions, Paris, France, pp. 11.

IPCC, 2006. IPCC guidelines for national greenhouse gas inventories, agriculture, forestry and other land; Emissions for livestock and manure management, 4. Chapter 10. pp. 87.

Lamoot, I., C. Meert and M. Hoffmann, 2005. Habitat use of ponies and cattle foraging together in a coastal dune area. Biol. Cons., 122, 523-536.

Lawrence, L., J. Bicudo, J. Davis and E. Wheeler, 2003. Relationships between intake and excretion for nitrogen and phosphorus in horses. *In*: 18th ESS Proceedings, USA, pp. 306-307.

Lecomte, T., 2008. La gestion conservatoire des écosystèmes herbacés par le pâturage extensif: une contribution importante au maintien de la diversité fongique fimicole. Bulletin mycologique et Botanique Dauphiné-Savoie, 191, 11-22.

Lecomte, T. and C. Le Neveu, 1992. Dix ans de gestion d'un marais par le pâturage extensif: comparaison des phytocénoses induites par des chevaux et des bovins (Marais Vernier, Eure, France). *In*: 18ème Journée Recherche Equine Proceedings. Haras Nationaux Editions, Paris, France, pp. 29-36.

Levin, P.S., J. Ellis, R.Petrik and M.E. Hay, 2002. Indirect effect of feral horses on estuarine communities. Cons. Biol., 16, 1364-1371.

Loiseau, P. and W. Martin-Rosset, 1988. Evolution à long terme d'une lande de montagne pâturée par des bovins ou des chevaux. Ⅰ. Conditions expérimentales et évolution botanique. Agronomie, 8, 873-880.

Loiseau, P. and W. Martin-Rosset 1989. Evolution à long terme d'une lande de montagne pâturée par des bovins ou des chevaux. Ⅱ. Production fourragère. Agronomie, 9, 161-169.

Loucougaray, G., A. Bonis and J.B. Bouzillé, 2004. Effects of grazing by horses and/or cattle on the diversity of coastal grasslands in western France. Biol. Cons., 116, 59-71.

Martin-Rosset, W., M. Vermorel and G. Fleurance, 2012. Quantitative assessment of enteric methane emission and nitrogen excretion by equines. *In*: Saastamonien, M., M.J. Fradibho, S.A. Santos and N. Miraglia (eds.) Forages and grazing in horse nutrition. EAAP Publication no. 132. Wageningen Academic Publishers, Wageningen, the Netherlands, pp. 485-492.

Martin-Rosset, W., P. Loiseau and G. Molenat, 1981. Utilisation des pâturages pauvres par le cheval. Bull. Tech. Information, 362-363, 587-608.

Marion, B., A. Bonis and J.B. Bouzille, 2010. How much does grazing-induced heterogeneity impact plant diversity in wet grasslands? Ecoscience, 17(3), 1-11.

McCann, J.S. and C.S Hoveland, 1991. Equine grazing preferences among winter annual grasses and clovers adapted to south-eastern United States.J. Equine Vet. Sci., 11, 275-277.

Menard, C., P. Duncan, G. Fleurance, J.Y. Georges and M. Lila, 2002. Comparative foraging nutrition of horses and cattle in European wetlands. J. Appl. Ecol., 39, 120-133.

Meyer, H., 1979. Magnesiumstoffweschsel und magnesiumbedarf des pferdes. Übers. Tierernähr., 7, 75-92.

Meyer, H., 1980. Na-Stoffwechsel und Na-Bedarf des Pferdes. Über. Tierernähr., 8, 37-64.

Ockinger, E., A. E. Eriksson and H.G. Smith, 2006. Effects of grassland abandonment, restoration and management on butterflies and vascular plants. Biol. Con., 133, 291-300.

Ödberg, F.O. and K. Francis-Smith, 1976. A study on eliminative and grazing behaviour—The utilization of field captive horses. Equine Vet. J., 8, 147-149.

Olff, H. and M.E. Ritchie, 1998. Effects of herbivores on grassland plant diversity. TREE, 13, 261-265.

Ort, D. P., P. Carrere, A. Lefevre, P. Duquet, Y. Michelin, E. Josien and G. L'Homme, 1998. L'adjonction de chevaux aux bovins en conditions de sous-chargement modifie t'elle l'utilisation de la ressource herbagère? Fourrages, 153, 125-138.

Osoro,K., L.M.M. Ferreira, U. Garcia, R. Rosa-Garcia, A. Martinez, R. Ckinger, A.K. Eriksson and H.G. Celaya, 2012. Grazing systems and the role of horses in heathland areas. *In*: Saastamonen, M., M.J. Fradinho, S.A. Santos and N. Miraglia (eds.) Forages and grazing in horse nutrition. EAAP Publication no. 132. Wageningen Academic Publishers, Wageningen, the Netherlands, pp. 137-146.

Pratt, S.E., L.M. Lawrence, T. Barnes, D. Powell and L.K. Warren, 1999. Measurement of ammonia concentrations in horse stalls. *In*: 16th ESS Proceedings, USA, pp. 334-335.

Putman, R.J., A.D. Fowler and S. Tout, 1991. Patterns of use of ancient grassland by cattle and horses and effects on vegetational composition and structure. Biol. Cons., 56, 329-347.

Putman, R.J., P.J. Edwards, J.C. Mann, R.C. How and S.D. Hill, 1989. Vegetational and faunal changes in an area of heavily grazed woodland following relief of grazing. Biol. Cons., 47, 13-32.

Rook, A.J., B. Dumont, J. Isselstein, K. Osoro, M.F. WallisdeVries, G. Parente and J. Mills, 2004. Matching type of livestock to desired biodiversity outcomes in pasture: a review. Biol. Cons., 119, 137-150.

Schryver, H.F., P.H. Craig and H.F. Hintz, 1970. Calcium metabolism in ponies fed varying levels of calcium. J. Nutr., 100, 955-964.

Schryver, H.F., H.F. Hintz and P.H. Craig, 1971a. Calcium metabolism in ponies fed high phosphorus diet. J. Nutr., 101, 259-264.

Schryver, H.F., H.F. Hintz and P.H. Craig, 1971b. Phosphorus metabolism in ponies fed varying levels of phosphorus. J. Nutr., 101, 1257-1263.

Van Doorn, D.A., 2003. Equine phosphorus absorption and excretion. Thesis, Utrecht University, Utrecht, the Netherlands, pp. 125.

Van Doorn, D.A., M.E. Van der Spek, H. Everts, H. Wouterse and A.C. Beynen, 2004. The influence of calcium intake on phosphorus digestibility in mature ponies. J. Anim. Physiol. Anim. Nutr., 88, 412-418.

Van Wieren, S.P., 1998. Effects of large herbivores upon the animal community. *In*: WallisdeVries, M.F., J.P. Bakker and S.E. Van Wieren (eds.) Grazing and conservation management. Kluwer Academic Publisher, London, UK, pp. 185-214.

Vermorel, M. and W. Martin-Rosset, 1997. Concepts, scientific bases, structure and validation of the French horse net energy system (UFC). Livest. Prod. Sci., 47, 261-275.

Vermorel, M., J.P. Jouany, M. Eugène, D. Sauvant, J. Noblet and J.Y. Dourmad, 2008. Evaluation quantitative des émissions de méthane entérique par les animaux d'élevage en 2007 en France. INRA Prod. Anim., 21, 403-418.

Vermorel, M.,W. Martin-Rosset and J.Vernet, 1997. Energy utilization of twelve forages or mixed diets for maintenance by sport horses. Livest. Prod. Sci., 47, 157-167.

Vulink, J.T., H.J. Drost and J. Jans, 2000. The influence of different grazing regimes on phragmites-shrub vegetation in the well-drained zone of a eutrophic wetland. Appl. Vegetation Sci., 2, 73-80.

Zalba, S.M. and N.C. Cozzani, 2004. The impact of feral horses on grassland bird communities in Argentina. Anim. Conservation, 7, 35-44.

第十五章　马的行为及行为管理

在过去的30年中，行为学的发展表明人们迫切需要增加对动物行为的了解以改善动物福利、提高动物性能。马的行为学格外受到关注，因为管理水平对马出生后前4年的发育有重要影响（第3和5章），即使到成年这种影响依然存在，甚至可以影响马的一生（第2和6章）。

本章的目的：阐明从出生到成年与环境和管理相关的马的行为发展；强调有必要保护或改善成年马匹在马厩中的生活状态。

对观察的行为描述和解释是为了推荐最优的成年和幼年马的行为管理。

15.1　马的自然环境

在自然条件下，所有马群都表现出相似的行为特征，在野马（生活在野外的家养的马）或普氏野马（真正的野马）上均得到证实。马群活动范围（马群活动地点）取决于提供充足饲料、水和庇护所的面积大小，可达到200km^2。马通过留下足迹（总是排成一纵队行进）、领地排便、打滚逐渐形成它们的活动范围（Waring，2003）。

马的主要活动是采食，每天采食时间长达14～18h（第1章，2.1节）。马采食伴随着行走，采食对象多种多样，包括草、灌木、水生植物、浆果等（第10章）。马采食的多样性已经通过试验证实（Goodwin et al.，2005），这种特性很有可能是满足各种生理需要的一种方式。马群可以是一夫多妻，即在马群中有1～2匹公马、2～3匹母马及出生不久的小马；马群也可由单身非繁殖公马（3～10匹）或2～3岁马组成；独居的公马虽然很少见，但曾观察到这种情况（Feh，2005）的存在。

如果家庭成员间存在着亲缘关系，并且彼此了解成员的地位，那么在这种社会关系稳固的马群中，马的主要活动是觅食、休息和慢速运动。只有发生危险或在繁殖季节才会出现快速运动、警戒或性行为（sexual displays）。

15.2 行为发育

在自然环境中，母马会离开马群产驹，马驹出生后的24～48h同母马度过。马驹出生后很快就能吃奶，一般在2h内，但个体差异很大，时间为30min～7h。小马驹出生后12～24h通过摄取初乳（母马第一次产奶）从母体获得被动免疫。出生后的几周里，马驹大部分时间与母马待在一起（90%的时间在距母马5m范围内），频繁吃奶，每天约60次。随着马驹的长大，它们逐渐远离母马，吃奶的次数逐渐减少，断奶前减少到每天不足10次，而每天采食的时间增加到占总时间的40%（Crowell-Davis and Weeks，2005；第5章，5.4.1节的2.）。

出生后几个月，马驹和母马之间的距离逐渐增加，马驹吃奶的次数减少，采食日粮更多样化，有了更大的社交网，马驹就可以断奶了。在马驹9月龄时，母马不久之后要产下一个马驹了，因此马驹的断奶是母马发起的，母马不想再继续给马驹哺乳。这种情况下，即使母马不再哺育马驹，但母马和马驹之间依然可以发展成一种比较亲密的关系，它们会待在一起直到马驹长到2岁。

小马驹会经历马群中多样化的社会组织，它们先与母亲建立联系，然后逐渐与同龄或年长的、有亲缘关系的或无亲缘关系的母马、公马等马群其他成员建立联系。这种多元的社会网对马驹的行为发育，尤其对马驹社交技巧的发展至关重要（Bourjade et al.，2009）。

15.3 社会影响和亲身经历对觅食行为发育的作用

在自然环境中，年轻的马必须学会采食正确的食物种类，要学会区别、分类（如可食/有毒）、寻找、识别食物。将某个地方或在某地方看到的线索与资源和资源所在的广阔、复杂的栖息地联系到一起。

目前还不是很清楚马对食物选择的发育过程。所有的机制表明，不排除通过母乳传递信息（见其他动物），食粪（特别是摄入母亲的粪）让马驹获取了适应纤维消化的微生物区系和原虫，因此可以传递母亲对食物喜好的信息（Crowell-Davis and Houpt，1985）。此外，马驹通常跟它们的母亲一起放牧，它们可以通过观察学习选择正确的食物（植物类型、植物可食部分、植物的生长状况等）。母马是马驹第一个行为榜样，极大程度上且长期影响马驹与环境间的关系（Henry et al.，2005，2007）。其他可能影响食物偏好发展的社会因素还不明确。总之，所有用来证实马通过观察可以学习（马观察别的马训练完成某一任务，如打开一个有食物的盒子）的试验均失败，因为马的注意力被放置物件的地方所吸引，而并不关注怎么去得到（Clarke et al.，1996）。这种对特定位置的关注在自然环境下是有意义的，其他马匹找到资源位置的经历、经验是可以传递的。

不过每匹马的经验仍然很重要，各种试验表明，马能够通过食物来强化视觉信号（如几何形状），对刺激的形状、大小或类型进行分类，并长期记住这种所学（6～10 年）。如果每一种刺激能伴随着每一种食物类型（如胡萝卜、苹果），可以使学习变得容易，这表明马可以将特定的提示信号与资源联系在一起，毫无疑问这种能力是马匹在野外获得竞争力的主要方式。

最近的一份报告表明，当马驹面对食物位置时，无论视觉和空间信息相同还是不相同，它们更愿意根据空间信息采取行动（Hothersall et al.，2010）。因此，马匹首先学习确定资源在空间中的位置，然后学会辨别食物的细微差别。在这个阶段，它们可以将食物特性与食后的后果联系在一起，并且可以发展为条件性食物厌恶。试验证明，这种机制可以帮助它们学会避开有毒植物。然而，只有在采食后立刻注射阿扑吗啡，才能获得这种后天行为，如果延迟用药则无效。野外观察和家养环境中的研究均证实，马匹会动用所有机制来选择正确的植物以确保食物的多样性。

15.4 饲养实践对行为发展的影响

年轻马匹在家养环境中的发育情况与自然环境中有很大的不同。在家养环境中，产驹时有人为干涉、促进早期进食和早期断奶、把年龄和性别相同的马匹饲养在一起等。人的行为或多或少地对动物产生影响，如用手帮助马驹找乳头会影响马驹的行为发展，导致马驹过度依恋母马，很少与其他马驹在一起玩耍和互动（Hausberger et al.，2007）。此外，人为的干涉并没有增加马驹的采食，马驹在生后过早吃奶，它很难控制住乳头，而且母马不允许吃奶，马驹也很难吃上奶。有报道，用奶瓶饲喂马驹也出现类似的结果。

马驹出生时采取的其他激进的措施，如近几年在新生马驹广泛推广的“印记”等，可产生持久的负面影响。该法推荐在马驹出生后几小时内触摸它的全身，让它接受日后不得不面对的各种刺激（缰绳、修蹄钳等）。事实上，这种做法不但没达到预期的效果（改善与人和马间的关系），还可引起不良影响，短期影响包括发育滞后（首先是吃奶滞后）、异常行为（吮吸各种物品），中长期的影响主要包括过度依恋母马、固体饲料采食滞后、与其他马驹的社交滞后。最终的结果是小马驹需要更长的时间从断奶应激中恢复过来（Henry et al.，2009）。

家养环境中另一个关键阶段是断奶，这个阶段不仅是一个食物转变阶段，也是一个社交隔离（母马和马驹的隔离）阶段。养殖场马驹的断奶通常是马驹在 4～6 月龄时突然与母马分开。在断奶后的几天里除了可以观察到大家熟知的行为改变（发出叫声、增加运动、攻击等）外，也会带来相应的危险（损伤、跌倒等），也有生长受阻和体重下降的相关报道。

断奶后经常可以观察到马驹有吮吸（同伴）、咀嚼木料（食木癖）和（或）啃咬同伴等行为。225 匹马驹统计数据表明，有 10% 在断奶后 1 个月开始啃槽，有 30% 在 3 个月发展为食木癖，有 5% 在 10 个月可观察到刻板行为（Waters et al.，2002）。生产实践中，人们可通过安排饲喂和社会关系的过渡期来影响马的行为学发展。

在社会层面，断奶的影响程度与具体的断奶方法有关（Waran et al.，2002）。不良影响最大的就是断奶前将马驹反复与母马分开（为了使小马驹习惯），在断奶当天突然与母马分开，造成小马驹对分开的应激更为敏感。可行的方法是将母马逐步撤离以降低应激水平。目前最好的方法是在断奶马群中引入有经验的成年马，有助于减少分离焦虑、无营养性吮吸和异常行为（Henry et al.,2012）。至少，围场内群居的马驹比独居在马厩里的能更快地恢复正常活动。最差的方法是将断奶马驹限养在马厩中饲喂以精饲料为主的日粮。

同时，必须特别注意日粮，如果过快地过渡到精饲料可导致刻板行为和胃功能失调。因此，在断奶前给马驹饲喂含有粗饲料的混合日粮非常重要，这有利于马驹适应固体日粮，降低断奶后体重减少的程度（Waran et al.，2002；第 5 章，5.4.1 节中的 3. 和 5.4.2 节）。马驹断奶前后饲喂高脂肪和高纤维日粮比高淀粉和高糖日粮更能减少应激，马驹也更安静（Nicol et al.，2005）。

成年马匹的存在对马驹以后各生长阶段的社交发展是有利的。成年马在 1 岁和 2 岁马群中可以提高马群凝聚力，降低烦躁，减少意外事故发生（Bourjade et al.，2008）。此外，马的强烈采食动机有利于人和年轻马建立各方面的联系。人只是简单地给马经常性喂草就可以主动与 2 岁的马建立良好的关系。用食物强化学习任务或补偿强制性治疗是一个很好的方法，这种方法使马进步飞速，又能和马建立良好的关系以减少日常强制性处理的不利影响（Sankey et al.，2010）。

15.5　马厩中的成年马

家养的马匹通常饲养在很小的马厩中，每天很少出来，日粮主要由精饲料和干草组成而且是有限的饲喂次数。这些状况可以导致刻板行为（如吮气、摇摆等），有 5.2%～32.5% 马会出现异常行为（Parker et al.，2008；Waters et al.，2002），其他异常行为和所谓的不良行为（踢或舔墙或木杆）也可变为刻板行为，放牧的马匹就没有这些行为。这些异常行为不仅被视为动物福利不好的指标，而且这些问题可以降低马匹的性能。性能的降低势必引起售价下降，给畜主带来极大的经济损失。这些刻板行为一旦形成很难根除，甚至是不可逆转的。强烈建议不要试图采用矫正带、颈枷等强制方法减少这些行为发生，这样只会增加应激，使动物福利更糟。避免刻板行为发生的唯一方法是预防。

尽管马匹放牧饲养是最理想的，但因为某些原因，实际上主人不可能让马永远采用这种方式饲养。因此，为了防止刻板行为的发生，可增加马厩中马的福利，采用不同的方式方法改善环境，包括改善营养、社会环境、马厩结构或提供各种感观刺激。

通过饲喂方式的改善可以增加马匹采食时间，同时还可以刺激味觉。为了做到这一点，可以改变饲料的味道、配方或使用设备将饲料逐渐分散开，放在马厩的不同部位（Goodwin et al.，2005，2007）。可以挂几个干草网袋或将饲料藏在垫料下面，而不是只有一个干草袋或将饲料放在料槽里。这样，马可以换地采食，像在自然环境中一样表现采食行为。

加强社交可使马匹相互接触。一些报道表明，断奶和训练期间马的群养可减少对人的攻击和异常行为（Heleski et al.，2002；Parker et al.，2008；Sondcrgaard and Ladewig，2004；Waters et al.，2002）。许多主人愿意将马安置在单间马厩中，尽管这很方便，也符合传统，但没有必要让马永远待在马厩里，最好的方法是要用到这些马时可以将它们带到马厩里，其余的时间里将这些马留在牧场与其他马待在一起。

马厩的环境很重要。首先，面积足够大才能保证马的充分休息时间（Raaby-magle et al.，2006）。也要考虑垫料，相比刨花，马更喜欢躺在稻草上（Pedersen et al.，2004）。此外，稻草可使马匹花费更多的时间进行觅食以减少刻板行为的发生。建议在环境中增加各种感观刺激，将球或圆木等各类物品挂在马厩里或放在地上（Lansade et al.，2014），这些物品的存在可以刺激马去探究。然而，要定期更换物品以保持马的兴趣，这一点很重要，否则这种物品将会没用。墙上可以安装上刷子，方便马匹自己搔痒，光滑的四墙无法让马蹭痒。在放置于马厩中的上述物品上滴几滴精油也能刺激嗅觉，玫瑰或甘菊等某些气味有安神的功效（Wells，2009）。最后，建议播放音乐以减少应激（Houpt et al.，2000）。

所做这些都是为了让马匹可以最大程度地表现出自然环境中所能表现的行为，减少空闲时间。除了改善动物福利外，还可以减少马对人的危险行为，控制马的情绪，提高马的学习能力（Lansade et al.，2014）。不过最近的研究表明，一旦马对环境中增设的玩具失去兴趣，玩具就会失去作用。与食物有关的物品，尤其是粗饲料，目前是解决非自然家养环境问题最有效、最“自然”的方式（Jorgensen et al.，2011）。

15.6 结　论

家养马匹在各发育阶段的饲养大多远离野外自然生活条件，如果没有观察到相应的“异常”，则无关紧要。然而，确实存在着某些不正常的行为，有的表现为很明显的异常（刻板行为在某些地方可发生60%～80%）、对马 / 人的攻击，有的则表现为马的生理功能异常（胃溃疡）。除了上面提到的空间限制，还有其他方面的限制，特别包括与断奶、人的活动（出生、工作及日常护理）相关的社交限制和各种社交应激，也包括营养方面等的限制。缺乏粗饲料、精饲料比例过大与刻板行为发生的相关性越来越清晰，对于年轻马匹，临时增加食物投放和保证可采食粗饲料总类的多样化非常重要。最近的一项研究证实，马的采食行为对马产生重大的影响。研究表明，没有草料的围场里，母马在围场里活动剧烈，那些社交少的马匹天生好斗，通常繁殖性能比较差。在围场内提供干草网袋，仅仅是简单改变临时饲喂模式（6h）就产生重大的影响，可减少攻击行为，增强马群凝聚力，减少剧烈的活动（因此能量损失减少），出现舒适行为，体况和繁殖性能也得到改善（Benhajali et al.，2008，2009，2013）。

因此，饲养实践非常重要，然而它们的作用没有被充分重视。所谓好的管理，就是以粗饲料为主，连续不断地提供多样化的粗饲料（干草）。一个很简单但很重要的观点就是满足马的基本需要才能保证马的健康。

参 考 文 献

Bachman, I., P. Bernasconi, R. Hermann, M.A. Weishaupt and M. Stauffacher, 2003. Behavioral and physiological responses to an acute stressor in cribbiting and control horses. Appl. Anim. Behav. Sci., 822, 297-311.

Benhajali, H., M. Ezzaouia, C. Lunel, F. Charfi and M. Hausberger, 2013. Temporal feeding pattern may influence reproduction efficiency, the example of breeding mares. PLoS ONE, 8(9): e73858.

Benhajali, H., M.A. Richard-Yris, M. Ezzaouia, F. Charfi and M. Hausberger, 2009. Foraging opportunity: a crucial criterion for horse welfare. Anim., 3, 1308-1312.

Benhajali, H., M.A. Richard-Yris, M. Leroux, M. Ezzaouia, F. Charfi and M. Hausberger, 2008. A note on the time budget and social behaviour of densely housed horses. Appl. Anim. Behav. Sci., 112, 196-200.

Bourjade, M., A. De Boyer des Roches and M. Hausberger, 2009. Adult-young ratio, a major factor in regulating social behaviour of young: a horse study. PLoS ONE, 4, e4888.

Bourjade, M., M. Moulinot, S. Henry, M.A. Richard-Yris and M. Hausberger, 2008. Could adults be used to improve social skills of young horses. Developmental Psychobiology, 50, 408-417.

Caanitz, H., L. O'Leary, K. Houpt, K. Peterson and H. Hintz, 1991. Effect of exercise on equine behaviour. Appl. Anim. Behav. Sci., 31, 1-12.

Cairns, M.C., J.J. Cooper, H.P. Davidson and D.S. Mills, 2002. Association in horses of orosensory characteristics of foods with their post-ingestive consequences. Anim. Sci., 75, 257-265.

Clarke, J.V., C.J. Nicol, R. Jones and P.D. McGreevy, 1996. Effects of observational learning on food selection in horses. Appl. Anim. Beahav. Sci., 50, 177-184.

Cooper, J.J. and G.J. Mason, 1998. The identification of abnormal behaviour and behavioural problems in stable horses and their relationship to horse welfare: a comparative review. Equine Vet. J., Suppl. 27, 5-9.

Cooper, J.J., N. McCall, S. Johnson and H.P.B. Davidson, 2005. The short-term effects of increasing meal frequency on stereotypic behaviour of stable horses. Appl. Anim. Behav. Sci., 90, 351-364.

Crowell-Davis, S. L. and J. Weeks, 2005. Maternal behaviour and mare-foal interaction. *In*: Mills, D. and S. McDonrell (eds.) The domestic horse. Cambridge University Press, Cambridge, UK, pp. 126-138.

Crowell-Davis, S.L. and K.A. Houpt, 1985. Coprophagy by foals: effect of age and possible functions. Equine Vet. J., 17, 17-19.

Ellis, A.D., M. Fell, K. Luck, L. Gill, H. Owen, H. Briars, C. Barfoot and P. Harris, 2015. Effect of forage presentation on feed intake behaviour in stabled horses. Appl. Anim. Behav. Sci. (in press).

Falkowski, M., M. Rogalski, J. Kryszak, S. Kozlowski and I. Kukulka, 1983. Intensive grassland management and the problem of animal behavior on behaviour and grazing. Rocziki Akademii Rolniczej Poznaniu, Ogrodnictwo, 26, 85-92.

Feh, C., 2005. Relationship and communication in socially natural horse herds. *In*: Mills, D. and S. McDonrell (eds.) The domestic horse. Cambridge University Press, Cambridge, UK, pp. 83-93.

Gillham, S.B., N.H. Dodman, L. Shuster, R. Kream and W. Rand, 1994. The effect of diet on cribbing behaviour and plasma beta-endorphin in horses. Appl. Anim. Behav. Sci., 41, 147-153.

Glendinning, S.A., 1974. A system of rearing foals on an automatic calf-feeding machine. Equine. Vet. J., 6, 12-16.

Goodwin, D., H.P.B. Davidson and P. Harris, 2005. Sensory varieties in concentrate diets for stabled horses: effects on behaviour and selection. Appl. Anim. Beahav. Sci., 90, 337-349.

Goodwin, D., H.P.B. Davidson and P.Harris, 2007. A note on behaviour of stabled horses with foraging devices in mangers and buckets. Appl. Anim. Beahav. Sci., 105, 238-243.

Hausberger, M. and M.A. Richard-Yris, 2005. Individual differences in the domestic horse, origins, development and stability. *In*: Mills, D.S. and S.M. McDonnell (eds.) The domestic horse: the origins development and management of its behaviour. Cambridge University Press, Cambridge, UK, pp. 33-52.

Hausberger, M., S. Henry and M.A. Richard-Yris, 2007a. Early experience and behavioural development in foals. *In*: Hausberger, M., E. Sondergaard and W. Martin-Rosset (eds.)

Horse behaviour and welfare. EAAP Publication no. 122. Wageningen Academic Publishers, Wageningen, the Netherlands, pp. 37-46.

Hausberger, M., S. Henry, C. Larose and M.A. Richard-Yris, 2007b. First suckling: a crucial event for mother-young attachment? An experimental study in horses (*Equus caballus*). Journal of Comparative Psychology, 121, 109-112.

Heleski, C., A. Shelle, B. Nielsen and A. Zanella, 2002. Influence of housing on weanling horse behaviour and subsequent welfare. Appl. Anim. Behav. Sci., 78, 291-302.

Henry, S., A.J. Zanella, C. Sankey, M. A. Richard-Yris, A. Marko and M. Hausberger, 2012. Unrelated adults may be used to alleviate weaning stress in domestic foals (*Equus caballus*). Physiol. Behav., 106, 428-438.

Henry, S., D. Hemery, M.A. Richard and M. Hausberger, 2005. Human-mare relationships and behaviour of foals toward humans. Appl. Anim. Behav. Sci., 93, 341-362.

Henry, S., M.A. Richard-Yris, S. Tordjman and M. Hausberger, 2009. Neonatal handling affects durably bonding and social development. PLoS ONE, 4, e5216.

Henry, S., S. Briefer, M.A. Richard-Yris and M. Hausberger, 2007. Are 6-month-old foals sensitive to dam's influence? Developmental Psychobiology, 49, 514-521.

Hothersall, B., E.V. Gale, E. P. Harris and C.J. Nicol, 2010. Cue use by foals (*Equus caballus*) in a discrimination learning task. Animal Cognition, 13, 63-74.

Jorgensen, G.H., S. Hanche-Olsen and K.F. Boe, 2011. Use of different items of "enrichment" for individual and group kept horses. Journal of Veterinary Behavior: Clinical Applications and Research, 5, 216.

Keiper, R.R. and H.S. Sambraus, 1986. The stability of equine dominance hierarchies and the effects of kinship, proximity and foaling status on hierarchy rank. Appl. Anim. Behav. Sci., 16, 121-130.

Lansade, L. and F. Simon, 2010. Horses' learning performances are under the influence of several temperamental dimensions. Appl. Anim. Behav. Sci., 125, 30-37.

Lansade, L., M. Bertrand, X. Boivin and M.F. Bouissou, 2004. Effects of handling at weaning on manageability and reactivity of foals. Appl. Anim. Behav. Sci., 87, 131-149.

Lansade, L., M. Valenchon, A. Foury, C. Neveux, S. W. Cole, S. Layé, B. Cardinaud, F. Lévy and M. P. Moisan, 2014. Behavioral and transcriptomic fingerprints of an enriched environment in horses (*Equus caballus*). PLoS ONE, 9, e114384.

Lansade, L., M.F. Bouissou and H.W. Erhard, 2008. Fearfulness in horses: a temperament trait stable across time and situations. Appl. Anim. Behav. Sci., 115, 182-200.

Lesimple, C., C. Fureix, N. Le Scolan, M.A. Richard-Yris and M. Hausberger, 2011. Housing conditions and breed are associated with emotionnality and cognitive abilities in riding school horses. Appl. Anim. Behav. Sci., 129, 92-99.

Luescher, U.A., D.B. McKeown and H. Dean, 1998. A cross-sectional study on compulsive behaviour (stable vices) in horses. Equine Vet. J., Suppl. 27, 14-18.

McBride, S.D. and D. Cuddeford, 2001. The putative welfare reducing effects of preventing equine stereotypic behaviour. Animal Welfare, 10, 173-189.

McBride, S.D. and L. Long, 2001. Management of horses showing stereotypic behaviour, owner perception and the implications for welfare. Vet. Rec., 148, 799-802.

McGreevy, P.D., P.J. Cripps, N.P. French, L.E. Green and C.J. Nicol, 1995a. Management factors associated with stereotypic and redirected behavior in the throroughbred horse. Equine Vet. J., 27, 86-91.

Mills, D.S. and S.M. McDonnell, 2005. The domestic horses. The origins, development and management of its behavior. Cambridge University Press, Cambridge, UK, pp. 264.

Nicol, C., 1998. Understanding equine stereotypies. Equine Vet. J., Suppl. 28, 20-25.

Nicol, C.J. and A.J. Badnell-Waters, 2005. Suckling behaviour in domestic foals and the development of abnormal oral behaviour. Anim. Behav., 70, 21-29.

Nicol, C., A. Badnell-Waters, R. Bice, A. Kelland, A. Wilson and P. Harris, 2005. The effects of diet and weaning method on the behaviour of young horses. Appl. Anim. Behav. Sci., 95, 205-221.

Parker, M., D. Goodwin and E.S. Redhead, 2008. Survey of breeders' management of horses in Europe, North America and Australia: comparison of factors associated with the development of abnormal behaviour. Appl. Anim. Behav. Sci., 114, 206-215.

Pedersen, G.R., E. Sondergaard and J. Ladewig, 2004. The influence of bedding on the time horses spend recumbent. J. Equine Vet. Sci., 24, 153-158.

Raabymagle, P. and J. Ladewig, 2006. Lying behavior in horses in relation to box size. J. Equine Vet. Sci., 26, 11-17.

Randall, R.P., W.A. Schurg and D.C. Church, 1978. Response of horses to sweet salty, sour and bitter solutions. J. Anim. Sci., 47, 51-55.

Sankey, C., M.A. Richard-Yris, H. Leroy, S. Henry and M. Hausberger, 2010. Positive interactions lead to lasting memories in horses. Anim. Behav., 12, 37.

Sondergaard, E. and J. Ladewig, 2004. Group housing exerts a positive effect on the behaviour of young horses during training. Appl. Anim. Behav. Sci., 87, 105-118.

Tateo, A., A. Maggiolino, B. Padalino and P. Centoducati, 2013. Behaviour of artificially suckled foals. Journal of Veterinary Behavior: Clinical Applications and Research, 8, 162-169.

Thorne, J.B., D. Goodwin, M.J. Kennedy, H.P.B. Davidson and P. Harris, 2005. Foraging enrichment for individually housed horses: practicality and effects on behaviour. Appl. Anim. Behav. Sci., 94, 14-164.

Van Dierendonck, M.C., H. Digurjonsdottir, B. Colenbrander and A.G. Thorhallsdottir, 2004. Differneces in social behavior between late pregnant, post-parturm and barren mares in a herd of Icelandic horses. Appl. Anim. Behav. Sci., 89, 283-297.

Vecchiotti, G.G. and R. Galanti, 1986. Evidence of heredity of cribbing, weaving and stall-walking in thoroughbred horses. Livest. Prod. Sci., 14, 91-95.

Waran, N.K., N. Clarke and M. Farnworth, 2008. The effects of weaning on the domestic horse (*Equus caballus*). Appl. Anim. Behav. Sci., 110, 42-57.

Waring, G.H., 2003. Horse behaviour. The behaviour traits and adaptations of domestic and wild horses, including ponies. 2nd editien. Noyes publ., New Jersey, USA, pp. 456.

Waters, A., C. Nicol and N. French, 2002. Factors influencing the development of stereotypic and redirected behaviours in young horses: findings of a four year prospective epidemiological study. Equine Vet. J., 34, 572-579.

Wells, D.L., 2009. Sensory stimulation as environmental enrichment for captive animals: a review. Appl. Anim. Behav. Sci., 118, 1-11.

Wolff, A. and M. Hausberger, 1994. Behaviour of foals before weaning may have some genetic basis. Ethology, 96, 1-10.

第十六章　饲料的化学成分和营养组成表

16.1　表格说明

表中给出了 240 种温带的饲料种类，其中 169 种为粗饲料、块根和块茎类，71 种是精饲料。

16.1.1　粗饲料

每种粗饲料的化学组成和营养价值按植物生长阶段给出，如第一次生长和再生的相应阶段。

1．植物生长阶段与保存方式　　表中给出了新鲜或贮存后粗饲料可能的各生长阶段。贮存的粗饲料也采用同样的描述方式，但数据主要是制作干草或青贮常用的时期。此外，对同一个阶段的牧草不同的贮存加工方式也可以改变饲料的价值。因此，谷仓干燥或野外打捆，制作干草时的气候条件，枯蔫或收获后直接切碎做青贮等加工贮存方式均予以考虑。表中也包括主要的作物副产品（未经处理的或氨化处理的），如谷物秸秆、豆秸等。

2．化学组成　　粗饲料的数据来自化学分析和消化试验，消化试验在法国国家农业研究院（INRA）用马或同时用反刍动物进行。

灰分、粗蛋白、粗纤维的含量、细胞壁含量（中性洗涤纤维、酸性洗涤纤维和酸性洗涤木质素）和总能来自 INRA（2007）反刍动物饲料表，对于饲养在同一养殖场的马和反刍动物可饲喂相同的粗饲料。在 INRA 克莱蒙费朗研究中心进行专门分析粗饲料样本的化学性质，制定马的相关表格。表中青贮饲料的干物质已校正了干燥过程中产生的挥发性物质（第 12 章，表 12.2）。

青贮饲料和干草中赖氨酸的含量用赖氨酸和粗蛋白含量间的相关性估计，关系式由 Martin-Rosset 和 Andueza 建立（未发表）。

1）青贮饲料（禾本科牧草或不同成熟期的禾本科和豆科混合牧草）的赖氨酸含量计算如下。

赖氨酸（% 干物质）＝0.051 粗蛋白（% 干物质）－0.240

SE_y＝0.05　　　　R^2＝0.832　　　　n＝10

2）干草（禾本科牧草，豆科牧草，不同成熟期的禾本科和豆科混合牧草）的赖氨酸含量计算如下。

赖氨酸（% 干物质）＝0.060 粗蛋白（% 干物质）－0.304

SE_y＝0.08　　　　R^2＝0.864　　　　n＝18

3．消化率的测定　　消化率测定在 INRA 克莱蒙费朗研究中心进行，采用全收粪法（total faeces collection，TFC），用 6 匹 4～12 岁成年马匹［体重（502±27）kg］进行测定。马饲喂以粗饲料为基础的日粮接近维持需要（考虑个体差异的需要，摄入 1.2 倍 INRA 维持需要量）（Martin-Rosset and Vermorel，1991），因为饲喂水平对平均存留时间没有显著影响（Miraglia et al.，1992），所以对粗饲料的消化率没有影响（Martin-Rosset and Dulphy，1987；Martin-Rosset et al.，1990）。以秸秆为基础的日粮只补充氮和矿物质即可满足马的需要，保证大肠的正常消化（Glade，1983，1984）。

每个测定期为 6d，有 14d 的适应期（Martin-Rosset et al.，1984，1990）。而青粗饲料的消化率是连续测定的，每个周期中有 7d 的适应期和 6d 的测定期，中间只隔一天（周日）（Martin-Ross et al.，1985）。

进行消化率测定试验时，用具有代表性的饲料样品饲喂动物，测定剩余饲料和相应的粪样的总能、粗蛋白（$N\times6.25$），粗纤维和细胞壁含量。

33 种粗饲料（12 种青粗饲料：天然禾本科和豆科牧草。19 种干草：天然草地禾本科牧草和豆科牧草。2 种谷物秸秆：小麦秸和大麦秸）的消化率根据事先制定的方案同时用马和羊进行测定。用羊对青粗饲料和干草的有机物消化率（OMd_S）预测马的有机物消化率（OMd_H）或用青粗饲料和干草中羊的可消化粗蛋白（DCP_S）预测马的可消化粗蛋白（DCP_H），关系式如下。

天然草地或草原禾本科牧草：

OMd_H（%）＝－14.91＋1.1544OMd_S（%）

RSD＝2.3　　R^2＝0.960　　n＝18

豆科牧草：

OMd_H（%）＝－9.94＋1.1262OMd_S（%）

RSD＝2.6　　R^2＝0.710　　n＝15

马对禾本科牧草和天然草地牧草的有机物消化率比羊低 3.3%～6.4%，对豆科牧草的消化率低 2.4%。消化率越低，两动物品种间的差距越大。马对 170 种粗饲料的有机物消化率（OMd_H）来自羊的有机物消化率（OMd_S）（INRA，2007）。表中给出不同生长阶段或贮存方法的粗饲料的营养价值。蛋白质按下列关系式计算。

（1）青绿饲料

马：DCP_H（g/kg DM）＝－44.32＋0.9645CP（g/kg DM）

RSD＝7　　R^2＝0.978　　n＝18

羊：DCP_S（g/kg DM）＝－43.89＋0.9438CP（g/kg DM）

RSD＝4　R^2＝0.990　n＝18

（2）干草（天然草地、禾本科牧草和豆科牧草）

马：DCP_H（g/kg DM）＝－37.94＋0.9053CP（g/kg DM）

RSD＝9　R^2＝0.951　n＝19

羊：DCPs（g/kg DM）＝－34.08＋0.8716CP

RSD＝8　R^2＝0.964　n＝19

青绿饲料或干草中马和羊可消化粗蛋白含量的估计值与通用预测方程（适用于各种动物）所得的计算值相似，无论哪种粗饲料，可消化蛋白质的估计值的差异不到5%。因此，所得到的估计方程适用于所有粗饲料可消化蛋白质含量的估计。

此外，由INRA进行消化试验测定青贮（草和玉米）、脱水粗饲料（苜蓿）、成熟谷物秸秆（未处理的或氨化处理）、禾本科或豆科牧草（脱籽实，籽实用于播种）秸秆等副产品中可消化有机物和可消化粗蛋白含量。有关块根和块茎类的数据来自已发表的文献，少数由INRA测定。

4．能量和蛋白质　粗饲料中能量和蛋白值采用UFC和MADC体系的逐级法（step-wise procedure）（第1和12章）计算，根据该方法制定出相应表格。

16.1.2 精饲料原料和农业副产品

根据饲料原料的种类给出相应的性质和加工状态。

1．化学组成　灰分、粗蛋白、赖氨酸、粗纤维、细胞壁部分（NDF、ADF和ADL）、乙醚浸提物、淀粉和总能量来自INRA-AFZ农场动物（包括马）饲料成分及营养价值表。饲料原料由法国和西欧饲料公司的实验室分析，所有的数据来自这些饲料样本。各成分测定所用方法均是法国官方组织（ISO和AFNOR）和其他机构（欧洲委员会和美国官方分析化学家协会）（第12章，表12.1和推荐阅读：饲料分析）推荐的方法。原始数据来源有效，并剔除其中异常数据。通过相应组分的对比，核实饲料原料化学组成。

2．消化率测定　在INRA，使用前面提到的马匹，按维持需要饲喂并采用全收粪法测定消化率。每一个连续测试期持续6d，适应期为7d还是14d主要取决于日粮中精饲料的比例和实验设计是否采用拉丁方实验设计。将有代表性的精粗饲料样本喂给实验动物，按照上述粗饲料和淀粉测定方法分析剩余饲料和相应粪便样本。数据库补充了莱利斯梧德研究中心（荷兰）用马得到的数据，获得这些数据的方法与INRA（Smolders et al.，1990）相同，均按照协议进行，同时也增加了少数发表的数据。

消化率测定采用方法如下：高能饲料采用回归法，根据基础日粮粗饲料不同，日粮精饲料比例为0～60%或90%，按Martin-Rosset和Dulphy（1987）的方法进行；根据谷物副产品、油料作物和豆科作物籽实及其副产品等蛋白质饲料间的蛋白质差异计算，考虑马的健康（Martin-Rosset and Dulphy，1987），日粮精饲料为30%～40%。

据Martin-Rosset和Dulphy（1987）（第12章）的研究，消化率计算不必考虑饲养水平的影响或协同效应。

3．能量和蛋白质水平　精饲料的能量和蛋白值用UFC和MADC体系的逐级法（step-wise procedure）（第1和12章）计算，该方法是标准方法。

16.1.3　矿物质和微量元素含量

钙、磷和镁含量仅在粗饲料和精饲料表中给出。只有粗饲料给出特别说明，因为它们可能会随土壤类型、施肥量和性质（第10章，图10.11）及气候等环境条件改变。精饲料也会受到产地和加工影响，额外的信息在第12章，表12.21～表12.24中给出。

16.1.4　维生素

维生素A、维生素D和维生素E的含量只在本章的附录16.2中给出。粗饲料中维生素的含量可能随收获方法和条件（第11章11.2部分，图11.4）而改变，精饲料也会随着原料产地、加工工艺和保存条件而改变。

16.2　表格描述

表格列出了马常用的粗饲料和精饲料，给出：饲料的化学组成，评价或预测营养价值所需的主要成分的含量；计算马匹日粮所必需的能值和氮含量。

此外，附录中给出配制营养平衡日粮的必需成分。粗饲料中能量和氮含量不同于先前的INRA表（INRA，1990），即使化学组成相似，由于INRA体系的改进导致能值偏低，氮含量有较大的变化（第1和12章）；精饲料和副产品的能量和氮含量有了很大不同，特别是氮的数据体现氮消化知识体系的发展（第1和12章）。

16.2.1　饲料分类

饲料类型	代码	编号	页码
粗饲料			
青绿饲料	FV		
天然草地牧草		FV0020～FV0220	492～493
禾本科牧草		FV0410～FV1390	494～497

续表

饲料类型	代码	编号	页码
豆科牧草		FV2120～FV2400	496～497
青贮	FE		
天然草地牧草		FE0490～FE0990	498～499
禾本科牧草		FE1580～FE4140	500～503
全株谷物		FE4710～FE4770	502～503
干草	FF		
天然草地牧草		FF0010～FF0580	504～507
禾本科牧草		FF1060～FF2730	506～513
豆科牧草		FF3220～FF3660	512～515
秸秆、木质化粗饲料	FP	FP0020～FP0160	516～517
块根、块茎	FR	FR0010～FR0040	518～519
饲料			
脱水和浓缩	CD	CD0020～CD0090	520～521
谷物	CC	CC0010～CC0100	520～521
谷物副产品	CS	CS0010～CS0250	522～523
其他植物副产品	CF	CF0010～CF0200	524～525
脂肪	CG	CG0040	524～525
豆料和油类籽实	CN	CN0010～CN0120	524～527
油籽粕	CX	CX0010～CX0170	526～527

所用代码与反刍动物在 INRA 表所用的（Agabriel，2007）相同。同一类饲料的编码不是连续的，因为有些用于反刍动物的饲料不包括在马的饲料表中。这些代码与 EquINRAtior 软件所用的代码相同。

16.2.2 专业术语和符号

DM	饲料干物质（%）
UFC	能值表示为“马的饲料单位”（UFC/kg）
MADC	蛋白质含量表示为“马的可消化粗蛋白”（g MADC/kg）
OM	有机物（g/kg）
CP	粗蛋白（N×6.25）（g/kg）
CF	粗纤维（Weende）（g/kg）
NDF	中性洗涤纤维（总细胞壁）（g/kg）

续表

ADF	酸性洗涤纤维（g/kg）
ADL	酸性洗涤木质素（木质素）（g/kg）
EE	粗脂肪（乙醚浸出物）（g/kg）
Starch	淀粉（g/kg）
OMd，CPd，Ed	有机物、粗蛋白和能量消化率（%）
P	磷（g/kg）
Ca	钙（g/kg）
Mg	镁（g/kg）
GE	总能（kcal/kg）
DE	可消化能（kcal/kg）
ME	可代谢能（kcal/kg）
NE	净能（kcal/kg）

16.2.3　植物生长阶段定义

1．第一个生长周期的禾本科牧草和天然草地牧草

放牧早期：禾本科牧草或最具代表性牧草品种（天然草地）的穗头位于叶鞘内分蘖以上不足 7～10cm 处。

放牧期（天然草地）：穗头位于叶鞘内分蘖处以上 7～10cm 处。

穗 10% 抽出：穗从叶鞘露出；正常情况下，5%～10% 可见穗。穗 50% 抽出：1m 长的一行草，50% 露出穗。抽穗结束：1m 长的一行草，90% 已抽穗。开花开始：5%～10% 的植物可见花蕊。开花结束：大多数植物可见花蕊。

2．下一个生长周期的禾本科牧草和天然草地牧草

（1）青粗饲料——青贮料

- 第二茬
  - 植物生长阶段：多叶。
  - 第一次生长后的数周，50% 穗抽出：
    - 鲜粗饲料：5 或 6 周；
    - 青贮饲料：6 或 7 周。
  - 第一次生长后的数周在禾本科牧草的抽穗期：
    - 青贮：7 周。
- 第三茬（鲜粗饲料）
  - 植物生长阶段：多叶。
  - 用做鲜粗饲料牧草的第二个生长周期后的数周：
    - 天然草地牧草：6 周（低地）或 7 周（高地）；

  * 禾本科牧草：6 周。

（2）干草——天然草地牧草和禾本科牧草（温带）

- 第二茬
  - 植物生长阶段：天然草地牧草和禾本科牧草多叶期，但有时禾本科牧草也多梗。
  - 第一次生长后数周，50% 的穗抽出：
    * 天然草地牧草：6 周（低地）或 7 周（高地）；
    * 禾本科牧草：7 周。
  - 干草——天然草地牧草（地中海气候区：灌溉的）。

根据灌溉情况，有三个刈割日期。

3．谷物作物

- 拔节期：叶鞘无穗。
- 开花期：50% 的作物可见吐丝（玉米）或抽雄（其他谷物）。
- 乳熟期：谷物已发育成最终形态，并充满了乳状液体。
- 蜡熟期：谷物着色，很容易被两指碾碎，内容物为糊状。
- 完熟期：谷物外覆角质，很硬但能被破碎。

4．第一个生长周期的豆科牧草

- 营养期：看不到花芽。
- 10% 花芽期：出现花芽；抽检 1m 长的一行牧草中，5%～10% 茎的顶部有花芽。
- 50% 花芽期：抽检 1m 长的一行牧草中，50% 茎的顶部有花芽。
- 始花期：抽检 1m 长的一行牧草中，5%～10% 茎的顶部至少开一朵花。

5．下一个生长周期的豆科牧草

（1）青粗饲料

- 第二茬
  - 植物生长阶段：多梗。
  - 第一个生长期后的数周 50% 出芽：5 或 6 周。
- 第三茬
  - 植物生长阶段：多梗。
  - 第二次生长期后的数周：5 或 6 周。

（2）干草

- 第二茬
  - 植物生长阶段：多梗。
  - 第一次生长后的数周，10%～50% 有芽，分别进行相应的谷仓干燥或野外加工：7 周。

16.2.4　饲料的加工工艺

表中给出的饲料分别如下。①未加工饲料：青粗饲料（第9～12章）。②采用传统或现代机械收获或保存的饲料：根据第11章对加工工艺的描述，可分为青贮、干草、脱水粗饲料。③栽培和收获的作物副产品（第9章）。④作物成熟后收获的饲料（原料）：谷物和天然籽实或加工为配合饲料（第9章）。

加工对化学组成和营养价值的影响在第9、11和12章被详细描述。表中给出的相应加工饲料的营养价值如下。①粗饲料：青贮、制干草、脱水。②精饲料：机械或热加工谷物饲料（燕麦例外，燕麦是未加工的）。③谷物副产品：谷物经磨制和淀粉行业的机械加工得到。④机械或化工浸提的油粕。⑤其他工业生产的植物副产品。⑥油脂工业生产的植物油。

16.3　附　　录

表有不同附录，如下：①粗饲料中微量元素和维生素的含量（附录16.1和附录16.2）；②添加到日粮中无机矿物质（附录16.3）；③粗饲料中糖、淀粉和乙醚浸出物含量，这些是能值预测方程中的变量（附录16.4和附录16.5）；④主要植物油的脂肪酸组成，当马剧烈运动时可用于马的日粮中（附录16.6）。

参 考 文 献

Chenost, M. and W. Martin-Rosset, 1985. Comparaison entre espèces (mouton, cheval, bovin) de la digestibilté et des quantités ingérées de fourrages verts. Ann. Zootech., 34, 291-312.

INRA, 1989. Ruminant nutrition. INRA Editions, Versailles, France, pp. 389.

INRA, 2007. Alimentation des bovins, ovins et caprins. *In*: Agabriel, J. (ed.) Guide pratigue. QUAE Editions, Versailles, France, pp. 307.

INRA and AFZ., 2004. Tables of composition and nutritional value of feed materials. *In*: Sauvant, D., J.M. Perez and G. Tran (eds.) INRA, AFZ and Wageningen Academic Publishers, Wageningen, the Netherlands, pp. 304.

Martin-Rosset, W. and J.L. Tisserand, 2004. Evaluation and expression of protein allowances and protein value of feeds in the MADC system for the performance horse. *In*: Julliand, V. and W. Martin-Rosset (eds.) Nutrition of the performance horse. EAAP Publication no. 111. Wageningen Academic Publishers, Wageningen, the Netherlands, pp. 103-140.

Martin-Rosset, W. and J.P. Dulphy, 1987. Digestibility interactions between forages and concentrates in horses: influence of feeding level—Comparison with sheep. Livest. Prod. Sci., 17, 263-276.

INRA代码	鲜草料	营养水平						
		干物质（%）	饲料单位（UF/kg）	可消化蛋白（g/kg）	总能（kcal/kg），消化率（%）	消化能（kcal/kg）	代谢能（kcal/kg）	净能（kcal/kg）
天然草地、低地（诺曼底）								
第一茬（a）								
FV0020	5/10 放牧期	16.6	0.76 0.13	107 18	4399 69	3037	2574	1704
FV0030	5/25 10% 抽穗期	17.2	0.69 0.12	76 13	4410 64	2804	2419	1556
FV0040	6/10 50% 抽穗期	20.2	0.61 0.12	60 12	4438 57	2530	2216	1374
FV0050	6/25 开花期	19.2	0.53 0.10	47 9	4413 50	2226	1969	1185
第二茬								
FV0100	多叶再生 5 周	18.4	0.72 0.13	146 27	4511 66	2966	2481	1617
FV0110	多叶再生 7 周	18.8	0.69 0.13	95 18	4434 64	2819	2407	1543
第三茬								
FV0130	多叶再生 6 周	15.7	0.70 0.11	134 21	4477 65	2895	2434	1576
中部山区天然草地（奥弗涅）								
第一茬								
FV0160	5/25 放牧期	16.7	0.79 0.13	99 17	4379 71	3119	2638	1773
FV0180	6/25 穗 50% 抽出	20.4	0.61 0.12	60 12	4387 57	2501	2186	1363
FV0190	7/10 开花期	21.7	0.50 0.11	46 10	4304 49	2124	1874	1131
第二茬								
FV0200	多叶再生 6 周	18.5	0.72 0.13	137 25	4453 66	2929	2436	1616
第三茬								
FV0220	多叶再生 7 周	19.6	0.69 0.14	111 22	4356 65	2817	2367	1556

有机组分									矿物质（g/kg）		
有机物（g/kg），消化率（%）	粗蛋白（g/kg），消化率（%）	赖氨酸（g/kg）	粗纤维（g/kg）	中性洗涤纤维（g/kg）	酸性洗涤纤维（g/kg）	酸性洗涤木质素（g/kg）	粗脂肪（g/kg）	淀粉（g/kg）	磷	钙	镁
889 74	172 69		244	525	280				4.0	6.0	1.9
906 68	133 64		272	550	303				3.8	5.6	1.9
921 61	109 61		313	587	336				3.6	5.2	1.9
922 54	92 57		335	606	354				3.6	4.7	1.9
897 71	215 76		267	545	299				4.0	6.9	2.2
903 68	155 68		272	550	303				3.8	6.9	2.2
895 69	201 74		269	547	300				4.0	6.0	2.4
905 76	166 67		224	485	247				2.7	5.1	2.3
928 61	111 61		304	583	331				1.8	4.5	2.2
917 53	92 56		323	595	344				1.5	3.5	2.2
905 71	209 73		229	512	263				2.4	7.0	2.2
895 69	179 69		230	549	278				2.7	7.0	3.1

INRA代码	鲜草料	营养水平						
		干物质（%）	饲料单位（UF/kg）	可消化蛋白（g/kg）	总能（kcal/kg）消化率（%）	消化能（kcal/kg）	代谢能（kcal/kg）	净能（kcal/kg）
禾本科牧草，意大利黑麦草								
丰年，第一茬								
FV0410	放牧期	15.8	0.78	97	4243	3069	2575	1759
			0.12	15	72			
FV0440	穗 50% 抽出	17.8	0.62	37	4180	2520	2203	1400
			0.11	7	60			
丰年，第二茬								
FV0490	多梗一茬后 6 周	17.6	0.61	91	4252	2517	2154	1362
			0.11	16	59			
丰年，第三茬								
FV0520	多叶再生 6 周	20.3	0.70	91	4253	2844	2407	1585
			0.14	19	67			
禾本科牧草，多年生黑麦草								
丰年，第一次生长开花末期								
FV0690	放牧期	17.2	0.79	92	4197	3127	2654	1784
			0.14	16	75			
FV0720	50% 抽穗	19.8	0.63	40	4183	2568	2262	1413
			0.12	8	61			
丰年，第二茬								
FV0810	多叶再生 6 周	20.3	0.75	112	4282	3003	2523	1677
			0.15	23	70			
丰年，第三茬								
FV0860	多叶再生 6 周	16.6	0.70	108	4283	2863	2417	1584
			0.12	18	67			
禾本科牧草，高茅草								
丰年，第一茬								
FV1070	放牧期	20.0	0.65	101	4162	2646	2248	1463
			0.13	20	64			
FV1100	50% 抽穗	20.9	0.56	60	4131	2310	2015	1251
			0.12	12	56			
丰年，第二茬								
FV1150	多叶再生 5 周	20.8	0.64	98	4173	2653	2254	1451
			0.13	20	64			
丰年，第三茬								
FV1180	多叶再生 6 周	17.7	0.64	101	4125	2622	2227	1429
			0.11	18	64			

有机组分									矿物质（g/kg）		
有机物（g/kg）消化率（%）	粗蛋白（g/kg），消化率（%）	赖氨酸（g/kg）	粗纤维（g/kg）	中性洗涤纤维（g/kg）	酸性洗涤纤维（g/kg）	酸性洗涤木质素（g/kg）	粗脂肪（g/kg）	淀粉（g/kg）	磷	钙	镁
886	168		188	450	215				3.0	4.3	1.4
77	64										
903	88		265	514	292				2.3	4.3	1.4
65	46										
895	150		276	570	308				3.0	4.8	1.4
64	67										
893	156		228	476	239				3.0	5.2	1.4
72	65										
880	157		227	511	255				3.7	5.7	1.5
80	65										
904	87		305	595	327				2.7	5.2	1.5
66	51										
890	180		230	519	257				3.7	6.2	1.7
75	69										
893	173		240	535	266				4.1	6.2	1.7
72	69										
869	165		247	550	278				3.0	3.8	1.5
68	68										
883	111		295	594	321				2.7	3.3	1.5
60	60										
873	161		256	543	284				4.1	4.8	2.0
68	68										
861	164		260	546	279				3.4	5.7	2.0
68	69										

INRA代码	鲜草料	营养水平						
		干物质（%）	饲料单位（UF/kg）	可消化蛋白（g/kg）	总能（kcal/kg）消化率（%）	消化能（kcal/kg）	代谢能（kcal/kg）	净能（kcal/kg）
禾本科牧草，鸭茅草								
丰年，第一茬								
FV1240	放牧期	16.7	0.73	138	4267	2946	2460	1643
			0.12	23	69			
FV1260	穗 10% 抽出	16.3	0.68	97	4192	2757	2351	1531
			0.11	16	66			
丰年，第二茬								
FV1340	多叶再生 5 周	20.5	0.62	106	4266	2572	2196	1386
			0.13	22	60			
丰年，第三茬								
FV1390	多叶再生 6 周	18.2	0.63	111	4253	2611	2216	1414
			0.11	20	61			
豆科，苜蓿								
第一茬								
FV2120	50% 花芽	17.6	0.63	131	4431	2657	2252	1419
			0.11	23	60			
FV2140	开花	21.7	0.55	113	4434	2374	2034	1227
			0.12	24	54			
第二茬（第一次刈割：出芽）								
FV2150	多梗再生 5 周	19.3	0.66	154	4509	2800	2338	1488
			0.13	30	62			
第三茬								
FV2220	多梗再生 5 周	21.0	0.67	168	4487	2834	2339	1513
			0.14	35	63			
第四茬								
FV2250	多梗再生 5 周	19.1	0.68	178	4370	2854	2316	1540
			0.13	34	65			
豆科，红三叶								
第一茬								
FV2320	50% 花芽	14.3	0.72	112	4303	2948	2466	1617
			0.10	16	68			
FV2340	开花	18.0	0.63	96	4322	2637	2250	1409
			0.11	17	61			
第二茬（第一次刈割：出芽）								
FV2370	多梗再生 6 周	16.4	0.71	132	4324	2916	2416	1598
			0.12	22	67			
第三茬								
FV2400	多梗再生 6 周	14.2	0.74	145	4198	3010	2450	1671
			0.11	21	72			

有机组分									矿物质（g/kg）		
有机物（g/kg），消化率（%）	粗蛋白（g/kg），消化率（%）	赖氨酸（g/kg）	粗纤维（g/kg）	中性洗涤纤维（g/kg）	酸性洗涤纤维（g/kg）	酸性洗涤木质素（g/kg）	粗脂肪（g/kg）	淀粉（g/kg）	磷	钙	镁
875 74	210 73		233	537	248				3.4	3.8	1.6
878 81	159 68		256	560	284				2.3	2.9	1.6
892 65	166 71		290	614	315				3.0	5.2	1.8
886 66	174 71		273	600	297				3.0	6.2	1.8
888 64	193 75		299	488	315				2.7	16.1	1.5
898 58	168 74		333	525	344				2.3	16.1	1.5
894 67	222 77		286	487	311				2.7	14.6	2.0
882 68	241 77		261	468	287				2.7	18.5	2.0
850 70	259 76		207	442	259				2.7	18.0	2.0
883 73	180 69		232	447	280				2.7	12.7	3.0
897 66	154 69		289	491	326				2.3	12.2	3.0
878 72	205 72		219	452	279				2.7	13.7	3.5
842 77	226 71		166	426	256				3.0	12.2	3.5

INRA 代码	青贮	营养水平						
		干物质（%）	饲料单位（UF/kg）	可消化蛋白（g/kg）	总能（kcal/kg）消化率（%）	消化能（kcal/kg）	代谢能（kcal/kg）	净能（kcal/kg）
天然草地，低地（诺曼底）								
枯蔫，粉碎								
FE0490	第一茬	33.5	0.62	66	4509	2768	2268	1406
	5/25 穗 10% 抽出		0.21	22	61			
FE0500	第一茬	33.5	0.56	55	4533	2535	2114	1266
	6/10 穗 50% 抽出		0.19	18	56			
FE0530	放牧早期后再生	33.5	0.59	56	4535	2635	2201	1322
	多梗再生		0.20	19	58			
FE0560	第二茬	33.5	0.62	78	4529	2780	2252	1399
	多叶再生		0.21	26	61			
枯蔫＞50% DM，打捆								
FE0580	第一茬	55.0	0.60	80	4437	2674	2205	1353
	5/25 穗抽出		0.33	44	60			
FE0590	第一茬	55.0	0.53	64	4427	2410	2019	1200
	6/10 穗抽出		0.29	35	54			
FE0600	第一茬	55.0	0.47	53	4400	2138	1809	1047
	6/25 开花		0.26	29	49			
FE0660	第二茬	55.0	0.60	98	4470	2694	2193	1351
	多叶再生		0.33	54	60			
天然草地牧草，中部山区（奥弗涅）								
枯蔫，粉碎								
FE0920	第一茬	33.5	0.63	95	4493	2807	2279	1428
	6/10 穗抽出 10%		0.21	32	62			
FE0930	第一茬	33.5	0.56	71	4483	2507	2083	1255
	6/25 穗抽出 50%		0.19	24	56			
FE0940	第二茬	33.5	0.64	136	4535	2883	2255	1447
	多叶再生 6 周		0.22	46	64			
枯蔫＞50% DM，打捆								
FE0960	第一茬	55.0	0.61	72	4403	2696	2200	1363
	6/10 穗抽出 10%		0.33	39	61			
FE0970	第一茬	55.0	0.53	51	4359	2373	1982	1183
	6/25 穗抽出 50%		0.29	28	54			
FE0980	第一茬	55.0	0.45	40	4304	2050	1729	1003
	7/10 开花		0.25	22	48			
FE0990	第二茬	55.0	0.62	107	4483	2789	2189	1388
	多叶再生 6 周		0.34	59	62			

有机组分									矿物质（g/kg）		
有机物（g/kg），消化率（%）	粗蛋白（g/kg），消化率（%）	赖氨酸（g/kg）	粗纤维（g/kg）	中性洗涤纤维（g/kg）	酸性洗涤纤维（g/kg）	酸性洗涤木质素（g/kg）	粗脂肪（g/kg）	淀粉（g/kg）	磷	钙	镁
896 66	141 66	4.80	285	549	313				3.2	6.3	2.2
909 60	120 65	3.70	324	582	345				3.1	5.7	2.2
909 62	121 66	3.80	328	585	349				3.1	6.3	2.1
893 66	160 70	5.80	285	549	313				3.2	8.0	2.0
912 65	134 66	4.40	301	562	326				3.2	6.3	2.2
919 59	112 64	3.30	332	588	352				3.0	5.7	2.2
919 52	96 61	2.50	349	603	366				3.1	5.2	2.4
910 65	155 70	5.50	301	562	326				3.2	8.0	2.0
906 67	154 68	5.50	276	541	306				2.4	5.3	1.9
916 60	122 65	3.80	315	574	338				1.8	4.9	1.9
895 68	206 73	8.10	245	514	280				2.4	8.2	1.9
917 66	149 69	5.20	293	556	320				2.4	5.3	1.9
922 59	114 64	3.40	325	583	346				1.8	4.9	1.9
917 51	96 59	2.50	340	595	358				1.5	3.6	1.9
911 67	205 75	8.10	268	534	299				2.4	8.2	1.9

INRA代码	青贮	营养水平						
		干物质（%）	饲料单位（UF/kg）	可消化蛋白（g/kg）	总能（kcal/kg），消化率（%）	消化能（kcal/kg）	代谢能（kcal/kg）	净能（kcal/kg）
禾本科牧草，意大利黑麦草								
枯蔫，粉碎								
FE1580	第一茬 穗 10% 抽出	33.5	0.63 0.21	47 16	4298 62	2685	2229	1415
FE1600	第一茬 抽穗末期	33.5	0.57 0.19	36 12	4309 57	2457	2079	1273
FE1630	第二茬 多梗再生 7 周	33.5	0.55 0.18	61 20	4347 56	2431	2010	1232
枯蔫＞50% DM，打捆								
FE1650	第一茬 穗 10% 抽出	55.0	0.61 0.33	55 30	4235 61	2593	2171	1361
FE1670	第一茬 抽穗末期	55.0	0.54 0.30	39 21	4218 55	2337	1993	1207
FE1680	第一茬 开花早期	55.0	0.50 0.28	32 17	4204 52	2207	1893	1133
FE1710	第二茬 多梗再生 7 周	55.0	0.52 0.29	74 40	4278 54	2329	1936	1176
禾本科，多年生黑麦草								
枯蔫，切碎								
FE2590	第一次生长开花末期 穗 10% 抽出	33.5	0.62 0.21	51 17	4293 62	2682	2249	1392
FE2610	第一次生长开花末期 抽穗末期	33.5	0.56 0.19	35 12	4283 57	2442	2084	1255
FE2630	第二茬 多梗再生 7 周	33.5	0.58 0.20	61 20	4328 59	2562	2115	1314
枯蔫＞50% DM，打捆								
FE2740	第一次生长开花末期 穗 10% 抽出	55.0	0.61 0.34	59 33	4233 61	2592	2204	1375
FE2760	第一次生长开花末期 抽穗	55.0	0.54 0.30	38 21	4199 55	2326	2014	1222
FE2770	第一次生长开花末期 开花早期	55.0	0.52 0.29	37 20	4212 53	2252	1953	1175
FE2790	第二茬 多梗再生 7 周	55.0	0.57 0.32	74 41	4270 58	2490	2078	1292

有机组分									矿物质（g/kg）		
有机物（g/kg），消化率（%）	粗蛋白（g/kg），消化率（%）	赖氨酸（g/kg）	粗纤维（g/kg）	中性洗涤纤维（g/kg）	酸性洗涤纤维（g/kg）	酸性洗涤木质素（g/kg）	粗脂肪（g/kg）	淀粉（g/kg）	磷	钙	镁
890 67	117 57	3.60	254	520	283				2.6	4.6	1.3
901 61	95 54	2.50	297	571	327				2.3	4.6	1.3
895 60	132 66	4.30	301	575	331				2.6	4.6	1.3
908 66	108 57	3.10	275	545	305				2.6	4.6	1.3
914 60	85 51	1.90	310	586	340				2.3	4.6	1.3
915 57	76 46	1.50	317	594	347				2.3	4.6	1.3
911 59	125 65	4.00	314	590	344				2.6	4.6	1.3
889 67	117 62	3.60	304	586	328				2.8	5.8	1.4
897 61	91 56	2.20	327	612	353				2.6	5.8	1.4
890 64	134 65	4.40	288	568	312				2.8	5.8	1.6
908 66	108 61	3.10	316	599	341				2.8	5.8	1.4
912 60	81 52	1.70	335	620	361				2.6	5.8	1.4
916 58	79 52	1.60	344	631	371				2.3	5.8	1.4
908 63	127 65	4.10	303	585	328				2.8	5.8	1.6

INRA代码	青贮	营养水平						
		干物质（%）	饲料单位（UF/kg）	可消化蛋白（g/kg）	总能（kcal/kg）消化率（%）	消化能（kcal/kg）	代谢能（kcal/kg）	净能（kcal/kg）
禾本科，鸭茅草								
枯蔫，切碎								
FE3980	第一茬 穗 10% 抽出	33.5	0.61 0.21	79 26	4292 64	2729	2198	1378
FE4000	第一茬 抽穗末期	33.5	0.54 0.18	61 20	4319 57	2462	2040	1222
FE4040	第二茬 多叶再生 7 周	33.5	0.53 0.18	75 25	4340 56	2427	1976	1192
枯蔫＞50% DM，打捆								
FE4070	第一茬 穗 10% 抽出	55.0	0.60 0.33	100 55	4288 62	2668	2161	1343
FE4090	第一茬 抽穗末期	55.0	0.52 0.29	73 40	4261 55	2361	1964	1170
FE4100	第一茬 开花早期	55.0	0.49 0.27	67 37	4266 52	2239	1877	1099
FE4140	第二茬 多叶再生 7 周	55.0	0.52 0.29	92 51	4295 55	2380	1947	1169
全株谷物，全株玉米								
正常生长状态								
FE4710	粉碎，无添加剂 面团，30% DM	30.0	0.87 0.26	29 9	4452 67	2983	2706	1956
FE4720	粉碎，无添加剂 硬粒	35.0	0.87 0.31	29 10	4452 67	2983	2735	1957
生长不正常								
FE4770	粉碎，无添加剂 夏季干旱（少穗）	32.0	0.80 0.26	33 11	4411 63	2797	2517	1807

有机组分									矿物质（g/kg）		
有机物（g/kg），消化率（%）	粗蛋白（g/kg），消化率（%）	赖氨酸（g/kg）	粗纤维（g/kg）	中性洗涤纤维（g/kg）	酸性洗涤纤维（g/kg）	酸性洗涤木质素（g/kg）	粗脂肪（g/kg）	淀粉（g/kg）	磷	钙	镁
871 61	163 69	5.90	270	574	293				2.3	2.7	1.4
890 61	129 67	4.20	325	630	351				2.3	2.7	1.4
886 60	151 71	5.30	314	618	340				2.6	5.2	1.4
898 67	158 70	5.70	289	593	313				2.3	2.7	1.4
908 60	122 66	3.80	333	638	360				2.3	2.7	1.4
914 57	113 66	3.40	350	655	378				2.3	2.7	1.4
906 60	145 70	5.00	324	629	351				2.6	5.2	1.4
954 72	69 51		205	444	226				1.8	2.0	1.2
954 72	69 51		201	441	221				1.8	2.0	1.2
943 68	77 51		203	465	223				1.8	2.0	1.2

INRA代码	干草	营养水平						
		干物质（%）	饲料单位（UF/kg）	可消化蛋白（g/kg）	总能（kcal/kg）消化率（%）	消化能（kcal/kg）	代谢能（kcal/kg）	净能（kcal/kg）
天然草地，低地（诺曼底）								
仓库阴干								
FF0010	第一茬	85.0	0.69	95	4437	2821	2399	1542
	05/10 多叶		0.58	81	64			
FF0020	第一茬	85.0	0.62	68	4418	2567	2221	1386
	5/25 穗 10% 抽出		0.52	58	58			
FF0030	第一茬	85.0	0.55	52	4420	2326	2042	1231
	6/10 穗 50% 抽出		0.46	44	53			
FF0050	第二茬	85.0	0.62	83	4445	2583	2220	1390
	多叶再生 7 周		0.52	71	58			
田地打捆，无雨								
FF0060	第一茬	85.0	0.62	68	4418	2567	2221	1386
	05/25 穗 10% 抽出		0.52	58	58			
FF0070	第一茬	85.0	0.55	52	4434	2334	2049	1235
	6/10 穗 50% 抽出		0.47	44	53			
FF0080	第一茬	85.0	0.48	40	4410	2080	1842	1082
	6/25 开花期		0.41	34	47			
FF0130	第二茬	85.0	0.62	83	4445	2583	2220	1390
	多叶再生 7 周		0.52	71	58			
FF0150	第三茬	85.0	0.64	99	4387	2645	2247	1430
	多叶再生 8 周		0.54	84	60			
田地打捆，雨天＜10 天								
FF0160	第一茬	85.0	0.58	65	4405	2463	2144	1315
	05/25 穗 10% 抽出		0.50	55	56			
FF0170	第一茬	85.0	0.53	48	4420	2278	2010	1196
	6/10 穗 50% 抽出		0.45	41	52			
FF0180	第一茬	85.0	0.46	37	4397	2026	1803	1045
	6/25 开花期		0.39	31	46			
FF0190	第二茬	85.0	0.59	80	4427	2476	2140	1317
	多叶再生 7 周		0.50	68	56			
天然草地地中海低地（CRAU）								
田地打捆，无雨								
FF0360	05/25 放牧期	85.0	0.60	57	4369	2491	2160	1349
			0.51	49	57			
FF0370	6/25 穗 50% 抽出	85.0	0.47	47	4380	2018	1774	1053
			0.40	40	46			
FF0380	07/10 开花期	85.0	0.57	65	4446	2389	2060	1289
			0.49	55	54			
FF0390	多叶再生 7 周	85.0	0.62	72	4406	2560	2195	1395
			0.53	62	58			

有机组分									矿物质（g/kg）		
有机物（g/kg），消化率（%）	粗蛋白（g/kg），消化率（%）	赖氨酸（g/kg）	粗纤维（g/kg）	中性洗涤纤维（g/kg）	酸性洗涤纤维（g/kg）	酸性洗涤木质素（g/kg）	粗脂肪（g/kg）	淀粉（g/kg）	磷	钙	镁
900 68	165 68	6.90	269	566	300				3.3	4.9	3.0
910 62	127 63	4.60	295	591	321				3.2	4.6	2.0
919 57	104 59	3.20	333	628	353				3.1	4.2	2.0
908 62	148 66	5.80	295	591	321				3.2	5.6	2.2
910 62	127 63	4.60	295	591	321				3.2	4.6	2.0
922 57	104 59	3.20	333	628	353				3.1	4.2	2.0
923 51	88 54	2.20	353	648	369				3.1	3.9	2.2
908 62	148 66	5.80	295	591	321				3.2	5.6	2.2
887 65	170 68	7.20	272	569	302				3.3	4.6	3.1
909 60	122 62	4.30	317	613	340				3.2	4.6	2.0
921 56	99 57	2.90	351	646	368				3.1	4.2	2.0
922 50	83 52	1.90	370	664	384				3.1	3.9	2.2
906 60	143 65	5.50	317	613	340				3.2	5.6	2.2
905 61	112 60	3.70	281	578	310				3.0	10.5	3.0
913 50	97 57	2.80	328	623	349				3.0	10.0	2.5
918 58	122 62	4.30	269	566	300				3.0	11.0	2.5
905 62	133 64	4.90	258	556	291				4.0	13.0	2.5

INRA代码	干草	营养水平						
		干物质（%）	饲料单位（UF/kg）	可消化蛋白（g/kg）	总能（kcal/kg）消化率（%）	消化能（kcal/kg）	代谢能（kcal/kg）	净能（kcal/kg）
天然草地，中部山区（奥弗涅）								
仓库阴干								
FF0420	第一茬	85.0	0.71	91	4470	2891	2454	1597
	05/20 多叶		0.60	77	65			
FF0430	第二茬	85.0	0.64	79	4472	2647	2275	1435
	6/10 穗 10% 抽出		0.54	67	59			
FF0440	第一茬	85.0	0.55	53	4442	2338	2048	1241
	6/25 穗 50% 抽出		0.47	45	53			
FF0460	第二茬	85.0	0.66	120	4540	2737	2296	1485
	多叶再生 6 周		0.56	102	60			
田地打捆，无雨								
FF0490	第一茬	85.0	0.64	79	4486	2655	2283	1440
	6/10 穗 10% 抽出		0.54	67	59			
FF0500	第一茬	85.0	0.55	53	4465	2350	2058	1248
	6/10 穗 50% 抽出		0.47	45	53			
FF0510	第一茬	85.0	0.47	40	4392	2023	1788	1053
	07/10 开花期		0.40	34	46			
FF0520	第二茬	85.0	0.66	120	4545	2740	2298	1487
	多叶再生 6 周		0.56	102	60			
田地打捆，雨天＜10 天								
FF0550	第一茬	85.0	0.61	75	4472	2550	2205	1367
	6/10 穗 10% 抽出		0.52	64	57			
FF0560	第一茬	85.0	0.54	50	4451	2294	2020	1208
	6/25 穗 50% 抽出		0.46	42	52			
FF0570	第一茬	85.0	0.45	37	4379	1969	1749	1016
	7/10 开花期		0.38	31	45			
FF0580	第二茬	85.0	0.61	116	4527	2581	2178	1381
	多叶再生 6 周		0.52	99	57			
禾本科，意大利黑麦草								
仓库阴干								
FF1060	05/25 放牧期	85.0	0.66	54	4279	2617	2289	1494
			0.56	46	61			
FF1080	6/25 穗 50% 抽出	85.0	0.59	38	4250	2376	2106	1333
			0.50	32	56			
FF1120	多叶再生 7 周	85.0	0.56	61	4312	2269	1999	1249
			0.47	52	53			

有机组分									矿物质（g/kg）		
有机物（g/kg），消化率（%）	粗蛋白（g/kg），消化率（%）	赖氨酸（g/kg）	粗纤维（g/kg）	中性洗涤纤维（g/kg）	酸性洗涤纤维（g/kg）	酸性洗涤木质素（g/kg）	粗脂肪（g/kg）	淀粉（g/kg）	磷	钙	镁
909 69	159 67	6.50	250	548	284				2.4	4.2	2.5
916 64	142 65	5.50	285	582	313				2.2	3.9	1.7
923 57	106 59	3.30	324	619	345				1.8	3.7	1.7
909 65	200 71	9.00	255	553	288				2.2	5.8	1.7
919 64	142 65	5.50	285	582	313				2.2	3.9	1.7
928 57	106 59	3.30	324	619	345				1.8	3.7	1.7
919 50	88 54	2.20	342	637	360				1.6	2.9	1.7
910 65	200 71	9.00	255	553	288				2.2	5.8	1.7
918 61	137 65	5.20	308	604	332				2.2	3.9	1.7
927 56	101 58	3.00	344	639	362				1.8	3.7	1.7
918 49	83 52	1.90	360	654	375				1.6	2.9	1.7
908 61	195 70	8.70	280	577	309				2.2	5.8	1.7
906 66	107 59	3.40	256	567	291				2.4	3.5	2.0
908 60	84 53	2.00	288	594	318				2.2	3.5	1.4
909 57	117 61	4.00	310	622	340				2.4	3.5	1.4

<table>
<tr><th rowspan="2">INRA
代码</th><th rowspan="2">干草</th><th colspan="7">营养水平</th></tr>
<tr><th>干物质
（%）</th><th>饲料单位
（UF/kg）</th><th>可消化
蛋白
（g/kg）</th><th>总能
（kcal/kg）
消化率（%）</th><th>消化能
（kcal/kg）</th><th>代谢能
（kcal/kg）</th><th>净能
（kcal/kg）</th></tr>
<tr><td colspan="9">禾本科，意大利黑麦草</td></tr>
<tr><td colspan="9">田地打捆，无雨天</td></tr>
<tr><td>FF1140</td><td>第一茬
穗 50% 抽出</td><td>85.0</td><td>0.59
0.50</td><td>38
32</td><td>4250
56</td><td>2376</td><td>2106</td><td>1333</td></tr>
<tr><td>FF1170</td><td>第一茬
开花期</td><td>85.0</td><td>0.47
0.40</td><td>18
16</td><td>4248
46</td><td>1957</td><td>1762</td><td>1065</td></tr>
<tr><td>FF1190</td><td>第二茬
多叶再生 7 周</td><td>85.0</td><td>0.56
0.47</td><td>61
52</td><td>4316
53</td><td>2272</td><td>2001</td><td>1251</td></tr>
<tr><td>FF1220</td><td>第三茬
多叶再生 6 周</td><td>85.0</td><td>0.64
0.55</td><td>78
66</td><td>4322
59</td><td>2558</td><td>2208</td><td>1451</td></tr>
<tr><td colspan="9">田地打捆，雨天<10 天</td></tr>
<tr><td>FF1250</td><td>第一茬
穗 50% 抽出</td><td>85.0</td><td>0.56
0.48</td><td>34
29</td><td>4232
54</td><td>2274</td><td>2027</td><td>1261</td></tr>
<tr><td>FF1280</td><td>第一茬
开花期</td><td>85.0</td><td>0.46
0.39</td><td>15
13</td><td>4235
45</td><td>1905</td><td>1723</td><td>1028</td></tr>
<tr><td>FF1300</td><td>第二茬
多梗再生 7 周</td><td>85.0</td><td>0.54
0.46</td><td>57
49</td><td>4298
52</td><td>2215</td><td>1962</td><td>1209</td></tr>
<tr><td colspan="9">禾本科，多年生黑麦草</td></tr>
<tr><td colspan="9">仓库阴干</td></tr>
<tr><td>FF1520</td><td>第一次生长开花末期
穗 10% 抽出 1 周</td><td>85.0</td><td>0.65
0.56</td><td>58
49</td><td>4271
61</td><td>2612</td><td>2300</td><td>1469</td></tr>
<tr><td>FF1540</td><td>第一次生长开花末期
穗 50% 抽出</td><td>85.0</td><td>0.60
0.51</td><td>37
31</td><td>4253
57</td><td>2424</td><td>2164</td><td>1349</td></tr>
<tr><td>FF1570</td><td>第二茬
多梗再生 7 周</td><td>85.0</td><td>0.59
0.51</td><td>62
53</td><td>4302
56</td><td>2405</td><td>2112</td><td>1338</td></tr>
<tr><td colspan="9">田地打捆，无雨天</td></tr>
<tr><td>FF1640</td><td>第一次生长开花末期
穗 50% 抽出</td><td>85.0</td><td>0.60
0.51</td><td>37
31</td><td>4253
57</td><td>2424</td><td>2164</td><td>1349</td></tr>
<tr><td>FF1660</td><td>第一次生长开花末期
开花早期</td><td>85.0</td><td>0.53
0.45</td><td>27
23</td><td>4269
52</td><td>2200</td><td>1980</td><td>1204</td></tr>
<tr><td>FF1680</td><td>第二茬
多梗再生 7 周</td><td>85.0</td><td>0.59
0.51</td><td>62
53</td><td>4297
56</td><td>2403</td><td>2110</td><td>1337</td></tr>
<tr><td>FF1710</td><td>第二茬
多叶再生 7 周</td><td>85.0</td><td>0.67
0.57</td><td>95
81</td><td>4345
61</td><td>2667</td><td>2294</td><td>1504</td></tr>
</table>

有机组分									矿物质（g/kg）		
有机物（g/kg），消化率（%）	粗蛋白（g/kg），消化率（%）	赖氨酸（g/kg）	粗纤维（g/kg）	中性洗涤纤维（g/kg）	酸性洗涤纤维（g/kg）	酸性洗涤木质素（g/kg）	粗脂肪（g/kg）	淀粉（g/kg）	磷	钙	镁
908 60	84 53	2.00	288	594	318				2.2	3.5	1.4
918 50	57 38	0.40	327	644	358				1.9	3.5	1.4
910 57	117 61	4.00	310	622	340				2.4	3.5	1.4
902 64	141 65	5.40	243	535	272				2.7	4.3	1.4
906 58	79 51	1.70	311	623	341				2.2	3.5	1.4
917 49	52 34	0.10	346	669	377				1.9	3.5	1.2
908 56	112 60	3.70	331	649	362				2.4	3.5	1.4
902 66	113 61	3.70	302	619	326				2.7	4.3	1.5
909 61	83 52	1.90	325	647	350				2.4	4.3	1.6
906 60	119 62	4.10	297	613	321				2.7	4.3	1.8
909 61	83 52	1.90	325	647	350				2.4	4.3	1.6
918 56	69 46	1.10	347	674	374				2.2	4.3	1.6
905 60	119 62	4.10	297	613	321				2.7	4.3	1.8
898 66	165 68	6.90	264	573	286				2.9	4.7	1.8

<table>
<tr><th rowspan="2">INRA
代码</th><th rowspan="2">干草</th><th colspan="7">营养水平</th></tr>
<tr><th>干物质
（%）</th><th>饲料单位
（UF/kg）</th><th>可消化
蛋白
（g/kg）</th><th>总能
（kcal/kg）
消化率（%）</th><th>消化能
（kcal/kg）</th><th>代谢能
（kcal/kg）</th><th>净能
（kcal/kg）</th></tr>
<tr><td colspan="9">禾本科，多年生黑麦草</td></tr>
<tr><td colspan="9">田地打捆，雨天<10 天</td></tr>
<tr><td>FF1840</td><td>第一次生长开花末期
穗 50% 抽出</td><td>85.0</td><td>0.57
0.48</td><td>33
28</td><td>4235
55</td><td>2322</td><td>2083</td><td>1277</td></tr>
<tr><td>FF1860</td><td>第一次生长开花末期
开花早期</td><td>85.0</td><td>0.52
0.44</td><td>23
20</td><td>4251
50</td><td>2145</td><td>1940</td><td>1164</td></tr>
<tr><td>FF1880</td><td>第二茬
多梗再生长 7 周</td><td>85.0</td><td>0.56
0.48</td><td>59
50</td><td>4279
54</td><td>2299</td><td>2030</td><td>1265</td></tr>
<tr><td>FF1910</td><td>第二茬
多叶再生长 6 周</td><td>85.0</td><td>0.63
0.54</td><td>92
78</td><td>4323
59</td><td>2559</td><td>2214</td><td>1427</td></tr>
<tr><td colspan="9">禾本科，高茅草</td></tr>
<tr><td colspan="9">仓库阴干</td></tr>
<tr><td>FF2180</td><td>第一茬
穗 10% 抽出</td><td>85.0</td><td>0.57
0.49</td><td>74
63</td><td>4248
56</td><td>2399</td><td>2059</td><td>1289</td></tr>
<tr><td>FF2190</td><td>第一茬
穗 50% 抽出</td><td>85.0</td><td>0.51
0.43</td><td>53
45</td><td>4234
52</td><td>2182</td><td>1906</td><td>1150</td></tr>
<tr><td>FF2210</td><td>第二茬
多叶再生长 7 周</td><td>85.0</td><td>0.54
0.46</td><td>69
59</td><td>4245
54</td><td>2281</td><td>1971</td><td>1211</td></tr>
<tr><td colspan="9">田地打捆，无雨天</td></tr>
<tr><td>FF2230</td><td>第一茬
穗 50% 抽出</td><td>85.0</td><td>0.51
0.43</td><td>56
48</td><td>4216
52</td><td>2173</td><td>1898</td><td>1145</td></tr>
<tr><td>FF2260</td><td>第一茬
开花期</td><td>85.0</td><td>0.42
0.36</td><td>46
39</td><td>4205
44</td><td>1845</td><td>1629</td><td>946</td></tr>
<tr><td>FF2270</td><td>放牧早期再生
多梗再生 5 周</td><td>85.0</td><td>0.54
0.45</td><td>75
63</td><td>4133
55</td><td>2266</td><td>1953</td><td>1204</td></tr>
<tr><td>FF2280</td><td>第二茬
多叶再生 7 周</td><td>85.0</td><td>0.53
0.45</td><td>72
61</td><td>4218
54</td><td>2266</td><td>1959</td><td>1202</td></tr>
<tr><td colspan="9">田地打捆，雨天<10 天</td></tr>
<tr><td>FF2310</td><td>第一次生长开花末期
穗 50% 抽出</td><td>85.0</td><td>0.49
0.42</td><td>52
45</td><td>4198
50</td><td>2118</td><td>1860</td><td>1106</td></tr>
<tr><td>FF2340</td><td>第一次生长开花期
开花早期</td><td>85.0</td><td>0.40
0.34</td><td>42
36</td><td>4187
43</td><td>1792</td><td>1590</td><td>911</td></tr>
<tr><td>FF2350</td><td>放牧早期再生
多梗再生 5 周</td><td>85.0</td><td>0.50
0.43</td><td>71
60</td><td>4101
53</td><td>2159</td><td>1872</td><td>1133</td></tr>
<tr><td>FF2360</td><td>第二茬
多叶再生 7 周</td><td>85.0</td><td>0.52
0.44</td><td>69
58</td><td>4196
53</td><td>2208</td><td>1919</td><td>1161</td></tr>
</table>

有机组分									矿物质（g/kg）		
有机物（g/kg），消化率（%）	粗蛋白（g/kg），消化率（%）	赖氨酸（g/kg）	粗纤维（g/kg）	中性洗涤纤维（g/kg）	酸性洗涤纤维（g/kg）	酸性洗涤木质素（g/kg）	粗脂肪（g/kg）	淀粉（g/kg）	磷	钙	镁
907 59	78 50	1.60	345	672	371				2.4	4.3	1.6
916 54	64 43	0.80	365	696	393				2.2	4.3	1.6
903 58	114 61	3.80	319	640	344				2.7	4.3	1.8
895 64	160 67	6.60	288	602	312				2.9	4.7	1.8
888 61	135 64	5.10	273	584	296				2.7	2.7	2.5
896 56	106 59	3.30	316	643	346				2.4	2.7	2.0
890 58	128 63	4.60	296	619	326				2.9	3.5	1.7
892 56	106 62	4.60	316	643	346				2.4	2.7	2.0
895 47	92 59	2.50	348	682	379				2.2	2.7	1.5
864 59	131 67	4.80	288	609	318				2.9	3.5	1.5
884 58	128 66	4.60	296	619	326				2.9	3.5	1.7
890 54	101 61	3.00	336	668	367				2.4	2.7	2.0
893 46	87 57	2.20	366	704	398				2.2	2.7	1.0
859 57	126 66	4.50	311	637	341				2.9	3.5	2.0
881 57	123 66	4.30	317	644	347				2.9	3.5	1.7

INRA代码	干草	营养水平						
		干物质（%）	饲料单位（UF/kg）	可消化蛋白（g/kg）	总能（kcal/kg）消化率（%）	消化能（kcal/kg）	代谢能（kcal/kg）	净能（kcal/kg）
禾本科牧草，鸭茅草								
仓库阴干								
FF2460	第一茬 穗 10% 抽出	85.0	0.65 0.55	114 97	4369 62	2715	2295	1467
FF2470	第一茬 穗 50% 抽出	85.0	0.59 0.50	80 68	4303 58	2500	2159	1336
FF2490	第二茬 多叶再生后 7 周	85.0	0.54 0.46	80 68	4323 54	2322	2011	1223
田地打捆，无雨								
FF2520	第二茬 多叶再生 7 周	85.0	0.59 0.50	80 68	4289 58	2492	2152	1331
FF2550	第一茬 开花期	85.0	0.45 0.38	46 40	4293 46	1978	1748	1019
FF2570	放牧早期后再生 多梗再生 8 周	85.0	0.38 0.32	40 34	4282 40	1691	1499	859
FF2590	第二茬 多叶再生 8 周	85.0	0.54 0.46	80 68	4314 54	2318	2006	1220
田地打捆，雨天＜10 天								
FF2660	第一茬 穗 50% 抽出	85.0	0.56 0.48	76 65	4272 56	2389	2074	1262
FF2690	第一茬 开花期	85.0	0.44 0.37	43 36	4275 45	1923	1708	982
FF2710	早期放牧后再生 多叶再生 8 周	85.0	0.37 0.31	36 31	4268 38	1640	1460	825
FF2730	第二茬 多叶再生 7 周	85.0	0.51 0.44	77 65	4296 52	2214	1927	1153
豆科，苜蓿								
仓库阴干								
FF3220	第一茬 10% 出芽	85.0	0.58 0.49	114 97	4348 58	2514	2128	1308
FF3240	第一茬 开花早期	85.0	0.53 0.45	104 88	4351 54	2330	1992	1194
FF3270	第二茬（第一次刈割：花芽） 多梗再生 7 周	85.0	0.55 0.46	111 95	4387 55	2396	2041	1230
田地打打捆，无雨								
FF3330	第一茬 50% 花芽	85.0	0.54 0.45	106 90	4402 54	2357	2018	1204
FF3350	第一茬 开花期	85.0	0.49 0.41	98 83	4419 49	2178	1879	1095
FF3370	第二茬（第一次刈割：花芽） 多梗再生 7 周	85.0	0.54 0.46	108 92	4434 54	2374	2035	1209

有机组分									矿物质（g/kg）		
有机物（g/kg），消化率（%）	粗蛋白（g/kg），消化率（%）	赖氨酸（g/kg）	粗纤维（g/kg）	中性洗涤纤维（g/kg）	酸性洗涤纤维（g/kg）	酸性洗涤木质素（g/kg）	粗脂肪（g/kg）	淀粉（g/kg）	磷	钙	镁
896 67	185 73	8.10	275	593	304				2.4	2.7	3.0
899 62	138 68	5.20	307	647	332				2.2	2.3	1.5
903 58	139 68	5.20	323	665	349				2.4	3.9	1.5
896 62	138 68	5.20	307	647	332				2.2	2.3	1.5
914 50	93 59	2.50	357	704	385				1.9	1.9	1.5
915 43	84 56	2.50	356	703	384				2.4	3.5	1.7
901 58	139 68	5.30	323	665	349				2.4	3.9	1.5
894 60	133 67	4.90	328	671	355				2.2	2.3	1.5
912 49	88 57	2.20	374	723	403				1.9	1.9	1.5
914 42	79 54	1.70	33	722	402				2.4	3.5	1.7
899 56	134 67	5.00	343	688	371				2.4	3.9	1.5
891 62	185 73	8.10	311	520	326				2.4	12.5	2.5
897 58	171 72	7.20	338	539	343				2.4	12.5	2.5
901 59	181 72	7.80	338	539	343				2.2	11.0	2.0
907 58	174 72	4.70	351	548	352				2.4	12.5	2.5
915 53	163 71	6.70	374	564	367				2.2	12.5	2.5
913 58	177 72	7.60	361	555	359				2.2	11.0	2.0

INRA代码	干草	营养水平						
		干物质（%）	饲料单位（UF/kg）	可消化蛋白（g/kg）	总能（kcal/kg）消化率（%）	消化能（kcal/kg）	代谢能（kcal/kg）	净能（kcal/kg）
豆科，红三叶								
仓库阴干								
FF3520	第一茬 10% 花芽	85.0	0.62 0.53	111 94	4290 61	2618	2191	1398
FF3540	第一茬 开花早期	85.0	0.56 0.47	89 75	4306 56	2398	2049	1253
田地打捆								
FF3620	第一茬 50% 花芽	85.0	0.53 0.45	101 86	4294 54	2300	1946	1199
FF3640	第一茬 开花期	85.0	0.49 0.42	82 70	4313 50	2171	1874	1110
FF3660	第二茬（第一次刈割：花芽） 多梗再生后 7 周	85.0	0.53 0.45	110 93	4351 52	2284	1928	1185

有机组分									矿物质（g/kg）		
有机物（g/kg），消化率（%）	粗蛋白（g/kg），消化率（%）	赖氨酸（g/kg）	粗纤维（g/kg）	中性洗涤纤维（g/kg）	酸性洗涤纤维（g/kg）	酸性洗涤木质素（g/kg）	粗脂肪（g/kg）	淀粉（g/kg）	磷	钙	镁
880 66	180 72	7.80	245	485	299				2.7	10.3	2.0
895 60	150 69	6.00	301	524	337				2.2	9.9	2.0
886 58	167 71	7.00	280	509	323				2.4	9.9	2.0
900 54	141 68	5.40	337	549	361				2.2	9.5	2.0
894 57	179 72	7.70	286	514	327				2.4	10.3	2.5

INRA代码	秸秆、木质化粗饲料	营养水平						
		干物质（%）	饲料单位（UF/kg）	可消化蛋白（g/kg）	总能（kcal/kg）消化率（%）	消化能（kcal/kg）	代谢能（kcal/kg）	净能（kcal/kg）
FP0020	小麦秸，单一（a）	88.0	0.29 0.26	0 0	4340 32	1393	1259	653
FP0040	小麦秸，干物质5%的氨处理	88.0	0.37 0.33	40 35	4380 40	1738	1539	833
FP0060	小麦秸，单一（a）	88.0	0.32 0.28	0 0	4300 35	1503	1356	720
FP0080	大麦秸，干物质5%的氨处理	88.0	0.39 0.35	40 35	4300 43	1829	1619	878
FP0090	燕麦秸，单一（a）	88.0	0.35 0.31	0 0	4240 39	1642	1485	788
FP0140	草秸	88.0	0.36 0.32	30 27	4340 39	1681	1490	810
FP0160	豆秸，单一（a）	88.0	0.36 0.31	20 17	4130 41	1678	1500	810

有机组分									矿物质（g/kg）		
有机物（g/kg），消化率（%）	粗蛋白（g/kg），消化率（%）	赖氨酸（g/kg）	粗纤维（g/kg）	中性洗涤纤维（g/kg）	酸性洗涤纤维（g/kg）	酸性洗涤木质素（g/kg）	粗脂肪（g/kg）	淀粉（g/kg）	磷	钙	镁
920 35	35 0		420	798	504				1.0	2.0	1.0
915 43	100 57		419	766	504				1.0	3.5	1.0
920 38	38 0		420	798	504				1.0	3.5	1.0
920 46	100 57		420	766	504				1.0	3.5	1.5
910 42	32 0		420	760	470				1.0	3.5	1.0
926 42	84 52		400	760	480				1.0	3.0	1.0
901 44	66 43		413						1.0	5.0	1.0

INRA代码	块根、块茎	营养水平						
		干物质（%）	饲料单位（UF/kg）	可消化蛋白（g/kg）	总能（kcal/kg）消化率（%）	消化能（kcal/kg）	代谢能（kcal/kg）	净能（kcal/kg）
FR0010	饲料甜菜（a）	13.0	1.13 0.15	52 7	4110 84	3452	3224	2543
FR0030	甜菜（a）	23.2	1.13 0.26	44 10	4020 85	3417	3239	2543
FR0040	胡萝卜（a）	12.5	1.10 0.14	49 6	4030 87	3506	3257	2475

有机组分									矿物质（g/kg）		
有机物（g/kg），消化率（%）	粗蛋白（g/kg），消化率（%）	赖氨酸（g/kg）	粗纤维（g/kg）	中性洗涤纤维（g/kg）	酸性洗涤纤维（g/kg）	酸性洗涤木质素（g/kg）	粗脂肪（g/kg）	淀粉（g/kg）	磷	钙	镁
915	104		70						1.5	2.5	1.3
87	66										
968	84		58						1.5	3.0	1.3
88	70										
910	105		100						3.0	4.5	1.9
88	62										

INRA 代码	饲料	营养水平						
		干物质（%）	饲料单位（UF/kg）	可消化蛋白（g/kg）	总能（kcal/kg）消化率（%）	消化能（kcal/kg）	代谢能（kcal/kg）	净能（kcal/kg）
脱水粗饲料（a）								
第一茬（a）								
CD0020	苜蓿<16%粗蛋白	91.4	0.57	86	4302	2318	1991	1283
			0.52	79	54			
CD0030	苜蓿 17%～18%粗蛋白	90.6	0.60	104	4301	2435	2067	1350
			0.54	94	57			
CD0040	苜蓿 18%～19%粗蛋白	90.6	0.62	110	4299	2515	2123	1395
			0.56	100	58			
CD0050	苜蓿 22%～25%粗蛋白	89.8	0.70	146	4279	2840	2326	1579
			0.63	131	66			
CD0060	玉米，乳熟期	91.0	0.77	32	4417	2739	2446	1134
			0.70	29	62			
CD0070	玉米，蜡熟期	91.0	0.92	29	4424	3008	2755	2069
			0.84	26	68			
CD0080	意大利黑麦草一茬	91.0	0.73	53	4190	2757	2404	1647
			0.66	48	66			
CD0090	意大利黑麦草二茬	91.0	0.71	92	4240	2650	2247	1606
			0.65	84	63			
谷物								
CC0010	大麦	86.7	1.14	82	4390	3480	3247	2565
			0.99	71	79			
CC0020	燕麦	88.1	0.99	78	4656	3151	2871	2288
			0.87	69	68			
CC0030	燕麦，脱壳	85.6	1.14	92	4484	3518	3268	2588
			0.98	79	78			
CC0040	小麦，硬质小麦	87.6	1.21	116	4425	3744	3456	2723
			1.06	102	85			
CC0050	小麦，高水分	86.8	1.23	85	4351	3675	3473	2J65
			1.07	74	84			
CC0060	玉米	86.4	1.30	66	4463	3803	3647	2925
			1.12	57	85			
CC0070	稻谷，水稻	87.4	1.33	65	4299	3751	3672	2993
			1.16	57	87			
CC0080	黑麦	87.3	1.20	63	4294	3655	3421	2706
			1.05	55	85			
CC0090	高粱	86.5	1.24	77	4502	3637	3470	2783
			1.07	67	81			
CC0100	小黑麦	87.3	1.21	77	4311	3603	3412	2723
			1.06	67	84			

有机组分									矿物质（g/kg）		
有机物（g/kg），消化率（%）	粗蛋白（g/kg），消化率（%）	赖氨酸（g/kg）	粗纤维（g/kg）	中性洗涤纤维（g/kg）	酸性洗涤纤维（g/kg）	酸性洗涤木质素（g/kg）	粗脂肪（g/kg）	淀粉（g/kg）	磷	钙	镁
892 59	151 67	6.40	320	503	363	91	24		2.6	20.4	1.6
885 61	175 70	8.00	295	474	338	86	27		2.6	21.8	1.7
883 62	184 71	8.50	283	461	326	83	28		2.7	22.3	1.7
871 70	233 74	11.70	211	379	255	69	34		2.7	25.2	1.9
950 67	76 50		223	496	247	27	25	170	1.8	2.3	1.5
954 68	72 47		195	450	215	23	30	300	1.8	2.3	1.5
899 69	105 59		238	508	269		25		2.7	4.3	1.0
899 67	161 68		263	553	292		25		3.0	4.8	2.0
974 83	116 81	4.40	52	216	63	11	21	602	4.0	0.8	1.3
970 70	111 81	4.70	138	372	169	28	54	411	3.6	1.2	1.1
975 82	124 81	5.10	47	136	54	20	29	615	3.3	1.0	1.0
978 88	165 81	4.30	31	164	43	13	21	633	3.9	0.9	1.2
982 88	121 81	3.60	26	143	36	11	17	698	3.7	0.8	1.1
986 89	94 81	2.80	25	120	30	6	43	742	3.0	0.5	1.2
988 91	92 82	3.40	5	10	7	0	13	868	2.3	0.1	1.6
979 89	103 70	4.00	22	161	36	10	14	616	3.4	1.2	1.2
983 84	109 81	2.50	27	108	43	12	34	741	3.2	0.3	1.4
978 87	110 81	4.50	27	146	37	12	15	686	4.0	0.8	1.1

INRA代码	饲料	营养水平						
		干物质（%）	饲料单位（UF/kg）	可消化蛋白（g/kg）	总能（kcal/kg）消化率（%）	消化能（kcal/kg）	代谢能（kcal/kg）	净能（kcal/kg）
谷物副产品								
CS0010	次麦粉，硬质小麦	86.9	0.98	134	4606	3276	2886	2205
			0.85	116	71			
CS0020	麦麸，硬质小麦	86.6	0.89	129	4585	3053	2656	2203
			0.77	112	67			
CS0030	饲料全麦粉	88.2	1.24	109	4515	3737	3498	2781
			1.09	96	83			
CS0040	碎麦粉	87.9	1.13	128	4553	3684	3293	2543
			0.99	113	81			
CS0050	次麦粉	88.1	0.97	129	4542	3271	2869	2183
			0.85	114	72			
CS0060	麦麸	87.1	0.86	122	4511	2964	2570	1937
			0.75	106	66			
CS0090	小麦蛋白饲料，淀粉 25%	90.6	0.94	117	4439	3222	2778	2111
			0.85	106	73			
CS0100	小麦蛋白饲料，淀粉 28%	87.9	0.98	118	4546	3293	2898	2205
			0.86	104	72			
CS0110	玉米蛋白饲料	88.0	0.83	161	4468	2995	2504	1868
			0.73	142	67			
CS0120	玉米蛋白粉	89.5	1.23	576	5510	5025	3799	2773
			1.10	513	91			
CS0140	玉米粉	87.3	1.21	61	4632	3706	3427	2690
			1.06	53	80			
CS0150	玉米淀粉	88.1	1.49	7	4185	4079	4079	3353
			1.31	6	97			
CS0170	玉米糠	87.8	0.87	69	4506	2849	2559	1958
			0.76	61	63			
CS0180	玉米胚芽粕，溶剂浸提	87.4	0.90	217	4658	3447	2778	2025
			0.79	190	74			
CS0190	玉米胚芽粕，压榨	91.5	1.17	113	4964	3872	3357	2635
			1.07	103	78			
CS0200	玉米粉渣	89.4	1.02	96	4540	3353	2984	2295
			0.91	86	74			
CS0220	大麦根	89.3	0.76	166	4415	3782	2320	2719
			0.68	148	86			
CS0230	大米，破碎	87.4	1.32	64	4311	3720	3649	2970
			1.15	56	86			
CS0240	米糠，脱脂	90.2	0.85	88	4220	2785	2451	1907
			0.77	79	66			
CS0250	米糠，未脱脂	90.1	1.07	90	5133	3592	3143	2408
			0.96	81	70			

有机组分									矿物质（g/kg）		
有机物（g/kg），消化率（%）	粗蛋白（g/kg），消化率（%）	赖氨酸（g/kg）	粗纤维（g/kg）	中性洗涤纤维（g/kg）	酸性洗涤纤维（g/kg）	酸性洗涤木质素（g/kg）	粗脂肪（g/kg）	淀粉（g/kg）	磷	钙	镁
954	178	7.10	82	364	107	31	49	342	9.4	1.4	2.3
74	82										
944	169	6.60	117	499	151	43	51	230	11.2	1.6	3.1
69	83										
984	145	5.20	17	111	25	5	27	676	4.1	1.0	1.8
81	82										
962	170	6.70	56	261	74	22	40	430	8.1	1.3	2.6
83	82										
951	175	7.00	80	356	104	30	40	314	9.9	1.5	4.0
75	80										
942	170	6.70	105	455	136	39	40	227	11.4	1.6	4.8
68	78										
918	163	5.50	62	312	90	30	44	274	8.2	1.3	3.2
75	78										
953	164	5.60	69	324	95	31	32	317	8.5	1.8	2.6
75	78										
930	219	6.60	85	384	100	12	31	205	10.1	1.8	3.9
70	80										
979	677	12.00	12	26	8	2	28	192	5.4	0.8	0.4
95	90										
973	103	4.20	66	293	79	12	62	522	5.3	1.4	1.5
80	64										
997	9	0.00	2	0			5	950	0.0	0.2	0.0
100	89										
932	124	4.70	146	595	166	26	41	340	3.4	5.4	1.6
65	60										
964	295	7.90	101	425	119	17	29	155	7.2	0.5	3.1
76	80										
941	166	5.50	67	317	82	21	149	323	9.1	0.4	3.2
78	74										
948	149	5.20	62	298	75	14	68	403	8.6	1.6	2.9
77	70										
937	244	10.90	142	447	168	29	21	126	6.2	3.2	1.7
63	74										
990	88	3.20	12	59	15	6	14	882	2.5	0.5	1.7
90	80										
872	160	7.20	103	267	125	44	34	335	19.7	2.4	9.0
68	60										
910	153	6.80	86	228	99	36	182	304	17.9	0.9	7.3
72	64										

INRA代码	饲料	营养水平						
		干物质（%）	饲料单位（UF/kg）	可消化蛋白（g/kg）	总能（kcal/kg）消化率（%）	消化能（kcal/kg）	代谢能（kcal/kg）	净能（kcal/kg）
其他植物副产品								
CF0010	木薯，淀粉 67%	88.0	1.23 1.08	10 9	3937 88	3448	3396	2768
CF0010	木薯，淀粉 72%	87.3	1.28 1.12	9 8	4073 87	3533	3512	2880
CF0080	大豆皮	89.4	0.69 0.62	40 36	4355 57	2494	2170	1560
CF0100	角豆豆荚粕	84.5	0.72 0.61	12 10	4164 55	2290	2116	1617
CF0130	糖蜜，甜菜	75.7	1.18 0.89	11 84	3685 95	3496	3195	2655
CF0140	糖蜜，甘蔗	73.7	1.19 0.88	26 19	3573 95	3384	3191	2678
CF0170	甜菜渣，脱水	89.1	0.85 0.76	29 26	4060 73	2973	2626	1913
CF0180	甜菜渣，糖浆，脱水	88.3	0.86 0.76	32 28	4077 73	2982	2654	1935
CF0200	土豆渣，脱水	87.4	1.09 0.95	6 5	4210 80	3379	3176	2446
脂肪								
CG0040	油	100.0	2.96 2.96		9380 88	8254	7883	6661
豆科和油类籽实								
CN0010	油菜籽	92.2	1.43 1.32	154 142	6836 87	5947	4438	3218
CN0030	蚕豆，白花	86.1	1.10 0.95	243 209	4475 86	3835	3252	2475
CN0040	蚕豆，彩花	86.5	1.11 0.96	229 198	4479 86	3837	3307	2520
CN0050	亚麻籽	90.3	1.30 1.17	188 170	6402 79	5075	4035	2925
CN0060	羽扇豆，白色	88.6	1.05 0.93	290 257	5060 79	4000	3296	2363
CN0070	羽扇豆，蓝色	90.2	1.02 0.92	262 236	4849 79	3842	3196	2295
CN0080	豌豆	86.4	1.11 0.96	186 161	4366 83	3629	3223	2498

有机组分									矿物质（g/kg）		
有机物（g/kg），消化率（%）	粗蛋白（g/kg），消化率（%）	赖氨酸（g/kg）	粗纤维（g/kg）	中性洗涤纤维（g/kg）	酸性洗涤纤维（g/kg）	酸性洗涤木质素（g/kg）	粗脂肪（g/kg）	淀粉（g/kg）	磷	钙	镁
938 91	31 45	1.30	50	97	69	24	7	762	1.1	2.6	1.2
974 91	29 45	1.20	33	72	47	14	6	82	1.0	1.7	1.7
947 60	134 50	7.90	382	631	452	24	25	0	1.5	5.5	2.5
964 58	52 39	1.80	86	320	276	154	5	7	1.1	5.1	0.6
871 91	145 85	2.10	0				2	0	0.3	1.4	0.6
860 91	55 60	0.10	0				15	0	0.8	10.1	4.5
923 76	91 45	7.20	194	454	231	21	10	0	1.0	14.8	2.0
928 76	99 46	8.20	194	454	231	11	7	0	1.0	14.4	1.2
964 82	53 17	0.70	182	297	206	58	4	432	1.5	6.2	1.6
1000 88	0 0	0.00									
957 84	207 79	12.90	89	190	134	59	455	0	7.2	5.1	
959 89	311 83	20.00	87	160	106	8	13	433	5.5	1.7	
961 89	294 83	19.20	91	161	107	9	15	442	5.3	1.6	
952 83	250 80	9.90	102	245	148	62	362	0	6.8	4.2	
961 82	385 80	18.70	128	214	154	10	95	0	4.3	3.8	
962 82	340 82	17.10	165	247	197	17	59	0	4.1	3.6	
965 87	239 83	17.40	60	139	69	3	12	516	4.6	1.3	

INRA 代码	饲料	营养水平						
		干物质（%）	饲料单位（UF/kg）	可消化蛋白（g/kg）	总能（kcal/kg）消化率（%）	消化能（kcal/kg）	代谢能（kcal/kg）	净能（kcal/kg）
豆科和油料籽实								
CN0090	鹰嘴豆	89.0	1.11	174	4708	3710	3257	2498
			0.99	155	79			
CN0100	大豆，全豆，压榨	88.1	1.11	316	5530	4191	3474	2498
			0.98	278	76			
CN0120	葵花籽	93.0	1.30	128	6849	4851	4007	2295
			1.21	119	71			
油籽粕								
CX0010	花生粕，脱毒，作为饲料粗纤维<9%	89.6	1.02	461	4917	4118	3232	2295
			0.91	413	84			
CX0020	花生粕，脱毒，作为饲料粗纤维>9%	89.2	0.96	451	4834	3949	3068	2169
			0.86	402	82			
CX0040	菜籽粕	88.7	0.74	286	4611	2843	2371	1674
			0.66	254	62			
CX0050	椰子粕，压榨	91.2	0.76	150	4767	2977	2050	1710
			0.69	137	62			
CX0080	亚麻籽粕，浸提	88.6	0.88	294	4610	3425	2853	1980
			0.78	260	74			
CX0090	亚麻籽粕，压榨	90.4	0.94	273	4882	3657	3061	2115
			0.85	247	75			
CX0100	棕榈粕，压榨	90.6	0.79	92	4803	3137	2610	1778
			0.72	83	65			
CX0120	芝麻粕，压榨	93.9	0.95	387	4956	3767	3047	2127
			0.89	363	65			
CX0130	大豆粕（46）	87.6	0.93	413	4659	3621	2897	2093
			0.81	362	78			
CX0140	大豆粕（48）	87.8	0.94	436	4703	3768	2992	2115
			0.83	383	80			
CX0150	大豆粕（50）	87.6	0.93	456	4697	3727	2948	2093
			0.81	399	79			
CX0160	葵花籽粕，没有脱壳，浸提	88.7	0.59	223	4626	2320	1916	1328
			0.52	198	50			
CX0170	葵花籽粕，部分脱壳，浸提	89.7	0.64	273	4628	2557	2084	1440
			0.57	245	55			

注：每千克干物质正常特性：每千克喂饲状态或消化率（%）；鲜草料中 a 表示收割时 4 月 1 日起平均气温累积之和超过 0℃，秸秆类中 a 表示作为单一饲料饲喂，补素氮素和矿物质，根茎类中 a 表示这些块根饲料中快速发酵糖含量丰富，饲料中 a 表示在脱水处理后水分含量为 8%～12%；表中 UF 值为限量饲喂时价值，若饲喂量大时，取 UF 值为 1

有机组分									矿物质（g/kg）		
有机物（g/kg），消化率（%）	粗蛋白（g/kg），消化率（%）	赖氨酸（g/kg）	粗纤维（g/kg）	中性洗涤纤维（g/kg）	酸性洗涤纤维（g/kg）	酸性洗涤木质素（g/kg）	粗脂肪（g/kg）	淀粉（g/kg）	磷	钙	镁
966 82	223 83	15.20	40	104	42	2	68	504	4.1	1.3	
941 79	395 85	24.50	59	125	73	12	203	0	6.3	3.6	
963 74	172 79	6.80	167	310	201	62	479	0	5.8	3.0	
933 87	546 90	17.80	76	159	96	28	38	0	6.3	2.2	
934 85	551 87	17.90	134	225	157	51	10	0	6.3	2.2	
921 64	380 80	20.30	139	319	221	108	26	0	12.9	9.4	
932 65	225 71	5.90	141	546	286	66	89	0	5.9	1.3	
934 77	359 87	13.40	110	257	156	66	34	0	9.0	5.0	
935 78	342 85	12.90	113	259	157	67	90	0	9.1	4.7	
954 68	163 60	4.40	197	726	445	134	94	0	6.1	3.1	
879 79	463 89	10.90	64	201	106	19	118	0	12.6	18.1	
926 83	494 89	30.40	70	142	85	5	19	0	7.1	3.9	
927 83	516 90	31.70	68	139	83	8	21	0	7.1	3.9	
928 83	539 90	33.00	44	102	55	4	17	0	7.1	3.9	
930 52	312 76	11.30	287	463	330	113	23	0	11.3	4.4	
925 57	373 78	13.20	276	400	276	92	19	0	12.0	4.5	

附录 16.1 饲料中微量元素含量（mg/kg DM）（引自 INRA，1989）[1]

		n	Cu	Zn	Mn	Mb
青绿饲料						
天然草地牧草						
第一茬	放牧期	9	7.4	48.0	149.0	0.87
	抽穗期	9	5.9	36.0	148.0	0.83
	开花期	9	5.0	34.0	141.0	0.75
鸭茅草						
第一茬	营养期[2]	7	7.5±2.8	32.0±9.0	112.0±32.7	2.28±0.36
	抽穗期	32	6.0±1.0	23.0±5.1	105.0±49.4	1.49±0.84
	开花期	10	4.8±1.1	18.0±4.9	91.4±45.0	0.94±0.22
第二茬[3]		25	6.8±1.1	22.2±3.7	129.3±62.9	2.55±0.47
第三茬[3]		14	6.5±0.9	25.2±2.0	128.4±48.4	3.37±0.79
第四茬[3]		9	8.7±0.9	30.8±3.9	193.9±66.5	—[4]
牛尾草						
第一茬	营养期[2]	11	5.4±1.5	23.8±6.2	90.5±30.1	—
	抽穗期	8	4.8±1.3	19.5±4.3	86.5	0.87
		11	5.7±1.3	27.1±7.9	118.3±35.9	—
第二茬[3]		9	5.7±0.9	21.8±7.0	96.0±31.4	—
第三茬[3]		7	6.6±0.4	27.1±10.8	115.0±73.5	—
高羊茅草						
第一茬	营养期[2]	38	6.5±1.3	38.0±13.3	81.3±48.0	1.14±0.60
	抽穗期	30	5.1±2.5	20.9±7.9	77.9±43.2	0.80±0.34
	开花期	6	3.8±1.5	23.0±20.6	93.5±34.2	—
第二茬[3]		24	5.6±1.4	24.2±14.2	113.1±60.3	0.53±0.41
第三茬[3]		31	5.9±1.0	27.8±13.6	47.3±52.9	1.08±1.06
第四茬[3]		30	6.3±1.2	22.8±9.3	131.0±58.2	0.76±0.71
多年生黑麦草						
第一茬	营养期[2]	18	5.2±1.7	23.9±9.5	84.7±29.0	1.60
	抽穗期	17	4.0±1.3	19.5±9.5	74.0±25.0	1.01±0.48
第二茬[3]		15	5.2±1.8	26.5±8.2	148.4±45.4	—
第三茬[3]		10	6.0±0.9	37.0±9.6	125.0±22.2	—
第四茬和其他[3]		12	6.9±1.0	33 8±9.2	151.3±65.2	—

续表

		n	Cu	Zn	Mn	Mb
意大利黑麦草						
第一茬	营养期[2]	16	8.1±2.0	32.2±6.6	85.1±38.4	—
	抽穗期	13	5.0±1.4	23.8±7.5	79.6±41.7	—
第二茬[3]		13	5.8±1.0	32.7±8.8	133.8±45.4	—
第三茬[3]		15	7.2±1.3	32.2±7.5	139.0±32.7	—
第四茬和其他[3]		4	6.8±2.0	31.8±6.7	121.0±23.4	—
梯牧草						
第一茬	营养期[2]	22	5.4±2.1	37.4±13.8	77.5±34.1	1.30±0.60
	抽穗期	17	3.81±1.0	25.3±10.7	59.7±36.1	1.05±0.41
	开花期	4	3.1±0.8	22.3±6.2	27.7±10.0	1.00
第二茬[3]		15	5.1±0.8	24.5±12.7	73.0±36.5	0.75±0.28
第三茬[3]		8	5.6±0.8	21.0±7.1	74.1±36.0	1.96
第四茬[3]		4	6.6±1.4	27.0±2.2	13.8±42.0	0.95
苜蓿						
第一茬	营养期[2]	6	8.8±0.5	32.3±3.1	26.7±1.2	1.30±0.64
	抽穗期	12	7.5±1.3	22.9±4.3	25.5±10.5	1.07±0.32
	开花期	19	7.7±2.0	22.0±5.9	27.5±9.3	0.56±0.40
第二茬[3]		27	8.5±2.1	22.3±5.3	52.7±36.0	0.47±0.42
第三茬[3]		17	8.6±1.5	24.1±4.8	43.9±35.3	0.44±0.31
第四茬[3]		16	8.9±1.5	22.8±3.3	36.6±24.2	0.77±0.09
干草						
天然草地牧草						
第一次刈割		454	5.2±0.5	29.1±0.5	158.2±5.3	0.63±0.04
意大利黑麦草						
第一次刈割		23	4.9±0.3	26.5±1.4	110.0±14.5	—
苜蓿						
第一次刈割		23	7.1±0.3	24.6±2.1	29.0±2.4	—
第二次刈割		19	7.5±0.3	23.7±1.1	—	—
大麦秸		6	3.1±0.9	7.3±3.9	17.6±9.2	—
玉米青贮		32	6.1±0.3	26.0±1.6	55.6±8.7	—
甜菜			7.0	28.0	—	—

[1] 成分：见表 INRA-AFZ（Sauvant et al.，2004）。[2] 营养阶段：地面以上 10cm 高。[3] 再生 4～9 周。[4] 无有效数据

附录 16.2 饲料中维生素含量（IU/kg DM）（引自 RNRA，1989）

	维生素 A	维生素 D	维生素 E
青绿饲料和天然牧草和谷物饲料	25 000	30	17
干草			
天然牧草（鲜草）	6000	600	10
天然草地牧草（贮存）	1500	—[1]	—
意大利黑麦草	116 000	2000	—
一年生黑麦草	48 000	—	210
苜蓿	46 000	600	11
谷物类		—	
大麦	1000	—	25
玉米	1000	—	25
高粱	—	—	12
小麦	—	—	17
燕麦	—	—	15
青贮			
玉米	6000	300	—
黑麦	23 000	—	—
高粱	14 000	—	—
稻草			
燕麦	1000	700	—
小麦	1000	700	—
油粕			
大豆粕	—		7
葵花籽粕（压榨，去壳）	—		12
棉粕（压榨，41% 粗蛋白）	—		35
谷物副产品	—		
麦麸	1000		21
米糠	—		66

[1] 无有效数据

附录 16.3　矿物质添加剂的主要来源（引自 INRA，2007）

矿物质来源	P（%）	Ca（%）	Mg（%）	其他元素（%）
无水磷酸二钙（二元）	20～22	28	—[1]	
水合磷酸二钙（二元）	17.5	23	—	
磷酸铵（一元）	27	—	—	N 12
磷酸二铵（二元）	23	—	—	N
磷酸镁	13～15	—	24～28	—
磷酸二氢钙	22～24	18～21	—	—
磷酸氢二钙	20	20	—	—
无水磷酸二氢钠	25.5	—	—	Na 19
水合磷酸二氢钠	20	—	—	Na 16
三重磷酸镁、磷酸钙、磷酸钠	17	8	5	Na 13
碳酸钙（石粉）	—	35～38	2～4[2]	—
碳酸钙和碳酸镁（含镁石灰石）	—	22	10	—
无水碳酸钙	—	36	—	Cl 14
氧化镁 CP[3]	—	—	64	—
氧化镁[4]	—	—	55～59	—
氢氧化镁	—	—	38～39	—
水合硫酸镁	—	—	17	S 22

[1] 无有效数据。[2] 仅为海中碳酸盐（藻团粒、红石灰藻）。[3] CP 为化学纯。[4] 颗料＜ 500μm

附录 16.4　粗饲料中的糖和淀粉含量（% DM）（引自 INRA，2007）

饲料种类	糖[1]	淀粉
青绿饲料		
黑麦草		
当年播种	3～10	—[3]
第一茬：多叶	10～15	—
拔节期	10～20	—
抽穗期	10～20	—
开花期	10～15	—
二茬抽穗期	10～15	—
二茬多叶期	5～10	—
其他禾本科牧草		
当年播种	3～8	—
第一茬	5～10	—
再茬	4～8	—
苜蓿和红三叶[2]		
第一茬：盛花早期	6～10	少量
开花末期	3～5	—
第二茬和第三茬	3～6	—
白三叶	3～4	—
玉米作物		
乳熟期（24% DM）	15	17
蜡熟期（29% DM）	11	26
完熟期（34% DM）	9	30
完熟期＞35%（39% DM）	7.5	32
甘蓝	20～30	—
贮存粗饲料		
头茬干草		
天然牧草	4～8	—
黑麦草	8～15	—
其他禾本科牧草	3～8	—
豆科牧草	2～4	—
夏末再茬干草	3～5	—

续表

饲料种类	糖[1]	淀粉
青贮		
无添加剂青贮	0～2	—
有添加剂青贮		
黑麦草	2～6	—
其他种类	1～2	—
玉米青贮		
乳熟期（25% DM）	14	17
蜡熟期（30% DM）	11	25
完熟期（35% DM）	9	29
完熟期（40% DM）	7.5	31
块根和块茎		
甜菜	62	—
萝卜	40	—
马铃薯	—	60～65
地瓜	63	—

[1] 对于大多数饲料而言，糖是指水溶性碳水化合物（葡萄糖、果糖、蔗糖等），对于禾本科饲草还应包括果聚糖，地瓜应包括菊糖。[2] 红三叶应加 2%。[3] 无有效数据

附录 16.5　青绿和脱水粗饲料中乙醚浸出物（引自 Agabriel，2007）

饲料种类	乙醚浸出物（g/kg DM）
天然草地和种植牧草	
结实，各阶段	30
放牧	
第一茬	
放牧早期	35
多叶期	31
10cm 处抽穗	27
抽穗早期	25
抽穗期	23
抽穗晚期	21
开花早期	18
开花期	16
开花晚期	15
第二茬	
各阶段和时期	25
豆科	
苜蓿	
第一茬	
营养期 30cm	36
营养期 60cm	32
盛花早期	30
盛花期	28
开花早期	25
开花期	23
第二茬	
各阶段和时期	30
红三叶	
第一茬	
营养期	33
盛花早期	30
盛花期	27
开花早期	25
开花期	23

续表

饲料种类	乙醚浸出物（g/kg DM）
开花末期	21
第二茬	
各阶段和时期	30
白三叶	
各阶段和时期	30
红豆草	
各阶段和时期	30
禾本科	
玉米	
籽粒形成早期	22
乳熟期	25
蜡熟期	30
完熟期	30
大麦	
开花期	20
灌浆期	25
乳熟期	30
蜡熟期	30
小麦	
任何阶段与时期	30
燕麦	
拔节早期	38
抽穗早期	30
开花期	25
乳熟期	25
蜡熟期	30
黑麦	
拔节早期	25
抽穗早期	25
抽穗期	25
开花期	25
乳熟期	30
蜡熟期	35
高粱	
第一茬	

续表

饲料种类	乙醚浸出物（g/kg DM）
抽穗早期前	35
抽穗早期	31
抽穗期	29
开花期	27
完熟期	30
第二茬	
多时的	35
抽穗	30
豆科籽实	
大豆	
早熟品种	
结荚期	25
豆科植物有鼓粒成熟期	50
成熟期	75
晚熟品种	
早花期	20
花期	20
结荚期	25
鼓粒成熟早期	35
豌豆	
籽实成熟期	30
籽实泛黄期	35
蚕豆	
开花期	30
结荚期	30
籽实硬化期	25
籽实成熟早期	20
羽扇豆	
开花期	25
籽实成熟早期	30

注：收获后不枯蔫的青贮饲料表中给出的含量保持不变，枯蔫的青贮料中乙醚浸出物含量除以 1.5，相应的干草中乙醚浸出物含量除以 2（INRA，2007）

附录 16.6　植物油中的脂肪酸组成（引自 Sauvant et al.，2004）

脂肪酸（% 总脂肪酸）	菜籽油	椰子油	棕榈油	大豆油	葵花籽油
C6+C8+C10	—[1]	13.1	—	—	—
C12:0	0.2	46.4	0.3	—	0.2
C14:0	0.1	17.7	0.6	0.1	0.2
C16:0	4.2	8.9	43.0	10.5	6.3
C16:1	0.4	0.4	0.2	0.2	0.4
C18:0	1.8	3.0	4.4	3.8	4.3
C18:1	58.0	6.5	37.1	21.7	20.3
C18:2ω-6	20.5	1.8	9.9	53.1	64.9
C18:3ω-3	9.8	0.1	0.3	7.4	0.3
C20:0	—	0.5	0.4	0.3	—
C20:1	—	—	—	0.2	—
C22:1	0.4	—	—	0.3	—

[1] 无有效数据

Martin-Rosset, W. and M. Vermorel, 1991. Maintenance energy requirement variations determined by indirect calorimetry and feeding trials in light horses. J. Equine Vet. Sci., 11, 42-45.

Martin-Rosset, W., J. Andrieu, M. Vermorel and J.P. Dulphy, 1984. Valeur nutritive des aliments pour le cheval. *In*: Jarrige, R. and W. Martin-Rosset (eds.) Le cheval. INRA Editions, Versailles, France, pp. 208-209.

Martin-Rosset, W., M. Doreau, S. Boulot and N. Miraglia, 1990. Influence of level of feeding and physiological state on diet digestibility in light and heavy breed horses. Livest. Prod. Sci., 25, 257-264.

Martin-Rosset, W., M. Vermorel, M. Doreau, J.L. Tisserand and J. Andrieu, 1994. The French horse feed evaluation systems and recommended allowances for energy and protein. Livest. Prod. Sci.,40, 37-56.

Miraglia, N., C. Poncet and W. Martin-Rosset, 1992. Effect of feeding level, physiological state and breed on the rate of passage of particulate matter through the gastrointestinal tract of the horse. Ann., Zootech., 41, 69.

Smolders, E.A.A., A. Steg and V.A. Hindle, 1990. Organic matter digestibility in horses and its prediction. Neth. J. Agr. Sci., 38, 435-447.

Vermorel, M. and W. Martin-Rosset, 1997. Concepts, scientific bases, structure and validation of the French horse net energy system (UFC). Livest. Prod. Sci., 47, 261-275.

词汇表，术语

氨基酸	氨基酸是蛋白质的基本单位（20种），略呈酸性。同单胃动物（如猪）和其他草食动物（如牛）一样，有12种氨基酸在马体内不能合成（或合成速度很低），即所谓的必需氨基酸（第1章）。
半纤维素	半纤维素是指所有溶于碱性或稀酸溶剂的细胞壁多糖。木聚糖对于禾本科牧草是最重要的。对于稻草和其他木质化副产品可以用碱（苏打水、氨）处理打破木聚糖与木质素间的化学键（第12章）。
补充料	是指为了补充和平衡以粗饲料为基础日粮的动物营养需要而设计的配合饲料（第9章）。
哺乳马驹	由母马喂养的幼马（第7章）。
初乳	母马产驹后12～36h第一次泌乳。初乳为新生马驹提供必需的免疫球蛋白以抵抗马驹生后前几天的疾病（第3章）。
长链脂肪酸	含一个直碳链的一元酸，可与甘油构成脂肪，确切地说是甘油酯。含18个碳原子的不饱和脂肪酸是目前植物源性饲料中最重要的（第1、3、6和12章）。
粗蛋白	粗蛋白包括蛋白质和非蛋白氮（含氮）化合物（游离氨基酸、酰胺和低分子质量肽）（第12章）。
粗饲料	粗饲料作物的某部分（叶、茎、生殖器官），粗饲料可以是栽培或天然生长的。植物开花后收获会含有一定比例成熟或不成熟的种子（第9、12和15章）。
粗饲料	粗饲料包括牧草（青绿或贮存）、块根或块茎及其副产品和秸秆（稻秸、玉米秸秆等）（第9章）。
粗饲料自主摄入量（新词）	当提供的饲料可以自由选择时的粗饲料的采食量（干物质）。可将粗饲料的采食量与动物的采食量相比较（第1和12章）。粗饲料的采食量基本上随植物细胞壁的木质化程度和对消化道——大肠填充效果（与反刍动物相比，影响程度小）有很大的变化（第2章）。采食量也取决于饲料的适口性。
粗纤维	根据Weende改进方法，依次水解（0.26mol/L硫酸，然后0.23mol/L氢氧化钾）后得到的有机物残渣。这种方法使纤维素估计偏高，检测结果中包含不定量的木质素和半纤维素（第12章）。
促黄体激素（LH）	两种诱导排卵的促性腺激素之一（第3章）。
促卵泡激素（FSH）	两种促性腺激素中的一种，与卵泡生长有关（第3章）。
促性腺激素	由垂体前叶分泌两种蛋白质类激素，影响性腺的活动（第3章）。
代偿生长	如果前期接受一段时间的限饲，动物日增重优于应有的增重（第5章）。
代乳品	一种奶粉饲料，用水稀释后作为奶的替代饲料。
代谢	机体内发生的所有化学和生物转化（第1章）。

代谢能（ME）	代谢能是衡量饲料经消化道消化和吸收后可利用的情况。它等于饲料的消化能与大肠微生物发酵产生甲烷，部分消化吸收代谢产生的尿素和肾排出终产物的能量损失差（第1章）。
代谢体重（$BW^{0.75}$）	体重的0.75次方。这个函数说明了这样的事实，即维持的能量消耗和摄入量变化小于体重变化。它可以更好地比较不同物种或相同物种不同体尺的动物间需要量和摄入量（第1章）。
单一精饲料（或饲料原料）	饲料原料主要来自农业生产（籽实或谷物）或工业加工后副产品，用于生产配合饲料（第9章）。
蛋白质	由氨基酸组成的有机大分子。植物蛋白的氨基酸组成相对稳定且较平衡，籽实和谷物蛋白是由不同的氨基酸以不同比例混合而成（第1和12章）。
等热区（TNZ）	马不需要额外的产热就可以维持38℃恒定体温的温区。
淀粉	淀粉是以葡萄糖聚合物形式储存碳水化合物，包括直链的糖淀粉和支链的胶淀粉。淀粉是谷物中储存的养分，是某些籽实和块根的主要组成部分。
动物的早期发育	动物能快速发育的阶段，对于屠宰动物意味着快速生长和肥育，而对于其他性能表现的动物则意味着在相对小的年龄达到成年的体尺（第1、5和7章）。
发育	从受精卵到成年马发生的所有现象，涉及形态学、解剖学和化学变化（第5章）。
非蛋白氮（NPN）	饲料中含氮化合物中不是蛋白质的部分，包括游离氨基酸、酰胺等。可溶性含氮化合物可用80%乙醇分离。非蛋白氮也包括工业生产的尿素、铵盐和蒸馏后的残渣等（第1、9和12章）。
分解代谢	机体内某种或某些化合物的生物降解（第1章）。
粪	固体排出物，它由未消化的食物残渣、菌体和内源物组成（第12章）。
功能性饲料	可临时满足特定的营养需要以缓解消化和代谢问题的化合物（植物纤维、氨基酸、必需脂肪酸等）（第9章）。
光周期	光照时数随季节变化（第3章）。
果胶	果胶是复合多糖，位于胞间层，是植物细胞壁细胞间质。它们在水果和树根中丰富，可溶于中性洗涤剂（第12章）。
黄体酮	黄体分泌的一种激素，在排卵后卵泡发育成黄体（第3章）。
挥发性脂肪酸（VFA）	大肠的微生物产生的乙酸、丙酸、丁酸及少量的异丁酸、戊酸、异戊酸等混合物。通常，挥发性脂肪酸中每种酸的含量表示为摩尔百分比。
肌纤维	骨骼肌的结构单位（第6章）。
基础日粮	日粮主要由粗饲料组成，也可以包含块根、块茎及各种低能副产品（种子和果实）（第2和13章）。
焦耳	做功的物理单位（第1章）。1焦耳（J）=4.18卡（cal）。
精饲料	通常干物质基础中含有高能（马饲料单位）、高蛋白饲料。它们是：
单一精饲料	油籽、谷物和水果、谷物和水果的副产品及根和块茎等高能饲料（第9章）。
复合精饲料	单一精饲料与不同量的其他饲料（粗饲料）的混合饲料（第9章）。
净能（NE）	满足动物维持能量消耗所必需的能量。它等于代谢能减热增耗（由采食、消化和营养物质代谢引起的额外热量损失）。代谢能可以表示为马饲料单位（UFC）（第1、12和16章）。

镜检	粪便进行显微镜检查以确定圆形线虫或蛔虫卵的数量。按每克粪便的虫卵数（EPG）给出镜检结果（第 2 和 10 章）。
糠麸	糠麸是谷物加工的副产品，主要包括谷物的种皮及部分胚乳（第 9 和 16 章）。
可溶性糖（在水中）或细胞质糖	主要包括游离糖和果聚糖，主要有葡萄糖、果糖、蔗糖（甜菜糖）和寡糖。果聚糖是短链果糖通过糖苷键连接而成。它们在某些牧草特别是黑麦草茎的基部积累，这可以解释黑麦草中可溶性糖的含量相对较高这一现象（第 12 和 16 章）。
可消化粗蛋白（法语为 MADC，英语为 DCP）	粗蛋白质摄入量－粪中排出的含氮化合物。饲料或日粮中可消化粗蛋白的量可由总粗蛋白乘以表观消化率计算得出（第 1 和 12 章）。
刻板行为	刻板行为是指没有明显意义或功能的重复和不变的行为，事实上，这些活动是正常存在的（如摆动、点头或口部的啃、舌头和唇部活动）。自然环境下马的管理中很难遇到刻板行为，它代表马匹对应激的反应，部分由于在遗传上对环境条件敏感。
空体重	体重减去消化道内容物重（第 1 章）。
拉力	一匹马拉动一定质量物体时所产生的力（第 6 章）。
卵泡	是卵巢结构，因为它充满液体而变大，卵泡用于在排卵期排出卵子（第 3 章）。
马的采食量	经常被误当作食欲，采食量是自由采食情况下马采食数量，多少取决于马的能耗、生产水平，以及解剖（消化道容积大小等）和生理（食欲、生理平衡等）特性（第 1 章）。
马可消化粗蛋白（MADC）	能提供氨基酸的可消化蛋白的数量。饲料或日粮中可消化粗蛋白可以用表观消化率乘以粗蛋白含量再乘以校正系数得出，校正系数因粗饲料和精饲料的不同有差异。相关系数取决于粗饲料蛋白质在小肠和大肠中的真消化率及氨基酸的吸收率（第 1 和 12 章）。
马饲料单位（UFC）	马在维持状态下，1kg 参考大麦（870g 干物质）净能值。1UFC＝2250kcal 的维持净能（第 1 和 12 章）。
木质素	木质素是一个复杂的高分子聚合物，结构致密，这种致密的结构是厚细胞壁的组成部分，阻碍大肠微生物降解。木质素就是其他成分被溶解后所谓的有机物残渣（第 12 和 16 章）。
木质纤维素	饲料经 0.5mol/L 硫酸酸性洗涤剂水解的残渣（ADF）。除了木质素和纤维素，它还包含一些半纤维素等成分（第 12 和 16 章）。
内源性的	由机体内产生。消化道内源成分有消化道壁脱落的细胞、消化道分泌物（唾液、胃液、胰液）和由血液渗入的尿素（第 1 和 12 章）。
牛顿	力的物理单位（第 6 章）。
排卵	卵泡释放卵母细胞以受精（第 3 章）。
膨化	膨化是饲料加工业中应用的工艺流程，处理配合饲料的各饲料成分，或在某些情况下只处理谷物部分（部分膨化）。膨化过程为饲料被挤压，经过蒸汽和高压，温度升高到 90℃，使淀粉糊化。产品在快速减压后被迫通过模具（挤压），体积上有很大的增加，终产品体积膨大。但有时在加工过程中压力没有降低，最终的产品只是被挤压。这个过程通常可增加产品的消化率（第 9 和 12 章）。
葡萄糖	葡萄糖是一种单糖。它是淀粉和纤维素组成的基本单位，它作为游离糖仅少量存在于植物中。葡萄糖主要在肠道中吸收（如果大量存在于肠道中）（第 1 章）并在肝由丙酸（糖异生）和其他生成葡萄糖化合物合成。
千米	做功的长度物理单位（第 1 和 6 章）。

强化训练　强化训练是有助于行为重复出现的措施。强化的概念与潜在动机密切相关。有两种类型的强化：一种是积极强化，当动物完成要求动作时给予愉快刺激（如食物对于一个饥饿的个体是一种积极强化）。另一种是消极强化，所需的反应发生时才除去不愉快刺激。例如，鼓励一匹马跳过一个小篱笆时，在马起跳的地方发出光信号，如果马不跳时可以采用电击，跳篱笆则可以避免电击（Richard-Yris et al.，2004；Sankey et al.，2010）（第15章）。

驱虫剂　治疗寄生虫或蠕虫的药物（第10章）。

全价日粮　日粮是基础日粮（粗饲料）和精饲料混合而成的饲料（第2章）。

全价饲料　各种必需的营养物质按相应的比例配制成能够满足饲喂动物营养需要的饲料，它们可以完全替代传统饲料进行饲喂。

日粮　满足动物的营养需要、保证其福利的每日饲料量（由不同原料配合而成）（第2和13章）。

日粮计算　包括饲料选择和计算饲料需要量的过程，为动物提供所需的全部营养物质（第2和13章）。

乳酸-乳酸盐　大强度运动时葡萄糖无氧代谢的产物。

摄入量　动物满足营养需要必须采食的饲料量。如果长期自由采食，马同人类一样，有摄入量超过需要量的特性（第1和2章）。

渗透　印记的概念源于对刚刚孵化鸟类（鹅、鸡）的观察，由Lorenz（1935）提出目标动物利用社会本能反应获得行为目标：印记行为就是年幼动物出生后会跟随第一个遇到的移动目标（在自然情况下通常是母亲）。现认为这种机制是以后选择社会和性伴侣的基础。美国兽医Miller（1991）通过对幼鸟的研究证实印记现象，并开发了一种“马驹渗透”法，对小马驹全身进行处理，让小马驹接触各种目标，这些目标可能会使马驹感到恐惧，但都是小马驹出生后很快甚至保育前就能接触到的，如修蹄钳和缰绳等。他声称，这种接触会永久留在小马驹的记忆中，使未来的训练和处理变得更容易。科学家认为使用这种方法不会使马驹感观上的印记发生。没有科学研究证实作者所说的有效作用（Henry et al.，2009）（第15章）。

生产需要　正常（如标准）环境下，满足相关产品生产（胎儿、牛奶、体重增加或肌肉做功）的生理需要（第1章）。

生理消耗或净需要　在身体健康、环境适宜和日粮营养均衡条件下，动物所获得的、损失的或分泌的能量或养分总量（第1章）。

生长　随着时间推移，动物体重（如每日体增重或平均日增重）和体尺（如鬐甲高度）增加（第5章）。

生长激素（GH）　脑垂体分泌的一种蛋白质激素，作用于机体组织，直接或通过IGF-1控制代谢（第3和5章）。

食物中毒　这是由于误食有毒植物或化学残留、霉菌毒素或细菌毒素污染的饲料引起的。饲喂过量也可能是其中一个原因。

食欲　食欲是满足饥饿的欲望，是动物对食物的渴望。动物进食开始的采食速度是反映食欲的一个很好的指标（第1和12章）。

适口性　适口性是饲料的滋味，主要取决于影响动物采食量的饲料感官（香、味等）和物理（大小、软硬等）特性（第9和12章）。它同样取决于动物的内在状态和之前是否接触过该饲料。

饲料污染	有些具有药理活性的化合物或天然植物成分，按规定是禁止的。在主要原料中会发现这些化合物在饲料生产或加工、包装或运输中被错误引入（第9章）。
饲料污染物	污染物可能是土壤、微生物（细菌或真菌及它们代谢产物），或在收割时或由于保存不当，牧草或精饲料中生虫（第9和11章）。
饲喂过渡期	饲料的类型或饲喂数量逐步转化所持续的时期（从几天到2～3周）（第2章）。
糖原	在肝和肌肉中储备的葡萄糖（第1和6章）。
体况	评价动物肥胖的指标（第2和7章）。
体况评价	在不同的位置触摸马的身体以确定马的体况（第2章）。
体脂	动物机体所有的脂肪组织，这些组织主要贮存脂肪（体储）。体况评分0（很瘦）～5（很胖），提供一个脂肪沉积的粗略估计值（第1～8章）。
体重	空腹体重（第1和2章）。
体储	体储主要是指动物体内脂肪，如果日粮摄入不足可动员体储，如果采食量超过需要量则储存脂肪（第1～8章）。
添加剂	饲料添加剂是指在浓缩饲料和预混料生产加工中添加的化学物质、微生物或混合物，以改善饲料工艺特性，提高动物生产性能（第9章）。
推荐每日需要量（或推荐养分摄入量）	动物应摄入营养物质的量以达到动物应有的生产潜力的理想水平。在大多数情况下，推荐的每日需要量满足生理需要或基本要求加上一定安全范围，这也称为饲料需要（第1章）。然而，在某些情况下，生理消耗不能通过饲料满足，会动员体储（如母马在泌乳早期，第3章，役用马，第6章）。
脱壳粕	谷物日粮脱壳（或脱皮）是将外层覆盖物即大多数的细胞壁与其他成分分离，生产出易消化、富含蛋白质的饲料（第9和16章）。
脱脂粕	用适当的溶剂将谷物中油或脂浸提后获得的饲料。得到的产品脂肪含量通常低于4%（第9和16章）。
微量元素	含量非常低但对机体代谢有积极作用的矿物质元素（酶系统、激素）（第1、2、12、13和16章）。
微量元素-维生素添加剂	由浓缩的微量元素和维生素组成的饲料，可作为饲料的添加剂（第2和13章）。
维持	在维持状态下，动物的体重和体成分保持不变，无任何增长、产奶或做功等生产性能（第1章）。
维持需要	在休息状态、等热区环境、正常生产状态、体重和体成分保持恒定条件下，动物满足生理消耗的需要（第1章）。
维生素-微量元素预混料（见微量元素-微生素补充料）	由维生素和矿物质组成的补充料（附录16.1），含有至少40%灰分和补充维生素（第2和13章）。
无排卵时期（也称季节性乏情期或冬季卵巢静止期）	不排卵的一段时期，主要发生在冬季，持续时间取决于营养水平（第3章）。
吸涨	饲料（如脱水甜菜浆）迅速吸收或多或少水分的过程（第9章）。

细胞壁	植物细胞壁是完整的骨架结构，它由纤维素、半纤维素、果胶和木质素4类化合物组成。细胞壁含量是通过中性洗涤剂（范氏法测定中性洗涤剂纤维或NDF）处理后得到的近似估计值（第1和12章）。
细胞内物质	植物细胞内所有有机成分（不同于细胞壁），包括糖类、淀粉、有机酸、游离氨基酸、酰胺、蛋白质、脂类等。它们可以用中性洗涤剂水溶液提出，但不能提出全部（淀粉）（第12章）。
纤维素	植物细胞壁主要由长葡萄糖链组成。这些链组成微纤丝，微纤丝组成纤维，形成网状结构，增加细胞壁的强度。纤维素只能溶在浓酸（72% H_2SO_4）中（第12章）。
纤维素分解菌	大肠中可水解纤维素和半纤维素的细菌（第1章）。
限饲	在动物的繁殖和生产周期，暂时强制降低采食量（第1～6和8章）。
消化道线虫	消化道寄生虫，可分为小圆形线虫（*Cyathostominae*）和大型圆形线虫（*Strongylus* spp.）（第2和10章）。
消化能（DE）	摄入总能和粪能的差值为消化能（第1章）。
小麦加工副产品	是面包粉加工副产品，主要由外层种皮和小麦颗粒组成，小麦颗粒中胚乳已除，故胚乳比麦麸含量少（第9和16章）。
血糖	动物血液中葡萄糖的浓度。马的血糖（0.8～1.2g/L）比反刍动物的高（第1和6章）。
压片	压片是对谷物饲料加工所采取的工艺流程。这个过程为饲料经100～120℃蒸汽，在正常气压或高压条件下5～30min。谷物从两槽辊之间压过（第9和12章）。
压榨饼类	谷物压榨出脂肪后获得的饲料。产品中含有5%～10%的脂肪（第9和16章）。
养分	血成分（葡萄糖等），来自消化道吸收的终产物（第1章）。
氧债	耗氧运动的恢复期间，一段时间后仍保持很高的耗氧量，这段时间取决于前期的运动强度。恢复期耗氧量与完全休息状态耗氧量之间的差异称为氧债。与通常的想法不同，氧债并不会替代运动过程中动物所消耗的氧气。氧债与已耗竭的能量储备重新补充和消除运动过程中的乳酸积累（第1和6章）有关。
胰岛素样生长因子-1（IGF-1）	与胰岛素相似的一种蛋白质，许多组织可分泌，但主要由肝分泌，类胰岛素生长因子-1分泌受GH控制（第3和5章）。
营养补充剂	这些化合物（碳水化合物、氨基酸、电解质等）可单独或混合饲喂，临时解决关键时期营养状况的改变（第9章）。
油脂	油脂是指利用实验室有机溶剂从动植物组织中浸提出的物质。用乙醚或石油醚从植物中浸提的有机物估计脂肪含量，结果会偏高（第1和16章）。
玉米蛋白粉	玉米蛋白粉是湿磨生产玉米淀粉干燥后的副产品（第9和16章）。
育肥和育成	时间增加引起的体重增加，很大程度上是由于脂肪组织沉积，可能与提高日增重或动物的年龄有关（第5和7章）。
争斗行为	为解决与另一种动物冲突而采取的反应（威胁、攻击和屈服）。
脂肪	脂类的统称。到目前为止，甘油三酯是最重要的脂肪酸酯（第1、3、5、6、12和16章）。
自由采食量	在自由选择状态下，马自主摄入粗饲料的量。
总需要量	维持和生产需要的总和（第1章）。
做功	拉力与行驶距离的乘积（第6章）。

参 考 文 献

Henry, S., M.A. Richard-Yris, M. Tordjman and M. Hausberger, 2009. Neonatal handling affects durably bonding and social development. PLoS ONE, 4, e5216.

Lorenz, K.Z., 1935. Der Kumpan in der Umwelt des Vogels. Journal für Ornithologie, 83, 137-213, 289-412.

Miller, R.M., 1991. Imprint training of the newborn foal. The Western Horseman Inc., Colorado Springs, CO, USA, pp. 44-87.

Richard-Yris, M., M. Hausberger and S. Henry, 2004. Bases éthologique de l'apprentissage. *In*: 30ème Journée Recherche Equine Proceedings. Haras Nationaux Editions, Paris, France, pp. 179-188.

Sankey, C., M.A. Richard-Yris, H. Leroy, S. Henry and M. Haus-berger, 2010. Positive interactions lead to lasting positive memories in horses (*Equus caballus*). Anim. Behav., 79, 869-875.

正文中所引用的参考文献仅供参考，因为还有其他支撑着这个章节的参考文献，详情请见“扩展阅读”。

拓 展 阅 读

本书介绍了 INRA 有关马营养的新理念和应用的最新研究进展。这些新知识已在科学类杂志上发表并经过论证，但本书不单单是对文献的综合，书中还为读者列出一些精选文献以丰富知识。每章细列出了少数的引用文献，在所有章节之后列出了更多的文献作为“拓展阅读”。

“拓展阅读”的文献分为三大部分。第一部分为来自书籍、综合期刊或某个有影响的科学领域的研究进展的重要信息。后两个部分主要是发表在本领域主要期刊的特定基础或应用信息。

因此，读者可以很容易地根据文中引用作者名字的信息和一或二个关键词找到相关信息，如 Smith-feeds-prediction 或只用关键词。这类似于用互联网搜索信息。

拓展阅读目录

A．书，综合期刊，论文集

Armsby, H.P., 1922. The nutrition of farm animals. The MacMillan Co., New York, USA, pp. 743.

Austbø, D., 1996. Energy and protein evaluation systems and nutrien recommendations for horses in the Nordic countries. *In*: 47th EAAP Proceedings, Norway, Horse Commission. Wageningen Pers, Wageningen, the Netherlands, Abstract H 4.4, pp. 293.

Axelsson, J., 1943. Hästarnas utfodring och skötsel. Nordisk Rotogravyr, Stockholm, Sweden.

Axelsson, J., 1949. Standard for nutritional requirement of domestic animals in the Scandinavian Countries. *In*: 5ème Congrès International de Zootechnie: Rapports particuliers. Paris, France, pp. 123-144.

Baker, D.H., 1995. Vitamin bioavailability. *In*: Baker, D.H. and A.J. Lewis (eds.) Bioavailability of nutrients for animals: amino acids, minerals, vitamins C, B. Ammerman. Academic Press, New York, USA, pp. 399.

Benedict, F.G., 1938. Vital energétics, a study on comparative basal metabolism. Carnegie Inst., Washington Publishers, Washington DC, USA, pp. 175-176.

Breirem, K., 1969. Handbook der Tierernährung 1, pp. 611-691.

Brody, S., 1945. Bioenergetics and growth. Hafner Pub. Co., New York, USA, pp. 102.

Crasemann, E., 1945. Die wissenchaftlichen grundlagen der pferdfütterung. Landw. Jahrb., 59, 504-532.

Crasemann, E. and A. Schurch, 1949. Theoritische und pratische greindzuge der futter mittelbewestung und der Tierernährung in der Schweiz. *In*: 5ème Congrès International de Zootechnie: Rapports particuliers. Paris, France, pp. 145-165.

CVB, 1996. Documentatierrapport Nr 15: Het definitieve VEP en VRE system. Centraal Veevoederbureau. Product Board Animal Feed, Lelystad, the Netherlands.

CVB, 2004. Documentatierrrapport Nr 31:The EW-pa en VREP system. Centraal Veevorderbureau. Product Board Animal Feed, Lelystad, the Netherlands.

CVB, 2005. The new energy system for horses, energie waarde vor paarden. Central Veevoederbureau, Lelystad, the Netherlands.

DLG, 1994. Empfehluneng zur energie und nahrstoffversorgung der Pferde, Gesellschaft der Ernarhungsphysiologie der Haustiere. DLG Verlag, Frankfurt, Germany, pp. 67.

Duncan, P., 1992. Horses and grasses: the nutritionnal ecology of equids and their impact on the camargue. *In*: Billings W.D., F. Golley, O.L. Lange, J.S. Olson and H. Remmert (eds.) Springer-Verlag, New York, USA, pp. 287.

EAAP, 1979-2012. Proceedings of the annual meetings of the European Association for Animal Production. Wageningen Academic Publishers, Wageningen, the Netherlands. www. wageningenacademic.com/eaap.

EEHNC, 2002-2012. Proceedings of European Equine Health and Nutrition Congress. www.equine-congress. com.

ECUS Annuaire, 2007-2013. Tableau économique, statistique et graphique du cheval en France Données. Haras Nationaux Editions, Paris, France.

Ehrenberg, P., 1932. Arb. deutsch. Gesellsch. Züchtungskunde, Heft, pp. 52.

Ellis, A.D. and J. Hill, 2005. Nutritional physiology of the horse. Nottingham University Press, Nottingham, UK, pp. 361.

Ellis, A.D., A.C. Longland, M. Coenen and N. Miraglia, 2010. The impact of nutrition on the health and welfare of horses. EAAP Publication no. 128. Wageningen Academic Publishers, Wageningen, the Netherlands, pp. 336.

ENUTRACO, 2005-2013. Proceedings of Applied Equine Nutrition and Training Conference. Lindner, A. (ed.) Wageningen Academic Publishers, Wageningen, the Netherlands. www. wageningenacademic.com.

ESS, 1968-2013. Proceedings of equine science symposia. Equine Science Society, USA. www. equinescience. org.

EWEN, 2004-2012. Proceedings of European Workshop on Equine Nutrition. *In*: EAAP, (European Association for Animal Production: Horse Commission) Wageningen Academic Publishers, Wageningen, the Netherlands. www. wageningenacademic.com.

Frape, D., 2010. Equine nutrition and feeding. 4th edition. Wiley-Blackwell Publishing Ltd., Oxford, UK, pp. 512.

Frens, A.M., 1949. Sur les bases scientifiques de l'alimentation du bétail. *In*: 5ème Congrès International de Zootechnie: Rapports particuliers. Paris, France, 73-85.

GEP (Gesellschat für Ernahrungsphysiologie der Haustiere), 1994. Empfehluneng zur energie und nahrstoffversorgung der Pferde, Gesellschaft der Ernarhungsphysiologie der Haustiere. DLG Verlag, Frankfurt, Germany, pp. 67.

GEP, 2003. Prediction of digestible energy (DE) in horse feed. Proc. Soc. Nutr. Physiol., 12, 123-126.

Gouin, R., 1932. Alimentation des animaux domestiques. Ballière, Paris, France, pp. 432.

Grandeau, L. and A. Alekan, 1904. Vingt années d'expériences sur l'alimentation du cheval de trait. Etudes sur les rations d'entretien, de marche et de travail. Courtier, L. Editions, Paris, France, pp. 20-48.

Hanson, N., 1938. Hursdjuslära, 2, C.E. Fritzses Förlag, Stockholm. Quoted by N.G. Olsson and A. Ruudvere, 1955.

Hintz, H.F. and N.F. Cymbaluk, 1994. Nutrition of the horse. Annu. Rev. Nutr., 14, 243-267.

Hodgson, D.R. and R.J. Rose, 1994. The athletic horse. W.B. Saunders, London, UK, pp. 497.

INRA, 1984. Le cheval: reproduction, sélection, alimentation, exploitation. INRA Editions, Versailles, France, pp. 689.

INRA, 1987. Prévision de la valeur nutritive des aliments des ruminants. INRA Editions, Versailles, France, pp. 583.

INRA, 1989. Ruminant nutrition. INRA Editions, Versailles, France, pp. 389.

INRA, 1990. L'alimentation des chevaux. INRA Editions, Versailles, France, pp. 232.

INRA, 2007. Alimentation des bovins, ovins et caprins. *In*: Agabriel, J. (ed.) Guide pratique. QUAE Editions, Versailles, France, pp. 307.

Jentsch, A., A. Chudy and M. Beyer, 2003. Rostock feed evaluation system. Plexus Verlag, Miltenberg-Frankfurt, Germany, pp. 392.

Jespersen, J., 1949. Normes pour les besoins des animaux: chevaux, porcs et poules. *In*: 5ème Congrès International de Zootechnie: Rapports particuliers. Paris, France, pp. 33-43.

JRE, 1974-2012. Proceedings Journée Recherche Equine. Haras Nationaux Editions, Paris, France. www.haras-nationaux.fr.

Julliand, V. and W. Martin-Rosset, 2004. Nutrition of the performance horse. EAAP Publication no. 111. Wageningen Academic Publishers, Wageningen, the Netherlands, pp. 158.

Julliand, V. and W. Martin-Rosset, 2005. The growing horse: nutrition and prevention of growth disorders. EAAP Publication no. 114. Wageningen Academic Publishers, Wageningen, the Netherlands, pp. 320.

Kellner, O., 1909. Prinapes fondamentaux de l'alimentation du bétail. 3ème édition. Berger Levrault, Paris, France, pp. 288.

Kellner, O. and G. Fingerling, 1924. Die Ernährung der landwirtschaftlichen Nutziere. Paul Parey, Berlin,Germany.

KER, 1998-2010. Advances in equine nutrition. *In*: Pagan, J.D. (ed.) Proceedings of Nutrition Conferences in Lexington, USA. Nottingham University Press, Nottingham, UK.

Larsson, S., N.G. Olsson, F. Jarl and N.E. Olofsson, 1951. Husdjurslära, 2,. Fritzses Förlag, Stockholm. Quoted by N.G. Olsson and A. Ruudvere, 1955.

Lathrop, A.W. and G. Boshtedt, 1938. Oat mill feed: its usefulness in livestock rations. Wis. Res. Bull,

135,16-135.

Lavalard, E., 1912. L'alimentation du cheval. Librairie Agricole de la Maison Rustique, Paris, France, pp. 160.

Leroy, A.M., 1954. Utilisation de l'énergie des aliments par les animaux. Ann. Zootech., 4, 337-372.

Lewis, L.D., 1995. Equine clinical nutrition: feeding and care. Williams and Wilkins Publishers, Baltimore, USA, pp. 587.

Lewis, L.D., 2005. Feeding and care of the horse. 2nd edition. Blackwell Publishing, Ames, Iowa, USA, pp. 446.

Lindsey, J.B., C.L. Beals and J.C. Archibalds, 1926. The digestibility and energy value for horses. J. Agric. Res.,32, 569-604.

Martin-Rosset, W., 2001. Feeding standards for energy and protein for horses in France. *In*: Pagan, J.D. and R.J. Geor (eds.) Advances in equine nutrition Ⅱ. Nottingham University Press, Nottingham, UK, pp. 245-304.

Martin-Rosset, W., 2012. Valeur alimentaire des aliments. *In*: INRA. Nutrition et alimentation des chevaux. Chapter 12. QUAE Editions, Versailles, France, pp. 437-483.

Martin-Rosset, W., M. Vermorel, M. Doreau, J.L. Tisserand and J. Andrieu, 1994. The French horse feed evaluation systems and recommended allowances for energy and protein. Livest. Prod. Sci.,40, 37-56.

McDowell, L.R., 2000. Vitamins in animal and human nutrition. 2nd edition. Iowa State University Press, Ames, USA.

McDowell, L.R., 2003. Minerals in animal and human nutrition. 2nd edition. Elsevier, Amsterdam, the Netherlands.

Meyer, H., 1987. Nutrition of the equine athlete. *In*: Gillespie, J.R. and N.E. Robinson (eds.). 2nd ICEEP Proceedings, Davis, CA, USA, pp. 644-673.

Meyer, H. and M. Coenen, 2002. Pferdefütterung (horse nutrition). Paul Parey, Berlin, Germany, pp. 204.

Micol, D. and W. Martin-Rosset, 1995. Feeding systems for horses on high forage diets in the temperate zones. *In*: Journet, M. (ed.) 4th International Symposium Nutrition Herbivores Proceedings. Chapter 15. INRA Editions, Versailles, France, pp. 569-584.

Miraglia, N. and W. Martin-Rosset, 2006. Nutrition and feeding the broodmare. EAAP Publication no. 120. Wageningen Academic Publishers, Wageningen, the Netherlands, pp. 416.

Miraglia, N., M. Polidori and E. Salimei, 2003. A review of feeding strategies, feeds and management of equines in Central-Southern Italy. *In*: Pearson, R.A., P. Lhoste, M. Saastamoinen and W. Martin-Rosset (eds.) Working animals in agriculture and transport. A collection of some current research and development observations. EAAP Technical Series no. 6. Wageningen Academic

Publishers, Wageningen, the Netherlands, pp. 103-112.

Morisson, F.B., 1937. Feeds and feeding, handbook for the student and stockman. 20th edition. Ithaca, New York, USA.

Morisson, F.B., 1961. Feeds and feeding. Morison Pub. Co., Claremont, Ontario, Canada.

Nehring, K., 1972. Lerhburch de Tierernärung und futtermittelkunde. 9th revised edition. Neuman Verlag, Radbeul, Germany.

Nitsche, H., 1939. Biedermanns Zentrahl. (B). Tierernährung, 11, 214.

NRC, 1978. Nutrient requirements of horses. 4th revised edition. The National Academia, Washington DC, USA, pp. 33.

NRC, 1989. Nutrient requirements of horses. 5th revised edition. The National Academia, Washington DC, USA, pp. 100.

NRC, 2007. Nutrient requirements of horses. 6th revised edition. The National Academia, Washington DC, USA, pp. 341.

Olsson, N.G., 1949. The relationship between organic nutrients of rations and their digestibility in horses. Ann. R. Agric. Coll. Swed., 16, 644-669.

Olsson, N. and A. Ruudvere, 1955. The nutrition of the horse. Nutr. Abstr. Reviews, 25, 1-18.

Olsson, N., G. Kilhen and W. Cagell, 1949. Digestibility experiments on horses and evacuation experiements to investigate the time required for the food to pass through the horse digestive tract. Meddl; Fran. Lantbru. Hurdj., 36, 1-51.

Pearson, R.A., Ph. Lhoste, M. Saastamoinen and W. Martin-Rosset, 2003. Working animals in agriculture and transport. A collection of current research and developement observations. EAAP Technical Series no. 6. Wageningen Academic Publishers, Wageningen, the Netherlands, pp. 210.

Popov, I.S., 1946. Kormlenie sel'shokozjaistvennyh ziwtnyh. Selhozgiz, Moscow. Quoted by N. G. Olsson and A. Ruudvere, 1955.

Robinson, D.W. and L.M. Slade, 1974. The current status of knowledge on the nutrition of equines. J. Anim. Sci., 39, 1045-1066.

Saastamoinen, M. and W. Martin-Rosset, 2008. Nutrition of the exercising horse. EAAP Publication no. 125. Wageningen Academic Publishers, Wageningen, the Netherlands, pp. 432.

Saastamoinen, M., M.J. Fradinho, S.A. Santos and N. Miraglia, 2012. Forages and grazing in horse nutrition. EAAP Publications no. 132. Wageningen Academic Publishers, Wageningen, the Netherlands, pp. 512.

Sauvant, D., J.M. Perez and G. Tran, 2004. Tables of composition and nutritional value of feed materials. Wageningen Academic Publishers, Wageningen, the Netherlands, pp. 304.

SCAN, 2004. Nordic system for evaluating nutritive value of feedstuffs and requirements of horses.

See Austbo, 2004.

Schneider, B. H., 1947. Feeds of the world: their digestibility and composition. Agr. Exp. St., West Virginia University, USA, pp. 296.

SLU, 2004. Utfordring rekimmendationer for häst. Sversiges lantbruks Universitet Publikation, Stjänst, Uppsala, Sweden, pp. 43.

Smith O.B., O.O. Akinbamijo, 2000. Micronutrients and reproduction in farm animals. Anim. Reprod. Sci., 60-61, 549-560.

Smolders, E.A.A., 1990. Evolution of the energy and nitrogen systems used in the Netherlands. *In*: 41st EAAP. Proceedings, Toulouse, France. Horse Commission. Wageningen Pers, Wageningen, the Netherlands, pp. 386.

Staun, H., 1990. Energy and nitrogen systems used in northern countries for estimating and expressing value of feedstuffs in horses. *In*: 41st EAAP Proceedings, Toulouse, France. Horse Commission. Wageningen Pers, Wageningen, the Netherlands, pp. 388.

Trunk, W., 2008. Revision of the EU-legislation on the marketing and use of feed with particular focus on nutrition of horse. *In*: Saastamoinen, M. and W. Martin-Rosset (eds.) Nutrition of the exercising horse. EAAP Publication no. 125. Wageningen Academic Publishers, Wageningen, the Netherlands, pp. 415-416.

USDA (United States Department of Agriculture), 1998. National nutrient database for standard reference realease 12. Available at: www.ars.usda.gov/ba/bhnrc/ndl.

Waring, G.H., 2003. Horse behaviour. The behaviour traits and adaptations of domestic and wild horses, including ponies. 2nd edition. Noyes Publ., New Jersey, USA, pp. 456.

Watson, S.J., 1949. The feeding of farm livestock. *In*: 5ème Congrès International de Zootechnie: Rapports particuliers. Paris, France, pp. 107-121.

B. 基础知识

1. 能量

Anderson, C.E., G.D. Potter, J.L. Kreider and C.C. Courtney, 1983. Digestible energy requirements for exercising horses. J. Anim. Sci., 41, 568-571.

Anwer, M.S., R. Chapman and T.E. Gronwall, 1976. Glucose utilization and recycling in ponies. Am. J. Physiol., 230, 138-141.

Argenzio, R.A. and H.F. Hintz, 1970. Glucose tolerance and effect of volatile fatty acide on plasma glucose concentration in ponies. J. Anim. Sci., 30, 514-519.

Argenzio, R.A. and H. Hintz, 1972. Effects of diet on glucose entry and oxidation rates in ponies. J. Nutr., 102, 879-892.

Argenzio, R.A., M. Southworth and C.E. Stevens, 1974. Sites of organic production and absorption in the equine gastrointestinal tract. Am. J. Physiol., 226, 1043-1050.

Austbo, D., 2004. The Scandinavian adaptation of the French UFC system. *In*: Julliand, V and W. Martin-Rosset (eds.) Nutrition of the performance horse. EAAP Publication no. 111. Wageningen Academic Publishers, Wageningen, the Netherlands, pp. 69-78.

Barth, K.M., J.W. Williams and D.C. Brown, 1977. Digestible energy requirements of working and non working ponies. J. Anim. Sci., 44, 585-589.

Burlacu, G.H., D. Voicu, I. Voicu, M. Nicolae, E. Petrache, C. H. Georgescu and S. Balan, 1993. Study on the energy and protein metabolism in horses. Arch. Anim. Nutr., 45, 173-185.

Caroll, C.L. and P.J. Huntingdon, 1988. Body condition scoring and weight estimation of horses. Equine Vet. J., 20, 41-104.

Coenen, M., 2008. The suitability of heart rate in the prediction of oxygen consumption, energy expenditure and energy requirement of the exercising horse. *In*: Saastamoinen, M. and W. Martin-Rosset (eds.) Nutrition of the exercising horse. EAAP Publication no. 125. Wageningen Academic Publishers, Wageningen, the Netherlands, pp. 139-146.

Coenen, M., E. Kienzle, F. Vervuert and B. Zeyner, 2011. Recent German developments in the formulation of energy and nutrient requirements in horses and the resulting feeding recommandations. J. Equine Vet. Sci., 31, 219-229.

Coenen, M., S. Kirchhof, E. Kienzle and A. Zeiner, 2010. An update on basic data for the factorial calculation of energy and nutrient requirements in lactating mares. Übersichten Tiererenährung, 38, 91-121.

Costill, D.L. and M. Hargreaves, 1992. Carbohydrate nutrition and fatigue. Sports Med., 13(2), 86.

Cunningham, J.J., 1990. Calculation of energy expenditure from indirect calorimetry: assessement of the Weir equation. Nutr., 6, 222-223.

Cymbaluck, N.F., 1994. Thermoregulation of horses in cold winter weather: a review. Livest. Prod. Sci., 40, 65-71.

Cymbaluck, N.F. and G.I. Christison, 1990. Environmental effects on thermoregulation and nutrion of horses. Vet. Clin. North. Am. Equine Pract., 6, 355-372.

Doherty, O., M. Booth, N. Waran, C. Salthouse and D. Cuddeford, 1997. Study of the heart rate and energy expenditure of ponies during transport. Vet. Rec., 141, 589-592.

Doreau, M., W. Martin-Rosset and S. Boulot, 1988. Energy requirements and the feeding of mares during lactation: a review. Livest. Prod. Sci., 20, 53-68.

Drepper, K., J.O. Gutte, H. Meyer and F.J. Schway, 1982. Empfehlungen zur Energie und Nahorstoffversong der Pferde. DLG Verlag, Frankfurt, Germany.

Dugdale, A.H.A., G.C. Curtis, P. Cripps, P.A. Harris and C.M. Argo, 2010. Effect of dietary restriction on body condition and welfare of overweight and obese pony mares. Equine Vet. J., 42, 600-610.

Dunn, E.L., H.F. Hintz and D. Schryver, 1991. Magnitude and duration of the elevation in oxygen consumption after exercise. *In*: 12th ESS Proceedings, Canada, pp. 267-268.

Eaton, M.D., 1994. Energetics and Performance. *In*: Hodgson, D.R. and R.J. Rose (eds.) The athletic horse. WB. Saunder, London,UK, pp. 49-61.

Eaton, M.D., D.L. Evans, D.R. Hodgson and R.J. Rose, 1995a. Effect of treadmill incline and speed on metabolic rate during exercise in thoroughbred horses. J. Appl. Physiol., 79, 951-957.

Eaton, M.D., D.L. Evans, D.R. Hodgson and R.J. Rose, 1995b. Maximum accumulated oxygen deficit in thoroughbred horses. J. Appl. Physiol., 78, 1564-1568.

Eaton, M.D., R.J. Rose, D.L. Evans and D.R. Hodgson, 1992. The assessment of anaerobic capacity of thoroughbred horses using maximal accumulated oxygen deficit. Aust. Equine Vet., 10, 86.

Elia, M. and G. Livesey, 1988. Theory and validity of indirect calorimetry during net lipid synthesis. Am. J. Clin. Nutr., 47, 591-607.

Ellis, A.D., 2004. The Dutch net energy system. *In*: Julliand, V. and W. Martin-Rosset (eds.) Nutrition of the performance horse. EAAP Publication no. 111. Wageningen Academic Publishers, Wageningen, the Netherlands, pp. 61-77.

Ellis, A.D., 2013. Energy systems and requirements. *In*: Geor, R.J., P.A. Harris and M. Coenen (eds.) Equine applied and clinical nutrition. Chapter 5. Saunders, Elseviers Editions, London, UK, pp. 96-112.

Ellis, R.N.W. and T.L.J. Lawrence, 1980. The energy and protein requirements of the light horse. Br. Vet. J., 136, 116-121.

Elser, A.H., S.G. Jackson, J.D. Lew and J.P. Baker, 1983. Comparison of estimated total body in the equine from ethanol dilution and from carcass analysis. *In*: 8th ESS Proceedings, USA, pp. 61-66.

Essen-Gustavsson, B., E. Blomstrand, K. Karlstrom, A. Lindholm and S.G.B. Peersson, 1991. Influence of diet on substrate metabolism during exercise. *In*: Persson, S.G.B., A. Lindhom and L.B. Jeffcott (eds.) 3rd ICEEP Proceedings, Uppsala, Sweden, pp. 288-298.

Fingerling, G., 1931-1939. Cited from Fingerling, G. (1953) (Fingerling, G., 1953). Der Erhaltungsbedarf der Pferde. *In*: Nehring K. and A. Werner (eds.). Untersuchungen über den Futterwertt verschiedener Futtermittel. Arbeiten aus dem Nachlaβ von Kellner O. und G. Fingerling. Festschrift anlässlich des 100 jährigne Bestehens der Landwirtschaftlichen Versuchsstation Leipzig-Möckern. Band I., pp. 327-334.

Ford, E.J.H. and J. Evans, 1982. Glucose utilization in the horse. Br. J. Nutr., 48, 111-118.

Fowden, A.L. and M. Silver, 1995a. Glucose and oxygen metabolism in the foetal foal during late gestation. Am. J. Physiol., 268, 1455-1461.

Fowden, A.L. and M. Silver, 1995b. The effects of thyroid hormones on oxygen and glucose metabolism in the sheep foetus during late gestation. Am. J. Physiol., 482, 203-213.

Fowden, A.L., A.J. Forhead, K.L. White and P.M. Taylor, 2000. Equine uteroplacental metabolism at mid- and late gestation. Exp. Physiol., 85(5), 539-545.

Fowden, A.L., L. Mundy, J.C. Ousey, A. Mc Gladdery and G. Silver, 1991. Tissue glycogen and glucose-6-phosphate activity in the foetal and new born foal. J. Reprod. Fert., Suppl., 44, 537-542.

Fowden, A.L., P.M. Taylor, K.L. White and A.J. Forhead, 2000. Ontogenic and nutritionally induced changes in foetal metabolism in the horse. Am. J. Physiol., 528, 209-219.

Friedman, J.E., P.D. Neuler and G.L. Dohm, 1991. Regulation of glycogen re-synthesis following exercise. Sports Med., 11(4), 232.

Fuller, Z., C.A. Maltin, E. Milne, G.S. Mollison, J.E. Cox and C.M. Argo, 2004. Comparison of calorimetry and the doubly labelled water technique for the measurement of energy expenditure in Equidae. Anim. Sci., 78, 293-303.

GEP (Gesellschaf für Enhärungs Physiologie), 1994. Gesellschaft für Ernährungphysiologie. 2. Empfehlungen zur Energie und Nährstoffversorgung der Perfde. DLG Verlage Frankfurt, Germany, pp. 67.

GEP (Gesellschaf für Enhärungs Physiologie), 2003. Prediction of digestible energy (DE) in horse feed. Proc. Soc. Nutr. Physiol., 12, 123-126.

Geelen, S.N.J., C. Blasquez, M.J.H. Geelen, M.M. Sloet Van Oldruitenborgh-Oosterbaan and A.C. Beynen, 2001. High fat intake lowers fatty acid synthesis and raises fatty acid oxidation on in aerobic muscle in Shetland ponies. Br. J. Nutr., 86, 31-36.

Geelen, S.N.J., M.M. Sloet Van Oldruitenborgh-Oosterbaan and A.C. Beynen, 1999. Dietary fat supplementation and equine plasma lipid metabolism. Equine Vet. J., Suppl. 30, 475-478.

Glinsky, M.J., R.M. Smith, H.R, Spires and C.L. Davis, 1976. Measurement of volatile fatty acid production rates in the cecum of the pony. J. Anim. Sc., 42, 1465-1470.

Gollnick, P.D., 1977. Exercise, adrenergic blockage and FFA mobilization. Am. J. Physiol., 213, 734-738.

Goodman, H.M., G.W. Vander Noot, J.R. Trout and R.L. Squibb, 1973. Determination of energy source utilized by the light horse. J. Anim. Sci., 37, 56-62.

Gottlieb-Vedy, M., B. Essen-Gustavasson and S.G.B. Persson, 1991.Draught load and speed compared by submaximal tests on a treadmill. *In*: Persson S.G.B, A. Lindholm and L.B. Jeffcott (eds.) 3rd ICEEP Proceedings, Uppsala, Sweden, pp. 92-96.

Grandeau, L. and A. Leclerc, 1884. Etudes expérimentales sur l'alimentation du cheval de trait: 1ème Partie. Ann. Sci. Agric., 2, 326-442.

Grandeau, L. and A. Leclerc, 1885. Etudes expérimentales sur l'alimentation du cheval de trait: 2ème Partie. Ann. Sci. Agric., 1, 326-468.

Grandeau, L. and A. Leclerc, 1886. L'alimentation du cheval de trait: 3ème Partie. Ann. Sci. Agric., 2, 351-461.

Hambleton, P.L., L.M. Slade, D.W. Hamar, E.W. Kienholz and L.D. Lewis, 1980. Dietary fat and exercise conditionning effect on metabolic parameters in the horse. J. Anim. Sci., 51, 1330-1339.

Harris, P., 1999. Comparison of the digestible energy (DE) and net energy (NE) systems for the horse. *In*: Proceedings of the Equine Nutrition Conference for Feed Manufacturers, pp. 199-216.

Harris, R.C., D.J. Marlin and D.H. Snow, 1987. Metabolic response to maximal exercise of 800 and 2000 m in the thoroughbred horse. J. Appl. Physiol., 63(1), 12.

Hay, W.W., 1997. Regulation of placental metabolism by glucose supply. Reproduction, Fertility and Development, 7, 365-375.

Hintz, H.F., 1968. Energy utilization in the horse. Proc. Cornell Nutr. Conf., pp. 47-49.

Hintz, H.F., R.A. Argenzio and H.F. Schryver, 1971. Digestion coefficients, blood glucose levels, and molar percentage of volatile fatty acids in intestinal fluid of ponies fed varying forage-grain ratios. J. Anim. Sci., 33, 992-995.

Hintz, H.F., S.J. Roberts, S.W. Sabin and H.F. Schryver, 1971. Energy requirements of light horses for various activities. J. Anim. Sci., 32, 100-102.

Hodgson, D.S., J.L. McCutcheon, S.K. Byrd, W.S. Brown, W.M. Bayly, G.L. Brengelmann and P.D. Gollnick, 1993. Dissipation of metabolic heat during exercise. J. Appl. Physiol., 74, 1161-1170.

Hoffman, R.M., R.C. Boston, D. Stefanovski, D.S. Kronfeld and P.A. Harris, 2003. Obesity and diet affect glucose dynamics and insulin sensitivity in thoroughbred geldings. J. Anim. Sci., 81, 2333-2342.

Hoffmann, L., W. Klippel and R. Schiemann, 1967. Untersuchungen über den Energieumsatz beim Pferd unter besonderer Berücksichtigung der Horizontal bewegung. Archiv. Tierern., 17, 441-449.

Holloszy, J.O., 1990. Utilization of fatty acids during exercise. *In*: Champaign. Ⅲ. Human Kinetics Publishers. Bio-chemistry of Exercise, pp. 319.

Hörnicke, H., H.J. Ehrlein, G. Tolkmitt, M. Nagel, E. Epple, E. Decker, H.P. Kimmich and F. Kreuzer, 1974. Method for continuous oxygen consumption measurement in exercising horses by telemetry and electronic data processing. *In*: Menke, K.H. (ed.) Energy metabolism of farm animals. EAAP Publ. no. 14. Stuttgart, Germany, pp. 257-260.

Hörnicke, H., R. Meixner and R. Pollmann, 1983. Respiration in exercising horses. *In*: Snow, D.H., S.G.B. Persson and R.J. Rose (eds.) Equine exercice physiology. Granta Editions, Cambridge, UK, pp. 7-16.

Hoyt, D.F. and C.R. Taylor, 1981. Gait and the energetic locomotion in horses. Nature, 292, 239-240.

Hurtley, B.F., P.M. Nemeth and W.H. Martin, 1986. Muscle triglyceride utilization during exercise: effect of training. J. Appl. Physiol., 60(2), 562-567.

Hyyppa, S., M. Saastamoinen and A.R. Poso, 1999. Effect of a post exercise fat-supplemented diet on muscle glycogen repletion. Equine Vet. J., Suppl. 30, 493-498.

INRA-HN-IE, 1997. Notation de l'état corporel des chevaux de selle et de sport. Guide pratique. Institut de l'Elevage, Paris, France, pp. 40.

Jackson, S. and J. Baker, 1983. Digestible energy requirements of thoroughbred geldings at the gallop. *In*: 8th ESS Proceedings, USA, pp. 113-118.

Jones, J.H. and G.P. Carlson, 1995. Estimation of metabolic energy cost and heat production during a 3-day event. Equine Vet. J., Suppl. 20, 23-30.

Kane, E., J.P. Baker and L.S. Bull, 1979. Utilization of a corn oil supplemented diet by the pony. J. Anim. Sci., 48, 1379-1384.

Kane, R.A., M. Fisher, D. Parrett and L.M. Lawrence, 1985. Estimating fatness in horses. *In*: 9th ESS Proceedings, USA, pp. 127-131.

Karlsen, G. and E.A. Nadal'Jak, 1964. Gas-energie Umstaz une Atmung Bei Trabern Wahrend der Arbeit. Konevodstvoi Konnyi Sport, 11, 27-31.

Kearns, C.F., K.H. McKeever, H. John-Alder, T. Abe and W.F. Brechue, 2002. Relationship between body composition, blood volume and maximal oxygen uptake. Equine Vet. J., Suppl. 34, 485-490.

Kellner, O., 1879. Untersuchungen über den zysammenhang zwischen muskelthatigkeit und stoffzerfall im thierischen organismus. Landw. Jahrb., 8, 701-712.

Kellner, O., 1880. Untersuchungen über den zysammenhang zwischen muskelthatigkeit und stoffzerfall im thierischen organismus. Landw. Jahrb., 9, 651-688.

Kern, D.L., L.L. Slyster, J.M. Weaver, E.C. Leffel and G. Samuelson, 1973. Pony caecum vs steer rumen: effect of oat and hay on the microbial ecosystem. J. Anim. Sci., 37, 463-469.

Kienzle, E., 1994. Small intestinal digestion of starch in the horse. Revue Med. Vet., 145, 199-204.

Kienzle, E., 2004. The German system (digestible energy). *In*: Julliand, V. and W. Martin-Rosset (eds.) Nutrition of the performance horse. EAAP Publication no. 111. Wageningen Academic Publishers, Wageningen, the Netherlands, pp. 23-28.

Kienzle, E. and A. Zeyner, 2010. The development of a metabolisable energy system for horses. J. Anim. Physiol. Anim. Nutr., 94 (6), e231-e240.

Kienzle, E., R. Bertold and A. Zeyner, 2009. Effects of hay versus concentrate on urinary excetion in horses. Proc. Soc. Nutr. Physiol., 18, 118.

Kienzle, E., S. Radicke, E. Landes, D. Kleflken, M. Illenseer and H. Meyer, 1994. Activity of amylase in the gastrointestinal tract of the horse. J. Anim. Physiol. Anim. Nur., 72, 234-241.

Kienzle, E., S. Radicke, W. Wilke, E. Landes and H. Meyer, 1992. Preilieal starch digestion in relation to source and preparation of starch. *In*: European Conference on Horse Nutrition, Hannover, Germany, pp. 103-107.

Kleber, M., 1961. The fire of life. John Wiley, New York, USA.

Knox, K.L., D.C. Crownover and G.R. Wooden, 1970. Maintenance energy requirements of mature idle horses. *In*: Shurch, A. and C. Wenk (eds.) 5th Symposium Energy Metabolism of Farm Animals Proceedings, Juris-Druck Verlag Zurich, pp. 181-184.

Kronfeld, D.S., 1996. Dietary fat affects heat production and other variables of equine performance under hot and humid conditions. Equine Vet. J., 22, 24-34.

Kushmerick, M.J. and R.E. Davies, 1969. The chemical energetics of muscle contraction. Ⅱ. The chemistry, efficiency and power of maximally working sartorius muscles. Proc. Roy. Soc. London B, 174, 315-353.

Lacombe, V.A., K.W. Hinchcliff, C.W. Kohn, S.T. Devor and L.E. Taylor, 2004. Effects of feeding meals with various soluble-carbohydrate content on muscle glycogen synthesis after exercise in horses. Am. J. Vet. Res., 65, 916-923.

Lacombe, V.A., K.W. Hinchcliff, R.J. Geor and C.R. Baskin, 2001. Muscle glycogen depletion and subsequent replenishment affect anaerobic capacity of horses. J. Appl. Physiol., 91, 1782-1790.

Lawrence, L.M., L.V. Soderholm, A. Roberts, J. Williams and H.F. Hintz, 1993. Feeding status affects glucose metabolism in exercising horses. J. Nutr., 123, 2152-2157.

Lindholm, A., H. Bjerneld and B. Saltin, 1974. Glycogen depletion pattern in muscle fibers of trotting horses. Acta. Physiol. Scand., 90, 475-484.

Linzell, J.L., E.F. Annisson, R. Bickerstaffe and L.B. Jeffcott, 1972. Mammary and whole-body metabolism of glucose, acetate and palmitate in the lactating horse. Proceed. Nutr. Soc., 31, 72A-73A.

Livesey, G. and M. Elia, 1988. Estimation of energy expenditure, net carbohydrate utilization and net fat oxidation and synthesis by indirect calorimetry: evaluation of errors with special reference to the detailed composition of fuels. Am. J. Clin. Nutr., 47, 608-628.

Martin-Rosset, W., 1993. Dépenses et apports énergétiques chez le cheval à l'effort. Sciences et Sport, 8, 101-108.

Martin-Rosset, W., 2008. Energy requirements and allowances of exercising horses. *In*: Saastamoinen, M. and W. Martin-Rosset (eds.) Nutrition of the exercising horse. EAAP Publication no. 125. Wageningen Academic Publishers, Wageningen, the Netherlands, pp. 103-138.

Martin-Rosset, W. and M. Vermorel, 1991. Maintenance energy requirement variations determined by indirect calorimetry and feeding trials in light horses. J. Equine Vet. Sci., 11, 42-45.

Martin-Rosset, W. and M. Vermorel, 2004. Evaluation and expression of energy allowances and energy value of feeds in the UFC system for the performance horse. *In*: Julliand, V. and W. Martin-Rosset (eds.) Nutrition of the performance horse. EAAP Publication no. 111. Wageningen Academic Publishers, Wageningen, the Netherlands, pp. 29-60.

Martin-Rosset, W., J. Vernet, H. Dubroeucq and M. Vermorel, 2008. Variation of fatness with body condition score in sport horses. *In*: Saastamoinen, M. and W. Martin-Rosset (eds.) Nutrition of the exercising horse. EAAP Publication no. 125. Wageningen Academic Publishers, Wageningen, the Netherlands, pp. 167-178.

McBride, G.E., R.J. Christopherson and W. Sauer, 1985. Metabolic rate and plasma thyroïd hormone concentrations of mature horses in response to changes in ambient temperature. Can. J. Anim. Sci., 65, 375-382.

McCann, J.S., T.N. Meacham and J.P. Fontenot, 1987. Energy utilization and blood traits of ponies fed fat-supplemented diets. J. Anim. Sci., 65, 1019-1026.

McMiken, D.F., 1983. An energetic basis of equine performance. Equine Vet. J., 15, 123-133.

Meixner, R., H. Hörnicke and H.J. Ehrlein, 1981. Oxygen consumption, pulmonary ventilation and heart rate of riding-horses during walk, trot and gallop. *In*: Sansen, W. (ed) Biotelemetry Ⅵ, Leuven, Belgium, pp. 6.

Memedekin, V.G., 1990. The energy and nitrogen system used in USSR for horses. *In*: 41st EAAP Proceedings, Toulouse, France, Horse Commission. Wageningen Pers, Wageningen, the Netherlands, pp. 382.

Miraglia, N. and O. Olivieri, 1990. Statement and expression of the energy and nitrogen value of feedstuffs in Southern Europe. *In*: 41st EAAP Proceedings, Toulouse, France, Horse Commission. Wageningen Pers, Wageningen, the Netherlands, Abstract, pp. 390.

Morgan, K., 1995. Climatic energy demand of horses. Equine Vet. J., Suppl. 18, 396-399.

Morgan, K., 1997. Effects of short-tern changes in ambient air temperature or altered insulation in horses. J. Thermal. Biol., 22, 187-194.

Morgan, K., 1998. Thermoneutral zone and critical temperatures of horses. J. Thermal. Biol., 23, 59-61.

Morgan, K., A. Ehrlemark and K. Sällvik, 1997. Dissipation of heat from standing horses exposed to ambient temperatures between −3℃ and 37℃. J. Thermal. Biol., 22, 177-186.

Morgan, K., P. Funkquist and G. Nyman, 2002. The effect of coat clipping on thermoregulation during intense exercise in trotters. Equine Vet. J., Suppl. 34, 564-567.

Mostert, H.J., R.J. Lund, A.J. Guthrie and P.J. Cilliers, 1996. Integrative model for predicting thermal balance in exerasing horses. Equine Vet. J., Suppl., 22, 7-15.

Nadal'Jack, E.A., 1961a. Effect of state training on gaseous exchange and energy expenditure in horses of heavy draught breeds (in Russian). Trudy Vses. Inst. Konevodtsva, 23, 262-274.

Nadal'Jack, E.A., 1961b. Gaseous exchange and energy expenditure at rest and during different tasks by breeding stallions of heavy draught breeds (in Russian). Trudy Vses. Inst. Konevodtsva, 23, 246-261.

Nadal'Jack, E.A., 1961c. Gaseous exchange in horses in transport work at the walk and trot with

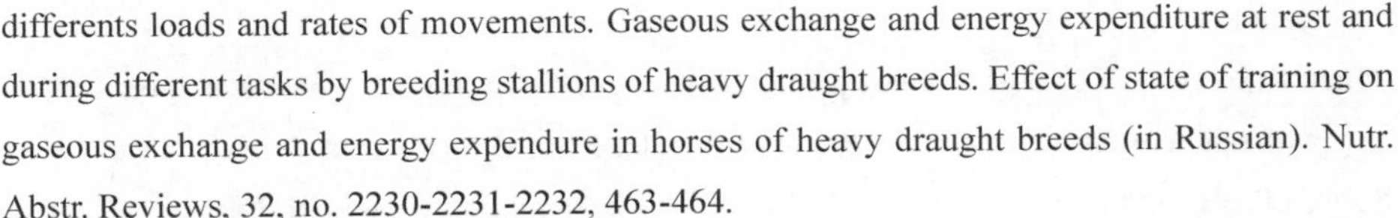

differents loads and rates of movements. Gaseous exchange and energy expenditure at rest and during different tasks by breeding stallions of heavy draught breeds. Effect of state of training on gaseous exchange and energy expendure in horses of heavy draught breeds (in Russian). Nutr. Abstr. Reviews, 32, no. 2230-2231-2232, 463-464.

Nehring, K. and E.R. Franke, 1954. Untersuchungen über den Stoff und energieumsatz un den Nährwert verschiedener Futtermittel beim Pferde. *In*: Nehring, K. (ed.) Untersuchungen "ber die verwertung von reinen Nährstoffen und Futterstoffen mit Hilfe von Respiratiosversuchen. Deutsch Akad, Berlin, Germany, 255-358.

Nehring, K. and E.R. Franke, 1956. Untersuchungen über den Stoff und energieumsatz un den Nährwert verschiedener Futtermittel beim Pferde. Versuchsergebnisse aus dem wissenschaftlichen Nachlaβ von O. Kellner und G. Fingerling. Festchrift anlässlich des 100 jährigen Bestehens der Landwirtschaftlichen Versuchsstation Leipzig-Möchern. Band 3, pp. 327-334.

Ousey, J.C., 1997. Thermoregulation and the energy requirement of the newborn foal, with reference to prematurity. Equine Vet. J., 24, 104-108.

Ousey, J.C., 2006. Physiology and metabolism in the new born foal with reference to orphanand sick foals. *In*: Miraglia, N. and W. Martin-Rosset (eds.) Nutrition and feeding the broodmare. EAAP Publication no. 120. Wageningen Academic Publishers, Wageningen, the Netherlands, pp. 187-202.

Ousey, J.C., A.J. McArthur, P.R. Murgatroyd, J.H. Stewart and P.D. Rossdale, 1992. Thermoregulation and total body insulation in the neonatal foal. J. Thermal. Biol., 17, 1-10.

Ousey, J.C., N. Holdstock, P.D. Rossdale and A.J. McArthur, 1996. How much energy do sick neonatal foals require compared to healthy foals. Pferdeheilkunde, 12, 231-237.

Ousey, J.C., S. Prandi, J. Zimmer, N. Hodstock and P.D. Rossdale, 1997. Effects of various feeding regimens on the energy balance of equine neonates. Am. J. Vet. Res., 58, 1243-1251.

Pagan, J.D. and H.F. Hintz, 1986a. Equine energetic. Ⅰ. Relationship between body weight and energy requirements in horses. J. Anim. Sci., 63, 815-822.

Pagan, J.D. and H.F. Hintz, 1986b. Equine energetics. Ⅱ. Energy expenditure in horses during submaximal exercise. J. Anim. Sci., 63, 822-830.

Pagan, J.D., R.J. Geor, P.A. Harris, K. Hoekstra, S. Gardner, C. Hudson and A. Prince, 2002. Effects of fat adaptation on glucose kinetics and substrate oxidation during low-intensity exercise. Equine Vet. J., Suppl. 34, 33-38.

Potter, G.D., F.F. Arnold, D.D. Householder, D.H. Hansen and K.M. Bowen, 1992a. Digestion of starch in the small or large intestine of the equine. Pferdeheilkunde, 1, 107-111.

Potter, G.D., J.W. Ewabs, G.W. Webb and S.P. Webb, 1987. Digestible energy requirements of Belgian and Percheron horses. *In*: Collins, C.O. (ed.) *In*: 10th Equine Nutr. Physio. Soc. Symp. Ft., pp.

133-138.

Potter, G.D., S.L. Hughes, T.R. Julen and S.L. Swinney, 1992b. A review of research on digestion and utilization of fat by the equine. Pferdeheilkunde, 1, 119-123.

Robb, J.R., B. Harper, H.F. Hintz, J.T. Reid, J.E. Lowe, H.F. Shcryver and M.S. Rhee, 1972. Chemical composition and energy value of body, fatty acid composition of adipose tissue and liver and kidney size in the horse. Anim. Prod., 14, 25-34.

Roberts, M.C., 1975. Carbohydrates digestion and absorption in the equine small intestine. J. S. Afr. Vet. Assoc., 46, 19-27.

Roberts, M.C., D.E. Kidder and F.W.G. Hill, 1973. Small intestinal belagalactosidatse activity in the horse. Gut., 14, 535-540.

Rose, R.J., D.R. Hodgson, T.B. Kelso, L.J. McCutcheon, T.A. Reid, W.M. Bayly and P.D. Gollnick, 1988. Maximum O_2 uptake, O_2 debt and deficit and muscle metabolites thoroughbred horses. J. Appl. Physiol., 64, 781-788.

Santos, A.S., B.C. Sousa, L.C. Leitao and V.C. Alves, 2006. The utilisation of morphometric measurements to estimate horse body weight application to the Lusitano breed. *In*: Miraglia, N. and W. Martin-Rosset (eds.) Nutrition and feeding the broodmare. EAAP Publication no. 120. Wageningen Academic Publishers, Wageningen, the Netherlands, pp. 253-256.

Schubert, R., R. Ander, K. Gruhn and A. Hennig, 1991. First results on the incorporation and excretion of ^{15}N from orally administrated urea in lactating pony mares. Arch. Anim. Nutr., 41 (4), 457-463.

Schüler, C., 2009. Eine feldstudie zu energiebedarf und energieaufnahme von arbeitenden pferden zur überprüfungen eines bewertungssystems auf der stufe der umseztbaren energie. Thesis Fei Universität Berlin, Berlin, Germany.

Siciliano, P.D., C.H. Wood, L.M. Lawrence and S.E. Duren, 1993. Utilization of a field study to evaluate digestible energy requirements of breeding stallions. *In*: 13th ESS Proceedings, USA, pp. 293-298.

Simmons, H.A. and E.J. Ford, 1991. Gluconeogenesis from propionate produced in the colon of the horse. Br. Vet. J., 147, 340-345.

Stammers, J.P., D. Hill, M. Silver and A.L. Fowden, 1995. Foetal and maternal plasma lipids in chronically catheterized mares in late gestation: effects of different nutritional states. Reproduction, Fertility and Development, 7, 1275-1284.

Stillions, M.C. and W.E. Nelson, 1972. Digestible energy during maintenance of the light horse. J. Anim. Sci., 34, 981-982.

Thornton, J.J., J.D. Pagan and S.G.B. Persson, 1987. The oxygen cost of weight loading and inclined treadmill exercise in the horse. *In*: Gillespie, J.R. and N.E. Robinson (eds.) 2nd ICEEP,

Proceedings. Davis, CA, USA, pp. 206-215.

Todd, L.K., W.C. Sauter, R.J. Christopherson, R.J. Coleman and WR. Caine, 1995. The effect of level of intake on nutrient and energy digestibility and rate of feed passage in horses. J. Anim. Physiol. Anim. Nutr., 73, 140-148.

Topliff, D.R., G.D. Potter, T.R. Dutson, J.L. Kreider and G.T. Jessup, 1983. Diet manipulation and muscle glucogen in the equine. *In*: 8th ESS Proceedings, USA, pp. 119-124.

Topliff, D.R., S.F. Lee and D.W. Freeman, 1987. Muscle glycogen, plasma glucose and free fatty acides in exercising horse fed warying levels of starch. *In*: 10th ESS Proceedings, USA, pp. 421-424.

Van Es, A.J.H., 1975. Feed evaluation for dairy cows. Livest. Prod. Sci., 2, 95-107.

Vermorel, M. and J. Vernet, 1991. Energy utilization of digestion end-products for maintenance in ponies. *In*: Wenk, C. and M. Boessinger (eds.) Energy metabolism of farm animals. EAAP Publications no. 58. Intitut for Nutzierwessenschaften. ETH Zentrum, Switzerland, pp. 433-436.

Vermorel, M., J. Vernet and W. Martin-Rosset, 1987. Donnée préliminaires sur l'évolution nycthémérale des dépenses énergétiques du jeune poulain. Reprod. Nutr. Dev., 27, 325-326.

Vermorel, M., J. Vernet and W. Martin-Rosset, 1997a. Digestive and energy utilization of two diets by ponies and horses. Livest. Prod. Sci., 51, 13-19.

Vermorel, M., J. Vernet and W. Martin-Rosset, 1997b. Energy utilization of twelve forages or mixed diets for maintenance by sport horses. Livest. Prod. Sci., 47, 157-167.

Vermorel, M. and P. Mormède, 1991. Energy cost of eating in ponies. *In*: Wenk, C. and M. Boessiger (eds.) Energy metabolism of farm animals. EAAP Publications no. 58. Institut für Nutztierwissenschaften. ETH Zentrum, Switzerland, pp. 437-440.

Vermorel, M., R. Jarrige and W. Martin-Rosset, 1984. Métabolisme et besoins énergétiques du cheval. Le système des UFC. *In*: Jarrige, R. and W. Martin-Rosset (eds.) Le cheval. INRA Editions, Versailles, France, pp. 237-276.

Vermorel, M. and W. Martin-Rosset, 1997. Concepts, scientific bases, structure and validation of the French horse net energy system (UFC). Livest. Prod. Sci., 47, 261-275.

Vermorel, M., W. Martin-Rosset and J. Vernet, 1991. Energy utilization of two diets for maintenance by horses: agreement with the new french net energy system. J. Equine Vet. Sci., 11, 33-35.

Vernet, J., M. Vermorel and W. Martin-Rosset, 1995. Energy cost of eating long hay, straw and pelleted food in sport horses. Anim, Sci, 61, 581-588.

Webb, A.I. and B.M.Q. Weaver, 1979. Body composition of the horse. Equine Vet. J., 11, 39-47.

Westervelt, R.G., J.R. Stouffer, H.F. Hintz and H.F. Schryver, 1976. Estimating fatness in horses and ponies. J.Anim. Sci., 43, 781-785.

Willard, J.C., S.A. Wolfram, J.P. Baker and L.S. Bull, 1979. Determination of the energy requirement for work. *In*: 6th ESS Proceedings, USA, pp. 33-34.

Williams, C.A., D.S. Kronfeld, W.B. Staniar and P.A. Harris, 2001. Plasma glucose and insulin responses of thoroughbred mares fed a meal high in starch and sugar or fat and fiber. J. Anim. Sci., 79, 2196-2200.

Willmore, J.H. and J. Freund Beau, 1984. Nutritional enchancement of athletic performance. Nutr. Abs. Rev., Series A., 54, 1-16.

Winchester, C.F., 1943. The energy cost of standing. Science, 97, 24.

Wolff, E. and C. Kreuzhage, 1895. Pferde Fütterungsversuche über Verdauuung und Arbeitsäquivalent des Futters. Landw. Jahrb., 24, 125-271.

Wolff, E., E. Siegling, C. Kreuzhage and C. Riess, 1887b. Versuche über den Einfluss einer verschiedenen Art der Arbeitsleitung auf die Varedaaung des Futters, sowie über das Verhalten des Rauhfutters gegenüber dem Kraftfutter zur Leistung fähigkeit des Pferdes. Landw. Jahrb., 16, Suppl. 3, 49-131.

Wolff, E., E. Siegling, C. Kreuzhage and T.H. Mehlis, 1887a. Versuche über die Leieistungsähigkeit des Pferdes bei stickstoffärmeren Futter, sowie über den Kreislauf der Mineralstoffe im Körper dieses Thieres. Landw. Jahrb., 16, Suppl. 3, 1-48.

Wolff, E., W. Funke, C. Kreuzhage and O. Kellner, 1877. Pferde Futterungsversuche. Landwirtsch. Versuchs.Stn., 20, 125-168.

Wolter, R. and J.P. Valette, 1985. Etude expérimentale de l'influence de régimes hyperlipidiques sur les aptitudes sportives d'équidés en effort d'endurance. Iie Journée étude CEREOPA, Paris, France, pp. 122-136.

Wooden, G.R., K.L. Knox and C.L. Wild, 1970. Energy metabolism in light horses. J. Anim. Sci., 30, 544-548.

Zeyner, A., 1995. Ermittlung des Gehaltes and verdaulicher Energie im Pferdefutter über die Verdaulichkeitsschätzung, Über. Tierernähr., 23, 55-104.

Zeyner, A. and E. Kienzle, 2002. A method to estimate digestible energy in horse feed., J. Nutr., 132, 1771S-1773S.

Zeyner, A., S. Kircho, A. Susenbeth, K.H. Südekum and E. Kienzle, 2010. Protein evaluation of horse feed a novel concept. *In*: Ellis, A.D., A.C. Longland, M. Coenen and N. Miraglia (eds.) The impact of nutrition on the health and welfare of horses. EAAP Publication no. 128. Wageningen Academic Publishers, Wageningen, the Netherlands, pp. 40-42.

Zuntz, N. and O. Hagemann, 1898. Untersuchungen über den Stoffwechsel des Pferdes bei Ruhe und Arbeit. Landw. Jahrb., 27, Suppl. 3, 18.

2. 蛋白质

Assenza, A., D. Bergero, M. Tarantola, G. Piccione and G. Caola, 2004. Blood serum branched chain amino acids and tryptophan modifications in horses competing in long distance rides of different length. J. Anim. Physiol. Anim. Nutr., 88, 172-177.

Baruc, C.I., K.A.Dawson and I.P. Baker, 1983. The characherization and nitrogen of equine caecal bacteria. *In*: 8th ESS Proceedings, USA, pp. 151-156.

Bertone, A.L., P.J. Van Soest and T.S. Stashak, 1989. Digestion, fecal, and blood variables associated with extensive large colon resection in the horse. Am. J. Vet. Res., 50, 253-258.

Biolo, G., K.D.Tripton, S. Klein and R.R. Wolfe, 1997. An abundant supply of amino acids enhances the metabolic effect of exercise on muscle protein. Am. J. Physiol., 273, E122-E129.

Bochroder, B., R. Schubert and D. Bodecker, 1994. Studies on the transport *in vitro* of lysine, histidine, arginine and ammonia across the mucosa of the equine colon. Equine Vet. J., 26 (2), 131-133.

Bochroder, B., R. Schubert, D. Bodecker and M. Holler, 1992. *In vitro* transit of basic amino acids inthe ventral colon of the horse. In Kongressband, 1992, Gottingen.

Børsheim, E., A. Aarsland and R.R. Wolfe, 2004. Effect of an amino acid, protein, and carbohydrate mixture on net muscle protein balance after resistance exercise. Int. J. Sport Nutr. Exerc. Metab., 14, 255-271.

Børsheim, E., K.D. Tripton, S.E. Wolf and R.R. Wolfe, 2002. Essential amino acids and muscle protein recovery from resistance exercise. Am. J. Physiol. Endocrinol. Metab., 283, 648-657.

Breuer, L.H. and D.L. Golden, 1971. Lysine requirements of the immature equine. J. Anim. Sci., 33, 227.

Breuer, L.H., K.H. Kasten and J.D. Word, 1970. Protein and amino acid utilization in the young horse. *In*: 2nd ESS Proceedings, USA, pp. 16-17.

Bryden, W.L., 1991. Amino acid requirements of horses estimated from tissuc composition. *In*: Proceed. Nutr. Soc. Aust., pp. 53.

Cabrera, L. and J.L. Tisserand, 1995. Effet du rythme de distribution et de la fonne de distribution d'un régime paille concentrée sur l'aminoacidémie chez le poney. Ann. Zootech., 44, 105-114.

Cabrera, L., V. Jullian, F. Faurie and J.L. Tisserand, 1992. Influence of feeding roughage and concentrate (soy bean meal) simultaneously or consecutively on level of free amino acides and plasma urea in the equine. *In*: 1st Europaïsche Konferenz über die Ernarhung des Pferdes, pp. 144-146.

Casini, L.D., D. Gatta, L. Magni and B. Colombani, 2000. Effect of prolonged branched chain amino acid supplementation on metabolic response to anaerobic exercise in stantardbreds. J. Equine Vet. Sci., 20, 1-7.

Coleman, R.J., G.W. Mathison, R.T. Hardin and J.D. Millgan, 2001. Effect of dietary forage and protein concentration on total tract, precaecal and postileal protein and lysine digestibilities of forage based diets fed to mature ponies. *In*: 17th ESS Proceedings, USA, pp. 461-463.

De Almeida, F. Q., S.C. Valdares Filho, J.L. Donzele, J.F.C. Coelho da Silva, A.C. Queiroz, M.I. Leao and P.R. Cecon, 1999a. Precaecal digestibility of amino acids in diets for horses. *In*: 16th ESS Proceedings,USA, pp. 274-279.

De Almeida, F.Q., S.C. Valadares Filho, J.L. Donzele, J.F.C. Coelho da Silva, A.C. Queiroz, P.R. Cecon and M.I. Leado, 1999b. Endogenous nitrogen losses at the preceacal, postileal, fecal and urinary levels oin horses. *In*: 16th ESS Proceedings, USA, pp. 280-285.

De Almeida, F.Q., S.C. Valadares Filho, J.L. Donzele, J.F.C. Coelho da Silva, M.I. Leao, P.R. Cecon and A.C. Queiroz, 1998a. Digestibilidade aparente e verdadeira pré-cecal e total da proteina em dietas com differentes niveis protéicos em eqüinos. Rev. Bras. Zootec., 27, 521-529.

De Almeida, F.Q., S.C. Valadares Filho, J.L. Donzele, J.F.C. Coelho da Silva, M.I. Leao, P.R. Cecon and A.C. Queiroz, 1998b. Endogenous amino acid composition and true prececal apparente and true digestibility of amino acids in diets for equines. Rev. Bras. Zootech., 27(3), 546-555.

Ellis, A.D., 2004. The Dutch protein system. *In*: Julliand, V. and W. Martin-Rosset (eds.) Nutrition of the performance horse. EAAP Publication no. 111. Wageningen Academic Publishers, Wageningen, the Netherlands, pp. 141-142.

Essen-Gustavsson, B. and M. Jensen-Waern, 2002. Effect of an endurance race on muscle amino acids, pro and macroglucogen and triglycerides. Equine Vet.J., Suppl. 34, 209-213.

Farley, E.B., G.D. Potter, P.G. Gibbs, J. Schumacher and M. Murray-Gerzik, 1995. Digestion of soybean meal protein in the equine small and large intestine at varying levels of intake. J. Equine Vet. Sci., 15, 391-397.

Frank, N.B., T.N. Meacham, K.J. Easley and J.P. Fontenot, 1983. The effect of by-passing the small intestine on nutrient digestibility and absorption in the pony. *In*: 9th ESS Proceedings, USA, pp. 243-248.

Freeman, D.E. and W.J. Donawick, 1991. *In vitro* transport of cycloleucine by equine mucosa. Am. J. Vet. Res., 52, 539-542.

Freeman, D.E., A. Kleinzeller, W.J. Donawick and V.A. Topkis, 1989. *In vitro* transport of L-alanine by equine caecal mucosa. Am. J. Vet. Res., 50, 2138-2142.

Freeman, D.W., G.D. Potter, J.L. Kreider and G.T. Schelling, 1981. Nitrogen balance in mature horses at varying levels of exercise. *In*: 7th ESS Proceedings, USA, pp. 94-96.

Friedman, J.E. and P.W.R. Lemon, 1989. Effect of chronic endurance exercise on retention of dietary protein. Int. J. Sports Med., 10(2), 118.

Gibbs, P.G., G.D. Potter, G.T. Schelling, J.L. Kreider and C.L. Boyd, 1988. Digestion of hay protein in different segments of the equine digestive tract. J. Anim. Sci., 66, 400-406.

Gibbs, P.G., G.D. Potter, G.T. Schelling, J.L. Kreider and C.L. Boyd, 1996. The significance of small vs large instestine digestion of cereal grain and oil seed protein in the equine. J. Equine Vet. Sci.,

16, 60-65.

Glade, M.J., 1983. Nitrogen partitioning along the equine digestive tract. J. Anim. Sci., 57, 943-953.

Glade, M.J., 1984. The influence of dietary fibre digestibility on the nitrogen requirements of mature horses. J. Anim. Sci., 58, 638-645.

Glade, M.J., 1989. Effects of speafic amino acid supplementation on lactic acid production by horses exercised on a treadmill. *In*: 11th ESS Proceedings, USA, pp. 244-249.

Godbee, R.G. and L.M. Slade, 1979. Nitrogen absorption from the cecum of a mature horse. *In*: 6th ESS Proceedings, USA, pp. 73-76.

Graham-Thiers, P.M., D.S.S Kronfeld, T.M. McCullough and P.A. Harris, 1999. Dietary protein level and protein status during exercise, training and stall rest. *In*: 16th ESS Proceedings, USA, pp. 104-105.

Haley, R., G. D. Potter and R.E. Lichtenvalner, 1979. Digestion of soyabean and cotton-seed protein in the equine small intestine. *In*: 6th ESS Proceedings, USA, pp. 85-98.

Hertel, J., H.J. Altman and K. Drepper, 1970. Ernahrungphysiologische Untersuchungen beim Pferd Ⅱ-Rohnarh stoffuntersuchengen im magem-Darm-Trakt von Schlachtpferdenz. Z. Tierphysiol. Tierernahr. Futtermittelk., 26, 167-170.

Hintz, H.F. and H.F. Schryver, 1972. Nitrogen utilization in ponies. J. Anim. Sci., 34, 592-595.

Hintz, H.F., D.E. Hogue, E.F. Walker, J.E. Lowe and H.F. Schryver, 1970. Apparent digestion in various segments of the digestive tract of ponies fed diets with varying roughage/grain ratios. J. Anim. Sci., 32, 245-248.

Houpt, T.R. and K. Houpt, 1971. Nitrogen conservation by ponies fed a low protein ration. Am. J. Vet. Res., 32,579-588.

Johnson, R.J., 1972. Studies on the utilization of nitrogen by the horse. Ⅱ. Dietary urea and biuret. Feedstuffs, 44(25), 36.

Johnson, R.J. and J.W. Hart, 1972. Utilization of nitrogen from soybean-biuret and urea by equine. Nutr. Rep. Int., 9, 202-216.

Johnson, R.J. and J.W. Hart, 1974. Influence of feeding and fasting on plasma free amino-acids in the equine. J.Anim. Sci., 38, 790-794.

Kern, D.L., L.L. Slyster, E.C. Leffel, J.M. Weaver and R.R. Oltjen, 1974. Ponies vs steers: microbial and chemichal characteristics of intenstinal ingesta. J. Anim. Sci., 38, 559-564.

Klendshoj, C., G.D. Potter, R.E. Lichtenwalner and D.D. Householder, 1979. Nitrogen digestion in the small intestine of horses fed crimped or micronized sorghum grain or oats. *In*: 6th ESS Proceedings, USA, pp. 91-94.

Lindsay, D.B., 1980. Amino acids as energy sources. Proc. Nutr. Soc., 39, 53-59.

Macheboeuf, D., C. Poncet, M. Jestin and W. Martin-Rosset, 1996. Use of a mobile nylon bag technique with caecum fistulated horses as an alternative method for estimating pre-caecal and total tract nitrogen digestibilities of feedstuffs. *In*: 47th EAAP Proceedings, Norway. Wageningen Pers, Wageningen, the Netherlands, Abstract H 4.9, pp. 296.

Macheboeuf, D., M. Marangi, C. Poncet and W. Martin-Rosset, 1995. Study of nitrogen digestion from different hays by the mobile nylon bag technique in horses. Annales Zootechnie, Suppl. 44, 219.

Maczulack, A.E., K.A. Dawson and J.P. Baker, 1983. *In vitro* nitrogen utilization by equine caecal bacterial. *In*: 8th ESS Proceedings, USA, pp. 255-258.

Martin, R.G., N.P. McMeniman, B.W. Norton and K.F. Dowsett, 1996. Utilization of endogenous and dietary urea in the large intestine of the mature horse. Br. J. Nutr., 76, 373-386.

Martin-Rosset, W. and J.L. Tisserand, 2004. Evaluation and expression of protein allowances and protein value of feeds in the MADC system for the performance horse. *In*: Julliand, V. and W. Martin-Rosset (eds.) Nutrition of the performance horse. EAAP Publication no. 111. Wageningen Academic Publishers, Wageningen, the Netherlands, pp. 103-140.

Martin-Rosset, W., D. Macheboeuf, C. Poncet and M. Jestin, 2012. Nitrogen digestion of large range of hays by mobile nylon bag technique (MNBT) in horses. *In*: Saastamoinen, M., M.J. Fradinho, S.A. Santos and N. Miraglia (eds.) Forages and grazing in horse nutrition. EAAP Publications no. 132. Wageningen Academic Publishers, Wageningen, the Netherlands, pp. 109-120.

Martin-Rosset, W., J. Andrieu, M. Vermorel and J.P. Dulphy, 1984. Valeur nutritive des aliments pour le cheval. *In*: Jarrige, R. and W. Martin-Rosset (eds.) Le cheval. INRA Publications, Versailles, France, 17, 208-209.

Martin-Rosset,W., M. Doreau and P. Thivend, 1987. Digestion de régimes à base de foin ou d'ensilage de maïs chez le cheval en croissance. Reprod. Nutr. Dev., 27, 291-292.

Mason, V.C., 1979. The quantitative importance of bacterial residues in the non-dietary faecal nitrogen of sheep. Ⅰ. Methodologies studies. Z. Tierphysiol. Tierernähr. Futtermittelk., 41, 131.

Matsui, A., H. Ohmura, Y. Asai, T. Takashi, A. Hiraga, K. Okamura, H. Tokimura, T. Sugino, T. Obitsu and K. Taniguchi, 2006. Effect of amino acid and glucose administration following exercise on the turnover of muscle protein in the hindlimb femoral region of thoroughbreds. *In*: Essen-Gustavsson, B., E. Barrey, P.M. Lekeux and D.J. Marlin (eds.) *In*: 7th ICEEP Proceedings, Eguine Veterinary Journal Limited, Newmarket, Suffolk, UK, pp. 611-621.

McMeniman, N.P., R. Elliot, S. Groenendyk and K.F. Dowsetf, 1987. Synthesis and absorption of cysteine from the hindegut of the horse. Equine Vet. J., 19, 192-194.

McKeever, D.H., W.A. Schurg, S.H. Jarrett and V.A. Convertino, 1986. Resting concentrations of the plasma free amino acids in horses following chronic submaximal exercise training. J. Equine Vet. Sci., 6, 87-92.

Meyer, H., 1983a. Intestinal protein and N metabolism in the horse. *In*: Proc. Horse Nutr. Symp.

Uppsala, Sweden, pp. 113-116.

Meyer, H., 1983b. Protein metabolism and protein requirements in horses. *In*: Arnal, M., R. Pion and D. Bonin (eds.) Symposium International Metabolisme and Nutrition Azotées, Clermont-Ferrand, France, pp. 343-376.

Meyer, H., C. Flothow and S. Radicke, 1997. Preileal digestibility of coconut and soybean oil in horses and their influence on metabolites of microbial origin of the proximal digestive tract. Arch. Anim. Nutr., 50, 63-74.

Meyer, H., S. Vom Stein and M. Schmidt, 1985. Investigations to determine endogenous faecal and renal N losses in horses. *In*: 9th ESS Proceedings, USA, pp. 68-72.

Miller-Graber, P.A., L.M. Lawrence, E.V. Kurcz, R. Kane, K.D. Bump, M.G. Fisher and J. Smith, 1990. The free amino acid profile in the middle gluteal muscle before and after fatiguing exercise in the horse. Equine Vet. J., 22, 209-210.

Miller-Graber, P.A., L.M. Lawrence, J.H. Foreman, K.D. Bump, M.G. Fisher and E.V. Kurcz, 1991a. Dietary protein level and energy metabolism during treadmill exerase in horse. J. Nutr., 121, 1462-1469.

Miller-Graber, P.A., L.M. Lawrence, J.H. Foreman, K.D. Bump, M. G. Fisher and E.V. Kurcz, 1991b. Effect of dietary protein level on nitrogen metabolites in exercised quarter horses. *In*: Persson, S.G.B., A. Lindhom and L.B.Jeffcott (eds.) 3rd ICEEP Proceedings, Uppsala, Sweden, pp. 305-314.

Millward, D.J., C.T.M. Davies, D. Halliday, S.L. Wolman, D. Matthews and M. Rennie, 1982. Effect of exercise on protein metabolism in humans explored with stable isotopes. Federation Proc., 41, 2686-2691.

Millward, D.J., P.C. Bates, B. De Benoist, J.G. Brown, M. Cox, D. Halliday, B. Odedra and M.J. Rennie, 1983. Protein turnover. The nature of the phenomena and its physiological regulation. *In*: Arnal, M., R. Pion and D. Bonin (eds.) 4th Symposium Int. Métabolisme et Nutrition Azotés. Les Colloques de l'INRA no. 16. INRA Editions, Versailles, France, pp. 69-96.

Millward, D.J., P.C. Bates and S. Rosuchaki, 1981. The extent and nature of protein degradation in the tissues during development. Reprod. Nutr. Dev., 21, 265-277.

Nicoletti, J.N., J.E. Wohlt and M.J. Glade, 1980. Nitrogen utilization by ponies and steers as affected by dietary forage-grains ratio. J. Anim. Sci., 51, Suppl. 1, 215.

Nolan, M.M., G.D. Potter, K.J. Mathiason, P.G. Gibbs, E.L. Morris, L.W. Greene and D. Topliff, 2001. Bone density in the juvenile racehorse fed differering levels of minerals. *In*: 17th ESS, USA, pp. 33-38.

Olsman, A.F.S., W.L. Jansen, M.M. Sloet Van Oldruttenborg-Oosterbaan and A.C. Beynen, 2003. Asssessment of the minimum protein requirement of adult ponies. J. Anim. Physiol. Anim. Nutr.,

87, 205-212.

Orton, R.K., I.D. Hume and R.A. Leng, 1985. Effects of exercise and level of dietary protein on digestive function in horses. Equine Vet. J., 17, 386-390.

Ott, E.D., 2001. Protein and amino acids. *In*: Pagan, J.D. (ed.) Advance in equine nutrition. Nottingham University Press, Nottingham, UK, pp. 237-246.

Pagan, J.D., 1998. Measuring the digestible energy content of horse feeds. *In*: Pagan, J.D. (ed) Advances in equine nutrition Ⅰ. Nottingham University Press, Nottingham, UK, pp. 71-76.

Patterson, P.H., C.N. Coon and I.M. Hughes, 1985. Protein requirements of mature working horses. J. Anim. Sci., 61, 187-196.

Pôsö, A.R., B. Essen-Gustavsson, A. Lindholm and S.G. Persson, 1991. Exercise-induced changes in muscle and plasma amino acid levels in the Standardbred horse. *In*: Persson, S.G.B., A. Lindholm and J.B. Jeffcott (eds.) 3rd ICEEP Proceedings, Uppsala, Sweden, pp. 202-208.

Potter, G.D., P.G. Gibbs, R.G. Haley and C. Klendshoj, 1992. Digestion of protein in the small and large intestines of equines fed mixed diets. *In*: Europaïsche Konferenz uber die Ernahrung des Pferdes, pp. 140-143.

Prior, R.L., H.F.Hintz, J.E. Lowe and W.J. Visek, 1974. Urea recycling and metabolism of ponies. J. Anim. Sci., 38, 565-571.

Pulse, J., P. Baker, G.D. Potter and J. Williard, 1973. Dietary protein level and growth of immature horses. J. Anim. Sci., 37, 289-290.

Reeds, P.J. and C.I. Harris, 1981. Protein turnover in animals: man in his context. *In*: Waterlow J.C. and J.M.L.Stephen (eds.) Nitrogen metabolism in man. Applied Sciences Pub., London, UK, pp. 292-402.

Reeds, P.J. and M.F. Fuller, 1983. Nutrient intake and protein turnover. Proc. Nutr. Soc., 42, 463-471.

Reitnour, C.M., 1979. Effect of caecal administration of corn starch on nitrogen metabolism in ponies. J. Anim.Sci., 49, 988-992.

Reitnour, C.M., 1980. Protein utilization in response to caecal corn starch in ponies. J. Anim. Sci., 51(1), 218.

Reitnour, C.M. and J.M. Treece, 1971. Relationship of nitrogen source to certain blood components and nitrogen balance in the equine. J. Anim. Sci., 32, 487-490.

Reitnour, C.M. and R.L. Salsbury, 1972. Digestion and utilization of cecally infused protein by the equine. J. Anim. Sci., 35(6), 1190-1193.

Reitnour, C.M. and R.L. Salsbury, 1975. Effect of oral or cecal administration of protein supplements on equine plasma amino acids. Br. Vet. J., 131, 466-472.

Reitnour, C.M. and R.L. Salsbury, 1976. Utilization of proteins by the equine speces. Am. J. Vet. Res., 37, 1065-1067.

Reitnour, C.M., J.P. Baker, G.E. Mitchell, J.R. Little and C.O. Little, 1969. Nitrogen digestion in different segments of the equine digestive tract. J. Anim. Sci., 29, 332-334.

Reitnour, C.M., J.P. Baker, G.E. Mitchell, J.R. Little, C.O. Little and D.D. Kratzer,1970. Amino acids in equine cecal contents, cecal bacteria and serum. J. Nutr., 100, 349-354.

Rennie, M.J., R.T.H. Edwards, D. Halliday, C.T.M. Davies, D.E. Matthews and D.J. Millard, 1981. Protein metabolism during exercise. *In*: Waterlow, J.C. and J.M. Stephen (eds.) Nitrogen metabolism in man. Applied Sciences Pub., London, UK, pp. 509.

Russel, J.B. and M.C. Cook, 1995. Energetics of bacterial growth: balance of anabolic and catabolic reactions. Mircrobiol. Rev., 182, 48-62.

Santos, A.S., L.M. Ferreira, W. Martin-Rosset, J.W. Cone, R.J.B. Bessa and M.A.M. Rodrigues, 2013. Effect of nitrogen sources on *in vitro* fermentation and microbial yield equine using caecal contents. Anim. Feed Sci. Technol., 182, 93-93.

Santos, A.S., L.M. Ferreira, W. Martin-Rosset, M. Cotovio, F. Silva, R.N. Bennett, J.W. Cone, R.J.B. Bessa and M.A.M. Rodrigues, 2012. The ninfluence of casein and urea as nitrogen sources on *in vitro* equine caecal fermentation. Anim., 6, 1096-1102.

Santos, A.S., M.A.M. Rodrigues, R.J.B. Bessa, L.M. Ferreira and W. Martin-Rosset, 2011. Understanding the equine cecum-colon ecosystem: current knowledge and future perspectives. Anim., 5, 48-56.

Schmidt, M., G. Lindemann and H. Meyer, 1982. Intestinaler N-Umsatz beim Pferd. Adv. Anim. Physiol. Anim. Nutr., 13, 40-51.

Schubert, R., 1995. Untersuchungen zum stickstoff und aminosäuren-stoffwechsel laktierender stuten am modelltier Shetland-pony unter verwendung oraler gaben von ^{15}N-harnstoff. Martin-Luther University, Halle, Germany.

Slade, L.M., D.W. Robinson and F. Al-Rabbat, 1973. Ammonia turnover in the large intestine. *In*: 3rd ESS Proceedings, USA, pp. 1-12.

Slade, L.M., D.W. Robinson and K.E. Casey, 1970. Nitrogen metabolism in non-ruminant herbivores. I. The influence of non-protein and protein quality on the nitrogen retention of a diet in mares. J. Anim. Sci., 30,753-760.

Slade, L.M., R. Bishop, J.G. Morris and D.M. Robinson, 1971. Digestion and absorption of ISN-labelled microbial protein in the large intestine of the horse. Br. Vet. J., 127, 11-13.

Svanberg, E., A.C. Moller-Loswick, D.E. Matthews, U. Korner, M. Andersson and K.Luzdholm, 1999. The role of glucose long-chain triglycerides and amino acids for promotion of amino acid balance across peripheral tissues in man. Clin. Physiol., 19, 311-320.

Traub-Dargatz, J.L., A.P. Knight and D.W. Hamar, 1986. Selenium toxicity in horses. Comp. Cont. Vet. Ed., 8,771-776.

Tripton, K.D., A.A. Ferrando, S.M. Phillips, D. Doyle and R.R. Wolfe, 1999. Postexercise net protein synthesis in human muscle from orally administered amino acids. Am. J. Physiol., 276, E628-E634.

Wolter, R. and D. Gouy, 1976. Etude experimentale de la digestion chez les équidés par analyse du contenu intestinal après abattage. Rev. Med. Vet., 127, 1723-1736.

Woodward, A.D., S.J. Holcombe, B. Staniard, C. Colvin, J. Liesman and N.L. Trottier, 2009. Differential mRNA abundance of amino acid transporters $B^{0,+}$, CAT-l, LAT-2, and LAT-3 in five segments of the equine intestine. J. Equine Vet. Sci., 29, 348-349.

Woodward, A.D., S.J. Holcombe, J.P. Steibel, B. Staniard, C. Colvin and N.L. Trottier, 2010. Cationic and neutral amino acid transporter transcript abundances are differentially expressed in the equine intestinal tract. J. Anim. Sci., 88, 1028-1033.

Wooton, J.F. and R.A. Argenzio, 1975. Nitrogen utilization within equine large intestine. Am. J. Physiol., 229,1062-1067.

Wysocki, A.A. and J.P. Baker, 1975. Utilization of bacterial protein from the lower gut of the equine. *In*: 4th ESS Proceedings, USA, pp. 21.

Yoshizawa, F., 2004. Regulation of protein synthesis by branched-chain amino acids *in vivo*. Biochem. Biophys.Res. Commun., 313, 417-422.

Young, VR., 1986. Protein and amino acid metabolism in relation to physical exercise. *In*: Winnick, M. (ed.) Nutrition and exercise. Wiley, New York, USA.

Zeyner, A., S. Kirchof, A. Susenbeth, K.H. Südekum and E. Kienzle, 2010. Protein evaluation of horse feed. A novel concept. *In*: Ellis, A.D., A.C. Longland, M. Coenen and N. Miraglia (eds.) The impact of nutrition on the health and welfare of horses. EAAP Publication no. 128. Wageningen Academic Publishers, Wageningen, the Netherlands, pp. 40-42.

3. 矿物质

Baker, L.A., M.R. Wrigley, J.L. Pipkin, J.T. Haliburton and R.C. Bachman, 2005. Digestibility and retention of inorganic and organic sources of copper and zinc in mature horses. *In*: 19th ESS Proceedings, USA, pp. 162-167.

Baker, L.A., T. Kearney-Moss, J.L. Pipkin, R.C. Bachman, J.T. Haliburton and G.O. Vneklasen, 2003. The effect of supplemental inorganic and organic sources of copper and zinc on bone metabolism in exercised yearling geldings. *In*: 18th ESS Proceedings, USA, pp. 100-105.

Baucus, K.L., S.L. Ralston, V.A. Rich and E.L. Squires, 1987. The effect of dietary copper and zinc supplementation on composition of mare's milk. *In*: 10th ESS Proceedings, USA, pp. 179-184.

Bell, R.A., B.O. Nielsen, K. Waite, D. Rosenstein and M. Orth, 2001. Daily access to pasture turnout prevents loss of minerals in the third metacarpus of Arabian weanlings. J. Anim. Sci., 79,

1142-1150.

Blaney, B.J., R.J.W. Gartner and R.A. and McKenzie, 1981. The effects of oxalate in some tropical grasses on the availability to horses of calcium, phosphorus and magnesium. J. Agric. Sci., 97, 507-514.

Bridges, C.H. and P.G. Moffitt, 1990. Influence of variable content of dietary zinc on copper metabolism of weanling foals. Am. J. Vet. Res., 51, 275-280.

Buchholz-Bryant, M.A., L.A. Baker, J.L. Pipkin, B.J. Mansell, J.C. Haliburton and R.C. Backman, 2001. The effect of calcium and phosphorus supplementation, inactivity and subsequent aerobic trainining on the mineral balance in young, mature and aged horses. J. Equine Vet. Sci., 21, 74-77.

Coenen, M., 1988. Effects of an experimental induced chloride deficiency in the horse. Z. Tierphysiol. Tierernähr. Futtermittelk., 60, 37-38.

Coenen, M., 1991. Chlorine metabolism in working horses and the improvement of chlorine supply. *In*: 12th ESS Proceedings, Canada, pp. 91-92.

Coenen, M., 1999. Basics for chloride metabolism and requirement. *In*: 16th ESS Proceedings USA, pp. 353-354.

Coenen, M., 2005. Exercice and stress: impact on adaptive processes involving water and electrolytes. Livest. Prod. Sci., 92, 131-145.

Coenen, M., 2013. Macro and trace elements in quine nutrition. *In*: Geor R.J., P.A. Harris and M. Coenen (eds.) Equine applied and clinical nutrition. Chapter 10., pp. 190-223.

Coenen, M. and H. Meyer, 1987. Water and electrolyte content of the equine gastrointestinal tract in dependence on ration type. *In*: 10th ESS Proceedings, USA, pp. 531-536.

Coger, L.S., H.F. Hintz, Schryver and J.E. Lowe, 1987. The effect of high zinc intake on copper metabolism and bone development in growing horses. *In*: 10th ESS Proceedings, USA, pp. 173-175.

Crozier, J.A., V.G. Allen, N.E. Jack, J.P. Fontenot and M.A. Cochran, 1997. Digestibility, apparent mineral absorption and voluntary intake by horses fed alfalfa, tall fescue and Caucasian bluestem. J. Anim. Sci.,75, 1651-1658.

Cymbaluck, N.F. and M.E. Smart, 1993. A review of possible metabolic relationships of coppoer to equine bone disease. Equine Vet. J., Suppl. 16, 19-26.

Cymbaluck, N.F., H.F. Schryver and H.F. Hintz, 1981. Copper metabolism and requirements in mature ponies. J. Nutr., 111, 87-95.

Cymbaluck, N.F., J.D. Millar and D.A. Christensen, 1986. Oxalate concentration in feeds and its metabolism by ponies. Can. J. Anim. Sci., 66, 1107-1116.

De Behr, V., D. Daron, A. Gabriel, B. Remy, I. Dufrasne, D. Serteyn and L. Istasse, 2003. The course of some bone remodeling plasma metabolites in healthy horses and in horse offered a calcium-deficient diet. J. Anim. Physiol. Anim. Nutr., 87, 149-159.

Dunnett, C.E,. and M. Dunnett, 2008. Organic selcnium and the exercising horse. *In*: Saastamoinen, M. and W. Martin-Rosset (eds.) Nutrition of the exercising horse. EAAP Publication no. 125. Wageningen Academic Publishers, Wageningen, the Netherlands, pp. 255-266.

Ecker, G.L. and M.I. Lindinger, 1995. Water and ion losses during the cross-country phase of eventing. Equine Vet. J., Suppl. 20, 111-119.

Eeckhout, W. and M. De Paepe, 1994. Total phosphorus, phytate-phosphorus and phytase activity in plant feedstuffs. Anim. Feed Sci. Technol., 47, 19-29.

Elmore-Smith, K.A., J.L. Pipkin, L.A. Baker, W.J. Lampley, J.C. Haliburton and R.C. Backman, 1999. The effect of aerobic exercise after a sedentary period on serum, fecal and uringe calcium and phosphorus concentrations in mature horses. *In*: 16th ESS Proceedings, USA, pp. 106-107.

Gee, E.K., E.C. Firth, P.C. Morel, P.F. Fennessy, N.F. Grace and T.D. Mogg, 2005. Articular/epiphyseal ostochondrosis in thoroughbred foals at 5 monts of age: influences of growth of the foal and prenatal copper supplementation of the dam. N.Z. Vet. J., 53, 448-456.

Gee, E.K., N.D. Grace, E.C. Firth and P.F. Fennessy, 2000. Changes in liver copper concentration of thoroughbred foals from birth to 160 days of age and the effect of prenatal cooper supplementation of their dams. Austral. Vet. J., 78, 347-353.

GEP (Gesellschat für Ernahrungsphysiologie der Haustiere), 1994. Energie un Nahrstoffbedardf landwirstschaftlicher Nutziere, Empfehlungen zur Energie un Nahrstoffverssogung der Pferde Frankfurt am Main: DLG-Verlag, no. 2, pp. 67.

Glade, M.J., D. Beller, J. Bergen, D. Berry, E. Blonder, J. Bradley, M. Cupelo and J. Dallas, 1985. Dietary protein in excess of requirements inhibits renal cakium and phosphorus reabsorption in young horses. Nutr. Rep.Int., 31, 649-659.

Grace, N.D., C.W. Rogers, E.C. Firth, T.L. Faram and H.L. Shaw, 2003. Digestible energy intake, dry matter digestibility and effect of increased calcium intake on bone parameters of grazing thoroughbred weanlings in New Zealand. N.Z. Vet. J., 51, 165-173.

Grace, N.D., E.K. Gee, E.C. Firth and H.I.Shaw, 2002. Digestible energy intake, dry matter digestibility and mineral status of grazing thoroughbred yearlings in New Zealand. N. Z. Vet. J., 50, 63-69.

Grace, N.D., H.L. Shaw, E.K. Gee and E.C. Firth, 2002. Determination of the digestible energy intake and apparent absorption of macroelements in pasture-fed lactating thoroughbred mares. N.Z. Vet. J., 50, 182-185.

Grace, N.D., S.G. Pearce, E.C. Firth and P.F. Fennessy, 1999. Concentration of macro and micro elements in the milk of pasture-fed thoroughbred mares. Austral. Vet. J., 77, 177-180.

Hainze, M.T.M., R.B. Muntifering, C.W. Wood, C.A. McCall and B.H. Wood 2004. Faecal phosphorus excretion from horses fed typical diets with and without added phytase. Anim. Feed Sci. Technol., 117(3-4), 265-279.

Harrington, D.D. and J.J. Walsh, 1980. Equine magensium supplements: evaluation of magnesium sulphate and magnesium carbonate in foals fed purified diets. Equine Vet. J., 12, 32-33.

Highfill, J.L., G.D. Potter, E.M. Eller, P.G. Gibbs, B.D. Scott and D.M. Hood, 2005. Comparative absorption of calcium fed in varying chemical forms and effects on absorption of phosphorus and magnesium. *In*: 19th ESS Proceedings, USA, pp. 37-42.

Hintz, H.F., 1987. Growth and calcium metabolism in horses fed varying levels of protein. Equine. Vet. J., 19, 280.

Hintz, H.F., 2000. Macrominerals-calcium, phosphorus and magnesium. *In*: Adv. Equine Nutr. Proc. 2000. Equine Nutr. Conf. Feed Manuf., pp. 121-131.

Hintz, H.F. and H.F. Schryver, 1972. Magnesium metabolism in the horse. J. Anim. Sci., 35, 755.

Hintz, H.F. and H.F. Schryver, 1973. Magnesium, calcium and phosphorus metabolism in ponies fed varying levels of magnesium. J. Anim. Sci., 37, 927-930.

Hintz, H.F. and H.F. Schryver, 1976. Potassium metabolism in ponies. J. Anim. Sci., 42, 637-643.

Hintz, H.F., H.F. Schryver, J. Doty, C. Lakin and R.A. Zimmerman, 1984. Oxalic aad content of alfalfa hays and its influence on the availability of calcium, phosphorus and magnesium to ponies. J. Anim. Sci., 58, 939-942.

Hotz, C.S., W. Fitzpatrick, K.D. Trick and M.R. L'Abbe, 1997. Dietary iodine and selenium interact to affect thyroid hormone metabolism. J. Nutr., 127, 1214-1218.

Hoyt, J.K., G.D. Potter, L.W. Greene and J.G. Anderson Jr., 1955. Mineral balance in resting and exercised miniature horses. J. Equine Vet. Sci., 15, 310-314.

Hudson, C., J. Pagan, K. Hoekstra, A. Prince, S. Gardner and R. Geor, 2001. Effects of exercise training on the digestibility and requirements of copper, zinc and manganese in thoroughbred horses. *In*: 17th ESS Proceedings, USA, pp. 138-140.

Hurtig, M., S.L. Green, H. Dobson, Y. Mikuni-Takagaki and J. Choi., 1993. Correlative study of defective cartilage and bone growth in foals fed a low-copper diet. Equine Vet. J., Suppl. 16, 66-73.

Inoue, Y., A. Matsui, Y. Asai, F. Aoki, K. Yoshimoto, T. Matsui and H. Yano, 2003. Effects of exercise on iron metabolism in thoroughbred horses. *In*: 18th ESS Proceedings,USA, pp. 268.

Jackson, S.G., 1997. Trace minerals for the performance horses: known biochemical roles and estimates of requirements. Irish Vet. J., 50, 668-674.

Jeffcott, L.B. and M.E. Davies, 1998. Copper status and skeletal development in horses: still a long way to go. Equine Vet. J., 30, 183-185.

Jondreville,C. and P.S. Revy, 2002. An update on use of organic minerals in swine nutrtion. *In*:

Proceedings Eastern Nutr. Conf., Montreal, Quebec, Canada, pp. 1-16.

Kerr, M.G. and D.G.H. Snow, 1983. Composition of sweat of the horse during prolonged epinephrine (adrenaline) infusion, heat exposure and exercise. Am. J. Vet. Res., 44, 1571-1577.

Knight, D.A., S.E. Weisbrode, L.M. Schmall, S.M. Reed, A.A. Gabel and L. Bramlage, 1990. The effects of copper supplementation on the prevalence of cartilage lesions in foals. Equine Vet. J., 22, 426-432.

Lawrence, L.A., 2004. Trace minerals in equine nutrition: assessing bioavailability. *In*: Proc. Conf. Equine Nutr. Res., USA, pp. 84-91.

Lawrence, L.A., E.A. Ott, R.L. Asquith and G.J. Miller, 1987. Influence of dietary iron on growth, tissue mineral compostion, apparent phosphorus absorption and chemical properties of bone. *In*: 10th ESS Proceedings, USA, pp. 563-566.

Matsui, A., T. Osawa, H. Fujikawa, Y. Asai, T. Matsui and H. Yano, 2002. Estimation of total sweating rate and mineral loss through sweat during exercise in 2-year-old horses at cool ambient temperature. J. Equine Sci., 13, 109-112.

Maylin, G.H., D.S. Rubin and D.H. Lein, 1980. Selenium and vitamin E in horses. Cornell Vet., 70, 272.

McKenzie, R.A., B.J. Blaney and R.J.W. Gartner, 1981. The effect of dietary oxalate on calcium, phosphorus and magnesium balances in horses. J. Agr. Sci., 97, 69-74.

McKenzie, R.A., R.J.W. Gartner, B.J. Blaney and R.J. Glanville, 1981. Control of nutritional secondary hyperparathyroïdism in grazing horses with calcium plus phosphorus supplementation. Austral. Vet. J.,57, 554-557.

Meakin, D.W. and H.F. Hintz, 1984. The effect of dietary protein on calcium metabolism and growth of the weanling foal. Proc. Cornell Nutr. Conf., pp. 95-102.

Mee, J.F. and J. McLaughlin, 1995. 'Normal' blood cooper levels in horses. Vet. Rec., 136, 275.

Meschy, F., 2010. Nutrition minérale des ruminants. Collections "Savoir-Faire". QUAE Editions, Versailles, France, pp. 208.

Meyer, H., 1979. Magnesiumstoffwechsel und Magnesiumbedarf des Pferdes (magnesium metabolism and magnesium requirement in the horse). Über. Tierernähr., 7, 75-92.

Meyer, H., 1980. Na-Stoffwechsel und Na-Bedarf des Pferdes. Über. Tierernähr., 8, 37-64.

Meyer, H., 1990. Beiträg zum wasser- und mineralsofl- haushalt des pferdes. Fortshritte in der Tierphysiologie un der Teirernhärung, 21. Verlag Paul Parey, Berlin, Germany, pp. 102.

Meyer, H. and L. Ahlswede, 1977. Untersuchungen zum Mg-Stoffwechsel des Pferdes. Zentrabl. Veterinar Med.,24, 128-139.

Meyer, H., M. Heilemann, A. Hipp-Quarton and H. Perez-Noriega, 1990. Amount and composition of sweat in ponies. *In*: Meyer, H. and B. Stadermann (eds.) Contributions to water and mineral metabolism of the horse, animal nutrtion. Adv. Anim. Physiol., pp. 21-34.

Meyer, H., M. Schmidt, A. Lindner and M. Pferdekamp, 1984. Beitrage zur Verdauungsphysiogie des Pferdes.9. Einfluss einer marginalen Na-Versorgung auf Na-Bilanz. Na-Gehalt im Schweiss sowie Klinische Symptome. Z. Tierphysiol. Tierernahr. Futtermittelk., 51, 182-196.

Michael, E.M.,G.D. Potter, K.J. Maathiason-Kochan, P.G. Gibbs, E.L. Morris, L.W. Greene and D. Topliff, 2001.Biochemical markers of bone medeling and remodeling in juvenile racehorses fed differing levels of mineral. *In*: 17th ESS Proceedings, USA, pp. 117-121.

Miller, E.D., L.A. Backer, J.L. Pipkin, R.C. Bachman, J.T. Haliburton and G.O. Veneklasen, 2003. The effect of supplement inorganic and organic forms of copper and zinc on digestibility in yearling geldings in training. *In*: 18th ESS Proceedings, USA, pp. 107-112.

Miller, W.T. and K.T. Williams, 1940. Minimal lethal dose of selenium as sodium selenite in horses, mules, cattle and swine. J. Agric. Res., 60, 163-173.

Moffett, A.D., S.R. Cooper, D.W. Freeman and H.T. Purvis Ⅱ, 2001. Response of yearling quarter horses to varying concentrations of dietary calcium. *In*: 17th ESS Proceedings, USA, pp. 107-112.

Morris-Stoker, L.B., L.A. Baker, J.L. Pipkin, R.C. Bachman and J.C. Haliburton, 2001. The effect of supplemental phytase on nutrient digestiblity in mature horses. *In*: 17th ESS Proceedings, USA, pp. 48-52.

Nielsen, B.D., G.D. Potter, L.W. Greene, E.L. Morris, M. Murray-Gerzik, W.B. Smith and M.T. Martin, 1998a.Characterization of changes related to mineral balance and bone metabolism in the young racing quarter horse. J. Equine Vet. Sci., 18, 190-200.

Nielsen, B.D., G.D. Potter, L.W. Greene, E.L. Morris, M. Murray-Gerzik, W.B. Smith and M.T. Martin, 1998b. Response of young horses in training to varying concentrations of dietary calcium and phosphorus. J. Equine Vet. Sci., 18, 397-404.

Nielsen, F.H., 1991. Nutritional requirements for boron, silicon, vanadium, nickel and arsenic: current knowledge and speculation. FASEB J., 5, 2661-2667.

NRC, 1974. Nutrients and toxic substances in water for livestock and poultry. National Academies Press, Washington DC, USA.

NRC, 1980. Mineral tolerance of domestic animals. National Academies Press, Washington DC, USA.

NRC, 2005. Mineral tolerance of animals. 2nd Revised edition. National Academies Press, Washington DC, USA.

Olsman, A.F.S., C.M. Huurdeman, W.L. Jansen, J. Haaksma, M.M. Sloet Van Oldruitenborgh-Oosterbaan and A.C. Beynen, 2004. Macronutrient digestibility, nitrogen balance, plasma indicators of protein metabolism and mineral absorption in horses fed a ration rich in sugar beet pulp. J. Anim. Physiol. Anim. Nutr., 88,321-331.

Ott, E.A. and R.L. Asquith, 1989. The influence of mineral supplementation on growth and skeletal abnormalities of yearling horses. J. Anim. Sci., 67, 2831-2840.

Pagan, J.D., P. Karnezos, M.A.P. Kennedy, T. Currier and K.E. Hoekstra, 1999. Effect of selenium source on selenium digestibility and retention in exercised thoroughbreds. *In*: 16th ESS Proceedings, USA, pp. 135-140.

Patterson, D.P., S.R. Cooper, D.W. Freeman and R.G. Teeter, 2002. Effects of varying levels of phytase supplementation on dry matter and phosphorus digestibility in horses fed a common textured ration. J. Equine Vet. Sci., 22, 456-459.

Pearce, S.G., E.C. Firth, N.D. Grace and P.F. Fennessy, 1998a. Effect of copper supplementation on the evidence of developmental orthopaedic disease in pasture-fed New Zealand thoroughbreds. Equine Vet. J., 30, 211-218.

Pearce, S.G., E.C. Firth, N.D. Grace, J.J. Wichtel, S.A. Holle and P.F. Fenessy, 1998b. Effect of copper supplementation on the copper status of pasture-fed young thoroughbreds. Equine Vet. J., 30, 204-210.

Pearce, S.G., N.D. Grace, J.J. Wichtel, E.C. Firth and P.F. Fenessy, 1998c. Effect of copper supplementation on copper status of pregnant mares and foals. Equine Vet. J., 30, 200-203.

Périgaud, S. and M. Coppenet, 1975. Diagnostics géochimiques interférences avec la culture fourragère et son intensification. *In*: Les acquisitions récentes sur les carences en oligo-éléments du sol aux ruminants. INRA, Bull. Tech. CRZV Theix, no. spécial, pp. 49-66.

Podoll, K.L., J.B. Bernard, D.E. Ullrey, S.R. DeBar, P.K.Ku and W.T. Magee, 1992. Dietary selenate versus selenite for cattle, sheep and horses. J. Anim. Sci., 70, 1965-1970.

Richardson, S.M., P.D. Siciliano, T.E. Engle, C.K. Larson and T.L. Ward, 2006. Effect of selenium supplementation and source on the selenium status of horses. J. Anim. Sci., 84, 1742-1748.

Rogers, P.A.M., S.P. Arora, G.A. Fleming, R.A.P. Crinion and J.G. McLauglin, 1990. Selenium toxiaty in forma animals: treatment and prevention. Irish Vet. J., 43, 151-153.

Salimen, K., 1975. Cobalt metabolism in horses: serum level and biosynthesis of vitamin B12. Acta. Vet. Scand., 16, 84-94.

Schryver, H.F., D.W. Meakim, J.E. Lowe, J. Williams, L.V. Soderholm and H.F. Hintz, 1987. Growth and calcium metabolism in horses fed varying levels of protein. Equine Vet. J., 19, 280-287.

Schryver, H.F., H.F. Hintz and J.E. Lowe, 1978. Calcium metabolism body composition and sweat losses of exercised horses. Am. J. Vet. Res., 39, 245-248.

Schryver, H.F., H.F. Hintz, J.E. Lowe, R.I. Hintz, R.B. Harper and J.T. Reid, 1974. Mineral composition of the whole body, liver and bone of young horses. J. Nutr., 104, 126-132.

Schryver, H.F., H.F. Hintz and P.H. Craig, 1971a. Calcium metabolism in ponies fed high phosphorus diet. J. Nutr., 101, 259-264.

Schryver, H.F., H.F. Hintz and P.H. Craig, 1971b. Phosphorus metabolism in ponies fed varying levels of phosphorus. J. Nutr., 101, 1257-1263.

Schryver, H.F., M.T. Parker, P.D. Daniluk, K.I. Pagan, J. Williams, L.V. Soderholm and H.F. Hintz, 1987. Salt consumption and the effect of salt on mineral metabolism in horses. Cornell Vet., 77, 122-131.

Schryver, H.F., P.H. Craig and H.F. Hintz, 1970. Calcium metabolism in ponies fed varying levels of calcium. J.Nutr., 100, 955-964.

Shellow, J.S., S.G. Jackson, J.P. Baker and A.H. Cantor, 1985. The influence of dietary selenium levels on blood levels of selenium and glutathione peroxidase activity in the horse. J. Anim. Sci., 61, 590-594.

Siciliano, P.D., K.D. Culley and T.E. Engle, 2001. Effect of trace mineral source (inorganic vs organic) on trace mineral status in horses. *In*: 17th ESS Proceedings, USA, pp. 419-420.

Smith, N.J., G.D. Potter, E.M. Michael, P.G. Gibbs, B.D. Scott, H.S. Spooner and M. Walker, 2005. Influence of dietary protein quality on calcium balance and bone quality in immature horses. *In*: 19th ESS Proceedings, USA, pp. 127-128.

Sobota, J.S., E.A. Ott, E. Johnson, L. McDowell, A.N. Kavazis and J. Kivipelto, 2001. Influence of manganese on yearling horses. *In*: 17th ESS Proceedings, USA, pp. 136-137.

Stadermann, B., T. Nehring and H. Meyer, 1992. Calcium and magnesium absorption with roughage or mixed feed. Pferdeheilkunde, 1, 77-80.

Staun, H., F. Linneman, B. Hansen, H. Schougaard and L. Eriksen, 1989. The influence of two different calcium-phosphorus relationships on bone development in the young horse. Beretning fra Statens Husdyrbrugsforsog, no. 656.

Stephens, T.L., G.D. Potter, P.G. Gibbs and D.M. Hood, 2004. Mineral balance in juvenile horses in race training. J. Equine Vet. Sci., 24, 438-450.

Strickland, K., F. Smith, M. Woods and J. Jason, 1987. Dietary molybdenum as a putative copper agonist in the horse. Equine Vet. J., 19, 50-54.

Sturgeon, L.S., L.A. Baker, J.L. Pipkin, J.C. Haliburton and N.K. Chirase, 2000. The digestibility and mineral availability of matua, bermuda grass and alfalfa hay in mature horses. J. Equine Vet. Sci., 20, 45-48.

Swartzman, J.A., H.F. Hintz and H.F. Schryver, 1978. Inhibition of calcium absorption in ponies fed diets containing oxalic acid. Am. J. Vet. Res., 39, 1621-1623.

Tasker, J.B., 1967. Fluid and electrolyte studies in the horse. Ⅲ. Intake and output of water, sodium and potassium in normal horses. Cornell Vet., 57, 649-657.

Traub-Dargatz, J.L., A.P. Knight and D.A. Hamar, 1986. Selenium toxicity in horses. Comp. Cont. Ed. Vet., 8,771-776.

Ullrey, D.E., W.T. Ely and R.L. Covert, 1974. Iron, zinc and copper in mare's milk, J. Anim. Sci., 38, 1276-1277.

Van Doorn, D.A., H. Everts, H. Wouterse and A.C. Beynen, 2004. The apparent digestibility of phytase phosphorus and the influence of supplemental phytase in horses. J. Anim. Sci., 82, 1756-1763.

Van Doorn, D.A., M.E. Van der Spek, H. Everts, H. Wouterse and A.C. Beynen, 2004. The influence of calcium intake on phosphorus digestibility in mature ponies. J. Anim. Physiol. Anim. Nutr., 88, 412-418.

Van Weeren, P.R., J. Knaap and E.C. Firth, 2003. Influence of liver copper status of mare and newborn foal on the development of osteochondrotic lesions. Equine Vet. J., 35, 67-71.

Vervuert, I., 2008. Major mineral and trace element requirements and functions in exercising horses. *In*: Saastamoinen, M. and W. Martin-Rosset (eds.) Nutrition of the exercising horse. EAAP Publication no. 125. Wageningen Academic Publishers, Wageningen, the Netherlands, pp. 207-218.

Vervuert, I., M. Coenen and J. Zamhofer, 2005. Effects of draught load exercice and training on calcium homeostasis in horses. J. Anim. Physiol. Anim. Nutr., 89, 134-139.

Wagner, E.L., G.D. Potter, E.M. Eller, P.G. Gibbs and D.M. Hood, 2005. Absorption and retention of trace minerals in adult horses. Prof. Anim. Scientist., 21, 207-211.

Wall, D.L., D.R. Topliff and D.W. Freeman, 1997. The effect of dietary cation-anion balance on mineral balance in growing horses. *In*: 15th ESS Proceedings, USA, pp. 145-150.

Wall, D.L., D.R. Topliff, D.W. Freeman, D.G. Wagner, J.W. Breazile and W.A. Stutz, 1992. Effect of dietary cation anion balance on urinary mineral excretion in exercised horses. J. Equine Vet. Sci., 12, 168-171.

Wehr, U., B. Englschalk, E. Kienzle and W.A. Rambeck, 2002. Iodine balance in relation to iodine intake in ponies. J. Nutr., 132, 1767S-1768S.

Young, J.K., G.D. Potter, L. W. Greene, S.P. Webb and J. W. Evans, 1989. Mineral balance in resting and exercised miniature horses. *In*: 11th ESS Proceedings, USA, pp. 79-84.

Young, J.K., G.D. Potter, L. W. Greene, S.P. Webb, J. W. Evans and G.W. Webb, 1987. Copper balance in miniature horses fed varying amounts of zinc. *In*: 10th ESS Proceedings, USA, pp. 153-157.

4. 维生素

Alexander, F. and M.E. Davies, 1969. Studies on vitamin B12 in horse. Br. Vet. J., 125, 169-176.

Andrews, F.M., J.A. Nadeau, L. Saabye and A.M. Saxton, 1997. Measurement of total body water content in horses, using deuterium oxide dilution. Am. J. Vet. Res., 58, 1060-1064.

BASF Corp. 2001. Vitamin stability in premixes and feeds: a pratical approach. Available at http://www.basf.com/anialnutrition/pdfs/kc_9138.pdf.

Bergero, D. and E. Valle, 2008. Electrolytes requirements and supplementation in exercising horses. *In*: Saastamoinen, M. and W. Martin-Rosset (eds.) Nutrition of the exercising horse. EAAP Publication no. 125. Wageningen Academic Publishers, Wageningen, the Netherlands, pp. 219-232.

Breidenbach, A., C. Schlumbohm and J. Harmeyer, 1998. Peculiarities of vitamin D and of the calcium and phosphate homeostatic system in horses. Vet. Res., 29, 173-186.

Buffa, E.A., S.S. Vandenberg, F.J.M. Verstraete and N.G.N. Swart, 1992. Effect of dietary biotin supplement on equine hoof horn growth-rate and hardness. Equine Vet. J., 24, 472-474.

Carroll, F.D., H. Goss and C.E. Howell, 1949. The synthesis of B vitamins in the horse. J. Anim. Sci., 8, 290-299.

Davies, M.E., 1971. Production of vitamin B12 in horse. Br. Vet. J., 127, 34-36.

Dunnett, C.E. and M. Dunnett, 2008. Organic selenium and the exercising horse. *In*: Saastamoinen, M. and W. Martin-Rosset (eds.) Nutrition of the exercising horse. EAAP Publication no. 125. Wageningen Academic Publishers, Wageningen, the Netherlands, pp. 255-266.

Elshorafa, W.M., J.P. Feaster, E.A. Ott and R.L. Asquith, 1979. Effect of vitamin-D and sunlight on growth and bone-development of young ponies. J. Anim. Sci., 48, 882-886.

Fonnesbeck, P.V. and D. Symons, 1967. Utilization of the carotene of hay by horses. J. Anim. Sci., 26, 1030-1038.

Gansen, S., A. Lindner and A. Wagener, 1995. Influence of a supplementation with natural and synthetic vitamin E on serum α-topherol content and V_4 of thoroughbred horses. *In*: 14th ESS Proceedings, Canada, pp. 68-69.

Greiwe-Crandell, K.M., D.S. Kronfeld, L.S. Gay and D. Sklam, 1995. Seasonal vitamin A depletion in grazing horses is assessed better by the relative dose response test than by serum retinol concentration. J. Nutr., 125, 2711-2716.

Greiwe-Crandell, K.M., D.S. Kronfeld, L.S. Gay, D. Sklam, W. Tiegs and P.A. Harris, 1997. Vitamin A repletion in thoroughbred mares with retinyl palmitate or beta-carotene. J. Anim. Sci., 75, 2684-2690.

Hintz, H. F., H.F. Schryver, J.F. Lowe, J. King and L. Krook, 1973. Effect of vitamin-D on Ca and P metabolism in ponies. J. Anim. Sci., 37, 282.

Hoffman, R.M., K.L. Morgan, A. Phillips, J.E. Dinger, S.A. Zinn and C. Faustman, 2001. Dietary vitamin E and ascorbic acid infcuence influence nutritional status of exercising polo ponies. *In*: 17th ESS Proceedings, USA, pp. 129-130.

Jaeschke, G. and H. Keller, 1978. Ascorbic acid status of horses. Ⅰ. Methods and normal values. Berliner un Munchener Tieraztliche Wochenschrift, 91, 279-286.

Jarrett, S.H. and W.A. Schurg, 1987. Use of a modified relative dose response test for determination of vitamin A status in horses. Nutr. Rep. Int., 35, 733-742.

Kienzle, E., C. Kaden, P.P. Hoppe and B. Opitz, 2002. Serum response of ponies to beta-carotene fed by grass meal or a synthetic beadlet preparation with and without added dietary fat. J. Nutr., 132, 1774S-1775S.

Löscher, W., G. Jaeschke and H. Keller, 1984. Pharmacokinetics of ascorbic acid in horses. Equine

Vet. J., 16, 59-65.

Lynch, G.L., 1996a. Natural occurrence and content of vitamine E in feedstuffs. *In*: Coehlo, M.B. (ed.) Vitamin E in animal nutrition and management. BASF, Mount Olive, NJ, USA, pp. 51.

Lynch, G.L., 1996b. Vitamine E structure and bioavailability. *In*: Coehlo, M.B. (ed.) Vitamin E in animal nutrition and management. BASF, Mount Olive, NJ, USA, pp. 1.

Maenpaa, P.H., R. Lappetelainen and J. Wirkkunen, 1987. Serum retinol 25-hydroxyvitamin D and alpha-tocopherol of racing trotters in Finland. Equine Vet. J., 19, 237-240.

Maenpaa, P.H., T. Koskinen and E. Koskinen, 1988. Serum profiles of vitamins A, E and D in mares and foals during different seasons. J. Anim. Sci., 66, 1418-1423.

McMeniman, N.P. and H.F. Hintz, 1992. Effect of vitamin E status on lipid peroxidation in exercised horses. Equine Vet. J., 24, 482-484.

NRC, 1987. Vitamin tolerance of animals. National Academies Press, Washington DC, USA.

Ott, E.A. and R.L. Asquith, 1981. Vitamin and mineral supplementation of foaling mares. *In*: 7th ESS Proceedings, USA, pp. 44-53.

Pagan, J.D., E. Kane and D. Nash, 2005. Form and source of tocopherol affects vitamin E status in thoroughbred horses. Pferdeheilkunde, 21, 101-102.

Parker, A.L., L.M. Lawrence, S. Rokuroda and L. K. Warren, 1997. The effects of niacin supplementation on niacin status and exercise metabolism in horses. *In*: 15th ESS Proceedings, USA, pp. 19-24.

Parsippany, N.J., 2000. Vitamin Nutrition Copendium. Roche Vitamins Inc.

Pearson, P.B. and H. Schmidt, 1958. Panatothenic acid studies with the horse. J. Anim. Sci., 7, 78.

Pearson, P.B., M.K. Sheybani and H. Schmidt, 1943. The metabolism of ascorbic acid in the horse. J. Anim. Sci., 2, 175-180.

Pearson, P.B., M.K. Sheybani and H. Schmidt, 1944a. The B-vitamin requirements of the horse. J. Anim. Sci., 3, 166-174.

Pearson, P.B., M.K. Sheybani and H. Schmidt, 1944b. Riboflavin in the nutrition of the horse. Arch. Biochem., 3, 467-474.

Reilly, J.D., D.F. Cottrell, R.J. Martin and D.J. Cuddeford, 1998. Effect of supplementary dietary biotin on hoof growth and hoof growth rate in ponies: a controlled trial. Equine Vet. J., Suppl. 26, 51-57.

Roneus, B.O., R.V. Hakkarainen, C.A. Lindholm and J.T. Tyopponen, 1986. Vitamin E requirements of adult stardardbred horses evaluated by tissue depletion and repletion. Equine Vet. J., 18, 50-58.

Saastamoinen, M.T. and J. Juusela, 1993. Serum vitamin-E concentration of horses on different vitamin-E supplementation levels. Acta Agric. Scand. Section A—Anim. Sci., 43, 52-57.

Saastamoinen, M.T. and P.A. Harris, 2008. Vitamins requirements and supplementation in athletic horses. *In*: Saastamoinen, M. and W. Martin-Rosset (eds.) Nutrition of the exercising horse. EAAP

Publication no. 125. Wageningen Academic Publishers, Wageningen, the Netherlands, pp. 233-254.

Schweigert, B.S., P.B. Pearson and M.C. Wilkening, 1947. The metabolic conversion of tryptophan to nictinic acid and to N-methylnicotinamide. Arch. Biochem., 12, 139.

Siciliano, P.D. and C.H. Wood, 1993. The effect of added dietary soybean oil on vitamin E status of the horse. J. Anim. Sci., 71, 3399-3402.

Siciliano, P.D., A.L. Parker and L.M. Lawrence, 1997. Effect of dietary vitamin E supplementation on the integrity of skeletal muscle in exercised horses. J. Anim. Sci., 75, 1553-1560.

Siciliano, P.D., C.E. Kawcak and C.W. Mcllwraith, 2000. The effect of initiation of exercise training in young horses on vitamin K status. J. Anim. Sci., 78, 2353-2358.

Siciliano, P.D., L.K. Warren and L.M. Lawrence, 2000. Changes in vitamin K status of growing horses. J. Equine Vet. Sci., 20, 726-729.

Snow, D.H. and M. Frigg, 1989. Oral administration of different formulations of ascorbic acid to the horse. J. Equine Vet. Sci., 9, 30-33.

Snow, D.H. and M. Frigg, 1990. Bioavailability of ascorbic acid in horses. J. Vet. Pharmacol. Ther., 13, 393-403.

Stillions, M.C., S.M. Teeter and W.E Nelson, 1971a. Ascorbic acid requirement of mature horses. J. Anim. Sci., 32, 249-251.

Stillions, M.C., S.M. Teeter and W.E Nelson, 1971b. Utilization of ditetary vitamin B12 and colbalt by mature horses. J. Anim. Sci., 32, 252-255.

Stove, H.D., 1982. Vitamin A profiles of equine serum and milk. J. Anim. Sci., 54, 76-81.

Wermeer, C., B.L. Gijsbers, A.M. Cracium, M.M. Groenen Van Dooren and M.H. Knapen, 1996. Effects of vitamin K on bone mass and bone metabolism. J. Nutr., 126, 1187S-1191S.

Zenker, W., H. Josseck and H. Geyer, 1995. Histological and physical assessment of poor hoof horn quality in Lipizzaner horses and a trial with biotin and a placebo. Equine Vet. J., 27, 183-191.

5. 水，饮水

Andrews, F.M., J.A. Nadeau, L. Saabye and A.M. Saxton, 1997. Measurment of total body water content in horses, using deuterium oxide dilution. Am. J. Vet. Res., 58, 1060-1064.

CCME (Canadian Council Of Ministers of the Environment), 2002. Canadian Environmental Quality Guidelines. Canadian Water Quality Guidelines for the Production of Agricultural Water Uses. Chapter 5 (update).

Coenen, M., H. Meyer and B. Stardermann, 1990. Untersurchungen über die Füllung des Magen/Darmstraktes Soure Wasser und Elektrolytgchalte der Ingesta in Pferden in Abkaugigkeit von Futterart, Fütterungszeit und Bewegung. *In*: Advances in Animal Physiology and Animal Nutrition. Verlag Paul Parey, Berlin, Germany, pp. 7-20.

Cymbaluck, N.F., 1989. Water balance of horses fed various diets. Equine Pract., 11, 19-24.

Fan, A.M. and M.I. Lindinger, 1995. Water and ion losses during the cross-country phase of eventing. Equine Vet. J., Suppl. 20, 111-119.

Fielding, C.L., K.G. Magdesian, D.A. Elliott, L.D. Cowgill and G.P. Carlson, 2004. Use of multifrequency bioelectrical impedance analysis for estimation of total body water and extracellular and intracellular fluid volumes in horses. Am. J. Vet. Res., 65, 320-326.

Fonnesbeck, P.V., 1968. Consumption and excretion of water by horses receiving all hay and hay-grain diets. J. Anim. Sci., 27, 1350.

Forro, M., S. Cieslar, G.L. Ecker, A. Walzak, J. Hahn and I. Lindinger, 2000. Total body water and ECFV measured using bioelectrical impedance analysis and indicator dilution in horses. J. Appl. Physiol., 89, 663-671.

Friend, T.H., 2000. Dehydration, stress and water consumption of horses during long-distance commercial transport. J. Anim. Sci., 78, 2568-2580.

Gibbs, A.E. and T.H. Friend, 2000. Effect of animal density and through placement on drinking behavior and dehydration in slaughter horses. J. Equine Vet. Sci., 20, 643-650.

Grandeau, L. and A. Alekan, 1904. Vingt années d'experiences sur l'alimentation du cheval de trait. Etudes sur les rations d'entretien, de marche et de travail. Courtier, L. Editions, Paris, France, pp. 20-48.

Groenendyk, S., P.B. English and I. Abetz, 1988. External balance of water and electrolytes in the horse. Equine Vet. J., 20, 189-193.

Houpt, K.A., K. Eggleston, K. Kunkle and T.R. Houpt, 2000. Effect of water restriction on equine behaviour and physiology. Equine Vet. J., 32, 341-344.

Kristula, M.A. and S.M. McDonnell, 1994. Drinking water temperature affects consumption of water during cold weather in ponies. Appl. Anim. Behav. Sci., 41, 155-160.

Löwe, H. and H. Meyer, 1979. Pfedezucht und pferdefutterung, Kapitel Ernarhung des Pferdes. Ulmer,Stuttgart, Germany, pp. 315-317.

Marlin, D.J., R.C. Shroter, S.L. White, P. Maykuth, G. Matthesen, P.C. Mills, N. Waran and P. Harris, 2001.Recovery from transport and acclimatisation of competition horses in a hot humid environment. Equine Vet. J., 33, 371-379.

McDonnell, S.M. and M.A. Kristula, 1996. No effect of drinking water temperature (ambient vs chilled) on consumption of water during hot summer weather in ponies. Appl. Anim. Behav. Sci., 49, 159-163.

McDonnell, S.M., D.A. Freeman, N.F. Cymbaluk, H.C. Schott, K. Hinchcliff and B. Kyle, 1999. Behavior of stabled horses provided continuous or intermittent access to drinking water. Am. J. Vet. Res., 60, 1451-1456.

Meyer, H., 1990. Contributions to water and minerals metabolism of the horse. Adv. Anim. Physiol.

Anim. Nutr., 21, 102.

NRC, 2005. Water. *In*: Mineral tolerance of domestic animals. Chapter 35. National Academies Press, Washington DC, USA.

Nyman, S. and K. Dahlborn, 2001. Effects of water supply method and flow rate on drinking behaviour and fluid balance in horses. Physiol. Behav., 73, 1-8.

Nyman, S., A. Jansson, A. Lindholm and K. Dahlorn, 2002. Water intake and fluid shifts in horses: effects of hydration status during two exercise tests. Equine Vet. J., Suppl. 34, 133-142.

Rumbaugh, G.E., G.P. Carlson and D. Harrold, 1982. Urinary production in the healthy horse and in horses deprived of feed and water. Am. J. Vet. Res., 43, 735-737.

Suffit, E., K.A. Houpt and M. Sweeting, 1985. Physiological stimuli thirst and drinking patterns in ponies. Equine Vet. J., 17, 12-16.

Sweeting, M.P. and K. Houpt, 1987. Water consumption and time budge of stabled pony geldings. Elsevier, New York, USA.

Tasker, J.B., 1967a. Fluid and electrolyte studies in the horse. Ⅲ. Intake and output of water, sodium and potassium in normal horses. Cornell Vet., 57, 649-657.

Tasker, J.B., 1967b. Fluid and electrolyte studies in the horse. Ⅳ. The effects of fasting and thirsting. Cornell Vet., 57, 658-667.

Van den Berg, J.S., A.J. Guthrie, R.A. Meintjes, J.P. Nurton, D.A. Adamson, C.W. Travers, R.J. Lund and H.J. Mostert, 1998. Water and electroyte intake and output in conditioned thoroughbred horses transported by road. Equine Vet. J., 30, 316-323.

6. 采食量

Agabriel, J., C. Trillaud-Geyl, W. Martin-Rosset and M. Jussiaux, 1982. Utilisation de l'ensilage de maïs par le poulain de boucherie. INRA Prod. Anim., 49, 5-13.

Aiken, G.E, G.D. Potter, B.E. Conrad and J.W. Evans, 1989. Voluntary intake and digestion of coastal bermuda grass hay by yearling and mature horses. J. Equine Vet. Sci., 9, 262-264.

Argo, C.McG., J.E. Cox, C. Lockyear and Z. Fuller, 2002. Adaptative changes in the appetite, growth and feeding behaviour of pony mares offered *ad libitum* access to a complete diet in either a pelleted or chaffbased form. Anim. Sci., 74, 517-528.

Bergero, D. and S. Nardi, 1996. Eating time of some feeds for saddle horses reared in Italy. Obiettivi e Documenti Vet., 17, 63-67.

Bergero, D., P.G. Peiretti and E. Cola, 2002. Intake and apparent digestibility of perennial ryegrass haylages fed to ponies either at maintenance or at work. Livest. Prod. Sci., 77, 325-329.

Bigot, G., C. Trillaud-Geyl, M. Jussiaux and W. Martin-Rosset, 1987. Elevage du cheval de selle du sevrage au débourrage. Alimentation hivernale, croissance et développement. INRA Prod.

Anim., 69, 45-53.

Boulot, S., J.P. Brun, M. Doreau and W. Martin-Rosset, 1987. Activités alimentaires et niveau d'ingestion chez la jument gestante et allaitante. Reprod. Nutr. Dev., 27, 205-206.

Brussow, N., K. Voigt, I. Vervuert, T. Hollands, D. Cuddeford and M. Coenen, 2005. The effect of order of feeding oats and chopped alfalfa to horses on the rate of feed intake and chewing activity. ENUCO Conference, Pferdeheilkunde, Stuttgart, Germany, pp. 37-38.

Cairns, M.C., J.J. Cooper and H.P.B. Davidson, 2002. Association in horses of orosensory charcteristics of foods with their post ingestive consequences. Anim. Sci., 75, 257-265.

Chenost, M. and W. Martin-Rosset, 1985. Comparaison entre espèce (mouton, cheval, bovin) de la digestibilité et des quantités ingérées de fourrages verts. Ann. Zootech., 34, 291-312.

Crozier, J.A., V.G. Allen, N.E. Jack, J.P. Fontenot and M.A. Cochran, 1997. Digestibility, apparent mineral absorption and volountary intake by horses fed alfalfa, tall fescue and caucasin bluetstem. J. Anim. Sci., 75,1651-1658.

Cuddeford, D., 2013. Factors affecting feed intake. *In*: Geor R.J., P.A. and M., Coenen (eds.) Equine applied and clinical nutrition, pp. 64-77.

Doreau, M., 1978. Comportement alimentaire du cheval à l'écurie. Ann. Zootech., 27(3), 291-302.

Doreau, M., C. Moretti and W. Martin-Rosset, 1990. Effect of quality of hay given to mares around foaling on their voluntary intake and foal growth. Ann. Zootech., 39, 125-131.

Doreau, M., S. Boulot, D. Bauchart, J.P. Barlet and W. Martin-Rosset, 1992. Voluntary intake milk production and plasma metabolites in nursing mares fed two different diets. J. Nutr., 122, 992-999.

Doreau, M., S. Boulot and W. Martin-Rosset, 1991. Effect of parity and physiological state on intake, milk production and blood parameters in lactating mares differing in body size. Anim. Prod., 53, 111-118.

Dulphy, J.P., W. Martin-Rosset, H. Dubroeucq and M. Jailler, 1997a. Evaluation of voluntary intake of forage trough fed to light horse. Comparison with sheep. Factors of variation and prediction. Livest. Prod. Sci., 52, 97-104.

Dulphy, J.P., W. Martin-Rosset, H. Dubroeucq, J.M. Ballet, A. Detour and M. Jailler, 1997b. Compared feeding patterns in *ad libitum* intake of dry forages by horses an sheep. Livest. Prod. Sci., 52, 49-56.

Edouard,N., G. Fleurance, W. Martin-Rosset, P. Duncan, J.P. Dulphy, S. Grange, R. Baumont, H. Dubroeucq, F.J. Perez-Barberia and I.J. Gordon, 2008. Voluntary intake and digestibility in horses: effect of forage quality with emphasis on individual variability. Anim., 2, 1526-1533.

Ellis, A.D., S. Thomas, K. Arkell and P.A. Harris, 2005. Adding chopped straw to concentrate feed: the effect of inclusion rate and particle length on intake behavior of horses. Pferdeheilkunde, 21, 35-37.

Goodwin, D., H.P.B. Davidson and P.A. Harris, 2004. Flavour preferences in concentrate diets for stabled horses. *In*: 38th Congress. Intern. Soc. Anim. Etholol., Finland, pp. 47-48.

Goodwin, D., H.P.B. Davidson and P.A. Harris, 2005a. Responses of horses offered a choice between stables containing single or multiple forages. Vet. Rec., 160, 548-551.

Goodwin, D., H.P.B. Davidson and P.A. Harris, 2005b. Sensory varieties in concentrate diets: effect on behavior and selection. Appl. Anim. Behav. Sci., 90, 337-349.

Gordon, M.E., K.H. McKeever, S. Bokman, C.L. Betros, H. Manso-Filho, N. Liburt and J. Streltsova, 2006.Interval exercise alters feed intake as well as leptin and grehlin concentrations in standarbred mares. *In*: Essen-Gustvasson, B., E.Barrey, P.M. Lekeux and D.J.Marlin (eds.) 7th ICEEP Proceedings. Equine Veterinary Journal Limited, Newmarket, Suffolk, UK, pp. 596-605.

Grenet, E., W. Martin-Rosset and M. Chenost, 1984. Compared size and structure of plant particules in the horse and the sheep feces. Can. J. Anim. Sci., 64, 345-346.

Harris, P.A., M. Sillence, R. Inglis, C. Siever-Kelly, M. Friend, K. Munn and H. Davidson, 2005. Effect of short lucerne chaff on the rate of intake and glycaemic response to an oat meal. *In*: 19th ESS Proceedings, USA, pp. 151-152.

Hawkes, J., M. Hedges, P. Daniluk, H.F. Hintz and H.F. Schryver, 1985. Feed preferences of ponies. Equine Vet. J., 17, 20-22.

Hill, J., 2002. Effect of the inclusion and method of presentation of a single distillery by product on the processes of ingestion of concentrate feeds by horses. Livest. Prod. Sci., 75, 209-218.

Hill, J., 2007. Impact of nutritional technology on feeds offered to horses. A review of effects of processing on volountary intke, digesta characteristics and feed utilization. Anim. Feed Sci. Techn., 138, 92-117.

Hyslop, J.J., A. Bayley, A.L. Tomlinson and D. Cuddeford, 1998. Voluntary feed intake and apparent digestibility *in vivo* in ponies given *ad libitum* access to dehydrated grass or hay harvested from the same crop. Br.Soc. Anim. Sci. Proc., pp. 131.

Jackson, S.A., V.A. Rich, S.L. Ralston and E.W. Anderson, 1985. Feeding behavior and feed efficiency of horses as affected by feeding frequency and physical form of hay. *In*: 9th ESS Proceedings, USA, pp. 73-83.

La Casha, P.A., H.A. Brady, V.G. Allen, C.R. Richardson and K.R. Pond, 1999. Voluntary intake, digestibility and subsequent selection of Matua bromegrass, coastal bermudagrass and alfalfa hays by yearling horses. J. Anim. Sci., 77, 2766-2773.

Laut, J.E., K.A. Houpt, H.F. Hintz and T.R. Houpt, 1985. The effects of caloric dilution on meal patterns and food intake of ponies. Physiol. Behav., 34, 549-554.

Lawrence, A.C. St., L.M. Lawrence and C.L. Coleman, 2001. Using empirical equation to predict voluntary intake of grass hay by mature equids. 17th ESS Proceedings, USA, pp. 99-100.

Marlow, C.H.B., E.M. Van Tonder, F.C. Hayward, S.S. Van der Merwe and L.E.G. Price, 1983. A report on the consumption, composition and nutritional adequacy of a mixture of lush green perennial ryegrass (*Loliurn perenne*) and cocksfoot (*Dactylis glomerata*) fed *ad libitum* to thoroughbred mares. J. S. Afr. Vet. Assoc., 54, 155-157.

Martin-Rosset, W. and M. Doreau, 1984. Consommation des aliments et d'eau par le cheval. *In*: Jarrige, R. and W. Martin-Rosset (eds.) Le cheval. INRA Editions, Versailles, France, pp. 334-354.

McLean, B.M.L., A. Afzalzadeh, L. Bates, R.W. Mayes and F.D. Hovell, 1995. Voluntary intake, digestibility and rate of passage of hay and silage fed to horses and to cattle. J. Anim. Sci., 60, 555.

Metayer, N., M. Lhote, A. Bahr, N.D. Cohen, I. Kim, A.J. Roussel and V. Julliand, 2004. Meal size and starch content affect gastric emptying in horses. Equine Vet. J., 36, 436-440.

Meyer, H., 1980. Ein Beitrag Zur Regulation Der Futteraufnahme bein Pferd. Dtsch. Tieräztl. Wschr, 87, 404-408.

Moore-Colyer, M.J.S. and A.C. Longland, 2000. Intake and *in vivo* apparent digestibilities of four types of conserved grass forage by pony. Anim. Sci., 71, 527-534.

Orakowski-burk, A.L., R.W. Quin, T.A. Shellem and L.R. Vough, 2006. Voluntary intake and digestibility of red canary grass and timothy hay fed to horses. J. Anim. Sci., 84, 3104-3109.

Ralston, S.L., 1984. Controls of feeding in horses. J. Anim. Sci., 59, 1354-1361.

Ralston, S.L. and C.A. Baile, 1982a. Gastrointestinal stimuli in the control of feed intake in ponies. J. Anim. Sci., 55, 243-253.

Ralston, S.L. and C.A. Baile, 1982b. Plasma glucose and insulin concentrations and feeding behavior of ponies. J. Anim. Sci., 54, 1132-1137.

Ralston, S.L. and C.A. Baile, 1983. Effects of intragastric loads of xylose, sodium chloride and corn oil on feeding behavior of ponies. J. Anim. Sci., 56, 302-308.

Ralston, S.L., D.E. Freeman and C.A. Baile, 1983. Volatile fatty acids and the role of the large intestine in the control of feed intake in ponies. J. Anim. Sci., 57, 815-825.

Ralston, S.L., F. Van den Brock and C.A. Baile, 1979. Feed intake patterns and associated blood glucolse, free fatty aad and insulin changes in ponies. J. Anim. Sci., 40, 838-845.

Randall, R.P., W.A. Schurg and D.C. Church, 1978. Response of horses to sweet, salty, sour and bitter solutions. J. Anim. Sci., 47, 51-55.

Redgate, S. E., S. Hall and J.J. Cooper, 2007. Dietary experience changes feeding preferences in domestic horse. 20th ESS Proceedings, USA, pp. 120-121.

Reinowski, A.R. and R.J. Coleman, 2003. Voluntary intake of big bluestem, eastem gamagrass, indiangrass and timothy grass hays by mature horses. *In*: 18th ESS Proceedings, USA, pp. 3-4.

Schurg, W.A., R.E. Pulse, D.W. Holtan and J.E. Oldfield, 1978. Use of various quantities and forms of ryegrass straw in horse diets. J. Anim. Sci., 47, 1287-1291.

Todd, L.K., W.C. Sauer, R.J. Christopherson, R.J. Coleman and W.R. Caine, 1995. The effect of feeding different forms of alfalfa on nutritient digestibility and voluntary intake in horses. J. Anim. Physiol. Anim. Nutr., 73, 1-8.

Vernet, J., M. Vermorel and W. Martin-Rosset, 1995. Energy cost of eating long hay strow and pelleted food in sport horses. Anim. Sci., 61, 581-588.

Willard, J.G., J.C. Willard, S.A. Wolfram and J.P. Baker, 1977. Effect of diet on cecal pH and feeding behaviour of horses. J. Anim. Sci., 45, 87-93.

7. 饲料和饲料加工

Argo, C.McG. J.E. Cox, C. Lockyear and Z. Fuller, 2002. Adaptive changes in the appetite, growth and feeding behaviour of pony mares offered *ad libitum* access to a complete diet in either a pelleted or chaffbased form. Anim. Sci., 74, 517-528.

Belyea, L., F.A. Martz and S. Bell, 1985. Storage and feeding losses of large round bales. J. Dairy Sci., 68, 3371-3375.

Beynen, A.C. and J.M. Hallebeek, 2002. High-fat diets for horses. *In*: 1st Europ. Equine Nutr. Health Cong. Proceedings, Antwerp Zoo, Belgium.

Blackman, M. and M.J.S. Moore-Colyer, 1998. Hay for horses: the effects of three different wetting treatments on dust and nutrient content. Anim. Sci., 66, 745-750.

Bowman, V.A., J.P. Fontenot, T.N. Meacham, T.N. and K.E. Webb, 1979. Acceptability and digestibility of animal vegetable and blended fats by equine. *In*: 6th ESS Proceedings, USA, pp. 74-75.

Brady, C.J., 1960. Redistribution of nitrogen in grassand leguminous fodder during wilting and ensilage. J. Sci. Food Agric., 11, 276-284.

Coblentz, W.K., J.O. Fritz, K.K. Bolsen and R.C. Cochran, 1996. Quality changes in alfalfa hay during storage in bales. J. Dairy Sci., 79, 873-885.

Coblentz, W.K., J.O. Fritz, K.K. Bolsen, C.W. King and R.C. Cochran, 1998. The effects of moisture concentration, moisture type and bale density on quality characteristics of alfalfa hay in a model system. Anim. Feed Sci. Technol., 72, 53-69.

Coenen, M., G. Muller and H. Enbergs, 2003. Grass silages vs hay in feeding horses. *In*: 18th ESS Proceedings,USA, pp. 104-141.

Collins, M., 1990. Composition of alfalfa forage, field-cured hay and pressed forage. Agron. J., 82, 91-95.

Collins, M. and Y.N. Owens, 2003. Preservation of forage as hay and silage. *In*: Barnes, R.F., C.J. Nelson, M. Collins and K.J. Moore (eds.) The science of grassland agriculture. In disorders in forages. Iowa State University Press, Ames, USA, pp. 443-447.

Corrot, G., M. Champoullion and E. Clamen, 1998. Qualité bactériologiques des balles rondes enrubannées. Maitrise des contaminations. Fourrages, 156, 421-429.

Coverdale, J.A., J.A. Moore, H.D. Tyler and P.A. Miller-Auwerda, 2004. Soybean hulls as and alternative feed for horses. J. Anim. Sci., 82, 1663-1668.

Czerkawski, J. W., 1967. The effects of storage on fatty acides of dried grass. Br. J. Nutr., 21, 599-608.

Dale, N., 1996. Variation in feed ingredient quality:oilseed meals. Anim. Feed Sci. Technol., 59, 129-135.

Demarquilly, C., 1985. La fenaison: évolution de la plante au champ entre la fauche et la récolte, Perte d'eau, métabolisme, modifications de la composition morphologique et chimique. *In*: INRA. Les fourrages secs, récolte, traitement, conservation. INRA Editions, Versailles, France, pp. 23-46.

Dulphy, J.P., 1987. Fenaison: pertes en cours de récolte et conservation. *In*: INRA. Les fourrages secs, récolte, traitement et utilisation. INRA Editions, Versailles, France, pp. 103-124.

Dulphy, J.P. and C. Demarquilly, 1981. Problèmes particuliers aux ensilages. *In*: INRA (ed.) Prévision de la valeur nutritive des aliments des ruminants. INRA Publications, Paris, France, pp. 81-100.

Hintz, H.F., J. Scott, L.V. Soderholm and J. Williams, 1985. Extruded feeds for horses. *In*: 9th ESS Proceedings, USA, pp. 174-176.

Hoekstra, K.E., K. Newman, M.A.P. Kennedy and J.D. Pagan, 1999. Effect of corn processing on glycemic response in horses. *In*: 16th ESS Proceedings, USA, pp. 144-148.

INRA, 1987. Les fourrages secs, récolte, traitement, conservation. INRA Editions, Versailles, France, pp. 689.

INRA, 1988. Ruminant nutrition. INRA Editions, Versailles, France, pp. 389.

INRA, 2007. Alimentation des bovins, ovins et caprins. *In*: Agabriel, J. (ed.) Guide pratique. QUAE Editions, Versailles, France, pp. 307.

Jose-Cunilleras, E., L.E. Taylor and K.W. Hinchcliff, 2004. Glycemic index of cracked cord, oat groats and rolled barley in horses. J. Anim. Sci., 82, 2623-2629.

Le Bars, J., 1976. Mycoflore des fourrages secs:croissance et developpement des espèces selon les conditions hydrothermiques de conservation. Rev. Mycol., 40, 347-360.

Lopez, N.E., J.P. Baker and S.G. Jackson, 1988. Effect of culling and vacuum cleaning on the digestibility of oast by horses. J. Equine Vet. Sci., 8, 375-378.

Mercier, C., 1969. Les divers procédés et leur action au niveau de l'amidon du grain. Ind. Alim. Anim. 211, 27-36.

Moore-Colyer, M.J.S., 1996. Effects of soaking hay fodder for horses on dust and mineral content. Anim. Sci., 63, 337-342.

Murray, S.M., E.A. Flickinger, A.R. Patil, M.R. Merchen, J.L. Brent and G. Fahey, 2001. *In vitro* fermentations characteristics of native and processed grains and potatoe starch using ileal chime of from diogs. J. Anim. Sci., 79, 435-444.

Pagan, J.D. and S.G.Jackson, 1991. Distillers dried grains as a feed ingredient for horse rations: a palatability and digestibility study. *In*: 12th ESS Proceedings, Canada, pp. 49-54.

Pelhate, J., 1985. La microbiologie des foins. *In*: Demarquilly, C. (ed.) Les fourrages secs, récolte, traitement, conservation. INRA Editions, Versailles, France, pp. 63-82.

Pipkin, J.L., L.J. Yoss, C.R. Richardson, C.F. Triplitt, D.E. Parr and J.V. Pipkin, 1991. Total mixed ration for horses. *In*: 12th ESS Proceedings, Canada, pp. 55-56.

Raguse, C.A. and D. Smith, 1965. Carbohydrate content in alfalfa herbage as influenced by methods of drying. J. Agric. Food. Chem., 13, 306-309.

Raina, R.N. and G.V. Raghavan., 1985. Processing of complete feeds and availability of nutrients to horses. Indian J. Anim. Sci., 55, 282-287.

Rodiek, A.V. and C. Stull, 2005. Glycemic index of common horse feeds. *In*: 19th ESS Proceedings, USA, pp. 154-155.

Schukking, S. and J. Overvest, 1979. Direct and indirect losses causes by wilting. *In*: Thomas, C. (ed.) Forage conservation in the 80th, pp. 210-213.

Schurg, W.A., D.L. Frei, P.R. Cheeke and D. Holtan, 1977. Utilization of whole corn plant pellets by horses and rabbits. J. Anim. Sci., 45, 1317-1321.

Schurg, W.A., R.E. Pulse, D.W. Holtan and J.E. Oldfield, 1978. Use of various quantities and forms of ryegrass straw in horse diets. J. Anim. Sci., 47, 1287-1291.

Selmi, B., D. Marion, J.M. Perrier-Cornet, J.P. Douzals and P. Gervais, 2000. Amyloglucosidase hydrolysis of high pressure and thermally gelatinized corn and wheat starches. J. Agric. Food Chem., 48, 2629-2633.

Vervuert, I., M. Coenen and C. Bothe, 2003. Effect of oat processing on the glycaemic and insulin responses in horses. J. Anim. Physiol. Anim. Nutr., 87, 96-104.

Vervuert, I., M. Coenen and C. Bothe, 2004. Effects of corn processing on the glycaemic and insulinaemic responses in horses. J. Anim. Physiol. Anim. Nutr., 88, 348-355.

Vervuert, I., M. Coenen and C. Bothe, 2005. Glycaemic and insulinaemic indexes of different mechanical and thermal processes grains for horses. *In*: 19th ESS Proceedings, USA, pp. 154-155.

Willkinson, J.M., 1998. Evolution des modes de récoltes des fourrages en Europe. Fourrages, 155, 287-292.

8. 饲料分析，消化，评价，预测

AAFCO (Association of American Feed Control Officials, Inc.), 2005. *In*: Association of American Feed Control Officials. Official Publication, Oxford, USA.

AFNOR (Assoaation Française de Normalisation), 1993. NF V03-040, agricultural food products. Determination of crude fibre. AFNOR Editions, La Plaine Saint-Denis, France.

AFNOR (Assoaation Française de Normalisation), 1997. NF V18-120, animal feeding stuffs. Determination of nitrogen content. Combustion method (DUMAS). AFNOR Editions, La Plaine Saint-Denis, France.

Almeida, M.I.V, W.M. Ferrreira, F.Q. Almeida, C.A.S.Just, L.C. Goncalves and A.S.C. Rezende, 1999. Nutritive value of elephant grass (*Pennisetum purpureum* Schum) alfalfa hay (*Medicago sativa*) and coast-grass cross hay (*Cynodon dactylon* L.) for horses. Rev. Bras. Zootech., 28, 743-752.

Andrieu, J. and W. Martin-Rosset, 1995. Chemical, biological and physical (NIRS) methods for predicting organic matter digestibility of forages in horse. *In*: 14th ESS Proceedings, USA, pp. 76-77.

Andrieu, J., M. Jestin and W. Martin-Rosset, 1996. Prediction of the organic matter digestibility (OMD) of forages in horses by near infra-red spectrophotometry (NIRS). *In*: 47th EAAP Proceedings, Norway. Wageningen Pers, Wageningen, the Netherlands, Abstract H 4.5, pp. 299.

AOAC, 2002a. Method 920.40, Starch in animal feed. *In*: Gaithersburg, M.D. (ed.) Offcial methods of analysis. 17th edition. Assoc. Official Anal. Chem., USA.

AOAC, 2002b. Method 948.02, Starch in plants. *In*: Gaithersburg, M.D. (ed.) Official methods of analysis. 17th edition. Assoc. Official Anal. Chem., USA.

AOAC, 2002c. Method 962.09, Fiber (crude) in animal feed and pet food. *In*: Gaithersburg, M.D. (ed.) Official methods of analysis. 17th edition. Assoc. Official Anal. Chem., USA.

AOAC, 2002d. Method 976.05, Protein (crude) in animal feed and pet foods. *In*: Gaithersburg, M.D. (ed.) Official methods of analysis. 17th edition. Assoc. Official Anal. Chem., USA.

AOAC, 2002e. Method 977.02, Nitrogen (total) (crude protein) in plants. *In*: Gaithersburg, M.D. (ed.) Official methods of analysis. 17th edition. Assoc. Official Anal. Chem., USA.

AOAC, 2002f. Method 991.43, Total soluble and insoluble dietary fiber in foods. *In*: Gaithersburg, M.D. (ed.) Official methods of analysis. 17th edition. Assoc. Official Anal. Chem., USA.

AOAC, 2002g. Method 994.12, Amino acids in feeds. *In*: Gaithersburg, M.D. (ed.) Official methods of analysis. 17th edition. Assoc. Official Anal. Chem., USA.

AOAC, 2002h. Method 996.06, Fat (total, saturated and unsaturated) in foods. *In*: Gaithersburg, M.D. (ed.) Official methods of analysis. 17th edition. Assoc. Offiaal Anal. Chem., USA.

AOAC, 2002i. Method 999.13, Lysine, methionine and threonine in feed grade amino acids and premixes. *In*: Gaithersburg, M.D. (ed.) Official methods of analysis. 17th edition. Assoc. Official Anal. Chem., USA.

AOAC, 2004. Official methods of analysis. 18th edition. Arlington, USA.

Applegate, C.S. and T.V. Hershberger, 1969. Evaluation of *in vitro* and *in vivo* caecal fermentation techniques for estimating the nutritive value of forages for equines. J. Anim. Sci., 28, 18-22.

Araujo, L.O.D., L.C. Concalves, A.S.C. Rezende, N.M. Rodriguez and R.M. Mauricio, 1997. Digistibilidade aparente em equideos submetidos a dieta composta de concentrado e volumosos, fornecido com diferentes intervalos de tempo (Apparent digestibility in equids of diets differing in concentration and volume when fed over different time periods). Arquivo Brasileiro de Medicina Veterinaria Zootecnia, 49, 225-237.

Arnold, F.F., W.C. Ellis, G.D. Potter, J.L. Kreider and K.R. Pond, 1983. Precaecal retention time of four feed fractions in ponies. *In*: 8th ESS Proceedings, USA, pp. 240-242.

Aufrere, J., 1982. Etude de la prévision de la digestibilité des fourrages par une méthode enzymatique. Ann. Zootech., 31, 111-130.

Aufrere, J. and B. Michalet-Doreau, 1988. Comparison of methods for predicting digestibility of feeds. Anim. Feed Sci. Technol., 20, 203-218.

Bergero, D., C. Préfontaine, N. Miraglia and P.G. Peiretti, 2009. A comparison between the 2N and 4N HCl acid-insoluble ash methods for digestibility trials in horses. Anim., 3, 1728-1732.

Bergero, D., N. Miraglia, C. Abba and M. Polidori, 2004. Apparent digestibility of Mediterranean forages determined by total collection of faeces and acid-insoluble ash as internal marker. Livest. Prod. Sci., 85,235-238.

Bergero, D., P.G. Peiretti and E. Cola, 2002. Intake and apparent digestibility of perennial ryegrass haylages fed to ponies either at maintenance or at work. Livest. Prod. Sci., 77, 325-329.

Burton, J.H., G. Pollack and T. De La Rochen 1987. Palatability and digestibility studies with high moisture forage. *In*: 10th ESS Proceedings, USA, pp. 599-604.

Bush, J.A., D.E. Freeman, K.H. Kline, N.R. Merchen and G.C. Fahey Jr., 2001. Dietary fat supplementation effects on *in vitro* nutrient disappearance and *in vivo* nutrient intake and total tract digestibility by horses. J. Anim. Sci., 79, 232-239.

Chenot, M. and W. Martin-Rosset, 1985. Comparaison entre espèces (mouton, cheval, bovin) de ladigestibilté et des quantités ingées de fourrages verts. Ann. Zootech., 34, 291-312.

Cluttter, S.H. and A.V. Rodiek, 1991. Feeding value of diets containing almond hulls. *In*: 12th ESS Proceedings, Canada, pp. 37-42.

Coleman, R.J., J.D. Milligan and R.J. Christopherson, 1985. Energy and dry matter digestibility of processed grain for horses. *In*: 9th ESS Proceedings, USA, pp. 162-167.

Cuddeford, D., N. Khan and R. Muirhead, 1992. Naked oats: an alternative energy source for performance horses. *In*: 4th International Oat Conference Proceedings, Adelaïde, Australia, pp. 42-50.

Cuddeford, D., R.A. Pearson, R.F. Archibald and R.H. Murihead, 1995. Digestibility and gastro-intestinal transit time of diets containing different proportions of alfalfa and oat-straw given to thoroughbreds, Shetland ponies, highland ponies and dookeys. Anim. Sci., 61, 407-417.

Cymbaluk, N.F., 1990. Comparison of forage digestion by cattle and horses. Can. J. Anim. Sci., 70, 601-610.

Darlington, J.M. and T.V. Hersheberger, 1968. Effect of forage maturity on digestibility, intake and nutritive value of alfalfa, orchardgrass by equine. J. Anim. Sci., 27, 1572-1576.

De Fombelle, A., A.G. Goachet, M. Varloud, P. Boisot and V. Julliand, 2003. Effects of diet on prececal digestion of different starches in the horse measured with the nylon bag technique. *In*: 18th ESS Proceedings, USA, pp. 115-116.

De Fombelle, A., A.L. Veiga, M. Varloud, C. Drogoul and V. Julliand, 2004. Effects of diet composition and feeding pattern on the precaecal digestibility of starches from diverse botanical origin measured with the mobile nylon bag technique in horses. J. Anim. Sci., 82, 3625-3634.

De Marco, M., N. Miraglia, P.G. Peirett and D. Bergero, 2012. Apparent digestibility of wheat bran and extruded flax in horses determined by total collection of feces and acid-insoluble ash as internal marker. Anim., 6,227-231.

Deinum, B., A.J.H. Van Es and P.J. Van Soest, 1968. Climate, nitrogen and grass. Ⅱ. The influence of light intensity, temperature and nitrogen on *in vivo* digestibility of grass and the prediction of these effects from some chemical procedures. Neth. J. Agr. Sci., 16, 217-223.

Dorléans, M., 1998. Comparaison des méthodes 'Fiberte' et 'Fibersa' pour doser les constituants pariétaux des aliments selon la méthode de Van Soest. Prod. Anim., 40, 45-56.

Drogoul, C., A. De Fombelle and V. Julliand, 2001. Feeding and microbial disorders in horses: 2. Effect of three hay: grain ratios on digesta passage rate and disgestibility in ponies. J. Equine Vet. Sci., 21, 487-490.

Drogoul, C., C. Poncet and J.L. Tisserand, 2000a. Feeding ground and pelleted hat rather than chopped hay to ponies: 1. Consequences for *in vivo* digestibility and rate of passage of digesta. Anim. Feed Sci. Technol., 87. 117-130.

Drogoul, C., J.L. Tisserand and C. Poncet, 2000b. Feeding ground and pelleted hay rather than chopped hay to ponies: 2. Consequences on fiber degradation in the cecum and colon. Anim. Feed Sci. Technol., 87, 131-145.

Ducharme, N.G., J.H. Burton, A.A. Van Dreumel, F.D. Horney, J.D. Baird and M. Arighi, 1987. Extensive large colon resection in the pony. Ⅱ. Digestibility studies and postmortem findings. Can. J. Vet. Res., 51, 76-82.

Dulphy, J.P., 1987. Fenaison: pertes en cours de récolte et conservation. *In*: INRA. Les fourrages secs, récolte, traitement et utilisation. INRA Editions, Versailles, France, pp. 103-124.

Dulphy, J.P., W. Martin-Rosset, H. Dubroeucq and M. Jailler, 1997. Evaluation of voluntary intake of forage trough fed to light horse. Comparison with sheep. Factors of variation and prediction. Livest. Prod. Sci., 52, 97-104.

Englist, H.N., S.M. Kingman, G.J. Hudson and J.H. Cummings, 1996. Measurement of resistant starch *in vitro* and *in vivo*. Br. J. Nutr., 75, 749-755.

Fonnesbeck, P.V., 1968. Digestion of soluble and fibrous carbohydrate of forage by horses. J. Anim. Sci., 27,1336-1344.

Fonnesbeck, P.V., 1969. Partitioning the nutrients of forage for horses. J. Anim. Sci., 28, 624-633.

Fonnesbeck, P.V., 1981. Estimating digestible energy and TDN for horses with chemical analysis of feeds. J. Anim. Sci., 53, Suppl. 1, 241.

Fonnesbeck, P.V., R.K. Lydman, G.W. Vander Noot and L.D. Symons, 1967. Digestibility of the proximates nutrients of forages by horses. J. Anim. Sci., 26, 1039-1045.

Franke, E.R., 1954. Die Verdaulichkeit verschiedener Futtermittel beim Pferd. In 100 Jahre Möcken; Die Bewertung der Futterstoffe und andere Probleme. Der Tierernährung, band 2, 441-472.

Fuchs, R., H. Militz and M. Hoffmann, 1987. Untersuchungen zur Verdahlischkeit der Rohnährstoffe bei Pferden. Arch. Anim. Nutr., 37, 235-246.

Glade, M.J., 1983. Nitrogen partitioning along the equine digestive tract. J. Anim. Sci., 57, 949-953.

Glade, M.J., 1984. The influence of dietary fiber digestibility on the nitrogen requirements of mature horses. J. Anim. Sci., 58, 638-646.

Goering, H.K. and P.J. Van Soest. 1970. Forage fiber analysis (apparatus, reagent, procedures and some applications). Agric. Handbook, No. 379. ARS-USDA, Washington DC, USA.

Goering, H.K., C.H. Gordon, R.W. Hemken, D.R. Waldo, P.J. Van Soest and L. W. Smith, 1972. Analytical estimates of nitrogen digestibility in heat damaged forages. J. Dairy Sci., 55, 1275-1280.

Haenlein, G.F., R.D. Holdren and Y.M. Yoon., 1966. Comparative responses of horses and sheep to different physical forms of alfalfa. J. Anim. Sci., 25, 740-743.

Hale, C. and M.J.S. Moore-Colyer, 2001. Voluntary feed intakes and apparent digestibilities of hay, big bale grass silage and red clover silage by ponies. *In*: 17th ESS Proceedings, USA, pp. 468-469.

Haley, R.G., G.D. Potter and R.E. Lichtenwalner, 1979. Digestion of soybean and cotton-seed protein in the equine small intestine. *In*: 6th ESS Proceedings, USA, pp. 85-98.

Hansen, D.K., G.W. Webb and S.P. Webb, 1992. Digestibility of wheat straw or ammoniated wheat straw in equine diets. J. Equine Vet. Sci., 12, 223-226.

Harris, D.M. and A.V. Rodiek, 1993. Dry matter digestibility of diets containing beet pulp fed to horses. *In*: 13th ESS Proceedings, USA, pp. 100-101.

Hintz, H.F. and F.F. Schryver, 1989. Digestibility of various sources of fat by horses. Cornell Nutr. Conf. for Feed Manuf., USA, pp. 44-48.

Hintz, H.F. and N.F. Cymbaluk, 1994. Nutrition of the horse. Annu. Rev. Nutr., 14, 263-267.

Hintz, H.F. and R.G. Loy, 1966. Effects of pelleting on the nutritive value of horse rations. J. Anim. Sci., 25,1059-1062.

Hintz, H.F., D.E. Hogue, E.F. Walker, J.E. Lowe and H.F. Schryver, 1971. Apparent digestion in various segments of the digestive tract of ponies fed diets with varying roughage-grain ratios. J Anim. Sci., 32, 245-248.

Hintz, H.F., R.A. Argenzio and H.F. Schryver, 1970. Digestion coefficients, blood glucose levels, and molar percentage of volatile fatty aads in intestinal fluid of ponies fed diets with varying roughage-grain ratios. J. Anim. Sci., 32, 992-995.

Hyslop, J.J., 2006. *In situ* and mobile bag methodology to measure the degradation profile of processed feeds in different segments of the equine tract. Livest. Prod. Sci., 100, 18-32.

Hyslop, J.J. and S. Calder, 2001. Voluntary intake and apparent digestibility in ponies offered alfalfa-based forages. Br. Soc. Anim. Sci. Proc., pp. 90.

Hyslop, J.J., A.L. Tomlinson, A. Bayley and D. Cuddeford, 1998a. Development of the mobile nylon bag technique to study the degradation dynamics of forage feed constituents in the whole digestive tract of equids. *In*: Proceedings of the British Society of Animal Science, BSAS, Penicuik, UK, pp. 120.

Hyslop, J.J., A.L. Tomlinson, A. Bayley and D. Cuddeford, 1998b. Voluntary feed intake and apparent digestibility *in vivo* in ponies offered mature threshed grass hat *ad libitum*. Br. Soc. Anim. Sci. Proc., pp. 131.

INRA, 1984. Le cheval. INRA Editions, Versailles, France, pp. 689.

INRA, 1989. Ruminant nutrition. INRA Editions, Versailles, France, pp. 389.

INRA, 1990. L'alimentation des chevaux. INRA Editions, Versailles, France, pp. 232.

INRA, 2007. Alimentation des bovins, ovins et caprins. *In*: Agabriel. J. (ed.) Guide pratique. QUAE Editions, Versailles, France, pp. 307.

INRA, 2012. Alimentation des chevaux. Guide pratique. QUAE Editions, Versailles, France, pp. 263.

Jansen, W.L., J. Van der Kuilen, S.N.J. Geelen and A.C. Beynen, 2000. The effect of replacing non-structural carbohydrates with soybean oil on the digestibility of fibre in trotting horses. Equine Vet. J., 32, 27-30.

Jansen, W.L., J. Van der Kuilen, S.N.J. Geelen and A.C. Beynen, 2001. The apparent digestibility of fiber in trotters when dietary soybean oil is substituted for an isoenergetic amount of glucose. Arch. Anim. Nutr.,54, 297-304.

Jansen, W.L., J.W. Cone, S.N.J. Geelen, M.M. Sloet Van Oldruitenborgh-Oosterbaan, A.H. Van Gelder, S.J.W.H. Oude Elferink and A.C. Beynen, 2007. High fat intake by ponies reduces both apparent digestibility of dietary cellulose and cellulose fermentation by faeces and isolated caecal and colonic contents. Anim. Feed Sci. Technol., 133, 298-308.

Jansen, W.L., S.N.J. Geelen, J. Van der Kuilen and A.C. Beynen, 2002. Dietary soybean oil depressed the apparent digestibility of fibre in trotters when substituted for an iso-energetic amount of corn starch or glucose.Equine Vet. J., 34, 302-305.

Jarrige, R., 1981. Les constituants glucidiques des fourrages: variations, digestibilité et dosage. *In*: INRA.Prevision de valeur nutritive des aliments des ruminants. INRA Editions, Versailles, France, pp. 13-40.

Julliand, V., A. de Fombelle and M. Varloud, 2006. Starch digestion in horses: the impact of feed processing. Livest. Sci., 100, 44-52.

Kane, E.J., J.P. Baker and L.S. Bull, 1979. Utilization of a corn oil supplemented diet by the pony. J. Anim. Sci.,48, 1349-1383.

Karlsson, C.P., J.E. Lindberg and M. Rundgren, 2000. Associative effects on total tract digestibility in horses fed different ratios of grass hay and whole oats. Livest. Prod. Sci., 65, 143-153.

Kienzle, E., S. Fehrle and B. Optiz, 2002. Interactions between the apparent energy and nutrient digestibilities of a concentrate mixture and roughages in horses. J. Nutr., 132, 1778S-1780S.

Koller, B. L., H.F. Hintz, J.B. Robertson and P.J. Van Soest, 1978. Comparative cell wall and dry matter digestion in the caecum of the pony and rumen of the cow using *in vitro* and nylon bag techniques. J. Anim. Sci., 7,209-215.

Kronfeld, D.S., J.L. Holland, G.A. Rich, S.E. Custalow, J.P. Fontenot, T.N. Meacham, D.J. Sklan and P.A. Harris,2004. Fat digestibility in *Equus caballus* follows increasing first-order kinetics. J. Anim. Sci., 82, 1773-1780.

Lieb, S., E.A. Ott and E.C. French, 1993. Digestible nutrients and voluntary intakes of thizonal peanut, alfalfa, bermudagrass and bahiagrass hays in equine. *In*: 13th ESS Proceedings, USA, pp. 98-99.

Longland, A.C., 2001. Plant carbohydrates: analytical methods and nutritional implications for equines. *In*: 17th ESS Proceedings, USA, pp. 173-175.

Longland, A.C. and J.M.D. Murray, 2003. Effect of two varieties of perennial ryegrass (*Lolium perenne*) differing in fructan content on fermentation parameters *in vitro* when incubated *in vitro* with a pony faecal innoculum. *In*: 18th ESS Proceedings, USA, pp. 144-145.

Longland, A.C., R. Pilgrim and I.J. Jones, 1995. Comparison of oven drying vs. freeze drying on the analysis of non-starch polysaccharides in gramminaceous and leguminous forages. Br. Soc. Anim. Sci. Proc., pp. 60.

Macheboeuf, D. and M. Jestin, 1997. Utilisation of the gas test method using horse faeces as a source of inoculums. *In*: Intern. Symp. *In vitro* techniques for measuring nutrient supply to ruminants. BSAS, Penicuik, UK, pp. 36.

Macheboeuf, D., C. Poncet, M. Jestin and W. Martin-Rosset, 1996. Use of a mobile nylon bag technique with caecum fistulated horses as an alternative method for estimating pre-caecal and total tract nitrogen digestibilities of feedstuffs. *In*: 47th EAAP Proceedings, Norway. Wageningen Pers, Wageningen, the Netherlands, Abstract H 4.9, pp. 296.

Macheboeuf, D., M. Jestin, J. Andrieu and W. Martin-Rosset, 1997. Prediction of organic matter digestibility of forages in horses by the gas test method. *In*: Intern. Symp. *In vitro* techniques for measuring nutrient supply to ruminants. BSAS, Penicuik, UK, pp. 36.

Macheboeuf, D., M. Marangi, C. Poncet and W. Martin-Rosset, 1995. Study of nitrogen digestion from different hays by the mobile nylon bag technique in horses. Ann. Zootech., Suppl. 44, 219.

Maertens, H. and T. Naest, 1987. Near infrared technology in the agriculture and food industries. *In*: Williams, P. and K. Norries (eds.) American Association of Cereal Chem., St Paul, MN, USA, pp. 57-84.

Martin-Rosset, W., 2001. Feeding standards for energy and protein for horses in France. *In*: Pagan, J.D. and R.J. Geor (eds.) Advances in equine nutrition Ⅱ. Nottingham University Press, Nottingham, UK, pp. 245-304.

Martin-Rosset, W., 2004. Nutritional value for horses. *In*: Sauvant, D., J.M. Perez and G. Tran (eds.) Tables of composition and nutritional value of feed materials. INRA, AFZ and Wageningen Academic Publishers,Wageningen, the Netherlands, pp. 57-65.

Martin-Rosset, W. and J.P. Dulphy, 1987. Digestibility interactions between forages and concentrates in horses: influence of feeding level—Comparison with sheep. Livest. Prod. Sci., 17, 263-276.

Martin-Rosset, W. and M. Doreau, 1984. Consommation d'aliments et d'eau par le cheval. *In*: INRA. Le cheval. INRA Editions, Versailles, France, pp. 333-354.

Martin-Rosset, W., D. Macheboeuf, C. Poncet and M. Jestin, 2012. Nitrogen digestion of large range of hays by mobile nylon bag technique (MNBT) in horses. *In*: Saastamoinen, M., M.J. Fradinho, S.A. Santos and N. Miraglia (eds.) Forages and grazing in horse nutrition. EAAP Publications no. 132. Wageningen Academic Publishers, Wageningen, the Netherlands, pp. 109-120.

Martin-Rosset, W., J. Andrieu and M. Jestin, 1996a. Prediction of the digestibility of organic matter of forages in horses by pepsin-cellulase method. *In*: 47th EAAP Proceedings, Norway, Horse Commission. Wageningen Pers, Wageningen, the Netherlands, Session Ⅳ, Abstract H 4.6, pp. 294.

Martin-Rosset, W., J. Andrieu, M. Jestin, 1996b. Prediction of the digestibility of organic matter of forages in horses from the chemical composition. *In*: 47th EAAP Proceedings, Norway, Horse Commission. Wageningen Pers, Wageningen, the Netherlands, Session Ⅳ, Abstract H 4.7, pp. 295.

Martin-Rosset, W., J. Andrieu, M. Jestin and D. Andueza, 2012. Prediction of organic matter digestibility using different chemical, biological and physical methods. *In*: Saastamoinen, M., M.J. Fradinho, S.A. Santos and N. Miraglia (eds.) Forages and grazing in horse nutrition. EAAP Publications no. 132. Wageningen Academic Publishers, Wageningen, the Netherlands, pp. 83-96.

Martin-Rosset, W., J. Andrieu and M. Vermorel, 1996c. Routine methods for predicting the net energy value (UFC) of feeds in horses. *In*: 47th EAAP Proceedings, Norway, Horse Commission. Wageningen Pers, Wageningen, the Netherlands, Session Ⅳ. Abstract H 4.1, pp. 292.

Martin-Rosset, W., J. Andrieu, M. Vermorel and J.P. Dulphy, 1984. Valeur nutritive des aliments pour le cheval. *In*: INRA. Le cheval, INRA Editions, Versailles, France, pp. 208-209.

Martin-Rosset, W., J. Andrieu, M. Vermorel and M. Jestin, 2006. Routine methods for predicting the net energy and protein values of concentrates for horses in the UFC and MADC systems. Livest. Prod. Sci., 100, 53-69.

Martin-Rosset, W., M. Doreau, S. Boulot and N. Miraglia, 1990. Influence of level of feeding and physiological state on diet digestibility in light and heavy breed horses. Livest. Prod. Sci., 25, 257-264.

Martin-Rosset, W., M. Vermorel, M. Doreau, J.L. Tisserand and J. Andrieu, 1994. The French horse feed evaluation systems and recommended allowances for energy and protein. Livest. Prod. Sci.,40, 37-56.

McLean, B.M.L., J.J. Hyslop, A.C. Longland and D. Cuddeford, 1998. Effect of physical processing on *in situ* degradation of barley in the cecum of ponies. Br. Soc. Anim. Sci. Proc., pp. 127.

McLean, B.M.L., J.J. Hyslop, A.C. Longland, D. Cuddeford and T. Hollands,1999a. Apparent digestibility in ponies given rolled, micronised or extruded barley. Br. Soc. Anim. Sci. Proc., pp. 133.

McLean, B.M.L., J.J. Hyslop, A.C. Longland, D. Cuddeford and T. Hollands, 1999b. Development of the mobile nylon bag technique to determine the degradation kinetics of purified starch sources in the pre-caecal segment of equine digestive tract. *In*: Proceedings of the British Society of Animal Science, BSAS, Penicuik, UK, pp. 138.

McLean, B.M.L., J.J. Hyslop, A.C. Longland, D. Cuddeford and T. Hollands, 2000. Physical processing of barley and its effects on intra-caecal fermentation parameters in ponies. Anim. Feed Sci. Technol., 85, 79-87.

McMeniman, N.P., T.A. Porter and K. Hutton, 1990. The digestibility of polished rice, rice pollard and lupin grains in horses. *In*: 15th Annual Conference Nutrition Society of Australia Proceedings. Adelaïde, Australia, pp. 44-47.

Medina, B., I.D. Girard, E. Jacotot and V. Julliand, 2002. Effect of a preparation of *Sacchromyces cervisiae* on microbial profiles and fermentation patterns in the large intestine of horses fed a high fiber or a high starch diet. J. Anim. Sci., 80, 2600-2609.

Meyer, H., G. Lindemann and M. Schmitt, 1982. Einflub unterschiedlicher mischfuttergaben pro mahlzeit auf praecaecale und postileale verdauungs vorgange beim pferd Fortschritte. Tierphysiol Tierernährg, 13. Paul Parey, Berlin, Germany, pp. 32-39.

Meyer, H., S. Radicke, E. Kienzle, S. Wilke and D. Kleffken, 1993. Investigations on preileal digestion of oats, corn and barley starch in relation to grain processing. *In*: 13th ESS Proceedings, USA, pp. 92-97.

Miraglia, N. and J.L. Tisserand, 1985. Prévision de la digestibilité des fourrages destinés aux chevaux par dégradation enzymatique. Ann. Zootech., 34, 229-236.

Miraglia, N., D. Bergero, B. Bassano, M. Tarantola and G. Ladetto, 1999. Studies of apparent digestibility in horses and the use of internal markers. Livest. Prod. Sci., 60, 21-25.

Miraglia, N., D. Bergero, M. Polidori, P.G. Peiretti and G. Ladetto, 2006. The effect of a new fibre rich concentrate on the digestibility of horse rations. Livest. Prod. Sci., 100, 10-13.

Miraglia, N., C. Poncet and W. Martin-Rosset, 1992. Effect of feeding level, physiological state and breed on the rate of passage of particulate matter through the gastrointestinal tract of the horse. Ann. Zootech., 41, 69.

Miraglia, N., C. Poncet and W. Martin-Rosset, 2003. Effect of feeding level, physiological status and breed on the digesta passage of forage based-diet in the horse. *In*: 18th ESS Proceedings,USA, pp. 275-280.

Miraglia, N., W. Martin-Rosset and J.L. Tisserand, 1988. Mesure de la digestibilité des fourrages destinés aux chevaux par la technique des sacs de nylon. Ann. Zototech., 37, 13-20.

Miyaji, M., K. Ueda, H. Hata and S. Kondo, 2011. Effects of quality and physical form of hay on mean retention time of digesta and total tract digestibility in horses. Anim. Feed Sci. Technol., 165, 61-67.

Miyaji, M., K. Ueda, H. Nakatsuji, T. Tomioka, J. Kobayashi, H.Hata and S. Kondo, 2008a.Mean retention time in different segments of the equine hindgut. J. Anim. Sci., 79, 89-96.

Miyaji, M., K. Ueda, J. Kobayashi, H.Hata and S. Kondo, 2008b. Fiber digestion in various segments of the hingut of horses fed grass hay or silage. J. Anim. Sci. , 79,339-346.

Monro, J., 2003. Redefining the glycemic index for dietary management of postprandial glycemia. J. Nutr., 133, 4256-4258.

Moore-Colyer, M.J.S. and A.C. Longland, 2000. Intakes and *in vivo* apparent digestibilities of four types of conserved grass forage by ponies. Anim. Sci., 71, 527-534.

Moore-Colyer, M.J.S., A.C. Longland, J.J. Hyslop and D. Cuddeford, 1998. The degradation of protein and non-starch polysaccharides (NSP) from botanically diverse sources of dietary fiber by ponies as measured by the mobile technique. *In*: *In vitro* techniques for measuring nutrients supply to ruminants. Occasional Publication no. 22. BSAS, Penicuik, UK, pp. 89.

Moore-Colyer, M. J.S., H.J. Morrow and A.C. Longland, 2003. Mathematical modelling of digesta passage rate, mean retention time and *in vivo* apparent digestibility of two chop length of big bales of hays and big bale grass silage in ponies. Br. J. Nutr., 90, 109-118.

Moore-Colyer, M. J. S., J. J. Hyslop, A. C. Longland and D. Cuddeford, 1997.Degradation of four dietary fiber sources by ponies as measured by the mobile bag technique. *In*: 15th ESS Proceedings, USA, pp. 118-119.

Moore-Colyer, M.J.S., J.J. Hyslop, A.C. Longland and D. Cuddeford, 2002. The mobile bag technique as a method for determining the degradation of four botanically diverse fibrous feedstuffs in the small intestine and total digestive tract of ponies. Br. J. Nutr., 88, 729-740.

Morrow, H.J., M.J.S. Moore-Colyer and A.C. Longland, 1999. The apparent digestibility and the rate of passage of two chop length of big bales silage and hay. Proc. of the British Society of Animal Science, Penicuik, UK, pp. 142.

Müller, A.M., D. Gall, S. Bremer and A. Zeyner, 2008. Suitability of different harvested and prepared equine faeces as innoculum in the semi-continuous fermentation technique Caesitec. *In*: 12th Congress of ESVCN Proceedings, Germany, pp. 117.

Müller, A.M., D. Gall, S. Bremer, K. Romanoky and A. Zeyner, 2008. Effects of preservation of equine faeces as innoculum on ermentation patterns in the semi-continuous fermentation technique Caesitec. *In*: 13th Congress of ESVCN Proceedings, Italy, pp. 109.

Norris, K.H., R.F. Barnes, J.E. Moore and J.S. Shenk, 1976. Prediction forage quality by infrared reflectance spectroscopy. J. Anim. Sci., 43, 889-897.

Ojima, K. and T. Isawa, 1968. The variation of carbohydrate in various species of grasses and legumes. Can. J.Bot., 46, 1507-1511.

Olsson, N., G. Kihlen and W. Cagell, 1949. Kgl. Lantbrukshögsk, Husdjursfögsk, Husdjursföksant. Medd., 36.

Ott, E.A., J.P. Feaster and S. Lieb, 1979. Acceptability and digestibility of dried citrus pulp by horses. J. Anim.Sci., 49, 983-987.

Pagan, J.D., 1998. Measuring the digestible energy content of horse feeds. *In*: Pagan, J.D. (ed.) Advances in equine nutrition Ⅰ. Nottingham University Press, Nottingham, UK, pp. 71-76.

Pagan, J.D. and S.G.Jackson, 1991. Digestibility of pelleted versus long stem alfalfa hay in horses. *In*: 12th ESS Proceedings, Canada, pp. 29-32.

Palmgreen-Karlsson, C., J.E. Lindberg and M. Rundgren, 2000. Associative effects on total tract digestibility in horses fed different ratios of grass hay and while oats. Livest. Prod. Sci., 65, 143-153.

Parkins, J.J., D.H. Snow and S. Adam, 1982. The apparent digestibility of complete diet cubes given to thoroughbred horses and use of chromic oxide as intern faecal marker. Br. Vet. J., 138, 350-355.

Peretti, P.G., G. Meineri, N. Miraglia, M. Mucciarelli and D. Bergero, 2006. Intake and apparent digestibility of hay or hay plus concentrate diets determine in horses by total collection of faeces and n-alkanes as internal markers. Livest. Sci., 100, 189-194.

Pion, R., 1981. Les proteins des graines et des tourteaux. *In*: Demarquilly, C. (ed.) Prevision de valeur nutritive des aliments des ruminants. INRA Editions, Versailles, France, pp. 238-254.

Radicke, S., E. Kienzle and H. Meyer, 1991. Preileal apparent digestibility of oats and cornstarch and consequences for cecal metabolism. *In*: 12th ESS Proceedings, Canada, pp. 43-48.

Ragnarsson, S. and J.E. Lindberg, 2008. Nutritional value of mixed grass haylage in icelandic horses. Livest. Sci., 131, 83-87.

Ragnarsson, S. and J.E. Lindberg, 2010a. Impact of feeding level on digestibility of a haylage-only diet in Icelandic horses. J. Anim. Physiol. Anim. Nutr., 94, 623-627.

Ragnarsson, S. and J.E. Lindberg, 2010b. Nutritional value of thimothy haylage in icelandic horses. Livest. Sci., 113, 202-208.

Rebolé, A., J. Treviño, R. Caballero and C. Alzueta, 2001. Effect of maturity on the amino acid profiles of total and nitrogen fractions in common vetch forage. J. Sci. Food Agric., 81, 455-461.

Rosenfeld, I. and D. Austbo, 2009. Effect of type of grain and feed processing on gastrointestinal retention times in horses. J. Anim. Sci., 87, 3991-3996.

Sauer, W.C., H. Jorgensen and R. Berzins, 1983. A modified nylon bag technique for determining apparent digestibilities of protein in feedstuffs for pigs. Can. J. Anim. Sci., 63, 233-237.

Sauvant, D., J.M. Perez and G. Tran, 2004. Tables of composition and nutritional value of feed materials.Wageningen Academic Publishers, Wageningen, the Netherlands, pp. 304.

Schneider, B.H., 1947. Feeds of the world. The digestibility and composition. West Virginia University, Agr. Exp. St., USA, pp. 297.

Shenk, J.S. and M.O. Westerhaus, 1994. The application of near infrared reflectance spectroscopy (NIRS) to forage analysis. *In*: Fahey, G.C., M. Collins, D.R. Mertens and L.E. Moser (eds.) Forage quality, evaluation, and utilization. American Society of Agronomy Inc., Madison, WI, USA, pp. 406-449.

Shingu, Y., S. Kondo, H. Hata and M. Okubo, 2001. Digestibility and number of bites and chews on hay at fixed level in Hokkaido native horses and light half-bred horses. J. Equine Sci., 12, 145-147.

Smolders, E.A.A., A. Steg and V.A. Hindle, 1990. Organic matter digestibility in horses and its prediction. Neth. J. Agr. Sci., 38, 435-447.

Somogyi, M., 1952. Notes on sugar determination. J.Biol. Chem., 195, 19-23.

Tagaki, H., Y. Hashimoto, C. Yonemochi, Y. Asai, T. Yoshida, Y. Ohta, T. Ishibashi and R. Watanabe, 2002. Digestibility of nutrients of roughages determined by total feces collection method in thoroughbreds. J. Equine Sci., 13, 23-27.

Tedeschi, L.O., A.N. Pell, D.G. Fox and C.R. Llames, 2001. The amino acid profiles of the whole plant and of four plant residues from temperate and tropical forages. J. Anim. Sci., 79, 525-532.

Thivend, P., 1981. Les constituants glucidiques des aliments concentrés et des sous-produits. *In*: Demarquilly, C. (ed.) Prevision de valeur nutritive des aliments des ruminants. INRA Editions, Versailles, France, pp. 219-236.

Thompson, K.N., J.P. Baker, J.P. Lew and C.J. Baruc, 1981. Digestion of hay and grain fed in varying ratios to mature horses. *In*: 7th ESS Proceedings, USA, pp. 3-7.

Thompson, K.N., S.G. Jackson and J.P. Baker, 1984. Apparent digestion coefficients and associative effects of varying hay: grain rations fed to horses. Nutr. Rep. Int., 30(1), 189-197.

Todd, L.K., W.C. Sauer, R.J. Christopherson, R.J. Coleman and W.J. Caine, 1995. The effect of level of feed intake on nutrient and energy digestibilities and rate of feed passages in horses? J. Anim. Physiol. Anim. Nutr., 73,140-148.

Trillaud-Geyl, C. and W. Martin-Rosset, 2005. Feeding the young horse managed with moderate growth. *In*: Julliand, V. and W. Martin-Rosset (eds.) The growing horse: nutrition and prevention of growth disorders. EAAP Publication no. 114. Wageningen Academic Publishers, Wageningen, the Netherlands, pp. 147-158.

Uden, P. and P.J. Van Soest, 1984. Investigation of the *in situ* bag technique and a comparison in heifers, sheep, ponies and rabbits. J. Anim. Sci., 58, 213-221.

Van Deer Noot, G.W. and E.B. Gilbreath, 1970. Comparative digestibility of components of forages by geldings and steers. J. Anim. Sci., 31, 351-355.

Van Deer Noot, G.W., L.D. Symons, R.K. Lydman and P.V. Fonnesbeck, 1967. Rate of passage of various feedstuffs through the digestive tract of horses. J. Anim. Sci., 26, 1309-1311.

Van Keulen, J. and B.A. Young, 1977. Evaluation of acid-insoluble ash as natural marker in ruminant digestibility studies. J. Anim. Sci., 44, 282-287.

Van Soest, P.J., 1963. Use of detergent in the analysis of fibrous feeds. Ⅱ. A rapid method for the determination of fibre and lignin. J. Assoc. Off. Anal. Chem., 46, 829-835.

Van Soest, P.J., 1965. Use of detergents in analysis of fibrous feeds study of effects of heating and drying on yield of fiber and lignin in ages. J. AOAC Int., 48, 785-790.

Van Soest, P.J., 1994. Carbohydrates. In nutritional ecology of the ruminant. 2nd edition. Cornell University Press, Ithaca, New York, USA, pp. 156-176.

Van Soest, P.J. and R.H. Wine, 1967. Use of detergent in the analysis of fibrous feeds. Ⅳ. Determination of plant Cell-Wall Constituents. J. Assoc. Off. Anal. Chem., 50, 50-55.

Van Soest, P.J. and V.C. Mason, 1991. The influence of the Maillard action upon the nutritive value of fibrous feeds. Anim. Feed Sci. Technol., 32, 45-53.

Van Soest, P.J., J.B. Robertson and B.A. Lewis, 1991. Methods for dietary fiber, neutral detergent fiber and nonstarch polysaccharides in relation to animal nutrition. J. Dairy Sci., 74, 3583-3597.

Van Weyenberg, S., J. Sales and G. Janssens, 2006. Passage rate of digesta through the equine gastrointestinal tract: a review. Livest. Sci., 99, 3-12.

Varloud, M., A. De Fombelle, A.G. Goachet, C. Drogoul and V. Julliand, 2004. Partial and total apparent digestibility of dietary carbohydrates in horses affected by the diet. J. Anim. Sci., 79, 61-72.

Vermorel, M. and W. Martin-Rosset, 1997. Concepts, scientific bases, structure and validation of the

French horse net energy system (UFC). Livest. Prod. Sci., 47, 261-275.

Vorting, M. and H. Staun, 1985. The digestibility of untreated and chemical treated straw by horses. Beret. Stat. Husd. no. 594, pp. 121.

Webb, G.W., S.P. Webb and D.K. Hansen, 1991. Digestibility of wheat straw or ammoniated wheat straw in equine diets. *In*: 12th ESS Proceedings, Canada, pp. 261-262.

Weiss, W.P., H.R. Conrad and W.L. Shockey, 1986. Digestibility of nitrogen in heat-damaged alfalfa. J. Dairy Sci., 69, 2658-2670.

Wolff, E., C. Kreuzhage and C. Riess, 1887. Versuche über den Einfluss einer verschiedenen Art der Arbeitsleitung auf die Varedaaung des Futters, sowie über das Verhalten des Rauhfutters gegenüber dem Kraftfutter zur Leistung fähigkeit des Pferdes. Landw. Jahrb., 16, Suppl. 3, 49-131.

Wolff, E., C. Kreuzhage and M. Meihlis, 1888. Principes de l'alimentation rationnelle du cheval: nouvelles séries d'expériences exécutées en 1885-1886 ä la Station de Hoenheim. Ann. Sci. Agric., 2, 336-369.

Wolff, E., W. Funke, C. Kreuzhage and O. Kellner, 1879. Influence de l'intensité du travail sur la digestibilité de différentes rations. Landw. Jahrb., Suppl. Ⅷ, 72-121.

Wolter, R. and A. Chaabouni, 1979. Etude de la digestion de l'amidon chez le cheval par analyse du contenu digestif après abattage. Rev. Med. Vet., 130, 1345-1357.

Wolter, R. and D. Gouy, 1976. Etude expérimentale de la digestion chez les équidés par analyse du contenu digestif après abattage. Revue Med. Vet., 127, 1723-1736.

Wolter, R., A. Durix and J.C. Letourneau, 1974. Influence du mode de présentation du fourrage sur la vitesse du transit digestif chez le poney. Ann. Zootech., 23(3), 293-300.

Zeyner, A. and A. Dittrich, 2005. Estimation of digestible energy in horse diets using *in vitro* method. Pferdeheilkunde, 21, 53-54.

Zeyner, A. and E. Kienzle, 2002. A method to estimate digestible energy in horse feed. J. Nut., 132, 1771S-1773S.

Zeyner, A., E. Kretschmer, R. Fuchs, H. Kaske and M. Hoffmann, 2003. Investigations on the influence of exercise intensity on the digestibility of the feed in adult riding horses. *In*: Proceedings 7th Conference of the ESVCN, Hannover, Germany, pp. 74.

9. 饲料添加剂，日粮，营养补充料

Bonnaire, Y., P. Maciejewski, M.A. Popot and S. Pottin, 2008. Feed contaminants and anti doping tests. *In*: Saastamoinen, M. and W. Martin-Rosset (eds.) Nutrition of exercising horse. EAAP Publication no.125. Wageningen Academic Publishers, Wageningen, the Netherlands, pp. 399-414.

Booth, J.A., P.A. Miller-Auwerda and M.A. Rasmussen, 2001. The effect of a microbial supplement (horse-bac) containing lactobacillus acidophilus on the microbial and chemical composition of the cecum in the sedentary horse. *In*: 17th ESS Proceedings, USA, pp. 183-185.

Boothe, D.M., 1997. Nutraceuticals in veterinary medicine. Part l. Definitions and regulations. Comp. Cont. Educ. Pract. Vet., 19, 1248-1255.

Boothe, D.M., 1998. Nutraceuticals in veterinary medicine. Part 2. Safety and efficacy. Comp. Cont. Educ. Pract. Vet., 20, 15-21.

De Moffarts, B., N. Kirshvink, T. Art, J. Pincemail and P.M. Lekeux, 2005. Effect of oral antioxidant supplementation on blood antioxidant status in trained thoroughbred horses. Vet. J., 169, 65-75.

Dechant, J.E., G.M. Baxter, D.D. Frisbie, G.W. Trotter and C.W. McIlraith, 2005. Effects of glucosamine hydrochloride and chondroitin sulphate, alone or in combination, on normal and interleukin-1 conditioned equine articular cartilage explant metabolism. Equine Vet. J., 37, 227-231.

EC, 1990. Council Directive 90/167/EEC of 26 March 1990. Laying down the conditions governing the preparation placing on the market and use of medicated feedingstuffs in the Community. Official Journal, L 92, 42-48.

EC, 2008. Commission Directive 2008/38/EC. establishing a list of intended uses of animal feedingstuffs for particular nutritional purposes. Official Journal, L 62, 9-22.

EC, 2008. Community register of feed additives pursuant to regulation (EC) 1831/2003. Appendixes 3 and 4 annex: list of additives. Revision 27. Available at: http://tinyurl.com/2pfg9z.

Foster, C.V., R.C. Harris and D.H. Snow, 1988. The effect of oral L-carnitine supplementation on the muscle and plasma concentration in the Thoroughbred horse. Comp. Bioch. Physiol. A., 91, 827-835.

Glade, M.J., 1991a. Dietary yeast culture supplementation of mare during late gestation and early lactation: effects on dietary nutrient digestibilities and fecal nitrogen partitioning. J. Equine Vet. Sci., 11, 10-16.

Glade, M.J., 1991b. Dietary yeast culture supplementation of mares during late gestation and early lactation: effects on milk production, milk compostion, weight gain and linear growth of nursing foals. J. Equine Vet. Sci., 11, 89-95.

Glade, M.J., 1991c. Effects of dietary yeast culture supplementation of Lactating mares on the digestibility and retention of the nutrients delivered to nursing foals via milk. J. Equine Vet. Sci., 11, 323-329.

Glade, M.J. and L.M. Biesik, 1986. Enhanced nitrogen retention in yearling horses supplemented with yeast culture. J. Anim. Sci., 62, 1635-1640.

Glade, M.J. and M.D. Sist, 1988. Dietary yeast culture supplementation enhances urea recycling in the equine large intestine. Nutr. Rep. Int., 37, 11-17.

Glade, M.J. and M.D. Sist, 1990. Supplemental yeast culture alters the plasma amino acid profiles of nursing and weanling horses. J. Equine Vet. Sci., 10, 369-379.

Hainze, M.T.M., R.B. Muntifering and C.A. McCall, 2003. Fiber digestion in horses fed typical diets with and without exogenous fibrolytic enzymes. J. Equine Vet. Sci., 23, 111-115.

Hall, M.M. and P.A. Miller-Auwerda, 2005. Effect of saccharomyces cerevisiae pelleted product on cecal pH in the equine hindgut. *In*: 19th ESS Proceedings, USA, pp. 45-46.

Hall, R.P., S.G. Jackson, J.P. Baker and S.R. Lowry, 1990. Influences of yeast culture supplementation on ration digestion by horses. J. Equine Vet. Sci., 10, 130-134.

Harris, P.A., 2008. Ergogenic Aids in the performance horse. *In*: Saastamoinen, M. and W. Martin-Rosset (eds.) Nutrition of the exercising horse. EAAP Publication no. 125. Wageningen Academic Publishers, Wageningen, the Netherlands, pp. 373-398.

Harris, P.A. and R.C. Harris, 2005. Ergogenic potential of nutritional startegies and susbstances in the horse. Livest. Prod. Sci., 92 (2), 147-165.

Harris, R.C., C.V. Foster and D.H. Snow, 1995. Plasma carnitine concentration and uptake into musclewith oral and intravnous administration. Equine Vet. J., Suppl. 18, 382-387.

Hynes, M.J. and M.P. Kelly, 1995. Metal ions, chelates and proteinates. Alltech. Symposium, St. Paul, USA, pp. 233-248.

ITEB, 1984. Le point sur la paille, un aliment pour les ruminants. Technipel editions 149 rue de Bercy 75595 Paris cedex, 12, pp. 40.

INRA, 1987. Les fourrages secs: récolte-traitement-conservation. INRA Editions, Versailles, France, pp. 689.

INRA, 1989. Ruminant nutrition. INRA Editions, Versailles, France, pp. 389.

Lattimer, J.M., S.R. Cooper, D.W. Freeman and D.A. Lalman, 2005. Effects of saccharomyces cerevisiae on *in vitro* fermentation of a high concentrate or high fiber diet in horses. *In*: 19th ESS Proceedings, USA, pp. 168-173.

McDaniel, A.L., S.A. Martin, J.S. McCann and A.H. Parks, 1993. Effects of *Aspergillus oryzae* fermentation extract on *in vitro* equine cecal fermentation. J. Anim. Sci., 71, 2164-2172.

McIlwraith, C.W., 2004. Licensed medications, 'generic' medications, compounding and nutraceuticals—What has been scientifically validated, where do we encounter scientific mistruth and where are we legally ? *In*: 50th Am. Assoc. Eq. Pract. Proceedings, USA, pp. 459-475.

McLean, B.M., L.R.S. Lowman, M.K. Theodorou and D. Cuddeford, 1997. The effects of Yea-Sacc 1026 on the degradation of two fiber sources by caecal incola *in vitro*, measured using the pressure transducer technique. *In*: 15th ESS Proceedings, USA, pp. 45-46.

Medina, B., I.D. Girard, E. Jacotot and V. Julliand, 2002. Effect of a preparation of Sccharomycs cerevisiae con microbial profiles and fermentation patterns in the large intestine of horses fed fed a high fiber or a high starch diet. J. Anim. Sci., 80, 2600-2609.

O'Connor, C.I., B.D. Nielsen and R. Carpenter, 2005. Cellulase supplementation does not improve the digestibilty of a high forage diet in horses. *In*: 19th ESS Proceedings, USA, pp. 192-198.

Officer, D.I., 2000. Feed enzymes. *In*: D'Mello, J.P.F. (ed.) Farm animal metabolism and nutrtion. CABI Publishing, Wallingford, UK.

Orth, M.W., T.L. Peters and J.N. Hawkins, 2002. Inhibition of articular cartilage degradations by glucosamine-HCl and chondroïtin sulphate. Equine Vet. J., Suppl. 34, 224-229.

Pickard, J.A. and Z. Stevenson, 2008. Benefits of yeast culture supplementation in diets for horses. *In*:Saastamoinen, M. and W. Martin-Rosset (eds.) Nutrition of the exercising horse. EAAP Publication no. 125. Wageningen Academic Publishers, Wageningen, the Netherlands, pp. 355-360.

Poppenga, R.H., 2001. Risks associated with the use of herbs and other dietary supplements. Vet. Clin. North. Am. Equine Pract., 17, 455-477.

Ramey, D.W., N. Eddington and E. Thonar, 2002. An analysis of glucosamine and chondroïtin sulphate content in oral joint supplement products. J. Equine Vet. Sci., 22, 125-127.

Respondek, F., A. Lallemand, V. Julliand and Y. Bonnaire, 2006. Urinary excretion of dietary contaminants in horses. Equine Vet. J., Suppl. 36, 664-667.

Richards, N., M. Choct, G.N. Hinch and J.B. Rowe, 2003. Starch digestion in the equine small intestine: is there a role for supplemental enzymes? *In*: Lyons, T.P. and K.A. Jacques (eds.) Nutritional biotechnology in the feed and food industries. Nottingham University Press, Nottingham, UK, pp. 461-472.

Summer, S.S. and J.D. Eifert, 2002. Risks and benefits of food additives. *In*: Branen, A.L., R.M. Davidson, S. Salminen and J.H. Thorngate (eds.) In food additives. 2nd edition. Marcel Dekker Inc., New York, USA, pp. 27-42.

Switzer, S.T., L.A. Baker, J.L. Pipkin, R.C. Bachman and J.C. Haliburton, 2003. The effect of yeast culture supplementation on nutrient digestibility in aged horses. *In*:18th ESS Proceedings, USA, pp. 12-17.

Weese, J.S., 2002a. Microbiologic evaluation of commercial probiotics. J. Am. Vet. Med. Assoc., 220, 794-797.

Weese, J.S., 2002b. Probiotics, prebiotics and synbiotics. J. Equine Vet. Sci., 22, 357-380.

Williams, C.A. and E.D. Lamprecht, 2006. Herbs and other functional foods in equine nutrition. *In*: 57th EAAP Annual Meeting, Antalya, Turkey, Horse commission, Session 30. Dietetic feed and horse feeding, Books of Abstracts no. 12, pp. 285.

Williams, C.A. and E.D. Lamprecht, 2008. Some commonly fed herbs an functional foods in equine nutrition. Vet. J., 178, 21-31.

Williams, C.A., R.M. Hoffman, D.S. Kronfeld, T.M. Hess, K.E. Saker and P.A. Harris, 2002. Lipoic acid as an antioxidant in mature thoroughbred geldings: a preliminary study. J. Nutr., 132, 1628S-1631S.

10. 饲料污染

Balssa, F. and Y. Bonnaire, 2007. Easy preparative scale syntheses of labelled xanthines: caffeine, theophylline and theobromine. J. Label. Compd. Radiopharm., 50, 33-41.

Bonnaire, Y., P. Maciejewski, M.A. Popot and S. Pottin, 2008. Feed contaminants and anti doping tests. *In*: Saastamoinen, M. and W. Martin-Rosset (eds.) Nutrition of exercising horse. EAAP Publication no.125. Wageningen Academic Publishers, Wageningen, the Netherlands, pp. 399-414.

Combie, J.D., T.E. Nugent and T. Tobin, 1983. Pharmacokinetics and protein binding of morphine in horses. Am. J. Vet. Res., 44, 870-874.

Corrot, G. and J. Delacroix, 1992. Balles Rondes Enrubannées, contamination en spores butyriques et qualité de conservation du fourrage. Institut de l'Elevage, Paris, France.

Corrot, G., M. Champouillon and E. Clamen, 1998. Qualité bactériologique des balles rondes enrubannées. Maîtrise des contaminations. Fourrages, 156, 421-429.

Delbeke, F. and M. Debackere, 1991. Urinary excretion of theobromine in horses given contamined pelleted food. Vet. Res. Commun., 15, 107-116.

D'Mello, J.P.F. and A.M.C. McDonald, 1997. Mycotoxins. Anim. Feed Sci. Tech., 69, 155-166.

Escoula, L., 1977. Moisissures des ensilages et consequences toxicologiques. Fourrages, 69, 97-114.

Garnier, G., L. Bezenger-Beauquesne and G. De Breaux, 1961. Ressources médicinales de la flore Française. Vigots Frères, Paris, 2 volumes.

Haywood, P.E., P. Teale and M.S. Moss, 1990. The excretion of theobromine in thoroughbred race horses after feeding compounded cubes containing cocoa husk-establishment of a threshold value in horse urine. Equine Vet. J., 22, 244-246.

IFHA, undated. International agreement on breeding racing and wagering and appendixes. Available at: http://tinyurl.com/nkaauqf.

Jean-Blain, C. and M. Grisvard, 1973. Plantes vénéneuses. La Maison Rustique, Paris, France, pp. 139.

Kollias-Baker, C. and R.A. Sams, 2002. Detection of morphine in blood and urine sample from horses administered poppy seeds and morphine sulphate orally. J. Anal. Toxicol., 26, 81-86.

Le Bars, J., 1976. Mycoflore des fourrages secs: croissance et développement des espèces selon les conditions hydrothermiques de conservation. Rev. Mycol., 40, 347-360.

Le Bars, J. and P. Le Bars, 1996. Recent acute and subacute mycotoxicoses recognized in France. Vet. Res., 27,383-394.

Lewis, L.D., 2005. Feeding and care of the horse. 2nd edition. Blackwell Publishing, Ames, Iowa, USA, pp. 446.

Raymond, S.L., T.K. Smith and H.V. Swamy, 2003. Effects of feeding of grains naturally contaminated with fusarium mycotoxins on feed intake, serum chemistry and hematology of horses and the efficacy of a polymeric glucomannan mycotoxin adsorbent. J. Anim. Sci., 81, 2123-2130.

Raymond, S.L., T.K. Smith and H.V. Swamy, 2005. Effects of feeding a blend of grains naturally contaminated with fusarium mycotoxins on feed intake, metabolism and indices of athletic performance of exercised horses. J. Anim. Sci., 83, 1267-1273.

Respondek, F., A. Lallemand, V. Julliand and Y. Bonnaire, 2006. Urinary excretion of dietary contaminants in horses. Equine Vet. J., Suppl. 36, 664-667.

Sams, R.A., 1997. Review of possible sources of exposure of horses to natural products and environmental contaminants resulting in regulatory action. *In*: AAEP Proceedings, 43, 220-223.

Schubert, B., P. Kallings, M. Johannsson, A. Ryttman and U. Bondesson, 1988. Hordenine-N, N-Dimethyltyramine-Studies of occurrence in animal feeds, disposition and effects on cardiorespiratory and blood lactate responses to exercise in the horse. *In*: Tobin, T., J. Blake, M. Potter and T. Wood (eds.) 7th Inter. Conf. of Racing Analysts and Veterinarians, Louisville, USA, pp. 51-63.

Scudamore, K.A. and C.T. Livesey, 1998. Occurences and significance of mycotoxins in forage crops and silage: a review. J. Sci. Food Agric., 77, 1-17.

Short, C.R., R.A. Sams, L.R. Soma and T. Tobin, 1998. The regulation of drugs and medicines in horse racing in the United States. The Association of Racing Commissions International Uniform Classification of Foreign Substances Guidelines. J. Vet. Pharmacol. Ther., 21, 144-153.

Todi, F., M. Mendonca, M. Ryan and P. Herskovits, 1999. The confirmation and control of metabolic caffeine in standardbred horses after administration of theophylline. J. Vet. Pharmacol. Ther., 22, 333-342.

Whitlow, L.W. and W.M. Hagler, 2002. Mycotoxins in feeds. Feedstuffs, 74(28), 66-74.

Yiannikouris, A. and J.P. Jouany, 2002. Mycotoxins in feed and their fat in animals: a review. Anim. Res., 51, 81-99.

C. 应用知识

11. 放牧，采食

Archer, M., 1973. The species preference of grazing horses. J. Br. Grassland Soc., 28, 123-128.

Archer, M., 1978a. Further studies on palatability of grasses to horses. J. Br. Grassland Soc., 33, 239-243.

Archer, M., 1978b. Studies on producing and maintaining balanced pastures for stufds. Equine Vet. J., 10, 54-59.

Arnold, G.W., 1984. Comparison of the time budgets and circadian patterns of maintenance activites in sheep, cattle and horses grouped together. Appl. Anim. Behav. Sci., 13, 19-30.

Bowden, D.M., D.K. Taylor and W.E.P. Davis, 1968. Water soluble carbohydrates in orchardgrass and mixed forages. Can. J. Plant. Sci., 48, 9-15.

Carrere, P., 2007. Fonctionnement de l'écosystème planté. *In*: 35ème Journée Recherche Equine Proceedings, Haras Nationaux Editions, Paris, France, pp. 215-230.

Chenost, M. and W. Martin-Rosset, 1985. Comparaison entre espèces (mouton, cheval, bovin) de ladigestibilté et des quantités ingéres de fourrages verts. Ann. Zootech., 34, 291-312.

Clarke, J.V., C.J. Nicol, R. Jones and P.D. McGreevy, 1996. Effects of observational learning on food selection in horses. Appl. Anim. Behav. Sci., 50, 177-184.

Collas, C., B. Dumont, R. Delagarde, W. Martin-Rosset and G. Fleurance, 2015. Energy supplementation and herbage allowance effects on daily intake in lactating mares. J. Anim. Sci., 93, 2520-2529.

Collas, C., G. Fleurance, J. Cabaret, W. Martin-Rosset, L. Wimel, J. Cortet and B. Dumont, 2014. How does the suppression of energy supplementation affect herbage intake performance and parasitism in lactating saddle mares. Anim., 8, 1290-1297.

Collins, M., 1988. Composition and fiber digestion in morphological components of an alfalfa/timothy hay. Anim. Feed Sci. Technol., 19, 135-143.

Cruz, P., M. Duru, O. Therond, J.P. Theau, C. Ducourtieux, C. Jouany, R. Al Haj Khaled and P. Ansquer, 2002. Une nouvelle approche pour caractériser les prairies naturelles et leur valeur d'usage. Fourrages, 172, 335-354.

Cruz, P., J.P. Theau, E. Lecloux, C. Jouany and M. Duru, 2010. Typologie fonctionnelle des graminées fourragères pérennes: une classification multitraits. Fourrages, 201, 11-17.

Cymbaluck, N.F., 1990. Comparison of forage digestion by cattle and horses. Can. J. Anim. Sci., 70, 601-610.

Dictionary of veterinary drugs and animal health products sold in France, 2005. CD-Rom. Les éditions du point vétérinaire. Courbevoie Cedex, France.

Doreau, M., W. Martin-Rosset and D. Petit, 1980. Nocturnal feeding activities of horses at pasture. Ann. Zootech., 29, 299-304.

Dulphy, J.P., J.P. Jouany, W. Martin-Rosset and M. Theriez, 1994. Aptituds comparées de différentes espèces d'herbivores domestiques à ingérer et digérer des fourrages distribués à l'auge. Ann. Zootech., 43, 11-32.

Duncan, P., 1985. Time-budgets of Camargue horses. Ⅲ. Environmental influences. Behaviour, 92,

188-208.

Duncan, P., 1992. Horses and grasses: the nutritional ecology of equids and their impact on the camargue. Springer-Verlag, New York, USA, pp. 279.

Duncan, P., T.J. Foose, I.J. Gordon, C.G. Gakahu and M. Lloyd, 1990. Comparative nutrient extraction from forages by grazing bovids and equids: a test of the nutritional model of equid/bovid competition and coexistence. Oecologia, 84, 411-418.

Edouard,N., G. Fleurance, B. Dumont, R. Baumont and P. Duncan, 2009. Does sward height affect the choice of feeding sites and voluntary intake in horses ? Appl. Anim. Behav. Sci., 119, 219-228.

Edouard, N., G. Fleurance, P. Duncan, R. Baumont and B. Dumont, 2009. Déterminants de l'utilisation de la ressource pâturée par le cheval. INRA Prod. Anim., 22(5), 363-374.

Edouard, N., P. Duncan, B. Dumont, R. Baumont and G. Fleurance, 2010. Foraging in a heterogeneous environment—An experimental study of the trade-off between intake rate and diet quality. Appl. Anim. Behav. Sci., 126, 27-36.

Fleurance, G., B. Dumont and A. Farruggia, 2010. How does stocking rate influence biodiversity in a hill-range pasture continuously grazed by horses? *In*: 23rd General Meeting of the European Grassland Federation, Kiel, Germany.

Fleurance, G., B. Dumont, A. Farruggia, N. Edouard and L. Lanore, 2009. Effect of grazing intensity on foraging behaviour and patch selection by horses. *In*: XXXI International Ethological Conference Proceedings, Rennes, France, pp. 229-230.

Fleurance, G., H. Fritz, P. Duncan, I.J. Gordon, N. Edouard and C. Vial, 2009. Instantaneous intake rate in horses of different body sizes: influence of sward biomass and fibrousness. Appl. Anim. Behav. Sci., 117, 84-92.

Fleurance, G., N. Edouard, C. Collas, P. Duncan, A. Farruggia, R. Baumont, T. Lecomte and B. Dumont, 2012. How do horses graze pastures and affect the diversity of grassland ecosystems. *In*: Saastamoinen, M., M.J. Fradinho, S.A. Santos and N. Miraglia (eds.) Forages and grazing in horse nutrition. EAAP Publications no. 132. Wageningen Academic Publishers, Wageningen, the Netherlands, pp. 147-161.

Fleurance, G., P. Duncan, A. Farruggia, B. Dumont and T. Lecomte, 2011. Impact du pâturage équin sur la diversité floristiques et faunistique des milieux pâturés. Fourrages, 207, 189-200.

Fleurance, G., P. Duncan and B. Mallevaud, 2001. Daily intake and the selection of feeding sites by horses in heterogeneous wet grasslands. Anim. Res., 50, 149-156.

Fleurance, G., P. Duncan, H. Fritz, I.J. Gordon and M.F. Grenier-Loustalot, 2010. Influence of sward structure on daily intake and foraging behaviour by horses. Anim., 4, 480-485.

Fleurance, G., P. Duncan, H. Fritz, J. Cabaret and I.J. Gordon, 2005. Importance of nutritional and anti-parasite strategies in the foraging decisions of horses at pasture: an experimental test. Oikos,

110(3), 602-612.

Fleurance, G., P. Duncan, H. Fritz, J. Cabaret, J. Cortet and I.J. Gordon, 2007. Selection of feeding sites by horses at pasture: testing the anti-parasite theory. Appl. Anim. Behav. Sci., 108, 288-301.

Friend, M.A., D. Nash and A. Avery, 2004. Intake of improved and unimproved pastures in two seasons by grazing weanling horses. Proc. Austr. Anim. Prod., pp. 61-64.

Grace, N.D., E.K. Gee, E.C. Firth and H.L. Shaw, 2002a. Digestible energy intake, dry matter digestibility and mineral status of grazing New Zealand thoroughbred yearlings. N. Z. Vet. J., 50, 63-69.

Grace, N.D., H.L. Shaw, E.K. Gee and E.C. Firth, 2002b. Determination of the digestible energy intake and apparent absorption of macroelements in pasture-fed lactating thouroughbred mares. N.Z. Vet. J., 50, 182-185.

Grime, J.P., 1973. Competitive exclusion in herbaceous Vegetation. Nature, 242, 344-347.

Gudmundsson, O. and O.R. Drymundsson, 1994. Horse grazing under cold and wet conditions: a review. Livest. Prod. Sci., 40, 57-63.

Hoffman, R.M., J.A. Wilson, D.S. Kronfeld, W.L. Cooper, L.A. Lawrence, D. Sklan and P.A. Harris, 2001. Hydrolyzable carbohydrates in pasture, hay and horse feeds: direct assay ad seasonal variation. J. Anim. Sci., 79, 500-506.

Hopkins, A., J. Gilbey, C. Dibb, P.J. Bowling and P.J. Murray, 1990. Response of permanent and reseeded grassland to fertiliser nitrogen. 1. Herbage production and herbage quality. Grass Forage Sci., 45, 43-55.

Hoskin, S.O. and E.K. Gee, 2004. Feeding value of pastures for horses. N. Z. Vet. J., 52, 332-341.

Hughes, T.P. and J.R. Gallagher, 1993. Influence of sward height on the mechanics of grazing and intake by racehorses. *In*: 17th Inter. Grassland Congress Proceedings, New Zealand, pp. 1325-1326.

INRA, 1984. Le cheval. INRA Editions, Versailles, France, pp. 689.

INRA, 2007. Alimentation des bovins, ovins et caprins. *In*: Agabriel, J. (ed.) Guide pratique. QUAE Editions, Versailles, France, pp. 307.

INRA, 2012. Alimentation des chevaux. Guide pratique. QUAE Editions, Versailles, France, pp. 263.

Hutchings, M.R., I., Kyriasakis, J. Gordon and F. Jackson, 1999. Trade-offs between nutrient intake and facal avoidance in herbivore foraging decisions: the effects of animal parasiticstatus, levels of feeding motivations and sward nitrogen content. J. Anim. Ecol., 68, 310-323.

Janis, C., 1976. The evolutionary strategy of the equidae and the origin of rumen and caecal digestion. Evolution,30, 757-774.

Krysyl, L.J., M.E. Hubbert, B.F. Sowell, G.E. Plumb, T.K. Jewett, M.A. Smith and J. W. Waggoner, 1984. Horses and cattle grazing in the Wyoming Red Desert, Ⅰ. Food habits and dietary overlap. J. Range Mgmt., 37, 72-76.

Kuntz, R., C. Kubalek, T. Ruf, F. Tataruch and W. Arnold, 2006. Seasonal adjustment of energy budget in a large wild mammal, the Przewalski horse (*Equus ferrus przewalskii*). Ⅰ. Energy intake. J. Exp. Biol., 209,4557-4565.

LaCasha, P.A., H.A. Brady, V.G. Allen, C.R. Richardson and K.R. Pond, 1999. Volountary intake, digestibility and subsequent selection of Matua bromegrass, Coastal Bermuda grass, and Alfalfa hays by yearling horses. J. Anim. Sci., 77, 2766-2773.

Laissus, R., 1985. Production d'herbe et amélioration des herbages pour les chevaux. *In*: 6ème Journée Recherche Equine Proceedings. Haras Nationaux Editions, Paris, France, pp. 33-43.

Lamoot, I., J. Callebaut, T. Degezelle, E. Demeulenaere, J. Laquiere, C. Vandenberghe and M. Hoffmann, 2004. Eliminative behaviour of freeranging horses: do they show latrine behaviour or do they defecate where they graze? Appl. Anim. Behav. Sci., 86, 105-121.

Leconte, D., 1991. Diagnostic et rénovation d'une prairie. Fourrages, 125, 35-39.

Leconte, D., 2011. Améliorer les harbages des haras: un mytrhe? Equ'Idée, 74, 26-28.

Leconte, D., 2012. Synthése des observations réalisées sur les prairies du Haras National du Pin, Normandie. *In*: INRA. Nutrition et alimentation des chevaux: nouvelles recommandations alimentaires de l'INRA. Chapter 10. QUAE Editions, Versailles, France, pp. 398.

Leconte, D., Luxen P. and J.F. Bourcier, 1998. Raisonner l'entretien et le choix des techniques de rénovation. Fourrages, 153, 15-29.

Loiseau, P. and W. Martin-Rosset, 1988. Evolution à long terme d'une lande de montagne pâturée par des bovins ou des chevaux. Ⅰ. Conditions expérimentales et évolution botanique. Agronomie, 8, 873-880.

Loiseau, P. and W. Martin-Rosset, 1989. Evolution à long terme d'une lande de montagne pâturée par des bovins ou des chevaux. Ⅱ. Production fourragère. Agronomie, 9, 161-169.

Longland, A.C., A.J. Cairns, P.I. Thomas and M.O. Humphreys, 1999. Seasonal and diurnal changes in fructan concentration in Lolium Perenne: implications for the grazing management of equines predisposed to laminitis. *In*: 16th ESS Proceedings, USA, pp. 258-259.

Loucougaray, G., A. Bonis and J.B. Bouzille, 2004. Effects of grazing by horses and/or cattle on the diversity of coastal grasslands in western France. Biol. Cons., 116, 59-71.

Marchiondo, A., G. White, L. Smith, C. Reinemeyer, J. Dasciano, E. Johnson and J. Shugart, 2006. Clinical field efficacy and safety of pyrantel pamoate paste (19.13% *w/w* pyrantel base) against *Anoplocephala* spp. in naturally infected horses. Vet. Parasitol., 137, 94-102.

Martin-Rosset, W. and C. Trillaud-Geyl, 2011. Pâturage associé des chevaux et des bovins sur des prairies permanents: premiers résultats expéruuentaux. Fourrages, 207, 211-214.

Martin-Rosset, W., C. Trillaud-Geyl, M. Jussiaux, J. Agabriel, P. Loiseau and C. Béranger, 1984. Exploitation du pâturage par le cheval en croissance ou à l'engrais. *In*: Jarrige R. and W. Martin-Rosset (eds.) Le cheval. INRA Editions, Versailles, France, pp. 583-599.

Martin-Rosset, W., G. Lienard and D. Rivot, 1990. Barême de chargement du pâturage par le cheval en UGB (version provisoire), INRA-Institut de l'élevage.

Martin-Rosset, W., M. Doreau and J. Cloix, 1978. Etude des activités d'un troupeau de poulinières de trait et de leurs poulains au pâturage. Ann. Zootech., 27, 33-45.

McCann, J.S. and C.S. Hoveland, 1991. Equine grazing preferences among winter annual grasses and clovers adapted to south-eastern United States.J. Equine Vet. Sci., 11, 275-277.

McMeniman, N.P., 2003. Pasture intake by young horses. A report for the rural industries research and development corporation. RIDRC Publication no. 00W03/005.

Menard, C., P. Duncan, G. Fleurance, J.Y. Georges and M. Lila, 2002. Comparative foraging nutrition of horses and cattle in European wetlands. J. Appl. Ecol., 39, 120-133.

Mesochina, P., D. Micol, J.L. Peyraud, P. Duncan, C. Trillaud-Geyl, 2000. Ingestion d'herbe au pâturage par le cheval de selle en croissance: effet de la biomasse d'herbe et de l'âge des poulains. Ann. Zootech., 49, 405-515.

Mesochina, P., W. Martin-Rosset, J.L. Peyraud, P. Duncan, D. Micol and S. Boulot, 1998. Prediction of digestibility of the diet of horses: evaluation of faecal indices. Grass Forage Sci., 53, 159-196.

Miraglia, N., M. Costantini, M. Polidori, G. Meineri and P.G. Pereitti, 2008. Exploitation of natural pasture by wild horses: comprison between nutritive characteristics of the land and the nutrient requirements of the herds over a 2-year periods. Anim., 2, 410-418.

Moffitt, D.L., T.N. Meacham, J.P. Fontenot and V.G. Allen, 1987. Seasonal differences in apparent digestibilities of fescue and orchard grass/clover pastures in horses. *In*: 10th ESS Proceedings, USA, pp. 79-85.

Morhain, B., 2011. Forage systems and feed management in different French regions. Fourrages, 207, 155-164.

Morhain, B., J. Veron and W. Martin-Rosset, 2007. Systèmes fourragers, systems d'émevage et d'alimentation des chevaux. *In*: 35ème Journée Recherche Equine Proceedings, Haras Nationaux Editions, Paris, France, pp. 151-163.

Moffitt, D.L., T.N. Meacham, J.P. Fontenot and V.G. Allen, 1987. Seasonal differences in apparent digestibilities of fescue and orchard grass/clover pastures in horses. *In*: 10th ESS Proceedings, USA, pp. 79-85.

Mott, G.O., 1960. Grazing pressure and the measurement of pasture production. *In*: Proc. of the 8th Intern. Grassld. Congr., pp. 606-611.

Nash, D., 2001. Estimation of intake in pastured horses. *In*: 17th ESS Proceedings, USA, pp. 161-167.

Nash, D. and B. Thompson, 2001. Grazing behaviour of thoroughbred weanlings on temperate pastures. *In*: 17th ESS Proceedings, USA, pp. 326-327.

Naujeck, A. and J. Hill, 2003. Influence of sward height on bite dimensions of horses. Anim. Sci., 77,

95-100.

Naujeck, A., J. Hill and M.J. Gibb, 2005. Influence of sward height on diet selection by horses. Appl. Anim. Behav. Sci., 90, 49-63.

Odberg, F.O. and K. Francis-Smith, 1977. Studies on the formation of ungrazed eliminative areas in fields used by horses. Appl. Anim. Ethol., 3, 27-34.

Perigault, S., 1975. Influence de la fertilisation sur la composition minérale des fourrages. Conséquences Zootechniques. Fourrages, 63, 107-125.

Pontes, L.S., P. Carrére, D. Andueza, F. Louault and J.F. Soussana, 2007. Seasonal productivity and nutritive value of temperate grasses found in semi-natural pastures in Europe: responses to cutting frequency and N supply. Grass and Forage Sci., 62, 485-496.

Putman, R.J., A.D. Fowler and S. Tout, 1991. Patterns of use of ancient grassland by cattle and horses and effects on vegetational composition and structure. Biol. Cons., 56, 329-347.

Réseaux d'élevage, 1999. Démarche de conseil en élevage viande. *In*: Morhain, B. (ed.) Institut de l'Elevage, pp. 100.

Rogalski, M., 1967. Effect of horse grazing on pastures (in Polish). Rocz. Nauk Roln., 71(B4), 72.

Rogalski, M., 1970. Grazing behaviour of horse (in Polish).Comportement du cheval au pâturage (En polonais). Kon Polski, 5, 26-27.

Rogalski, M., 1973. Grazing behaviour of the foal (in Polish). Przegl. Hodowlany, 41, 14-15.

Rogalski, M., 1974. The comparison of some characteristic interdependent factors between the sward and the grazing animal. *In*: 12th Int. Grassland Congress Proceedings, Sect. Grassland Utilization, Moscou, USSR, Part Ⅱ, pp. 582-584.

Rogalski, M., 1975. Effect of weather conditions and grazing management on the behaviour of horses on pasture (in Polish). Rocz-Nauk-Roln. Ser-B. Zootech., 97, 7-16.

Rogalski, M., 1977. Behaviour of animals on pasture (in Polish). Roczniki Akademii Rolniczej Poznaniu, Rozprawny Naukowe, 78, 1-41.

Rogalski, M., 1982. Testing the palatability of pasture sward for horses based on the comparative grazing intensity unit. Herbage Abstracts, 1984, 054-00602.

Rogalski, M., 1984a. Effect of carbohydrates or lignin on preferences for grasses and intakes of pasture plants by mares (in Polish). Roczniki Akademii Rolniczej Pozmaniu, 27, 183-193.

Rogalski, M., 1984b. Preferences for some types of grasses and intake of pasture by English thoroughbred mares. Herbage Abstracts, 1986, 056-07146.

Rossignol, N., A. Bonis and J.B. Bouzillé, 2006. Consequence of grazing pattern and vegetation structure on the spatial variations of net N mineralization in a wet grassland. Applied Soil Ecology, 31, 62-72.

Shingu, Y., M. Kawai, H. Inaba, S. Kondo, H. Hata and M. Okubo, 2000. Voluntary intake and behavior of Hokkaido native horses and light half-bred horses in voodland pasture. J. Equine Sci., 11, 69-73.

Stephen, D.W. and J.R. Krebs, 1986. Foraging theory. Princeton University Press, Princeton, NY, USA.

Taylor, E.J., 1954. Grazing behaviour and helminthic disease. Br. J. Anim. Behav., 2, 61-62.

Theriez, M., M. Petit and W. Martin-Rosset, 1994. Caractéristiques de la conduit des troupeaux allaitants en zones difficels. Ann. Zootech., 43, 33-47.

Trillaud-Geyl, C. and W. Martin-Rosset, 1990. Exploitation du pâturage par le cheval de selle en croissance. *In*: 16ème Journée Recherche Equine Proceedings. Haras Nationaux Editions, Paris, France, pp. 30-45.

Trillaud-Geyl, C. and W. Martin-Rosset, 2011. Pasture practices for horse breeding. Synthsis of experimental results and recommedantions. Fourrages, 207, 225-230.

Waite, R. and J. Boyd, 1953a. The water-soluble carbohydrates in grasses. Ⅰ. Changes occurring during the normal life cycle. J. Sci. Food Agrc., 4, 197-204.

Waite, R. and J. Boyd, 1953b. The water-soluble carbohydrates of grasses. Ⅱ. Grasses cut at grazing height several times in the grazing season. J. Sci. Food Agric., 4, 257-261.

Wallace, T., 1977. Pasture management on Waikato equine studs. N.Z. Vet. J., 25, 346-350.

12. 行为

Bachman, I., P. Bernasconi, R. Hermann, M.A. Weishaupt and M. Stauffacher, 2003. Behavioral and physiological responses to an acute stressor in cribbiting and control horses. Appl. Anim. Behav. Sci., 822, 297-311.

Benhajali, H., M. Ezzaouia, C. Lunel, F. Charfi and M. Hausberger, 2013. Temporal feeding pattern may influence reproduction efficiency, the example of breeding mares. PLoS ONE, 8, 73858.

Benhajali, H., M.A. Richard-Yris, M. Ezzaouia, F. Charfi and M. Hausberger, 2009. Foraging opportunity: a crucial criterion for horses welfare ? Anim., 3, 1308-1312.

Benhajali, H., M.A. Richard-Yris, M. Ezzaouia, F. Charfi and M. Hausberger, 2010. Reproductive status and stereotypies in breeding mares: a brief report. Appl. Anim. Behav.Sci., 128, 64-68.

Benhajali, H., M.A. Richard-Yris, M. Leroux, M. Ezzaouia, F. Charfi and M. Hausberger, 2008. A note on the time budget and social behaviour of densely housed horses. Appl. Anim. Behav. Sci., 112, 196-200.

Bourjade, M., A. De Boyer des Roches and M. Hausberger, 2009. Adult-young ratio, a majour factor in regulating social behaviour of young: a horse study. PLoS ONE, 4, 4888.

Bourjade, M., M. Moulinot, S. Henry, M.A. Richard-Yris and M. Hausberger, 2008. Could adults be used to improve social skills of young horses. Dev. Psychobiol., 50, 408-417.

Boyd, L.E., 1988. Ontogeny of behavior in Prezwalski horses. Appl. Anim. Behav. Sci., 21, 41-69.

Boyd, L.E., 1991. The behavior of Prezwalski's horses and its importance to their management. Appl. Anim. Behav. Sci., 29, 301-318.

Caanitz, H., L. O'Leary, K. Houpt, K. Peterson and H. Hintz, 1991. Effect of exercise on equine behaviour. Appl. Anim. Behav. Sci., 31, 1-12.

Cairns, M.C., J.J. Cooper, H.P. Davidson and D.S. Mills, 2002. Association in horses of orosensory characteristics of foods with their post-ingestive consequences. Anim. Sci., 75, 257-265.

Carlson, K. and D.G.M. Wood-Gush, 1983. Behavior of thouroughbred foals during nursing. Equine Vet. J., 15, 257-262.

Clarke, J.V., C.J. Nicol, R. Jones and P.D. McGreevy, 1996. Effects of observational learning on food selection in horses. Appl. Anim. Beahav. Sci., 50, 177-184.

Cooper, J.J. and G.J. Mason, 1998. The identification of abnormal behaviour and behavioural problems in stable horses and their relationship to horse welfare: a comparative review. Equine Vet. J., Suppl. 27, 5-9.

Cooper, J.J., N. McCall, S. Johnson and H.P.B. Davidson, 2005. The short-term effects of increasing meal frequency on stereotypic behaviour of stable horses. Appl. Anim. Behav. Sci., 90, 351-364.

Crowell-Davis, S.L. and A.B. Caudle, 1989. Coprophagy by foals. Recognition of maternal feces. Appl. Anim. Behav. Sci., 24, 267-272.

Crowell-Davis, S.L. and K.A. Houpt, 1985. Coprophagy by foals: effect of age and possible functions. Equine Vet. J., 17, 17-19.

Crowell-Davis, S.L., K.A. Houpt and J. Carnevale, 1985. Feeding and drinking behaviour of mares and foals with free access to pasture and water. J. Anim. Sci., 60, 883-889.

Duncan, P., P.H. Harvey and S.M. Wells, 1984. On lactation and associated behavior in a natural herd of horses. Anim. Behav., 32, 255-263.

Duren, S.E., C.T. Dougherty, S.G. Jackson and J.P. Baker, 1989. Modification of ingestive behaviour due to exercise in yearling horses grazing orchard grass. Appl. Anim. Behav. Sci., 22, 335-345.

Ellard, M.E. and S.L. Crowell-Davis, 1989. Evaluating equine dominance in draft mares. Appl. Anim. Behav. Sci., 24, 55-75.

Ellis, A.D., M. Fell, K. Luck, L. Gill, H. Owen, H. Briars, C. Barfoot and P. Harris, 2015. Effect of forage presentation on feed intake behaviour in stabled horses, Appl. Anim. Behav. Sci., in press.

Ellis, A.D., S. Thomas, K. Arkell and P.A. Harris, 2005. Adding chopped straw to concentrate feed: the effect of inclusion rate and particle length on intake behaviour of horses. Pferdeheilkunde, 21 (7), 35-37.

Falkowski, M., M. Rogalski, J. Kryszak, S. Kozlowski and I. Kukulka, 1983. Intensive grassland management and the problem of animal behavior ou behaviour and grazing. Rocziki Akademii

Rolniczej Poznaniu, Ogrodnictwo, 26, 85-92.

Feh, C., 2005. Relationship and communication in socially natural horse herds. *In*: Mills, D. and S. McDonnell (eds.) The domestic horse. Cambridge University Press, Cambridge, UK, pp. 83-93.

Francis-Smith, K. and D.G. Wood-Gush, 1977. Coprophagia as seen in thoroughbred foals. Equine Vet. J., 9, 15-18.

Fureix, C., A. Gorecka-Bruzda, E. Gautier and M. Hausberger, 2011. Cooccurrence of yawning and stereotypic behavior in horses (*Equus caballus*), ISRN Zoology.

Gillham, S.B., N.H. Dodman, L. Shuster, R. Kream and W. Rand, 1994. The effect of diet on cribbing behavior and plasma beta-endorphin in horses. Appl. Anim. Behav. Sci., 41, 147-153.

Glendinning, S.A., 1974. A system of rearing foals on an automatic calf-feeding machine. Eq. Vet. J., 6, 12-16.

Goodwin, D., H.P.B. Davidson and P. Harris, 2002. Foraging enrichement for stabled horses: effects on behavior and selection. Equine Vet. J., 34, 686-691.

Goodwin, D., H.P.B. Davidson and P. Harris, 2005a. Selection and acceptance of flavours in concentrate diets for stabled horses. Appl. Anim. Behav. Sci., 95, 223-232.

Goodwin, D., H.P.B. Davidson and P. Harris, 2005b. Sensory vaireties in concentrate diets for stabled horses: effects on behaviour and selection. Appl. Anim. Behav. Sci,, 90, 337-349,

Goodwin, D., H.P.B. Davidson and P. Harris, 2007. A note on behaviour of stabled horses with foraging devices in mangers and buckets. Appl. Anim. Behav. Sci., 105, 238-243.

Grev, A.M., E.C. Glunk, M.R. Hathaway, W.F. Lazarus and K.L. Martinson, 2014. The effect of small square-bale feeder design on hay waste and economics during outdoor feeding of adult horses. J. Equine Vet. Sci., 34, 1269-1273.

Hausberger, M. and M.A. Richard-Yris, 2005. Individual differences in the domestic horse, origins, development and stability. *In*: Mills, D.S. and S.M. McDonnell (eds.) The domestic horse: the origins development and management of its behaviour. Cambridge University Press, Cambridge, UK, pp. 33-52.

Hausberger, M., S. Henry, C. Larose and M.A. Richard-Yris, 2007. First suckling: a crucial event for mother-young attachment ? An experimental study in horses (*Equus caballus*). Journal of Comparative Psychology, 121, 109-112.

Hausberger, M., S. Henry and M.A. Richard-Yris, 2007. Early experience and behavioural development in foals. *In*: Hausberger, M., E. Sondergaard and W. Martin-Rosset (eds.) Horse behaviour and welfare. EAAP Publication no. 122. Wageningen Academic Publishers, Wageningen, the Netherlands, pp. 37-46.

Heleski, C., A. Shelle, B. Nielsen and A. Zanella, 2002. Influence of housing on weanling horse behaviour and subsequent welfare. Appl. Anim. Behav. Sci., 78, 291-302.

Henry, S., A. Zanella, C. Sankey, M.A. Richard-Yris, A. Marko and M. Hausberger, 2012. Adults may be used to alleviate weaning stress in domestic foals (*Equus cabaltus*). Physiol. Behav., 106, 428-438.

Henry, S., D. Hemery, M.A. Richard and M. Hausberger, 2005. Humand-mare relationships and behaviour of foals toward humans. Appl. Anim. Behav. Sci., 93, 341-362.

Henry, S., M.A. Richard-Yris, S. Tordjman and M. Hausberger, 2009. Neonatal handling affects durably bonding and social development. PLoS ONE, 4, e5216.

Henry, S., S. Briefer, M.A. Richard-Yris and M. Hausberger, 2007. Are 6-month-old foals sensitive to dam's influence? Developmental Psychobiology, 49, 514-521.

Hoffman, R.M., D.S. Kronfeld, J.L. Holland and K.M. Greiwe-Crandell, 1995. Preweaning diet and stall weaning method influences on stress responses in foals. J. Anim. Sci., 73, 2922-2930.

Holland, J.L., D.S. Kronfeld, G.A. Rich, K.A. Kline, J.P. Fontenot, T.N. Meacham and P.A. Harris, 1998. Acceptance of fat and lecithin containing diets by horses. Appl. Anim. Behav. Sci., 56, 91-96.

Holland, J.L., D.S. Kronfeld, R.M. Hoffman and K.M. Greiwe-Crandell, 1996. Weaning stress is affected by nutrition and weaning methods. Pferdeheilkunde, 12, 257-260.

Holmes, L.N., G.K. Song and E.O. Price, 1987. Head partitions facilitate feeding by subordinate horses in the presence of dominant pen-mates. Appl. Anim. Behav. Sci., 19, 179-182.

Hothersall, B., E.V. Gale, E. P. Harris and C.J. Nicol, 2010. Cue use by foals (*Equus caballus*) in a discrimination learning task. Animal Cognition, 13, 63-74.

Houpt, K.A., 2002. Formation and dissolution of the mare-foal bond. Appl. Anim. Behav. Sci., 78, 319-328.

Houpt, K.A. and T.R. Houpt, 1988. Social and illumination preference of mares. J. Anim. Sci., 66, 2159-2164.

Houpt, K.A., D.M. Zahorik and J.A. Swartzman-Andert, 1990. Taste aversion learning in horses. J. Anim. Sci., 68, 2340-2344.

Houpt, K., M. Marrow and M. Seeliger, 2000. A preliminary study of the effect of music on Equine behavior. J. Vet. Sci., 11, 691-737.

Houpt, K.A., P.J. Perry and H.F. Hintz, 1988. Effect of mal frequency on fluid balance and behaviour of ponies. Physiol. Behv., 42, 401-407.

Janicki, K.M., C.I. O'Connor and L.M. Lawrence, 1999. The influence of feed tub placement and spacing on feeding behavior of mature horses. *In*: 16th ESS Proceedings, USA, pp. 360-361.

Jorgensen, G.H., S. Hanche-Olsen Listøl and K.F. Boe, 2011. Effects of enrichment items on activity and social interactions in domestic horses (*Equus caballus*). Appl. Anim. Behav. Sci., 129, 100-110.

Kawai, M., N. Yabu, T. Asa, K. Deguiche and S. Matsuoka, 2004. Biting and chewing behavior of grazing light breed horses on different pasture conditions. *In*: 28th Intl. Cong. ISAE Proceedings, Finland, pp. 167.

Keiper, R.R. and H.S. Sambraus, 1986. The stability of equine dominance hierarchies and the effects of kinship, proximity and foaling status on hierarchy rank. Appl. Anim. Behav. Sci., 16, 121-130.

Krysyl, L.J., M.E. Hubbert, B.F. Sowell, G.E. Plumb, T.K. Jewett, M.A. Smith and J.W. Waggoner, 1984. Horses and cattle grazing in the Wyoming Red Desert, Ⅰ. Food habits and dietary overlap. J. Range Mgmt., 37, 72-76.

Krzak, W.E., H.W. Gonyou and L.M. Lawrence, 1991. Wood chewing by stabled horses: diurnal pattern and effects of exercise. J. Anim. Sci., 69, 1053-1058.

Lansade, L. and F. Simon, 2010. Horses' learning performances are under the influence of several temperamental dimensions. Appl. Anim. Behav. Sci., 125, 30-37.

Lansade, L., M. Bertrand, X. Boivin and M.F. Bouissou, 2004. Effects of handling at weaning on manageability and reactivity of foals. Appl. Anim. Behav. Sci., 87, 131- 149.

Lansade, L., M. Valenchon, A. Foury, C. Neveux, S.W. Cole, S. Layé, B. Cardinaud, F. Lévy and M.P. Moisan, 2014. Behavioral and transcriptomic fingerprints of an enriched environment in horses (*Equus caballus*). PLoS ONE, 9, e114384.

Lansade, L., M.F. Bouissou and H.W. Erhard, 2008. Fearfulness in horses: a temperament trait stable across time and situations. Appl. Anim. Behav. Sci., 115, 182-200.

Lesimple, C., C. Fureix, N. Le Scolan, M.A. Richard-Yris and M. Hausberger, 2011. Housing conditions and breed are associated with emotionnality and cognitive abilities in riding school horses. Appl. Anim. Behav. Sci., 129, 92-99.

Lillie, H.C., C.A. McCall, W.H. McElhenney, J.S. Taintor and S.J. Silverman, 2003. Comparison of gastric pH in cribbiting and normal horses. *In*: 18th ESS Proceedings, USA, pp. 247.

Luescher, U.A., D.B. McKeown and H. Dean, 1998. A cross-sectional study on compulsive behaviour (stable vices) in horses. Equine Vet. J., Suppl. 27, 14-18.

Marinier, S.L. and A.J. Alexander, 1995. Coprophagy as an avenue for foals of the domestic horse to learn food references from their dams. J. Theormal. Biol., 173, 121-124.

McBride, S.D. and D. Cuddeford, 2001. The putative welfare reducing effects of preventing equine stereotypic behaviour. Animal Welfare, 10, 173-189.

McBride, S.D. and L. Long, 2001. Management of horses showing stereotypic behaviour, owner perception and the implications for welfare. Vet. Rec., 148, 799-802.

McCall, C.A., G.D. Potter and J.L. Kreider, 1985. Lomotor, vocal and other rbehavioral responses to varying methods of weaning foal. Appl. Anim. Behav. Sci., 14, 27-35.

McGreevy, P.D. and C.J. Nicol, 1998a. Prevention of crib-biting: a review. Equine Vet. J., 27, 35-38.

McGreevy, P.D. and C.J. Nicol, 1998b. The effect of short-term prevention on the subsequent rate of crib-biting in thoroughbred horses. Equine Vet. J., Suppl. 27, 30-34.

McGreevy, P.D., N.D. French and C.J. Nicol, 1995. The prevalence of abnormal behaviours in dressage, eventing and endurance horses in relation to stabling. Vet. Rec., 137, 36-37.

McGreevy, P.D., L.A. Hawson, T.C. Habermann and S.R. Cattle, 2001. Geophagia in horses: a short note on 13 cases. Appl. Anim. Behav. Sci., 71, 119-125.

McGreevy, P.D., P.J. Cripps, N.P. French, L.E. Green and C.J. Nicol, 1995. Management factors associated with stereotypic and redirected behavior in the throroughbred horse. Equine Vet. J., 27, 86-91.

Mills, D.S. and S.M. McDonnell, 2005. The domestic horses. The origins, development and management of its behavior. Cambridge University Press, Cambridge, UK, pp. 264.

Nicol, C.J., 1998. Understanding equine stereotypies. Equine Vet. J., Suppl. 28, 20-25.

Nicol, C.J. and A.J. Badnell-Waters, 2005. Suckling behaviour in domestic foals and the development of abnormal oral behaviour. Anim. Behav., 70, 21-29.

Nicol, C.J., A.J. Badnell-Waters, R. Rice, A. Kelland, A.D. Wilson and P.A. Harris, 2005. The effect of diet and weaning method on behaviour of young horse. Appl. Anim. Behav. Sci., 95, 205-221.

Nicol, C.J., H.P. Davidson, P.A. Harris, A.J. Waters and A.D. Wilson, 2002. Study of crib-biting and gastric inflammation and ulceration in young horses. Vet. Rec., 151, 658-662.

Odberg, F.O. and K. Francis-Smith, 1976. A study on eliminative and grazing behavior—The use of the field by captive horses. Equine Vet. J., 8, 147-149.

Parker, M., D. Goodwin and E.S. Redhead, 2008. Survey of breeders' management of horses in Europe, North America and Australia: comparison of factors assoaated with the development of abnormal behaviour. Appl. Anim. Behav. Sci., 129, 206-215.

Pedersen, G.R., E. Sondergaard and J. Ladewig, 2004. The influence of bedding on the time horses spend recumbent. J. Equine Vet. Sci., 24, 153-158.

Pell, S.M. and P.D. McGreevy, 1999. Prevalence of stereotypic and other problem behaviours in thoroughbred horses. Austral. Vet. J., 77, 678-679.

Putman, R.J., R.M. Pratt, J.R. Ekins and P.J. Edwards, 1987. Food and feeding-behavior of cattle and ponies in the new forest, Hampshire. J. Appl. Ecol., 24, 369-380.

Raabymagle, P. and J. Ladewign, 2006. Lying behavior in horses in relation to box size. J. Equine Vet. Sci., 26, 11-17.

Randall, R.P., W.A. Schurg and D.C. Church, 1978. Response of horses to sweet salty, sour and bitter solutions. J. Anim. Sci., 47, 51-55.

Redbo, I., P. Redbo-Tortensson, F.O. Odberg, A. Hedendahl and J. Holm, 1998. Factors affecting behavioural disturbances in race-horses. Anim. Sci., 66, 475-481.

Redgate, S.E., A.L. Ordakowski-Burk, H.P.B. Davidson, P.A. Harris and D.S. Kronfeld, 2004. A preliminary study to investigate the effect of diet on the behaviour of weanling horses. *In*: 38th Intl. Cong. ISAE Proceedings, Helsinki, Finland, pp. 154.

Sankey, C., M.A. Richard-Yris, H. Leroy, S. Henry and M. Hausberger, 2010. Positive interactions lead to lasting memories in horses. Anim. Behav. 2009-12-037.

Sondergaard, E. and J. Ladewig, 2004. Group housing exerts a positive effect on the behaviour of young horses during training. Appl. Anim. Behav. Sci., 87, 105-118.

Sweeting, M.P., C.E. Houpt and K.A. Houpt, 1985. Social facilitation of feeding and time budgets in stabled horses. J. Anim. Sci., 60, 369-374.

Tateo, A., A. Maggiolino, B. Padalino and P. Centoducati, 2013. Behavior of artificially suckled foals. Journal of Veterinary Behavior: Clinical Applications and Research, 8, 162-169.

Thorne, J.B., D. Goodwin, M.J. Kennedy, H.P.B. Davidson and P. Harris, 2005. Foraging enrichment for individually housed horses: practicality and effects on behaviour. Appl. Anim. Behav. Sci., 94, 14-164.

Van Dierendonck, M.C., H. Digurjonsdottir, B. Colenbrander and A.G. Thorhallsdottir, 2004. Differneces in social behavior between late pregnant, post-parturm and barren mares in a herd of Icelandic horses. Appl. Anim. Behav. Sci., 89, 283-297.

Vecchiotti, G.G. and R. Galanti, 1986. Evidence of heredity of cribbing, weaving and stall-walking in thoroughbred horses. Livest. Prod. Sci., 14, 91-95.

Waring, G.H., 2002. Horse behavior. 2nd edition. William Andrew Publishing, Norwich, NY, USA.

Waters, A.J., C.J. Nicol and N.P. French, 2002. Factors influencing the development of stereotypic and redirected behaviors in young horses: findings of a four year prospective epidemiological study. Equine Vet. J., 34,572-579.

Wells, D.L., 2009. Sensory stimulation as environmental enrichment for captive animals: a review. Appl. Anim. Behav. Sci. 118, 1-11.

Wolff, A. and M. Hausberger, 1994. Behaviour of foals before weaning may have some genetic basis. Ethology, 96, 1-10.

13. 母马和马驹

Allen, W.R., S. Wilsher, C. Turnbull, F. Stewart, J. Ousey, P.D. Rossdale and A.L. Fowden, 2002. Influence of maternal size on placental, foetal and postnatal growth in the horse. I. Development in utero. Reproduction, 123, 445-453.

Arthur, G.H., 1969. The foetal fluids of domestic animals. J. Reprod. Fert., Suppl. 9, 45-52.

Banach, M.A. and J.W. Evans, 1981. Effects of inadequate energy during gestation and lactation on the oestrous cycle and conception rates of mares and on their foal weights. *In*: 7th ESS Proceedings, USA, pp. 97-100.

Bowman, H. and W. Van Der Schee, 1978. Composition and production of milk from dutch warmblooded saddle horse mares. Z. Tierphysiol., Tierenärhg. Futtermittelk, 40, 39-53.

Briant, C., M. Ottogalli, D. Guillaume, C. Fabre-Nys, P. Ecot and A. Margat, 2006. Le passage à la barre pour la detection des chaleurs: quelques precisions pour faaliter son interpretation. Haras Nationaux, Equ'Idée, 57, 59-63.

Burwash, L., B. Ralston and M. Olson, 2005. Effect of high nitrate feed on mature idle horses. *In*: 19th ESS Proceedings,USA, pp. 174-179.

Cameron, E.Z., K.J. Staffirdn, W. Linklater and C.J. Veltman, 1999. Suckling behaviour does not measure milk intake in horses, *Equus caballus*. Anim. Behav., 57, 673-678.

Cavinder, C.A., M.M. Vogelsang, D.W. Forrest, P.G. Gibbs, T.L. and T. Blanchard, 2005. Reproductive parameters of fat vs moderately conditioned mares following parturition. *In*: 19th ESS Proceedings, USA, pp. 65-70.

Collas, C., B. Dumont, R. Delagarde, W. Martin-Rosset and G. Fleurance, 2015. Energy supplementation and herbage allowance effects on daily intake in lactating mares. J. Anim. Sci., 93, 2520-2529.

Collas, C., G. Fleurance, J. Cabaret, W. Martin-Rosset, L. Wimel, J. Cortet and B. Dumont, 2014. How does the suppression of energy supplementation affect herbage intake, performance and parasitism in lactating saddle mares ? Anim., 8, 1290-1297.

Cymbaluck, N.F., M.E. Smatrt, F. Bristol and V.A. Ponteaux, 1993. Importance of milk replacer intake and composition in rearing orphaned foals. Can. Vet. J., 34, 479-486.

Den Engelsen, H., 1966. Het gewicht van de landbouwhuisdieren. Veteelt Ziuvelber, 9, 293-310.

Doreau, M. and G. Dussap, 1980. Estimation de la production laitière de la jument allaitante par marquage de l'eau corporelle du poulain. Reprod. Nutr. Dev., 20, 1883-1892.

Doreau, M. and F. Martuzzi, 2006a. Fat content and composition of mare's milk. *In*: Miraglia, N. and W. Martin-Rosset (eds.) Nutrition and feeding the broodmare. EAAP Publication no. 120. Wageningen Academic Publishers, Wageningen, the Netherlands, pp. 77-88.

Doreau, M. and F. Martuzzi, 2006b. Milk yield of nursing and dairy mares. *In*: Miraglia, N. and W. Martin-Rosset (eds.) Nutrition and feeding the broodmare. EAAP Publication no. 120. Wageningen Academic Publishers, Wageningen, the Netherlands, pp. 57-64.

Doreau, M. and S. Boulot, 1989a. Methodes of measurement of milk yield and composition in nursing mares: a review. Le lait, 69, 159-171.

Doreau, M. and S. Boulot, 1989b. Recent knowledge on mare milk production: a review. Livest. Prod. Sci., 22, 213-235.

Doreau, M. and W. Martin-Rosset, 2002. Dairy animals. Horse. *In*: Roginski, H., J.W. Frequay and P.F. Fox (eds.) Encyclopedia of dairy sciences. Academic Press, London, UK, pp. 630-637.

Doreau, M., J.P. Bruhat and W. Martin-Rosset, 1988. Effets du niveau des apports azotés chez la jument en début de lactation. Ann. Zootech., 37, 21-30.

Doreau, M., S. Boulot, J.P. Barlet and P. Patureau-Mirand, 1990. Yield and composition of milk from lactating mares: effect of lactation stage and individual differences. J. Dairy Res., 57, 449-454.

Doreau, M., S. Boulot, J.P. Barlet and W. Martin-Rosset, 1992. Volountary intake and plasma metabolites in nursing mares fed two dierent diets. J. Nutr., 122, 992-999.

Doreau, M., S. Boulot and W. Martin-Rosset, 1991. Effect of parity and physiological stage on intake, milk production and blood parameters in lactating mares differing in body size. Anim. Prod., 53, 113-118.

Doreau, M., S. Boulot, W. Martin-Rosset and H. Dubroeucq, 1986a. Milking lactating mares using oxytocin: milk volume and composition. Reprod. Nutr. Dev., 26, 1-11.

Doreau, M., S. Boulot, W. Martin-Rosset and J. Robelin, 1986b. Relationship between nutrient intake, growth and body composition of the nursing foal. Reprod. Nutr. Dev., 26, 683-690.

Doreau, M., S. Boulot and Y. Chilliard, 1993. Yield and composition of milk from lactating mares: effect of body condition at foaling. J. Dairy Sci., 60, 457-466.

Doreau, M., W. Martin-Rosset and J.P. Barlet, 1981b. Variations au cours de la journée des teneurs en certains constituents plasmatiques chez la jument. Reprod. Nutr. Dev., 21, 1-17.

Doreau, M., W. Martin-Rosset and J.P. Barlet, 1981a. Variations de quelques constituents plasmatiques chez la jument allaitante en fin de gestation et en début de lactation. Ann. Rech. Vet., 12, 219-225.

Douglas, R.H. and O.J. Ginther, 1975. Development of the equine foetus and placental. J. Reprod. Fert., Suppl. 23, 503-505.

Drogoul, C., F. Clément, M. Ventorp and M. Orlandi, 2006. Equine colostrum production: basic and applied aspects. *In*: Julliand, V. and W. Martin-Rosset (eds.) The growing horse: nutrition and prevention of growth disorders. EAAP Publication no. 114. Wageningen Academic Publishers, Wageningen, the Netherlands, pp. 203-219.

Dusek, J., 1966. Notes sur le développement prenatal des chevaux (in Czech language). Ved. Pr. Vysk. San. Chov. Keni., Slatinany, 2, 1-25.

Ellis, A.D., M. Bockhoff, L. Bailoni and R. Mantovani, 2006. Nutrition and equine fertility. *In*: Miraglia, N. and W. Martin-Rosset (eds.) Nutrition and feeding the broodmare. EAAP Publication no. 120. Wageningen Academic Publishers, Wageningen, the Netherlands, pp. 341-366.

Fowden, A.L., A.J. Forehead, K. White and P.M. Taylor, 2000a. Equine uteroplacental metabolism at mid and late gestation. Exp. Physiol., 85, 539-545.

Fowden, A.L., P.M. Taylor, K.L. White and A.J. Forehead, 2000b. Ontogenic and nutritionally induced changes in fetal metabolism in the horse. J. Physiol., 528, 209-219.

Gallagher, R. and N.P. McMeniman, 1988. The nutritional status of pregnant and non-pregnant mares grazing South East Queensland pastures. Equine Vet. J., 20, 414-416.

Gentry, L.R., D.L. Thompson, G.T. Gentry, K.A. Davis, R.A. Godke and A. Cartmill, 2002. The relationship between body condition,leptin and reproductive and hormonal characteristics of mares during the seasonal anovulatory period. J. Anim. Sci., 80, 2695-2703.

Gibbs, P.G., G.D. Potter, R.W. Blake and W.C. McMullan, 1982. Milk production of Quarter Horse mares during 150 days of lactation. J. Anim. Sci., 54, 496-499.

Ginther, O.J., 1992. Characteristics of the redulatory season. *In*: Reproductive biology of the mare-basic and applied concepts. 2nd edition. Cross Plains, Wisconsin, USA, pp. 173-232.

Giussani, D.A., A.J. Forehead and A.L. Fowden, 2005. Development of cardiovascular function in the horse foetus. J. Physiol., 565, 1019-1030.

Glade, M.J., 1991. Dietry yeast culture supplementation of mares during late gestation and early lactation-effects on milk production, milk composition, weight gain and linear growth of nursing foals. J. Equine Vet. Sci., 11,89-95.

Glade, M.J. and N.K. Luba, 1987. Benefits to foals of feding soybean meal to lactating broodmares. 10th ESS Proceedings, USA, pp. 593-597.

Godbee, R.G., L.M. Slade and L.M. Lawrence, 1979. Use of protein blocks containing urea for minimally managed broodmares. J. Anim. Sci., 48, 459-463.

Guillaume, D., J. Salazar-Ortiz and W. Martin-Rosset, 2006. Effects of nutrition level in mare's ovarian activity and in equine's puberty. *In*: Miraglia, N. and W. Martin-Rosset (eds.) Nutrition and feeding the broodmare. EAAP Publication no. 120. Wageningen Academic Publishers, Wageningen, the Netherlands, pp. 315-340.

Gutte, J.O., 1972. Energiebedarf laktierender Stuten. *In*: Lenkeit, W., K. Breirem and E. Crasemann (eds.) Hdb. Tierernährg. Verlag Paul Parey, Berlin, Germany, pp. 393-398.

Henneke, D.R., G.D. Potter and J.L. Kreider, 1981. Rebreeding efficiency in mares fed different levels of energy during late gestation. *In*: 7th ESS Proceedings, USA, pp. 101-104.

Henneke, D.G., G.D. Potter and J.L. Kreider, 1984. Body condition during pregnancy and lactation and reproductive efficiency rates of mares. Theriogenology, 21, 897-909.

Henneke, D.R., G.D. Potter, J.L. Kreider and B.F. Yeates, 1983. Relationship between condition score physical measurements and body fat percentage in mares. Equine Vet. J., 15, 371-372.

Hines, K.K., S.L. Hodge, J.L. Kreider, G.D. Potter and P.G. Harms, 1987. Relationship between body condition and levels of serum luteinizing hormone in postpartum mares. Theriogenology, 28, 815-825.

Hoffman, R.M., D.S. Kronfeld, H.S. Herblein, W.S. Swecker, W.L. Cooper and P.A. Harris, 1998.

Dietary carbohydrates and fat influence milk composition and fatty acid profile of mare's milk. J. Nutr., 128, 2708S-2771S.

Hoffman, R.M., K.L. Morgan, M.P. Lynch, S.A. Zinn, C. Faustman and P.A. Harris, 1999. Dietary vitamin E supplemented in the periparturient period influences immunoglobulins in equine colostrum and passive transfer in foals. *In*: 17th ESS Proceedings, USA, pp. 96-97.

Knight, D. and W. Tyznik, 1985. Effect of artificial rearing on the growth of foals. J. Anim. Sci., 60, 1-5.

Kubiak, J.R., B.H. Crawford, E.L. Squires, R.H. Wrigley and G.M. Ward, 1987. The influence of energy intake and percentage of body fat on the reproductive performance of nonpregnant mares. Theriogenology, 28, 587-598.

Lawrence, L., J. Di Pietro, K. Ewert, D. Parrett, L. Moser and D. Powell, 1992. Changes in body weight and condition in gestating mares. J. Equine Vet. Sci., 12, 355.

Malacarne, M., F. Martuzzi, A. Summer and P. Mariani, 2002. Protein and fat's composition of mare's milk some nutritional remarks with reference to human and cow milk. Int. Dairy J.,12, 869-877.

Mariani, P., A. Summer, F. Martuzzi, P. Formaggioni, A. Sabbioni and A.L. Catalano, 2001. Physical properties, gross composition, energy value and nitrogen fractions of haflinger nursing mare milk throughout 6 lactation months. Anim. Res., 50, 415-425.

Martin, R.G., N.P. McMeniman and K.F. Dowsett, 1991. Effects of protein deficient diet and urea supplementation on lactating mares. J. Reprod. Fert., Suppl. 44, 543-550.

Martin, R.G., N.P. McMeniman and K.F. Dowsett, 1992. Milk and water intakes of foals sucking grazing mares. Equine Vet. J., 24, 295-299.

Martin-Rosset, W. and M. Doreau, 1980. Effect of variations in level of feeding of heavy mares during late pregnancy. *In*: 31st Animal Meeting EAAP, Munich, Germany, Horse commission. Wageningen Pers, Wageningen, the Netherlands, Abstract.

Martin-Rosset, W. and M. Doreau, 1984a. Besoins et ahnentation de la jument. *In*: INRA. Le cheval. INRA Editions, Versailles, France, pp. 355-370.

Martin-Rosset, W. and M. Doreau, 1984b. Consommation d'aliments et d'eau par le cheval. *In*: INRA. Le cheval. INRA Editions, Versailles, France, pp. 333-370.

Martin-Rosset, W., D. Austbo and M. Coenen, 2006a. Energy and protein requirements and recommended allowances in lactating mares. *In*: Miraglia, N. and W. Martin-Rosset (eds.) Nutrition and feeding the broodmare. EAAP Publication no. 120. Wageningen Academic Publishers, Wageningen, the Netherlands, pp. 89-116.

Martin-Rosset, W., I. Vervuert and D. Austbo, 2006b. Energy and protein requirements and recommended allowances in pregnant mares. *In*: Miraglia, N. and W. Martin-Rosset (eds.) Nutrition and feeding the broodmare. EAAP Publication no. 120. Wageningen Academic Publishers, Wageningen, the Netherlands, pp. 15-40.

Martin-Rosset, W., M. Doreau and C. Espinasse, 1986a. Alimentation de la jument lourde allaitante: evolution du poids vif des juments et croissance des poulains. Ann. Zootech., 35, 21-36.

Martin-Rosset, W., M. Doreau and C. Espinasse, 1986b. Variations simultanées du poids vif et les quantités ingérées chez la jument. Ann. Zootech., 35, 341-350.

Martuzzi, F. and M. Doreau, 2003. Mare milk composition: recent findings about protein fractions and mineral content. *In*: Miraglia, N. and W. Martin-Rosset (eds.) Nutrition and feeding the broodmare. EAAP Publication no. 120. Wageningen Academic Publishers, Wageningen, the Netherlands, pp. 65-76.

McCown, S., M. Brummer, S. Hayes, J. Earing and L. Lawrence, 2011. Nutrient and dry matter intakes of broodmares fed high forages diets. J. Equine Vet. Sci., 32, 264-265.

McDonald, G.K., 1980. Moldy sweet clover poisoning in a horse. Can. Vet. J., 21, 250-251.

Meadows, D.G., G.D. Potter, W.B. Thomas, J.H. Hesby and J. Anderson, 1979. Foal growth from mares fed supplemental soybean meal or urea. *In*: 6th ESS Proceedings, USA, pp. 14-16.

Meyer, H. and B. Stadermann, 1991. Energie-und Nährstoffbedarf hochtragender Stuten. Pferdeheilkunde, 7, 11-20.

Meyer, H. and L. Ahlswede, 1976. Über das intrauterine wachstum und die Körperzusammensetzung won Fohlen sowie den Hährstoffbedarf tragender stuten ubers. Tierernähr., 4, 263-292.

Miraglia, N. and W. Martin-Rosset, 2006. Nutrition and feeding the broodmare. EAAP Publication no. 120. Wageningen Academic Publishers, Wageningen, the Netherlands, pp. 416.

Miraglia, N., M. Costantini, M. Polidori, G. Meineri and P.G. Pereitti, 2008. Exploitation of natural pasture by wild horses: comprison between nutritive characteristics of the land and the nutrient requirements of the herds over a 2-year periods. Anim., 2, 410-418.

Miraglia, N., M. Saastamoinen and W. Martin-Rosset, 2006. Role of pasture in mares and foals management in Europe. *In*: Miraglia, N. and W. Martin-Rosset (eds.) Nutrition and feeding the broodmares. EAAP Publication no. 120. Wageningen Academic Publishers, Wageningen, the Netherlands, pp. 279-288.

Morris, R.P., G.A. Rich, S.L. Ralston, E.L. Squires and B.W. Pickett, 1987. Follicular activity in transitional mares as affected by body condition and dietary energy. *In*: 10th ESS Proceedings, USA, pp. 93-97.

Neseni, R., E. Flade, G. Heiddler and H. Steger, 1958. Milchleistung und Milchzusammensetzung von Stuten in Verlaufe der Laktation. Arch. Tierzucht., 1, 91-129.

Neuhaus, U., 1959. Milch un Milchgewinnung von Pferdestuten. Z. Tierz. Zuechtungsbiol, 73, 370.

Oftedal, O.T., H.F. Hintz and H.F Schryver, 1983. Lactation in the horse: milk composition and intake by foals. J. Nutr., 113, 2196-2206.

Ott, E.A. and R.L. Asquith, 1994. Trace mineral supplementation of broodmares. J. Equine Vet. Sci.,

14, 93-101.

Pagan, J.D. and H.F. Hintz, 1986. Composition of milk from pony mares fed various levels of digestible energy. Cornell Vet., 76, 139-148.

Pagan, J.D., C.G. Brown-Douglas and S. Caddel, 2006. Body weight and condition of Kentucky Thoroughbred mares and their foals as influenced by month of foaling, season and gender. *In*: Miraglia, N. and W. Martin-Rosset (eds.) Nutrition and feeding the broodmares. EAAP Publications no. 120. Wageningen Academic Publishers, Wageningen, the Netherlands, pp. 245-252.

Pagan, J.D., H.F. Hintz and T.R. Rounsaville, 1984. The digestible energy requirements of lactating pony mares. J. Anim. Sci., 58, 1382-1387.

Platt, H., 1978. Growth and maturity in the equine foetus. Journal of the Royal Society of Medicine, 71, 658-661.

Platt, H., 1984. Growth of the equine foetus. Equine Vet. J., 16, 247-252.

Salazar-Ortiz, J., S. Camous,C. Briant, L. Lardic, D. Chesneau and D. Guillaume, 2011. Effects of nutritional cues on the duration of winter anovulatory phase and on associated hormone levels in adult female welsh pony horses (*Equus caballus*). Reprod. Biol. Endocrinol., 9, 130.

Santos, A.S., B.C. Sousa, L.C. Leitao and V.C. Alves, 2005. Yield and composition of milk from Lusitano lactating mares. Pferdeheikunde, Suppl. 21, 115-116.

Särkijarvi, S., T. Reelas, M. Saastamoinen, K. Elo, S. Jaakkola and T. Kokkonen, 2012. Effects of cultivated or semi-natural pastures on chages of leiveweight, body condiition score, body measurements and fat thickness in grazing finnhorse mares. *In*: Saastamoinen, M., M.J. Fradinho, S.A. Santos and N. Miraglia (eds.) Forages and grazing in horse nutrition. EAAP Publications no. 132. Wageningen Academic Publishers, Wageningen, the Netherlands, pp. 231-236.

Schryver, H.F., O.T. Oftedal, J. Williams, L.V. Solderholm and H.F. Hintz, 1986. Lactation in the horse: the cmineral composition of mare's milk. J. Nutr., 116, 2141-2146.

Smolders, E.A.A., N.G. Van der Ven and A. Polanen, 1990. Composition of horse milk during the suckling period. Livest. Prod. Sci., 25, 163-171.

Sticker, L.S., D.L. Thompson Jr., J.M. Fernandez, L.D. Bunting and C.L. Depew, 1995. Dietary protein and (or) energy restriction in mares: plasma growth hormone, IGF-I, prolactin, cortisol and thyroid hormone responses to feeding, glucose and epinephrine. J. Anim. Sci., 73, 1424-1432.

Tauson, A.H., P. Harris and M. Coenen, 2006. Intrauterine nutrition. Effect on subsequent health. *In*: Miraglia, N. and W. Martin-Rosset (eds.) Nutrition and feeding the broodmare. EAAP Publication no. 120. Wageningen Academic Publishers, Wageningen, the Netherlands, pp. 367-388.

Theriez, M., M. Petit and W. Martin-Rosset, 1994. Caractéristiques de la conduit des troupeaux allaitants en zones difficels. Ann. Zootech., 43, 33-47.

Trillaud-Geyl, C., J. Brohier, L. De Baynast, N. Baudoin and E. Rossier, 1990. Bilan de productivité sur 10 ans d'un troupeau de jumentsde selle conduites en plein air intégral. Croissance des produits de 0 à 6 mois. World Rev. Anim. Prod., 25 (3), 65-70.

Watson, E.D., D. Cuddeford and I. Burger, 1996. Failure of beta-carotene absorption negates any potential effect on ovarian function in mares. Equine Vet. J., 28, 233-236.

14. 公马

Amann, R.P., 1993. Physiology and endocrinology. *In*: McKinnon, A.O. and J.L.Voss (eds.) Equine reproduction. Lea & Febiger, London, UK, pp. 658-685.

Arlas, T.R., C.D. Perzolli, P.B. Terraciano, C.R. Trein, I.C. Bustamante-Filho, F.S. Castro and R.C. Mattos, 2008. Sperm quality is improved by feeding stallions with a rice oil supplement. Anim. Reprod. Sci., 107 (3-4), 306.

Brinjsko, S.P., D.D. Varner, T.L. Blanchard, B.C and M.E. Wilson, 2005. Effect of feeding DHA-enriched nutraceutical on the quality of fresh, cooled and frozen stallion semen. Therionol., 63, 1519-1527.

Brown, B. W., 1994. A review of nutritionnal influence on reproduction in boars, bulls and rams. Reprod. Nutr. Dev., 34, 89-114.

Clément, F., M. Magistrini, M.T. Hochereau de Reviers and M. Vidament, 1991. L'infertilité chez létalon: quelques explications. *In*: 17ème Journée Recherche Equine Proceedings, Haras Nationaux Editions, Paris, France, pp. 12-22.

Dowsett, K.F. and L.M. Knott, 1996. The influence of age and breed on stallion semen. Theriogenology, 46,397-412.

Elhordoy, D.M., S. Cazales, G. Costa and J. Estévez, 2005. Effect of dietary supplementation with DHA on the quality of fresh, cooled and frozen stallion semen. Anim. Reprod. Sci., 107 (3-4), 319.

Ellis, A.D., M. Bockoff, L. Bailoni and R. Mantovani, 2006. Nutrition and equine fertility. *In*: Miraglia, N. and W. Martin-Rosset (eds.) Nutrition and feeding the broodmare. EAAP Publication no. 120. Wageningen Academic Publishers, Wageningen, the Netherlands, pp. 341-366.

Gee, E.K., J.E. Bruemmer, P.D. Sciciliano, P.M. McCue and E.L. Squires, 2008. Effects of dietary vitamin E supplementation on spermatozoal quality in stallions with suboptimal post-thaw motility. Anim. Reprod. Sci., 107 (3-4), 324-325.

Guillaume, D., G. Fleurance, M. Donabedian, C. Robert, G. Arnaud, M. Levau, D. Chesneau, M. Ottogalli, J. Schneider and W. Martin-Rosset, 2006. Effets de deux modèles nutritionnels depuis la naissance sur l'âge de l'apparition de la puberté chez le cheval de sport. *In*: 32ème Journée Recherche Equine Proceedings. Haras Nationaux Editions, Paris, France, pp. 105-116.

IFCE, 2014. Insémination artificielle équine. Chapitre 3.23. 5éme édition. IFCE Editions, Paris, France, pp. 260.

Johnson, L.D., D.D. Varner and D.L. Thompson Jr., 1991. Effect of age and season on the establishment of spermatogenesis in the horse. J. Reprod. Fert., Suppl. 44, 87-97.

Magistrini, M., P.H. Chanteloube and E. Palmer, 1987. Influence of season and frequency of ejaculation on production of stallion semen for freezing. J. Reprod. Fert., Suppl. 35, 127-133.

Pickett, B.W., 1993. Reproductive evaluation of the stallion. *In*: McKinnon, A.O. and J.L. Voss (eds.) Equine reproduction. Lea & Febiger, London, UK, pp. 755-768.

Pickett, B.W., L.C. Faulkner and J.L. Voss, 1975. Effect of season on some characteristics of stallion semen. J. Reprod. Fert., Suppl. 23, 25-28.

Pickett, B.W., R.P. Amann, A.O. McKinnon, E.L. Squires and J. L. Voss, 1989. Management of the stallions for maximum reproductive efficiency Ⅱ. *In*: Amann, R.P., A.O. McKinnon, E.L. Squires, J. L. Voss and B.W. Picketts (eds.) Animal reproduction and biotechnology laboratory. Chapter 3: Season. Colorado State University Publishers, Fort Collins, CO, USA, pp. 39-58.

Ralston, S.L., S.A. Rich, S. Jackson and E.L. Squires, 1986. The effect of vitamin A supplementation on seminal characterisics and vitamin absorption in stallion. J. Equine Vet. Sci., 8, 290-293.

Rich, G.A., D.E. McGlothlin, L.D. Lewis, E.L. Squires and B.W. Pickett, 1983. Effect of vitamin E supplementation on stallion seminal characteristics and sexual behaviour. *In*: 8th ESS Proceedings, USA, pp. 85-89.

Rich, V.B., J.P. Fontenot and T.N. Meacham, 1981. Digestibility of animal, vegetable and blended fats by equine. *In*: 7th ESS Proceedings, USA, pp. 30-36.

Smith, O.B. and O.O. Akinbamijo, 2000. Micronutrients and reproduction in farm animals. Anim. Rerpod. Sci., 60-61, 549-560.

Staniar,W.B., D.S. Kronfeld, K.H. Treiber, R.K. Splan and P.A. Harris, 2004. Growth rate consists of baseline and systematic deviation components in thoroughbreds, J. Anim. Sci., 82, 1007-1015.

Stradaioli, G., S. Lakamy, Z. Ricardo, P. Chiod and M. Monaci, 2005. Effect of L-Carnitin administration on the seminal characteristics of oligasthernopermic stallions. Therionology, 62, 761-777.

Thompson Jr., D.L., B.W. Pickett, W.E. Berndtson, J.L. Voss and T.M. Nett, 1977. Reproductive physiology of the stallion. Ⅷ. Artificial photoperiod, collection interval and seminal characteristics, sexual behaviour and concentrations of LH and testosterone in serum. J. Anim. Sci., 44, 656-664.

Trillaud-Geyl, C., M. Jussiaux and W. Martin-Rosset, 1989. Bases zootechniques du contrôle individual des étalons des races lourdes. *In*: 15ème Journées Recherche Equine Proceedings. Haras Nationaux Editions, Paris, France, pp. 19-37.

15. 生长马

Agabriel, J., W. Martin-Rosset and J. Robelin, 1984. Croissance et besoins du poulain. *In*: Jarrige, R.

and W. Martin-Rosset (eds.) Le cheval. INRA Editions, Versailles, France, pp. 370-384.

Barneveld, A. and P.R. Van Weeren, 1999. Conclusions regarding the influence of exercise on the development of the equine musculoskeletal system with special reference to osteochondrosis. Equine Vet. J., Suppl. 31, 112-119.

Bell, R.A., B.D. Neilsen, K. Waite, D. Rosenstein and M. Orth, 2001. Daily access to pasture turnout prevents loss of mineral in the third metacarpus of Arabian weanlings. J. Anim. Sci., 79, 1142-1150

Benedit, Y., M.J. Davicco, R. Roux, V. Coxam, H. Dubroeucq, G. Bigot, W. Martin-Rosset and P. Barlet, 1990. Régulations endocriniennes de la formation et de la croissance osseuse: concentrations plasmatiques d'hormones somatotropes, de somatomedine G et d'ostéocalcine chez le poulain. *In*: 16ème Journée Recherche Equine Proceedings. Haras Nationaux Editions, Paris, France, pp. 54-63.

Bigot, G., A. Bouzidi, R. Rumelhart and W. Martin-Rosset, 1996. Evolution during growth of the mechanical properties of the cortical bone in equine cannon-bones. Med. Eng. Physiol., 1, 79-87.

Bigot, G., C. Trillaud-Geyl, M. Jussiaux and W. Martin-Rosset, 1987. Elevage du cheval de selle du sevrage au débourrage. Alimentation hivernale, croissance et développement. INRA Prod. Anim., 69, 45-53.

Bigot, G., W. Martin-Rosset and H. Dubroeucq, 1988. Evolution du format du cheval de selle de la naissance à 18 mois: critères et mode d'appréciation. *In*: 14ème Journée Recherche Equine Proceedings. Haras Nationaux Editions, Paris, France, pp. 87-101.

Boren, S.R., D.R. Topliff, C.W. Freeman, R.J. Bahr, D.G. Wagner and C.V. Maxwell, 1987. Growth of weanling quarter horses fed varying energy and protein levels. *In*: 10th ESS Proceedings, USA, pp. 43-48.

Borton, A., D.L. Anderson and S. Lyford, 1973. Studies of protein quality and quantity in the early weaned foal. *In*: 3rd ESS Proceedings, USA, pp. 19-22.

Brama, P.A.J., J.M. Tekoppele, R.A. Bank, A. Barneveld and P.R. Van Weeren, 2002. Biochemical development of subchondral bone from birth until age eleven months and the influence of physical activity. Equine Vet. J., 34, 143-149.

Brama, P.A.J., R.A. Bank, J.M. Tekoppele and P.R. Van Weeren, 2001. Training affects the collagen framework of subchondral bone in foals. Vet. J., 162, 24-32.

Chavatte-Palmer, P., F. Clément, R. Cash and J.F. Grongent,1998.Field determination of colostrums quality by using a novel practical method. Am. Assoc. Eq. Pract. Proc., 44, 206-208.

Coleman, R. J., G.W. Mathison and L. Burwash, 1999. Growth and condition at weaning of extensively managed creep-fed foals. J. Equine Vet. Sci., 19, 45-49.

Coleman, R. J., G.W. Mathison, L. Burwash and J.D. Milligan, 1997. The effect of protein supplementation of alfalfa cubes diets on the growth of weanling horses. *In*: 15th ESS Proceedings, USA, pp. 59-64.

Crawford, T. B. and I.E. Perryman, 1980. Diagnosis and treatment of failure of passive transfer in foals. Equine Pract., 1, 17-23.

Cymbaluck, N.F., 1990. Cold housing effects on growth and nutrient demand of young horses. J. Anim. Sci., 68, 3152-3162.

Cymbaluck, N.F. and G.I. Christison, 1989a. Effects of diet and climate on growing horses. J. Anim. Sci., 67, 48-59.

Cymbaluck, N.F. and G.I. Christison, 1989b. Effects of dietary energy and phosphorus content on blood chemistry and development of growing horses. J. Anim. Sci., 67, 951-958.

Cymbaluck, N.F., G.I. Christison and D.H. Leach, 1989a. Energy uptake and utilization by limit and at libitum fed growing horses. J. Anim. Sci., 67, 403-413.

Cymbaluck, N.F., G.I. Christison and D.H. Leach, 1989b. Nutrient utilization by limit and *ad libitum* fed growing horses. J. Anim. Sci., 67, 414-425.

Davicco, M.J., V. Coxam, Y. Faulconnier, R. Roux, R.G. Bigot, H. Dubroeucq, W. Martin-Rosset and J.P. Barlet, 1992. Influence de divers stéroïdes sur les concentrations plasmatiques d'hormone de croissance (GH) chez le poulain de selle. *In*: 18ème Journée Recherche Equine Proceedings. Haras Nationaux Editions, Paris, France, pp. 134-143.

Davicco, M.J., V. Coxam, Y. Faulconnier, R. Roux, R.G. Bigot, H. Dubroeucq, W. Martin-Rosset and J.P. Barlet, 1993. Growth hormon (Gh) secretory pattern and Gh response to Gh-releasing factor (GRF) or thyrotropin-releasing hormon (TRH) in newborn foal. J. Develop. Physiol., 19, 143-147.

Davicco, M.J., Y. Faulconnier, V. Coxam, H. Dubroeucq, W. Martin-Rosset W. and J.P. Barlet, 1994. Systemic bone growth in light breed mares and their foals. Arch. Intern. Physiol. Bioch. Biophys., 102, 115-119.

Dik, K.J., E.E. Enzerink and P.R. Van Weeren, 1999. Radiographic development of osteochondral abnormalities in the hock and stiffle of dutch warmblood foals from age l to 11 months. Equine Vet. J., Suppl. 31, 9-15.

Donabédian, M., G. Fleurance, G. Perona, C. Robert, O. Lepage, C. Trillaud-Geyl, S. Leger, A. Ricard, D.Bergero and W. Martin-Rosset, 2006. Effect of fast vs. moderate growth rate related to nutrient intake on developmental orthopaedic disease in the horse. Anim. Res., 55, 471-486.

Donabédian, M., G. Perona, G. Fleurance, S. Leger, D. Bergero and W. Martin-Rosset, 2005. Fast growth and hormonal status associated to high feeding level model in the foal. *In*: 19th ESS Proceedings, USA, pp. 23-24.

Donabédian, M., R. Van Weeren, G. Perona, G. Fleurance, C. Robert, S. Léger, D. Bergero, O. Lepage and W. Martin-Rosset, 2008. Early changes in biomarkers of skeletal metabolism and their association to the occurence of osteochondrose (OC) in the horse. Equine Vet. J., 40, 253-259.

El Shorafa, W.M., J.P. Feaster and E.A. Ott, 1979. Horse metacarpal bone: age, ash content, cortical area, and failure-stress interrelationships. J. Anim. Sci., 49, 979-982.

Firth, E.C., P.R. Van Weeren and D.U. Pfeiffer, J. Delahunt and A. Barneveld, 1999. Effect of age, exercise and growth rate on bone mineral density (BMD) in third carpal bone and distal radius of duch warmblood foals with osteochondrosis. Equine Vet. J., Suppl. 31, 74-78.

Fitzhugh Jr., H.A., 1976. Analysis of growth curves and strategies for altering their shape. J. Anim. Sci., 42, 1036-1051.

Flade, J.E., 1965. Résultats de croisement réciproques et leurs consequcnces. Arch. Tierzucht., 8, 73-86.

Fleurance, G., C. Trillaud-Geyl, M. Donabedian, G. Perona, G. Bigot, G. Arnaud, H. Dubroeucq and W. Martin-Rosset, 2005. Effect of body weight gain on the skeletal growth in the sport horses. *In*: 19th ESS Proceedings, USA, pp. 129-134.

Franck, R.M., 1979. Horse metacarpal bone: age, ash content cortical area and failure stress interrelationships. J. Anim. Sci., 49, 979-982.

Gabel, A., 2005. Metabolic bone disease to developmental orthopedic disease, J. Equine Vet. Sci., 25, 94.

Gee, E.K., E.C. Firth, P.C. Morel, P.F. Fennessy, N.F. Grace and T.D. Mogg, 2005. Enlargements of the distal third metacarpus and metatarsus in thoroughbred foals at pasture from birth to 160 days of age. N.Z. Vet. J., 53, 438-447.

Genin, C., 1990. Le transfert de l'immunité passive chez le poulain nouveau-né. Thèse vétérinaire, ENV Toulouse, France.

Gibbs, P.G. and N.D. Cohen, 2001. Early management of race-bred weanlings and yearlings on farms. J. Equine Vet. Sci., 21, 279-283.

Glade, M.J. and T.H. Belling, 1984, Growth plate cartilage metabolism, morphology and biochemical composition in over- and underfed horses. Growth, 48, 473-482.

Godbee, R.G. and L.M. Slade, 1981. The effect of urea or soybean meal on the growth and protein status of young horses. J. Anim. Sci., 53, 670-676.

Graham, P.M., E.A. Ott, J.H. Brendemulh and S. Tenbroeck, 1994. Effect of supplemental lysine and threonine on growth and development of yearling horses. J.Anim. Sci., 72, 380-386.

Green, D.A., 1969. A review of studies on the growth rate of horses. Br. Vet, J., 117, 181-191.

Guillaume, D., G. Fleurance, M. Donabedian, C. Robert, G. Arnaud, M. Levau, D. Chesneau, M. Ottogalli, J. Schneider and W. Martin-Rosset, 2006, Effets de deux modèles nutritionnels depuis la naissance sur l'âge de l'apparition de la puberté chez le cheval de sport. *In*: 32ème Journée

Recherche Equine. Haras Nationaux Editions, Paris, France, pp. 105-116.

Gunn, H.M., 1975. Adpatation of skeletal muscles that favour athletic ability. N. Z. Vet J., 23, 249-254.

Haras Nationaux, 2009. Guide pratique: insémination artificielle équine. Chapitre 3.23. 4ème édition. Les Haras Nationaux, Paris, France.

Harris, P., W. Staniar and A.D. Ellis, 2005. Effect of exercise and diet on the incidence of DOD. *In*: Julliand, V. and W. Martin-Rosset (eds.) The growing horse: nutrition and prevention of growth disorders. EAAP Publication no. 114. Wageningen Academic Publishers, Wageningen, the Netherlands, pp. 273-290.

Heugebaert, S., C. Trillaud-Geyl, H. Dubroeucq, G. Arnaud, J.P. Valette, J. Agabriel and W. Martin-Rosset, 2010. Modélisation de la croissance des poulains: première étape vers les nouvelles recommandations alimentaires. *In*: 36ème Journée Recherche Equine Proceedings. Haras Nationaux Editions, Paris, France, pp. 61-70.

Hiney, K.M., B.D. Nielsen and D. Rosenstein, 2004. Short duration exercise and confinement alters bone mineral content and shape in weanling horses. J. Anim. Sci., 82, 2313-2320.

Hintz, H.F., H.F. Schryver and J.E. Lowe, 1971. Comparison of a blend of milk products and linseedmeal as protein suplemements for growing horses. J. Anim. Sci., 33, 1274-1277.

Hintz, H.F., R.L. Hintz and L.D. Van Vleck, 1979. Growth rate of thoroughbreds, effect of age of dam, year and month of birth, and sex of foal. J. Anim. Sci., 48, 480-487.

Hoekstra, K.E., B.D. Nielsen, M.W. Orth, D.S. Rosenstein, H.C. Schott and J.E. Shelle, 1999. Comparison of bone mineral content and bone metabolism in stall-versus, pasture-reared horses. Equine Vet. J., Suppl. 30, 601-604.

Homman, R.M., L.A. Lawrence, D.S. Kronfeld, W.L. Cooper, D.J. Sklan, J.J. Dascanio and P.A. Harris, 1999. Dietary carbohydrates and fat in influence radiographic bone mineral content of growing foals. J. Anim. Sci., 77, 3330-3338.

Hurtig, M., S.L. Green, H. Dobson, Y. Mikum-Takagski and J. Choi, 1993. Correlative study of defective cartilage and bone growth in foals fed a low-copper diet. Equine Vet. J., 16, 66-73.

Jelan, Z., L. Jeffcott, N. Lundeheim and M. Osborne, 1996. Growth rates in thoroughbred foals. Pferdeheilkunde, 12, 291-295.

Jimenez-Lopez, J.E., J.M. Betsch, N. Spindler, S. Desherces, E. Schmidt, J.L. Maubois, J. Fauquant and S. Loral, 2011. Etude de l'éfficacité de sérocolostrums bovins sur le transfert de l'immunité passive du poulain. *In*: 37ème Journée Recherche Equine Proceedings. Haras Nationaux Editions, Paris, France, pp. 11-20.

Jones, L. and T. Hollands, 2005. Estimation of growth rates in UK thoroughbreds. Pferdeheilkunde, 21, 121-123.

Julliand, V. and W. Martin-Rosset, 2005. The growing horse: nutrition and prevention of growth disorders. EAAP Publication no. 114. Wageningen Academic Publishers, Wageningen, the Netherlands, pp. 320.

Kavazis, A.N. and E.D. Ott, 2003. Growth rates in thoroughbred horses raised in Florida. J. Equine Vet. Sci., 23,353-357.

Maenpaa, P.J., H. Pirskanen and E. Koskinen, 1988. Biochemical indicators of bone formation in foals after transfer from pasture to stables for the winter months. Am. J. Vet. Res., 49, 1990.

Mansell, B.J., L.A. Baker, J.L. Pipkin, M.A. Buchholz, G.O. Veneldasen, D.R. Topliff and R.C. Bachman, 1999. The effects of inactivity and subsequent aerobic training and mineral supplementation on bone remodeling in varying ages of horses. *In*: 16th ESS Proceedings, USA, pp. 46-51.

Marcq, J., J.Lahaye and E. Cordiez, 1956. Considérations générales sur la croissance. *In*: Jarrige, R. and W. Martin-Rosset (eds.) Le cheval. Tome 2. Lib Agricole La Maison Rustique, Paris, France, pp. 667-679.

Martin-Rosset, W.,1983. Particularités de la croissance et du développement du cheval. Ann. Zootech., 32, 109-130.

Martin-Rosset, W., 2005. Growth development in the equine. *In*: Julliand, V. and W. Martin-Rosset (eds.) The growing horse: nutrition and prevention of growth disorders. EAAP Publication no. 114. Wageningen Academic Publishers, Wageningen, the Netherlands, pp. 15-50.

Martin-Rosset, W. and A.D. Ellis, 2005. Evaluation of energy and protein requirements and recommended allowances in growing horses. *In*: Julliand, V. and W. Martin-Rosset (eds.) Nutrition of the performance horse. EAAP Publication no. 111. Wageningen Academic Publishers, Wageningen, the Netherlands, pp. 103-136.

Martin-Rosset, W. and B. Younge, 2006. Energy and protein requirements and feeding the suckling foal. *In*: Julliand, V. and W. Martin-Rosset (eds.) The growing horse: nutrition and prevention of growth disorders. EAAP Publication no. 114. Wageningen Academic Publishers, Wageningen, the Netherlands, pp. 221-244.

Martin-Rosset, W., M. Doreau and J. Cloix, 1978. Etude des activités d'un troupeau de poulinières de trait et de leurs poulains au pâturage. Ann. Zootech., 27, 33-45.

Martin-Rosset, W., R. Boccard, J. Robelin and M. Jussiaux, 1980. Croissance relative des différents tissus et régions corporelles chez le poulain de la naissance à 30 mois. *In*: 6ème Journée Recherche Equine Proceedings. Haras Nationaux Editions, Paris, France, pp. 59-70.

Martin-Rosset, W., R. Boccard, M. Jussiaux, J. Robelin and C. Trillaud-Geyl, 1983. Croissance relative des différents tissus, organes et régions corporelles entre 12 et 30 mois chez le cheval de boucherie de différentes races lourdes. Ann. Zootech., 32, 153-174.

McCarthy, R.N. and L.B. Jeffcott, 1992. Effects of treadmill exercise on cortical bone in the third metacarpus of young horse. Res. Vet. Sci., 52, 28.

Milligan, J.D., R.J. Coleman and L. Burwash, 1985. Relationship of energy intake weight gain in yearling horses. *In*: 9th ESS Proceedings, USA, pp. 8-13.

Nogueira, G.P., R.C. Barnabe and I.T.N. Verreschi, 1997. Puberty and growth rate in throughbred fillies. Theriogenology, 48, 518-588.

O'Donohue, D.D., F.H. Smith and K.L. Strickland, 1992. The incidence of abnormal limb development in the Irish thoroughbred from birth to 18 months. Equine Vet. J., 24, 305-309.

Ott, E.A. and E.L. Johnson, 2001. Effect of trace mineral proteinates on growth and skeletal and hoof development in yearling horses. J. Equine Vet. Sci., 21, 287-292.

Ott, E.A. and J. Kivipelto, 2002. Growth and development of yearling horses fed either alfalfa or coastal bermudagrass: hay and a concentrate formulated for bermudagrass hay. J. Equine Vet. Sci., 22, 311-322.

Ott, E.A. and J. Kivipelto, 2003. Influence of concentrate: hay ratio on growth and development of weanling horses. *In*: 18th ESS Proceedings, USA, pp. 146-147.

Ott, E.A. and R.L. Asquith, 1986. Influence of level of feeding and nutrient content of the concentrate on growth and development of yearling horses. J. Anim. Sci., 62, 290-299.

Ott, E.A. and R.L. Asquith, 1995. Trace mineral supplementation of yearling horses. J. Anim. Sci., 73, 466-471.

Ott, E.A., M.P. Brown, G.D. Roberts and J. Kivipelto, 2005. Influence of starch intake on growth and skeletal development of weanling horses. J. Anim. Sci., 83, 1033-1043.

Ott, E.A., R.L. Asquith and J.P. Feaster, 1981. Lysine supplementation of diets for yearling horses. J. Anim. Sci., 53, 1496-1503.

Ott, E.A., R.L. Asquith, J.P. Feaster and F.G. Martin, 1979. Influence of protein level and quality on the growth and development of yearling foals. J. Anim. Sci., 49, 620-628.

Pagan, J., 2003. The relationship between glycemic response and the incidence of OCD in thoroughbred weanlings: a field study. *In*: Pagan, J.D. (ed.) Kentucky Equine Res. Nutr. Conf. KER Editions, Versailles, USA, pp. 119-124.

Pagan, J.D., S.G.Jackson and S. Caddel, 1996. A summary of growth rates of thoroughbred horses in Kentucky. Pferdeheilkunde, 123, 285-289.

Paragon, B.M., G. Blanchard, J.P. Valette, A. Medjaoui and R. Wolter, 2000. Suivi zootechnique de 439 poulains en région Basse-Normandie: croissance pondérale, staturale et estimation du poids. *In*: 26ème Journée Recherche Equine Proceedings. Haras Nationaux Editions, Paris, France, pp. 3-13.

Paragon, B.M., J.P. Valette, G. Blanchard and J.M. Denoix, 2003. Nutrition and developmental orthopedic disease in horse: results of a survey on 76 yearlings from 14 breeding farms in Basse-

Normandie (France). European Zoo. Nutr. Centre. Antwerp, Belgium, Abstract.

Paragon, B.M., J.P. Valette, G. Blanchard and R. Wolter, 2001.Alimentation et statut ostéo-articulaire du cheval en croissance: résultats du suivi: 76 yearlings issus de 14 élevages en Région Basse-Normandie. *In*: 27ème Journée Recherche Equine Proceedings. Haras Nationaux Editions, Paris, France, pp. 125-132.

Peterson, C.J., L. Lawrence, R. Coleman, D. Powell, L. White, A. Reinowski, S. Hayes and L. Harbour, 2003. Effect of diet quality on growth during weaning. *In*: 18th ESS Proceedings, USA, pp. 326-327.

Potter, G.D. and J.D. Huchton, 1975. Growth of yearling horses fed different sources of protein with supplemental lysine. *In*: 4th ESS Proceedings, USA, pp. 19.

Price, J.S., B.F. Jackson, J.A. Gray, P.A. Harris, I.M. Wright, D.U. Pfeiffer, S.P. Robins, R. Eastell and S.W. Ricketts, 2001. Biochemical markers of bone metabolism in growing thoroughbreds: a longitudinal study. Res. Vet. Sci., 71, 37-44.

Ralston, S.L., 1996. Hyperglycemia/hyperinsulinemia after feeding a meal of grain to young horses with osteochondritis dissescans (OCD) lesions. Pferdeheilkunde, 3, 320-322.

Reed, K.R. and N.K. Dunn, 1977. Growth and development of the Arabian horse. *In*: 5th ENPS Proceedings, USA, pp. 76-90.

Richards, J.F., 1959. A flexible growth function for empirical use. J. Exp. Bot., 10, 290-300.

Riggs, C.M. and G.P. Evans, 1992. The microstructural bases of the mechanical properties of equine cannon bone. Equine Vet. Educ., 2 (4), 197-205.

Riggs, C.M., L.C. Vauchan, G.P. Evans, L.E. Lanyon and A. Boyde, 1993. Mechanical implications of collagen fibre orientation in cortical bone of the equine radius. Anat. Embryol., 187, 239-248.

Robelin, J., R. Boccard, W. Martin-Rosset, M. Jussiaux and C. Trillaud-Geyl, 1984. Caracteristiques des carcasses et qualités de la viande de cheval. *In*: Jarrige R. and W. Martin-Rosset (eds.) Le cheval. INRA Editions, Versailles, France, pp. 601-610.

Rossdale, P.D. and S.W. Rickets, 1978. Le poulain. Elevage et soins veterinaires. Maloine Editions, Paris, France, pp. 429.

Saastamoinen, M.T. and E. Koskinen, 1993. Influence of quality dietary protein supplement and anabolic steroïds on muscular and skeletal growth of foals. Anim. Prod., 56(1), 135-144.

Saastamoinen, M.T., S. Hyppa and K. Huovinen, 1993. Effect of dietary fat supplementation and energy to protein ratio on growth and blood metabolites of weanling foals. J. Anim. Physiol. Anim. Nutr., 71,179-188.

Savage, C.J., R.N. McCarthy and L.B. Jeffcott, 1993a. Effects of dietary energy and protein on induction of dyschondroplasia in foals. Equine Vet. J., Suppl. 16, 74-79.

Savage, C.J., R.N. McCarthy and L.B. Jeffcott, 1993b. Effect of dietary phosphorus and calcium on induction of dyschondroplasia in foals. Equine Vet. J., Suppl. 16, 80-83.

Scott, B.D., G.D. Potter, J.W. Evans, J.C. Reagor, W. Webb and S.P. Webb, 1987. Growth and feed utilization by yearling horses fed added dietary fat. *In*: 10th ESS Proceedings, USA, pp. 101-106.

Sondergaard, E., 2003. Activity, feed intake and physical development of young Danish Warmblood horses in relation to the social environment. Ph.D. Thesis. Danish Instiute of Agricultural Sciences, Tjele, 55-75.

Sponner, H.S., G.D. Potter, E.M. Michael, P.G. Gibbs, B.D. Scott, J.J. Smith and M. Walker, 2005. Influence of protein intake on bone density in immature horses. *In*: Equine Sci. Soc. Proc., Tucson, USA, pp. 11-16.

Staniar, W.B., D.S. Kronfeld, K.H. Treiber, R.K. Splan and P.A. Harris, 2004. Growth rate consists of baseline and systematic deviation components in thoroughbreds. J. Anim. Sci., 82, 1007-1015.

Staniar, W.B., D.S. Kronfeld, J.A. Wilson, L.A. Lawrence, W.L. Cooper and P.A. Harris, 2001. Growth of thoroughbreds fed a low-protein supplement fortified with lysine and threonine. J. Anim., 79, 2143-2151.

Staniar, W.B., J.A. Wilson, L.H. Lawrence, W.L. Cooper, D.S. Kronfeld and P.A. Harris, 1999. Growth of thoroughbreds fed different levels of protein and supplemented with lysine and threonine. *In*: 16th ESS Proceedings, USA, pp. 88-89.

Staun, H., F. Linneman, L. Erikson, K. Mielsen, H.V. Sonnicksen, J. Valk-Ronne, P. Schamleye, P. Henkel and E. Fraehr, 1989. The influence of feeding intensity on the development of the young growing horse until three years of age. Beretning fra Statens Husdrybrugsforsog, no. 657.

Thompson, K.N., 1995. Skeletal growth rates of weanling and yearling thoroughbred horses. J. Anim. Sci., 73,2513-2517.

Thompson, K.N., S.G. Jackson and J.P. Baker, 1988. The infiuence of high planes of nutrition on skeletal growth and development of weanling horses. J. Anim. Sci., 66, 2459-2467.

Thompson, K.N., S.G. Jackson and J.R. Rooney, 1988. The effect of above average weight gains on the incidence of radiographic bone aberrations and epiphysitis in growing horses. J. Equine Vet. Sci., 8, 383-385.

Trillaud-Geyl, C. and W. Martin-Rosset , 1990. Exploitation du pâturage par le cheval de selle en croissance. *In*: 16ème Journée Recherche Equine Proceedings. Haras Nationaux Editions, Paris, France, pp. 30-45.

Trillaud-Geyl, C. and W. Martin-Rosset, 2005. Feeding the young horse managed with moderate growth. *In*: Julliand, V. and W. Martin-Rosset (eds.) The growing horse: nutrition and prevention of growth disorders. EAAP Publication no. 114. Wageningen Academic Publishers, Wageningen, the Netherlands, pp. 147-158.

Trillaud-Geyl, C., G. Bigot, V. Jurquet, M. Bayle, G. Arnaud, H. Dubroeucq, M. Jussiaux and W.

Martin-Rosset, 1992. Influence du niveau de croissance pondérale sur le développement squelettique du cheval de selle. *In*: 18ème Journée Recherche Equine Proceedings. Haras Nationaux Editions, Paris, France, pp. 162-168.

Van Weeren, P.R., M.M.S. Van Oldruitenborgh-Oosterbaan and A. Barneveld, 1999. The influence of birth weight, rate of weight grain and final achieved height and sex on the development of osteochondrotic lesions in a population of genetically predisposed warmblood foals. Equine Vet. J., Suppl. 31, 26-30.

Vervuert, I., M. Coenen, A. Borchers, M. Granel, S. Winkelsett, L. Christmann, O. Distl, E. Bruns and Hertsch, 2003. Growth rates and the indicence of osteochondrotic lesions in Hanoverian Warmblood foals-preliminary data. European Zoo Nutr. Centre, Antwerp, Belgium, Abstract.

Walton, A. and J. Hammond, 1938. The maternal effects on growth and conformation in shire horse, shetland pony crosses. Porc. Roy. Soc. B., 125, 311-335.

Warren, L.K., L.M. Lawrence, A.S. Griffin, A.L. Parker, T. Barnes and D. Wright, 1998. The effect of weaning age on foal growth and bone density. *In*: Pagan, J.D. (ed.) Advances in equine nutrition. Nottingham University Press, Nottingham, UK, pp. 457-459.

Winsor, C.P., 1932. The Gompertz curve as a growth curve. Proc. Nat. Acad. Sci. USA, 18, 1-8.

16. 育成马

Agabriel, J. and G. Liénard, 1984. Facteurs techniques et économiques influençant la production de poulains de boucherie. *In*: INRA. Le cheval. INRA Editions, Versailles, France, pp. 571-581.

Agabriel, J., C. Trillaud-Geyl, W. Martin-Rosset and M. Jussiaux, 1982. Utilisation de l'ensilage de maïs par le poulain de boucherie. INRA Prod. Anim (ex. Bull. Techn. CRZV Theix, INRA), 49, 5-13.

Agabriel, J., W. Martin-Rosset and J. Robelin, 1984. Croissance et besoins du poulain. Chapitre 22. *In*: Jarrige, R. and W. Martin-Rosset (eds.) Le cheval. INRA Editions, Versailles, France, pp. 371-384.

Bauchart, D., F. Chantelot, A. Thomas and L. Wimel, 2008. Caractéristiques nutritionnelles des viandes de cheval de réforme et de poulain de trait. *In*: Valeurs nutritionnelles des viandes. Centre d'Information des Viandes, Paris, France.

Boccard, R., 1975. La viande de cheval. INRA Prod. Anim., 21, 53-57.

Boccard, R., 1976. Evolution de la composition corporelle et des principaux caractères qualitatifs de la viande de cheval. *In*: 3ème Journée Recherche Equine Proceedings. Haras Nationaux Editions, Paris, France, pp. 54-68.

Bouree, P., J.B. Bouvier, J. Passeron, P. Galanaud and J. Dormont, 1979. Outbreak of trichinosis near. Paris British Medical Journal, 1, 1047-1049.

Bussieras, J., 1976. L'épidémiologie de la trichinose. Rec. Méd. Vét., 1.52(4), 229-234.

Catalano, A.L. and A. Quarantelli, 1979. Carcass characteristics and chemical composition of the meat from milk-fed foals. La Clinica Veterinaria, 102, 6-7.

Cattaneo, P., A. Aadaelli and C. Cantoni, 1979. Solubilité des fractions azotées du muscle de cheval. Archivio Veterinario Italiano, 30(1-2), 47-48.

CIV (Centre Interprofessionnel des Viandes), France. www.civ-viande.org.

Dufey, P.A., 2001. Propriétés sensorielles et physico-chimiques de la viande de cheval issues de différentes catégories d'âge. *In*: 27ème Journée Recherche Equine Proceedings. Haras Nationaux Editions, Paris, France, pp. 47-54.

ECUS Annuaire, 2013. Tableau économique,statistique et graphique du cheval en France: données 2012-2013. Haras Nationaux Editions, Paris, France, pp. 63.

INRA-HN-IE, 1997. Notation de l'état corporel des chevaux de selle et de sport. Guide pratique. Institut de l'Elevage, Paris, France, pp. 40.

Ivanov, P. and W. Popow, 1966. L'elevage du cheval pour la production de viande. World Rev. Anim. Prod., 1, 67-73.

Martin-Rosset, W. and C. Trillaud-Geyl, 2011. Pâturage associé des chevaux et des bovins sur des prairies permanentes: premiers résultats expérimentaux. Fourrages, 207, 211-214.

Martin-Rosset, W. and M. Jussiaux, 1977. Production de poulains de boucherie. INRA Prod. Anim., 29, 13-22.

Martin-Rosset, W., M. Jussiaux, C. Trillaud-Geyl and J. Agabriel, 1985. La production de viande chevaline en France. Systèmes d'élevage et de production. INRA Prod. Anim., 60,31- 41.

Martin-Rosset, W., J. Vernet, H. Dubroeucq, A. Picard and M. Vermorel, 2008. Variation and prediction of fatness from body condition score in sport horses. *In*: Saastamoinen, M. and W. Martin-Rosset (eds.) Nutrition of the exercising horse. EAAP Publication no. 125. Wageningen Academic Publishers, Wageningen, the Netherlands, pp. 167-176.

Martin-Rosset, W., R. Boccard, M. Jussiaux, J. Robelin and C. Trillaud-Geyl, 1980. Rendement et composition des carcasses du poulain de boucherie. INRA Prod. Anim., 41, 57-64.

Martin-Rosset, W., R. Boccard, M. Jussiaux, J. Robelin and C. Trillaud-Geyl, 1983. Croissance relative des différents tissus, organes et régions corporelles entre 12 et 30 mois chez le cheval de boucherie de différentes races lourdes. Ann. Zootech., 32, 153-174.

Martin-Rosset, W., R. Boccard, M. Jussiaux, J. Robelin and C. Trillaud-Geyl, 1985. Estimation de la composition des carcasses de poulains de boucherie à partir de la composition de l'épaule ou d'un morceau moocostal prélevé au niveau de la 14e côte. Ann. Zootech., 34(1), 77-84.

Micol, D., W. Martin-Rosset and C. Trillaud-Geyl, 1997. Systèmes d'élevage et d'alimentation à base de fourrages pour les chevaux, INRA Prod. Anim., 10(5), 363-374.

Miraglia, N., A.L. Catalano and C. De Stefano, 1982. Carcass yield at slaughter and carcass characteristic of horses of differents breeds and types. *In*: 33th Annual Meeting of EAAP, Leningrad, Commission on Horse Production, Session 4. Wageningen Academic Publishers, Wageningen, the Netherlands.

Miraglia, N., D. Burger, M. Kapron, J. Flanagan, B. Langlois and W. Martin-Rosset, 2006. Local animal resources and products in sustainable development: rôle and potential of equids. *In*: Products quality based on local resources leasing to improved sustainability. Livestock Farming Systems Symposium, Italy. EAAP Publication no. 118. Wageningen Academic Publishers, Wageningen, the Netherlands, pp. 217-233.

Robelin, J., R. Boccard, W. Martin-Rosset, M. Jussiaux and C. Trillaud-Gel, 1984. Caractéristiques des carcasses et qualités de la viande de cheval. *In*: Jarrige, R. and W. Martin-Rosset (eds.) Le cheval. INRA Editions, Versailles, France, pp. 601-610.

Rossier, E. and C. Berger, 1988. La viande de cheval, de qualités portant méconnues. Cahier de Nutrition et de Diététique. Vol ⅩⅫ. pp., 35-40.

Roy, G. and B.L. Dumont, 1976. Système de description de la valeur hippophagique des équidés, animaux vivants et carcasses. Revue Méd. Vét., 127(10), 1347-1368.

Trillaud-Geyl, C. and W. Martin-Rosset, 2011. Pasture practices for horse breeding. Synthesis of experimental results and recommendations. Fourrages, 207, 225-230.

Tuleuov, E. and A. Billalova, 1972. Utilisation rationnelle de la viande de cheval. Mjasnaja Industrija USSR (Moskva), 1, 30-31.

17. 运动马

Armsby, H.P., 1922. The nutrition of farm animals. The MacMillan Co., New York, USA, pp. 743.

Bergero, D., A. Assenza, G. Attanzio, G. Piccione and A. Velis, 2001. Approccio fisiologico-nutrizionale alle modificazioni del peso corporeo, dell'ematocrito e degli elettroliti nel cavallo fondista impegnato in gare di resistenza di lunga durata (RLD). *In*: Proceeding 'Nuove acquisizioni in materia di alimentazione, allevamento ed allenamento del cavallo sportivo', Campobasso, 12-14 July, pp. 103-109.

Bergero, D., A. Assenza and G. Caola, 2005. Contribution to our knowledge of the physiology and metabolism of endurance horses. Livest. Sci., 92, 167-176.

Bonnaire, Y., P. Maciejewski, M.A. Popot and S. Pottin, 2008. Feed contaminants and anti doping tests. *In*: Saastamoinen, M. and W. Martin-Rosset (eds.) Nutrition of exercising horse. EAAP Publication no.125. Wageningen Academic Publishers, Wageningen, the Netherlands, pp. 399-414.

Brody, S., 1945. Bioenergetics and growth. Hafner Pub. Co., New York, USA, pp. 102.

Brody, S. and H.H. Kibler, 1943. Univ. Mo. Agric. Exp. Sta. Res. Sta., pp. 368.

Bullimore, S.R., J.D. Pagan, P.A. Harris, K.E. Hoeskstra, K.A. Roose, S.C. Gardner and R.J. Geor,

2000. Carbohydrate supplementation of horses during endurance exercise: comparison of fructose and glucose. J. Nutr., 130, 1760-1765.

Clayton, H.M., 1994. Training the show jumpers. *In*: Hodgson, D.R. and R.J. Rose (eds.) The athletic horse. W.B. Saunders, London, UK, pp. 429-438.

Coenen, M., 2008. The suitability of heart rate in the prediction of oxygen consumption, energy expenditure and energy requirement for exercising horse. *In*: Saastamoinen, M. and W. Martin-Rosset (eds.) Nutrition of the exercising horse. EAAP Publication no. 125. Wageningen Academic Publishers, Wageningen, the Netherlands, pp. 139-156.

Connyson, M., S. Muhonen and J.E. Lindberg, 2006. Effects of exercise response fluid and acid-base balance of protein intakae from forage-only dietsin standardbred horses. Equine Vet. J., Suppl. 36, 648-653.

Cooper, S.R., D.R. Topliff, D.W. Freeman, J.E. Breazile and R.D. Geisert, 2000. Effect of dietary cation-anion difference on mineral balance serum osteocalcin concentration and growth in weanling horses. J. Equine Vet. Sci., 20, 39-44.

Cooper, S.R., K.H. Kline, J.H. Foreman, H.A. Brady and L.P. Frey, 1998. Effects of dietary cation-anion balance on pH, electrolytes and lactate in standardbred horses. J. Equine Vet. Sci., 18, 662-666.

Costill, D.L., 1985. Carbohydrate nutrition before, during and after exercise. Fed. Proc., 44, 364.

Costill, D.L. and M. Hargreaves, 1992. Carbohydrate nutrition and fatigue. Sports Med., 13(2), 86.

Costill, D.L., F. Verstappen, H. Kuipers, 1984. Acid-base balance during repeated bouts of exercise: influence of HCO_3. Int. J. Sports Med., 5 (5), 228.

Courroucé, A., O. Geffroy, E. Barrey, B. Auvinet and R.J. Rose, 1999. Comparison of exercise tests in French trotters under training track, racetrack and treadmill conditions. Equine Vet. J., Suppl. 30, 528-532.

Crandell, K., 2002. Trends in feeding the american endurance horse. *In*: Pagan, J.D. (ed.). Proc. Equine Nutr. Conf. Kentucky Equine Research Inc., Versailles, USA, pp. 135-138.

Crandell, K.G., J.D. Pagan, P. Harris and S.E. Duren, 2001. A comparison of grain, vegetable oil and beet pulp as energy sources for the exercised horse. *In*: Pagan, J.D. and R.J. Geor (eds.) Advances on equine nutrition Ⅱ. Nottingham University Press, Nottingham, UK, pp. 487-488.

Crandell, K.G., J.D. Pagan and S.E. Duren, 1999. A comparison of grain oil and beet pulp as energy sources for the exercised horse. Equine Vet. J., Suppl. 30, 485-489.

Custalow, B., 1991. Protein requirements during exercise in the horse. J.Equine Vet. Sci., 11, 265-266.

Dalin, G. and L.B. Jeffcott, 1994. Biomechanics, gait and conformation. *In*: Hodgson D.R. and R.J. Rose (eds.) The athletic horse. W.B. Saunders, London, UK, pp. 27-48.

Dancer, S.F., 1968. Training and conditioning. *In*: Harrison, J.C. (ed.) Care and training the Totter and Pacer. USTA, Columbus, OH, USA, pp. 186.

Danielsen, K., L.M. Lawrence, P. Siciliano, D. Powell and K. Thompson, 1995. Effect of diet on weight and plasma variables in endurance exercised horses. Equine Vet. J., Suppl. 18, 372-377.

Davie, A., D.L. Evans and D.R. Hodgson, 1995. Effects of intravenous dextrose infusion on muscle glycogen resynthesis after intense exercise. Equine Vet. J., 27 (18S), 195-198.

Davie, A., D.L. Evans, D.R. Hodgson and R.J. Rose, 1996. Effects of glycogen depletion on high intensity exercise performance and glycogen utilisation. Pferdeheilkunde, 12, 482-484.

De Moffarts, B., N. Kirschvink, T. Art, J. Pincemail and P. M. Lekeux, 2005. Effect of oral antioxidant supplementation on blood antioxidant status in trained thoroughbred horses. Vet. J., 169, 65-74.

De Moffarts, B., N. Kirshvink, T. Art, J. Pincemail, C. Michaux, K. Cayeux and J.O. Defraigne, 2004. Impact of training and exercise intensity on blood antioxidant markers in healthy stardardbred horses. Equine Comp. Ex. Physiol., 1, 211-220.

Dunn, E.L., H.F. Hintz and H.F. Schryver, 1991. Magnitude and duration of the elevation in oxygen consumption after exercise. *In*: 12th ESS Proceedings, Canada, pp. 267-268.

Dunnett, C.E., D.J. Marlin and R.C. Harris, 2002. Effect of dietary lipid on response to exercise: relationship to metabolic adaptation. Equine Vet. J., Suppl. 34, 75-80.

Duren, S.E., 1998. Feeding the endurance horse. *In*: Pagan, J.D. (ed.) Advances in equine nutrition. Nottingham University Press, Nottingham, UK, pp. 351-364.

Dyson, S.J., 1994. Training the event horse. *In*: Hodgson D.R. and R.J. Rose (eds.) The athletic horse. W.B. Saunders, London, UK, pp. 419-428.

Eaton, M.D., 1994. Energetics and Performance. *In*: Hodgson, D.R. and R.J. Rose (eds.) The athletic horse. W.B. Saunders, London, UK, pp. 49-61.

Eaton, M.D., D.L. Evans, D.R. Hodgson and R.J. Rose, 1995a. Effect of treadmill incline and speed on metabolic rate during exercise in thoroughbred horses. J. Appl. Physiol., 79, 951-957.

Eaton, M.D., D.L. Evans, D.R. Hodgson and R.J. Rose, 1995b. Maximum accumulated oxygen deficit in thoroughbred horses. J. Appl. Physiol., 78, 1564-1568.

Eaton, M.D., D.R. Hodgson and D.L. Evans, 1995. Effect of diet containing supplementary fat on the effectweness for high intensity exercise. Equine Vet. J., Suppl. 18, 353-356.

Eaton, M.D., D.R. Hodgson, D.L. Evans and R.J. Rose, 1999. Effect of low and moderate intensity training on metabolic responses to exercise in thoroughbreds. Equine Vet. J., Suppl. 30, 521-527.

Ecker, G.L. and M.I. Lindinger, 1995. Water and ion losses during the cross-country phase of eventing. Equine Vet. J., Suppl. 20, 111-119.

Engelhardt, W.V., H. Hornicke, H.I. Ehrlein and E. Schmidt, 1973. Lactat, Pyruvat, Glucose and Wasserstoffionen im venösen Blut bei Reitpferden in unterschiedlichem Trainingszustamd. Zentrabl. Veterinar Med., 20, 173-187.

Essen-Gustavsson, B., 2008. Trygliceride storage in skeletal muscle. *In*: Saastamoinen, M. and W.

Martin-Rosset (eds.) Nutrition of the exercising horse. EAAP Publication no. 125. Wageningen Academic Publishers, Wageningen, the Netherlands, pp. 31-42.

Essen-Gustavsson, B., M. Connysson and A. Jansson, 2010. Effects of protein intake from forage-only diets on muscle amino acids and glycogen levels in horses in training. Eq. Vet. J., 42, Suppl. 38, 341-346.

Evans, D.L., 1994. Training thoroughbred horses. *In*: Hodgson, D.R. and R.J. Rose (eds.) The athletic horse. W.B. Saunders, London, UK, pp. 393-396.

Evans, D.L. and R.J. Rose, 1987. Maximal oxygen uptake in race horses: changes with training state and prediction from cardiorespiratory measurents. Equine Exerc. Physiol., 3, 52.

Farris, J.W., K.W. Hinchcliff, K.H. McKeever and D.R. Lamb, 1995. Glucose infusion increases maximal duration of prolonged treadmill exercise in standardbred horses. Equine Vet. J., Suppl. 18, 357-361.

Frape, D., 2004. Equine nutrition and feeding. 3rd edition. Wiley-Blackwell Publishing Ltd., Oxford, UK, pp. 650.

Frape, D., 2010. Equine nutrition and feeding. 4th edition. Wiley-Blackwell Publishing Ltd., Oxford, UK, pp. 512.

Freeman, D.W., G.D. Potter, G.T. Schelling and J.L. Kreider, 1985a. Nitrogen metabolism in the balance in the mature physically conditioned horse. I. Response to conditioning. *In*: 9th ESS Proceedings, USA, pp. 230-235.

Freeman, D.W., G.D. Potter, G.T. Schelling and J.L. Kreider, 1985b. Nitrogen metabolism in the mature physically conditioned horse. Ⅱ. Response to varying nitrogen intake. *In*: 9th ESS Proceedings, USA, pp. 236-241.

Freeman, D.W., G.D. Potter, G.T. Schelling and J.L. Kreider, 1988. Nitrogen metabolism in mature horses at varying levels of work. J. Anim. Sci., 66, 407-412.

Gallagher, K., J. Leech and H. Stowe, 1992a. Protein, energy and dry matter consumption by racing standardbreeds: a field survey. J. Equine Vet., Sci., 12, 382-388.

Gallagher, K., J. Leech and H. Stowe, 1992b. Protein, energy and dry matter consumption by racing thoroughbrecis: a field survey. J. Equine Vet., Sci. 12, 43-48.

Galloux, P., 1990. Concours complet d'équitation. Maloine Editions, Paris, France, pp. 233.

Garlinghouse, S.E. and M.J. Burrill, 1999. Relationship of body condition score to completion rate during 160 km endurance races. Equine Vet. J., Suppl. 30, 591-595.

Geor, R. and L.J. McCutcheon, 1998. Hydration effects on physiological strain of horses during exercise-heat stress. J. Appl. Physiol., 84, 2042-2051.

Geor, R., L.J. McCutcheon, G.L. Ecker and M.I. Lindinger, 2000. Heat storage in horses during submaximal exercise before and after humid heat acclimation. J. Appl. Physiol., 89, 2283-2293.

Geor, R., L.J. McCutcheon and M.I. Lindinger, 1996. Adaptations to daily exercise in hot and humid ambient conditions in trained thoroughbred horses. Equine Vet. J., Suppl. 22, 63-68.

Glade, M., 1989. Effects of specific amino acids supplementation on lactic acid production by horses esercised on a treadmill. *In*: 11th ESS Proceedings, USA, pp. 244-248.

Gollnick, P.D., 1985. Metabolism of substrates: energy substrate metabolism during exercise and as modified by training. Fed. Proc., 44, 353.

Gollnick, P.D. and B. Saltin, 1988. Fuel for muscular exercise: role of fat. *In*: Horton, E.S. and R.L. Terjung (eds.) Exercise, nutrition and energy metabolism. Macmillan, New York, USA, pp. 72.

Gordon, M.E., K.H. McKeever, S. Bokman, C.L. Betros, H. Manso-Filho, N. Liburt and J. Streltsova, 2005. Energy balance mismatch in standrdbred mares. *In*: 19th ESS Proceedings, USA, pp. 107-108.

Gottlieb-Vedi, M., B. Essen-Gustavasson and S.G.B. Persson, 1991. Draught load and speed compared by submaximal tests on a treadmill. *In*: Persson, S.G.B, A. Lindholm and L.B. Jeffcott (eds.) 3rd ICEEP Proceedings, Uppsala, Sweden, pp. 92-96.

Gouin, R., 1932. Alimentation des animaux domestiques. Ballière, Paris, France, pp. 432.

Graham-Thiers, P.M. and L.K. Bowen, 2011. The effect of time of feeding on plasma amino acids during exercise and recovery. J. Equine Vet. Sci., 31, 281-282.

Graham-Thiers, P.M., D.S.S. Kronfeld and D.J. Sklan, 2001. Dietary protein restriction and fat supplementation diminish the acidogenic effect of exercise during repeated sprints in horses. J. Nutr., 131, 1959-1964.

Graham-Thiers, P.M., D.S.S. Kronfeld and K.A. Kline, 1999. Dietary protein moderates acid-base responses to repeated sprints. Equine Vet. J., Suppl. 30, 463-467.

Graham-Thiers, P.M., D.S.S. Kronfeld, K.A. Kline, D.J. Sklan and P.A. Harris, 2000. Protein status of exercising Arabian horses fed diets, containing 14 percent or 7.5 percent protein fortified with lysine and threonine. J. Equine Vet. Sci., 20, 516-521.

Grandeau, L. and A. Alekan, 1904. Vingt années d'expériences sur l'alimentation du cheval de trait. Etudes sur les rations d'entretien, de marche et de travail. Courtier L. Editions, Paris, France, pp. 20-48.

Grandeau, L. and A. Leclerc, 1888. Etudes expérimentales sur l'alimentation du cheval de trait: expériences de l'alimentation à l'avoine entière: 4ème Partie. Ann. Sci. Agric., 2, 211-369.

Grandeau, L., A. Leclerc and H. Ballacey, 1892. Etudes expérimentales sur l'alhnentation du cheval de trait: expériences d'alimentation avec le maïs: 5ème Partie. Ann. Sci. Agric., 1, 173.

Grosskopf, J.F.W. and J.J. Van Rensburg, 1983. Some observations on the haematology and blood chemistry of horses compteing in 80 km endurance rides. *In*: Snow, D.H., S.G.B. Persson and R.J. Rose (eds.) 1st ICEEP Proceedings. Granta Editions, Cambridge, UK, pp. 425-431.

Guy, P.S. and D.H. Snow, 1977. The effect of training and detraining on muscle composition in the horse. J. Physiol., 269, 33-51.

Hargreaves, B.J., D.S. Kronfeld, J.N. Waldron, M.A. Lopes, L.S. Gay, K.E. Saker, W.L. Cooper, D.J. Skan and P.A. Harris, 2002b. Antioxidant status and muscle cell leakage during endurance exercise. Equine Vet. J., Suppl. 34, 116-121.

Hargreaves, B.J., D.S. Kronfeld, J.N. Waldron, M.A. Lopes, L. S. Gay, K.E. Saker, W.L. Cooper, D.J. Sklan and P.A. Harris, 2002a. Antioxidant status of horses during two 80 km endurance races. J. Nutr., 132, 1781S-1783S.

Harkins, J.D., G.S. Morris, R.T. Tulley, A.G. Nelson and S.G. Kamerling, 1992. Effect of added dietary fat on racing performance in thoroughbred horses. J. Equine Vet. Sci., 12, 123-129.

Harris, P.A. and P.M. Graham-Thiers, 1999. To evaluate the influence that 'feeding' state may exert on metabolic and physiological responses to exercise. Equine Vet. J., Suppl. 30, 633-636.

Hess, T.M., D.S. Kronfeld, C.A. Williams, J.N. Waldron, P.M. Graham-Thiers, K. Greiwe-Crandell, M.A. Lopez and P.A. Harris, 2005. Effects of oral potassium supplementation on aad-base status and plasma ion concentrations of horses during endurance exercice. Am. J. Vet. Res., 66, 466-473.

Hinchcliff, K.W., K.H. McKeever, L.M. Schmall, C.W. Kohn and W.W. Muir, 1990. Renal and systemic hemodynamic responses to sustained submaximal exertion in horses. J. Appl. Physiol., 258, R1177-R1183.

Hintz, H.F., 1983. Nutritional requirements of the exercising horse. A review. *In*: Snow, D.H., S.G.B. Persson and R.J. Rose (eds.) 1st ICEEP Proceedings. Granta Edition, Cambridge, UK, pp. 275-290.

Hintz, H.F., K.K. White, C.E. Short, J.E. Lowe and M. Ross, 1980. Effects of protein levels on endurance horses. J. Anim. Sci., Suppl. 51, 202-203.

Hintz, H.F., S.J. Roberts, S.W. Sabin and H.F. Schryver, 1971. Energy requirements of light horses for various activities. J. Anim. Sci., 32, 100-102.

Hodgson, D.R. and R.J. Rose, 1994. The athletic horse. W.B. Saunders, London, UK, pp. 497.

Hodgson, D.R., L.J. McCutcheon, S.K. Byrd, W.S. Brown, W.M. Bayly, G.L. Brengelmann and P.D. Gollnick, 1993. Dissipation of metabolic heat in the horse during exercise. J. Appl. Physiol., 74, 1161-1170.

Hoffmann, L., W. Klippel and R. Schiemann, 1967. Untersuchungen über den Energieumsatz beim Pferd unter besonderer Berücksichtigung der Horizontal bewegung. Archiv. Tierern., 17, 441-449.

Hörnicke, H., R. Meixner and R. Pollmann, 1983. Respiration in exercising horses. *In*: Snow, D.H., S.G.B. Persson and R.J. Rose (eds.) 1st ICEEP Proceedings. Granta Editions, Cambridge, UK, pp. 7-16.

Hoyt, D.F. and C.R. Taylor, 1981. Gait and the energetic locomotion in horses. Nature, 292, 239-240.

Hughes, S.J., G.D. Potter, L.W. Greene, T.W. Odom and M. Murray-Gerzik, 1995. Adaptation of thoroughbred horses in training to a fat supplemented diet. Equine Vet. J., 18, 349-352.

INRA-HN-IE, 1997. Notation de l'état corporel des chevaux de selle et de sport. Guide pratique. Institut de l'Elevage, Paris, France, pp. 40.

Jansson, A. and J.E. Linberg, 2008. Effect of a forage. Only diet on body weight and response to interval-training on track. *In*: Saastamoinen, M. and W. Martin-Rosset (eds.) Nutrition of the exercising horse.EAAP Publication no. 125. Wageningen Academic Publishers, Wageningen, the Netherlands, pp. 345-351.

Jansson, A. and K. Dahlborn, 1999. Effects of feeding frequency and voluntary salt intake on fluid and electrolyte regulation in athletic horses. J. Appl. Physiol., 86, 1610-1616.

Jansson, A., A. Lindholm, J.E. Lindberg and K. Dahlborn, 1999. Effects of potassium intake on potassium, sodium and fluid balances in exercising horses. Equine Vet. J., Suppl. 30, 412-417.

Jansson, A., S. Nyman, K. Morgan, C. Palmgren-Karlsson, A. Lindholm and K. Dahlborn, 1995. The effect of ambient temperature and saline loading on changes in plasma and urine electrolytes (Na^+ and K^+) following exercise. Equine Vet. J., Suppl. 20, 147-152.

Jespersen, J., 1949. Normes pour les besoins des animaux: chevaux, porcs et poules. *In*: 5ème Congrès International de Zootechnie: Rapports particuliers. Paris, France, pp. 33-43.

Jones, D.L., G.D. Potter, L.W. Greene and T.W. Odom, 1991. Muscle glycogen concentrations in exercised miniature horses at various body conditions and fed a control or fat-supplemented diet. *In*: 12th ESS Proceedings, Canada, pp. 109.

Jones, J.H. and G.P. Carlson, 1995. Estimation of metabolic energy cost and heat production during a 3-day event. Equine Vet. J., Suppl. 20, 23-30.

Jose-Cunilleras, E., K.W. Hinchcliff and V.A. Lacombe, 2006. Ingestion of starch-rich meals after exercise increases glucose kinetics but fails to enhance muscle glycogen replenishement in horses. Vet. J., 171, 468-477.

Jose-Cunilleras, E., K.W. Hinchcliff, R.A. Sams, S.T. Devor and J.K. Linderman, 2002. Glycemic index of a meal fed before exercise alters substrate use and glucose flux in exercising horses. J. Appl. Physiol., 92, 117-128.

Kavazis, A.N., J. Kivipelto and E.A. Ott, 2002. Supplementation of broodmares with copper, zinc, iron, manganese, coblalt, iodine and selenium. J. Equine Vet. Sci., 22, 460-464.

Kearns, C.F., K.H. McKeever, H. John-Alder, T. Abe and W.F. Brechue, 2002c. Relationship between body composition, blood volume and maximal oxygen uptake. Equine Vet. J., Suppl. 34, 485-490.

Kearns, C.F., K.H. McKeever, K.H. Kumagi and T. Abe, 2002a. Fat-free mass is related to one mile race performance in elite stardardbred horses. Vet. J., 163, 260-266.

Kearns, C.F., K.H. McKeever and T. Abe, 2002b. Overview of horse body composition and muscle. Architecture: implications for performance. Vet. J., 164, 224-234.

Kellner, O., 1909. Principes fondamentaux de l'alimentation du bétail. 3ème édition. Berger Levrault,

Paris, France, pp. 288.

Kingston, J., R.J. Geor and L.J. McCutcheon, 1997. Use of dew-point hygrometry, direct sweat collection and measurements of body water losses to determine sweating rates in exercising horses. Am. J. Vet. Res., 58,175-181.

Kline, K.H. and W.W. Albert, 1981. Investigation of a glycogen loading programm for standarbred horses. *In*: 7th ESS Proceedings, USA, pp. 186-194.

Klug, E., R.R. Weiss, L. Ahlswed and G. Schulz, 1976. Effects of beta-caroten and vitamin A on reproductive function in young bulls. Zuchthygiene, 11, 78-79.

Kossila, V., R. Virtanen and J. Maukonen, 1972. A diet of hay and oat as a source of energy digestible crude protein, minerals and trace elements for saddle horses. J. Sci. Agric. Soc. Finland, 44, 217-227.

Kronfeld, D.S., 1996. Dietay fat affect heat production and other variables of equine performance under hot and humid conditions. Equine Vet. J., Suppl. 22, 24-34.

Kronfeld, D.S., 2001. Body fluids and exercise: replacement strategies, J. Equine Vet. Sci., 21, 368-375.

Kronfeld, D.S., S.E. Custalow, P.L. Ferrante, L.E. Taylor, J.A. Wilson and W. Tiegs, 1998. Acid-base responses of fat-adapted horses: relevance to hard work in the heat. Appl. Anim. Behav. Sci., 59, 61-72.

Krzywanek, H., 1974. Lactic acid concentrations and pH values in trotters after racing. J.S. Afr. Vet. Assoc., 45,355-360.

Krzywanek, H., A. Schulze and G. Wittke, 1972. Behaviour of some blood values in trotting horses after a defined work. Berliner Munchener Tierazt. Wochenschr., 85, 325-329.

Lacombe, V.A., K.W. Hinchcliff, C.W. Kohn, S.T. Devor and L.E. Taylor, 2004. Effects of feeding meals with various soluble-carbohydrate content on muscl glycogen synthesis after exercise in horses. Am. J. Vet. Res., 65, 916-923.

Lacombe, V.A., K.W. Hinchcliff, R.J. Geor and M.A. Lauderdale, 1999. Exercise that induces substantial muscle glycogen depletion impairs subsequent aerobic capacity. Equine Vet. J., Suppl. 30, 293-297.

Lawrence, L., S. Jackson, K. Kline, L. Moser, D. Powell and M. Biel, 1991. Observations on body weight and condition of horses competing in a 150 miles endurance ride. *In*: 12th ESS Proceedings, Canada, pp. 167-168.

Lawrence, L., S. Jackson, K. Kline, L. Moser, D. Powell and M. Biel, 1992. Observations on body weight and condition of horses in a 150 miles endurance ride. J. Equine Vet. Sci., 12, 320-324.

Lawrence, L.M., J. Williams, L.V. Soderholm, A.M. Roberts and H.F. Hintz, 1995. Effect of feeding state on the response of horses to repeated bouts of intense exercise. Equine Vet. J., 27S, 27-30.

Lawrence, W., 1998. Protein requirements of equine athletes. *In*: Pagan, J.D. (ed.) Advances in equine nutrition. Nottingham University Press, Nottingham, UK, pp. 161-166.

Lewis, L.D., 1995. Feeding and care of the horse. Blackwell Publishing, Ames, Iowa, USA, pp. 587.

Lewis, L.D., 2005. Feeding and care of the horse. 2nd edition. Blackwell Publishing, Ames, Iowa, USA, pp. 587.

Lindberg, J.E. and A. Jansson, 2008. Preventing problems whilst maximising performance. *In*: Saastamoinen, M, and W. Martin-Rosset (eds.) Nutrition of the exercising horse. EAAP Publication no. 125. Wageningen Academic Publishers, Wageningen, the Netherlands, pp. 299-307.

Lindholm, A. and B. Saltin, 1974. The physiological and biochemical response of standarbred horses to exercise of varying speed and duration. Acta. Vet. Scand., 15, 310-324.

Lindholm, A. and K. Piehl, 1974. Fibre composition, enzyme activity and concentrtions of metabolites and electrolytes in muscles of Standardbred horses. Acta. Vet. Scand., 15, 287-309.

Lindinger, M.I., G.J. Heigenhauser, R.S. McKelvie and N.L. Jones, 1990. Role of non-working muscle on blood metabolites and ions with intense intermittent exercise. Am. J. Physiol., 258, R1486.

Lindinger, M.I., L.J. McCutcheon, G.L. Ecker and R.J. Geor, 2000. Heat acclimation improves regulation of plasma volume and plasma Na(+) content during exercise in horses. J. Appl. Physiol., 88, 1006-1013.

Lopez-Rivero, J.L., E. Aguera, J. Monterde, M.V. Rodriguez-Barbudo and F. Miro, 1989. Comparative study of muscle fiber type composition in the midddle gluteal muscle of andalusian, thoroughbred and arabian horses. J. Equine Vet. Sci., 9, 337-340.

Lowell, D.K., 1994. Training stardardbred trotters and pacers. *In*: Hodgson D.R. and R.J. Rose (eds.) The athletic horse. W.B. Saunders, London, UK, pp. 399-408.

Lucke, J.N. and G.M. Hall, 1980. Long distance exercise in the horse: Golden Horseshoe Ride, 1978. Vet. Rec., 106, 405-407.

Maenpaa, P.H., A. Pirhonen and E. Koskinen, 1988. Vitamin A, E and D nutrition in mares and foals during the winter season: effect of feeding two different vitamin-mineral concentrates. J. Anim. Sci., 66, 1424-1429.

Marlin, D., 2008a. Horse transport. *In*: Saastamoinen, M. and W. Martin-Rosset (eds.) Nutrition of the exerasing horse. EAAP Publication no. 125. Wageningen Academic Publishers, Wageningen, the Netherlands, pp. 83-92.

Marlin, D., 2008b. Thermoregulation. *In*: Saastamoinen, M. and W. Martin-Rosset (eds.) Nutrition of the exercising horse. EAAP Publication no. 125. Wageningen Academic Publishers, Wageningen, the Netherlands, pp. 71-82.

Marlin, D.J., C.M. Scott, R.C. Schroter, R.C. Harris, P.A. Harris, C.A. Roberts and P.C. Mills, 1999. Physiological responses of horses to a treadmill simulated speed and endurance test in high heat and humidity before and after humid heat acclimation. Equine Vet. J., 31, 31-42.

Marlin, D.J., K. Fenn, N. Smith, C.D. Deaton, C.A. Roberts, P.A. Harris, C. Dunster and F.J. Kelly, 2002. Changes in circulatory antioxidant status in horses during prolonged exercise. J. Nutr.,

132, 1622S-1627S.

Marlin, D.J., P.A. Harris, R.C. Schroter, R.C. Harris, C.A. Roberts, C.M. Scott, 1995. Physiological, metabolic and biochemical responses of horses competing in the speed and endurance phase of a CCI 3-day-event. Equine Vet. J., Suppl. 20, 37-46.

Marlin, D.J., R.C. Shroter, S.L. White, P. Maykuth, G. Matthesen, P.C. Mills, N. Waran and P. Harris, 2001. Recovery from transport and acclimatisation of competition horses in a hot humid environment. Equine Vet. J., 33, 371-379.

Martin, L., O. Geoffroy, A. Bonneau, C. Barré, P. Nguyen and H. Dumon, 2008. Nutrien intake in show jumping horses in France. *In*: Saastamoinen, M. and W. Martin-Rosset (eds.) Nutrition of the exerasing horse. EAAP Publication no. 125. Wageningen Academic Publishers, Wageningen, the Netherlands, pp. 333-340.

Martin-Rosset, W., 2005. Growth and development in the equine. *In*: Julliand, V. and W. Martin-Rosset (eds.) The growing horse: nutrition and prevention of growth disorders. EAAP Publication no. 114. Wageningen Academic Publishers, Wageningen, the Netherlands, pp. 15-50.

Martin-Rosset, W., 2008a. Energy requirements and allowances of exercising horses. *In*: Saastamoinen, M. and W. Martin-Rosset (eds.) Nutrition of the exercising horse. EAAP Publication no. 125. Wageningen Academic Publishers, Wageningen, the Netherlands, pp. 103-138.

Martin-Rosset, W., 2008b. Protein requirements and allowances in the exercising horses. *In*: Saastamoinen, M. and W. Martin-Rosset (eds.) Nutrition of the exercising horse. EAAP Publication no. 125. Wageningen Academic Publishers, Wageningen, the Netherlands, pp. 183-204.

Martin-Rosset, W., J. Vernet, H. Dubroeucq and M. Vermorel, 2008a. Variation of fatness with body condition score in sport horses. *In*: Saastamoinen, M. and W. Martin-Rosset (eds.) Nutrition of the exercising horse. EAAP Publication no. 125. Wageningen Academic Publishers, Wageningen, the Netherlands, pp. 167-178.

Martin Rosset, W., J. Vernet, L. Tavernier and M. Vermorel, 2008b. Energy balance of sport horses working in riding school at two intensities. *In*: Saastamoinen, M. and W. Martin-Rosset (eds.) Nutrition of the exercising horse. EAAP Publication no. 125. Wageningen Academic Publishers, Wageningen, the Netherlands, pp. 341-344.

Mathiason-Kochan, K.J., G.D. Potter, S. Caggiano and E.M. Michael, 2001. Ration digestibility, water balance and physiologie responses in horses fed varying diets and exercised in hot weather. *In*: 17th ESS Proceedings, USA, pp. 262-268.

Matsui, A., H. Ohmura, Y. Asai, T. Takahashi, A. Hiraga, K. Okamura, H. Tokimura, T. Sugino, T. Obitsu and K. Taniguchi, 2006. Effect of amino acid and glucose administration follwing exercise on the turn over of muscle protein in the hind limb femoral region of thoroughbred. Equine Vet. J., Suppl. 36, 611-616.

McConaghy, F., 1994. Thermoregulation. *In*: Hodgson, R. and R.J. Rose (eds.) The athlelic horse. W.B. Saunders, London, UK, pp. 1-204.

McCutcheon, L.J. and R.J. Geor, 1996. Sweat fluid and ion losses in horses during training and competition in cool vs. hot ambient conditions: implications for ion supplementation. Equine Vet. J., Suppl. 22, 54-62.

McCutcheon, L.J. and R.J. Geor, 2000. Influence of training on sweating responses during submaximal exercise in horses. J. Appl. Physiol., 89, 2463-2471.

McCutcheon, L.J., R.J. Geor, G.L. Ecker and M.I. Lindinger, 1999. Equine sweating responses to submaximal exercise during 21 days of heat acclimation. J. Appl. Physiol., 87, 1843-1851.

McCutcheon, L.J., R.J. Geor, M.J. Hare, G.L. Ecker and M.I. Lindinger, 1995. Sweating rate and sweat composition during exercise and recovery in ambient heat and humidity. Equine Vet. J. Suppl., 20, 153-157.

McKenzie, E.C., S.J. Valberg, S. Godden, J.D. Pagan, J.M. MacLeay, R.J. Geor and G.P. Carlson, 2003. Effect of dietary starch, fat and bicarbonate content on exercise responses and serum creatine kinase activity in equine reccurent exertional thabdomyolysis. J. Vet. Int. Med., 17, 693-701.

Meixner, R., H. Hörnicke and H.J. Ehrlein, 1981. Oxygen consumption, pulmonary ventilation and heart rate of riding-horses during walk, trot and gallop. *In*: Sansen, W. (ed) Biotelemetry Ⅵ, Leuven, Belgium, pp. 6.

Miller, P.A. and L.A. Lawrence, 1988. The effect of dietary protein level on exercising horses. J.Anim. Sci., 66, 2185-2192.

Miller, P.A., L.M. Lawrence and A.M. Hank, 1985. The effect of intense exhaustive exercise on blood metabolites and muscle glycogen levels in horses. *In*: 9th ESS Proceedings, USA, pp. 218-223.

Millward, D.J., A. Fereday, N. Gibson and P.J. Pacy, 1997. Aging, protein requirements and protein turnover. Am. J. Clin. Nutr., 66, 774-786.

Murray, R., W.P. Bartoli, D.E. Eddy and M.K. Horn, 1995. Physiological and performance responses to nicotinic-acid ingestion during exercise. Med. Sci. Sports Exer., 27, 1057-1062.

Nadal'Jack, E.A., 1961a. Effect of state training on gaseous exchange and energy expenditure in horses of heavy draught breeds (in Russian). Trudy Vses. Inst. Konevodtsva, 23, 262-274.

Nadal'Jack, E.A., 1961b. Gaseous exchange and energy expenditure at rest and during different tasks by breeding stallions of heavy draught breeds (in Russian). Trudy Vses. Inst. Konevodtsva, 23, 246-261.

Nadal'Jack, E.A., 1961c. Gaseous exchange in horses in transport work at the walk and trot with differents loads and rates of movements. Gaseous exchange and energy expenditure at rest and during different tasks by breeding stallions of heavy draught breeds. Effect of state of training on gaseous exchange and energy expendure in horses of heavy draught breeds (in Russian). Nutr. Abstr. Reviews, 32, no. 2230-2231-2232,463-464.

Nimmo, M.A. and D.H. Snow, 1983. Changes in muscle glycogen, lactate and pyruvate concentrations in the thoroughbred horse following maximal exercise. *In*: Snow, D.H., S.G.B. Persson and R.J. Rose (eds.) Equine exercise physiology. Granta Editions, Cambridge, UK, pp. 237-243.

O'Connor, C.I., L.M. Lawrence, A.C. St. Lawrence, K.M. Janicki, L.K. Warren and S. Hayes, 2004. The effect of dietary fish oil supplementation on exercising horses. J. Anim. Sci., 82, 2978-2984.

Ohta, Y., T. Yoshida and T. Ishibaqhi, 2007. Estimation of dietary lysine requirement using plasma amino acids concentration in mature thoroughbreds. J. Anim. Sci., 78, 41-46.

Oldham, S.L., G.D. Potter, J.W. Ewans, S.B. Smith, T.S. Taylor and W.S. Barnes, 1990. Storage and mobilization of muscle glycogen in exercising horses fed a fat supplemented diet. J. Equine Vet. Sci., 10, 353-359.

Olsson, N. and A. Ruudvere, 1955. The nutrition of the horse. Nutr. Abstr. Reviews, 25, 1-18.

Orme, C.E., R.C. Harris, D.J. Marlin and J. Hurley, 1997. Metabolic adaptation to a fat-supplemented diet by the thoroughbred horse. Br. J. Nutr., 78, 443-458.

Ott, E.D., 2005. Influence of temperature stress on the energy and protein metabolism and requirements of the working horse. Livest. Prod. Sci., 92, 123-130.

Pagan, J.D. and P.A. Harris, 1999. The effects of timing and amount of forage and grain on exercise response in thoroughbred horses. Equine Vet. J., 30, 451-458.

Pagan, J.D. and H.F. Hintz, 1986a. Equine energetic. Ⅰ. Relationship between body weight and energy requirements in horses. J. Anim. Sci., 63, 815.

Pagan, J.D. and H.F. Hintz, 1986b. Equine energetics. Ⅱ. Energy expenditure in horses during submaximal exercise. J. Anim. Sci., 63, 822-830.

Pagan, J.D., B. Essen-Gustavsson, M. Lindholm and J. Thornton, 1987. The effect of dietary energy source on exercise performance in standard breed horses. *In*: Gillepsie J.R. and N.E. Robinson (eds.) 2nd ICEEP Proceedings, Davis, CA, USA, pp. 686-799.

Pagan, J.D., G. Cowley, D. Nash, A. Fttzgerald, L. White and M. Mohr, 2005. The efficiency of utilization of digestible energy during submaximal exercise. *In*: 19th ESS Proceedings, USA, pp. 199-204.

Pagan, J.D., I. Burger and S.G. Jackson, 1995, The long term effects of feeding fat to 2-year-old thoroughbred in training. Equine Vet. J., Suppl. 18, 343-348.

Pagan, J.D., P. Harris, T. Brewster-Barnes, S.E. Duren and S.G. Jackson, 1998. Exercise affects digestibility and rate of passage of all forage and mixed diets in thoroughbred horses. J. Nutr., 128, 2704S-2708S.

Pagan, J.D., R.J. Geor, P.A. Harris, K. Hoekstra, S. Gardner, C. Hudson and A. Prince, 2002. Effects of fat adaptation on glucose kinetics and susbtrate oxidation during low intensity exercise. Equine Vet. J., Suppl. 34, 33-38.

Pagan, J.D., W. Tiegs, S.G. Jackson and H.O.W. Murphy, 1993. The effect of different fat sources on exercise performance in thoroughbred race horses. *In*: 13th ESS Proceedings, USA, pp. 125-129.

Palmgreen-Karlsson, C., A. Jansson, B. Essen-Gustavsson and J.E. Lindberg, 2002. Effect of molassed sugar beet pulp on nutrient utilisation and metabolic parameters during exercise. Equine Vet. J., Suppl. 34, 44-49.

Peterson, K.H., H.F. Hintz, H.F. Schryver and J.G.F.Combs, 1991. The effect of vitamin E on membrane integrity during submaximal exercise. *In*: Persson, G.B., A. Lindholm and L.B. Jeffcott (eds.) 3rd ICEEP Proceedings, Uppsala, Sweden, pp. 315-322.

Porr, C.A., D.S. Kronfeld, L.A. Lawrence, R.S. Pleasant and P.A. Harris, 1998. Deconditioning reduces mineral content of the third metacarpal bone in horses. J. Anim. Sci., 76, 1875-1879.

Potter, G.D., S.P. Webb, J.W. Evans and G.W. Webb., 1989. Digestible energy requirements for work and maintenance of horses fed conventional and fat-supplemented diets. *In*: 11th ESS Proceedings, USA, pp. 145-150.

Pratt, S., R. Geor and J. McCutheon, 2005. Insulin sensitivity after exercise in the horse. *In*: 19th ESS Proceedings, USA, pp. 120.

Pratt, S.E., L.M. Lawrence, L.K. Warren and D. Powell, 1999. In effect of sodium acetate infusion on the exercising horse. *In*: 16th ESS Proceedings, USA, pp. 7-8.

Rice, O., R. Geor, P. Harris, K. Hoekstra, S. Gardner and J. Pagan, 2001. Effects of restricted hay intake on body weight and metabolic responses to high-intensity exercise in thoroughbred. *In*: 17th ESS Proceedings, USA, pp. 273-279.

Ridgway, K.J., 1994. Training endurance horses. *In*: Hodgson, D.R. and R.J. Rose (eds.) The atletic horse. W.B. Saunders, London, UK, pp. 409-418.

Rion, J.L., 2001. Animal nutrition and acid-base balance. Eur. J. Nutr., 40, 245-254.

Schott, H.C., D.R. Hodgson, W. Bayly and P.D. Gollnick, 1991. Renal response to high intensity exercise. Equine Exerc. Physiol., 3, 361-367.

Schott, H.C., K.S. McGalde, H.A. Molander, A.J. Leroux and M.T. Hines, 1997. Body weight, fluid, electrolyte and hormonal changes in horses competing in 50 and 100-mile endurance rides. Am. J. Vet. Res., 58, 303-309.

Schott, H.C., S.M. Axiak, K.A. Woody and S.W. Eberhard, 2002. Effect of oral administration of electrolyte pastes on rehydration of horses. Am. J. Vet. Res., 63, 19-27.

Schroter, R. and D.J. Marlin, 2002. Modelling the cost of transport in competitions over ground of different slope. Equine Vet. J., Suppl. 34, 397-401.

Schryver, H.F., O.T. Oftedal, J. Williams, L.V. Soderholm and H.F. Hintz, 1986. Lactation in the horse: the mineral composition of mare's milk. J. Nutr., 116, 2142-2147.

Schuback, K., B. Essen-Gustavsson and S.G. Persson, 2000. Effect of creatinine supplementation on muscle metabolic response to maximal treadmill exercise test in standardbred horse. Equine Vet. J., 32, 533-540.

Schweigert, F.J. and C. Gottwald, 1999. Effect of parturition on levels of vitamins A and E and of beta-carotene in plasma and milk of mares. Equine Vet. J., 31, 319-323.

Scott, B.D., G.D. Potter, L.W. Greene, P.S. Hargis and J.G. Anderson, 1992. Efficacy of a fat-supplemented diet on muscle glycogen concentrations in exercising thoroughbred horses maintained in varying body conditions. J. Equine Vet. Sci., 12, 105-109.

Slade, L.M., L.D. Lewis, C.R. Quinn and M.L. Chandler, 1975. Nutritional adaptations of horses for endurance performance. Proc. Equine Nutr. Soc., 114-128.

Sloet Van Oldruitenborgh-Oosterbaan, M.M., M.P. Annee, E.J. Verdegaal, A.G. Lemens and A.C. Beynen, 2002. Exercise and metabolism-associated blood variables in standarbreds fed either a low or a high-fat diet. Equine Vet. J., Suppl. 34, 29-32.

Smith, B.L., J.H. Jones, W.J. Hornof, J.A. Miles, K.E. Longworth and N.H. Willits, 1996. Effects of road transport on indices of stress in horses. Equine Vet. J., 28, 446-454.

Snow, D.H., 1983. Skeletal muscle adaptations. A review. *In*: Snow, D.H., S.G.B. Persson and R.J. Rose (eds.) 1st ICEEP Proceedings. Granta Editions, Cambridge, UK, pp. 160-183.

Snow, D.H., M.G. Kerr, M.A. Nimmo and E.M. Abbott, 1982. Alterations in blood, sweat, urine and muscle composition during prolonged exercise in the horse. Vet. Rec., 110, 377-384.

Snow, D.H., R.C. Harris, J.C. Harman and D.J. Marlin, 1987. Glycogen repletion patterns following different diets. *In*: Gillepsie, J.R. and N.E. Robinson (eds.) 2nd ICEEP Proceedings, Davis, CA, USA, pp. 701-710.

Sonntag, A.C., M. Enbergs, L. Ahlwede and K. Elze, 1996. Components in mare's milk in relation to stage of lactation and environment. Pferdeheilkunde, 12, 220-222.

Southwood, L.L., D.L. Evans, W.L. Bryden and R.J. Rose, 1993. Nutrient intake of horses in thoroughbred and standardbred stables. Austral. Vet. J., 70, 164-168.

Spriet, L.L. and M.J. Watt, 2003. Regulatory mechanisms in the interaction between carbohydrate and lipid oxidation during exercise. Acta. Physiol. Scand., 178, 443-452.

Stefanon, B., C. Bettini and P. Guggia, 2000. Administration of branched-chain amino acids to standardbred horses in training. J. Equine Vet. Sci., 20, 115-119.

Stull, C. and A.V. Rokiek, 1995. Effects of post prandial interval and feed type on substrate availability during exercise. Equine Vet. J., Suppl. 18, 362-366.

Taylor, L.E., P.L. Ferrante, D.S. Kronfeld and T.N. Meacham, 1995. Acid-base variables during incremental exercise in sprint-trained horses fed a high-fat diet. J. Anim. Sci., 73, 2009-2018.

Thorton, J., J.D. Pagan and S.G.B. Persson, 1987. The oxygen cost of weight loading and incline treadmill exercise in the horse. 2nd ICEEP Proceedings, Davis, CA, USA, pp. 206-215.

Topliff, D.R., G.D. Potter, J.L. Kreider and C.R. Cragor, 1981. Thiamin supplementation of exercising horses. *In*:7th ESS Proceedings, USA, pp. 167-172.

Topliff, D.R., G.D. Potter, J.L. Kreider, T.R. Dutson and G.T. Jessup, 1985. Diet manipulation and muscle glycogen metabolism and anaerobic work performance in the equine. *In*: 9th ESS Proceedings, USA, pp. 224-229.

Treiber, K.H., R.J. Geor, R.C. Boston, T.M. Hess, P.A. Harris and D.S. Kronfeld, 2008. Dietary energy source affects glucose kinetics in trained Arabian geldings at rest and during endurance exercise. J. Nutr., 138, 964-970.

Tripton, K.D. and R.R. Wolfe, 2001. Exercise, protein metabolism and muscle growth. Int. J. Sport Nutr. Exerc. Metab., 11, 109-132.

Trottier, N.L., B.D Nielson, K.J. Lang, P.K. Ku and H.C. Schott, 2002. Equine endurance exercise alters serum branched-chain amino acid and alanine concentrations. Equine Vet. J., Suppl. 34, 168-172.

Tyler, C.M., L.C. Golland, D.L. Evans, D.R. Hodgson and R.J. Rose, 1996. Changes in maximum uptake during prolonged training, overtraining, and detraining in horses. J. Appl. Physiol., 81, 2244-2249.

Valle, E. and D. Bergero, 2008. Electrolyte requirements and supplementation. *In*: Saastamoinen, M. and W. Martin-Rosset (eds.) Nutrition of the exercising horse. EAAP Publication no. 125. Wageningen Academic Publishers, Wageningen, the Netherlands, pp. 219-232.

Vermorel, M., R. Jarige and W. Martin-Rosset, 1984. Métabolisme énergétique du chval. Le système des UFC. *In*: Jarrige, R. and W. Martin-Rosset (eds.) Le cheval. INRA Editions, Versailles, France, pp. 238-276.

Vervuert, I., M. Coenen and E. Watermulder, 2005. Metabolic response to oral tryptophan supplementation before exercise in horses. J. Anim. Physiol. Anim. Nutr., 89, 145-149.

Vervuert, I., M. Coenen and M. Bichman, 2004. Comparison of the feect of fructose and glucose supplementation on metabolic responses in resting and exerisin horses. J. Vet. Med. A., 51, 171-177.

Vogelsang, M.M., G.D. Potter, J.L. Kreider, G.T. Jessup and J.G. Anderson, 1981. Dtermining oxygen consumption in the exercising horse. *In*: 7th ESS Proceedings, USA, pp. 195-196.

Webb, S.P., G.D. Potter, J.W. Evans and G.W. Webb, 1992. Influence of body fat content on digestible energy requirements of exercising horses in temperate and hot environments. J. Equine Vet. Sci., 10, 116-120.

White, S.L. 1998. Fluid, electrolyte, and acid-base balances in three-day, combined-training horses. Vet. Clin. North. Am. Equine. Pract., 14, 137-145.

Wickens, C.L., J. Moore, J. Shelle, C. Skelly, H.M. Clayton and N.L. Trottier, 2003. Effect of exercise on dietary protein requirement of the Arabian horse. *In*: 18th ESS Proceedings, USA, pp. 129-130.

Willard, J.C., S.A. Wolfram, J.P. Baker and L.S. Bull, 1979. Determnation of the energy for work. *In*: 6th ESS Proceedings, USA, pp. 33-34.

Williams, C.A., D.S. Kronfeld, T.M. Hess, K.E. Saker and P.A. Harris, 2004. Lipoic acid and vitamin E supplementation to horses diminishes endurance exercise induced oxidative stress, muscle enzyme leakage and apoptosis. *In*: Lindner, A. (ed.) CESMAS proceedings. The elite race and endurance horse, Norway, pp. 105-119.

Williams, C.A., D.S. Kronfeld, T.M. Hess, K.E. Saker, J.N. Waldron, K.M. Crandell, R.M. Hoffman and P.A. Harris, 2004. Antioxidant supplementation and subsequent oxidative stress of horses during an 80 km endurance race. J. Anim. Sci., 82, 588-594.

Wilson, R.G., R.B. Isler and J.R. Thornton, 1983. Heart rate, lactic acid production and speed during a standardized exercise in standardbred horses. *In*: Snow, D.H., S.G.B. Persson and R.J. Rose (eds.) 1st ICEEP Proceedings. Granta Editions, Cambridge, UK, pp. 487-496.

Winter, L.D. and H.F. Hintz, 1981. A survey of feeding practices at two thoroughbred race tracks. *In*: 7th ESS Proceedings, USA, pp. 136-140.

Zeyner, A., J. Bessert and J.M. Gropp, 2002. Effect of feeding exerased horses on high starch or high fat diets for 390 days. Equine Vet. J., Suppl. 34, 50-57.

Zuntz, N. and O. Hageman, 1898. Untersuschugen über den stoffwechsel des pferdes bei ruhe und arbeit. Landw. Jahrb., Suppl. 27, 18.

18. 矮马

Argo, C. M., J.E. Cox, C. Lockyer and Z. Fuller, 2002. Adaptive changes in the appetite, growth and feeding behaviour of pony mares offered *ad libitum* access to a complete diet in either a pelleted or chaffbased form. J. Anim. Sci., 74, 517-528.

Barth, K.M., J.W. Williams and D.G. Brown, 1977. Digestible energy requirements of working and non-working ponies. J. Anim. Sci., 44, 585-589.

Cymbaluk, N. and D.A. Christiensen, 1986. Nutrient utilization of pelleted and unpelleted forages by ponies. Can. J. Anim. Sci., 66, 237-244.

Hintz, H.F. and H.F. Schryver, 1973. Magnesium, calcium and phosphorus metabolism in ponies fed varying levels of magnesium. J. Anim. Sci., 37, 927-930.

Hintz, H.F. and H.F. Schryver, 1976. Potasium ùetabolism in ponies. J. Anim. Sci., 42, 637-643.

Hintz, H.F., D.E. Hogue, E.F. Walker, J.E. Lowe and H.F. Schryver, 1970. Apparent digestion in various segments of the digestive tract of ponies fed diets with varying roughage-grain ration. J. Anim. Sci., 32,10-102.

Hintz, H.F., D.E. Hogue, E.F. Walker, J.E. Lowe and H.F. Schryver, 1971. Apparent digestion in various segments of the digestive tract of ponies fed diets with varying roughage-grain ratios. J. Anim. Sci., 32(2), 245-248.

Jeffcott, L.B., J.R. Field, J.G. McLean and K. Odea, 1986. Glucose-tolerance and insulin sensitivity in ponies and standardbred horses. Equine Vet. J., 18, 97-101.

Jordan, R.M., 1977. Growth pattern of ponies. *In*: 5th ESS Proceedings, USA, pp. 101-112.

Jordan, R.M., 1979a. A note on energy requirements for lactation of pony mares. *In*: 6th ESS Proceedings USA, pp. 27-30.

Jordan, R.M., 1979b. Effect of thiamin and vitamin A and D supplementation on growth of weanling ponies. *In*: 6th ESS Proceedings, USA, pp. 67-69.

Jordan, R.M., 1985. Effect of energy and crude protein intake on lactating pony mares. *In*: 8th ESS Proceedings, USA, pp. 90-94.

Jordan, R.M. and V.S. Myers, 1972. Effect of protein levels on the growth of weanling and yearling ponies. J. Anim. Sci., 34, 578-581.

Jordan, R.M., V.S. Meyers, B. Yoho and F.A. Spurrell, 1975. Effect of calcium and phosphorus levels on growth, reproduction and bone development of ponies. J. Anim. Sci., 40, 78-85.

Katz, L.M., W.M. Bayly, M.J. Roeder, J.K. Kingston and M.T. Hines, 2000. Effects of training on maximum oxygen consumption of ponies. Am. J. Vet. Res., 81, 986-991.

McCann, J.S., T.N. Meacham and J.P. Fontenot, 1987. Energy utilization and blood traits of ponies fed fat-supplemented diets. J. Anim. Sci., 65, 1019-1026.

Olsman, A.F.S., W.L. Jansen, M.M. Sloet Van Oldruttenborg-Oosterbaan and A.C. Beynen, 2003. Asssessment of the minunum protein requirement of adult ponies. J. Anim. Physiol. Anim. Nutr., 87, 205-212.

Ouedraogo, T. and Tisserand J.L., 1996. Etude comparative de la valorisation des fourrages pauvres chez l'âne et le mouton. Ingestibilité et digestibilité. Ann. Zootech., 45, 437-444.

Pagan, J.D. and H.F. Hintz, 1986. Composition of milk from pony mares fed various levels of digestible energy.Cornell Vet., 76, 139-148.

Pagan, J.D., H.F. Hintz and T.R. Rounsaville, 1984. The digestible enrgy requirements of lactating pony mare. J. Anim. Sci. 58, 1382-1387.

Pearson, R.A. and J.B. Merritt, 1991. Intake, digestion and gastrointestinal transit time in resting donkeys and ponies and exercised donkeys given *ad libiturn* hay and straw diets. Equine Vet. J., 23, 339-343.

Pearson, R.A., R.F. Archibald and R.H. Muirhead, 2001. The effect of forage quality and level of feeding on digestibility and gastrointestinal transit time of oat straw and alfalfa given to ponies and donkeys. Br. J. Nutr., 85, 599-606.

Schmidt, O., E. Deegen, H. Fuhrmann, R. Duhlmeier and H.P. Sallmann, 2001. Effects of fat feeding and energy level on plasma metabolites and hormones in Shetland ponies. J. Vet. Med. A., 48, 39-49.

Schryver, H.F., H.F. Hintz and P.H. Craig, 1971a. Calcium metabolism in ponies fed high phosphorus diet. J. Nutr., 101, 259-264.

Schryver, H.F., H.F. Hintz and P.H. Craig, 1971b. Phosphorus metabolism in ponies fed varying levels of phosphorus. J. Nutr., 101, 1257-1263.

Schryver, H.F., P.H. Craig and H.F. Hintz, 1970. Calcium metabolism in ponies fed varying levels of calcium. J. Nutr., 100, 955-964.

Slade, L.M. and H.F. Hintz, 1969. Comparison if digestion in horses, ponies, rabbits and guinea pigs. J. Anim.Sci., 28, 842-843.

Vermorel, M. and P. Mormed, 1991. Energy cost of eating in ponies. *In*: Wenk, C. and M. Biessugern (eds.) Energy metabolism of farm animals. EAAP Publication no. 8. Switzerland.

Vermorel, M., J. Vernet and W. Martin-Rosset, 1997. Digestive and energy utilization of two diets by ponies and horses. Livest. Prod. Sci., 51, 13-19.

Westervelt, R.G., J.R. Stouffer and H.F. Hintz, 1996. Estimaing fatness in horses and ponies. J. Anim. Sci., 43,781-785

Wolter, R., J.P. Valette and J.M. Marion, 1986. Magnesium et effort d'endurance chez le poney. Ann. Zootech., 35, 255-263.

19. 驴

Carbery, J.T., 1978. Osteodysgenesis in a foal associated with copper deficiency, N.Z. Vet. J., 26, 279-280.

Carretero-Roque, L., B. Colunga and D.G. Smith, 2005. Digestible energy requirements of Mexican donkeys fed oat straw and maize stover. Tropical Animal Health and Production, 37, Suppl. 1, 123-142.

Dijkman, J.T., 1992. A note on the influence of negative gradients on the energy expenditure of donkeys walking, carrying and pulling loads. Anim. Prod., 54, 153-156.

Dill, D.B., M.K. Youssef, C.R. Cox and R.B. Barton, 1980. Hunger vs. thirst in the burro (*Equus asinus*). Physiol. Behav., 24, 975-978.

Doreau, M. and W. Martin-Rosset, 2002. Dairy animals. Horse. *In*: Roginski, H., J.W. Frequay and P.F. Fox (eds.) Encyclopedia of dairy sciences. Academic Press, London, UK, pp. 630-637.

Doreau, M., J.L. Gaillard, J.M. Chobert, J. Léonil, A.S. Egito and T. Haertlé, 2002. Composition of mare and donkey milk fatty acids and proteins and consequences on milk utilisation. *In*: Miraglia, N. (ed.) 4th Annual Meeting Proceedings: new findings in equine practice, Italy. University Campobasso, Italy, pp. 51-71.

Duncan, P., T.J. Foose, I.J. Gordon, C.G. Gakahu and M. Lloyd, 1990. Comparative nutrient extraction from forages by grazing bovids and equids: a test of the nutritional model of equid/bovid competition and coexistence. Oecologia, 84, 411-418.

El-Nauty, F.D., M.K. Youssef, A.B. Magdub and H.D. Johnson, 1978. Thyroid hormones and metabolic rate in burros. *Equus asinus* and lamas. *Larna glama*: effects of environmental temperature. Comp. Bioch. Physiol., 60, 235-237.

FAO, 1994. Draught animal power manual. FAO, Rome, Italy.

Guerouali, A., H. Bouayard and M. Taouil, 2003. Estimation of energy expenditures in horses and donkeys at rest and when carrying aload. *In*: Pearson, R.A., P. Lhoste, M. Saastamoinen and W. Martin-Rosset (eds.) Working animals in agriculture and transport. A collection of some current research and development observations. EAAP Technical Series no. 6. Wageningen Academic Publishers, Wageningen, the Netherlands, pp. 75-78.

Izraely, H., I. Chosniak, C.E. Stevens and A. Shkolnik., 1989. Energy digestion and nitrogen economy of the domesticated donkey (*Equus asinus*) in relation to food quality. J. Arid Environ., 17, 97-101.

Izraely, H., I. Chosniak, C.E. Stevens, M.W. Demment and A. Shkolnik, 1989. Factors determining the digestive efficiency of the domesticated donkey (*Equus asinus*). Q. J. Exp. Physiol., 74, 1-6.

Maloiy, G.M.O., 1970. Water economy of the Somaly donkey. Am. J. Physiol., 219, 1522-1527.

Maloiy, G.M.O., 1971. Temperature regulation in the Somaly donkey (*Equus asinus*). Comp. Bioch. Physiol. A., 39, 403-405.

Maloiy, G.M.O., 1973. The effect of dehydration and heat stress on intake and digestion of food in the Somali donkey. Environ. Physiol. Biochem., 3, 36-39.

Martuzzi, F. and M. Doreau, 2003. Mare milk composition: recent findings about protein fractions and mineral content. *In*: Miraglia, N. and W. Martin-Rosset (eds.) Nutrition and feeding the broodmare. EAAP Publication no. 120. Wageningen Academic Publishers, Wageningen, the Netherlands, pp. 65-76.

Mueller, P.J. and K.A. Houpt, 1991. A comparison of the responses of donkeys (*Equus asinus*) and ponies (*Equus caballus*) to 36 hrs water deprivation. *In*: Fielding, D. and R.A. Pearson (eds.) Donkey mules and horses in tropical agricultural development. University of Edinburgh Press, Edinburgh, UK, pp. 86-95.

Mueller, P.J., H.F. Hintz, R.A. Pearson, P. Lawrence and P.J. Van Soest, 1994. Voluntary intake of roughage diets by donkeys. *In*: Bakkoury, M. and A. Prentis (eds.) Working equines. Actes Editions, Rabat, Morocco, pp. 137-148.

Mueller, P.J., M.T. Jones, R.E. Rawson, P.J. Van Soest and H.F. Hintz, 1994. Effect of increasing work rate on metabolic responses of the donkey (*Equus asinus*). J. Appl. Physiol., 77, 1431-1438.

Mueller, P.J., P. Protos, K.A. Houpt and P. Van Soest, 1998. Chewing behaviour in the domestic donkey (*Equus asinus*) fed fibrous forage. Appl. Anim. Behav. Sci., 60, 241-251.

Nengomasha, E.M., R.A. Pearson and T. Schmith, 1999. The donkey as a draught power ressorce in smallholder farming in semi-arid western Zimbabwe. Ⅰ. Live weight and food water requirements. J. Anim. Sci., 69, 297- 304.

Ouedraogo, T. and J.L. Tisserand, 1996. Etude comparative de la valorisation des fourrages pauvres chez l'âne et le mouton. Ingestibilité et digestibilité. Ann. Zootech., 45, 437-444.

Pearson, R.A., 1991. Effects of exercise on digestive efficiency in donkeys given *ad libitum* hay an straw diets. *In*: Pearson, A.A. and D. Fielding (eds.). Donkeys, mules and horses in tropical agricultural development. University of Edinburgh Press, Edinburgh, UK, pp. 79-85.

Pearson, R.A., 2005. Nutrition and feeding of donkeys in veterinary care of donkeys. *In*: Mathews, N.S. and T.S. Taylor (eds.) International Veterinary Information Service, Ithaca, New York, USA.

Pearson, R.A. and E. Vall, 1998. Performance and management of draugth animals in agriculture in sub-saharan africa, a review. Trop. Anim. Health Prod., 30, 309-324.

Pearson, R.A. and J.B. Merrit, 1991. Intake, digestion and gastrointestinal transit time in resting donkeys and ponies and exercised donkeys given *ad libitum* hay and straw diets. Equine Vet. J., 23, 339-343.

Pearson, R.A. and M. Ouassat, 1996. Estimation of the liveweight and a body condition scoring system for working dondeys in Moroco. Vet. Rec., 138, 229-233.

Pearson, R.A., M. Alemayehu, A. Tesfaye, D.G. Smith, G. Kebede and M. Asfaw, 2003. Management, health and reproduction of donkeys used for work in peri-urban areas of West and East Shewa, Ethiopia, a survey. *In*: Pearson, R.A., P. Lhoste, M. Saastamoinen and W. Martin-Rosset (eds.) Working animals in agriculture and transport. A collection of some current research and development observations. EAAP Technical Series no. 6. Wageningen Academic Publishers, Wageningen, the Netherlands, pp. 123-144.

Pearson, R.A., R.F. Archibald and R.H. Muirhead, 2001. The effect of forage quality and level of feeding on digestibility and gastrointestinal transit time of oat straw and alfalfa given to ponies and donkeys. Br. J. Nutr., 85, 599-606.

Polidori, F., 1994. Il latte dietetic; Simp. Aspetti dietetic nella produzione del latte, un alimento antico proiettato verso if future. Torino, Italy.

Ram, J.J., R.D. Padkalkar, B. Anuraja, R.C. Hallikeri, J. B. Deshmanya, G. Neelkanthayya and V. Sagar, 2004. Nutritional requirements of adult donkeys (*Equus asinus*) during work and rest. Trop. Anim. Health Prod., 36, 407-412.

Salimei, E. and B. Chiofalo, 2006. Asses: milk yield and composition. *In*: Miraglia, N. and W. Martin-Rosset (eds.) Nutrition and feeding the broodmare. EAAP Publication no. 120. Wageningen Academic Publishers, Wageningen, the Netherlands, pp. 117-132.

Salimei, E., R. Belli Blanes, A. Marano, E. Ferretti, G. Varisco and D. Casamassima, 2000. Produzione quail-quantitativa di latte d'asina: risultati di due lattazioni. *In*: 35th Simp. Int. Zoot. Proceedings, Ragusa, Italy, pp. 315-322.

Sosa Leon, L.A., D.R. Hodgson, G.P. Carlson and R.J. Rose, 1998. Effects of concentrated electrolytes administered via a paste on fluid electrolyte and acid base balance in horses. Am. J. Vet. Res., 59, 898-903.

Suhartanto, B. and J.L. Tisserand, 1996. A comparison of the utilization of hay and straw by ponies and donkeys. *In*: Van Arendonk, J.A.M. (ed.) Book of Abstracts of the 47th Annual Meeting of the European Assoaation for Animal Production. EAAP Book of Abstracts Series no. 2. Wageningen Pers, Wageningen, the Netherland, pp. 298.

Suhartanto, B., V. Julliand, F. Faurie and J.L. Tisserand, 1992. Comparison of digestion in donkey and ponies. *In*: 1st European Conference on Equine Nutrition Proceedings. Pferdeheilkunde Sondergabe, pp. 158-161.

Taylor, F., 1997. Nutrition. *In*: Svendsen, E.D. (ed.) The professional handbook of the donkey. 3rd edition. Whittet Books, London, UK, pp. 93-105.

Tisserand, J.L. and R.A. Pearson, 2003. Nutrional requirements, feed intake and digestion in working donkeys: a comparison with other work animals. *In*: Pearson, R.A., P. Lhoste, M. Saastamoinen and W. Martin-Rosset (eds.) Working animals in agriculture and transport. A collection of some current research and development observations. EAAP Technical Series no. 6. Wageningen Academic Publishers, Wageningen, the Netherlands, pp. 63-73.

Tisserand, J.L., F. Faurie and M. Toure, 1991. A comparative study of donkey and pony digestive physiology. *In*: Pearson, A.A. and D. Fielding (eds.) Colloquium donkeys, mules and horses. University of Edinburgh Press, Edinburgh, UK, pp. 67-72.

Vall, E., 1996. Capacités de travail, comportement à l'effort et réponses physiologiques du Zébu, de l'âne et du cheval au Nord-Cameroun. Thèse de doctorat, ENSAM, Montpellier, France, pp. 418.

Vall, E., A.L. Ebangi and O. Abakar, 2003. A method of estimating body condition score (BCS) in donkeys. *In*: Pearson, R.A., P. Lhoste, M. Saastamoinen and W. Martin-Rosset (eds.) Working animals in agriculture and transport. A collection of some current research and development observations. EAAP Technical Series no.6. Wageningen Academic Publishers, Wageningen, the Netherlands, pp. 93-102.

Vall, E., O. Abakar and P. Lhoste, 2003. Adjusting the feed supplement of draught donkeys to the intensity of their work. *In*: Pearson, R.A., P. Lhoste, M. Saastamoinen and W. Martin-Rosset (eds.) Working animals in agriculture and transport. A collection of some current research and development observations. EAAP Technical Series no. 6. Wageningen Academic Publishers, Wageningen, the Netherlands, pp. 79-91.

Wood, S.J., D.G. Smith and C.J. Morris, 2005. Seasonal variation of digestible energy requirements of mature donkeys in the UK. Pferdeheilkunde, 21, 39-40.

Yousef, M.K. and D.B. Dill, 1969. Energy expenditures in desert walks: man and burro. *Equus asinus*. J. Appl. Physiol., 27, 681-683.

Yousef, M.K., D.B. Dill and D.V. Freeland, 1972. Energetic costs of grade walding in man and burro, *Equus asinus*: desert and mountain. J. Appl. Physiol., 33, 337-340.

Yousef, M.K., D.B. Dill and M.G. Mayes, 1970. Shifts in body fluids during dehydration in the burro, Equus asinus. J. Appl. Physiol., 29, 345-349.

20. 老马

Bosy-Westphal, A., C. Eichhorn, D. Kutzner, K. Illner, M. Heller and M.J. Muller, 2003. The age-related decline in resting energy expenditure in humans is due to the loss of fat-free mass and to alterations in its metablically active components. J. Nutr., 133, 2356-2362.

Brosnahan, M.M. and R.M. Paradis, 2003. Demographic and clinical characteristics of geriatric horses: 467 cases (1989-1999). J. Am. Vet. Med. Assoc., 223, 93-98.

Elzinga, S., B. Nielsen, H. Schott, J. Rapson, C. Robison, J. McCutcheon, P. Harris and R. Geor, 2011. Effect of age on digestibility of various feedstuffs in horses. J. Equine Vet. Sci., 31, 268-269.

Graham-Thiers, P.M. and D.S.S. Kronfeld, 2005. Dietary protein influences acid-base balance in sedentary horse. J. Equine Vet. Sci., 25, 434-438.

Graham-Thiers, P.M., D.S.S. Kronfeld, C. Hatsell, K. Stevens and K. McCreight, 2005. Amino acid supplementation improves muscle mass in aged and young horses. J. Anim. Sci., 83, 2783-2788.

Harper, E.J., 1998a. Changing perspectives on aging and energy requirements: aging and digestive function in humans, dogs and cats. J. Nutr., 128, 2632S-2635S.

Harper, E.J., 1998b. Changing perspectives on aging and energy requirements: aging and energy intakes in humans, dogs and cats. J. Nutr., 128, 2623S-2626S.

Heilbronn, L.K. and E. Ravussin, 2003. Calorie restriction and aging: review of the literature and implications for studies in humans. Am. J. Clin. Nutr., 78, 361-369.

Horohov, D.W., A. Dimock, P. Guirnalda, R.W. Folsom, K.H. McKeever and K. Malinowski, 1999. Effect of exercise on the immune response of young and old horses. Am. J. Vet. Res., 60, 643-647.

Leblond, A., C. Corbin-Gardey and J.L. Cadore, 2002. Studies on the pathology and causes of mortality of the old horse. Equine Vet. J., 202-203.

Malinowski, K., R.A. Christensen, A. Konopka, C.G. Scanes and H.D. Hafs, 1997. Feed intake, body weight, body condition score, musculation and immunocompetence in aged mares given equine somatotropin. J. Anim. Sci., 75, 755-760.

McKeever, K.H. and K. Malinovsky, 1997. Exercise capacity in young and old mares. Am. J. Vet. Res. 58, 1468-1472.

McKeever, K.H., T.L. Eaton, S. Geiser, C.F. Kearns and R.A. Lehnard, 2010. Age related decreases in thermoregulation and cardiovascular function in horses. Equine Vet. J., 42, Suppl. 38, 220-227.

Ralston, S.L. and L.H. Breuer, 1996. Field evaluation of a feed formulated for geriatric horses. J.

Equine Vet. Sci., 16, 334-338.

Ralston, S.L., C.F. Nockels and E.L. Squires, 1988. Differences in diagnostic-tests results and hermatologie data between aged and young horse. Am. J. Vet. Res., 49, 1387-1392.

Ralston, S.L., D.L. Divers and H.F. Hintz, 2001. Effect of dental correction on feed digestibility in horses. J. Equine Vet. Sci., 33, 390-393.

Ralston, S.L., E.L. Squires and C.F. Nockels, 1989. Digestion in the aged horse. J. Equine Vet. Sci., 9, 203-205.

Ralston, S.L., K.M. Malinowski and R. Christensen, 2001. Nutrition of the geriatric horse. *In*: Bertone, J. (ed.) Equine geriatric medicine and surgery. Elsevier Publishing, St Louis, MO, USA, pp. 169-171.

Ralston, S.L., K.M. Malinowski, R. Christensen and H. Hafs, 2001. Digestion in the aged horse-revisited. J. Eq. Vet. Sci., 21 (7), 310-311.

Russell, R.M., 2000. The aging process as a modifier of metabolism. Am. J. Clin. Nutr., 72, 529S-532S.

Walker, A., S.M. Arent and K.H. McKeever, 2010. Maximal aerobic capacity (VO_{2max}) in horses: a retrospective study to identify the age-related decline. Comp. Ex. Physiol., 6, 177-181.

Witham, C.L. and C.L. Stull, 1998. Metabolic responses of chronically starved horses to refeeding with three isoenergetic diets. J. Anim. Vet. Med. Assoc., 212, 691-696.

21. 健康

Archer, D.C. and C.J. Proudman, 2005. Epidemiologica clues to preventing colic. Vet. J., 172, 29-39.

Bailey, S.R., A. Rycroft and J. Elliott, 2002. Production of amines in equine cecal contents in an *in vivo* model of carbohydrate overload. J. Anim. Sci., 80, 2656-2662.

Bailey, S.R., C.M. Marr and J. Elliott, 2004. Current research and theories on the pathogenesis of acute laminitis in the horse. Vet. J., 167, 129-142.

Benage, M.C., L.A. Baker, G.H. Loneragan, J.L. Pipkin and J.C. Haliburton, 2005. The effect of mannan oligosaccharide on horse herd health. *In*: 19th ESS Proceedings, USA, pp. 17-22.

Bila, C.G., C.L. Perreira and E. Gruys, 2001. Accidental monensin toxicosis in horses in Mozambique. J. S. Afr. Vet. Assoc., 72, 163-164.

Burwash, L., B. Ralston and M. Olson, 2005. Effect of high nitrate feed on mature idle horses. *In*: 19th ESS Proceedings, USA, pp. 174-179.

Cabaret, J., 2011. Gestion durable des strongyloses chez le cheval à l'herbe: réduire le niveau d'infestation tout en limitant le risque de résistance aux anthelminthiques. Fourrages, 207, 215-220.

Cabaret, J., M.C. Guerrero, G. Duchamp, L. Wimel and S. Kornas, 2011. Distribution agrégée du parasitisme interne par les nématodes chez les équins: intérêt pour le diagnostic et la gestion antiparasitaire. *In*: 37ème Journée Recherche Equine Proceedings. Haras Nationaux Editions,

Paris, France, pp. 49-54.

Calder, P.C., 2001. Omega-3 polyunsaturated fatty acids, inflammation and immunity. World Rev. Nutr. Diet., 88, 109-116.

Clifford, A.J., R.L. Prior, H.F. Hintz, P.R. Brown and W.J. Visek, 1972. Ammonia intoxication and intermediary metabolism. Proc. Soc. Exp. Biol. Med., 140, 1147-1450.

Cohen, N.D., P.G. Gibbs and A.M. Woods, 1999. Dietary and other management factors associated with colic in horses. J. Am. Vet. Med. Assoc., 215, 53-60.

Connor, W.E., 2000. Importance of n-3 fatty acids in health and disease. Am. J. Clin. Nutr., Suppl. 71, 171S-175S.

Copetti, M.V., J.M. Santurio, A.A.P. Boeck, R.B. Silva, L.A. Bergermaier, I. Lubeck, A.B.M. Leal, A.T. Leal, S.H. Alves and L. Ferreiro, 2002. Agalactia in mares fed grain contaminated with claviceps purpura. Mycopathalogia, 154, 199-200.

D'Mello, J.P.F., C.M. Placinta and A.M.C. McDonald, 1999. Fusarium mycotoxins: a review of global implications for animal health, welfare and productivity. Anim. Feed Sci. Technol., 80, 183-205.

De La Corte, F.D., S.J. Valberg, J.M. MacLeay, S.E. Williamson and J.R. Mickelsen, 1999. Glucose uptake in horses with polysaccharide storage myopathy. Am. J. Vet. Res., 60, 458-462.

De La Corte, F.D., S.J. Valberg, J.R. Mickelsen and M. Hower-Moritz, 1999. Blood glucose clearance after feeding and exercise in polysaccharide storage myopathy. Equine Vet. J., Suppl. 30, 324-328.

Dionne, R.M., A. Vrins, M.Y. Doucet and J. Pare, 2003. Gastric ulcers in standardbred racehorses: prevalence, lesion description and risk factors. J. Vet. Intern. Med., 17, 218-222.

Du Bose, L.E. and D.H. Sigler, 1991. Effect of antibiotic feed additive on growth of weanling horses. *In*: 12th ESS Proceedings, Canada, pp. 65-66.

Dunnett, M., 2002. Deposition of etamiphylline and other methylxanthines in equine hair following oral administration. *In*: 14th International Conference of Racing Analysts and Veterinarians Proceedings, pp. 349-356.

Ecke, P., D.R. Hodgson and R.J. Rose, 1998. Induced diarrhoea in horses. Part Ⅰ. Fluid and electrolyte balance. Vet. J., 155, 149-159.

Eysker, M., J. Jansen and M.H. Mirck, 1986. Control of strongylosis in horses by alternate grazing of horses and sheep and some other aspects of the epidemiology of strongylidae infections. Vet. Parasitol., 19, 103-115.

Fan, A.M. and V.E. Steinberg, 1996. Health implications of nitrate and nitrite in drinking water: an update on methemoglobinemia occurrence and reproductive and developmental toxicity. Eegul. Toxicol. Pharmacol., 23, 35-43.

Francisco, I., M. Arias, F.J. Cortinas, R. Francisco, E. Mochales, V. Dacal, J.L. Suaez, J. Uriarte, P. Morrondo, R. Sanchez-Andrade, P. Diez-Banos and A. Pas-Silva, 2009. Intrisic factors influencing the infection by helminth parasites in horses under an oceanic climate area (NW Spain). J. Parasitol. Res., Article ID 616173.

Freeman, D.A., N.F. Cymbaluk, H.C. Schott, K. Hinchcliff, S.M. McDonnel and B. Kyle, 1999. Clinical, biochemical and hygiene assessment of stabled horses provided continuous or intermittent access to drinking water. Am. J. Vet. Res., 60, 1445-1450.

Garner, H.E., D.P. Hutcheson, J.R. Coffman and A.W. Hahn, 1977. Lactic acidosis.A factor associated with equine Iaminitis. J. Anim. Sci., 45, 1037-1041.

Gawor, J.J., 1995. The prevelence and abundance of internal parasites in working horses autopsied in Poland. Vet. Parasitol., 58, 99-108.

Geerts, S., G. Guffens, J. Brandt, V. Kumar and M. Eysker, 1988. Benzimidazole resistance of small strongyles in horses in Belgium. Vlaams Diergeneesk. Tijdschr., 57, 20-26.

Goddeeris, B.M., 2006. Nutrition: immunomodulation towards Th1 or Th2 responses. *In*: Barug, D., J. De Jong, A.K. Kies and M.W.A. Verstegen (eds.) Antimicrobial growth promoters. Wageningen Academic Publishers, Wageningen, the Netherlands, pp. 369-380.

Goncalves, S., V. Julliand and A. Leblond, 2002. Risk factors assoaated with colic in horses. Vet. Res., 33, 641-652.

Goodson, J., W.J. Tyznik, J.H. Cline and B.A. Dehority, 1988. Effects of an abrupt diet change from hay to concentrate on microbial numbers and physical environment in the cecum of the pony. Appl. Environ. Microbiol., 54, 1946-1950.

Gudmundsdottir, K.B., V. Svansson, B. Aalbaek, E. Gunnarsson and S. Sigurdarson, 2004. Listeria monocytogenes in horses in Iceland. Vet. Rec., 155, 456-459.

Hanson, L.J., H.G. Eisenbeis and S.V. Givens, 1981. Toxic effects of lasalocid in horses. Am. J. Vet. Res., 42,456-461.

Harbor, L.E., L.M. Lawrence, S.H. Hayes, C.J. Stine and D.M. Powell, 2003. Concentrate composition, form and glycemic response in horses. *In*: 18th ESS Proceedings, USA, pp. 329-330.

Harris, P.A., M. Sillence, R. Inglis, C. Siever-Kelly, M. Friend, K. Munn and H. Davidson, 2005. Effect of short Lucerne chaff on the rate of intake and glycaemic response to an oat meal. *In*: 19th ESS Proceedings, USA, pp. 151-152.

Hintz, H.F., J.E. Lowe, A.J. Clifford and W.J. Visek, 1970. Ammonia in intoxication resulting from urea ingestion by ponies. J. Am. Vet. Med. Assoc., 157, 963-966.

Hudson, J.M., N.D. Cohen, P.G. Gibbs and J.A. Thompson, 2001. Feeding practices associated with colic in horses. J. Am. Vet. Med. Assoc., 219, 1419-1425.

Hunter, J.M., B.W. Rohrbach, F.M. Andrews and R.H. Whitlock, 2002. Round bale grass hay a risk factor for botulism in horses. Comp. Cont. Educ. Prac. Vet., 24, 166-169.

Jeffcott, L.B., 1972. Passive immunity and its transfer with special reference to the horse. Biol. Rev.,

47, 439-464.

Jeffcott, L.B. and C.J. Savage, 1996. Nutrition and the development of osteochondrosis. Pferdeheilkunde, 12, 338-342.

Jimenez-Lopez, A.J.E., J.M. Betsch, N. Spindler, S. Desherces, E. Schmitt, J.L. Maubois, J. Fauquant and S. Lortal, 2011. Etude de l'efficacité de sérocolostrums bovins sur le transfert de l'immunité passive du poulain. *In*: 37ème Journée Recherche Equine Proceedings. Haras Nationaux Editions, Paris, France, pp. 11-20.

Johnson, P.J., S.W. Casteel and N.T. Messer, 1997. Effect of feeding deoxynivalenol contaminated barley to horses. J. Vet. Diagn. Invest., 9, 219-221.

Karplan, R.M., 2002. Anthelmintic resistance in nematodes of horses. Vet. Res., 33, 491-508.

Kilani, M., J. Guillot, B. Polack and R. Chermette, 2003. Helminthoses digestives. *In*: Lefre, P.C., J. Blacou and R. Chermette (eds.) Principales maladies infectieuses et parasitaires du bétail Europe et Régions Chaudes, tome 2. Maladies bactériennes, mycoses, maladies parasitaires. Lavoisier Editions, Paris, France, pp. 1309-1410.

Korna, S., J. Cabaret, M. Skalska and B. Nowosad, 2010. Horse infection with intestinal helminths in relation to age, sex, access to grass and farm system. Vet. Parasitol., 174, 285-291.

Kronfeld, D.S., 1993. Starvation and malnutrition of horses: recognition and treatment. J. Equine Vet. Sci., 13,298-303.

Kronfield, D., A. Rodiek and C. Stull, 2004. Glycemic indices, glycemic levels, and glycemic dietetics. J. Equine Vet. Sci., 24, 399-404.

Kubiak, J.R., W. Evans, G.D. Potter, P.G. Harms and W.L. Jenkins, 1988. Parturition in the multiparous mare fed to obesity. J. Equine Vet. Sci., 8, 135-140.

Langlois, C. and C. Robert, 2008. Epidémiologie des troubles métaboliques chez les chevaux d'endurance. Prat. Vét. Equine, 40, 51-60.

Larsen, J., 1997. Acute colitis in adult horses: a review with emphasis on aetiology and pathogenesis. Vet. Quart.,19, 72-80.

Laugier, C., C. Severin, S. Ménard and K. Maillard, 2012. Prevalence of *Parascaris equorum* infection in foals on French farms and first report of ivermectin-resistant *P. equorum* populations in France. Vet. Parasitol., 188, 185-189.

Le Bars, J. and P. Le Bars, 1996. Recent acute and subacute mycotoxicoses recognized in France. Vet. Res., 27,383-394.

Lendal, S., M.M. Larsen, H. Bjorn, J. Craven and M. Chiriel, 2000. A questionnaire survey illustrating routine procedures applied in the control of intestinal parasites in Danish horse herds/studs. Dansk Veterinartidsskrift, 83, 6-9.

Lindberg, J.E. and A. Jansson, 2008. Preventing problems whilst maximising performance. *In*:

Saastamoinen, M. and W. Martin-Rosset (eds.) Nutrition of exercising horse. EAAP Publications no. 125. Wageningen Academic Publishers, Wageningen, the Netherlands, pp. 299-307.

Lovell, D.K., 1994. Training standardbred trotters and pacers. *In*: Hodgson, D.R. and R.J. Rose (eds.) The athletic horse. WB. Saunders, London, UK, pp. 399-408.

Lyons, E.T., S.C. Tolliver and S.S. Collins, 2009. Probable reason with small strongyle EPG counts are returning 'early' after invermectin treatment of horses on a farm in Central Kentucky. Parasitol. Res., 104, 569-574.

Martin, R.J., J.K. Beetham, N.M. Romine, A.P. Robertson, S.K. Buxton, L. Dong, C.L. Charvet, C. Neveu and J. Cabaret, 2013. Helminth neurobiology: identifying the moving targets of cholinergic antelmintics. British Veterinary Parasitology, Bristol, UK, pp. 81.

Matsuoka, T., 1976. Evaluation of momensin toxicity in the horse. J. Am. Vet. Med. Assoc., 169, 1098-1100.

McIlwraith, C.W., 2001. Developmental orthopaedic diseases (DOD) in horses. A multifactorial process. *In*: 17th ESS Proceedings, USA, pp. 2-23.

McKenzie, E.C., S.J. Valberg, S.M. Godden, J.D. Pagan, J.M. McLeay, R.J. Geor and G.P. Carlson, 2003. Effect of dietary starch, fat, and bicarbonate content on exercise responses and serum creatine kinase activity in equine recurrent exertional thabdomyolysys. J. Vet. Intern. Med., 17, 693-701.

McLeay, J.M., S.J. Valberg, J.D. Pagan, F. De La Corte, J. Roberts, J. Billstrom, J. McGirmity and H. Kaese, 1999. Effect of diet on thoroughbred horses with recurrent exertional rhabdomyolysis performing a stardardised exercise test. Equine Vet. J., Suppl. 30, 458-462.

McLeay, J.M., S.J. Valberg, J.D. Pagan, J. Billstrom and J. Roberts, 2000. Effect of diet and exercise intensity on serum CK activity in thoroughbreds with recurrent exertional thabdomyolisis. Am. J. Vet. Res., 61, 1390-1395.

Metayer, N., M. Lhote, A. Bahr, N.D. Cohen, I. Kom, A.J. Roussel and V. Julliand, 2004. Meal size and starch content affect gastric emptying in horses. Equine Vet. J., 36, 436-440.

Miles, E.A. and P.C. Calder, 1998. Modulation of immune function by dietary fatty acids. Proc. Nutr. Soc., 57,277-292.

Murray, M.J., G.F. Schusser, F.S. Pipers and S.J. Gross, 1996. Factors associated with gastric lesions in thoroughbred racehorses. Equine Vet. J., 28, 368-374.

Nadeau, J.A., F.M. Andrews, A.G. Mathews, R.A. Argenzio, J.T. Blackford, M. Sohtell and A.M. Saxton, 2000. Evaluation of diet as a cause of gastric ulcers in horses. Am. J. Vet. Res., 61, 784-790.

Nicol, C.J., H.P.B. Davidson, P.A. Harris, A.J. Waters and A.D. Wilson, 2002. Study of crib-biting and gastric inflammation and ulceration in young horses. Vet. Rec., 151, 658-662.

Nielsen, M.K., H. Haaning and S.N. Olsen, 2006a. Strongyle egg shedding consistency in horses on farms using selective therapy in Denmark. Vet. Parasitol., 135, 333-335.

Nielsen, M.K., J. Monrad and S.N. Olsen, 2006b. Prescription only anthelmintics. A questionnaires survey of strategies for surveillance and control of equine strongyles in Denruark. Vet. Parasitol., 135, 47-55.

O'Meara, B. and G. Mulcahy, 2002. A survey of helminth control practices in equine establishments in Ireland. Vet. Parasitol., 109, 101-110.

O'Neill, W., S. McKee and A.F. Clarke, 2002. Flaxsee (*Linum usitatissimum*) supplementation associated with reduced skin test lesional area in horses with culicoides hypersensitivity. Can. J. Vet. Res., 66, 272-277.

Osterman-Lind, E., E. Rautalinko, A. Uggla, P.J. Waller, D.A. Morrison and J. Höglund, 2007. Parasite control practices on Swedish horse farms. Acta. Vet. Scand., 49, 25.

Paradis, M.R., 2002. Demographics of health and disease in the geriatric horse. Vet. Clin. North. Am. Equine Pract., 18, 391-401.

Peek, S.F., F.D. Marques, J. Morgan, H. Steinberg, D.W. Zoromski and S. McGuirk, 2004. Atypical acute monensin toxicosis and delayed cardiomyopathy in Belgian draft horses. J. Vet. Intern. Med., 18, 761-764.

Raymond, S.L., T.K. Smith and H.V.L.N. Swamy, 2003. Effects of feeding a blend of grains naturally contaminated with fusarium mycotoxins on feed intake, serum chemistry and hematology of horses and the efficacy of a polymeric glucomannan mycotoxin adsorbent. J. Anim. Sci., 81, 2123-2130.

Raymond, S.L., T.K. Smith and H.V.L.N. Swamy, 2005. Effects of feeding a blend of grains naturally contaminated with fusarium mycotoxins of feed intake, metabolism and indices of athletic performance of exercised horses. J. Anim. Sci., 83, 1267-1273.

Rehbien, S., M. Visser and R. Winter, 2002. Examination of faecal samples of horses from Germany and Austria. Pferdeheilkunde, 18, 439.

Ribeiro, W.P., S.J. Valberg, J.D. Pagan and B.E. Gustavsson, 2004. The effect of varying dietary starch and fat content on serum creatine kinase activity and substrate availability in equine polysaccharide storage myopathy. J. Vet. Intern. Med., 18, 887-894.

Ricketts, S.W., T.R. Greet, P.J. Glyn, C.D.R. Ginnet, E.P. McAllister, J. McCaig, P.H. Skinner, P.M. Webbon, D.L. Frape, G.R. Smith and L.G. Murray, 1984. Thirteen cases of botulism in horses fed big bale silage. Equine Vet. J., 16, 515-518.

Riet-Correa, F., M.C. Mendez, A.L. Shild, P.N. Bergamo and W.N. Flores, 1988. Aglactia, reproductive problems and neonatal mortality in horses associated with in the ingestion of Claviceps purpurea. Austral. Vet. J., 65, 192-193.

Rollinson, J.F., G.R. Taylor and J. Chesney, 1987. Salinomycin poisoning in horses. Vet. Rec., 121, 126-128.

Ross, P.F., A.E. Ledet, D.L. Owens, L.G. Rice, H.A. Nelson, G.D. Osweiler and T.M. Wilson, 1993. Experimental equine leukoencephalomalacia, toxic hepatosis and encephalopathy caused by corn naturally contaminated with fumonisins. J. Vet. Diagn. Invest., 5, 69-74.

Ross, P.F., L.G. Rice, J.C. Reagor, G.D. Osweiler, T.M. Wilson, H.A. Nelson, D.L. Owens, R.D. Plattner, K.A. Harlin and J.L. Richard, 1991. Fumonisin Bl concentrations in feeds from 45 confirmed equine leukoencephalomalacia cases. J. Vet. Diagn. Invest., 3, 238-241.

Rowe, J.B., M.J. Lees and D.W. Pethick, 1994. Prevention of acidosis and laminitis associated with grain feeding in horses. J. Nutr., 124, Suppl. 12, 2742S-2744S.

Rusoff, L.L., R.B. Lank, T.E. Spillman and N.B. Elliot, 1965. Non-toxicity of urea feeding to horses. Vet. Med., 60, 1123-1126.

Siciliano, P.D., T.E. Engle and C.K. Swenson, 2003a. Effect of trace mineral source of hoof wall characteristics. *In*: 18th ESS Proceedings, USA, pp. 96-97.

Siciliano, P.D., T.E. Engle and C.K. Swenson, 2003b. Effect of trace mineral source on humoral immune response. *In*: 18th ESS Proceedings, USA, pp. 269-270.

Silvia, C.A.M., H. Merkt, P.N.L. Bergamo, S.S. Barros, C.S.L. Barros, M.N. Santos, H.O. Hoppen, P. Heidemann and H. Meyer, 1987. Intoxication of iodine in thoroughbred foals. Pferdeheilkunde, 5, 271-276.

Smith, J.D., R.M. Jordan and M.L. Nelson, 1975. Tolerance of ponies to high levels of dietary copper. J. Anim. Sci., 41, 1645-1649.

Soulsby, E.J.L., 1987. Parasitologia y enfermedades parasitarias en los animales domesticos. *In*: 7th Edicion Nueva Editorial Inter-Amencana, Mexico, Mexique, pp. 823.

Staniar, W.B., 2006. Relatinship between the management and health of pastures and mares and foals A.U.S. perspectives. *In*: Miraglia, N. and W. Martin-Rosset (eds.) Nutrition and feeding the broodmare. EAAP Publication no. 120. Wageningen Academic Publishers, Wageningen, the Netherlands, pp. 299-314.

Stull, C., 2003. Nutrition for rehabilitating the starved horse. J. Equine Vet. Sci., 23, 456.

Tinker, M.K., N.A. White, P. Lessard, C.D. Thatcher, K.D. Pelzer, B. Davis and D.K. Carmel, 1997. Prospective study of equine colic risk factors. Equine Vet. J., 29, 454-458.

Valberg, S.J., G.H. Cardinet, G.P. Carlson and S. DiMauro, 1992. Polysaccharide storage myopathy assoaated with recurrent exertional rhabdomyolysis in horses. Neuromusc. Dis., 2, 351-359.

Valberg, S.J., J.M. MacLeay, J.A. Billstrom, M.A. Hower-Moritz and J.R. Mickelsen, 1999. Skeletal muscle metabolic response to exercise in horses with 'tying-up' due to polysaccharide storage myopathy. Equine Vet. J., 31, 43-47.

Valentine, B.A., 2005. Diagnosis and treatment of equine polysaccharide storage myopathy. J. Equine Vet. Sci., 25, 52-61.

Vandenput, S., L. Istasse and B. Nicks, 1997. Airborne dust and aeroallergen concentration in a horse stable under two different management systems. Vet. Quart., 19, 154-158.

Vervuert, I. and M. Coenen, 2004. Nutritional risk factors of equine gastric ulcers syndrome.

Pferdeheilkunde, 20, 349-352.

Vesonder, R., J. Haliburton and P. Golinski, 1989. Toxiaty of field samples and *Fusarium moniliforme* from feed associated with equine-leucoencephalomalacia. Arch. Environ. Contam. Tox., 18, 439-442.

Vesonder, R., J. Haliburton, R. Stubblefield, W. Gilmore and S. Peterson, 1991. Aspergillus flavus and aflatoxins B1, B2 and M1 in corn associated with equine death. Arch. Environ. Contam. Tox., 20, 151-153.

White, G.W., E.W. Jones, J. Hamm and T. Sanders, 1994. The efficacy of orally administered sulfated glycosaminoglycan in chemically induced equine synovitis and degenerative joint disease. J. Equine Vet. Sci., 14, 350-353.

Wickens, C.L., J. Moore, C. Wolf, C. Skelly and N.L. Trottier, 2005. 3-methylhistidine as a response criterium to estimate dietary protein requirement of the exercising horse. *In*: 19th ESS Proceedings, USA, pp. 205-206.

Wilson, T.M., P.E. Nelson, W.F.O. Marasas, P.G. Thiel, G.S. Shephard, E.W. Sydenham, H.A. Nelson and P.F. Ross, 1990. A mycological evaluation and *in vivo* toxicity evaluation of feed from 41 farms with equine leukoencephalomalacia, J. Vet. Diagn. Invest., 2, 352-354.

Wilson, T.M., P.F. Ross, L.G. Rice, G.D. Osweiler, H.A. Nelson, D.L. Owens, R.D. Plattner, C. Reggiardo, T.H. Noon and J.W. Pickrell, 1990. Fumonisin B1 levels associated with an epizootic of equine leukoencephalomalacia. J. Vet. Diagn. Invest., 2, 213-216.

Yoder, M.J., E. Miller, J. Rook, J.E. Shelle and D.E. Ullrey, 1997. Fiber level and form: effects on digestibility, digesta flow and incidence of gastrointestinal disorders. *In*: 15th ESS Proceedings, USA, pp. 24-30.

Zuiten, H., B. Berrag, M. Oukessou, A. Sakak and J. Cabaret, 2005. Poor efficacy of the most commonly used anthelmintics in sport horse nematode in Morocco in relation to resistance. Parasite, 12, 347-351.

22. 环境

Amiaud, B., 1998. Dynamique végétale d'un écosystème prairial soumis à différentes modalités de pâturage, exemple des communaux du Marais Poitevin. Thèse de doctorat, Université de Rennes I, pp. 317.

Arlt, D., P. Forslund, T. Jepsson and T. Pärt, 2008. Habitat-speafic population growth of a farmland bird. PloS one, 3, 1-10.

Beever, E.A. and P.F. Brussard, 2000. Examining ecological consequences of feral horse grazing using exclosures. Western North American Naturalist, 60, 236-254.

Boschi,C. and B. Baur, 2007. The effect of horse, cattle and sheep grazing on the diversity and abundance of land snails in nutrient-poor calcareous grasslands. Basic and Applied Ecology, 8, 55-65.

Carrère, P., D. Orth, R. Kuiper and N. Poulin, 1999. Development of shrub and young trees under extensive grazing. *In*: Proceedings of the International Occasional Symposium of the European Grassland Federation, Thessaloniki, Greece, pp. 39-43.

CCME (Canadian Council of Ministers of the Environment), 2002. Canadian Environmental Quality Guidelines. Canadian Water Quality Guidelines for the Protection of Agricultural Water Uses. Chapter 5 (update).

Dumont, B., A. Farruggia, J.P. Garel, P. Bachelard, E. Boitier and M. Frain, 1999. How does grazing intensityinfluence the diversity of plants and insects in a species-rich upland grassland on basal soils. Grass and Forages Sci., 64, 92-105.

Duncan, P., 1992. Horses and grasses: the nutritionnal ecology of equids and their impact on the camargue. *In*: Billings, W.D., F. Golley, O.L. Lange, J.S. Olson and H. Remmert (eds.) Springer-Verlag, New York, USA, pp. 287.

Duncan, P. and J.M. D'Herbes, 1982. The use of domestic herbivores in the management of wetlands for waterbirds in the Camargue, France. *In*: Managing wetlands and their birds, International Waterfowl Research Bureau, Slimbridge, UK.

Durant, D., G.H. Fritz, M. Briand and P. Duncan, 2002. Principles underlying the use of wet grasslands. For wintering herbivorous ducks and geese, and their management implications. *In*: Durand, J.L., J.C. Emile, C. Huyghe and G. Lemaire (eds) Multi-function grasslands, Grassland Science in Europe,7, pp. 916-917.

Durant, D., G. Loucougaray, H. Fritz and P. Duncan, 2004. Feeding patch selection by herbivorous Anadidae: the influenc of body size and of plant quantity and quality. J. Avian. Biol., 35, 144-152.

Edwards, P.J. and S. Hollis, 1982. The distribution of excreta on new forest grassland used by cattle, ponies and deer. J. Appl. Ecol., 19, 953-964.

FAO, 2006. Livestock's long shadow, environmental issues and options. Report, pp. 408.

FIVAL, 2006. Pour mieux géer un fumier de cheval. pp. 40.

Fleurance, G., N. Edouard, C. Collas, P. Duncan, A. Farruggia, R. Baumont, T. Lecomte and B. Dumont, 2012. How does horse graze pasture and affect the biodiversity of grassland ecosystems. *In*: Saastamoinen, M., M.J. Fradinho, S.A. Santos and N. Miraglia (eds.) Forages and grazing in horse nutrition. EAAP Publications no. 132. Wageningen Academic Publishers, Wageningen, the Netherlands, pp. 147-162.

Grime, J.P., 1973. Competitive exclusion in herbaceous vegetation. Nature, 242, 344-347.

Hacala, S., 1999. Le compost: mieux qu'un engrais de ferme. Institut de l'Elevage, Paris, France.

Hill, S.D., 1985. Influences of large herbivores on small rodents in the New Forest, Hampshire. PhD Thesis, University of Southampton, UK.

Hintz, H.F. and H.F. Schryver, 1972. Nitrogen utilization in ponies. J. Anim. Sci., 34, 592-595.

Hintz, H.F. and H.F. Schryver, 1973. Magnesium, calcium and phosphorus metabolism in ponies fed varying levels of magnesium. J. Anim. Sci., 37, 927-930.

Hintz, H.F. and H.F. Schryver, 1976. Potasium ùetabolism in ponies. J. Anim. Sci., 42, 637-643.

Hintz, H.F., D.E. Hogue, E.F. Walker, J.E. Lowe and H.F. Schryver, 1971. Apparent digestion in various segments of the digestive tract of ponies fed diets with varying roughage-grain ratios. J. Anim. Sci., 32, 245-248.

Hoste-Danylow, A., J. Romanowski and M. Zmihorski, 2010. Effects of management on invertebrates and birds in extensively used grassland of Poland. Agriculture, Ecosystems and Environment, 139, 129-133.

IFCE, 2007. Le compostage du fumier de cheval en élevage. Guide pratique. Haras Nationaux Editions, Paris, France, pp. 11.

INRA, 1990. L'alimentation des chevaux. INRA Editions, Versailles, France, pp. 232.

IPCC, 2006. IPCC Guidelines for national greenhouse gas inventories, agriculture, forestry and other land; Emissions for livestock and manure management, 4. Chapter 10. pp. 87.

Lamoot, I., C. Meert and M. Hoffman, 2005. Habitat use of ponies and cattle foraging together in a costal dune area. Biol. Cons., 122, 523-536.

Lawrence, L., J. Bicudo, J. Davis and E. Wheeler, 2003. Relationships between intake and excretion for nitrogen and phosphorus in horses. *In*: 18th ESS Proceedings, USA, pp. 306-307.

Lecomte, T. 2008. La gestion conservatoire des écosystèmes herbacés par le pâturage extensif:une contribution importante au maintien de la diversité fongique fimicole. Bulletin Mycologique et Botanique Dauphiné-Savoie, 191, 11-22.

Lecomte, T. and C. Le Neveu, 1992. Dix ans de gestion d'un marais par le pâturage extensif:comparaison des phytocénoses induites par des chevaux et des bovins (Marais Vernier, Eure, France). *In*: 18ème Journée Recherche Equine Proceedings. Haras Nationaux Editions, Paris, France, pp. 29-36.

Lecomte, T. and C. Le Neveu, 1993. Insectes floricoles et déprise agricole: application à la gestion des Réserves Naturelles du Marais Vernier (Eure-France), Actes du Séminaire du Mans 'Inventaire et cartographie des invertébrés comme contribution à la gestion des milieux naturels français'. Secrétariat de la faune et de la flore, Muséum nationale d'Histoire Naturelle, France, pp. 118-123.

Levin, P.S., J. Ellis, R.Petrik and M.E. Hay, 2002. Indirect effect of feral horses on estuarine communities. Con. Biol., 16, 1364-1371.

Loiseau, P. and W. Martin-Rosset, 1988. Evolution à long terme d'une lande de montagne pâturée par des bovins ou des chevaux. Ⅰ. Conditions expérimentales et évolution botanique. Agronomie, 8, 873-880.

Loiseau, P. and W. Martin-Rosset, 1989. Evolution à long terme d'une lande de montagne pâturée par des bovins ou des chevaux. Ⅱ. Production fourragère. Agronomie, 9, 161-169.

Marion, B., A. Bonis and J.B. Bouzille, 2010. How much does grazing-induced heterogeneity impact plant diversity in wet grasslands? Ecoscience, 17, 1-11.

Martin-Rosset, W., M. Vermorel and G. Fleurance, 2012. Quantitative assessment of enteric methane emission and nitrogen excretion by equines. *In*: Saastamoinen, M., M.J. Fradinho, S.A. Santos and N. Miraglia (eds.) Forages and grazing in horse nutrition. EAAP Publications no. 132. Wageningen Academic Publishers, Wageningen, the Netherlands, pp. 485-492.

Martin-Rosset, W., P. Loiseau and G. Molenat, 1981. Utilisation des pâturages pauvres par le cheval. Bull. Tech. Information, 362-363, 587-608.

Meyer, H., 1979. Magnesiumstoffweschsel und magnesiumbedarf des pferdes. Übers. Tierernähr., 7, 75-92.

Meyer, H., 1980. Na-Stoffwechsel und Na-Bedarf des Pferdes. Übers. Tierernähr., 8, 37-64.

Ockinger, E., A.K. Eriksson and H.G. Smith, 2006. Effects of grassland abandonment, restoration and management on butterflies and vascular plants. Biol. cons., 133, 291-300.

Ödberg, F.O. and K. Francis-Smith, 1976. A study on eliminative and grazing behaviour. The utilization of field captive horses. Equine Vet. J., 8, 147-149.

Olff, H. and M.E. Ritchie, 1998. Effects of herbivores on grassland plant diversity. TREE, 13, 261-265.

Oosterveld, P., 1983. Eight years of monitoring of rabbits and vegetation development on abandoned arable fields grazed by ponies. Acta Zoologica Fennica, 174, 71-74.

Osoro, K., L.M.M. Ferreira, U. Garcia, R. Rosa-Garaa, A. Martinez and R. Celaya, 2012. Grazing systems and the role of horses in heathland areas. *In*: Saastamoinen, M., M.J. Fradinho, S.A. Santos and N. Miraglia (eds.) Forages and grazing in horse nutrition. EAAP Publications no. 132. Wageningen Academic Publishers, Wageningen, the Netherlands, pp. 137-146.

Pratt, S.E., L.M. Lawrence, T. Barnes, D. Powell and L.K. Warren, 1999. Measurement of ammonia concentrations in horse stalls. *In*: 16th ESS Proceedings, USA, pp. 334-335.

Putman, R.J., P.J. Edwards, J.C. Mann, R.C. How and S.D. Hill, 1989. Vegetational and faunal changes in an area of heavily grazed woodland following relief of grazing. Biol. Cons., 47, 13-32.

Rook, A.J., B. Dumont, J. Isselstein, K. Osoro, M.F. WallisdeVries, G. Parente and J. Mills, 2004. Matching type of livestock to desired biodiversity outcomes in pasture: a review. Biol. Cons., 119, 137-150.

Schryver, H.F., H.F. Hintz and P.H. Craig, 1971a. Calcium metabolism in ponies fed high phosphorus diet. J. Nutr., 101, 259-264.

Schryver, H.F., H.F. Hintz and P.H. Craig, 1971b. Phosphorus metabolism in ponies fed varying levels of phosphorus. J. Nutr., 101, 1257-1263.

Schryver, H.F., P.H. Craig and H.F. Hintz, 1970. Calcium metabolism in ponies fed varying levels of calcium. J. Nutr., 100, 955-964.

Van Doorn, D.A., 2003. Equine phosphorus absorption and excretion. Thesis, Utrecht University, Utrecht, the Netherlands, pp. 125.

Van Doorn, D.A., M.E. Van der Spek, H. Everts, H. Wouterse and A.C. Beynen, 2004. The influence of calcium intake on phosphorus digestibility in mature ponies. J. Anim. Physiol. Anim. Nutr., 88, 412-418.

Van Wieren, S.P. 1998. Effects of large herbivores upon the animal community. *In*: WallisdeVries, M.F., J.P. Bakker and S.E. Van Wieren (eds) Grazing and conservation management. Kluwer Academic Publishers, London, UK, pp. 185-214.

Vermorel, M., J.P. Jouany, M. Eugène, D. Sauvant, J. Noblet and J.Y. Dourmad, 2008. Evaluation quantitative des émissions de méthane entérique par les animaux d'élevage en 2007 en France. INRA Prod. Anim., 21,403-418.

Vermorel, M., W. Martin-Rosset and J. Vernet, 1997. Energy utilization of twelve forages or mixed diets for maintenance by sport horses. Livest. Prod. Sci., 47, 157-167.

Vulink, J.T., H.J. Drost and J. Jans, 2000. The influence of different grazing regimes on phragmites-shrub vegetation in the well-drained zone of a eutrophic wetland. Appl. Vegetation Sci., 2, 73-80.

Zalba, S.M. and N.C. Cozzani, 2004. The impact of feral horses on grassland bird communities in Argentina. Anim. Conservation, 7, 35-44.

23. 条例

AAFCO (Association of American Feed Control Officials, Inc.), 2005. *In*: Assocation of American Feed Control Officials. Official Publication, Oxford.

Community Register of Feed additives pursuant to regulation (EC) No 1831/ 2003. Appendixes 3 & 4. Annex: List of additives. (Release 5 may 2008) (Rev.27). Health & Consumer Protection: Directorate-General. Directorate D-Animal Health and Welfare Un it D2-Animal Welfare and Feed European.

EC, 1970. Council Directive 70/524/EEC of 23 November 1970, Concerning additives in feeding-stuffs. Official Journal, L 270, 1-17.

EC, 1990. Council Directive 90/167/EEC of 26 March 1990, Laying down the conditions governing the preparation placing on the market and use of medicated feedingstuffs in the Community. Official Journal, L 92, 42-48.

EC, 1996. Council Directive 96/25/EC of 29 April 1996, On the circulation of feed materials,amending Directives 70/524/EEC, 74/63/EEC, 82/471/EEC and 93/74/EEC and repealing Directive 77/101/EEC. Official Journal, L 125, 35-74.

EC, 2003. Commission Directive 2003/100/EC (with amend Directive 2002/32/EC).

EC, 2003. Commission Regulation (EC) 1831/2003 of the European Parliament and of the Council on additives for use in animal nutrition. Official Journal, L 268, 29-43.

EC, 2004. Commission Decision of l March 2004, adopting a list of materials whose arculation or use for animal nutrition purposes is prohibited. Official Journal, L 67, 31-33.

EC, 2008. Commission Directive 2008/38/EC, establishing a list of intended uses of animal feedingstuffs for particular nutritional purposes. Official Journal, L 62, 9-22.

EC, 2008. Community Register of Feed additives pursuant to regulation (EC) 1831/2003. Appendixes 3 and 4 Annex: List of additives. Revision 27. Available at: http://tinyurl.com/2pfg9z.

EC, 2009. Regulation of the European Parliament and of the Council on the placing on the market and use of feed: proposal. finalised on13th July 2009 as Regulation (EC) No 767/2009.

EC, 2010. Commission Regulation (EU) No 939/2010 20th October 2010 amending Annexe Ⅳ to Regulation (EC) No 767/2009.

EC, 2013. Commission Regulation (EU) No 68/2013 0f 16 January 2013 Catalogue of feed materials combined with a list of undesirable substances: Commission Directive 2003/57/EC.

EC, 2014. Community Register of Feed Additives (EC 18312003: EC, 2003, 2008) revised on 12th February 2014. EU-EFSA, Scientific panels for evaluation safety for the animals and the consumers and the welfare of animals.

Evans, P. and B. Halliwell, 2001. Micronutrients: oxidant/antioxydant stratus. Br. J. Nutr., 85, S67-S74.

FDA (Food and Drug Administration), 1987. Food additives permitted in feed and drinking water of anunals. Fed. Reg., 10 887, April 6, 52, Part 573, no. 65.

FDA, 1992. Food additives. Food and Drug Administration/International Food Information Council brochure.

FDA, 1994. Action levels for aflatoxins in animal feeds (CPG 7126.33). Available at: www.fda.gov/ora/compliance_ref/cpg/cpgvet/cpg683-100.html.

FDA, 1996. Inapplicability of the dietary supplement health and education act to animal products. Fed. Reg.,61, 17716-17708.

FDA, 1998. Regulating animal foods with drug claims. Guide, 1240.3605, Center for Veterinary Medicine Program Policy and Procedures Manual.

FDA, 2001a. Guidance for industry. Fumonisin levels in humand foods and animal feeds.

FDA, 2001b. Background paper in support of fumonisin levels in human foods and animal feed: Executive summary of this scientific support document.

FDA, 2004. FDA Permits the use of selenium yeast in horse feed. CVM Uptdate on U.S. Food and Drug Administration website (October 14, 2004).

IFHA, undated. International agreement on breeding racing and wagering and appendixes. Available at: http://tinyurl.com/nkaauqf.

Trunk, W., 2008. Revision of the EU-legislation on the marketing and use of feed with particular focus on nutrition of horses. *In*: Saastamoinen, M. and W. Martin-Rosset (eds.) Nutrition of the exercising horse. EAAP Publication no. 125. Wageningen Academic Publishers, Wageningen, the Netherlands, pp. 415-441.

索　引

A

B

C

D

E

F

G

H

I

J

K

L

M

N

O

P

Q

R

S

T

U

V

W

X

Y

Z